Inhaltsverzeichnis

Allgemein

In diesem Buch geht es um astronomische Ereignisse bei denen entweder
nur Planeten, Planeten und die Sonne, sowie Planeten und ausgewählte
Fixsterne beteiligt sind. Solche Ereignisse sind zwar nicht so spektakulär
wie Himmelsereignisse, an denen der Mond beteiligt ist, wie Sonnen- und
Mondfinsternisse, bieten aber mitunter häufig schöne Anblicke. Einige
seltene dieser Erscheinungen, wie Sternbedeckungen durch Planeten und
Transite waren zumindest früher sogar für die Forschung relevant.
In diesem Werk werden die auftretenden Typen erklärt und für den Zeitraum
von 1900 bis 2101 aufgelistet.
Dies ist nicht nur für beobachtende Sternfreunde von Bedeutung, sondern
auch für solche, die mit Ihrem Computer vergangene und zukünftige
astronomische Ereignisse simulieren wollen.

Winkel am Himmel

Bei vielen der aufgeführten Ereignisse spielen Winkelwerte eine sehr
wichtige Rolle, denn ein Beobachter kann wegen der großen Entfernung
nicht die wahre Entfernung von Himmelskörpern wahrnehmen, wohl aber
den Winkel zwischen diesen und ggf. den Winkel unter dem ein Körper am
Himmel erscheint. Wie in der Geometrie wird dieser Winkel in Grad
(Abkürzung: °) angegeben, wobei 1 Grad 1/360 des Umfangs des
scheinbaren Himmelsgewölbes darstellt. Das Grad wird in 60 Bogenminuten
(Abkürzung: ') und diese wiederum in 60 Bogensekunden (Abkürzung: ")
unterteilt.
Der scheinbare Durchmesser von Sonne und Mond am Himmel beträgt
ungefähr 0,5° (30 Bogenminuten), der scheinbare Durchmesser der
Planeten liegt zwischen 2" (Neptun) und 65" (Maximalwert der Venus in
unterer Konjunktion). Fixsterne haben Winkeldurchmesser von unter 0,05"
und erscheinen selbst in den größten Fernrohren punktförmig. Das
Auflösungsvermögen des menschlichen Auges liegt bei etwa 2'.

Elongation

Der Winkel zwischen einem Himmelsobjekt und der Sonne wird als
Elongation des Objekts bezeichnet. Je größer sie ist, umso besser ist das
Objekt im Regelfall sichtbar. Allerdings spielt auch die Richtung zur Sonne
hierbei eine Rolle. So kann Merkur in unseren Breiten gut gesehen werden,
wenn er eine Sonnenelongation von 18° hat und sich nördlich der Sonne
aufhält, aber freiäugig nicht beobachtet werden, wenn seine
Sonnenelongation 27° beträgt und er südlicher als die Sonne steht.
Objekte mit einer Elongation, die kleiner als 10°-15° ist, sind im Regelfall
nicht (freiäugig) beobachtbar, weil sie schon in der hellen Dämmerung
untergehen, bzw. erst aufgehen, wenn die Dämmerung zu hell ist, um sie zu
sehen.

Helligkeiten

Die Helligkeit von Himmelsobjekten wird in Größenklassen angegeben,
wobei es üblich ist für ein Objekt mit der Helligkeit der Größenklasse 2,1 2,1
mag zu schreiben.
Je größer der Wert der Größenklasse eines Objektes ist, umso lichtschwä-
cher ist es. Mit bloßem Auge kann man Objekte beobachten, deren Größenklassenwert kleiner gleich 6 ist, mit einem Feldstecher kommt man bis zur 9.
Größe und einem Fernrohr mit 6 cm Objektivdurchmesser bis zu 11 mag.
Großteleskope können Objekte bis zu 28 mag detektieren.
Die Größenwerte sehr heller Objekte sind kleiner als 0. So hat Sirius, der
hellste Fixstern, eine Helligkeit von –1,47 mag, die Venus eine von etwa – 4
mag, der Vollmond von –12,7 mag und die Sonne von –26,7 mag.
Die Größenklassenskala ist eine logarithmische Skala: ein Objekt, dessen
Größenklassenwert um 5 Werte niedriger ist, als die eines anderen, ist
100mal heller als dieses, folglich ist ein Objekt, welches um 1 Größenklasse
heller ist als ein anderes um den Faktor der 5. Wurzel aus 100 (ungefähr:
2,512 mal) heller als dieses.

Die Planeten

Allgemein

Unser Sonnensystem hat 8 Planeten: Merkur, Venus, Erde, Mars, Jupiter,
Saturn, Uranus und Neptun. Da wir auf dem Planeten Erde leben, können
wir nur 7 am Himmel sehen. Bezüglich der Beobachtbarkeit gibt es zwei

Typen von Planeten, innere Planeten und äußere Planeten. Erstere umlaufen die Sonne innerhalb der Erdbahn, letztere außerhalb.

Es gibt nur zwei innere Planeten: Merkur und Venus. Alle anderen Planeten sind äußere Planeten.

Innere Planeten können nur am Abendhimmel nach Sonnenuntergang und am Morgenhimmel vor Sonnenaufgang beobachtet werden. Sie sind im Regelfall am günstigsten zum Zeitpunkt ihres größten Winkelabstandes von der Sonne, der größten Elongation, zu sehen. Diese Planeten können auf zwei Arten mit der Sonne in Konjunktion stehen und zwar in dem sie „hinter" oder „vor" der Sonne stehen. (Da Planetenbahnen gegen die Erdbahnebene geneigt sind, stehen sie meist nördlich oder südlich der Sonne). Im ersteren Fall spricht man von der oberen, im letzteren Fall von der unteren Konjunktion.

In beiden Fällen ist der Planet im Regelfall unbeobachtbar.

Allerdings kann die Venus bei einer unteren Konjunktion in so großem Abstand an der Sonne vorbeiziehen, daß sie kurzzeitig sowohl am Abendhimmel kurz nach Sonnenuntergang als auch am Morgenhimmel kurz vor Sonnenaufgang gesehen werden kann. Ein innerer Planet kann, wenn er zum Zeitpunkt der unteren Konjunktion sehr nahe an der Erdbahnebene steht, vor der Sonne vorbeiziehen, was mit geeigneten Vorsichtsmaßnahmen beobachtbar ist. Man spricht hierbei von einem Durchgang oder Transit.

Äußere Planeten kann man am besten zur Zeit der Opposition sehen. Sie stehen dann gegenüber von der Sonne am Himmel und gehen bei Sonnenuntergang auf und bei Sonnenaufgang unter und können die ganze Nacht über beobachtet werden.

Wenn sie mit der Sonne in Konjunktion stehen, sind sie natürlich im Regelfall unbeobachtbar, da sie mit der Sonne auf- und untergehen.

Alle Planeten halten sich, wie der Mond, stets in der Nähe der Ekliptik auf. Die Ekliptik ist die Linie, auf der sich die Sonne im Laufe eines Jahres durch die Sternbilder scheinbar bewegt. Sie verläuft durch die Sternbilder Fische, Waage, Stier, Zwillinge, Krebs, Löwe, Jungfrau, Waage, Skorpion, Schlangenträger, Schütze, Steinbock und Wassermann. Mit Ausnahme des Schlangenträgers werden diese Konstellationen als Tierkreissternbilder bezeichnet. Sie sind trotz Namensgleichheit nicht identisch mit den Tierkreiszeichen.

Letztere teilen die Ekliptik in 12 gleich lange Teile, während die Länge der Ekliptik in den Tierkreissternbildern unterschiedlich ist.

Außerdem sind die Tierkreiszeichen gegenüber den Sternbildern in Folge der Präzession, welche eine Wanderung des Frühlingspunktes, an den die

Tierkreiszeichen gekoppelt sind, um ca. 1° in 72 Jahren in westlicher Richtung bewirkt, um etwa 30° in westlicher Richtung verschoben, so daß eine Position in einem bestimmten Sternbild meist identisch ist mit einer Position im nächsten Tierkreiszeichen.

Identifizierung

Merkur: nur während der Abenddämmerung in geringer Höhe über dem Westhorizont oder während der Morgendämmerung tief über dem Osthorizont zu sehen. Orangenes Licht. Helligkeit: 6,2 mag bis −2,3 mag, Symbol: ☿.

Venus: nur am Abendhimmel oder am Morgenhimmel zu sehen. Sie ist nach Sonne und Mond das hellste Objekt am Himmel. Gelbes Licht. Helligkeit: −3,7 mag bis −4,7 mag, Symbol: ♀.

Mars: Orangerotes Licht („Der rote Planet"). Helligkeit: 1,8 mag bis −2,9 mag, Symbol: ♂.

Jupiter: Gelbes Licht. Meist das vierthellste Gestirn. Helligkeit: −1,7 mag bis −2,9 mag, Symbol: ♃.

Saturn: Weißes Licht, Helligkeit: 1,3 mag bis −0,5 mag. Die berühmten Ringe sind nur in einem Fernrohr von mindestens 5 cm Durchmesser bei mindestens 30facher Vergrößerung sichtbar, Symbol: ♄.

Uranus: Grünliches Licht. Mit bloßem Auge nur bei sehr dunklen Himmel als schwacher Stern sichtbar. Helligkeit: 5,3 mag bis 5,9 mag, Symbol: ♅.

Neptun: Bläuliches Licht. Nur mit Ferngläsern oder Fernrohren beobachtbar. Helligkeit: 7,8 mag bis 8,0 mag, Symbol: ♆.

Planetare Phänomene

Dieses Werk handelt von Phänomenen der Planetenbewegung am Himmel, welche in den folgenden Kapiteln erklärt werden.

Planetenschleifen

Wenn die Erde einen äußeren Planeten überholt oder wenn sie von einem inneren Planeten überholt wird, beobachtet man, daß dieser seine Bewegung verlangsamt, stehen bleibt, sich anschließend rückläufig bewegt, wobei er die Opposition bzw. untere Konjunktion durchläuft, seine rückläufige Bewegung verlangsamt, stehen bleibt und sich wieder ganz gewöhnlich rechtläufig, wie Sonne und Mond es immer tun, bewegt. Man nennt dieses Phänomen Planetenschleife.
Sie entstehen aus einer Überlagerung der Planetenbewegung und seiner durch die Erdbewegung um die Sonne bedingten, jährlichen Parallaxe. Die Stillstandszeiten markieren Beginn und Ende der zur Beobachtung besonders günstigen Oppositionszeit bzw. bei inneren Planeten das baldige Ende der Abendsichtbarkeit und den Beginn einer Morgensichtbarkeit.

Konjunktion

Wenn zwei Himmelskörper von der Erde aus gesehen, die gleiche Rektaszension haben, sagt man, sie stehen in Konjunktion zueinander. In diesem Fall ist der Winkelabstand minimal und es ergibt sich oft ein schöner Anblick oder, wenn einer der beiden Körper ein lichtschwacher Planet ist, eine leichte Möglichkeit ihn aufzusuchen.
Ist allerdings bei einer Konjunktion einer der beiden Objekte die Sonne, ist im Regelfall der andere Körper nicht zu sehen.
Ausnahmen gibt es nur für den Mond in Form einer Sonnenfinsternis, den Merkur beim Merkurdurchgang, die Venus beim Venusdurchgang oder bei einer extrem weiten Sonnenpassage.

Konjunktionen mit Fixsternen

Planeten kommen nicht nur mit der Sonne, den Mond und anderen Planeten in Konjunktion, sondern natürlich auch mit Fixsternen. Da es sehr viele Fixsterne gibt, ist es nicht möglich, alle diese Ereignisse aufzulisten, zumal Konjunktionen mit ekliptikfernen Sternen sehr weit und für Beobachter uninteressant sind. Deshalb beschränkt sich dieses Werk auf Konjunktionen mit 19 markanten, ekliptiknahen Sternen und einem tierkreisnahem Sternhaufen. Diese Objekte sind Hamal (Alpha Arietis), Alkione (Eta Tauri, der hellste Stern der Plejaden), Aldebaran (Alpha Tauri), Elnath (Beta Tauri), Eta Geminorum, Mü Geminorum, Alhena (Gamma Geminorum), Epsilon Geminorum, Kastor (Alpha Geminorum), Pollux (Beta Geminorum), der Sternhaufen M44 (Praesepe) im Krebs, Regulus (Alpha Leonis), Porrima (Gamma Virginis), Spika (Alpha Virginis), Zuben-el-dschenubi (Alpha2 Librae), Akrab (Beta Scorpii), Antares (Alpha Scorpii), Nunki (Sigma Sagittarii), Beta Capricorni und Delta Capricorni.

Bedeckungen und Transite

Bei einer Konjunktion zwischen zwei Himmelskörpern kann der gegenseitige Winkelabstand der beiden Objekte so gering sein, daß der eine Körper ganz oder teilweise vor den anderen vorbeizieht. In diesem Fall tritt eine Bedeckung oder ein Transit ein.
Bei einem Transit hat der Himmelskörper im Vordergrund einen kleineren Winkeldurchmesser als der Himmelskörper im Hintergrund, während man im umgekehrten Fall und im Fall von ähnlichen Winkeldurchmessern von einer Bedeckung spricht.
Ersteres ist der Fall, wenn Merkur oder Venus vor der Sonne vorbeiziehen, weshalb man hier von Transiten spricht. Ziehen der Mond oder ein Planet vor einen anderen Planeten oder einen Stern vorbei, so bezeichnet man dies als Bedeckung. Eine Bedeckung der Sonne durch den Mond wird als Sonnenfinsternis bezeichnet.

Opposition

Steht ein Himmelskörper einem anderen Himmelskörper am Himmel gegenüber, so steht er in Opposition zu diesem. In der Praxis ist nur die Opposition eines Himmelsobjekts zur Sonne von Interesse, weil er dann die ganze Nacht über zu sehen ist und am hellsten ist. Außerdem ist er dann mit Ausnahme des Mondes der Erde am nächsten, weshalb die Oppositionszeit die günstigste Zeit zur Beobachtung darstellt.

Größte Elongation

Die inneren Planeten Merkur und Venus können für einen irdischen Beobachter nie in Opposition zur Sonne stehen. Ihre beste Sichtbarkeit erreichen diese Planeten, wenn sie in größter Elongation stehen, wobei eine östliche Elongation Abendsichtbarkeit und eine westliche Elongation Morgensichtbarkeit ergibt.
Der Wert der größten Elongation fällt beim Planeten Merkur sehr unterschiedlich aus, weil seine Bahn stark elliptisch ist. Je nach seiner Entfernung zur Sonne schwankt er zwischen 17,9° und 27,9°.

Die größten Sonnenabstände werden bei westlichen Elongationen im
Frühling und bei östlichen Elongationen im Sommer und Herbst erreicht.
Leider steht er dann südlich der Sonne, weshalb er bei diesen
Gelegenheiten in unseren Breiten nicht freiäugig beobachtet werden kann.
Westliche Elongationen im Herbst und östliche Elongationen im Frühling
liefern Beobachtern in nördlichen gemäßigten Breiten trotz ihres bedeutend
kleineren Wertes gute Bedingungen zur Beobachtung des innersten
Planeten, da er nördlich der Sonne steht. Der Wert der größten Elongation
der Venus schwankt, weil die Venusbahn fast kreisförmig ist, nur wenig
zwischen 45,4° und 47,3°. Wegen dieses bedeutend größeren Abstands
und ihrer großen Helligkeit kann sie bei jeder größten Elongation gut
beobachtet werden.

Himmlische Periodizitäten

Zahlreiche astronomische Ereignisse wiederholen sich nach einer
bestimmten Zeit in ähnlicher Form, weil manche Planeten nach einer
bestimmten Anzahl von Jahren wieder mehr oder minder genau die
gleiche Stellung zur Erde einnehmen. Dies ist dann der Fall, wenn
ein Ganzzahlig-Vielfaches der synodischen Periode eines Planeten,
also dem Zeitraum, nach dem er wieder die gleiche Position zu Erde
und Sonne einnimmt, mehr oder minder genau einer ganzen Zahl
von Jahren entspricht. Die synodische Periode ist nicht identisch mit
der Umlaufzeit um die Sonne und auch keine Konstante, weil
Planetenbahnen keine Kreise, sondern Ellipsen sind, auf denen sie
mit unterschiedlicher Geschwindigkeit entlang wandern. Trotzdem
funktioniert die Wiederholung von Stellungen nach gewissen Jahren
bei den Planeten mehr oder minder gut, wie folgende Beispiele zeigen.

Merkur

Die mittlere synodische Umlaufzeit des Planeten Merkur beträgt 115,88
Tage. 41 synodische Umläufe des Planeten Merkur dauern 4751,08 Tage,
das sind 13 Jahre + 3 Tage, was zur Folge hat, das nach dieser Zeit Merkur
wieder die gleiche Stellung zur Erde einnimmt. Nach 145 mittleren
synodischen Umläufen (16802,6 Tagen = 46 Jahren bei 11 Schalttagen +
1,6 Tagen) ergibt sich eine zweite, bessere Periodizität der
Merkursichtbarkeiten. Eine dritte Wiederholung folgt nach 249 mittleren
synodischen Umläufen (28854,1 Tage = 79 Jahre bei 19 Schalttagen + 0,12
Tage).

Die folgende Tabelle veranschaulicht anhand einer unteren Konjunktion mit
Transit diesen Sachverhalt:

Datum	Ereignis	Winkelabstand vom Sonnenmittelpunkt
7.5.2003 7:14:42	Merkur in unterer Konjunktion zur Sonne, Transit	12'
9.5.2016 15:06:18	Merkur in unterer Konjunktion zur Sonne, Transit	-5,4'
7.5.2049 13:55:41	Merkur in unterer Konjunktion zur Sonne, Transit	8,7'
5.5.2082 13:12:00	Merkur in unterer Konjunktion zur Sonne	22'

Wie man sieht, treten Abweichungen auf. Diese sind auf dem Umstand
zurückzuführen, daß zwischen 2003 und 2049 12 bzw. zwischen 2003 und
2082 20 Schalttage existieren und daß die Merkurbahn stark exzentrisch ist.
Nach 13, 46 und 79 Jahren wiederholen sich auch ähnliche Konjunktionen
zwischen Merkur und einem Fixstern, wie man nachfolgender Tabelle
entnehmen kann.

Datum	Ereignis	Elongation
10.9.1991 9:56:51	Merkur 17' nördlich Regulus	17,5°
10.9.2004 5:28:41	Merkur 3' südlich Regulus	17,9°
10.9.2017 12:22:18	Merkur 35' südlich Regulus	17,7°
10.9.2037 7:20:01	Merkur 15' nördlich Regulus	17,6°
10.9.2070 4:38:33	Merkur 28' nördlich Regulus	17°

Venus

Ihre mittlere synodische Umlaufzeit beträgt 583,92 Tage. 5 mittlere
synodische Umläufe dauern 2919,6 Tage, daß sind 8 Jahre – 2 Tage
bei 2 Schalttagen im Intervall. Somit erfolgt nach 8 Jahren eine ähnliche
Stellung der Venus zur Erde. Eine noch genauere Wiederholung der
Sichtbarkeiten erfolgt nach 152 synodischen Umläufen (88755.84 Tagen),
was 243 Jahren (mit 60 Schalttagen) + 0,84 Tagen entspricht.
Die Ähnlichkeit der Stellung nach 8 Jahren wird mit diesen Werten
veranschaulicht

Datum	Ereignis	Winkelabstand vom Sonnenmittelpunkt
10.6.1996 16:13:35	Venus in unterer Konjunktion zur Sonne	-30'
8.6.2004 8:38:08	Venus in unterer Konjunktion zur Sonne, Transit	-11'
6.6.2012 1:04:03	Venus in unterer Konjunktion zur Sonne, Transit	9,4'
3.6.2020 17:38:45	Venus in unterer Konjunktion zur Sonne	29'

Man sieht, daß nach 8 Jahren die gleiche Stellung um ca. 2 Tage und 7,5 Stunden verfrüht eintritt.

Bei Fixsternkonjunktionen erfolgt die Wiederholung nach 8 Jahren noch viel besser, wenn diese zwischen der größten Elongation und der oberen Konjunktion stattfindet, wie folgende Tabelle zeigt.

Datum	Ereignis	Elongation
2.10.2028 15:12:57	Venus 3,4' südlich Regulus	39,7°
2.10.2036 6:37:27	Venus 1,5' südlich Regulus	39,3°
1.10.2044 21:58:02	Venus 14" nördlich Regulus, Bedeckung	38,9°

Findet die Fixsternkonjunktion zwischen größter Elongation und unterer Konjunktion statt, so sind die Abweichungen im Verlauf einer Serie größer, denn eine Serie endet bzw. beginnt mit Konjunktionen in zeitlicher Nähe zur unteren Konjunktion. Dies erkennt man an folgender Serie, welche 2007 endete.

Datum	Ereignis	Elongation
7.7.1959 14:31:35	Venus 15" südlich Regulus, Bedeckung	44,5°
8.7.1967 4:45:21	Venus 11' südlich Regulus	44°
8.7.1975 22:55:21	Venus 23' südlich Regulus	43,3°
9.7.1983 23:10:36	Venus 39' südlich Regulus	42,4°
11.7.1991 7:37:10	Venus 60' südlich Regulus	41,2°
13.7.1999 6:38:50	Venus 1,5° südlich Regulus	39,4°
16.7.2007 14:34:54	Venus 2,3° südlich Regulus	36,2°

Im Zeitraum zwischen 1959 und 2007 fanden in achtjährigem Abstand dreimalige Konjunktion zwischen Venus und Regulus statt.

Der Zyklus der zweiten Konjunktion, bei der Venus rückläufig an Regulus vorbeiwandert reicht nur von 1959 bis 2007 und zeigt eine sehr schlechte Wiederholung. Allerdings waren die Ereignisse dieser Serie nicht oder nur schlecht beobachtbar.

Datum	Ereignis	Elongation
11.9.1959 3:31:17	Venus 9,3° südlich Regulus	17,2°
3.9.1967 23:59:59	Venus 9,6° südlich Regulus	11,4°
28.8.1975 19:16:19	Venus 9,6° südlich Regulus	5,4°
22.8.1983 21:23:25	Venus 9,2° südlich Regulus	0,6°
16.8.1991 23:43:53	Venus 8,6° südlich Regulus	6,1°
10.8.1999 15:47:55	Venus 7,6° südlich Regulus	12,2°
3.8.2007 3:17:58	Venus 6,3° südlich Regulus	19,5°

Der Zyklus der dritten Konjunktion, der 1959 startete und bei dem die Venus wie bei der ersten Konjunktion rechtläufig an Regulus vorbeizog, zeigt ein ähnliches Verhalten wie der Zyklus der ersten Konjunktion, allerdings natürlich zeitlich gespiegelt. Nach dem Auslaufen der Serie der ersten und zweiten Konjunktion im Jahr 2007 wird er die Konjunktionenserie fortführen.

Datum	Ereignis	Elongation
1.10.1959 8:02:53	Venus 5,7° südlich Regulus	36,4°
4.10.1967 5:22:23	Venus 4,8° südlich Regulus	39,4°
6.10.1975 0:07:16	Venus 4,2° südlich Regulus	41,3°
7.10.1983 6:27:43	Venus 3,8° südlich Regulus	42,6°
8.10.1991 4:34:12	Venus 3,4° südlich Regulus	43,6°
8.10.1999 21:41:13	Venus 3,1° südlich Regulus	44,3°
9.10.2007 10:47:47	Venus 2,8° südlich Regulus	44,9°

Mars

Seine synodische Umlaufzeit beträgt 779,94 Tage. Nach 15 Jahren (5478 Tagen bei 3 Schalttagen) und 7 synodischen Umläufen (5459.58 Tagen) wiederholen sich erstmals ähnliche Sichtbarkeiten, allerdings um (im Mittel) 18,42 Tage verfrüht. Eine etwas bessere Wiederholung ergibt sich nach 32 Jahren (11688 Tagen bei 8 Schalttagen) und 15 synodischen Umläufen

(11699,1 Tagen). Dann erfolgt das Ereignis um (im Mittel) 11 Tage verspätet.

Nach 47 Jahren (17166 Tagen bei 11 Schalttagen) und 22 synodischen Umläufen (17158,68 Tagen) ist die Zeitdifferenz zwischen gleichen Stellungen nur noch -7 Tage und nach 79 Jahren (28854 Tagen bei 19 Schalttagen) und 37 synodischen Umläufen (28857.88 Tagen) beträgt die Differenz zwischen gleichen Stellungen nur noch im Mittel +3,78 Tagen. Allerdings sind diese Werte gemittelt und hängen stark davon ab, ob Mars sich im sonnenfernsten Punkt (Aphel) oder im sonnennächsten Punkt (Perihel) befindet. Die folgende Tabelle zeigt die Unterschiede der Oppositionstermine nach oben genannten Jahresdifferenzen für eine Aphelopposition:

| 25.2.1980 5:35:54 |
| 12.2.1995 2:24:55 |
| 3.3.2012 20:03:56 |
| 19.2.2027 15:44:35 |
| 27.2.2059 5:25:00 |

für eine Perihelopposition ergeben sich folgende Unterschiede der Oppositionstermine nach obigen Jahresintervallen:

| 28.8.2003 17:52:39 |
| 27.7.2018 5:07:12 |
| 15.9.2035 19:32:55 |
| 14.8.2050 7:45:47 |
| 1.9.2082 17:33:50 |

Jupiter

Die synodische Umlaufzeit des größten Planeten beträgt 398,88 Tage. Nach 12 Jahren (4383 Tagen bei 3 Schalttagen) und 11 synodischen Perioden (4387,68 Tagen) wiederholen sich ähnliche Stellungen, allerdings um 4 bis 5 Tage verspätet. Nach 83 Jahren (30315 Tagen bei 20 Schalttagen) und 76 synodischen Umläufen (30314,88 Tagen) erfolgt eine fast exakte Wiederholung der Stellung Jupiters zur Erde, was auch in folgender Tabelle der Jupiteroppositionen von 2016, 2028 und 2099 gezeigt werden kann.

8.3.2016 10:46:39		
12.3.2028 15:26:31		
8.3.2099 14:06:57		

Nach 12 und 83 Jahren finden auch ähnliche Konjunktionen mit Fixsternen statt, doch weicht der Zeitpunkt trotz des ähnlichen Oppositionszeitpunkts relativ stark vom Vorgängerwert ab, weil Jupiter sich relativ langsam am Himmel bewegt.

Datum	Ereignis	Elongation
26.9.1979 12:08:49	Jupiter 20' nördlich Regulus	33,3°
10.9.1991 7:20:56	Jupiter 21' nördlich Regulus	17,4°
1.10.2062 15:39:41	Jupiter 20' nördlich Regulus	38,1°

Saturn

Saturns synodische Umlaufzeit hat einen Wert von 378,09 Tagen.
Nach 59 Jahren (21549 Tagen bei 14 Schalttagen), also 57 synodischen Perioden (21551,13 Tagen) wiederholen sich seine Stellungen mit einer Differenz von +2 Tagen, was gut veranschaulicht werden kann, wenn man die Oppositionstermine von 2018 und 2077 vergleicht.

27.6.2018 13:16:0	
29.6.2077 0:03:10	

Uranus

Seine synodische Periode beträgt 369,66 Tage. Nach 84 Jahren (30681 Tagen bei 21 Schalttagen), das sind fast 83 synodischen Perioden (30681,78 Tagen) erfolgt eine Wiederholung der Sichtbarkeit mit einer Differenz unter 1 Tag, was man auch gut erkennt, wenn man entsprechende Oppositionstermine vergleicht.

12.10.2015 3:36:04	
12.10.2099 16:17:11	

Neptun

Neptuns synodische Umlaufzeit hat einen Wert von 367,49 Tagen.
Nach 164 Jahren (59901 Tagen bei 41 Schalttagen), was ungefähr 163
synodischen Perioden (59900,87 Tagen) entspricht, wiederholen sich seine
Stellungen zur Erde.
Der Vergleich der Oppositionstermine von 1930 und 2094 zeigt dies deutlich

21.2.1930 13:24:28
20.2.2094 21:38:43

Zusammengesetzte Perioden

Wenn das kleinste gemeinsame Vielfache der Zeiträume, nach denen sich
ähnliche Stellungen wiederholen, nicht zu groß ist, dann ergeben sich auch
für die Positionen von Planeten zueinander, diverse Perioden. So
wiederholen sich nach 24 Jahren ähnliche Konjunktionen zwischen Venus
und Jupiter, nach 32 Jahren ähnliche Konjunktionen zwischen Venus und
Mars und nach 79 Jahren ähnliche Konjunktionen zwischen Merkur und
Mars. Die folgende Tabelle veranschaulicht dies für eine Konjunktionenserie
in der Nähe der oberen Konjunktion.

Datum	Ereignis	Elongation
13.11.2017 6:05:38	Venus 17' nördlich Jupiter	13,8°
17.11.2041 23:08:38	Venus 8,6' nördlich Jupiter	10,8°
22.11.2065 12:41:37	Venus 15" südlich Jupiter, Bedeckung	7,9°

Der Wert des Ereignisses verspätet sich nach 24 Jahren um etwas mehr als
4,5 Tage und die Elongation nimmt weiter ab. Ihr Wert wird wieder
zunehmen, nachdem die Serie die obere Konjunktion passiert hat. Ihr Ende
wird erfolgen, wenn sie in die Nähe der unteren Konjunktion kommt. Zuvor
werden die Unterschiede zwischen den Ereignissen immer größer. Der
folgende Zyklus, der 2060 endet, zeigt dies sehr deutlich.

Datum	Ereignis	Elongation
6.3.1988 20:25:51	Venus 2,4° nördlich Jupiter	43,2°
15.3.2012 10:42:08	Venus 3,3° nördlich Jupiter	44,6°
25.3.2036 5:47:46	Venus 4,3° nördlich Jupiter	44,8°
8.4.2060 4:42:26	Venus 5,5° nördlich Jupiter	41,7°

Die nächste Tabelle zeigt eine Serie von Konjunktionen zwischen den
Planeten Venus und Mars.

Datum	Ereignis	Elongation
18.2.1983 21:34:18	Venus 32' südlich Mars	25,4°
21.2.2015 19:43:19	Venus 28' südlich Mars	28,4°
24.2.2047 20:16:34	Venus 20' südlich Mars	31,3°

Wie man sieht, wiederholen sich diese Ereignisse nach 32 Jahren um 3
Tage verspätet, wobei sich auch die Elongation vergrößert. Der Zyklus wird
enden, wenn er sich zu sehr der unteren Konjunktion genähert hat. Gegen
Zyklusende werden auch hier die Abweichungen zum Vorläuferereignis
immer größer. Dies wird im folgenden an einem 1985 endenden Zyklus
demonstriert:

Datum	Ereignis	Elongation
9.1.1921 14:49:01	Venus 25' südlich Mars	44,4°
18.1.1953 2:02:23	Venus 12' nördlich Mars	46,3°
8.2.1985 4:12:48	Venus 2,7° nördlich Mars	44,8°

Ähnliche Konjunktionen zwischen Merkur und Mars folgen nach 79 Jahren,
wie man dieser Tabelle entnehmen kann.

Datum	Ereignis	Elongation
10.8.1921 23:58:16	Merkur 10' südlich Mars	12,9°
10.8.2000 12:56:01	Merkur 4,8' südlich Mars	12,1°
11.8.2079 1:26:15	Merkur 3" nördlich Mars, Bedeckung	11,3°

Besondere, seltene Ereignisse

Merkurdurchgang

Als innerer Planet kann Merkur vor der Sonne vorbeiziehen, was man als
Merkurdurchgang bezeichnet. Er erreicht hierbei einen Winkeldurchmesser
von 10" bis 12" und ist somit mit bloßem Auge nicht zu sehen. Zur
Beobachtung ist ein Fernrohr nötig, wobei unbedingt die nötigen
Maßnahmen für eine sichere Sonnenbeobachtung einzuhalten sind! Mit
einem langbrennweitigem Teleobjektiv und einem geeignetem Sonnenfilter

kann Merkur auch während eines Transits fotografiert werden. Mit Ausnahme des streifenden Durchgangs vom 11.5.1937, der nur auf der Südhalbkugel beobachtbar war, sind diese Ereignisse überall dort sichtbar, wo zum Zeitpunkt des Transits die Sonne über dem Horizont steht. Die folgende Tabelle listet alle derartigen Ereignisse zwischen 1900 und 2100 auf.

Datum	Minimalabstand zum Sonnenmittelpunkt
14.11.1907 12:18:45	13'
7.11.1914 11:40:42	-11'
8.5.1924 1:30:34	1,5'
10.11.1927 5:35:59	-2,2'
11.5.1937 9:37:23	-16'
11.11.1940 23:23:55	6,2'
14.11.1953 17:08:39	14'
6.5.1957 0:27:14	15"
7.11.1960 16:33:24	-8,9'
9.5.1970 8:15:09	-1,9'
10.11.1973 10:25:34	-30"
13.11.1986 4:12:51	7,9'
6.11.1993 3:27:13	-16'
15.11.1999 21:58:46	16'
7.5.2003 7:14:42	12'
8.11.2006 21:24:46	-7,1'
9.5.2016 15:06:18	-5,4'
11.11.2019 15:16:07	1,3'
13.11.2032 9:02:45	9,6'
7.11.2039 8:20:27	-14'
7.5.2049 13:55:41	8,7'
9.11.2052 2:16:46	-5,4'
10.5.2062 21:56:02	-8,8'
11.11.2065 20:06:06	3'
14.11.2078 13:53:28	11'
7.11.2085 13:12:24	-12'
8.5.2095 20:47:41	5,3'
10.11.2098 7:07:45	-3,6'

Venusdurchgang

Wenn Venus vor der Sonne vorbeizieht, beträgt ihr Winkeldurchmesser ca. 60" und sie ist schon mit bloßem Auge als schwarzer Punkt vor ihr zu sehen, wobei natürlich die einschlägigen Vorsichtsmaßnahmen zu beachten sind. Die einzigen Venusdurchgänge im Zeitraum zwischen 1900 und 2100 fanden am 8. Juni 2004 und am 6. Juni 2012 statt. Die nächsten Venustransite erfolgen erst wieder am 11.12.2117 und am 8.12.2125. Im Unterschied zu anderen seltenen astronomischen Ereignissen zeigen Venusdurchgänge eine hohe Periodizität: auf den ersten Durchgang im Juni folgt nach 8 Jahren ein zweiter Durchgang im Juni. Nach einer Pause von 105,5 Jahren ereignet sich im Dezember ein Venustransit, den nach weiteren 8 Jahren ein weiterer Transit im Dezember folgt. Nach weiteren 121,5 Jahren findet wieder ein Venusdurchgang im Juni statt, womit dieser Zyklus wieder von vorne beginnt. Allerdings gilt diese Regel nur für den Zeitraum zwischen 1500 und 3000. Außerhalb dieses Zeitraums findet zeitweise an Stelle von 2 Durchgängen im Abstand von 8 Jahren, nur ein einziger, fast zentraler Transit statt.

Sternbedeckungen durch Planeten

Sternbedeckungen durch Planeten gehören zu den seltensten astronomischen Ereignissen überhaupt. Um dies zu verstehen, wird zuerst einmal untersucht, welcher der ausgewählten 19 ekliptiknahen Fixsterne überhaupt von welchen Planeten bedeckt werden kann.
Wie man der nachfolgenden Tabelle entnehmen kann, können nur manche Planeten einige dieser Sterne bedecken.

Stern	Merkur	Venus	Mars	Jupiter	Saturn	Uranus	Neptun
Hamal	-	-	-	-	-	-	-
Alkione	-	+	-	-	-	-	-
Aldebaran	-	-	-	-	-	-	-
Elnath	-	-	-	-	-	-	-
Eta Gemi-norum	+	+	-	-	+	-	-
Mü Gemi-orum	+	+	-	-	+	-	-
Alhena	-	-	-	-	-	-	-
Epsilon Geminorum	+	+	+	-	-	-	-

Stern	Merkur	Venus	Mars	Jupiter	Saturn	Uranus	Neptun
Kastor	-	-	-	-	-	-	-
Pollux	-	-	-	-	-	-	-
Regulus	+	+	-	-	-	-	-
Porrima	-	-	+	-	-	-	-
Spika	+	+	-	-	-	-	-
Zuben-el-dschenubi	+	+	+	-	-	-	-
Akrab	+	+	+	+	-	-	-
Antares	-	+	-	-	-	-	-
Nunki	-	+	+	-	-	-	-
Beta Capricorni	-	+	-	-	-	-	-
Delta Capricorni	-	-	+	-	-	-	-

Bedeckungsmöglichkeit der in diesem Werk aufgeführten 19 Fixsterne im Zeitraum von 1900 bis 2100.
Ein "+" bedeutet Bedeckung möglich, ein "-" heißt Bedeckung nicht möglich.

Da die Bahnelemente der Planeten nicht fix sind, sondern sich im Laufe der Zeit verändern, konnten die Planeten in ferner Vergangenheit andere Sterne als heute bedecken und werden auch in ferner Zukunft dies wieder tun.
Eine Möglichkeit zur Bedeckung heißt aber nicht, daß sie auch stattfindet.
Im Zeitraum von 1900 bis 2100 finden nur die in der folgenden Liste aufgeführten Bedeckungen der oben erwähnten 19 ekliptiknahen Sterne statt.

Datum	Ereignis	Elongation
9.12.1906 17:28:00	Venus bedeckt Akrab	14,9°
27.7.1910 2:48:48	Venus bedeckt Eta Geminorum	31°
10.6.1940 2:20:08	Merkur bedeckt Epsilon Geminorum	20,2°
25.10.1947 1:37:33	Venus bedeckt Zuben-el-dschenubi	13,5°
7.7.1959 14:31:35	Venus bedeckt Regulus	44,5°
13.5.1971 20:03:44	Jupiter bedeckt Akrab	169,6°
8.4.1976 0:47:05	Mars bedeckt Epsilon Geminorum	81,3°
17.11.1981 15:34:32	Venus bedeckt Nunki	47°
1.10.2044 21:58:02	Venus bedeckt Regulus	38,9°
10.11.2052 7:01:47	Merkur bedeckt Zuben-el-dschenubi	2,8°
11.12.2065 17:27:04	Merkur bedeckt Akrab	16,1°

Datum	Ereignis	Elongation
14.12.2084 23:23:30	Venus bedeckt Akrab	19,6°

Wie selten derartige Ereignisse sind, veranschaulicht auch der Umstand, daß die vorletzte Bedeckung von Regulus durch Venus am 11.9.1128 erfolgte und die übernächste erst am 22.7.3126 stattfinden wird.

Gegenseitige Bedeckungen von Planeten

Ähnlich selten wie Sternbedeckungen durch Planeten sind gegenseitige Bedeckungen von Planeten. Hierzu trägt aber auch der Umstand bei, daß wir zur Zeit in der längsten Pause zwischen derartigen Ereignissen der letzten und nächsten Jahrtausende leben.

Die letzte Bedeckung eines Planeten durch einen anderen erfolgte am 3. Januar 1818 als Venus vor Jupiter vorbeizog, die nächste wird erst am 22. November 2065 erfolgen, wenn sich die Venus wieder vor dem Jupiter schiebt. Dann werden noch einige weitere Ereignisse dieser Art bis zum Jahr 2100 folgen, die allesamt wegen ihrer geringen Sonnenelongation nicht oder nur schwer beobachtbar sein dürften.

Datum	Ereignis	Elongation
22.11.2065 12:41:37	Venus bedeckt Jupiter	7,9°
15.7.2067 11:53:22	Merkur bedeckt Neptun	18,4°
11.8.2079 1:26:15	Merkur bedeckt Mars	11,3°
27.10.2088 13:40:31	Merkur bedeckt Jupiter	4,7°
7.4.2094 10:42:07	Merkur bedeckt Jupiter	1,8°

Große und größte Konjunktionen

Etwa alle 20 Jahre überholt der Planet Jupiter den Planeten Saturn und man beobachtet von der Erde eine Konjunktion zwischen beiden. Dieses Ereignis wird als „Große Konjunktion" bezeichnet.

Manchmal kommt es hierbei vor, daß der Überholvorgang zwischen Jupiter und Saturn nahe zum Oppositionszeitpunkt beider Planeten stattfindet. In diesem Fall kommt es binnen weniger Monate zu drei Konjunktionen zwischen den Planeten Jupiter und Saturn. Man bezeichnet eine derartige dreifache Konjunktion zwischen Jupiter und Saturn als „Größte Konjunktion". Ein derartiges Ereignis ist sehr selten: im Zeitraum von 1900 bis 2100 fand sie nur 1940/41 und 1981 statt. Die nächste dreifache Konjunktion zwischen Jupiter und Saturn ist 2238/39, die vorvorletzte fand 1820 statt.

Große Konjunktionen 1900-2100

Datum und Uhrzeit (WZ)	Ereignis	Elongation
28.11.1901 5:52:04	Jupiter 27' südlich Saturn	38,6°
14.9.1921 16:15:23	Jupiter 1° südlich Saturn	6,2°
18.2.1961 14:27:51	Jupiter 14' südlich Saturn	34,6°
31.5.2000 10:11:29	Jupiter 1,2° nördlich Saturn	16,9°
21.12.2020 13:23:31	Jupiter 6,3' südlich Saturn	30,3°
5.11.2040 12:56:27	Jupiter 1,2° südlich Saturn	24,8°
10.4.2060 8:46:50	Jupiter 1,1° nördlich Saturn	39,8°
15.3.2080 8:03:18	Jupiter 6,3' nördlich Saturn	43,7°
24.9.2100 1:17:32	Jupiter 1,3° südlich Saturn	25,1°

Größte Konjunktionen 1900-2100

Datum und Uhrzeit (WZ)	Ereignis	Elongation
15.8.1940 13:08:54	Jupiter 1,2° nördlich Saturn	97,5°
11.10.1940 23:34:16	Jupiter 1,3° nördlich Saturn	155°
20.2.1941 19:01:48	Jupiter 1,4° nördlich Saturn	67,8°

Datum und Uhrzeit (WZ)	Ereignis	Elongation
14.1.1981 7:42:28	Jupiter 1,1° südlich Saturn	103,9°
19.2.1981 7:28:12	Jupiter 1,1° südlich Saturn	141,2°
30.7.1981 21:25:37	Jupiter 1,2° südlich Saturn	57,9°

Andere dreifache Konjunktionen

Jupiter und Saturn sind nicht die einzigen Planeten, die während einer Oppositionsperiode dreimal in Konjunktion zueinander stehen können. Auch zwischen den anderen äußeren Planeten sind derartige Begegnungen möglich, wenn deren Oppositionszeitpunkte nahe beieinander liegen. Ist einer der beiden Partner Uranus oder Neptun, so erhält man eine gute Gelegenheit diese lichtschwachen Objekte aufzusuchen.

Mars-Jupiter

Die einzige dreifache Konjunktion zwischen Mars und Jupiter im Zeitraum
von 1900 bis 2100 fand 1979/80 statt. Die vorletzte ereignete sich 1836/37,
die nächste 2123.
In seltenen Fällen können derartige Konjunktionen im Abstand von nur 2
Jahren statt finden. Zuletzt erfolgte dies 927 und 929, das nächste Mal wird
dies 2742 und 2744 eintreten.

Datum und Uhrzeit (WZ)	Ereignis	Elongation
13.12.1979 16:48:42	Mars 1,7° nördlich Jupiter	101,1°
2.3.1980 19:22:34	Mars 3,2° nördlich Jupiter	169,9°
4.5.1980 6:20:19	Mars 49' nördlich Jupiter	106,1°

Mars-Saturn

1945/46 fand die einzige dreifache Konjunktion zwischen Mars und Saturn
im Zeitraum von 1900 bis 2100 statt. Die vorletzte war 1877, die nächste
wird erst 2148/49 stattfinden.
Es ist möglich, daß zwei Jahre nach einer dreifachen Konjunktion zwischen
Mars und Saturn wieder eine solche eintritt. Zuletzt war dies 1742/43 und
1744/45 der Fall, das nächste Mal wird dies 2185 und 2187 eintreten.

Datum und Uhrzeit (WZ)	Ereignis	Elongation
26.10.1945 7:19:17	Mars 1,4° nördlich Saturn	97,7°
22.1.1946 17:06:44	Mars 4,4° nördlich Saturn	167,1°
19.3.1946 1:10:19	Mars 3° nördlich Saturn	109,7°

Mars-Uranus

Die letzten dreifachen Konjunktionen der Planeten Mars und Uranus fanden
1907, 1943/44 und 1964/65 statt. Die nächsten derartigen Ereignisse
erfolgen 2041/42 und 2063.

Datum und Uhrzeit (WZ)	Ereignis	Elon-gation
1.5.1907 22:54:21	Mars 46' südlich Uranus	117,8°
19.7.1907 19:22:00	Mars 5,3° südlich Uranus	162,8°
24.8.1907 20:35:01	Mars 4,6° südlich Uranus	128°

Datum und Uhrzeit (WZ)	Ereignis	Elon-gation
9.9.1943 11:29:34	Mars 1,2° südlich Uranus	97,1°
26.12.1943 22:24:33	Mars 2,8° nördlich Uranus	151,5°
20.1.1944 20:27:01	Mars 2,8° nördlich Uranus	125,4°

Datum und Uhrzeit (WZ)	Ereignis	Elon-gation
5.12.1964 7:33:59	Mars 1,6° nördlich Uranus	88,5°
3.4.1965 0:41:33	Mars 2,6° nördlich Uranus	147,3°
6.5.1965 14:54:41	Mars 1,1° nördlich Uranus	114,4°

Datum und Uhrzeit (WZ)	Ereignis	Elon-gation
1.11.2041 23:30:07	Mars 59' nördlich Uranus	87,3°
17.3.2042 1:41:22	Mars 3° nördlich Uranus	131,5°
18.3.2042 7:55:14	Mars 3° nördlich Uranus	130,2°

Datum und Uhrzeit (WZ)	Ereignis	Elon-gation
23.2.2063 8:10:18	Mars 1,3° nördlich Uranus	102,6°
27.5.2063 10:01:38	Mars 1,4° südlich Uranus	163,2°
17.7.2063 16:31:49	Mars 2,8° südlich Uranus	112,9°

Mars-Neptun

Das letzte dreifache Treffen beider Planeten erfolgte 1932/33. Die nächsten derartigen Ereignisse werden erst 2071/72 und 2088/89 stattfinden.

Datum und Uhrzeit (WZ)	Ereignis	Elongation
5.12.1932 7:18:53	Mars 1,6° nördlich Neptun	92,8°
11.3.1933 5:15:27	Mars 3,5° nördlich Neptun	166,4°
16.5.1933 20:07:05	Mars 47' nördlich Neptun	101,6°

Datum und Uhrzeit (WZ)	Ereignis	Elongation
8.10.2071 11:04:02	Mars 1,4° nördlich Neptun	89,9°
5.2.2072 8:47:14	Mars 4,9° nördlich Neptun	146,1°
29.2.2072 21:32:32	Mars 4,2° nördlich Neptun	121,2°

Datum und Uhrzeit (WZ)	Ereignis	Elongation
13.12.2088 22:16:00	Mars 2,9° nördlich Neptun	119,8°
4.1.2089 12:58:47	Mars 3,8° nördlich Neptun	142,2°
13.5.2089 18:23:08	Mars 1,6° nördlich Neptun	86,2°

Jupiter-Uranus

Im Zeitraum von 1900 bis 2100 ist die dreifache „Paarung" dieser Planeten mit 8 Ereignissen (1927/28, 1954/55, 1968/69, 1983, 2010/11, 2037/38, 2066 und 2093) das häufigste Ereignis dieser Art. Das war nicht immer so und wird auch in fernerer Zukunft nicht mehr so sein: so erfolgte im 19. Jahrhundert kein einziges Mal eine dreifache Konjunktion zwischen Jupiter und Uranus.

Datum und Uhrzeit (WZ)	Ereignis	Elongation
9.7.1927 15:10:07	Jupiter 38' südlich Uranus	103°
19.8.1927 5:39:19	Jupiter 50' südlich Uranus	142,5°
23.1.1928 19:55:17	Jupiter 32' südlich Uranus	57,6°

Datum und Uhrzeit (WZ)	Ereignis	Elongation
8.10.1954 3:27:05	Jupiter 21' südlich Uranus	76,9°
6.1.1955 18:28:27	Jupiter 9,2' südlich Uranus	169,6°
10.5.1955 20:59:58	Jupiter 57" südlich Uranus	64,8°

Datum und Uhrzeit (WZ)	Ereignis	Elongation
9.12.1968 8:09:39	Jupiter 31' nördlich Uranus	73,7°
15.3.1969 22:59:31	Jupiter 52' nördlich Uranus	172,9°
18.7.1969 6:09:55	Jupiter 34' nördlich Uranus	64,9°

Datum und Uhrzeit (WZ)	Ereignis	Elongation
17.2.1983 14:06:54	Jupiter 46' nördlich Uranus	79,5°
16.5.1983 13:20:16	Jupiter 50' nördlich Uranus	167,5°
24.9.1983 21:30:25	Jupiter 27' nördlich Uranus	64,5°

Datum und Uhrzeit (WZ)	Ereignis	Elongation
6.6.2010 18:34:41	Jupiter 28' südlich Uranus	75,7°
22.9.2010 19:49:28	Jupiter 53' südlich Uranus	177,8°
2.1.2011 13:42:30	Jupiter 34' südlich Uranus	75°

Datum und Uhrzeit (WZ)	Ereignis	Elongation
8.9.2037 21:53:34	Jupiter 23' südlich Uranus	53,5°
19.2.2038 13:16:31	Jupiter 3,4' südlich Uranus	139,7°
30.3.2038 22:31:26	Jupiter 1,3' südlich Uranus	99,8°

Datum und Uhrzeit (WZ)	Ereignis	Elongation
19.1.2066 3:32:25	Jupiter 42' nördlich Uranus	54,7°
27.6.2066 3:23:43	Jupiter 43' nördlich Uranus	146,5°
19.8.2066 10:09:27	Jupiter 32' nördlich Uranus	94,9°

Datum und Uhrzeit (WZ)	Ereignis	Elongation
16.5.2093 19:44:14	Jupiter 22' südlich Uranus	59,8°
27.10.2093 14:58:20	Jupiter 48' südlich Uranus	139,1°
30.11.2093 15:49:07	Jupiter 40' südlich Uranus	104,4°

Jupiter-Neptun

Dreifache Treffen zwischen diesen beiden Planeten finden im Zeitraum von 1900 bis 2100 fünfmal statt (1919/20, 1971, 2009, 2047/48 und 2085/86).

Datum und Uhrzeit (WZ)	Ereignis	Elongation
23.9.1919 3:24:43	Jupiter 31' nördlich Neptun	48,3°
13.3.1920 3:36:41	Jupiter 58' nördlich Neptun	136,6°
20.4.1920 3:10:19	Jupiter 55' nördlich Neptun	98,8°

Datum und Uhrzeit (WZ)	Ereignis	Elongation
2.2.1971 11:52:14	Jupiter 45' südlich Neptun	70,1°
20.5.1971 18:39:02	Jupiter 44' südlich Neptun	176,8°
17.9.1971 23:07:05	Jupiter 1,1° südlich Neptun	66,3°

Datum und Uhrzeit (WZ)	Ereignis	Elongation
25.5.2009 12:11:24	Jupiter 24' südlich Neptun	98°
13.7.2009 19:36:31	Jupiter 37' südlich Neptun	145,6°
20.12.2009 4:45:27	Jupiter 34' südlich Neptun	55,7°

Datum und Uhrzeit (WZ)	Ereignis	Elongation
24.7.2047 4:00:15	Jupiter 41' nördlich Neptun	69,7°
15.11.2047 13:12:35	Jupiter 35' nördlich Neptun	176,5°
26.2.2048 17:52:26	Jupiter 57' nördlich Neptun	71,2°

Datum und Uhrzeit (WZ)	Ereignis	Elongation
30.10.2085 19:28:11	Jupiter 30' nördlich Neptun	81,7°
13.1.2086 11:08:33	Jupiter 45' nördlich Neptun	158°
8.6.2086 12:02:50	Jupiter 44' nördlich Neptun	55,9°

Saturn-Uranus

Zweimal (1988 und 2079) kommt es im Zeitraum von 1900 bis 2100 zu einer dreifachen Begegnung dieser Planeten.

Datum und Uhrzeit (WZ)	Ereignis	Elongation
13.2.1988 0:20:20	Saturn 1,3° nördlich Uranus	53,6°
27.6.1988 2:37:12	Saturn 1,3° nördlich Uranus	173°
18.10.1988 2:15:41	Saturn 1,1° nördlich Uranus	62,9°

Datum und Uhrzeit (WZ)	Ereignis	Elongation
28.2.2079 16:45:32	Saturn 27' nördlich Uranus	40,3°
29.8.2079 1:04:38	Saturn 14' nördlich Uranus	142,4°
23.10.2079 7:13:34	Saturn 9,8' nördlich Uranus	87,7°

Saturn-Neptun

Dreimalige Treffen der Planeten Saturn und Neptun im Zeitraum von 1900 bis 2100 ereignen sich 1952/53, 1989 und 2025/26.

Datum und Uhrzeit (WZ)	Ereignis	Elongation
18.11.1952 1:15:11	Saturn 43' nördlich Neptun	33°
31.5.1953 13:43:27	Saturn 1° nördlich Neptun	131,1°
10.7.1953 21:07:52	Saturn 53' nördlich Neptun	92,5°

Datum und Uhrzeit (WZ)	Ereignis	Elongation
3.3.1989 1:29:37	Saturn 14' südlich Neptun	60,5°
24.6.1989 16:53:46	Saturn 18' südlich Neptun	171,9°
12.11.1989 20:37:36	Saturn 30' südlich Neptun	49,9°

Datum und Uhrzeit (WZ)	Ereignis	Elongation
29.6.2025 7:58:35	Saturn 59' südlich Neptun	95,7°
6.8.2025 10:15:49	Saturn 1,1° südlich Neptun	132,3°
16.2.2026 3:31:41	Saturn 55' südlich Neptun	32,8°

Dreifache Konjunktionen mit inneren Planeten

Dreifache Konjunktionen zwischen einen inneren Planeten und einen
äußeren Planeten finden statt, wenn der äußere Planet seine Konjunktion
zur Sonne in zeitlicher Nähe zur unteren Konjunktion eines inneren Planeten
erreicht. Hierbei kann der zeitliche Abstand zwischen beiden Ereignissen im
Fall von Mars und Venus einige Monate betragen, weshalb dreifache
Konjunktionen zwischen diesen beiden Planeten ziemlich häufig sind.
Aber auch die anderen, dreifachen Konjunktionen zwischen äußeren und
inneren Planeten sind häufiger als solche zwischen äußeren Planeten.
Dreifache Konjunktionen zwischen Merkur und Venus finden fast jedes Mal
statt, wenn die Venus ihre obere Konjunktion durchläuft. Sie können auch
eintreten, wenn beide Planeten fast zeitgleich ihre untere Konjunktion
erreichen.
In vielen Fällen ist sowohl bei einer dreifachen Konjunktion zwischen Merkur
und Venus als auch zwischen einen inneren und einen äußeren Planeten
die zweite Konjunktion nicht beobachtbar, weil diese zu einer Zeit stattfindet,
zu der beide Planeten eine zu geringe Elongation haben.

Auflistung der planetaren Ereignisse von 1900 bis 2101

In der folgenden Liste sind alle Konjunktionen der Planeten untereinander,
mit der Sonne und den im vorhergehenden Kapitel erwähnten, 20 ekliptiknahen, stellaren Objekten von 1900 bis 2101 aufgelistet. Alle Werte wurden
nach der VSOP87-Theorie berechnet.
Die Konjunktionen der Planeten untereinander und mit ekliptiknahen,
stellaren Objekten sind Konjunktionen in Rektaszension bezogen auf das
aktuelle Äquinoktium, die Konjunktionen mit der Sonne, Konjunktionen in
ekliptikaler Länge ebenfalls bezogen auf das aktuelle Äquinoktium.
Als Abstand ist der Winkelabstand zwischen den Mittelpunkten beider
Objekte angegeben. Des Weiteren finden sich in der Liste alle Termine der
Oppositionen (für äußere Planeten), der größten Elongationen (für Merkur
und Venus) und dem Beginn und Ende von Planetenschleifen. Bei allen
Konjunktionen ist ein Elongationswert angegeben. Er gibt den Winkelabstand des Himmelskörpers mit der kleinsten Elongation zum Sonnenmittel-
punkt an.
Bei Konjunktionen mit der Sonne bedeutet ein "– " vor dem Elongationswert,
daß der Planet südlich der Sonne vorbeizieht und ein fehlendes Vorzeichen
eine nördliche Passage. Tritt bei einer Konjunktion ein Transit oder eine Bedeckung auf, so wird dies durch das entsprechende Wort gekennzeichnet.

1900

Datum und Uhrzeit (WZ)	Ereignis	Elongation
4.1.1900 13:54:11	Jupiter 12' südlich Akrab	42°
8.1.1900 1:23:57	Merkur 51' südlich Saturn	18,8°
13.1.1900 23:04:36	Venus 59' nördlich Delta Capricorni	28,9°
16.1.1900 5:19:09	Mars in Konjunktion zur Sonne	-1°
16.1.1900 17:14:07	Merkur 2,6° nördlich Nunki	15°
23.1.1900 12:39:38	Mars 5,8° südlich Beta Capricorni	2°
29.1.1900 10:18:44	Merkur 6,6° südlich Beta Capricorni	7,9°
3.2.1900 13:38:14	Merkur 1° südlich Mars	4,4°
7.2.1900 18:21:45	Jupiter 5,5° nördlich Antares	70,3°
9.2.1900 20:30:08	Merkur in oberer Konjunktion zur Sonne	-2°
10.2.1900 18:49:15	Merkur 37' nördlich Delta Capricorni	2,1°
19.2.1900 14:50:39	Mars 1,6° nördlich Delta Capricorni	7,9°
5.3.1900 14:06:24	Neptun stationär, dann rechtläufig	
8.3.1900 11:05:00	Merkur in größter westlicher Elongation zur Sonne	18,3°
13.3.1900 5:24:49	Venus 9,7° südlich Hamal	40,7°
15.3.1900 3:26:54	Merkur stationär, dann rückläufig	
17.3.1900 17:27:59	Uranus stationär, dann rückläufig	
25.3.1900 3:13:05	Merkur in unterer Konjunktion zur Sonne	3,1°
27.3.1900 22:01:23	Jupiter stationär, dann rückläufig	
3.4.1900 15:03:32	Merkur 2,1° nördlich Mars	16,1°
4.4.1900 12:28:38	Venus 1,8° südlich Alkione	43,9°
6.4.1900 13:44:38	Merkur stationär, dann rechtläufig	
14.4.1900 5:52:16	Saturn stationär, dann rückläufig	
15.4.1900 4:16:13	Venus 8,4° nördlich Aldebaran	43,9°
22.4.1900 2:39:00	Merkur in größter westlicher Elongation zur Sonne	27,3°
26.4.1900 6:33:45	Venus 2,1° südlich Elnath	45,6°
29.4.1900 4:08:00	Venus in größter östlicher Elongation zur Sonne	45,6°
30.4.1900 13:34:16	Venus 4,6° nördlich Neptun	45,3°
4.5.1900 3:46:57	Merkur 2,2° südlich Mars	23,2°
7.5.1900 20:08:00	Venus 4,4° nördlich Eta Geminorum	45,3°
9.5.1900 21:06:51	Venus 4,4° nördlich Mü Geminorum	45,1°
12.5.1900 0:43:49	Merkur 13° südlich Hamal	17,6°
13.5.1900 19:47:52	Venus 10,3° nördlich Alhena	44,7°
15.5.1900 10:17:02	Venus 1,4° nördlich Epsilon Geminorum	44,5°
16.5.1900 2:20:16	Jupiter 5,6° nördlich Antares	165,7°
20.5.1900 11:43:35	Mars 11,3° südlich Hamal	24,7°
25.5.1900 7:49:59	Merkur 4,4° südlich Alkione	6°
27.5.1900 19:05:46	Jupiteropposition	
30.5.1900 6:46:09	Merkur in oberer Konjunktion zur Sonne	36'
30.5.1900 17:12:40	Merkur 6,2° nördlich Aldebaran	0,9°
1.6.1900 11:13:02	Uranusopposition	
1.6.1900 18:30:19	Venus 7,6° südlich Kastor	39,2°

Datum und Uhrzeit (WZ)	Ereignis	Elongation
5.6.1900 0:27:32	Merkur 4° südlich Elnath	7,2°
7.6.1900 14:58:28	Merkur 2,9° nördlich Neptun	10°
8.6.1900 9:57:14	Venus 4,9° südlich Pollux	35,3°
10.6.1900 9:17:52	Merkur 2,8° nördlich Eta Geminorum	13,1°
11.6.1900 7:37:24	Merkur 2,8° nördlich Mü Geminorum	14°
13.6.1900 2:12:20	Merkur 8,8° nördlich Alhena	15,8°
13.6.1900 19:14:06	Merkur 3,2' südlich Epsilon Geminorum	16,4°
16.6.1900 2:28:19	Venus stationär, dann rückläufig	
18.6.1900 11:08:07	Neptun in Konjunktion zur Sonne	-1,2°
20.6.1900 12:41:30	Merkur 8,4° südlich Kastor	21,5°
22.6.1900 4:27:58	Merkur 5,1° südlich Pollux	22,5°
22.6.1900 9:38:37	Merkur 2,3° nördlich Venus	22,6°
23.6.1900 14:06:16	Venus 7,7° südlich Pollux	21,2°
23.6.1900 17:22:37	Saturnopposition	
23.6.1900 23:55:07	Mars 4,5° südlich Alkione	33,6°
29.6.1900 20:45:39	Venus 12,6° südlich Kastor	13,3°
2.7.1900 14:05:14	Merkur 60' südlich M44	25,7°
4.7.1900 12:45:00	Merkur in größter östlicher Elongation zur Sonne	26°
5.7.1900 12:12:53	Jupiter 14' südlich Akrab	138,8°
8.7.1900 10:58:25	Venus in unterer Konjunktion zur Sonne	-4,3°
10.7.1900 11:29:08	Mars 5,4° nördlich Aldebaran	38,5°
17.7.1900 15:54:19	Merkur stationär, dann rückläufig	
21.7.1900 2:47:36	Venus 8,1° südlich Epsilon Geminorum	19,4°
26.7.1900 23:00:52	Venus 27' nördlich Alhena	26,5°
27.7.1900 8:05:27	Mars 5,3° südlich Elnath	42,9°
29.7.1900 7:44:21	Jupiter stationär, dann rechtläufig	
30.7.1900 2:03:18	Venus stationär, dann rechtläufig	
1.8.1900 8:19:47	Merkur in unterer Konjunktion zur Sonne	-4,9°
2.8.1900 6:21:56	Venus 31' nördlich Alhena	32,3°
2.8.1900 22:06:59	Merkur 6,3° südlich M44	4,4°
7.8.1900 16:58:03	Mars 1,5° nördlich Neptun	46,2°
8.8.1900 10:57:13	Venus 8° südlich Epsilon Geminorum	36,7°
11.8.1900 1:46:23	Merkur stationär, dann rechtläufig	
13.8.1900 2:57:32	Mars 1,2° nördlich Eta Geminorum	47,8°
15.8.1900 22:37:05	Mars 1,2° nördlich Mü Geminorum	48,7°
17.8.1900 16:53:51	Uranus stationär, dann rechtläufig	
18.8.1900 8:23:11	Merkur 2,5° südlich M44	18,4°
19.8.1900 15:03:00	Merkur in größter westlicher Elongation zur Sonne	18,5°
21.8.1900 5:18:25	Mars 7,2° nördlich Alhena	50,3°
22.8.1900 4:01:10	Jupiter 25' südlich Akrab	93,2°
23.8.1900 7:03:21	Mars 1,6° südlich Epsilon Geminorum	51°
29.8.1900 4:03:20	Venus 14,4° südlich Kastor	44,5°
1.9.1900 10:37:00	Venus 10,6° südlich Pollux	45°
1.9.1900 23:37:38	Merkur 1,2° nördlich Regulus	10,6°
2.9.1900 14:32:54	Saturn stationär, dann rechtläufig	
10.9.1900 17:00:23	Mars 9,5° südlich Kastor	57,2°

Datum und Uhrzeit (WZ)	Ereignis	Elongation
13.9.1900 16:33:14	Merkur in oberer Konjunktion zur Sonne	1,6°
14.9.1900 20:46:47	Mars 6° südlich Pollux	58,7°
16.9.1900 3:27:56	Venus 3,6° südlich M44	46,1°
17.9.1900 5:42:00	Venus in größter westlicher Elongation zur Sonne	46,1°
24.9.1900 13:41:28	Merkur 2,3° südlich Porrima	8,2°
1.10.1900 22:52:33	Merkur 2° nördlich Spika	13,4°
2.10.1900 13:32:50	Neptun stationär, dann rückläufig	
6.10.1900 6:28:23	Jupiter 5,1° nördlich Antares	55°
6.10.1900 22:00:17	Mars 7,1' südlich M44	67,3°
7.10.1900 9:20:53	Venus 47' südlich Regulus	44,9°
17.10.1900 9:33:50	Merkur 2,4° südlich Zuben-el-dschenubi	20,1°
19.10.1900 21:46:29	Jupiter 25' nördlich Uranus	44°
30.10.1900 4:41:00	Merkur in größter östlicher Elongation zur Sonne	23,8°
2.11.1900 2:26:25	Merkur 4° südlich Akrab	22,6°
10.11.1900 3:59:39	Merkur stationär, dann rückläufig	
11.11.1900 16:24:16	Venus 1,2° südlich Porrima	39,7°
17.11.1900 3:17:17	Merkur 1,6° südlich Akrab	7,5°
18.11.1900 11:44:09	Mars 1,6° nördlich Regulus	87,3°
20.11.1900 12:28:19	Merkur in unterer Konjunktion zur Sonne	36'
21.11.1900 8:45:54	Venus 4,3° nördlich Spika	36,2°
29.11.1900 19:12:02	Merkur stationär, dann rechtläufig	
5.12.1900 6:50:47	Uranus in Konjunktion zur Sonne, Bedeckung	42"
8.12.1900 2:57:00	Merkur in größter westlicher Elongation zur Sonne	20,8°
9.12.1900 17:03:37	Venus 1,6° nördlich Zuben-el-dschenubi	33,6°
13.12.1900 22:31:32	Merkur 41' nördlich Akrab	19,7°
14.12.1900 9:19:41	Jupiter in Konjunktion zur Sonne	20'
18.12.1900 5:18:59	Merkur 5,8° nördlich Antares	18,1°
20.12.1900 3:51:34	Neptunopposition	
22.12.1900 14:49:13	Merkur 34' nördlich Uranus	16,6°
24.12.1900 16:36:58	Venus 32' nördlich Akrab	30,7°
29.12.1900 6:55:13	Venus 6° nördlich Antares	29,1°
29.12.1900 13:16:47	Saturn in Konjunktion zur Sonne	36'
30.12.1900 16:26:59	Merkur 44' südlich Jupiter	12,9°

1901

Datum und Uhrzeit (WZ)	Ereignis	Elongation
3.1.1901 21:12:16	Venus 1,2° nördlich Uranus	28,4°
7.1.1901 22:27:48	Merkur 1,9° südlich Saturn	8,5°
9.1.1901 16:42:28	Merkur 2° nördlich Nunki	7,7°
15.1.1901 20:54:28	Venus 22' nördlich Jupiter	25,8°
21.1.1901 22:44:41	Merkur 6,8° südlich Beta Capricorni	2,1°
22.1.1901 2:26:34	Merkur in oberer Konjunktion zur Sonne	-2,1°
24.1.1901 20:23:30	Venus 20' südlich Saturn	23,7°
25.1.1901 13:12:53	Venus 3,7° nördlich Nunki	23,6°

Datum und Uhrzeit (WZ)	Ereignis	Elongation
1.2.1901 21:26:08	Saturn 4° nördlich Nunki	31°
3.2.1901 4:28:09	Merkur 55' nördlich Delta Capricorni	8,9°
10.2.1901 17:55:55	Venus 5,2° südlich Beta Capricorni	19,2°
19.2.1901 22:23:00	Merkur in größter östlicher Elongation zur Sonne	18,1°
22.2.1901 6:03:55	Marsopposition	
25.2.1901 22:17:40	Merkur stationär, dann rückläufig	
27.2.1901 17:39:19	Venus 1,6° nördlich Delta Capricorni	15,8°
7.3.1901 17:02:42	Merkur in unterer Konjunktion zur Sonne	3,6°
8.3.1901 1:49:41	Neptun stationär, dann rechtläufig	
10.3.1901 2:27:43	Mars 3,9° nördlich Regulus	157,9°
13.3.1901 6:35:53	Merkur 4,5° nördlich Venus	11,1°
20.3.1901 2:24:13	Merkur stationär, dann rechtläufig	
22.3.1901 8:59:24	Uranus stationär, dann rückläufig	
28.3.1901 0:13:19	Jupiter 3,7° nördlich Nunki	85,3°
4.4.1901 5:57:00	Merkur in größter westlicher Elongation zur Sonne	27,8°
5.4.1901 11:21:38	Mars stationär, dann rechtläufig	
24.4.1901 18:33:07	Venus 11,7° südlich Hamal	1,9°
26.4.1901 4:11:49	Saturn stationär, dann rückläufig	
30.4.1901 21:27:13	Jupiter stationär, dann rückläufig	
1.5.1901 1:25:35	Venus in oberer Konjunktion zur Sonne	-50'
4.5.1901 13:14:35	Mars 1,6° nördlich Regulus	104,5°
4.5.1901 15:03:48	Merkur 12,2° südlich Hamal	11,5°
14.5.1901 17:10:27	Merkur in oberer Konjunktion zur Sonne, Bedeckung	10'
15.5.1901 8:32:18	Venus 4,5° südlich Alkione	3,8°
16.5.1901 19:47:18	Merkur 3,6° südlich Alkione	2,6°
18.5.1901 17:46:30	Merkur 1,1° nördlich Venus	4,7°
22.5.1901 5:32:08	Merkur 6,9° nördlich Aldebaran	9,1°
24.5.1901 20:03:27	Venus 5,6° nördlich Aldebaran	6,3°
27.5.1901 22:34:07	Merkur 3,4° südlich Elnath	15,2°
31.5.1901 22:59:15	Merkur 3,3° nördlich Neptun	18,5°
3.6.1901 4:41:37	Merkur 3° nördlich Eta Geminorum	20,2°
3.6.1901 6:31:42	Venus 5° südlich Elnath	8,9°
3.6.1901 23:09:08	Jupiter 3,6° nördlich Nunki	151,3°
4.6.1901 8:07:53	Merkur 3° nördlich Mü Geminorum	20,9°
6.6.1901 7:59:46	Uranusopposition	
6.6.1901 13:56:22	Merkur 8,8° nördlich Alhena	22,2°
7.6.1901 12:06:22	Merkur 5,1' südlich Epsilon Geminorum	22,6°
9.6.1901 13:03:13	Venus 1,8° nördlich Neptun	10,6°
12.6.1901 9:14:09	Venus 1,7° nördlich Eta Geminorum	11,4°
13.6.1901 21:17:35	Venus 1,6° nördlich Mü Geminorum	11,8°
16.6.1901 4:32:00	Merkur in größter östlicher Elongation zur Sonne	24,6°
16.6.1901 16:16:36	Venus 7,7° nördlich Alhena	12,5°
17.6.1901 16:06:58	Merkur 9,5° südlich Kastor	24,6°
17.6.1901 18:24:23	Venus 1,1° südlich Epsilon Geminorum	12,8°
21.6.1901 1:07:29	Neptun in Konjunktion zur Sonne	-1,1°
21.6.1901 4:22:02	Merkur 6,8° südlich Pollux	23,7°

Datum und Uhrzeit (WZ)	Ereignis	Elon-gation
27.6.1901 5:26:39	Venus 9° südlich Kastor	15,4°
29.6.1901 7:26:06	Venus 5,5° südlich Pollux	16°
29.6.1901 11:27:02	Merkur stationär, dann rückläufig	
30.6.1901 16:57:25	Jupiteropposition	
1.7.1901 7:21:57	Merkur 3,9° südlich Venus	16,5°
5.7.1901 20:52:01	Saturnopposition	
8.7.1901 2:17:14	Merkur 11° südlich Pollux	9,4°
9.7.1901 23:50:07	Venus 13' nördlich M44	18,9°
12.7.1901 7:16:12	Merkur 15° südlich Kastor	5,1°
13.7.1901 11:50:42	Merkur in unterer Konjunktion zur Sonne	-4,9°
24.7.1901 2:29:26	Merkur stationär, dann rechtläufig	
28.7.1901 4:52:55	Venus 1,1° nördlich Regulus	23,7°
30.7.1901 19:48:25	Mars 2,9° südlich Porrima	61,9°
30.7.1901 20:58:26	Saturn 3,9° nördlich Nunki	153,8°
2.8.1901 14:18:00	Merkur in größter westlicher Elongation zur Sonne	19,4°
3.8.1901 0:29:41	Merkur 11,9° südlich Kastor	19,4°
5.8.1901 7:55:34	Merkur 7,8° südlich Pollux	19°
13.8.1901 17:03:31	Merkur 30' südlich M44	14,2°
18.8.1901 21:06:53	Mars 2° nördlich Spika	56,5°
22.8.1901 11:51:54	Uranus stationär, dann rechtläufig	
24.8.1901 21:51:14	Merkur 1,4° nördlich Regulus	2,6°
27.8.1901 21:32:17	Merkur in oberer Konjunktion zur Sonne	1,7°
31.8.1901 14:03:03	Venus 2,4° südlich Porrima	31,4°
10.9.1901 11:08:42	Venus 2,3° nördlich Spika	34,6°
14.9.1901 10:12:40	Saturn stationär, dann rechtläufig	
17.9.1901 9:52:50	Merkur 3,1° südlich Porrima	15,2°
21.9.1901 15:36:14	Mars 57' südlich Zuben-el-dschenubi	45,7°
25.9.1901 10:36:53	Merkur 1,1° nördlich Spika	20,4°
29.9.1901 8:10:27	Venus 1,4° südlich Zuben-el-dschenubi	38,2°
5.10.1901 2:18:08	Neptun stationär, dann rückläufig	
10.10.1901 14:08:58	Venus 55' südlich Mars	40,6°
12.10.1901 16:41:00	Merkur in größter östlicher Elongation zur Sonne	25,1°
13.10.1901 22:44:01	Merkur 3,5° südlich Zuben-el-dschenubi	23,8°
14.10.1901 20:19:30	Venus 2,9° südlich Akrab	41°
17.10.1901 13:47:16	Mars 1,9° südlich Akrab	38,3°
19.10.1901 15:00:55	Venus 2,5° nördlich Antares	42,5°
24.10.1901 16:51:37	Merkur stationär, dann rückläufig	
25.10.1901 7:21:24	Mars 3,8° nördlich Antares	36,6°
25.10.1901 12:18:42	Venus 2,4° südlich Uranus	43,1°
28.10.1901 13:02:10	Saturn 3,7° nördlich Nunki	66,6°
2.11.1901 19:26:56	Merkur 1,4° südlich Zuben-el-dschenubi	4°
4.11.1901 8:27:43	Mars 54' südlich Uranus	33,8°
4.11.1901 17:41:54	Merkur in unterer Konjunktion zur Sonne	-19'
13.11.1901 13:05:17	Merkur stationär, dann rechtläufig	
15.11.1901 0:34:25	Jupiter 3,3° nördlich Nunki	49,1°
17.11.1901 17:11:34	Venus 30' nördlich Nunki	46,4°

Datum und Uhrzeit (WZ)	Ereignis	Elongation
18.11.1901 6:29:35	Venus 2,8° südlich Jupiter	46,5°
19.11.1901 6:47:51	Venus 3,2° südlich Saturn	46,6°
21.11.1901 4:42:00	Merkur in größter westlicher Elongation zur Sonne	19,7°
25.11.1901 3:29:33	Merkur 1,9° nördlich Zuben-el-dschenubi	18,5°
28.11.1901 5:52:04	Jupiter 27' südlich Saturn	38,6°
5.12.1901 3:08:00	Venus in größter östlicher Elongation zur Sonne	47,3°
6.12.1901 14:09:38	Venus 7,4° südlich Beta Capricorni	47,3°
8.12.1901 5:20:30	Merkur 19' südlich Akrab	13,6°
8.12.1901 20:25:28	Mars 2,4° nördlich Nunki	25,2°
9.12.1901 20:45:16	Uranus in Konjunktion zur Sonne, Bedeckung	-2,7'
11.12.1901 23:14:01	Merkur 4,9° nördlich Antares	11,7°
14.12.1901 10:27:30	Mars 1,3° südlich Saturn	23,8°
17.12.1901 14:22:22	Mars 52' südlich Jupiter	23°
18.12.1901 12:17:10	Merkur 28' südlich Uranus	8,2°
22.12.1901 14:20:29	Neptunopposition	
31.12.1901 3:28:23	Venus 2,3° nördlich Delta Capricorni	43,5°

1902

Datum und Uhrzeit (WZ)	Ereignis	Elongation
2.1.1902 5:49:13	Merkur in oberer Konjunktion zur Sonne	-1,8°
2.1.1902 9:16:15	Merkur 1,7° nördlich Nunki	1,8°
3.1.1902 17:39:19	Mars 5,9° südlich Beta Capricorni	19°
6.1.1902 15:20:25	Merkur 2,2° südlich Saturn	3°
9.1.1902 16:40:28	Merkur 1,8° südlich Jupiter	4,9°
9.1.1902 22:15:42	Saturn in Konjunktion zur Sonne, Bedeckung	9,7'
14.1.1902 11:51:46	Merkur 6,9° südlich Beta Capricorni	8°
15.1.1902 22:51:06	Jupiter in Konjunktion zur Sonne	-18'
24.1.1902 1:28:23	Merkur 25' südlich Mars	14,2°
27.1.1902 10:51:56	Merkur 1,7° nördlich Delta Capricorni	15,8°
30.1.1902 18:06:22	Mars 1,6° nördlich Delta Capricorni	12,5°
1.2.1902 13:35:01	Merkur 6,6° südlich Venus	18,1°
3.2.1902 10:55:00	Merkur in größter östlicher Elongation zur Sonne	18,3°
5.2.1902 20:43:53	Venus 8,6° nördlich Mars	11,4°
9.2.1902 7:47:52	Merkur stationär, dann rückläufig	
12.2.1902 22:29:59	Merkur 4,3° nördlich Mars	9,9°
13.2.1902 14:00:46	Jupiter 5,1° südlich Beta Capricorni	21,8°
13.2.1902 22:50:46	Venus 11,5° nördlich Delta Capricorni	3,4°
14.2.1902 22:50:38	Venus in unterer Konjunktion zur Sonne	8,4°
18.2.1902 21:33:01	Merkur in unterer Konjunktion zur Sonne	3,7°
23.2.1902 16:07:21	Merkur 6,4° nördlich Delta Capricorni	10,4°
3.3.1902 2:00:09	Merkur stationär, dann rechtläufig	
6.3.1902 8:34:30	Venus stationär, dann rechtläufig	
10.3.1902 12:44:37	Neptun stationär, dann rechtläufig	
11.3.1902 6:34:19	Merkur 2,9° nördlich Delta Capricorni	26,7°

Datum und Uhrzeit (WZ)	Ereignis	Elongation
17.3.1902 13:52:00	Merkur in größter westlicher Elongation zur Sonne	27,7°
27.3.1902 1:21:50	Uranus stationär, dann rückläufig	
27.3.1902 15:34:36	Venus 6,7° nördlich Delta Capricorni	41,8°
30.3.1902 1:20:11	Mars in Konjunktion zur Sonne	-42'
23.4.1902 23:45:25	Merkur 40' südlich Mars	5,5°
26.4.1902 0:03:00	Venus in größter westlicher Elongation zur Sonne	46,2°
26.4.1902 11:26:37	Merkur 11,4° südlich Hamal	3°
29.4.1902 0:29:23	Merkur in oberer Konjunktion zur Sonne	-17'
30.4.1902 17:39:58	Mars 11° südlich Hamal	7°
8.5.1902 8:43:57	Saturn stationär, dann rückläufig	
8.5.1902 12:19:09	Merkur 2,8° südlich Alkione	11,1°
14.5.1902 12:31:21	Merkur 7,6° nördlich Aldebaran	16,6°
21.5.1902 15:43:33	Merkur 3,1° südlich Elnath	21,5°
28.5.1902 18:26:00	Merkur in größter östlicher Elongation zur Sonne	23,1°
29.5.1902 15:29:41	Merkur 2,9° nördlich Neptun	23°
31.5.1902 17:48:17	Merkur 2,4° nördlich Eta Geminorum	22,8°
3.6.1902 11:26:20	Merkur 1,8° nördlich Mü Geminorum	22°
4.6.1902 5:07:21	Mars 4,2° südlich Alkione	14,6°
5.6.1902 14:09:40	Venus 13° südlich Hamal	38,8°
6.6.1902 13:13:35	Jupiter stationär, dann rückläufig	
11.6.1902 0:37:38	Merkur stationär, dann rückläufig	
11.6.1902 3:48:04	Uranusopposition	
19.6.1902 2:40:33	Merkur 2,2° südlich Mü Geminorum	7,1°
20.6.1902 14:25:52	Mars 5,7° nördlich Aldebaran	19°
22.6.1902 13:34:46	Merkur 2,9° südlich Eta Geminorum	2,1°
23.6.1902 15:05:02	Neptun in Konjunktion zur Sonne	-1,1°
23.6.1902 19:56:52	Merkur in unterer Konjunktion zur Sonne	-4,1°
24.6.1902 2:04:58	Merkur 3° südlich Neptun	1,2°
27.6.1902 20:33:37	Venus 6,3° südlich Alkione	36,8°
5.7.1902 6:55:28	Merkur stationär, dann rechtläufig	
7.7.1902 6:53:41	Mars 5,1° südlich Elnath	23,4°
7.7.1902 23:31:19	Venus 3,7° nördlich Aldebaran	35,9°
15.7.1902 22:01:34	Merkur 1,6° südlich Neptun	20,5°
15.7.1902 23:57:30	Merkur 1,8° südlich Eta Geminorum	20,5°
16.7.1902 2:39:00	Merkur in größter westlicher Elongation zur Sonne	20,6°
17.7.1902 21:17:51	Merkur 1,4° südlich Mü Geminorum	20,4°
17.7.1902 23:22:06	Venus 6,8° südlich Elnath	33,6°
17.7.1902 23:56:51	Neptun 12' südlich Eta Geminorum	22,4°
18.7.1902 1:20:08	Saturnopposition	
20.7.1902 19:19:15	Merkur 5,2° nördlich Alhena	19,7°
21.7.1902 19:25:39	Merkur 3,4° südlich Epsilon Geminorum	19,3°
23.7.1902 18:43:47	Mars 1,4° nördlich Eta Geminorum	27,9°
24.7.1902 2:06:07	Mars 1,6° nördlich Neptun	28°
26.7.1902 12:52:44	Mars 1,4° nördlich Mü Geminorum	28,7°
27.7.1902 12:42:11	Venus 2,4' südlich Eta Geminorum	31,5°
27.7.1902 19:22:58	Venus 11' nördlich Neptun	31,4°

Datum und Uhrzeit (WZ)	Ereignis	Elon-gation
28.7.1902 22:36:10	Merkur 9,9° südlich Kastor	14,5°
29.7.1902 2:16:49	Venus 2,2' südlich Mü Geminorum	31,1°
30.7.1902 7:01:40	Merkur 6,3° südlich Pollux	13,3°
31.7.1902 16:23:15	Mars 7,4° nördlich Alhena	30,2°
31.7.1902 23:53:19	Venus 6° nördlich Alhena	30,4°
1.8.1902 9:26:47	Venus 1,3° südlich Mars	30,3°
2.8.1902 3:00:03	Venus 2,7° südlich Epsilon Geminorum	30,1°
2.8.1902 16:50:33	Mars 1,5° südlich Epsilon Geminorum	30,8°
5.8.1902 17:08:52	Jupiteropposition	
5.8.1902 17:54:02	Merkur 9,4' nördlich M44	6,6°
11.8.1902 14:42:59	Merkur in oberer Konjunktion zur Sonne	1,8°
11.8.1902 20:47:48	Venus 10,4° südlich Kastor	27,8°
13.8.1902 23:51:25	Venus 6,9° südlich Pollux	27,2°
16.8.1902 15:43:43	Merkur 1,3° nördlich Regulus	5,5°
20.8.1902 11:12:32	Mars 9,4° südlich Kastor	36,2°
24.8.1902 10:22:25	Mars 5,9° südlich Pollux	37,4°
24.8.1902 19:25:13	Venus 53' südlich M44	24,5°
27.8.1902 8:24:13	Uranus stationär, dann rechtläufig	
11.9.1902 5:10:06	Merkur 4,1° südlich Porrima	21,4°
11.9.1902 21:00:32	Venus 39' nördlich Regulus	19,7°
14.9.1902 2:07:23	Mars 13' südlich M44	44,4°
20.9.1902 18:54:18	Merkur 13' südlich Spika	25,7°
25.9.1902 4:38:00	Merkur in größter östlicher Elongation zur Sonne	26,2°
26.9.1902 7:05:14	Saturn stationär, dann rechtläufig	
7.10.1902 12:49:43	Neptun stationär, dann rückläufig	
7.10.1902 22:03:03	Merkur stationär, dann rückläufig	
15.10.1902 0:12:38	Venus 1,5° südlich Porrima	11,4°
19.10.1902 19:13:25	Merkur in unterer Konjunktion zur Sonne	-1,3°
20.10.1902 16:35:45	Mars 1,1° nördlich Regulus	57,9°
23.10.1902 1:24:45	Merkur 2° nördlich Spika	6,6°
23.10.1902 20:50:36	Merkur 1,3° südlich Venus	8,6°
24.10.1902 9:31:26	Venus 3,7° nördlich Spika	7,8°
2.11.1902 16:26:18	Merkur 4,5° nördlich Spika	17°
4.11.1902 13:33:00	Merkur in größter westlicher Elongation zur Sonne	18,8°
11.11.1902 6:46:04	Venus 35' nördlich Zuben-el-dschenubi	4,3°
19.11.1902 12:33:17	Merkur 1° nördlich Zuben-el-dschenubi	12,6°
25.11.1902 22:19:28	Venus 39' südlich Akrab	0,9°
29.11.1902 1:56:44	Venus in oberer Konjunktion zur Sonne, Bedeckung	15'
30.11.1902 10:14:04	Venus 4,8° nördlich Antares	0,4°
1.12.1902 8:33:48	Merkur 1,1° südlich Akrab	6,2°
4.12.1902 23:17:05	Merkur 4,2° nördlich Antares	4,2°
11.12.1902 7:23:35	Venus 8,3' südlich Uranus	3°
12.12.1902 12:01:40	Merkur in oberer Konjunktion zur Sonne	-1,2°
13.12.1902 18:07:22	Merkur 1,2° südlich Uranus	0,6°
14.12.1902 9:41:05	Uranus in Konjunktion zur Sonne, Bedeckung	-6,1'
22.12.1902 8:03:33	Merkur 1,3° südlich Venus	5,7°

Datum und Uhrzeit (WZ)	Ereignis	Elongation
25.12.1902 0:52:55	Neptunopposition	
26.12.1902 2:11:12	Merkur 1,4° nördlich Nunki	8°
27.12.1902 4:03:19	Venus 2,6° nördlich Nunki	6,8°

1903

Datum und Uhrzeit (WZ)	Ereignis	Elongation
1.1.1903 23:22:18	Neptun 15' südlich Eta Geminorum	171,6°
5.1.1903 12:16:22	Merkur 1,8° südlich Saturn	14,1°
7.1.1903 13:50:47	Merkur 6,6° südlich Beta Capricorni	15,2°
9.1.1903 23:54:53	Venus 58' südlich Saturn	10,1°
11.1.1903 9:06:55	Mars 16' südlich Porrima	101,1°
12.1.1903 3:56:34	Venus 6° südlich Beta Capricorni	10,6°
17.1.1903 22:10:00	Merkur in größter östlicher Elongation zur Sonne	18,8°
21.1.1903 0:24:19	Jupiter 1,9° nördlich Delta Capricorni	22,5°
21.1.1903 9:22:13	Saturn in Konjunktion zur Sonne	-17'
25.1.1903 11:34:44	Merkur 3,3° nördlich Venus	13,8°
29.1.1903 1:52:54	Venus 1,2° nördlich Delta Capricorni	14,4°
30.1.1903 22:09:23	Venus 44' südlich Jupiter	15,1°
2.2.1903 3:46:28	Saturn 5° südlich Beta Capricorni	10,5°
2.2.1903 12:52:24	Merkur in unterer Konjunktion zur Sonne	3,5°
13.2.1903 11:46:30	Merkur 3° nördlich Saturn	20,2°
14.2.1903 8:41:44	Merkur stationär, dann rechtläufig	
17.2.1903 5:49:37	Merkur 2,3° nördlich Saturn	23,6°
19.2.1903 2:44:42	Mars stationär, dann rückläufig	
19.2.1903 15:42:57	Jupiter in Konjunktion zur Sonne	-51'
27.2.1903 23:30:00	Merkur in größter westlicher Elongation zur Sonne	27°
9.3.1903 13:42:37	Merkur 1,2° nördlich Delta Capricorni	25,3°
12.3.1903 23:32:16	Neptun stationär, dann rechtläufig	
18.3.1903 18:05:48	Merkur 1,4° südlich Jupiter	20,7°
26.3.1903 5:13:44	Mars 26' nördlich Porrima	174,7°
26.3.1903 14:37:13	Venus 10,7° südlich Hamal	27,8°
29.3.1903 7:23:09	Marsopposition	
31.3.1903 15:22:30	Uranus stationär, dann rückläufig	
13.4.1903 2:38:16	Merkur in oberer Konjunktion zur Sonne	-45'
16.4.1903 12:49:33	Venus 3,2° südlich Alkione	32,6°
18.4.1903 3:57:45	Merkur 10,5° südlich Hamal	5,7°
26.4.1903 5:31:31	Venus 6,9° nördlich Aldebaran	34°
1.5.1903 10:09:21	Merkur 1,9° südlich Alkione	18,5°
5.5.1903 22:45:51	Venus 3,6° südlich Elnath	36,8°
10.5.1903 3:18:33	Merkur 8,1° nördlich Aldebaran	20,8°
10.5.1903 14:01:00	Merkur in größter östlicher Elongation zur Sonne	21,5°
11.5.1903 1:40:24	Mars stationär, dann rechtläufig	
15.5.1903 7:46:36	Venus 3,2° nördlich Neptun	38,7°
15.5.1903 10:25:37	Venus 3° nördlich Eta Geminorum	38,7°

Datum und Uhrzeit (WZ)	Ereignis	Elongation
17.5.1903 0:16:31	Venus 3° nördlich Mü Geminorum	39°
19.5.1903 12:56:34	Neptun 10' südlich Eta Geminorum	34,7°
19.5.1903 22:49:52	Venus 9° nördlich Alhena	39,5°
20.5.1903 19:50:01	Saturn stationär, dann rückläufig	
21.5.1903 2:29:51	Venus 9,7' nördlich Epsilon Geminorum	39,8°
23.5.1903 3:29:45	Merkur stationär, dann rückläufig	
31.5.1903 5:20:58	Venus 7,9° südlich Kastor	41,3°
2.6.1903 11:34:38	Venus 4,4° südlich Pollux	41,6°
3.6.1903 15:18:11	Merkur in unterer Konjunktion zur Sonne	-2,5°
9.6.1903 23:46:11	Merkur 1,7° nördlich Aldebaran	10°
14.6.1903 7:55:21	Venus 56' nördlich M44	43,6°
15.6.1903 16:06:48	Merkur stationär, dann rechtläufig	
15.6.1903 23:03:49	Uranusopposition	
21.6.1903 1:56:23	Merkur 1,3° nördlich Aldebaran	20,3°
26.6.1903 5:02:49	Neptun in Konjunktion zur Sonne	-1°
28.6.1903 3:44:00	Merkur in größter westlicher Elongation zur Sonne	22,1°
29.6.1903 1:04:10	Mars 3,2° südlich Porrima	92,7°
4.7.1903 12:24:14	Merkur 7,5° südlich Elnath	20,7°
6.7.1903 1:32:07	Venus 40' nördlich Regulus	45,4°
10.7.1903 0:17:00	Venus in größter östlicher Elongation zur Sonne	45,5°
10.7.1903 18:09:22	Neptun 13' südlich Mü Geminorum	13,4°
11.7.1903 17:29:26	Merkur 20' nördlich Eta Geminorum	16,1°
12.7.1903 18:04:07	Merkur 29' nördlich Mü Geminorum	15,3°
12.7.1903 19:01:23	Merkur 43' nördlich Neptun	15,2°
14.7.1903 13:51:48	Merkur 6,8° nördlich Alhena	13,6°
15.7.1903 6:25:48	Merkur 1,9° südlich Epsilon Geminorum	12,9°
20.7.1903 22:02:53	Merkur 9,1° südlich Kastor	6,8°
22.7.1903 2:47:08	Merkur 5,5° südlich Pollux	5,5°
23.7.1903 5:45:58	Mars 1,6° nördlich Spika	82,7°
26.7.1903 16:14:53	Merkur in oberer Konjunktion zur Sonne	1,6°
28.7.1903 6:20:22	Merkur 28' nördlich M44	2,3°
30.7.1903 8:13:29	Saturnopposition	
8.8.1903 16:34:34	Merkur 1,1° nördlich Regulus	13,3°
25.8.1903 13:22:28	Venus stationär, dann rückläufig	
28.8.1903 15:40:54	Merkur 6,2° nördlich Venus	25,1°
29.8.1903 18:55:06	Mars 1,5° südlich Zuben-el-dschenubi	68,4°
1.9.1903 1:50:29	Uranus stationär, dann rechtläufig	
7.9.1903 17:01:00	Merkur in größter östlicher Elongation zur Sonne	27°
8.9.1903 0:50:37	Merkur 5,8° südlich Porrima	24,7°
12.9.1903 6:12:24	Jupiteropposition	
17.9.1903 21:05:35	Venus in unterer Konjunktion zur Sonne	-8,7°
20.9.1903 18:54:50	Merkur stationär, dann rückläufig	
25.9.1903 21:44:01	Mars 2,3° südlich Akrab	60,2°
1.10.1903 22:05:29	Merkur 6° südlich Porrima	3,1°
3.10.1903 14:55:50	Merkur in unterer Konjunktion zur Sonne	-2,2°
3.10.1903 20:32:31	Mars 3,3° nördlich Antares	58,4°

Datum und Uhrzeit (WZ)	Ereignis	Elongation
6.10.1903 23:25:30	Venus stationär, dann rechtläufig	
8.10.1903 5:41:47	Saturn stationär, dann rechtläufig	
10.10.1903 1:41:15	Neptun stationär, dann rückläufig	
11.10.1903 22:34:14	Merkur stationär, dann rechtläufig	
19.10.1903 3:22:00	Merkur in größter westlicher Elongation zur Sonne	18,2°
21.10.1903 13:08:13	Merkur 51' südlich Porrima	17,9°
24.10.1903 15:05:24	Mars 1,2° südlich Uranus	52,8°
29.10.1903 14:15:13	Merkur 4,3° nördlich Spika	12,7°
10.11.1903 4:24:03	Jupiter stationär, dann rechtläufig	
12.11.1903 13:34:09	Merkur 16' nördlich Zuben-el-dschenubi	5,4°
18.11.1903 1:37:33	Mars 2,1° nördlich Nunki	46,6°
19.11.1903 10:00:49	Venus 1,7° südlich Porrima	46,4°
21.11.1903 14:36:44	Merkur in oberer Konjunktion zur Sonne	-25'
24.11.1903 4:34:10	Merkur 1,7° südlich Akrab	1,5°
27.11.1903 18:54:40	Merkur 3,6° nördlich Antares	3,6°
28.11.1903 17:45:00	Venus in größter westlicher Elongation zur Sonne	46,8°
30.11.1903 22:07:04	Venus 4,5° nördlich Spika	45,1°
8.12.1903 23:17:09	Merkur 1,8° südlich Uranus	9,5°
14.12.1903 3:41:11	Mars 6° südlich Beta Capricorni	40,4°
18.12.1903 21:40:57	Uranus in Konjunktion zur Sonne, Bedeckung	-9,4'
19.12.1903 5:16:11	Merkur 1,2° nördlich Nunki	15,2°
20.12.1903 23:35:56	Mars 33' südlich Saturn	38,8°
21.12.1903 8:46:07	Venus 2,5° nördlich Zuben-el-dschenubi	44,7°
27.12.1903 11:11:28	Neptunopposition	

1904

Datum und Uhrzeit (WZ)	Ereignis	Elongation
1.1.1904 5:58:00	Merkur in größter östlicher Elongation zur Sonne	19,5°
4.1.1904 6:50:34	Merkur 5,3° südlich Beta Capricorni	19°
6.1.1904 11:14:47	Venus 1,5° nördlich Akrab	42,9°
10.1.1904 9:11:53	Mars 1,6° nördlich Delta Capricorni	33,6°
11.1.1904 8:16:41	Venus 7° nördlich Antares	41,5°
11.1.1904 18:21:07	Merkur 3° südlich Beta Capricorni	12°
17.1.1904 7:41:51	Neptun 16' südlich Mü Geminorum	158,1°
17.1.1904 11:47:28	Merkur in unterer Konjunktion zur Sonne	3,1°
28.1.1904 19:58:01	Merkur stationär, dann rechtläufig	
28.1.1904 19:59:36	Venus 1,8° nördlich Uranus	39,4°
1.2.1904 23:59:43	Saturn in Konjunktion zur Sonne	-44'
8.2.1904 20:19:58	Venus 4,5° nördlich Nunki	37,3°
10.2.1904 8:45:00	Merkur in größter westlicher Elongation zur Sonne	25,9°
16.2.1904 17:33:08	Merkur 5,2° südlich Beta Capricorni	24,4°
25.2.1904 12:06:05	Venus 4,6° südlich Beta Capricorni	33,1°
26.2.1904 4:49:38	Mars 30' nördlich Jupiter	22,9°
26.2.1904 4:55:20	Merkur 49' südlich Saturn	21,6°

Datum und Uhrzeit (WZ)	Ereignis	Elongation
2.3.1904 13:53:23	Merkur 41' nördlich Delta Capricorni	19,3°
8.3.1904 3:31:34	Venus 20' nördlich Saturn	31,3°
13.3.1904 19:41:15	Venus 2° nördlich Delta Capricorni	30°
14.3.1904 11:01:07	Neptun stationär, dann rechtläufig	
26.3.1904 21:06:08	Merkur in oberer Konjunktion zur Sonne	-1,2°
27.3.1904 1:59:07	Merkur 5,4' südlich Jupiter	1,1°
27.3.1904 9:51:33	Jupiter in Konjunktion zur Sonne	-1,1°
4.4.1904 6:30:45	Uranus stationär, dann rückläufig	
8.4.1904 19:53:52	Merkur 1,3° nördlich Mars	13°
9.4.1904 9:25:01	Merkur 9,4° südlich Hamal	14°
10.4.1904 5:29:23	Mars 10,8° südlich Hamal	12,7°
21.4.1904 20:23:00	Merkur in größter östlicher Elongation zur Sonne	20,2°
23.4.1904 9:37:17	Venus 30' südlich Jupiter	20,1°
2.5.1904 20:48:15	Merkur stationär, dann rückläufig	
9.5.1904 7:23:46	Neptun 11' südlich Mü Geminorum	45,7°
9.5.1904 8:27:21	Venus 12,1° südlich Hamal	15,5°
9.5.1904 22:14:29	Merkur 21' nördlich Mars	5,3°
13.5.1904 11:17:40	Merkur in unterer Konjunktion zur Sonne	-31'
14.5.1904 23:32:36	Mars 3,9° südlich Alkione	4,1°
22.5.1904 14:28:20	Merkur 1,9° südlich Venus	12,7°
25.5.1904 17:13:37	Merkur stationär, dann rechtläufig	
30.5.1904 1:49:18	Venus 5° südlich Alkione	10,4°
30.5.1904 17:31:00	Mars in Konjunktion zur Sonne	23'
31.5.1904 10:58:44	Mars 5,9° nördlich Aldebaran	0,4°
1.6.1904 12:22:30	Saturn stationär, dann rückläufig	
8.6.1904 14:48:27	Venus 5,1° nördlich Aldebaran	8,1°
8.6.1904 20:33:00	Merkur in größter westlicher Elongation zur Sonne	23,8°
11.6.1904 16:21:38	Merkur 7,5° südlich Alkione	22°
17.6.1904 4:48:13	Mars 4,9° südlich Elnath	4,7°
18.6.1904 2:30:13	Venus 5,5° südlich Elnath	5,6°
19.6.1904 6:05:11	Venus 35' südlich Mars	5,2°
19.6.1904 17:24:23	Uranusopposition	
20.6.1904 14:14:38	Merkur 3,6° nördlich Aldebaran	19,9°
27.6.1904 5:56:11	Venus 1,2° nördlich Eta Geminorum	3,1°
27.6.1904 8:02:35	Merkur 6° südlich Elnath	14,4°
27.6.1904 19:07:18	Neptun in Konjunktion zur Sonne	-59'
28.6.1904 18:04:53	Venus 1,2° nördlich Mü Geminorum	2,7°
30.6.1904 4:21:35	Venus 1,4° nördlich Neptun	2,3°
1.7.1904 13:09:11	Venus 7,2° nördlich Alhena	1,9°
2.7.1904 13:04:10	Merkur 16' südlich Mars	8,9°
2.7.1904 15:22:00	Venus 1,6° südlich Epsilon Geminorum	1,6°
2.7.1904 21:53:50	Merkur 1,4° nördlich Eta Geminorum	8,5°
3.7.1904 16:38:45	Mars 1,6° nördlich Eta Geminorum	9,2°
3.7.1904 18:49:04	Merkur 1,4° nördlich Mü Geminorum	7,4°
4.7.1904 16:19:21	Merkur 1,7° nördlich Neptun	6,4°
5.7.1904 9:09:57	Merkur 7,6° nördlich Alhena	5,6°

Datum und Uhrzeit (WZ)	Ereignis	Elongation
6.7.1904 0:01:59	Merkur 1,1° südlich Epsilon Geminorum	4,9°
6.7.1904 10:39:30	Mars 1,5° nördlich Mü Geminorum	10°
8.7.1904 7:37:50	Venus in oberer Konjunktion zur Sonne	42'
9.7.1904 13:46:42	Mars 1,7° nördlich Neptun	10,8°
9.7.1904 23:18:21	Merkur in oberer Konjunktion zur Sonne	1,4°
10.7.1904 8:40:19	Merkur 43' nördlich Venus	1°
11.7.1904 8:19:47	Merkur 8,6° südlich Kastor	2,3°
11.7.1904 13:44:52	Mars 7,5° nördlich Alhena	11,5°
12.7.1904 2:14:51	Venus 9,4° südlich Kastor	1,3°
12.7.1904 12:53:21	Merkur 5,1° südlich Pollux	3,5°
13.7.1904 14:04:09	Mars 1,3° südlich Epsilon Geminorum	12°
14.7.1904 4:02:17	Venus 5,9° südlich Pollux	1,8°
18.7.1904 21:31:51	Merkur 33' nördlich M44	10,2°
24.7.1904 18:52:30	Venus 5,7' südlich M44	4,7°
31.7.1904 5:24:28	Mars 9,3° südlich Kastor	17,3°
31.7.1904 11:55:21	Merkur 31' nördlich Regulus	20,5°
4.8.1904 3:27:39	Mars 5,8° südlich Pollux	18,4°
10.8.1904 18:24:33	Saturnopposition	
11.8.1904 18:32:01	Venus 1° nördlich Regulus	9,6°
20.8.1904 1:13:27	Neptun 5,8° nördlich Alhena	49,1°
20.8.1904 4:31:00	Merkur in größter östlicher Elongation zur Sonne	27,4°
20.8.1904 15:42:17	Jupiter stationär, dann rückläufig	
24.8.1904 10:40:26	Mars 13' südlich M44	24,8°
2.9.1904 7:54:32	Merkur stationär, dann rückläufig	
4.9.1904 20:52:07	Uranus stationär, dann rechtläufig	
5.9.1904 10:35:27	Merkur 5,9° südlich Venus	16,2°
14.9.1904 8:04:38	Venus 2° südlich Porrima	18°
16.9.1904 2:20:04	Merkur in unterer Konjunktion zur Sonne	-3,2°
23.9.1904 21:50:07	Venus 2,9° nördlich Spika	21°
24.9.1904 11:36:54	Merkur stationär, dann rechtläufig	
28.9.1904 15:57:00	Mars 52' nördlich Regulus	36,6°
1.10.1904 19:26:00	Merkur in größter westlicher Elongation zur Sonne	17,9°
11.10.1904 12:49:27	Neptun stationär, dann rückläufig	
12.10.1904 3:23:29	Venus 29' südlich Zuben-el-dschenubi	25,3°
14.10.1904 15:17:07	Merkur 1° südlich Porrima	11,8°
18.10.1904 23:14:31	Jupiteropposition	
19.10.1904 8:19:45	Saturn stationär, dann rechtläufig	
21.10.1904 13:53:45	Merkur 3,7° nördlich Spika	5,6°
27.10.1904 0:55:22	Venus 1,9° südlich Akrab	28,7°
31.10.1904 10:05:35	Merkur in oberer Konjunktion zur Sonne	22'
31.10.1904 14:37:48	Venus 3,6° nördlich Antares	30,1°
4.11.1904 7:43:28	Merkur 26' südlich Zuben-el-dschenubi	2,3°
16.11.1904 1:48:00	Merkur 2,4° südlich Akrab	8,6°
17.11.1904 3:12:14	Venus 1,5° südlich Uranus	33,7°
19.11.1904 17:42:42	Merkur 3° nördlich Antares	11,1°
27.11.1904 20:26:43	Venus 1,5° nördlich Nunki	36°

Datum und Uhrzeit (WZ)	Ereignis	Elongation
3.12.1904 21:40:20	Merkur 2,2° südlich Uranus	17,7°
4.12.1904 0:56:08	Neptun 5,7° nördlich Alhena	152,9°
6.12.1904 10:37:14	Mars 1,3° südlich Porrima	64,6°
13.12.1904 5:29:12	Merkur 1,5° nördlich Nunki	20,5°
14.12.1904 8:37:59	Venus 6,9° südlich Beta Capricorni	39,3°
14.12.1904 8:41:00	Merkur in größter östlicher Elongation zur Sonne	20,5°
16.12.1904 9:46:06	Jupiter stationär, dann rechtläufig	
22.12.1904 5:03:24	Merkur stationär, dann rückläufig	
22.12.1904 8:49:43	Uranus in Konjunktion zur Sonne, Bedeckung	-13'
27.12.1904 12:42:17	Mars 4° nördlich Spika	72,9°
28.12.1904 8:46:18	Venus 48' südlich Saturn	41,8°
28.12.1904 21:43:47	Neptunopposition	
30.12.1904 4:29:59	Merkur 5,7° nördlich Nunki	4,1°
31.12.1904 15:38:48	Merkur in unterer Konjunktion zur Sonne	2,6°

1905

Datum und Uhrzeit (WZ)	Ereignis	Elongation
1.1.1905 5:05:12	Venus 52' nördlich Delta Capricorni	42,1°
9.1.1905 7:03:01	Merkur 3,4° nördlich Uranus	17,2°
14.1.1905 13:18:25	Merkur 2,8° nördlich Uranus	22,3°
22.1.1905 17:12:00	Merkur in größter westlicher Elongation zur Sonne	24,5°
26.1.1905 5:20:59	Merkur 4,1° nördlich Nunki	24,2°
6.2.1905 12:27:44	Saturn 1,5° nördlich Delta Capricorni	5,7°
10.2.1905 3:55:26	Merkur 6° südlich Beta Capricorni	18,6°
11.2.1905 20:52:37	Mars 1,5° nördlich Zuben-el-dschenubi	98,8°
12.2.1905 19:58:54	Saturn in Konjunktion zur Sonne	-1,2°
14.2.1905 23:16:00	Venus in größter westlicher Elongation zur Sonne	46,7°
23.2.1905 11:27:48	Merkur 31' nördlich Delta Capricorni	12°
24.2.1905 18:28:54	Merkur 1° südlich Saturn	10,7°
8.3.1905 21:00:42	Venus 5,3° nördlich Jupiter	42,6°
10.3.1905 4:31:43	Merkur in oberer Konjunktion zur Sonne	-1,6°
11.3.1905 17:18:14	Venus 6° südlich Hamal	43,9°
16.3.1905 21:15:43	Neptun stationär, dann rechtläufig	
18.3.1905 13:27:16	Jupiter 11,7° südlich Hamal	35°
2.4.1905 11:16:38	Mars stationär, dann rückläufig	
4.4.1905 14:08:00	Merkur in größter östlicher Elongation zur Sonne	19,2°
5.4.1905 2:48:28	Merkur 7,7° südlich Hamal	19,2°
5.4.1905 18:11:31	Venus stationär, dann rückläufig	
8.4.1905 19:11:51	Uranus stationär, dann rückläufig	
13.4.1905 15:47:11	Merkur stationär, dann rückläufig	
18.4.1905 2:19:42	Venus 8° nördlich Jupiter	11,9°
23.4.1905 17:27:27	Merkur 9,2° südlich Hamal	1,4°
23.4.1905 21:23:55	Merkur in unterer Konjunktion zur Sonne	1,3°
27.4.1905 9:44:03	Venus in unterer Konjunktion zur Sonne	5,5°

Datum und Uhrzeit (WZ)	Ereignis	Elongation
30.4.1905 16:44:47	Venus 5,5° südlich Hamal	7,1°
4.5.1905 6:22:15	Jupiter in Konjunktion zur Sonne	-54'
6.5.1905 4:40:54	Merkur stationär, dann rechtläufig	
8.5.1905 19:59:35	Marsopposition	
10.5.1905 12:40:17	Merkur 5,6° südlich Venus	19,7°
16.5.1905 16:01:56	Venus stationär, dann rechtläufig	
17.5.1905 21:01:24	Merkur 14,2° südlich Hamal	22,2°
18.5.1905 18:42:57	Mars 43' südlich Zuben-el-dschenubi	166,6°
21.5.1905 10:58:00	Merkur in größter westlicher Elongation zur Sonne	25,4°
2.6.1905 9:35:54	Venus 12,5° südlich Hamal	36,1°
2.6.1905 10:36:50	Merkur 1,7° südlich Jupiter	21,2°
7.6.1905 5:13:55	Merkur 6° südlich Alkione	17,6°
13.6.1905 14:21:12	Merkur 4,8° nördlich Aldebaran	12,7°
14.6.1905 10:19:37	Saturn stationär, dann rückläufig	
18.6.1905 0:38:06	Mars stationär, dann rechtläufig	
18.6.1905 12:58:35	Neptun 5,8° nördlich Alhena	10,9°
19.6.1905 5:28:47	Merkur 5° südlich Elnath	6,4°
24.6.1905 8:31:04	Merkur 2° nördlich Eta Geminorum	0,9°
24.6.1905 9:38:03	Merkur in oberer Konjunktion zur Sonne	1,2°
24.6.1905 11:13:17	Uranusopposition	
25.6.1905 4:40:00	Merkur 2,1° nördlich Mü Geminorum	1,3°
26.6.1905 18:13:11	Merkur 8,2° nördlich Alhena	3,2°
26.6.1905 21:34:22	Merkur 2,4° nördlich Neptun	3,3°
27.6.1905 9:00:14	Merkur 35' südlich Epsilon Geminorum	3,9°
30.6.1905 9:18:43	Neptun in Konjunktion zur Sonne	-56'
2.7.1905 21:03:28	Merkur 8,4° südlich Kastor	10,1°
4.7.1905 3:26:56	Merkur 4,9° südlich Pollux	11,4°
4.7.1905 16:26:27	Venus 2,5° südlich Jupiter	45,1°
5.7.1905 7:25:55	Venus 7,6° südlich Alkione	44,1°
6.7.1905 13:00:00	Venus in größter westlicher Elongation zur Sonne	45,7°
7.7.1905 14:49:14	Jupiter 5,1° südlich Alkione	46,3°
11.7.1905 3:07:37	Merkur 26' nördlich M44	17,8°
17.7.1905 9:13:20	Venus 2,4° nördlich Aldebaran	45,4°
19.7.1905 13:22:48	Mars 2,5° südlich Zuben-el-dschenubi	107,5°
25.7.1905 17:21:43	Neptun 3° südlich Epsilon Geminorum	23,3°
26.7.1905 5:58:05	Merkur 37' südlich Regulus	25,9°
28.7.1905 17:59:22	Venus 8,1° südlich Elnath	44°
2.8.1905 12:45:00	Merkur in größter östlicher Elongation zur Sonne	27,3°
8.8.1905 6:44:15	Venus 1,2° südlich Eta Geminorum	42,9°
9.8.1905 23:36:28	Venus 1,2° südlich Mü Geminorum	42,7°
13.8.1905 2:54:44	Venus 4,9° nördlich Alhena	42,2°
14.8.1905 8:11:28	Venus 3,8° südlich Epsilon Geminorum	42°
14.8.1905 22:09:45	Venus 48' südlich Neptun	41,9°
15.8.1905 14:53:43	Merkur stationär, dann rückläufig	
23.8.1905 8:23:37	Saturnopposition	
24.8.1905 17:31:27	Venus 11,4° südlich Kastor	40,2°

Datum und Uhrzeit (WZ)	Ereignis	Elongation
26.8.1905 7:05:06	Mars 3,3° südlich Akrab	89,5°
26.8.1905 23:21:16	Venus 7,8° südlich Pollux	39,8°
30.8.1905 2:28:50	Merkur in unterer Konjunktion zur Sonne	-4°
4.9.1905 14:53:17	Mars 2,3° nördlich Antares	86,7°
7.9.1905 6:37:56	Venus 1,6° südlich M44	37,6°
7.9.1905 19:22:49	Merkur stationär, dann rechtläufig	
9.9.1905 12:36:39	Uranus stationär, dann rechtläufig	
15.9.1905 10:53:00	Merkur in größter westlicher Elongation zur Sonne	17,9°
25.9.1905 20:26:31	Venus 15' nördlich Regulus	33,6°
25.9.1905 20:33:54	Jupiter stationär, dann rückläufig	
7.10.1905 5:11:37	Merkur 1,4° südlich Porrima	4,1°
8.10.1905 20:33:00	Mars 1,8° südlich Uranus	75,7°
12.10.1905 8:22:51	Merkur in oberer Konjunktion zur Sonne	60'
14.10.1905 1:16:14	Neptun stationär, dann rückläufig	
14.10.1905 2:55:38	Merkur 3,1° nördlich Spika	1,5°
23.10.1905 17:43:48	Mars 1,5° nördlich Nunki	71,4°
28.10.1905 4:05:39	Merkur 1,1° südlich Zuben-el-dschenubi	9,6°
29.10.1905 7:44:50	Venus 1,3° südlich Porrima	25,9°
31.10.1905 16:15:35	Saturn stationär, dann rechtläufig	
7.11.1905 17:55:17	Venus 4° nördlich Spika	22,2°
9.11.1905 8:40:36	Merkur 3° südlich Akrab	15,6°
13.11.1905 5:45:27	Merkur 2,4° nördlich Antares	18°
19.11.1905 22:00:37	Mars 6,3° südlich Beta Capricorni	64,4°
24.11.1905 8:36:06	Jupiteropposition	
25.11.1905 16:37:32	Venus 1,1° nördlich Zuben-el-dschenubi	19,1°
27.11.1905 5:41:00	Merkur in größter östlicher Elongation zur Sonne	21,7°
6.12.1905 6:31:09	Merkur stationär, dann rückläufig	
10.12.1905 9:32:26	Venus 7,6' südlich Akrab	15,8°
14.12.1905 21:59:36	Venus 5,4° nördlich Antares	14,6°
15.12.1905 22:16:29	Merkur in unterer Konjunktion zur Sonne	1,9°
18.12.1905 0:58:01	Mars 1,5° nördlich Delta Capricorni	56,8°
22.12.1905 2:02:41	Merkur 2,6° nördlich Venus	13°
26.12.1905 2:24:26	Merkur stationär, dann rechtläufig	
26.12.1905 4:13:03	Mars 30' nördlich Saturn	55°
26.12.1905 19:05:01	Uranus in Konjunktion zur Sonne, Bedeckung	-16'
27.12.1905 10:55:18	Jupiter 5,1° südlich Alkione	142,5°
31.12.1905 8:03:48	Neptunopposition	

1906

Datum und Uhrzeit (WZ)	Ereignis	Elongation
5.1.1906 2:45:00	Merkur in größter westlicher Elongation zur Sonne	23°
5.1.1906 17:13:00	Venus 6,2' nördlich Uranus	9,5°
7.1.1906 0:31:38	Neptun 3° südlich Epsilon Geminorum	172,5°
10.1.1906 18:28:46	Venus 3,1° nördlich Nunki	8,3°

Datum und Uhrzeit (WZ)	Ereignis	Elongation
17.1.1906 2:28:49	Merkur 19' nördlich Uranus	20,4°
21.1.1906 3:12:55	Merkur 3° nördlich Nunki	18,9°
26.1.1906 19:03:55	Venus 5,7° südlich Beta Capricorni	4,6°
3.2.1906 7:22:07	Merkur 6,5° südlich Beta Capricorni	11,8°
12.2.1906 16:27:07	Venus 1,3° nördlich Delta Capricorni	1,4°
14.2.1906 8:59:02	Venus in oberer Konjunktion zur Sonne	-1,3°
15.2.1906 21:43:22	Merkur 32' nördlich Delta Capricorni	4,4°
16.2.1906 10:57:13	Jupiter 4,9° südlich Alkione	90,7°
20.2.1906 20:45:58	Merkur in oberer Konjunktion zur Sonne	-1,9°
22.2.1906 16:46:38	Venus 6,6' nördlich Saturn	2,5°
22.2.1906 21:26:17	Merkur 17' südlich Saturn	2,4°
23.2.1906 6:26:20	Merkur 22' südlich Venus	2,6°
24.2.1906 22:44:24	Saturn in Konjunktion zur Sonne	-1,5°
18.3.1906 17:14:00	Merkur in größter westlicher Elongation zur Sonne	18,5°
19.3.1906 9:39:41	Neptun stationär, dann rechtläufig	
21.3.1906 5:08:10	Mars 10,5° südlich Hamal	33°
26.3.1906 2:27:53	Merkur stationär, dann rückläufig	
28.3.1906 10:11:39	Merkur 4,8° nördlich Venus	10,4°
5.4.1906 4:20:40	Merkur in unterer Konjunktion zur Sonne	2,6°
9.4.1906 17:10:01	Venus 11,3° südlich Hamal	13,5°
13.4.1906 9:26:25	Uranus stationär, dann rückläufig	
17.4.1906 13:50:16	Merkur stationär, dann rechtläufig	
25.4.1906 14:32:23	Mars 3,7° südlich Alkione	23,4°
29.4.1906 7:08:00	Jupiter 5,1° nördlich Aldebaran	30,9°
30.4.1906 7:43:56	Venus 3,9° südlich Alkione	18,7°
3.5.1906 4:39:00	Merkur in größter westlicher Elongation zur Sonne	26,8°
6.5.1906 13:39:19	Venus 4,8' südlich Mars	20,3°
9.5.1906 19:46:27	Venus 6,2° nördlich Aldebaran	20,9°
12.5.1906 2:57:28	Venus 1,2° nördlich Jupiter	21,6°
12.5.1906 7:54:48	Mars 6,2° nördlich Aldebaran	18,6°
16.5.1906 5:39:48	Merkur 13,5° südlich Hamal	20,6°
18.5.1906 12:20:33	Mars 1,1° nördlich Jupiter	16,9°
19.5.1906 7:19:25	Venus 4,4° südlich Elnath	23,6°
27.5.1906 3:18:23	Neptun 3° südlich Epsilon Geminorum	33,8°
28.5.1906 11:28:22	Venus 2,2° nördlich Eta Geminorum	25,9°
29.5.1906 6:59:31	Mars 4,6° südlich Elnath	14°
29.5.1906 23:51:52	Venus 2,2° nördlich Mü Geminorum	26,3°
30.5.1906 18:09:28	Merkur 5° südlich Alkione	10,5°
1.6.1906 19:29:21	Venus 8,2° nördlich Alhena	27°
2.6.1906 22:00:21	Venus 34' südlich Epsilon Geminorum	27,3°
3.6.1906 2:28:29	Venus 2,4° nördlich Neptun	27,3°
5.6.1906 8:04:15	Merkur 5,8° nördlich Aldebaran	4,4°
8.6.1906 21:20:16	Merkur in oberer Konjunktion zur Sonne	49'
9.6.1906 14:13:59	Merkur 1,3° nördlich Jupiter	0,9°
10.6.1906 15:05:53	Merkur 4,3° südlich Elnath	2,4°
10.6.1906 15:33:39	Jupiter in Konjunktion zur Sonne	-23'

Datum und Uhrzeit (WZ)	Ereignis	Elongation
12.6.1906 12:26:04	Venus 8,5° südlich Kastor	29,7°
14.6.1906 15:16:41	Venus 5° südlich Pollux	30°
14.6.1906 22:54:56	Mars 1,7° nördlich Eta Geminorum	9,2°
15.6.1906 18:52:34	Merkur 2,6° nördlich Eta Geminorum	8,5°
16.6.1906 4:02:51	Merkur 50' nördlich Mars	8,9°
16.6.1906 15:53:34	Merkur 2,6° nördlich Mü Geminorum	9,5°
17.6.1906 17:30:33	Mars 1,7° nördlich Mü Geminorum	8,4°
18.6.1906 7:35:45	Merkur 8,6° nördlich Alhena	11,3°
18.6.1906 23:25:41	Merkur 12' südlich Epsilon Geminorum	12°
19.6.1906 8:51:15	Merkur 2,8° nördlich Neptun	12,4°
19.6.1906 12:22:14	Jupiter 5,8° südlich Elnath	6,4°
22.6.1906 21:33:42	Mars 7,7° nördlich Alhena	6,9°
24.6.1906 22:18:38	Mars 1,2° südlich Epsilon Geminorum	6,3°
25.6.1906 1:18:56	Merkur 8,3° südlich Kastor	17,7°
25.6.1906 13:26:54	Venus 34' nördlich M44	32,8°
26.6.1906 12:02:33	Merkur 4,9° südlich Pollux	18,9°
26.6.1906 12:34:43	Mars 1,8° nördlich Neptun	5,9°
27.6.1906 14:18:04	Saturn stationär, dann rückläufig	
29.6.1906 4:02:44	Uranusopposition	
2.7.1906 23:25:14	Neptun in Konjunktion zur Sonne	-53'
4.7.1906 21:18:21	Merkur 6,8' südlich M44	24°
12.7.1906 16:04:14	Mars 9,2° südlich Kastor	1,4°
14.7.1906 10:31:07	Venus 1,2° nördlich Regulus	37,1°
15.7.1906 15:12:00	Merkur in größter östlicher Elongation zur Sonne	26,6°
15.7.1906 20:17:08	Mars in Konjunktion zur Sonne	1°
16.7.1906 14:22:55	Mars 5,7° südlich Pollux	1°
28.7.1906 17:28:01	Merkur stationär, dann rückläufig	
5.8.1906 21:35:24	Mars 11' südlich M44	6,6°
10.8.1906 13:36:22	Jupiter 35' nördlich Eta Geminorum	44,9°
12.8.1906 11:50:29	Merkur in unterer Konjunktion zur Sonne	-4,7°
17.8.1906 19:09:42	Merkur 5,1° südlich Mars	9,6°
20.8.1906 6:57:36	Venus 3,5° südlich Porrima	42,6°
20.8.1906 13:28:26	Jupiter 31' nördlich Mü Geminorum	52,6°
21.8.1906 18:30:38	Merkur stationär, dann rechtläufig	
29.8.1906 22:31:00	Merkur in größter westlicher Elongation zur Sonne	18,2°
31.8.1906 7:28:38	Venus 47' nördlich Spika	45,3°
5.9.1906 1:38:23	Merkur 9,4' südlich Mars	16,3°
5.9.1906 2:52:55	Saturnopposition	
6.9.1906 20:36:31	Merkur 53' nördlich Regulus	14,8°
9.9.1906 18:37:53	Mars 46' nördlich Regulus	17,6°
11.9.1906 3:51:41	Jupiter 6,5° nördlich Alhena	69,9°
14.9.1906 5:39:15	Uranus stationär, dann rechtläufig	
20.9.1906 21:53:00	Venus in größter östlicher Elongation zur Sonne	46,5°
21.9.1906 20:03:33	Jupiter 2,3° südlich Epsilon Geminorum	79,1°
22.9.1906 10:59:04	Venus 3,8° südlich Zuben-el-dschenubi	45,2°
24.9.1906 8:07:20	Merkur in oberer Konjunktion zur Sonne	1,4°

Datum und Uhrzeit (WZ)	Ereignis	Elongation
29.9.1906 13:50:36	Merkur 2° südlich Porrima	4,2°
6.10.1906 17:29:36	Merkur 2,4° nördlich Spika	9,1°
13.10.1906 10:46:33	Venus 6° südlich Akrab	42,7°
16.10.1906 13:05:07	Neptun stationär, dann rückläufig	
21.10.1906 11:21:47	Merkur 1,9° südlich Zuben-el-dschenubi	16,6°
21.10.1906 15:43:30	Venus 46' südlich Antares	41,3°
30.10.1906 0:43:43	Jupiter stationär, dann rückläufig	
3.11.1906 21:04:51	Merkur 3,7° südlich Akrab	21,4°
8.11.1906 15:50:28	Merkur 1,9° nördlich Antares	23°
9.11.1906 21:30:36	Venus stationär, dann rückläufig	
9.11.1906 21:41:00	Merkur in größter östlicher Elongation zur Sonne	23°
13.11.1906 5:29:56	Saturn stationär, dann rechtläufig	
14.11.1906 10:19:09	Mars 1,7° südlich Porrima	41,6°
15.11.1906 5:49:40	Merkur 2° nördlich Venus	22°
20.11.1906 4:45:01	Merkur stationär, dann rückläufig	
28.11.1906 17:59:26	Venus 2,8° nördlich Antares	3°
29.11.1906 22:33:07	Merkur 5,6° nördlich Antares	1,2°
30.11.1906 5:12:21	Venus in unterer Konjunktion zur Sonne	-1,4°
30.11.1906 5:44:39	Merkur in unterer Konjunktion zur Sonne	1,1°
30.11.1906 20:32:50	Merkur 2,6° nördlich Venus	1,6°
3.12.1906 6:45:45	Mars 3,5° nördlich Spika	47,7°
4.12.1906 17:34:49	Merkur 1,3° nördlich Akrab	9,9°
6.12.1906 22:32:50	Jupiter 2,2° südlich Epsilon Geminorum	155,1°
9.12.1906 17:28:00	Venus 16" nördlich Akrab, Bedeckung	14,9°
9.12.1906 19:53:03	Merkur stationär, dann rechtläufig	
13.12.1906 14:14:32	Merkur 48' nördlich Venus	20,3°
15.12.1906 12:33:17	Merkur 1,5° nördlich Akrab	20,8°
18.12.1906 0:10:01	Jupiter 6,6° nördlich Alhena	165,7°
18.12.1906 16:40:00	Merkur in größter westlicher Elongation zur Sonne	21,6°
19.12.1906 20:35:41	Venus stationär, dann rechtläufig	
21.12.1906 10:55:27	Merkur 6,5° nördlich Antares	20,7°
28.12.1906 15:10:39	Jupiteropposition	
30.12.1906 9:14:35	Venus 3,2° nördlich Akrab	35,9°
31.12.1906 4:42:24	Uranus in Konjunktion zur Sonne	-19'

1907

Datum und Uhrzeit (WZ)	Ereignis	Elongation
2.1.1907 18:39:03	Neptunopposition	
8.1.1907 17:56:59	Mars 44' nördlich Zuben-el-dschenubi	63,6°
10.1.1907 12:48:42	Venus 9,3° nördlich Antares	40,9°
13.1.1907 1:39:00	Jupiter 45' nördlich Mü Geminorum	162,2°
13.1.1907 5:19:23	Merkur 41' südlich Uranus	12,5°
14.1.1907 11:30:36	Merkur 2,3° nördlich Nunki	11,9°
26.1.1907 22:49:16	Merkur 6,7° südlich Beta Capricorni	5°

Datum und Uhrzeit (WZ)	Ereignis	Elongation
30.1.1907 17:21:38	Jupiter 52' nördlich Eta Geminorum	142,4°
2.2.1907 16:41:46	Merkur in oberer Konjunktion zur Sonne	-2,1°
8.2.1907 4:58:06	Merkur 43' nördlich Delta Capricorni	4,6°
8.2.1907 16:54:03	Mars 13' südlich Akrab	76,9°
9.2.1907 4:11:00	Venus in größter westlicher Elongation zur Sonne	46,9°
17.2.1907 22:48:40	Venus 3,2° nördlich Uranus	46,6°
18.2.1907 0:01:55	Venus 6,3° nördlich Nunki	46,6°
18.2.1907 13:29:24	Mars 5,3° nördlich Antares	80,3°
19.2.1907 3:00:07	Uranus 3,1° nördlich Nunki	48°
21.2.1907 11:11:50	Merkur 1,7° nördlich Saturn	14,1°
2.3.1907 2:32:00	Merkur in größter östlicher Elongation zur Sonne	18,2°
8.3.1907 10:08:14	Merkur stationär, dann rückläufig	
8.3.1907 15:37:57	Venus 3,3° südlich Beta Capricorni	44,4°
9.3.1907 9:29:09	Saturn in Konjunktion zur Sonne	-1,8°
18.3.1907 7:51:49	Merkur in unterer Konjunktion zur Sonne	3,4°
21.3.1907 19:59:21	Neptun stationär, dann rechtläufig	
24.3.1907 8:49:54	Jupiter 58' nördlich Eta Geminorum	89,5°
24.3.1907 12:40:06	Merkur 4,5° nördlich Saturn	11,7°
27.3.1907 3:36:34	Venus 2,7° nördlich Delta Capricorni	42,2°
30.3.1907 18:28:37	Merkur stationär, dann rechtläufig	
9.4.1907 5:17:34	Merkur 32' nördlich Saturn	26,7°
10.4.1907 23:08:41	Jupiter 56' nördlich Mü Geminorum	74°
15.4.1907 4:16:00	Merkur in größter westlicher Elongation zur Sonne	27,6°
17.4.1907 20:58:33	Uranus stationär, dann rückläufig	
21.4.1907 14:37:43	Venus 38' nördlich Saturn	37,4°
28.4.1907 7:46:32	Mars 2,5° nördlich Nunki	115,6°
1.5.1907 22:54:21	Mars 46' südlich Uranus	117,8°
3.5.1907 21:26:35	Jupiter 6,9° nördlich Alhena	55,1°
9.5.1907 17:09:29	Merkur 12,7° südlich Hamal	15,2°
11.5.1907 12:58:53	Jupiter 1,9° südlich Epsilon Geminorum	49°
21.5.1907 23:47:51	Jupiter 1° nördlich Neptun	41°
22.5.1907 9:58:07	Merkur 4,1° südlich Alkione	2,4°
24.5.1907 7:49:55	Venus 12,5° südlich Hamal	27,4°
24.5.1907 8:44:14	Merkur in oberer Konjunktion zur Sonne	25'
27.5.1907 18:09:09	Merkur 6,5° nördlich Aldebaran	4,3°
2.6.1907 4:00:37	Merkur 3,7° südlich Elnath	10,7°
6.6.1907 2:22:22	Mars stationär, dann rückläufig	
7.6.1907 19:14:55	Merkur 2,9° nördlich Eta Geminorum	16,3°
8.6.1907 19:06:37	Merkur 2,9° nördlich Mü Geminorum	17,2°
10.6.1907 16:56:23	Merkur 8,8° nördlich Alhena	18,8°
11.6.1907 11:31:15	Merkur 15" südlich Epsilon Geminorum	19,4°
13.6.1907 1:42:47	Merkur 2,9° nördlich Neptun	20,5°
14.6.1907 10:18:30	Venus 5,5° südlich Alkione	23,8°
15.6.1907 20:24:05	Merkur 1,7° nördlich Jupiter	22,2°
18.6.1907 1:16:49	Uranus 3,1° nördlich Nunki	164,2°
19.6.1907 0:32:52	Merkur 8,6° südlich Kastor	23,7°

Datum und Uhrzeit (WZ)	Ereignis	Elongation
20.6.1907 23:19:01	Merkur 5,4° südlich Pollux	24,3°
24.6.1907 3:03:55	Venus 4,5° nördlich Aldebaran	22,3°
27.6.1907 10:40:00	Merkur in größter östlicher Elongation zur Sonne	25,5°
3.7.1907 18:17:05	Venus 6° südlich Elnath	19,8°
3.7.1907 20:10:25	Uranusopposition	
5.7.1907 13:30:03	Neptun in Konjunktion zur Sonne	-49'
6.7.1907 15:21:11	Marsopposition	
6.7.1907 16:55:58	Jupiter 10° südlich Kastor	7°
8.7.1907 4:21:03	Merkur 3,4° südlich M44	21,1°
10.7.1907 15:47:30	Merkur stationär, dann rückläufig	
11.7.1907 0:13:40	Saturn stationär, dann rückläufig	
13.7.1907 0:23:44	Venus 40' nördlich Eta Geminorum	17,3°
13.7.1907 3:14:11	Merkur 4,7° südlich M44	16,4°
14.7.1907 12:55:49	Venus 39' nördlich Mü Geminorum	16,9°
15.7.1907 4:07:34	Mars 2,1° südlich Nunki	168°
16.7.1907 7:13:32	Jupiter in Konjunktion zur Sonne, Bedeckung	15'
17.7.1907 8:39:00	Venus 6,7° nördlich Alhena	16,2°
18.7.1907 4:47:13	Jupiter 6,5° südlich Pollux	1,4°
18.7.1907 11:10:09	Venus 2,1° südlich Epsilon Geminorum	15,9°
19.7.1907 19:22:00	Mars 5,3° südlich Uranus	162,8°
21.7.1907 19:32:14	Venus 58' nördlich Neptun	14,9°
25.7.1907 2:59:46	Merkur in unterer Konjunktion zur Sonne	-5°
27.7.1907 23:54:52	Venus 9,8° südlich Kastor	13,3°
30.7.1907 1:58:02	Venus 6,3° südlich Pollux	12,8°
1.8.1907 4:10:50	Merkur 4,6° südlich Jupiter	11,6°
1.8.1907 12:33:31	Merkur 4,8° südlich Venus	11,9°
1.8.1907 16:41:12	Venus 18' nördlich Jupiter	12°
4.8.1907 4:55:49	Merkur stationär, dann rechtläufig	
9.8.1907 5:52:45	Mars stationär, dann rechtläufig	
9.8.1907 17:32:30	Venus 26' südlich M44	9,9°
11.8.1907 3:05:27	Merkur 2,1° südlich Jupiter	18,6°
13.8.1907 3:07:00	Merkur in größter westlicher Elongation zur Sonne	18,8°
18.8.1907 1:23:11	Merkur 1,3° südlich M44	17,7°
24.8.1907 20:35:01	Mars 4,6° südlich Uranus	128°
27.8.1907 16:02:27	Venus 53' nördlich Regulus	4,7°
30.8.1907 7:16:00	Merkur 1,3° nördlich Regulus	7,2°
2.9.1907 18:49:45	Mars 1,2° südlich Nunki	121,7°
3.9.1907 19:47:49	Merkur 26' nördlich Venus	3,3°
7.9.1907 4:01:06	Merkur in oberer Konjunktion zur Sonne	1,7°
15.9.1907 1:00:00	Venus in oberer Konjunktion zur Sonne	1,4°
18.9.1907 2:26:04	Saturnopposition	
18.9.1907 19:36:43	Uranus stationär, dann rechtläufig	
19.9.1907 7:40:26	Jupiter 56' südlich M44	49°
22.9.1907 3:18:53	Merkur 2,6° südlich Porrima	11,2°
29.9.1907 18:01:09	Merkur 1,6° nördlich Spika	16,5°
29.9.1907 21:01:17	Venus 1,7° südlich Porrima	4,2°

Datum und Uhrzeit (WZ)	Ereignis	Elongation
9.10.1907 7:34:38	Venus 3,3° nördlich Spika	6,5°
15.10.1907 9:37:07	Mars 7,6° südlich Beta Capricorni	100,2°
16.10.1907 0:10:13	Merkur 2,8° südlich Zuben-el-dschenubi	22,2°
19.10.1907 0:32:17	Neptun stationär, dann rückläufig	
23.10.1907 10:41:00	Merkur in größter östlicher Elongation zur Sonne	24,3°
27.10.1907 7:05:51	Venus 5,7' nördlich Zuben-el-dschenubi	11°
3.11.1907 21:30:58	Merkur stationär, dann rückläufig	
7.11.1907 16:14:52	Merkur 1,9° südlich Venus	13,9°
10.11.1907 23:54:08	Venus 1,2° südlich Akrab	14,5°
14.11.1907 12:18:45	Merkur in unterer Konjunktion zur Sonne, Transit	13'
15.11.1907 12:11:47	Venus 4,3° nördlich Antares	15,8°
18.11.1907 5:24:43	Mars 59' nördlich Delta Capricorni	87,5°
23.11.1907 13:55:56	Merkur stationär, dann rechtläufig	
25.11.1907 22:33:20	Saturn stationär, dann rechtläufig	
1.12.1907 8:44:46	Jupiter stationär, dann rückläufig	
1.12.1907 13:45:00	Merkur in größter westlicher Elongation zur Sonne	20,3°
10.12.1907 11:43:52	Uranus 3,1° nördlich Nunki	24°
12.12.1907 7:57:35	Venus 2,1° nördlich Nunki	22,2°
12.12.1907 10:01:14	Venus 59' südlich Uranus	22,2°
12.12.1907 10:53:51	Merkur 13' nördlich Akrab	17,4°
16.12.1907 9:51:05	Merkur 5,4° nördlich Antares	15,5°
28.12.1907 10:17:10	Venus 6,4° südlich Beta Capricorni	25,8°
31.12.1907 14:51:06	Mars 1,8° nördlich Saturn	73,1°

1908

Datum und Uhrzeit (WZ)	Ereignis	Elongation
4.1.1908 13:38:13	Uranus in Konjunktion zur Sonne	-22'
5.1.1908 5:07:35	Neptunopposition	
7.1.1908 7:02:22	Merkur 1,9° nördlich Nunki	4,6°
8.1.1908 8:00:03	Merkur 1,3° südlich Uranus	3,6°
14.1.1908 11:26:21	Merkur in oberer Konjunktion zur Sonne	-2°
14.1.1908 13:08:34	Venus 58' nördlich Delta Capricorni	29,4°
19.1.1908 10:37:39	Merkur 6,9° südlich Beta Capricorni	3,9°
29.1.1908 21:21:20	Jupiteropposition	
31.1.1908 19:38:45	Merkur 1,2° nördlich Delta Capricorni	12°
10.2.1908 19:45:30	Venus 1,3° nördlich Saturn	34,9°
13.2.1908 14:47:00	Merkur in größter östlicher Elongation zur Sonne	18,2°
18.2.1908 13:13:03	Jupiter 29' südlich M44	157,4°
27.2.1908 6:14:51	Mars 10,2° südlich Hamal	55,6°
29.2.1908 4:24:49	Merkur in unterer Konjunktion zur Sonne	3,7°
12.3.1908 12:22:40	Merkur stationär, dann rechtläufig	
12.3.1908 22:08:28	Venus 9,7° südlich Hamal	41,1°
23.3.1908 8:44:47	Neptun stationär, dann rechtläufig	
27.3.1908 9:33:00	Merkur in größter westlicher Elongation zur Sonne	27,8°

Datum und Uhrzeit (WZ)	Ereignis	Elongation
30.3.1908 13:39:31	Jupiter stationär, dann rechtläufig	
4.4.1908 2:29:39	Mars 3,3° südlich Alkione	44°
4.4.1908 7:34:25	Venus 1,7° südlich Alkione	44,2°
4.4.1908 15:42:06	Venus 1,6° nördlich Mars	43,8°
14.4.1908 21:02:08	Merkur 28' südlich Saturn	21,4°
15.4.1908 1:07:07	Venus 8,5° nördlich Aldebaran	44,1°
21.4.1908 8:39:01	Mars 6,4° nördlich Aldebaran	38°
21.4.1908 10:33:14	Uranus stationär, dann rückläufig	
26.4.1908 6:48:41	Venus 2° südlich Elnath	45,6°
26.4.1908 18:50:00	Venus in größter östlicher Elongation zur Sonne	45,6°
30.4.1908 21:43:03	Merkur 11,8° südlich Hamal	7,9°
7.5.1908 18:03:03	Merkur in oberer Konjunktion zur Sonne, Bedeckung	-48"
8.5.1908 2:11:19	Venus 4,5° nördlich Eta Geminorum	45,1°
8.5.1908 18:56:16	Mars 4,4° südlich Elnath	33,2°
10.5.1908 4:42:26	Venus 4,4° nördlich Mü Geminorum	44,9°
11.5.1908 0:03:28	Jupiter 31' südlich M44	76,1°
12.5.1908 21:58:42	Merkur 3,3° südlich Alkione	6,3°
14.5.1908 6:55:00	Venus 10,3° nördlich Alhena	44,3°
15.5.1908 23:26:31	Venus 1,5° nördlich Epsilon Geminorum	44°
18.5.1908 11:30:33	Merkur 7,2° nördlich Aldebaran	12,6°
21.5.1908 13:08:21	Venus 4,1° nördlich Neptun	42,6°
24.5.1908 14:14:07	Merkur 3,2° südlich Elnath	18,2°
25.5.1908 20:05:32	Mars 2° nördlich Eta Geminorum	28°
28.5.1908 16:04:43	Mars 1,9° nördlich Mü Geminorum	27,1°
31.5.1908 16:02:41	Merkur 3° nördlich Eta Geminorum	22,4°
2.6.1908 0:45:07	Merkur 2,9° nördlich Mü Geminorum	22,9°
2.6.1908 22:34:16	Mars 7,8° nördlich Alhena	25,5°
4.6.1908 19:15:46	Merkur 8,5° nördlich Alhena	23,7°
5.6.1908 0:19:17	Mars 59' südlich Epsilon Geminorum	24,8°
5.6.1908 0:54:41	Venus 8° südlich Kastor	36,2°
6.6.1908 0:06:07	Merkur 26' südlich Epsilon Geminorum	23,9°
7.6.1908 16:18:35	Merkur 19' nördlich Mars	24°
8.6.1908 1:01:00	Merkur in größter östlicher Elongation zur Sonne	24°
11.6.1908 4:22:17	Merkur 1,6° nördlich Neptun	23,7°
12.6.1908 10:23:55	Mars 1,9° nördlich Neptun	22,5°
13.6.1908 21:09:45	Venus stationär, dann rückläufig	
17.6.1908 12:16:34	Merkur 1,7° südlich Mars	20,9°
21.6.1908 8:32:57	Merkur stationär, dann rückläufig	
22.6.1908 10:57:20	Venus 11,1° südlich Kastor	20,1°
22.6.1908 20:19:38	Venus 2,1° südlich Mars	19,3°
23.6.1908 1:22:55	Mars 9,1° südlich Kastor	19,2°
27.6.1908 1:01:12	Mars 5,6° südlich Pollux	18°
1.7.1908 4:04:06	Merkur 3,3° südlich Neptun	5,5°
4.7.1908 6:48:01	Venus 2,8° südlich Neptun	2,7°
4.7.1908 21:54:39	Merkur in unterer Konjunktion zur Sonne	-4,6°
6.7.1908 3:24:26	Venus in unterer Konjunktion zur Sonne	-4°

Datum und Uhrzeit (WZ)	Ereignis	Elon-gation
7.7.1908 3:33:32	Neptun in Konjunktion zur Sonne	-46'
7.7.1908 11:36:53	Uranusopposition	
11.7.1908 6:02:01	Merkur 6,9° südlich Epsilon Geminorum	10,1°
13.7.1908 18:18:44	Venus 7,4° südlich Epsilon Geminorum	12,4°
15.7.1908 14:07:22	Merkur 1,2° nördlich Venus	15,1°
15.7.1908 21:45:57	Merkur stationär, dann rechtläufig	
16.7.1908 16:22:09	Venus 1,1° nördlich Alhena	16,9°
17.7.1908 13:52:49	Mars 7,2' südlich M44	11,5°
20.7.1908 7:31:09	Merkur 5,5° südlich Epsilon Geminorum	18,4°
23.7.1908 15:06:15	Saturn stationär, dann rückläufig	
25.7.1908 21:47:00	Merkur in größter westlicher Elongation zur Sonne	19,8°
27.7.1908 18:19:05	Venus stationär, dann rechtläufig	
28.7.1908 11:48:34	Merkur 44' südlich Neptun	19,6°
1.8.1908 8:45:39	Merkur 10,8° südlich Kastor	18,1°
3.8.1908 0:02:23	Merkur 7° südlich Pollux	17,1°
8.8.1908 11:09:53	Venus 1° nördlich Alhena	38,1°
10.8.1908 3:26:09	Merkur 9,5' südlich M44	11,1°
11.8.1908 15:59:12	Venus 7,6° südlich Epsilon Geminorum	39,7°
14.8.1908 2:07:45	Mars 23' nördlich Jupiter	2,9°
17.8.1908 20:11:29	Jupiter in Konjunktion zur Sonne	47'
19.8.1908 6:13:36	Merkur 1° nördlich Jupiter	1,3°
20.8.1908 14:40:49	Merkur in oberer Konjunktion zur Sonne	1,8°
20.8.1908 20:01:51	Merkur 40' nördlich Mars	1,2°
21.8.1908 1:54:37	Merkur 1,4° nördlich Regulus	1,1°
21.8.1908 14:24:32	Mars 43' nördlich Regulus	0,6°
22.8.1908 5:42:18	Mars in Konjunktion zur Sonne	1,1°
23.8.1908 22:41:33	Venus 3,7° südlich Neptun	43,9°
29.8.1908 16:31:16	Venus 14,1° südlich Kastor	44,9°
1.9.1908 19:37:11	Venus 10,4° südlich Pollux	45,3°
5.9.1908 0:30:03	Jupiter 21' nördlich Regulus	13,5°
14.9.1908 7:02:12	Merkur 3,5° südlich Porrima	18°
14.9.1908 21:14:00	Venus in größter westlicher Elongation zur Sonne	46°
16.9.1908 3:26:56	Venus 3,5° südlich M44	46°
22.9.1908 10:45:22	Uranus stationär, dann rechtläufig	
22.9.1908 18:46:38	Merkur 36' nördlich Spika	23°
30.9.1908 7:26:55	Saturnopposition	
4.10.1908 22:46:00	Merkur in größter östlicher Elongation zur Sonne	25,6°
7.10.1908 3:54:53	Venus 43' südlich Regulus	44,7°
14.10.1908 3:56:06	Venus 36' südlich Jupiter	43,8°
17.10.1908 7:07:23	Merkur stationär, dann rückläufig	
20.10.1908 12:41:31	Neptun stationär, dann rückläufig	
25.10.1908 5:58:05	Mars 2° südlich Porrima	21,8°
28.10.1908 16:13:59	Merkur in unterer Konjunktion zur Sonne	-43'
6.11.1908 7:51:33	Merkur stationär, dann rechtläufig	
11.11.1908 7:56:52	Venus 1,2° südlich Porrima	39,3°
12.11.1908 8:33:06	Mars 3,1° nördlich Spika	27,1°

Datum und Uhrzeit (WZ)	Ereignis	Elongation
13.11.1908 18:43:00	Merkur in größter westlicher Elongation zur Sonne	19,3°
20.11.1908 23:59:22	Venus 4,3° nördlich Spika	35,8°
22.11.1908 18:20:43	Merkur 1,5° nördlich Zuben-el-dschenubi	16,3°
30.11.1908 23:10:14	Venus 1,3° nördlich Mars	34,9°
5.12.1908 1:21:21	Merkur 40' südlich Akrab	10,5°
7.12.1908 19:33:10	Saturn stationär, dann rechtläufig	
8.12.1908 17:27:50	Merkur 4,6° nördlich Antares	8,5°
9.12.1908 7:41:51	Venus 1,6° nördlich Zuben-el-dschenubi	33,1°
16.12.1908 12:07:24	Mars 19' nördlich Zuben-el-dschenubi	40,4°
24.12.1908 4:34:25	Merkur in oberer Konjunktion zur Sonne	-1,6°
24.12.1908 6:54:07	Venus 30' nördlich Akrab	30,2°
28.12.1908 21:11:02	Venus 6° nördlich Antares	28,6°
29.12.1908 22:47:29	Merkur 1,5° nördlich Nunki	3,9°

1909

Datum und Uhrzeit (WZ)	Ereignis	Elongation
2.1.1909 3:50:37	Merkur 1,7° südlich Uranus	5,5°
6.1.1909 15:26:01	Neptunopposition	
7.1.1909 21:48:46	Uranus in Konjunktion zur Sonne	-24'
11.1.1909 2:55:08	Merkur 6,8° südlich Beta Capricorni	11,2°
13.1.1909 5:21:14	Mars 38' südlich Akrab	50,4°
21.1.1909 17:01:23	Mars 4,9° nördlich Antares	52,7°
25.1.1909 2:57:25	Venus 3,6° nördlich Nunki	23,1°
25.1.1909 8:29:58	Merkur 2,4° nördlich Delta Capricorni	17,7°
27.1.1909 3:09:00	Merkur in größter östlicher Elongation zur Sonne	18,5°
30.1.1909 16:55:17	Venus 21' nördlich Uranus	21,8°
2.2.1909 1:55:26	Merkur stationär, dann rückläufig	
9.2.1909 16:29:52	Merkur 6,4° nördlich Delta Capricorni	3,3°
10.2.1909 7:20:19	Venus 5,2° südlich Beta Capricorni	18,7°
11.2.1909 14:00:09	Merkur in unterer Konjunktion zur Sonne	3,7°
19.2.1909 16:57:53	Merkur 4° nördlich Venus	16,2°
23.2.1909 15:09:37	Merkur stationär, dann rechtläufig	
27.2.1909 6:59:58	Venus 1,6° nördlich Delta Capricorni	15,3°
28.2.1909 18:56:21	Jupiteropposition	
9.3.1909 18:35:00	Merkur in größter westlicher Elongation zur Sonne	27,4°
11.3.1909 10:17:19	Merkur 1,8° nördlich Delta Capricorni	27,4°
13.3.1909 0:34:16	Mars 3° nördlich Nunki	70,4°
25.3.1909 19:38:29	Neptun stationär, dann rechtläufig	
26.3.1909 20:52:36	Mars 18' südlich Uranus	74,9°
3.4.1909 11:13:22	Saturn in Konjunktion zur Sonne	-2,2°
9.4.1909 16:15:36	Venus 58' nördlich Saturn	5,1°
12.4.1909 1:26:01	Mars 5,8° südlich Beta Capricorni	78,8°
13.4.1909 21:27:51	Merkur 39' nördlich Saturn	8,8°
20.4.1909 2:35:55	Merkur 22' nördlich Venus	2,3°

Datum und Uhrzeit (WZ)	Ereignis	Elongation
21.4.1909 23:26:19	Merkur in oberer Konjunktion zur Sonne	-28'
22.4.1909 14:53:50	Merkur 11° südlich Hamal	0,8°
24.4.1909 7:46:37	Venus 11,7° südlich Hamal	1,5°
25.4.1909 21:25:25	Uranus stationär, dann rückläufig	
28.4.1909 17:13:11	Venus in oberer Konjunktion zur Sonne	-53'
1.5.1909 23:02:29	Jupiter stationär, dann rechtläufig	
4.5.1909 22:21:40	Merkur 2,4° südlich Alkione	14,5°
11.5.1909 13:38:32	Merkur 7,9° nördlich Aldebaran	19,1°
14.5.1909 1:58:00	Mars 40' nördlich Delta Capricorni	90,1°
14.5.1909 21:39:15	Venus 4,5° südlich Alkione	4,3°
20.5.1909 11:55:06	Merkur 3,2° südlich Elnath	22,4°
20.5.1909 16:21:00	Merkur in größter östlicher Elongation zur Sonne	22,4°
24.5.1909 9:00:27	Venus 5,6° nördlich Aldebaran	6,8°
2.6.1909 17:25:08	Merkur stationär, dann rückläufig	
2.6.1909 19:37:24	Venus 4,9° südlich Elnath	9,4°
7.6.1909 15:00:05	Merkur 2,2° südlich Venus	10,7°
11.6.1909 22:13:57	Venus 1,7° nördlich Eta Geminorum	11,9°
13.6.1909 10:17:46	Venus 1,7° nördlich Mü Geminorum	12,3°
14.6.1909 23:13:04	Merkur in unterer Konjunktion zur Sonne	-3,5°
16.6.1909 5:12:03	Venus 7,7° nördlich Alhena	13°
17.6.1909 7:28:20	Venus 1,1° südlich Epsilon Geminorum	13,3°
19.6.1909 21:10:55	Merkur 9,7° südlich Elnath	8,4°
23.6.1909 5:41:19	Venus 1,9° nördlich Neptun	14,9°
26.6.1909 17:27:30	Merkur stationär, dann rechtläufig	
26.6.1909 18:40:10	Venus 9° südlich Kastor	15,9°
28.6.1909 20:35:27	Venus 5,5° südlich Pollux	16,5°
3.7.1909 2:24:04	Merkur 9,3° südlich Elnath	19,9°
8.7.1909 5:06:00	Merkur in größter westlicher Elongation zur Sonne	21,2°
9.7.1909 13:02:04	Venus 14' nördlich M44	19,4°
9.7.1909 17:42:56	Neptun in Konjunktion zur Sonne	-42'
12.7.1909 2:34:41	Uranusopposition	
14.7.1909 20:23:31	Merkur 36' südlich Eta Geminorum	19,5°
16.7.1909 3:06:05	Merkur 23' südlich Mü Geminorum	18,9°
18.7.1909 7:38:45	Merkur 6° nördlich Alhena	17,5°
19.7.1909 3:01:53	Merkur 2,6° südlich Epsilon Geminorum	17°
23.7.1909 17:16:11	Merkur 1,1° nördlich Neptun	12,8°
25.7.1909 8:31:48	Merkur 9,5° südlich Kastor	11,3°
26.7.1909 14:40:02	Merkur 5,9° südlich Pollux	10°
27.7.1909 18:21:31	Venus 1,1° nördlich Regulus	24,2°
1.8.1909 20:19:00	Merkur 19' nördlich M44	3,2°
4.8.1909 11:46:02	Merkur in oberer Konjunktion zur Sonne	1,7°
6.8.1909 9:49:43	Saturn stationär, dann rückläufig	
12.8.1909 6:51:55	Venus 12' nördlich Jupiter	28,1°
12.8.1909 21:36:32	Merkur 1,2° nördlich Regulus	8,8°
23.8.1909 14:38:57	Mars stationär, dann rückläufig	
25.8.1909 11:53:00	Merkur 40' südlich Jupiter	18,2°

Datum und Uhrzeit (WZ)	Ereignis	Elongation
31.8.1909 4:30:15	Venus 2,4° südlich Porrima	31,9°
8.9.1909 21:29:09	Merkur 4,7° südlich Porrima	23,5°
10.9.1909 2:02:56	Venus 2,3° nördlich Spika	35°
17.9.1909 10:52:00	Merkur in größter östlicher Elongation zur Sonne	26,6°
18.9.1909 13:29:37	Jupiter in Konjunktion zur Sonne	1,1°
20.9.1909 9:04:45	Merkur 1° südlich Spika	25,9°
24.9.1909 10:01:54	Marsopposition	
27.9.1909 0:00:00	Uranus stationär, dann rechtläufig	
28.9.1909 23:55:07	Venus 1,4° südlich Zuben-el-dschenubi	38,6°
30.9.1909 8:35:52	Merkur stationär, dann rückläufig	
9.10.1909 1:17:24	Merkur 43' südlich Spika	7,7°
12.10.1909 15:32:24	Merkur in unterer Konjunktion zur Sonne	-1,7°
13.10.1909 17:57:21	Saturnopposition	
14.10.1909 13:00:11	Venus 3° südlich Akrab	41,4°
19.10.1909 8:07:48	Venus 2,4° nördlich Antares	42,8°
21.10.1909 0:45:40	Merkur stationär, dann rechtläufig	
22.10.1909 23:14:01	Neptun stationär, dann rückläufig	
26.10.1909 17:23:03	Mars stationär, dann rechtläufig	
28.10.1909 6:02:00	Merkur in größter westlicher Elongation zur Sonne	18,5°
1.11.1909 12:59:04	Merkur 4,5° nördlich Spika	16°
16.11.1909 7:41:28	Merkur 41' nördlich Zuben-el-dschenubi	9,6°
17.11.1909 13:50:27	Venus 27' nördlich Nunki	46,6°
24.11.1909 1:16:26	Venus 2,5° südlich Uranus	47,1°
28.11.1909 0:12:20	Merkur 1,4° südlich Akrab	3°
1.12.1909 14:35:46	Merkur 3,9° nördlich Antares	1,2°
1.12.1909 18:48:38	Jupiter 1,7° südlich Porrima	59,4°
2.12.1909 17:23:00	Venus in größter östlicher Elongation zur Sonne	47,3°
3.12.1909 6:29:36	Merkur in oberer Konjunktion zur Sonne	-53'
6.12.1909 16:30:18	Venus 7,4° südlich Beta Capricorni	47,3°
20.12.1909 21:13:07	Saturn stationär, dann rechtläufig	
22.12.1909 18:21:48	Merkur 1,3° nördlich Nunki	11,1°
28.12.1909 7:52:16	Merkur 1,7° südlich Uranus	14,2°
31.12.1909 18:29:20	Mars 3,2° nördlich Saturn	97°

1910

Datum und Uhrzeit (WZ)	Ereignis	Elongation
1.1.1910 12:47:01	Venus 2,6° nördlich Delta Capricorni	42,1°
4.1.1910 20:09:43	Merkur 6,4° südlich Beta Capricorni	17,8°
9.1.1910 1:49:19	Neptunopposition	
10.1.1910 13:06:00	Merkur in größter östlicher Elongation zur Sonne	19°
12.1.1910 5:33:00	Uranus in Konjunktion zur Sonne	-27'
20.1.1910 13:33:28	Venus stationär, dann rückläufig	
26.1.1910 8:56:27	Merkur in unterer Konjunktion zur Sonne	3,4°
28.1.1910 9:10:49	Mars 9,6° südlich Hamal	85,5°

Datum und Uhrzeit (WZ)	Ereignis	Elon-gation
28.1.1910 18:38:03	Merkur 1° südlich Beta Capricorni	6,5°
30.1.1910 7:33:43	Jupiter stationär, dann rückläufig	
6.2.1910 23:54:45	Merkur stationär, dann rechtläufig	
7.2.1910 16:56:00	Venus 10,8° nördlich Delta Capricorni	5°
12.2.1910 12:16:27	Venus in unterer Konjunktion zur Sonne	8,3°
17.2.1910 19:04:04	Merkur 4,1° südlich Beta Capricorni	25,9°
20.2.1910 4:31:00	Merkur in größter westlicher Elongation zur Sonne	26,5°
27.2.1910 21:26:47	Merkur 9,3° südlich Venus	24°
4.3.1910 0:16:19	Venus stationär, dann rechtläufig	
6.3.1910 22:08:45	Merkur 54' nördlich Delta Capricorni	23°
11.3.1910 3:57:14	Mars 2,9° südlich Alkione	68,4°
28.3.1910 8:07:08	Neptun stationär, dann rechtläufig	
28.3.1910 19:34:40	Venus 6,3° nördlich Delta Capricorni	43°
29.3.1910 20:13:53	Mars 6,9° nördlich Aldebaran	60,4°
31.3.1910 6:01:51	Jupiteropposition	
2.4.1910 3:55:55	Jupiter 1,3° südlich Porrima	176,1°
5.4.1910 22:38:39	Merkur in oberer Konjunktion zur Sonne	-56'
11.4.1910 6:21:32	Merkur 2,3° nördlich Saturn	5,5°
14.4.1910 10:06:51	Merkur 10,1° südlich Hamal	9,3°
17.4.1910 3:30:52	Saturn in Konjunktion zur Sonne	-2,2°
17.4.1910 9:28:44	Mars 4,1° südlich Elnath	54,6°
23.4.1910 14:49:00	Venus in größter westlicher Elongation zur Sonne	46,2°
29.4.1910 7:06:54	Merkur 1,5° südlich Alkione	20,5°
30.4.1910 10:18:34	Uranus stationär, dann rückläufig	
2.5.1910 16:00:00	Merkur in größter östlicher Elongation zur Sonne	20,9°
5.5.1910 7:24:52	Mars 2,2° nördlich Eta Geminorum	48,2°
8.5.1910 6:26:39	Mars 2,2° nördlich Mü Geminorum	47,2°
13.5.1910 18:15:39	Mars 8,1° nördlich Alhena	45,3°
14.5.1910 16:09:53	Merkur stationär, dann rückläufig	
15.5.1910 22:05:28	Mars 44' südlich Epsilon Geminorum	44,5°
25.5.1910 17:00:18	Merkur in unterer Konjunktion zur Sonne	-1,7°
29.5.1910 16:57:44	Mars 2° nördlich Neptun	39,9°
2.6.1910 11:06:32	Jupiter stationär, dann rechtläufig	
2.6.1910 19:31:44	Saturn 13,1° südlich Hamal	36,2°
3.6.1910 14:42:18	Mars 8,9° südlich Kastor	38°
5.6.1910 7:29:35	Venus 13° südlich Hamal	38,5°
5.6.1910 13:47:42	Venus 4,2' nördlich Saturn	41,8°
6.6.1910 20:31:48	Merkur stationär, dann rechtläufig	
7.6.1910 17:15:52	Mars 5,5° südlich Pollux	36,4°
20.6.1910 2:16:00	Merkur in größter westlicher Elongation zur Sonne	22,8°
23.6.1910 12:48:50	Merkur 2,6° nördlich Aldebaran	22,4°
27.6.1910 12:09:51	Venus 6,2° südlich Alkione	36,4°
28.6.1910 19:02:40	Mars 1,7' südlich M44	29,9°
2.7.1910 0:28:42	Merkur 6,7° südlich Elnath	18,4°
7.7.1910 14:25:02	Venus 3,8° nördlich Aldebaran	35,5°
8.7.1910 6:11:25	Merkur 50' nördlich Eta Geminorum	13°

Datum und Uhrzeit (WZ)	Ereignis	Elongation
9.7.1910 4:38:39	Merkur 56' nördlich Mü Geminorum	12,1°
10.7.1910 21:12:22	Merkur 7,2° nördlich Alhena	10,3°
11.7.1910 12:49:41	Merkur 1,5° südlich Epsilon Geminorum	9,6°
12.7.1910 7:25:59	Neptun in Konjunktion zur Sonne	-38'
16.7.1910 7:58:48	Merkur 1,9° nördlich Neptun	3,7°
16.7.1910 16:34:11	Uranusopposition	
16.7.1910 23:37:01	Merkur 8,9° südlich Kastor	3,4°
17.7.1910 13:57:23	Venus 6,7° südlich Elnath	33,2°
18.7.1910 3:57:51	Merkur 5,3° südlich Pollux	2,3°
19.7.1910 15:59:31	Merkur in oberer Konjunktion zur Sonne	1,6°
24.7.1910 8:30:08	Merkur 32' nördlich M44	5,6°
27.7.1910 2:48:48	Venus 40" südlich Eta Geminorum, Bedeckung	31°
28.7.1910 16:20:25	Venus 26" südlich Mü Geminorum	30,6°
31.7.1910 13:45:48	Venus 6,1° nördlich Alhena	30°
1.8.1910 12:53:22	Jupiter 1,7° südlich Porrima	60,5°
1.8.1910 16:58:58	Venus 2,7° südlich Epsilon Geminorum	29,7°
3.8.1910 9:31:19	Mars 41' nördlich Regulus	18,2°
5.8.1910 4:26:34	Merkur 52' nördlich Regulus	16,5°
6.8.1910 6:01:29	Merkur 5,2' nördlich Mars	17,3°
11.8.1910 0:37:01	Venus 28' nördlich Neptun	27,3°
11.8.1910 10:37:07	Venus 10,4° südlich Kastor	27,3°
13.8.1910 13:32:32	Venus 6,8° südlich Pollux	26,8°
20.8.1910 7:31:57	Saturn stationär, dann rückläufig	
24.8.1910 8:50:01	Venus 52' südlich M44	24,1°
27.8.1910 2:48:54	Neptun 10,9° südlich Kastor	42,3°
30.8.1910 22:52:00	Merkur in größter östlicher Elongation zur Sonne	27,2°
11.9.1910 10:11:34	Venus 39' nördlich Regulus	19,2°
13.9.1910 2:11:07	Merkur stationär, dann rückläufig	
25.9.1910 3:08:57	Merkur 4,2° südlich Mars	1,2°
26.9.1910 8:02:08	Merkur in unterer Konjunktion zur Sonne	-2,7°
27.9.1910 17:18:14	Mars in Konjunktion zur Sonne	49'
1.10.1910 12:44:34	Uranus stationär, dann rechtläufig	
2.10.1910 13:31:48	Jupiter 3,4° nördlich Spika	12,9°
3.10.1910 13:06:53	Merkur 1,9° südlich Venus	12,9°
4.10.1910 15:35:56	Merkur stationär, dann rechtläufig	
7.10.1910 0:16:40	Mars 2,2° südlich Porrima	3,2°
11.10.1910 21:14:00	Merkur in größter westlicher Elongation zur Sonne	18,1°
14.10.1910 13:18:38	Venus 1,5° südlich Porrima	10,9°
19.10.1910 2:51:41	Merkur 50' südlich Porrima	15,7°
19.10.1910 4:43:42	Jupiter in Konjunktion zur Sonne	1,1°
22.10.1910 22:52:27	Venus 45' nördlich Mars	8,4°
23.10.1910 22:41:31	Venus 3,6° nördlich Spika	7,4°
24.10.1910 19:44:40	Mars 2,9° nördlich Spika	8,2°
25.10.1910 11:41:05	Neptun stationär, dann rückläufig	
26.10.1910 9:47:34	Merkur 4° nördlich Spika	9,7°
27.10.1910 9:35:32	Saturnopposition	

Datum und Uhrzeit (WZ)	Ereignis	Elongation
27.10.1910 11:38:05	Merkur 1,1° nördlich Mars	9,9°
28.10.1910 10:50:43	Venus 11' nördlich Jupiter	7,3°
30.10.1910 1:10:04	Merkur 20' nördlich Jupiter	8,5°
3.11.1910 9:04:43	Merkur 9,6' südlich Venus	5,8°
4.11.1910 14:05:56	Mars 33' südlich Jupiter	12,6°
9.11.1910 4:15:56	Merkur 2' südlich Zuben-el-dschenubi	2,1°
10.11.1910 19:55:38	Venus 34' nördlich Zuben-el-dschenubi	3,8°
12.11.1910 14:14:41	Merkur in oberer Konjunktion zur Sonne, Bedeckung	-4,8'
13.11.1910 19:46:56	Saturn 13,5° südlich Hamal	161°
20.11.1910 19:50:57	Merkur 2° südlich Akrab	4,4°
24.11.1910 10:39:11	Merkur 3,3° nördlich Antares	6,8°
25.11.1910 11:28:31	Venus 40' südlich Akrab	0,4°
26.11.1910 13:14:19	Venus in oberer Konjunktion zur Sonne	19'
27.11.1910 0:20:55	Mars 1,1' nördlich Zuben-el-dschenubi	20,1°
29.11.1910 23:28:13	Venus 4,8° nördlich Antares	0,9°
16.12.1910 8:17:57	Merkur 1,2° nördlich Nunki	17,9°
23.12.1910 13:13:44	Mars 56' südlich Akrab	28,7°
24.12.1910 18:49:00	Merkur in größter östlicher Elongation zur Sonne	19,9°
25.12.1910 8:49:42	Neptun 10,9° südlich Kastor	160,9°
26.12.1910 17:14:21	Venus 2,6° nördlich Nunki	7,3°
26.12.1910 23:17:54	Merkur 36' südlich Uranus	19,7°
31.12.1910 14:28:47	Mars 4,6° nördlich Antares	30,9°

1911

Datum und Uhrzeit (WZ)	Ereignis	Elongation
3.1.1911 3:58:38	Saturn stationär, dann rechtläufig	
5.1.1911 3:19:25	Merkur 2° nördlich Uranus	10,9°
5.1.1911 18:17:32	Merkur 2,8° nördlich Venus	9,7°
6.1.1911 5:25:56	Venus 41' südlich Uranus	9,8°
10.1.1911 10:16:23	Merkur in unterer Konjunktion zur Sonne	2,9°
11.1.1911 12:02:45	Neptunopposition	
11.1.1911 17:01:33	Venus 6° südlich Beta Capricorni	11,1°
16.1.1911 12:49:05	Uranus in Konjunktion zur Sonne	-29'
17.1.1911 1:44:08	Merkur 6,8° nördlich Nunki	14,5°
21.1.1911 12:42:40	Merkur stationär, dann rechtläufig	
26.1.1911 10:50:38	Merkur 5,6° nördlich Nunki	23,9°
28.1.1911 15:09:52	Venus 1,1° nördlich Delta Capricorni	14,9°
2.2.1911 13:26:00	Merkur in größter westlicher Elongation zur Sonne	25,3°
3.2.1911 23:32:06	Jupiter 56' nördlich Zuben-el-dschenubi	90,3°
10.2.1911 16:44:32	Merkur 5,2' nördlich Uranus	24,1°
14.2.1911 7:24:53	Merkur 5,6° südlich Beta Capricorni	22,2°
16.2.1911 14:51:01	Mars 2,9° nördlich Nunki	45,4°
21.2.1911 0:59:55	Saturn 13,1° südlich Hamal	60,6°
28.2.1911 7:57:43	Merkur 35' nördlich Delta Capricorni	16,3°

Datum und Uhrzeit (WZ)	Ereignis	Elongation
1.3.1911 15:26:23	Jupiter stationär, dann rückläufig	
11.3.1911 9:35:31	Mars 23' südlich Uranus	51,5°
16.3.1911 1:44:24	Mars 5,7° südlich Beta Capricorni	51,7°
20.3.1911 12:52:13	Merkur in oberer Konjunktion zur Sonne	-1,4°
26.3.1911 4:45:39	Venus 10,7° südlich Hamal	28,3°
27.3.1911 8:19:59	Jupiter 1,1° nördlich Zuben-el-dschenubi	141,8°
29.3.1911 5:47:39	Venus 2,4° nördlich Saturn	28,3°
30.3.1911 19:53:14	Neptun stationär, dann rechtläufig	
7.4.1911 8:28:02	Merkur 8,8° südlich Hamal	17°
10.4.1911 22:11:02	Merkur 4,7° nördlich Saturn	17,4°
13.4.1911 14:14:59	Mars 1,3° nördlich Delta Capricorni	59,8°
15.4.1911 3:24:00	Merkur in größter östlicher Elongation zur Sonne	19,7°
16.4.1911 3:22:10	Venus 3,2° südlich Alkione	33°
25.4.1911 8:21:47	Merkur stationär, dann rückläufig	
25.4.1911 20:13:47	Venus 7° nördlich Aldebaran	34,4°
1.5.1911 4:12:57	Jupiteropposition	
1.5.1911 5:55:55	Saturn in Konjunktion zur Sonne	-2,1°
4.5.1911 20:26:41	Uranus stationär, dann rückläufig	
5.5.1911 14:01:07	Venus 3,6° südlich Elnath	37,2°
5.5.1911 17:42:48	Merkur in unterer Konjunktion zur Sonne	19'
10.5.1911 10:25:55	Merkur 1,2° nördlich Saturn	7,4°
15.5.1911 2:01:51	Venus 3° nördlich Eta Geminorum	39,1°
16.5.1911 15:58:36	Venus 3° nördlich Mü Geminorum	39,4°
18.5.1911 0:13:43	Merkur stationär, dann rechtläufig	
19.5.1911 14:38:06	Venus 9° nördlich Alhena	39,9°
20.5.1911 18:31:53	Venus 12' nördlich Epsilon Geminorum	40,1°
29.5.1911 2:59:11	Merkur 1,6° südlich Saturn	23,5°
30.5.1911 2:52:11	Venus 3° nördlich Neptun	41,7°
30.5.1911 22:24:39	Venus 7,8° südlich Kastor	41,6°
1.6.1911 17:23:00	Merkur in größter westlicher Elongation zur Sonne	24,5°
2.6.1911 4:47:27	Venus 4,4° südlich Pollux	41,9°
11.6.1911 4:26:53	Merkur 6,8° südlich Alkione	20,8°
14.6.1911 2:41:58	Venus 57' nördlich M44	43,9°
18.6.1911 13:41:32	Merkur 4,2° nördlich Aldebaran	17,1°
24.6.1911 16:34:47	Merkur 5,5° südlich Elnath	11,1°
27.6.1911 8:32:29	Neptun 10,8° südlich Kastor	16,1°
29.6.1911 23:55:21	Merkur 1,7° nördlich Eta Geminorum	5°
30.6.1911 20:16:57	Merkur 1,7° nördlich Mü Geminorum	3,9°
2.7.1911 9:51:11	Merkur 7,9° nördlich Alhena	2,3°
3.7.1911 0:36:11	Merkur 52' südlich Epsilon Geminorum	1,7°
3.7.1911 9:24:50	Jupiter stationär, dann rechtläufig	
4.7.1911 0:41:42	Merkur in oberer Konjunktion zur Sonne	1,3°
6.7.1911 2:31:00	Venus 36' nördlich Regulus	45,5°
7.7.1911 15:48:00	Venus in größter östlicher Elongation zur Sonne	45,5°
8.7.1911 9:26:23	Merkur 8,5° südlich Kastor	5,5°
8.7.1911 14:01:36	Merkur 2,3° nördlich Neptun	5,7°

Datum und Uhrzeit (WZ)	Ereignis	Elongation
9.7.1911 14:30:33	Merkur 5° südlich Pollux	6,8°
14.7.1911 21:18:32	Neptun in Konjunktion zur Sonne	-34'
16.7.1911 4:10:33	Merkur 32' nördlich M44	13,5°
18.7.1911 15:01:40	Mars 12,9° südlich Hamal	78,6°
21.7.1911 6:14:01	Uranusopposition	
29.7.1911 13:46:39	Merkur 9' nördlich Regulus	23,2°
13.8.1911 9:16:00	Merkur in größter östlicher Elongation zur Sonne	27,4°
17.8.1911 3:54:39	Mars 21' nördlich Saturn	93,1°
23.8.1911 2:12:58	Venus stationär, dann rückläufig	
26.8.1911 12:39:54	Merkur stationär, dann rückläufig	
31.8.1911 1:50:08	Mars 6,1° südlich Alkione	97,8°
3.9.1911 8:57:03	Saturn stationär, dann rückläufig	
9.9.1911 15:01:32	Merkur in unterer Konjunktion zur Sonne	-3,6°
12.9.1911 12:05:22	Neptun 7,4° südlich Pollux	55,4°
15.9.1911 11:50:17	Venus in unterer Konjunktion zur Sonne	-8,7°
18.9.1911 2:38:24	Merkur stationär, dann rechtläufig	
24.9.1911 15:55:25	Merkur 9,4° nördlich Venus	16,2°
24.9.1911 22:35:28	Jupiter 34' nördlich Zuben-el-dschenubi	42,9°
25.9.1911 13:23:00	Merkur in größter westlicher Elongation zur Sonne	17,9°
2.10.1911 9:48:18	Mars 4,3° nördlich Aldebaran	118,9°
4.10.1911 16:37:16	Venus stationär, dann rechtläufig	
6.10.1911 0:05:22	Uranus stationär, dann rechtläufig	
12.10.1911 5:39:52	Merkur 1,2° südlich Porrima	8,6°
17.10.1911 23:22:15	Mars stationär, dann rückläufig	
19.10.1911 2:40:23	Merkur 3,5° nördlich Spika	2,9°
23.10.1911 20:39:58	Merkur in oberer Konjunktion zur Sonne	39'
27.10.1911 21:52:33	Neptun stationär, dann rückläufig	
1.11.1911 21:40:32	Mars 5,5° nördlich Aldebaran	149°
1.11.1911 22:27:46	Merkur 43' südlich Zuben-el-dschenubi	5,4°
7.11.1911 19:12:45	Merkur 1,8° südlich Jupiter	8,6°
10.11.1911 5:58:15	Saturnopposition	
13.11.1911 19:54:23	Merkur 2,6° südlich Akrab	11,7°
17.11.1911 13:22:48	Merkur 2,7° nördlich Antares	14,1°
18.11.1911 15:31:45	Jupiter in Konjunktion zur Sonne	46'
19.11.1911 13:45:35	Venus 1,6° südlich Porrima	46,6°
25.11.1911 4:51:59	Marsopposition	
26.11.1911 8:19:00	Venus in größter westlicher Elongation zur Sonne	46,8°
30.11.1911 21:28:37	Venus 4,5° nördlich Spika	45°
5.12.1911 14:02:31	Mars 2,5° südlich Alkione	165,8°
7.12.1911 19:08:00	Merkur in größter östlicher Elongation zur Sonne	21°
13.12.1911 0:04:47	Neptun 7,4° südlich Pollux	146,6°
16.12.1911 3:14:46	Merkur stationär, dann rückläufig	
19.12.1911 18:51:36	Jupiter 16' südlich Akrab	24,8°
21.12.1911 3:56:12	Venus 2,4° nördlich Zuben-el-dschenubi	44,4°
25.12.1911 15:33:11	Merkur in unterer Konjunktion zur Sonne	2,3°
29.12.1911 21:20:45	Mars stationär, dann rechtläufig	

1912

Datum und Uhrzeit (WZ)	Ereignis	Elongation
6.1.1912 4:30:07	Venus 1,5° nördlich Akrab	42,6°
9.1.1912 21:03:39	Venus 1,6° nördlich Jupiter	42°
11.1.1912 1:12:00	Venus 7° nördlich Antares	41,1°
13.1.1912 22:14:20	Neptunopposition	
15.1.1912 21:49:00	Merkur in größter westlicher Elongation zur Sonne	23,9°
16.1.1912 15:11:59	Saturn stationär, dann rechtläufig	
17.1.1912 3:57:02	Jupiter 5,4° nördlich Antares	47,3°
20.1.1912 19:30:14	Uranus in Konjunktion zur Sonne	-32'
25.1.1912 2:01:11	Merkur 3,6° nördlich Nunki	22,3°
25.1.1912 8:38:06	Mars 1,8° südlich Alkione	114,3°
7.2.1912 5:51:00	Merkur 55' südlich Uranus	16,7°
8.2.1912 0:34:38	Merkur 6,2° südlich Beta Capricorni	15,8°
8.2.1912 11:24:12	Venus 4,5° nördlich Nunki	36,8°
20.2.1912 23:27:04	Merkur 31' nördlich Delta Capricorni	8,8°
24.2.1912 21:17:16	Mars 7,7° nördlich Aldebaran	93,6°
24.2.1912 21:26:54	Venus 39' nördlich Uranus	33,4°
25.2.1912 2:24:14	Venus 4,6° südlich Beta Capricorni	32,6°
29.2.1912 22:30:47	Uranus 5,3° südlich Beta Capricorni	37,4°
2.3.1912 14:29:33	Merkur in oberer Konjunktion zur Sonne	-1,8°
13.3.1912 9:40:22	Venus 2° nördlich Delta Capricorni	29,5°
19.3.1912 13:49:50	Mars 3,4° südlich Elnath	82,5°
28.3.1912 1:39:00	Merkur in größter östlicher Elongation zur Sonne	18,9°
1.4.1912 7:29:12	Neptun stationär, dann rechtläufig	
1.4.1912 12:28:11	Jupiter stationär, dann rückläufig	
5.4.1912 8:19:35	Merkur stationär, dann rückläufig	
9.4.1912 11:01:58	Mars 2,7° nördlich Eta Geminorum	72,9°
12.4.1912 19:19:30	Mars 2,6° nördlich Mü Geminorum	71,5°
15.4.1912 12:23:04	Merkur in unterer Konjunktion zur Sonne	1,9°
18.4.1912 22:49:33	Mars 8,5° nördlich Alhena	68,9°
21.4.1912 8:26:07	Mars 20' südlich Epsilon Geminorum	67,9°
27.4.1912 20:57:09	Merkur stationär, dann rechtläufig	
27.4.1912 23:27:38	Merkur 10' nördlich Venus	18,4°
8.5.1912 8:37:23	Uranus stationär, dann rückläufig	
8.5.1912 21:53:38	Venus 12,1° südlich Hamal	15,2°
11.5.1912 17:54:50	Mars 8,6° südlich Kastor	58,9°
13.5.1912 3:02:48	Mars 2,1° nördlich Neptun	59,2°
13.5.1912 8:25:00	Merkur in größter westlicher Elongation zur Sonne	26°
14.5.1912 17:37:32	Saturn in Konjunktion zur Sonne	-1,9°
16.5.1912 3:43:56	Mars 5,2° südlich Pollux	57,3°
18.5.1912 4:14:25	Merkur 14° südlich Hamal	22,6°
27.5.1912 20:43:46	Venus 1,1° nördlich Saturn	10,7°
29.5.1912 15:00:34	Venus 5° südlich Alkione	9,9°
1.6.1912 10:11:11	Jupiteropposition	

Datum und Uhrzeit (WZ)	Ereignis	Elongation
3.6.1912 4:03:37	Merkur 29' nördlich Saturn	16,1°
3.6.1912 21:49:40	Merkur 5,5° südlich Alkione	14,7°
7.6.1912 11:53:41	Mars 7,8' nördlich M44	49,7°
8.6.1912 3:46:32	Venus 5,1° nördlich Aldebaran	7,6°
9.6.1912 20:26:22	Merkur 5,3° nördlich Aldebaran	9,2°
12.6.1912 4:55:12	Merkur 26' nördlich Venus	6,5°
14.6.1912 3:40:26	Saturn 6,1° südlich Alkione	24,3°
15.6.1912 6:40:34	Merkur 4,7° südlich Elnath	2,8°
17.6.1912 11:49:44	Merkur in oberer Konjunktion zur Sonne	1°
17.6.1912 15:33:48	Venus 5,5° südlich Elnath	5,1°
20.6.1912 8:46:06	Merkur 2,3° nördlich Eta Geminorum	3,7°
21.6.1912 5:05:42	Merkur 2,3° nördlich Mü Geminorum	4,7°
22.6.1912 19:09:41	Merkur 8,4° nördlich Alhena	6,6°
23.6.1912 10:18:46	Merkur 24' südlich Epsilon Geminorum	7,4°
25.6.1912 8:58:17	Jupiter 5,4° nördlich Antares	154,2°
26.6.1912 18:48:11	Venus 1,2° nördlich Eta Geminorum	2,6°
28.6.1912 6:56:21	Venus 1,2° nördlich Mü Geminorum	2,2°
29.6.1912 2:53:24	Merkur 8,3° südlich Kastor	13,4°
30.6.1912 6:44:02	Merkur 2,5° nördlich Neptun	14,5°
30.6.1912 10:41:07	Merkur 4,9° südlich Pollux	14,7°
1.7.1912 1:54:25	Venus 7,2° nördlich Alhena	1,5°
2.7.1912 4:15:14	Venus 1,6° südlich Epsilon Geminorum	1,2°
6.7.1912 1:56:37	Venus in oberer Konjunktion zur Sonne	39'
7.7.1912 21:07:37	Merkur 17' nördlich M44	20,7°
8.7.1912 23:20:38	Neptun 7,3° südlich Pollux	6,9°
11.7.1912 15:14:21	Venus 9,4° südlich Kastor	1,8°
13.7.1912 16:56:49	Venus 5,9° südlich Pollux	2,3°
13.7.1912 20:25:12	Venus 1,4° nördlich Neptun	2,3°
14.7.1912 10:49:37	Mars 42' nördlich Regulus	36,8°
16.7.1912 11:02:13	Neptun in Konjunktion zur Sonne	-31'
20.7.1912 21:54:01	Uranus 5,3° südlich Beta Capricorni	173,2°
24.7.1912 7:42:51	Venus 5' südlich M44	5,2°
24.7.1912 19:14:01	Uranusopposition	
25.7.1912 11:00:04	Merkur 1,6° südlich Regulus	26,5°
25.7.1912 15:32:00	Merkur in größter östlicher Elongation zur Sonne	27,1°
2.8.1912 19:03:56	Jupiter stationär, dann rechtläufig	
7.8.1912 17:21:03	Merkur stationär, dann rückläufig	
11.8.1912 7:28:21	Venus 1° nördlich Regulus	10,1°
14.8.1912 17:54:34	Merkur 6,5° südlich Venus	11°
20.8.1912 13:53:51	Merkur 5,4° südlich Regulus	1,5°
22.8.1912 9:18:56	Merkur in unterer Konjunktion zur Sonne	-4,4°
31.8.1912 7:19:40	Merkur stationär, dann rechtläufig	
8.9.1912 3:29:00	Merkur in größter westlicher Elongation zur Sonne	18°
9.9.1912 8:45:07	Venus 30' nördlich Mars	17,9°
9.9.1912 12:43:01	Merkur 4,4' nördlich Regulus	17,8°
9.9.1912 21:58:02	Jupiter 5,1° nördlich Antares	80,9°

Datum und Uhrzeit (WZ)	Ereignis	Elongation
13.9.1912 21:27:58	Venus 2° südlich Porrima	18,4°
16.9.1912 14:14:45	Saturn stationär, dann rückläufig	
17.9.1912 21:29:42	Mars 2,4° südlich Porrima	14,6°
23.9.1912 11:25:30	Venus 2,9° nördlich Spika	21,5°
3.10.1912 15:42:03	Merkur 1,7° südlich Porrima	1,3°
4.10.1912 6:11:49	Merkur in oberer Konjunktion zur Sonne	1,2°
5.10.1912 15:32:04	Mars 2,7° nördlich Spika	9,6°
9.10.1912 12:16:30	Uranus stationär, dann rechtläufig	
10.10.1912 15:20:28	Merkur 2,8° nördlich Spika	4,6°
11.10.1912 17:17:28	Venus 30' südlich Zuben-el-dschenubi	25,8°
14.10.1912 4:41:28	Merkur 11' südlich Mars	6,9°
24.10.1912 22:14:58	Merkur 1,4° südlich Zuben-el-dschenubi	12,7°
26.10.1912 15:02:34	Venus 1,9° südlich Akrab	29,1°
29.10.1912 10:16:17	Neptun stationär, dann rückläufig	
31.10.1912 4:55:08	Venus 3,6° nördlich Antares	30,6°
5.11.1912 2:37:47	Mars in Konjunktion zur Sonne, Bedeckung	7,8'
6.11.1912 11:21:39	Merkur 3,3° südlich Akrab	18,3°
7.11.1912 10:22:52	Mars 14' südlich Zuben-el-dschenubi	0,7°
8.11.1912 3:56:02	Venus 1,7° südlich Jupiter	32,2°
10.11.1912 13:31:47	Merkur 2,1° nördlich Antares	20,5°
19.11.1912 13:56:00	Merkur in größter östlicher Elongation zur Sonne	22,2°
21.11.1912 4:44:51	Merkur 2,8° südlich Jupiter	21,8°
23.11.1912 6:06:55	Saturnopposition	
27.11.1912 11:18:06	Venus 1,5° nördlich Nunki	36,4°
29.11.1912 3:26:24	Merkur stationär, dann rückläufig	
3.12.1912 7:05:00	Merkur 35' südlich Jupiter	12,3°
3.12.1912 9:36:59	Mars 1,2° südlich Akrab	8,7°
8.12.1912 22:43:06	Merkur in unterer Konjunktion zur Sonne	1,6°
11.12.1912 5:53:54	Mars 4,4° nördlich Antares	11°
13.12.1912 15:35:07	Venus 1,6° südlich Uranus	39,6°
14.12.1912 0:00:53	Venus 6,9° südlich Beta Capricorni	39,7°
14.12.1912 16:50:18	Merkur 3,1° nördlich Mars	12,1°
18.12.1912 20:15:26	Jupiter in Konjunktion zur Sonne, Bedeckung	15'
18.12.1912 20:54:18	Merkur stationär, dann rechtläufig	
22.12.1912 3:44:29	Uranus 5,3° südlich Beta Capricorni	31,7°
28.12.1912 8:38:00	Merkur in größter westlicher Elongation zur Sonne	22,4°
31.12.1912 21:43:08	Venus 53' nördlich Delta Capricorni	42,5°

1913

Datum und Uhrzeit (WZ)	Ereignis	Elongation
9.1.1913 19:40:50	Merkur 46' nördlich Mars	19,5°
11.1.1913 15:04:00	Merkur 13' südlich Jupiter	18,8°
13.1.1913 21:25:34	Mars 47' südlich Jupiter	20,6°
14.1.1913 3:09:18	Saturn 6,3° südlich Alkione	124°

Datum und Uhrzeit (WZ)	Ereignis	Elongation
15.1.1913 8:21:30	Neptunopposition	
18.1.1913 2:13:01	Merkur 2,7° nördlich Nunki	16°
24.1.1913 1:59:24	Uranus in Konjunktion zur Sonne	-34'
25.1.1913 19:43:29	Mars 2,8° nördlich Nunki	23,9°
30.1.1913 21:37:26	Merkur 6,6° südlich Beta Capricorni	8,9°
1.2.1913 7:25:37	Merkur 1,4° südlich Uranus	7,9°
12.2.1913 7:29:32	Merkur 36' nördlich Delta Capricorni	2,1°
12.2.1913 14:11:00	Venus in größter westlicher Elongation zur Sonne	46,7°
12.2.1913 22:44:41	Merkur in oberer Konjunktion zur Sonne	-2°
13.2.1913 9:14:38	Saturn 6,1° südlich Alkione	93,3°
21.2.1913 8:42:02	Mars 5,7° südlich Beta Capricorni	29,6°
26.2.1913 4:45:44	Mars 26' südlich Uranus	31,6°
27.2.1913 14:04:12	Jupiter 3,6° nördlich Nunki	56,9°
11.3.1913 7:47:00	Merkur in größter westlicher Elongation zur Sonne	18,3°
12.3.1913 23:04:51	Venus 5,6° südlich Hamal	42,9°
18.3.1913 4:02:18	Merkur stationär, dann rückläufig	
20.3.1913 22:55:51	Mars 1,5° nördlich Delta Capricorni	36,9°
23.3.1913 22:19:16	Neptun 7,3° südlich Pollux	109,2°
28.3.1913 4:21:50	Merkur in unterer Konjunktion zur Sonne	3°
3.4.1913 7:46:36	Venus stationär, dann rückläufig	
3.4.1913 19:56:23	Neptun stationär, dann rechtläufig	
9.4.1913 14:37:20	Merkur stationär, dann rechtläufig	
14.4.1913 19:47:47	Neptun 7,3° südlich Pollux	87,8°
23.4.1913 23:50:56	Venus 4,3° südlich Hamal	6,2°
25.4.1913 1:42:08	Venus in unterer Konjunktion zur Sonne	5,7°
25.4.1913 4:25:00	Merkur in größter westlicher Elongation zur Sonne	27,2°
5.5.1913 20:24:33	Jupiter stationär, dann rückläufig	
9.5.1913 3:24:48	Merkur 5,7° südlich Venus	20,9°
12.5.1913 18:04:42	Uranus stationär, dann rückläufig	
13.5.1913 9:34:15	Merkur 13,2° südlich Hamal	18,4°
14.5.1913 5:23:21	Venus stationär, dann rechtläufig	
26.5.1913 22:57:40	Merkur 4,6° südlich Alkione	7,3°
29.5.1913 13:09:16	Saturn in Konjunktion zur Sonne	-1,6°
31.5.1913 18:25:44	Merkur 2,1° nördlich Saturn	1,6°
1.6.1913 9:03:11	Merkur 6,1° nördlich Aldebaran	0,9°
1.6.1913 23:36:04	Merkur in oberer Konjunktion zur Sonne	39'
4.6.1913 6:13:14	Venus 12,7° südlich Hamal	37,7°
6.6.1913 16:01:47	Merkur 4,1° südlich Elnath	5,9°
11.6.1913 3:44:10	Saturn 3,9° nördlich Aldebaran	10,6°
11.6.1913 23:03:48	Merkur 2,7° nördlich Eta Geminorum	11,9°
12.6.1913 20:58:19	Merkur 2,7° nördlich Mü Geminorum	12,9°
14.6.1913 14:33:59	Merkur 8,7° nördlich Alhena	14,6°
15.6.1913 7:20:34	Merkur 5' südlich Epsilon Geminorum	15,3°
20.6.1913 4:24:55	Mars 11,9° südlich Hamal	52,5°
21.6.1913 20:01:19	Merkur 8,3° südlich Kastor	20,6°
23.6.1913 10:05:00	Merkur 5° südlich Pollux	21,6°

Datum und Uhrzeit (WZ)	Ereignis	Elongation
24.6.1913 10:32:18	Merkur 2,2° nördlich Neptun	22,2°
3.7.1913 2:08:13	Merkur 41' südlich M44	25,6°
4.7.1913 3:47:00	Venus in größter westlicher Elongation zur Sonne	45,7°
5.7.1913 9:15:53	Venus 7,5° südlich Alkione	44,1°
5.7.1913 14:46:26	Jupiteropposition	
7.7.1913 15:09:00	Merkur in größter östlicher Elongation zur Sonne	26,2°
17.7.1913 6:45:52	Venus 2,4° nördlich Aldebaran	45,2°
17.7.1913 7:40:55	Jupiter 3,3° nördlich Nunki	166,6°
19.7.1913 0:43:23	Neptun in Konjunktion zur Sonne	-27'
20.7.1913 17:47:20	Merkur stationär, dann rückläufig	
22.7.1913 0:52:30	Venus 1,3° südlich Saturn	44,6°
25.7.1913 22:38:57	Mars 5,1° südlich Alkione	63,6°
28.7.1913 13:16:23	Venus 8° südlich Elnath	43,7°
29.7.1913 7:44:47	Uranusopposition	
4.8.1913 11:20:07	Merkur in unterer Konjunktion zur Sonne	-4,9°
8.8.1913 0:14:37	Venus 1,2° südlich Eta Geminorum	42,6°
9.8.1913 16:53:42	Venus 1,1° südlich Mü Geminorum	42,4°
10.8.1913 21:57:57	Merkur 5,3° südlich M44	10,9°
12.8.1913 12:05:42	Mars 4,8° nördlich Aldebaran	69,8°
12.8.1913 19:43:33	Venus 5° nördlich Alhena	41,9°
14.8.1913 1:01:25	Venus 3,8° südlich Epsilon Geminorum	41,7°
14.8.1913 1:48:02	Merkur stationär, dann rechtläufig	
17.8.1913 2:39:02	Merkur 3,6° südlich M44	16,8°
22.8.1913 12:29:00	Merkur in größter westlicher Elongation zur Sonne	18,4°
24.8.1913 9:32:19	Venus 11,3° südlich Kastor	39,9°
24.8.1913 17:17:31	Mars 1,2° nördlich Saturn	73,9°
26.8.1913 15:06:39	Venus 7,7° südlich Pollux	39,4°
30.8.1913 0:34:29	Venus 18' südlich Neptun	38,8°
31.8.1913 3:08:17	Mars 5,8° südlich Elnath	75,8°
3.9.1913 11:59:40	Merkur 1,1° nördlich Regulus	11,8°
4.9.1913 13:30:54	Jupiter stationär, dann rechtläufig	
6.9.1913 21:35:11	Venus 1,6° südlich M44	37,2°
16.9.1913 15:16:32	Merkur in oberer Konjunktion zur Sonne	1,6°
19.9.1913 18:22:01	Mars 55' nördlich Eta Geminorum	84°
23.9.1913 5:48:27	Mars 56' nördlich Mü Geminorum	85,5°
25.9.1913 10:39:18	Venus 17' nördlich Regulus	33,1°
26.9.1913 1:20:32	Merkur 2,2° südlich Porrima	7,1°
29.9.1913 22:38:41	Mars 7° nördlich Alhena	88,3°
30.9.1913 23:05:34	Saturn stationär, dann rückläufig	
2.10.1913 16:41:51	Mars 1,7° südlich Epsilon Geminorum	90°
3.10.1913 8:56:30	Merkur 2,1° nördlich Spika	12,3°
14.10.1913 0:00:00	Uranus stationär, dann rechtläufig	
18.10.1913 14:22:47	Merkur 2,3° südlich Zuben-el-dschenubi	19,2°
22.10.1913 12:00:36	Jupiter 3,2° nördlich Nunki	72,7°
28.10.1913 21:24:13	Venus 1,3° südlich Porrima	25,5°
31.10.1913 16:18:31	Mars 9° südlich Kastor	107,2°

Datum und Uhrzeit (WZ)	Ereignis	Elongation
31.10.1913 20:47:22	Neptun stationär, dann rückläufig	
2.11.1913 4:24:00	Merkur in größter östlicher Elongation zur Sonne	23,6°
2.11.1913 9:01:20	Merkur 3,9° südlich Akrab	22,7°
7.11.1913 7:32:34	Venus 3,9° nördlich Spika	21,8°
9.11.1913 19:56:25	Merkur 2° nördlich Antares	21,5°
10.11.1913 17:20:29	Mars 5,1° südlich Pollux	114,8°
12.11.1913 23:33:58	Merkur stationär, dann rückläufig	
15.11.1913 22:15:48	Merkur 3° nördlich Antares	15,2°
21.11.1913 22:42:25	Merkur 44' südlich Akrab	3,1°
23.11.1913 6:00:44	Merkur in unterer Konjunktion zur Sonne	44'
25.11.1913 6:08:02	Venus 1° nördlich Zuben-el-dschenubi	18,6°
27.11.1913 12:06:16	Mars stationär, dann rückläufig	
2.12.1913 14:36:08	Merkur stationär, dann rechtläufig	
2.12.1913 19:33:42	Merkur 1,6° nördlich Venus	17°
7.12.1913 8:46:55	Saturnopposition	
9.12.1913 22:55:33	Venus 8,7' südlich Akrab	15,3°
11.12.1913 1:30:00	Merkur in größter westlicher Elongation zur Sonne	21°
13.12.1913 10:42:49	Mars 3,6° südlich Pollux	148,1°
14.12.1913 11:26:05	Venus 5,3° nördlich Antares	14,1°
14.12.1913 21:35:40	Merkur 53' nördlich Akrab	20,4°
19.12.1913 9:20:12	Merkur 5,9° nördlich Antares	18,9°
22.12.1913 10:58:34	Mars 6,7° südlich Kastor	158,6°

1914

Datum und Uhrzeit (WZ)	Ereignis	Elongation
5.1.1914 18:28:01	Marsopposition	
10.1.1914 7:42:24	Venus 3,1° nördlich Nunki	7,8°
11.1.1914 3:33:54	Merkur 2,1° nördlich Nunki	8,8°
14.1.1914 4:38:57	Merkur 1,1° südlich Venus	6,9°
17.1.1914 18:35:09	Neptunopposition	
20.1.1914 15:50:33	Jupiter in Konjunktion zur Sonne	-23'
22.1.1914 13:49:51	Merkur 1,7° südlich Jupiter	1,5°
22.1.1914 19:35:34	Mars 1,9° nördlich Epsilon Geminorum	156,3°
23.1.1914 10:39:19	Merkur 6,8° südlich Beta Capricorni	2,4°
25.1.1914 8:23:07	Merkur in oberer Konjunktion zur Sonne	-2,1°
25.1.1914 18:27:02	Venus 33' südlich Jupiter	4°
26.1.1914 8:06:28	Venus 5,7° südlich Beta Capricorni	4,1°
26.1.1914 20:16:02	Merkur 1,5° südlich Uranus	1,5°
28.1.1914 5:11:20	Mars 10,7° nördlich Alhena	149,6°
28.1.1914 8:03:03	Uranus in Konjunktion zur Sonne	-36'
28.1.1914 19:48:14	Jupiter 5,1° südlich Beta Capricorni	6,4°
31.1.1914 3:34:31	Venus 30' südlich Uranus	2,8°
4.2.1914 16:10:34	Merkur 52' nördlich Delta Capricorni	7,8°
11.2.1914 19:56:56	Venus in oberer Konjunktion zur Sonne	-1,3°

Datum und Uhrzeit (WZ)	Ereignis	Elongation
12.2.1914 5:31:53	Venus 1,3° nördlich Delta Capricorni	1,3°
13.2.1914 1:29:33	Mars stationär, dann rechtläufig	
22.2.1914 18:37:00	Merkur in größter östlicher Elongation zur Sonne	18,1°
28.2.1914 20:09:18	Merkur stationär, dann rückläufig	
2.3.1914 1:06:01	Mars 9,9° nördlich Alhena	116,7°
4.3.1914 9:02:23	Jupiter 9' nördlich Uranus	33,4°
6.3.1914 13:01:34	Merkur 5,5° nördlich Venus	5,7°
8.3.1914 6:41:55	Mars 58' nördlich Epsilon Geminorum	111,8°
10.3.1914 15:38:30	Merkur in unterer Konjunktion zur Sonne	3,6°
23.3.1914 1:21:18	Merkur stationär, dann rechtläufig	
6.4.1914 6:50:11	Neptun stationär, dann rechtläufig	
7.4.1914 6:53:00	Merkur in größter westlicher Elongation zur Sonne	27,8°
9.4.1914 6:29:00	Venus 11,3° südlich Hamal	14°
10.4.1914 17:45:58	Mars 7,9° südlich Kastor	89°
16.4.1914 13:33:11	Mars 4,6° südlich Pollux	86,3°
21.4.1914 10:30:13	Mars 2,6° nördlich Neptun	84,6°
29.4.1914 21:07:25	Venus 3,9° südlich Alkione	19,2°
6.5.1914 4:19:58	Merkur 12,3° südlich Hamal	12,7°
9.5.1914 9:04:12	Venus 6,2° nördlich Aldebaran	21,4°
13.5.1914 15:18:00	Mars 29' nördlich M44	74°
16.5.1914 14:00:50	Venus 2,2° nördlich Saturn	23,3°
17.5.1914 5:27:24	Uranus stationär, dann rückläufig	
17.5.1914 10:19:51	Merkur in oberer Konjunktion zur Sonne, Bedeckung	14'
18.5.1914 11:28:47	Merkur 3,7° südlich Alkione	1,4°
18.5.1914 20:53:23	Venus 4,4° südlich Elnath	24,1°
23.5.1914 20:19:24	Merkur 6,8° nördlich Aldebaran	7,9°
28.5.1914 1:02:52	Venus 2,3° nördlich Eta Geminorum	26,4°
28.5.1914 19:48:05	Merkur 3° nördlich Saturn	13,1°
29.5.1914 11:05:02	Merkur 3,5° südlich Elnath	14°
29.5.1914 13:27:43	Venus 2,2° nördlich Mü Geminorum	26,7°
1.6.1914 9:02:14	Venus 8,2° nördlich Alhena	27,5°
2.6.1914 11:42:37	Venus 33' südlich Epsilon Geminorum	27,7°
4.6.1914 12:15:18	Merkur 3° nördlich Eta Geminorum	19,2°
5.6.1914 14:30:31	Merkur 2,9° nördlich Mü Geminorum	20,1°
7.6.1914 17:17:23	Saturn 6,6° südlich Elnath	5°
7.6.1914 17:31:38	Merkur 8,8° nördlich Alhena	21,4°
8.6.1914 14:36:50	Merkur 2,4' südlich Epsilon Geminorum	21,9°
11.6.1914 20:09:04	Jupiter stationär, dann rückläufig	
12.6.1914 2:27:34	Venus 8,5° südlich Kastor	30,1°
13.6.1914 14:02:32	Saturn in Konjunktion zur Sonne	-1,2°
14.6.1914 5:16:43	Venus 5° südlich Pollux	30,4°
17.6.1914 1:57:02	Venus 2,2° nördlich Neptun	31,3°
17.6.1914 17:44:12	Merkur 9,1° südlich Kastor	24,8°
19.6.1914 7:42:00	Merkur in größter östlicher Elongation zur Sonne	24,9°
20.6.1914 10:47:03	Merkur 6,2° südlich Pollux	24,6°
23.6.1914 9:15:05	Mars 46' nördlich Regulus	57,3°

Datum und Uhrzeit (WZ)	Ereignis	Elongation
25.6.1914 3:44:53	Venus 35' nördlich M44	33,2°
25.6.1914 22:25:52	Merkur 11' südlich Neptun	23,5°
2.7.1914 14:12:30	Merkur stationär, dann rückläufig	
8.7.1914 9:23:12	Merkur 3,4° südlich Neptun	12,1°
14.7.1914 1:42:31	Venus 1,2° nördlich Regulus	37,5°
15.7.1914 17:16:40	Merkur 11,7° südlich Pollux	5,1°
16.7.1914 17:54:17	Merkur in unterer Konjunktion zur Sonne	-4,9°
19.7.1914 20:31:18	Merkur 15,2° südlich Kastor	7°
21.7.1914 14:19:41	Neptun in Konjunktion zur Sonne	-23'
27.7.1914 5:06:12	Merkur stationär, dann rechtläufig	
2.8.1914 19:33:41	Uranusopposition	
2.8.1914 21:20:19	Merkur 12,6° südlich Kastor	18,9°
5.8.1914 13:15:00	Merkur in größter westlicher Elongation zur Sonne	19,2°
5.8.1914 21:59:18	Merkur 8,3° südlich Pollux	19,2°
6.8.1914 1:52:53	Venus 10' südlich Mars	41,9°
10.8.1914 8:09:38	Merkur 26" südlich Neptun	18,2°
10.8.1914 20:45:49	Jupiteropposition	
15.8.1914 3:34:10	Merkur 40' südlich M44	15,2°
20.8.1914 2:01:13	Venus 3,6° südlich Porrima	42,8°
26.8.1914 12:24:35	Merkur 1,4° nördlich Regulus	3,8°
30.8.1914 4:38:10	Mars 2,6° südlich Porrima	33,1°
30.8.1914 18:06:47	Merkur in oberer Konjunktion zur Sonne	1,7°
31.8.1914 4:42:58	Venus 41' nördlich Spika	45,5°
17.9.1914 2:47:42	Mars 2,4° nördlich Spika	28,4°
18.9.1914 9:47:00	Venus in größter östlicher Elongation zur Sonne	46,4°
18.9.1914 19:26:34	Merkur 3° südlich Porrima	14,2°
22.9.1914 15:59:41	Venus 4° südlich Zuben-el-dschenubi	45°
26.9.1914 17:09:56	Merkur 1,2° nördlich Spika	19,4°
5.10.1914 23:30:21	Saturn 16' südlich Eta Geminorum	99,6°
6.10.1914 8:04:38	Merkur 2,2° südlich Mars	22,5°
9.10.1914 13:00:30	Jupiter stationär, dann rechtläufig	
14.10.1914 9:21:04	Merkur 3,3° südlich Zuben-el-dschenubi	23,6°
14.10.1914 14:42:06	Venus 6,3° südlich Akrab	41,6°
15.10.1914 10:38:12	Saturn stationär, dann rückläufig	
15.10.1914 16:34:00	Merkur in größter östlicher Elongation zur Sonne	24,9°
18.10.1914 9:31:50	Uranus stationär, dann rechtläufig	
19.10.1914 21:13:27	Mars 30' südlich Zuben-el-dschenubi	18,2°
24.10.1914 1:07:24	Venus 60' südlich Antares	39°
24.10.1914 20:18:50	Saturn 17' südlich Eta Geminorum	118,3°
27.10.1914 13:36:21	Merkur stationär, dann rückläufig	
30.10.1914 15:56:13	Merkur 2,2° südlich Mars	15,2°
3.11.1914 8:51:16	Neptun stationär, dann rückläufig	
7.11.1914 9:05:35	Venus stationär, dann rückläufig	
7.11.1914 11:40:42	Merkur in unterer Konjunktion zur Sonne, Transit	-11'
7.11.1914 15:09:25	Merkur 29' südlich Zuben-el-dschenubi	0,4°
14.11.1914 14:35:56	Mars 1,4° südlich Akrab	10,7°

Datum und Uhrzeit (WZ)	Ereignis	Elongation
16.11.1914 8:34:46	Merkur stationär, dann rechtläufig	
21.11.1914 7:08:42	Venus 1,3° nördlich Antares	10,7°
21.11.1914 22:05:30	Venus 2,8° südlich Mars	8,8°
22.11.1914 8:26:24	Mars 4,2° nördlich Antares	8,7°
24.11.1914 2:07:00	Merkur in größter westlicher Elongation zur Sonne	19,9°
25.11.1914 23:45:58	Merkur 2° nördlich Zuben-el-dschenubi	19,1°
27.11.1914 17:29:16	Venus in unterer Konjunktion zur Sonne	-1,8°
1.12.1914 12:38:42	Venus 1,9° südlich Akrab	6,2°
7.12.1914 15:22:50	Merkur 21' nördlich Venus	15,5°
9.12.1914 13:29:03	Merkur 11' südlich Akrab	14,6°
13.12.1914 8:26:29	Merkur 5° nördlich Antares	12,7°
17.12.1914 5:56:24	Venus stationär, dann rechtläufig	
21.12.1914 12:54:18	Saturnopposition	
24.12.1914 4:45:33	Mars in Konjunktion zur Sonne	-45'

1915

Datum und Uhrzeit (WZ)	Ereignis	Elongation
1.1.1915 18:55:11	Merkur 48' südlich Mars	2,4°
2.1.1915 17:03:11	Venus 3,4° nördlich Akrab	39,3°
3.1.1915 17:06:19	Jupiter 1,8° nördlich Delta Capricorni	40,2°
3.1.1915 20:41:25	Merkur 1,7° nördlich Nunki	2°
5.1.1915 15:44:03	Merkur in oberer Konjunktion zur Sonne	-1,9°
6.1.1915 4:25:59	Mars 2,6° nördlich Nunki	3,5°
11.1.1915 20:57:42	Venus 9,2° nördlich Antares	42,2°
15.1.1915 23:09:25	Merkur 6,9° südlich Beta Capricorni	6,9°
20.1.1915 4:42:06	Neptunopposition	
21.1.1915 10:13:59	Merkur 1,3° südlich Uranus	10,5°
28.1.1915 16:54:58	Merkur 1,5° nördlich Delta Capricorni	14,9°
1.2.1915 6:35:32	Mars 5,7° südlich Beta Capricorni	9,6°
1.2.1915 13:52:18	Uranus in Konjunktion zur Sonne	-37'
2.2.1915 6:44:46	Merkur 33' nördlich Jupiter	17,3°
6.2.1915 7:11:00	Merkur in größter östlicher Elongation zur Sonne	18,2°
6.2.1915 17:11:00	Venus in größter westlicher Elongation zur Sonne	46,9°
14.2.1915 23:33:47	Mars 27' südlich Uranus	12,8°
17.2.1915 22:21:25	Venus 6,2° nördlich Nunki	46,5°
18.2.1915 16:02:13	Merkur 4,7° nördlich Jupiter	4,7°
21.2.1915 18:13:31	Merkur in unterer Konjunktion zur Sonne	3,7°
24.2.1915 15:07:49	Jupiter in Konjunktion zur Sonne	-54'
26.2.1915 3:53:18	Saturn stationär, dann rechtläufig	
28.2.1915 11:04:20	Mars 1,6° nördlich Delta Capricorni	16°
1.3.1915 7:09:24	Merkur 4,2° nördlich Mars	15°
2.3.1915 17:51:07	Merkur 5,5° nördlich Delta Capricorni	17,1°
5.3.1915 23:41:28	Merkur stationär, dann rechtläufig	
8.3.1915 10:01:58	Venus 3,4° südlich Beta Capricorni	44,1°

Datum und Uhrzeit (WZ)	Ereignis	Elongation
9.3.1915 9:11:12	Merkur 3,9° nördlich Delta Capricorni	24,1°
19.3.1915 5:46:27	Venus 1,2° nördlich Uranus	43,1°
20.3.1915 14:12:00	Merkur in größter westlicher Elongation zur Sonne	27,7°
24.3.1915 1:09:59	Mars 12' südlich Jupiter	20,9°
26.3.1915 20:06:11	Venus 2,7° nördlich Delta Capricorni	41,9°
30.3.1915 1:24:05	Merkur 1,3° südlich Jupiter	25,4°
4.4.1915 2:43:35	Merkur 1,4° südlich Mars	23,2°
8.4.1915 19:36:37	Neptun stationär, dann rechtläufig	
15.4.1915 15:52:57	Venus 9,3' südlich Jupiter	38°
28.4.1915 2:21:21	Merkur 11,5° südlich Hamal	4,3°
1.5.1915 18:16:08	Merkur in oberer Konjunktion zur Sonne, Bedeckung	-12'
10.5.1915 2:13:29	Merkur 2,9° südlich Alkione	9,9°
14.5.1915 13:20:54	Venus 56' südlich Mars	31,4°
15.5.1915 22:40:52	Merkur 7,5° nördlich Aldebaran	15,6°
21.5.1915 13:56:52	Uranus stationär, dann rückläufig	
22.5.1915 17:33:57	Merkur 3,1° südlich Elnath	20,8°
23.5.1915 22:01:19	Venus 12,5° südlich Hamal	27°
29.5.1915 11:31:12	Mars 11,5° südlich Hamal	32°
31.5.1915 1:18:29	Saturn 11' nördlich Eta Geminorum	23,7°
31.5.1915 12:45:27	Merkur 2,7° nördlich Eta Geminorum	23,3°
31.5.1915 14:21:32	Merkur 2,5° nördlich Saturn	23,3°
31.5.1915 21:32:00	Merkur in größter östlicher Elongation zur Sonne	23,3°
2.6.1915 12:21:38	Merkur 2,3° nördlich Mü Geminorum	23,2°
7.6.1915 11:31:21	Merkur 7,4° nördlich Alhena	21,9°
11.6.1915 2:29:18	Merkur 2,3° südlich Epsilon Geminorum	19,8°
14.6.1915 0:00:29	Venus 5,5° südlich Alkione	23,4°
14.6.1915 4:29:33	Merkur stationär, dann rückläufig	
14.6.1915 19:56:23	Saturn 8,4' nördlich Mü Geminorum	11,5°
17.6.1915 8:01:47	Merkur 4° südlich Epsilon Geminorum	13,9°
21.6.1915 6:13:13	Merkur 3,8° nördlich Alhena	9,4°
23.6.1915 16:25:00	Venus 4,5° nördlich Aldebaran	21,8°
25.6.1915 6:19:37	Merkur 3,2° südlich Saturn	2,9°
27.6.1915 4:44:00	Merkur in unterer Konjunktion zur Sonne	-4,2°
27.6.1915 14:12:36	Merkur 3,5° südlich Mü Geminorum	1,1°
28.6.1915 17:24:37	Saturn in Konjunktion zur Sonne	-39'
1.7.1915 0:51:49	Merkur 3,8° südlich Eta Geminorum	5,9°
3.7.1915 2:48:31	Mars 4,6° südlich Alkione	41,5°
3.7.1915 7:39:29	Venus 6° südlich Elnath	19,3°
8.7.1915 12:55:13	Merkur stationär, dann rechtläufig	
11.7.1915 3:32:27	Merkur 3,8° südlich Venus	17,2°
11.7.1915 11:31:33	Saturn 6,1° nördlich Alhena	10,5°
12.7.1915 13:31:18	Venus 41' nördlich Eta Geminorum	16,9°
14.7.1915 2:02:08	Venus 41' nördlich Mü Geminorum	16,5°
15.7.1915 9:54:19	Merkur 2,4° südlich Eta Geminorum	19,6°
16.7.1915 21:37:29	Venus 6,7° nördlich Alhena	15,7°
17.7.1915 12:45:20	Venus 38' nördlich Saturn	15,5°

Datum und Uhrzeit (WZ)	Ereignis	Elon-gation
18.7.1915 0:16:04	Venus 2,1° südlich Epsilon Geminorum	15,4°
18.7.1915 0:52:52	Merkur 1,9° südlich Mü Geminorum	20,2°
19.7.1915 3:20:00	Merkur in größter westlicher Elongation zur Sonne	20,4°
19.7.1915 16:49:12	Mars 5,3° nördlich Aldebaran	46,5°
20.7.1915 1:25:57	Jupiter stationär, dann rückläufig	
21.7.1915 13:32:13	Merkur 4,8° nördlich Alhena	20,1°
22.7.1915 4:50:25	Saturn 2,7° südlich Epsilon Geminorum	19,4°
22.7.1915 17:15:45	Merkur 3,7° südlich Epsilon Geminorum	19,9°
22.7.1915 18:40:05	Merkur 1° südlich Saturn	19,8°
24.7.1915 3:45:13	Neptun in Konjunktion zur Sonne	-19'
27.7.1915 13:02:01	Venus 9,8° südlich Kastor	12,9°
29.7.1915 14:59:29	Venus 6,3° südlich Pollux	12,3°
30.7.1915 9:32:35	Merkur 10,1° südlich Kastor	15,5°
31.7.1915 19:04:56	Merkur 6,4° südlich Pollux	14,3°
4.8.1915 12:04:54	Merkur 18' nördlich Venus	10,7°
4.8.1915 12:31:22	Merkur 1,3° nördlich Neptun	10,4°
4.8.1915 12:48:47	Venus 1° nördlich Neptun	10,5°
5.8.1915 18:40:59	Mars 5,4° südlich Elnath	51,1°
7.8.1915 6:51:07	Uranusopposition	
7.8.1915 8:51:10	Merkur 5,3' nördlich M44	7,8°
9.8.1915 6:27:13	Venus 25' südlich M44	9,4°
14.8.1915 9:43:03	Merkur in oberer Konjunktion zur Sonne	1,8°
18.8.1915 6:08:23	Merkur 1,3° nördlich Regulus	4,3°
22.8.1915 20:02:52	Mars 1,1° nördlich Eta Geminorum	56,4°
25.8.1915 17:11:52	Mars 1,1° nördlich Mü Geminorum	57,3°
27.8.1915 4:54:02	Venus 53' nördlich Regulus	4,2°
31.8.1915 2:37:29	Mars 7,1° nördlich Alhena	58,9°
2.9.1915 6:11:12	Mars 1,7° südlich Epsilon Geminorum	59,8°
10.9.1915 23:01:00	Mars 1,1° nördlich Saturn	62,7°
12.9.1915 9:53:08	Merkur 3,9° südlich Porrima	20,6°
12.9.1915 17:43:15	Venus in oberer Konjunktion zur Sonne	1,4°
17.9.1915 11:40:51	Jupiteropposition	
21.9.1915 7:46:51	Mars 9,5° südlich Kastor	66,7°
21.9.1915 14:46:44	Merkur 1,5' nördlich Spika	25,2°
25.9.1915 15:50:34	Mars 6° südlich Pollux	68,4°
28.9.1915 4:35:00	Merkur in größter östlicher Elongation zur Sonne	26°
29.9.1915 10:03:10	Venus 1,7° südlich Porrima	4,6°
8.10.1915 20:44:45	Venus 3,3° nördlich Spika	7°
10.10.1915 20:01:18	Merkur stationär, dann rückläufig	
11.10.1915 19:21:13	Mars 1,5° nördlich Neptun	74,9°
17.10.1915 17:22:49	Merkur 3,5° südlich Venus	9,3°
19.10.1915 4:44:31	Mars 9,1" nördlich M44	78,6°
22.10.1915 13:53:53	Merkur in unterer Konjunktion zur Sonne	-1,1°
22.10.1915 18:59:39	Uranus stationär, dann rechtläufig	
26.10.1915 20:21:30	Venus 4,6' nördlich Zuben-el-dschenubi	11,5°
29.10.1915 22:35:46	Saturn stationär, dann rückläufig	

Datum und Uhrzeit (WZ)	Ereignis	Elon-gation
31.10.1915 2:13:51	Merkur stationär, dann rechtläufig	
5.11.1915 20:29:21	Neptun stationär, dann rückläufig	
7.11.1915 9:59:00	Merkur in größter westlicher Elongation zur Sonne	18,9°
10.11.1915 13:15:31	Venus 1,2° südlich Akrab	15°
15.11.1915 1:39:18	Venus 4,2° nördlich Antares	16,3°
15.11.1915 7:09:55	Jupiter stationär, dann rechtläufig	
20.11.1915 20:55:46	Merkur 1,1° nördlich Zuben-el-dschenubi	13,6°
2.12.1915 18:55:18	Merkur 59' südlich Akrab	7,3°
6.12.1915 9:59:12	Merkur 4,3° nördlich Antares	5,3°
11.12.1915 21:34:29	Venus 2,1° nördlich Nunki	22,6°
13.12.1915 9:07:27	Mars 2,5° nördlich Regulus	111,6°
16.12.1915 0:19:24	Merkur in oberer Konjunktion zur Sonne	-1,3°
27.12.1915 13:04:39	Merkur 1,4° nördlich Nunki	6,9°
27.12.1915 23:57:05	Venus 6,4° südlich Beta Capricorni	26,3°

1916

Datum und Uhrzeit (WZ)	Ereignis	Elon-gation
2.1.1916 1:42:33	Mars stationär, dann rückläufig	
4.1.1916 16:51:41	Saturnopposition	
6.1.1916 20:25:13	Venus 1,1° südlich Uranus	28,5°
8.1.1916 21:47:13	Merkur 6,7° südlich Beta Capricorni	14,2°
14.1.1916 3:13:16	Venus 58' nördlich Delta Capricorni	29,8°
17.1.1916 17:31:08	Merkur 15' südlich Uranus	18,2°
20.1.1916 12:17:33	Mars 4° nördlich Regulus	150,5°
20.1.1916 18:49:00	Merkur in größter östlicher Elongation zur Sonne	18,7°
22.1.1916 14:56:19	Neptunopposition	
26.1.1916 21:29:04	Merkur stationär, dann rückläufig	
3.2.1916 23:11:30	Merkur 4,3° nördlich Uranus	1,9°
5.2.1916 8:09:10	Merkur in unterer Konjunktion zur Sonne	3,6°
5.2.1916 19:17:30	Uranus in Konjunktion zur Sonne	-39'
10.2.1916 2:31:47	Marsopposition	
14.2.1916 2:47:00	Venus 27' nördlich Jupiter	36,3°
17.2.1916 5:28:31	Merkur stationär, dann rechtläufig	
1.3.1916 23:39:00	Merkur in größter westlicher Elongation zur Sonne	27,1°
5.3.1916 1:05:34	Merkur 7,7' südlich Uranus	26,9°
9.3.1916 15:40:51	Merkur 1,3° nördlich Delta Capricorni	26°
11.3.1916 10:44:13	Saturn stationär, dann rechtläufig	
12.3.1916 15:01:27	Venus 9,6° südlich Hamal	41,4°
22.3.1916 12:33:33	Mars stationär, dann rechtläufig	
1.4.1916 14:23:17	Jupiter in Konjunktion zur Sonne	-1,1°
4.4.1916 2:58:44	Venus 1,7° südlich Alkione	44,5°
9.4.1916 8:44:24	Merkur 24' südlich Jupiter	5,9°
10.4.1916 6:14:15	Neptun stationär, dann rechtläufig	
14.4.1916 21:18:32	Merkur in oberer Konjunktion zur Sonne	-40'

Datum und Uhrzeit (WZ)	Ereignis	Elongation
14.4.1916 22:26:42	Venus 8,6° nördlich Aldebaran	44,3°
18.4.1916 18:38:27	Merkur 10,6° südlich Hamal	4,4°
24.4.1916 10:19:00	Venus in größter östlicher Elongation zur Sonne	45,6°
26.4.1916 7:54:31	Venus 1,9° südlich Elnath	45,6°
1.5.1916 16:41:16	Merkur 2° südlich Alkione	17,5°
8.5.1916 10:06:36	Venus 4,6° nördlich Eta Geminorum	44,8°
9.5.1916 13:56:27	Merkur 8,1° nördlich Aldebaran	20,7°
10.5.1916 14:30:28	Venus 4,5° nördlich Mü Geminorum	44,5°
12.5.1916 15:50:00	Merkur in größter östlicher Elongation zur Sonne	21,7°
14.5.1916 21:10:52	Venus 10,4° nördlich Alhena	43,8°
16.5.1916 16:19:35	Venus 1,5° nördlich Epsilon Geminorum	43,3°
24.5.1916 7:53:03	Venus 3,4° nördlich Saturn	41°
25.5.1916 0:20:57	Uranus stationär, dann rückläufig	
25.5.1916 2:23:22	Mars 1,1° nördlich Regulus	84,8°
25.5.1916 8:49:50	Merkur stationär, dann rückläufig	
6.6.1916 1:12:57	Merkur in unterer Konjunktion zur Sonne	-2,8°
11.6.1916 16:14:09	Venus stationär, dann rückläufig	
18.6.1916 0:45:18	Merkur stationär, dann rechtläufig	
22.6.1916 14:27:27	Venus 57' südlich Saturn	16,7°
30.6.1916 5:53:00	Merkur in größter westlicher Elongation zur Sonne	21,9°
3.7.1916 19:50:43	Venus in unterer Konjunktion zur Sonne	-3,7°
4.7.1916 8:37:26	Merkur 7,8° südlich Elnath	21,3°
7.7.1916 13:14:11	Venus 6,5° südlich Epsilon Geminorum	6,6°
9.7.1916 22:31:20	Venus 1,9° nördlich Alhena	10,6°
12.7.1916 1:43:53	Jupiter 12° südlich Hamal	73,1°
12.7.1916 2:49:46	Merkur 7,7' nördlich Eta Geminorum	17,1°
12.7.1916 20:37:49	Saturn in Konjunktion zur Sonne, Bedeckung	-6,7'
13.7.1916 4:30:02	Merkur 17' nördlich Mü Geminorum	16,3°
13.7.1916 23:56:58	Merkur 5° nördlich Venus	15,6°
15.7.1916 1:49:20	Merkur 6,6° nördlich Alhena	14,7°
15.7.1916 19:03:09	Merkur 2,1° südlich Epsilon Geminorum	14°
17.7.1916 0:01:24	Saturn 10,3° südlich Kastor	3,4°
18.7.1916 1:17:29	Venus 4,9° südlich Mü Geminorum	21°
21.7.1916 13:24:01	Merkur 9,2° südlich Kastor	8°
21.7.1916 20:29:25	Merkur 1,1° nördlich Saturn	7,4°
22.7.1916 18:18:42	Merkur 5,6° südlich Pollux	6,7°
25.7.1916 10:51:15	Venus stationär, dann rechtläufig	
25.7.1916 17:25:46	Neptun in Konjunktion zur Sonne, Bedeckung	-15'
27.7.1916 0:27:04	Merkur 1,9° nördlich Neptun	1,2°
28.7.1916 10:10:08	Merkur in oberer Konjunktion zur Sonne	1,7°
28.7.1916 21:55:37	Merkur 26' nördlich M44	1,4°
2.8.1916 3:42:06	Venus 5,1° südlich Mü Geminorum	35,4°
6.8.1916 2:41:54	Saturn 6,9° südlich Pollux	20,1°
8.8.1916 19:22:40	Mars 2,8° südlich Porrima	53,2°
9.8.1916 5:19:35	Merkur 1,1° nördlich Regulus	12,1°
10.8.1916 17:34:33	Uranusopposition	

Datum und Uhrzeit (WZ)	Ereignis	Elongation
11.8.1916 0:27:58	Venus 1,4° nördlich Alhena	40,4°
13.8.1916 13:52:58	Venus 7,3° südlich Epsilon Geminorum	41,5°
25.8.1916 18:23:44	Jupiter stationär, dann rückläufig	
27.8.1916 8:16:24	Mars 2,2° nördlich Spika	48,2°
30.8.1916 2:10:13	Venus 13,9° südlich Kastor	45,3°
2.9.1916 2:28:12	Venus 10,2° südlich Pollux	45,6°
6.9.1916 2:28:45	Venus 3° südlich Saturn	45,9°
7.9.1916 9:52:48	Merkur 5,5° südlich Porrima	24,7°
9.9.1916 17:00:00	Merkur in größter östlicher Elongation zur Sonne	26,9°
12.9.1916 13:43:00	Venus in größter westlicher Elongation zur Sonne	46°
13.9.1916 16:43:30	Venus 2° südlich Neptun	46°
16.9.1916 2:37:29	Venus 3,4° südlich M44	46°
22.9.1916 17:59:23	Merkur stationär, dann rückläufig	
29.9.1916 15:01:59	Mars 48' südlich Zuben-el-dschenubi	37,7°
5.10.1916 10:37:27	Merkur in unterer Konjunktion zur Sonne	-2,1°
6.10.1916 4:50:23	Merkur 5,1° südlich Porrima	2,5°
6.10.1916 22:13:01	Venus 39' südlich Regulus	44,4°
9.10.1916 12:18:39	Jupiter 12,2° südlich Hamal	157,2°
13.10.1916 18:33:05	Merkur stationär, dann rechtläufig	
20.10.1916 23:13:00	Merkur in größter westlicher Elongation zur Sonne	18,3°
21.10.1916 7:03:45	Merkur 57' südlich Porrima	18,3°
24.10.1916 2:01:44	Jupiteropposition	
25.10.1916 9:43:24	Mars 1,7° südlich Akrab	30,4°
26.10.1916 4:41:42	Uranus stationär, dann rechtläufig	
29.10.1916 21:52:47	Merkur 4,4° nördlich Spika	13,6°
2.11.1916 3:04:15	Mars 3,9° nördlich Antares	28,6°
7.11.1916 7:57:17	Neptun stationär, dann rückläufig	
10.11.1916 23:25:06	Venus 1,2° südlich Porrima	38,8°
12.11.1916 8:44:29	Saturn stationär, dann rückläufig	
13.11.1916 0:13:57	Merkur 22' nördlich Zuben-el-dschenubi	6,5°
20.11.1916 15:09:40	Venus 4,3° nördlich Spika	35,4°
24.11.1916 2:00:26	Merkur in oberer Konjunktion zur Sonne	-33'
24.11.1916 15:19:49	Merkur 1,6° südlich Akrab	0,7°
28.11.1916 5:42:11	Merkur 3,6° nördlich Antares	2,5°
8.12.1916 22:16:44	Venus 1,6° nördlich Zuben-el-dschenubi	32,7°
16.12.1916 15:53:28	Mars 2,4° nördlich Nunki	17,1°
19.12.1916 13:35:26	Merkur 1,2° nördlich Nunki	14,1°
21.12.1916 13:06:30	Jupiter stationär, dann rechtläufig	
22.12.1916 11:08:48	Merkur 1,2° südlich Mars	15,6°
23.12.1916 21:07:53	Venus 29' nördlich Akrab	29,7°
28.12.1916 11:23:22	Venus 6° nördlich Antares	28,2°

1917

Datum und Uhrzeit (WZ)	Ereignis	Elongation
3.1.1917 3:16:00	Merkur in größter östlicher Elongation zur Sonne	19,4°
3.1.1917 4:12:30	Merkur 5,8° südlich Beta Capricorni	19,4°
11.1.1917 13:15:35	Mars 5,8° südlich Beta Capricorni	10,9°
14.1.1917 1:19:51	Merkur 3,1° nördlich Mars	10,3°
16.1.1917 2:56:19	Merkur 2,1° südlich Beta Capricorni	7,4°
17.1.1917 19:03:09	Saturnopposition	
19.1.1917 6:07:37	Merkur in unterer Konjunktion zur Sonne	3,2°
24.1.1917 0:59:25	Neptunopposition	
24.1.1917 16:38:17	Venus 3,6° nördlich Nunki	22,6°
30.1.1917 16:06:24	Merkur stationär, dann rechtläufig	
30.1.1917 20:36:15	Merkur 2,9° nördlich Venus	21°
2.2.1917 21:54:35	Mars 26' südlich Uranus	5,8°
7.2.1917 14:07:54	Mars 1,6° nördlich Delta Capricorni	4,8°
9.2.1917 0:20:44	Uranus in Konjunktion zur Sonne	-40'
9.2.1917 20:41:04	Venus 5,2° südlich Beta Capricorni	18,2°
12.2.1917 9:06:00	Merkur in größter westlicher Elongation zur Sonne	26°
16.2.1917 16:31:33	Merkur 5° südlich Beta Capricorni	25°
24.2.1917 21:54:27	Venus 23' südlich Uranus	15,1°
26.2.1917 20:18:38	Venus 1,6° nördlich Delta Capricorni	14,8°
27.2.1917 0:27:50	Jupiter 11,7° südlich Hamal	54,6°
28.2.1917 21:42:58	Mars in Konjunktion zur Sonne	-1°
2.3.1917 13:49:24	Merkur 1,2° südlich Uranus	20,5°
3.3.1917 22:41:16	Merkur 43' nördlich Delta Capricorni	20,3°
18.3.1917 21:23:56	Merkur 44' südlich Venus	10°
24.3.1917 7:37:27	Merkur 56' südlich Mars	5,1°
25.3.1917 22:04:43	Saturn stationär, dann rechtläufig	
29.3.1917 17:03:20	Merkur in oberer Konjunktion zur Sonne	-1,1°
31.3.1917 8:07:29	Venus 39' südlich Mars	6,5°
10.4.1917 20:28:47	Merkur 9,6° südlich Hamal	12,8°
12.4.1917 19:00:39	Neptun stationär, dann rechtläufig	
16.4.1917 19:16:12	Merkur 3° nördlich Jupiter	16,7°
18.4.1917 4:01:26	Uranus 2° nördlich Delta Capricorni	64,5°
23.4.1917 21:01:43	Venus 11,7° südlich Hamal	1,2°
24.4.1917 20:18:00	Merkur in größter östlicher Elongation zur Sonne	20,4°
26.4.1917 8:50:24	Venus in oberer Konjunktion zur Sonne	-55'
30.4.1917 22:16:39	Merkur 1,5° südlich Alkione	18,7°
6.5.1917 1:42:10	Venus 16' nördlich Jupiter	2,6°
6.5.1917 3:12:54	Merkur stationär, dann rückläufig	
8.5.1917 10:54:58	Mars 11,1° südlich Hamal	14,6°
9.5.1917 11:22:58	Jupiter in Konjunktion zur Sonne	-51'
11.5.1917 18:28:48	Merkur 3,5° südlich Alkione	7,6°
13.5.1917 18:16:36	Merkur 24' nördlich Venus	4,6°
14.5.1917 10:47:14	Venus 4,4° südlich Alkione	4,8°
16.5.1917 20:00:52	Merkur in unterer Konjunktion zur Sonne	-49'

Datum und Uhrzeit (WZ)	Ereignis	Elon-gation
23.5.1917 21:58:20	Venus 5,6° nördlich Aldebaran	7,3°
24.5.1917 21:05:51	Merkur 2,1° südlich Jupiter	11,2°
29.5.1917 1:31:34	Merkur stationär, dann rechtläufig	
29.5.1917 8:01:59	Uranus stationär, dann rückläufig	
2.6.1917 8:43:28	Venus 4,9° südlich Elnath	9,9°
5.6.1917 23:07:55	Merkur 3,8° südlich Mars	21,1°
8.6.1917 12:12:35	Mars 41' nördlich Jupiter	21,7°
9.6.1917 1:48:34	Merkur 3° südlich Jupiter	22,3°
11.6.1917 11:13:26	Venus 1,7° nördlich Eta Geminorum	12,3°
11.6.1917 21:22:16	Mars 4,3° südlich Alkione	21,9°
11.6.1917 21:41:07	Merkur 7,8° südlich Alkione	21,9°
11.6.1917 22:55:24	Merkur 3,5° südlich Mars	22,5°
11.6.1917 23:32:00	Merkur in größter westlicher Elongation zur Sonne	23,5°
12.6.1917 23:17:36	Venus 1,7° nördlich Mü Geminorum	12,8°
15.6.1917 18:07:06	Venus 7,7° nördlich Alhena	13,5°
16.6.1917 20:31:54	Venus 1,1° südlich Epsilon Geminorum	13,8°
19.6.1917 8:25:45	Jupiter 5° südlich Alkione	28,9°
21.6.1917 18:25:04	Merkur 3,4° nördlich Aldebaran	20,7°
26.6.1917 7:53:32	Venus 8,9° südlich Kastor	16,4°
28.6.1917 6:16:14	Mars 5,6° nördlich Aldebaran	26,5°
28.6.1917 9:44:38	Venus 5,5° südlich Pollux	16,9°
28.6.1917 19:50:21	Merkur 6,2° südlich Elnath	15,5°
4.7.1917 12:42:38	Merkur 1,2° nördlich Eta Geminorum	9,7°
4.7.1917 23:38:23	Venus 1,1° nördlich Saturn	18,7°
5.7.1917 9:55:47	Merkur 1,3° nördlich Mü Geminorum	8,7°
6.7.1917 22:35:59	Venus 1,7° nördlich Neptun	19,2°
7.7.1917 0:37:09	Merkur 7,5° nördlich Alhena	6,8°
7.7.1917 15:44:22	Merkur 1,2° südlich Epsilon Geminorum	6,1°
9.7.1917 2:13:24	Venus 15' nördlich M44	19,8°
10.7.1917 16:54:16	Uranus 2° nördlich Delta Capricorni	144,8°
12.7.1917 16:31:38	Merkur in oberer Konjunktion zur Sonne	1,5°
13.7.1917 0:24:34	Merkur 8,7° südlich Kastor	1,6°
14.7.1917 4:46:58	Merkur 5,2° südlich Pollux	2,4°
15.7.1917 0:01:57	Mars 5,2° südlich Elnath	30,8°
18.7.1917 21:02:19	Merkur 1,4° nördlich Saturn	7,3°
19.7.1917 9:53:29	Merkur 2,1° nördlich Neptun	7,9°
20.7.1917 11:59:42	Merkur 33' nördlich M44	9°
27.7.1917 7:51:17	Venus 1,1° nördlich Regulus	24,6°
27.7.1917 20:29:17	Saturn in Konjunktion zur Sonne	26'
28.7.1917 6:57:55	Neptun in Konjunktion zur Sonne, Bedeckung	-11'
30.7.1917 12:45:51	Saturn 39' nördlich Neptun	2,1°
31.7.1917 12:52:57	Mars 1,3° nördlich Eta Geminorum	35,4°
1.8.1917 20:49:11	Merkur 37' nördlich Regulus	19,5°
3.8.1917 7:23:18	Mars 1,3° nördlich Mü Geminorum	36,2°
8.8.1917 11:19:57	Mars 7,3° nördlich Alhena	37,8°
10.8.1917 12:35:27	Mars 1,5° südlich Epsilon Geminorum	38,4°

Datum und Uhrzeit (WZ)	Ereignis	Elongation
13.8.1917 11:14:53	Saturn 50' südlich M44	13,8°
15.8.1917 3:47:28	Uranusopposition	
23.8.1917 4:39:00	Merkur in größter östlicher Elongation zur Sonne	27,4°
24.8.1917 13:17:11	Jupiter 4,7° nördlich Aldebaran	81,4°
28.8.1917 11:04:26	Mars 9,4° südlich Kastor	44°
30.8.1917 19:03:15	Venus 2,5° südlich Porrima	32,3°
1.9.1917 11:04:45	Mars 5,9° südlich Pollux	45,3°
5.9.1917 8:03:17	Merkur stationär, dann rückläufig	
9.9.1917 17:04:52	Venus 2,2° nördlich Spika	35,4°
18.9.1917 23:24:56	Merkur in unterer Konjunktion zur Sonne	-3,1°
22.9.1917 9:32:13	Mars 1,3° nördlich Neptun	52,3°
22.9.1917 10:35:41	Mars 12' südlich M44	52,7°
23.9.1917 11:53:33	Neptun 1,5° südlich M44	53,4°
27.9.1917 8:04:48	Merkur stationär, dann rechtläufig	
28.9.1917 15:51:49	Venus 1,5° südlich Zuben-el-dschenubi	38,9°
30.9.1917 16:46:27	Jupiter stationär, dann rückläufig	
1.10.1917 11:53:17	Mars 40' nördlich Saturn	55,9°
4.10.1917 15:09:00	Merkur in größter westlicher Elongation zur Sonne	17,9°
14.10.1917 5:56:51	Venus 3° südlich Akrab	41,7°
16.10.1917 1:16:26	Merkur 57' südlich Porrima	12,9°
19.10.1917 1:32:23	Venus 2,4° nördlich Antares	43,2°
23.10.1917 1:10:54	Merkur 3,8° nördlich Spika	6,7°
30.10.1917 7:11:27	Mars 1,2° nördlich Regulus	67,6°
30.10.1917 13:06:30	Uranus stationär, dann rechtläufig	
3.11.1917 17:59:14	Merkur in oberer Konjunktion zur Sonne, Bedeckung	15'
5.11.1917 18:43:08	Merkur 20' südlich Zuben-el-dschenubi	1,2°
6.11.1917 12:44:09	Jupiter 4,6° nördlich Aldebaran	154,2°
9.11.1917 20:26:55	Neptun stationär, dann rückläufig	
17.11.1917 11:04:58	Venus 24' nördlich Nunki	46,8°
17.11.1917 11:54:06	Merkur 2,3° südlich Akrab	7,5°
21.11.1917 3:31:14	Merkur 3,1° nördlich Antares	10°
26.11.1917 14:39:28	Saturn stationär, dann rückläufig	
29.11.1917 5:12:59	Jupiteropposition	
30.11.1917 8:35:00	Venus in größter östlicher Elongation zur Sonne	47,3°
6.12.1917 20:11:26	Venus 7,4° südlich Beta Capricorni	47,1°
14.12.1917 0:44:59	Merkur 1,4° nördlich Nunki	20°
17.12.1917 6:44:00	Merkur in größter östlicher Elongation zur Sonne	20,3°
24.12.1917 23:14:45	Merkur stationär, dann rückläufig	
27.12.1917 23:57:50	Neptun 1,5° südlich M44	149,2°
31.12.1917 8:25:21	Venus 36' nördlich Uranus	42,2°

1918

Datum und Uhrzeit (WZ)	Ereignis	Elongation
3.1.1918 9:23:24	Merkur in unterer Konjunktion zur Sonne	2,7°

Datum und Uhrzeit (WZ)	Ereignis	Elongation
3.1.1918 13:10:11	Venus 3,1° nördlich Delta Capricorni	40,1°
3.1.1918 17:06:28	Merkur 6,2° nördlich Nunki	2,8°
18.1.1918 5:08:52	Venus stationär, dann rückläufig	
25.1.1918 17:42:00	Merkur in größter westlicher Elongation zur Sonne	24,7°
26.1.1918 11:14:54	Neptunopposition	
26.1.1918 18:12:32	Jupiter stationär, dann rechtläufig	
27.1.1918 0:09:47	Merkur 4,4° nördlich Nunki	24,7°
31.1.1918 18:24:47	Saturnopposition	
1.2.1918 3:12:32	Venus 9,8° nördlich Delta Capricorni	11,2°
1.2.1918 5:08:51	Venus 7,8° nördlich Uranus	11,5°
1.2.1918 23:09:40	Uranus 2° nördlich Delta Capricorni	10,4°
4.2.1918 17:55:05	Mars stationär, dann rückläufig	
10.2.1918 1:39:02	Venus in unterer Konjunktion zur Sonne	8,1°
11.2.1918 11:32:17	Merkur 5,9° südlich Beta Capricorni	19,6°
13.2.1918 5:10:28	Uranus in Konjunktion zur Sonne	-42'
18.2.1918 18:02:42	Merkur 10,7° südlich Venus	16°
24.2.1918 22:54:37	Merkur 32' nördlich Delta Capricorni	13,1°
25.2.1918 18:21:50	Merkur 1,5° südlich Uranus	11,9°
1.3.1918 16:09:58	Venus stationär, dann rechtläufig	
13.3.1918 2:21:25	Merkur in oberer Konjunktion zur Sonne	-1,6°
15.3.1918 6:36:47	Marsopposition	
29.3.1918 16:38:10	Venus 5,9° nördlich Delta Capricorni	43,9°
2.4.1918 16:19:43	Venus 3,3° nördlich Uranus	44,8°
5.4.1918 9:22:19	Merkur 8,1° südlich Hamal	19,1°
7.4.1918 12:26:00	Merkur in größter östlicher Elongation zur Sonne	19,3°
9.4.1918 12:04:44	Saturn stationär, dann rechtläufig	
10.4.1918 15:25:00	Jupiter 5,1° nördlich Aldebaran	48,9°
15.4.1918 6:02:37	Neptun stationär, dann rechtläufig	
16.4.1918 21:08:19	Merkur stationär, dann rückläufig	
21.4.1918 5:28:00	Venus in größter westlicher Elongation zur Sonne	46,2°
27.4.1918 3:14:25	Mars stationär, dann rechtläufig	
27.4.1918 3:24:34	Merkur in unterer Konjunktion zur Sonne	1,1°
2.5.1918 12:14:24	Merkur 11,1° südlich Hamal	8,6°
9.5.1918 10:23:00	Merkur stationär, dann rechtläufig	
16.5.1918 5:32:16	Merkur 14° südlich Hamal	20,5°
24.5.1918 14:01:00	Merkur in größter westlicher Elongation zur Sonne	25,2°
2.6.1918 17:30:41	Uranus stationär, dann rückläufig	
3.6.1918 23:58:53	Jupiter 5,7° südlich Elnath	8,5°
5.6.1918 0:39:17	Venus 13° südlich Hamal	38,2°
8.6.1918 13:24:44	Merkur 6,2° südlich Alkione	18,5°
15.6.1918 3:11:14	Merkur 4,7° nördlich Aldebaran	13,9°
15.6.1918 16:26:26	Jupiter in Konjunktion zur Sonne	-18'
20.6.1918 20:51:27	Merkur 5,2° südlich Elnath	7,6°
22.6.1918 21:16:01	Merkur 52' nördlich Jupiter	5,2°
26.6.1918 0:32:15	Merkur 2° nördlich Eta Geminorum	1,6°
26.6.1918 20:41:23	Merkur 2° nördlich Mü Geminorum	0,9°

Datum und Uhrzeit (WZ)	Ereignis	Elongation
27.6.1918 2:30:09	Merkur in oberer Konjunktion zur Sonne	1,2°
27.6.1918 3:40:53	Venus 6,2° südlich Alkione	36°
28.6.1918 10:04:59	Merkur 8,1° nördlich Alhena	2,1°
29.6.1918 0:56:03	Merkur 39' südlich Epsilon Geminorum	2,8°
4.7.1918 11:57:45	Merkur 8,4° südlich Kastor	8,9°
5.7.1918 17:52:25	Merkur 4,9° südlich Pollux	10,2°
7.7.1918 5:15:07	Venus 3,8° nördlich Aldebaran	35,1°
12.7.1918 10:00:54	Merkur 1,9° nördlich Neptun	16,5°
12.7.1918 14:26:33	Merkur 28' nördlich M44	16,7°
14.7.1918 5:18:52	Mars 3,1° südlich Porrima	78,1°
17.7.1918 4:29:53	Venus 6,7° südlich Elnath	32,7°
17.7.1918 17:13:15	Merkur 26' nördlich Saturn	20,6°
21.7.1918 14:37:56	Neptun 1,4° südlich M44	8,2°
23.7.1918 16:20:19	Jupiter 39' nördlich Eta Geminorum	27,7°
26.7.1918 16:52:46	Venus 1,1' nördlich Eta Geminorum	30,6°
27.7.1918 3:54:46	Merkur 22' südlich Regulus	25,4°
27.7.1918 8:46:27	Venus 36' südlich Jupiter	30,4°
28.7.1918 6:21:27	Venus 1,3' nördlich Mü Geminorum	30,2°
30.7.1918 20:28:34	Neptun in Konjunktion zur Sonne, Bedeckung	-7,3'
31.7.1918 3:35:57	Venus 6,1° nördlich Alhena	29,5°
1.8.1918 6:55:39	Venus 2,7° südlich Epsilon Geminorum	29,2°
1.8.1918 11:06:46	Jupiter 35' nördlich Mü Geminorum	34,2°
4.8.1918 1:57:38	Mars 1,8° nördlich Spika	71,2°
5.8.1918 13:27:00	Merkur in größter östlicher Elongation zur Sonne	27,4°
11.8.1918 0:24:52	Venus 10,4° südlich Kastor	26,8°
11.8.1918 14:05:33	Saturn in Konjunktion zur Sonne	57'
13.8.1918 3:12:04	Venus 6,8° südlich Pollux	26,3°
18.8.1918 15:58:39	Merkur stationär, dann rückläufig	
18.8.1918 20:09:46	Jupiter 6,5° nördlich Alhena	47,4°
19.8.1918 13:09:58	Uranusopposition	
23.8.1918 22:13:00	Venus 51' südlich M44	23,6°
24.8.1918 22:34:22	Venus 38' nördlich Neptun	23,2°
26.8.1918 7:49:54	Jupiter 2,3° südlich Epsilon Geminorum	53,3°
2.9.1918 1:25:36	Merkur in unterer Konjunktion zur Sonne	-3,9°
5.9.1918 1:37:07	Venus 5,1' südlich Saturn	20,5°
8.9.1918 9:20:54	Mars 1,2° südlich Zuben-el-dschenubi	59°
10.9.1918 16:41:10	Merkur stationär, dann rechtläufig	
10.9.1918 23:21:59	Venus 40' nördlich Regulus	18,7°
15.9.1918 9:05:45	Merkur 1,3° südlich Venus	17,3°
18.9.1918 6:55:00	Merkur in größter westlicher Elongation zur Sonne	17,9°
25.9.1918 7:01:13	Merkur 20' nördlich Venus	15,3°
4.10.1918 19:43:04	Mars 2,1° südlich Akrab	51,3°
8.10.1918 17:25:19	Merkur 1,4° südlich Porrima	5,3°
12.10.1918 15:45:16	Mars 3,5° nördlich Antares	49,6°
14.10.1918 2:26:31	Venus 1,5° südlich Porrima	10,4°
15.10.1918 12:12:33	Merkur in oberer Konjunktion zur Sonne	55'

Datum und Uhrzeit (WZ)	Ereignis	Elongation
15.10.1918 14:45:59	Merkur 3,2° nördlich Spika	0,9°
23.10.1918 11:54:24	Venus 3,6° nördlich Spika	6,9°
29.10.1918 14:16:15	Merkur 1° südlich Zuben-el-dschenubi	8,5°
3.11.1918 14:50:16	Jupiter stationär, dann rückläufig	
3.11.1918 21:21:57	Uranus stationär, dann rechtläufig	
10.11.1918 9:09:59	Venus 33' nördlich Zuben-el-dschenubi	3,3°
10.11.1918 16:33:42	Merkur 2,9° südlich Akrab	14,6°
12.11.1918 7:16:34	Neptun stationär, dann rückläufig	
14.11.1918 12:32:41	Merkur 2,5° nördlich Antares	17°
24.11.1918 0:26:31	Venus in oberer Konjunktion zur Sonne	22'
25.11.1918 0:43:08	Venus 41' südlich Akrab	0,4°
26.11.1918 10:56:30	Mars 2,2° nördlich Nunki	38°
29.11.1918 12:48:11	Venus 4,8° nördlich Antares	1,4°
30.11.1918 4:31:00	Merkur in größter östlicher Elongation zur Sonne	21,5°
9.12.1918 0:59:11	Merkur stationär, dann rückläufig	
10.12.1918 14:04:01	Saturn stationär, dann rückläufig	
16.12.1918 8:39:47	Merkur 1,8° nördlich Venus	5,4°
18.12.1918 15:43:41	Merkur in unterer Konjunktion zur Sonne	2°
22.12.1918 9:29:10	Mars 5,9° südlich Beta Capricorni	31,9°
26.12.1918 6:30:58	Venus 2,6° nördlich Nunki	7,8°
28.12.1918 21:59:22	Merkur stationär, dann rechtläufig	

1919

Datum und Uhrzeit (WZ)	Ereignis	Elongation
2.1.1919 5:09:03	Jupiteropposition	
8.1.1919 2:51:00	Merkur in größter westlicher Elongation zur Sonne	23,2°
11.1.1919 6:11:38	Venus 6° südlich Beta Capricorni	11,7°
16.1.1919 0:36:32	Jupiter 2° südlich Epsilon Geminorum	163,8°
18.1.1919 12:16:15	Mars 1,6° nördlich Delta Capricorni	25,2°
22.1.1919 10:03:57	Merkur 3,1° nördlich Nunki	19,8°
22.1.1919 12:48:18	Mars 22' südlich Uranus	24,7°
27.1.1919 20:49:25	Jupiter 6,8° nördlich Alhena	150,4°
28.1.1919 4:30:49	Venus 1,1° nördlich Delta Capricorni	15,4°
28.1.1919 21:33:57	Neptunopposition	
31.1.1919 2:01:05	Venus 52' südlich Uranus	16,3°
4.2.1919 17:53:42	Merkur 6,4° südlich Beta Capricorni	12,8°
13.2.1919 13:35:44	Venus 35' südlich Mars	19,5°
14.2.1919 13:39:23	Saturnopposition	
17.2.1919 9:49:44	Uranus in Konjunktion zur Sonne	-42'
17.2.1919 10:17:53	Merkur 32' nördlich Delta Capricorni	5,5°
20.2.1919 2:51:51	Merkur 1,4° südlich Uranus	2,7°
23.2.1919 21:09:37	Merkur in oberer Konjunktion zur Sonne	-1,9°
11.3.1919 18:31:46	Merkur 59' nördlich Mars	13,7°
21.3.1919 14:24:00	Merkur in größter westlicher Elongation zur Sonne	18,6°

Datum und Uhrzeit (WZ)	Ereignis	Elon-gation
25.3.1919 18:59:01	Venus 10,7° südlich Hamal	28,8°
29.3.1919 4:46:52	Merkur stationär, dann rückläufig	
1.4.1919 19:51:47	Merkur 4° nördlich Mars	8,9°
5.4.1919 18:31:39	Jupiter 7° nördlich Alhena	82,7°
8.4.1919 7:11:24	Merkur in unterer Konjunktion zur Sonne	2,5°
15.4.1919 18:02:09	Venus 3,1° südlich Alkione	33,5°
17.4.1919 10:35:12	Jupiter 1,9° südlich Epsilon Geminorum	72,5°
17.4.1919 18:42:22	Neptun stationär, dann rechtläufig	
18.4.1919 22:09:09	Mars 10,9° südlich Hamal	5°
20.4.1919 16:32:48	Merkur stationär, dann rechtläufig	
24.4.1919 1:29:25	Saturn stationär, dann rechtläufig	
25.4.1919 11:04:29	Venus 7° nördlich Aldebaran	34,9°
5.5.1919 5:26:51	Venus 3,5° südlich Elnath	37,6°
6.5.1919 6:55:00	Merkur in größter westlicher Elongation zur Sonne	26,6°
9.5.1919 18:41:52	Mars in Konjunktion zur Sonne, Bedeckung	-1'
14.5.1919 17:50:19	Venus 3,1° nördlich Eta Geminorum	39,4°
16.5.1919 7:53:10	Venus 3° nördlich Mü Geminorum	39,7°
17.5.1919 8:52:30	Merkur 13,7° südlich Hamal	21,3°
19.5.1919 6:39:18	Venus 9° nördlich Alhena	40,3°
20.5.1919 10:47:10	Venus 14' nördlich Epsilon Geminorum	40,5°
23.5.1919 12:37:13	Mars 4° südlich Alkione	3,4°
25.5.1919 23:11:54	Venus 2,1° nördlich Jupiter	41,4°
30.5.1919 15:45:25	Venus 7,8° südlich Kastor	42°
1.6.1919 7:54:55	Merkur 5,1° südlich Alkione	11,6°
1.6.1919 22:18:28	Venus 4,4° südlich Pollux	42,2°
6.6.1919 0:26:50	Merkur 21' südlich Mars	6,8°
6.6.1919 23:29:36	Merkur 5,6° nördlich Aldebaran	5,7°
7.6.1919 0:33:33	Uranus stationär, dann rückläufig	
8.6.1919 22:13:39	Mars 5,8° nördlich Aldebaran	7,5°
11.6.1919 14:06:56	Merkur in oberer Konjunktion zur Sonne	52'
12.6.1919 7:08:20	Merkur 4,4° südlich Elnath	1,3°
13.6.1919 21:53:43	Venus 57' nördlich M44	44,1°
14.6.1919 18:09:32	Venus 2,3° nördlich Neptun	44,2°
17.6.1919 10:04:47	Merkur 2,5° nördlich Eta Geminorum	7,2°
18.6.1919 6:51:55	Merkur 2,5° nördlich Mü Geminorum	8,2°
19.6.1919 21:57:52	Merkur 8,5° nördlich Alhena	10,1°
20.6.1919 13:41:41	Merkur 15' südlich Epsilon Geminorum	10,8°
20.6.1919 23:28:57	Jupiter 9,9° südlich Kastor	22,1°
25.6.1919 15:38:51	Mars 4,9° südlich Elnath	11,9°
26.6.1919 12:49:07	Merkur 8,3° südlich Kastor	16,6°
27.6.1919 6:39:01	Merkur 1,6° nördlich Jupiter	17,3°
27.6.1919 22:33:49	Merkur 4,9° südlich Pollux	17,8°
2.7.1919 17:55:42	Jupiter 6,5° südlich Pollux	13,4°
2.7.1919 21:06:40	Venus 9,9' südlich Saturn	45,4°
5.7.1919 6:55:00	Venus in größter östlicher Elongation zur Sonne	45,5°
6.7.1919 0:25:34	Merkur 59" nördlich M44	23,3°

Datum und Uhrzeit (WZ)	Ereignis	Elon-gation
6.7.1919 4:36:38	Venus 32' nördlich Regulus	45,5°
7.7.1919 3:12:34	Merkur 1,3° nördlich Neptun	23,8°
12.7.1919 2:26:24	Mars 1,5° nördlich Eta Geminorum	16,4°
14.7.1919 20:24:43	Mars 1,5° nördlich Mü Geminorum	17,2°
18.7.1919 16:56:00	Merkur in größter östlicher Elongation zur Sonne	26,8°
19.7.1919 23:09:15	Mars 7,4° nördlich Alhena	18,7°
21.7.1919 2:13:04	Jupiter in Konjunktion zur Sonne	20'
21.7.1919 23:56:51	Mars 1,4° südlich Epsilon Geminorum	19,2°
30.7.1919 7:47:31	Saturn 59' nördlich Regulus	22,3°
31.7.1919 19:05:47	Merkur stationär, dann rückläufig	
2.8.1919 9:56:06	Neptun in Konjunktion zur Sonne, Bedeckung	-3,3'
8.8.1919 15:59:35	Mars 9,3° südlich Kastor	24,5°
12.8.1919 13:58:15	Mars 5,9° südlich Pollux	25,7°
15.8.1919 13:12:05	Merkur in unterer Konjunktion zur Sonne	-4,6°
20.8.1919 15:00:49	Venus stationär, dann rückläufig	
23.8.1919 22:17:47	Uranusopposition	
24.8.1919 17:20:02	Merkur stationär, dann rechtläufig	
25.8.1919 23:42:02	Saturn in Konjunktion zur Sonne	1,4°
1.9.1919 0:20:27	Jupiter 54' südlich M44	31,2°
1.9.1919 19:17:00	Merkur in größter westlicher Elongation zur Sonne	18,1°
1.9.1919 22:47:56	Mars 13' südlich M44	32,2°
2.9.1919 9:21:29	Mars 41' nördlich Jupiter	32,2°
7.9.1919 23:22:46	Mars 1,2° nördlich Neptun	33,9°
8.9.1919 4:31:16	Merkur 45' nördlich Regulus	15,8°
11.9.1919 8:11:19	Merkur 7,6' nördlich Saturn	13,9°
13.9.1919 2:43:40	Venus in unterer Konjunktion zur Sonne	-8,7°
16.9.1919 9:08:44	Merkur 11,3° nördlich Venus	9,7°
23.9.1919 3:24:43	Jupiter 31' nördlich Neptun	48,3°
27.9.1919 8:26:51	Merkur in oberer Konjunktion zur Sonne	1,4°
1.10.1919 2:05:15	Merkur 1,9° südlich Porrima	3,1°
2.10.1919 9:35:37	Venus stationär, dann rechtläufig	
7.10.1919 12:22:18	Mars 55' nördlich Regulus	44,5°
8.10.1919 4:35:01	Merkur 2,5° nördlich Spika	7,9°
22.10.1919 19:09:19	Merkur 1,8° südlich Zuben-el-dschenubi	15,6°
24.10.1919 11:51:35	Mars 4,9' südlich Saturn	51,4°
4.11.1919 21:49:09	Merkur 3,6° südlich Akrab	20,7°
8.11.1919 4:29:45	Uranus stationär, dann rechtläufig	
9.11.1919 10:15:41	Merkur 1,9° nördlich Antares	22,5°
12.11.1919 21:15:00	Merkur in größter östlicher Elongation zur Sonne	22,8°
14.11.1919 20:02:53	Neptun stationär, dann rückläufig	
19.11.1919 16:15:54	Venus 1,5° südlich Porrima	46,7°
22.11.1919 23:49:16	Merkur stationär, dann rückläufig	
23.11.1919 22:03:00	Venus in größter westlicher Elongation zur Sonne	46,7°
30.11.1919 20:10:44	Venus 4,5° nördlich Spika	44,9°
2.12.1919 23:12:49	Merkur in unterer Konjunktion zur Sonne	1,2°
4.12.1919 12:37:32	Merkur 6,3° nördlich Antares	4,1°

Datum und Uhrzeit (WZ)	Ereignis	Elongation
5.12.1919 17:59:17	Jupiter stationär, dann rückläufig	
12.12.1919 15:25:41	Merkur stationär, dann rechtläufig	
18.12.1919 0:51:41	Mars 1° südlich Porrima	75,6°
20.12.1919 22:53:06	Venus 2,4° nördlich Zuben-el-dschenubi	44,1°
21.12.1919 15:50:00	Merkur in größter westlicher Elongation zur Sonne	21,8°
22.12.1919 3:30:12	Merkur 6,7° nördlich Antares	21,1°
24.12.1919 5:32:18	Saturn stationär, dann rückläufig	

1920

Datum und Uhrzeit (WZ)	Ereignis	Elongation
5.1.1920 21:41:19	Venus 1,4° nördlich Akrab	42,2°
10.1.1920 15:33:41	Mars 4,4° nördlich Spika	86,4°
10.1.1920 18:04:56	Venus 6,9° nördlich Antares	40,8°
15.1.1920 21:32:29	Merkur 2,4° nördlich Nunki	13°
28.1.1920 10:29:00	Merkur 6,7° südlich Beta Capricorni	6,1°
31.1.1920 7:41:31	Neptunopposition	
3.2.1920 6:19:16	Jupiteropposition	
5.2.1920 20:29:55	Merkur in oberer Konjunktion zur Sonne	-2,1°
8.2.1920 2:31:43	Venus 4,4° nördlich Nunki	36,4°
9.2.1920 17:28:12	Merkur 41' nördlich Delta Capricorni	3,5°
14.2.1920 6:13:46	Merkur 60' südlich Uranus	6,8°
21.2.1920 14:08:53	Uranus in Konjunktion zur Sonne	-43'
24.2.1920 16:46:49	Venus 4,6° südlich Beta Capricorni	32,2°
28.2.1920 3:51:42	Saturnopposition	
3.3.1920 23:04:00	Merkur in größter westlicher Elongation zur Sonne	18,2°
12.3.1920 23:43:11	Venus 1,9° nördlich Delta Capricorni	29,1°
13.3.1920 3:36:41	Jupiter 58' nördlich Neptun	136,6°
15.3.1920 0:16:26	Mars stationär, dann rückläufig	
20.3.1920 7:52:16	Merkur in unterer Konjunktion zur Sonne	3,3°
21.3.1920 4:47:29	Venus 21' südlich Uranus	27°
1.4.1920 18:34:36	Merkur stationär, dann rechtläufig	
4.4.1920 2:55:01	Jupiter stationär, dann rechtläufig	
5.4.1920 1:20:18	Merkur 1,2° nördlich Venus	23,1°
17.4.1920 5:32:00	Merkur in größter westlicher Elongation zur Sonne	27,5°
19.4.1920 6:52:45	Neptun stationär, dann rechtläufig	
20.4.1920 3:10:19	Jupiter 55' nördlich Neptun	98,8°
21.4.1920 8:36:05	Marsopposition	
7.5.1920 11:15:22	Saturn stationär, dann rechtläufig	
8.5.1920 11:21:11	Venus 12,1° südlich Hamal	14,8°
10.5.1920 4:25:14	Merkur 12,8° südlich Hamal	16,1°
13.5.1920 16:29:46	Merkur 22' südlich Venus	13,9°
22.5.1920 16:19:52	Mars 2,4° nördlich Spika	140,6°
23.5.1920 1:35:12	Merkur 4,2° südlich Alkione	3,7°
26.5.1920 1:40:24	Merkur in oberer Konjunktion zur Sonne	29'

Datum und Uhrzeit (WZ)	Ereignis	Elongation
28.5.1920 9:48:47	Merkur 6,4° nördlich Aldebaran	3°
29.5.1920 4:14:00	Venus 4,9° südlich Alkione	9,5°
2.6.1920 0:56:49	Mars stationär, dann rechtläufig	
2.6.1920 18:41:38	Merkur 3,8° südlich Elnath	9,5°
7.6.1920 16:47:02	Venus 5,1° nördlich Aldebaran	7,2°
8.6.1920 7:13:25	Merkur 2,9° nördlich Eta Geminorum	15,2°
9.6.1920 6:28:21	Merkur 2,8° nördlich Mü Geminorum	16,1°
10.6.1920 9:42:15	Uranus stationär, dann rückläufig	
11.6.1920 2:52:55	Merkur 8,8° nördlich Alhena	17,7°
11.6.1920 21:01:24	Merkur 53" südlich Epsilon Geminorum	18,4°
12.6.1920 17:57:04	Mars 1,6° nördlich Spika	120,7°
17.6.1920 4:40:46	Venus 5,4° südlich Elnath	4,6°
19.6.1920 2:08:35	Merkur 8,5° südlich Kastor	23°
20.6.1920 21:44:42	Merkur 5,2° südlich Pollux	23,8°
26.6.1920 7:44:03	Venus 1,2° nördlich Eta Geminorum	2,1°
27.6.1920 19:51:43	Venus 1,2° nördlich Mü Geminorum	1,7°
29.6.1920 13:32:00	Merkur in größter östlicher Elongation zur Sonne	25,7°
30.6.1920 14:43:33	Venus 7,2° nördlich Alhena	1°
1.7.1920 17:12:23	Venus 1,5° südlich Epsilon Geminorum	0,8°
3.7.1920 18:14:12	Merkur 2° südlich M44	24,7°
3.7.1920 20:16:21	Venus in oberer Konjunktion zur Sonne	36'
11.7.1920 4:18:05	Venus 9,4° südlich Kastor	2,2°
12.7.1920 17:49:04	Merkur stationär, dann rückläufig	
13.7.1920 5:55:44	Venus 5,9° südlich Pollux	2,8°
21.7.1920 20:02:59	Merkur 6,1° südlich M44	7,6°
23.7.1920 4:10:04	Merkur 6,2° südlich Venus	5,5°
23.7.1920 20:37:44	Venus 4,3' südlich M44	5,7°
27.7.1920 7:14:29	Merkur in unterer Konjunktion zur Sonne	-5°
27.7.1920 11:27:17	Venus 1,3° nördlich Neptun	6,7°
3.8.1920 23:33:30	Neptun in Konjunktion zur Sonne, Bedeckung	42"
6.8.1920 6:03:09	Merkur stationär, dann rechtläufig	
8.8.1920 17:55:39	Venus 39' nördlich Jupiter	10°
10.8.1920 1:03:52	Mars 2° südlich Zuben-el-dschenubi	86,8°
10.8.1920 20:28:33	Venus 1° nördlich Regulus	10,6°
15.8.1920 1:04:00	Merkur in größter westlicher Elongation zur Sonne	18,7°
18.8.1920 2:09:14	Merkur 1,6° südlich M44	18,3°
20.8.1920 17:27:45	Jupiter 24' nördlich Regulus	1,4°
21.8.1920 18:04:23	Merkur 32' nördlich Neptun	16,4°
22.8.1920 9:06:03	Jupiter in Konjunktion zur Sonne	50'
22.8.1920 19:55:48	Venus 23' südlich Saturn	13,7°
27.8.1920 6:58:23	Uranusopposition	
30.8.1920 21:05:21	Merkur 1,3° nördlich Regulus	8,4°
1.9.1920 3:23:16	Merkur 57' nördlich Jupiter	7,3°
7.9.1920 23:46:32	Saturn in Konjunktion zur Sonne	1,8°
8.9.1920 13:49:02	Merkur 6,2' südlich Saturn	1,7°
8.9.1920 22:54:10	Mars 2,8° südlich Akrab	76,1°

Datum und Uhrzeit (WZ)	Ereignis	Elongation
9.9.1920 1:40:25	Merkur in oberer Konjunktion zur Sonne	1,7°
13.9.1920 10:53:02	Venus 2° südlich Porrima	18,9°
17.9.1920 9:21:33	Mars 2,8° nördlich Antares	74°
22.9.1920 14:19:18	Merkur 2,5° südlich Porrima	10,2°
23.9.1920 1:02:14	Venus 2,9° nördlich Spika	22°
30.9.1920 2:59:50	Merkur 1,8° nördlich Spika	15,4°
11.10.1920 7:12:31	Venus 32' südlich Zuben-el-dschenubi	26,2°
16.10.1920 1:07:17	Merkur 2,7° südlich Zuben-el-dschenubi	21,5°
25.10.1920 10:39:00	Merkur in größter östlicher Elongation zur Sonne	24,1°
26.10.1920 5:11:51	Venus 1,9° südlich Akrab	29,6°
30.10.1920 19:14:46	Venus 3,5° nördlich Antares	31°
3.11.1920 1:40:18	Mars 1,8° nördlich Nunki	61°
5.11.1920 17:30:31	Merkur stationär, dann rückläufig	
11.11.1920 11:32:18	Uranus stationär, dann rechtläufig	
16.11.1920 6:02:32	Merkur in unterer Konjunktion zur Sonne	21'
16.11.1920 6:30:50	Neptun stationär, dann rückläufig	
25.11.1920 9:28:16	Merkur stationär, dann rechtläufig	
27.11.1920 2:16:03	Venus 1,4° nördlich Nunki	36,9°
29.11.1920 14:10:48	Mars 6,2° südlich Beta Capricorni	54,5°
3.12.1920 11:48:00	Merkur in größter westlicher Elongation zur Sonne	20,5°
12.12.1920 15:39:34	Merkur 22' nördlich Akrab	18,3°
13.12.1920 15:34:57	Venus 6,9° südlich Beta Capricorni	40,1°
16.12.1920 16:51:54	Merkur 5,5° nördlich Antares	16,4°
27.12.1920 5:23:51	Mars 1,5° nördlich Delta Capricorni	47,3°
31.12.1920 14:38:49	Venus 53' nördlich Delta Capricorni	42,8°

1921

Datum und Uhrzeit (WZ)	Ereignis	Elongation
5.1.1921 11:45:03	Saturn stationär, dann rückläufig	
7.1.1921 18:14:53	Merkur 1,9° nördlich Nunki	5,7°
9.1.1921 6:18:40	Mars 15' südlich Uranus	44,6°
9.1.1921 9:08:10	Venus 40' südlich Uranus	44,3°
9.1.1921 14:49:01	Venus 25' südlich Mars	44,4°
16.1.1921 19:14:26	Merkur in oberer Konjunktion zur Sonne	-2°
19.1.1921 22:22:43	Merkur 6,8° südlich Beta Capricorni	2,9°
1.2.1921 5:59:35	Merkur 1,1° nördlich Delta Capricorni	10,9°
1.2.1921 18:03:08	Neptunopposition	
8.2.1921 7:16:02	Merkur 9,1' nördlich Uranus	15,7°
10.2.1921 4:14:00	Venus in größter westlicher Elongation zur Sonne	46,8°
15.2.1921 11:04:00	Merkur in größter östlicher Elongation zur Sonne	18,1°
21.2.1921 8:44:58	Merkur stationär, dann rückläufig	
24.2.1921 18:37:43	Uranus in Konjunktion zur Sonne	-44'
3.3.1921 2:09:31	Merkur in unterer Konjunktion zur Sonne	3,7°
5.3.1921 2:04:03	Jupiteropposition	

Datum und Uhrzeit (WZ)	Ereignis	Elongation
7.3.1921 5:45:08	Merkur 4,3° nördlich Uranus	8,9°
12.3.1921 12:54:03	Saturnopposition	
14.3.1921 17:03:05	Venus 5,2° südlich Hamal	41,4°
15.3.1921 10:38:31	Merkur stationär, dann rechtläufig	
25.3.1921 15:53:09	Merkur 4,5' südlich Uranus	27,2°
29.3.1921 4:53:37	Mars 10,6° südlich Hamal	24,9°
30.3.1921 10:10:00	Merkur in größter westlicher Elongation zur Sonne	27,8°
31.3.1921 20:58:54	Venus stationär, dann rückläufig	
4.4.1921 17:17:30	Venus 7,4° nördlich Mars	23,2°
17.4.1921 7:35:01	Venus 3,4° südlich Hamal	10,9°
21.4.1921 19:08:38	Neptun stationär, dann rechtläufig	
22.4.1921 17:31:07	Venus in unterer Konjunktion zur Sonne	6°
29.4.1921 2:09:44	Merkur 6,9° südlich Venus	11,1°
2.5.1921 12:00:11	Merkur 12° südlich Hamal	9,2°
3.5.1921 6:39:30	Mars 3,8° südlich Alkione	15,8°
6.5.1921 11:08:15	Jupiter stationär, dann rechtläufig	
10.5.1921 11:25:37	Merkur in oberer Konjunktion zur Sonne, Bedeckung	3,2'
11.5.1921 18:23:15	Venus stationär, dann rechtläufig	
14.5.1921 13:17:47	Merkur 3,4° südlich Alkione	5°
19.5.1921 20:34:50	Mars 6,1° nördlich Aldebaran	11,3°
20.5.1921 1:00:29	Merkur 7,1° nördlich Aldebaran	11,4°
20.5.1921 3:15:59	Merkur 1,1° nördlich Mars	11,2°
21.5.1921 14:56:47	Saturn stationär, dann rechtläufig	
25.5.1921 23:58:24	Merkur 3,3° südlich Elnath	17,2°
1.6.1921 17:20:07	Merkur 3° nördlich Eta Geminorum	21,7°
2.6.1921 23:43:38	Merkur 2,9° nördlich Mü Geminorum	22,4°
5.6.1921 12:16:51	Merkur 8,7° nördlich Alhena	23,3°
5.6.1921 14:22:24	Venus 12,9° südlich Hamal	38,9°
5.6.1921 17:43:02	Mars 4,7° südlich Elnath	6,7°
6.6.1921 14:13:20	Merkur 16' südlich Epsilon Geminorum	23,6°
11.6.1921 4:18:00	Merkur in größter östlicher Elongation zur Sonne	24,2°
14.6.1921 16:34:01	Uranus stationär, dann rückläufig	
22.6.1921 7:05:43	Mars 1,7° nördlich Eta Geminorum	2,2°
24.6.1921 11:29:49	Merkur stationär, dann rückläufig	
25.6.1921 1:23:46	Mars 1,6° nördlich Mü Geminorum	1,5°
29.6.1921 6:48:12	Mars in Konjunktion zur Sonne	50'
30.6.1921 4:36:57	Mars 7,6° nördlich Alhena	0,9°
1.7.1921 18:17:00	Venus in größter westlicher Elongation zur Sonne	45,7°
2.7.1921 5:38:35	Mars 1,2° südlich Epsilon Geminorum	1,2°
5.7.1921 10:13:58	Venus 7,5° südlich Alkione	44,1°
8.7.1921 5:10:29	Merkur in unterer Konjunktion zur Sonne	-4,7°
9.7.1921 18:48:15	Merkur 5,8° südlich Mars	3,2°
17.7.1921 3:51:34	Venus 2,5° nördlich Aldebaran	45°
19.7.1921 1:48:37	Merkur stationär, dann rechtläufig	
19.7.1921 22:18:59	Mars 9,2° südlich Kastor	6,2°
23.7.1921 20:07:10	Mars 5,8° südlich Pollux	7,3°

Datum und Uhrzeit (WZ)	Ereignis	Elongation
28.7.1921 8:17:51	Venus 7,9° südlich Elnath	43,5°
28.7.1921 21:23:00	Merkur in größter westlicher Elongation zur Sonne	19,7°
2.8.1921 11:02:31	Merkur 11,1° südlich Kastor	18,8°
4.8.1921 5:43:07	Merkur 7,2° südlich Pollux	17,9°
6.8.1921 12:51:21	Neptun in Konjunktion zur Sonne, Bedeckung	4,6'
7.8.1921 17:36:16	Venus 1,1° südlich Eta Geminorum	42,3°
9.8.1921 10:02:53	Venus 1,1° südlich Mü Geminorum	42°
10.8.1921 23:58:16	Merkur 10' südlich Mars	12,9°
11.8.1921 16:39:50	Merkur 16' südlich M44	12,2°
12.8.1921 12:25:25	Venus 5° nördlich Alhena	41,5°
13.8.1921 2:20:14	Mars 12' südlich M44	13,6°
13.8.1921 17:44:40	Venus 3,7° südlich Epsilon Geminorum	41,3°
15.8.1921 7:51:28	Merkur 1,4° nördlich Neptun	8,1°
22.8.1921 16:37:05	Merkur 1,4° nördlich Regulus	0,5°
23.8.1921 10:28:14	Merkur in oberer Konjunktion zur Sonne	1,8°
24.8.1921 1:29:08	Venus 11,3° südlich Kastor	39,5°
25.8.1921 0:05:36	Mars 1,1° nördlich Neptun	17,1°
26.8.1921 6:48:38	Venus 7,7° südlich Pollux	39°
31.8.1921 15:12:22	Uranusopposition	
6.9.1921 12:30:56	Venus 1,5° südlich M44	36,8°
6.9.1921 16:48:33	Merkur 19' südlich Jupiter	12,4°
7.9.1921 4:17:45	Merkur 1,4° südlich Saturn	12,4°
13.9.1921 11:37:33	Venus 5,4' nördlich Neptun	35,3°
14.9.1921 16:15:23	Jupiter 1° südlich Saturn	6,2°
15.9.1921 15:02:34	Merkur 3,3° südlich Porrima	17,1°
17.9.1921 0:45:59	Mars 48' nördlich Regulus	24,9°
21.9.1921 13:24:04	Saturn in Konjunktion zur Sonne	2°
22.9.1921 22:17:14	Jupiter in Konjunktion zur Sonne	1,1°
23.9.1921 22:29:29	Merkur 47' nördlich Spika	22,2°
25.9.1921 0:51:41	Venus 18' nördlich Regulus	32,7°
3.10.1921 11:29:46	Venus 11' südlich Mars	30,9°
7.10.1921 22:42:00	Merkur in größter östlicher Elongation zur Sonne	25,4°
15.10.1921 11:24:12	Merkur 3,8° südlich Zuben-el-dschenubi	22,4°
20.10.1921 4:16:32	Merkur stationär, dann rückläufig	
22.10.1921 7:48:31	Venus 35' südlich Saturn	26,4°
24.10.1921 11:25:42	Merkur 3° südlich Zuben-el-dschenubi	13,4°
25.10.1921 16:12:00	Venus 31' nördlich Jupiter	25,4°
28.10.1921 11:02:48	Venus 1,3° südlich Porrima	25°
31.10.1921 10:27:56	Merkur in unterer Konjunktion zur Sonne	-35'
6.11.1921 21:08:53	Venus 3,9° nördlich Spika	21,3°
9.11.1921 3:23:17	Merkur stationär, dann rechtläufig	
12.11.1921 1:23:23	Jupiter 1,8° südlich Porrima	39,4°
14.11.1921 1:47:47	Mars 53' südlich Saturn	46,6°
15.11.1921 17:34:10	Uranus stationär, dann rechtläufig	
16.11.1921 15:42:00	Merkur in größter westlicher Elongation zur Sonne	19,4°
18.11.1921 18:48:23	Neptun stationär, dann rückläufig	

Datum und Uhrzeit (WZ)	Ereignis	Elongation
22.11.1921 12:22:46	Mars 1,6° südlich Porrima	50°
23.11.1921 22:43:26	Merkur 1,6° nördlich Zuben-el-dschenubi	17,2°
24.11.1921 19:36:42	Venus 1° nördlich Zuben-el-dschenubi	18,1°
26.11.1921 23:11:04	Mars 9,8' nördlich Jupiter	51,7°
6.12.1921 10:42:28	Merkur 33' südlich Akrab	11,6°
9.12.1921 12:17:06	Venus 9,9' südlich Akrab	14,8°
10.12.1921 3:27:46	Merkur 4,7° nördlich Antares	9,6°
11.12.1921 22:25:57	Mars 3,6° nördlich Spika	56,7°
14.12.1921 0:50:54	Venus 5,3° nördlich Antares	13,6°
27.12.1921 15:51:35	Merkur in oberer Konjunktion zur Sonne	-1,7°
31.12.1921 10:07:38	Merkur 1,6° nördlich Nunki	2,9°

1922

Datum und Uhrzeit (WZ)	Ereignis	Elongation
9.1.1922 20:56:07	Venus 3,1° nördlich Nunki	7,3°
12.1.1922 13:17:19	Merkur 6,8° südlich Beta Capricorni	10,1°
19.1.1922 8:14:10	Mars 57' nördlich Zuben-el-dschenubi	74,6°
25.1.1922 21:10:52	Venus 5,7° südlich Beta Capricorni	3,6°
26.1.1922 4:24:46	Merkur 2,1° nördlich Delta Capricorni	17,2°
29.1.1922 23:31:00	Merkur in größter östlicher Elongation zur Sonne	18,4°
3.2.1922 12:08:33	Jupiter stationär, dann rückläufig	
4.2.1922 4:11:17	Neptunopposition	
4.2.1922 21:24:36	Merkur stationär, dann rückläufig	
9.2.1922 6:37:04	Venus in oberer Konjunktion zur Sonne	-1,3°
11.2.1922 18:40:13	Venus 1,3° nördlich Delta Capricorni	1,5°
13.2.1922 3:41:01	Merkur 5,3° nördlich Venus	1,6°
14.2.1922 10:02:25	Merkur in unterer Konjunktion zur Sonne	3,7°
14.2.1922 16:23:00	Merkur 6,7° nördlich Delta Capricorni	3,8°
22.2.1922 20:33:04	Mars 14" südlich Akrab	91,4°
24.2.1922 16:40:52	Venus 46' südlich Uranus	4°
26.2.1922 12:18:57	Merkur stationär, dann rechtläufig	
28.2.1922 23:03:08	Uranus in Konjunktion zur Sonne	-44'
6.3.1922 17:04:50	Mars 5,5° nördlich Antares	96,7°
12.3.1922 0:00:38	Merkur 2,1° nördlich Delta Capricorni	27,5°
12.3.1922 18:55:00	Merkur in größter westlicher Elongation zur Sonne	27,5°
25.3.1922 16:34:35	Saturnopposition	
26.3.1922 2:19:41	Merkur 1,6° südlich Uranus	23,7°
4.4.1922 13:32:52	Jupiteropposition	
8.4.1922 19:54:44	Venus 11,2° südlich Hamal	14,5°
24.4.1922 6:03:18	Merkur 11,1° südlich Hamal	0,7°
24.4.1922 8:21:09	Neptun stationär, dann rechtläufig	
24.4.1922 17:31:48	Merkur in oberer Konjunktion zur Sonne	-24'
29.4.1922 10:37:24	Venus 3,9° südlich Alkione	19,7°
6.5.1922 10:20:59	Merkur 2,5° südlich Alkione	13,3°

Datum und Uhrzeit (WZ)	Ereignis	Elongation
8.5.1922 2:27:07	Mars stationär, dann rückläufig	
8.5.1922 22:28:36	Venus 6,2° nördlich Aldebaran	21,8°
12.5.1922 19:02:53	Merkur 7,8° nördlich Aldebaran	18,3°
16.5.1922 8:25:24	Jupiter 1,4° südlich Porrima	134,3°
18.5.1922 10:33:40	Venus 4,3° südlich Elnath	24,5°
20.5.1922 21:32:21	Merkur 3,1° südlich Elnath	22,3°
23.5.1922 18:53:00	Merkur in größter östlicher Elongation zur Sonne	22,6°
27.5.1922 14:44:21	Venus 2,3° nördlich Eta Geminorum	26,8°
29.5.1922 3:10:39	Venus 2,2° nördlich Mü Geminorum	27,2°
31.5.1922 22:42:28	Venus 8,3° nördlich Alhena	27,9°
2.6.1922 1:32:18	Venus 32' südlich Epsilon Geminorum	28,2°
4.6.1922 10:40:20	Saturn stationär, dann rechtläufig	
5.6.1922 21:58:57	Merkur stationär, dann rückläufig	
6.6.1922 19:02:25	Jupiter stationär, dann rechtläufig	
10.6.1922 14:02:36	Marsopposition	
11.6.1922 16:36:47	Venus 8,4° südlich Kastor	30,6°
13.6.1922 19:24:34	Venus 5° südlich Pollux	30,8°
18.6.1922 8:39:46	Merkur in unterer Konjunktion zur Sonne	-3,7°
19.6.1922 1:36:21	Uranus stationär, dann rückläufig	
24.6.1922 18:12:08	Venus 36' nördlich M44	33,7°
28.6.1922 11:33:41	Jupiter 1,6° südlich Porrima	93,1°
30.6.1922 0:29:50	Merkur stationär, dann rechtläufig	
1.7.1922 8:17:20	Venus 1,7° nördlich Neptun	35,2°
11.7.1922 6:28:00	Merkur in größter westlicher Elongation zur Sonne	21°
13.7.1922 17:06:13	Venus 1,2° nördlich Regulus	37,9°
15.7.1922 19:20:15	Merkur 56' südlich Eta Geminorum	20,1°
17.7.1922 2:56:07	Mars stationär, dann rechtläufig	
17.7.1922 5:11:20	Merkur 41' südlich Mü Geminorum	19,6°
19.7.1922 13:47:05	Merkur 5,8° nördlich Alhena	18,4°
20.7.1922 10:35:01	Merkur 2,8° südlich Epsilon Geminorum	17,9°
26.7.1922 22:07:12	Merkur 9,7° südlich Kastor	12,5°
28.7.1922 4:48:12	Merkur 6° südlich Pollux	11,2°
3.8.1922 11:45:27	Merkur 16' nördlich M44	4,3°
7.8.1922 6:14:25	Merkur in oberer Konjunktion zur Sonne	1,7°
7.8.1922 20:22:52	Merkur 1,7° nördlich Neptun	1,2°
9.8.1922 2:08:54	Neptun in Konjunktion zur Sonne, Bedeckung	8,6'
14.8.1922 11:29:07	Merkur 1,3° nördlich Regulus	7,6°
15.8.1922 18:36:29	Venus 2,7° südlich Saturn	42,8°
19.8.1922 21:32:19	Venus 3,6° südlich Porrima	43°
27.8.1922 6:02:51	Venus 2,5° südlich Jupiter	44,3°
31.8.1922 2:36:02	Venus 35' nördlich Spika	45,7°
4.9.1922 23:07:59	Uranusopposition	
8.9.1922 11:29:34	Merkur 3,6° südlich Saturn	22,6°
9.9.1922 21:40:56	Merkur 4,5° südlich Porrima	22,8°
15.9.1922 22:14:00	Venus in größter östlicher Elongation zur Sonne	46,4°
16.9.1922 21:56:18	Jupiter 3,4° nördlich Spika	28,3°

Datum und Uhrzeit (WZ)	Ereignis	Elongation
20.9.1922 10:39:00	Merkur in größter östlicher Elongation zur Sonne	26,4°
20.9.1922 11:33:18	Merkur 43' südlich Spika	26,1°
21.9.1922 12:31:51	Merkur 4,2° südlich Jupiter	24,7°
22.9.1922 22:41:25	Venus 4,1° südlich Zuben-el-dschenubi	44,8°
23.9.1922 15:36:07	Saturn 39' südlich Porrima	9,6°
2.10.1922 17:57:42	Mars 40' nördlich Nunki	92,5°
3.10.1922 7:05:34	Merkur stationär, dann rückläufig	
4.10.1922 16:59:52	Saturn in Konjunktion zur Sonne	2,2°
9.10.1922 8:39:31	Merkur 4,5° südlich Jupiter	11°
14.10.1922 6:41:30	Merkur 9,1' nördlich Spika	3,2°
15.10.1922 10:33:43	Merkur in unterer Konjunktion zur Sonne	-1,5°
16.10.1922 4:33:53	Venus 6,5° südlich Akrab	40,1°
23.10.1922 11:29:22	Jupiter in Konjunktion zur Sonne	1°
23.10.1922 20:25:51	Merkur stationär, dann rechtläufig	
28.10.1922 12:36:12	Venus 1,2° südlich Antares	34,6°
31.10.1922 2:12:00	Merkur in größter westlicher Elongation zur Sonne	18,6°
1.11.1922 20:18:46	Mars 6,8° südlich Beta Capricorni	82,8°
2.11.1922 12:00:28	Merkur 4,6° nördlich Spika	16,7°
4.11.1922 21:03:34	Venus stationär, dann rückläufig	
10.11.1922 21:41:45	Merkur 47' nördlich Jupiter	14,5°
12.11.1922 1:31:25	Venus 16' südlich Antares	20,3°
17.11.1922 17:26:49	Merkur 48' nördlich Zuben-el-dschenubi	10,7°
20.11.1922 0:00:00	Uranus stationär, dann rechtläufig	
21.11.1922 5:13:49	Neptun stationär, dann rückläufig	
24.11.1922 5:34:54	Venus 3,5° südlich Akrab	1,4°
25.11.1922 5:51:29	Venus in unterer Konjunktion zur Sonne	-2,2°
28.11.1922 1:46:05	Merkur 1,4° nördlich Venus	4,8°
29.11.1922 10:50:06	Merkur 1,3° südlich Akrab	4,1°
1.12.1922 19:24:13	Mars 1,3° nördlich Delta Capricorni	73,6°
3.12.1922 1:25:37	Merkur 4° nördlich Antares	2,2°
6.12.1922 18:49:36	Merkur in oberer Konjunktion zur Sonne	-1°
14.12.1922 15:55:08	Venus stationär, dann rechtläufig	
24.12.1922 4:31:14	Merkur 1,3° nördlich Nunki	10,1°
25.12.1922 9:17:53	Mars 7' südlich Uranus	67,4°

1923

Datum und Uhrzeit (WZ)	Ereignis	Elongation
4.1.1923 10:07:07	Jupiter 48' nördlich Zuben-el-dschenubi	59,1°
4.1.1923 17:03:14	Venus 3,4° nördlich Akrab	41,2°
5.1.1923 23:49:16	Merkur 6,5° südlich Beta Capricorni	17°
12.1.1923 20:50:43	Venus 9,1° nördlich Antares	43,2°
13.1.1923 9:57:00	Merkur in größter östlicher Elongation zur Sonne	18,9°
29.1.1923 3:47:05	Merkur in unterer Konjunktion zur Sonne	3,4°
30.1.1923 18:31:37	Saturn stationär, dann rückläufig	

Datum und Uhrzeit (WZ)	Ereignis	Elon-gation
2.2.1923 21:06:55	Merkur 1° südlich Beta Capricorni	10,9°
4.2.1923 7:12:00	Venus in größter westlicher Elongation zur Sonne	46,9°
6.2.1923 14:26:08	Neptunopposition	
9.2.1923 20:24:54	Merkur stationär, dann rechtläufig	
17.2.1923 18:24:53	Merkur 3,7° südlich Beta Capricorni	25,5°
17.2.1923 19:59:06	Venus 6,1° nördlich Nunki	46,4°
23.2.1923 4:51:00	Merkur in größter westlicher Elongation zur Sonne	26,7°
5.3.1923 3:33:43	Uranus in Konjunktion zur Sonne	-44'
6.3.1923 0:23:03	Jupiter stationär, dann rückläufig	
8.3.1923 3:55:34	Merkur 58' nördlich Delta Capricorni	23,8°
8.3.1923 4:06:31	Venus 3,4° südlich Beta Capricorni	43,8°
8.3.1923 6:56:31	Mars 10,3° südlich Hamal	46,3°
21.3.1923 17:38:39	Merkur 1,7° südlich Uranus	15,6°
26.3.1923 12:26:58	Venus 2,7° nördlich Delta Capricorni	41,5°
7.4.1923 14:56:37	Saturnopposition	
8.4.1923 17:50:35	Merkur in oberer Konjunktion zur Sonne	-52'
13.4.1923 9:11:42	Mars 3,5° südlich Alkione	35,7°
14.4.1923 10:17:29	Venus 23' südlich Uranus	37,7°
15.4.1923 23:52:15	Merkur 10,2° südlich Hamal	8,1°
26.4.1923 19:56:56	Neptun stationär, dann rechtläufig	
30.4.1923 3:22:52	Merkur 1,6° südlich Alkione	19,9°
30.4.1923 8:24:28	Mars 6,3° nördlich Aldebaran	30,2°
5.5.1923 14:28:26	Jupiteropposition	
5.5.1923 17:03:00	Merkur in größter östlicher Elongation zur Sonne	21,1°
8.5.1923 11:45:54	Jupiter 1° nördlich Zuben-el-dschenubi	176,6°
12.5.1923 12:10:55	Merkur 7,7° nördlich Aldebaran	18,8°
17.5.1923 13:50:55	Mars 4,5° südlich Elnath	25,6°
17.5.1923 22:18:09	Merkur stationär, dann rückläufig	
23.5.1923 12:15:39	Venus 12,5° südlich Hamal	26,6°
23.5.1923 18:19:27	Merkur 5,1° nördlich Aldebaran	7,9°
29.5.1923 2:45:01	Merkur in unterer Konjunktion zur Sonne	-2°
3.6.1923 10:02:28	Mars 1,9° nördlich Eta Geminorum	20,5°
6.6.1923 5:22:05	Mars 1,8° nördlich Mü Geminorum	19,7°
10.6.1923 5:29:55	Merkur stationär, dann rechtläufig	
11.6.1923 10:21:30	Mars 7,8° nördlich Alhena	18,1°
13.6.1923 12:08:14	Mars 1,1° südlich Epsilon Geminorum	17,5°
13.6.1923 13:45:37	Venus 5,5° südlich Alkione	22,9°
17.6.1923 21:59:19	Saturn stationär, dann rechtläufig	
21.6.1923 15:36:15	Merkur 2,6° südlich Venus	21,8°
23.6.1923 4:59:00	Merkur in größter westlicher Elongation zur Sonne	22,5°
23.6.1923 5:49:10	Venus 4,6° nördlich Aldebaran	21,4°
23.6.1923 8:26:35	Uranus stationär, dann rückläufig	
23.6.1923 20:52:19	Merkur 2,2° nördlich Aldebaran	22,5°
1.7.1923 10:02:33	Mars 9,1° südlich Kastor	12,1°
2.7.1923 21:04:14	Venus 6° südlich Elnath	18,8°
3.7.1923 6:39:31	Merkur 7° südlich Elnath	19,3°

Datum und Uhrzeit (WZ)	Ereignis	Elongation
4.7.1923 14:46:40	Merkur 47' südlich Venus	18,4°
5.7.1923 8:44:16	Mars 5,7° südlich Pollux	10,9°
7.7.1923 19:27:53	Jupiter stationär, dann rechtläufig	
9.7.1923 18:44:46	Merkur 40' nördlich Eta Geminorum	14,2°
10.7.1923 17:49:05	Merkur 47' nördlich Mü Geminorum	13,2°
12.7.1923 2:41:18	Venus 42' nördlich Eta Geminorum	16,4°
12.7.1923 11:12:58	Merkur 7° nördlich Alhena	11,5°
13.7.1923 3:16:09	Merkur 1,7° südlich Epsilon Geminorum	10,7°
13.7.1923 15:10:54	Venus 42' nördlich Mü Geminorum	16°
16.7.1923 10:38:24	Venus 6,7° nördlich Alhena	15,2°
17.7.1923 13:24:23	Venus 2° südlich Epsilon Geminorum	14,9°
18.7.1923 15:30:41	Merkur 9° südlich Kastor	4,6°
19.7.1923 19:51:01	Merkur 5,4° südlich Pollux	3,3°
22.7.1923 9:34:00	Merkur in oberer Konjunktion zur Sonne	1,6°
25.7.1923 18:25:04	Mars 8,8' südlich M44	4,6°
25.7.1923 23:45:22	Merkur 30' nördlich M44	4,4°
26.7.1923 2:08:35	Merkur 39' nördlich Mars	4,5°
27.7.1923 2:11:07	Venus 9,8° südlich Kastor	12,4°
29.7.1923 4:02:49	Venus 6,3° südlich Pollux	11,8°
31.7.1923 11:19:40	Merkur 1,6° nördlich Neptun	9,9°
6.8.1923 15:57:12	Merkur 56' nördlich Regulus	15,3°
8.8.1923 19:23:58	Venus 24' südlich M44	8,9°
8.8.1923 19:54:14	Mars in Konjunktion zur Sonne	1,1°
11.8.1923 15:11:04	Neptun in Konjunktion zur Sonne, Bedeckung	13'
12.8.1923 15:04:29	Mars 59' nördlich Neptun	0,9°
18.8.1923 4:11:10	Venus 58' nördlich Neptun	6°
23.8.1923 15:58:04	Venus 6,2' nördlich Mars	4,9°
26.8.1923 17:48:07	Venus 53' nördlich Regulus	3,7°
29.8.1923 16:22:50	Mars 44' nördlich Regulus	6,6°
2.9.1923 22:46:00	Merkur in größter östlicher Elongation zur Sonne	27,2°
4.9.1923 9:19:18	Jupiter 34' nördlich Zuben-el-dschenubi	63°
9.9.1923 6:50:37	Uranusopposition	
9.9.1923 14:25:28	Merkur 6,6° südlich Porrima	23,4°
10.9.1923 10:25:34	Venus in oberer Konjunktion zur Sonne	1,4°
16.9.1923 1:49:57	Merkur stationär, dann rückläufig	
22.9.1923 0:11:43	Merkur 7,3° südlich Porrima	11,4°
26.9.1923 4:55:02	Merkur 5° südlich Venus	4,4°
28.9.1923 23:08:57	Venus 1,7° südlich Porrima	5,1°
29.9.1923 4:12:17	Merkur in unterer Konjunktion zur Sonne	-2,5°
30.9.1923 18:12:51	Saturn 4,7° nördlich Spika	14,7°
7.10.1923 11:38:35	Merkur stationär, dann rechtläufig	
8.10.1923 9:58:55	Venus 3,3° nördlich Spika	7,5°
9.10.1923 5:40:26	Venus 1,4° südlich Saturn	7,5°
14.10.1923 16:55:00	Merkur in größter westlicher Elongation zur Sonne	18,1°
17.10.1923 11:08:39	Saturn in Konjunktion zur Sonne	2,3°
20.10.1923 8:15:01	Merkur 49' südlich Porrima	16,6°

Datum und Uhrzeit (WZ)	Ereignis	Elongation
26.10.1923 9:40:57	Venus 3,5' nördlich Zuben-el-dschenubi	12°
27.10.1923 19:43:35	Merkur 4,1° nördlich Spika	10,8°
29.10.1923 23:57:35	Merkur 42' südlich Saturn	10,8°
2.11.1923 13:55:19	Mars 1,9° südlich Porrima	29,3°
4.11.1923 20:08:21	Venus 45' südlich Jupiter	14,2°
10.11.1923 2:39:48	Venus 1,2° südlich Akrab	15,5°
10.11.1923 15:17:14	Merkur 4,2' nördlich Zuben-el-dschenubi	3,2°
14.11.1923 15:09:30	Venus 4,2° nördlich Antares	16,8°
16.11.1923 0:14:08	Merkur in oberer Konjunktion zur Sonne, Bedeckung	-12'
20.11.1923 5:47:25	Merkur 1,4° südlich Jupiter	2,2°
20.11.1923 21:46:37	Mars 3,3° nördlich Spika	34,8°
22.11.1923 6:28:37	Merkur 1,9° südlich Akrab	3,3°
22.11.1923 22:28:29	Jupiter in Konjunktion zur Sonne	43'
23.11.1923 16:47:58	Neptun stationär, dann rückläufig	
24.11.1923 4:57:26	Uranus stationär, dann rechtläufig	
25.11.1923 21:12:37	Merkur 3,4° nördlich Antares	5,7°
2.12.1923 7:44:20	Mars 1,5° südlich Saturn	40,2°
4.12.1923 12:33:29	Jupiter 19' südlich Akrab	9,2°
11.12.1923 11:11:05	Venus 2,1° nördlich Nunki	23,1°
17.12.1923 13:52:50	Merkur 1,2° nördlich Nunki	17°
25.12.1923 16:51:50	Mars 27' nördlich Zuben-el-dschenubi	48,9°
27.12.1923 13:34:57	Venus 6,4° südlich Beta Capricorni	26,8°
27.12.1923 16:23:00	Merkur in größter östlicher Elongation zur Sonne	19,8°
30.12.1923 17:04:50	Jupiter 5,3° nördlich Antares	29,6°

1924

Datum und Uhrzeit (WZ)	Ereignis	Elongation
13.1.1924 4:17:42	Merkur in unterer Konjunktion zur Sonne	3°
13.1.1924 17:15:25	Venus 58' nördlich Delta Capricorni	30,3°
23.1.1924 5:59:57	Mars 30' südlich Akrab	59,8°
24.1.1924 8:44:57	Merkur stationär, dann rechtläufig	
1.2.1924 1:26:01	Venus 33' südlich Uranus	34,4°
1.2.1924 1:45:15	Mars 5,1° nördlich Antares	62,3°
5.2.1924 13:48:00	Merkur in größter westlicher Elongation zur Sonne	25,5°
9.2.1924 0:30:11	Neptunopposition	
11.2.1924 21:36:16	Saturn stationär, dann rückläufig	
13.2.1924 16:47:37	Mars 26' südlich Jupiter	67,8°
15.2.1924 11:22:37	Merkur 5,5° südlich Beta Capricorni	23°
29.2.1924 18:06:46	Merkur 37' nördlich Delta Capricorni	17,3°
8.3.1924 8:13:38	Uranus in Konjunktion zur Sonne	-44'
12.3.1924 8:02:11	Venus 9,6° südlich Hamal	41,8°
15.3.1924 1:46:31	Merkur 1,4° südlich Uranus	6,4°
22.3.1924 9:35:41	Merkur in oberer Konjunktion zur Sonne	-1,3°
25.3.1924 6:32:11	Mars 3° nördlich Nunki	82,8°

Datum und Uhrzeit (WZ)	Ereignis	Elongation
3.4.1924 22:45:18	Venus 1,6° südlich Alkione	44,7°
6.4.1924 1:13:15	Jupiter stationär, dann rückläufig	
7.4.1924 14:50:18	Merkur 9° südlich Hamal	16°
14.4.1924 20:23:49	Venus 8,7° nördlich Aldebaran	44,4°
17.4.1924 2:42:00	Merkur in größter östlicher Elongation zur Sonne	19,9°
19.4.1924 8:39:45	Saturnopposition	
22.4.1924 2:45:00	Venus in größter östlicher Elongation zur Sonne	45,7°
26.4.1924 10:07:39	Venus 1,8° südlich Elnath	45,6°
27.4.1924 10:08:58	Mars 6,1° südlich Beta Capricorni	93,9°
27.4.1924 14:34:01	Merkur stationär, dann rückläufig	
28.4.1924 9:46:01	Neptun stationär, dann rechtläufig	
8.5.1924 1:30:34	Merkur in unterer Konjunktion zur Sonne, Transit	1,5'
8.5.1924 20:33:12	Venus 4,6° nördlich Eta Geminorum	44,4°
11.5.1924 3:19:25	Venus 4,5° nördlich Mü Geminorum	44,1°
15.5.1924 15:53:34	Venus 10,4° nördlich Alhena	43°
17.5.1924 14:36:08	Venus 1,5° nördlich Epsilon Geminorum	42,5°
20.5.1924 8:00:57	Merkur stationär, dann rechtläufig	
3.6.1924 20:29:00	Merkur in größter westlicher Elongation zur Sonne	24,2°
5.6.1924 11:51:06	Mars 26' südlich Delta Capricorni	112°
6.6.1924 0:38:14	Jupiteropposition	
9.6.1924 11:16:05	Venus stationär, dann rückläufig	
11.6.1924 3:55:46	Merkur 7° südlich Alkione	21,4°
18.6.1924 22:55:19	Merkur 4° nördlich Aldebaran	18,1°
25.6.1924 6:27:23	Merkur 5,7° südlich Elnath	12,3°
26.6.1924 17:32:09	Uranus stationär, dann rückläufig	
30.6.1924 0:32:51	Saturn stationär, dann rechtläufig	
30.6.1924 15:34:19	Merkur 1,6° nördlich Eta Geminorum	6,2°
1.7.1924 12:04:59	Merkur 1,6° nördlich Mü Geminorum	5,2°
1.7.1924 12:14:23	Venus in unterer Konjunktion zur Sonne	-3,4°
1.7.1924 16:04:53	Venus 5,5° südlich Epsilon Geminorum	2,2°
3.7.1924 1:45:01	Merkur 7,8° nördlich Alhena	3,4°
3.7.1924 5:59:23	Merkur 4,8° nördlich Venus	3,2°
3.7.1924 16:39:45	Merkur 57' südlich Epsilon Geminorum	2,7°
3.7.1924 21:14:31	Venus 2,9° nördlich Alhena	5,4°
5.7.1924 17:44:04	Merkur in oberer Konjunktion zur Sonne	1,4°
9.7.1924 1:13:52	Merkur 8,5° südlich Kastor	4,3°
10.7.1924 2:43:51	Venus 4,1° südlich Mü Geminorum	13,3°
10.7.1924 5:59:30	Merkur 5° südlich Pollux	5,6°
14.7.1924 17:39:19	Venus 4,6° südlich Eta Geminorum	19,6°
16.7.1924 17:36:50	Merkur 33' nördlich M44	12,3°
23.7.1924 3:34:23	Venus stationär, dann rechtläufig	
23.7.1924 20:38:13	Merkur 1,2° nördlich Neptun	18,4°
26.7.1924 3:28:05	Mars stationär, dann rückläufig	
29.7.1924 19:43:26	Merkur 18' nördlich Regulus	22,3°
31.7.1924 22:32:49	Venus 4,9° südlich Eta Geminorum	36°
5.8.1924 23:41:05	Venus 4,7° südlich Mü Geminorum	39°

Datum und Uhrzeit (WZ)	Ereignis	Elongation
7.8.1924 5:11:46	Jupiter stationär, dann rechtläufig	
12.8.1924 16:10:14	Venus 1,7° nördlich Alhena	41,9°
13.8.1924 4:10:44	Neptun in Konjunktion zur Sonne	16'
14.8.1924 21:59:01	Venus 7° südlich Epsilon Geminorum	42,7°
15.8.1924 9:39:00	Merkur in größter östlicher Elongation zur Sonne	27,4°
23.8.1924 16:54:42	Marsopposition	
28.8.1924 13:08:56	Merkur stationär, dann rückläufig	
30.8.1924 9:38:15	Venus 13,8° südlich Kastor	45,5°
2.9.1924 7:36:26	Venus 10° südlich Pollux	45,8°
10.9.1924 6:18:00	Venus in größter westlicher Elongation zur Sonne	46°
11.9.1924 12:48:28	Merkur in unterer Konjunktion zur Sonne	-3,4°
12.9.1924 14:21:03	Uranusopposition	
16.9.1924 1:06:20	Venus 3,3° südlich M44	45,9°
19.9.1924 23:27:21	Merkur stationär, dann rechtläufig	
24.9.1924 12:54:14	Mars stationär, dann rechtläufig	
27.9.1924 9:06:00	Merkur in größter westlicher Elongation zur Sonne	17,9°
30.9.1924 8:52:44	Venus 56' südlich Neptun	44,9°
6.10.1924 16:15:31	Venus 36' südlich Regulus	44,1°
12.10.1924 17:04:39	Merkur 1,1° südlich Porrima	9,7°
19.10.1924 14:27:42	Merkur 3,5° nördlich Spika	3,8°
26.10.1924 2:42:36	Merkur in oberer Konjunktion zur Sonne	33'
28.10.1924 3:07:13	Merkur 2° südlich Saturn	1,3°
28.10.1924 20:37:57	Saturn in Konjunktion zur Sonne	2,2°
2.11.1924 9:16:21	Merkur 37' südlich Zuben-el-dschenubi	4,3°
10.11.1924 14:48:05	Venus 1,2° südlich Porrima	38,4°
14.11.1924 5:20:20	Merkur 2,5° südlich Akrab	10,6°
17.11.1924 22:19:06	Merkur 2,8° nördlich Antares	13,1°
20.11.1924 6:15:32	Venus 4,3° nördlich Spika	34,9°
25.11.1924 3:48:07	Neptun stationär, dann rückläufig	
27.11.1924 10:13:42	Uranus stationär, dann rechtläufig	
27.11.1924 15:38:16	Mars 16' südlich Uranus	102,3°
30.11.1924 0:34:53	Merkur 2,6° südlich Jupiter	18,3°
5.12.1924 8:17:33	Venus 23' südlich Saturn	33,4°
8.12.1924 12:48:45	Venus 1,6° nördlich Zuben-el-dschenubi	32,2°
9.12.1924 17:34:00	Merkur in größter östlicher Elongation zur Sonne	20,8°
13.12.1924 16:03:25	Merkur 2° nördlich Nunki	20,1°
17.12.1924 21:23:05	Merkur stationär, dann rückläufig	
21.12.1924 19:20:34	Merkur 4,1° nördlich Nunki	12°
23.12.1924 5:39:01	Jupiter in Konjunktion zur Sonne, Bedeckung	9,8'
23.12.1924 11:19:10	Venus 27' nördlich Akrab	29,3°
27.12.1924 9:06:23	Merkur in unterer Konjunktion zur Sonne	2,4°
28.12.1924 1:33:24	Venus 5,9° nördlich Antares	27,7°
29.12.1924 10:10:45	Merkur 2,7° nördlich Jupiter	4,9°

1925

Datum und Uhrzeit (WZ)	Ereignis	Elon-gation
16.1.1925 6:46:29	Merkur 1,2° nördlich Venus	24°
17.1.1925 22:05:00	Merkur in größter westlicher Elongation zur Sonne	24,1°
20.1.1925 10:51:41	Saturn 2,1° nördlich Zuben-el-dschenubi	75,9°
21.1.1925 2:24:56	Venus 9,8' nördlich Jupiter	22,9°
22.1.1925 4:03:35	Merkur 36' nördlich Jupiter	23,7°
24.1.1925 6:15:43	Venus 3,6° nördlich Nunki	22,1°
25.1.1925 4:25:15	Merkur 3,7° nördlich Nunki	23,1°
3.2.1925 7:59:44	Merkur 38' südlich Venus	19,8°
8.2.1925 9:42:19	Merkur 6,2° südlich Beta Capricorni	16,8°
8.2.1925 14:19:26	Jupiter 3,6° nördlich Nunki	37,7°
9.2.1925 9:57:05	Venus 5,3° südlich Beta Capricorni	17,8°
10.2.1925 9:39:16	Mars 9,9° südlich Hamal	72°
10.2.1925 10:37:13	Neptunopposition	
21.2.1925 11:31:33	Merkur 31' nördlich Delta Capricorni	9,9°
22.2.1925 19:45:20	Saturn stationär, dann rückläufig	
26.2.1925 9:31:41	Venus 1,6° nördlich Delta Capricorni	14,3°
5.3.1925 13:19:15	Merkur in oberer Konjunktion zur Sonne	-1,7°
8.3.1925 22:18:34	Merkur 42' südlich Uranus	3,4°
12.3.1925 13:13:52	Uranus in Konjunktion zur Sonne	-44'
21.3.1925 7:09:46	Mars 3,1° südlich Alkione	58,1°
21.3.1925 9:49:26	Venus 47' südlich Uranus	8,3°
28.3.1925 20:39:25	Saturn 2,4° nördlich Zuben-el-dschenubi	143,7°
30.3.1925 23:26:00	Merkur in größter östlicher Elongation zur Sonne	19°
8.4.1925 4:27:45	Mars 6,7° nördlich Aldebaran	51,1°
8.4.1925 12:28:42	Merkur stationär, dann rückläufig	
18.4.1925 17:03:41	Merkur in unterer Konjunktion zur Sonne	1,7°
18.4.1925 20:50:37	Merkur 3° nördlich Venus	1,7°
23.4.1925 10:12:03	Venus 11,7° südlich Hamal	1°
24.4.1925 0:35:02	Venus in oberer Konjunktion zur Sonne	-58'
26.4.1925 4:22:05	Mars 4,2° südlich Elnath	45,8°
30.4.1925 21:13:14	Neptun stationär, dann rechtläufig	
1.5.1925 1:16:02	Merkur stationär, dann rechtläufig	
1.5.1925 22:13:13	Saturnopposition	
10.5.1925 17:35:43	Jupiter stationär, dann rückläufig	
13.5.1925 15:16:41	Mars 2,1° nördlich Eta Geminorum	40°
13.5.1925 23:52:12	Venus 4,4° südlich Alkione	5,3°
16.5.1925 11:09:00	Merkur in größter westlicher Elongation zur Sonne	25,8°
16.5.1925 12:48:18	Mars 2° nördlich Mü Geminorum	39,1°
18.5.1925 17:33:49	Merkur 14,1° südlich Hamal	22,8°
21.5.1925 21:38:48	Mars 8° nördlich Alhena	37,3°
23.5.1925 10:54:32	Venus 5,6° nördlich Aldebaran	7,8°
24.5.1925 0:58:32	Mars 50' südlich Epsilon Geminorum	36,6°
1.6.1925 21:48:50	Venus 4,9° südlich Elnath	10,4°
5.6.1925 9:08:45	Merkur 5,7° südlich Alkione	15,7°

Datum und Uhrzeit (WZ)	Ereignis	Elon-gation
11.6.1925 0:12:35	Venus 1,7° nördlich Eta Geminorum	12,8°
11.6.1925 10:21:33	Mars 9° südlich Kastor	30,6°
11.6.1925 10:48:54	Merkur 5,1° nördlich Aldebaran	10,5°
12.6.1925 12:17:10	Venus 1,7° nördlich Mü Geminorum	13,2°
15.6.1925 7:02:08	Venus 7,7° nördlich Alhena	14°
15.6.1925 11:12:07	Mars 5,5° südlich Pollux	29,1°
16.6.1925 9:35:33	Venus 1,1° südlich Epsilon Geminorum	14,3°
16.6.1925 22:40:23	Merkur 4,8° südlich Elnath	4,1°
20.6.1925 4:38:06	Merkur in oberer Konjunktion zur Sonne	1,1°
22.6.1925 0:45:06	Merkur 2,2° nördlich Eta Geminorum	2,5°
22.6.1925 20:58:55	Merkur 2,2° nördlich Mü Geminorum	3,5°
24.6.1925 10:42:18	Merkur 8,3° nördlich Alhena	5,4°
25.6.1925 1:51:12	Merkur 27' südlich Epsilon Geminorum	6,2°
25.6.1925 21:07:46	Venus 8,9° südlich Kastor	16,9°
27.6.1925 22:54:48	Venus 5,4° südlich Pollux	17,4°
30.6.1925 16:45:22	Merkur 8,3° südlich Kastor	12,3°
1.7.1925 0:44:04	Uranus stationär, dann rückläufig	
1.7.1925 23:54:20	Merkur 4,9° südlich Pollux	13,6°
6.7.1925 6:23:12	Mars 4,2' südlich M44	22,6°
8.7.1925 15:25:56	Venus 15' nördlich M44	20,3°
9.7.1925 6:04:19	Merkur 21' nördlich M44	19,7°
10.7.1925 10:12:40	Jupiteropposition	
11.7.1925 1:36:43	Merkur 5,9' südlich Venus	20,9°
11.7.1925 2:57:36	Merkur 16' nördlich Mars	21°
11.7.1925 3:48:53	Venus 22' nördlich Mars	21°
12.7.1925 18:00:07	Saturn stationär, dann rechtläufig	
19.7.1925 5:53:43	Merkur 6,5' nördlich Neptun	25,3°
20.7.1925 18:52:23	Venus 1,3° nördlich Neptun	23,5°
25.7.1925 17:49:47	Merkur 1,2° südlich Regulus	26,5°
26.7.1925 21:22:52	Venus 1,1° nördlich Regulus	25,1°
28.7.1925 16:44:00	Merkur in größter östlicher Elongation zur Sonne	27,2°
30.7.1925 5:08:28	Merkur 3,2° südlich Venus	26°
30.7.1925 8:26:06	Mars 52' nördlich Neptun	14,8°
10.8.1925 13:50:15	Mars 42' nördlich Regulus	11,2°
10.8.1925 18:30:01	Merkur stationär, dann rückläufig	
15.8.1925 17:05:14	Neptun in Konjunktion zur Sonne	20'
19.8.1925 13:54:00	Merkur 6,2° südlich Mars	8,3°
25.8.1925 9:13:22	Merkur in unterer Konjunktion zur Sonne	-4,3°
26.8.1925 17:36:37	Merkur 4,8° südlich Regulus	4,2°
30.8.1925 9:40:03	Venus 2,5° südlich Porrima	32,7°
3.9.1925 5:18:21	Merkur stationär, dann rechtläufig	
9.9.1925 5:51:21	Jupiter stationär, dann rechtläufig	
9.9.1925 8:11:00	Venus 2,2° nördlich Spika	35,9°
10.9.1925 1:16:10	Merkur 23' südlich Regulus	17,9°
10.9.1925 23:45:00	Merkur in größter westlicher Elongation zur Sonne	17,9°
13.9.1925 11:49:09	Mars in Konjunktion zur Sonne	59'

Datum und Uhrzeit (WZ)	Ereignis	Elongation
16.9.1925 21:43:49	Uranusopposition	
27.9.1925 2:14:02	Venus 3,3° südlich Saturn	38,6°
28.9.1925 7:56:15	Venus 1,5° südlich Zuben-el-dschenubi	39,3°
29.9.1925 23:36:26	Merkur 52' nördlich Mars	5,6°
5.10.1925 4:08:08	Merkur 1,6° südlich Porrima	2,1°
7.10.1925 8:26:08	Merkur in oberer Konjunktion zur Sonne	1,1°
10.10.1925 19:17:56	Saturn 1,9° nördlich Zuben-el-dschenubi	26,6°
12.10.1925 3:04:00	Merkur 2,9° nördlich Spika	3,5°
13.10.1925 23:04:13	Venus 3,1° südlich Akrab	42,1°
14.10.1925 2:39:00	Mars 2,1° südlich Porrima	10,3°
18.10.1925 19:09:39	Venus 2,3° nördlich Antares	43,5°
26.10.1925 7:39:52	Merkur 1,3° südlich Zuben-el-dschenubi	11,6°
27.10.1925 14:06:21	Merkur 3,3° südlich Saturn	12°
1.11.1925 0:16:48	Mars 3° nördlich Spika	15,4°
7.11.1925 17:19:45	Merkur 3,2° südlich Akrab	17,4°
9.11.1925 22:32:20	Saturn in Konjunktion zur Sonne	2,1°
11.11.1925 17:29:50	Merkur 2,2° nördlich Antares	19,7°
17.11.1925 8:53:24	Venus 21' nördlich Nunki	46,9°
22.11.1925 13:08:00	Merkur in größter östlicher Elongation zur Sonne	22°
26.11.1925 8:31:10	Venus 2,6° südlich Jupiter	47,3°
27.11.1925 14:31:08	Neptun stationär, dann rückläufig	
28.11.1925 0:06:00	Venus in größter östlicher Elongation zur Sonne	47,3°
1.12.1925 15:18:37	Uranus stationär, dann rechtläufig	
1.12.1925 22:04:58	Merkur stationär, dann rückläufig	
4.12.1925 11:47:29	Mars 7,5' nördlich Zuben-el-dschenubi	27,8°
7.12.1925 1:23:03	Venus 7,3° südlich Beta Capricorni	47°
11.12.1925 16:07:53	Merkur in unterer Konjunktion zur Sonne	1,7°
15.12.1925 18:03:45	Mars 1,8° südlich Saturn	31,6°
21.12.1925 16:23:30	Merkur stationär, dann rechtläufig	
31.12.1925 8:25:00	Merkur in größter westlicher Elongation zur Sonne	22,6°
31.12.1925 9:12:10	Mars 50' südlich Akrab	36,9°

1926

Datum und Uhrzeit (WZ)	Ereignis	Elongation
7.1.1926 0:40:59	Venus 4° nördlich Delta Capricorni	36,6°
8.1.1926 13:52:58	Mars 4,7° nördlich Antares	39,1°
13.1.1926 22:07:15	Jupiter 5,2° südlich Beta Capricorni	8,9°
19.1.1926 10:49:17	Merkur 2,8° nördlich Nunki	17,1°
24.1.1926 8:11:15	Venus 8,2° nördlich Delta Capricorni	19,1°
25.1.1926 5:46:07	Jupiter in Konjunktion zur Sonne	-28'
1.2.1926 8:48:41	Merkur 6,6° südlich Beta Capricorni	9,9°
4.2.1926 10:17:41	Merkur 1,5° südlich Jupiter	7,9°
7.2.1926 15:02:33	Venus in unterer Konjunktion zur Sonne	8°
8.2.1926 22:55:31	Merkur 10,6° südlich Venus	5,7°

Datum und Uhrzeit (WZ)	Ereignis	Elongation
12.2.1926 20:46:38	Neptunopposition	
13.2.1926 20:14:24	Merkur 34' nördlich Delta Capricorni	2,7°
16.2.1926 0:27:33	Merkur in oberer Konjunktion zur Sonne	-2°
17.2.1926 19:19:03	Venus 9,1° nördlich Jupiter	17,9°
25.2.1926 12:16:00	Mars 2,9° nördlich Nunki	54,6°
27.2.1926 7:50:39	Venus stationär, dann rechtläufig	
3.3.1926 4:28:54	Merkur 30' nördlich Uranus	12,8°
6.3.1926 14:17:55	Saturn stationär, dann rückläufig	
14.3.1926 4:34:00	Merkur in größter westlicher Elongation zur Sonne	18,4°
16.3.1926 18:32:10	Uranus in Konjunktion zur Sonne	-43'
21.3.1926 5:06:36	Merkur stationär, dann rückläufig	
22.3.1926 11:06:22	Venus 4,7° nördlich Jupiter	42,6°
25.3.1926 14:07:09	Mars 5,7° südlich Beta Capricorni	61,3°
30.3.1926 8:36:21	Venus 5,6° nördlich Delta Capricorni	44,6°
31.3.1926 5:56:56	Merkur in unterer Konjunktion zur Sonne	2,9°
12.4.1926 15:54:21	Merkur stationär, dann rechtläufig	
18.4.1926 19:24:00	Venus in größter westlicher Elongation zur Sonne	46,3°
23.4.1926 10:49:18	Mars 51' südlich Jupiter	69,7°
23.4.1926 20:42:04	Mars 1,2° nördlich Delta Capricorni	70°
25.4.1926 11:48:29	Jupiter 2° nördlich Delta Capricorni	71,3°
28.4.1926 6:23:00	Merkur in größter westlicher Elongation zur Sonne	27,1°
3.5.1926 10:49:34	Neptun stationär, dann rechtläufig	
4.5.1926 14:44:03	Venus 21' südlich Uranus	45,4°
14.5.1926 8:07:38	Saturnopposition	
14.5.1926 17:17:07	Merkur 13,3° südlich Hamal	19,2°
28.5.1926 13:46:49	Merkur 4,7° südlich Alkione	8,5°
3.6.1926 0:49:43	Merkur 6° nördlich Aldebaran	2,1°
4.6.1926 16:27:54	Merkur in oberer Konjunktion zur Sonne	43'
4.6.1926 17:28:52	Venus 13° südlich Hamal	37,8°
8.6.1926 7:46:52	Merkur 4,1° südlich Elnath	4,7°
12.6.1926 22:13:51	Mars 1,7° südlich Uranus	81,9°
13.6.1926 13:17:24	Merkur 2,7° nördlich Eta Geminorum	10,7°
14.6.1926 10:50:12	Merkur 2,7° nördlich Mü Geminorum	11,7°
16.6.1926 3:33:31	Merkur 8,7° nördlich Alhena	13,5°
16.6.1926 20:07:27	Merkur 7,1' südlich Epsilon Geminorum	14,1°
16.6.1926 20:15:36	Jupiter stationär, dann rückläufig	
23.6.1926 4:39:45	Merkur 8,3° südlich Kastor	19,6°
24.6.1926 17:16:00	Merkur 4,9° südlich Pollux	20,7°
26.6.1926 18:59:33	Venus 6,2° südlich Alkione	35,6°
3.7.1926 20:04:33	Merkur 26' südlich M44	25,2°
5.7.1926 9:45:07	Uranus stationär, dann rückläufig	
6.7.1926 19:55:59	Venus 3,8° nördlich Aldebaran	34,7°
10.7.1926 17:22:00	Merkur in größter östlicher Elongation zur Sonne	26,4°
16.7.1926 18:55:31	Venus 6,7° südlich Elnath	32,3°
23.7.1926 19:39:49	Merkur stationär, dann rückläufig	
25.7.1926 2:43:41	Saturn stationär, dann rechtläufig	

Datum und Uhrzeit (WZ)	Ereignis	Elongation
26.7.1926 6:51:12	Venus 2,8' nördlich Eta Geminorum	30,1°
27.7.1926 20:17:12	Venus 3' nördlich Mü Geminorum	29,8°
30.7.1926 17:21:20	Venus 6,1° nördlich Alhena	29,1°
31.7.1926 20:47:44	Venus 2,7° südlich Epsilon Geminorum	28,8°
4.8.1926 20:26:41	Mars 13,7° südlich Hamal	95°
7.8.1926 13:56:21	Merkur in unterer Konjunktion zur Sonne	-4,8°
9.8.1926 13:19:44	Jupiter 1,6° nördlich Delta Capricorni	173,1°
10.8.1926 14:09:34	Venus 10,3° südlich Kastor	26,4°
12.8.1926 16:48:50	Venus 6,8° südlich Pollux	25,9°
15.8.1926 19:55:48	Jupiteropposition	
17.8.1926 1:30:20	Merkur stationär, dann rechtläufig	
18.8.1926 5:34:47	Neptun in Konjunktion zur Sonne	24'
23.8.1926 11:33:45	Venus 50' südlich M44	23,1°
25.8.1926 9:48:00	Merkur in größter westlicher Elongation zur Sonne	18,3°
2.9.1926 22:06:58	Merkur 52' nördlich Neptun	14,6°
4.9.1926 23:38:23	Merkur 1,1° nördlich Regulus	12,9°
7.9.1926 16:00:08	Venus 39' nördlich Neptun	19°
10.9.1926 12:30:58	Venus 41' nördlich Regulus	18,2°
19.9.1926 14:26:32	Merkur in oberer Konjunktion zur Sonne	1,5°
21.9.1926 4:48:51	Uranusopposition	
27.9.1926 13:13:15	Merkur 2,2° südlich Porrima	6,1°
28.9.1926 17:19:32	Mars stationär, dann rückläufig	
4.10.1926 19:23:13	Merkur 2,2° nördlich Spika	11,2°
13.10.1926 15:32:13	Venus 1,5° südlich Porrima	9,9°
14.10.1926 8:35:56	Jupiter stationär, dann rechtläufig	
19.10.1926 20:12:02	Merkur 2,1° südlich Zuben-el-dschenubi	18,3°
23.10.1926 1:04:15	Venus 3,6° nördlich Spika	6,4°
28.10.1926 22:47:30	Merkur 4,5° südlich Saturn	21,2°
2.11.1926 23:57:15	Merkur 3,8° südlich Akrab	22,4°
4.11.1926 9:23:31	Marsopposition	
5.11.1926 4:05:00	Merkur in größter östlicher Elongation zur Sonne	23,4°
8.11.1926 18:39:30	Merkur 1,8° nördlich Antares	23°
9.11.1926 22:21:28	Venus 32' nördlich Zuben-el-dschenubi	2,8°
15.11.1926 19:03:00	Merkur stationär, dann rückläufig	
21.11.1926 11:48:08	Venus in oberer Konjunktion zur Sonne	26'
21.11.1926 17:55:25	Saturn in Konjunktion zur Sonne	1,8°
21.11.1926 22:31:40	Merkur 4,1° nördlich Antares	9,2°
21.11.1926 23:17:07	Venus 1,5° südlich Saturn	0,4°
24.11.1926 13:54:32	Venus 42' südlich Akrab	0,8°
25.11.1926 14:15:48	Merkur 28' nördlich Venus	1°
25.11.1926 23:33:19	Merkur in unterer Konjunktion zur Sonne	51'
26.11.1926 13:40:06	Merkur 2,5' nördlich Akrab	1,7°
28.11.1926 14:08:04	Merkur 11' südlich Saturn	6,3°
29.11.1926 2:05:11	Venus 4,8° nördlich Antares	1,9°
30.11.1926 2:14:23	Neptun stationär, dann rückläufig	
5.12.1926 10:02:42	Merkur stationär, dann rechtläufig	

Datum und Uhrzeit (WZ)	Ereignis	Elongation
5.12.1926 20:15:00	Uranus stationär, dann rechtläufig	
7.12.1926 23:59:08	Mars stationär, dann rechtläufig	
14.12.1926 0:16:00	Merkur in größter westlicher Elongation zur Sonne	21,2°
14.12.1926 18:42:07	Jupiter 1,7° nördlich Delta Capricorni	60,5°
15.12.1926 4:06:34	Merkur 18' nördlich Saturn	21,1°
15.12.1926 16:51:38	Merkur 1,1° nördlich Akrab	20,8°
20.12.1926 5:00:15	Saturn 51' nördlich Akrab	25,4°
20.12.1926 11:42:48	Merkur 6,1° nördlich Antares	19,6°
25.12.1926 19:46:06	Venus 2,6° nördlich Nunki	8,3°

1927

Datum und Uhrzeit (WZ)	Ereignis	Elongation
10.1.1927 19:21:25	Venus 6,1° südlich Beta Capricorni	12,2°
12.1.1927 14:18:53	Merkur 2,2° nördlich Nunki	9,9°
24.1.1927 22:35:47	Merkur 6,8° südlich Beta Capricorni	3,2°
27.1.1927 17:51:21	Venus 1,1° nördlich Delta Capricorni	15,9°
28.1.1927 13:45:49	Merkur in oberer Konjunktion zur Sonne	-2,1°
5.2.1927 13:52:24	Venus 37' südlich Jupiter	18,2°
6.2.1927 4:14:14	Merkur 48' nördlich Delta Capricorni	6,6°
13.2.1927 12:19:59	Merkur 8,1' südlich Jupiter	12,2°
15.2.1927 6:55:31	Neptunopposition	
18.2.1927 22:57:20	Mars 2,4° südlich Alkione	89,1°
24.2.1927 19:17:11	Venus 30' südlich Uranus	22,7°
25.2.1927 14:55:00	Merkur in größter östlicher Elongation zur Sonne	18,1°
1.3.1927 10:58:36	Jupiter in Konjunktion zur Sonne	-57'
12.3.1927 12:49:16	Mars 7,3° nördlich Aldebaran	77,9°
13.3.1927 14:35:11	Merkur in unterer Konjunktion zur Sonne	3,5°
18.3.1927 5:44:36	Saturn stationär, dann rückläufig	
20.3.1927 19:45:22	Merkur 3,5° nördlich Jupiter	13,5°
21.3.1927 0:16:07	Uranus in Konjunktion zur Sonne	-43'
25.3.1927 9:08:34	Venus 10,6° südlich Hamal	29,2°
26.3.1927 0:37:01	Merkur stationär, dann rechtläufig	
1.4.1927 23:29:55	Mars 3,7° südlich Elnath	70,1°
6.4.1927 5:07:54	Merkur 29' südlich Jupiter	27,1°
10.4.1927 7:53:00	Merkur in größter westlicher Elongation zur Sonne	27,7°
15.4.1927 8:38:00	Venus 3,1° südlich Alkione	33,9°
17.4.1927 14:23:53	Merkur 2,1° südlich Uranus	25,7°
21.4.1927 2:43:02	Mars 2,5° nördlich Eta Geminorum	62,4°
24.4.1927 5:51:43	Mars 2,4° nördlich Mü Geminorum	61,1°
25.4.1927 1:50:39	Venus 7,1° nördlich Aldebaran	35,3°
30.4.1927 0:23:43	Mars 8,3° nördlich Alhena	58,9°
2.5.1927 7:26:10	Mars 31' südlich Epsilon Geminorum	58°
4.5.1927 20:49:30	Venus 3,5° südlich Elnath	38°
5.5.1927 22:14:25	Neptun stationär, dann rechtläufig	

Datum und Uhrzeit (WZ)	Ereignis	Elongation
7.5.1927 17:09:02	Merkur 12,4° südlich Hamal	13,7°
14.5.1927 9:37:17	Venus 3,1° nördlich Eta Geminorum	39,8°
15.5.1927 23:46:31	Venus 3,1° nördlich Mü Geminorum	40,1°
18.5.1927 22:39:51	Venus 9,1° nördlich Alhena	40,6°
20.5.1927 3:02:09	Venus 16' nördlich Epsilon Geminorum	40,8°
20.5.1927 3:10:03	Merkur 3,8° südlich Alkione	0,3°
20.5.1927 3:27:00	Merkur in oberer Konjunktion zur Sonne	18'
21.5.1927 19:38:40	Mars 8,7° südlich Kastor	50,2°
25.5.1927 11:22:48	Merkur 6,7° nördlich Aldebaran	6,6°
26.5.1927 1:24:10	Mars 5,3° südlich Pollux	48,7°
26.5.1927 15:11:02	Saturnopposition	
30.5.1927 9:09:52	Venus 7,8° südlich Kastor	42,3°
31.5.1927 0:16:00	Merkur 3,6° südlich Elnath	12,9°
1.6.1927 15:54:27	Venus 4,3° südlich Pollux	42,5°
5.6.1927 21:14:06	Merkur 3° nördlich Eta Geminorum	18,2°
6.6.1927 22:30:15	Merkur 2,9° nördlich Mü Geminorum	19,1°
8.6.1927 23:14:01	Merkur 8,8° nördlich Alhena	20,5°
9.6.1927 18:09:25	Venus 58' nördlich Mars	43,9°
9.6.1927 19:28:26	Merkur 51" südlich Epsilon Geminorum	21,1°
13.6.1927 17:20:05	Venus 58' nördlich M44	44,4°
16.6.1927 17:49:36	Mars 3,3' nördlich M44	41,7°
18.6.1927 5:43:19	Merkur 8,9° südlich Kastor	24,6°
20.6.1927 13:24:03	Merkur 5,8° südlich Pollux	24,8°
22.6.1927 10:51:00	Merkur in größter östlicher Elongation zur Sonne	25,1°
1.7.1927 16:15:27	Saturn 1° nördlich Akrab	143,1°
2.7.1927 5:02:34	Venus 49' nördlich Neptun	45,4°
2.7.1927 21:19:00	Venus in größter östlicher Elongation zur Sonne	45,4°
5.7.1927 16:52:53	Merkur stationär, dann rückläufig	
6.7.1927 7:49:16	Venus 28' nördlich Regulus	45,4°
9.7.1927 15:10:07	Jupiter 38' südlich Uranus	103°
9.7.1927 17:10:45	Uranus stationär, dann rückläufig	
17.7.1927 16:51:47	Mars 43' nördlich Neptun	31,2°
19.7.1927 23:34:42	Merkur in unterer Konjunktion zur Sonne	-4,9°
23.7.1927 0:38:28	Mars 41' nördlich Regulus	29,4°
23.7.1927 4:48:49	Merkur 11,7° südlich Pollux	7,1°
25.7.1927 4:02:56	Jupiter stationär, dann rückläufig	
30.7.1927 7:21:56	Merkur stationär, dann rechtläufig	
5.8.1927 18:36:48	Merkur 9° südlich Pollux	18,7°
6.8.1927 5:45:32	Saturn stationär, dann rechtläufig	
8.8.1927 12:00:00	Merkur in größter westlicher Elongation zur Sonne	19,1°
16.8.1927 12:33:04	Merkur 51' südlich M44	16,2°
18.8.1927 4:15:02	Venus stationär, dann rückläufig	
19.8.1927 5:39:19	Jupiter 50' südlich Uranus	142,5°
20.8.1927 18:20:29	Neptun in Konjunktion zur Sonne	28'
27.8.1927 1:16:10	Venus 8,8° südlich Mars	17,9°
27.8.1927 4:42:52	Merkur 1,3° nördlich Neptun	6°

Datum und Uhrzeit (WZ)	Ereignis	Elongation
28.8.1927 2:52:51	Merkur 1,4° nördlich Regulus	5°
2.9.1927 14:56:38	Merkur in oberer Konjunktion zur Sonne	1,7°
6.9.1927 0:22:22	Merkur 11° nördlich Venus	3,5°
10.9.1927 6:33:09	Saturn 45' nördlich Akrab	75,5°
10.9.1927 17:45:39	Venus in unterer Konjunktion zur Sonne	-8,7°
16.9.1927 5:52:05	Merkur 5,6' südlich Mars	11,3°
20.9.1927 5:29:18	Merkur 2,8° südlich Porrima	13,2°
22.9.1927 12:26:06	Jupiteropposition	
25.9.1927 12:02:35	Uranusopposition	
26.9.1927 0:34:53	Mars 2,3° südlich Porrima	7,7°
28.9.1927 0:33:19	Merkur 1,4° nördlich Spika	18,4°
30.9.1927 2:34:17	Venus stationär, dann rechtläufig	
13.10.1927 18:46:56	Mars 2,7° nördlich Spika	2,4°
15.10.1927 1:57:08	Merkur 3,1° südlich Zuben-el-dschenubi	23,3°
18.10.1927 16:32:00	Merkur in größter östlicher Elongation zur Sonne	24,7°
21.10.1927 2:29:21	Mars in Konjunktion zur Sonne	26'
26.10.1927 12:47:27	Neptun 1,3' nördlich Regulus	63,3°
30.10.1927 10:11:18	Merkur stationär, dann rückläufig	
10.11.1927 5:35:59	Merkur in unterer Konjunktion zur Sonne, Transit	-2,2'
12.11.1927 11:29:15	Merkur 24' nördlich Zuben-el-dschenubi	5,1°
12.11.1927 14:58:38	Saturn 6,2° nördlich Antares	18,6°
13.11.1927 18:20:08	Merkur 56' nördlich Mars	7,6°
15.11.1927 16:19:34	Mars 8,5' südlich Zuben-el-dschenubi	8,2°
19.11.1927 4:06:27	Merkur stationär, dann rechtläufig	
19.11.1927 17:38:48	Venus 1,5° südlich Porrima	46,7°
20.11.1927 7:16:24	Jupiter stationär, dann rechtläufig	
21.11.1927 11:31:00	Venus in größter westlicher Elongation zur Sonne	46,7°
26.11.1927 13:23:13	Merkur 2,2° nördlich Zuben-el-dschenubi	19,3°
26.11.1927 23:40:00	Merkur in größter westlicher Elongation zur Sonne	20°
30.11.1927 18:13:00	Venus 4,5° nördlich Spika	44,8°
2.12.1927 12:27:14	Neptun stationär, dann rückläufig	
3.12.1927 8:18:39	Saturn in Konjunktion zur Sonne	1,5°
9.12.1927 22:55:28	Merkur 1,1° nördlich Mars	15,8°
10.12.1927 1:16:40	Uranus stationär, dann rechtläufig	
10.12.1927 20:58:30	Merkur 3,3' südlich Akrab	15,7°
11.12.1927 19:51:21	Mars 1,1° südlich Akrab	16,4°
14.12.1927 17:12:49	Merkur 5,1° nördlich Antares	13,7°
17.12.1927 10:10:29	Merkur 1,4° südlich Saturn	12,5°
19.12.1927 18:03:36	Mars 4,5° nördlich Antares	18,7°
20.12.1927 17:28:55	Venus 2,4° nördlich Zuben-el-dschenubi	43,8°
26.12.1927 21:37:20	Mars 1,8° südlich Saturn	21°

1928

Datum und Uhrzeit (WZ)	Ereignis	Elongation
5.1.1928 8:04:01	Merkur 1,8° nördlich Nunki	2,8°
5.1.1928 14:37:30	Venus 1,4° nördlich Akrab	41,9°
9.1.1928 0:38:38	Neptun 3,4' nördlich Regulus	138,7°
9.1.1928 1:10:04	Merkur in oberer Konjunktion zur Sonne	-1,9°
10.1.1928 10:44:02	Venus 6,9° nördlich Antares	40,4°
16.1.1928 16:39:46	Venus 28' nördlich Saturn	40,2°
17.1.1928 10:38:01	Merkur 6,9° südlich Beta Capricorni	5,8°
23.1.1928 19:55:17	Jupiter 32' südlich Uranus	57,6°
30.1.1928 0:34:32	Merkur 1,4° nördlich Delta Capricorni	13,9°
3.2.1928 18:47:16	Mars 2,8° nördlich Nunki	32,1°
7.2.1928 17:30:48	Venus 4,4° nördlich Nunki	36°
9.2.1928 3:28:00	Merkur in größter östlicher Elongation zur Sonne	18,2°
14.2.1928 2:21:20	Venus 1,4° nördlich Mars	34,6°
17.2.1928 16:59:44	Neptunopposition	
24.2.1928 7:03:23	Venus 4,7° südlich Beta Capricorni	31,7°
24.2.1928 15:08:27	Merkur in unterer Konjunktion zur Sonne	3,7°
1.3.1928 14:07:19	Mars 5,7° südlich Beta Capricorni	38°
7.3.1928 21:33:00	Merkur stationär, dann rechtläufig	
12.3.1928 13:40:46	Venus 1,9° nördlich Delta Capricorni	28,6°
17.3.1928 17:28:28	Merkur 36' nördlich Venus	27,2°
22.3.1928 14:31:00	Merkur in größter westlicher Elongation zur Sonne	27,8°
24.3.1928 6:09:09	Uranus in Konjunktion zur Sonne	-42'
28.3.1928 20:52:55	Saturn stationär, dann rückläufig	
29.3.1928 11:07:27	Mars 1,5° nördlich Delta Capricorni	45,5°
6.4.1928 14:46:33	Jupiter in Konjunktion zur Sonne	-1,1°
8.4.1928 2:36:42	Merkur 1,1° südlich Venus	22,3°
13.4.1928 8:24:54	Merkur 1,9° südlich Uranus	18,7°
14.4.1928 23:59:43	Venus 55' südlich Uranus	20,2°
22.4.1928 10:31:12	Merkur 45' südlich Jupiter	11,7°
28.4.1928 17:10:54	Merkur 11,6° südlich Hamal	5,6°
29.4.1928 8:20:57	Venus 26' südlich Jupiter	16,8°
3.5.1928 11:53:11	Merkur in oberer Konjunktion zur Sonne, Bedeckung	-8,2'
7.5.1928 11:07:44	Neptun stationär, dann rechtläufig	
8.5.1928 0:43:07	Venus 12° südlich Hamal	14,5°
10.5.1928 16:37:23	Merkur 3° südlich Alkione	8,6°
16.5.1928 9:59:34	Merkur 7,4° nördlich Aldebaran	14,6°
22.5.1928 22:18:07	Merkur 3,1° südlich Elnath	19,9°
24.5.1928 23:26:14	Mars 55' südlich Uranus	57,1°
28.5.1928 17:21:05	Venus 4,9° südlich Alkione	9,1°
30.5.1928 22:05:31	Merkur 2,9° nördlich Eta Geminorum	23,2°
1.6.1928 13:56:27	Merkur 2,6° nördlich Mü Geminorum	23,5°
3.6.1928 0:43:00	Merkur in größter östlicher Elongation zur Sonne	23,5°
5.6.1928 4:56:57	Merkur 8° nördlich Alhena	23,4°
6.6.1928 20:05:22	Saturnopposition	

Datum und Uhrzeit (WZ)	Ereignis	Elongation
7.6.1928 0:00:10	Merkur 1,1° südlich Epsilon Geminorum	23°
7.6.1928 5:40:24	Venus 5,1° nördlich Aldebaran	6,7°
16.6.1928 8:01:43	Merkur stationär, dann rückläufig	
16.6.1928 17:40:42	Venus 5,4° südlich Elnath	4,1°
17.6.1928 4:53:36	Jupiter 11,8° südlich Hamal	49,8°
25.6.1928 20:33:04	Venus 1,2° nördlich Eta Geminorum	1,6°
26.6.1928 11:01:36	Merkur 5,9° südlich Epsilon Geminorum	4,8°
27.6.1928 8:40:13	Venus 1,2° nördlich Mü Geminorum	1,2°
28.6.1928 19:33:47	Merkur 2,5° nördlich Alhena	4,4°
29.6.1928 13:07:05	Merkur in unterer Konjunktion zur Sonne	-4,4°
29.6.1928 17:08:18	Merkur 4,9° südlich Venus	0,7°
29.6.1928 18:33:29	Mars 12,2° südlich Hamal	61,6°
30.6.1928 3:25:49	Venus 7,3° nördlich Alhena	0,7°
1.7.1928 6:02:38	Venus 1,5° südlich Epsilon Geminorum	0,6°
1.7.1928 14:56:28	Venus in oberer Konjunktion zur Sonne	34'
3.7.1928 20:52:48	Mars 18' südlich Jupiter	66,2°
5.7.1928 9:25:59	Merkur 4° südlich Mü Geminorum	8,8°
10.7.1928 17:15:11	Venus 9,3° südlich Kastor	2,7°
10.7.1928 18:23:58	Merkur stationär, dann rechtläufig	
12.7.1928 18:48:12	Venus 5,8° südlich Pollux	3,2°
13.7.1928 2:14:03	Uranus stationär, dann rückläufig	
15.7.1928 19:43:42	Merkur 2,7° südlich Mü Geminorum	18,8°
20.7.1928 21:55:14	Merkur 4,3° nördlich Alhena	20,2°
21.7.1928 3:39:00	Merkur in größter westlicher Elongation zur Sonne	20,2°
22.7.1928 7:55:00	Merkur 4,2° südlich Epsilon Geminorum	20,1°
23.7.1928 9:27:31	Venus 3,7' südlich M44	6,1°
30.7.1928 19:03:20	Merkur 10,3° südlich Kastor	16,5°
1.8.1928 6:01:25	Merkur 6,6° südlich Pollux	15,4°
5.8.1928 17:36:00	Mars 5,4° südlich Alkione	74,1°
7.8.1928 23:29:15	Merkur 38" nördlich M44	9°
10.8.1928 2:56:22	Venus 59' nördlich Neptun	11°
10.8.1928 9:25:08	Venus 1° nördlich Regulus	11,1°
16.8.1928 4:51:18	Merkur in oberer Konjunktion zur Sonne	1,8°
17.8.1928 5:16:25	Saturn stationär, dann rechtläufig	
18.8.1928 20:31:28	Merkur 1,3° nördlich Neptun	3,2°
18.8.1928 20:40:52	Merkur 1,4° nördlich Regulus	3,2°
19.8.1928 4:51:12	Neptun 4' nördlich Regulus	2,9°
22.8.1928 6:55:08	Neptun in Konjunktion zur Sonne	32'
24.8.1928 10:35:07	Mars 4,6° nördlich Aldebaran	81,5°
30.8.1928 16:59:10	Jupiter stationär, dann rückläufig	
10.9.1928 11:29:02	Merkur 1,5° südlich Venus	19,3°
12.9.1928 15:40:56	Merkur 3,8° südlich Porrima	19,7°
13.9.1928 0:18:30	Venus 2° südlich Porrima	19,4°
14.9.1928 7:48:21	Mars 5,9° südlich Elnath	89,7°
21.9.1928 13:30:27	Merkur 14' nördlich Spika	24,5°
22.9.1928 14:40:46	Venus 2,9° nördlich Spika	22,4°

Datum und Uhrzeit (WZ)	Ereignis	Elongation
28.9.1928 19:12:14	Uranusopposition	
30.9.1928 4:34:00	Merkur in größter östlicher Elongation zur Sonne	25,9°
1.10.1928 0:38:32	Merkur 3,4° südlich Venus	24,5°
9.10.1928 7:54:11	Mars 1° nördlich Eta Geminorum	103,3°
10.10.1928 21:09:39	Venus 33' südlich Zuben-el-dschenubi	26,7°
12.10.1928 17:43:13	Merkur stationär, dann rückläufig	
14.10.1928 15:41:26	Mars 1,1° nördlich Mü Geminorum	106,7°
24.10.1928 8:26:19	Merkur in unterer Konjunktion zur Sonne	-59'
25.10.1928 19:24:05	Venus 1,9° südlich Akrab	30,1°
27.10.1928 12:17:25	Mars 7,5° nördlich Alhena	115,5°
29.10.1928 0:30:27	Jupiteropposition	
30.10.1928 9:37:09	Venus 3,5° nördlich Antares	31,5°
1.11.1928 21:52:13	Merkur stationär, dann rechtläufig	
5.11.1928 17:15:29	Mars 55' südlich Epsilon Geminorum	124°
7.11.1928 2:53:39	Venus 2,7° südlich Saturn	32,9°
9.11.1928 6:30:00	Merkur in größter westlicher Elongation zur Sonne	19,1°
12.11.1928 9:49:07	Mars stationär, dann rückläufig	
18.11.1928 23:04:59	Mars 18' südlich Epsilon Geminorum	137,4°
20.11.1928 16:18:19	Jupiter 12,1° südlich Hamal	154,3°
21.11.1928 4:33:09	Merkur 1,3° nördlich Zuben-el-dschenubi	14,6°
26.11.1928 17:18:06	Venus 1,4° nördlich Nunki	37,3°
27.11.1928 14:22:44	Mars 9° nördlich Alhena	146,4°
3.12.1928 5:02:40	Merkur 52' südlich Akrab	8,4°
4.12.1928 0:56:22	Neptun stationär, dann rückläufig	
6.12.1928 20:31:51	Merkur 4,4° nördlich Antares	6,5°
9.12.1928 6:11:43	Mars 3,6° nördlich Mü Geminorum	162,5°
13.12.1928 6:18:23	Uranus stationär, dann rechtläufig	
13.12.1928 7:14:44	Venus 6,9° südlich Beta Capricorni	40,5°
13.12.1928 19:19:17	Saturn in Konjunktion zur Sonne	1,2°
14.12.1928 4:21:56	Mars 3,9° nördlich Eta Geminorum	169,2°
15.12.1928 17:02:58	Merkur 2,4° südlich Saturn	2°
18.12.1928 12:28:02	Merkur in oberer Konjunktion zur Sonne	-1,4°
21.12.1928 13:28:28	Marsopposition	
26.12.1928 9:45:41	Jupiter stationär, dann rechtläufig	
28.12.1928 0:04:37	Merkur 1,4° nördlich Nunki	5,8°
31.12.1928 7:44:52	Venus 53' nördlich Delta Capricorni	43,2°

1929

Datum und Uhrzeit (WZ)	Ereignis	Elongation
9.1.1929 6:33:58	Merkur 6,8° südlich Beta Capricorni	13,1°
19.1.1929 2:36:36	Mars 2° südlich Elnath	142,7°
22.1.1929 15:24:00	Merkur in größter östlicher Elongation zur Sonne	18,6°
26.1.1929 15:00:51	Merkur 3,7° nördlich Delta Capricorni	16,5°
28.1.1929 16:25:06	Merkur stationär, dann rückläufig	

Datum und Uhrzeit (WZ)	Ereignis	Elongation
30.1.1929 17:08:28	Merkur 5° nördlich Delta Capricorni	12,5°
31.1.1929 2:30:53	Jupiter 11,8° südlich Hamal	81,9°
5.2.1929 1:08:06	Mars 2,2° südlich Elnath	125,6°
7.2.1929 3:35:27	Merkur in unterer Konjunktion zur Sonne	3,6°
7.2.1929 17:57:00	Venus in größter westlicher Elongation zur Sonne	46,8°
8.2.1929 0:40:00	Venus 1,9° nördlich Uranus	46°
19.2.1929 2:18:45	Merkur stationär, dann rechtläufig	
19.2.1929 3:06:11	Neptunopposition	
4.3.1929 23:48:00	Merkur in größter westlicher Elongation zur Sonne	27,2°
10.3.1929 15:39:27	Merkur 1,4° nördlich Delta Capricorni	26,6°
17.3.1929 3:48:03	Mars 3,4° nördlich Eta Geminorum	96,3°
17.3.1929 10:01:06	Venus 4,6° südlich Hamal	39,1°
21.3.1929 14:52:08	Mars 3,2° nördlich Mü Geminorum	93,7°
28.3.1929 12:38:23	Uranus in Konjunktion zur Sonne	-40'
29.3.1929 10:21:12	Venus stationär, dann rückläufig	
29.3.1929 10:24:45	Mars 9,1° nördlich Alhena	89,3°
1.4.1929 10:19:04	Mars 11' nördlich Epsilon Geminorum	87,7°
7.4.1929 21:07:52	Merkur 1,3° südlich Uranus	9,6°
9.4.1929 15:09:59	Saturn stationär, dann rückläufig	
9.4.1929 23:29:49	Venus 2,9° südlich Hamal	17,6°
12.4.1929 10:03:20	Neptun 8,6' nördlich Regulus	126,8°
17.4.1929 15:46:39	Merkur in oberer Konjunktion zur Sonne	-36'
18.4.1929 6:34:06	Merkur 7,5° südlich Venus	0,9°
20.4.1929 9:19:28	Venus in unterer Konjunktion zur Sonne	6,2°
20.4.1929 9:32:08	Merkur 10,8° südlich Hamal	3,1°
25.4.1929 5:06:32	Mars 8,3° südlich Kastor	75°
28.4.1929 14:04:53	Merkur 2,2° nördlich Jupiter	11,7°
30.4.1929 2:46:06	Mars 4,9° südlich Pollux	73,1°
3.5.1929 1:11:01	Merkur 2,2° südlich Alkione	16,5°
9.5.1929 7:33:45	Venus stationär, dann rechtläufig	
10.5.1929 0:00:00	Neptun stationär, dann rechtläufig	
10.5.1929 8:43:33	Merkur 8° nördlich Aldebaran	20,3°
14.5.1929 13:04:18	Jupiter in Konjunktion zur Sonne	-47'
15.5.1929 17:47:00	Merkur in größter östlicher Elongation zur Sonne	22°
23.5.1929 0:35:01	Merkur 3,9° südlich Elnath	20°
24.5.1929 8:22:55	Mars 18' nördlich M44	63,5°
28.5.1929 13:48:40	Merkur stationär, dann rückläufig	
3.6.1929 8:02:53	Jupiter 4,9° südlich Alkione	13,8°
3.6.1929 11:52:27	Merkur 6,8° südlich Elnath	8,8°
6.6.1929 9:52:08	Neptun 8' nördlich Regulus	73,6°
6.6.1929 14:27:04	Venus 13° südlich Hamal	39,8°
9.6.1929 10:57:21	Merkur in unterer Konjunktion zur Sonne	-3°
18.6.1929 23:52:01	Saturnopposition	
21.6.1929 8:53:16	Merkur stationär, dann rechtläufig	
29.6.1929 9:31:00	Venus in größter westlicher Elongation zur Sonne	45,7°
2.7.1929 1:13:32	Mars 43' nördlich Regulus	48,9°

Datum und Uhrzeit (WZ)	Ereignis	Elongation
2.7.1929 23:35:38	Mars 35' nördlich Neptun	48,6°
3.7.1929 7:44:00	Merkur in größter westlicher Elongation zur Sonne	21,6°
4.7.1929 21:47:53	Merkur 8,2° südlich Elnath	21,5°
5.7.1929 10:10:47	Venus 7,4° südlich Alkione	44°
13.7.1929 10:26:55	Merkur 6' südlich Eta Geminorum	18,1°
14.7.1929 10:18:29	Venus 2,3° südlich Jupiter	44,6°
14.7.1929 13:28:55	Merkur 4,5' nördlich Mü Geminorum	17,3°
16.7.1929 12:41:35	Merkur 6,4° nördlich Alhena	15,7°
17.7.1929 0:17:53	Venus 2,6° nördlich Aldebaran	44,8°
17.7.1929 6:42:36	Merkur 2,2° südlich Epsilon Geminorum	15,1°
17.7.1929 9:40:59	Uranus stationär, dann rückläufig	
23.7.1929 4:22:42	Merkur 9,3° südlich Kastor	9,2°
24.7.1929 9:32:21	Merkur 5,7° südlich Pollux	7,8°
28.7.1929 2:50:56	Venus 7,9° südlich Elnath	43,2°
28.7.1929 9:51:35	Jupiter 4,8° nördlich Aldebaran	55,3°
30.7.1929 13:29:39	Merkur 24' nördlich M44	1,4°
31.7.1929 4:10:58	Merkur in oberer Konjunktion zur Sonne	1,7°
7.8.1929 10:36:52	Venus 1,1° südlich Eta Geminorum	42°
9.8.1929 2:51:51	Venus 1° südlich Mü Geminorum	41,7°
10.8.1929 18:22:37	Merkur 1,2° nördlich Regulus	10,9°
11.8.1929 18:37:09	Merkur 57' nördlich Neptun	11,8°
12.8.1929 4:48:27	Venus 5,1° nördlich Alhena	41,2°
13.8.1929 10:09:28	Venus 3,7° südlich Epsilon Geminorum	41°
23.8.1929 17:10:51	Venus 11,2° südlich Kastor	39,1°
24.8.1929 19:30:16	Neptun in Konjunktion zur Sonne	35'
25.8.1929 22:16:16	Venus 7,7° südlich Pollux	38,7°
29.8.1929 2:04:36	Saturn stationär, dann rechtläufig	
6.9.1929 3:16:18	Venus 1,5° südlich M44	36,4°
6.9.1929 15:34:59	Mars 2,5° südlich Porrima	25,7°
8.9.1929 1:01:05	Merkur 5,2° südlich Porrima	24,4°
10.9.1929 7:52:30	Merkur 2,9° südlich Mars	25,4°
12.9.1929 16:54:00	Merkur in größter östlicher Elongation zur Sonne	26,8°
23.9.1929 22:59:43	Merkur 4,3° südlich Mars	21,2°
24.9.1929 11:29:13	Mars 2,5° nördlich Spika	21°
24.9.1929 14:57:13	Venus 19' nördlich Regulus	32,2°
25.9.1929 16:51:51	Merkur stationär, dann rückläufig	
27.9.1929 11:55:02	Venus 18' nördlich Neptun	31,6°
3.10.1929 2:08:18	Uranusopposition	
5.10.1929 9:52:47	Jupiter stationär, dann rückläufig	
8.10.1929 6:06:28	Merkur in unterer Konjunktion zur Sonne	-2°
11.10.1929 18:16:58	Merkur 3,9° südlich Porrima	7,3°
16.10.1929 14:26:12	Merkur stationär, dann rechtläufig	
21.10.1929 11:48:57	Merkur 1,2° südlich Porrima	18,1°
23.10.1929 19:07:00	Merkur in größter westlicher Elongation zur Sonne	18,4°
27.10.1929 4:51:45	Mars 24' südlich Zuben-el-dschenubi	10,8°
28.10.1929 0:40:41	Venus 1,3° südlich Porrima	24,5°

Datum und Uhrzeit (WZ)	Ereignis	Elon-gation
31.10.1929 4:11:26	Merkur 4,4° nördlich Spika	14,6°
6.11.1929 10:46:12	Venus 3,9° nördlich Spika	20,8°
14.11.1929 10:41:33	Merkur 29' nördlich Zuben-el-dschenubi	7,6°
21.11.1929 23:41:34	Mars 1,3° südlich Akrab	3,2°
24.11.1929 9:07:06	Venus 60' nördlich Zuben-el-dschenubi	17,6°
26.11.1929 2:05:17	Merkur 1,6° südlich Akrab	1°
27.11.1929 13:43:30	Merkur in oberer Konjunktion zur Sonne	-40'
29.11.1929 14:47:57	Merkur 31' südlich Mars	1,1°
29.11.1929 16:32:59	Merkur 3,7° nördlich Antares	1,5°
29.11.1929 18:34:03	Mars 4,2° nördlich Antares	1,1°
3.12.1929 7:35:09	Mars in Konjunktion zur Sonne	-25'
3.12.1929 22:51:40	Jupiteropposition	
6.12.1929 11:13:42	Neptun stationär, dann rückläufig	
9.12.1929 1:41:04	Venus 11' südlich Akrab	14,3°
13.12.1929 14:17:47	Venus 5,3° nördlich Antares	13,1°
14.12.1929 15:29:51	Merkur 2,8° südlich Saturn	9,5°
17.12.1929 11:23:07	Uranus stationär, dann rechtläufig	
17.12.1929 11:37:02	Jupiter 4,8° nördlich Aldebaran	162,9°
20.12.1929 22:31:10	Merkur 1,2° nördlich Nunki	13,1°
25.12.1929 4:23:49	Saturn in Konjunktion zur Sonne	47'

1930

Datum und Uhrzeit (WZ)	Ereignis	Elon-gation
2.1.1930 17:10:19	Venus 33' nördlich Mars	8,4°
3.1.1930 7:04:42	Venus 57' südlich Saturn	8,2°
3.1.1930 17:58:45	Mars 1,5° südlich Saturn	8,7°
3.1.1930 18:51:28	Merkur 6,1° südlich Beta Capricorni	19°
6.1.1930 0:24:00	Merkur in größter östlicher Elongation zur Sonne	19,3°
9.1.1930 10:10:56	Venus 3° nördlich Nunki	6,8°
13.1.1930 20:03:01	Mars 2,7° nördlich Nunki	11,3°
20.1.1930 21:21:27	Merkur 1,6° südlich Beta Capricorni	4°
22.1.1930 0:33:47	Merkur in unterer Konjunktion zur Sonne	3,3°
23.1.1930 3:32:13	Merkur 4,4° nördlich Venus	3,6°
25.1.1930 10:15:11	Venus 5,7° südlich Beta Capricorni	3,1°
28.1.1930 21:08:44	Merkur 4,4° nördlich Mars	14,7°
31.1.1930 13:14:20	Jupiter stationär, dann rechtläufig	
2.2.1930 12:15:14	Merkur stationär, dann rechtläufig	
6.2.1930 17:00:16	Venus in oberer Konjunktion zur Sonne	-1,3°
9.2.1930 1:17:33	Mars 5,7° südlich Beta Capricorni	17,1°
11.2.1930 7:48:16	Venus 1,3° nördlich Delta Capricorni	1,7°
15.2.1930 9:28:00	Merkur in größter westlicher Elongation zur Sonne	26,2°
17.2.1930 12:31:01	Merkur 4,7° südlich Beta Capricorni	25,5°
21.2.1930 13:24:28	Neptunopposition	
1.3.1930 21:29:05	Merkur 31' südlich Mars	22,6°

Datum und Uhrzeit (WZ)	Ereignis	Elongation
5.3.1930 6:51:57	Merkur 47' nördlich Delta Capricorni	21,2°
8.3.1930 9:06:57	Mars 1,6° nördlich Delta Capricorni	24°
17.3.1930 13:44:49	Jupiter 5,1° nördlich Aldebaran	72,6°
21.3.1930 8:38:10	Venus 32' südlich Uranus	10,5°
1.4.1930 12:47:01	Merkur in oberer Konjunktion zur Sonne	-1,1°
1.4.1930 13:47:12	Merkur 26' südlich Uranus	0,7°
1.4.1930 19:21:52	Uranus in Konjunktion zur Sonne	-39'
8.4.1930 9:22:13	Venus 11,2° südlich Hamal	15°
10.4.1930 2:37:31	Saturn 4,2° nördlich Nunki	97,7°
12.4.1930 8:28:29	Merkur 9,8° südlich Hamal	11,6°
21.4.1930 13:16:34	Saturn stationär, dann rückläufig	
22.4.1930 9:37:17	Merkur 2,5° nördlich Venus	18,5°
27.4.1930 7:35:03	Merkur 2,6° nördlich Venus	19,8°
27.4.1930 20:28:00	Merkur in größter östlicher Elongation zur Sonne	20,6°
29.4.1930 0:09:12	Venus 3,9° südlich Alkione	20,2°
29.4.1930 12:20:21	Merkur 1,4° südlich Alkione	20,4°
2.5.1930 23:28:26	Saturn 4,2° nördlich Nunki	120°
8.5.1930 11:54:39	Venus 6,2° nördlich Aldebaran	22,3°
9.5.1930 9:39:14	Merkur stationär, dann rückläufig	
12.5.1930 1:15:32	Mars 29' südlich Uranus	37,1°
12.5.1930 11:21:05	Neptun stationär, dann rechtläufig	
17.5.1930 17:41:31	Venus 1,4° nördlich Jupiter	24,8°
18.5.1930 0:14:46	Venus 4,3° südlich Elnath	25°
19.5.1930 6:10:18	Jupiter 5,7° südlich Elnath	23,7°
20.5.1930 5:02:29	Merkur in unterer Konjunktion zur Sonne	-1,1°
21.5.1930 10:27:50	Merkur 5,7° südlich Alkione	2,4°
27.5.1930 4:26:17	Venus 2,3° nördlich Eta Geminorum	27,3°
28.5.1930 16:54:04	Venus 2,3° nördlich Mü Geminorum	27,7°
31.5.1930 12:23:04	Venus 8,3° nördlich Alhena	28,4°
1.6.1930 10:00:57	Merkur stationär, dann rechtläufig	
1.6.1930 15:22:21	Venus 30' südlich Epsilon Geminorum	28,6°
6.6.1930 17:16:41	Mars 11,6° südlich Hamal	39,6°
11.6.1930 6:45:42	Venus 8,4° südlich Kastor	31°
11.6.1930 9:08:06	Merkur 8,1° südlich Alkione	21,1°
13.6.1930 9:31:51	Venus 5° südlich Pollux	31,3°
15.6.1930 2:31:00	Merkur in größter westlicher Elongation zur Sonne	23,3°
20.6.1930 15:39:40	Jupiter in Konjunktion zur Sonne, Bedeckung	-13'
22.6.1930 19:41:16	Merkur 3,1° nördlich Aldebaran	21,5°
24.6.1930 8:38:08	Venus 37' nördlich M44	34,1°
30.6.1930 6:33:57	Merkur 6,3° südlich Elnath	16,6°
1.7.1930 3:25:18	Saturnopposition	
5.7.1930 22:26:23	Merkur 22' nördlich Jupiter	11,1°
6.7.1930 3:02:32	Merkur 1,1° nördlich Eta Geminorum	10,9°
7.7.1930 0:37:23	Merkur 1,2° nördlich Mü Geminorum	9,9°
7.7.1930 16:01:28	Jupiter 42' nördlich Eta Geminorum	12,3°
8.7.1930 15:45:11	Merkur 7,4° nördlich Alhena	8,1°

Datum und Uhrzeit (WZ)	Ereignis	Elongation
9.7.1930 7:09:52	Merkur 1,3° südlich Epsilon Geminorum	7,3°
11.7.1930 14:37:25	Mars 4,8° südlich Alkione	49,7°
13.7.1930 8:29:24	Venus 1,2° nördlich Regulus	38,3°
14.7.1930 16:27:03	Merkur 8,8° südlich Kastor	1,7°
15.7.1930 9:49:35	Merkur in oberer Konjunktion zur Sonne	1,5°
15.7.1930 20:40:57	Merkur 5,2° südlich Pollux	1,6°
15.7.1930 22:39:17	Jupiter 39' nördlich Mü Geminorum	18,4°
16.7.1930 0:16:58	Venus 52' nördlich Neptun	38,8°
21.7.1930 18:38:10	Uranus stationär, dann rückläufig	
22.7.1930 2:40:40	Merkur 33' nördlich M44	7,8°
28.7.1930 9:22:53	Mars 5,1° nördlich Aldebaran	55°
31.7.1930 17:17:00	Jupiter 6,6° nördlich Alhena	30°
3.8.1930 6:28:02	Merkur 43' nördlich Regulus	18,4°
5.8.1930 14:20:14	Merkur 15' nördlich Neptun	20°
7.8.1930 6:54:46	Jupiter 2,2° südlich Epsilon Geminorum	34,9°
14.8.1930 19:55:16	Mars 5,5° südlich Elnath	59,8°
19.8.1930 17:16:30	Venus 3,7° südlich Porrima	43,3°
26.8.1930 4:40:00	Merkur in größter östlicher Elongation zur Sonne	27,3°
27.8.1930 7:58:19	Neptun in Konjunktion zur Sonne	39'
31.8.1930 0:57:15	Venus 29' nördlich Spika	45,8°
1.9.1930 9:01:45	Mars 1° nördlich Eta Geminorum	65,7°
4.9.1930 8:49:42	Mars 1° nördlich Mü Geminorum	66,8°
8.9.1930 8:07:31	Merkur stationär, dann rückläufig	
9.9.1930 20:40:43	Saturn stationär, dann rechtläufig	
9.9.1930 23:27:04	Mars 7,1° nördlich Alhena	68,6°
12.9.1930 5:58:35	Mars 1,7° südlich Epsilon Geminorum	69,7°
13.9.1930 11:37:00	Venus in größter östlicher Elongation zur Sonne	46,4°
21.9.1930 20:14:17	Merkur in unterer Konjunktion zur Sonne	-2,9°
23.9.1930 7:13:45	Venus 4,3° südlich Zuben-el-dschenubi	44,5°
27.9.1930 1:15:32	Mars 43' nördlich Jupiter	75,4°
30.9.1930 4:24:01	Merkur stationär, dann rechtläufig	
2.10.1930 13:35:30	Mars 9,5° südlich Kastor	77,9°
7.10.1930 6:50:01	Mars 5,9° südlich Pollux	80°
7.10.1930 9:05:43	Uranusopposition	
7.10.1930 10:52:00	Merkur in größter westlicher Elongation zur Sonne	18°
17.10.1930 10:26:20	Merkur 54' südlich Porrima	13,9°
18.10.1930 12:01:01	Venus 6,8° südlich Akrab	37,8°
24.10.1930 12:11:46	Merkur 3,9° nördlich Spika	7,8°
2.11.1930 9:06:47	Venus stationär, dann rückläufig	
3.11.1930 13:06:27	Mars 18' nördlich M44	94,1°
7.11.1930 2:31:02	Merkur in oberer Konjunktion zur Sonne, Bedeckung	8,1'
7.11.1930 5:42:00	Merkur 13' südlich Zuben-el-dschenubi	0,1°
8.11.1930 4:54:30	Jupiter stationär, dann rückläufig	
16.11.1930 18:17:08	Venus 5,1° südlich Akrab	8,6°
18.11.1930 9:06:48	Merkur 2,6° nördlich Venus	6,6°
18.11.1930 22:10:02	Merkur 2,2° südlich Akrab	6,4°

Datum und Uhrzeit (WZ)	Ereignis	Elongation
22.11.1930 13:34:03	Merkur 3,1° nördlich Antares	8,9°
22.11.1930 18:10:09	Venus in unterer Konjunktion zur Sonne	-2,6°
8.12.1930 23:33:33	Neptun stationär, dann rückläufig	
12.12.1930 2:30:39	Venus stationär, dann rechtläufig	
14.12.1930 23:54:21	Merkur 2,5° südlich Saturn	19,3°
15.12.1930 0:18:10	Merkur 1,3° nördlich Nunki	19,3°
15.12.1930 4:33:30	Saturn 3,8° nördlich Nunki	19,2°
19.12.1930 14:43:33	Mars stationär, dann rückläufig	
20.12.1930 4:38:00	Merkur in größter östlicher Elongation zur Sonne	20,2°
21.12.1930 16:22:12	Uranus stationär, dann rechtläufig	
27.12.1930 17:26:59	Merkur stationär, dann rückläufig	

1931

Datum und Uhrzeit (WZ)	Ereignis	Elongation
5.1.1931 13:13:25	Saturn in Konjunktion zur Sonne	21'
6.1.1931 2:59:07	Venus 3,3° nördlich Akrab	42,6°
6.1.1931 3:13:13	Merkur in unterer Konjunktion zur Sonne	2,8°
6.1.1931 7:30:36	Merkur 2,5° nördlich Saturn	0,8°
6.1.1931 17:43:32	Jupiteropposition	
8.1.1931 6:45:07	Merkur 6,6° nördlich Nunki	5,9°
13.1.1931 15:29:42	Venus 9° nördlich Antares	43,9°
27.1.1931 13:42:00	Merkur 4,7° nördlich Nunki	24,9°
27.1.1931 18:59:26	Marsopposition	
28.1.1931 18:15:00	Merkur in größter westlicher Elongation zur Sonne	24,9°
31.1.1931 9:33:05	Mars 3,3° nördlich M44	173,2°
1.2.1931 19:25:54	Merkur 3,3' nördlich Saturn	24,6°
1.2.1931 21:57:00	Venus in größter westlicher Elongation zur Sonne	46,9°
12.2.1931 18:24:51	Merkur 5,8° südlich Beta Capricorni	20,5°
17.2.1931 17:11:34	Venus 6° nördlich Nunki	46,2°
23.2.1931 23:32:52	Neptunopposition	
25.2.1931 2:08:06	Venus 1,7° nördlich Saturn	45,5°
26.2.1931 10:02:04	Merkur 33' nördlich Delta Capricorni	14,3°
7.3.1931 7:07:06	Jupiter stationär, dann rechtläufig	
7.3.1931 21:59:43	Venus 3,5° südlich Beta Capricorni	43,5°
9.3.1931 3:47:14	Mars stationär, dann rechtläufig	
15.3.1931 23:54:48	Merkur in oberer Konjunktion zur Sonne	-1,5°
26.3.1931 4:42:16	Venus 2,6° nördlich Delta Capricorni	41,1°
26.3.1931 7:11:00	Merkur 46' nördlich Uranus	10,1°
6.4.1931 2:24:23	Uranus in Konjunktion zur Sonne	-38'
6.4.1931 3:17:07	Merkur 8,4° südlich Hamal	18,6°
10.4.1931 11:03:00	Merkur in größter östlicher Elongation zur Sonne	19,4°
19.4.1931 11:26:43	Mars 1,1° nördlich M44	97,6°
20.4.1931 2:53:12	Merkur stationär, dann rückläufig	
30.4.1931 10:01:15	Merkur in unterer Konjunktion zur Sonne	49'

Datum und Uhrzeit (WZ)	Ereignis	Elongation
3.5.1931 15:13:52	Saturn stationär, dann rückläufig	
10.5.1931 1:41:25	Venus 1,2° südlich Uranus	31,3°
12.5.1931 16:52:44	Merkur stationär, dann rechtläufig	
15.5.1931 0:09:51	Neptun stationär, dann rechtläufig	
23.5.1931 2:28:24	Venus 12,4° südlich Hamal	26,2°
27.5.1931 17:12:00	Merkur in größter westlicher Elongation zur Sonne	25°
4.6.1931 1:25:33	Jupiter 9,9° südlich Kastor	38°
7.6.1931 21:31:46	Mars 53' nördlich Regulus	72,4°
9.6.1931 20:00:22	Merkur 6,4° südlich Alkione	19,4°
13.6.1931 3:29:51	Venus 5,5° südlich Alkione	22,5°
16.6.1931 9:25:40	Mars 28' nördlich Neptun	68,8°
16.6.1931 15:18:39	Merkur 4,5° nördlich Aldebaran	15°
16.6.1931 15:38:24	Jupiter 6,4° südlich Pollux	28,5°
22.6.1931 11:57:03	Merkur 5,3° südlich Elnath	8,8°
22.6.1931 19:12:39	Venus 4,6° nördlich Aldebaran	20,9°
27.6.1931 16:31:30	Merkur 1,9° nördlich Eta Geminorum	2,7°
28.6.1931 12:42:57	Merkur 1,9° nördlich Mü Geminorum	1,7°
29.6.1931 19:25:47	Merkur in oberer Konjunktion zur Sonne	1,3°
30.6.1931 2:00:48	Merkur 8° nördlich Alhena	1,3°
30.6.1931 16:57:17	Merkur 43' südlich Epsilon Geminorum	1,7°
2.7.1931 10:27:56	Venus 6° südlich Elnath	18,4°
6.7.1931 3:10:01	Merkur 8,4° südlich Kastor	7,7°
7.7.1931 8:39:04	Merkur 4,9° südlich Pollux	9°
9.7.1931 19:44:10	Merkur 1,5° nördlich Jupiter	11,6°
11.7.1931 15:50:22	Venus 43' nördlich Eta Geminorum	15,9°
13.7.1931 4:18:46	Venus 43' nördlich Mü Geminorum	15,5°
13.7.1931 7:43:43	Saturnopposition	
14.7.1931 2:27:29	Merkur 30' nördlich M44	15,6°
15.7.1931 23:38:28	Venus 6,8° nördlich Alhena	14,8°
17.7.1931 2:31:49	Venus 2° südlich Epsilon Geminorum	14,5°
25.7.1931 19:54:16	Jupiter in Konjunktion zur Sonne	25'
26.7.1931 2:17:00	Uranus stationär, dann rückläufig	
26.7.1931 15:18:45	Venus 9,8° südlich Kastor	11,9°
28.7.1931 4:41:19	Merkur 10' südlich Regulus	24,7°
28.7.1931 17:04:27	Venus 6,3° südlich Pollux	11,3°
1.8.1931 18:57:16	Merkur 1,2° südlich Neptun	26°
6.8.1931 17:50:56	Venus 25' nördlich Jupiter	8,8°
8.8.1931 8:18:14	Venus 24' südlich M44	8,5°
8.8.1931 14:01:00	Merkur in größter östlicher Elongation zur Sonne	27,4°
15.8.1931 19:12:32	Jupiter 51' südlich M44	15,5°
18.8.1931 3:10:33	Mars 2,7° südlich Porrima	45°
21.8.1931 16:55:42	Merkur stationär, dann rückläufig	
26.8.1931 6:38:42	Venus 54' nördlich Regulus	3,2°
29.8.1931 20:30:28	Neptun in Konjunktion zur Sonne	43'
31.8.1931 17:48:15	Venus 43' nördlich Neptun	1,9°
4.9.1931 9:37:35	Merkur 5,8° südlich Venus	1,7°

Datum und Uhrzeit (WZ)	Ereignis	Elongation
5.9.1931 0:02:26	Merkur in unterer Konjunktion zur Sonne	-3,8°
5.9.1931 8:31:12	Mars 2,3° nördlich Spika	40,2°
8.9.1931 3:35:46	Venus in oberer Konjunktion zur Sonne	1,4°
10.9.1931 5:24:10	Merkur 3,3° südlich Neptun	9,7°
13.9.1931 13:49:54	Merkur stationär, dann rechtläufig	
17.9.1931 7:33:26	Merkur 56' südlich Neptun	16,9°
21.9.1931 2:50:00	Merkur in größter westlicher Elongation zur Sonne	17,9°
21.9.1931 15:59:04	Saturn stationär, dann rechtläufig	
28.9.1931 12:10:08	Venus 1,7° südlich Porrima	5,5°
7.10.1931 23:09:09	Venus 3,3° nördlich Spika	8°
8.10.1931 8:18:20	Mars 41' südlich Zuben-el-dschenubi	30°
10.10.1931 5:33:49	Merkur 1,3° südlich Porrima	6,4°
11.10.1931 16:03:50	Uranusopposition	
17.10.1931 2:40:19	Merkur 3,3° nördlich Spika	1,5°
18.10.1931 16:35:42	Merkur in oberer Konjunktion zur Sonne	50'
25.10.1931 22:58:17	Venus 2,5' nördlich Zuben-el-dschenubi	12,5°
31.10.1931 0:38:57	Merkur 55' südlich Zuben-el-dschenubi	7,5°
3.11.1931 1:24:53	Mars 1,6° südlich Akrab	22,6°
9.11.1931 16:04:23	Venus 1,3° südlich Akrab	16°
10.11.1931 19:00:22	Mars 4° nördlich Antares	20,7°
12.11.1931 0:57:46	Merkur 2,8° südlich Akrab	13,6°
14.11.1931 4:40:53	Venus 4,2° nördlich Antares	17,3°
15.11.1931 20:02:29	Merkur 2,6° nördlich Antares	16°
19.11.1931 2:39:12	Venus 4,5' nördlich Mars	18,5°
21.11.1931 0:44:12	Merkur 1,6° südlich Mars	18°
3.12.1931 3:18:00	Merkur in größter östlicher Elongation zur Sonne	21,3°
10.12.1931 2:36:41	Jupiter stationär, dann rückläufig	
11.12.1931 0:53:17	Venus 2,1° nördlich Nunki	23,6°
11.12.1931 10:06:04	Neptun stationär, dann rückläufig	
11.12.1931 19:23:24	Merkur stationär, dann rückläufig	
16.12.1931 4:36:58	Merkur 1,3° nördlich Mars	11,4°
19.12.1931 10:38:47	Venus 1,5° südlich Saturn	25,6°
21.12.1931 9:14:42	Merkur in unterer Konjunktion zur Sonne	2,1°
25.12.1931 9:10:39	Mars 2,5° nördlich Nunki	9,1°
25.12.1931 21:30:31	Uranus stationär, dann rechtläufig	
27.12.1931 3:20:37	Venus 6,5° südlich Beta Capricorni	27,3°

1932

Datum und Uhrzeit (WZ)	Ereignis	Elongation
11.1.1932 3:02:00	Merkur in größter westlicher Elongation zur Sonne	23,4°
11.1.1932 8:53:04	Mars 56' südlich Saturn	5°
13.1.1932 7:27:57	Venus 58' nördlich Delta Capricorni	30,8°
16.1.1932 23:23:02	Saturn in Konjunktion zur Sonne, Bedeckung	-6,1'
20.1.1932 7:19:33	Mars 5,8° südlich Beta Capricorni	2,9°

Datum und Uhrzeit (WZ)	Ereignis	Elongation
23.1.1932 16:00:22	Merkur 3,3° nördlich Nunki	20,7°
1.2.1932 6:03:01	Mars in Konjunktion zur Sonne	-1,1°
3.2.1932 10:45:59	Merkur 1,3° südlich Saturn	15,7°
6.2.1932 4:06:35	Merkur 6,4° südlich Beta Capricorni	13,8°
7.2.1932 14:57:08	Jupiteropposition	
16.2.1932 9:10:58	Mars 1,6° nördlich Delta Capricorni	3,6°
18.2.1932 22:44:15	Merkur 31' nördlich Delta Capricorni	6,7°
21.2.1932 0:39:43	Merkur 1,1° südlich Mars	4,5°
26.2.1932 9:59:02	Neptunopposition	
26.2.1932 21:11:15	Merkur in oberer Konjunktion zur Sonne	-1,8°
27.2.1932 6:36:23	Venus 48' nördlich Uranus	39,6°
12.3.1932 1:22:50	Venus 9,5° südlich Hamal	42,2°
15.3.1932 19:03:33	Saturn 4,9° südlich Beta Capricorni	52°
21.3.1932 19:33:33	Merkur 2,9° nördlich Uranus	17,3°
23.3.1932 11:48:00	Merkur in größter östlicher Elongation zur Sonne	18,7°
31.3.1932 7:38:04	Merkur stationär, dann rückläufig	
3.4.1932 19:04:06	Venus 1,5° südlich Alkione	45°
8.4.1932 16:36:23	Jupiter stationär, dann rechtläufig	
9.4.1932 9:55:27	Uranus in Konjunktion zur Sonne	-36'
10.4.1932 2:49:22	Merkur 3,2° nördlich Uranus	0,9°
10.4.1932 10:35:28	Merkur in unterer Konjunktion zur Sonne	2,3°
14.4.1932 19:08:22	Venus 8,8° nördlich Aldebaran	44,5°
19.4.1932 19:32:00	Venus in größter östlicher Elongation zur Sonne	45,7°
21.4.1932 7:41:15	Merkur 15' nördlich Mars	16,9°
22.4.1932 19:46:22	Merkur stationär, dann rechtläufig	
26.4.1932 13:42:20	Venus 1,7° südlich Elnath	45,5°
29.4.1932 19:01:41	Mars 9,8' südlich Uranus	18,8°
6.5.1932 20:23:38	Merkur 2,6° südlich Uranus	25,2°
8.5.1932 9:20:00	Merkur in größter westlicher Elongation zur Sonne	26,4°
9.5.1932 10:11:48	Venus 4,7° nördlich Eta Geminorum	43,9°
11.5.1932 20:03:30	Venus 4,6° nördlich Mü Geminorum	43,4°
14.5.1932 22:21:50	Saturn stationär, dann rückläufig	
16.5.1932 5:12:28	Mars 11,3° südlich Hamal	20,8°
16.5.1932 11:55:13	Neptun stationär, dann rechtläufig	
16.5.1932 16:48:41	Venus 10,4° nördlich Alhena	42,1°
17.5.1932 9:42:44	Merkur 13,8° südlich Hamal	21,9°
18.5.1932 19:49:56	Merkur 2,5° südlich Mars	22,9°
18.5.1932 20:45:19	Venus 1,5° nördlich Epsilon Geminorum	41,3°
1.6.1932 21:12:26	Merkur 5,2° südlich Alkione	12,7°
7.6.1932 5:53:40	Venus stationär, dann rückläufig	
7.6.1932 14:45:34	Merkur 5,5° nördlich Aldebaran	6,9°
12.6.1932 23:15:45	Merkur 4,5° südlich Elnath	1°
13.6.1932 6:56:17	Merkur in oberer Konjunktion zur Sonne	56'
18.6.1932 1:34:55	Merkur 2,4° nördlich Eta Geminorum	6°
18.6.1932 22:10:26	Merkur 2,4° nördlich Mü Geminorum	7°
19.6.1932 15:57:33	Mars 4,4° südlich Alkione	29,3°

Datum und Uhrzeit (WZ)	Ereignis	Elongation
20.6.1932 12:44:45	Merkur 8,5° nördlich Alhena	8,9°
21.6.1932 4:24:07	Merkur 18' südlich Epsilon Geminorum	9,6°
22.6.1932 4:37:16	Merkur 3,3° nördlich Venus	10,7°
25.6.1932 19:19:22	Venus 4,4° südlich Epsilon Geminorum	5,4°
27.6.1932 1:06:43	Merkur 8,3° südlich Kastor	15,5°
28.6.1932 0:43:20	Venus 3,9° nördlich Alhena	3,4°
28.6.1932 9:59:36	Merkur 4,9° südlich Pollux	16,8°
29.6.1932 4:33:23	Venus in unterer Konjunktion zur Sonne	-3,1°
3.7.1932 16:02:43	Venus 3,2° südlich Mü Geminorum	7,2°
6.7.1932 1:21:25	Mars 5,5° nördlich Aldebaran	34,1°
6.7.1932 5:36:10	Merkur 7,4' nördlich M44	22,4°
7.7.1932 2:59:46	Venus 3,7° südlich Eta Geminorum	12,3°
17.7.1932 9:58:29	Saturn 5,1° südlich Beta Capricorni	170,3°
20.7.1932 18:35:00	Merkur in größter östlicher Elongation zur Sonne	26,9°
20.7.1932 20:12:54	Venus stationär, dann rechtläufig	
22.7.1932 21:30:03	Mars 5,2° südlich Elnath	38,5°
23.7.1932 2:41:02	Merkur 2,4° südlich Jupiter	25,9°
24.7.1932 13:59:13	Saturnopposition	
27.7.1932 17:20:51	Merkur 3° südlich Regulus	24,5°
29.7.1932 11:33:54	Uranus stationär, dann rückläufig	
2.8.1932 20:36:05	Merkur stationär, dann rückläufig	
4.8.1932 9:09:23	Venus 4,5° südlich Eta Geminorum	39,3°
5.8.1932 9:21:52	Jupiter 26' nördlich Regulus	16°
7.8.1932 16:35:13	Merkur 5,6° südlich Jupiter	14,3°
8.8.1932 2:49:30	Venus 4,4° südlich Mü Geminorum	41°
8.8.1932 12:48:32	Mars 1,3° nördlich Eta Geminorum	43,2°
8.8.1932 19:35:49	Merkur 5,4° südlich Regulus	12,9°
11.8.1932 7:56:25	Mars 1,2° nördlich Mü Geminorum	44,1°
13.8.1932 20:38:59	Venus 1,9° nördlich Alhena	43°
15.8.1932 21:48:04	Venus 6,7° südlich Epsilon Geminorum	43,6°
16.8.1932 12:52:58	Mars 7,2° nördlich Alhena	45,6°
17.8.1932 14:10:53	Merkur in unterer Konjunktion zur Sonne	-4,5°
18.8.1932 15:12:19	Mars 1,6° südlich Epsilon Geminorum	46,3°
26.8.1932 15:57:30	Merkur stationär, dann rechtläufig	
26.8.1932 21:13:29	Jupiter in Konjunktion zur Sonne	53'
30.8.1932 15:14:05	Venus 13,6° südlich Kastor	45,7°
31.8.1932 8:59:54	Neptun in Konjunktion zur Sonne	46'
2.9.1932 11:13:42	Venus 9,9° südlich Pollux	45,9°
3.9.1932 15:53:00	Merkur in größter westlicher Elongation zur Sonne	18,1°
5.9.1932 20:29:48	Mars 9,5° südlich Kastor	52,3°
7.9.1932 22:21:00	Venus in größter westlicher Elongation zur Sonne	46°
8.9.1932 10:12:04	Merkur 34' nördlich Regulus	16,7°
9.9.1932 22:03:52	Mars 6° südlich Pollux	53,7°
13.9.1932 11:35:23	Merkur 46' nördlich Jupiter	13,3°
14.9.1932 0:38:35	Merkur 58' nördlich Neptun	12,8°
15.9.1932 22:51:55	Venus 3,2° südlich M44	45,8°

Datum und Uhrzeit (WZ)	Ereignis	Elongation
18.9.1932 20:51:40	Jupiter 9' nördlich Neptun	17,3°
29.9.1932 9:13:52	Merkur in oberer Konjunktion zur Sonne	1,3°
1.10.1932 10:50:27	Mars 9,1' südlich M44	61,7°
1.10.1932 14:27:51	Merkur 1,8° südlich Porrima	2,1°
2.10.1932 14:35:45	Saturn stationär, dann rechtläufig	
6.10.1932 9:57:22	Venus 33' südlich Regulus	43,9°
8.10.1932 15:53:53	Merkur 2,6° nördlich Spika	6,8°
14.10.1932 23:00:10	Uranusopposition	
15.10.1932 12:01:27	Venus 13' südlich Neptun	42,6°
20.10.1932 3:05:46	Venus 7,2' südlich Jupiter	41,8°
23.10.1932 3:27:37	Merkur 1,7° südlich Zuben-el-dschenubi	14,6°
5.11.1932 0:24:43	Merkur 3,5° südlich Akrab	19,9°
9.11.1932 8:23:20	Merkur 2° nördlich Antares	21,9°
10.11.1932 5:59:22	Venus 1,2° südlich Porrima	38°
10.11.1932 15:04:55	Mars 1,4° nördlich Regulus	79,1°
14.11.1932 20:48:00	Merkur in größter östlicher Elongation zur Sonne	22,6°
19.11.1932 21:11:26	Venus 4,3° nördlich Spika	34,5°
24.11.1932 18:45:23	Merkur stationär, dann rückläufig	
4.12.1932 16:40:20	Merkur in unterer Konjunktion zur Sonne	1,3°
5.12.1932 7:18:53	Mars 1,6° nördlich Neptun	92,8°
8.12.1932 3:13:49	Venus 1,5° nördlich Zuben-el-dschenubi	31,8°
8.12.1932 7:35:02	Merkur 7° nördlich Antares	8,5°
12.12.1932 3:52:07	Saturn 5,2° südlich Beta Capricorni	42°
12.12.1932 21:35:10	Neptun stationär, dann rückläufig	
14.12.1932 11:00:01	Merkur stationär, dann rechtläufig	
21.12.1932 11:32:10	Merkur 7° nördlich Antares	21,1°
23.12.1932 1:26:20	Venus 26' nördlich Akrab	28,8°
23.12.1932 15:10:00	Merkur in größter westlicher Elongation zur Sonne	22°
27.12.1932 15:40:24	Venus 5,9° nördlich Antares	27,2°
29.12.1932 2:27:37	Uranus stationär, dann rechtläufig	

1933

Datum und Uhrzeit (WZ)	Ereignis	Elongation
16.1.1933 7:15:31	Merkur 2,5° nördlich Nunki	14,1°
22.1.1933 1:43:07	Mars stationär, dann rückläufig	
23.1.1933 19:54:52	Venus 3,6° nördlich Nunki	21,6°
27.1.1933 12:30:51	Saturn in Konjunktion zur Sonne	-33'
28.1.1933 22:04:25	Merkur 6,7° südlich Beta Capricorni	7,1°
1.2.1933 8:34:25	Merkur 1,5° südlich Saturn	4,4°
7.2.1933 23:47:07	Merkur in oberer Konjunktion zur Sonne	-2,1°
8.2.1933 23:17:03	Venus 5,3° südlich Beta Capricorni	17,3°
10.2.1933 6:04:48	Merkur 39' nördlich Delta Capricorni	2,6°
14.2.1933 20:27:00	Venus 13' südlich Saturn	16,4°
25.2.1933 22:50:44	Venus 1,6° nördlich Delta Capricorni	13,8°

Datum und Uhrzeit (WZ)	Ereignis	Elongation
27.2.1933 20:15:41	Neptunopposition	
1.3.1933 20:21:13	Marsopposition	
6.3.1933 19:39:00	Merkur in größter westlicher Elongation zur Sonne	18,2°
9.3.1933 8:27:26	Jupiteropposition	
11.3.1933 5:15:27	Mars 3,5° nördlich Neptun	166,4°
13.3.1933 9:05:49	Merkur stationär, dann rückläufig	
23.3.1933 8:15:31	Merkur in unterer Konjunktion zur Sonne	3,2°
26.3.1933 0:33:53	Merkur 4,6° nördlich Venus	5,7°
4.4.1933 18:53:48	Merkur stationär, dann rechtläufig	
13.4.1933 10:02:51	Mars stationär, dann rechtläufig	
13.4.1933 18:04:23	Uranus in Konjunktion zur Sonne	-34'
15.4.1933 6:56:00	Venus 39' südlich Uranus	1,5°
20.4.1933 6:58:00	Merkur in größter westlicher Elongation zur Sonne	27,4°
21.4.1933 15:43:34	Venus in oberer Konjunktion zur Sonne	-1°
22.4.1933 23:27:49	Venus 11,6° südlich Hamal	1°
6.5.1933 14:31:11	Merkur 2,2° südlich Uranus	21°
10.5.1933 21:12:53	Jupiter stationär, dann rechtläufig	
11.5.1933 14:57:39	Merkur 12,9° südlich Hamal	16,9°
13.5.1933 13:01:35	Venus 4,4° südlich Alkione	5,8°
16.5.1933 20:07:05	Mars 47' nördlich Neptun	101,6°
19.5.1933 1:43:42	Neptun stationär, dann rechtläufig	
22.5.1933 23:55:16	Venus 5,7° nördlich Aldebaran	8,3°
24.5.1933 17:06:42	Merkur 4,3° südlich Alkione	5°
27.5.1933 12:35:17	Saturn stationär, dann rückläufig	
28.5.1933 18:36:00	Merkur in oberer Konjunktion zur Sonne	33'
30.5.1933 1:36:12	Merkur 6,3° nördlich Aldebaran	1,8°
1.6.1933 10:58:56	Venus 4,9° südlich Elnath	10,8°
4.6.1933 9:45:16	Merkur 3,9° südlich Elnath	8,2°
4.6.1933 21:22:09	Mars 16' südlich Jupiter	90,5°
8.6.1933 15:58:35	Merkur 1,1° nördlich Venus	12,8°
9.6.1933 19:55:32	Merkur 2,8° nördlich Eta Geminorum	14,1°
10.6.1933 13:16:13	Venus 1,7° nördlich Eta Geminorum	13,3°
10.6.1933 18:38:30	Merkur 2,8° nördlich Mü Geminorum	15°
12.6.1933 1:21:14	Venus 1,7° nördlich Mü Geminorum	13,7°
12.6.1933 13:48:49	Merkur 8,8° nördlich Alhena	16,7°
13.6.1933 7:35:21	Merkur 2' südlich Epsilon Geminorum	17,3°
14.6.1933 20:01:40	Venus 7,7° nördlich Alhena	14,5°
15.6.1933 22:43:44	Venus 1° südlich Epsilon Geminorum	14,8°
20.6.1933 6:12:40	Merkur 8,4° südlich Kastor	22,2°
21.6.1933 23:21:05	Merkur 5,1° südlich Pollux	23,1°
25.6.1933 10:27:11	Venus 8,9° südlich Kastor	17,3°
27.6.1933 12:10:17	Venus 5,4° südlich Pollux	17,9°
2.7.1933 16:17:00	Merkur in größter östlicher Elongation zur Sonne	25,9°
3.7.1933 5:14:52	Merkur 1,4° südlich M44	25,6°
8.7.1933 4:43:39	Venus 16' nördlich M44	20,8°
12.7.1933 13:07:40	Merkur 3,9° südlich Venus	21,9°

Datum und Uhrzeit (WZ)	Ereignis	Elongation
15.7.1933 19:46:45	Merkur stationär, dann rückläufig	
25.7.1933 9:54:32	Mars 3° südlich Porrima	67,3°
26.7.1933 11:00:13	Venus 1,2° nördlich Regulus	25,6°
28.7.1933 21:54:25	Merkur 6,4° südlich M44	1,6°
30.7.1933 11:04:52	Merkur in unterer Konjunktion zur Sonne	-4,9°
2.8.1933 19:57:24	Uranus stationär, dann rückläufig	
3.8.1933 18:59:26	Venus 38' nördlich Neptun	27,7°
5.8.1933 22:52:42	Saturnopposition	
9.8.1933 6:49:17	Merkur stationär, dann rechtläufig	
13.8.1933 22:31:15	Mars 1,9° nördlich Spika	61,5°
17.8.1933 11:09:47	Venus 6,2' südlich Jupiter	31°
17.8.1933 22:50:00	Merkur in größter westlicher Elongation zur Sonne	18,6°
18.8.1933 20:27:17	Merkur 2° südlich M44	18,6°
30.8.1933 0:21:39	Venus 2,5° südlich Porrima	33,1°
1.9.1933 10:30:26	Merkur 1,2° nördlich Regulus	9,6°
2.9.1933 21:22:48	Neptun in Konjunktion zur Sonne	50'
7.9.1933 5:39:14	Merkur 1° nördlich Neptun	4,1°
8.9.1933 23:20:53	Venus 2,2° nördlich Spika	36,3°
11.9.1933 23:41:24	Merkur in oberer Konjunktion zur Sonne	1,6°
17.9.1933 2:54:49	Mars 1° südlich Zuben-el-dschenubi	50,3°
19.9.1933 6:25:27	Merkur 2,6' südlich Jupiter	6,2°
24.9.1933 1:36:39	Merkur 2,4° südlich Porrima	9,1°
27.9.1933 5:48:23	Jupiter in Konjunktion zur Sonne	1,1°
28.9.1933 0:05:11	Venus 1,6° südlich Zuben-el-dschenubi	39,7°
1.10.1933 12:24:30	Merkur 1,9° nördlich Spika	14,3°
13.10.1933 4:26:08	Mars 1,9° südlich Akrab	42,9°
13.10.1933 16:17:15	Venus 3,1° südlich Akrab	42,4°
14.10.1933 11:37:17	Venus 1,2° südlich Mars	42,9°
14.10.1933 16:54:17	Saturn stationär, dann rechtläufig	
17.10.1933 3:46:14	Merkur 2,5° südlich Zuben-el-dschenubi	20,8°
18.10.1933 12:54:03	Venus 2,3° nördlich Antares	43,8°
19.10.1933 6:03:18	Uranusopposition	
20.10.1933 23:11:43	Mars 3,7° nördlich Antares	41,1°
26.10.1933 14:19:36	Jupiter 1,8° südlich Porrima	22,8°
28.10.1933 10:32:00	Merkur in größter östlicher Elongation zur Sonne	23,9°
3.11.1933 3:25:52	Merkur 3,9° südlich Akrab	22°
8.11.1933 13:17:58	Merkur stationär, dann rückläufig	
13.11.1933 9:52:08	Merkur 2,4° südlich Akrab	11,7°
17.11.1933 7:10:52	Venus 18' nördlich Nunki	47,1°
18.11.1933 23:41:01	Merkur in unterer Konjunktion zur Sonne	29'
25.11.1933 14:51:00	Venus in größter östlicher Elongation zur Sonne	47,3°
28.11.1933 4:55:13	Merkur stationär, dann rechtläufig	
4.12.1933 13:40:51	Mars 2,3° nördlich Nunki	29,7°
6.12.1933 10:01:00	Merkur in größter westlicher Elongation zur Sonne	20,7°
7.12.1933 8:15:44	Venus 7,3° südlich Beta Capricorni	46,7°
13.12.1933 18:58:27	Merkur 32' nördlich Akrab	19,1°

Datum und Uhrzeit (WZ)	Ereignis	Elon-gation
15.12.1933 8:38:02	Neptun stationär, dann rückläufig	
17.12.1933 23:03:43	Merkur 5,6° nördlich Antares	17,3°
21.12.1933 10:32:35	Venus 20' südlich Saturn	44,1°
30.12.1933 10:32:26	Mars 5,9° südlich Beta Capricorni	23,5°

1934

Datum und Uhrzeit (WZ)	Ereignis	Elon-gation
5.1.1934 14:32:29	Jupiter 3,6° nördlich Spika	81,7°
9.1.1934 5:22:23	Merkur 2° nördlich Nunki	6,8°
13.1.1934 11:18:40	Venus stationär, dann rückläufig	
17.1.1934 17:26:17	Mars 8,9' südlich Saturn	19,3°
20.1.1934 2:24:03	Merkur in oberer Konjunktion zur Sonne	-2°
21.1.1934 10:13:24	Merkur 6,8° südlich Beta Capricorni	2,2°
22.1.1934 23:30:43	Venus 6,6° nördlich Mars	18,1°
26.1.1934 12:03:28	Mars 1,6° nördlich Delta Capricorni	16,9°
28.1.1934 20:40:24	Venus 7,9° nördlich Saturn	9,4°
30.1.1934 2:08:29	Merkur 9,1° südlich Venus	7,3°
30.1.1934 14:44:59	Merkur 58' südlich Saturn	7,7°
2.2.1934 16:54:56	Merkur 59' nördlich Delta Capricorni	9,8°
5.2.1934 4:17:44	Venus in unterer Konjunktion zur Sonne	7,8°
7.2.1934 17:53:46	Jupiter stationär, dann rückläufig	
8.2.1934 6:24:27	Saturn in Konjunktion zur Sonne	-59'
8.2.1934 23:01:21	Merkur 8,1' nördlich Mars	14,3°
18.2.1934 7:17:00	Merkur in größter östlicher Elongation zur Sonne	18,1°
24.2.1934 6:02:25	Merkur stationär, dann rückläufig	
24.2.1934 23:00:33	Venus stationär, dann rechtläufig	
27.2.1934 6:45:22	Merkur 4,5° nördlich Mars	10,3°
2.3.1934 6:44:29	Neptunopposition	
6.3.1934 0:09:26	Merkur in unterer Konjunktion zur Sonne	3,7°
12.3.1934 21:53:24	Jupiter 3,9° nördlich Spika	148,7°
17.3.1934 17:41:27	Saturn 1,6° nördlich Delta Capricorni	33,3°
18.3.1934 9:05:00	Merkur stationär, dann rechtläufig	
30.3.1934 21:15:28	Venus 5,3° nördlich Delta Capricorni	45,2°
1.4.1934 15:06:24	Venus 3,5° nördlich Saturn	45,4°
2.4.1934 10:54:00	Merkur in größter westlicher Elongation zur Sonne	27,8°
8.4.1934 20:20:18	Jupiteropposition	
14.4.1934 14:26:28	Mars in Konjunktion zur Sonne	-28'
16.4.1934 8:19:00	Venus in größter westlicher Elongation zur Sonne	46,3°
18.4.1934 2:39:32	Uranus in Konjunktion zur Sonne	-32'
19.4.1934 7:25:39	Mars 7,7' nördlich Uranus	1,1°
26.4.1934 14:23:35	Mars 11° südlich Hamal	2,7°
1.5.1934 14:12:48	Merkur 1,3° südlich Uranus	12,4°
4.5.1934 1:56:52	Merkur 12,1° südlich Hamal	10,4°
8.5.1934 11:22:31	Merkur 31' südlich Mars	5,4°

Datum und Uhrzeit (WZ)	Ereignis	Elon-gation
13.5.1934 4:43:33	Merkur in oberer Konjunktion zur Sonne, Bedeckung	7,3'
16.5.1934 4:45:37	Merkur 3,5° südlich Alkione	3,7°
21.5.1934 13:24:58	Neptun stationär, dann rechtläufig	
21.5.1934 14:59:07	Merkur 7° nördlich Aldebaran	10,2°
27.5.1934 10:46:16	Merkur 3,4° südlich Elnath	16,1°
31.5.1934 2:03:05	Mars 4,1° südlich Alkione	10,7°
1.6.1934 16:30:17	Venus 1,7° südlich Uranus	40,7°
2.6.1934 21:15:14	Merkur 3° nördlich Eta Geminorum	20,9°
4.6.1934 1:52:33	Merkur 2,9° nördlich Mü Geminorum	21,6°
4.6.1934 10:18:42	Venus 12,9° südlich Hamal	37,5°
6.6.1934 10:05:23	Merkur 8,8° nördlich Alhena	22,7°
7.6.1934 10:05:05	Merkur 9' südlich Epsilon Geminorum	23,1°
9.6.1934 9:35:55	Saturn stationär, dann rückläufig	
11.6.1934 4:08:17	Jupiter stationär, dann rechtläufig	
14.6.1934 7:34:00	Merkur in größter östlicher Elongation zur Sonne	24,4°
16.6.1934 10:18:31	Mars 5,7° nördlich Aldebaran	14,8°
19.6.1934 2:01:00	Merkur 10,1° südlich Kastor	23,8°
25.6.1934 10:22:12	Merkur 8,2° südlich Pollux	20,2°
26.6.1934 10:19:56	Venus 6,2° südlich Alkione	35,2°
27.6.1934 14:24:23	Merkur stationär, dann rückläufig	
29.6.1934 18:49:20	Merkur 9,3° südlich Pollux	16,4°
3.7.1934 3:47:47	Mars 5° südlich Elnath	19,2°
6.7.1934 10:38:57	Venus 3,9° nördlich Aldebaran	34,2°
6.7.1934 12:27:19	Merkur 14,4° südlich Kastor	8,8°
11.7.1934 12:05:14	Merkur in unterer Konjunktion zur Sonne	-4,8°
16.7.1934 9:23:25	Venus 6,6° südlich Elnath	31,9°
19.7.1934 14:09:10	Mars 1,4° nördlich Eta Geminorum	23,7°
22.7.1934 5:23:36	Merkur stationär, dann rechtläufig	
22.7.1934 8:10:57	Mars 1,4° nördlich Mü Geminorum	24,5°
25.7.1934 20:51:24	Venus 4,4' nördlich Eta Geminorum	29,7°
27.7.1934 10:14:38	Venus 4,6' nördlich Mü Geminorum	29,3°
27.7.1934 10:47:40	Mars 7,4° nördlich Alhena	26°
29.7.1934 12:09:42	Mars 1,4° südlich Epsilon Geminorum	26,6°
30.7.1934 7:08:23	Venus 6,1° nördlich Alhena	28,6°
31.7.1934 10:41:27	Venus 2,6° südlich Epsilon Geminorum	28,3°
31.7.1934 20:47:00	Merkur in größter westlicher Elongation zur Sonne	19,5°
2.8.1934 20:39:51	Venus 1,1° südlich Mars	27,7°
3.8.1934 8:07:50	Merkur 11,5° südlich Kastor	19,2°
5.8.1934 7:57:46	Merkur 7,5° südlich Pollux	18,6°
7.8.1934 5:51:31	Uranus stationär, dann rückläufig	
10.8.1934 3:56:19	Venus 10,3° südlich Kastor	25,9°
12.8.1934 6:27:44	Venus 6,8° südlich Pollux	25,4°
13.8.1934 5:05:57	Merkur 23' südlich M44	13,3°
16.8.1934 5:54:18	Mars 9,4° südlich Kastor	31,9°
18.8.1934 11:09:10	Saturnopposition	
20.8.1934 4:01:55	Mars 5,9° südlich Pollux	33,1°

Datum und Uhrzeit (WZ)	Ereignis	Elongation
23.8.1934 0:56:14	Venus 49' südlich M44	22,7°
24.8.1934 7:16:17	Merkur 1,4° nördlich Regulus	1,6°
26.8.1934 6:29:41	Merkur in oberer Konjunktion zur Sonne	1,8°
30.8.1934 18:07:37	Jupiter 3,4° nördlich Spika	45°
31.8.1934 2:53:30	Merkur 44' nördlich Neptun	4,9°
5.9.1934 9:32:09	Neptun in Konjunktion zur Sonne	53'
9.9.1934 16:09:37	Mars 13' südlich M44	39,9°
10.9.1934 1:42:12	Venus 41' nördlich Regulus	17,8°
12.9.1934 14:36:12	Saturn 1,2° nördlich Delta Capricorni	153,4°
16.9.1934 23:40:54	Merkur 3,2° südlich Porrima	16,1°
21.9.1934 6:20:42	Venus 30' nördlich Neptun	14,9°
25.9.1934 3:23:02	Merkur 57' nördlich Spika	21,2°
29.9.1934 12:45:41	Merkur 3° südlich Jupiter	21,9°
10.10.1934 22:33:00	Merkur in größter östlicher Elongation zur Sonne	25,2°
13.10.1934 4:39:22	Venus 1,5° südlich Porrima	9,4°
14.10.1934 14:34:45	Merkur 3,6° südlich Zuben-el-dschenubi	23,5°
15.10.1934 19:07:03	Mars 1° nördlich Regulus	52,8°
22.10.1934 14:14:36	Venus 3,6° nördlich Spika	5,9°
23.10.1934 1:15:02	Merkur stationär, dann rückläufig	
23.10.1934 13:11:26	Uranusopposition	
26.10.1934 22:19:53	Saturn stationär, dann rechtläufig	
27.10.1934 16:56:33	Jupiter in Konjunktion zur Sonne	1°
30.10.1934 8:41:10	Merkur 2,1° südlich Zuben-el-dschenubi	7,9°
2.11.1934 2:21:47	Venus 2,8' nördlich Jupiter	4,3°
3.11.1934 4:33:35	Merkur in unterer Konjunktion zur Sonne	-26'
4.11.1934 14:59:51	Merkur 58' südlich Venus	3,3°
6.11.1934 16:48:14	Merkur 17' südlich Jupiter	7,8°
9.11.1934 11:32:27	Venus 31' nördlich Zuben-el-dschenubi	2,3°
11.11.1934 5:57:21	Mars 49' nördlich Neptun	64°
11.11.1934 22:49:31	Merkur stationär, dann rechtläufig	
18.11.1934 23:40:31	Venus in oberer Konjunktion zur Sonne	30'
19.11.1934 12:47:00	Merkur in größter westlicher Elongation zur Sonne	19,6°
20.11.1934 18:07:41	Merkur 1,4° nördlich Jupiter	19°
24.11.1934 3:03:49	Venus 43' südlich Akrab	1,3°
25.11.1934 1:12:23	Merkur 1,8° nördlich Zuben-el-dschenubi	18°
28.11.1934 15:19:43	Venus 4,8° nördlich Antares	2,4°
7.12.1934 19:45:19	Merkur 25' südlich Akrab	12,7°
8.12.1934 19:55:04	Saturn 1,3° nördlich Delta Capricorni	66,6°
11.12.1934 13:15:52	Merkur 4,8° nördlich Antares	10,7°
16.12.1934 2:24:55	Jupiter 43' nördlich Zuben-el-dschenubi	39,3°
17.12.1934 18:59:05	Neptun stationär, dann rückläufig	
25.12.1934 8:57:19	Venus 2,6° nördlich Nunki	8,9°
31.12.1934 2:35:59	Merkur in oberer Konjunktion zur Sonne	-1,7°
31.12.1934 12:29:32	Mars 38' südlich Porrima	89,7°

1935

Datum und Uhrzeit (WZ)	Ereignis	Elongation
1.1.1935 21:32:18	Merkur 1,6° nördlich Nunki	2,1°
10.1.1935 8:28:07	Venus 6,1° südlich Beta Capricorni	12,7°
14.1.1935 0:02:21	Merkur 6,8° südlich Beta Capricorni	8,9°
26.1.1935 17:17:44	Merkur 37' nördlich Venus	16,5°
27.1.1935 5:28:48	Merkur 1,8° nördlich Delta Capricorni	16,5°
27.1.1935 7:09:33	Venus 1,1° nördlich Delta Capricorni	16,4°
31.1.1935 9:29:28	Merkur 1,5° nördlich Saturn	17,8°
31.1.1935 11:57:28	Venus 10' südlich Saturn	17,6°
31.1.1935 23:00:42	Merkur 1,8° nördlich Venus	17,7°
1.2.1935 19:21:46	Mars 5° nördlich Spika	109,1°
1.2.1935 19:47:00	Merkur in größter östlicher Elongation zur Sonne	18,3°
7.2.1935 17:00:30	Merkur stationär, dann rückläufig	
13.2.1935 9:21:14	Merkur 5° nördlich Saturn	6,3°
17.2.1935 6:14:52	Merkur in unterer Konjunktion zur Sonne	3,7°
19.2.1935 18:48:44	Merkur 6,6° nördlich Delta Capricorni	6,5°
20.2.1935 6:18:18	Saturn in Konjunktion zur Sonne	-1,4°
27.2.1935 18:08:08	Mars stationär, dann rückläufig	
1.3.1935 9:36:10	Merkur stationär, dann rechtläufig	
4.3.1935 17:07:16	Neptunopposition	
10.3.1935 6:54:18	Jupiter stationär, dann rückläufig	
12.3.1935 6:07:31	Merkur 2,5° nördlich Delta Capricorni	27,3°
15.3.1935 19:14:00	Merkur in größter westlicher Elongation zur Sonne	27,6°
22.3.1935 7:10:23	Venus 24' nördlich Uranus	29°
22.3.1935 9:27:55	Merkur 20' südlich Saturn	26,6°
23.3.1935 14:41:05	Mars 5,4° nördlich Spika	159°
24.3.1935 23:25:08	Venus 10,6° südlich Hamal	29,7°
6.4.1935 17:26:36	Marsopposition	
14.4.1935 23:24:58	Venus 3° südlich Alkione	34,3°
22.4.1935 11:58:44	Uranus in Konjunktion zur Sonne	-30'
24.4.1935 14:26:43	Mars 54' südlich Porrima	155,6°
24.4.1935 16:49:25	Venus 7,1° nördlich Aldebaran	35,7°
25.4.1935 5:34:52	Merkur 14' südlich Uranus	2,6°
25.4.1935 21:06:49	Merkur 11,3° südlich Hamal	1,9°
27.4.1935 11:28:29	Merkur in oberer Konjunktion zur Sonne	-20'
4.5.1935 12:27:07	Venus 3,4° südlich Elnath	38,4°
7.5.1935 23:05:21	Merkur 2,7° südlich Alkione	12,1°
10.5.1935 0:08:17	Jupiteropposition	
14.5.1935 1:41:51	Venus 3,1° nördlich Eta Geminorum	40,2°
14.5.1935 2:25:32	Merkur 7,7° nördlich Aldebaran	17,4°
15.5.1935 15:57:53	Venus 3,1° nördlich Mü Geminorum	40,5°
18.5.1935 14:59:11	Venus 9,1° nördlich Alhena	41°
18.5.1935 22:59:17	Uranus 11,1° südlich Hamal	22,5°
19.5.1935 6:09:29	Mars stationär, dann rechtläufig	
19.5.1935 19:36:16	Venus 18' nördlich Epsilon Geminorum	41,2°

Datum und Uhrzeit (WZ)	Ereignis	Elongation
21.5.1935 15:04:07	Merkur 3,1° südlich Elnath	22°
24.5.1935 3:21:22	Neptun stationär, dann rechtläufig	
26.5.1935 21:38:00	Merkur in größter östlicher Elongation zur Sonne	22,9°
30.5.1935 2:57:45	Venus 7,7° südlich Kastor	42,5°
1.6.1935 9:55:20	Venus 4,3° südlich Pollux	42,8°
2.6.1935 18:09:51	Merkur 1,8° nördlich Eta Geminorum	21,2°
9.6.1935 2:23:11	Merkur stationär, dann rückläufig	
13.6.1935 13:22:02	Venus 58' nördlich M44	44,6°
14.6.1935 17:20:59	Mars 3° südlich Porrima	106,5°
15.6.1935 19:38:41	Merkur 1,6° südlich Eta Geminorum	8,8°
21.6.1935 17:57:01	Merkur in unterer Konjunktion zur Sonne	-3,9°
22.6.1935 12:33:44	Saturn stationär, dann rückläufig	
23.6.1935 1:50:23	Jupiter 50' nördlich Zuben-el-dschenubi	133,2°
30.6.1935 11:00:00	Venus in größter östlicher Elongation zur Sonne	45,4°
3.7.1935 7:10:05	Merkur stationär, dann rechtläufig	
6.7.1935 12:40:34	Venus 22' nördlich Regulus	45,3°
12.7.1935 1:58:52	Jupiter stationär, dann rechtläufig	
14.7.1935 7:38:00	Merkur in größter westlicher Elongation zur Sonne	20,8°
14.7.1935 21:09:14	Mars 1,5° nördlich Spika	90,9°
16.7.1935 11:56:49	Merkur 1,3° südlich Eta Geminorum	20,5°
18.7.1935 2:36:18	Merkur 1° südlich Mü Geminorum	20,2°
20.7.1935 16:58:46	Merkur 5,5° nördlich Alhena	19,2°
21.7.1935 15:39:19	Merkur 3,1° südlich Epsilon Geminorum	18,7°
25.7.1935 5:53:41	Venus 2,6° südlich Neptun	41,4°
28.7.1935 10:55:21	Merkur 9,8° südlich Kastor	13,6°
29.7.1935 18:18:29	Merkur 6,1° südlich Pollux	12,3°
31.7.1935 5:41:19	Jupiter 40' nördlich Zuben-el-dschenubi	96,9°
5.8.1935 3:02:01	Merkur 13' nördlich M44	5,6°
10.8.1935 0:52:37	Merkur in oberer Konjunktion zur Sonne	1,7°
11.8.1935 15:17:59	Uranus stationär, dann rückläufig	
15.8.1935 18:01:02	Venus stationär, dann rückläufig	
16.8.1935 1:31:49	Merkur 1,3° nördlich Regulus	6,4°
23.8.1935 21:12:38	Mars 1,6° südlich Zuben-el-dschenubi	74,3°
24.8.1935 9:20:30	Merkur 9' nördlich Neptun	13,5°
26.8.1935 17:48:38	Merkur 9° nördlich Venus	15,2°
27.8.1935 22:45:42	Mars 2,2° südlich Jupiter	72,9°
31.8.1935 4:01:05	Saturnopposition	
2.9.1935 19:55:42	Venus 10,1° südlich Neptun	4,8°
7.9.1935 21:36:54	Neptun in Konjunktion zur Sonne	57'
8.9.1935 8:42:43	Venus in unterer Konjunktion zur Sonne	-8,7°
10.9.1935 23:45:17	Merkur 4,3° südlich Porrima	22,1°
20.9.1935 15:15:08	Mars 2,5° südlich Akrab	65,6°
20.9.1935 22:57:15	Merkur 26' südlich Spika	26°
23.9.1935 10:28:00	Merkur in größter östlicher Elongation zur Sonne	26,3°
27.9.1935 19:34:42	Venus stationär, dann rechtläufig	
28.9.1935 17:29:24	Mars 3,2° nördlich Antares	63,7°

Datum und Uhrzeit (WZ)	Ereignis	Elongation
6.10.1935 5:25:05	Merkur stationär, dann rückläufig	
18.10.1935 5:26:02	Merkur in unterer Konjunktion zur Sonne	-1,4°
19.10.1935 8:47:57	Merkur 1,1° nördlich Spika	2,7°
25.10.1935 1:07:19	Venus 2,6° südlich Neptun	43,8°
26.10.1935 16:03:52	Merkur stationär, dann rechtläufig	
27.10.1935 20:38:16	Uranusopposition	
2.11.1935 22:24:00	Merkur in größter westlicher Elongation zur Sonne	18,7°
3.11.1935 5:07:32	Merkur 4,6° nördlich Spika	17°
8.11.1935 8:00:00	Saturn stationär, dann rechtläufig	
11.11.1935 9:27:15	Uranus 11,2° südlich Hamal	164,8°
13.11.1935 7:22:54	Mars 2° nördlich Nunki	51,6°
19.11.1935 1:27:00	Venus in größter westlicher Elongation zur Sonne	46,7°
19.11.1935 2:49:18	Merkur 55' nördlich Zuben-el-dschenubi	11,7°
19.11.1935 18:07:23	Venus 1,4° südlich Porrima	46,7°
19.11.1935 19:02:22	Jupiter 22' südlich Akrab	5,9°
27.11.1935 4:49:06	Jupiter in Konjunktion zur Sonne	39'
30.11.1935 15:41:13	Venus 4,5° nördlich Spika	44,6°
30.11.1935 21:23:48	Merkur 1,2° südlich Akrab	5,2°
2.12.1935 17:46:39	Merkur 1° südlich Jupiter	4,2°
4.12.1935 12:13:27	Merkur 4,1° nördlich Antares	3,3°
9.12.1935 11:39:28	Mars 6,1° südlich Beta Capricorni	45,3°
10.12.1935 7:09:41	Merkur in oberer Konjunktion zur Sonne	-1,1°
15.12.1935 5:06:16	Jupiter 5,3° nördlich Antares	14,2°
20.12.1935 6:16:16	Neptun stationär, dann rückläufig	
20.12.1935 11:45:48	Venus 2,3° nördlich Zuben-el-dschenubi	43,6°
25.12.1935 14:59:07	Merkur 1,3° nördlich Nunki	9°

1936

Datum und Uhrzeit (WZ)	Ereignis	Elongation
5.1.1936 7:19:13	Venus 1,4° nördlich Akrab	41,5°
5.1.1936 20:28:43	Mars 1,6° nördlich Delta Capricorni	38,4°
7.1.1936 5:23:00	Merkur 6,6° südlich Beta Capricorni	16°
10.1.1936 3:09:20	Venus 6,8° nördlich Antares	40,1°
15.1.1936 18:05:30	Venus 1,4° nördlich Jupiter	39,8°
16.1.1936 6:42:00	Merkur in größter östlicher Elongation zur Sonne	18,8°
22.1.1936 12:49:22	Merkur stationär, dann rückläufig	
25.1.1936 16:13:05	Mars 53' nördlich Saturn	33,8°
31.1.1936 22:44:24	Merkur in unterer Konjunktion zur Sonne	3,5°
7.2.1936 8:19:24	Venus 4,3° nördlich Nunki	35,5°
9.2.1936 5:21:43	Merkur 1,5° südlich Beta Capricorni	16,8°
12.2.1936 17:01:16	Merkur stationär, dann rechtläufig	
16.2.1936 10:20:46	Merkur 2,9° südlich Beta Capricorni	23,9°
23.2.1936 21:11:40	Venus 4,7° südlich Beta Capricorni	31,3°
26.2.1936 5:04:00	Merkur in größter westlicher Elongation zur Sonne	26,9°

Datum und Uhrzeit (WZ)	Ereignis	Elon-gation
3.3.1936 13:33:13	Saturn in Konjunktion zur Sonne	-1,7°
6.3.1936 3:19:52	Neptunopposition	
8.3.1936 8:32:43	Merkur 1,1° nördlich Delta Capricorni	24,7°
8.3.1936 19:05:27	Uranus 11,1° südlich Hamal	44,9°
12.3.1936 3:31:17	Venus 1,9° nördlich Delta Capricorni	28,1°
22.3.1936 17:01:00	Merkur 36' südlich Saturn	16,8°
30.3.1936 20:29:07	Venus 26' nördlich Saturn	23,7°
6.4.1936 1:16:42	Mars 10,7° südlich Hamal	17°
8.4.1936 3:46:43	Mars 25' nördlich Uranus	16,3°
10.4.1936 12:48:03	Merkur in oberer Konjunktion zur Sonne	-48'
10.4.1936 17:06:43	Jupiter stationär, dann rückläufig	
16.4.1936 14:02:44	Merkur 10,4° südlich Hamal	6,8°
17.4.1936 14:31:07	Merkur 56' nördlich Uranus	7,6°
22.4.1936 15:55:03	Merkur 1,3° nördlich Mars	12,9°
25.4.1936 21:47:36	Uranus in Konjunktion zur Sonne	-27'
30.4.1936 4:31:21	Merkur 1,8° südlich Alkione	19,2°
7.5.1936 14:06:28	Venus 12° südlich Hamal	14,1°
7.5.1936 18:20:00	Merkur in größter östlicher Elongation zur Sonne	21,3°
9.5.1936 22:21:51	Merkur 8° nördlich Aldebaran	20,5°
10.5.1936 8:49:33	Venus 52' südlich Uranus	13,2°
10.5.1936 21:16:18	Mars 3,9° südlich Alkione	8,2°
20.5.1936 4:04:22	Merkur stationär, dann rückläufig	
25.5.1936 15:11:28	Neptun stationär, dann rechtläufig	
27.5.1936 8:28:08	Mars 6° nördlich Aldebaran	4°
28.5.1936 6:32:08	Venus 4,9° südlich Alkione	8,6°
29.5.1936 11:59:07	Merkur 2,2° südlich Mars	3,4°
31.5.1936 12:30:45	Merkur in unterer Konjunktion zur Sonne	-2,3°
1.6.1936 10:19:32	Merkur 3° nördlich Aldebaran	2,9°
5.6.1936 6:37:48	Merkur 3° südlich Venus	6,6°
6.6.1936 18:38:07	Venus 5,1° nördlich Aldebaran	6,2°
10.6.1936 15:50:16	Jupiteropposition	
11.6.1936 0:25:30	Mars in Konjunktion zur Sonne	34'
12.6.1936 14:21:01	Merkur stationär, dann rechtläufig	
13.6.1936 4:13:43	Mars 4,8° südlich Elnath	0,8°
16.6.1936 6:45:23	Venus 5,4° südlich Elnath	3,6°
20.6.1936 4:15:46	Venus 29' südlich Mars	2,5°
22.6.1936 12:56:04	Merkur 1,8° nördlich Aldebaran	22°
25.6.1936 7:26:00	Merkur in größter westlicher Elongation zur Sonne	22,3°
25.6.1936 9:27:11	Venus 1,2° nördlich Eta Geminorum	1,2°
26.6.1936 21:33:48	Venus 1,2° nördlich Mü Geminorum	0,8°
29.6.1936 9:07:48	Venus in oberer Konjunktion zur Sonne	31'
29.6.1936 15:35:56	Mars 1,6° nördlich Eta Geminorum	5,2°
29.6.1936 16:13:02	Venus 7,3° nördlich Alhena	0,5°
30.6.1936 18:57:46	Venus 1,5° südlich Epsilon Geminorum	0,7°
2.7.1936 9:40:45	Mars 1,6° nördlich Mü Geminorum	5,9°
3.7.1936 10:21:09	Merkur 7,2° südlich Elnath	20,1°

Datum und Uhrzeit (WZ)	Ereignis	Elongation
4.7.1936 20:05:04	Saturn stationär, dann rückläufig	
7.7.1936 12:13:37	Mars 7,5° nördlich Alhena	7,4°
9.7.1936 13:36:14	Mars 1,3° südlich Epsilon Geminorum	8°
10.7.1936 6:16:36	Venus 9,3° südlich Kastor	3,1°
10.7.1936 6:24:48	Merkur 30' nördlich Eta Geminorum	15,3°
11.7.1936 6:14:06	Merkur 38' nördlich Mü Geminorum	14,4°
12.7.1936 7:44:56	Venus 5,8° südlich Pollux	3,7°
13.7.1936 0:39:42	Merkur 6,9° nördlich Alhena	12,6°
13.7.1936 17:13:01	Merkur 1,8° südlich Epsilon Geminorum	11,9°
15.7.1936 17:16:44	Merkur 13' südlich Mars	9,8°
19.7.1936 7:17:50	Merkur 9° südlich Kastor	5,8°
20.7.1936 11:41:03	Merkur 5,5° südlich Pollux	4,5°
22.7.1936 22:21:40	Venus 3' südlich M44	6,6°
24.7.1936 3:15:17	Merkur in oberer Konjunktion zur Sonne	1,6°
26.7.1936 15:10:24	Merkur 29' nördlich M44	3,2°
27.7.1936 5:47:43	Mars 9,3° südlich Kastor	13,2°
31.7.1936 3:12:16	Mars 5,8° südlich Pollux	14,4°
1.8.1936 12:53:49	Merkur 22' nördlich Venus	9,2°
7.8.1936 3:56:31	Merkur 1° nördlich Regulus	14,2°
9.8.1936 22:25:00	Venus 1° nördlich Regulus	11,6°
15.8.1936 2:17:49	Uranus stationär, dann rückläufig	
17.8.1936 16:21:55	Merkur 48' südlich Neptun	21,2°
20.8.1936 9:17:19	Mars 12' südlich M44	20,7°
23.8.1936 20:20:25	Venus 25' nördlich Neptun	15,3°
4.9.1936 22:42:00	Merkur in größter östlicher Elongation zur Sonne	27,1°
7.9.1936 18:28:49	Merkur 6,1° südlich Porrima	24,5°
9.9.1936 9:43:00	Neptun in Konjunktion zur Sonne	60'
12.9.1936 1:51:28	Saturnopposition	
12.9.1936 13:47:35	Venus 2° südlich Porrima	19,8°
15.9.1936 23:50:25	Merkur 5° südlich Venus	21,4°
18.9.1936 1:17:46	Merkur stationär, dann rückläufig	
22.9.1936 4:23:22	Venus 2,8° nördlich Spika	22,9°
24.9.1936 11:03:39	Mars 50' nördlich Regulus	32,3°
27.9.1936 3:24:02	Merkur 6,7° südlich Porrima	6,1°
1.10.1936 0:12:27	Merkur in unterer Konjunktion zur Sonne	-2,4°
9.10.1936 7:42:23	Merkur stationär, dann rechtläufig	
10.10.1936 11:11:22	Venus 35' südlich Zuben-el-dschenubi	27,2°
16.10.1936 12:40:00	Merkur in größter westlicher Elongation zur Sonne	18,2°
20.10.1936 11:08:07	Merkur 49' südlich Porrima	17,4°
25.10.1936 9:41:38	Venus 2° südlich Akrab	30,5°
25.10.1936 16:00:07	Mars 24' nördlich Neptun	44°
28.10.1936 4:59:29	Merkur 4,2° nördlich Spika	11,8°
30.10.1936 0:04:48	Venus 3,5° nördlich Antares	31,9°
31.10.1936 4:24:03	Uranusopposition	
11.11.1936 2:13:45	Merkur 10' nördlich Zuben-el-dschenubi	4,4°
13.11.1936 11:31:04	Venus 1,9° südlich Jupiter	35°

Datum und Uhrzeit (WZ)	Ereignis	Elongation
18.11.1936 10:48:09	Merkur in oberer Konjunktion zur Sonne	-19'
20.11.1936 0:00:00	Saturn stationär, dann rechtläufig	
22.11.1936 17:09:59	Merkur 1,8° südlich Akrab	2,3°
26.11.1936 7:51:42	Merkur 3,5° nördlich Antares	4,6°
26.11.1936 8:25:42	Venus 1,4° nördlich Nunki	37,7°
1.12.1936 5:15:27	Mars 1,4° südlich Porrima	59°
11.12.1936 14:19:12	Merkur 2,3° südlich Jupiter	12,7°
12.12.1936 23:00:02	Venus 6,9° südlich Beta Capricorni	40,9°
17.12.1936 20:40:07	Merkur 1,2° nördlich Nunki	16°
21.12.1936 13:04:40	Mars 3,9° nördlich Spika	66,6°
21.12.1936 15:47:27	Neptun stationär, dann rückläufig	
27.12.1936 16:19:46	Jupiter in Konjunktion zur Sonne, Bedeckung	4,7'
29.12.1936 13:53:00	Merkur in größter östlicher Elongation zur Sonne	19,6°
31.12.1936 0:58:14	Venus 53' nördlich Delta Capricorni	43,5°

1937

Datum und Uhrzeit (WZ)	Ereignis	Elongation
14.1.1937 0:05:26	Uranus stationär, dann rechtläufig	
14.1.1937 22:25:37	Merkur in unterer Konjunktion zur Sonne	3,1°
23.1.1937 4:05:36	Jupiter 3,5° nördlich Nunki	20,9°
24.1.1937 1:56:31	Venus 1,9° nördlich Saturn	45,7°
26.1.1937 4:49:49	Merkur stationär, dann rechtläufig	
1.2.1937 16:09:49	Mars 1,2° nördlich Zuben-el-dschenubi	88,3°
5.2.1937 8:01:00	Venus in größter westlicher Elongation zur Sonne	46,8°
7.2.1937 14:08:00	Merkur in größter westlicher Elongation zur Sonne	25,7°
15.2.1937 13:58:15	Merkur 5,3° südlich Beta Capricorni	23,7°
2.3.1937 3:51:46	Merkur 39' nördlich Delta Capricorni	18,4°
8.3.1937 13:46:46	Neptunopposition	
16.3.1937 5:46:47	Saturn in Konjunktion zur Sonne	-2°
21.3.1937 1:56:39	Merkur 19' nördlich Saturn	4,4°
21.3.1937 7:01:04	Mars 10' nördlich Akrab	117,9°
24.3.1937 3:34:16	Venus 3,5° südlich Hamal	33,1°
25.3.1937 6:01:54	Merkur in oberer Konjunktion zur Sonne	-1,3°
27.3.1937 0:02:49	Venus stationär, dann rückläufig	
29.3.1937 19:39:43	Venus 3° südlich Hamal	27,9°
7.4.1937 14:26:26	Merkur 6,8° südlich Venus	13,7°
8.4.1937 23:20:43	Merkur 9,2° südlich Hamal	14,9°
12.4.1937 7:34:11	Merkur 2,4° nördlich Uranus	16,6°
14.4.1937 3:54:55	Mars stationär, dann rückläufig	
18.4.1937 1:07:31	Venus in unterer Konjunktion zur Sonne	6,5°
20.4.1937 2:13:00	Merkur in größter östlicher Elongation zur Sonne	20°
30.4.1937 8:40:24	Uranus in Konjunktion zur Sonne	-25'
30.4.1937 20:46:47	Merkur stationär, dann rückläufig	
6.5.1937 11:44:21	Mars 1,3° südlich Akrab	163°

Datum und Uhrzeit (WZ)	Ereignis	Elongation
6.5.1937 21:24:53	Venus stationär, dann rechtläufig	
11.5.1937 9:37:23	Merkur in unterer Konjunktion zur Sonne, Transit	-16'
19.5.1937 18:29:40	Marsopposition	
23.5.1937 16:00:24	Merkur stationär, dann rechtläufig	
28.5.1937 4:37:02	Neptun stationär, dann rechtläufig	
6.6.1937 23:32:00	Merkur in größter westlicher Elongation zur Sonne	24°
7.6.1937 9:03:47	Venus 13,1° südlich Hamal	40,4°
11.6.1937 23:19:41	Merkur 7,3° südlich Alkione	21,8°
18.6.1937 10:49:18	Venus 2,7° südlich Uranus	44,6°
20.6.1937 6:43:48	Merkur 3,8° nördlich Aldebaran	19,1°
26.6.1937 19:44:23	Merkur 5,8° südlich Elnath	13,4°
27.6.1937 1:38:00	Venus in größter westlicher Elongation zur Sonne	45,8°
27.6.1937 20:45:18	Mars stationär, dann rechtläufig	
2.7.1937 7:00:35	Merkur 1,5° nördlich Eta Geminorum	7,4°
3.7.1937 3:43:11	Merkur 1,5° nördlich Mü Geminorum	6,4°
4.7.1937 17:33:44	Merkur 7,7° nördlich Alhena	4,6°
5.7.1937 8:40:00	Merkur 1° südlich Epsilon Geminorum	3,9°
5.7.1937 9:25:58	Venus 7,3° südlich Alkione	44°
8.7.1937 10:51:55	Merkur in oberer Konjunktion zur Sonne	1,4°
10.7.1937 17:10:36	Merkur 8,6° südlich Kastor	3,1°
11.7.1937 21:40:08	Merkur 5,1° südlich Pollux	4,4°
15.7.1937 8:04:08	Jupiteropposition	
16.7.1937 20:22:46	Venus 2,6° nördlich Aldebaran	44,6°
18.7.1937 7:26:46	Merkur 33' nördlich M44	11,2°
18.7.1937 8:09:17	Saturn stationär, dann rückläufig	
27.7.1937 21:12:05	Venus 7,8° südlich Elnath	43°
31.7.1937 2:49:30	Merkur 25' nördlich Regulus	21,4°
7.8.1937 3:31:40	Venus 1° südlich Eta Geminorum	41,6°
8.8.1937 19:35:40	Venus 59' südlich Mü Geminorum	41,4°
11.8.1937 21:07:22	Venus 5,1° nördlich Alhena	40,8°
13.8.1937 2:30:22	Venus 3,6° südlich Epsilon Geminorum	40,6°
14.8.1937 20:18:55	Merkur 2,6° südlich Neptun	26,1°
15.8.1937 13:16:49	Mars 3,8° südlich Akrab	100°
18.8.1937 10:02:00	Merkur in größter östlicher Elongation zur Sonne	27,4°
19.8.1937 13:04:47	Uranus stationär, dann rückläufig	
23.8.1937 8:50:18	Venus 11,2° südlich Kastor	38,7°
25.8.1937 13:42:02	Venus 7,6° südlich Pollux	38,3°
26.8.1937 7:20:28	Mars 1,9° nördlich Antares	95,9°
31.8.1937 13:31:56	Merkur stationär, dann rückläufig	
5.9.1937 18:01:30	Venus 1,5° südlich M44	36°
11.9.1937 21:20:30	Neptun in Konjunktion zur Sonne	1°
13.9.1937 22:02:14	Jupiter stationär, dann rechtläufig	
14.9.1937 10:23:13	Merkur in unterer Konjunktion zur Sonne	-3,3°
14.9.1937 23:37:44	Merkur 4,6° südlich Neptun	3,1°
22.9.1937 20:13:49	Merkur stationär, dann rechtläufig	
24.9.1937 5:02:13	Venus 20' nördlich Regulus	31,8°

Datum und Uhrzeit (WZ)	Ereignis	Elongation
25.9.1937 4:45:26	Saturnopposition	
30.9.1937 4:51:00	Merkur in größter westlicher Elongation zur Sonne	17,9°
30.9.1937 17:22:43	Merkur 15' nördlich Neptun	17,8°
11.10.1937 6:15:53	Venus 20' nördlich Neptun	27,8°
14.10.1937 4:02:52	Merkur 1° südlich Porrima	10,9°
17.10.1937 8:05:22	Mars 1,3° nördlich Nunki	78°
21.10.1937 2:04:43	Merkur 3,6° nördlich Spika	4,8°
27.10.1937 14:16:53	Venus 1,3° südlich Porrima	24°
29.10.1937 9:30:31	Merkur in oberer Konjunktion zur Sonne	27'
29.10.1937 16:29:10	Mars 1,5° südlich Jupiter	74,6°
3.11.1937 20:10:02	Merkur 31' südlich Zuben-el-dschenubi	3,2°
4.11.1937 12:19:40	Uranusopposition	
6.11.1937 0:21:40	Venus 3,9° nördlich Spika	20,3°
14.11.1937 2:21:08	Mars 6,5° südlich Beta Capricorni	70,4°
15.11.1937 15:00:51	Merkur 2,4° südlich Akrab	9,5°
19.11.1937 7:35:02	Merkur 2,9° nördlich Antares	12°
23.11.1937 22:35:29	Venus 59' nördlich Zuben-el-dschenubi	17,1°
2.12.1937 19:50:59	Saturn stationär, dann rechtläufig	
8.12.1937 15:03:34	Venus 12' südlich Akrab	13,8°
12.12.1937 15:56:00	Merkur in größter östlicher Elongation zur Sonne	20,6°
12.12.1937 16:20:50	Mars 1,4° nördlich Delta Capricorni	62,5°
13.12.1937 3:43:17	Venus 5,3° nördlich Antares	12,7°
13.12.1937 12:56:20	Merkur 1,6° nördlich Nunki	20,6°
20.12.1937 15:34:11	Merkur stationär, dann rückläufig	
24.12.1937 3:20:23	Neptun stationär, dann rückläufig	
27.12.1937 0:33:54	Merkur 5,1° nördlich Nunki	7,3°
29.12.1937 4:21:44	Jupiter 5,2° südlich Beta Capricorni	25°
30.12.1937 2:46:10	Merkur in unterer Konjunktion zur Sonne	2,5°

1938

Datum und Uhrzeit (WZ)	Ereignis	Elongation
2.1.1938 10:51:44	Merkur 3,3° nördlich Venus	7,8°
8.1.1938 23:24:49	Venus 3° nördlich Nunki	6,3°
18.1.1938 6:26:12	Uranus stationär, dann rechtläufig	
20.1.1938 22:30:00	Merkur in größter westlicher Elongation zur Sonne	24,3°
24.1.1938 23:17:48	Venus 5,7° südlich Beta Capricorni	2,6°
26.1.1938 4:57:01	Merkur 3,9° nördlich Nunki	23,7°
29.1.1938 23:27:02	Jupiter in Konjunktion zur Sonne	-32'
31.1.1938 0:49:43	Venus 37' südlich Jupiter	1°
2.2.1938 19:40:08	Mars 2° nördlich Saturn	48,4°
4.2.1938 3:24:58	Venus in oberer Konjunktion zur Sonne	-1,2°
9.2.1938 18:24:24	Merkur 6,1° südlich Beta Capricorni	17,8°
10.2.1938 20:53:38	Venus 1,3° nördlich Delta Capricorni	2,1°
17.2.1938 4:59:36	Merkur 1,4° südlich Jupiter	14,2°

Datum und Uhrzeit (WZ)	Ereignis	Elon-gation
22.2.1938 23:27:47	Merkur 31' nördlich Delta Capricorni	11,1°
8.3.1938 11:47:54	Merkur in oberer Konjunktion zur Sonne	-1,7°
11.3.1938 0:06:48	Neptunopposition	
16.3.1938 18:20:54	Mars 10,4° südlich Hamal	37,7°
17.3.1938 23:41:34	Venus 1,1° nördlich Saturn	10,1°
18.3.1938 18:55:03	Merkur 2,1° nördlich Saturn	9,4°
20.3.1938 4:34:32	Merkur 1,3° nördlich Venus	10,9°
28.3.1938 21:52:45	Mars 44' nördlich Uranus	34,1°
29.3.1938 7:42:54	Saturn in Konjunktion zur Sonne	-2,2°
2.4.1938 5:07:46	Jupiter 2° nördlich Delta Capricorni	48,5°
2.4.1938 21:25:00	Merkur in größter östlicher Elongation zur Sonne	19,1°
6.4.1938 14:48:16	Merkur 7,4° südlich Hamal	18,3°
7.4.1938 22:43:30	Venus 11,2° südlich Hamal	15,5°
8.4.1938 15:54:12	Merkur 3,9° nördlich Venus	15,7°
11.4.1938 17:09:32	Merkur stationär, dann rückläufig	
15.4.1938 19:59:18	Venus 8,8' nördlich Uranus	17,4°
17.4.1938 5:41:46	Merkur 7,9° südlich Hamal	7,9°
21.4.1938 8:27:45	Mars 3,6° südlich Alkione	27,8°
21.4.1938 22:15:13	Merkur in unterer Konjunktion zur Sonne	1,5°
28.4.1938 13:35:39	Venus 3,8° südlich Alkione	20,7°
4.5.1938 6:03:14	Merkur stationär, dann rechtläufig	
4.5.1938 20:11:32	Uranus in Konjunktion zur Sonne	-22'
7.5.1938 23:28:47	Venus 2,4' nördlich Mars	23°
8.5.1938 1:16:36	Venus 6,3° nördlich Aldebaran	22,8°
8.5.1938 2:40:43	Mars 6,2° nördlich Aldebaran	22,7°
17.5.1938 13:52:47	Venus 4,3° südlich Elnath	25,5°
18.5.1938 22:38:44	Merkur 14,2° südlich Hamal	22,7°
19.5.1938 14:03:00	Merkur in größter westlicher Elongation zur Sonne	25,6°
25.5.1938 4:46:01	Mars 4,6° südlich Elnath	18,1°
26.5.1938 18:06:39	Venus 2,3° nördlich Eta Geminorum	27,7°
28.5.1938 6:36:15	Venus 2,3° nördlich Mü Geminorum	28,1°
29.5.1938 9:52:49	Merkur 2,6° südlich Uranus	22,3°
30.5.1938 17:02:10	Neptun stationär, dann rechtläufig	
31.5.1938 2:03:08	Venus 8,3° nördlich Alhena	28,8°
1.6.1938 5:12:09	Venus 29' südlich Epsilon Geminorum	29,1°
6.6.1938 19:30:53	Merkur 5,9° südlich Alkione	16,8°
10.6.1938 20:56:15	Venus 8,4° südlich Kastor	31,4°
10.6.1938 21:11:49	Mars 1,8° nördlich Eta Geminorum	13,3°
12.6.1938 23:41:05	Venus 4,9° südlich Pollux	31,7°
13.6.1938 0:42:30	Merkur 5° nördlich Aldebaran	11,7°
13.6.1938 16:01:41	Mars 1,7° nördlich Mü Geminorum	12,4°
18.6.1938 14:29:47	Merkur 4,9° südlich Elnath	5,3°
18.6.1938 19:50:13	Mars 7,7° nördlich Alhena	10,9°
20.6.1938 21:46:04	Mars 1,1° südlich Epsilon Geminorum	10,3°
22.6.1938 4:24:33	Jupiter stationär, dann rückläufig	
22.6.1938 21:28:44	Merkur in oberer Konjunktion zur Sonne	1,1°

Datum und Uhrzeit (WZ)	Ereignis	Elongation
23.6.1938 16:47:24	Merkur 2,1° nördlich Eta Geminorum	1,4°
23.6.1938 23:08:28	Venus 37' nördlich M44	34,5°
24.6.1938 12:57:34	Merkur 2,1° nördlich Mü Geminorum	2,3°
26.6.1938 2:24:21	Merkur 8,2° nördlich Alhena	4,2°
26.6.1938 17:34:29	Merkur 31' südlich Epsilon Geminorum	4,9°
29.6.1938 7:35:58	Merkur 45' nördlich Mars	7,8°
2.7.1938 7:02:07	Merkur 8,3° südlich Kastor	11,1°
3.7.1938 13:36:05	Merkur 4,9° südlich Pollux	12,4°
8.7.1938 17:26:58	Mars 9,2° südlich Kastor	5°
10.7.1938 15:56:10	Merkur 24' nördlich M44	18,7°
12.7.1938 15:22:05	Mars 5,7° südlich Pollux	3,9°
13.7.1938 0:02:15	Venus 1,2° nördlich Regulus	38,6°
24.7.1938 19:27:48	Mars in Konjunktion zur Sonne	1,1°
26.7.1938 8:00:40	Merkur 52' südlich Regulus	26,3°
31.7.1938 6:52:33	Venus 26' südlich Neptun	41,9°
31.7.1938 17:47:00	Merkur in größter östlicher Elongation zur Sonne	27,3°
1.8.1938 0:46:51	Saturn stationär, dann rückläufig	
1.8.1938 22:47:31	Mars 10' südlich M44	2,8°
13.8.1938 19:39:49	Merkur stationär, dann rückläufig	
19.8.1938 13:31:40	Venus 3,8° südlich Porrima	43,5°
21.8.1938 0:09:59	Jupiteropposition	
24.8.1938 1:08:25	Uranus stationär, dann rückläufig	
28.8.1938 8:50:22	Merkur in unterer Konjunktion zur Sonne	-4,1°
31.8.1938 0:05:11	Venus 22' nördlich Spika	45,9°
2.9.1938 18:09:09	Merkur 3,5° südlich Regulus	9,8°
4.9.1938 19:16:02	Merkur 3,6° südlich Mars	12,5°
5.9.1938 19:30:08	Mars 45' nördlich Regulus	13,6°
6.9.1938 3:04:28	Merkur stationär, dann rechtläufig	
9.9.1938 9:10:12	Merkur 1,3° südlich Regulus	16,6°
11.9.1938 1:40:00	Venus in größter östlicher Elongation zur Sonne	46,3°
13.9.1938 19:58:00	Merkur in größter westlicher Elongation zur Sonne	17,9°
14.9.1938 9:04:23	Neptun in Konjunktion zur Sonne	1,1°
16.9.1938 14:57:07	Merkur 9,6' südlich Mars	17,5°
23.9.1938 18:15:18	Venus 4,6° südlich Zuben-el-dschenubi	44,1°
26.9.1938 4:39:01	Merkur 50' nördlich Neptun	11,2°
27.9.1938 10:32:35	Jupiter 1,5° nördlich Delta Capricorni	139°
6.10.1938 16:29:25	Merkur 1,5° südlich Porrima	3,2°
8.10.1938 13:03:34	Saturnopposition	
10.10.1938 11:16:55	Merkur in oberer Konjunktion zur Sonne	1,1°
12.10.1938 8:59:00	Mars 4,6' nördlich Neptun	26,5°
13.10.1938 14:49:31	Merkur 3° nördlich Spika	2,4°
19.10.1938 10:34:11	Jupiter stationär, dann rechtläufig	
22.10.1938 16:48:43	Venus 7,1° südlich Akrab	33,7°
27.10.1938 17:21:45	Merkur 1,2° südlich Zuben-el-dschenubi	10,5°
30.10.1938 20:56:29	Venus stationär, dann rückläufig	
7.11.1938 19:08:56	Venus 6,4° südlich Akrab	17,6°

Datum und Uhrzeit (WZ)	Ereignis	Elongation
8.11.1938 18:38:33	Merkur 3,3° nördlich Venus	17°
8.11.1938 20:48:08	Uranusopposition	
9.11.1938 0:01:55	Merkur 3,1° südlich Akrab	16,4°
10.11.1938 3:02:38	Mars 1,8° südlich Porrima	37,1°
10.11.1938 7:23:50	Jupiter 1,6° nördlich Delta Capricorni	95,4°
12.11.1938 22:36:31	Merkur 2,3° nördlich Antares	18,8°
20.11.1938 6:23:57	Venus in unterer Konjunktion zur Sonne	-3°
25.11.1938 12:14:00	Merkur in größter östlicher Elongation zur Sonne	21,9°
28.11.1938 18:22:20	Mars 3,4° nördlich Spika	42,9°
4.12.1938 16:42:53	Merkur stationär, dann rückläufig	
9.12.1938 13:12:31	Venus stationär, dann rechtläufig	
14.12.1938 9:36:03	Merkur in unterer Konjunktion zur Sonne	1,8°
15.12.1938 20:35:42	Saturn stationär, dann rechtläufig	
24.12.1938 11:55:19	Merkur stationär, dann rechtläufig	
26.12.1938 12:41:41	Neptun stationär, dann rückläufig	

1939

Datum und Uhrzeit (WZ)	Ereignis	Elongation
3.1.1939 8:24:00	Merkur in größter westlicher Elongation zur Sonne	22,8°
3.1.1939 12:03:31	Mars 37' nördlich Zuben-el-dschenubi	58,1°
7.1.1939 4:18:40	Venus 3,3° nördlich Akrab	43,6°
14.1.1939 6:05:48	Venus 8,9° nördlich Antares	44,5°
20.1.1939 18:54:14	Merkur 2,9° nördlich Nunki	18,1°
22.1.1939 12:55:54	Uranus stationär, dann rechtläufig	
30.1.1939 12:30:00	Venus in größter westlicher Elongation zur Sonne	46,9°
2.2.1939 8:30:58	Mars 20' südlich Akrab	70,2°
2.2.1939 19:46:18	Merkur 6,5° südlich Beta Capricorni	10,9°
11.2.1939 17:44:29	Mars 5,2° nördlich Antares	73,3°
15.2.1939 8:57:43	Merkur 33' nördlich Delta Capricorni	3,6°
17.2.1939 13:52:29	Venus 5,9° nördlich Nunki	46°
19.2.1939 1:44:17	Merkur in oberer Konjunktion zur Sonne	-2°
26.2.1939 5:21:13	Merkur 25' südlich Jupiter	6,3°
6.3.1939 12:20:47	Jupiter in Konjunktion zur Sonne	-59'
7.3.1939 15:34:47	Venus 3,6° südlich Beta Capricorni	43,2°
13.3.1939 10:31:09	Neptunopposition	
17.3.1939 1:31:00	Merkur in größter westlicher Elongation zur Sonne	18,4°
24.3.1939 6:41:53	Merkur stationär, dann rückläufig	
25.3.1939 20:44:55	Venus 2,6° nördlich Delta Capricorni	40,8°
3.4.1939 8:00:32	Merkur in unterer Konjunktion zur Sonne	2,8°
11.4.1939 19:35:28	Saturn in Konjunktion zur Sonne	-2,2°
12.4.1939 5:24:21	Mars 2,9° nördlich Nunki	99,6°
15.4.1939 17:43:31	Merkur stationär, dann rechtläufig	
22.4.1939 1:41:55	Venus 24' südlich Jupiter	35,1°
1.5.1939 8:30:00	Merkur in größter westlicher Elongation zur Sonne	26,9°

Datum und Uhrzeit (WZ)	Ereignis	Elongation
9.5.1939 8:35:04	Uranus in Konjunktion zur Sonne	-19'
10.5.1939 15:28:52	Merkur 45' südlich Saturn	24,6°
15.5.1939 23:41:44	Merkur 13,4° südlich Hamal	20°
16.5.1939 21:00:46	Venus 34' nördlich Saturn	29,6°
22.5.1939 16:31:41	Venus 12,4° südlich Hamal	25,8°
25.5.1939 7:40:31	Merkur 1,2° südlich Uranus	14,5°
30.5.1939 4:16:11	Merkur 4,8° südlich Alkione	9,6°
30.5.1939 8:42:25	Mars 7,6° südlich Beta Capricorni	124,7°
2.6.1939 5:20:33	Neptun stationär, dann rechtläufig	
4.6.1939 16:30:58	Merkur 5,9° nördlich Aldebaran	3,4°
5.6.1939 8:45:28	Venus 1,2° südlich Uranus	24,4°
7.6.1939 9:16:33	Merkur in oberer Konjunktion zur Sonne	46'
9.6.1939 23:41:10	Merkur 4,2° südlich Elnath	3,4°
12.6.1939 17:05:44	Venus 5,4° südlich Alkione	22°
15.6.1939 3:56:31	Merkur 2,6° nördlich Eta Geminorum	9,5°
16.6.1939 1:10:42	Merkur 2,6° nördlich Mü Geminorum	10,5°
17.6.1939 17:08:17	Merkur 8,6° nördlich Alhena	12,3°
18.6.1939 9:32:03	Merkur 9,6' südlich Epsilon Geminorum	13°
22.6.1939 8:29:02	Venus 4,6° nördlich Aldebaran	20,4°
24.6.1939 7:41:03	Mars stationär, dann rückläufig	
24.6.1939 14:29:45	Merkur 8,3° südlich Kastor	18,6°
26.6.1939 1:50:52	Merkur 4,9° südlich Pollux	19,7°
1.7.1939 23:45:21	Venus 5,9° südlich Elnath	17,9°
4.7.1939 18:10:35	Merkur 15' südlich M44	24,6°
11.7.1939 4:54:25	Venus 45' nördlich Eta Geminorum	15,4°
12.7.1939 17:21:54	Venus 44' nördlich Mü Geminorum	15°
13.7.1939 19:21:00	Merkur in größter östlicher Elongation zur Sonne	26,5°
15.7.1939 12:34:23	Venus 6,8° nördlich Alhena	14,3°
16.7.1939 15:35:19	Venus 2° südlich Epsilon Geminorum	14°
19.7.1939 3:51:04	Mars 11° südlich Beta Capricorni	171,1°
23.7.1939 7:56:21	Marsopposition	
26.7.1939 4:23:43	Venus 9,8° südlich Kastor	11,4°
26.7.1939 21:29:16	Merkur stationär, dann rückläufig	
28.7.1939 6:03:38	Venus 6,2° südlich Pollux	10,8°
30.7.1939 11:41:21	Jupiter stationär, dann rückläufig	
7.8.1939 21:11:31	Venus 23' südlich M44	8°
10.8.1939 16:03:28	Merkur in unterer Konjunktion zur Sonne	-4,8°
13.8.1939 10:35:55	Merkur 5,7° südlich Venus	6,5°
14.8.1939 21:46:19	Saturn stationär, dann rückläufig	
20.8.1939 0:49:59	Merkur stationär, dann rechtläufig	
24.8.1939 15:07:08	Mars stationär, dann rechtläufig	
25.8.1939 19:30:32	Venus 54' nördlich Regulus	2,7°
28.8.1939 6:53:00	Merkur in größter westlicher Elongation zur Sonne	18,3°
28.8.1939 13:26:32	Uranus stationär, dann rückläufig	
5.9.1939 20:38:30	Venus in oberer Konjunktion zur Sonne	1,4°
6.9.1939 10:21:05	Merkur 59' nördlich Regulus	13,9°

Datum und Uhrzeit (WZ)	Ereignis	Elongation
14.9.1939 7:20:23	Venus 16' nördlich Neptun	2,7°
16.9.1939 20:35:40	Neptun in Konjunktion zur Sonne	1,1°
19.9.1939 11:23:03	Merkur 34' nördlich Neptun	2,7°
22.9.1939 13:56:03	Merkur in oberer Konjunktion zur Sonne	1,5°
27.9.1939 6:18:47	Mars 8,8° südlich Beta Capricorni	117,9°
27.9.1939 18:54:40	Jupiteropposition	
28.9.1939 1:14:04	Venus 1,7° südlich Porrima	6°
29.9.1939 1:17:21	Merkur 2,1° südlich Porrima	5,1°
2.10.1939 0:28:53	Merkur 35' südlich Venus	7,1°
6.10.1939 6:08:47	Merkur 2,3° nördlich Spika	10°
7.10.1939 12:21:52	Venus 3,3° nördlich Spika	8,5°
21.10.1939 2:51:47	Merkur 2° südlich Zuben-el-dschenubi	17,4°
22.10.1939 2:37:19	Saturnopposition	
25.10.1939 12:17:33	Venus 1,4' nördlich Zuben-el-dschenubi	13°
3.11.1939 19:39:03	Merkur 3,7° südlich Akrab	21,9°
8.11.1939 3:42:00	Merkur in größter östlicher Elongation zur Sonne	23,2°
8.11.1939 5:03:25	Mars 38' nördlich Delta Capricorni	97,8°
8.11.1939 22:40:28	Merkur 1,8° nördlich Antares	23,2°
9.11.1939 5:29:58	Venus 1,3° südlich Akrab	16,5°
13.11.1939 5:43:30	Uranusopposition	
13.11.1939 18:13:21	Venus 4,2° nördlich Antares	17,8°
18.11.1939 4:35:02	Merkur 1,4° südlich Venus	18,9°
18.11.1939 14:24:44	Merkur stationär, dann rückläufig	
25.11.1939 10:42:08	Jupiter stationär, dann rechtläufig	
26.11.1939 19:42:47	Merkur 5° nördlich Antares	4,5°
28.11.1939 17:03:17	Merkur in unterer Konjunktion zur Sonne	59'
1.12.1939 6:13:55	Merkur 45' nördlich Akrab	5,9°
8.12.1939 5:29:35	Merkur stationär, dann rechtläufig	
10.12.1939 14:36:05	Venus 2° nördlich Nunki	24,1°
16.12.1939 5:38:31	Merkur 1,3° nördlich Akrab	21°
16.12.1939 23:10:00	Merkur in größter westlicher Elongation zur Sonne	21,4°
21.12.1939 11:43:37	Merkur 6,3° nördlich Antares	20,3°
26.12.1939 17:07:08	Venus 6,5° südlich Beta Capricorni	27,8°
28.12.1939 23:59:59	Neptun stationär, dann rückläufig	
28.12.1939 23:59:59	Saturn stationär, dann rechtläufig	
29.12.1939 0:09:52	Neptun stationär, dann rückläufig	
29.12.1939 0:49:54	Saturn stationär, dann rechtläufig	

1940

Datum und Uhrzeit (WZ)	Ereignis	Elongation
7.1.1940 14:43:40	Mars 1,2° nördlich Jupiter	75,8°
12.1.1940 21:42:23	Venus 58' nördlich Delta Capricorni	31,2°
14.1.1940 0:49:08	Merkur 2,3° nördlich Nunki	11°
26.1.1940 10:25:20	Merkur 6,8° südlich Beta Capricorni	4,2°

Datum und Uhrzeit (WZ)	Ereignis	Elongation
31.1.1940 18:37:48	Merkur in oberer Konjunktion zur Sonne	-2,1°
7.2.1940 16:29:40	Merkur 45' nördlich Delta Capricorni	5,5°
13.2.1940 8:15:42	Mars 3° nördlich Saturn	62,9°
20.2.1940 21:44:04	Venus 60' nördlich Jupiter	38,9°
22.2.1940 0:37:24	Mars 10° südlich Hamal	61,1°
28.2.1940 11:17:00	Merkur in größter östlicher Elongation zur Sonne	18,2°
5.3.1940 16:52:14	Merkur stationär, dann rückläufig	
8.3.1940 13:38:56	Venus 3,4° nördlich Saturn	40,9°
11.3.1940 18:51:30	Venus 9,4° südlich Hamal	42,5°
14.3.1940 20:54:08	Neptunopposition	
15.3.1940 13:51:47	Merkur in unterer Konjunktion zur Sonne	3,5°
16.3.1940 17:59:45	Mars 1,1° nördlich Uranus	53°
26.3.1940 13:37:27	Venus 2,5° nördlich Uranus	43,7°
28.3.1940 0:11:19	Merkur stationär, dann rechtläufig	
30.3.1940 9:40:40	Mars 3,3° südlich Alkione	48,9°
3.4.1940 15:42:01	Venus 1,4° südlich Alkione	45,2°
8.4.1940 19:53:28	Saturn 13° südlich Hamal	13,7°
11.4.1940 0:38:38	Venus 2,2° nördlich Mars	45,1°
11.4.1940 21:40:21	Jupiter in Konjunktion zur Sonne	-1,1°
12.4.1940 8:58:00	Merkur in größter westlicher Elongation zur Sonne	27,7°
14.4.1940 18:27:02	Venus 8,9° nördlich Aldebaran	44,6°
16.4.1940 19:09:02	Mars 6,5° nördlich Aldebaran	42,6°
17.4.1940 12:08:00	Venus in größter östlicher Elongation zur Sonne	45,7°
24.4.1940 17:40:11	Saturn in Konjunktion zur Sonne	-2,2°
26.4.1940 18:29:27	Venus 1,6° südlich Elnath	45,4°
4.5.1940 10:30:20	Mars 4,3° südlich Elnath	37,7°
5.5.1940 5:19:47	Merkur 1,2° südlich Jupiter	17,2°
8.5.1940 5:30:39	Merkur 12,5° südlich Hamal	14,5°
10.5.1940 3:27:37	Venus 4,7° nördlich Eta Geminorum	43,3°
10.5.1940 8:56:07	Merkur 42' nördlich Saturn	13°
12.5.1940 17:29:22	Venus 4,6° nördlich Mü Geminorum	42,6°
12.5.1940 21:55:22	Uranus in Konjunktion zur Sonne	-16'
18.5.1940 0:35:41	Merkur 1,8' südlich Uranus	4,6°
18.5.1940 2:21:12	Venus 10,4° nördlich Alhena	40,8°
20.5.1940 14:55:17	Venus 1,4° nördlich Epsilon Geminorum	39,7°
20.5.1940 18:52:29	Merkur 4° südlich Alkione	1,3°
21.5.1940 13:44:31	Mars 2° nördlich Eta Geminorum	32,2°
21.5.1940 20:28:29	Merkur in oberer Konjunktion zur Sonne	22'
24.5.1940 10:12:45	Mars 1,9° nördlich Mü Geminorum	31,3°
26.5.1940 2:42:33	Merkur 6,6° nördlich Aldebaran	5,3°
28.5.1940 16:48:04	Jupiter 11,8° südlich Hamal	31,8°
29.5.1940 16:53:01	Mars 7,9° nördlich Alhena	29,7°
31.5.1940 14:05:01	Merkur 3,7° südlich Elnath	11,7°
31.5.1940 20:00:04	Mars 56' südlich Epsilon Geminorum	29°
3.6.1940 18:09:49	Neptun stationär, dann rechtläufig	
5.6.1940 0:14:32	Venus stationär, dann rückläufig	

Datum und Uhrzeit (WZ)	Ereignis	Elongation
6.6.1940 7:29:17	Merkur 3° nördlich Eta Geminorum	17,2°
7.6.1940 5:31:08	Venus 22' nördlich Mars	27°
7.6.1940 7:56:08	Merkur 2,9° nördlich Mü Geminorum	18,1°
9.6.1940 6:45:58	Merkur 8,8° nördlich Alhena	19,6°
10.6.1940 2:20:08	Merkur 17" südlich Epsilon Geminorum, Bedeckung	20,2°
12.6.1940 1:54:31	Merkur 1,4° nördlich Venus	21,4°
17.6.1940 0:55:31	Merkur 26' nördlich Mars	23,9°
18.6.1940 0:11:21	Merkur 8,7° südlich Kastor	24,2°
19.6.1940 0:18:52	Mars 9° südlich Kastor	23,3°
19.6.1940 17:02:29	Venus 3,2° südlich Epsilon Geminorum	11,1°
20.6.1940 2:04:13	Merkur 5,6° südlich Pollux	24,7°
22.6.1940 3:30:04	Venus 5,1° nördlich Alhena	7,6°
22.6.1940 23:49:51	Mars 5,6° südlich Pollux	22°
24.6.1940 13:51:00	Merkur in größter östlicher Elongation zur Sonne	25,3°
26.6.1940 21:07:00	Venus in unterer Konjunktion zur Sonne	-2,8°
27.6.1940 17:21:34	Venus 2,1° südlich Mü Geminorum	1,6°
30.6.1940 19:05:05	Venus 2,7° südlich Eta Geminorum	6,2°
7.7.1940 19:17:07	Merkur stationär, dann rückläufig	
9.7.1940 23:57:18	Merkur 4,4° südlich Mars	16,6°
13.7.1940 14:12:30	Mars 6,2' südlich M44	15,5°
18.7.1940 12:44:09	Venus stationär, dann rechtläufig	
22.7.1940 4:40:11	Merkur in unterer Konjunktion zur Sonne	-5°
1.8.1940 9:07:18	Merkur stationär, dann rechtläufig	
6.8.1940 8:53:07	Venus 4,3° südlich Eta Geminorum	41,1°
9.8.1940 13:17:48	Venus 4,1° südlich Mü Geminorum	42,3°
10.8.1940 10:23:00	Merkur in größter westlicher Elongation zur Sonne	19°
14.8.1940 17:43:46	Venus 2,2° nördlich Alhena	43,8°
15.8.1940 13:08:54	Jupiter 1,2° nördlich Saturn	97,5°
16.8.1940 15:43:55	Venus 6,5° südlich Epsilon Geminorum	44,2°
16.8.1940 19:31:38	Merkur 1,1° südlich M44	17°
17.8.1940 16:40:37	Mars 42' nördlich Regulus	4,3°
27.8.1940 22:25:58	Saturn stationär, dann rückläufig	
28.8.1940 17:12:07	Merkur 1,3° nördlich Regulus	6,2°
30.8.1940 8:48:39	Mars in Konjunktion zur Sonne	1,1°
30.8.1940 19:10:10	Venus 13,4° südlich Kastor	45,8°
1.9.1940 2:29:09	Uranus stationär, dann rückläufig	
2.9.1940 13:29:00	Venus 9,7° südlich Pollux	45,9°
2.9.1940 23:18:32	Merkur 43' nördlich Mars	1,6°
4.9.1940 11:58:26	Merkur in oberer Konjunktion zur Sonne	1,7°
4.9.1940 19:17:14	Jupiter stationär, dann rückläufig	
5.9.1940 13:39:00	Venus in größter westlicher Elongation zur Sonne	46°
11.9.1940 15:06:08	Merkur 2' nördlich Neptun	6,4°
15.9.1940 20:00:27	Venus 3,1° südlich M44	45,6°
18.9.1940 8:08:41	Neptun in Konjunktion zur Sonne	1,2°
20.9.1940 15:54:48	Merkur 2,7° südlich Porrima	12,1°
28.9.1940 8:36:29	Merkur 1,5° nördlich Spika	17,4°

Datum und Uhrzeit (WZ)	Ereignis	Elongation
28.9.1940 22:46:55	Mars 13' südlich Neptun	10°
6.10.1940 3:26:44	Venus 30' südlich Regulus	43,6°
11.10.1940 23:34:16	Jupiter 1,3° nördlich Saturn	155°
14.10.1940 22:24:24	Merkur 3° südlich Zuben-el-dschenubi	22,8°
20.10.1940 16:27:00	Merkur in größter östlicher Elongation zur Sonne	24,5°
21.10.1940 6:24:33	Mars 2,1° südlich Porrima	17,6°
29.10.1940 21:08:45	Venus 11' nördlich Neptun	39,6°
1.11.1940 6:30:24	Merkur stationär, dann rückläufig	
3.11.1940 4:08:10	Jupiteropposition	
3.11.1940 20:48:25	Saturnopposition	
8.11.1940 7:07:53	Mars 3,1° nördlich Spika	22,8°
9.11.1940 21:09:53	Venus 1,2° südlich Porrima	37,6°
11.11.1940 23:23:55	Merkur in unterer Konjunktion zur Sonne, Transit	6,2'
16.11.1940 15:02:53	Uranusopposition	
16.11.1940 19:10:08	Merkur 1,3° nördlich Zuben-el-dschenubi	10,1°
19.11.1940 12:07:08	Venus 4,2° nördlich Spika	34,1°
20.11.1940 23:35:53	Merkur stationär, dann rechtläufig	
25.11.1940 11:40:49	Merkur 2,3° nördlich Zuben-el-dschenubi	18,9°
28.11.1940 21:20:00	Merkur in größter westlicher Elongation zur Sonne	20,2°
2.12.1940 12:26:37	Venus 1,3° nördlich Mars	32,4°
7.12.1940 17:39:21	Venus 1,5° nördlich Zuben-el-dschenubi	31,3°
11.12.1940 3:40:11	Merkur 5,2' nördlich Akrab	16,6°
12.12.1940 3:53:55	Mars 14' nördlich Zuben-el-dschenubi	35,8°
15.12.1940 1:27:13	Merkur 5,2° nördlich Antares	14,7°
22.12.1940 15:32:56	Venus 24' nördlich Akrab	28,3°
27.12.1940 5:46:49	Venus 5,9° nördlich Antares	26,8°
30.12.1940 10:02:47	Neptun stationär, dann rückläufig	
31.12.1940 13:07:48	Jupiter stationär, dann rechtläufig	

1941

Datum und Uhrzeit (WZ)	Ereignis	Elongation
5.1.1941 19:23:20	Merkur 1,8° nördlich Nunki	3,8°
8.1.1941 12:44:30	Mars 43' südlich Akrab	45,4°
10.1.1941 8:52:02	Saturn stationär, dann rechtläufig	
11.1.1941 10:02:08	Merkur in oberer Konjunktion zur Sonne	-2°
16.1.1941 22:00:04	Mars 4,8° nördlich Antares	47,6°
17.1.1941 22:13:16	Merkur 6,9° südlich Beta Capricorni	4,7°
23.1.1941 9:31:47	Venus 3,6° nördlich Nunki	21,1°
30.1.1941 4:23:41	Uranus stationär, dann rechtläufig	
30.1.1941 9:25:21	Merkur 1,2° nördlich Delta Capricorni	12,9°
8.2.1941 12:34:13	Venus 5,3° südlich Beta Capricorni	16,8°
10.2.1941 23:43:00	Merkur in größter östlicher Elongation zur Sonne	18,2°
16.2.1941 20:16:12	Merkur stationär, dann rückläufig	
20.2.1941 19:01:48	Jupiter 1,4° nördlich Saturn	67,8°

Datum und Uhrzeit (WZ)	Ereignis	Elongation
25.2.1941 12:07:06	Venus 1,6° nördlich Delta Capricorni	13,3°
26.2.1941 12:17:28	Merkur in unterer Konjunktion zur Sonne	3,7°
3.3.1941 12:50:31	Merkur 4,8° nördlich Venus	10,6°
7.3.1941 4:11:18	Mars 3° nördlich Nunki	64,4°
10.3.1941 19:32:20	Merkur stationär, dann rechtläufig	
17.3.1941 7:25:27	Neptunopposition	
25.3.1941 14:52:00	Merkur in größter westlicher Elongation zur Sonne	27,8°
5.4.1941 6:23:56	Mars 5,8° südlich Beta Capricorni	71,9°
19.4.1941 6:57:17	Venus in oberer Konjunktion zur Sonne	-1°
22.4.1941 12:41:22	Venus 11,6° südlich Hamal	1,3°
30.4.1941 7:52:31	Merkur 11,7° südlich Hamal	6,9°
4.5.1941 17:44:07	Venus 1,6° nördlich Saturn	4,1°
5.5.1941 22:10:12	Mars 55' nördlich Delta Capricorni	82°
6.5.1941 5:23:23	Merkur in oberer Konjunktion zur Sonne, Bedeckung	-4,1'
7.5.1941 7:07:39	Jupiter 32' südlich Uranus	9,2°
7.5.1941 16:48:21	Merkur 2,3° nördlich Saturn	1,8°
9.5.1941 1:14:37	Saturn in Konjunktion zur Sonne	-2°
11.5.1941 3:32:55	Venus 5' südlich Uranus	5,8°
11.5.1941 4:38:56	Merkur 1° nördlich Uranus	5,7°
11.5.1941 6:03:37	Merkur 1,1° nördlich Venus	5,8°
11.5.1941 13:21:37	Merkur 1,6° nördlich Jupiter	6,1°
11.5.1941 20:03:27	Venus 28' nördlich Jupiter	5,9°
12.5.1941 7:25:03	Merkur 3,2° südlich Alkione	7,4°
13.5.1941 2:07:51	Venus 4,4° südlich Alkione	6,3°
17.5.1941 12:20:21	Uranus in Konjunktion zur Sonne, Bedeckung	-13'
17.5.1941 22:13:33	Merkur 7,3° nördlich Aldebaran	13,5°
18.5.1941 8:33:21	Jupiter 4,9° südlich Alkione	1,3°
19.5.1941 20:04:15	Jupiter in Konjunktion zur Sonne	-43'
22.5.1941 12:52:12	Venus 5,7° nördlich Aldebaran	8,8°
24.5.1941 5:13:09	Merkur 3,2° südlich Elnath	19°
31.5.1941 15:19:41	Merkur 3° nördlich Eta Geminorum	22,9°
1.6.1941 0:04:57	Venus 4,9° südlich Elnath	11,3°
2.6.1941 2:38:35	Merkur 2,8° nördlich Mü Geminorum	23,3°
5.6.1941 3:44:16	Merkur 8,4° nördlich Alhena	23,7°
6.6.1941 3:55:00	Merkur in größter östlicher Elongation zur Sonne	23,8°
6.6.1941 5:25:39	Neptun stationär, dann rechtläufig	
6.6.1941 13:23:16	Merkur 39' südlich Epsilon Geminorum	23,8°
10.6.1941 2:14:55	Venus 1,8° nördlich Eta Geminorum	13,8°
11.6.1941 14:20:11	Venus 1,7° nördlich Mü Geminorum	14,2°
14.6.1941 8:55:55	Venus 7,8° nördlich Alhena	15°
15.6.1941 11:46:34	Venus 1° südlich Epsilon Geminorum	15,3°
19.6.1941 11:13:29	Merkur stationär, dann rückläufig	
20.6.1941 12:01:11	Merkur 2,9° südlich Venus	16,6°
22.6.1941 8:15:05	Uranus 4,4° südlich Alkione	31,6°
24.6.1941 23:41:15	Venus 8,9° südlich Kastor	17,8°
27.6.1941 1:20:28	Venus 5,4° südlich Pollux	18,4°

Datum und Uhrzeit (WZ)	Ereignis	Elongation
2.7.1941 21:04:33	Merkur in unterer Konjunktion zur Sonne	-4,5°
4.7.1941 11:41:29	Merkur 6,8° südlich Epsilon Geminorum	3,6°
7.7.1941 2:11:18	Merkur 1,9° nördlich Alhena	8°
7.7.1941 17:56:05	Venus 17' nördlich M44	21,2°
8.7.1941 9:00:11	Jupiter 4,8° nördlich Aldebaran	36,1°
13.7.1941 23:20:48	Merkur stationär, dann rechtläufig	
20.7.1941 7:21:35	Merkur 3,6° nördlich Alhena	19,4°
22.7.1941 8:43:31	Merkur 4,8° südlich Epsilon Geminorum	19,9°
24.7.1941 3:39:00	Merkur in größter westlicher Elongation zur Sonne	20°
26.7.1941 0:33:38	Venus 1,2° nördlich Regulus	26°
1.8.1941 2:42:37	Merkur 10,5° südlich Kastor	17,4°
2.8.1941 15:32:34	Merkur 6,8° südlich Pollux	16,4°
9.8.1941 13:41:55	Merkur 4,5' südlich M44	10,2°
11.8.1941 14:53:08	Saturn 6,4° südlich Alkione	79,4°
17.8.1941 23:23:49	Venus 18' südlich Neptun	31,6°
19.8.1941 0:09:45	Merkur in oberer Konjunktion zur Sonne	1,8°
20.8.1941 11:17:55	Merkur 1,4° nördlich Regulus	2°
29.8.1941 15:05:56	Venus 2,5° südlich Porrima	33,6°
5.9.1941 5:59:15	Merkur 44' südlich Neptun	14,6°
5.9.1941 16:09:51	Uranus stationär, dann rückläufig	
6.9.1941 16:33:14	Mars stationär, dann rückläufig	
8.9.1941 14:36:16	Venus 2,1° nördlich Spika	36,7°
11.9.1941 2:10:07	Saturn stationär, dann rückläufig	
13.9.1941 22:20:50	Merkur 3,6° südlich Porrima	18,8°
20.9.1941 19:34:36	Neptun in Konjunktion zur Sonne	1,2°
22.9.1941 14:23:01	Merkur 26' nördlich Spika	23,7°
27.9.1941 16:26:03	Venus 1,6° südlich Zuben-el-dschenubi	40°
3.10.1941 4:29:00	Merkur in größter östlicher Elongation zur Sonne	25,7°
3.10.1941 6:22:08	Jupiter 6,1° südlich Elnath	107,8°
10.10.1941 7:29:52	Jupiter stationär, dann rückläufig	
10.10.1941 12:40:09	Marsopposition	
11.10.1941 13:58:31	Saturn 6,6° südlich Alkione	138,5°
13.10.1941 9:48:24	Venus 3,2° südlich Akrab	42,7°
15.10.1941 15:08:12	Merkur stationär, dann rückläufig	
17.10.1941 7:01:47	Jupiter 6,1° südlich Elnath	121,6°
18.10.1941 6:59:06	Venus 2,2° nördlich Antares	44,1°
27.10.1941 2:49:19	Merkur in unterer Konjunktion zur Sonne	-50'
4.11.1941 17:27:27	Merkur stationär, dann rechtläufig	
12.11.1941 3:08:00	Merkur in größter westlicher Elongation zur Sonne	19,2°
12.11.1941 7:47:13	Mars stationär, dann rechtläufig	
17.11.1941 6:19:15	Venus 15' nördlich Nunki	47,1°
17.11.1941 19:06:51	Saturnopposition	
21.11.1941 0:52:38	Uranusopposition	
22.11.1941 11:18:53	Merkur 1,4° nördlich Zuben-el-dschenubi	15,6°
23.11.1941 4:41:00	Venus in größter östlicher Elongation zur Sonne	47,3°
24.11.1941 2:45:40	Uranus 4,4° südlich Alkione	175,4°

Datum und Uhrzeit (WZ)	Ereignis	Elon-gation
4.12.1941 14:56:53	Merkur 46' südlich Akrab	9,6°
7.12.1941 17:31:14	Venus 7,3° südlich Beta Capricorni	46,4°
8.12.1941 6:56:01	Merkur 4,5° nördlich Antares	7,6°
8.12.1941 20:00:54	Jupiteropposition	
22.12.1941 0:16:40	Merkur in oberer Konjunktion zur Sonne	-1,5°
29.12.1941 11:13:06	Merkur 1,5° nördlich Nunki	4,8°

1942

Datum und Uhrzeit (WZ)	Ereignis	Elon-gation
10.1.1942 16:01:52	Merkur 6,8° südlich Beta Capricorni	12,1°
11.1.1942 1:52:50	Venus stationär, dann rückläufig	
19.1.1942 0:53:00	Mars 9,5° südlich Hamal	95,2°
21.1.1942 0:37:29	Merkur 6,2° südlich Venus	17,6°
23.1.1942 21:51:29	Saturn stationär, dann rechtläufig	
25.1.1942 11:53:00	Merkur in größter östlicher Elongation zur Sonne	18,5°
25.1.1942 17:42:32	Merkur 2,8° nördlich Delta Capricorni	17,8°
31.1.1942 11:31:47	Merkur stationär, dann rückläufig	
2.2.1942 17:26:19	Venus in unterer Konjunktion zur Sonne	7,6°
3.2.1942 13:43:15	Uranus stationär, dann rechtläufig	
5.2.1942 12:38:20	Jupiter stationär, dann rechtläufig	
6.2.1942 2:02:23	Merkur 6° nördlich Delta Capricorni	6,6°
9.2.1942 23:13:31	Merkur in unterer Konjunktion zur Sonne	3,6°
21.2.1942 23:11:37	Merkur stationär, dann rechtläufig	
22.2.1942 13:33:18	Venus stationär, dann rechtläufig	
24.2.1942 2:00:50	Mars 3,5° nördlich Saturn	77,7°
2.3.1942 6:34:58	Mars 1,6° nördlich Uranus	75,6°
4.3.1942 21:36:07	Mars 2,7° südlich Alkione	74,9°
8.3.1942 0:00:00	Merkur in größter westlicher Elongation zur Sonne	27,3°
11.3.1942 13:04:34	Merkur 1,6° nördlich Delta Capricorni	27,1°
19.3.1942 17:57:44	Neptunopposition	
24.3.1942 4:45:29	Mars 7° nördlich Aldebaran	66,2°
31.3.1942 7:05:26	Venus 5,1° nördlich Delta Capricorni	45,6°
4.4.1942 3:58:03	Mars 1,7° nördlich Jupiter	62,7°
12.4.1942 6:42:28	Mars 4° südlich Elnath	59,8°
12.4.1942 12:56:51	Uranus 4,3° südlich Alkione	36,2°
13.4.1942 20:41:00	Venus in größter westlicher Elongation zur Sonne	46,3°
20.4.1942 10:06:57	Merkur in oberer Konjunktion zur Sonne	-32'
21.4.1942 10:29:09	Saturn 6° südlich Alkione	27,2°
22.4.1942 0:32:16	Merkur 10,9° südlich Hamal	1,9°
28.4.1942 8:20:28	Saturn 1,6° südlich Uranus	21,3°
30.4.1942 11:41:03	Mars 2,3° nördlich Eta Geminorum	53,1°
1.5.1942 14:34:42	Jupiter 5,6° südlich Elnath	40,8°
3.5.1942 11:52:46	Mars 2,2° nördlich Mü Geminorum	52°
4.5.1942 11:06:45	Merkur 2,3° südlich Alkione	15,4°

Datum und Uhrzeit (WZ)	Ereignis	Elongation
5.5.1942 2:55:57	Merkur 2,1° nördlich Uranus	15,4°
5.5.1942 9:25:09	Merkur 3,8° nördlich Saturn	15,4°
9.5.1942 1:02:02	Mars 8,2° nördlich Alhena	50°
11.5.1942 6:43:13	Mars 40' südlich Epsilon Geminorum	49,2°
11.5.1942 8:26:56	Merkur 7,9° nördlich Aldebaran	19,7°
18.5.1942 20:00:00	Merkur in größter östlicher Elongation zur Sonne	22,2°
21.5.1942 9:12:48	Merkur 3,4° südlich Elnath	21,9°
22.5.1942 3:19:57	Uranus in Konjunktion zur Sonne, Bedeckung	-10'
23.5.1942 17:06:22	Saturn in Konjunktion zur Sonne	-1,7°
30.5.1942 5:44:18	Mars 8,8° südlich Kastor	42,2°
31.5.1942 18:40:52	Merkur stationär, dann rückläufig	
3.6.1942 8:43:52	Mars 5,4° südlich Pollux	40,7°
4.6.1942 2:54:50	Venus 12,9° südlich Hamal	37,2°
8.6.1942 18:35:29	Neptun stationär, dann rechtläufig	
12.6.1942 20:42:27	Merkur in unterer Konjunktion zur Sonne	-3,3°
12.6.1942 21:45:00	Merkur 8,7° südlich Elnath	3,3°
21.6.1942 21:27:02	Jupiter 46' nördlich Eta Geminorum	2,8°
24.6.1942 14:26:43	Mars 8,9" südlich M44	34°
24.6.1942 16:44:54	Merkur stationär, dann rechtläufig	
25.6.1942 16:48:28	Jupiter in Konjunktion zur Sonne, Bedeckung	-7,3'
26.6.1942 1:30:22	Venus 6,1° südlich Alkione	34,9°
29.6.1942 19:56:58	Venus 1,7° südlich Uranus	34,9°
30.6.1942 0:47:42	Jupiter 42' nördlich Mü Geminorum	3,1°
3.7.1942 22:31:01	Venus 3,6' nördlich Saturn	34,3°
4.7.1942 21:54:57	Merkur 8,7° südlich Elnath	21,2°
6.7.1942 1:12:44	Venus 3,9° nördlich Aldebaran	33,8°
6.7.1942 9:30:00	Merkur in größter westlicher Elongation zur Sonne	21,4°
14.7.1942 15:49:00	Merkur 21' südlich Eta Geminorum	18,9°
15.7.1942 4:07:40	Jupiter 6,7° nördlich Alhena	14,2°
15.7.1942 20:36:29	Merkur 9,6' südlich Mü Geminorum	18,2°
15.7.1942 23:43:13	Venus 6,6° südlich Elnath	31,5°
17.7.1942 22:13:13	Merkur 6,2° nördlich Alhena	16,8°
18.7.1942 7:58:23	Merkur 21' südlich Jupiter	16,4°
18.7.1942 17:11:30	Merkur 2,4° südlich Epsilon Geminorum	16,1°
21.7.1942 9:09:33	Jupiter 2,2° südlich Epsilon Geminorum	18,7°
24.7.1942 18:55:55	Merkur 9,4° südlich Kastor	10,4°
25.7.1942 10:43:32	Venus 6,1' nördlich Eta Geminorum	29,2°
26.7.1942 0:25:51	Merkur 5,8° südlich Pollux	9°
27.7.1942 0:04:01	Venus 6,3' nördlich Mü Geminorum	28,9°
27.7.1942 15:17:02	Saturn 3,7° nördlich Aldebaran	54,4°
29.7.1942 20:47:25	Venus 6,2° nördlich Alhena	28,2°
30.7.1942 9:49:34	Mars 41' nördlich Regulus	22,2°
31.7.1942 0:27:11	Venus 2,6° südlich Epsilon Geminorum	27,9°
1.8.1942 5:02:19	Merkur 21' nördlich M44	2,3°
2.8.1942 3:34:12	Venus 22' südlich Jupiter	27,3°
2.8.1942 22:22:18	Merkur in oberer Konjunktion zur Sonne	1,7°

Datum und Uhrzeit (WZ)	Ereignis	Elongation
9.8.1942 17:35:42	Venus 10,3° südlich Kastor	25,5°
11.8.1942 19:59:23	Venus 6,8° südlich Pollux	24,9°
12.8.1942 7:45:43	Merkur 1,2° nördlich Regulus	9,8°
19.8.1942 12:35:43	Merkur 24" südlich Mars	15,6°
22.8.1942 14:11:43	Venus 48' südlich M44	22,2°
31.8.1942 0:17:01	Merkur 1,9° südlich Neptun	21,8°
8.9.1942 20:21:07	Merkur 4,9° südlich Porrima	23,9°
9.9.1942 14:47:25	Venus 42' nördlich Regulus	17,3°
10.9.1942 5:55:41	Uranus stationär, dann rückläufig	
15.9.1942 16:45:00	Merkur in größter östlicher Elongation zur Sonne	26,7°
16.9.1942 18:11:20	Mars 30' südlich Neptun	6,3°
20.9.1942 14:42:27	Jupiter 10,2° südlich Kastor	66°
21.9.1942 13:57:11	Merkur 1,4° südlich Spika	25,2°
23.9.1942 6:50:37	Neptun in Konjunktion zur Sonne	1,3°
25.9.1942 8:44:01	Saturn stationär, dann rückläufig	
28.9.1942 15:34:09	Merkur stationär, dann rückläufig	
3.10.1942 3:10:45	Mars 2,3° südlich Porrima	1,2°
4.10.1942 18:12:24	Venus 11' nördlich Neptun	10,9°
4.10.1942 23:54:59	Merkur 1,3° südlich Spika	12,1°
6.10.1942 0:25:28	Mars in Konjunktion zur Sonne	41'
11.10.1942 1:24:36	Merkur in unterer Konjunktion zur Sonne	-1,8°
11.10.1942 4:52:49	Jupiter 6,7° südlich Pollux	83,7°
11.10.1942 10:20:56	Merkur 2,5° südlich Mars	1,9°
12.10.1942 17:44:14	Venus 1,5° südlich Porrima	8,9°
14.10.1942 15:57:38	Merkur 2,2° südlich Venus	7,5°
19.10.1942 10:14:07	Merkur stationär, dann rechtläufig	
20.10.1942 22:18:47	Mars 2,8° nördlich Spika	4,4°
22.10.1942 3:24:10	Venus 3,6° nördlich Spika	5,5°
23.10.1942 12:38:39	Venus 45' nördlich Mars	5,8°
26.10.1942 15:06:00	Merkur in größter westlicher Elongation zur Sonne	18,5°
1.11.1942 8:48:13	Merkur 4,5° nördlich Spika	15,4°
9.11.1942 0:45:21	Venus 30' nördlich Zuben-el-dschenubi	1,9°
10.11.1942 10:28:33	Merkur 1,1° nördlich Mars	11,7°
12.11.1942 16:52:47	Jupiter stationär, dann rückläufig	
15.11.1942 20:59:36	Merkur 35' nördlich Zuben-el-dschenubi	8,7°
16.11.1942 11:30:19	Venus in oberer Konjunktion zur Sonne	33'
22.11.1942 23:58:41	Mars 2,6' südlich Zuben-el-dschenubi	15,8°
23.11.1942 16:16:52	Venus 45' südlich Akrab	1,8°
25.11.1942 11:12:47	Uranusopposition	
25.11.1942 22:16:29	Saturn 3,6° nördlich Aldebaran	171,9°
27.11.1942 12:52:01	Merkur 1,5° südlich Akrab	2°
28.11.1942 4:38:22	Venus 4,7° nördlich Antares	2,9°
1.12.1942 1:38:43	Merkur in oberer Konjunktion zur Sonne	-48'
1.12.1942 3:28:01	Merkur 3,8° nördlich Antares	0,8°
1.12.1942 20:30:23	Saturnopposition	
12.12.1942 15:36:19	Merkur 1,3° südlich Venus	6,4°

Datum und Uhrzeit (WZ)	Ereignis	Elongation
14.12.1942 23:02:34	Jupiter 6,6° südlich Pollux	148,8°
19.12.1942 9:03:24	Mars 60' südlich Akrab	24,3°
22.12.1942 7:59:19	Merkur 1,3° nördlich Nunki	12°
24.12.1942 22:14:19	Venus 2,5° nördlich Nunki	9,4°
27.12.1942 9:36:46	Mars 4,6° nördlich Antares	26,4°

1943

Datum und Uhrzeit (WZ)	Ereignis	Elongation
4.1.1943 16:31:05	Merkur 6,3° südlich Beta Capricorni	18,4°
5.1.1943 8:57:35	Jupiter 9,9° südlich Kastor	168,6°
8.1.1943 21:25:00	Merkur in größter östlicher Elongation zur Sonne	19,1°
9.1.1943 21:40:39	Venus 6,1° südlich Beta Capricorni	13,2°
11.1.1943 7:01:20	Jupiteropposition	
15.1.1943 9:54:17	Merkur stationär, dann rückläufig	
16.1.1943 10:33:24	Merkur 2,7° nördlich Venus	14,7°
24.1.1943 19:08:45	Merkur in unterer Konjunktion zur Sonne	3,3°
25.1.1943 13:11:18	Merkur 1,2° südlich Beta Capricorni	3,8°
26.1.1943 20:32:39	Venus 1,1° nördlich Delta Capricorni	16,9°
5.2.1943 8:29:43	Merkur stationär, dann rechtläufig	
6.2.1943 16:15:42	Saturn stationär, dann rechtläufig	
7.2.1943 23:00:21	Uranus stationär, dann rechtläufig	
12.2.1943 0:03:01	Mars 2,9° nördlich Nunki	40,6°
18.2.1943 4:16:07	Merkur 4,4° südlich Beta Capricorni	25,8°
18.2.1943 9:52:00	Merkur in größter westlicher Elongation zur Sonne	26,4°
6.3.1943 14:20:26	Merkur 50' nördlich Delta Capricorni	22,2°
11.3.1943 3:42:35	Mars 5,7° südlich Beta Capricorni	46,6°
22.3.1943 4:36:53	Neptunopposition	
24.3.1943 13:45:06	Venus 10,6° südlich Hamal	30,2°
4.4.1943 8:20:36	Merkur in oberer Konjunktion zur Sonne	-60'
8.4.1943 9:52:32	Mars 1,4° nördlich Delta Capricorni	54,5°
13.4.1943 21:12:00	Merkur 9,9° südlich Hamal	10,4°
14.4.1943 14:16:23	Venus 3° südlich Alkione	34,8°
15.4.1943 23:36:33	Saturn 4,1° nördlich Aldebaran	44,1°
18.4.1943 4:22:40	Venus 1,4° nördlich Uranus	35,2°
24.4.1943 7:52:44	Venus 7,1° nördlich Aldebaran	36,1°
25.4.1943 3:56:57	Venus 3,1° nördlich Saturn	36,5°
29.4.1943 13:45:35	Merkur 1,4° südlich Alkione	20,7°
30.4.1943 21:01:00	Merkur in größter östlicher Elongation zur Sonne	20,7°
4.5.1943 4:10:18	Venus 3,4° südlich Elnath	38,8°
5.5.1943 18:38:26	Merkur 2,7° nördlich Uranus	19,1°
12.5.1943 16:09:38	Merkur stationär, dann rückläufig	
13.5.1943 17:53:53	Venus 3,2° nördlich Eta Geminorum	40,5°
14.5.1943 23:37:02	Jupiter 9,8° südlich Kastor	56,7°
15.5.1943 8:16:58	Venus 3,1° nördlich Mü Geminorum	40,8°

Datum und Uhrzeit (WZ)	Ereignis	Elongation
18.5.1943 7:26:38	Venus 9,1° nördlich Alhena	41,3°
18.5.1943 14:37:59	Merkur 8,8' nördlich Uranus	7,4°
19.5.1943 12:18:47	Venus 20' nördlich Epsilon Geminorum	41,5°
23.5.1943 14:27:53	Merkur in unterer Konjunktion zur Sonne	-1,4°
26.5.1943 19:20:38	Uranus in Konjunktion zur Sonne, Bedeckung	-7'
29.5.1943 14:55:13	Jupiter 6,4° südlich Pollux	45,4°
29.5.1943 20:57:15	Venus 7,7° südlich Kastor	42,8°
1.6.1943 4:08:55	Venus 4,3° südlich Pollux	43°
1.6.1943 11:13:34	Merkur 7,7° südlich Alkione	11,6°
1.6.1943 16:35:40	Venus 2,1° nördlich Jupiter	43,5°
4.6.1943 18:48:19	Merkur stationär, dann rechtläufig	
7.6.1943 15:27:07	Saturn in Konjunktion zur Sonne	-1,4°
8.6.1943 0:42:53	Merkur 8,3° südlich Alkione	17,6°
11.6.1943 5:33:14	Neptun stationär, dann rechtläufig	
13.6.1943 9:45:53	Venus 58' nördlich M44	44,8°
18.6.1943 5:31:00	Merkur in größter westlicher Elongation zur Sonne	23°
20.6.1943 9:30:13	Merkur 3,1° südlich Uranus	22,1°
23.6.1943 16:56:28	Merkur 2,8° nördlich Aldebaran	22,1°
28.6.1943 1:11:00	Venus in größter östlicher Elongation zur Sonne	45,4°
30.6.1943 4:53:14	Merkur 6,2' südlich Saturn	18,7°
1.7.1943 16:00:56	Merkur 6,5° südlich Elnath	17,6°
6.7.1943 19:00:47	Venus 16' nördlich Regulus	45,1°
7.7.1943 16:51:21	Merkur 57' nördlich Eta Geminorum	12,1°
8.7.1943 14:52:27	Merkur 1,1° nördlich Mü Geminorum	11,1°
10.7.1943 6:33:48	Merkur 7,3° nördlich Alhena	9,3°
10.7.1943 22:18:39	Merkur 1,4° südlich Epsilon Geminorum	8,6°
11.7.1943 15:09:37	Mars 12,6° südlich Hamal	71,9°
16.7.1943 8:29:06	Merkur 8,8° südlich Kastor	2,5°
17.7.1943 12:37:17	Merkur 5,3° südlich Pollux	1,7°
18.7.1943 3:17:24	Merkur in oberer Konjunktion zur Sonne	1,5°
20.7.1943 11:24:39	Saturn 6,7° südlich Elnath	35,5°
22.7.1943 19:30:24	Merkur 1,3° nördlich Jupiter	5,6°
23.7.1943 17:37:00	Merkur 32' nördlich M44	6,6°
30.7.1943 12:58:44	Jupiter in Konjunktion zur Sonne	29'
31.7.1943 9:23:13	Jupiter 48' südlich M44	0,8°
4.8.1943 16:53:14	Merkur 48' nördlich Regulus	17,4°
13.8.1943 8:52:19	Venus stationär, dann rückläufig	
17.8.1943 6:25:16	Merkur 6,1° nördlich Venus	24,6°
20.8.1943 8:17:43	Mars 5,8° südlich Alkione	87,3°
29.8.1943 4:38:00	Merkur in größter östlicher Elongation zur Sonne	27,3°
29.8.1943 10:07:22	Merkur 4° südlich Neptun	25,6°
5.9.1943 23:58:56	Venus in unterer Konjunktion zur Sonne	-8,7°
9.9.1943 11:29:34	Mars 1,2° südlich Uranus	97,1°
11.9.1943 8:05:29	Merkur stationär, dann rückläufig	
11.9.1943 12:51:07	Mars 4,3° nördlich Aldebaran	98,3°
14.9.1943 20:51:21	Uranus stationär, dann rückläufig	

Datum und Uhrzeit (WZ)	Ereignis	Elongation
21.9.1943 22:55:26	Merkur 5,2° südlich Neptun	3,8°
24.9.1943 16:50:44	Merkur in unterer Konjunktion zur Sonne	-2,8°
25.9.1943 13:16:57	Venus stationär, dann rechtläufig	
25.9.1943 18:18:08	Neptun in Konjunktion zur Sonne	1,3°
3.10.1943 0:37:16	Merkur stationär, dann rechtläufig	
9.10.1943 17:38:43	Saturn stationär, dann rückläufig	
10.10.1943 6:37:00	Merkur in größter westlicher Elongation zur Sonne	18°
13.10.1943 17:36:42	Merkur 37' nördlich Neptun	17,1°
17.10.1943 11:02:06	Mars 5,6° südlich Elnath	121,3°
18.10.1943 18:38:07	Merkur 52' südlich Porrima	14,9°
25.10.1943 22:57:04	Merkur 4° nördlich Spika	8,8°
28.10.1943 0:55:46	Mars stationär, dann rückläufig	
7.11.1943 7:34:10	Mars 4,7° südlich Elnath	141,9°
8.11.1943 16:43:53	Merkur 7,3' südlich Zuben-el-dschenubi	1,1°
10.11.1943 11:38:17	Merkur in oberer Konjunktion zur Sonne, Bedeckung	1'
13.11.1943 11:38:19	Venus 22' südlich Neptun	46,6°
16.11.1943 16:22:00	Venus in größter westlicher Elongation zur Sonne	46,7°
19.11.1943 17:36:48	Venus 1,4° südlich Porrima	46,6°
20.11.1943 8:36:21	Merkur 2,1° südlich Akrab	5,3°
23.11.1943 23:51:05	Merkur 3,2° nördlich Antares	7,8°
29.11.1943 21:55:08	Uranusopposition	
30.11.1943 12:34:19	Venus 4,5° nördlich Spika	44,4°
5.12.1943 18:24:24	Marsopposition	
12.12.1943 18:47:01	Mars 7,9° nördlich Aldebaran	167,8°
14.12.1943 9:52:00	Jupiter stationär, dann rückläufig	
15.12.1943 23:40:04	Saturnopposition	
16.12.1943 2:38:07	Merkur 1,2° nördlich Nunki	18,6°
20.12.1943 5:47:48	Venus 2,3° nördlich Zuben-el-dschenubi	43,2°
23.12.1943 2:27:00	Merkur in größter östlicher Elongation zur Sonne	20°
26.12.1943 22:24:33	Mars 2,8° nördlich Uranus	151,5°
30.12.1943 11:39:01	Merkur stationär, dann rückläufig	

1944

Datum und Uhrzeit (WZ)	Ereignis	Elongation
4.1.1944 23:55:34	Venus 1,3° nördlich Akrab	41,1°
7.1.1944 19:28:11	Saturn 6,7° südlich Elnath	154,8°
8.1.1944 21:08:01	Merkur in unterer Konjunktion zur Sonne	2,8°
9.1.1944 19:30:52	Venus 6,8° nördlich Antares	39,7°
10.1.1944 4:38:51	Mars stationär, dann rechtläufig	
13.1.1944 2:57:37	Merkur 6,8° nördlich Nunki	10,2°
19.1.1944 21:42:06	Merkur stationär, dann rechtläufig	
20.1.1944 20:27:01	Mars 2,8° nördlich Uranus	125,4°
27.1.1944 18:03:03	Merkur 5,1° nördlich Nunki	24,7°
31.1.1944 18:45:00	Merkur in größter westlicher Elongation zur Sonne	25,1°

Datum und Uhrzeit (WZ)	Ereignis	Elongation
6.2.1944 23:11:32	Venus 4,3° nördlich Nunki	35,1°
10.2.1944 11:39:45	Mars 8,1° nördlich Aldebaran	108,3°
11.2.1944 22:01:28	Jupiteropposition	
12.2.1944 9:54:09	Uranus stationär, dann rechtläufig	
14.2.1944 0:27:25	Merkur 5,7° südlich Beta Capricorni	21,4°
20.2.1944 15:59:58	Saturn stationär, dann rechtläufig	
23.2.1944 11:25:04	Venus 4,7° südlich Beta Capricorni	30,8°
27.2.1944 20:53:40	Merkur 34' nördlich Delta Capricorni	15,4°
7.3.1944 15:05:40	Mars 3,4° nördlich Saturn	93°
10.3.1944 18:36:34	Mars 3,2° südlich Elnath	91,5°
11.3.1944 17:26:29	Venus 1,9° nördlich Delta Capricorni	27,7°
17.3.1944 21:10:48	Merkur in oberer Konjunktion zur Sonne	-1,4°
23.3.1944 15:14:44	Neptunopposition	
2.4.1944 12:51:37	Mars 2,9° nördlich Eta Geminorum	79,9°
3.4.1944 20:43:52	Saturn 6,5° südlich Elnath	67,4°
6.4.1944 2:10:50	Mars 2,8° nördlich Mü Geminorum	78,3°
6.4.1944 3:27:55	Merkur 8,6° südlich Hamal	17,8°
12.4.1944 9:54:00	Merkur in größter östlicher Elongation zur Sonne	19,6°
12.4.1944 13:07:21	Mars 8,7° nördlich Alhena	75,3°
13.4.1944 5:53:02	Jupiter stationär, dann rechtläufig	
15.4.1944 2:56:05	Mars 11' südlich Epsilon Geminorum	74,1°
22.4.1944 8:49:33	Merkur stationär, dann rückläufig	
2.5.1944 17:03:18	Merkur in unterer Konjunktion zur Sonne	32'
6.5.1944 8:27:26	Mars 8,5° südlich Kastor	64,2°
7.5.1944 3:29:56	Venus 12° südlich Hamal	13,8°
10.5.1944 20:43:27	Mars 5,1° südlich Pollux	62,6°
11.5.1944 5:41:03	Merkur 38' südlich Venus	12,7°
14.5.1944 23:51:25	Merkur stationär, dann rechtläufig	
27.5.1944 19:42:48	Venus 4,9° südlich Alkione	8,2°
29.5.1944 20:21:00	Merkur in größter westlicher Elongation zur Sonne	24,7°
30.5.1944 12:00:39	Uranus in Konjunktion zur Sonne, Bedeckung	-3,7'
2.6.1944 16:42:18	Mars 11' nördlich M44	54,5°
5.6.1944 21:36:11	Venus 19' südlich Uranus	5,8°
6.6.1944 7:34:58	Venus 5,2° nördlich Aldebaran	5,7°
10.6.1944 0:42:42	Merkur 6,6° südlich Alkione	20,2°
12.6.1944 18:58:49	Neptun stationär, dann rechtläufig	
14.6.1944 15:04:38	Uranus 5,5° nördlich Aldebaran	13,6°
15.6.1944 19:49:12	Venus 5,4° südlich Elnath	3,1°
17.6.1944 2:38:39	Merkur 4,4° nördlich Aldebaran	16,2°
17.6.1944 4:35:56	Merkur 1,1° südlich Uranus	15,9°
21.6.1944 17:43:13	Saturn in Konjunktion zur Sonne	-52'
23.6.1944 2:03:51	Venus 1,2° nördlich Saturn	1,2°
23.6.1944 2:44:50	Merkur 5,4° südlich Elnath	10,1°
24.6.1944 22:20:55	Venus 1,3° nördlich Eta Geminorum	0,7°
26.6.1944 10:27:01	Venus 1,3° nördlich Mü Geminorum	0,5°
27.6.1944 3:21:56	Venus in oberer Konjunktion zur Sonne	28'

Datum und Uhrzeit (WZ)	Ereignis	Elongation
27.6.1944 13:53:56	Merkur 1,6° nördlich Saturn	4,9°
28.6.1944 8:28:51	Merkur 1,8° nördlich Eta Geminorum	3,9°
29.6.1944 4:44:46	Merkur 1,8° nördlich Mü Geminorum	2,9°
29.6.1944 4:59:52	Venus 7,3° nördlich Alhena	0,8°
30.6.1944 7:52:30	Venus 1,5° südlich Epsilon Geminorum	1,1°
30.6.1944 18:00:32	Merkur 8° nördlich Alhena	1,5°
1.7.1944 9:03:49	Merkur 48' südlich Epsilon Geminorum	1,3°
1.7.1944 12:25:21	Merkur in oberer Konjunktion zur Sonne	1,3°
2.7.1944 17:21:15	Merkur 46' nördlich Venus	1,7°
5.7.1944 7:51:27	Mars 15' nördlich Jupiter	42,7°
6.7.1944 18:38:47	Merkur 8,5° südlich Kastor	6,5°
7.7.1944 23:44:52	Merkur 5° südlich Pollux	7,8°
9.7.1944 19:17:25	Venus 9,3° südlich Kastor	3,6°
10.7.1944 3:42:20	Mars 42' nördlich Regulus	41,1°
10.7.1944 20:01:50	Saturn 2,2' nördlich Eta Geminorum	15,8°
11.7.1944 20:41:05	Venus 5,8° südlich Pollux	4,2°
14.7.1944 15:04:40	Merkur 31' nördlich M44	14,5°
20.7.1944 11:39:39	Jupiter 29' nördlich Regulus	31,3°
22.7.1944 11:15:19	Venus 2,3' südlich M44	7,1°
25.7.1944 22:02:47	Saturn 1,2' südlich Mü Geminorum	28,3°
28.7.1944 7:40:17	Merkur 47" nördlich Regulus	24°
29.7.1944 16:33:18	Merkur 41' südlich Jupiter	24,4°
9.8.1944 11:23:39	Venus 1,1° nördlich Regulus	12°
10.8.1944 14:33:00	Merkur in größter östlicher Elongation zur Sonne	27,4°
13.8.1944 12:31:18	Venus 34' nördlich Jupiter	13,1°
23.8.1944 17:49:35	Merkur stationär, dann rückläufig	
26.8.1944 14:41:50	Merkur 6,1° südlich Venus	16,6°
27.8.1944 0:45:36	Saturn 5,9° nördlich Alhena	55,6°
31.8.1944 6:27:18	Jupiter in Konjunktion zur Sonne	56'
3.9.1944 8:15:35	Mars 48' südlich Neptun	22,5°
6.9.1944 14:28:06	Venus 18' südlich Neptun	19,4°
6.9.1944 22:23:26	Merkur in unterer Konjunktion zur Sonne	-3,7°
9.9.1944 23:05:15	Merkur 4,1° südlich Jupiter	6,4°
10.9.1944 1:33:43	Venus 28' nördlich Mars	20,4°
12.9.1944 3:13:29	Venus 2° südlich Porrima	20,3°
13.9.1944 7:50:05	Saturn 2,9° südlich Epsilon Geminorum	71°
13.9.1944 22:44:15	Mars 2,5° südlich Porrima	18,6°
15.9.1944 10:53:11	Merkur stationär, dann rechtläufig	
18.9.1944 11:37:32	Uranus stationär, dann rückläufig	
21.9.1944 18:02:57	Venus 2,8° nördlich Spika	23,4°
22.9.1944 22:43:00	Merkur in größter westlicher Elongation zur Sonne	17,9°
23.9.1944 16:45:37	Merkur 5,7' nördlich Jupiter	17,8°
27.9.1944 5:38:47	Neptun in Konjunktion zur Sonne	1,4°
1.10.1944 17:33:14	Mars 2,6° nördlich Spika	13,7°
7.10.1944 12:11:15	Merkur 30' nördlich Neptun	9,8°
10.10.1944 1:09:42	Venus 37' südlich Zuben-el-dschenubi	27,6°

Datum und Uhrzeit (WZ)	Ereignis	Elongation
10.10.1944 17:30:29	Merkur 1,2° südlich Porrima	7,6°
17.10.1944 14:34:04	Merkur 3,4° nördlich Spika	2,3°
20.10.1944 21:36:25	Merkur in oberer Konjunktion zur Sonne	44'
23.10.1944 4:17:53	Saturn stationär, dann rückläufig	
24.10.1944 23:57:32	Venus 2° südlich Akrab	31°
29.10.1944 1:40:13	Merkur 18' südlich Mars	5,1°
29.10.1944 14:31:13	Venus 3,4° nördlich Antares	32,4°
31.10.1944 11:10:22	Merkur 49' südlich Zuben-el-dschenubi	6,3°
3.11.1944 11:37:39	Mars 18' südlich Zuben-el-dschenubi	3,3°
12.11.1944 9:46:08	Merkur 2,7° südlich Akrab	12,6°
14.11.1944 18:50:03	Mars in Konjunktion zur Sonne, Bedeckung	-3,8'
16.11.1944 4:06:52	Merkur 2,6° nördlich Antares	15°
25.11.1944 23:37:35	Venus 1,4° nördlich Nunki	38,1°
29.11.1944 9:08:01	Mars 1,2° südlich Akrab	4,4°
2.12.1944 9:41:02	Saturn 2,9° südlich Epsilon Geminorum	150,7°
3.12.1944 9:14:59	Uranusopposition	
5.12.1944 2:00:00	Merkur in größter östlicher Elongation zur Sonne	21,1°
7.12.1944 5:24:57	Mars 4,3° nördlich Antares	6,7°
12.12.1944 14:54:49	Venus 7° südlich Beta Capricorni	41,3°
13.12.1944 13:41:23	Merkur stationär, dann rückläufig	
21.12.1944 0:36:31	Saturn 6° nördlich Alhena	168,5°
23.12.1944 2:46:38	Merkur in unterer Konjunktion zur Sonne	2,2°
29.12.1944 3:13:19	Saturnopposition	
29.12.1944 4:43:16	Merkur 3,6° nördlich Mars	13°
30.12.1944 18:31:09	Venus 54' nördlich Delta Capricorni	43,9°

1945

Datum und Uhrzeit (WZ)	Ereignis	Elongation
5.1.1945 2:11:09	Uranus 5,5° nördlich Aldebaran	144,3°
8.1.1945 5:25:54	Neptun stationär, dann rückläufig	
12.1.1945 18:55:48	Jupiter stationär, dann rückläufig	
13.1.1945 3:15:00	Merkur in größter westlicher Elongation zur Sonne	23,7°
21.1.1945 14:21:51	Mars 2,7° nördlich Nunki	19,4°
23.1.1945 20:53:52	Merkur 3,4° nördlich Nunki	21,6°
26.1.1945 15:24:12	Merkur 22' nördlich Mars	20,6°
2.2.1945 23:00:00	Venus in größter westlicher Elongation zur Sonne	46,9°
6.2.1945 7:55:27	Saturn 8,6' nördlich Mü Geminorum	137,3°
6.2.1945 14:00:08	Merkur 6,3° südlich Beta Capricorni	14,9°
15.2.1945 20:36:40	Uranus stationär, dann rechtläufig	
16.2.1945 23:42:58	Mars 5,7° südlich Beta Capricorni	25,1°
19.2.1945 11:04:48	Merkur 31' nördlich Delta Capricorni	7,8°
28.2.1945 20:46:51	Merkur in oberer Konjunktion zur Sonne	-1,8°
5.3.1945 20:26:11	Saturn stationär, dann rechtläufig	
13.3.1945 12:20:48	Jupiteropposition	

Datum und Uhrzeit (WZ)	Ereignis	Elongation
16.3.1945 11:48:53	Mars 1,5° nördlich Delta Capricorni	32,3°
24.3.1945 13:54:31	Venus stationär, dann rückläufig	
26.3.1945 2:05:21	Neptunopposition	
26.3.1945 9:19:00	Merkur in größter östlicher Elongation zur Sonne	18,8°
29.3.1945 0:50:39	Uranus 5,5° nördlich Aldebaran	61,2°
2.4.1945 6:32:29	Saturn 17' nördlich Mü Geminorum	82,4°
3.4.1945 10:52:34	Merkur stationär, dann rückläufig	
13.4.1945 14:23:45	Merkur in unterer Konjunktion zur Sonne	2,1°
15.4.1945 16:38:24	Venus in unterer Konjunktion zur Sonne	6,7°
25.4.1945 23:21:33	Merkur stationär, dann rechtläufig	
26.4.1945 18:07:33	Merkur 6,3° südlich Venus	17,4°
4.5.1945 11:40:25	Venus stationär, dann rechtläufig	
11.5.1945 11:50:00	Merkur in größter westlicher Elongation zur Sonne	26,2°
15.5.1945 2:35:40	Saturn 6,3° nördlich Alhena	44,1°
15.5.1945 5:06:14	Jupiter stationär, dann rechtläufig	
18.5.1945 7:38:37	Merkur 13,9° südlich Hamal	22,3°
27.5.1945 14:52:36	Saturn 2,5° südlich Epsilon Geminorum	33,3°
3.6.1945 9:55:32	Merkur 5,4° südlich Alkione	13,8°
4.6.1945 5:45:11	Uranus in Konjunktion zur Sonne, Bedeckung	-24"
7.6.1945 23:50:42	Venus 13,2° südlich Hamal	41°
9.6.1945 5:46:48	Merkur 5,4° nördlich Aldebaran	8,2°
11.6.1945 0:59:17	Merkur 11' nördlich Uranus	6,1°
14.6.1945 15:22:58	Merkur 4,6° südlich Elnath	1,8°
15.6.1945 6:15:13	Neptun stationär, dann rechtläufig	
15.6.1945 7:36:53	Mars 11,8° südlich Hamal	47,7°
15.6.1945 23:44:06	Merkur in oberer Konjunktion zur Sonne	59'
19.6.1945 17:16:29	Merkur 2,3° nördlich Eta Geminorum	4,7°
20.6.1945 13:42:18	Merkur 2,4° nördlich Mü Geminorum	5,7°
22.6.1945 3:48:47	Merkur 8,4° nördlich Alhena	7,7°
22.6.1945 19:25:03	Merkur 21' südlich Epsilon Geminorum	8,4°
24.6.1945 10:33:11	Merkur 2,2° nördlich Saturn	10,2°
24.6.1945 18:03:00	Venus in größter westlicher Elongation zur Sonne	45,8°
28.6.1945 13:59:10	Merkur 8,3° südlich Kastor	14,4°
29.6.1945 22:05:35	Merkur 4,9° südlich Pollux	15,6°
5.7.1945 8:02:23	Venus 7,3° südlich Alkione	43,8°
6.7.1945 20:51:07	Saturn in Konjunktion zur Sonne	-21'
7.7.1945 12:17:45	Merkur 13' nördlich M44	21,5°
16.7.1945 16:04:04	Venus 2,7° nördlich Aldebaran	44,4°
20.7.1945 15:28:20	Mars 5° südlich Alkione	58,4°
22.7.1945 9:58:31	Venus 2,6° südlich Uranus	43,3°
23.7.1945 20:08:00	Merkur in größter östlicher Elongation zur Sonne	27°
26.7.1945 8:51:34	Merkur 2,1° südlich Regulus	26,1°
27.7.1945 15:16:20	Venus 7,8° südlich Elnath	42,7°
5.8.1945 22:01:00	Merkur stationär, dann rückläufig	
6.8.1945 18:59:22	Mars 5° nördlich Aldebaran	64,2°
6.8.1945 20:14:24	Venus 57' südlich Eta Geminorum	41,3°

Datum und Uhrzeit (WZ)	Ereignis	Elon-gation
8.8.1945 12:08:01	Venus 56' südlich Mü Geminorum	41°
11.8.1945 13:15:44	Venus 5,2° nördlich Alhena	40,5°
12.8.1945 18:40:56	Venus 3,6° südlich Epsilon Geminorum	40,3°
16.8.1945 1:43:53	Merkur 5,6° südlich Regulus	6,2°
17.8.1945 15:23:09	Mars 24' südlich Uranus	67,5°
20.8.1945 14:50:07	Merkur in unterer Konjunktion zur Sonne	-4,4°
22.8.1945 3:40:09	Venus 41' südlich Saturn	38,5°
23.8.1945 0:20:56	Venus 11,1° südlich Kastor	38,3°
24.8.1945 20:51:05	Mars 5,7° südlich Elnath	69,6°
25.8.1945 4:59:21	Venus 7,6° südlich Pollux	37,9°
29.8.1945 14:24:06	Merkur stationär, dann rechtläufig	
31.8.1945 12:19:46	Saturn 10,5° südlich Kastor	46,6°
5.9.1945 8:39:49	Venus 1,4° südlich M44	35,5°
6.9.1945 12:23:00	Merkur in größter westlicher Elongation zur Sonne	18°
9.9.1945 12:25:05	Merkur 20' nördlich Regulus	17,4°
12.9.1945 9:12:41	Mars 58' nördlich Eta Geminorum	76,6°
15.9.1945 14:25:01	Mars 57' nördlich Mü Geminorum	77,8°
21.9.1945 16:17:11	Mars 7° nördlich Alhena	80°
23.9.1945 2:24:37	Jupiter 20' südlich Neptun	6,4°
23.9.1945 3:56:31	Uranus stationär, dann rückläufig	
23.9.1945 19:01:14	Venus 21' nördlich Regulus	31,3°
24.9.1945 4:43:37	Mars 1,8° südlich Epsilon Geminorum	81,5°
29.9.1945 16:55:37	Neptun in Konjunktion zur Sonne	1,4°
30.9.1945 14:41:50	Saturn 7° südlich Pollux	73,4°
30.9.1945 22:53:14	Merkur 1,3' südlich Neptun	1,8°
1.10.1945 9:57:51	Jupiter in Konjunktion zur Sonne	1,1°
1.10.1945 20:59:20	Merkur 14' nördlich Jupiter	1,2°
2.10.1945 10:30:25	Merkur in oberer Konjunktion zur Sonne	1,3°
3.10.1945 2:50:36	Merkur 1,7° südlich Porrima	1,3°
10.10.1945 3:20:16	Merkur 2,7° nördlich Spika	5,6°
11.10.1945 19:12:11	Jupiter 1,8° südlich Porrima	8,1°
17.10.1945 15:29:32	Mars 9,3° südlich Kastor	93°
23.10.1945 13:26:53	Mars 5,7° südlich Pollux	96,3°
24.10.1945 12:09:12	Merkur 1,5° südlich Zuben-el-dschenubi	13,5°
24.10.1945 20:08:36	Venus 11' nördlich Neptun	24°
26.10.1945 7:19:17	Mars 1,4° nördlich Saturn	97,7°
27.10.1945 3:47:28	Venus 1,3° südlich Porrima	23,5°
30.10.1945 7:53:15	Venus 31' nördlich Jupiter	22,5°
5.11.1945 13:52:04	Venus 3,9° nördlich Spika	19,8°
6.11.1945 4:25:49	Merkur 3,4° südlich Akrab	19°
6.11.1945 14:51:04	Saturn stationär, dann rückläufig	
10.11.1945 9:07:18	Merkur 2,1° nördlich Antares	21,2°
17.11.1945 20:15:00	Merkur in größter östlicher Elongation zur Sonne	22,4°
23.11.1945 11:58:17	Venus 58' nördlich Zuben-el-dschenubi	16,6°
27.11.1945 13:32:51	Merkur stationär, dann rückläufig	
5.12.1945 18:27:53	Mars stationär, dann rückläufig	

Datum und Uhrzeit (WZ)	Ereignis	Elongation
7.12.1945 10:05:46	Merkur in unterer Konjunktion zur Sonne	1,5°
7.12.1945 20:54:01	Uranusopposition	
8.12.1945 4:21:29	Venus 13' südlich Akrab	13,3°
10.12.1945 9:31:48	Jupiter 3,5° nördlich Spika	54,9°
12.12.1945 17:04:19	Venus 5,3° nördlich Antares	12,2°
13.12.1945 3:14:45	Merkur 2,1° nördlich Venus	12,1°
13.12.1945 22:16:47	Saturn 6,9° südlich Pollux	147,9°
13.12.1945 23:00:11	Merkur 7,5° nördlich Antares	13,4°
17.12.1945 6:31:32	Merkur stationär, dann rechtläufig	
20.12.1945 20:28:15	Merkur 7,3° nördlich Antares	20,1°
26.12.1945 14:39:00	Merkur in größter westlicher Elongation zur Sonne	22,2°

1946

Datum und Uhrzeit (WZ)	Ereignis	Elongation
8.1.1946 12:36:36	Venus 3° nördlich Nunki	5,8°
12.1.1946 5:36:59	Saturnopposition	
14.1.1946 0:44:51	Marsopposition	
14.1.1946 22:50:54	Mars 2,5° südlich Pollux	173,1°
16.1.1946 10:21:17	Saturn 10,3° südlich Kastor	168,2°
17.1.1946 16:35:59	Merkur 2,6° nördlich Nunki	15,2°
21.1.1946 8:56:32	Mars 5,9° südlich Kastor	164,9°
22.1.1946 17:06:44	Mars 4,4° nördlich Saturn	167,1°
24.1.1946 12:20:10	Venus 5,7° südlich Beta Capricorni	2,2°
30.1.1946 9:32:32	Merkur 6,6° südlich Beta Capricorni	8°
1.2.1946 13:40:03	Venus in oberer Konjunktion zur Sonne	-1,2°
10.2.1946 10:01:46	Venus 1,3° nördlich Delta Capricorni	2,5°
11.2.1946 2:27:47	Merkur in oberer Konjunktion zur Sonne	-2°
11.2.1946 18:44:39	Merkur 37' nördlich Delta Capricorni	2,1°
11.2.1946 19:04:29	Jupiter stationär, dann rückläufig	
14.2.1946 22:55:26	Merkur 29' südlich Venus	3,5°
20.2.1946 9:10:50	Uranus stationär, dann rechtläufig	
22.2.1946 3:10:00	Mars stationär, dann rechtläufig	
9.3.1946 16:16:00	Merkur in größter westlicher Elongation zur Sonne	18,3°
16.3.1946 9:13:24	Merkur stationär, dann rückläufig	
18.3.1946 8:28:55	Merkur 5° nördlich Venus	11°
19.3.1946 1:10:19	Mars 3° nördlich Saturn	109,7°
20.3.1946 5:03:07	Saturn stationär, dann rechtläufig	
26.3.1946 8:59:28	Merkur in unterer Konjunktion zur Sonne	3,1°
28.3.1946 13:03:55	Neptunopposition	
29.3.1946 16:35:01	Mars 7,5° südlich Kastor	100,9°
6.4.1946 0:13:06	Mars 4,2° südlich Pollux	96,8°
7.4.1946 12:12:49	Venus 11,2° südlich Hamal	16°
7.4.1946 19:28:47	Merkur stationär, dann rechtläufig	
13.4.1946 0:21:53	Jupiteropposition	

Datum und Uhrzeit (WZ)	Ereignis	Elongation
19.4.1946 15:53:24	Jupiter 3,9° nördlich Spika	172,5°
23.4.1946 8:32:00	Merkur in größter westlicher Elongation zur Sonne	27,3°
28.4.1946 3:09:28	Venus 3,8° südlich Alkione	21,2°
6.5.1946 14:26:41	Mars 38' nördlich M44	80,9°
7.5.1946 14:46:09	Venus 6,3° nördlich Aldebaran	23,2°
12.5.1946 15:31:41	Venus 55' nördlich Uranus	24,7°
13.5.1946 0:37:05	Merkur 13° südlich Hamal	17,7°
17.5.1946 3:37:50	Venus 4,3° südlich Elnath	25,9°
19.5.1946 19:56:08	Saturn 10,1° südlich Kastor	52°
26.5.1946 7:53:41	Venus 2,3° nördlich Eta Geminorum	28,2°
26.5.1946 8:24:51	Merkur 4,5° südlich Alkione	6,2°
27.5.1946 20:25:08	Venus 2,3° nördlich Mü Geminorum	28,6°
30.5.1946 15:50:03	Venus 8,3° nördlich Alhena	29,3°
31.5.1946 11:27:00	Merkur in oberer Konjunktion zur Sonne	36'
31.5.1946 17:24:21	Merkur 6,2° nördlich Aldebaran	0,7°
31.5.1946 19:08:51	Venus 28' südlich Epsilon Geminorum	29,5°
4.6.1946 2:42:50	Merkur 1,1° nördlich Uranus	4,4°
6.6.1946 1:04:24	Merkur 4° südlich Elnath	7°
9.6.1946 0:06:21	Uranus in Konjunktion zur Sonne, Bedeckung	2,9'
10.6.1946 11:14:00	Venus 8,4° südlich Kastor	31,9°
11.6.1946 9:11:29	Merkur 2,8° nördlich Eta Geminorum	12,9°
12.6.1946 7:26:22	Merkur 2,8° nördlich Mü Geminorum	13,8°
12.6.1946 13:21:54	Venus 1,7° nördlich Saturn	32,4°
12.6.1946 13:57:31	Venus 4,9° südlich Pollux	32,1°
12.6.1946 19:31:50	Saturn 6,6° südlich Pollux	31,9°
14.6.1946 1:31:14	Merkur 8,8° nördlich Alhena	15,5°
14.6.1946 18:59:19	Merkur 3,5' südlich Epsilon Geminorum	16,2°
15.6.1946 8:35:10	Jupiter stationär, dann rechtläufig	
17.6.1946 19:25:51	Neptun stationär, dann rechtläufig	
18.6.1946 5:21:15	Mars 48' nördlich Regulus	62,4°
21.6.1946 12:07:55	Merkur 8,4° südlich Kastor	21,4°
23.6.1946 3:16:51	Merkur 5° südlich Pollux	22,3°
23.6.1946 13:46:02	Venus 38' nördlich M44	34,9°
24.6.1946 0:38:29	Merkur 1,5° nördlich Saturn	22,8°
3.7.1946 9:25:11	Merkur 57' südlich M44	25,7°
5.7.1946 18:51:00	Merkur in größter östlicher Elongation zur Sonne	26,1°
12.7.1946 15:45:10	Venus 1,2° nördlich Regulus	39°
18.7.1946 21:40:21	Merkur stationär, dann rückläufig	
21.7.1946 21:42:49	Saturn in Konjunktion zur Sonne, Bedeckung	12'
2.8.1946 14:30:13	Merkur in unterer Konjunktion zur Sonne	-4,9°
4.8.1946 19:17:00	Merkur 6,2° südlich M44	5,4°
9.8.1946 13:43:56	Venus 34' südlich Mars	43,7°
10.8.1946 5:42:35	Jupiter 3,4° nördlich Spika	64,8°
12.8.1946 7:14:52	Merkur stationär, dann rechtläufig	
16.8.1946 8:02:22	Venus 2,1° südlich Neptun	43,9°
19.8.1946 1:36:10	Merkur 2,6° südlich M44	18,3°

Datum und Uhrzeit (WZ)	Ereignis	Elongation
19.8.1946 10:13:23	Venus 3,9° südlich Porrima	43,6°
20.8.1946 20:26:00	Merkur in größter westlicher Elongation zur Sonne	18,5°
21.8.1946 4:11:34	Mars 1,1° südlich Neptun	39,4°
25.8.1946 23:52:12	Mars 2,7° südlich Porrima	37,3°
30.8.1946 23:56:17	Venus 15' nördlich Spika	46°
31.8.1946 15:10:02	Uranus 5,3° südlich Elnath	75,8°
2.9.1946 23:22:12	Merkur 1,2° nördlich Regulus	10,8°
4.9.1946 3:10:15	Venus 3,5° südlich Jupiter	44,9°
8.9.1946 16:12:00	Venus in größter östlicher Elongation zur Sonne	46,3°
13.9.1946 0:23:34	Mars 2,4° nördlich Spika	32,6°
14.9.1946 22:04:41	Merkur in oberer Konjunktion zur Sonne	1,6°
24.9.1946 8:03:50	Venus 4,8° südlich Zuben-el-dschenubi	43,6°
24.9.1946 9:31:30	Merkur 44' südlich Neptun	7,5°
25.9.1946 4:03:36	Mars 1,1° südlich Jupiter	28,5°
25.9.1946 13:06:09	Merkur 2,3° südlich Porrima	8°
27.9.1946 19:48:20	Uranus stationär, dann rückläufig	
2.10.1946 4:04:46	Neptun in Konjunktion zur Sonne	1,4°
2.10.1946 15:18:31	Saturn 58' südlich M44	62,1°
2.10.1946 22:11:12	Merkur 2° nördlich Spika	13,2°
10.10.1946 12:04:41	Merkur 2,2° südlich Jupiter	16,6°
15.10.1946 20:09:19	Mars 34' südlich Zuben-el-dschenubi	22,4°
18.10.1946 7:42:48	Merkur 2,4° südlich Zuben-el-dschenubi	19,9°
21.10.1946 1:22:13	Merkur 2° südlich Mars	21,1°
25.10.1946 3:00:11	Uranus 5,3° südlich Elnath	129,1°
28.10.1946 8:29:46	Venus stationär, dann rückläufig	
31.10.1946 10:20:00	Merkur in größter östlicher Elongation zur Sonne	23,7°
31.10.1946 19:32:52	Jupiter in Konjunktion zur Sonne	59'
1.11.1946 0:11:06	Merkur 3,2° nördlich Venus	23,7°
2.11.1946 19:45:57	Merkur 4° südlich Akrab	22,7°
6.11.1946 8:07:53	Venus 5,2° südlich Mars	16,4°
10.11.1946 13:09:22	Mars 1,5° südlich Akrab	14,9°
11.11.1946 8:57:33	Merkur stationär, dann rückläufig	
15.11.1946 0:34:42	Merkur 1° südlich Mars	13,9°
17.11.1946 18:55:57	Venus in unterer Konjunktion zur Sonne	-3,3°
17.11.1946 22:55:26	Neptun 1,4° südlich Porrima	45,1°
18.11.1946 7:23:19	Mars 4,1° nördlich Antares	13°
18.11.1946 17:20:22	Merkur 1,4° südlich Akrab	6,7°
20.11.1946 22:49:12	Saturn stationär, dann rückläufig	
21.11.1946 17:16:00	Merkur in unterer Konjunktion zur Sonne	37'
30.11.1946 4:50:04	Jupiter 40' nördlich Zuben-el-dschenubi	23,1°
1.12.1946 0:19:17	Merkur stationär, dann rechtläufig	
6.12.1946 23:51:36	Venus stationär, dann rechtläufig	
9.12.1946 8:25:00	Merkur in größter westlicher Elongation zur Sonne	20,9°
12.12.1946 9:21:50	Uranusopposition	
14.12.1946 20:17:32	Merkur 43' nördlich Akrab	19,8°
19.12.1946 4:11:55	Merkur 5,8° nördlich Antares	18,2°

1947

Datum und Uhrzeit (WZ)	Ereignis	Elongation
2.1.1947 0:55:26	Mars 2,6° nördlich Nunki	1,4°
6.1.1947 7:44:08	Mars in Konjunktion zur Sonne	-54'
7.1.1947 23:24:36	Venus 3,2° nördlich Akrab	44,4°
10.1.1947 7:59:03	Saturn 44' südlich M44	162,5°
10.1.1947 16:20:23	Merkur 2,1° nördlich Nunki	7,9°
14.1.1947 17:16:31	Venus 8,8° nördlich Antares	44,9°
18.1.1947 11:49:42	Merkur 57' südlich Mars	3,1°
22.1.1947 22:05:12	Merkur 6,8° südlich Beta Capricorni	2,1°
23.1.1947 8:56:25	Merkur in oberer Konjunktion zur Sonne	-2,1°
26.1.1947 5:37:04	Saturnopposition	
28.1.1947 0:59:47	Mars 5,8° südlich Beta Capricorni	5,4°
28.1.1947 2:10:00	Venus in größter westlicher Elongation zur Sonne	46,9°
4.2.1947 4:14:56	Merkur 55' nördlich Delta Capricorni	8,7°
17.2.1947 9:59:16	Venus 5,8° nördlich Nunki	45,8°
21.2.1947 3:30:00	Merkur in größter östlicher Elongation zur Sonne	18,1°
24.2.1947 4:59:32	Mars 1,6° nördlich Delta Capricorni	11,5°
24.2.1947 21:13:57	Uranus stationär, dann rechtläufig	
27.2.1947 3:38:30	Merkur stationär, dann rückläufig	
7.3.1947 8:53:00	Venus 3,6° südlich Beta Capricorni	42,8°
8.3.1947 22:27:33	Merkur in unterer Konjunktion zur Sonne	3,6°
12.3.1947 12:53:24	Neptun 1,3° südlich Porrima	161,1°
16.3.1947 16:25:19	Merkur 3,7° nördlich Mars	14,6°
21.3.1947 7:44:54	Merkur stationär, dann rechtläufig	
25.3.1947 12:40:52	Venus 2,6° nördlich Delta Capricorni	40,4°
30.3.1947 23:46:36	Neptunopposition	
3.4.1947 16:37:59	Saturn stationär, dann rechtläufig	
5.4.1947 11:44:00	Merkur in größter westlicher Elongation zur Sonne	27,8°
19.4.1947 23:24:03	Merkur 1,8° südlich Mars	22,9°
5.5.1947 15:29:25	Merkur 12,2° südlich Hamal	11,7°
14.5.1947 8:04:56	Jupiteropposition	
15.5.1947 21:55:16	Merkur in oberer Konjunktion zur Sonne, Bedeckung	11'
17.5.1947 12:21:43	Venus 1° südlich Mars	28,5°
17.5.1947 20:20:06	Merkur 3,6° südlich Alkione	2,4°
22.5.1947 6:40:05	Venus 12,4° südlich Hamal	25,3°
23.5.1947 5:24:29	Merkur 6,9° nördlich Aldebaran	8,9°
25.5.1947 3:36:17	Mars 11,4° südlich Hamal	27,9°
28.5.1947 16:08:55	Merkur 1,8° nördlich Uranus	14,5°
28.5.1947 22:32:16	Merkur 3,4° südlich Elnath	15°
4.6.1947 3:19:04	Merkur 3° nördlich Eta Geminorum	20°
5.6.1947 6:32:11	Merkur 3° nördlich Mü Geminorum	20,8°
6.6.1947 11:59:12	Uranus 5,3° südlich Elnath	6,6°
7.6.1947 11:25:02	Merkur 8,8° nördlich Alhena	22°
8.6.1947 10:00:31	Merkur 4,8' südlich Epsilon Geminorum	22,5°

Datum und Uhrzeit (WZ)	Ereignis	Elongation
12.6.1947 6:46:11	Venus 5,4° südlich Alkione	21,6°
13.6.1947 19:19:23	Uranus in Konjunktion zur Sonne, Bedeckung	6,3'
17.6.1947 10:44:00	Merkur in größter östlicher Elongation zur Sonne	24,7°
18.6.1947 10:08:21	Merkur 9,5° südlich Kastor	24,7°
19.6.1947 13:50:25	Saturn 36' südlich M44	39,1°
20.6.1947 7:25:06	Neptun stationär, dann rechtläufig	
21.6.1947 17:26:22	Merkur 6,7° südlich Pollux	23,9°
21.6.1947 21:49:58	Venus 4,6° nördlich Aldebaran	20°
28.6.1947 16:12:23	Mars 4,5° südlich Alkione	37,1°
30.6.1947 17:12:58	Merkur stationär, dann rückläufig	
1.7.1947 13:06:12	Venus 5,9° südlich Elnath	17,4°
2.7.1947 19:50:06	Venus 34' südlich Uranus	17°
10.7.1947 2:36:10	Merkur 11,2° südlich Pollux	8,5°
10.7.1947 18:01:01	Venus 46' nördlich Eta Geminorum	14,9°
12.7.1947 6:27:31	Venus 45' nördlich Mü Geminorum	14,5°
14.7.1947 4:12:44	Merkur 15,1° südlich Kastor	4,9°
14.7.1947 18:29:24	Merkur in unterer Konjunktion zur Sonne	-4,9°
15.7.1947 1:32:38	Venus 6,8° nördlich Alhena	13,8°
15.7.1947 3:12:35	Mars 5,4° nördlich Aldebaran	42°
16.7.1947 4:41:06	Venus 2° südlich Epsilon Geminorum	13,5°
16.7.1947 8:21:45	Jupiter stationär, dann rechtläufig	
22.7.1947 8:57:12	Merkur 4,9° südlich Venus	11,8°
25.7.1947 8:24:08	Merkur stationär, dann rechtläufig	
25.7.1947 17:30:20	Venus 9,7° südlich Kastor	10,9°
27.7.1947 19:04:17	Venus 6,2° südlich Pollux	10,4°
1.8.1947 3:10:22	Mars 5,3° südlich Elnath	46,4°
3.8.1947 19:55:00	Merkur in größter westlicher Elongation zur Sonne	19,4°
3.8.1947 20:30:34	Merkur 12° südlich Kastor	19,4°
5.8.1947 17:27:52	Saturn in Konjunktion zur Sonne	44'
6.8.1947 1:54:55	Mars 44" nördlich Uranus	48°
6.8.1947 5:08:45	Merkur 7,9° südlich Pollux	19,1°
7.8.1947 10:05:10	Venus 22' südlich M44	7,5°
12.8.1947 19:04:05	Venus 20' nördlich Saturn	5,9°
14.8.1947 16:37:59	Merkur 32' südlich M44	14,4°
17.8.1947 23:04:04	Mars 1,2° nördlich Eta Geminorum	51,5°
18.8.1947 12:57:28	Merkur 35' nördlich Saturn	10,7°
20.8.1947 19:14:37	Mars 1,2° nördlich Mü Geminorum	52,4°
25.8.1947 8:22:39	Venus 55' nördlich Regulus	2,3°
25.8.1947 21:55:18	Merkur 1,4° nördlich Regulus	2,8°
26.8.1947 2:01:59	Mars 7,2° nördlich Alhena	53,9°
26.8.1947 20:21:17	Merkur 28' nördlich Venus	2,5°
28.8.1947 5:49:08	Mars 1,6° südlich Epsilon Geminorum	54,8°
29.8.1947 2:46:08	Merkur in oberer Konjunktion zur Sonne	1,7°
3.9.1947 13:48:07	Venus in oberer Konjunktion zur Sonne	1,4°
15.9.1947 22:26:18	Mars 9,5° südlich Kastor	61,2°
18.9.1947 8:34:34	Merkur 1,6° südlich Neptun	15,4°

Datum und Uhrzeit (WZ)	Ereignis	Elongation
18.9.1947 8:55:15	Merkur 3,1° südlich Porrima	15,1°
18.9.1947 23:07:54	Neptun 1,4° südlich Porrima	14,5°
20.9.1947 2:52:12	Mars 6° südlich Pollux	62,8°
26.9.1947 9:18:35	Merkur 1,1° nördlich Spika	20,3°
27.9.1947 14:18:31	Venus 1,7° südlich Porrima	6,4°
27.9.1947 20:37:59	Venus 18' südlich Neptun	6,6°
2.10.1947 13:50:19	Uranus stationär, dann rückläufig	
4.10.1947 15:19:46	Neptun in Konjunktion zur Sonne	1,5°
7.10.1947 1:34:49	Venus 3,3° nördlich Spika	9°
12.10.1947 15:33:01	Mars 4,3' südlich M44	71,9°
13.10.1947 22:23:00	Merkur in größter östlicher Elongation zur Sonne	25°
14.10.1947 17:12:35	Merkur 3,4° südlich Zuben-el-dschenubi	23,8°
25.10.1947 1:37:33	Venus 14" nördlich Zuben-el-dschenubi, Bedeckung	13,5°
25.10.1947 22:06:03	Merkur stationär, dann rückläufig	
29.10.1947 9:31:29	Merkur 2,7° südlich Venus	14,6°
4.11.1947 9:07:54	Merkur 1,2° südlich Zuben-el-dschenubi	3,2°
5.11.1947 1:23:52	Jupiter 24' südlich Akrab	20,7°
5.11.1947 22:34:22	Merkur in unterer Konjunktion zur Sonne	-17'
8.11.1947 18:55:22	Venus 1,3° südlich Akrab	17°
9.11.1947 13:46:29	Venus 56' südlich Jupiter	17,2°
11.11.1947 17:58:35	Mars 55' nördlich Saturn	86,3°
13.11.1947 7:45:36	Venus 4,2° nördlich Antares	18,3°
14.11.1947 18:15:58	Merkur stationär, dann rechtläufig	
22.11.1947 10:02:00	Merkur in größter westlicher Elongation zur Sonne	19,7°
26.11.1947 0:56:30	Merkur 1,9° nördlich Zuben-el-dschenubi	18,6°
27.11.1947 6:31:00	Mars 1,9° nördlich Regulus	95,1°
30.11.1947 15:51:07	Jupiter 5,2° nördlich Antares	0,8°
1.12.1947 10:03:43	Jupiter in Konjunktion zur Sonne	35'
5.12.1947 1:20:03	Saturn stationär, dann rückläufig	
9.12.1947 4:22:40	Merkur 18' südlich Akrab	13,8°
10.12.1947 4:16:22	Venus 2° nördlich Nunki	24,6°
12.12.1947 22:47:23	Merkur 4,9° nördlich Antares	11,8°
15.12.1947 1:40:16	Merkur 34' südlich Jupiter	10,7°
16.12.1947 22:20:07	Uranusopposition	
26.12.1947 6:50:24	Venus 6,5° südlich Beta Capricorni	28,2°

1948

Datum und Uhrzeit (WZ)	Ereignis	Elongation
3.1.1948 8:56:54	Merkur 1,7° nördlich Nunki	1,8°
3.1.1948 12:56:42	Merkur in oberer Konjunktion zur Sonne	-1,8°
9.1.1948 16:51:31	Mars stationär, dann rückläufig	
12.1.1948 11:53:03	Venus 57' nördlich Delta Capricorni	31,7°
15.1.1948 11:04:58	Merkur 6,9° südlich Beta Capricorni	7,8°
15.1.1948 11:12:19	Neptun stationär, dann rückläufig	

Datum und Uhrzeit (WZ)	Ereignis	Elongation
28.1.1948 9:38:21	Merkur 1,6° nördlich Delta Capricorni	15,6°
4.2.1948 16:05:00	Merkur in größter östlicher Elongation zur Sonne	18,3°
9.2.1948 2:00:35	Saturnopposition	
10.2.1948 12:49:09	Merkur stationär, dann rückläufig	
17.2.1948 16:08:31	Marsopposition	
18.2.1948 11:50:14	Mars 4,3° nördlich Regulus	175,4°
20.2.1948 2:43:20	Merkur in unterer Konjunktion zur Sonne	3,7°
25.2.1948 9:09:07	Merkur 6,3° nördlich Delta Capricorni	11,3°
29.2.1948 11:34:38	Uranus stationär, dann rechtläufig	
3.3.1948 7:07:58	Merkur stationär, dann rechtläufig	
10.3.1948 21:33:23	Merkur 3° nördlich Delta Capricorni	26,4°
11.3.1948 12:31:24	Venus 9,4° südlich Hamal	42,9°
17.3.1948 19:35:00	Merkur in größter westlicher Elongation zur Sonne	27,7°
30.3.1948 14:45:18	Mars stationär, dann rechtläufig	
1.4.1948 10:47:37	Neptunopposition	
3.4.1948 12:52:54	Venus 1,3° südlich Alkione	45,4°
14.4.1948 18:43:07	Venus 9° nördlich Aldebaran	44,6°
15.4.1948 3:47:00	Venus in größter östlicher Elongation zur Sonne	45,8°
17.4.1948 5:29:07	Saturn stationär, dann rechtläufig	
26.4.1948 12:06:30	Merkur 11,4° südlich Hamal	3,2°
27.4.1948 1:11:08	Venus 1,5° südlich Elnath	45,2°
29.4.1948 5:18:46	Merkur in oberer Konjunktion zur Sonne, Bedeckung	-16'
29.4.1948 10:36:07	Venus 3,8° nördlich Uranus	44,6°
8.5.1948 12:32:15	Merkur 2,8° südlich Alkione	10,9°
11.5.1948 2:29:33	Venus 4,8° nördlich Eta Geminorum	42,4°
13.5.1948 22:38:39	Venus 4,7° nördlich Mü Geminorum	41,5°
14.5.1948 11:29:51	Merkur 7,6° nördlich Aldebaran	16,4°
15.5.1948 11:33:36	Mars 1,3° nördlich Regulus	94,1°
20.5.1948 4:22:25	Venus 10,3° nördlich Alhena	38,8°
21.5.1948 13:50:00	Merkur 3,1° südlich Elnath	21,4°
23.5.1948 11:49:56	Venus 1,2° nördlich Epsilon Geminorum	37°
24.5.1948 0:46:18	Merkur 2,1° nördlich Uranus	22,1°
29.5.1948 0:32:00	Merkur in größter östlicher Elongation zur Sonne	23,1°
31.5.1948 8:57:40	Merkur 2,4° nördlich Eta Geminorum	22,9°
2.6.1948 18:02:55	Venus stationär, dann rückläufig	
2.6.1948 22:02:25	Merkur 1,9° nördlich Mü Geminorum	22,3°
11.6.1948 6:26:52	Merkur stationär, dann rückläufig	
12.6.1948 15:42:04	Venus 1,8° südlich Epsilon Geminorum	17,8°
15.6.1948 6:45:13	Jupiteropposition	
15.6.1948 18:36:44	Venus 6,4° nördlich Alhena	13,5°
17.6.1948 15:26:52	Uranus in Konjunktion zur Sonne, Bedeckung	9,6'
20.6.1948 7:15:50	Merkur 2,5° südlich Mü Geminorum	5,8°
21.6.1948 19:57:10	Neptun stationär, dann rechtläufig	
21.6.1948 20:15:41	Venus 1° südlich Mü Geminorum	4,3°
23.6.1948 15:24:50	Merkur 3,1° südlich Eta Geminorum	1,1°
24.6.1948 2:53:43	Merkur in unterer Konjunktion zur Sonne	-4,1°

Datum und Uhrzeit (WZ)	Ereignis	Elongation
24.6.1948 13:31:13	Venus in unterer Konjunktion zur Sonne	-2,5°
24.6.1948 20:08:03	Venus 1,6° südlich Eta Geminorum	1°
30.6.1948 19:11:19	Merkur 58' südlich Venus	10,4°
4.7.1948 16:09:34	Venus 4,5° südlich Uranus	15,2°
5.7.1948 13:21:22	Merkur stationär, dann rechtläufig	
15.7.1948 17:48:42	Merkur 1,8° südlich Eta Geminorum	20,4°
16.7.1948 4:25:26	Venus stationär, dann rechtläufig	
16.7.1948 8:28:00	Merkur in größter westlicher Elongation zur Sonne	20,6°
17.7.1948 16:55:27	Merkur 1,5° südlich Mü Geminorum	20,4°
20.7.1948 16:12:50	Merkur 5,2° nördlich Alhena	19,8°
21.7.1948 17:30:33	Merkur 3,4° südlich Epsilon Geminorum	19,4°
28.7.1948 22:52:37	Merkur 10° südlich Kastor	14,7°
30.7.1948 7:09:19	Merkur 6,3° südlich Pollux	13,4°
31.7.1948 16:17:02	Venus 5,5° südlich Uranus	39,5°
3.8.1948 23:01:51	Mars 2,9° südlich Porrima	58°
5.8.1948 5:39:57	Mars 1,5° südlich Neptun	58,1°
5.8.1948 18:11:49	Merkur 8,8' nördlich M44	6,8°
7.8.1948 18:16:10	Venus 4° südlich Eta Geminorum	42,4°
10.8.1948 14:53:16	Venus 3,9° südlich Mü Geminorum	43,3°
11.8.1948 19:41:33	Merkur in oberer Konjunktion zur Sonne	1,8°
15.8.1948 0:17:10	Merkur 34' nördlich Saturn	3,7°
15.8.1948 10:08:27	Venus 2,4° nördlich Alhena	44,4°
16.8.1948 1:59:25	Jupiter stationär, dann rechtläufig	
16.8.1948 15:48:29	Merkur 1,3° nördlich Regulus	5,3°
17.8.1948 5:49:45	Venus 6,3° südlich Epsilon Geminorum	44,7°
19.8.1948 6:00:12	Saturn in Konjunktion zur Sonne	1,2°
22.8.1948 18:41:23	Mars 2,1° nördlich Spika	52,8°
30.8.1948 21:55:10	Venus 13,3° südlich Kastor	45,9°
2.9.1948 14:45:44	Venus 9,6° südlich Pollux	45,9°
3.9.1948 3:56:00	Venus in größter westlicher Elongation zur Sonne	45,9°
9.9.1948 9:25:09	Saturn 50' nördlich Regulus	17,5°
11.9.1948 3:22:38	Merkur 4,1° südlich Porrima	21,3°
12.9.1948 13:52:56	Merkur 2,9° südlich Neptun	22,2°
15.9.1948 16:40:51	Venus 3° südlich M44	45,5°
20.9.1948 15:40:07	Merkur 10' südlich Spika	25,6°
25.9.1948 7:23:44	Mars 53' südlich Zuben-el-dschenubi	42,2°
25.9.1948 10:20:00	Merkur in größter östlicher Elongation zur Sonne	26,2°
5.10.1948 20:43:16	Venus 27' südlich Regulus	43,2°
6.10.1948 2:14:32	Neptun in Konjunktion zur Sonne	1,5°
6.10.1948 6:59:03	Uranus stationär, dann rückläufig	
8.10.1948 3:32:38	Merkur stationär, dann rückläufig	
8.10.1948 19:42:40	Venus 1,1° südlich Saturn	42,8°
20.10.1948 0:12:49	Merkur in unterer Konjunktion zur Sonne	-1,2°
21.10.1948 3:49:05	Mars 1,8° südlich Akrab	34,8°
23.10.1948 18:18:13	Merkur 2,3° nördlich Spika	7,4°
28.10.1948 11:44:36	Merkur stationär, dann rechtläufig	

Datum und Uhrzeit (WZ)	Ereignis	Elongation
28.10.1948 22:03:39	Mars 3,8° nördlich Antares	33°
2.11.1948 9:23:09	Merkur 4,5° nördlich Spika	16,9°
4.11.1948 18:45:00	Merkur in größter westlicher Elongation zur Sonne	18,8°
9.11.1948 12:13:21	Venus 1,2° südlich Porrima	37,2°
12.11.1948 21:04:20	Venus 18' nördlich Neptun	36,4°
19.11.1948 2:55:57	Venus 4,2° nördlich Spika	33,6°
19.11.1948 11:42:06	Merkur 1° nördlich Zuben-el-dschenubi	12,8°
1.12.1948 7:52:15	Merkur 1,1° südlich Akrab	6,4°
1.12.1948 8:05:16	Mars 1,1° südlich Jupiter	24,3°
4.12.1948 22:59:13	Merkur 4,2° nördlich Antares	4,4°
7.12.1948 8:00:02	Venus 1,5° nördlich Zuben-el-dschenubi	30,9°
12.12.1948 10:40:08	Mars 2,4° nördlich Nunki	21,6°
12.12.1948 19:30:57	Merkur in oberer Konjunktion zur Sonne	-1,2°
17.12.1948 19:29:46	Saturn stationär, dann rückläufig	
20.12.1948 11:58:38	Uranusopposition	
22.12.1948 5:35:00	Venus 23' nördlich Akrab	27,8°
23.12.1948 22:51:46	Merkur 2° südlich Jupiter	6,5°
26.12.1948 1:42:46	Merkur 1,4° nördlich Nunki	7,9°
26.12.1948 19:49:07	Venus 5,9° nördlich Antares	26,3°

1949

Datum und Uhrzeit (WZ)	Ereignis	Elongation
1.1.1949 3:39:18	Jupiter in Konjunktion zur Sonne, Bedeckung	-30"
7.1.1949 6:59:33	Mars 5,8° südlich Beta Capricorni	15,4°
7.1.1949 12:24:01	Merkur 6,7° südlich Beta Capricorni	15°
7.1.1949 17:51:57	Merkur 48' südlich Mars	15,2°
7.1.1949 21:33:09	Jupiter 3,4° nördlich Nunki	5,3°
18.1.1949 3:26:00	Merkur in größter östlicher Elongation zur Sonne	18,7°
22.1.1949 23:04:40	Venus 3,5° nördlich Nunki	20,6°
24.1.1949 7:33:23	Merkur stationär, dann rückläufig	
26.1.1949 7:52:03	Venus 1,2' südlich Jupiter	19,9°
27.1.1949 20:39:26	Merkur 3,6° nördlich Mars	10,7°
2.2.1949 17:54:27	Merkur in unterer Konjunktion zur Sonne	3,5°
3.2.1949 8:20:37	Mars 1,6° nördlich Delta Capricorni	9°
8.2.1949 1:47:24	Venus 5,3° südlich Beta Capricorni	16,3°
10.2.1949 8:00:26	Merkur 4° nördlich Venus	15,7°
14.2.1949 13:46:24	Merkur stationär, dann rechtläufig	
21.2.1949 17:48:43	Saturnopposition	
25.2.1949 1:18:46	Venus 1,5° nördlich Delta Capricorni	12,8°
28.2.1949 5:15:00	Merkur in größter westlicher Elongation zur Sonne	27°
5.3.1949 1:06:41	Uranus stationär, dann rechtläufig	
9.3.1949 11:51:37	Merkur 1,2° nördlich Delta Capricorni	25,4°
17.3.1949 10:48:47	Mars in Konjunktion zur Sonne	-51'
2.4.1949 12:15:21	Venus 41' südlich Mars	3,5°

Datum und Uhrzeit (WZ)	Ereignis	Elongation
3.4.1949 21:39:27	Neptunopposition	
8.4.1949 14:24:56	Merkur 47' südlich Mars	4,8°
12.4.1949 8:43:03	Merkur 21' nördlich Venus	1,4°
13.4.1949 7:36:37	Merkur in oberer Konjunktion zur Sonne	-44'
16.4.1949 22:11:51	Venus in oberer Konjunktion zur Sonne	-1,1°
18.4.1949 4:33:40	Merkur 10,5° südlich Hamal	5,5°
22.4.1949 1:52:31	Venus 11,6° südlich Hamal	1,6°
1.5.1949 9:02:10	Merkur 1,9° südlich Alkione	18,3°
1.5.1949 16:59:06	Saturn stationär, dann rechtläufig	
4.5.1949 6:48:09	Mars 11,1° südlich Hamal	10,3°
9.5.1949 21:25:41	Merkur 8,1° nördlich Aldebaran	20,9°
10.5.1949 19:55:00	Merkur in größter östlicher Elongation zur Sonne	21,5°
12.5.1949 15:14:25	Venus 4,4° südlich Alkione	6,8°
20.5.1949 20:20:20	Jupiter stationär, dann rückläufig	
22.5.1949 1:50:42	Venus 5,7° nördlich Aldebaran	9,3°
23.5.1949 9:31:42	Merkur stationär, dann rückläufig	
27.5.1949 12:04:31	Merkur 50' südlich Venus	10,7°
31.5.1949 13:14:04	Venus 4,9° südlich Elnath	11,8°
3.6.1949 22:21:10	Merkur in unterer Konjunktion zur Sonne	-2,5°
7.6.1949 7:24:45	Venus 35' nördlich Uranus	13,6°
7.6.1949 17:03:55	Mars 4,2° südlich Alkione	17,8°
9.6.1949 15:17:32	Venus 1,8° nördlich Eta Geminorum	14,3°
11.6.1949 3:23:09	Venus 1,8° nördlich Mü Geminorum	14,7°
11.6.1949 20:01:18	Merkur 1,4° nördlich Aldebaran	11,9°
13.6.1949 21:54:16	Venus 7,8° nördlich Alhena	15,4°
15.6.1949 0:53:35	Venus 1° südlich Epsilon Geminorum	15,7°
15.6.1949 23:04:56	Merkur stationär, dann rechtläufig	
19.6.1949 22:49:38	Merkur 1,2° nördlich Aldebaran	19,5°
22.6.1949 12:35:55	Uranus in Konjunktion zur Sonne, Bedeckung	13'
24.6.1949 0:45:17	Mars 5,6° nördlich Aldebaran	22,3°
24.6.1949 8:46:50	Neptun stationär, dann rechtläufig	
24.6.1949 13:00:18	Venus 8,9° südlich Kastor	18,3°
26.6.1949 14:35:50	Venus 5,4° südlich Pollux	18,9°
28.6.1949 9:42:00	Merkur in größter westlicher Elongation zur Sonne	22,1°
4.7.1949 10:39:17	Merkur 7,5° südlich Elnath	20,8°
7.7.1949 7:14:25	Venus 17' nördlich M44	21,7°
10.7.1949 19:04:31	Mars 5,1° südlich Elnath	26,6°
11.7.1949 5:13:41	Merkur 54' südlich Uranus	16,7°
11.7.1949 16:56:51	Merkur 18' nördlich Eta Geminorum	16,3°
12.7.1949 17:41:00	Merkur 27' nördlich Mü Geminorum	15,4°
14.7.1949 13:22:38	Merkur 6,8° nördlich Alhena	13,8°
15.7.1949 6:31:15	Merkur 1,9° südlich Epsilon Geminorum	13,1°
20.7.1949 7:56:28	Jupiteropposition	
20.7.1949 22:53:23	Merkur 9,1° südlich Kastor	7°
22.7.1949 3:23:14	Merkur 5,5° südlich Pollux	5,6°
25.7.1949 14:13:00	Venus 1,2° nördlich Regulus	26,5°

Datum und Uhrzeit (WZ)	Ereignis	Elongation
26.7.1949 12:42:46	Uranus 1,1° nördlich Eta Geminorum	30,5°
26.7.1949 21:04:15	Merkur in oberer Konjunktion zur Sonne	1,6°
27.7.1949 5:59:09	Mars 1,4° nördlich Eta Geminorum	31,1°
27.7.1949 7:28:28	Mars 16' nördlich Uranus	31,2°
28.7.1949 6:42:06	Merkur 27' nördlich M44	2,1°
30.7.1949 0:13:58	Mars 1,3° nördlich Mü Geminorum	31,9°
31.7.1949 5:37:17	Venus 9,6' südlich Saturn	27,9°
4.8.1949 3:00:55	Mars 7,3° nördlich Alhena	33,5°
6.8.1949 5:05:36	Mars 1,5° südlich Epsilon Geminorum	34,1°
8.8.1949 16:20:59	Merkur 1,1° nördlich Regulus	13,1°
13.8.1949 13:59:00	Merkur 38' südlich Saturn	16,7°
24.8.1949 2:01:31	Mars 9,4° südlich Kastor	39,6°
28.8.1949 0:39:26	Mars 5,9° südlich Pollux	40,8°
29.8.1949 5:57:17	Venus 2,6° südlich Porrima	34°
1.9.1949 8:08:37	Venus 1,4° südlich Neptun	35,1°
2.9.1949 9:31:38	Saturn in Konjunktion zur Sonne	1,6°
7.9.1949 19:09:19	Merkur 5,7° südlich Porrima	24,8°
7.9.1949 22:43:00	Merkur in größter östlicher Elongation zur Sonne	27°
8.9.1949 5:58:50	Venus 2,1° nördlich Spika	37,1°
8.9.1949 15:19:15	Uranus 1,1° nördlich Mü Geminorum	71°
12.9.1949 21:12:39	Merkur 5,1° südlich Neptun	24,3°
17.9.1949 18:35:39	Mars 12' südlich M44	47,9°
18.9.1949 17:50:42	Jupiter stationär, dann rechtläufig	
21.9.1949 0:35:25	Merkur stationär, dann rückläufig	
27.9.1949 8:56:47	Venus 1,7° südlich Zuben-el-dschenubi	40,4°
27.9.1949 14:45:44	Merkur 5,6° südlich Neptun	10,5°
2.10.1949 13:32:16	Merkur 5,9° südlich Porrima	2,8°
3.10.1949 20:04:15	Merkur in unterer Konjunktion zur Sonne	-2,2°
8.10.1949 13:07:32	Neptun in Konjunktion zur Sonne	1,5°
11.10.1949 2:52:39	Uranus stationär, dann rückläufig	
12.10.1949 3:46:51	Merkur stationär, dann rechtläufig	
13.10.1949 3:32:18	Venus 3,3° südlich Akrab	43°
18.10.1949 1:18:48	Venus 2,1° nördlich Antares	44,4°
19.10.1949 8:29:00	Merkur in größter westlicher Elongation zur Sonne	18,2°
21.10.1949 10:11:39	Merkur 52' südlich Porrima	18°
24.10.1949 19:36:01	Mars 1,1° nördlich Regulus	61,9°
25.10.1949 12:24:37	Merkur 35' nördlich Neptun	16,3°
29.10.1949 13:26:43	Merkur 4,3° nördlich Spika	12,8°
12.11.1949 13:02:37	Merkur 17' nördlich Zuben-el-dschenubi	5,5°
12.11.1949 18:10:12	Uranus 1,1° nördlich Mü Geminorum	135,4°
17.11.1949 6:12:03	Venus 12' nördlich Nunki	47,2°
20.11.1949 17:35:00	Venus in größter östlicher Elongation zur Sonne	47,3°
21.11.1949 21:51:25	Merkur in oberer Konjunktion zur Sonne	-27'
24.11.1949 3:55:20	Merkur 1,7° südlich Akrab	1,4°
27.11.1949 18:36:56	Merkur 3,6° nördlich Antares	3,5°
30.11.1949 20:33:47	Mars 9,1' nördlich Saturn	79,7°

Datum und Uhrzeit (WZ)	Ereignis	Elongation
7.12.1949 3:26:00	Venus 2° südlich Jupiter	46,1°
8.12.1949 5:27:05	Venus 7,2° südlich Beta Capricorni	46°
11.12.1949 17:52:52	Jupiter 5,3° südlich Beta Capricorni	42,8°
19.12.1949 4:24:47	Merkur 1,2° nördlich Nunki	15°
25.12.1949 2:18:33	Uranusopposition	
31.12.1949 4:43:37	Uranus 1,2° nördlich Eta Geminorum	173,5°

1950

Datum und Uhrzeit (WZ)	Ereignis	Elongation
1.1.1950 11:18:00	Merkur in größter östlicher Elongation zur Sonne	19,5°
3.1.1950 21:04:06	Merkur 5,4° südlich Beta Capricorni	19,2°
8.1.1950 7:36:16	Merkur stationär, dann rückläufig	
8.1.1950 16:49:35	Venus stationär, dann rückläufig	
12.1.1950 12:14:26	Merkur 2,8° südlich Beta Capricorni	11,1°
17.1.1950 16:41:29	Merkur in unterer Konjunktion zur Sonne	3,1°
19.1.1950 7:10:03	Neptun stationär, dann rückläufig	
25.1.1950 13:01:42	Venus 7,3° nördlich Jupiter	7,2°
26.1.1950 1:38:28	Mars 13' nördlich Porrima	116,1°
29.1.1950 0:57:25	Merkur stationär, dann rechtläufig	
31.1.1950 6:34:52	Venus in unterer Konjunktion zur Sonne	7,4°
3.2.1950 19:46:41	Jupiter in Konjunktion zur Sonne	-37'
10.2.1950 14:29:00	Merkur in größter westlicher Elongation zur Sonne	25,9°
12.2.1950 20:12:37	Mars stationär, dann rückläufig	
13.2.1950 15:03:47	Venus 3,5° nördlich Beta Capricorni	21,5°
16.2.1950 4:23:53	Merkur 8,4° südlich Venus	24,6°
16.2.1950 14:52:33	Merkur 5,1° südlich Beta Capricorni	24,4°
20.2.1950 3:46:57	Venus stationär, dann rechtläufig	
26.2.1950 21:18:18	Venus 2,1° nördlich Beta Capricorni	34,5°
1.3.1950 12:41:59	Mars 50' nördlich Porrima	150,8°
1.3.1950 15:14:40	Merkur 1,2° südlich Jupiter	20°
3.3.1950 13:09:35	Merkur 41' nördlich Delta Capricorni	19,4°
7.3.1950 4:36:26	Saturnopposition	
9.3.1950 17:18:47	Uranus stationär, dann rechtläufig	
14.3.1950 17:32:22	Jupiter 2° nördlich Delta Capricorni	30,1°
23.3.1950 5:37:16	Marsopposition	
28.3.1950 2:14:39	Merkur in oberer Konjunktion zur Sonne	-1,2°
31.3.1950 14:28:06	Venus 4,9° nördlich Delta Capricorni	45,9°
5.4.1950 11:22:11	Venus 2,3° nördlich Jupiter	46,2°
6.4.1950 8:42:05	Neptunopposition	
10.4.1950 9:22:31	Merkur 9,4° südlich Hamal	13,8°
11.4.1950 9:16:00	Venus in größter westlicher Elongation zur Sonne	46,3°
23.4.1950 2:01:00	Merkur in größter östlicher Elongation zur Sonne	20,2°
4.5.1950 3:12:48	Merkur stationär, dann rückläufig	
5.5.1950 2:53:42	Mars stationär, dann rechtläufig	

Datum und Uhrzeit (WZ)	Ereignis	Elongation
14.5.1950 12:27:33	Uranus 1,2° nördlich Eta Geminorum	39,6°
14.5.1950 18:10:59	Merkur in unterer Konjunktion zur Sonne	-34'
16.5.1950 0:00:00	Saturn stationär, dann rechtläufig	
27.5.1950 0:16:54	Merkur stationär, dann rechtläufig	
3.6.1950 19:17:04	Venus 12,9° südlich Hamal	36,8°
10.6.1950 2:38:00	Merkur in größter westlicher Elongation zur Sonne	23,7°
12.6.1950 12:30:41	Merkur 7,6° südlich Alkione	22°
16.6.1950 22:41:00	Uranus 1,1° nördlich Mü Geminorum	9,4°
21.6.1950 12:38:55	Merkur 3,6° nördlich Aldebaran	20°
25.6.1950 16:34:20	Venus 6,1° südlich Alkione	34,5°
26.6.1950 20:12:46	Neptun stationär, dann rechtläufig	
27.6.1950 10:19:12	Uranus in Konjunktion zur Sonne	16'
28.6.1950 8:12:26	Merkur 6° südlich Elnath	14,6°
3.7.1950 22:04:51	Merkur 1,3° nördlich Eta Geminorum	8,7°
4.7.1950 19:02:38	Merkur 1,4° nördlich Mü Geminorum	7,7°
5.7.1950 7:23:24	Merkur 25' nördlich Uranus	7°
5.7.1950 15:42:29	Venus 3,9° nördlich Aldebaran	33,4°
6.7.1950 9:09:04	Merkur 7,6° nördlich Alhena	5,8°
6.7.1950 13:43:07	Mars 3,2° südlich Porrima	85,5°
7.7.1950 0:28:58	Merkur 1,1° südlich Epsilon Geminorum	5,1°
11.7.1950 4:03:56	Merkur in oberer Konjunktion zur Sonne	1,4°
12.7.1950 9:10:21	Merkur 8,7° südlich Kastor	2,1°
13.7.1950 13:26:34	Merkur 5,1° südlich Pollux	3,3°
15.7.1950 14:01:31	Venus 6,6° südlich Elnath	31°
15.7.1950 23:29:43	Mars 2,1° südlich Neptun	81,8°
19.7.1950 21:36:13	Merkur 33' nördlich M44	10°
25.7.1950 0:35:42	Venus 7,7' nördlich Eta Geminorum	28,8°
26.7.1950 13:53:33	Venus 7,9' nördlich Mü Geminorum	28,4°
28.7.1950 15:02:00	Venus 52' südlich Uranus	27,9°
28.7.1950 21:18:52	Mars 1,7° nördlich Spika	77,3°
29.7.1950 10:26:53	Venus 6,2° nördlich Alhena	27,7°
30.7.1950 14:13:27	Venus 2,6° südlich Epsilon Geminorum	27,4°
1.8.1950 10:55:44	Merkur 32' nördlich Regulus	20,4°
9.8.1950 7:16:57	Venus 10,3° südlich Kastor	25°
11.8.1950 9:33:15	Venus 6,7° südlich Pollux	24,5°
16.8.1950 16:39:47	Uranus 7° nördlich Alhena	45,2°
16.8.1950 21:32:19	Merkur 3,5° südlich Saturn	25,6°
21.8.1950 10:18:00	Merkur in größter östlicher Elongation zur Sonne	27,4°
22.8.1950 3:30:15	Venus 47' südlich M44	21,7°
26.8.1950 7:02:03	Jupiteropposition	
3.9.1950 6:08:22	Mars 1,4° südlich Zuben-el-dschenubi	64,2°
3.9.1950 13:46:11	Merkur stationär, dann rückläufig	
9.9.1950 3:55:40	Venus 42' nördlich Regulus	16,8°
16.9.1950 3:01:53	Saturn in Konjunktion zur Sonne	1,9°
16.9.1950 5:00:53	Merkur 5,9° südlich Saturn	1,9°
17.9.1950 7:41:08	Merkur in unterer Konjunktion zur Sonne	-3,2°

Datum und Uhrzeit (WZ)	Ereignis	Elongation
24.9.1950 2:23:52	Merkur 2,7° südlich Venus	12,1°
25.9.1950 16:49:49	Merkur stationär, dann rechtläufig	
29.9.1950 20:31:53	Uranus 1,8° südlich Epsilon Geminorum	86,8°
29.9.1950 22:02:17	Venus 33' südlich Saturn	11,7°
30.9.1950 0:38:59	Mars 2,2° südlich Akrab	56,2°
3.10.1950 0:35:00	Merkur in größter westlicher Elongation zur Sonne	17,9°
6.10.1950 8:32:02	Merkur 16' südlich Saturn	17,3°
7.10.1950 22:55:35	Mars 3,4° nördlich Antares	54,4°
10.10.1950 23:42:37	Neptun in Konjunktion zur Sonne	1,6°
12.10.1950 6:50:15	Venus 1,5° südlich Porrima	8,5°
15.10.1950 14:32:33	Merkur 59' südlich Porrima	12°
15.10.1950 21:28:58	Uranus stationär, dann rückläufig	
18.10.1950 5:07:15	Venus 15' südlich Neptun	6,9°
20.10.1950 0:34:04	Merkur 2,7' nördlich Neptun	8,8°
21.10.1950 16:33:47	Venus 3,6° nördlich Spika	5°
22.10.1950 13:32:42	Merkur 3,7° nördlich Spika	5,8°
24.10.1950 12:47:18	Jupiter stationär, dann rechtläufig	
25.10.1950 4:15:44	Merkur 3,5' südlich Venus	5,1°
31.10.1950 22:54:30	Uranus 1,8° südlich Epsilon Geminorum	118,6°
1.11.1950 16:54:29	Merkur in oberer Konjunktion zur Sonne	20'
5.11.1950 7:09:36	Merkur 25' südlich Zuben-el-dschenubi	2,1°
8.11.1950 13:57:09	Venus 29' nördlich Zuben-el-dschenubi	1,4°
13.11.1950 23:20:59	Venus in oberer Konjunktion zur Sonne	37'
17.11.1950 0:58:07	Merkur 2,4° südlich Akrab	8,4°
20.11.1950 17:11:34	Merkur 3° nördlich Antares	10,9°
21.11.1950 22:55:18	Mars 2,1° nördlich Nunki	42,7°
23.11.1950 5:28:01	Venus 46' südlich Akrab	2,3°
27.11.1950 17:54:53	Venus 4,7° nördlich Antares	3,4°
14.12.1950 2:12:24	Merkur 1,5° nördlich Nunki	20,4°
15.12.1950 14:06:00	Merkur in größter östlicher Elongation zur Sonne	20,5°
16.12.1950 22:41:23	Uranus 7,1° nördlich Alhena	164,5°
17.12.1950 22:22:35	Mars 6° südlich Beta Capricorni	36,6°
23.12.1950 9:44:58	Merkur stationär, dann rückläufig	
24.12.1950 11:29:52	Venus 2,5° nördlich Nunki	9,9°
27.12.1950 20:41:07	Merkur 2,2° nördlich Venus	10,7°
29.12.1950 17:30:17	Uranusopposition	
31.12.1950 16:04:15	Merkur 5,8° nördlich Nunki	3,6°

1951

Datum und Uhrzeit (WZ)	Ereignis	Elongation
1.1.1951 20:27:31	Merkur in unterer Konjunktion zur Sonne	2,6°
9.1.1951 10:52:35	Venus 6,1° südlich Beta Capricorni	13,7°
13.1.1951 3:21:18	Saturn stationär, dann rückläufig	
14.1.1951 3:18:32	Mars 1,6° nördlich Delta Capricorni	29,8°

Datum und Uhrzeit (WZ)	Ereignis	Elongation
21.1.1951 17:01:31	Neptun stationär, dann rückläufig	
23.1.1951 22:58:00	Merkur in größter westlicher Elongation zur Sonne	24,5°
26.1.1951 9:55:15	Venus 1,1° nördlich Delta Capricorni	17,4°
27.1.1951 2:54:34	Merkur 4,2° nördlich Nunki	24,3°
7.2.1951 18:59:44	Mars 9,7' nördlich Jupiter	24,5°
11.2.1951 2:35:39	Merkur 6° südlich Beta Capricorni	18,8°
11.2.1951 14:47:46	Venus 26' südlich Jupiter	21,4°
16.2.1951 4:12:14	Venus 35' südlich Mars	22,5°
24.2.1951 11:10:28	Merkur 31' nördlich Delta Capricorni	12,2°
11.3.1951 9:50:11	Merkur 37' südlich Jupiter	1,1°
11.3.1951 9:55:56	Merkur in oberer Konjunktion zur Sonne	-1,6°
11.3.1951 17:29:44	Jupiter in Konjunktion zur Sonne	-1°
14.3.1951 8:30:57	Uranus stationär, dann rechtläufig	
20.3.1951 9:58:13	Saturnopposition	
24.3.1951 4:04:18	Venus 10,5° südlich Hamal	30,6°
26.3.1951 8:39:54	Merkur 1,3° nördlich Mars	13,8°
5.4.1951 19:35:00	Merkur in größter östlicher Elongation zur Sonne	19,2°
5.4.1951 21:01:06	Merkur 7,8° südlich Hamal	19,2°
8.4.1951 19:38:08	Neptunopposition	
14.4.1951 5:08:19	Venus 3° südlich Alkione	35,2°
14.4.1951 18:39:30	Mars 10,8° südlich Hamal	9,3°
14.4.1951 22:17:40	Merkur stationär, dann rückläufig	
19.4.1951 7:28:08	Merkur 2,8° nördlich Mars	8,2°
23.4.1951 22:57:05	Venus 7,2° nördlich Aldebaran	36,5°
25.4.1951 3:55:43	Merkur in unterer Konjunktion zur Sonne	1,3°
25.4.1951 18:57:06	Merkur 9,4° südlich Hamal	1,5°
3.5.1951 19:56:23	Venus 3,4° südlich Elnath	39,1°
7.5.1951 11:22:36	Merkur stationär, dann rechtläufig	
13.5.1951 10:12:04	Venus 3,2° nördlich Eta Geminorum	40,9°
15.5.1951 0:42:49	Venus 3,2° nördlich Mü Geminorum	41,2°
17.5.1951 5:00:57	Venus 2,1° nördlich Uranus	41,5°
18.5.1951 0:01:59	Venus 9,2° nördlich Alhena	41,7°
18.5.1951 12:43:36	Merkur 14,2° südlich Hamal	22,1°
19.5.1951 5:09:44	Venus 22' nördlich Epsilon Geminorum	41,9°
19.5.1951 10:15:40	Mars 4° südlich Alkione	0,8°
22.5.1951 13:48:41	Mars in Konjunktion zur Sonne, Bedeckung	13'
22.5.1951 17:04:00	Merkur in größter westlicher Elongation zur Sonne	25,4°
29.5.1951 15:10:47	Venus 7,7° südlich Kastor	43,1°
29.5.1951 23:24:09	Saturn stationär, dann rechtläufig	
31.5.1951 22:38:17	Venus 4,3° südlich Pollux	43,3°
3.6.1951 13:45:18	Uranus 7,1° nördlich Alhena	25,8°
4.6.1951 19:25:34	Mars 5,9° nördlich Aldebaran	3,4°
8.6.1951 4:45:12	Merkur 6° südlich Alkione	17,7°
13.6.1951 6:41:04	Venus 59' nördlich M44	44,9°
14.6.1951 14:01:38	Merkur 4,8° nördlich Aldebaran	12,9°
19.6.1951 14:43:29	Merkur 16' südlich Mars	7,3°

Datum und Uhrzeit (WZ)	Ereignis	Elongation
20.6.1951 6:04:36	Merkur 5,1° südlich Elnath	6,6°
21.6.1951 14:23:50	Mars 4,9° südlich Elnath	7,8°
25.6.1951 8:49:01	Merkur 2° nördlich Eta Geminorum	0,9°
25.6.1951 14:20:18	Merkur in oberer Konjunktion zur Sonne	1,2°
25.6.1951 15:54:00	Venus in größter östlicher Elongation zur Sonne	45,4°
26.6.1951 4:57:41	Merkur 2,1° nördlich Mü Geminorum	1,2°
27.6.1951 7:45:28	Uranus 1,8° südlich Epsilon Geminorum	4,5°
27.6.1951 18:11:49	Merkur 8,2° nördlich Alhena	3°
28.6.1951 9:24:41	Merkur 35' südlich Epsilon Geminorum	3,7°
28.6.1951 10:08:19	Merkur 1,2° nördlich Uranus	3,6°
29.6.1951 9:20:22	Neptun stationär, dann rechtläufig	
2.7.1951 9:09:13	Uranus in Konjunktion zur Sonne	19'
3.7.1951 21:39:48	Merkur 8,4° südlich Kastor	9,9°
5.7.1951 3:42:24	Merkur 4,9° südlich Pollux	11,2°
7.7.1951 3:31:43	Venus 8,4' nördlich Regulus	44,9°
8.7.1951 0:28:46	Mars 1,5° nördlich Eta Geminorum	12,3°
10.7.1951 18:26:13	Mars 1,5° nördlich Mü Geminorum	13,1°
12.7.1951 2:37:33	Merkur 26' nördlich M44	17,6°
15.7.1951 20:29:51	Mars 7,5° nördlich Alhena	14,6°
17.7.1951 22:18:10	Mars 1,3° südlich Epsilon Geminorum	15,2°
19.7.1951 23:02:18	Mars 26' nördlich Uranus	15,7°
27.7.1951 3:02:19	Merkur 35' südlich Regulus	25,9°
3.8.1951 18:34:00	Merkur in größter östlicher Elongation zur Sonne	27,3°
4.8.1951 14:52:48	Mars 9,3° südlich Kastor	20,4°
4.8.1951 20:49:06	Jupiter stationär, dann rückläufig	
8.8.1951 12:04:10	Mars 5,9° südlich Pollux	21,6°
11.8.1951 0:00:23	Venus stationär, dann rückläufig	
16.8.1951 20:44:03	Merkur stationär, dann rückläufig	
28.8.1951 19:10:17	Mars 13' südlich M44	28°
31.8.1951 8:02:27	Merkur in unterer Konjunktion zur Sonne	-4°
3.9.1951 15:02:36	Venus in unterer Konjunktion zur Sonne	-8,6°
9.9.1951 0:33:41	Merkur stationär, dann rechtläufig	
12.9.1951 13:06:12	Merkur 8,4° nördlich Venus	16°
16.9.1951 16:02:00	Merkur in größter westlicher Elongation zur Sonne	17,9°
23.9.1951 7:21:39	Venus stationär, dann rechtläufig	
29.9.1951 10:37:02	Saturn in Konjunktion zur Sonne	2,1°
3.10.1951 3:10:23	Mars 53' nördlich Regulus	40°
3.10.1951 3:56:35	Jupiteropposition	
6.10.1951 5:45:07	Merkur 35' südlich Saturn	5,9°
8.10.1951 4:49:00	Merkur 1,4° südlich Porrima	4,3°
13.10.1951 10:18:15	Neptun in Konjunktion zur Sonne	1,6°
13.10.1951 14:35:38	Merkur in oberer Konjunktion zur Sonne	59'
13.10.1951 15:45:09	Merkur 40' südlich Neptun	1°
15.10.1951 2:39:35	Merkur 3,1° nördlich Spika	1,4°
20.10.1951 19:07:21	Uranus stationär, dann rückläufig	
29.10.1951 3:21:46	Merkur 1,1° südlich Zuben-el-dschenubi	9,5°

Datum und Uhrzeit (WZ)	Ereignis	Elongation
3.11.1951 22:44:45	Saturn 39' südlich Porrima	31,1°
10.11.1951 7:24:52	Merkur 3° südlich Akrab	15,5°
14.11.1951 4:41:08	Merkur 2,4° nördlich Antares	17,8°
14.11.1951 7:54:00	Venus in größter westlicher Elongation zur Sonne	46,6°
19.11.1951 16:28:11	Venus 1,3° südlich Porrima	46,6°
21.11.1951 9:40:58	Venus 37' südlich Saturn	46,5°
28.11.1951 11:11:00	Merkur in größter östlicher Elongation zur Sonne	21,7°
29.11.1951 15:41:27	Venus 32' nördlich Neptun	45,7°
30.11.1951 9:03:55	Venus 4,5° nördlich Spika	44,2°
30.11.1951 18:22:54	Jupiter stationär, dann rechtläufig	
7.12.1951 11:14:42	Merkur stationär, dann rückläufig	
11.12.1951 22:04:14	Mars 1,2° südlich Porrima	69,1°
17.12.1951 3:02:21	Merkur in unterer Konjunktion zur Sonne	1,9°
19.12.1951 12:31:40	Mars 40' südlich Saturn	72,7°
19.12.1951 23:36:07	Venus 2,3° nördlich Zuben-el-dschenubi	42,9°
27.12.1951 7:26:15	Merkur stationär, dann rechtläufig	

1952

Datum und Uhrzeit (WZ)	Ereignis	Elongation
2.1.1952 16:28:15	Mars 10' nördlich Neptun	79,7°
2.1.1952 21:10:37	Mars 4,2° nördlich Spika	78,3°
3.1.1952 9:12:06	Uranusopposition	
4.1.1952 16:21:43	Venus 1,3° nördlich Akrab	40,8°
6.1.1952 8:27:00	Merkur in größter westlicher Elongation zur Sonne	23°
9.1.1952 11:42:37	Venus 6,8° nördlich Antares	39,3°
13.1.1952 19:01:00	Neptun 4° nördlich Spika	89,4°
22.1.1952 2:20:21	Merkur 3° nördlich Nunki	19°
25.1.1952 18:02:21	Saturn stationär, dann rückläufig	
3.2.1952 9:03:45	Neptun 4° nördlich Spika	110,3°
4.2.1952 6:28:49	Merkur 6,5° südlich Beta Capricorni	11,9°
6.2.1952 13:56:48	Venus 4,3° nördlich Nunki	34,6°
16.2.1952 21:36:25	Merkur 32' nördlich Delta Capricorni	4,6°
22.2.1952 2:31:57	Merkur in oberer Konjunktion zur Sonne	-1,9°
23.2.1952 1:33:06	Venus 4,8° südlich Beta Capricorni	30,3°
25.2.1952 3:32:17	Mars 1,7° nördlich Zuben-el-dschenubi	111,1°
11.3.1952 7:17:12	Venus 1,9° nördlich Delta Capricorni	27,2°
18.3.1952 2:43:03	Uranus stationär, dann rechtläufig	
18.3.1952 22:32:00	Merkur in größter westlicher Elongation zur Sonne	18,5°
25.3.1952 4:06:39	Mars stationär, dann rückläufig	
26.3.1952 8:36:24	Merkur stationär, dann rückläufig	
1.4.1952 9:58:26	Saturnopposition	
5.4.1952 10:26:20	Merkur in unterer Konjunktion zur Sonne	2,6°
10.4.1952 6:36:34	Neptunopposition	
16.4.1952 18:41:00	Merkur 1,3° nördlich Venus	17,8°

Datum und Uhrzeit (WZ)	Ereignis	Elongation
17.4.1952 7:26:30	Jupiter in Konjunktion zur Sonne	-1°
17.4.1952 19:59:34	Merkur stationär, dann rechtläufig	
20.4.1952 20:25:14	Mars 52' nördlich Zuben-el-dschenubi	166,3°
30.4.1952 12:20:07	Saturn 6,5' südlich Porrima	149,3°
1.5.1952 1:24:36	Marsopposition	
3.5.1952 10:40:00	Merkur in größter westlicher Elongation zur Sonne	26,7°
5.5.1952 14:00:10	Venus 19' südlich Jupiter	13,4°
6.5.1952 16:50:55	Venus 12° südlich Hamal	13,3°
11.5.1952 8:48:29	Jupiter 11,7° südlich Hamal	16,8°
16.5.1952 4:37:22	Merkur 13,5° südlich Hamal	20,7°
17.5.1952 2:09:57	Merkur 1,8° südlich Jupiter	21,8°
27.5.1952 8:51:07	Venus 4,9° südlich Alkione	7,8°
30.5.1952 18:27:06	Merkur 5° südlich Alkione	10,7°
4.6.1952 15:48:00	Merkur 28' nördlich Venus	5,5°
5.6.1952 8:07:44	Merkur 5,7° nördlich Aldebaran	4,6°
5.6.1952 20:29:08	Venus 5,2° nördlich Aldebaran	5,2°
9.6.1952 2:02:03	Merkur in oberer Konjunktion zur Sonne	50'
10.6.1952 15:44:03	Merkur 4,3° südlich Elnath	2,2°
11.6.1952 0:13:26	Mars stationär, dann rechtläufig	
11.6.1952 13:33:04	Saturn stationär, dann rechtläufig	
15.6.1952 8:50:21	Venus 5,4° südlich Elnath	2,6°
15.6.1952 18:58:21	Merkur 2,5° nördlich Eta Geminorum	8,2°
16.6.1952 15:56:39	Merkur 2,5° nördlich Mü Geminorum	9,3°
18.6.1952 7:14:09	Merkur 8,6° nördlich Alhena	11,1°
18.6.1952 23:29:53	Merkur 12' südlich Epsilon Geminorum	11,8°
20.6.1952 22:03:39	Merkur 1,6° nördlich Uranus	13,8°
24.6.1952 11:12:38	Venus 1,3° nördlich Eta Geminorum	0,4°
24.6.1952 21:42:05	Venus in oberer Konjunktion zur Sonne	25'
25.6.1952 1:21:13	Merkur 8,3° südlich Kastor	17,5°
25.6.1952 23:18:18	Venus 1,3° nördlich Mü Geminorum	0,5°
26.6.1952 11:37:05	Merkur 4,9° südlich Pollux	18,7°
28.6.1952 17:44:58	Venus 7,3° nördlich Alhena	1,2°
29.6.1952 20:45:33	Venus 1,5° südlich Epsilon Geminorum	1,5°
30.6.1952 20:07:02	Neptun stationär, dann rechtläufig	
3.7.1952 15:10:43	Venus 22' nördlich Uranus	2,5°
4.7.1952 19:21:44	Merkur 5,7' südlich M44	23,9°
6.7.1952 8:52:14	Uranus in Konjunktion zur Sonne	22'
9.7.1952 8:16:44	Venus 9,3° südlich Kastor	4,1°
11.7.1952 9:35:51	Venus 5,8° südlich Pollux	4,7°
15.7.1952 21:09:00	Merkur in größter östlicher Elongation zur Sonne	26,7°
22.7.1952 0:09:03	Venus 1,6' südlich M44	7,6°
23.7.1952 1:51:37	Saturn 26' südlich Porrima	69,4°
28.7.1952 23:14:25	Merkur stationär, dann rückläufig	
31.7.1952 5:45:27	Mars 2,3° südlich Zuben-el-dschenubi	96,4°
4.8.1952 18:04:20	Merkur 6,4° südlich Venus	11,4°
9.8.1952 0:24:12	Venus 1,1° nördlich Regulus	12,5°

Datum und Uhrzeit (WZ)	Ereignis	Elongation
12.8.1952 17:44:24	Merkur in unterer Konjunktion zur Sonne	-4,7°
21.8.1952 23:50:03	Merkur stationär, dann rechtläufig	
30.8.1952 3:46:00	Merkur in größter westlicher Elongation zur Sonne	18,2°
1.9.1952 22:43:29	Mars 3,1° südlich Akrab	83,1°
6.9.1952 19:43:32	Merkur 52' nördlich Regulus	15°
10.9.1952 0:14:45	Jupiter stationär, dann rückläufig	
10.9.1952 19:18:32	Mars 2,6° nördlich Antares	80,7°
11.9.1952 16:45:29	Venus 2° südlich Porrima	20,8°
15.9.1952 22:54:55	Venus 1,6° südlich Saturn	22°
20.9.1952 9:09:36	Venus 1,1° südlich Neptun	23,3°
21.9.1952 7:50:00	Venus 2,8° nördlich Spika	23,9°
24.9.1952 13:47:43	Merkur in oberer Konjunktion zur Sonne	1,4°
29.9.1952 13:26:42	Merkur 2° südlich Porrima	4°
3.10.1952 23:36:14	Merkur 1,9° südlich Saturn	6,8°
6.10.1952 8:25:13	Merkur 1,5° südlich Neptun	8,3°
6.10.1952 17:04:43	Merkur 2,4° nördlich Spika	8,9°
9.10.1952 15:15:46	Venus 38' südlich Zuben-el-dschenubi	28,1°
11.10.1952 8:20:48	Saturn in Konjunktion zur Sonne	2,2°
14.10.1952 20:54:46	Neptun in Konjunktion zur Sonne	1,6°
21.10.1952 10:10:25	Merkur 1,9° südlich Zuben-el-dschenubi	16,4°
21.10.1952 19:02:38	Neptun 4° nördlich Spika	5,5°
24.10.1952 14:21:41	Venus 2° südlich Akrab	31,4°
24.10.1952 15:16:46	Uranus stationär, dann rückläufig	
28.10.1952 14:22:49	Mars 1,7° nördlich Nunki	66,7°
29.10.1952 5:05:48	Venus 3,4° nördlich Antares	32,9°
3.11.1952 18:26:31	Merkur 3,6° südlich Akrab	21,3°
8.11.1952 8:58:23	Jupiteropposition	
8.11.1952 12:26:46	Merkur 1,9° nördlich Antares	22,9°
9.11.1952 11:05:13	Saturn 4,7° nördlich Spika	23,9°
10.11.1952 3:17:00	Merkur in größter östlicher Elongation zur Sonne	23°
18.11.1952 1:15:11	Saturn 43' nördlich Neptun	33°
20.11.1952 9:36:21	Merkur stationär, dann rückläufig	
24.11.1952 9:45:32	Mars 6,3° südlich Beta Capricorni	59,9°
25.11.1952 14:57:35	Venus 1,3° nördlich Nunki	38,6°
30.11.1952 10:15:50	Merkur 5,8° nördlich Antares	1,1°
30.11.1952 10:30:29	Merkur in unterer Konjunktion zur Sonne	1,1°
5.12.1952 9:27:26	Merkur 1,4° nördlich Akrab	10,7°
10.12.1952 0:58:37	Merkur stationär, dann rechtläufig	
12.12.1952 6:58:02	Venus 7° südlich Beta Capricorni	41,6°
15.12.1952 4:33:53	Merkur 1,6° nördlich Akrab	20,7°
18.12.1952 22:12:00	Merkur in größter westlicher Elongation zur Sonne	21,6°
21.12.1952 8:24:43	Merkur 6,5° nördlich Antares	20,8°
22.12.1952 7:40:31	Mars 1,5° nördlich Delta Capricorni	52,5°
30.12.1952 12:17:35	Venus 54' nördlich Delta Capricorni	44,2°

1953

Datum und Uhrzeit (WZ)	Ereignis	Elongation
7.1.1953 1:56:43	Uranusopposition	
14.1.1953 11:02:44	Merkur 2,3° nördlich Nunki	12,1°
18.1.1953 2:02:23	Venus 12' nördlich Mars	46,3°
25.1.1953 12:20:47	Neptun stationär, dann rückläufig	
26.1.1953 22:07:25	Merkur 6,7° südlich Beta Capricorni	5,2°
31.1.1953 14:42:00	Venus in größter östlicher Elongation zur Sonne	46,9°
2.2.1953 22:54:39	Merkur in oberer Konjunktion zur Sonne	-2,1°
6.2.1953 0:40:04	Saturn stationär, dann rückläufig	
8.2.1953 4:52:46	Merkur 43' nördlich Delta Capricorni	4,4°
2.3.1953 7:43:00	Merkur in größter östlicher Elongation zur Sonne	18,2°
8.3.1953 15:42:55	Merkur stationär, dann rückläufig	
17.3.1953 22:58:59	Venus 7° nördlich Mars	31,2°
18.3.1953 13:29:45	Merkur in unterer Konjunktion zur Sonne	3,4°
22.3.1953 3:55:42	Venus stationär, dann rückläufig	
22.3.1953 19:56:56	Uranus stationär, dann rechtläufig	
24.3.1953 22:01:37	Mars 10,5° südlich Hamal	29,4°
31.3.1953 0:03:34	Merkur stationär, dann rechtläufig	
12.4.1953 17:45:24	Neptunopposition	
13.4.1953 8:09:23	Venus in unterer Konjunktion zur Sonne	6,9°
14.4.1953 5:12:07	Saturnopposition	
15.4.1953 10:06:00	Merkur in größter westlicher Elongation zur Sonne	27,6°
27.4.1953 16:12:32	Mars 1,1° nördlich Jupiter	20,2°
27.4.1953 20:37:37	Merkur 7,2° südlich Venus	21,7°
29.4.1953 3:02:36	Mars 3,7° südlich Alkione	20°
2.5.1953 2:22:42	Venus stationär, dann rechtläufig	
2.5.1953 3:14:16	Jupiter 4,9° südlich Alkione	16,9°
9.5.1953 17:22:35	Merkur 12,7° südlich Hamal	15,4°
15.5.1953 17:21:34	Mars 6,1° nördlich Aldebaran	15,5°
15.5.1953 18:31:17	Neptun 4,1° nördlich Spika	147°
22.5.1953 10:35:36	Merkur 4,1° südlich Alkione	2,6°
24.5.1953 12:36:15	Saturn 5,1° nördlich Spika	138,2°
24.5.1953 13:26:11	Merkur in oberer Konjunktion zur Sonne	26'
24.5.1953 21:23:24	Merkur 1,2° nördlich Jupiter	0,6°
25.5.1953 3:43:15	Jupiter in Konjunktion zur Sonne	-39'
27.5.1953 18:16:38	Merkur 6,5° nördlich Aldebaran	4,1°
31.5.1953 13:43:27	Saturn 1° nördlich Neptun	131,1°
1.6.1953 16:54:45	Mars 4,7° südlich Elnath	10,8°
2.6.1953 4:26:32	Merkur 3,7° südlich Elnath	10,5°
2.6.1953 10:00:49	Merkur 57' nördlich Mars	10,6°
7.6.1953 18:47:12	Merkur 2,9° nördlich Eta Geminorum	16,1°
8.6.1953 11:25:50	Venus 13,2° südlich Hamal	41,4°
8.6.1953 18:32:10	Merkur 2,9° nördlich Mü Geminorum	17°
10.6.1953 15:45:39	Merkur 8,8° nördlich Alhena	18,6°
11.6.1953 10:47:16	Merkur 25" südlich Epsilon Geminorum	19,2°

Datum und Uhrzeit (WZ)	Ereignis	Elongation
16.6.1953 7:08:03	Merkur 1,4° nördlich Uranus	22,3°
18.6.1953 6:23:39	Mars 1,7° nördlich Eta Geminorum	6,1°
18.6.1953 23:01:47	Merkur 8,6° südlich Kastor	23,6°
20.6.1953 20:51:39	Merkur 5,4° südlich Pollux	24,2°
20.6.1953 23:09:11	Jupiter 4,9° nördlich Aldebaran	19,4°
21.6.1953 0:49:53	Mars 1,7° nördlich Mü Geminorum	5,3°
22.6.1953 10:26:00	Venus in größter westlicher Elongation zur Sonne	45,8°
24.6.1953 17:57:23	Saturn stationär, dann rechtläufig	
26.6.1953 3:38:57	Mars 7,6° nördlich Alhena	3,9°
27.6.1953 16:49:00	Merkur in größter östlicher Elongation zur Sonne	25,5°
28.6.1953 5:48:25	Mars 1,2° südlich Epsilon Geminorum	3,3°
3.7.1953 8:57:20	Neptun stationär, dann rechtläufig	
5.7.1953 5:57:42	Venus 7,2° südlich Alkione	43,7°
6.7.1953 16:27:52	Merkur 3° südlich M44	22,4°
8.7.1953 21:21:05	Mars in Konjunktion zur Sonne	57'
10.7.1953 21:07:52	Saturn 53' nördlich Neptun	92,5°
10.7.1953 21:31:05	Merkur stationär, dann rückläufig	
11.7.1953 9:25:55	Uranus in Konjunktion zur Sonne	25'
12.7.1953 12:30:20	Mars 33' nördlich Uranus	1,1°
15.7.1953 2:41:32	Merkur 5,1° südlich M44	14,4°
16.7.1953 0:02:34	Mars 9,2° südlich Kastor	2,3°
16.7.1953 11:19:15	Venus 2,8° nördlich Aldebaran	44,1°
19.7.1953 21:19:21	Mars 5,8° südlich Pollux	3,5°
22.7.1953 22:16:18	Venus 1,9° südlich Jupiter	43,1°
25.7.1953 9:20:35	Merkur in unterer Konjunktion zur Sonne	-5°
25.7.1953 18:52:04	Saturn 4,8° nördlich Spika	78,9°
27.7.1953 9:02:08	Venus 7,7° südlich Elnath	42,4°
28.7.1953 5:02:31	Merkur 6° südlich Mars	5,9°
4.8.1953 10:32:52	Merkur stationär, dann rechtläufig	
6.8.1953 12:44:15	Venus 54' südlich Eta Geminorum	41°
8.8.1953 4:28:18	Venus 53' südlich Mü Geminorum	40,7°
9.8.1953 3:21:42	Mars 11' südlich M44	9,6°
11.8.1953 5:13:24	Venus 5,2° nördlich Alhena	40,1°
12.8.1953 10:41:11	Venus 3,5° südlich Epsilon Geminorum	39,9°
13.8.1953 8:33:00	Merkur in größter westlicher Elongation zur Sonne	18,8°
17.8.1953 23:36:51	Merkur 1,3° südlich M44	17,8°
18.8.1953 17:05:19	Jupiter 6° südlich Elnath	63,6°
19.8.1953 16:04:00	Neptun 4° nördlich Spika	55,4°
21.8.1953 4:34:49	Uranus 9,8° südlich Kastor	36,7°
22.8.1953 15:43:46	Venus 11,1° südlich Kastor	37,9°
22.8.1953 17:20:52	Venus 1,3° südlich Uranus	37,9°
23.8.1953 13:31:34	Merkur 5,7' südlich Mars	14,2°
24.8.1953 20:09:20	Venus 7,5° südlich Pollux	37,5°
30.8.1953 7:13:59	Merkur 1,3° nördlich Regulus	7,4°
4.9.1953 23:14:02	Venus 1,4° südlich M44	35,1°
7.9.1953 9:21:15	Merkur in oberer Konjunktion zur Sonne	1,7°

Datum und Uhrzeit (WZ)	Ereignis	Elongation
13.9.1953 0:29:11	Mars 47' nördlich Regulus	20,8°
22.9.1953 2:36:30	Merkur 2,6° südlich Porrima	11°
23.9.1953 8:59:13	Venus 22' nördlich Regulus	30,9°
29.9.1953 17:08:29	Merkur 1,6° nördlich Spika	16,3°
30.9.1953 14:06:27	Merkur 2,4° südlich Neptun	16°
4.10.1953 0:34:10	Merkur 3,5° südlich Saturn	17,4°
4.10.1953 6:18:02	Venus 1,9' südlich Mars	28,4°
15.10.1953 2:07:14	Jupiter stationär, dann rückläufig	
15.10.1953 21:34:23	Merkur 2,8° südlich Zuben-el-dschenubi	22,1°
17.10.1953 7:09:55	Neptun in Konjunktion zur Sonne	1,6°
23.10.1953 16:24:00	Merkur in größter östlicher Elongation zur Sonne	24,3°
23.10.1953 20:41:46	Saturn in Konjunktion zur Sonne	2,2°
26.10.1953 17:22:01	Venus 1,3° südlich Porrima	23°
29.10.1953 14:13:45	Uranus stationär, dann rückläufig	
4.11.1953 2:35:25	Merkur stationär, dann rückläufig	
5.11.1953 3:27:43	Venus 3,9° nördlich Spika	19,3°
7.11.1953 7:12:26	Venus 6,6' südlich Neptun	20,2°
14.11.1953 3:30:55	Venus 52' südlich Saturn	18,5°
14.11.1953 17:08:39	Merkur in unterer Konjunktion zur Sonne, Transit	14'
17.11.1953 23:52:57	Mars 1,7° südlich Porrima	45,2°
23.11.1953 1:26:50	Venus 57' nördlich Zuben-el-dschenubi	16,1°
23.11.1953 16:27:56	Merkur 1,2° nördlich Venus	16,2°
23.11.1953 19:06:08	Merkur stationär, dann rechtläufig	
1.12.1953 19:10:00	Merkur in größter westlicher Elongation zur Sonne	20,4°
7.12.1953 2:09:37	Mars 3,5° nördlich Spika	51,5°
7.12.1953 17:45:19	Venus 15' südlich Akrab	12,8°
12.12.1953 6:31:05	Venus 5,2° nördlich Antares	11,7°
12.12.1953 9:25:21	Merkur 14' nördlich Akrab	17,6°
12.12.1953 12:05:17	Jupiter 5,9° südlich Elnath	174,3°
13.12.1953 7:40:36	Mars 29' südlich Neptun	55,4°
13.12.1953 16:30:39	Jupiteropposition	
16.12.1953 9:05:26	Merkur 5,4° nördlich Antares	15,7°

1954

Datum und Uhrzeit (WZ)	Ereignis	Elongation
2.1.1954 20:25:23	Mars 1,3° südlich Saturn	63,9°
4.1.1954 8:41:07	Merkur 1° südlich Venus	6,1°
7.1.1954 6:40:50	Merkur 1,9° nördlich Nunki	4,8°
8.1.1954 1:51:56	Venus 3° nördlich Nunki	5,3°
10.1.1954 6:03:50	Uranus 9,7° südlich Kastor	169,9°
11.1.1954 19:16:49	Uranusopposition	
13.1.1954 6:45:31	Mars 49' nördlich Zuben-el-dschenubi	68,2°
14.1.1954 18:15:52	Merkur in oberer Konjunktion zur Sonne	-2°
19.1.1954 9:55:22	Merkur 6,9° südlich Beta Capricorni	3,7°

Datum und Uhrzeit (WZ)	Ereignis	Elongation
24.1.1954 1:23:57	Venus 5,7° südlich Beta Capricorni	1,7°
28.1.1954 0:00:00	Neptun stationär, dann rückläufig	
29.1.1954 23:38:03	Venus in oberer Konjunktion zur Sonne	-1,2°
31.1.1954 19:11:46	Merkur 1,1° nördlich Delta Capricorni	11,8°
9.2.1954 23:10:26	Venus 1,3° nördlich Delta Capricorni	3°
10.2.1954 11:11:21	Jupiter stationär, dann rechtläufig	
13.2.1954 19:57:00	Merkur in größter östlicher Elongation zur Sonne	18,2°
14.2.1954 10:55:06	Mars 8,4' südlich Akrab	82,6°
18.2.1954 0:00:00	Saturn stationär, dann rückläufig	
19.2.1954 16:58:15	Merkur stationär, dann rückläufig	
24.2.1954 23:13:44	Mars 5,4° nördlich Antares	86,7°
25.2.1954 1:45:17	Merkur 5,3° nördlich Venus	6,5°
1.3.1954 9:44:20	Merkur in unterer Konjunktion zur Sonne	3,7°
13.3.1954 17:38:30	Merkur stationär, dann rechtläufig	
27.3.1954 16:31:53	Uranus stationär, dann rechtläufig	
28.3.1954 15:19:00	Merkur in größter westlicher Elongation zur Sonne	27,8°
7.4.1954 1:42:54	Venus 11,2° südlich Hamal	16,5°
10.4.1954 4:33:23	Jupiter 5,6° südlich Elnath	61,8°
15.4.1954 4:53:17	Neptunopposition	
26.4.1954 19:54:00	Saturnopposition	
27.4.1954 16:44:41	Venus 3,8° südlich Alkione	21,6°
1.5.1954 22:22:44	Merkur 11,8° südlich Hamal	8,1°
7.5.1954 4:17:42	Venus 6,3° nördlich Aldebaran	23,7°
8.5.1954 22:50:06	Merkur in oberer Konjunktion zur Sonne, Bedeckung	0"
13.5.1954 22:31:36	Merkur 3,3° südlich Alkione	6,1°
16.5.1954 17:25:02	Venus 4,2° südlich Elnath	26,4°
19.5.1954 11:12:18	Merkur 7,2° nördlich Aldebaran	12,4°
23.5.1954 12:05:48	Venus 1,5° nördlich Jupiter	28°
23.5.1954 20:46:17	Mars stationär, dann rückläufig	
25.5.1954 13:48:28	Merkur 3,2° südlich Elnath	18,1°
25.5.1954 21:42:45	Venus 2,4° nördlich Eta Geminorum	28,7°
27.5.1954 10:16:06	Venus 2,3° nördlich Mü Geminorum	29°
30.5.1954 5:39:12	Venus 8,4° nördlich Alhena	29,7°
31.5.1954 9:07:54	Venus 27' südlich Epsilon Geminorum	30°
31.5.1954 18:42:35	Merkur 2,2° nördlich Jupiter	21,9°
1.6.1954 13:35:28	Merkur 3° nördlich Eta Geminorum	22,3°
2.6.1954 21:51:46	Merkur 2,9° nördlich Mü Geminorum	22,8°
5.6.1954 14:42:59	Merkur 8,6° nördlich Alhena	23,6°
5.6.1954 21:48:36	Jupiter 49' nördlich Eta Geminorum	18,1°
6.6.1954 19:47:08	Merkur 24' südlich Epsilon Geminorum	23,8°
8.6.1954 5:12:27	Uranus 9,8° südlich Kastor	34,1°
9.6.1954 7:12:00	Merkur in größter östlicher Elongation zur Sonne	24°
10.6.1954 1:34:44	Venus 8,4° südlich Kastor	32,3°
10.6.1954 3:37:35	Venus 1,4° nördlich Uranus	32,3°
12.6.1954 4:16:56	Venus 4,9° südlich Pollux	32,5°
14.6.1954 5:05:03	Jupiter 46' nördlich Mü Geminorum	12°

Datum und Uhrzeit (WZ)	Ereignis	Elongation
22.6.1954 14:16:45	Merkur stationär, dann rückläufig	
23.6.1954 4:26:30	Venus 39' nördlich M44	35,3°
24.6.1954 17:13:56	Marsopposition	
29.6.1954 7:36:40	Jupiter 6,7° nördlich Alhena	1°
30.6.1954 17:44:06	Jupiter in Konjunktion zur Sonne, Bedeckung	-1,9'
5.7.1954 10:55:06	Jupiter 2,1° südlich Epsilon Geminorum	3,4°
5.7.1954 19:27:10	Neptun stationär, dann rechtläufig	
6.7.1954 4:41:16	Merkur in unterer Konjunktion zur Sonne	-4,6°
7.7.1954 13:53:46	Saturn stationär, dann rechtläufig	
10.7.1954 16:29:59	Merkur 4,9° südlich Jupiter	7,2°
12.7.1954 7:34:05	Venus 1,1° nördlich Regulus	39,4°
13.7.1954 20:15:42	Merkur 6,8° südlich Epsilon Geminorum	11,8°
16.7.1954 10:44:57	Uranus in Konjunktion zur Sonne	28'
17.7.1954 3:51:37	Merkur stationär, dann rechtläufig	
20.7.1954 8:27:03	Merkur 5,8° südlich Epsilon Geminorum	17,7°
21.7.1954 15:58:22	Uranus 6,3° südlich Pollux	4,7°
27.7.1954 3:28:00	Merkur in größter westlicher Elongation zur Sonne	19,8°
28.7.1954 0:32:49	Merkur 1,9° südlich Jupiter	19,8°
29.7.1954 14:35:16	Mars stationär, dann rechtläufig	
2.8.1954 7:53:22	Merkur 10,8° südlich Kastor	18,2°
3.8.1954 23:14:18	Merkur 7° südlich Pollux	17,3°
4.8.1954 11:26:32	Merkur 35' südlich Uranus	16,9°
11.8.1954 3:25:21	Merkur 10' südlich M44	11,3°
19.8.1954 7:23:11	Venus 4° südlich Porrima	43,8°
21.8.1954 19:47:04	Merkur in oberer Konjunktion zur Sonne	1,8°
22.8.1954 1:59:14	Merkur 1,4° nördlich Regulus	0,9°
29.8.1954 10:04:57	Jupiter 10,2° südlich Kastor	44,3°
31.8.1954 0:38:09	Venus 7' nördlich Spika	46,1°
2.9.1954 13:49:10	Venus 4,2° südlich Neptun	44,7°
6.9.1954 5:59:00	Venus in größter östlicher Elongation zur Sonne	46,2°
12.9.1954 13:20:52	Jupiter 6,7° südlich Pollux	55,5°
15.9.1954 5:46:21	Merkur 3,4° südlich Porrima	17,9°
16.9.1954 3:29:00	Venus 6,1° südlich Saturn	43,8°
20.9.1954 16:39:24	Mars 1,3' südlich Nunki	104,5°
23.9.1954 16:56:39	Merkur 38' nördlich Spika	22,9°
25.9.1954 1:45:06	Venus 5° südlich Zuben-el-dschenubi	42,9°
26.9.1954 5:11:31	Merkur 3,7° südlich Neptun	22,4°
6.10.1954 4:28:00	Merkur in größter östlicher Elongation zur Sonne	25,5°
8.10.1954 3:27:05	Jupiter 21' südlich Uranus	76,9°
9.10.1954 11:08:54	Merkur 5,6° südlich Saturn	23,4°
18.10.1954 12:25:02	Merkur stationär, dann rückläufig	
19.10.1954 17:40:24	Neptun in Konjunktion zur Sonne	1,7°
24.10.1954 6:21:47	Mars 7,2° südlich Beta Capricorni	91,5°
24.10.1954 10:41:42	Merkur 4,7° südlich Saturn	10,4°
25.10.1954 19:03:14	Venus stationär, dann rückläufig	
29.10.1954 21:08:27	Merkur in unterer Konjunktion zur Sonne	-41'

Datum und Uhrzeit (WZ)	Ereignis	Elongation
3.11.1954 11:30:14	Uranus stationär, dann rückläufig	
5.11.1954 1:05:24	Saturn in Konjunktion zur Sonne	2,1°
7.11.1954 13:02:43	Merkur stationär, dann rechtläufig	
14.11.1954 23:58:00	Merkur in größter westlicher Elongation zur Sonne	19,3°
15.11.1954 7:20:21	Venus in unterer Konjunktion zur Sonne	-3,7°
17.11.1954 6:49:00	Jupiter stationär, dann rückläufig	
20.11.1954 4:26:10	Saturn 1,9° nördlich Zuben-el-dschenubi	12,9°
23.11.1954 16:57:37	Merkur 1,5° nördlich Zuben-el-dschenubi	16,5°
24.11.1954 0:35:04	Merkur 25' südlich Saturn	16,8°
24.11.1954 20:04:36	Mars 1,2° nördlich Delta Capricorni	80,9°
25.11.1954 4:22:39	Merkur 3° nördlich Venus	15,4°
28.11.1954 23:36:07	Venus 2,5° südlich Saturn	20,6°
4.12.1954 9:50:09	Venus stationär, dann rechtläufig	
6.12.1954 0:35:38	Merkur 39' südlich Akrab	10,7°
9.12.1954 17:09:25	Merkur 4,6° nördlich Antares	8,7°
16.12.1954 0:54:15	Venus 39' nördlich Saturn	36,8°
25.12.1954 11:48:33	Merkur in oberer Konjunktion zur Sonne	-1,6°
30.12.1954 22:29:34	Merkur 1,5° nördlich Nunki	3,7°

1955

Datum und Uhrzeit (WZ)	Ereignis	Elongation
6.1.1955 18:28:27	Jupiter 9,2' südlich Uranus	169,6°
8.1.1955 14:39:34	Venus 3,1° nördlich Akrab	45°
12.1.1955 2:01:45	Merkur 6,8° südlich Beta Capricorni	11°
15.1.1955 2:18:38	Venus 8,6° nördlich Antares	45,2°
15.1.1955 19:49:44	Jupiteropposition	
16.1.1955 13:36:35	Uranusopposition	
24.1.1955 21:26:51	Jupiter 6,3° südlich Pollux	166,7°
25.1.1955 14:53:00	Venus in größter westlicher Elongation zur Sonne	46,9°
26.1.1955 5:22:28	Merkur 2,4° nördlich Delta Capricorni	17,6°
28.1.1955 8:19:00	Merkur in größter östlicher Elongation zur Sonne	18,4°
3.2.1955 6:52:33	Merkur stationär, dann rückläufig	
11.2.1955 5:51:34	Merkur 6,5° nördlich Delta Capricorni	2,9°
12.2.1955 19:05:48	Merkur in unterer Konjunktion zur Sonne	3,7°
16.2.1955 15:17:51	Jupiter 9,8° südlich Kastor	141,3°
17.2.1955 5:51:05	Venus 5,8° nördlich Nunki	45,6°
24.2.1955 20:12:20	Merkur stationär, dann rechtläufig	
1.3.1955 17:44:45	Saturn stationär, dann rückläufig	
3.3.1955 11:07:32	Mars 10,2° südlich Hamal	51,4°
7.3.1955 2:03:56	Venus 3,7° südlich Beta Capricorni	42,5°
11.3.1955 0:19:00	Merkur in größter westlicher Elongation zur Sonne	27,5°
12.3.1955 6:51:32	Merkur 1,8° nördlich Delta Capricorni	27,4°
16.3.1955 19:33:25	Jupiter stationär, dann rechtläufig	
18.3.1955 13:09:22	Uranus 6,2° südlich Pollux	115,2°

Datum und Uhrzeit (WZ)	Ereignis	Elongation
25.3.1955 4:32:14	Venus 2,5° nördlich Delta Capricorni	40°
1.4.1955 11:52:53	Uranus stationär, dann rechtläufig	
8.4.1955 21:52:59	Mars 3,4° südlich Alkione	40,3°
14.4.1955 7:50:34	Jupiter 9,7° südlich Kastor	86,1°
15.4.1955 12:53:59	Uranus 6,3° südlich Pollux	87,8°
17.4.1955 16:01:37	Neptunopposition	
23.4.1955 4:21:51	Merkur in oberer Konjunktion zur Sonne	-28'
23.4.1955 15:36:13	Merkur 11° südlich Hamal	0,7°
25.4.1955 23:18:11	Mars 6,4° nördlich Aldebaran	34,6°
5.5.1955 22:12:54	Merkur 2,4° südlich Alkione	14,3°
6.5.1955 18:00:54	Jupiter 6,3° südlich Pollux	67,3°
9.5.1955 6:27:21	Saturnopposition	
10.5.1955 20:59:58	Jupiter 57" südlich Uranus	64,8°
12.5.1955 11:38:06	Merkur 7,9° nördlich Aldebaran	19°
13.5.1955 8:45:44	Mars 4,4° südlich Elnath	29,9°
21.5.1955 6:50:24	Merkur 3,2° südlich Elnath	22,4°
21.5.1955 20:44:34	Venus 12,4° südlich Hamal	24,9°
21.5.1955 22:26:00	Merkur in größter östlicher Elongation zur Sonne	22,4°
30.5.1955 6:20:39	Mars 1,9° nördlich Eta Geminorum	24,7°
2.6.1955 2:00:54	Mars 1,9° nördlich Mü Geminorum	23,8°
3.6.1955 23:25:03	Merkur stationär, dann rückläufig	
7.6.1955 6:58:11	Mars 7,8° nördlich Alhena	22,3°
9.6.1955 10:02:25	Mars 1° südlich Epsilon Geminorum	21,6°
11.6.1955 20:23:45	Venus 5,4° südlich Alkione	21,1°
16.6.1955 6:19:48	Merkur in unterer Konjunktion zur Sonne	-3,5°
21.6.1955 11:08:59	Venus 4,6° nördlich Aldebaran	19,5°
22.6.1955 5:53:53	Merkur 9,8° südlich Elnath	9,7°
27.6.1955 10:39:51	Mars 9,1° südlich Kastor	16,1°
28.6.1955 0:11:14	Merkur stationär, dann rechtläufig	
30.6.1955 7:57:04	Merkur 3,8° südlich Venus	17,1°
1.7.1955 2:25:40	Venus 5,9° südlich Elnath	16,9°
1.7.1955 9:04:55	Mars 5,7° südlich Pollux	14,9°
3.7.1955 10:35:39	Merkur 9,4° südlich Elnath	19,5°
6.7.1955 15:03:20	Mars 38' nördlich Uranus	13,2°
8.7.1955 7:33:40	Neptun stationär, dann rechtläufig	
9.7.1955 11:04:00	Merkur in größter westlicher Elongation zur Sonne	21,2°
10.7.1955 7:06:31	Venus 47' nördlich Eta Geminorum	14,5°
11.7.1955 19:32:05	Venus 47' nördlich Mü Geminorum	14,1°
14.7.1955 14:30:06	Venus 6,8° nördlich Alhena	13,3°
15.7.1955 17:46:12	Venus 2° südlich Epsilon Geminorum	13°
15.7.1955 18:15:49	Merkur 39' südlich Eta Geminorum	19,7°
15.7.1955 21:45:12	Jupiter 45' südlich M44	14,1°
17.7.1955 1:24:36	Merkur 26' südlich Mü Geminorum	19,1°
19.7.1955 6:09:09	Merkur 6° nördlich Alhena	17,7°
20.7.1955 2:18:26	Merkur 2,6° südlich Epsilon Geminorum	17,1°
20.7.1955 2:19:46	Saturn stationär, dann rechtläufig	

Datum und Uhrzeit (WZ)	Ereignis	Elongation
21.7.1955 12:37:03	Uranus in Konjunktion zur Sonne	31'
21.7.1955 19:48:36	Mars 7,9' südlich M44	8,5°
24.7.1955 21:24:12	Mars 37' nördlich Jupiter	7,5°
25.7.1955 6:36:52	Venus 9,7° südlich Kastor	10,4°
26.7.1955 9:04:01	Merkur 9,5° südlich Kastor	11,5°
27.7.1955 8:04:48	Venus 6,2° südlich Pollux	9,9°
27.7.1955 15:00:18	Merkur 5,9° südlich Pollux	10,2°
28.7.1955 1:18:41	Merkur 20' nördlich Venus	9,7°
29.7.1955 22:15:43	Merkur 41' nördlich Uranus	7,5°
31.7.1955 6:58:26	Venus 12' nördlich Uranus	8,7°
2.8.1955 20:36:08	Merkur 19' nördlich M44	3,4°
4.8.1955 5:35:52	Jupiter in Konjunktion zur Sonne	34'
4.8.1955 22:34:03	Merkur 1,2° nördlich Jupiter	0,8°
5.8.1955 16:44:02	Merkur in oberer Konjunktion zur Sonne	1,7°
6.8.1955 22:58:21	Venus 21' südlich M44	7°
8.8.1955 4:09:52	Merkur 39' nördlich Mars	3,1°
11.8.1955 16:39:54	Venus 30' nördlich Jupiter	5,5°
13.8.1955 21:30:28	Merkur 1,2° nördlich Regulus	8,6°
17.8.1955 3:04:51	Mars in Konjunktion zur Sonne	1,1°
23.8.1955 22:42:21	Venus 11' nördlich Mars	2,5°
24.8.1955 21:14:30	Venus 55' nördlich Regulus	1,8°
25.8.1955 18:47:59	Mars 43' nördlich Regulus	2,6°
1.9.1955 7:21:56	Venus in oberer Konjunktion zur Sonne	1,4°
9.9.1955 18:44:39	Merkur 4,6° südlich Porrima	23,4°
18.9.1955 16:34:00	Merkur in größter östlicher Elongation zur Sonne	26,6°
21.9.1955 2:06:36	Merkur 59' südlich Spika	26°
27.9.1955 3:22:17	Venus 1,7° südlich Porrima	6,9°
1.10.1955 14:10:15	Merkur stationär, dann rückläufig	
6.10.1955 14:47:21	Venus 3,2° nördlich Spika	9,5°
8.10.1955 8:22:46	Merkur 4,3° südlich Venus	9,9°
10.10.1955 16:52:10	Merkur 34' südlich Spika	6,9°
11.10.1955 8:13:52	Venus 55' südlich Neptun	10,5°
13.10.1955 20:34:31	Merkur in unterer Konjunktion zur Sonne	-1,7°
22.10.1955 4:00:23	Neptun in Konjunktion zur Sonne	1,7°
22.10.1955 5:57:12	Merkur stationär, dann rechtläufig	
24.10.1955 14:58:38	Venus 52" südlich Zuben-el-dschenubi	14°
29.10.1955 11:12:00	Merkur in größter westlicher Elongation zur Sonne	18,6°
29.10.1955 12:39:05	Mars 2° südlich Porrima	25°
30.10.1955 21:30:12	Venus 2° südlich Saturn	15,2°
2.11.1955 10:56:52	Merkur 4,5° nördlich Spika	16,1°
7.11.1955 6:51:22	Merkur 18' nördlich Neptun	15,6°
8.11.1955 8:23:16	Venus 1,3° südlich Akrab	17,4°
8.11.1955 11:19:25	Uranus stationär, dann rückläufig	
8.11.1955 12:20:41	Jupiter 21' nördlich Regulus	76,1°
12.11.1955 21:21:02	Venus 4,1° nördlich Antares	18,8°
16.11.1955 17:55:47	Mars 3,2° nördlich Spika	30,4°

Datum und Uhrzeit (WZ)	Ereignis	Elongation
16.11.1955 22:43:04	Saturn in Konjunktion zur Sonne	1,9°
17.11.1955 7:03:23	Merkur 42' nördlich Zuben-el-dschenubi	9,8°
24.11.1955 1:55:09	Merkur 1,8° südlich Saturn	5,9°
28.11.1955 11:17:04	Mars 54' südlich Neptun	35,8°
28.11.1955 23:35:01	Merkur 1,4° südlich Akrab	3,1°
2.12.1955 14:21:25	Merkur 3,9° nördlich Antares	1,3°
4.12.1955 13:50:47	Merkur in oberer Konjunktion zur Sonne	-55'
9.12.1955 18:03:19	Venus 2° nördlich Nunki	25,1°
21.12.1955 3:43:38	Mars 22' nördlich Zuben-el-dschenubi	44,1°
23.12.1955 17:50:52	Merkur 1,3° nördlich Nunki	11°
25.12.1955 20:42:36	Venus 6,5° südlich Beta Capricorni	28,7°

1956

Datum und Uhrzeit (WZ)	Ereignis	Elongation
5.1.1956 18:00:53	Merkur 6,4° südlich Beta Capricorni	17,7°
11.1.1956 18:20:00	Merkur in größter östlicher Elongation zur Sonne	19°
12.1.1956 2:14:15	Venus 57' nördlich Delta Capricorni	32,2°
14.1.1956 20:57:48	Mars 1,6° südlich Saturn	53,2°
18.1.1956 4:54:14	Mars 35' südlich Akrab	54,4°
21.1.1956 8:28:09	Uranusopposition	
26.1.1956 20:42:27	Mars 5° nördlich Antares	56,9°
27.1.1956 13:52:44	Merkur in unterer Konjunktion zur Sonne	3,4°
27.1.1956 19:47:54	Jupiter 42' nördlich Regulus	157,6°
30.1.1956 8:00:17	Merkur 1° südlich Beta Capricorni	7,2°
1.2.1956 19:23:27	Neptun stationär, dann rückläufig	
8.2.1956 4:54:11	Merkur stationär, dann rechtläufig	
16.2.1956 5:26:36	Jupiteropposition	
18.2.1956 4:01:50	Saturn 1,1° nördlich Akrab	85,9°
18.2.1956 13:16:31	Merkur 4,1° südlich Beta Capricorni	25,8°
21.2.1956 10:16:00	Merkur in größter westlicher Elongation zur Sonne	26,6°
6.3.1956 20:56:46	Merkur 54' nördlich Delta Capricorni	23,1°
11.3.1956 6:29:55	Venus 9,3° südlich Hamal	43,2°
12.3.1956 10:23:27	Saturn stationär, dann rückläufig	
18.3.1956 5:44:12	Mars 3° nördlich Nunki	75,6°
3.4.1956 10:38:18	Venus 1,2° südlich Alkione	45,5°
4.4.1956 23:36:31	Saturn 1,2° nördlich Akrab	132,6°
5.4.1956 10:38:29	Uranus stationär, dann rechtläufig	
6.4.1956 3:41:43	Merkur in oberer Konjunktion zur Sonne	-55'
12.4.1956 18:31:00	Venus in größter östlicher Elongation zur Sonne	45,8°
14.4.1956 10:32:16	Merkur 10,1° südlich Hamal	9,1°
14.4.1956 19:55:54	Venus 9,1° nördlich Aldebaran	44,6°
17.4.1956 17:50:27	Jupiter stationär, dann rechtläufig	
18.4.1956 6:19:51	Mars 5,9° südlich Beta Capricorni	84,8°
19.4.1956 3:17:10	Neptunopposition	

Datum und Uhrzeit (WZ)	Ereignis	Elongation
27.4.1956 9:54:43	Venus 1,4° südlich Elnath	44,9°
29.4.1956 3:59:13	Merkur 1,5° südlich Alkione	20,4°
2.5.1956 21:49:00	Merkur in größter östlicher Elongation zur Sonne	20,9°
12.5.1956 9:23:57	Venus 4,8° nördlich Eta Geminorum	41,2°
14.5.1956 22:27:48	Merkur stationär, dann rückläufig	
15.5.1956 15:29:49	Venus 4,6° nördlich Mü Geminorum	39,9°
20.5.1956 14:03:03	Saturnopposition	
22.5.1956 5:11:46	Mars 20' nördlich Delta Capricorni	98°
23.5.1956 22:27:46	Venus 10° nördlich Alhena	35,3°
26.5.1956 0:04:36	Merkur in unterer Konjunktion zur Sonne	-1,7°
31.5.1956 11:51:48	Venus stationär, dann rückläufig	
7.6.1956 3:40:07	Merkur stationär, dann rechtläufig	
7.6.1956 20:36:47	Venus 7,9° nördlich Alhena	21°
15.6.1956 17:46:48	Venus 13' nördlich Mü Geminorum	10,1°
18.6.1956 22:32:24	Venus 28' südlich Eta Geminorum	5,3°
20.6.1956 8:21:00	Merkur in größter westlicher Elongation zur Sonne	22,8°
22.6.1956 6:03:01	Venus in unterer Konjunktion zur Sonne	-2,1°
23.6.1956 8:29:41	Merkur 2,5° nördlich Aldebaran	22,5°
1.7.1956 23:57:06	Merkur 6,8° südlich Elnath	18,6°
2.7.1956 8:23:07	Jupiter 33' nördlich Regulus	48,6°
3.7.1956 19:41:48	Merkur 3,3° nördlich Venus	17,2°
8.7.1956 6:05:51	Merkur 48' nördlich Eta Geminorum	13,2°
9.7.1956 4:38:32	Merkur 55' nördlich Mü Geminorum	12,3°
9.7.1956 18:43:52	Neptun stationär, dann rechtläufig	
10.7.1956 21:01:30	Merkur 7,2° nördlich Alhena	10,5°
11.7.1956 13:09:36	Merkur 1,5° südlich Epsilon Geminorum	9,8°
13.7.1956 19:37:59	Venus stationär, dann rechtläufig	
17.7.1956 0:30:35	Merkur 8,9° südlich Kastor	3,6°
18.7.1956 4:35:44	Merkur 5,3° südlich Pollux	2,4°
19.7.1956 20:47:51	Merkur in oberer Konjunktion zur Sonne	1,6°
22.7.1956 5:57:44	Merkur 1,2° nördlich Uranus	3,1°
24.7.1956 8:47:19	Merkur 31' nördlich M44	5,4°
25.7.1956 15:16:55	Uranus in Konjunktion zur Sonne	33'
31.7.1956 7:54:53	Saturn stationär, dann rechtläufig	
5.8.1956 3:59:39	Merkur 53' nördlich Regulus	16,3°
8.8.1956 18:49:14	Venus 3,8° südlich Eta Geminorum	43,3°
9.8.1956 17:35:10	Merkur 9,7' südlich Jupiter	19,5°
11.8.1956 10:14:11	Venus 3,7° südlich Mü Geminorum	44°
11.8.1956 18:14:56	Mars stationär, dann rückläufig	
15.8.1956 22:46:06	Venus 2,6° nördlich Alhena	44,9°
17.8.1956 16:41:59	Venus 6,1° südlich Epsilon Geminorum	45,1°
30.8.1956 23:28:14	Venus 13,1° südlich Kastor	45,9°
31.8.1956 4:33:00	Merkur in größter östlicher Elongation zur Sonne	27,2°
31.8.1956 18:30:00	Venus in größter westlicher Elongation zur Sonne	45,9°
2.9.1956 15:01:32	Venus 9,5° südlich Pollux	45,9°
4.9.1956 16:23:06	Jupiter in Konjunktion zur Sonne	58'

Datum und Uhrzeit (WZ)	Ereignis	Elongation
10.9.1956 21:51:13	Marsopposition	
13.9.1956 7:57:35	Merkur stationär, dann rückläufig	
14.9.1956 6:03:28	Venus 2,2° südlich Uranus	45,4°
15.9.1956 12:48:51	Venus 2,9° südlich M44	45,3°
26.9.1956 13:13:54	Merkur in unterer Konjunktion zur Sonne	-2,6°
4.10.1956 20:45:37	Merkur stationär, dann rechtläufig	
5.10.1956 13:44:15	Venus 24' südlich Regulus	42,9°
12.10.1956 2:20:00	Merkur in größter westlicher Elongation zur Sonne	18,1°
12.10.1956 22:23:11	Mars stationär, dann rechtläufig	
19.10.1956 1:28:02	Merkur 50' südlich Porrima	15,9°
23.10.1956 14:23:32	Neptun in Konjunktion zur Sonne	1,7°
25.10.1956 14:10:31	Venus 13' nördlich Jupiter	39,5°
25.10.1956 15:06:01	Uranus 42' südlich M44	85,3°
26.10.1956 9:17:18	Merkur 4,1° nördlich Spika	9,9°
31.10.1956 17:18:22	Merkur 29' südlich Neptun	7,7°
2.11.1956 17:17:22	Saturn 43' nördlich Akrab	22,2°
9.11.1956 3:09:34	Venus 1,2° südlich Porrima	36,7°
9.11.1956 3:44:28	Merkur 1,1' südlich Zuben-el-dschenubi	2,3°
12.11.1956 9:24:06	Uranus stationär, dann rückläufig	
12.11.1956 21:18:04	Merkur in oberer Konjunktion zur Sonne, Bedeckung	-6,2'
18.11.1956 17:38:44	Venus 4,2° nördlich Spika	33,2°
20.11.1956 19:07:41	Merkur 2° südlich Akrab	4,3°
22.11.1956 5:40:12	Merkur 2,8° südlich Saturn	5,1°
24.11.1956 10:16:20	Merkur 3,3° nördlich Antares	6,6°
26.11.1956 14:34:02	Venus 11' nördlich Neptun	33°
27.11.1956 14:46:15	Saturn in Konjunktion zur Sonne	1,7°
30.11.1956 4:58:44	Uranus 41' südlich M44	121,1°
6.12.1956 22:17:12	Venus 1,5° nördlich Zuben-el-dschenubi	30,4°
16.12.1956 6:55:19	Merkur 1,2° nördlich Nunki	17,7°
21.12.1956 16:03:27	Saturn 6,3° nördlich Antares	21,1°
21.12.1956 19:35:14	Venus 21' nördlich Akrab	27,4°
25.12.1956 0:09:00	Merkur in größter östlicher Elongation zur Sonne	19,9°
26.12.1956 9:50:16	Venus 5,8° nördlich Antares	25,8°
26.12.1956 21:04:24	Venus 30' südlich Saturn	26,3°

1957

Datum und Uhrzeit (WZ)	Ereignis	Elongation
10.1.1957 15:06:19	Merkur in unterer Konjunktion zur Sonne	2,9°
16.1.1957 23:36:48	Jupiter stationär, dann rückläufig	
17.1.1957 20:51:41	Merkur 6,8° nördlich Nunki	15,5°
21.1.1957 15:55:17	Merkur 2,8° nördlich Venus	20,3°
21.1.1957 17:41:42	Merkur stationär, dann rechtläufig	
22.1.1957 12:40:04	Venus 3,5° nördlich Nunki	20,1°
25.1.1957 4:06:00	Uranusopposition	

Datum und Uhrzeit (WZ)	Ereignis	Elongation
25.1.1957 22:54:28	Merkur 5,7° nördlich Nunki	23,5°
2.2.1957 19:10:00	Merkur in größter westlicher Elongation zur Sonne	25,3°
3.2.1957 4:25:48	Neptun stationär, dann rückläufig	
3.2.1957 16:19:21	Mars 9,7° südlich Hamal	79,1°
7.2.1957 15:05:13	Venus 5,3° südlich Beta Capricorni	15,8°
14.2.1957 5:27:58	Merkur 5,6° südlich Beta Capricorni	22,3°
24.2.1957 14:36:10	Venus 1,5° nördlich Delta Capricorni	12,3°
28.2.1957 7:25:34	Merkur 35' nördlich Delta Capricorni	16,4°
10.3.1957 12:32:32	Merkur 47' südlich Venus	9°
15.3.1957 21:10:47	Mars 3° südlich Alkione	63,7°
17.3.1957 17:49:36	Jupiteropposition	
20.3.1957 18:05:35	Merkur in oberer Konjunktion zur Sonne	-1,4°
24.3.1957 2:44:00	Saturn stationär, dann rückläufig	
3.4.1957 2:28:57	Mars 6,8° nördlich Aldebaran	56,3°
7.4.1957 7:34:57	Merkur 8,8° südlich Hamal	16,9°
10.4.1957 8:04:07	Uranus stationär, dann rechtläufig	
14.4.1957 13:01:55	Venus in oberer Konjunktion zur Sonne	-1,1°
15.4.1957 8:57:00	Merkur in größter östlicher Elongation zur Sonne	19,7°
21.4.1957 10:40:33	Mars 4,1° südlich Elnath	50,7°
21.4.1957 14:52:00	Neptunopposition	
21.4.1957 15:07:04	Venus 11,6° südlich Hamal	2,1°
25.4.1957 14:48:53	Merkur stationär, dann rückläufig	
2.5.1957 15:44:02	Merkur 1,8° nördlich Venus	4,8°
6.5.1957 0:27:14	Merkur in unterer Konjunktion zur Sonne, Transit	15'
9.5.1957 2:01:15	Mars 2,2° nördlich Eta Geminorum	44,6°
12.5.1957 0:19:31	Mars 2,1° nördlich Mü Geminorum	43,6°
12.5.1957 4:22:58	Venus 4,4° südlich Alkione	7,3°
17.5.1957 9:52:49	Mars 8° nördlich Alhena	41,8°
18.5.1957 7:14:51	Merkur stationär, dann rechtläufig	
19.5.1957 14:43:04	Jupiter stationär, dann rechtläufig	
19.5.1957 14:49:56	Mars 47' südlich Epsilon Geminorum	41°
21.5.1957 14:50:25	Venus 5,7° nördlich Aldebaran	9,8°
31.5.1957 2:24:29	Venus 4,8° südlich Elnath	12,3°
1.6.1957 19:26:58	Saturnopposition	
1.6.1957 23:27:00	Merkur in größter westlicher Elongation zur Sonne	24,5°
7.6.1957 5:07:33	Mars 8,9° südlich Kastor	34,8°
9.6.1957 4:21:26	Venus 1,8° nördlich Eta Geminorum	14,8°
10.6.1957 16:27:19	Venus 1,8° nördlich Mü Geminorum	15,2°
11.6.1957 2:55:50	Merkur 6,8° südlich Alkione	20,9°
11.6.1957 6:05:34	Mars 5,5° südlich Pollux	33,2°
13.6.1957 10:53:43	Venus 7,8° nördlich Alhena	15,9°
14.6.1957 14:01:38	Venus 60' südlich Epsilon Geminorum	16,2°
18.6.1957 12:55:45	Merkur 4,2° nördlich Aldebaran	17,2°
24.6.1957 2:20:43	Venus 8,9° südlich Kastor	18,8°
24.6.1957 17:05:15	Merkur 5,6° südlich Elnath	11,3°
26.6.1957 3:52:47	Venus 5,4° südlich Pollux	19,3°

Datum und Uhrzeit (WZ)	Ereignis	Elongation
29.6.1957 22:28:59	Mars 40' nördlich Uranus	27,4°
30.6.1957 0:17:04	Merkur 1,7° nördlich Eta Geminorum	5,2°
30.6.1957 20:39:48	Merkur 1,7° nördlich Mü Geminorum	4,1°
2.7.1957 4:10:39	Mars 2,9' südlich M44	26,7°
2.7.1957 9:57:33	Merkur 7,9° nördlich Alhena	2,5°
3.7.1957 1:09:10	Merkur 52' südlich Epsilon Geminorum	1,9°
4.7.1957 5:24:13	Merkur in oberer Konjunktion zur Sonne	1,3°
5.7.1957 23:51:00	Venus 60' nördlich Uranus	21,9°
6.7.1957 20:34:56	Venus 18' nördlich M44	22,2°
8.7.1957 10:17:39	Merkur 8,5° südlich Kastor	5,3°
9.7.1957 15:03:13	Merkur 5° südlich Pollux	6,6°
11.7.1957 19:02:02	Venus 25' nördlich Mars	23,5°
12.7.1957 6:22:51	Neptun stationär, dann rechtläufig	
15.7.1957 22:13:19	Merkur 1,2° nördlich Uranus	13,1°
16.7.1957 4:08:58	Merkur 32' nördlich M44	13,3°
18.7.1957 5:08:34	Saturn 6,4° nördlich Antares	132,8°
23.7.1957 15:49:17	Uranus 42' südlich M44	6,3°
23.7.1957 21:24:30	Merkur 7,5' nördlich Mars	19,6°
25.7.1957 3:55:23	Venus 1,2° nördlich Regulus	26,9°
29.7.1957 12:23:14	Merkur 10' nördlich Regulus	23,1°
30.7.1957 18:18:33	Uranus in Konjunktion zur Sonne	35'
6.8.1957 15:10:28	Mars 41' nördlich Regulus	15,2°
12.8.1957 7:19:20	Saturn stationär, dann rechtläufig	
13.8.1957 15:02:00	Merkur in größter östlicher Elongation zur Sonne	27,4°
22.8.1957 14:47:44	Venus 28' südlich Jupiter	33,7°
26.8.1957 18:31:35	Merkur stationär, dann rückläufig	
28.8.1957 20:53:05	Venus 2,6° südlich Porrima	34,4°
6.9.1957 1:46:57	Merkur 5,6° südlich Mars	5,2°
6.9.1957 3:49:44	Saturn 6,2° nördlich Antares	84,9°
7.9.1957 21:26:17	Venus 2,1° nördlich Spika	37,5°
9.9.1957 20:26:04	Merkur in unterer Konjunktion zur Sonne	-3,6°
15.9.1957 18:33:28	Venus 2,5° südlich Neptun	38,3°
18.9.1957 7:49:17	Merkur stationär, dann rechtläufig	
21.9.1957 14:47:48	Mars in Konjunktion zur Sonne	54'
25.9.1957 18:29:00	Merkur in größter westlicher Elongation zur Sonne	17,9°
27.9.1957 0:17:05	Jupiter 1,8° südlich Porrima	6,5°
27.9.1957 1:33:55	Venus 1,7° südlich Zuben-el-dschenubi	40,7°
5.10.1957 16:05:17	Jupiter in Konjunktion zur Sonne	1,1°
10.10.1957 4:52:12	Mars 2,2° südlich Porrima	6,3°
12.10.1957 5:10:22	Merkur 1,2° südlich Porrima	8,8°
12.10.1957 21:25:47	Venus 3,3° südlich Akrab	43,3°
13.10.1957 10:35:14	Merkur 57' nördlich Mars	7,3°
14.10.1957 9:41:30	Merkur 30' nördlich Jupiter	6,8°
16.10.1957 17:46:55	Mars 24' südlich Jupiter	8,4°
17.10.1957 19:49:37	Venus 2,1° nördlich Antares	44,7°
19.10.1957 2:24:45	Merkur 3,5° nördlich Spika	3°

Datum und Uhrzeit (WZ)	Ereignis	Elongation
20.10.1957 11:56:37	Venus 4,1° südlich Saturn	44,5°
24.10.1957 3:11:21	Merkur in oberer Konjunktion zur Sonne	38'
25.10.1957 12:42:47	Merkur 1,3° südlich Neptun	1°
26.10.1957 0:40:49	Neptun in Konjunktion zur Sonne	1,7°
28.10.1957 1:43:02	Mars 2,9° nördlich Spika	11,3°
1.11.1957 21:50:39	Merkur 43' südlich Zuben-el-dschenubi	5,2°
13.11.1957 18:55:45	Merkur 2,6° südlich Akrab	11,5°
14.11.1957 1:11:50	Mars 1,2° südlich Neptun	17,9°
17.11.1957 6:49:14	Venus 9,2' nördlich Nunki	47,2°
17.11.1957 9:42:13	Uranus stationär, dann rückläufig	
17.11.1957 12:41:07	Merkur 2,7° nördlich Antares	14°
18.11.1957 6:22:00	Venus in größter östlicher Elongation zur Sonne	47,2°
21.11.1957 15:58:30	Jupiter 3,4° nördlich Spika	35,9°
21.11.1957 20:26:34	Merkur 3,6° südlich Saturn	15,5°
30.11.1957 9:06:43	Mars 3,6' nördlich Zuben-el-dschenubi	23,4°
8.12.1957 0:36:00	Merkur in größter östlicher Elongation zur Sonne	21°
8.12.1957 20:41:28	Venus 7,2° südlich Beta Capricorni	45,4°
9.12.1957 2:49:44	Saturn in Konjunktion zur Sonne	1,3°
16.12.1957 7:53:41	Merkur stationär, dann rückläufig	
25.12.1957 20:18:46	Merkur in unterer Konjunktion zur Sonne	2,3°
27.12.1957 1:33:55	Mars 54' südlich Akrab	32,3°

1958

Datum und Uhrzeit (WZ)	Ereignis	Elongation
4.1.1958 5:06:36	Mars 4,7° nördlich Antares	34,4°
6.1.1958 8:12:00	Venus stationär, dann rückläufig	
16.1.1958 3:30:00	Merkur in größter westlicher Elongation zur Sonne	23,9°
23.1.1958 10:01:13	Mars 1,5° südlich Saturn	41°
25.1.1958 0:33:29	Merkur 3,6° nördlich Nunki	22,4°
28.1.1958 19:41:16	Venus in unterer Konjunktion zur Sonne	7,2°
30.1.1958 0:19:10	Uranusopposition	
4.2.1958 23:39:07	Venus 3,4° nördlich Beta Capricorni	13°
5.2.1958 15:05:51	Neptun stationär, dann rückläufig	
7.2.1958 7:10:49	Merkur 9,6° südlich Venus	16,8°
7.2.1958 23:30:07	Merkur 6,2° südlich Beta Capricorni	15,9°
17.2.1958 18:07:15	Venus stationär, dann rechtläufig	
20.2.1958 14:21:49	Mars 2,9° nördlich Nunki	49,4°
20.2.1958 23:17:43	Merkur 31' nördlich Delta Capricorni	9°
3.3.1958 5:09:02	Venus 1,2° nördlich Beta Capricorni	38,8°
3.3.1958 19:57:25	Merkur in oberer Konjunktion zur Sonne	-1,7°
20.3.1958 6:16:14	Mars 5,7° südlich Beta Capricorni	55,8°
29.3.1958 6:57:00	Merkur in größter östlicher Elongation zur Sonne	18,9°
31.3.1958 20:07:59	Venus 4,7° nördlich Delta Capricorni	46,1°
4.4.1958 19:15:02	Saturn stationär, dann rückläufig	

Datum und Uhrzeit (WZ)	Ereignis	Elongation
6.4.1958 14:35:14	Merkur stationär, dann rückläufig	
8.4.1958 22:49:00	Venus in größter westlicher Elongation zur Sonne	46,4°
15.4.1958 8:31:16	Uranus stationär, dann rechtläufig	
16.4.1958 18:38:21	Merkur in unterer Konjunktion zur Sonne	1,9°
17.4.1958 7:21:23	Jupiteropposition	
18.4.1958 2:37:44	Mars 1,3° nördlich Delta Capricorni	64,2°
24.4.1958 2:16:32	Neptunopposition	
29.4.1958 3:18:51	Merkur stationär, dann rechtläufig	
14.5.1958 14:26:00	Merkur in größter westlicher Elongation zur Sonne	26°
19.5.1958 1:30:47	Merkur 14° südlich Hamal	22,7°
3.6.1958 11:35:36	Venus 12,9° südlich Hamal	36,5°
4.6.1958 21:51:05	Merkur 5,5° südlich Alkione	14,9°
9.6.1958 18:40:50	Jupiter 3,7° nördlich Spika	123,5°
10.6.1958 20:23:59	Merkur 5,2° nördlich Aldebaran	9,5°
13.6.1958 23:14:45	Saturnopposition	
16.6.1958 7:22:59	Merkur 4,7° südlich Elnath	3°
18.6.1958 16:30:58	Merkur in oberer Konjunktion zur Sonne	1°
19.6.1958 15:42:28	Jupiter stationär, dann rechtläufig	
21.6.1958 9:04:03	Merkur 2,3° nördlich Eta Geminorum	3,5°
22.6.1958 5:22:18	Merkur 2,3° nördlich Mü Geminorum	4,5°
23.6.1958 19:04:56	Merkur 8,4° nördlich Alhena	6,4°
24.6.1958 10:39:33	Merkur 24' südlich Epsilon Geminorum	7,2°
25.6.1958 7:35:39	Venus 6,1° südlich Alkione	34°
29.6.1958 14:15:10	Jupiter 3,6° nördlich Spika	104,6°
30.6.1958 3:20:27	Merkur 8,3° südlich Kastor	13,3°
1.7.1958 10:44:56	Merkur 4,9° südlich Pollux	14,5°
5.7.1958 6:09:01	Venus 4° nördlich Aldebaran	33°
8.7.1958 20:13:07	Merkur 17' nördlich M44	20,5°
11.7.1958 2:44:46	Merkur 44' nördlich Uranus	22°
14.7.1958 18:23:09	Neptun stationär, dann rechtläufig	
15.7.1958 4:16:52	Venus 6,6° südlich Elnath	30,6°
24.7.1958 14:24:49	Venus 9,3' nördlich Eta Geminorum	28,3°
25.7.1958 8:56:34	Mars 13,2° südlich Hamal	84,9°
26.7.1958 3:39:57	Venus 9,5' nördlich Mü Geminorum	28°
26.7.1958 5:05:21	Merkur 1,6° südlich Regulus	26,5°
26.7.1958 21:29:00	Merkur in größter östlicher Elongation zur Sonne	27,1°
29.7.1958 0:03:03	Venus 6,2° nördlich Alhena	27,2°
30.7.1958 3:56:20	Venus 2,6° südlich Epsilon Geminorum	27°
4.8.1958 21:38:54	Uranus in Konjunktion zur Sonne	37'
8.8.1958 20:55:03	Venus 10,2° südlich Kastor	24,5°
8.8.1958 23:11:53	Merkur stationär, dann rückläufig	
10.8.1958 23:04:07	Venus 6,7° südlich Pollux	24°
21.8.1958 16:46:10	Venus 46' südlich M44	21,2°
22.8.1958 8:07:04	Merkur 5,3° südlich Regulus	0,7°
23.8.1958 15:03:49	Merkur in unterer Konjunktion zur Sonne	-4,3°
24.8.1958 3:16:02	Saturn stationär, dann rechtläufig	

Datum und Uhrzeit (WZ)	Ereignis	Elongation
26.8.1958 22:30:29	Venus 6,8' nördlich Uranus	19,8°
1.9.1958 12:36:51	Merkur stationär, dann rechtläufig	
5.9.1958 1:51:50	Merkur 2,1° südlich Venus	16,8°
8.9.1958 17:02:08	Venus 43' nördlich Regulus	16,3°
9.9.1958 8:43:00	Merkur in größter westlicher Elongation zur Sonne	18°
10.9.1958 9:10:33	Merkur 45" nördlich Regulus	17,9°
14.9.1958 8:52:23	Mars 6,3° südlich Alkione	111,6°
18.9.1958 6:28:29	Merkur 21' nördlich Venus	14,1°
26.9.1958 5:09:32	Jupiter 46' südlich Neptun	30,8°
4.10.1958 15:17:27	Merkur 1,7° südlich Porrima	1,4°
5.10.1958 12:15:07	Merkur in oberer Konjunktion zur Sonne	1,2°
9.10.1958 22:15:16	Mars stationär, dann rückläufig	
11.10.1958 14:59:00	Merkur 2,8° nördlich Spika	4,5°
11.10.1958 19:55:49	Venus 1,5° südlich Porrima	8°
19.10.1958 10:15:11	Merkur 2,1° südlich Neptun	8,8°
21.10.1958 5:43:06	Venus 3,6° nördlich Spika	4,6°
22.10.1958 11:31:42	Merkur 1,7° südlich Jupiter	10,6°
25.10.1958 21:17:49	Merkur 1,4° südlich Zuben-el-dschenubi	12,5°
28.10.1958 10:56:51	Neptun in Konjunktion zur Sonne	1,7°
31.10.1958 13:41:36	Venus 44' südlich Neptun	2,9°
3.11.1958 8:27:55	Mars 4,4° südlich Alkione	160,6°
5.11.1958 1:17:45	Jupiter in Konjunktion zur Sonne	56'
6.11.1958 15:29:55	Venus 6,5' südlich Jupiter	1,5°
7.11.1958 9:40:05	Merkur 3,3° südlich Akrab	18,2°
8.11.1958 3:07:54	Venus 28' nördlich Zuben-el-dschenubi	0,9°
11.11.1958 11:42:26	Venus in oberer Konjunktion zur Sonne	40'
11.11.1958 11:52:31	Merkur 2,2° nördlich Antares	20,4°
15.11.1958 2:01:11	Jupiter 37' nördlich Zuben-el-dschenubi	7,8°
16.11.1958 14:25:34	Marsopposition	
20.11.1958 19:32:00	Merkur in größter östlicher Elongation zur Sonne	22,2°
22.11.1958 8:32:21	Uranus stationär, dann rückläufig	
22.11.1958 18:37:32	Venus 47' südlich Akrab	2,8°
27.11.1958 7:09:20	Venus 4,7° nördlich Antares	3,9°
30.11.1958 8:12:53	Merkur stationär, dann rückläufig	
7.12.1958 11:00:18	Merkur 1° nördlich Venus	6,3°
10.12.1958 3:29:28	Merkur in unterer Konjunktion zur Sonne	1,6°
12.12.1958 4:47:02	Venus 1,5° südlich Saturn	7,5°
20.12.1958 1:58:54	Merkur stationär, dann rechtläufig	
20.12.1958 12:20:24	Saturn in Konjunktion zur Sonne	58'
20.12.1958 17:29:47	Mars stationär, dann rechtläufig	
24.12.1958 0:42:03	Venus 2,5° nördlich Nunki	10,4°
29.12.1958 14:17:00	Merkur in größter westlicher Elongation zur Sonne	22,4°

1959

Datum und Uhrzeit (WZ)	Ereignis	Elongation
9.1.1959 0:01:14	Venus 6,1° südlich Beta Capricorni	14,2°
11.1.1959 3:47:32	Merkur 45' südlich Saturn	19,5°
19.1.1959 1:33:57	Merkur 2,7° nördlich Nunki	16,2°
25.1.1959 23:15:19	Venus 1,1° nördlich Delta Capricorni	17,9°
31.1.1959 20:51:53	Merkur 6,6° südlich Beta Capricorni	9°
3.2.1959 21:16:45	Uranusopposition	
8.2.1959 0:29:10	Neptun stationär, dann rückläufig	
8.2.1959 2:59:43	Mars 2,1° südlich Alkione	100,3°
13.2.1959 7:26:51	Merkur 36' nördlich Delta Capricorni	2,2°
14.2.1959 4:39:08	Merkur in oberer Konjunktion zur Sonne	-2°
4.3.1959 13:42:51	Mars 7,5° nördlich Aldebaran	86°
12.3.1959 12:58:00	Merkur in größter westlicher Elongation zur Sonne	18,3°
19.3.1959 0:21:21	Jupiter stationär, dann rückläufig	
19.3.1959 9:54:04	Merkur stationär, dann rückläufig	
23.3.1959 18:28:53	Venus 10,5° südlich Hamal	31,1°
26.3.1959 11:42:25	Mars 3,6° südlich Elnath	76,7°
29.3.1959 10:11:10	Merkur in unterer Konjunktion zur Sonne	3°
10.4.1959 20:23:58	Merkur stationär, dann rechtläufig	
13.4.1959 20:08:48	Venus 2,9° südlich Alkione	35,6°
15.4.1959 9:27:13	Mars 2,6° nördlich Eta Geminorum	68,1°
16.4.1959 14:00:25	Saturn stationär, dann rückläufig	
18.4.1959 15:03:01	Mars 2,5° nördlich Mü Geminorum	66,8°
20.4.1959 7:43:47	Uranus stationär, dann rechtläufig	
23.4.1959 14:11:23	Venus 7,2° nördlich Aldebaran	36,9°
24.4.1959 13:01:07	Mars 8,4° nördlich Alhena	64,4°
26.4.1959 10:19:00	Merkur in größter westlicher Elongation zur Sonne	27,2°
26.4.1959 13:54:39	Neptunopposition	
26.4.1959 22:48:33	Mars 25' südlich Epsilon Geminorum	63,4°
3.5.1959 11:53:54	Venus 3,3° südlich Elnath	39,5°
13.5.1959 2:44:28	Venus 3,2° nördlich Eta Geminorum	41,2°
14.5.1959 9:14:35	Merkur 13,2° südlich Hamal	18,6°
14.5.1959 17:23:26	Venus 3,2° nördlich Mü Geminorum	41,5°
16.5.1959 22:54:49	Mars 8,7° südlich Kastor	55°
17.5.1959 16:53:00	Venus 9,2° nördlich Alhena	42°
18.5.1959 19:48:30	Jupiteropposition	
18.5.1959 22:16:47	Venus 24' nördlich Epsilon Geminorum	42,2°
21.5.1959 5:53:10	Mars 5,3° südlich Pollux	53,5°
27.5.1959 23:26:43	Merkur 4,6° südlich Alkione	7,5°
29.5.1959 9:44:47	Venus 7,7° südlich Kastor	43,3°
31.5.1959 17:29:39	Venus 4,2° südlich Pollux	43,5°
2.6.1959 9:11:08	Merkur 6,1° nördlich Aldebaran	1,1°
3.6.1959 4:17:21	Merkur in oberer Konjunktion zur Sonne	40'
7.6.1959 16:37:18	Merkur 4,1° südlich Elnath	5,7°
12.6.1959 5:49:54	Mars 5,6' nördlich M44	46,2°

Datum und Uhrzeit (WZ)	Ereignis	Elongation
12.6.1959 22:58:57	Merkur 2,7° nördlich Eta Geminorum	11,7°
13.6.1959 4:11:38	Venus 59' nördlich M44	45,1°
13.6.1959 20:49:21	Merkur 2,7° nördlich Mü Geminorum	12,7°
14.6.1959 12:53:44	Venus 51' nördlich Mars	45,2°
15.6.1959 13:56:29	Merkur 8,7° nördlich Alhena	14,4°
16.6.1959 7:09:06	Merkur 5,4' südlich Epsilon Geminorum	15,1°
20.6.1959 3:06:25	Venus 1,3° nördlich Uranus	45,4°
22.6.1959 19:36:12	Merkur 8,3° südlich Kastor	20,4°
23.6.1959 7:36:00	Venus in größter östlicher Elongation zur Sonne	45,4°
23.6.1959 23:50:22	Mars 39' nördlich Uranus	42°
24.6.1959 9:05:41	Merkur 5° südlich Pollux	21,5°
26.6.1959 2:33:01	Saturnopposition	
3.7.1959 22:31:29	Merkur 39' südlich M44	25,5°
7.7.1959 14:31:35	Venus 15" südlich Regulus, Bedeckung	44,5°
8.7.1959 21:11:00	Merkur in größter östlicher Elongation zur Sonne	26,2°
12.7.1959 19:55:58	Merkur 1,8° südlich Uranus	25,3°
17.7.1959 5:16:28	Neptun stationär, dann rechtläufig	
18.7.1959 20:57:35	Mars 41' nördlich Regulus	33,6°
20.7.1959 16:10:32	Jupiter stationär, dann rechtläufig	
21.7.1959 23:32:11	Merkur stationär, dann rückläufig	
29.7.1959 10:16:19	Merkur 5,5° südlich Uranus	10,4°
5.8.1959 17:26:47	Merkur in unterer Konjunktion zur Sonne	-4,9°
8.8.1959 15:19:49	Venus stationär, dann rückläufig	
10.8.1959 1:19:39	Uranus in Konjunktion zur Sonne	39'
11.8.1959 1:54:16	Venus 6,8° südlich Mars	25,9°
13.8.1959 18:51:53	Merkur 4,9° südlich M44	12,8°
15.8.1959 7:15:50	Merkur stationär, dann rechtläufig	
16.8.1959 18:59:09	Merkur 4° südlich M44	15,7°
23.8.1959 17:51:00	Merkur in größter westlicher Elongation zur Sonne	18,4°
28.8.1959 23:22:42	Merkur 4,1' südlich Uranus	17°
1.9.1959 6:17:08	Venus in unterer Konjunktion zur Sonne	-8,6°
4.9.1959 11:40:05	Merkur 1,1° nördlich Regulus	11,9°
4.9.1959 23:00:04	Saturn stationär, dann rechtläufig	
5.9.1959 19:50:52	Merkur 11° nördlich Venus	11,2°
11.9.1959 3:31:17	Venus 9,3° südlich Regulus	17,2°
17.9.1959 20:50:03	Merkur in oberer Konjunktion zur Sonne	1,6°
21.9.1959 1:51:17	Venus stationär, dann rechtläufig	
22.9.1959 2:42:48	Mars 2,4° südlich Porrima	11,6°
27.9.1959 0:52:05	Merkur 2,2° südlich Porrima	7°
30.9.1959 8:20:58	Merkur 10' südlich Mars	9,5°
1.10.1959 8:02:53	Venus 5,7° südlich Regulus	36,4°
4.10.1959 8:23:54	Merkur 2,1° nördlich Spika	12,1°
9.10.1959 21:16:12	Mars 2,7° nördlich Spika	6,5°
13.10.1959 21:14:47	Merkur 3,1° südlich Neptun	16,4°
19.10.1959 12:48:09	Merkur 2,2° südlich Zuben-el-dschenubi	19,1°
19.10.1959 18:41:48	Jupiter 26' südlich Akrab	37°

Datum und Uhrzeit (WZ)	Ereignis	Elongation
30.10.1959 2:06:32	Mars in Konjunktion zur Sonne, Bedeckung	16'
30.10.1959 21:12:21	Neptun in Konjunktion zur Sonne	1,7°
1.11.1959 1:23:55	Mars 1,6° südlich Neptun	0,7°
3.11.1959 4:20:33	Merkur 3,9° südlich Akrab	22,6°
3.11.1959 10:04:00	Merkur in größter östlicher Elongation zur Sonne	23,5°
7.11.1959 10:24:03	Merkur 3,4° südlich Jupiter	22,3°
10.11.1959 4:31:18	Merkur 2° nördlich Antares	22°
11.11.1959 17:10:09	Mars 12' südlich Zuben-el-dschenubi	4°
11.11.1959 23:48:00	Venus in größter westlicher Elongation zur Sonne	46,6°
14.11.1959 4:32:18	Merkur stationär, dann rückläufig	
15.11.1959 15:37:23	Jupiter 5,2° nördlich Antares	15,9°
17.11.1959 5:41:15	Merkur 2,1° südlich Jupiter	14,6°
17.11.1959 20:50:49	Merkur 3,3° nördlich Antares	14°
19.11.1959 14:36:18	Venus 1,3° südlich Porrima	46,4°
23.11.1959 11:22:06	Merkur 36' südlich Akrab	2,4°
24.11.1959 10:49:37	Merkur in unterer Konjunktion zur Sonne	45'
27.11.1959 8:54:48	Uranus stationär, dann rückläufig	
28.11.1959 20:33:33	Merkur 2,1° nördlich Mars	9,3°
30.11.1959 5:04:36	Venus 4,5° nördlich Spika	44°
3.12.1959 19:43:54	Merkur stationär, dann rechtläufig	
5.12.1959 18:35:22	Jupiter in Konjunktion zur Sonne	30'
7.12.1959 18:13:40	Mars 1,1° südlich Akrab	12,1°
12.12.1959 7:02:00	Merkur in größter westlicher Elongation zur Sonne	21,1°
14.12.1959 16:12:11	Venus 46' nördlich Neptun	43,7°
15.12.1959 16:09:39	Mars 4,4° nördlich Antares	14,4°
15.12.1959 18:52:43	Merkur 54' nördlich Akrab	20,5°
19.12.1959 17:07:05	Venus 2,2° nördlich Zuben-el-dschenubi	42,6°
20.12.1959 8:01:19	Merkur 6° nördlich Antares	19°
25.12.1959 13:18:02	Merkur 57' nördlich Mars	17,4°
27.12.1959 0:46:03	Merkur 2' südlich Jupiter	16,9°
29.12.1959 1:23:20	Mars 49' südlich Jupiter	18,4°
31.12.1959 20:54:13	Saturn in Konjunktion zur Sonne	33'

1960

Datum und Uhrzeit (WZ)	Ereignis	Elongation
4.1.1960 8:35:27	Venus 1,2° nördlich Akrab	40,4°
9.1.1960 3:42:31	Venus 6,7° nördlich Antares	38,9°
11.1.1960 4:12:12	Merkur 1,8° südlich Saturn	9,3°
12.1.1960 3:09:39	Merkur 2,1° nördlich Nunki	9°
21.1.1960 10:36:17	Venus 1,1° nördlich Jupiter	37,3°
24.1.1960 9:56:03	Saturn 4° nördlich Nunki	21,2°
24.1.1960 9:58:18	Merkur 6,8° südlich Beta Capricorni	2,5°
26.1.1960 14:53:48	Merkur in oberer Konjunktion zur Sonne	-2,1°
30.1.1960 10:26:03	Mars 2,8° nördlich Nunki	27,5°

Datum und Uhrzeit (WZ)	Ereignis	Elongation
31.1.1960 11:18:43	Mars 1,2° südlich Saturn	27,6°
5.2.1960 15:58:13	Merkur 51' nördlich Delta Capricorni	7,6°
6.2.1960 4:33:03	Venus 4,2° nördlich Nunki	34,2°
7.2.1960 10:28:41	Venus 13' nördlich Saturn	33,9°
8.2.1960 18:34:06	Uranusopposition	
17.2.1960 2:45:04	Venus 1,1° nördlich Mars	31,8°
22.2.1960 15:33:04	Venus 4,8° südlich Beta Capricorni	29,9°
23.2.1960 23:48:00	Merkur in größter östlicher Elongation zur Sonne	18,1°
26.2.1960 1:09:20	Mars 5,7° südlich Beta Capricorni	33,2°
1.3.1960 1:37:06	Merkur stationär, dann rückläufig	
10.3.1960 21:00:49	Venus 1,9° nördlich Delta Capricorni	26,7°
10.3.1960 21:09:30	Merkur in unterer Konjunktion zur Sonne	3,6°
23.3.1960 6:47:37	Merkur stationär, dann rechtläufig	
24.3.1960 19:00:51	Mars 1,5° nördlich Delta Capricorni	40,7°
25.3.1960 7:57:38	Merkur 1,9° nördlich Venus	22,5°
7.4.1960 12:43:00	Merkur in größter westlicher Elongation zur Sonne	27,8°
20.4.1960 4:32:32	Jupiter stationär, dann rückläufig	
24.4.1960 9:21:38	Uranus stationär, dann rechtläufig	
27.4.1960 13:59:00	Saturn stationär, dann rückläufig	
28.4.1960 1:24:12	Neptunopposition	
6.5.1960 1:57:45	Merkur 21' südlich Venus	12,8°
6.5.1960 4:41:40	Merkur 12,3° südlich Hamal	12,9°
6.5.1960 6:10:45	Venus 12° südlich Hamal	12,8°
17.5.1960 15:04:45	Merkur in oberer Konjunktion zur Sonne, Bedeckung	15'
18.5.1960 12:02:38	Merkur 3,7° südlich Alkione	1,1°
23.5.1960 20:16:05	Merkur 6,8° nördlich Aldebaran	7,7°
26.5.1960 21:59:55	Venus 4,8° südlich Alkione	7,3°
29.5.1960 11:11:46	Merkur 3,5° südlich Elnath	13,8°
4.6.1960 11:10:49	Merkur 3° nördlich Eta Geminorum	19,1°
5.6.1960 9:24:15	Venus 5,2° nördlich Aldebaran	4,7°
5.6.1960 13:15:13	Merkur 2,9° nördlich Mü Geminorum	19,9°
7.6.1960 15:28:01	Merkur 8,8° nördlich Alhena	21,2°
8.6.1960 12:59:27	Merkur 2,2' südlich Epsilon Geminorum	21,8°
14.6.1960 21:52:12	Venus 5,3° südlich Elnath	2,1°
17.6.1960 13:49:15	Merkur 9,1° südlich Kastor	24,8°
19.6.1960 13:52:00	Merkur in größter östlicher Elongation zur Sonne	24,9°
20.6.1960 1:46:18	Jupiteropposition	
20.6.1960 4:32:24	Merkur 6,1° südlich Pollux	24,7°
22.6.1960 15:49:47	Venus in oberer Konjunktion zur Sonne	22'
24.6.1960 0:05:12	Venus 1,3° nördlich Eta Geminorum	0,6°
24.6.1960 10:58:54	Mars 12° südlich Hamal	56,4°
25.6.1960 12:10:30	Venus 1,3° nördlich Mü Geminorum	0,9°
28.6.1960 6:30:56	Venus 7,3° nördlich Alhena	1,6°
29.6.1960 9:39:24	Venus 1,5° südlich Epsilon Geminorum	2°
2.7.1960 19:58:44	Merkur stationär, dann rückläufig	
7.7.1960 6:12:20	Saturnopposition	

Datum und Uhrzeit (WZ)	Ereignis	Elongation
8.7.1960 21:16:07	Venus 9,3° südlich Kastor	4,6°
10.7.1960 22:30:31	Venus 5,8° südlich Pollux	5,1°
12.7.1960 21:04:19	Merkur 5,7° südlich Venus	5,7°
16.7.1960 14:28:58	Merkur 11,8° südlich Pollux	4,9°
17.7.1960 0:27:22	Merkur in unterer Konjunktion zur Sonne	-4,9°
18.7.1960 18:04:39	Neptun stationär, dann rechtläufig	
20.7.1960 19:35:52	Merkur 15,2° südlich Kastor	7,7°
21.7.1960 13:02:12	Venus 59" südlich M44	8,1°
27.7.1960 10:54:20	Merkur stationär, dann rechtläufig	
30.7.1960 14:50:42	Mars 5,2° südlich Alkione	68°
1.8.1960 15:20:59	Venus 47' nördlich Uranus	11,1°
2.8.1960 13:02:35	Merkur 12,7° südlich Kastor	18,7°
5.8.1960 17:31:20	Merkur 8,4° südlich Pollux	19,2°
5.8.1960 18:49:00	Merkur in größter westlicher Elongation zur Sonne	19,2°
8.8.1960 13:23:07	Venus 1,1° nördlich Regulus	13°
14.8.1960 5:26:28	Uranus in Konjunktion zur Sonne	41'
15.8.1960 2:58:26	Merkur 41' südlich M44	15,4°
17.8.1960 12:02:06	Mars 4,7° nördlich Aldebaran	74,6°
20.8.1960 16:52:54	Jupiter stationär, dann rechtläufig	
22.8.1960 22:23:20	Merkur 58' nördlich Uranus	7,9°
25.8.1960 18:04:53	Saturn 3,8° nördlich Nunki	129,2°
26.8.1960 12:30:40	Merkur 1,4° nördlich Regulus	4°
30.8.1960 23:19:39	Merkur in oberer Konjunktion zur Sonne	1,7°
5.9.1960 21:52:32	Mars 5,8° südlich Elnath	81,3°
11.9.1960 6:15:39	Venus 2,1° südlich Porrima	21,3°
15.9.1960 19:02:45	Saturn stationär, dann rechtläufig	
18.9.1960 18:38:09	Merkur 2,9° südlich Porrima	14°
20.9.1960 21:35:36	Venus 2,8° nördlich Spika	24,3°
26.9.1960 16:04:50	Merkur 1,3° nördlich Spika	19,3°
26.9.1960 20:43:44	Mars 55' nördlich Eta Geminorum	90,9°
30.9.1960 17:23:32	Mars 57' nördlich Mü Geminorum	92,8°
4.10.1960 2:31:04	Venus 1,9° südlich Neptun	27°
6.10.1960 13:53:06	Saturn 3,7° nördlich Nunki	88,5°
8.10.1960 7:07:33	Mars 7,1° nördlich Alhena	96,4°
8.10.1960 21:28:28	Merkur 4,3° südlich Neptun	22,5°
9.10.1960 5:21:46	Venus 40' südlich Zuben-el-dschenubi	28,6°
11.10.1960 15:07:05	Mars 1,6° südlich Epsilon Geminorum	98,8°
14.10.1960 5:12:17	Merkur 3,3° südlich Zuben-el-dschenubi	23,6°
15.10.1960 22:16:00	Merkur in größter östlicher Elongation zur Sonne	24,8°
24.10.1960 4:47:22	Venus 2,1° südlich Akrab	31,9°
27.10.1960 18:49:02	Merkur stationär, dann rückläufig	
28.10.1960 19:42:31	Venus 3,4° nördlich Antares	33,3°
1.11.1960 7:20:11	Neptun in Konjunktion zur Sonne	1,7°
7.11.1960 16:33:24	Merkur in unterer Konjunktion zur Sonne, Transit	-8,9'
8.11.1960 4:19:58	Merkur 20' südlich Zuben-el-dschenubi	1,1°
13.11.1960 0:28:22	Merkur 14' südlich Neptun	11,3°

Datum und Uhrzeit (WZ)	Ereignis	Elongation
16.11.1960 13:45:30	Merkur stationär, dann rechtläufig	
19.11.1960 1:31:37	Venus 2° südlich Jupiter	37,8°
20.11.1960 19:17:55	Merkur 46' nördlich Neptun	19°
21.11.1960 4:29:55	Mars stationär, dann rückläufig	
24.11.1960 7:28:00	Merkur in größter westlicher Elongation zur Sonne	19,9°
25.11.1960 6:22:12	Venus 1,3° nördlich Nunki	39°
25.11.1960 20:26:27	Merkur 2° nördlich Zuben-el-dschenubi	19,1°
28.11.1960 6:51:46	Venus 2,4° südlich Saturn	39,6°
1.12.1960 8:33:45	Uranus stationär, dann rückläufig	
9.12.1960 12:27:21	Merkur 10' südlich Akrab	14,8°
11.12.1960 23:07:31	Venus 7° südlich Beta Capricorni	42°
13.12.1960 7:57:48	Merkur 5° nördlich Antares	12,9°
23.12.1960 13:38:51	Jupiter 3,4° nördlich Nunki	10,4°
29.12.1960 1:56:52	Mars 1,6° nördlich Epsilon Geminorum	175,9°
30.12.1960 6:15:24	Venus 55' nördlich Delta Capricorni	44,5°
30.12.1960 10:14:08	Marsopposition	

1961

Datum und Uhrzeit (WZ)	Ereignis	Elongation
1.1.1961 12:49:18	Mars 10,5° nördlich Alhena	172,9°
3.1.1961 20:21:24	Merkur 1,7° nördlich Nunki	2,1°
5.1.1961 16:55:29	Merkur 1,8° südlich Jupiter	0,1°
5.1.1961 18:30:00	Jupiter in Konjunktion zur Sonne, Bedeckung	-5,9'
5.1.1961 22:48:17	Merkur in oberer Konjunktion zur Sonne	-1,9°
8.1.1961 21:30:53	Merkur 2,1° südlich Saturn	2,1°
10.1.1961 13:48:52	Mars 4,6° nördlich Mü Geminorum	164°
11.1.1961 6:12:58	Saturn in Konjunktion zur Sonne, Bedeckung	6'
15.1.1961 22:24:10	Merkur 6,9° südlich Beta Capricorni	6,7°
16.1.1961 12:04:39	Mars 4,7° nördlich Eta Geminorum	156,3°
28.1.1961 15:57:53	Merkur 1,5° nördlich Delta Capricorni	14,7°
29.1.1961 6:39:00	Venus in größter östlicher Elongation zur Sonne	46,9°
6.2.1961 12:24:00	Merkur in größter östlicher Elongation zur Sonne	18,2°
11.2.1961 20:07:16	Neptun stationär, dann rückläufig	
12.2.1961 8:51:18	Merkur stationär, dann rückläufig	
12.2.1961 16:41:46	Uranusopposition	
18.2.1961 14:27:51	Jupiter 14' südlich Saturn	34,6°
21.2.1961 23:28:22	Merkur in unterer Konjunktion zur Sonne	3,7°
28.2.1961 12:15:44	Mars 3,9° nördlich Eta Geminorum	113,1°
4.3.1961 10:42:19	Merkur 5,1° nördlich Delta Capricorni	19,1°
6.3.1961 4:55:15	Merkur stationär, dann rechtläufig	
7.3.1961 11:06:06	Mars 3,7° nördlich Mü Geminorum	107,9°
8.3.1961 0:12:49	Merkur 4,2° nördlich Delta Capricorni	22,8°
17.3.1961 21:58:25	Mars 9,4° nördlich Alhena	100,9°
19.3.1961 17:42:09	Venus stationär, dann rückläufig	

Datum und Uhrzeit (WZ)	Ereignis	Elongation
20.3.1961 19:57:00	Merkur in größter westlicher Elongation zur Sonne	27,7°
21.3.1961 17:07:03	Mars 31' nördlich Epsilon Geminorum	98,5°
29.3.1961 10:27:09	Jupiter 5° südlich Beta Capricorni	65,1°
10.4.1961 23:45:05	Venus in unterer Konjunktion zur Sonne	7,1°
17.4.1961 20:19:18	Mars 8,1° südlich Kastor	82,2°
18.4.1961 1:08:33	Merkur 8,6° südlich Venus	12,5°
23.4.1961 2:25:03	Mars 4,7° südlich Pollux	80°
28.4.1961 3:03:19	Merkur 11,5° südlich Hamal	4,5°
29.4.1961 10:12:04	Uranus stationär, dann rechtläufig	
29.4.1961 17:09:09	Venus stationär, dann rechtläufig	
30.4.1961 13:06:26	Neptunopposition	
1.5.1961 23:04:36	Merkur in oberer Konjunktion zur Sonne, Bedeckung	-12'
9.5.1961 19:56:49	Saturn stationär, dann rückläufig	
10.5.1961 2:35:08	Merkur 2,9° südlich Alkione	9,7°
15.5.1961 21:56:21	Merkur 7,5° nördlich Aldebaran	15,4°
18.5.1961 14:51:22	Mars 24' nördlich M44	69,2°
22.5.1961 16:15:52	Merkur 3,1° südlich Elnath	20,6°
26.5.1961 0:49:57	Jupiter stationär, dann rückläufig	
31.5.1961 7:11:14	Merkur 2,7° nördlich Eta Geminorum	23,3°
1.6.1961 3:38:00	Merkur in größter östlicher Elongation zur Sonne	23,3°
2.6.1961 5:10:01	Merkur 2,4° nördlich Mü Geminorum	23,3°
6.6.1961 19:11:42	Merkur 7,5° nördlich Alhena	22,3°
8.6.1961 20:25:32	Venus 13,3° südlich Hamal	41,7°
9.6.1961 18:49:39	Merkur 1,9° südlich Epsilon Geminorum	20,8°
14.6.1961 10:14:52	Merkur stationär, dann rückläufig	
15.6.1961 23:41:41	Mars 37' nördlich Uranus	57,8°
19.6.1961 5:20:01	Merkur 4,5° südlich Epsilon Geminorum	11,9°
20.6.1961 2:14:00	Venus in größter westlicher Elongation zur Sonne	45,8°
22.6.1961 13:10:52	Merkur 3,5° nördlich Alhena	8,2°
27.6.1961 7:58:23	Mars 44' nördlich Regulus	53,6°
27.6.1961 11:35:32	Merkur in unterer Konjunktion zur Sonne	-4,3°
28.6.1961 15:24:37	Merkur 3,6° südlich Mü Geminorum	2,1°
2.7.1961 5:58:50	Merkur 3,8° südlich Eta Geminorum	7,3°
5.7.1961 3:18:12	Venus 7,2° südlich Alkione	43,6°
8.7.1961 19:11:46	Merkur stationär, dann rechtläufig	
14.7.1961 21:07:01	Merkur 2,6° südlich Eta Geminorum	19,3°
16.7.1961 6:14:00	Venus 2,8° nördlich Aldebaran	43,9°
17.7.1961 17:36:22	Merkur 2° südlich Mü Geminorum	20,1°
19.7.1961 9:04:00	Merkur in größter westlicher Elongation zur Sonne	20,4°
19.7.1961 11:11:37	Saturnopposition	
21.7.1961 4:38:58	Neptun stationär, dann rechtläufig	
21.7.1961 9:09:18	Merkur 4,8° nördlich Alhena	20,2°
22.7.1961 14:27:16	Merkur 3,8° südlich Epsilon Geminorum	19,9°
24.7.1961 23:23:26	Jupiter 5,3° südlich Beta Capricorni	175,1°
25.7.1961 10:25:36	Jupiteropposition	
27.7.1961 2:33:59	Venus 7,7° südlich Elnath	42,1°

Datum und Uhrzeit (WZ)	Ereignis	Elongation
30.7.1961 9:36:52	Merkur 10,1° südlich Kastor	15,7°
31.7.1961 19:02:06	Merkur 6,4° südlich Pollux	14,5°
6.8.1961 5:04:41	Venus 51' südlich Eta Geminorum	40,6°
7.8.1961 9:04:28	Merkur 4,6' nördlich M44	8°
7.8.1961 20:39:45	Venus 50' südlich Mü Geminorum	40,3°
10.8.1961 21:03:14	Venus 5,3° nördlich Alhena	39,8°
12.8.1961 2:33:53	Venus 3,5° südlich Epsilon Geminorum	39,5°
14.8.1961 14:43:08	Merkur in oberer Konjunktion zur Sonne	1,8°
16.8.1961 15:02:18	Merkur 1,1° nördlich Uranus	2,6°
18.8.1961 6:11:48	Merkur 1,3° nördlich Regulus	4,1°
19.8.1961 9:24:13	Uranus in Konjunktion zur Sonne	42'
22.8.1961 7:00:32	Venus 11,1° südlich Kastor	37,5°
24.8.1961 11:13:28	Venus 7,5° südlich Pollux	37,1°
2.9.1961 13:40:47	Mars 2,6° südlich Porrima	29,9°
4.9.1961 13:43:22	Venus 1,4° südlich M44	34,7°
12.9.1961 8:12:30	Merkur 3,9° südlich Porrima	20,5°
20.9.1961 11:15:24	Mars 2,5° nördlich Spika	25,1°
21.9.1961 11:58:52	Merkur 3,5' nördlich Spika	25,1°
22.9.1961 3:02:16	Venus 5,6' nördlich Uranus	30,7°
22.9.1961 21:28:41	Merkur 2,6° südlich Mars	24,4°
22.9.1961 22:52:29	Venus 23' nördlich Regulus	30,4°
23.9.1961 14:41:22	Jupiter stationär, dann rechtläufig	
27.9.1961 15:34:10	Saturn stationär, dann rechtläufig	
28.9.1961 10:18:00	Merkur in größter östlicher Elongation zur Sonne	26°
11.10.1961 1:27:54	Merkur stationär, dann rückläufig	
11.10.1961 19:30:01	Merkur 3,6° südlich Mars	18,6°
11.10.1961 21:53:28	Uranus 16' nördlich Regulus	49,1°
17.10.1961 22:12:01	Mars 1,9° südlich Neptun	16,2°
22.10.1961 18:52:31	Merkur in unterer Konjunktion zur Sonne	-1,1°
23.10.1961 5:08:03	Mars 27' südlich Zuben-el-dschenubi	14,9°
26.10.1961 6:50:47	Venus 1,3° südlich Porrima	22,5°
31.10.1961 7:26:32	Merkur stationär, dann rechtläufig	
3.11.1961 17:16:32	Neptun in Konjunktion zur Sonne	1,7°
4.11.1961 16:57:37	Venus 3,9° nördlich Spika	18,8°
7.11.1961 15:12:00	Merkur in größter westlicher Elongation zur Sonne	19°
17.11.1961 23:09:25	Mars 1,4° südlich Akrab	7,3°
19.11.1961 4:07:37	Merkur 7,1' südlich Neptun	15°
20.11.1961 2:23:55	Jupiter 5,4° südlich Beta Capricorni	64,8°
20.11.1961 16:00:38	Venus 28' südlich Neptun	16,3°
20.11.1961 19:57:08	Merkur 1,2° nördlich Zuben-el-dschenubi	13,8°
22.11.1961 14:50:08	Venus 56' nördlich Zuben-el-dschenubi	15,6°
25.11.1961 18:17:00	Mars 4,2° nördlich Antares	5,3°
2.12.1961 18:12:06	Merkur 58' südlich Akrab	7,5°
6.12.1961 8:51:38	Uranus stationär, dann rückläufig	
6.12.1961 9:40:51	Merkur 4,3° nördlich Antares	5,5°
7.12.1961 7:04:58	Venus 16' südlich Akrab	12,3°

Datum und Uhrzeit (WZ)	Ereignis	Elongation
11.12.1961 19:54:10	Venus 5,2° nördlich Antares	11,2°
14.12.1961 18:54:13	Mars in Konjunktion zur Sonne	-37'
15.12.1961 20:38:21	Merkur 41' südlich Mars	0,7°
16.12.1961 7:45:36	Merkur in oberer Konjunktion zur Sonne	-1,3°
27.12.1961 12:39:24	Merkur 1,4° nördlich Nunki	6,8°

1962

Datum und Uhrzeit (WZ)	Ereignis	Elongation
4.1.1962 11:03:14	Venus 25' nördlich Mars	5,5°
7.1.1962 15:05:19	Venus 3° nördlich Nunki	4,8°
7.1.1962 16:14:50	Merkur 1,7° südlich Saturn	13,3°
8.1.1962 20:33:10	Merkur 6,7° südlich Beta Capricorni	14°
9.1.1962 16:32:08	Mars 2,6° nördlich Nunki	6,9°
16.1.1962 17:12:29	Merkur 26' südlich Jupiter	17,8°
21.1.1962 0:04:00	Merkur in größter östlicher Elongation zur Sonne	18,7°
22.1.1962 17:42:41	Saturn in Konjunktion zur Sonne	-21'
23.1.1962 14:03:45	Venus 41' südlich Saturn	0,8°
23.1.1962 14:26:02	Venus 5,8° südlich Beta Capricorni	1,4°
23.1.1962 18:01:02	Saturn 5,1° südlich Beta Capricorni	1°
27.1.1962 9:39:39	Venus in oberer Konjunktion zur Sonne	-1,1°
1.2.1962 18:16:27	Uranus 20' nördlich Regulus	163,1°
2.2.1962 20:06:09	Merkur 4,1° nördlich Jupiter	4,6°
4.2.1962 0:52:34	Merkur 4,9° nördlich Venus	2,2°
4.2.1962 19:07:48	Mars 5,7° südlich Beta Capricorni	12,8°
5.2.1962 13:12:22	Merkur in unterer Konjunktion zur Sonne	3,6°
5.2.1962 15:07:16	Venus 39' südlich Jupiter	2,5°
6.2.1962 22:45:59	Mars 39' südlich Saturn	13,7°
8.2.1962 18:12:53	Jupiter in Konjunktion zur Sonne	-42'
9.2.1962 12:17:28	Venus 1,3° nördlich Delta Capricorni	3,4°
12.2.1962 7:00:21	Merkur 4,5° nördlich Mars	14,3°
14.2.1962 4:44:52	Neptun stationär, dann rückläufig	
17.2.1962 10:32:45	Merkur stationär, dann rechtläufig	
17.2.1962 15:17:49	Uranusopposition	
26.2.1962 3:41:29	Jupiter 2° nördlich Delta Capricorni	13,4°
3.3.1962 5:22:00	Merkur in größter westlicher Elongation zur Sonne	27,1°
4.3.1962 1:49:00	Mars 1,6° nördlich Delta Capricorni	19,5°
6.3.1962 14:22:02	Mars 24' südlich Jupiter	19,9°
10.3.1962 13:36:01	Merkur 1,3° nördlich Delta Capricorni	26,1°
13.3.1962 4:02:56	Merkur 57' südlich Jupiter	25°
18.3.1962 17:06:53	Merkur 1° südlich Mars	22,6°
6.4.1962 15:08:39	Venus 11,1° südlich Hamal	17°
16.4.1962 2:15:41	Merkur in oberer Konjunktion zur Sonne	-39'
19.4.1962 19:17:54	Merkur 10,6° südlich Hamal	4,2°
27.4.1962 6:15:27	Venus 3,8° südlich Alkione	22,1°

Datum und Uhrzeit (WZ)	Ereignis	Elon-gation
2.5.1962 15:55:49	Merkur 2,1° südlich Alkione	17,4°
3.5.1962 0:46:39	Neptunopposition	
4.5.1962 12:32:34	Uranus stationär, dann rechtläufig	
6.5.1962 17:45:48	Venus 6,3° nördlich Aldebaran	24,1°
10.5.1962 9:48:12	Merkur 8,1° nördlich Aldebaran	20,7°
13.5.1962 21:46:00	Merkur in größter östlicher Elongation zur Sonne	21,8°
16.5.1962 7:09:35	Venus 4,2° südlich Elnath	26,9°
22.5.1962 7:16:02	Saturn stationär, dann rückläufig	
25.5.1962 11:29:45	Venus 2,4° nördlich Eta Geminorum	29,1°
26.5.1962 14:47:38	Merkur stationär, dann rückläufig	
27.5.1962 0:05:11	Venus 2,4° nördlich Mü Geminorum	29,5°
29.5.1962 19:26:49	Venus 8,4° nördlich Alhena	30,2°
30.5.1962 23:05:38	Venus 25' südlich Epsilon Geminorum	30,4°
2.6.1962 5:35:18	Mars 11,5° südlich Hamal	35,3°
7.6.1962 8:15:08	Merkur in unterer Konjunktion zur Sonne	-2,8°
9.6.1962 15:55:57	Venus 8,4° südlich Kastor	32,7°
11.6.1962 18:37:09	Venus 4,9° südlich Pollux	32,9°
19.6.1962 7:37:44	Merkur stationär, dann rechtläufig	
22.6.1962 19:09:27	Venus 39' nördlich M44	35,8°
1.7.1962 11:49:00	Merkur in größter westlicher Elongation zur Sonne	21,8°
2.7.1962 23:14:57	Jupiter stationär, dann rückläufig	
5.7.1962 5:58:52	Merkur 7,9° südlich Elnath	21,3°
6.7.1962 22:23:14	Mars 4,7° südlich Alkione	45°
11.7.1962 4:24:19	Venus 54' nördlich Uranus	39,6°
11.7.1962 23:30:19	Venus 1,1° nördlich Regulus	39,8°
13.7.1962 1:58:56	Merkur 5,7' nördlich Eta Geminorum	17,3°
14.7.1962 3:50:57	Merkur 15' nördlich Mü Geminorum	16,5°
16.7.1962 1:06:43	Merkur 6,6° nördlich Alhena	14,9°
16.7.1962 18:57:10	Merkur 2,1° südlich Epsilon Geminorum	14,2°
22.7.1962 14:08:38	Merkur 9,2° südlich Kastor	8,2°
23.7.1962 12:46:57	Mars 5,2° nördlich Aldebaran	50,2°
23.7.1962 17:30:53	Neptun stationär, dann rechtläufig	
23.7.1962 18:49:27	Merkur 5,6° südlich Pollux	6,8°
27.7.1962 18:17:16	Uranus 16' nördlich Regulus	25°
29.7.1962 15:01:07	Merkur in oberer Konjunktion zur Sonne	1,7°
29.7.1962 22:14:17	Merkur 26' nördlich M44	1,3°
31.7.1962 18:36:52	Saturnopposition	
9.8.1962 19:10:44	Mars 5,5° südlich Elnath	54,8°
10.8.1962 5:05:05	Merkur 1,1° nördlich Regulus	11,9°
10.8.1962 16:07:25	Merkur 49' nördlich Uranus	12,3°
19.8.1962 5:04:46	Venus 4° südlich Porrima	43,9°
24.8.1962 13:42:33	Uranus in Konjunktion zur Sonne	43'
26.8.1962 23:30:41	Mars 1,1° nördlich Eta Geminorum	60,3°
29.8.1962 21:32:50	Mars 1,1° nördlich Mü Geminorum	61,3°
31.8.1962 2:14:02	Venus 1,3' südlich Spika	46,1°
31.8.1962 14:37:22	Jupiteropposition	

Datum und Uhrzeit (WZ)	Ereignis	Elongation
3.9.1962 19:02:00	Venus in größter östlicher Elongation zur Sonne	46,2°
4.9.1962 7:50:05	Mars 7,1° nördlich Alhena	62,9°
6.9.1962 13:51:42	Mars 1,7° südlich Epsilon Geminorum	64°
8.9.1962 5:19:24	Merkur 5,4° südlich Porrima	24,7°
10.9.1962 22:42:00	Merkur in größter östlicher Elongation zur Sonne	26,9°
22.9.1962 18:02:57	Venus 6,5° südlich Neptun	42,5°
23.9.1962 23:38:13	Merkur stationär, dann rückläufig	
26.9.1962 0:17:10	Venus 5,3° südlich Zuben-el-dschenubi	42,1°
26.9.1962 2:58:51	Mars 9,5° südlich Kastor	71,3°
30.9.1962 13:08:29	Mars 5,9° südlich Pollux	73,2°
6.10.1962 15:42:42	Merkur in unterer Konjunktion zur Sonne	-2,1°
7.10.1962 20:35:52	Merkur 4,9° südlich Porrima	3,1°
9.10.1962 14:36:08	Saturn stationär, dann rechtläufig	
14.10.1962 23:45:12	Merkur stationär, dann rechtläufig	
22.10.1962 2:30:02	Merkur 58' südlich Porrima	18,3°
22.10.1962 4:20:00	Merkur in größter westlicher Elongation zur Sonne	18,3°
23.10.1962 5:11:40	Venus stationär, dann rückläufig	
25.10.1962 4:18:49	Mars 6,2' nördlich M44	84,5°
30.10.1962 20:49:58	Merkur 4,4° nördlich Spika	13,8°
6.11.1962 3:04:27	Neptun in Konjunktion zur Sonne	1,7°
12.11.1962 20:01:05	Venus in unterer Konjunktion zur Sonne	-4,1°
13.11.1962 14:13:19	Merkur 1° südlich Neptun	7°
13.11.1962 23:40:02	Merkur 23' nördlich Zuben-el-dschenubi	6,6°
15.11.1962 15:19:44	Merkur 4,1° nördlich Venus	5,7°
21.11.1962 2:54:49	Venus 2,4° südlich Zuben-el-dschenubi	13,2°
21.11.1962 22:23:15	Venus 3,7° südlich Neptun	14,3°
25.11.1962 9:17:48	Merkur in oberer Konjunktion zur Sonne	-34'
25.11.1962 14:41:33	Merkur 1,6° südlich Akrab	0,6°
29.11.1962 5:25:52	Merkur 3,6° nördlich Antares	2,4°
30.11.1962 19:36:39	Neptun 1,5° nördlich Zuben-el-dschenubi	23,6°
1.12.1962 19:42:49	Venus stationär, dann rechtläufig	
11.12.1962 9:17:47	Uranus stationär, dann rückläufig	
12.12.1962 21:24:30	Venus 2,2° nördlich Zuben-el-dschenubi	35,9°
13.12.1962 23:40:21	Venus 54' nördlich Neptun	37°
20.12.1962 12:51:41	Merkur 1,2° nördlich Nunki	14°
27.12.1962 8:57:38	Mars stationär, dann rückläufig	

1963

Datum und Uhrzeit (WZ)	Ereignis	Elongation
3.1.1963 23:15:59	Merkur 5,8° südlich Beta Capricorni	19,4°
4.1.1963 8:33:00	Merkur in größter östlicher Elongation zur Sonne	19,4°
9.1.1963 2:27:37	Venus 3° nördlich Akrab	45,4°
15.1.1963 9:09:22	Venus 8,5° nördlich Antares	45,4°
17.1.1963 16:23:35	Merkur 2° südlich Beta Capricorni	6,8°

Datum und Uhrzeit (WZ)	Ereignis	Elongation
20.1.1963 11:01:02	Merkur in unterer Konjunktion zur Sonne	3,2°
23.1.1963 3:20:00	Venus in größter westlicher Elongation zur Sonne	47°
31.1.1963 21:04:00	Merkur stationär, dann rechtläufig	
3.2.1963 9:06:05	Saturn in Konjunktion zur Sonne	-47'
4.2.1963 11:50:26	Marsopposition	
13.2.1963 14:51:00	Merkur in größter westlicher Elongation zur Sonne	26,1°
16.2.1963 15:00:31	Neptun stationär, dann rückläufig	
17.2.1963 1:15:51	Venus 5,7° nördlich Nunki	45,3°
17.2.1963 13:26:43	Merkur 4,9° südlich Beta Capricorni	25°
22.2.1963 14:25:07	Uranusopposition	
28.2.1963 8:38:52	Merkur 45' südlich Saturn	22,3°
4.3.1963 21:51:01	Merkur 44' nördlich Delta Capricorni	20,4°
6.3.1963 1:59:56	Mars 2,8° nördlich M44	141,1°
6.3.1963 18:59:50	Venus 3,7° südlich Beta Capricorni	42,2°
16.3.1963 22:28:48	Jupiter in Konjunktion zur Sonne	-1,1°
17.3.1963 12:08:50	Mars stationär, dann rechtläufig	
20.3.1963 23:11:21	Venus 54' nördlich Saturn	40,4°
24.3.1963 16:31:00	Merkur 49' südlich Jupiter	5,9°
24.3.1963 20:13:57	Venus 2,5° nördlich Delta Capricorni	39,6°
29.3.1963 11:13:21	Mars 1,9° nördlich M44	118,2°
30.3.1963 22:11:57	Merkur in oberer Konjunktion zur Sonne	-1,1°
11.4.1963 20:31:45	Merkur 9,6° südlich Hamal	12,6°
26.4.1963 2:03:00	Merkur in größter östlicher Elongation zur Sonne	20,4°
28.4.1963 16:57:08	Venus 34' südlich Jupiter	32°
1.5.1963 4:37:28	Merkur 1,4° südlich Alkione	19,2°
5.5.1963 12:15:01	Neptunopposition	
7.5.1963 9:43:30	Merkur stationär, dann rückläufig	
9.5.1963 14:38:49	Uranus stationär, dann rechtläufig	
12.5.1963 12:30:04	Neptun 1,6° nördlich Zuben-el-dschenubi	172,8°
14.5.1963 6:16:05	Merkur 3,9° südlich Alkione	5,9°
18.5.1963 3:04:07	Merkur in unterer Konjunktion zur Sonne	-52'
21.5.1963 10:43:20	Venus 12,4° südlich Hamal	24,5°
30.5.1963 8:45:01	Merkur stationär, dann rechtläufig	
1.6.1963 4:41:31	Mars 59' nördlich Regulus	79°
4.6.1963 0:01:33	Saturn stationär, dann rückläufig	
5.6.1963 19:15:21	Mars 34' nördlich Uranus	76,9°
9.6.1963 6:05:39	Merkur 2,7° südlich Venus	22,1°
11.6.1963 9:55:42	Venus 5,4° südlich Alkione	20,7°
12.6.1963 15:39:22	Merkur 7,9° südlich Alkione	21,8°
13.6.1963 5:43:00	Merkur in größter westlicher Elongation zur Sonne	23,5°
21.6.1963 0:23:17	Venus 4,7° nördlich Aldebaran	19°
22.6.1963 16:16:42	Merkur 3,3° nördlich Aldebaran	20,9°
28.6.1963 1:06:28	Merkur 34' südlich Venus	17,1°
29.6.1963 19:47:03	Merkur 6,2° südlich Elnath	15,7°
30.6.1963 15:40:56	Venus 5,9° südlich Elnath	16,5°
5.7.1963 12:45:55	Merkur 1,2° nördlich Eta Geminorum	9,9°

Datum und Uhrzeit (WZ)	Ereignis	Elongation
6.7.1963 10:02:21	Merkur 1,3° nördlich Mü Geminorum	8,9°
8.7.1963 0:30:17	Merkur 7,5° nördlich Alhena	7,1°
8.7.1963 16:06:00	Merkur 1,2° südlich Epsilon Geminorum	6,3°
9.7.1963 20:08:08	Venus 48' nördlich Eta Geminorum	14°
11.7.1963 8:32:55	Venus 48' nördlich Mü Geminorum	13,6°
13.7.1963 21:18:06	Merkur in oberer Konjunktion zur Sonne	1,5°
14.7.1963 1:12:40	Merkur 8,7° südlich Kastor	1,5°
14.7.1963 3:24:06	Venus 6,8° nördlich Alhena	12,8°
15.7.1963 5:18:18	Merkur 5,2° südlich Pollux	2,2°
15.7.1963 6:47:56	Venus 1,9° südlich Epsilon Geminorum	12,5°
21.7.1963 12:04:45	Merkur 33' nördlich M44	8,8°
24.7.1963 19:41:08	Venus 9,7° südlich Kastor	9,9°
26.7.1963 3:53:07	Neptun stationär, dann rechtläufig	
26.7.1963 21:03:17	Venus 6,2° südlich Pollux	9,4°
2.8.1963 19:56:56	Merkur 38' nördlich Regulus	19,3°
6.8.1963 0:40:59	Merkur 2,4' südlich Uranus	21,4°
6.8.1963 11:50:11	Venus 21' südlich M44	6,5°
10.8.1963 4:32:19	Jupiter stationär, dann rückläufig	
13.8.1963 5:19:01	Saturnopposition	
13.8.1963 14:21:32	Mars 2,8° südlich Porrima	49,6°
24.8.1963 10:06:36	Venus 55' nördlich Regulus	1,3°
24.8.1963 10:22:00	Merkur in größter östlicher Elongation zur Sonne	27,4°
29.8.1963 14:13:11	Venus 43' nördlich Uranus	0,7°
29.8.1963 17:55:38	Uranus in Konjunktion zur Sonne	43'
30.8.1963 0:55:37	Venus in oberer Konjunktion zur Sonne	1,4°
1.9.1963 0:04:09	Mars 2,2° nördlich Spika	44,7°
6.9.1963 13:50:15	Merkur stationär, dann rückläufig	
16.9.1963 17:03:50	Merkur 5,6° südlich Venus	5°
20.9.1963 4:40:52	Merkur in unterer Konjunktion zur Sonne	-3°
26.9.1963 16:27:09	Venus 1,7° südlich Porrima	7,3°
28.9.1963 13:14:33	Merkur stationär, dann rechtläufig	
4.10.1963 3:07:20	Mars 2,2° südlich Neptun	34°
4.10.1963 3:26:10	Mars 45' südlich Zuben-el-dschenubi	34,3°
4.10.1963 9:56:07	Neptun 1,5° nördlich Zuben-el-dschenubi	33,7°
5.10.1963 20:14:00	Merkur in größter westlicher Elongation zur Sonne	17,9°
6.10.1963 4:00:16	Venus 3,2° nördlich Spika	10°
8.10.1963 10:48:37	Jupiteropposition	
17.10.1963 0:25:16	Merkur 56' südlich Porrima	13,1°
21.10.1963 18:49:34	Saturn stationär, dann rechtläufig	
24.10.1963 0:48:32	Merkur 3,8° nördlich Spika	6,9°
24.10.1963 4:19:50	Venus 2' südlich Zuben-el-dschenubi	14,5°
24.10.1963 17:53:55	Venus 1,5° südlich Neptun	14,3°
29.10.1963 21:22:39	Mars 1,7° südlich Akrab	27°
5.11.1963 0:50:22	Merkur in oberer Konjunktion zur Sonne, Bedeckung	14'
6.11.1963 15:39:53	Mars 3,9° nördlich Antares	25,1°
6.11.1963 18:10:12	Merkur 19' südlich Zuben-el-dschenubi	1°

Datum und Uhrzeit (WZ)	Ereignis	Elon-gation
7.11.1963 12:31:36	Merkur 1,8° südlich Neptun	1,5°
7.11.1963 21:50:02	Venus 1,3° südlich Akrab	17,9°
8.11.1963 12:57:55	Neptun in Konjunktion zur Sonne	1,7°
12.11.1963 10:55:19	Venus 4,1° nördlich Antares	19,3°
18.11.1963 11:06:41	Merkur 2,3° südlich Akrab	7,4°
20.11.1963 22:17:22	Venus 2,8' südlich Mars	21,3°
22.11.1963 3:03:03	Merkur 3,1° nördlich Antares	9,8°
6.12.1963 0:34:16	Jupiter stationär, dann rechtläufig	
7.12.1963 2:46:44	Merkur 1,4° südlich Mars	17,1°
9.12.1963 7:49:19	Venus 2° nördlich Nunki	25,6°
14.12.1963 22:18:22	Merkur 1,4° nördlich Nunki	19,9°
16.12.1963 9:32:47	Uranus stationär, dann rückläufig	
18.12.1963 12:05:00	Merkur in größter östlicher Elongation zur Sonne	20,3°
21.12.1963 4:59:42	Mars 2,5° nördlich Nunki	13,5°
25.12.1963 10:35:22	Venus 6,5° südlich Beta Capricorni	29,2°
26.12.1963 3:54:44	Merkur stationär, dann rückläufig	
30.12.1963 4:39:02	Merkur 2,1° nördlich Mars	11,3°

1964

Datum und Uhrzeit (WZ)	Ereignis	Elon-gation
4.1.1964 14:11:02	Merkur in unterer Konjunktion zur Sonne	2,7°
5.1.1964 4:26:36	Merkur 6,3° nördlich Nunki	3,1°
9.1.1964 22:10:42	Venus 34' südlich Saturn	32,5°
11.1.1964 16:37:28	Venus 57' nördlich Delta Capricorni	32,6°
16.1.1964 1:52:52	Mars 5,8° südlich Beta Capricorni	7,3°
26.1.1964 23:27:00	Merkur in größter westlicher Elongation zur Sonne	24,7°
27.1.1964 21:04:02	Merkur 4,4° nördlich Nunki	24,7°
29.1.1964 0:39:15	Saturn 1,5° nördlich Delta Capricorni	15,1°
12.2.1964 4:00:10	Mars 1,6° nördlich Delta Capricorni	1,5°
12.2.1964 10:05:09	Merkur 5,9° südlich Beta Capricorni	19,7°
14.2.1964 16:52:47	Mars 8,5' nördlich Saturn	1,2°
15.2.1964 6:03:36	Saturn in Konjunktion zur Sonne	-1,2°
17.2.1964 3:31:03	Mars in Konjunktion zur Sonne	-1,1°
19.2.1964 0:00:00	Neptun stationär, dann rückläufig	
25.2.1964 22:33:10	Merkur 32' nördlich Delta Capricorni	13,3°
27.2.1964 14:04:13	Uranusopposition	
28.2.1964 1:50:10	Merkur 58' südlich Saturn	11,4°
28.2.1964 8:05:41	Venus 1,7° nördlich Jupiter	41,2°
8.3.1964 3:09:18	Merkur 1° südlich Mars	4,4°
11.3.1964 0:44:52	Venus 9,2° südlich Hamal	43,5°
13.3.1964 7:42:43	Merkur in oberer Konjunktion zur Sonne	-1,5°
31.3.1964 22:41:43	Merkur 2,8° nördlich Jupiter	16,1°
3.4.1964 9:00:57	Venus 1,1° südlich Alkione	45,7°
5.4.1964 6:01:11	Merkur 8,1° südlich Hamal	19°

Datum und Uhrzeit (WZ)	Ereignis	Elongation
7.4.1964 17:56:00	Merkur in größter östlicher Elongation zur Sonne	19,3°
10.4.1964 8:57:00	Venus in größter östlicher Elongation zur Sonne	45,8°
14.4.1964 22:13:54	Venus 9,2° nördlich Aldebaran	44,6°
17.4.1964 3:42:34	Merkur stationär, dann rückläufig	
22.4.1964 14:25:16	Jupiter in Konjunktion zur Sonne	-1°
25.4.1964 9:20:16	Jupiter 11,7° südlich Hamal	2,3°
27.4.1964 10:03:57	Merkur in unterer Konjunktion zur Sonne	1°
27.4.1964 21:09:57	Venus 1,3° südlich Elnath	44,5°
30.4.1964 23:41:05	Merkur 1,1° nördlich Jupiter	5,8°
3.5.1964 22:25:53	Merkur 11,5° südlich Hamal	10,3°
7.5.1964 0:03:27	Neptunopposition	
9.5.1964 17:15:02	Merkur stationär, dann rechtläufig	
10.5.1964 12:21:15	Merkur 1,9° südlich Mars	17,7°
12.5.1964 0:34:07	Mars 11,2° südlich Hamal	17,3°
13.5.1964 17:13:04	Uranus stationär, dann rechtläufig	
14.5.1964 5:25:42	Venus 4,8° nördlich Eta Geminorum	39,5°
15.5.1964 10:16:11	Merkur 13,9° südlich Hamal	20°
18.5.1964 7:49:20	Venus 4,5° nördlich Mü Geminorum	37,4°
19.5.1964 19:17:56	Mars 34' nördlich Jupiter	19,7°
24.5.1964 20:10:00	Merkur in größter westlicher Elongation zur Sonne	25,2°
25.5.1964 14:01:49	Merkur 2,6° südlich Jupiter	24,1°
29.5.1964 5:55:14	Venus stationär, dann rückläufig	
1.6.1964 17:30:01	Merkur 2,7° südlich Mars	22,6°
8.6.1964 12:44:13	Merkur 6,2° südlich Alkione	18,7°
8.6.1964 19:30:30	Venus 1,6° nördlich Mü Geminorum	16,8°
12.6.1964 17:15:35	Venus 46' nördlich Eta Geminorum	11,2°
15.6.1964 2:46:34	Merkur 4,7° nördlich Aldebaran	14,1°
15.6.1964 10:13:56	Mars 4,3° südlich Alkione	25,1°
15.6.1964 23:13:35	Saturn stationär, dann rückläufig	
19.6.1964 22:34:38	Venus in unterer Konjunktion zur Sonne	-1,8°
20.6.1964 21:26:46	Merkur 5,2° südlich Elnath	7,8°
23.6.1964 4:41:49	Merkur 3,2° nördlich Venus	5,1°
26.6.1964 0:51:57	Merkur 1,9° nördlich Eta Geminorum	1,7°
26.6.1964 21:01:11	Merkur 2° nördlich Mü Geminorum	0,9°
27.6.1964 7:12:33	Merkur in oberer Konjunktion zur Sonne	1,2°
28.6.1964 10:06:32	Merkur 8,1° nördlich Alhena	1,9°
29.6.1964 1:23:34	Merkur 39' südlich Epsilon Geminorum	2,6°
1.7.1964 17:54:12	Mars 5,5° nördlich Aldebaran	29,8°
4.7.1964 0:59:02	Venus 9,8° südlich Elnath	20,7°
4.7.1964 12:39:16	Merkur 8,4° südlich Kastor	8,7°
5.7.1964 18:13:52	Merkur 4,9° südlich Pollux	10°
11.7.1964 10:29:14	Venus stationär, dann rechtläufig	
12.7.1964 14:06:29	Merkur 28' nördlich M44	16,5°
18.7.1964 6:17:59	Venus 5,5° südlich Mars	34,1°
18.7.1964 13:49:43	Mars 5,2° südlich Elnath	34,2°
19.7.1964 3:17:14	Venus 10,7° südlich Elnath	34,8°

Datum und Uhrzeit (WZ)	Ereignis	Elongation
27.7.1964 1:34:03	Merkur 21' südlich Regulus	25,3°
27.7.1964 15:55:37	Neptun stationär, dann rechtläufig	
4.8.1964 2:23:26	Mars 1,3° nördlich Eta Geminorum	38,8°
4.8.1964 13:51:56	Merkur 2,2° südlich Uranus	26,5°
5.8.1964 19:13:00	Merkur in größter östlicher Elongation zur Sonne	27,4°
6.8.1964 21:04:21	Mars 1,3° nördlich Mü Geminorum	39,6°
9.8.1964 13:25:48	Venus 3,6° südlich Eta Geminorum	44°
12.8.1964 0:25:56	Mars 7,3° nördlich Alhena	41,2°
12.8.1964 1:05:15	Venus 3,5° südlich Mü Geminorum	44,6°
14.8.1964 3:24:02	Mars 1,5° südlich Epsilon Geminorum	41,8°
16.8.1964 8:27:02	Venus 2,8° nördlich Alhena	45,2°
18.8.1964 1:00:29	Venus 5,9° südlich Epsilon Geminorum	45,4°
18.8.1964 21:48:20	Merkur stationär, dann rückläufig	
24.8.1964 20:05:06	Saturnopposition	
28.8.1964 11:36:57	Venus 3,7° südlich Mars	45,9°
29.8.1964 9:51:00	Venus in größter westlicher Elongation zur Sonne	45,9°
30.8.1964 15:41:13	Merkur 5,5° südlich Uranus	3,1°
30.8.1964 23:59:26	Venus 13° südlich Kastor	45,9°
1.9.1964 5:33:47	Mars 9,4° südlich Kastor	47,6°
2.9.1964 6:55:58	Merkur in unterer Konjunktion zur Sonne	-3,9°
2.9.1964 14:24:43	Venus 9,4° südlich Pollux	45,8°
2.9.1964 22:20:03	Uranus in Konjunktion zur Sonne	44'
5.9.1964 5:15:40	Mars 6° südlich Pollux	48,9°
10.9.1964 21:51:31	Merkur stationär, dann rechtläufig	
14.9.1964 22:21:54	Jupiter stationär, dann rückläufig	
15.9.1964 8:30:48	Venus 2,8° südlich M44	45,1°
18.9.1964 12:02:00	Merkur in größter westlicher Elongation zur Sonne	17,9°
21.9.1964 15:25:31	Merkur 35' nördlich Uranus	17,1°
26.9.1964 8:57:51	Mars 10' südlich M44	56,5°
5.10.1964 6:35:21	Venus 21' südlich Regulus	42,6°
8.10.1964 17:02:34	Merkur 1,4° südlich Porrima	5,5°
15.10.1964 14:31:03	Merkur 3,2° nördlich Spika	0,9°
15.10.1964 18:27:50	Merkur in oberer Konjunktion zur Sonne	54'
17.10.1964 0:15:11	Venus 7,9' nördlich Uranus	40,6°
29.10.1964 13:34:01	Merkur 1° südlich Zuben-el-dschenubi	8,4°
31.10.1964 13:02:26	Merkur 2,7° südlich Neptun	9,2°
2.11.1964 4:01:23	Saturn stationär, dann rechtläufig	
4.11.1964 0:32:23	Mars 1,3° nördlich Regulus	72,3°
8.11.1964 18:04:45	Venus 1,2° südlich Porrima	36,3°
9.11.1964 22:30:24	Neptun in Konjunktion zur Sonne	1,7°
10.11.1964 15:22:23	Merkur 2,9° südlich Akrab	14,4°
13.11.1964 9:23:59	Jupiteropposition	
14.11.1964 11:34:06	Merkur 2,5° nördlich Antares	16,9°
18.11.1964 8:20:23	Venus 4,2° nördlich Spika	32,8°
30.11.1964 10:02:00	Merkur in größter östlicher Elongation zur Sonne	21,5°
5.12.1964 7:33:59	Mars 1,6° nördlich Uranus	88,5°

Datum und Uhrzeit (WZ)	Ereignis	Elon-gation
6.12.1964 12:34:01	Venus 1,5° nördlich Zuben-el-dschenubi	29,9°
9.12.1964 5:42:15	Merkur stationär, dann rückläufig	
10.12.1964 4:11:38	Venus 3,8' südlich Neptun	29,5°
18.12.1964 20:29:41	Merkur in unterer Konjunktion zur Sonne	2°
20.12.1964 10:40:57	Uranus stationär, dann rückläufig	
21.12.1964 9:33:50	Venus 20' nördlich Akrab	26,9°
25.12.1964 23:49:41	Venus 5,8° nördlich Antares	25,4°
29.12.1964 3:01:13	Merkur stationär, dann rechtläufig	

1965

Datum und Uhrzeit (WZ)	Ereignis	Elon-gation
7.1.1965 5:42:05	Merkur 1,2° nördlich Venus	23,1°
8.1.1965 8:33:00	Merkur in größter westlicher Elongation zur Sonne	23,3°
22.1.1965 2:12:26	Venus 3,5° nördlich Nunki	19,6°
22.1.1965 9:00:16	Merkur 3,1° nördlich Nunki	20°
24.1.1965 7:59:54	Merkur 30' südlich Venus	19,1°
29.1.1965 19:56:39	Mars stationär, dann rückläufig	
4.2.1965 16:55:13	Merkur 6,4° südlich Beta Capricorni	13°
7.2.1965 4:20:11	Venus 5,4° südlich Beta Capricorni	15,3°
17.2.1965 10:08:43	Merkur 32' nördlich Delta Capricorni	5,7°
20.2.1965 9:57:24	Neptun stationär, dann rückläufig	
24.2.1965 2:52:06	Merkur in oberer Konjunktion zur Sonne	-1,9°
24.2.1965 3:50:40	Venus 1,5° nördlich Delta Capricorni	11,8°
25.2.1965 5:32:41	Merkur 15' südlich Saturn	1,9°
26.2.1965 9:52:46	Saturn in Konjunktion zur Sonne	-1,6°
3.3.1965 14:10:14	Uranusopposition	
8.3.1965 11:04:14	Venus 14' nördlich Saturn	8,9°
9.3.1965 12:21:37	Marsopposition	
21.3.1965 19:43:00	Merkur in größter östlicher Elongation zur Sonne	18,6°
29.3.1965 10:56:23	Merkur stationär, dann rückläufig	
3.4.1965 0:41:33	Mars 2,6° nördlich Uranus	147,3°
8.4.1965 5:54:33	Merkur 4,1° nördlich Venus	1,6°
8.4.1965 13:19:30	Merkur in unterer Konjunktion zur Sonne	2,4°
12.4.1965 3:44:21	Venus in oberer Konjunktion zur Sonne	-1,2°
15.4.1965 9:44:24	Jupiter 4,8° südlich Alkione	33,2°
20.4.1965 22:44:51	Merkur stationär, dann rechtläufig	
21.4.1965 4:22:23	Venus 11,6° südlich Hamal	2,5°
21.4.1965 7:48:00	Mars stationär, dann rechtläufig	
6.5.1965 12:56:00	Merkur in größter westlicher Elongation zur Sonne	26,6°
6.5.1965 14:54:41	Mars 1,1° nördlich Uranus	114,4°
9.5.1965 11:46:25	Neptunopposition	
11.5.1965 17:33:05	Venus 4,3° südlich Alkione	7,7°
17.5.1965 7:37:47	Merkur 13,7° südlich Hamal	21,4°
17.5.1965 15:42:52	Venus 40' nördlich Jupiter	9,2°

Datum und Uhrzeit (WZ)	Ereignis	Elongation
18.5.1965 20:40:49	Uranus stationär, dann rechtläufig	
21.5.1965 3:51:03	Venus 5,7° nördlich Aldebaran	10,3°
30.5.1965 7:17:18	Jupiter in Konjunktion zur Sonne	-34'
30.5.1965 15:35:46	Venus 4,8° südlich Elnath	12,8°
1.6.1965 8:13:58	Merkur 5,1° südlich Alkione	11,8°
5.6.1965 3:00:02	Jupiter 5° nördlich Aldebaran	4,3°
6.6.1965 23:36:35	Merkur 5,6° nördlich Aldebaran	5,9°
7.6.1965 5:03:07	Merkur 41' nördlich Jupiter	5,6°
8.6.1965 17:25:53	Venus 1,8° nördlich Eta Geminorum	15,2°
10.6.1965 5:31:56	Venus 1,8° nördlich Mü Geminorum	15,6°
11.6.1965 18:49:24	Merkur in oberer Konjunktion zur Sonne	53'
12.6.1965 7:52:16	Merkur 4,4° südlich Elnath	1,2°
12.6.1965 23:53:23	Venus 7,8° nördlich Alhena	16,4°
14.6.1965 3:09:51	Venus 59' südlich Epsilon Geminorum	16,7°
17.6.1965 10:18:25	Merkur 2,5° nördlich Eta Geminorum	7°
18.6.1965 7:03:14	Merkur 2,5° nördlich Mü Geminorum	8°
19.6.1965 21:45:33	Merkur 8,5° nördlich Alhena	9,9°
20.6.1965 13:55:04	Merkur 15' südlich Epsilon Geminorum	10,6°
23.6.1965 15:40:38	Venus 8,9° südlich Kastor	19,3°
25.6.1965 17:09:13	Venus 5,4° südlich Pollux	19,8°
26.6.1965 13:03:25	Merkur 8,3° südlich Kastor	16,5°
27.6.1965 22:21:59	Merkur 4,9° südlich Pollux	17,7°
29.6.1965 4:52:46	Saturn stationär, dann rückläufig	
3.7.1965 23:56:46	Merkur 2,5' südlich Venus	22°
5.7.1965 22:54:46	Merkur 1,9' nördlich M44	23,1°
6.7.1965 9:55:06	Venus 19' nördlich M44	22,6°
18.7.1965 22:54:00	Merkur in größter östlicher Elongation zur Sonne	26,8°
19.7.1965 6:05:12	Merkur 2,6° südlich Venus	26°
19.7.1965 11:39:29	Mars 3,1° südlich Porrima	73,1°
24.7.1965 17:37:17	Venus 1,2° nördlich Regulus	27,4°
28.7.1965 5:27:12	Jupiter 5,9° südlich Elnath	43,1°
30.7.1965 2:38:00	Neptun stationär, dann rechtläufig	
1.8.1965 0:55:21	Merkur stationär, dann rückläufig	
5.8.1965 7:56:36	Venus 38' nördlich Uranus	30,3°
8.8.1965 16:04:36	Mars 1,8° nördlich Spika	66,8°
15.8.1965 19:04:31	Merkur in unterer Konjunktion zur Sonne	-4,6°
24.8.1965 22:38:21	Merkur stationär, dann rechtläufig	
28.8.1965 11:53:28	Venus 2,6° südlich Porrima	34,8°
2.9.1965 0:32:00	Merkur in größter westlicher Elongation zur Sonne	18,1°
6.9.1965 15:26:58	Saturnopposition	
7.9.1965 13:01:12	Venus 2° nördlich Spika	37,9°
8.9.1965 2:32:35	Uranus in Konjunktion zur Sonne	44'
8.9.1965 3:19:33	Merkur 43' nördlich Regulus	15,9°
12.9.1965 9:39:28	Mars 1,1° südlich Zuben-el-dschenubi	55,1°
17.9.1965 8:26:57	Merkur 1,2° nördlich Uranus	8,4°
17.9.1965 20:33:05	Mars 2,6° südlich Neptun	53,2°

Datum und Uhrzeit (WZ)	Ereignis	Elon-gation
26.9.1965 18:24:28	Venus 1,8° südlich Zuben-el-dschenubi	41,1°
27.9.1965 14:12:15	Merkur in oberer Konjunktion zur Sonne	1,4°
30.9.1965 6:27:23	Venus 3,4° südlich Neptun	41,4°
1.10.1965 1:42:45	Merkur 1,9° südlich Porrima	2,9°
8.10.1965 4:12:18	Merkur 2,5° nördlich Spika	7,7°
8.10.1965 15:34:48	Mars 2° südlich Akrab	47,6°
12.10.1965 15:40:07	Venus 3,4° südlich Akrab	43,6°
16.10.1965 11:47:56	Mars 3,6° nördlich Antares	45,8°
17.10.1965 14:44:09	Venus 2° nördlich Antares	45°
19.10.1965 14:58:56	Venus 1,6° südlich Mars	45°
19.10.1965 19:00:06	Jupiter stationär, dann rückläufig	
22.10.1965 18:03:27	Merkur 1,8° südlich Zuben-el-dschenubi	15,4°
26.10.1965 3:10:15	Merkur 3,5° südlich Neptun	16,7°
4.11.1965 19:32:34	Merkur 3,5° südlich Akrab	20,5°
9.11.1965 7:35:03	Merkur 1,9° nördlich Antares	22,4°
12.11.1965 8:13:47	Neptun in Konjunktion zur Sonne	1,7°
13.11.1965 2:52:00	Merkur in größter östlicher Elongation zur Sonne	22,8°
14.11.1965 17:22:54	Saturn stationär, dann rechtläufig	
15.11.1965 19:59:00	Venus in größter östlicher Elongation zur Sonne	47,2°
17.11.1965 8:36:07	Venus 6,2' nördlich Nunki	47,2°
23.11.1965 4:39:08	Merkur stationär, dann rückläufig	
30.11.1965 4:26:28	Mars 2,3° nördlich Nunki	34,3°
3.12.1965 3:58:45	Merkur in unterer Konjunktion zur Sonne	1,2°
5.12.1965 0:35:18	Merkur 6,4° nördlich Antares	4,8°
9.12.1965 16:48:23	Venus 7,1° südlich Beta Capricorni	44,6°
12.12.1965 20:31:10	Merkur stationär, dann rechtläufig	
18.12.1965 8:57:03	Jupiteropposition	
21.12.1965 21:24:00	Merkur in größter westlicher Elongation zur Sonne	21,8°
22.12.1965 0:02:46	Merkur 6,8° nördlich Antares	21,1°
25.12.1965 10:39:17	Uranus stationär, dann rückläufig	
26.12.1965 1:17:50	Mars 5,9° südlich Beta Capricorni	28,2°

1966

Datum und Uhrzeit (WZ)	Ereignis	Elon-gation
8.1.1966 4:45:39	Venus 4° nördlich Mars	25,1°
15.1.1966 21:02:59	Merkur 2,4° nördlich Nunki	13,2°
22.1.1966 4:15:59	Mars 1,6° nördlich Delta Capricorni	21,5°
26.1.1966 8:32:03	Venus in unterer Konjunktion zur Sonne	6,9°
28.1.1966 9:47:36	Merkur 6,7° südlich Beta Capricorni	6,3°
28.1.1966 14:47:49	Merkur 9,5° südlich Venus	6,2°
29.1.1966 1:28:34	Jupiter 5,7° südlich Elnath	133°
29.1.1966 4:45:00	Venus 2,8° nördlich Beta Capricorni	7°
6.2.1966 2:37:51	Merkur in oberer Konjunktion zur Sonne	-2,1°
9.2.1966 17:25:14	Merkur 41' nördlich Delta Capricorni	3,4°

Datum und Uhrzeit (WZ)	Ereignis	Elongation
15.2.1966 7:47:21	Jupiter stationär, dann rechtläufig	
15.2.1966 8:32:38	Venus stationär, dann rechtläufig	
22.2.1966 12:56:12	Mars 1,1° nördlich Saturn	14,5°
22.2.1966 18:49:13	Neptun stationär, dann rückläufig	
23.2.1966 15:57:55	Merkur 1,7° nördlich Saturn	13,5°
24.2.1966 12:42:53	Merkur 43' nördlich Mars	14,4°
4.3.1966 16:34:22	Jupiter 5,6° südlich Elnath	98,1°
5.3.1966 4:14:00	Merkur in größter westlicher Elongation zur Sonne	18,2°
5.3.1966 11:36:07	Venus 37' nördlich Beta Capricorni	41°
8.3.1966 14:49:08	Uranusopposition	
10.3.1966 21:54:28	Saturn in Konjunktion zur Sonne	-1,9°
11.3.1966 15:02:06	Merkur stationär, dann rückläufig	
14.3.1966 5:28:38	Merkur 4,5° nördlich Mars	10,5°
30.3.1966 17:09:16	Merkur 3,5° nördlich Saturn	15,9°
1.4.1966 0:17:10	Venus 4,5° nördlich Delta Capricorni	46,3°
3.4.1966 0:11:40	Merkur stationär, dann rechtläufig	
6.4.1966 13:05:00	Venus in größter westlicher Elongation zur Sonne	46,4°
9.4.1966 3:57:20	Merkur 1° nördlich Saturn	25,1°
18.4.1966 11:23:00	Merkur in größter westlicher Elongation zur Sonne	27,5°
22.4.1966 10:59:52	Mars 10,9° südlich Hamal	1,6°
29.4.1966 5:59:23	Mars in Konjunktion zur Sonne, Bedeckung	-12'
1.5.1966 18:01:37	Venus 58' nördlich Saturn	44,7°
11.5.1966 4:32:23	Merkur 12,8° südlich Hamal	16,2°
11.5.1966 23:34:53	Neptunopposition	
20.5.1966 9:02:04	Jupiter 52' nördlich Eta Geminorum	34°
22.5.1966 14:43:26	Merkur 22' südlich Mars	5,6°
24.5.1966 0:00:00	Uranus stationär, dann rechtläufig	
24.5.1966 2:12:07	Merkur 4,2° südlich Alkione	3,9°
26.5.1966 23:26:22	Mars 4,1° südlich Alkione	6,6°
27.5.1966 6:25:11	Merkur in oberer Konjunktion zur Sonne	30'
29.5.1966 4:51:57	Jupiter 49' nördlich Mü Geminorum	27,4°
29.5.1966 9:57:37	Merkur 6,4° nördlich Aldebaran	2,8°
3.6.1966 3:47:10	Venus 12,9° südlich Hamal	36,2°
3.6.1966 19:10:44	Merkur 3,8° südlich Elnath	9,3°
9.6.1966 6:52:06	Merkur 2,9° nördlich Eta Geminorum	15°
10.6.1966 6:01:00	Merkur 2,8° nördlich Mü Geminorum	15,9°
11.6.1966 20:03:51	Merkur 2° nördlich Jupiter	17,3°
12.6.1966 1:51:35	Merkur 8,8° nördlich Alhena	17,5°
12.6.1966 7:05:16	Mars 5,8° nördlich Aldebaran	10,7°
12.6.1966 20:26:28	Merkur 1,1' südlich Epsilon Geminorum	18,2°
13.6.1966 20:00:47	Jupiter 6,8° nördlich Alhena	15,9°
20.6.1966 0:57:47	Merkur 8,5° südlich Kastor	22,9°
20.6.1966 2:53:26	Jupiter 2° südlich Epsilon Geminorum	11,3°
21.6.1966 19:45:58	Merkur 5,2° südlich Pollux	23,7°
24.6.1966 22:34:14	Venus 6° südlich Alkione	33,6°
29.6.1966 1:47:00	Mars 5° südlich Elnath	15,1°

Datum und Uhrzeit (WZ)	Ereignis	Elongation
30.6.1966 19:43:00	Merkur in größter östlicher Elongation zur Sonne	25,7°
4.7.1966 7:56:37	Merkur 1,9° südlich M44	24,9°
4.7.1966 20:33:10	Venus 4° nördlich Aldebaran	32,5°
5.7.1966 14:10:59	Jupiter in Konjunktion zur Sonne, Bedeckung	3,4'
12.7.1966 15:46:24	Saturn stationär, dann rückläufig	
13.7.1966 23:37:16	Merkur stationär, dann rückläufig	
14.7.1966 18:30:48	Venus 6,5° südlich Elnath	30,2°
15.7.1966 11:10:59	Mars 1,5° nördlich Eta Geminorum	19,6°
18.7.1966 5:07:22	Mars 1,4° nördlich Mü Geminorum	20,3°
23.7.1966 6:52:05	Mars 7,4° nördlich Alhena	21,8°
23.7.1966 18:54:43	Merkur 6,2° südlich M44	6,5°
24.7.1966 4:12:57	Venus 11' nördlich Eta Geminorum	27,9°
25.7.1966 9:10:04	Mars 1,4° südlich Epsilon Geminorum	22,4°
25.7.1966 17:25:20	Venus 11' nördlich Mü Geminorum	27,5°
28.7.1966 13:36:33	Merkur in unterer Konjunktion zur Sonne	-5°
28.7.1966 13:38:08	Venus 6,3° nördlich Alhena	26,8°
29.7.1966 17:38:04	Venus 2,5° südlich Epsilon Geminorum	26,5°
1.8.1966 13:26:01	Neptun stationär, dann rechtläufig	
4.8.1966 1:43:32	Venus 59' südlich Mars	25,2°
7.8.1966 11:42:01	Merkur stationär, dann rechtläufig	
7.8.1966 16:31:39	Venus 8,8' südlich Jupiter	24,2°
8.8.1966 10:31:43	Venus 10,2° südlich Kastor	24°
10.8.1966 12:33:38	Venus 6,7° südlich Pollux	23,5°
11.8.1966 23:18:14	Jupiter 10,1° südlich Kastor	27,5°
12.8.1966 2:56:36	Mars 9,4° südlich Kastor	27,7°
12.8.1966 4:40:34	Mars 45' nördlich Jupiter	27,6°
16.8.1966 0:07:15	Mars 5,9° südlich Pollux	28,9°
16.8.1966 6:33:00	Merkur in größter westlicher Elongation zur Sonne	18,7°
18.8.1966 23:26:53	Merkur 1,7° südlich M44	18,3°
21.8.1966 6:01:00	Venus 45' südlich M44	20,8°
24.8.1966 6:48:24	Jupiter 6,6° südlich Pollux	36,8°
31.8.1966 20:57:55	Merkur 1,3° nördlich Regulus	8,7°
5.9.1966 9:29:31	Mars 13' südlich M44	35,5°
8.9.1966 6:06:43	Venus 44' nördlich Regulus	15,8°
10.9.1966 7:07:34	Merkur in oberer Konjunktion zur Sonne	1,6°
11.9.1966 14:11:40	Merkur 55' nördlich Uranus	1,7°
13.9.1966 6:33:51	Uranus in Konjunktion zur Sonne	44'
19.9.1966 15:50:07	Saturnopposition	
23.9.1966 13:39:12	Merkur 2,5° südlich Porrima	10°
25.9.1966 12:23:24	Venus 46' nördlich Uranus	11,2°
1.10.1966 2:11:17	Merkur 1,8° nördlich Spika	15,3°
11.10.1966 3:42:38	Mars 57' nördlich Regulus	48°
11.10.1966 9:00:53	Venus 1,5° südlich Porrima	7,5°
16.10.1966 22:52:37	Merkur 2,6° südlich Zuben-el-dschenubi	21,4°
20.10.1966 18:53:11	Venus 3,6° nördlich Spika	4,1°
22.10.1966 11:56:16	Merkur 4,5° südlich Neptun	22,5°

Datum und Uhrzeit (WZ)	Ereignis	Elongation
26.10.1966 16:21:00	Merkur in größter östlicher Elongation zur Sonne	24,1°
6.11.1966 22:31:12	Merkur stationär, dann rückläufig	
7.11.1966 16:20:53	Venus 27' nördlich Zuben-el-dschenubi	0,6°
9.11.1966 0:02:05	Venus in oberer Konjunktion zur Sonne	43'
13.11.1966 19:28:37	Venus 1,2° südlich Neptun	1,3°
14.11.1966 17:45:30	Neptun in Konjunktion zur Sonne	1,7°
16.11.1966 14:40:21	Merkur 22' südlich Venus	1,9°
17.11.1966 10:51:55	Merkur in unterer Konjunktion zur Sonne	23'
19.11.1966 6:02:37	Merkur 44' südlich Neptun	4,3°
21.11.1966 15:22:47	Jupiter stationär, dann rückläufig	
21.11.1966 20:05:47	Mars 1° nördlich Uranus	65,3°
22.11.1966 7:51:19	Venus 48' südlich Akrab	3,3°
26.11.1966 14:37:07	Merkur stationär, dann rechtläufig	
26.11.1966 20:28:18	Venus 4,7° nördlich Antares	4,4°
27.11.1966 10:31:18	Saturn stationär, dann rechtläufig	
4.12.1966 17:13:00	Merkur in größter westlicher Elongation zur Sonne	20,5°
5.12.1966 11:59:59	Merkur 37' nördlich Neptun	20,3°
13.12.1966 14:04:06	Merkur 24' nördlich Akrab	18,4°
17.12.1966 16:04:56	Merkur 5,5° nördlich Antares	16,6°
23.12.1966 11:28:22	Mars 53' südlich Porrima	81,2°
23.12.1966 14:00:44	Venus 2,5° nördlich Nunki	10,9°

1967

Datum und Uhrzeit (WZ)	Ereignis	Elongation
8.1.1967 13:16:12	Venus 6,1° südlich Beta Capricorni	14,7°
8.1.1967 17:56:55	Merkur 1,9° nördlich Nunki	5,9°
18.1.1967 1:54:02	Merkur in oberer Konjunktion zur Sonne	-2°
18.1.1967 7:10:37	Mars 4,6° nördlich Spika	94,1°
20.1.1967 5:06:19	Jupiteropposition	
20.1.1967 21:44:40	Merkur 6,8° südlich Beta Capricorni	2,8°
25.1.1967 12:41:32	Venus 1,1° nördlich Delta Capricorni	18,4°
2.2.1967 5:40:48	Merkur 1,1° nördlich Delta Capricorni	10,7°
16.2.1967 16:12:00	Merkur in größter östlicher Elongation zur Sonne	18,1°
22.2.1967 14:00:27	Merkur stationär, dann rückläufig	
23.2.1967 11:33:59	Venus 1,1° nördlich Saturn	24,9°
25.2.1967 5:11:35	Neptun stationär, dann rückläufig	
4.3.1967 7:29:55	Merkur in unterer Konjunktion zur Sonne	3,7°
8.3.1967 18:34:43	Mars stationär, dann rückläufig	
13.3.1967 15:46:56	Uranusopposition	
16.3.1967 15:54:08	Merkur stationär, dann rechtläufig	
21.3.1967 8:38:06	Jupiter stationär, dann rechtläufig	
23.3.1967 8:59:34	Venus 10,5° südlich Hamal	31,6°
23.3.1967 19:05:08	Saturn in Konjunktion zur Sonne	-2,1°
31.3.1967 15:55:00	Merkur in größter westlicher Elongation zur Sonne	27,8°

Datum und Uhrzeit (WZ)	Ereignis	Elongation
13.4.1967 11:17:20	Venus 2,9° südlich Alkione	36,1°
15.4.1967 11:23:34	Marsopposition	
18.4.1967 2:42:43	Merkur 29' südlich Saturn	21,9°
23.4.1967 5:35:04	Venus 7,2° nördlich Aldebaran	37,3°
23.4.1967 7:12:38	Mars 4,1° nördlich Spika	169,3°
3.5.1967 4:02:29	Venus 3,3° südlich Elnath	39,9°
3.5.1967 12:34:04	Merkur 12° südlich Hamal	9,4°
11.5.1967 16:12:32	Merkur in oberer Konjunktion zur Sonne, Bedeckung	4,1'
12.5.1967 19:31:14	Venus 3,3° nördlich Eta Geminorum	41,6°
14.5.1967 10:19:07	Venus 3,3° nördlich Mü Geminorum	41,8°
14.5.1967 11:19:57	Neptunopposition	
15.5.1967 13:49:44	Merkur 3,4° südlich Alkione	4,8°
17.5.1967 10:00:24	Venus 9,2° nördlich Alhena	42,3°
18.5.1967 15:40:51	Venus 26' nördlich Epsilon Geminorum	42,5°
21.5.1967 0:44:56	Merkur 7,1° nördlich Aldebaran	11,2°
26.5.1967 23:40:25	Merkur 3,3° südlich Elnath	17°
27.5.1967 15:02:52	Mars stationär, dann rechtläufig	
29.5.1967 3:57:02	Uranus stationär, dann rechtläufig	
29.5.1967 4:41:37	Venus 7,6° südlich Kastor	43,6°
31.5.1967 12:45:33	Venus 4,2° südlich Pollux	43,8°
2.6.1967 15:18:31	Merkur 3° nördlich Eta Geminorum	21,6°
3.6.1967 21:22:11	Merkur 2,9° nördlich Mü Geminorum	22,2°
6.6.1967 8:38:17	Merkur 8,7° nördlich Alhena	23,2°
7.6.1967 10:55:26	Merkur 14' südlich Epsilon Geminorum	23,5°
9.6.1967 2:05:52	Venus 1,8° nördlich Jupiter	44,9°
12.6.1967 10:30:00	Merkur in größter östlicher Elongation zur Sonne	24,2°
13.6.1967 2:23:21	Venus 59' nördlich M44	45,2°
20.6.1967 23:52:00	Venus in größter östlicher Elongation zur Sonne	45,4°
22.6.1967 23:32:22	Merkur 11,3° südlich Kastor	20,7°
25.6.1967 17:16:14	Merkur stationär, dann rückläufig	
28.6.1967 11:44:00	Merkur 12,8° südlich Kastor	15,9°
30.6.1967 0:55:16	Jupiter 42' südlich M44	29,3°
3.7.1967 6:31:16	Mars 1,4° nördlich Spika	102,2°
8.7.1967 4:45:21	Venus 11' südlich Regulus	44°
9.7.1967 11:56:26	Merkur in unterer Konjunktion zur Sonne	-4,7°
20.7.1967 7:52:52	Merkur stationär, dann rechtläufig	
26.7.1967 6:44:00	Saturn stationär, dann rückläufig	
30.7.1967 3:05:00	Merkur in größter westlicher Elongation zur Sonne	19,7°
3.8.1967 9:31:37	Merkur 11,1° südlich Kastor	18,9°
4.8.1967 0:40:38	Neptun stationär, dann rechtläufig	
5.8.1967 4:26:47	Merkur 7,3° südlich Pollux	18,1°
6.8.1967 6:24:32	Venus stationär, dann rückläufig	
8.8.1967 18:54:13	Jupiter in Konjunktion zur Sonne	38'
12.8.1967 16:32:01	Merkur 17' südlich M44	12,4°
17.8.1967 6:16:46	Mars 1,8° südlich Zuben-el-dschenubi	80,9°
17.8.1967 22:03:07	Merkur 58' nördlich Jupiter	6,8°

Datum und Uhrzeit (WZ)	Ereignis	Elongation
23.8.1967 16:42:12	Merkur 1,4° nördlich Regulus	0,7°
24.8.1967 15:37:46	Merkur in oberer Konjunktion zur Sonne	1,8°
26.8.1967 8:05:27	Merkur 10,7° nördlich Venus	2,4°
29.8.1967 12:56:09	Mars 3,3° südlich Neptun	76,3°
29.8.1967 21:34:56	Venus in unterer Konjunktion zur Sonne	-8,5°
3.9.1967 23:59:59	Venus 9,6° südlich Regulus	11,4°
6.9.1967 3:02:04	Merkur 16' nördlich Uranus	11,1°
14.9.1967 23:39:30	Mars 2,7° südlich Akrab	71,3°
16.9.1967 13:55:25	Merkur 3,3° südlich Porrima	16,9°
18.9.1967 10:28:22	Uranus in Konjunktion zur Sonne	43'
18.9.1967 20:14:10	Venus stationär, dann rechtläufig	
23.9.1967 6:33:48	Mars 3° nördlich Antares	69,3°
24.9.1967 20:54:09	Merkur 48' nördlich Spika	22°
2.10.1967 21:50:35	Saturnopposition	
4.10.1967 5:22:23	Venus 4,8° südlich Regulus	39,4°
9.10.1967 4:23:00	Merkur in größter östlicher Elongation zur Sonne	25,4°
15.10.1967 0:49:20	Jupiter 20' nördlich Regulus	51,6°
15.10.1967 21:34:25	Merkur 3,7° südlich Zuben-el-dschenubi	22,7°
21.10.1967 9:33:22	Merkur stationär, dann rückläufig	
26.10.1967 8:35:39	Merkur 2,8° südlich Zuben-el-dschenubi	12,3°
1.11.1967 15:21:45	Merkur in unterer Konjunktion zur Sonne	-33'
7.11.1967 10:29:14	Venus 3,7' südlich Uranus	46,6°
8.11.1967 8:58:43	Mars 1,9° nördlich Nunki	56,7°
9.11.1967 15:03:00	Venus in größter westlicher Elongation zur Sonne	46,6°
10.11.1967 8:33:53	Merkur stationär, dann rechtläufig	
17.11.1967 3:21:19	Neptun in Konjunktion zur Sonne	1,7°
17.11.1967 20:58:00	Merkur in größter westlicher Elongation zur Sonne	19,5°
19.11.1967 12:05:26	Venus 1,3° südlich Porrima	46,3°
24.11.1967 21:05:39	Merkur 1,6° nördlich Zuben-el-dschenubi	17,3°
30.11.1967 0:41:10	Venus 4,5° nördlich Spika	43,8°
2.12.1967 3:22:31	Merkur 34' südlich Neptun	14,5°
4.12.1967 16:24:46	Mars 6,1° südlich Beta Capricorni	50,4°
7.12.1967 9:55:00	Merkur 32' südlich Akrab	11,8°
10.12.1967 8:34:52	Saturn stationär, dann rechtläufig	
11.12.1967 3:08:24	Merkur 4,7° nördlich Antares	9,8°
19.12.1967 10:26:48	Venus 2,2° nördlich Zuben-el-dschenubi	42,3°
22.12.1967 22:24:23	Jupiter stationär, dann rückläufig	
28.12.1967 22:59:59	Merkur in oberer Konjunktion zur Sonne	-1,7°
29.12.1967 2:10:26	Venus 39' nördlich Neptun	41,1°

1968

Datum und Uhrzeit (WZ)	Ereignis	Elongation
1.1.1968 5:09:45	Mars 1,6° nördlich Delta Capricorni	43,3°
1.1.1968 9:49:52	Merkur 1,6° nördlich Nunki	2,8°

Datum und Uhrzeit (WZ)	Ereignis	Elon-gation
4.1.1968 0:45:17	Venus 1,2° nördlich Akrab	40°
8.1.1968 19:39:46	Venus 6,7° nördlich Antares	38,5°
13.1.1968 12:26:40	Merkur 6,8° südlich Beta Capricorni	9,9°
27.1.1968 2:16:45	Merkur 2° nördlich Delta Capricorni	17,1°
31.1.1968 4:41:00	Merkur in größter östlicher Elongation zur Sonne	18,4°
5.2.1968 19:12:54	Venus 4,2° nördlich Nunki	33,7°
6.2.1968 2:22:46	Merkur stationär, dann rückläufig	
15.2.1968 15:09:31	Merkur in unterer Konjunktion zur Sonne	3,7°
16.2.1968 5:43:40	Merkur 6,7° nördlich Delta Capricorni	3,9°
20.2.1968 10:51:27	Jupiteropposition	
22.2.1968 5:37:44	Venus 4,8° südlich Beta Capricorni	29,4°
27.2.1968 14:53:52	Neptun stationär, dann rückläufig	
27.2.1968 17:23:09	Merkur stationär, dann rechtläufig	
4.3.1968 5:13:50	Mars 2° nördlich Saturn	27,8°
5.3.1968 7:08:30	Jupiter 50' nördlich Regulus	164,3°
7.3.1968 4:04:37	Merkur 1° nördlich Venus	26,7°
10.3.1968 10:49:42	Venus 1,9° nördlich Delta Capricorni	26,2°
11.3.1968 19:31:55	Merkur 2,1° nördlich Delta Capricorni	27,5°
13.3.1968 0:39:00	Merkur in größter westlicher Elongation zur Sonne	27,5°
17.3.1968 17:02:41	Uranusopposition	
31.3.1968 10:57:17	Merkur 1,1° südlich Venus	21,2°
1.4.1968 19:38:59	Mars 10,6° südlich Hamal	21,4°
5.4.1968 2:12:15	Saturn in Konjunktion zur Sonne	-2,2°
16.4.1968 6:48:28	Merkur 38' nördlich Saturn	9,5°
22.4.1968 5:12:19	Jupiter stationär, dann rechtläufig	
23.4.1968 12:15:52	Venus 49' nördlich Saturn	15,5°
24.4.1968 6:42:48	Merkur 11,1° südlich Hamal	0,9°
24.4.1968 22:23:40	Merkur in oberer Konjunktion zur Sonne	-23'
5.5.1968 19:33:07	Venus 12° südlich Hamal	12,3°
6.5.1968 6:03:38	Merkur 1,2° nördlich Mars	12,6°
6.5.1968 10:19:42	Merkur 2,6° südlich Alkione	13,1°
6.5.1968 17:56:44	Mars 3,8° südlich Alkione	12,5°
12.5.1968 17:26:16	Merkur 7,8° nördlich Aldebaran	18,1°
15.5.1968 23:18:39	Neptunopposition	
20.5.1968 18:03:34	Merkur 3,1° südlich Elnath	22,3°
23.5.1968 5:16:47	Mars 6° nördlich Aldebaran	8,1°
24.5.1968 0:58:00	Merkur in größter östlicher Elongation zur Sonne	22,6°
26.5.1968 11:10:59	Venus 4,8° südlich Alkione	6,8°
2.6.1968 6:55:34	Uranus stationär, dann rechtläufig	
4.6.1968 22:21:52	Venus 5,2° nördlich Aldebaran	4,2°
6.6.1968 3:54:05	Merkur stationär, dann rückläufig	
9.6.1968 3:06:10	Mars 4,8° südlich Elnath	3,6°
9.6.1968 8:32:58	Jupiter 39' nördlich Regulus	70,6°
14.6.1968 10:56:37	Venus 5,3° südlich Elnath	1,6°
18.6.1968 0:42:14	Merkur 4,3° südlich Mars	1,2°
18.6.1968 15:41:54	Merkur in unterer Konjunktion zur Sonne	-3,7°

Datum und Uhrzeit (WZ)	Ereignis	Elongation
18.6.1968 23:12:01	Merkur 4,1° südlich Venus	0,5°
20.6.1968 9:46:58	Venus in oberer Konjunktion zur Sonne	19'
21.6.1968 1:10:14	Venus 24' südlich Mars	0,4°
21.6.1968 16:10:25	Mars in Konjunktion zur Sonne	44'
23.6.1968 13:01:01	Venus 1,3° nördlich Eta Geminorum	1°
25.6.1968 1:06:02	Venus 1,3° nördlich Mü Geminorum	1,4°
25.6.1968 14:26:01	Mars 1,7° nördlich Eta Geminorum	1,4°
27.6.1968 19:20:32	Venus 7,3° nördlich Alhena	2,1°
28.6.1968 8:35:45	Mars 1,6° nördlich Mü Geminorum	2°
28.6.1968 22:36:59	Venus 1,4° südlich Epsilon Geminorum	2,4°
30.6.1968 7:04:31	Merkur stationär, dann rechtläufig	
3.7.1968 10:36:54	Mars 7,6° nördlich Alhena	3,5°
5.7.1968 13:04:00	Mars 1,2° südlich Epsilon Geminorum	4,1°
8.7.1968 10:19:32	Venus 9,3° südlich Kastor	5,1°
10.7.1968 11:29:11	Venus 5,8° südlich Pollux	5,6°
11.7.1968 12:21:00	Merkur in größter westlicher Elongation zur Sonne	20,9°
15.7.1968 16:26:51	Merkur 60' südlich Eta Geminorum	20,2°
17.7.1968 2:55:40	Merkur 44' südlich Mü Geminorum	19,7°
19.7.1968 11:54:21	Merkur 5,7° nördlich Alhena	18,6°
20.7.1968 9:34:15	Merkur 2,9° südlich Epsilon Geminorum	18°
21.7.1968 1:59:32	Venus 18" südlich M44	8,6°
23.7.1968 6:36:39	Mars 9,3° südlich Kastor	9,2°
26.7.1968 22:35:43	Merkur 9,7° südlich Kastor	12,6°
27.7.1968 3:24:51	Mars 5,8° südlich Pollux	10,4°
28.7.1968 5:05:38	Merkur 6° südlich Pollux	11,4°
28.7.1968 17:19:28	Merkur 9' südlich Mars	10,9°
3.8.1968 12:03:51	Merkur 15' nördlich M44	4,5°
5.8.1968 10:38:20	Neptun stationär, dann rechtläufig	
7.8.1968 11:11:41	Merkur in oberer Konjunktion zur Sonne	1,7°
8.8.1968 1:11:39	Saturn stationär, dann rückläufig	
8.8.1968 2:26:24	Venus 1,1° nördlich Regulus	13,5°
14.8.1968 11:27:58	Merkur 1,3° nördlich Regulus	7,4°
16.8.1968 8:52:29	Mars 12' südlich M44	16,7°
18.8.1968 6:37:30	Venus 27' nördlich Jupiter	16,2°
21.8.1968 20:35:17	Merkur 7,2' nördlich Jupiter	13,7°
31.8.1968 16:29:02	Venus 31' nördlich Uranus	19,8°
31.8.1968 18:27:32	Merkur 49' südlich Uranus	19,9°
1.9.1968 3:58:04	Merkur 1,4° südlich Venus	19,9°
9.9.1968 0:31:41	Jupiter in Konjunktion zur Sonne	1°
9.9.1968 19:21:02	Merkur 4,4° südlich Porrima	22,7°
10.9.1968 19:47:54	Venus 2,1° südlich Porrima	21,7°
20.9.1968 6:34:54	Merkur 40' südlich Spika	26,1°
20.9.1968 8:12:16	Mars 49' nördlich Regulus	28°
20.9.1968 11:22:59	Venus 2,8° nördlich Spika	24,8°
20.9.1968 16:20:00	Merkur in größter östlicher Elongation zur Sonne	26,4°
21.9.1968 3:04:19	Merkur 3,5° südlich Venus	25°

Datum und Uhrzeit (WZ)	Ereignis	Elongation
22.9.1968 14:04:06	Uranus in Konjunktion zur Sonne	42'
3.10.1968 12:38:16	Merkur stationär, dann rückläufig	
8.10.1968 19:28:32	Venus 41' südlich Zuben-el-dschenubi	29°
14.10.1968 21:02:31	Merkur 19' nördlich Spika	2,5°
15.10.1968 9:13:14	Saturnopposition	
15.10.1968 15:34:17	Merkur in unterer Konjunktion zur Sonne	-1,5°
17.10.1968 16:46:21	Venus 2,5° südlich Neptun	30,8°
23.10.1968 19:14:19	Venus 2,1° südlich Akrab	32,3°
24.10.1968 1:36:43	Merkur stationär, dann rechtläufig	
28.10.1968 10:20:50	Venus 3,3° nördlich Antares	33,8°
31.10.1968 7:21:00	Merkur in größter westlicher Elongation zur Sonne	18,7°
2.11.1968 9:13:00	Merkur 4,6° nördlich Spika	16,7°
6.11.1968 8:00:24	Mars 17' nördlich Jupiter	45,7°
13.11.1968 1:11:19	Mars 43' nördlich Uranus	48,1°
17.11.1968 16:45:24	Merkur 49' nördlich Zuben-el-dschenubi	10,8°
18.11.1968 12:58:49	Neptun in Konjunktion zur Sonne	1,7°
24.11.1968 21:52:18	Venus 1,3° nördlich Nunki	39,4°
25.11.1968 13:06:11	Merkur 1,5° südlich Neptun	6,5°
26.11.1968 7:28:47	Mars 1,5° südlich Porrima	53,8°
29.11.1968 10:11:46	Merkur 1,3° südlich Akrab	4,3°
3.12.1968 1:10:24	Merkur 4° nördlich Antares	2,3°
7.12.1968 2:12:39	Merkur in oberer Konjunktion zur Sonne	-1°
9.12.1968 8:09:39	Jupiter 31' nördlich Uranus	73,7°
11.12.1968 15:27:17	Venus 7° südlich Beta Capricorni	42,4°
16.12.1968 2:25:43	Mars 3,7° nördlich Spika	60,8°
22.12.1968 11:40:01	Saturn stationär, dann rechtläufig	
24.12.1968 4:02:43	Merkur 1,3° nördlich Nunki	9,9°
30.12.1968 0:35:16	Venus 55' nördlich Delta Capricorni	44,8°

1969

Datum und Uhrzeit (WZ)	Ereignis	Elongation
5.1.1969 22:02:19	Merkur 6,5° südlich Beta Capricorni	16,8°
13.1.1969 15:10:00	Merkur in größter östlicher Elongation zur Sonne	18,9°
19.1.1969 22:59:27	Merkur stationär, dann rückläufig	
21.1.1969 2:38:43	Jupiter stationär, dann rückläufig	
24.1.1969 19:20:25	Mars 1,1° nördlich Zuben-el-dschenubi	80,1°
26.1.1969 22:05:00	Venus in größter östlicher Elongation zur Sonne	47°
29.1.1969 8:43:01	Merkur in unterer Konjunktion zur Sonne	3,5°
3.2.1969 12:55:14	Merkur 1,1° südlich Beta Capricorni	11,7°
10.2.1969 1:24:18	Merkur stationär, dann rechtläufig	
17.2.1969 9:50:13	Merkur 3,6° südlich Beta Capricorni	25,3°
22.2.1969 16:14:48	Mars 33' südlich Neptun	95,1°
23.2.1969 10:32:00	Merkur in größter westlicher Elongation zur Sonne	26,7°
1.3.1969 0:42:56	Neptun stationär, dann rückläufig	

Datum und Uhrzeit (WZ)	Ereignis	Elongation
3.3.1969 11:09:19	Mars 5,3' nördlich Akrab	100°
8.3.1969 2:35:52	Merkur 59' nördlich Delta Capricorni	24°
15.3.1969 22:59:31	Jupiter 52' nördlich Uranus	172,9°
17.3.1969 6:37:11	Venus stationär, dann rückläufig	
17.3.1969 20:32:53	Mars 5,5° nördlich Antares	107,7°
21.3.1969 22:42:15	Jupiteropposition	
22.3.1969 18:36:07	Uranusopposition	
7.4.1969 10:14:06	Merkur 9,3° südlich Venus	2°
8.4.1969 15:04:59	Venus in unterer Konjunktion zur Sonne	7,3°
8.4.1969 22:47:22	Merkur in oberer Konjunktion zur Sonne	-51'
13.4.1969 15:36:56	Merkur 2,3° nördlich Saturn	4,9°
16.4.1969 0:25:00	Merkur 10,2° südlich Hamal	7,9°
18.4.1969 19:51:29	Saturn in Konjunktion zur Sonne	-2,2°
27.4.1969 3:04:39	Mars stationär, dann rückläufig	
27.4.1969 7:16:16	Venus stationär, dann rechtläufig	
30.4.1969 1:17:56	Merkur 1,7° südlich Alkione	19,8°
5.5.1969 22:49:00	Merkur in größter östlicher Elongation zur Sonne	21,1°
11.5.1969 16:52:16	Merkur 7,8° nördlich Aldebaran	19,3°
18.5.1969 4:24:43	Merkur stationär, dann rückläufig	
18.5.1969 11:22:00	Neptunopposition	
22.5.1969 13:03:27	Saturn 13° südlich Hamal	25,9°
23.5.1969 21:17:38	Jupiter stationär, dann rechtläufig	
25.5.1969 6:50:13	Merkur 4,7° nördlich Aldebaran	6,2°
29.5.1969 9:43:32	Merkur in unterer Konjunktion zur Sonne	-2°
31.5.1969 15:43:53	Marsopposition	
3.6.1969 17:31:08	Mars 2,4° nördlich Antares	174,2°
7.6.1969 12:06:41	Uranus stationär, dann rechtläufig	
9.6.1969 3:36:48	Venus 13,3° südlich Hamal	41,9°
10.6.1969 12:29:17	Merkur stationär, dann rechtläufig	
11.6.1969 13:53:18	Venus 21' südlich Saturn	45,5°
17.6.1969 16:53:00	Venus in größter westlicher Elongation zur Sonne	45,8°
21.6.1969 19:58:01	Mars 4° südlich Akrab	152,5°
23.6.1969 10:57:00	Merkur in größter westlicher Elongation zur Sonne	22,5°
23.6.1969 14:46:45	Merkur 2,1° nördlich Aldebaran	22,5°
3.7.1969 5:50:34	Merkur 7° südlich Elnath	19,5°
5.7.1969 0:14:31	Venus 7,1° südlich Alkione	43,4°
8.7.1969 10:23:17	Mars stationär, dann rechtläufig	
9.7.1969 18:31:46	Merkur 39' nördlich Eta Geminorum	14,4°
10.7.1969 17:42:35	Merkur 46' nördlich Mü Geminorum	13,4°
12.7.1969 10:56:54	Merkur 7° nördlich Alhena	11,7°
13.7.1969 3:31:56	Merkur 1,7° südlich Epsilon Geminorum	10,9°
16.7.1969 0:54:49	Venus 2,9° nördlich Aldebaran	43,6°
18.7.1969 6:09:55	Jupiter 34' nördlich Uranus	64,9°
18.7.1969 16:23:13	Merkur 9° südlich Kastor	4,8°
19.7.1969 20:28:16	Merkur 5,4° südlich Pollux	3,5°
22.7.1969 14:21:42	Merkur in oberer Konjunktion zur Sonne	1,6°

Datum und Uhrzeit (WZ)	Ereignis	Elongation
25.7.1969 6:35:10	Mars 4,5° südlich Akrab	120,6°
26.7.1969 0:03:40	Merkur 30' nördlich M44	4,2°
26.7.1969 19:56:43	Venus 7,6° südlich Elnath	41,8°
5.8.1969 21:19:25	Venus 48' südlich Eta Geminorum	40,2°
6.8.1969 15:33:38	Merkur 57' nördlich Regulus	15,2°
7.8.1969 12:46:03	Venus 47' südlich Mü Geminorum	39,9°
7.8.1969 22:30:00	Neptun stationär, dann rechtläufig	
10.8.1969 12:48:52	Venus 5,3° nördlich Alhena	39,4°
11.8.1969 18:22:38	Venus 3,4° südlich Epsilon Geminorum	39,1°
12.8.1969 0:20:45	Mars 1,3° nördlich Antares	110°
21.8.1969 22:15:03	Venus 11° südlich Kastor	37,1°
22.8.1969 0:00:00	Saturn stationär, dann rückläufig	
24.8.1969 2:15:29	Venus 7,5° südlich Pollux	36,7°
30.8.1969 12:43:48	Merkur 2,8° südlich Uranus	25,7°
3.9.1969 4:29:00	Merkur in größter östlicher Elongation zur Sonne	27,1°
4.9.1969 4:11:38	Venus 1,4° südlich M44	34,3°
7.9.1969 15:41:33	Merkur 4,5° südlich Jupiter	24,7°
9.9.1969 1:20:54	Merkur 6,5° südlich Porrima	23,7°
11.9.1969 22:16:46	Jupiter 1,8° südlich Porrima	20,9°
16.9.1969 7:36:40	Merkur stationär, dann rückläufig	
19.9.1969 19:31:46	Merkur 5,5° südlich Jupiter	15,5°
22.9.1969 12:45:55	Venus 24' nördlich Regulus	29,9°
22.9.1969 21:52:07	Merkur 7,2° südlich Porrima	10,4°
27.9.1969 17:04:34	Uranus in Konjunktion zur Sonne	41'
29.9.1969 9:23:09	Merkur in unterer Konjunktion zur Sonne	-2,5°
29.9.1969 13:17:26	Merkur 3,4° südlich Uranus	1,8°
7.10.1969 16:51:08	Merkur stationär, dann rechtläufig	
9.10.1969 21:43:08	Jupiter in Konjunktion zur Sonne	1,1°
9.10.1969 23:51:19	Mars 1° nördlich Nunki	85,5°
14.10.1969 22:03:00	Merkur in größter westlicher Elongation zur Sonne	18,1°
16.10.1969 12:08:20	Merkur 1,3° nördlich Uranus	17,4°
20.10.1969 6:24:41	Merkur 49' südlich Porrima	16,8°
22.10.1969 1:32:19	Venus 57' nördlich Uranus	22,6°
25.10.1969 20:19:05	Venus 1,3° südlich Porrima	22,1°
26.10.1969 10:54:09	Merkur 50' nördlich Jupiter	12,9°
27.10.1969 19:03:53	Merkur 4,1° nördlich Spika	11°
29.10.1969 1:29:54	Saturnopposition	
3.11.1969 23:54:32	Venus 28' nördlich Jupiter	19,6°
4.11.1969 6:26:53	Venus 3,9° nördlich Spika	18,4°
5.11.1969 14:31:04	Jupiter 3,4° nördlich Spika	19,7°
7.11.1969 17:17:19	Mars 6,6° südlich Beta Capricorni	77°
10.11.1969 14:42:57	Merkur 5,1' nördlich Zuben-el-dschenubi	3,4°
16.11.1969 7:29:05	Merkur in oberer Konjunktion zur Sonne, Bedeckung	-14'
19.11.1969 12:56:40	Merkur 2,3° südlich Neptun	1,9°
20.11.1969 22:27:12	Neptun in Konjunktion zur Sonne	1,6°
22.11.1969 4:11:37	Venus 55' nördlich Zuben-el-dschenubi	15,1°

Datum und Uhrzeit (WZ)	Ereignis	Elongation
22.11.1969 5:44:04	Merkur 1,9° südlich Akrab	3,2°
25.11.1969 20:48:53	Merkur 3,4° nördlich Antares	5,5°
3.12.1969 21:25:38	Venus 49' südlich Neptun	12,5°
6.12.1969 20:22:23	Venus 17' südlich Akrab	11,8°
6.12.1969 23:17:10	Mars 1,4° nördlich Delta Capricorni	68,5°
9.12.1969 3:28:06	Saturn 13,4° südlich Hamal	135,7°
11.12.1969 9:14:56	Venus 5,2° nördlich Antares	10,7°
17.12.1969 12:42:27	Merkur 1,2° nördlich Nunki	16,8°
27.12.1969 21:44:00	Merkur in größter östlicher Elongation zur Sonne	19,7°

1970

Datum und Uhrzeit (WZ)	Ereignis	Elongation
4.1.1970 19:11:46	Saturn stationär, dann rechtläufig	
7.1.1970 4:16:39	Venus 3° nördlich Nunki	4,3°
13.1.1970 9:08:36	Merkur in unterer Konjunktion zur Sonne	3°
13.1.1970 10:48:08	Uranus stationär, dann rückläufig	
14.1.1970 4:54:58	Merkur 4° nördlich Venus	2,7°
23.1.1970 3:27:09	Venus 5,8° südlich Beta Capricorni	1,1°
24.1.1970 13:44:40	Merkur stationär, dann rechtläufig	
24.1.1970 19:47:41	Venus in oberer Konjunktion zur Sonne	-1,1°
31.1.1970 4:49:42	Saturn 13,1° südlich Hamal	81,8°
5.2.1970 19:31:00	Merkur in größter westlicher Elongation zur Sonne	25,5°
9.2.1970 1:25:50	Venus 1,3° nördlich Delta Capricorni	3,9°
15.2.1970 9:17:04	Merkur 5,5° südlich Beta Capricorni	23,1°
1.3.1970 17:34:53	Merkur 37' nördlich Delta Capricorni	17,5°
3.3.1970 11:24:48	Neptun stationär, dann rückläufig	
12.3.1970 5:23:24	Mars 10,3° südlich Hamal	42,5°
17.3.1970 7:29:53	Mars 2,7° nördlich Saturn	40,2°
23.3.1970 14:44:55	Merkur in oberer Konjunktion zur Sonne	-1,3°
27.3.1970 20:24:46	Uranusopposition	
6.4.1970 4:40:42	Venus 11,1° südlich Hamal	17,5°
8.4.1970 14:24:03	Merkur 9,1° südlich Hamal	15,9°
11.4.1970 13:20:24	Venus 2° nördlich Saturn	18,3°
12.4.1970 21:26:24	Merkur 4,5° nördlich Saturn	17,2°
17.4.1970 0:53:16	Mars 3,5° südlich Alkione	32,2°
18.4.1970 8:15:00	Merkur in größter östlicher Elongation zur Sonne	19,9°
21.4.1970 15:03:16	Jupiteropposition	
26.4.1970 19:52:31	Venus 3,7° südlich Alkione	22,6°
28.4.1970 20:56:37	Merkur stationär, dann rückläufig	
2.5.1970 23:29:08	Saturn in Konjunktion zur Sonne	-2,1°
3.5.1970 20:21:01	Mars 6,3° nördlich Aldebaran	26,9°
6.5.1970 7:20:35	Venus 6,4° nördlich Aldebaran	24,6°
9.5.1970 8:15:09	Merkur in unterer Konjunktion zur Sonne, Transit	-1,9'
9.5.1970 9:58:45	Venus 10' nördlich Mars	25,7°

Datum und Uhrzeit (WZ)	Ereignis	Elon-gation
15.5.1970 21:01:07	Venus 4,2° südlich Elnath	27,3°
17.5.1970 17:07:50	Merkur 11' südlich Saturn	12,5°
20.5.1970 23:31:03	Neptunopposition	
21.5.1970 1:31:45	Mars 4,5° südlich Elnath	22,3°
21.5.1970 15:00:25	Merkur stationär, dann rechtläufig	
25.5.1970 1:23:34	Venus 2,4° nördlich Eta Geminorum	29,6°
26.5.1970 14:01:05	Venus 2,4° nördlich Mü Geminorum	29,9°
29.5.1970 3:15:41	Merkur 1,7° südlich Saturn	22°
29.5.1970 9:21:21	Venus 8,4° nördlich Alhena	30,6°
30.5.1970 13:10:21	Venus 24' südlich Epsilon Geminorum	30,9°
5.6.1970 2:31:00	Merkur in größter westlicher Elongation zur Sonne	24,2°
6.6.1970 18:47:56	Mars 1,8° nördlich Eta Geminorum	17,4°
9.6.1970 6:25:20	Venus 8,3° südlich Kastor	33,2°
9.6.1970 13:51:29	Mars 1,8° nördlich Mü Geminorum	16,5°
11.6.1970 9:05:48	Venus 4,9° südlich Pollux	33,4°
12.6.1970 1:52:25	Merkur 7,1° südlich Alkione	21,5°
12.6.1970 15:05:00	Uranus stationär, dann rechtläufig	
14.6.1970 17:24:35	Mars 7,7° nördlich Alhena	15°
16.6.1970 20:32:31	Mars 1,1° südlich Epsilon Geminorum	14,4°
19.6.1970 21:54:51	Merkur 4° nördlich Aldebaran	18,3°
22.6.1970 10:01:36	Venus 40' nördlich M44	36,2°
23.6.1970 23:14:21	Jupiter stationär, dann rechtläufig	
26.6.1970 6:51:01	Merkur 5,7° südlich Elnath	12,5°
1.7.1970 15:51:47	Merkur 1,6° nördlich Eta Geminorum	6,4°
2.7.1970 12:24:00	Merkur 1,6° nördlich Mü Geminorum	5,4°
4.7.1970 1:48:10	Merkur 7,8° nördlich Alhena	3,6°
4.7.1970 17:09:50	Merkur 58' südlich Epsilon Geminorum	2,9°
4.7.1970 18:31:07	Mars 9,2° südlich Kastor	9°
6.7.1970 22:26:13	Merkur in oberer Konjunktion zur Sonne	1,4°
8.7.1970 16:02:27	Mars 5,7° südlich Pollux	7,8°
10.7.1970 2:03:39	Merkur 8,6° südlich Kastor	4,1°
11.7.1970 6:31:04	Merkur 5° südlich Pollux	5,4°
11.7.1970 15:40:44	Venus 1,1° nördlich Regulus	40,1°
12.7.1970 10:15:58	Merkur 42' nördlich Mars	6,7°
17.7.1970 17:35:38	Merkur 33' nördlich M44	12,1°
29.7.1970 0:03:03	Mars 9,3' südlich M44	1,8°
30.7.1970 18:27:07	Merkur 19' nördlich Regulus	22,2°
2.8.1970 12:20:37	Mars in Konjunktion zur Sonne	1,1°
10.8.1970 8:16:31	Neptun stationär, dann rechtläufig	
14.8.1970 21:05:27	Venus 1,4° südlich Uranus	44,7°
16.8.1970 15:27:00	Merkur in größter östlicher Elongation zur Sonne	27,4°
19.8.1970 3:28:43	Venus 4,1° südlich Porrima	44,1°
29.8.1970 18:59:20	Merkur stationär, dann rückläufig	
31.8.1970 5:01:55	Venus 10' südlich Spika	46,1°
1.9.1970 7:24:00	Venus in größter östlicher Elongation zur Sonne	46,2°
1.9.1970 21:02:03	Mars 44' nördlich Regulus	9,6°

Datum und Uhrzeit (WZ)	Ereignis	Elongation
5.9.1970 1:26:38	Saturn stationär, dann rückläufig	
12.9.1970 18:12:14	Merkur in unterer Konjunktion zur Sonne	-3,4°
14.9.1970 10:13:21	Venus 5° südlich Jupiter	43,7°
21.9.1970 4:39:29	Merkur stationär, dann rechtläufig	
27.9.1970 6:00:35	Venus 5,7° südlich Zuben-el-dschenubi	40,9°
28.9.1970 14:13:00	Merkur in größter westlicher Elongation zur Sonne	17,9°
2.10.1970 19:35:05	Uranus in Konjunktion zur Sonne	40'
13.10.1970 5:18:20	Merkur 1,2° nördlich Uranus	9,6°
13.10.1970 16:29:13	Merkur 1,1° südlich Porrima	9,9°
20.10.1970 14:09:10	Merkur 3,6° nördlich Spika	3,9°
20.10.1970 15:06:00	Venus stationär, dann rückläufig	
26.10.1970 5:31:41	Uranus 2,3° südlich Porrima	21,8°
27.10.1970 9:23:16	Merkur in oberer Konjunktion zur Sonne	32'
31.10.1970 6:49:20	Jupiter 35' nördlich Zuben-el-dschenubi	7,1°
3.11.1970 8:39:33	Merkur 36' südlich Zuben-el-dschenubi	4,1°
3.11.1970 20:39:33	Merkur 1,2° südlich Jupiter	4,4°
5.11.1970 20:56:18	Merkur 5° nördlich Venus	5,8°
5.11.1970 22:22:33	Mars 1,9° südlich Porrima	32,6°
7.11.1970 0:12:40	Mars 27' nördlich Uranus	32,9°
9.11.1970 7:25:51	Jupiter in Konjunktion zur Sonne	53'
9.11.1970 9:05:05	Venus 5,8° südlich Jupiter	0,9°
10.11.1970 8:43:33	Venus in unterer Konjunktion zur Sonne	-4,4°
11.11.1970 22:22:26	Saturnopposition	
12.11.1970 23:48:21	Venus 4,3° südlich Zuben-el-dschenubi	5,6°
13.11.1970 15:00:15	Merkur 3° südlich Neptun	9,6°
15.11.1970 4:23:30	Merkur 2,5° südlich Akrab	10,4°
18.11.1970 21:39:56	Merkur 2,8° nördlich Antares	12,9°
23.11.1970 8:09:35	Neptun in Konjunktion zur Sonne	1,6°
24.11.1970 9:52:37	Mars 3,3° nördlich Spika	38,3°
29.11.1970 5:38:22	Venus stationär, dann rechtläufig	
10.12.1970 23:03:00	Merkur in größter östlicher Elongation zur Sonne	20,8°
14.12.1970 7:16:11	Merkur 1,9° nördlich Nunki	20,3°
16.12.1970 1:40:42	Venus 2,6° nördlich Zuben-el-dschenubi	39,1°
19.12.1970 2:05:02	Merkur stationär, dann rückläufig	
23.12.1970 11:40:37	Merkur 4,3° nördlich Nunki	11,2°
28.12.1970 13:55:03	Merkur in unterer Konjunktion zur Sonne	2,4°
29.12.1970 13:45:09	Mars 31' nördlich Zuben-el-dschenubi	52,8°

1971

Datum und Uhrzeit (WZ)	Ereignis	Elongation
4.1.1971 5:22:25	Venus 3° nördlich Jupiter	45°
9.1.1971 0:15:35	Venus 2,3° nördlich Neptun	45,9°
9.1.1971 11:32:12	Venus 2,9° nördlich Akrab	45,8°
15.1.1971 14:10:09	Venus 8,4° nördlich Antares	45,6°

Datum und Uhrzeit (WZ)	Ereignis	Elongation
18.1.1971 6:22:47	Saturn stationär, dann rechtläufig	
18.1.1971 10:59:07	Uranus stationär, dann rückläufig	
19.1.1971 3:51:00	Merkur in größter westlicher Elongation zur Sonne	24,1°
20.1.1971 16:10:00	Venus in größter westlicher Elongation zur Sonne	47°
26.1.1971 2:40:25	Merkur 3,8° nördlich Nunki	23,2°
26.1.1971 3:03:23	Neptun 39' nördlich Akrab	62,7°
26.1.1971 4:22:53	Mars 19' südlich Jupiter	63,6°
27.1.1971 14:53:43	Mars 26' südlich Akrab	64,2°
27.1.1971 16:06:26	Mars 1,1° südlich Neptun	64,2°
1.2.1971 11:05:51	Jupiter 5,9' südlich Akrab	69,1°
2.2.1971 11:52:14	Jupiter 45' südlich Neptun	70,1°
5.2.1971 16:39:17	Mars 5,1° nördlich Antares	67°
9.2.1971 8:31:44	Merkur 6,2° südlich Beta Capricorni	16,9°
16.2.1971 20:12:32	Venus 5,6° nördlich Nunki	45,1°
22.2.1971 11:18:57	Merkur 31' nördlich Delta Capricorni	10,1°
5.3.1971 20:23:37	Neptun stationär, dann rückläufig	
6.3.1971 11:39:33	Venus 3,8° südlich Beta Capricorni	41,8°
6.3.1971 18:48:51	Merkur in oberer Konjunktion zur Sonne	-1,7°
23.3.1971 12:56:25	Jupiter stationär, dann rückläufig	
24.3.1971 11:46:34	Venus 2,5° nördlich Delta Capricorni	39,2°
1.4.1971 4:50:00	Merkur in größter östlicher Elongation zur Sonne	19°
1.4.1971 21:56:42	Uranusopposition	
1.4.1971 23:11:15	Mars 3° nördlich Nunki	89,3°
9.4.1971 18:54:43	Merkur stationär, dann rückläufig	
14.4.1971 18:33:09	Neptun 43' nördlich Akrab	141,4°
19.4.1971 23:27:47	Merkur in unterer Konjunktion zur Sonne	1,7°
23.4.1971 9:33:45	Uranus 2,3° südlich Porrima	157°
2.5.1971 7:46:43	Merkur stationär, dann rechtläufig	
8.5.1971 3:14:31	Mars 6,4° südlich Beta Capricorni	103,2°
13.5.1971 20:03:44	Jupiter 30" nördlich Akrab, Bedeckung	169,6°
17.5.1971 11:57:15	Saturn in Konjunktion zur Sonne	-1,9°
17.5.1971 17:14:00	Merkur in größter westlicher Elongation zur Sonne	25,8°
19.5.1971 13:43:11	Merkur 14,1° südlich Hamal	22,9°
20.5.1971 18:39:02	Jupiter 44' südlich Neptun	176,8°
21.5.1971 0:43:24	Venus 12,4° südlich Hamal	24,1°
23.5.1971 8:47:50	Jupiteropposition	
23.5.1971 11:35:19	Neptunopposition	
4.6.1971 12:28:03	Saturn 6,1° südlich Alkione	14,2°
6.6.1971 8:59:03	Merkur 5,7° südlich Alkione	15,9°
6.6.1971 12:20:46	Merkur 24' nördlich Saturn	16,6°
10.6.1971 23:29:30	Venus 5,3° südlich Alkione	20,2°
11.6.1971 17:20:11	Venus 46' nördlich Saturn	20,8°
12.6.1971 10:39:37	Merkur 5,1° nördlich Aldebaran	10,7°
17.6.1971 20:11:17	Uranus stationär, dann rechtläufig	
17.6.1971 23:19:34	Merkur 4,8° südlich Elnath	4,3°
20.6.1971 13:39:38	Venus 4,7° nördlich Aldebaran	18,5°

Datum und Uhrzeit (WZ)	Ereignis	Elongation
21.6.1971 9:20:06	Merkur in oberer Konjunktion zur Sonne	1,1°
23.6.1971 1:02:02	Merkur 2,2° nördlich Eta Geminorum	2,3°
23.6.1971 21:14:53	Merkur 2,2° nördlich Mü Geminorum	3,3°
25.6.1971 10:37:49	Merkur 8,3° nördlich Alhena	5,2°
26.6.1971 2:12:16	Merkur 28' südlich Epsilon Geminorum	5,9°
30.6.1971 4:58:04	Venus 5,8° südlich Elnath	16°
1.7.1971 17:14:40	Merkur 8,3° südlich Kastor	12,1°
3.7.1971 0:01:21	Merkur 4,9° südlich Pollux	13,4°
9.7.1971 9:10:54	Venus 49' nördlich Eta Geminorum	13,5°
10.7.1971 5:17:59	Merkur 21' nördlich M44	19,5°
10.7.1971 21:34:48	Venus 49' nördlich Mü Geminorum	13,1°
13.7.1971 3:22:16	Mars stationär, dann rückläufig	
13.7.1971 16:19:00	Venus 6,9° nördlich Alhena	12,3°
14.7.1971 19:50:31	Venus 1,9° südlich Epsilon Geminorum	12°
24.7.1971 8:46:17	Venus 9,7° südlich Kastor	9,5°
25.7.1971 1:48:25	Jupiter stationär, dann rechtläufig	
26.7.1971 10:02:37	Venus 6,2° südlich Pollux	8,9°
26.7.1971 13:24:37	Merkur 1,1° südlich Regulus	26,5°
29.7.1971 22:37:00	Merkur in größter östlicher Elongation zur Sonne	27,2°
6.8.1971 0:42:09	Venus 20' südlich M44	6°
10.8.1971 6:46:19	Marsopposition	
10.8.1971 10:20:22	Uranus 2,3° südlich Porrima	52,7°
12.8.1971 0:20:10	Merkur stationär, dann rückläufig	
12.8.1971 20:25:12	Neptun stationär, dann rechtläufig	
23.8.1971 22:59:16	Venus 56' nördlich Regulus	0,9°
25.8.1971 17:50:05	Merkur 6,1° südlich Venus	1,5°
26.8.1971 14:55:02	Merkur in unterer Konjunktion zur Sonne	-4,2°
27.8.1971 18:19:05	Venus in oberer Konjunktion zur Sonne	1,4°
28.8.1971 12:47:03	Merkur 4,6° südlich Regulus	5,2°
4.9.1971 10:34:17	Merkur stationär, dann rechtläufig	
10.9.1971 19:12:54	Merkur 29' südlich Regulus	17,8°
11.9.1971 2:33:00	Mars stationär, dann rechtläufig	
12.9.1971 4:57:00	Merkur in größter westlicher Elongation zur Sonne	17,9°
17.9.1971 23:07:05	Jupiter 1,1° südlich Neptun	66,3°
19.9.1971 7:37:20	Saturn stationär, dann rückläufig	
26.9.1971 5:34:09	Venus 1,8° südlich Porrima	7,8°
28.9.1971 9:54:01	Venus 32' nördlich Uranus	8,6°
30.9.1971 18:22:44	Jupiter 27' südlich Akrab	55,9°
5.10.1971 17:15:23	Venus 3,2° nördlich Spika	10,5°
6.10.1971 3:45:41	Merkur 1,6° südlich Porrima	2,3°
7.10.1971 21:35:35	Uranus in Konjunktion zur Sonne	38'
8.10.1971 1:56:38	Merkur 35' nördlich Uranus	0,7°
8.10.1971 14:30:10	Merkur in oberer Konjunktion zur Sonne	1,1°
13.10.1971 2:46:17	Merkur 2,9° nördlich Spika	3,3°
23.10.1971 10:13:00	Mars 13' südlich Delta Capricorni	113,7°
23.10.1971 17:44:22	Venus 3,2' südlich Zuben-el-dschenubi	15°

Datum und Uhrzeit (WZ)	Ereignis	Elon-gation
27.10.1971 6:49:28	Merkur 1,3° südlich Zuben-el-dschenubi	11,4°
30.10.1971 18:59:20	Jupiter 5,1° nördlich Antares	31,9°
7.11.1971 0:24:53	Venus 2° südlich Neptun	18,2°
7.11.1971 11:19:40	Venus 1,4° südlich Akrab	18,4°
8.11.1971 7:08:23	Merkur 3,7° südlich Neptun	17°
8.11.1971 15:49:54	Merkur 3,2° südlich Akrab	17,2°
12.11.1971 0:32:21	Venus 4,1° nördlich Antares	19,8°
12.11.1971 16:06:26	Merkur 2,2° nördlich Antares	19,5°
14.11.1971 12:48:06	Venus 1,1° südlich Jupiter	20,2°
15.11.1971 0:53:14	Merkur 3° südlich Jupiter	19,8°
22.11.1971 10:27:01	Neptun 36' nördlich Akrab	3,5°
23.11.1971 18:43:00	Merkur in größter östlicher Elongation zur Sonne	22°
25.11.1971 17:45:02	Neptun in Konjunktion zur Sonne	1,6°
25.11.1971 22:53:22	Saturnopposition	
3.12.1971 2:52:18	Merkur stationär, dann rückläufig	
8.12.1971 21:35:51	Venus 2° nördlich Nunki	26,1°
10.12.1971 4:15:19	Jupiter in Konjunktion zur Sonne	26'
12.12.1971 20:55:55	Merkur in unterer Konjunktion zur Sonne	1,7°
14.12.1971 7:06:54	Merkur 1,7° nördlich Jupiter	3,3°
22.12.1971 21:27:19	Merkur stationär, dann rechtläufig	
25.12.1971 0:27:37	Venus 6,5° südlich Beta Capricorni	29,7°

1972

Datum und Uhrzeit (WZ)	Ereignis	Elon-gation
1.1.1972 14:07:00	Merkur in größter westlicher Elongation zur Sonne	22,6°
6.1.1972 19:17:05	Merkur 45' nördlich Jupiter	21,9°
11.1.1972 6:58:10	Venus 57' nördlich Delta Capricorni	33,1°
20.1.1972 10:04:17	Merkur 2,8° nördlich Nunki	17,2°
31.1.1972 21:51:51	Saturn stationär, dann rechtläufig	
2.2.1972 7:58:33	Merkur 6,6° südlich Beta Capricorni	10°
14.2.1972 20:09:14	Merkur 34' nördlich Delta Capricorni	2,8°
16.2.1972 10:24:03	Mars 9,9° südlich Hamal	67°
17.2.1972 6:23:00	Merkur in oberer Konjunktion zur Sonne	-2°
7.3.1972 7:27:19	Neptun stationär, dann rückläufig	
10.3.1972 19:08:14	Venus 9,2° südlich Hamal	43,8°
14.3.1972 9:50:00	Merkur in größter westlicher Elongation zur Sonne	18,4°
21.3.1972 11:06:20	Merkur stationär, dann rückläufig	
25.3.1972 12:19:11	Mars 3,2° südlich Alkione	54°
31.3.1972 11:53:35	Merkur in unterer Konjunktion zur Sonne	2,9°
1.4.1972 6:41:42	Mars 2,7° nördlich Saturn	51,2°
3.4.1972 7:58:50	Venus 1° südlich Alkione	45,8°
5.4.1972 23:46:26	Uranusopposition	
7.4.1972 23:54:00	Venus in größter östlicher Elongation zur Sonne	45,9°
8.4.1972 11:18:40	Venus 5,1° nördlich Saturn	44,8°

Datum und Uhrzeit (WZ)	Ereignis	Elongation
12.4.1972 2:23:17	Mars 6,6° nördlich Aldebaran	47,4°
12.4.1972 21:50:46	Merkur stationär, dann rechtläufig	
15.4.1972 1:43:32	Venus 9,3° nördlich Aldebaran	44,5°
22.4.1972 20:26:12	Venus 2,9° nördlich Mars	44,5°
25.4.1972 0:28:27	Jupiter stationär, dann rückläufig	
28.4.1972 11:37:40	Venus 1,2° südlich Elnath	44°
28.4.1972 12:21:00	Merkur in größter westlicher Elongation zur Sonne	27°
29.4.1972 23:29:35	Mars 4,3° südlich Elnath	42,2°
14.5.1972 16:47:54	Merkur 13,3° südlich Hamal	19,4°
17.5.1972 5:12:10	Venus 2,6° nördlich Mars	36,6°
17.5.1972 5:32:39	Mars 2,1° nördlich Eta Geminorum	36,6°
17.5.1972 5:49:11	Venus 4,7° nördlich Eta Geminorum	36,6°
20.5.1972 2:31:44	Mars 2° nördlich Mü Geminorum	35,7°
24.5.1972 23:52:09	Neptunopposition	
25.5.1972 9:26:19	Mars 7,9° nördlich Alhena	34°
27.5.1972 0:13:55	Venus stationär, dann rückläufig	
27.5.1972 13:59:08	Mars 53' südlich Epsilon Geminorum	33,2°
28.5.1972 14:15:23	Merkur 4,7° südlich Alkione	8,7°
31.5.1972 7:59:12	Saturn in Konjunktion zur Sonne	-1,5°
31.5.1972 12:11:53	Saturn 4° nördlich Aldebaran	1,5°
3.6.1972 0:59:45	Merkur 5,9° nördlich Aldebaran	2,3°
3.6.1972 4:48:31	Merkur 2° nördlich Saturn	2,1°
4.6.1972 21:09:10	Merkur in oberer Konjunktion zur Sonne	43'
5.6.1972 11:17:21	Venus 2,2° nördlich Eta Geminorum	18,2°
8.6.1972 8:27:16	Merkur 4,2° südlich Elnath	4,5°
12.6.1972 1:22:25	Merkur 1,8° nördlich Venus	8,7°
13.6.1972 13:20:42	Merkur 2,7° nördlich Eta Geminorum	10,5°
14.6.1972 10:50:00	Merkur 2,7° nördlich Mü Geminorum	11,5°
14.6.1972 22:06:36	Mars 9° südlich Kastor	27,4°
16.6.1972 3:06:30	Merkur 8,7° nördlich Alhena	13,2°
16.6.1972 20:06:23	Merkur 7,6' südlich Epsilon Geminorum	13,9°
17.6.1972 15:03:11	Venus in unterer Konjunktion zur Sonne	-1,5°
18.6.1972 21:30:19	Mars 5,6° südlich Pollux	25,9°
21.6.1972 22:51:25	Uranus stationär, dann rechtläufig	
23.6.1972 4:30:28	Merkur 8,3° südlich Kastor	19,5°
24.6.1972 16:35:26	Merkur 4,9° südlich Pollux	20,5°
24.6.1972 21:32:25	Jupiteropposition	
25.6.1972 22:09:27	Venus 8,6° südlich Elnath	13,2°
28.6.1972 15:33:59	Merkur 19' nördlich Mars	23°
3.7.1972 17:20:04	Merkur 25' südlich M44	25,1°
9.7.1972 1:25:36	Venus stationär, dann rechtläufig	
9.7.1972 13:50:35	Mars 5,2' südlich M44	19,5°
10.7.1972 23:21:00	Merkur in größter östlicher Elongation zur Sonne	26,4°
17.7.1972 14:20:48	Neptun 40' nördlich Akrab	127,6°
23.7.1972 1:47:12	Venus 10,5° südlich Elnath	38,4°
24.7.1972 1:26:48	Merkur stationär, dann rückläufig	

Datum und Uhrzeit (WZ)	Ereignis	Elongation
29.7.1972 15:09:24	Merkur 5,8° südlich Mars	13,1°
7.8.1972 19:56:37	Merkur in unterer Konjunktion zur Sonne	-4,8°
10.8.1972 3:54:13	Venus 3,4° südlich Eta Geminorum	44,6°
12.8.1972 12:41:13	Venus 3,3° südlich Mü Geminorum	45°
13.8.1972 18:40:01	Mars 42' nördlich Regulus	8,2°
14.8.1972 6:31:53	Neptun stationär, dann rechtläufig	
16.8.1972 15:54:20	Venus 2,9° nördlich Alhena	45,4°
17.8.1972 6:52:09	Merkur stationär, dann rechtläufig	
18.8.1972 7:21:14	Venus 5,8° südlich Epsilon Geminorum	45,6°
25.8.1972 7:19:32	Jupiter stationär, dann rechtläufig	
25.8.1972 15:06:00	Merkur in größter westlicher Elongation zur Sonne	18,3°
27.8.1972 2:02:00	Venus in größter westlicher Elongation zur Sonne	45,9°
30.8.1972 23:40:13	Venus 12,9° südlich Kastor	45,8°
2.9.1972 13:04:38	Venus 9,2° südlich Pollux	45,7°
4.9.1972 23:12:33	Merkur 1,1° nördlich Regulus	13,1°
7.9.1972 11:15:30	Mars in Konjunktion zur Sonne	1°
10.9.1972 14:03:10	Neptun 37' nördlich Akrab	74,7°
15.9.1972 3:49:26	Venus 2,7° südlich M44	44,8°
16.9.1972 4:30:19	Merkur 46' nördlich Mars	3,1°
19.9.1972 20:00:06	Merkur in oberer Konjunktion zur Sonne	1,5°
27.9.1972 12:47:49	Merkur 2,1° südlich Porrima	6°
2.10.1972 1:27:58	Merkur 18' südlich Uranus	9,2°
2.10.1972 16:53:55	Saturn stationär, dann rückläufig	
4.10.1972 18:55:00	Merkur 2,2° nördlich Spika	11°
4.10.1972 23:14:46	Venus 19' südlich Regulus	42,3°
11.10.1972 22:38:45	Uranus in Konjunktion zur Sonne	36'
17.10.1972 7:37:55	Mars 2,1° südlich Porrima	13,5°
19.10.1972 18:46:58	Merkur 2,1° südlich Zuben-el-dschenubi	18,2°
31.10.1972 12:23:14	Mars 11' nördlich Uranus	18,3°
2.11.1972 20:16:34	Merkur 3,8° südlich Akrab	22,3°
4.11.1972 3:10:26	Merkur 4,4° südlich Neptun	22,4°
4.11.1972 7:09:35	Mars 3° nördlich Spika	18,6°
5.11.1972 9:43:00	Merkur in größter östlicher Elongation zur Sonne	23,3°
8.11.1972 8:54:07	Venus 1,2° südlich Porrima	35,9°
8.11.1972 12:06:08	Merkur 1,8° nördlich Antares	23,1°
16.11.1972 0:00:41	Merkur stationär, dann rückläufig	
16.11.1972 16:55:09	Venus 1,3° nördlich Uranus	33,6°
17.11.1972 22:56:42	Venus 4,2° nördlich Spika	32,3°
22.11.1972 12:33:27	Merkur 4,3° nördlich Antares	8,4°
25.11.1972 9:31:03	Merkur 58' südlich Neptun	2°
26.11.1972 4:21:36	Merkur in unterer Konjunktion zur Sonne	53'
27.11.1972 2:08:57	Merkur 10' nördlich Akrab	2,4°
27.11.1972 3:18:50	Neptun in Konjunktion zur Sonne	1,6°
3.12.1972 22:42:19	Venus 1,3° nördlich Mars	29,9°
5.12.1972 15:09:39	Merkur stationär, dann rechtläufig	
6.12.1972 2:47:18	Venus 1,4° nördlich Zuben-el-dschenubi	29,5°

Datum und Uhrzeit (WZ)	Ereignis	Elongation
7.12.1972 18:59:29	Jupiter 3,3° nördlich Nunki	26,4°
7.12.1972 22:23:59	Mars 10' nördlich Zuben-el-dschenubi	31,3°
9.12.1972 1:40:33	Saturnopposition	
14.12.1972 5:49:00	Merkur in größter westlicher Elongation zur Sonne	21,2°
15.12.1972 13:16:54	Merkur 1,1° nördlich Akrab	20,9°
18.12.1972 6:27:51	Merkur 12' nördlich Neptun	20,7°
20.12.1972 3:56:02	Uranus 2,9° nördlich Spika	64,9°
20.12.1972 10:03:25	Merkur 6,1° nördlich Antares	19,8°
20.12.1972 23:29:24	Venus 19' nördlich Akrab	26,4°
23.12.1972 14:21:44	Venus 22' südlich Neptun	25,9°
25.12.1972 13:46:14	Venus 5,8° nördlich Antares	24,9°

1973

Datum und Uhrzeit (WZ)	Ereignis	Elongation
4.1.1973 0:33:12	Mars 47' südlich Akrab	40,6°
9.1.1973 13:24:10	Mars 1,4° südlich Neptun	42,4°
10.1.1973 9:24:03	Jupiter in Konjunktion zur Sonne, Bedeckung	-11'
12.1.1973 7:54:40	Mars 4,8° nördlich Antares	42,8°
12.1.1973 13:50:26	Merkur 2,2° nördlich Nunki	10,1°
18.1.1973 13:00:20	Merkur 1,5° südlich Jupiter	6,4°
21.1.1973 15:41:44	Venus 3,5° nördlich Nunki	19,2°
24.1.1973 21:51:35	Merkur 6,8° südlich Beta Capricorni	3,3°
28.1.1973 20:14:41	Merkur in oberer Konjunktion zur Sonne	-2,1°
31.1.1973 17:27:48	Venus 11' südlich Jupiter	16,8°
6.2.1973 4:02:34	Merkur 48' nördlich Delta Capricorni	6,5°
6.2.1973 17:31:49	Venus 5,4° südlich Beta Capricorni	14,8°
13.2.1973 18:16:56	Saturn stationär, dann rechtläufig	
23.2.1973 17:00:01	Venus 1,5° nördlich Delta Capricorni	11,3°
25.2.1973 20:09:00	Merkur in größter östlicher Elongation zur Sonne	18,1°
1.3.1973 18:51:03	Mars 3° nördlich Nunki	58,8°
3.3.1973 23:53:00	Merkur stationär, dann rückläufig	
7.3.1973 11:04:29	Uranus 2,9° nördlich Spika	143,2°
7.3.1973 15:25:15	Jupiter 5° südlich Beta Capricorni	43,5°
9.3.1973 16:11:14	Neptun stationär, dann rückläufig	
13.3.1973 20:10:20	Merkur in unterer Konjunktion zur Sonne	3,5°
16.3.1973 0:45:29	Merkur 5,1° nördlich Venus	5,4°
26.3.1973 6:10:47	Merkur stationär, dann rechtläufig	
30.3.1973 4:57:23	Mars 5,7° südlich Beta Capricorni	65,8°
6.4.1973 13:27:40	Mars 48' südlich Jupiter	68,8°
9.4.1973 18:36:33	Venus in oberer Konjunktion zur Sonne	-1,2°
10.4.1973 13:46:00	Merkur in größter westlicher Elongation zur Sonne	27,7°
11.4.1973 1:18:15	Uranusopposition	
20.4.1973 17:30:47	Venus 11,6° südlich Hamal	3°
29.4.1973 0:22:34	Mars 1,1° nördlich Delta Capricorni	75°

Datum und Uhrzeit (WZ)	Ereignis	Elongation
7.5.1973 17:30:04	Merkur 12,4° südlich Hamal	13,9°
11.5.1973 6:37:57	Venus 4,3° südlich Alkione	8,2°
20.5.1973 3:48:11	Merkur 3,9° südlich Alkione	0,4°
20.5.1973 8:11:37	Merkur in oberer Konjunktion zur Sonne	19'
20.5.1973 16:47:05	Venus 5,8° nördlich Aldebaran	10,7°
25.5.1973 11:26:56	Merkur 6,7° nördlich Aldebaran	6,4°
27.5.1973 12:17:06	Neptunopposition	
28.5.1973 11:22:14	Saturn 6,5° südlich Elnath	14,9°
30.5.1973 4:43:35	Venus 4,8° südlich Elnath	13,3°
30.5.1973 9:28:28	Venus 1,7° nördlich Saturn	13,3°
31.5.1973 0:34:02	Merkur 3,6° südlich Elnath	12,7°
31.5.1973 4:39:24	Merkur 2,9° nördlich Saturn	12,6°
1.6.1973 8:06:31	Merkur 1,2° nördlich Venus	13,9°
5.6.1973 20:28:55	Merkur 3° nördlich Eta Geminorum	18,1°
6.6.1973 21:36:13	Merkur 2,9° nördlich Mü Geminorum	18,9°
8.6.1973 6:28:03	Venus 1,8° nördlich Eta Geminorum	15,7°
8.6.1973 21:37:25	Merkur 8,8° nördlich Alhena	20,3°
9.6.1973 18:18:31	Merkur 52" südlich Epsilon Geminorum	20,9°
9.6.1973 18:34:23	Venus 1,8° nördlich Mü Geminorum	16,1°
12.6.1973 12:51:04	Venus 7,8° nördlich Alhena	16,9°
13.6.1973 16:16:05	Venus 58' südlich Epsilon Geminorum	17,2°
15.6.1973 9:04:35	Saturn in Konjunktion zur Sonne	-1,1°
18.6.1973 3:04:39	Merkur 8,9° südlich Kastor	24,6°
20.6.1973 9:15:50	Merkur 5,8° südlich Pollux	24,8°
22.6.1973 16:58:00	Merkur in größter östlicher Elongation zur Sonne	25,1°
23.6.1973 4:59:06	Venus 8,8° südlich Kastor	19,7°
25.6.1973 6:24:24	Venus 5,3° südlich Pollux	20,3°
27.6.1973 3:28:39	Uranus stationär, dann rechtläufig	
1.7.1973 19:02:47	Merkur 3° südlich Venus	22°
5.7.1973 22:34:12	Merkur stationär, dann rückläufig	
5.7.1973 23:15:26	Venus 19' nördlich M44	23,1°
20.7.1973 5:58:43	Merkur in unterer Konjunktion zur Sonne	-5°
24.7.1973 4:22:23	Merkur 11,7° südlich Pollux	7,9°
24.7.1973 7:20:02	Venus 1,2° nördlich Regulus	27,8°
30.7.1973 12:38:09	Jupiteropposition	
30.7.1973 13:01:05	Merkur stationär, dann rechtläufig	
5.8.1973 9:32:17	Merkur 9,2° südlich Pollux	18,5°
8.8.1973 17:29:00	Merkur in größter westlicher Elongation zur Sonne	19,1°
16.8.1973 11:41:42	Merkur 53' südlich M44	16,3°
16.8.1973 18:22:41	Neptun stationär, dann rechtläufig	
18.8.1973 10:43:47	Mars 14,3° südlich Hamal	107,8°
28.8.1973 2:57:59	Merkur 1,4° nördlich Regulus	5,2°
28.8.1973 2:57:59	Venus 2,6° südlich Porrima	35,2°
2.9.1973 20:10:25	Merkur in oberer Konjunktion zur Sonne	1,7°
3.9.1973 16:44:39	Saturn 11' südlich Eta Geminorum	68°
5.9.1973 23:05:38	Venus 46' südlich Uranus	37,8°

Datum und Uhrzeit (WZ)	Ereignis	Elongation
7.9.1973 4:41:39	Venus 2° nördlich Spika	38,3°
19.9.1973 9:31:48	Jupiter 5,5° südlich Beta Capricorni	126,1°
19.9.1973 13:18:39	Mars stationär, dann rückläufig	
20.9.1973 4:43:24	Merkur 2,8° südlich Porrima	13°
26.9.1973 11:24:30	Venus 1,8° südlich Zuben-el-dschenubi	41,4°
27.9.1973 20:37:20	Merkur 1,4° südlich Uranus	17,7°
27.9.1973 23:33:37	Merkur 1,4° nördlich Spika	18,3°
28.9.1973 13:32:36	Jupiter stationär, dann rechtläufig	
30.9.1973 18:17:28	Uranus 2,8° nördlich Spika	15°
7.10.1973 17:51:08	Jupiter 5,5° südlich Beta Capricorni	108,1°
12.10.1973 10:09:54	Venus 3,5° südlich Akrab	43,9°
14.10.1973 22:10:48	Venus 4,1° südlich Neptun	44,2°
14.10.1973 22:32:52	Merkur 3,1° südlich Zuben-el-dschenubi	23,2°
16.10.1973 23:03:08	Uranus in Konjunktion zur Sonne	34'
17.10.1973 4:04:34	Saturn stationär, dann rückläufig	
17.10.1973 9:56:51	Venus 1,9° nördlich Antares	45,3°
18.10.1973 22:10:00	Merkur in größter östlicher Elongation zur Sonne	24,7°
21.10.1973 4:26:15	Mars 12,8° südlich Hamal	166,2°
25.10.1973 3:20:28	Marsopposition	
30.10.1973 15:18:07	Merkur stationär, dann rückläufig	
10.11.1973 10:25:34	Merkur in unterer Konjunktion zur Sonne, Transit	-30"
13.11.1973 1:26:00	Merkur 33' nördlich Zuben-el-dschenubi	5,9°
13.11.1973 10:30:00	Venus in größter östlicher Elongation zur Sonne	47,2°
17.11.1973 11:31:05	Venus 3,1' nördlich Nunki	47,1°
19.11.1973 9:15:01	Merkur stationär, dann rechtläufig	
26.11.1973 8:28:07	Merkur 2,2° nördlich Zuben-el-dschenubi	19,3°
27.11.1973 5:00:00	Merkur in größter westlicher Elongation zur Sonne	20°
27.11.1973 7:53:28	Mars stationär, dann rechtläufig	
29.11.1973 12:44:09	Neptun in Konjunktion zur Sonne	1,5°
30.11.1973 0:49:02	Saturn 12' südlich Eta Geminorum	154,6°
10.12.1973 19:27:36	Venus 6,9° südlich Beta Capricorni	43,5°
10.12.1973 19:51:21	Merkur 2,1' südlich Akrab	15,8°
14.12.1973 5:08:04	Merkur 1° südlich Neptun	14,2°
14.12.1973 16:41:34	Merkur 5,1° nördlich Antares	13,9°
23.12.1973 5:38:48	Saturnopposition	

1974

Datum und Uhrzeit (WZ)	Ereignis	Elongation
3.1.1974 21:06:14	Neptun 6,2° nördlich Antares	34°
5.1.1974 4:27:47	Mars 9,3° südlich Hamal	109,6°
5.1.1974 7:45:33	Merkur 1,8° nördlich Nunki	2,9°
9.1.1974 8:04:26	Merkur in oberer Konjunktion zur Sonne	-1,9°
17.1.1974 9:55:52	Merkur 6,9° südlich Beta Capricorni	5,6°
18.1.1974 20:39:13	Merkur 8° südlich Venus	6,5°

Datum und Uhrzeit (WZ)	Ereignis	Elongation
22.1.1974 20:31:52	Venus 1,9° nördlich Beta Capricorni	4,8°
23.1.1974 21:14:18	Venus in unterer Konjunktion zur Sonne	6,7°
28.1.1974 1:01:02	Merkur 51' südlich Jupiter	12,7°
29.1.1974 23:52:41	Merkur 1,4° nördlich Delta Capricorni	13,7°
1.2.1974 4:15:51	Uranus stationär, dann rückläufig	
9.2.1974 8:38:00	Merkur in größter östlicher Elongation zur Sonne	18,2°
10.2.1974 13:15:27	Jupiter 1,9° nördlich Delta Capricorni	2,5°
12.2.1974 23:10:29	Venus stationär, dann rechtläufig	
13.2.1974 15:58:58	Jupiter in Konjunktion zur Sonne	-46'
15.2.1974 5:01:37	Merkur stationär, dann rückläufig	
24.2.1974 20:24:04	Merkur in unterer Konjunktion zur Sonne	3,7°
25.2.1974 17:47:32	Mars 2,5° südlich Alkione	82,3°
27.2.1974 20:39:53	Saturn stationär, dann rechtläufig	
2.3.1974 15:02:35	Merkur 4,2° nördlich Jupiter	12°
6.3.1974 23:58:13	Venus 9,1' nördlich Beta Capricorni	42,5°
9.3.1974 2:46:25	Merkur stationär, dann rechtläufig	
12.3.1974 3:03:27	Neptun stationär, dann rückläufig	
17.3.1974 23:52:34	Mars 7,1° nördlich Aldebaran	72,5°
21.3.1974 16:22:49	Merkur 5,2' südlich Jupiter	27,6°
23.3.1974 20:15:00	Merkur in größter westlicher Elongation zur Sonne	27,8°
1.4.1974 2:58:36	Venus 4,4° nördlich Delta Capricorni	46,4°
4.4.1974 3:36:00	Venus in größter westlicher Elongation zur Sonne	46,4°
6.4.1974 18:58:08	Mars 3,8° südlich Elnath	65,4°
15.4.1974 2:24:57	Venus 1,1° nördlich Jupiter	46,1°
16.4.1974 2:49:08	Uranusopposition	
20.4.1974 13:42:21	Mars 2,3° nördlich Saturn	60°
25.4.1974 9:49:25	Mars 2,4° nördlich Eta Geminorum	58,2°
28.4.1974 11:27:12	Mars 2,3° nördlich Mü Geminorum	57,1°
29.4.1974 17:50:15	Merkur 11,6° südlich Hamal	5,8°
4.5.1974 2:21:15	Mars 8,3° nördlich Alhena	55°
4.5.1974 16:42:28	Merkur in oberer Konjunktion zur Sonne, Bedeckung	-7,4'
6.5.1974 10:07:14	Mars 35' südlich Epsilon Geminorum	54,1°
11.5.1974 17:01:07	Merkur 3° südlich Alkione	8,4°
17.5.1974 9:22:52	Merkur 7,4° nördlich Aldebaran	14,4°
19.5.1974 11:25:17	Saturn 14' nördlich Eta Geminorum	35°
23.5.1974 4:26:07	Neptun 6,3° nördlich Antares	171°
23.5.1974 21:18:39	Merkur 3,1° südlich Elnath	19,8°
25.5.1974 17:09:23	Mars 8,8° südlich Kastor	46,6°
29.5.1974 20:42:56	Mars 5,4° südlich Pollux	45,2°
30.5.1974 0:25:39	Neptunopposition	
31.5.1974 17:58:59	Merkur 2,9° nördlich Eta Geminorum	23,2°
2.6.1974 3:54:20	Merkur 2,5° nördlich Saturn	23,4°
2.6.1974 8:55:42	Merkur 2,6° nördlich Mü Geminorum	23,5°
2.6.1974 19:42:10	Venus 12,8° südlich Hamal	35,8°
4.6.1974 0:46:16	Saturn 12' nördlich Mü Geminorum	21,9°
4.6.1974 6:53:00	Merkur in größter östlicher Elongation zur Sonne	23,6°

Datum und Uhrzeit (WZ)	Ereignis	Elon-gation
5.6.1974 20:16:29	Merkur 8,1° nördlich Alhena	23,5°
7.6.1974 14:15:06	Merkur 1° südlich Epsilon Geminorum	23,2°
17.6.1974 13:46:17	Merkur stationär, dann rückläufig	
20.6.1974 7:26:47	Mars 1,6' nördlich M44	38,3°
24.6.1974 13:21:19	Venus 6° südlich Alkione	33,2°
28.6.1974 12:04:55	Merkur 6,1° südlich Epsilon Geminorum	3,8°
30.6.1974 12:15:01	Saturn in Konjunktion zur Sonne	-35'
30.6.1974 17:22:10	Saturn 6,2° nördlich Alhena	0,6°
30.6.1974 19:59:28	Merkur in unterer Konjunktion zur Sonne	-4,4°
30.6.1974 20:45:30	Merkur 3,8° südlich Saturn	0,7°
30.6.1974 21:30:11	Merkur 2,3° nördlich Alhena	4,4°
2.7.1974 5:27:20	Uranus stationär, dann rechtläufig	
4.7.1974 10:47:33	Venus 4° nördlich Aldebaran	32,1°
7.7.1974 22:01:45	Merkur 4° südlich Mü Geminorum	10,5°
8.7.1974 7:24:44	Jupiter stationär, dann rückläufig	
11.7.1974 15:21:19	Saturn 2,6° südlich Epsilon Geminorum	9,2°
12.7.1974 0:40:16	Merkur stationär, dann rechtläufig	
14.7.1974 8:36:50	Venus 6,5° südlich Elnath	29,7°
15.7.1974 22:53:37	Merkur 2,9° südlich Mü Geminorum	18,1°
21.7.1974 14:54:52	Merkur 4,2° nördlich Alhena	20,1°
22.7.1974 9:24:00	Merkur in größter westlicher Elongation zur Sonne	20,2°
23.7.1974 3:26:39	Merkur 4,2° südlich Epsilon Geminorum	20,1°
23.7.1974 17:55:04	Venus 12' nördlich Eta Geminorum	27,4°
24.7.1974 16:48:34	Merkur 1,2° südlich Saturn	19,9°
25.7.1974 7:04:54	Venus 13' nördlich Mü Geminorum	27°
26.7.1974 8:35:25	Mars 41' nördlich Regulus	26,3°
28.7.1974 3:07:45	Venus 6,3° nördlich Alhena	26,3°
29.7.1974 7:14:25	Venus 2,5° südlich Epsilon Geminorum	26°
31.7.1974 8:27:22	Venus 13' nördlich Saturn	25,5°
31.7.1974 18:49:16	Merkur 10,3° südlich Kastor	16,6°
2.8.1974 5:42:58	Merkur 6,6° südlich Pollux	15,5°
8.8.1974 0:04:01	Venus 10,2° südlich Kastor	23,6°
8.8.1974 23:35:56	Merkur 5,7" südlich M44	9,2°
10.8.1974 1:59:06	Venus 6,7° südlich Pollux	23°
17.8.1974 9:54:01	Merkur in oberer Konjunktion zur Sonne	1,8°
19.8.1974 5:08:49	Neptun stationär, dann rechtläufig	
19.8.1974 20:42:51	Merkur 1,4° nördlich Regulus	3°
20.8.1974 19:13:25	Venus 44' südlich M44	20,3°
2.9.1974 1:21:27	Merkur 5,3' südlich Mars	13,9°
5.9.1974 20:07:50	Jupiteropposition	
7.9.1974 19:09:37	Venus 44' nördlich Regulus	15,3°
13.9.1974 14:07:57	Merkur 3,7° südlich Porrima	19,6°
22.9.1974 11:05:09	Merkur 16' nördlich Spika	24,4°
25.9.1974 22:02:47	Merkur 3° südlich Uranus	24,1°
29.9.1974 5:19:57	Mars 2,3° südlich Porrima	5°
1.10.1974 10:15:00	Merkur in größter östlicher Elongation zur Sonne	25,8°

Datum und Uhrzeit (WZ)	Ereignis	Elongation
10.10.1974 22:04:18	Venus 1,5° südlich Porrima	7°
13.10.1974 23:04:42	Merkur stationär, dann rückläufig	
14.10.1974 13:15:56	Mars in Konjunktion zur Sonne	33'
17.10.1974 0:28:44	Mars 2,8° nördlich Spika	1°
20.10.1974 8:01:22	Venus 3,6° nördlich Spika	3,7°
21.10.1974 22:23:19	Uranus in Konjunktion zur Sonne	32'
24.10.1974 3:51:05	Venus 45' nördlich Mars	3,2°
25.10.1974 1:48:26	Venus 39' nördlich Uranus	3°
25.10.1974 13:21:34	Merkur in unterer Konjunktion zur Sonne	-57'
25.10.1974 22:36:01	Mars 4,7' südlich Uranus	3,7°
26.10.1974 12:17:43	Merkur 1,8° südlich Venus	2,2°
27.10.1974 6:43:21	Merkur 51' südlich Mars	3,9°
28.10.1974 0:38:35	Merkur 40' südlich Uranus	5,5°
31.10.1974 15:10:31	Saturn stationär, dann rückläufig	
3.11.1974 3:04:20	Merkur stationär, dann rechtläufig	
3.11.1974 21:36:40	Jupiter stationär, dann rechtläufig	
6.11.1974 12:31:13	Venus in oberer Konjunktion zur Sonne	47'
7.11.1974 5:31:14	Venus 26' nördlich Zuben-el-dschenubi	0,6°
7.11.1974 16:52:50	Neptun 6,2° nördlich Antares	23,6°
10.11.1974 10:21:06	Merkur 1,9° nördlich Uranus	18,3°
10.11.1974 11:42:00	Merkur in größter westlicher Elongation zur Sonne	19,1°
18.11.1974 23:39:57	Mars 6,2' südlich Zuben-el-dschenubi	11,5°
21.11.1974 21:02:35	Venus 49' südlich Akrab	3,8°
22.11.1974 3:28:31	Merkur 1,3° nördlich Zuben-el-dschenubi	14,8°
24.11.1974 20:36:35	Merkur 1,1° nördlich Mars	13,4°
26.11.1974 9:44:41	Venus 4,7° nördlich Antares	4,9°
26.11.1974 23:07:14	Venus 1,5° südlich Neptun	5,1°
1.12.1974 22:10:17	Neptun in Konjunktion zur Sonne	1,5°
4.12.1974 4:20:17	Merkur 51' südlich Akrab	8,6°
7.12.1974 20:15:23	Merkur 4,4° nördlich Antares	6,6°
8.12.1974 13:43:40	Merkur 1,9° südlich Neptun	6,2°
15.12.1974 5:37:25	Mars 1,1° südlich Akrab	19,8°
19.12.1974 19:43:56	Merkur in oberer Konjunktion zur Sonne	-1,4°
23.12.1974 3:17:59	Venus 2,5° nördlich Nunki	11,4°
23.12.1974 5:36:52	Mars 4,5° nördlich Antares	22°
25.12.1974 16:38:12	Mars 1,7° südlich Neptun	23,1°
28.12.1974 23:44:02	Merkur 1,4° nördlich Nunki	5,7°

1975

Datum und Uhrzeit (WZ)	Ereignis	Elongation
6.1.1975 9:12:50	Saturnopposition	
8.1.1975 2:30:22	Venus 6,1° südlich Beta Capricorni	15,2°
10.1.1975 5:31:06	Merkur 6,8° südlich Beta Capricorni	13°
23.1.1975 20:34:00	Merkur in größter östlicher Elongation zur Sonne	18,6°

Datum und Uhrzeit (WZ)	Ereignis	Elongation
25.1.1975 2:07:49	Venus 1,1° nördlich Delta Capricorni	18,9°
26.1.1975 23:05:19	Merkur 3,5° nördlich Delta Capricorni	17°
1.2.1975 18:10:06	Merkur 5,3° nördlich Delta Capricorni	11,2°
6.2.1975 2:19:32	Uranus stationär, dann rückläufig	
7.2.1975 12:08:14	Mars 2,8° nördlich Nunki	35,8°
8.2.1975 8:37:21	Merkur in unterer Konjunktion zur Sonne	3,6°
17.2.1975 18:43:42	Venus 10' südlich Jupiter	24,6°
20.2.1975 7:18:36	Merkur stationär, dann rechtläufig	
6.3.1975 5:30:00	Merkur in größter westlicher Elongation zur Sonne	27,3°
6.3.1975 10:02:23	Mars 5,7° südlich Beta Capricorni	41,7°
11.3.1975 13:16:53	Merkur 1,5° nördlich Delta Capricorni	26,7°
14.3.1975 4:24:37	Saturn stationär, dann rechtläufig	
14.3.1975 12:05:00	Neptun stationär, dann rückläufig	
22.3.1975 1:46:39	Jupiter in Konjunktion zur Sonne	-1,1°
22.3.1975 23:29:26	Venus 10,5° südlich Hamal	32°
3.4.1975 11:37:47	Mars 1,4° nördlich Delta Capricorni	49,4°
6.4.1975 19:37:12	Merkur 1° südlich Jupiter	11,8°
13.4.1975 2:24:18	Venus 2,9° südlich Alkione	36,5°
18.4.1975 20:42:16	Merkur in oberer Konjunktion zur Sonne	-35'
21.4.1975 3:55:21	Uranusopposition	
21.4.1975 10:09:58	Merkur 10,8° südlich Hamal	2,9°
22.4.1975 20:57:40	Venus 7,3° nördlich Aldebaran	37,7°
2.5.1975 20:10:33	Venus 3,2° südlich Elnath	40,3°
4.5.1975 0:36:56	Merkur 2,2° südlich Alkione	16,3°
11.5.1975 5:30:04	Merkur 8° nördlich Aldebaran	20,2°
12.5.1975 12:19:49	Venus 3,3° nördlich Eta Geminorum	41,9°
14.5.1975 3:17:12	Venus 3,3° nördlich Mü Geminorum	42,2°
16.5.1975 23:50:00	Merkur in größter östlicher Elongation zur Sonne	22°
17.5.1975 3:11:21	Venus 9,3° nördlich Alhena	42,6°
18.5.1975 9:09:08	Venus 28' nördlich Epsilon Geminorum	42,8°
23.5.1975 6:38:36	Merkur 3,8° südlich Elnath	20,5°
24.5.1975 1:07:38	Venus 2,7° nördlich Saturn	43,6°
28.5.1975 23:48:16	Venus 7,6° südlich Kastor	43,8°
29.5.1975 19:51:35	Merkur stationär, dann rückläufig	
31.5.1975 8:13:03	Venus 4,2° südlich Pollux	44°
1.6.1975 12:49:22	Neptunopposition	
5.6.1975 21:54:47	Merkur 7,2° südlich Elnath	7,4°
10.6.1975 18:07:16	Merkur in unterer Konjunktion zur Sonne	-3,1°
13.6.1975 1:05:31	Venus 58' nördlich M44	45,3°
16.6.1975 6:21:11	Mars 29' südlich Jupiter	65,1°
18.6.1975 15:54:00	Venus in größter östlicher Elongation zur Sonne	45,4°
22.6.1975 15:49:19	Merkur stationär, dann rechtläufig	
4.7.1975 13:44:00	Merkur in größter westlicher Elongation zur Sonne	21,6°
5.7.1975 12:30:31	Mars 12,3° südlich Hamal	65,9°
5.7.1975 17:35:33	Merkur 8,3° südlich Elnath	21,5°
7.7.1975 8:43:31	Uranus stationär, dann rechtläufig	

Datum und Uhrzeit (WZ)	Ereignis	Elongation
8.7.1975 2:00:02	Saturn 10,3° südlich Kastor	6,2°
8.7.1975 22:55:21	Venus 23' südlich Regulus	43,3°
14.7.1975 9:12:59	Merkur 8,3' südlich Eta Geminorum	18,2°
15.7.1975 12:30:22	Merkur 2,5' nördlich Mü Geminorum	17,5°
15.7.1975 14:50:19	Saturn in Konjunktion zur Sonne, Bedeckung	-2,3'
17.7.1975 11:43:36	Merkur 6,4° nördlich Alhena	15,9°
18.7.1975 6:24:02	Merkur 2,3° südlich Epsilon Geminorum	15,3°
24.7.1975 5:02:31	Merkur 9,3° südlich Kastor	9,4°
25.7.1975 6:26:05	Merkur 1,1° nördlich Saturn	8°
25.7.1975 9:59:03	Merkur 5,7° südlich Pollux	8°
27.7.1975 16:49:05	Saturn 6,8° südlich Pollux	10°
31.7.1975 13:48:00	Merkur 23' nördlich M44	1,5°
1.8.1975 9:04:16	Merkur in oberer Konjunktion zur Sonne	1,7°
3.8.1975 21:20:50	Venus stationär, dann rückläufig	
11.8.1975 18:12:47	Merkur 1,2° nördlich Regulus	10,7°
12.8.1975 8:30:04	Mars 5,5° südlich Alkione	79,4°
15.8.1975 7:11:08	Jupiter stationär, dann rückläufig	
15.8.1975 22:04:40	Merkur 8,7° nördlich Venus	14,2°
21.8.1975 16:11:10	Neptun stationär, dann rechtläufig	
27.8.1975 13:05:21	Venus in unterer Konjunktion zur Sonne	-8,4°
28.8.1975 19:16:19	Venus 9,6° südlich Regulus	5,4°
31.8.1975 23:23:26	Mars 4,5° nördlich Aldebaran	87,8°
8.9.1975 21:23:56	Merkur 5,1° südlich Porrima	24,3°
13.9.1975 22:35:00	Merkur in größter östlicher Elongation zur Sonne	26,8°
16.9.1975 14:32:29	Venus stationär, dann rechtläufig	
24.9.1975 7:54:58	Mars 5,9° südlich Elnath	98,4°
24.9.1975 18:50:27	Merkur 1,8° südlich Spika	22,5°
26.9.1975 22:26:13	Merkur stationär, dann rückläufig	
29.9.1975 0:11:31	Merkur 1,8° südlich Spika	18,4°
6.10.1975 0:07:16	Venus 4,2° südlich Regulus	41,3°
9.10.1975 11:08:51	Merkur in unterer Konjunktion zur Sonne	-1,9°
13.10.1975 13:17:07	Merkur 3,6° südlich Porrima	8,4°
13.10.1975 14:48:02	Jupiteropposition	
17.10.1975 19:35:58	Merkur stationär, dann rechtläufig	
22.10.1975 3:05:16	Merkur 1,2° südlich Porrima	17,9°
25.10.1975 0:13:00	Merkur in größter westlicher Elongation zur Sonne	18,4°
26.10.1975 21:07:19	Uranus in Konjunktion zur Sonne	29'
1.11.1975 2:56:18	Merkur 4,4° nördlich Spika	14,7°
6.11.1975 13:29:18	Mars stationär, dann rückläufig	
7.11.1975 5:32:00	Venus in größter westlicher Elongation zur Sonne	46,6°
8.11.1975 9:05:22	Merkur 1,1° nördlich Uranus	11,7°
15.11.1975 0:27:48	Saturn stationär, dann rückläufig	
15.11.1975 10:07:12	Merkur 30' nördlich Zuben-el-dschenubi	7,8°
19.11.1975 9:02:32	Venus 1,3° südlich Porrima	46,1°
27.11.1975 1:27:54	Merkur 1,5° südlich Akrab	1,1°
28.11.1975 21:02:14	Merkur in oberer Konjunktion zur Sonne	-42'

Datum und Uhrzeit (WZ)	Ereignis	Elongation
29.11.1975 19:55:46	Venus 4,5° nördlich Spika	43,5°
30.11.1975 16:17:45	Merkur 3,7° nördlich Antares	1,3°
2.12.1975 13:29:53	Merkur 2,6° südlich Neptun	2,3°
4.12.1975 7:22:50	Neptun in Konjunktion zur Sonne	1,5°
11.12.1975 2:40:25	Jupiter stationär, dann rechtläufig	
11.12.1975 4:30:43	Venus 2° nördlich Uranus	43°
15.12.1975 13:51:27	Marsopposition	
17.12.1975 20:44:31	Mars 2,5° südlich Elnath	173,8°
19.12.1975 3:33:18	Venus 2,2° nördlich Zuben-el-dschenubi	41,9°
21.12.1975 21:51:42	Merkur 1,2° nördlich Nunki	12,9°

1976

Datum und Uhrzeit (WZ)	Ereignis	Elongation
3.1.1976 16:45:31	Venus 1,2° nördlich Akrab	39,6°
4.1.1976 15:27:26	Merkur 6,1° südlich Beta Capricorni	19°
7.1.1976 5:38:00	Merkur in größter östlicher Elongation zur Sonne	19,2°
8.1.1976 11:28:04	Venus 6,6° nördlich Antares	38,1°
12.1.1976 3:55:35	Venus 22' nördlich Neptun	38,2°
20.1.1976 10:47:47	Saturnopposition	
20.1.1976 19:24:37	Mars stationär, dann rechtläufig	
22.1.1976 9:50:26	Merkur 1,5° südlich Beta Capricorni	3,7°
23.1.1976 5:26:42	Merkur in unterer Konjunktion zur Sonne	3,3°
3.2.1976 17:12:05	Merkur stationär, dann rechtläufig	
5.2.1976 9:46:44	Venus 4,2° nördlich Nunki	33,3°
10.2.1976 22:06:16	Uranus stationär, dann rückläufig	
16.2.1976 15:12:00	Merkur in größter westlicher Elongation zur Sonne	26,3°
18.2.1976 8:49:07	Merkur 4,7° südlich Beta Capricorni	25,5°
21.2.1976 19:37:22	Venus 4,8° südlich Beta Capricorni	28,9°
27.2.1976 11:41:23	Mars 2,8° südlich Elnath	104°
5.3.1976 5:54:37	Merkur 47' nördlich Delta Capricorni	21,4°
10.3.1976 0:34:54	Venus 1,8° nördlich Delta Capricorni	25,8°
15.3.1976 22:15:52	Neptun stationär, dann rückläufig	
25.3.1976 7:21:58	Mars 3,1° nördlich Eta Geminorum	88,3°
27.3.1976 15:56:24	Saturn stationär, dann rechtläufig	
29.3.1976 5:29:59	Mars 3° nördlich Mü Geminorum	86,2°
1.4.1976 17:52:40	Merkur in oberer Konjunktion zur Sonne	-1°
5.4.1976 4:59:25	Mars 8,9° nördlich Alhena	82,7°
8.4.1976 0:47:05	Mars 8,2" südlich Epsilon Geminorum, Bedeckung	81,3°
9.4.1976 17:05:21	Jupiter 11,6° südlich Hamal	13,4°
12.4.1976 8:39:59	Merkur 9,8° südlich Hamal	11,4°
12.4.1976 17:32:11	Merkur 1,9° nördlich Jupiter	11,2°
25.4.1976 4:51:56	Uranusopposition	
27.4.1976 19:41:02	Jupiter in Konjunktion zur Sonne	-58'
28.4.1976 2:16:00	Merkur in größter östlicher Elongation zur Sonne	20,6°

Datum und Uhrzeit (WZ)	Ereignis	Elongation
29.4.1976 5:00:04	Merkur 1,4° südlich Alkione	20,5°
30.4.1976 11:49:00	Mars 8,4° südlich Kastor	70°
5.5.1976 3:36:54	Mars 5° südlich Pollux	68,3°
5.5.1976 8:52:47	Venus 11,9° südlich Hamal	11,8°
9.5.1976 16:07:31	Merkur stationär, dann rückläufig	
11.5.1976 14:22:37	Venus 9,6' südlich Jupiter	10,1°
12.5.1976 1:53:59	Mars 1,3° nördlich Saturn	66,1°
20.5.1976 12:08:29	Merkur in unterer Konjunktion zur Sonne	-1,2°
22.5.1976 16:25:30	Merkur 6° südlich Alkione	3,8°
25.5.1976 2:15:18	Merkur 1,8° südlich Venus	6,6°
26.5.1976 0:17:54	Venus 4,8° südlich Alkione	6,3°
28.5.1976 15:33:54	Mars 15' nördlich M44	59,5°
1.6.1976 17:13:25	Merkur stationär, dann rechtläufig	
3.6.1976 1:06:16	Neptunopposition	
4.6.1976 11:14:54	Venus 5,2° nördlich Aldebaran	3,7°
10.6.1976 22:38:33	Merkur 8,2° südlich Alkione	20,9°
13.6.1976 23:55:30	Venus 5,3° südlich Elnath	1,1°
15.6.1976 8:40:00	Merkur in größter westlicher Elongation zur Sonne	23,2°
18.6.1976 4:01:17	Venus in oberer Konjunktion zur Sonne, Bedeckung	16'
22.6.1976 17:01:27	Merkur 3,1° nördlich Aldebaran	21,6°
23.6.1976 1:50:59	Venus 1,3° nördlich Eta Geminorum	1,4°
24.6.1976 13:55:46	Venus 1,3° nördlich Mü Geminorum	1,8°
27.6.1976 8:04:22	Venus 7,4° nördlich Alhena	2,6°
28.6.1976 11:28:49	Venus 1,4° südlich Epsilon Geminorum	2,9°
30.6.1976 6:23:17	Merkur 6,4° südlich Elnath	16,8°
5.7.1976 17:35:56	Mars 42' nördlich Regulus	45,5°
6.7.1976 3:04:03	Merkur 1,1° nördlich Eta Geminorum	11,1°
7.7.1976 0:42:53	Merkur 1,2° nördlich Mü Geminorum	10,1°
7.7.1976 23:17:06	Venus 9,3° südlich Kastor	5,5°
8.7.1976 15:38:15	Merkur 7,4° nördlich Alhena	8,3°
9.7.1976 7:32:09	Merkur 1,3° südlich Epsilon Geminorum	7,5°
10.7.1976 0:21:56	Venus 5,8° südlich Pollux	6,1°
11.7.1976 9:59:44	Uranus stationär, dann rechtläufig	
14.7.1976 17:18:24	Merkur 8,8° südlich Kastor	1,8°
15.7.1976 14:37:46	Merkur in oberer Konjunktion zur Sonne	1,5°
15.7.1976 21:16:01	Merkur 5,2° südlich Pollux	1,6°
19.7.1976 1:13:00	Venus 47' nördlich Saturn	8,6°
20.7.1976 14:51:17	Venus 22" nördlich M44	9°
21.7.1976 7:25:57	Merkur 1,3° nördlich Saturn	6,7°
22.7.1976 2:52:09	Merkur 33' nördlich M44	7,6°
24.7.1976 14:02:57	Merkur 27' nördlich Venus	10,1°
29.7.1976 13:52:50	Saturn in Konjunktion zur Sonne	30'
3.8.1976 3:04:12	Saturn 47' südlich M44	3,8°
3.8.1976 5:48:19	Merkur 44' nördlich Regulus	18,3°
7.8.1976 15:25:45	Venus 1,1° nördlich Regulus	14°
9.8.1976 8:33:49	Jupiter 5,2° südlich Alkione	77,2°

Datum und Uhrzeit (WZ)	Ereignis	Elon-gation
23.8.1976 3:42:28	Neptun stationär, dann rechtläufig	
26.8.1976 10:22:00	Merkur in größter östlicher Elongation zur Sonne	27,3°
6.9.1976 3:23:05	Merkur 5,2° südlich Venus	21,8°
8.9.1976 13:53:41	Merkur stationär, dann rückläufig	
9.9.1976 22:47:18	Mars 2,5° südlich Porrima	22,6°
10.9.1976 9:20:52	Venus 2,1° südlich Porrima	22,2°
10.9.1976 21:30:22	Venus 24' nördlich Mars	23°
19.9.1976 20:57:37	Jupiter stationär, dann rückläufig	
20.9.1976 1:12:25	Venus 2,8° nördlich Spika	25,3°
22.9.1976 1:28:15	Merkur in unterer Konjunktion zur Sonne	-2,9°
27.9.1976 18:40:39	Mars 2,6° nördlich Spika	17,8°
30.9.1976 9:33:26	Merkur stationär, dann rechtläufig	
30.9.1976 22:07:40	Venus 27' südlich Uranus	27,8°
7.10.1976 15:58:00	Merkur in größter westlicher Elongation zur Sonne	18°
8.10.1976 9:39:44	Venus 43' südlich Zuben-el-dschenubi	29,5°
17.10.1976 9:30:19	Merkur 53' südlich Porrima	14,1°
18.10.1976 21:50:22	Mars 21' südlich Uranus	11,1°
23.10.1976 9:46:57	Venus 2,1° südlich Akrab	32,8°
24.10.1976 11:50:21	Merkur 3,9° nördlich Spika	8°
28.10.1976 1:05:25	Venus 3,3° nördlich Antares	34,2°
30.10.1976 12:07:57	Mars 21' südlich Zuben-el-dschenubi	7,5°
30.10.1976 18:50:54	Uranus in Konjunktion zur Sonne	26'
31.10.1976 4:19:59	Jupiter 5,3° südlich Alkione	157,9°
31.10.1976 5:32:28	Venus 2,9° südlich Neptun	34,5°
2.11.1976 18:50:06	Merkur 12' nördlich Uranus	2,8°
7.11.1976 5:12:00	Merkur 13' südlich Zuben-el-dschenubi	0,2°
7.11.1976 9:26:28	Merkur in oberer Konjunktion zur Sonne, Bedeckung	6,8'
13.11.1976 10:25:22	Merkur 25' südlich Mars	3,5°
18.11.1976 8:05:25	Jupiteropposition	
18.11.1976 21:26:13	Merkur 2,2° südlich Akrab	6,3°
22.11.1976 13:09:42	Merkur 3,1° nördlich Antares	8,7°
24.11.1976 13:31:01	Venus 1,3° nördlich Nunki	39,8°
25.11.1976 1:43:04	Mars in Konjunktion zur Sonne, Bedeckung	-16'
25.11.1976 8:05:46	Mars 1,3° südlich Akrab	0,3°
25.11.1976 15:17:42	Merkur 3,2° südlich Neptun	9,9°
28.11.1976 5:47:32	Saturn stationär, dann rückläufig	
3.12.1976 4:20:17	Mars 4,3° nördlich Antares	2,4°
5.12.1976 16:38:51	Neptun in Konjunktion zur Sonne	1,5°
10.12.1976 11:56:09	Mars 1,9° südlich Neptun	4,5°
11.12.1976 7:57:56	Venus 7° südlich Beta Capricorni	42,8°
14.12.1976 22:22:15	Merkur 1,3° nördlich Nunki	19,2°
20.12.1976 10:00:00	Merkur in größter östlicher Elongation zur Sonne	20,2°
27.12.1976 22:07:02	Merkur stationär, dann rückläufig	
29.12.1976 19:13:48	Venus 56' nördlich Delta Capricorni	45,1°

Datum und Uhrzeit (WZ)	Ereignis	Elongation
6.1.1977 8:01:19	Merkur in unterer Konjunktion zur Sonne	2,8°
8.1.1977 18:39:23	Merkur 6,7° nördlich Nunki	6,5°
12.1.1977 11:42:05	Merkur 4,1° nördlich Mars	13,6°
17.1.1977 6:43:37	Merkur stationär, dann rechtläufig	
17.1.1977 8:56:35	Mars 2,7° nördlich Nunki	14,9°
24.1.1977 12:29:00	Venus in größter östlicher Elongation zur Sonne	47°
27.1.1977 9:31:58	Merkur 4,7° nördlich Nunki	24,9°
28.1.1977 23:59:00	Merkur in größter westlicher Elongation zur Sonne	24,9°
2.2.1977 9:24:33	Saturnopposition	
12.2.1977 15:03:23	Mars 5,7° südlich Beta Capricorni	20,6°
12.2.1977 16:50:39	Merkur 5,8° südlich Beta Capricorni	20,6°
12.2.1977 18:54:12	Merkur 6,6' südlich Mars	21,4°
14.2.1977 19:10:17	Uranus stationär, dann rückläufig	
26.2.1977 9:39:48	Merkur 33' nördlich Delta Capricorni	14,4°
12.3.1977 1:31:26	Mars 1,6° nördlich Delta Capricorni	27,6°
14.3.1977 19:12:03	Venus stationär, dann rückläufig	
16.3.1977 5:11:56	Merkur in oberer Konjunktion zur Sonne	-1,5°
18.3.1977 8:18:04	Neptun stationär, dann rückläufig	
27.3.1977 9:09:01	Jupiter 4,8° südlich Alkione	52°
27.3.1977 19:10:52	Merkur 8,3° südlich Venus	11,6°
6.4.1977 1:19:07	Merkur 8,4° südlich Hamal	18,4°
6.4.1977 6:23:59	Venus in unterer Konjunktion zur Sonne	7,5°
10.4.1977 16:30:00	Merkur in größter östlicher Elongation zur Sonne	19,5°
11.4.1977 5:21:43	Saturn stationär, dann rechtläufig	
20.4.1977 9:21:06	Merkur stationär, dann rückläufig	
24.4.1977 21:10:16	Venus stationär, dann rechtläufig	
30.4.1977 5:28:40	Uranusopposition	
30.4.1977 16:37:39	Merkur in unterer Konjunktion zur Sonne	45'
12.5.1977 23:41:51	Merkur stationär, dann rechtläufig	
13.5.1977 16:55:59	Venus 1,3° nördlich Mars	40°
20.5.1977 12:42:11	Jupiter 5° nördlich Aldebaran	10,8°
27.5.1977 23:17:00	Merkur in größter westlicher Elongation zur Sonne	24,9°
3.6.1977 14:18:10	Venus 1,2° südlich Mars	44,8°
4.6.1977 9:41:19	Jupiter in Konjunktion zur Sonne	-29'
5.6.1977 13:35:55	Neptunopposition	
9.6.1977 9:02:08	Venus 13,3° südlich Hamal	42°
9.6.1977 19:10:19	Merkur 6,4° südlich Alkione	19,5°
10.6.1977 14:55:09	Mars 11,7° südlich Hamal	43,2°
15.6.1977 7:10:00	Venus in größter westlicher Elongation zur Sonne	45,8°
16.6.1977 14:50:49	Merkur 4,5° nördlich Aldebaran	15,2°
20.6.1977 7:14:59	Merkur 9' nördlich Jupiter	11,5°
22.6.1977 12:33:12	Merkur 5,3° südlich Elnath	9°
27.6.1977 16:53:31	Merkur 1,8° nördlich Eta Geminorum	2,9°
28.6.1977 13:05:19	Merkur 1,9° nördlich Mü Geminorum	1,9°

Datum und Uhrzeit (WZ)	Ereignis	Elongation
30.6.1977 0:09:47	Merkur in oberer Konjunktion zur Sonne	1,3°
30.6.1977 2:05:23	Merkur 8° nördlich Alhena	1,3°
30.6.1977 17:27:56	Merkur 44' südlich Epsilon Geminorum	1,6°
4.7.1977 20:37:17	Venus 7,1° südlich Alkione	43,2°
6.7.1977 3:55:25	Merkur 8,4° südlich Kastor	7,5°
7.7.1977 9:04:49	Merkur 4,9° südlich Pollux	8,8°
10.7.1977 14:34:58	Jupiter 5,8° südlich Elnath	26,3°
14.7.1977 2:13:50	Merkur 30' nördlich M44	15,4°
15.7.1977 15:29:18	Mars 4,8° südlich Alkione	53,4°
15.7.1977 19:11:51	Venus 2,9° nördlich Aldebaran	43,3°
16.7.1977 11:28:34	Uranus stationär, dann rechtläufig	
20.7.1977 1:02:05	Merkur 21' nördlich Saturn	20,1°
26.7.1977 13:00:36	Venus 7,5° südlich Elnath	41,4°
28.7.1977 2:40:34	Merkur 8,4' südlich Regulus	24,6°
30.7.1977 6:27:20	Venus 1,5° südlich Jupiter	40,9°
1.8.1977 12:05:34	Mars 5,1° nördlich Aldebaran	58,9°
5.8.1977 13:18:20	Venus 46' südlich Eta Geminorum	39,9°
7.8.1977 4:37:02	Venus 44' südlich Mü Geminorum	39,6°
8.8.1977 19:51:00	Merkur in größter östlicher Elongation zur Sonne	27,4°
10.8.1977 4:20:09	Venus 5,4° nördlich Alhena	39°
11.8.1977 9:57:20	Venus 3,4° südlich Epsilon Geminorum	38,8°
13.8.1977 6:32:23	Saturn in Konjunktion zur Sonne	1°
19.8.1977 5:29:08	Mars 5,6° südlich Elnath	64°
21.8.1977 13:17:26	Venus 11° südlich Kastor	36,7°
21.8.1977 22:53:01	Merkur stationär, dann rückläufig	
23.8.1977 17:05:40	Venus 7,4° südlich Pollux	36,2°
25.8.1977 13:33:07	Neptun stationär, dann rechtläufig	
3.9.1977 18:29:44	Venus 1,3° südlich M44	33,8°
4.9.1977 21:33:07	Mars 30' nördlich Jupiter	69,8°
5.9.1977 5:35:13	Merkur in unterer Konjunktion zur Sonne	-3,8°
6.9.1977 1:28:32	Mars 1° nördlich Eta Geminorum	70,2°
9.9.1977 3:01:43	Mars 1° nördlich Mü Geminorum	71,3°
10.9.1977 4:13:44	Jupiter 30' nördlich Eta Geminorum	74,2°
13.9.1977 19:03:39	Merkur stationär, dann rechtläufig	
14.9.1977 20:18:20	Mars 7° nördlich Alhena	73,2°
17.9.1977 6:16:51	Mars 1,7° südlich Epsilon Geminorum	74,5°
18.9.1977 12:41:20	Venus 23' südlich Saturn	30,5°
21.9.1977 8:01:00	Merkur in größter westlicher Elongation zur Sonne	17,9°
22.9.1977 2:32:02	Venus 25' nördlich Regulus	29,5°
27.9.1977 12:24:20	Jupiter 26' nördlich Mü Geminorum	89,3°
8.10.1977 14:16:24	Mars 9,4° südlich Kastor	83,8°
10.10.1977 5:07:11	Merkur 1,3° südlich Porrima	6,6°
13.10.1977 14:17:47	Mars 5,8° südlich Pollux	86,2°
17.10.1977 2:23:13	Merkur 3,3° nördlich Spika	1,6°
18.10.1977 23:00:23	Merkur in oberer Konjunktion zur Sonne	48'
24.10.1977 10:10:41	Jupiter stationär, dann rückläufig	

Datum und Uhrzeit (WZ)	Ereignis	Elongation
25.10.1977 9:45:24	Venus 1,3° südlich Porrima	21,6°
29.10.1977 0:46:40	Merkur 44' südlich Uranus	6,2°
30.10.1977 23:56:49	Merkur 54' südlich Zuben-el-dschenubi	7,3°
3.11.1977 10:46:16	Saturn 47' nördlich Regulus	71,4°
3.11.1977 19:55:29	Venus 3,9° nördlich Spika	17,9°
4.11.1977 15:44:26	Uranus in Konjunktion zur Sonne	23'
11.11.1977 23:50:13	Merkur 2,8° südlich Akrab	13,4°
14.11.1977 3:23:20	Mars 38' nördlich M44	104,7°
15.11.1977 19:09:25	Merkur 2,6° nördlich Antares	15,9°
20.11.1977 1:20:20	Jupiter 30' nördlich Mü Geminorum	142,6°
20.11.1977 8:01:06	Merkur 3,8° südlich Neptun	17,4°
20.11.1977 9:26:12	Venus 53' nördlich Uranus	14,9°
21.11.1977 17:35:02	Venus 54' nördlich Zuben-el-dschenubi	14,6°
3.12.1977 8:50:00	Merkur in größter östlicher Elongation zur Sonne	21,3°
6.12.1977 9:42:40	Venus 18' südlich Akrab	11,3°
7.12.1977 12:53:17	Jupiter 36' nördlich Eta Geminorum	162,2°
8.12.1977 1:50:13	Neptun in Konjunktion zur Sonne	1,4°
10.12.1977 22:39:03	Venus 5,2° nördlich Antares	10,1°
12.12.1977 0:06:55	Merkur stationär, dann rückläufig	
12.12.1977 4:49:46	Saturn stationär, dann rückläufig	
13.12.1977 18:34:50	Mars stationär, dann rückläufig	
17.12.1977 0:55:40	Venus 1,1° südlich Neptun	8,7°
19.12.1977 22:48:08	Uranus 3,3' nördlich Zuben-el-dschenubi	43,2°
21.12.1977 14:02:05	Merkur in unterer Konjunktion zur Sonne	2,1°
23.12.1977 0:29:21	Jupiteropposition	
24.12.1977 13:17:30	Merkur 2,8° nördlich Venus	6,9°

1978

Datum und Uhrzeit (WZ)	Ereignis	Elongation
6.1.1978 17:31:08	Venus 2,9° nördlich Nunki	3,7°
10.1.1978 4:06:27	Mars 3° nördlich M44	162,6°
11.1.1978 8:45:00	Merkur in größter westlicher Elongation zur Sonne	23,5°
20.1.1978 13:18:23	Saturn 1,1° nördlich Regulus	150,6°
22.1.1978 0:04:20	Marsopposition	
22.1.1978 5:36:19	Venus in oberer Konjunktion zur Sonne	-1°
22.1.1978 16:30:30	Venus 5,8° südlich Beta Capricorni	1°
23.1.1978 14:49:33	Merkur 3,3° nördlich Nunki	20,9°
6.2.1978 3:07:22	Merkur 6,4° südlich Beta Capricorni	14°
8.2.1978 14:35:43	Venus 1,3° nördlich Delta Capricorni	4,4°
16.2.1978 3:55:52	Saturnopposition	
17.2.1978 6:48:26	Mars 2,6° südlich Pollux	144,1°
18.2.1978 22:36:27	Merkur 31' nördlich Delta Capricorni	6,9°
19.2.1978 14:34:17	Uranus stationär, dann rückläufig	
20.2.1978 1:16:15	Jupiter stationär, dann rechtläufig	

Datum und Uhrzeit (WZ)	Ereignis	Elongation
27.2.1978 2:48:47	Merkur in oberer Konjunktion zur Sonne	-1,8°
2.3.1978 20:36:53	Mars stationär, dann rechtläufig	
12.3.1978 21:43:37	Merkur 1,3° nördlich Venus	12,1°
17.3.1978 4:37:50	Mars 3,5° südlich Pollux	116,5°
20.3.1978 18:09:02	Neptun stationär, dann rückläufig	
24.3.1978 17:06:00	Merkur in größter östlicher Elongation zur Sonne	18,7°
28.3.1978 18:48:22	Merkur 4,1° nördlich Venus	16°
1.4.1978 13:46:47	Merkur stationär, dann rückläufig	
5.4.1978 18:14:34	Venus 11,1° südlich Hamal	18°
11.4.1978 16:43:06	Merkur in unterer Konjunktion zur Sonne	2,3°
24.4.1978 2:01:42	Merkur stationär, dann rechtläufig	
25.4.1978 17:44:15	Saturn stationär, dann rechtläufig	
26.4.1978 9:02:29	Uranus 4,4' nördlich Zuben-el-dschenubi	171°
26.4.1978 9:32:22	Venus 3,7° südlich Alkione	23,1°
28.4.1978 3:08:18	Mars 51' nördlich M44	89,3°
1.5.1978 7:46:34	Jupiter 55' nördlich Eta Geminorum	52,5°
5.5.1978 5:47:46	Uranusopposition	
5.5.1978 20:58:18	Venus 6,4° nördlich Aldebaran	25,1°
9.5.1978 15:19:00	Merkur in größter westlicher Elongation zur Sonne	26,4°
11.5.1978 9:26:23	Jupiter 52' nördlich Mü Geminorum	44,6°
15.5.1978 10:56:08	Venus 4,2° südlich Elnath	27,8°
18.5.1978 8:08:45	Merkur 13,8° südlich Hamal	22°
24.5.1978 15:20:24	Venus 2,4° nördlich Eta Geminorum	30°
26.5.1978 3:59:56	Venus 2,4° nördlich Mü Geminorum	30,4°
28.5.1978 9:31:07	Jupiter 6,8° nördlich Alhena	31,7°
28.5.1978 23:18:44	Venus 8,4° nördlich Alhena	31,1°
29.5.1978 2:10:41	Venus 1,6° nördlich Jupiter	31,1°
30.5.1978 3:17:56	Venus 22' südlich Epsilon Geminorum	31,3°
2.6.1978 21:27:46	Merkur 5,3° südlich Alkione	12,9°
4.6.1978 2:20:45	Jupiter 2° südlich Epsilon Geminorum	26,6°
5.6.1978 0:02:06	Mars 6,2' südlich Saturn	71,1°
8.6.1978 1:57:29	Neptunopposition	
8.6.1978 14:50:47	Merkur 5,5° nördlich Aldebaran	7,2°
8.6.1978 20:57:52	Venus 8,3° südlich Kastor	33,6°
10.6.1978 23:37:39	Venus 4,9° südlich Pollux	33,8°
12.6.1978 16:49:17	Mars 50' nördlich Regulus	67,9°
13.6.1978 23:59:54	Merkur 4,5° südlich Elnath	1,1°
14.6.1978 11:38:05	Merkur in oberer Konjunktion zur Sonne	56'
19.6.1978 1:50:10	Merkur 2,4° nördlich Eta Geminorum	5,8°
19.6.1978 22:23:37	Merkur 2,4° nördlich Mü Geminorum	6,8°
21.6.1978 12:35:02	Merkur 8,5° nördlich Alhena	8,7°
22.6.1978 0:56:38	Venus 41' nördlich M44	36,6°
22.6.1978 4:39:54	Merkur 18' südlich Epsilon Geminorum	9,4°
24.6.1978 8:05:12	Merkur 1,8° nördlich Jupiter	11,7°
28.6.1978 1:24:46	Merkur 8,3° südlich Kastor	15,4°
29.6.1978 9:52:33	Merkur 4,9° südlich Pollux	16,6°

Datum und Uhrzeit (WZ)	Ereignis	Elongation
7.7.1978 4:18:05	Merkur 8,1' nördlich M44	22,3°
10.7.1978 10:43:38	Jupiter in Konjunktion zur Sonne, Bedeckung	8,7'
10.7.1978 11:27:54	Venus 7' nördlich Saturn	40,3°
11.7.1978 7:55:45	Venus 1,1° nördlich Regulus	40,5°
19.7.1978 5:34:27	Saturn 1° nördlich Regulus	33°
21.7.1978 11:57:51	Uranus stationär, dann rechtläufig	
22.7.1978 0:35:00	Merkur in größter östlicher Elongation zur Sonne	26,9°
27.7.1978 0:06:24	Jupiter 10,1° südlich Kastor	12,1°
28.7.1978 1:37:06	Merkur 2,8° südlich Regulus	24,9°
31.7.1978 22:49:42	Merkur 4,7° südlich Saturn	22,3°
4.8.1978 2:29:35	Merkur stationär, dann rückläufig	
4.8.1978 4:12:02	Merkur 5,4° südlich Saturn	19,7°
7.8.1978 12:53:22	Jupiter 6,6° südlich Pollux	20,6°
10.8.1978 22:00:49	Merkur 5,5° südlich Regulus	11,6°
14.8.1978 14:52:48	Venus 1,2° südlich Mars	44,9°
18.8.1978 20:04:40	Merkur in unterer Konjunktion zur Sonne	-4,5°
19.8.1978 2:23:35	Venus 4,3° südlich Porrima	44,1°
21.8.1978 17:11:00	Mars 2,7° südlich Porrima	41,6°
27.8.1978 14:56:46	Saturn in Konjunktion zur Sonne	1,5°
27.8.1978 21:19:05	Merkur stationär, dann rechtläufig	
28.8.1978 1:14:32	Neptun stationär, dann rechtläufig	
29.8.1978 19:41:00	Venus in größter östlicher Elongation zur Sonne	46,1°
31.8.1978 8:53:23	Venus 20' südlich Spika	46°
4.9.1978 21:11:00	Merkur in größter westlicher Elongation zur Sonne	18,1°
8.9.1978 20:44:25	Mars 2,3° nördlich Spika	36,8°
9.9.1978 8:25:30	Merkur 32' nördlich Regulus	16,8°
13.9.1978 14:44:04	Merkur 4' nördlich Saturn	14,4°
27.9.1978 23:47:50	Venus 6° südlich Uranus	39,7°
28.9.1978 22:24:38	Venus 6,1° südlich Zuben-el-dschenubi	39,3°
30.9.1978 15:06:40	Merkur in oberer Konjunktion zur Sonne	1,3°
2.10.1978 14:03:09	Merkur 1,8° südlich Porrima	1,9°
8.10.1978 5:15:07	Uranus 34" nördlich Zuben-el-dschenubi	30,1°
9.10.1978 15:30:13	Merkur 2,6° nördlich Spika	6,6°
11.10.1978 18:25:54	Mars 38' südlich Zuben-el-dschenubi	26,6°
12.10.1978 1:59:40	Mars 38' südlich Uranus	26,6°
18.10.1978 1:12:00	Venus stationär, dann rückläufig	
20.10.1978 7:36:23	Venus 6,6° südlich Mars	24,4°
22.10.1978 12:23:56	Jupiter 57' südlich M44	81,5°
24.10.1978 2:24:49	Merkur 1,6° südlich Zuben-el-dschenubi	14,4°
24.10.1978 18:12:33	Merkur 1,7° südlich Uranus	14,8°
27.10.1978 3:44:33	Merkur 5,1° nördlich Venus	16,5°
2.11.1978 19:15:35	Venus 6,3° südlich Uranus	6,3°
5.11.1978 7:28:36	Merkur 1,9° südlich Mars	19,8°
5.11.1978 15:07:09	Venus 5,8° südlich Zuben-el-dschenubi	1,9°
5.11.1978 22:24:16	Merkur 3,4° südlich Akrab	19,8°
6.11.1978 11:25:47	Mars 1,6° südlich Akrab	19,2°

Datum und Uhrzeit (WZ)	Ereignis	Elongation
7.11.1978 21:28:56	Venus in unterer Konjunktion zur Sonne	-4,8°
9.11.1978 11:44:45	Uranus in Konjunktion zur Sonne	20'
10.11.1978 6:12:16	Merkur 2° nördlich Antares	21,8°
14.11.1978 6:03:12	Mars 4° nördlich Antares	17,3°
16.11.1978 2:25:00	Merkur in größter östlicher Elongation zur Sonne	22,6°
17.11.1978 23:03:18	Merkur 4° südlich Neptun	22°
25.11.1978 23:34:01	Merkur stationär, dann rückläufig	
26.11.1978 2:39:09	Jupiter stationär, dann rückläufig	
26.11.1978 7:11:15	Mars 2,1° südlich Neptun	13,9°
26.11.1978 16:21:37	Venus stationär, dann rechtläufig	
29.11.1978 19:24:27	Merkur 5' nördlich Mars	13,1°
2.12.1978 11:22:16	Merkur 1,2° südlich Neptun	7,9°
5.12.1978 21:27:29	Merkur in unterer Konjunktion zur Sonne	1,4°
9.12.1978 21:03:36	Merkur 7° nördlich Antares	9,2°
10.12.1978 11:01:58	Neptun in Konjunktion zur Sonne	1,4°
15.12.1978 16:05:26	Merkur stationär, dann rechtläufig	
18.12.1978 0:51:45	Venus 2,8° nördlich Zuben-el-dschenubi	41°
22.12.1978 6:07:53	Merkur 7° nördlich Antares	21,1°
24.12.1978 14:47:13	Venus 3,3° nördlich Uranus	43,1°
24.12.1978 20:46:00	Merkur in größter westlicher Elongation zur Sonne	22°
25.12.1978 19:39:13	Saturn stationär, dann rückläufig	
28.12.1978 21:30:42	Mars 2,5° nördlich Nunki	5,6°
30.12.1978 10:30:00	Jupiter 43' südlich M44	151,2°
31.12.1978 18:54:52	Merkur 15' südlich Neptun	20,9°

1979

Datum und Uhrzeit (WZ)	Ereignis	Elongation
9.1.1979 18:42:59	Venus 2,8° nördlich Akrab	46°
15.1.1979 17:56:35	Venus 8,4° nördlich Antares	45,7°
17.1.1979 6:43:19	Merkur 2,5° nördlich Nunki	14,3°
18.1.1979 6:07:00	Venus in größter westlicher Elongation zur Sonne	47°
20.1.1979 12:48:40	Mars in Konjunktion zur Sonne	-1°
23.1.1979 19:32:18	Mars 5,8° südlich Beta Capricorni	1,3°
24.1.1979 15:07:29	Jupiteropposition	
26.1.1979 17:32:16	Venus 1,9° nördlich Neptun	46,5°
29.1.1979 21:21:26	Merkur 6,7° südlich Beta Capricorni	7,3°
4.2.1979 3:40:06	Merkur 1° südlich Mars	3,6°
9.2.1979 5:50:19	Merkur in oberer Konjunktion zur Sonne	-2,1°
11.2.1979 6:00:44	Merkur 39' nördlich Delta Capricorni	2,5°
16.2.1979 14:59:42	Venus 5,5° nördlich Nunki	44,8°
19.2.1979 23:01:06	Mars 1,6° nördlich Delta Capricorni	7°
1.3.1979 17:30:33	Saturnopposition	
6.3.1979 4:16:56	Venus 3,9° südlich Beta Capricorni	41,5°
8.3.1979 0:51:00	Merkur in größter westlicher Elongation zur Sonne	18,2°

Datum und Uhrzeit (WZ)	Ereignis	Elongation
14.3.1979 14:50:30	Merkur stationär, dann rückläufig	
23.3.1979 5:20:15	Neptun stationär, dann rückläufig	
24.3.1979 3:18:52	Venus 2,4° nördlich Delta Capricorni	38,8°
24.3.1979 13:59:30	Merkur in unterer Konjunktion zur Sonne	3,2°
26.3.1979 0:31:17	Jupiter stationär, dann rechtläufig	
1.4.1979 22:09:58	Merkur 2,5° nördlich Mars	14,6°
6.4.1979 0:35:30	Merkur stationär, dann rechtläufig	
21.4.1979 12:50:00	Merkur in größter westlicher Elongation zur Sonne	27,4°
5.5.1979 7:44:03	Merkur 2,1° südlich Mars	22,5°
10.5.1979 2:26:58	Saturn stationär, dann rechtläufig	
10.5.1979 5:29:53	Uranusopposition	
12.5.1979 14:52:55	Merkur 12,9° südlich Hamal	17,1°
20.5.1979 5:40:52	Venus 1,1° südlich Mars	25,6°
20.5.1979 14:43:00	Venus 12,3° südlich Hamal	23,7°
20.5.1979 20:14:43	Mars 11,3° südlich Hamal	23,9°
25.5.1979 17:38:37	Merkur 4,3° südlich Alkione	5,2°
29.5.1979 23:19:11	Merkur in oberer Konjunktion zur Sonne	33'
31.5.1979 1:42:51	Merkur 6,3° nördlich Aldebaran	1,6°
5.6.1979 10:14:54	Merkur 3,9° südlich Elnath	8°
10.6.1979 13:03:23	Venus 5,3° südlich Alkione	19,8°
10.6.1979 14:19:28	Neptunopposition	
10.6.1979 19:38:32	Merkur 2,8° nördlich Eta Geminorum	13,9°
11.6.1979 18:16:13	Merkur 2,8° nördlich Mü Geminorum	14,8°
12.6.1979 1:19:43	Jupiter 38' südlich M44	46,5°
13.6.1979 12:54:50	Merkur 8,8° nördlich Alhena	16,5°
14.6.1979 7:07:37	Merkur 2,3' südlich Epsilon Geminorum	17,1°
20.6.1979 2:56:22	Venus 4,7° nördlich Aldebaran	18°
21.6.1979 5:18:51	Merkur 8,4° südlich Kastor	22,1°
22.6.1979 21:45:40	Merkur 5,1° südlich Pollux	23°
24.6.1979 6:53:37	Mars 4,4° südlich Alkione	32,7°
29.6.1979 18:16:14	Venus 5,8° südlich Elnath	15,5°
3.7.1979 22:25:00	Merkur in größter östlicher Elongation zur Sonne	25,9°
3.7.1979 22:49:19	Merkur 1,3° südlich M44	25,6°
8.7.1979 22:14:27	Venus 50' nördlich Eta Geminorum	13°
10.7.1979 10:37:25	Venus 50' nördlich Mü Geminorum	12,6°
10.7.1979 15:29:31	Mars 5,4° nördlich Aldebaran	37,5°
13.7.1979 5:14:38	Venus 6,9° nördlich Alhena	11,9°
14.7.1979 8:53:51	Venus 1,9° südlich Epsilon Geminorum	11,5°
17.7.1979 1:32:56	Merkur stationär, dann rückläufig	
23.7.1979 21:52:19	Venus 9,7° südlich Kastor	9°
25.7.1979 23:02:51	Venus 6,2° südlich Pollux	8,4°
26.7.1979 11:39:47	Uranus stationär, dann rechtläufig	
27.7.1979 14:23:07	Mars 5,3° südlich Elnath	42°
30.7.1979 18:17:24	Merkur 6,4° südlich M44	1,3°
31.7.1979 17:21:12	Merkur in unterer Konjunktion zur Sonne	-4,9°
3.8.1979 12:30:25	Merkur 5,8° südlich Venus	6,1°

Datum und Uhrzeit (WZ)	Ereignis	Elon-gation
5.8.1979 13:34:25	Venus 19' südlich M44	5,6°
10.8.1979 12:25:01	Merkur stationär, dann rechtläufig	
13.8.1979 6:17:48	Mars 1,2° nördlich Eta Geminorum	46,8°
13.8.1979 9:17:09	Jupiter in Konjunktion zur Sonne	42'
16.8.1979 1:46:41	Mars 1,2° nördlich Mü Geminorum	47,6°
16.8.1979 11:43:36	Venus 33' nördlich Jupiter	2,4°
19.8.1979 4:17:00	Merkur in größter westlicher Elongation zur Sonne	18,6°
19.8.1979 16:14:58	Merkur 2,1° südlich M44	18,6°
21.8.1979 6:25:08	Mars 7,2° nördlich Alhena	49,1°
23.8.1979 10:35:34	Mars 1,6° südlich Epsilon Geminorum	49,9°
23.8.1979 11:51:08	Venus 56' nördlich Regulus	0,5°
25.8.1979 12:03:50	Venus in oberer Konjunktion zur Sonne	1,4°
30.8.1979 10:37:48	Neptun stationär, dann rechtläufig	
30.8.1979 11:17:07	Merkur 41' nördlich Jupiter	12,7°
2.9.1979 10:18:42	Merkur 1,2° nördlich Regulus	9,8°
6.9.1979 19:10:18	Venus 26' südlich Saturn	3,6°
10.9.1979 13:43:38	Saturn in Konjunktion zur Sonne	1,8°
10.9.1979 21:17:55	Mars 9,5° südlich Kastor	56,1°
11.9.1979 23:21:02	Merkur 8,7' südlich Saturn	2°
13.9.1979 5:11:04	Merkur in oberer Konjunktion zur Sonne	1,6°
14.9.1979 23:01:38	Mars 6° südlich Pollux	57,6°
22.9.1979 20:09:34	Merkur 28' südlich Venus	7,8°
25.9.1979 1:00:48	Merkur 2,4° südlich Porrima	8,9°
25.9.1979 18:38:14	Venus 1,8° südlich Porrima	8,2°
26.9.1979 12:08:49	Jupiter 20' nördlich Regulus	33,3°
2.10.1979 11:41:58	Merkur 1,9° nördlich Spika	14,2°
5.10.1979 6:27:25	Venus 3,2° nördlich Spika	11°
6.10.1979 19:37:39	Mars 7,1' südlich M44	65,9°
18.10.1979 1:48:50	Merkur 2,5° südlich Zuben-el-dschenubi	20,6°
22.10.1979 0:10:20	Merkur 2,8° südlich Uranus	21,9°
23.10.1979 7:06:14	Venus 4,3' südlich Zuben-el-dschenubi	15,5°
27.10.1979 16:19:49	Venus 13' südlich Uranus	16,6°
29.10.1979 16:13:00	Merkur in größter östlicher Elongation zur Sonne	23,9°
3.11.1979 17:09:41	Merkur 4° südlich Akrab	22,2°
7.11.1979 0:47:46	Venus 1,4° südlich Akrab	18,9°
8.11.1979 19:41:45	Merkur 2,1° südlich Venus	19,6°
9.11.1979 18:17:44	Merkur stationär, dann rückläufig	
11.11.1979 14:08:15	Venus 4,1° nördlich Antares	20,3°
14.11.1979 7:05:26	Uranus in Konjunktion zur Sonne	17'
15.11.1979 3:13:59	Merkur 2,2° südlich Akrab	10,8°
17.11.1979 16:13:06	Mars 1,6° nördlich Regulus	85,2°
20.11.1979 4:29:58	Merkur in unterer Konjunktion zur Sonne	31'
20.11.1979 4:37:56	Venus 2,3° südlich Neptun	22,2°
25.11.1979 1:23:33	Merkur 1,7° nördlich Uranus	10,2°
29.11.1979 10:03:54	Merkur stationär, dann rechtläufig	
5.12.1979 0:31:25	Merkur 2,3° nördlich Uranus	19,7°

Datum und Uhrzeit (WZ)	Ereignis	Elongation
7.12.1979 15:28:00	Merkur in größter westlicher Elongation zur Sonne	20,7°
8.12.1979 11:25:34	Venus 2° nördlich Nunki	26,5°
12.12.1979 20:23:02	Neptun in Konjunktion zur Sonne	1,3°
13.12.1979 16:48:42	Mars 1,7° nördlich Jupiter	101,1°
14.12.1979 17:07:52	Merkur 34' nördlich Akrab	19,2°
18.12.1979 22:09:44	Merkur 5,7° nördlich Antares	17,5°
24.12.1979 14:26:20	Venus 6,5° südlich Beta Capricorni	30,1°
27.12.1979 4:12:52	Jupiter stationär, dann rückläufig	
27.12.1979 7:08:34	Merkur 1,4° südlich Neptun	14,1°

1980

Datum und Uhrzeit (WZ)	Ereignis	Elongation
8.1.1980 0:14:43	Saturn stationär, dann rückläufig	
10.1.1980 5:03:12	Merkur 2° nördlich Nunki	7°
10.1.1980 21:28:18	Venus 57' nördlich Delta Capricorni	33,5°
17.1.1980 8:02:44	Mars stationär, dann rückläufig	
21.1.1980 8:58:45	Merkur in oberer Konjunktion zur Sonne	-2°
22.1.1980 9:34:58	Merkur 6,8° südlich Beta Capricorni	2,2°
3.2.1980 16:39:04	Merkur 59' nördlich Delta Capricorni	9,6°
19.2.1980 12:26:00	Merkur in größter östlicher Elongation zur Sonne	18,1°
24.2.1980 17:50:53	Jupiteropposition	
25.2.1980 5:35:54	Marsopposition	
25.2.1980 11:21:40	Merkur stationär, dann rückläufig	
29.2.1980 5:18:34	Uranus stationär, dann rückläufig	
2.3.1980 19:22:34	Mars 3,2° nördlich Jupiter	169,9°
6.3.1980 5:33:05	Merkur in unterer Konjunktion zur Sonne	3,6°
10.3.1980 13:58:44	Venus 9,1° südlich Hamal	44,1°
14.3.1980 1:50:28	Saturnopposition	
17.3.1980 21:30:38	Mars 3,6° nördlich Regulus	150,6°
18.3.1980 14:22:08	Merkur stationär, dann rechtläufig	
24.3.1980 15:00:51	Neptun stationär, dann rückläufig	
2.4.1980 16:40:00	Merkur in größter westlicher Elongation zur Sonne	27,8°
3.4.1980 7:53:21	Venus 55' südlich Alkione	45,9°
5.4.1980 15:31:00	Venus in größter östlicher Elongation zur Sonne	45,9°
7.4.1980 14:13:56	Mars stationär, dann rechtläufig	
15.4.1980 6:52:28	Venus 9,4° nördlich Aldebaran	44,3°
26.4.1980 15:37:42	Jupiter stationär, dann rechtläufig	
29.4.1980 6:35:07	Venus 1,1° südlich Elnath	43,3°
29.4.1980 22:41:59	Mars 1,8° nördlich Regulus	109,2°
4.5.1980 2:26:22	Merkur 12,1° südlich Hamal	10,6°
4.5.1980 6:20:19	Mars 49' nördlich Jupiter	106,1°
13.5.1980 9:27:34	Merkur in oberer Konjunktion zur Sonne, Bedeckung	8,1'
14.5.1980 5:02:52	Uranusopposition	
16.5.1980 5:19:06	Merkur 3,5° südlich Alkione	3,5°

Datum und Uhrzeit (WZ)	Ereignis	Elongation
21.5.1980 14:49:48	Merkur 7° nördlich Aldebaran	9,9°
23.5.1980 5:31:12	Saturn stationär, dann rechtläufig	
24.5.1980 18:36:30	Venus stationär, dann rückläufig	
27.5.1980 10:40:21	Merkur 3,4° südlich Elnath	15,9°
1.6.1980 17:23:56	Merkur 19' nördlich Venus	20,1°
2.6.1980 19:41:28	Merkur 3° nördlich Eta Geminorum	20,8°
4.6.1980 0:03:38	Merkur 2,9° nördlich Mü Geminorum	21,5°
6.6.1980 7:14:27	Merkur 8,8° nördlich Alhena	22,6°
7.6.1980 7:38:31	Merkur 8,4' südlich Epsilon Geminorum	23°
12.6.1980 2:56:46	Neptunopposition	
14.6.1980 13:41:00	Merkur in größter östlicher Elongation zur Sonne	24,5°
15.6.1980 7:21:43	Venus in unterer Konjunktion zur Sonne	-1,2°
18.6.1980 16:37:44	Merkur 10° südlich Kastor	24°
19.6.1980 8:36:12	Venus 7,5° südlich Elnath	6,7°
23.6.1980 19:55:48	Merkur 7,7° südlich Pollux	21,5°
25.6.1980 13:04:38	Mars 1,7° südlich Saturn	77,1°
27.6.1980 20:04:59	Merkur stationär, dann rückläufig	
1.7.1980 21:38:35	Merkur 9,9° südlich Pollux	14,4°
6.7.1980 16:36:01	Venus stationär, dann rechtläufig	
7.7.1980 11:06:13	Merkur 14,5° südlich Kastor	8°
11.7.1980 18:39:19	Merkur in unterer Konjunktion zur Sonne	-4,8°
22.7.1980 11:14:32	Merkur stationär, dann rechtläufig	
25.7.1980 6:18:24	Venus 10,3° südlich Elnath	40,5°
29.7.1980 19:56:23	Mars 3° südlich Porrima	63,1°
30.7.1980 11:29:11	Uranus stationär, dann rechtläufig	
1.8.1980 2:21:00	Merkur in größter westlicher Elongation zur Sonne	19,5°
3.8.1980 5:47:36	Merkur 11,5° südlich Kastor	19,3°
5.8.1980 6:09:33	Merkur 7,6° südlich Pollux	18,7°
10.8.1980 15:17:43	Venus 3,2° südlich Eta Geminorum	45°
12.8.1980 21:47:28	Venus 3,1° südlich Mü Geminorum	45,3°
13.8.1980 4:53:24	Merkur 24' südlich M44	13,5°
16.8.1980 21:35:13	Venus 3,1° nördlich Alhena	45,6°
18.8.1980 0:40:22	Mars 2° nördlich Spika	57,6°
18.8.1980 12:07:13	Venus 5,6° südlich Epsilon Geminorum	45,7°
24.8.1980 7:23:48	Merkur 1,4° nördlich Regulus	1,8°
24.8.1980 18:52:00	Venus in größter westlicher Elongation zur Sonne	45,9°
26.8.1980 11:39:05	Merkur in oberer Konjunktion zur Sonne	1,7°
30.8.1980 22:38:14	Venus 12,8° südlich Kastor	45,7°
31.8.1980 22:21:02	Neptun stationär, dann rechtläufig	
2.9.1980 11:07:27	Venus 9,1° südlich Pollux	45,6°
3.9.1980 11:35:51	Merkur 19' nördlich Jupiter	7,5°
9.9.1980 13:10:03	Merkur 1,4° südlich Saturn	11,7°
13.9.1980 10:00:50	Jupiter in Konjunktion zur Sonne	1°
14.9.1980 22:47:28	Venus 2,6° südlich M44	44,6°
16.9.1980 22:40:56	Merkur 3,2° südlich Porrima	15,9°
20.9.1980 21:12:21	Mars 58' südlich Zuben-el-dschenubi	46,7°

Datum und Uhrzeit (WZ)	Ereignis	Elongation
23.9.1980 2:11:59	Saturn in Konjunktion zur Sonne	2,1°
25.9.1980 1:58:41	Merkur 58' nördlich Spika	21,1°
2.10.1980 23:27:37	Mars 59' südlich Uranus	43,3°
4.10.1980 15:42:24	Venus 16' südlich Regulus	41,9°
11.10.1980 4:13:00	Merkur in größter östlicher Elongation zur Sonne	25,2°
14.10.1980 7:12:46	Merkur 3,6° südlich Zuben-el-dschenubi	23,6°
16.10.1980 20:16:26	Mars 1,9° südlich Akrab	39,3°
23.10.1980 6:29:51	Merkur stationär, dann rückläufig	
24.10.1980 15:32:22	Mars 3,7° nördlich Antares	37,5°
30.10.1980 20:21:49	Venus 27' nördlich Jupiter	36,9°
30.10.1980 23:45:48	Merkur 1,9° südlich Zuben-el-dschenubi	7,1°
3.11.1980 9:26:30	Merkur in unterer Konjunktion zur Sonne	-24'
3.11.1980 21:52:32	Venus 33' südlich Saturn	36,3°
7.11.1980 23:35:55	Venus 1,2° südlich Porrima	35,4°
10.11.1980 12:23:18	Mars 2,3° südlich Neptun	32,9°
12.11.1980 4:00:00	Merkur stationär, dann rechtläufig	
17.11.1980 13:26:08	Venus 4,2° nördlich Spika	31,9°
18.11.1980 1:17:18	Uranus in Konjunktion zur Sonne, Bedeckung	14'
19.11.1980 18:06:00	Merkur in größter westlicher Elongation zur Sonne	19,6°
24.11.1980 23:08:09	Merkur 1,8° nördlich Zuben-el-dschenubi	18,1°
3.12.1980 13:41:03	Merkur 55' nördlich Uranus	14,7°
5.12.1980 16:54:52	Venus 1,4° nördlich Zuben-el-dschenubi	29°
7.12.1980 18:51:34	Merkur 24' südlich Akrab	12,9°
8.12.1980 5:01:04	Mars 2,4° nördlich Nunki	26,1°
11.12.1980 12:51:44	Merkur 4,8° nördlich Antares	10,9°
14.12.1980 5:28:49	Neptun in Konjunktion zur Sonne	1,3°
16.12.1980 1:44:28	Venus 1,2° nördlich Uranus	26,7°
20.12.1980 13:20:39	Venus 17' nördlich Akrab	25,9°
20.12.1980 13:42:44	Merkur 2,1° südlich Neptun	6,2°
25.12.1980 3:38:52	Venus 5,8° nördlich Antares	24,4°
31.12.1980 9:46:12	Merkur in oberer Konjunktion zur Sonne	-1,7°

1981

Datum und Uhrzeit (WZ)	Ereignis	Elongation
1.1.1981 21:12:35	Merkur 1,6° nördlich Nunki	2°
3.1.1981 0:42:26	Mars 5,9° südlich Beta Capricorni	19,9°
5.1.1981 21:26:29	Venus 39' südlich Neptun	22,2°
13.1.1981 23:13:11	Merkur 6,9° südlich Beta Capricorni	8,8°
14.1.1981 7:42:28	Jupiter 1,1° südlich Saturn	103,9°
21.1.1981 5:11:30	Venus 3,5° nördlich Nunki	18,7°
23.1.1981 21:46:29	Merkur 18' südlich Mars	15°
25.1.1981 9:19:32	Jupiter stationär, dann rückläufig	
27.1.1981 3:55:20	Merkur 1,8° nördlich Delta Capricorni	16,3°
30.1.1981 2:50:03	Mars 1,6° nördlich Delta Capricorni	13,4°

Datum und Uhrzeit (WZ)	Ereignis	Elongation
2.2.1981 0:58:00	Merkur in größter östlicher Elongation zur Sonne	18,3°
6.2.1981 6:46:51	Venus 5,4° südlich Beta Capricorni	14,4°
7.2.1981 22:01:57	Merkur stationär, dann rückläufig	
10.2.1981 18:14:29	Merkur 4° nördlich Mars	11,1°
17.2.1981 11:24:43	Merkur in unterer Konjunktion zur Sonne	3,7°
19.2.1981 7:28:12	Jupiter 1,1° südlich Saturn	141,2°
20.2.1981 9:16:20	Merkur 6,6° nördlich Delta Capricorni	7,2°
22.2.1981 0:31:47	Merkur 4,9° nördlich Venus	10,1°
23.2.1981 6:14:55	Venus 1,5° nördlich Delta Capricorni	10,8°
1.3.1981 14:44:18	Merkur stationär, dann rechtläufig	
5.3.1981 0:00:00	Uranus stationär, dann rückläufig	
12.3.1981 0:00:32	Merkur 2,5° nördlich Delta Capricorni	27,2°
16.3.1981 0:58:00	Merkur in größter westlicher Elongation zur Sonne	27,6°
26.3.1981 5:43:01	Jupiteropposition	
27.3.1981 2:57:00	Neptun stationär, dann rückläufig	
27.3.1981 4:40:54	Saturnopposition	
2.4.1981 14:47:14	Mars in Konjunktion zur Sonne	-39'
4.4.1981 14:31:21	Venus 42' südlich Mars	0,8°
7.4.1981 8:45:21	Venus in oberer Konjunktion zur Sonne	-1,2°
20.4.1981 6:46:54	Venus 11,5° südlich Hamal	3,5°
23.4.1981 10:58:23	Merkur 36' südlich Mars	4,6°
25.4.1981 21:49:07	Merkur 11,3° südlich Hamal	2,1°
27.4.1981 16:17:28	Merkur in oberer Konjunktion zur Sonne	-19'
30.4.1981 3:18:28	Mars 11° südlich Hamal	6,1°
3.5.1981 19:03:34	Merkur 1,2° nördlich Venus	6,9°
7.5.1981 23:15:26	Merkur 2,7° südlich Alkione	11,9°
10.5.1981 19:50:14	Venus 4,3° südlich Alkione	8,7°
14.5.1981 1:13:50	Merkur 7,7° nördlich Aldebaran	17,2°
19.5.1981 4:09:14	Uranusopposition	
20.5.1981 5:49:56	Venus 5,8° nördlich Aldebaran	11,2°
21.5.1981 12:41:23	Merkur 3,1° südlich Elnath	21,9°
27.5.1981 3:40:00	Merkur in größter östlicher Elongation zur Sonne	22,9°
28.5.1981 7:51:13	Jupiter stationär, dann rechtläufig	
29.5.1981 17:58:04	Venus 4,8° südlich Elnath	13,8°
2.6.1981 1:56:45	Merkur 1,9° nördlich Eta Geminorum	21,7°
3.6.1981 13:25:00	Mars 4,2° südlich Alkione	13,7°
6.6.1981 0:49:58	Saturn stationär, dann rechtläufig	
7.6.1981 4:37:48	Merkur 43' nördlich Mü Geminorum	18,7°
7.6.1981 19:37:20	Venus 1,8° nördlich Eta Geminorum	16,2°
9.6.1981 7:44:00	Venus 1,8° nördlich Mü Geminorum	16,6°
9.6.1981 8:09:11	Merkur stationär, dann rückläufig	
9.6.1981 11:08:38	Merkur 1,7° südlich Venus	16,6°
11.6.1981 12:30:54	Merkur 27' südlich Mü Geminorum	14,6°
12.6.1981 1:55:54	Venus 7,9° nördlich Alhena	17,4°
13.6.1981 5:29:30	Venus 56' südlich Epsilon Geminorum	17,7°
14.6.1981 15:37:15	Neptunopposition	

Datum und Uhrzeit (WZ)	Ereignis	Elon-gation
17.6.1981 2:43:36	Merkur 1,9° südlich Eta Geminorum	7,4°
19.6.1981 19:57:54	Mars 5,7° nördlich Aldebaran	18,1°
22.6.1981 0:50:50	Merkur in unterer Konjunktion zur Sonne	-3,9°
22.6.1981 18:24:44	Venus 8,8° südlich Kastor	20,2°
24.6.1981 19:46:49	Venus 5,3° südlich Pollux	20,8°
3.7.1981 13:34:05	Merkur stationär, dann rechtläufig	
5.7.1981 12:43:41	Venus 20' nördlich M44	23,6°
6.7.1981 15:00:30	Mars 5° südlich Elnath	22,4°
14.7.1981 13:24:00	Merkur in größter westlicher Elongation zur Sonne	20,7°
16.7.1981 7:53:52	Merkur 1,4° südlich Eta Geminorum	20,5°
17.7.1981 23:32:52	Merkur 1,1° südlich Mü Geminorum	20,2°
20.7.1981 14:36:43	Merkur 5,5° nördlich Alhena	19,3°
21.7.1981 14:17:32	Merkur 3,2° südlich Epsilon Geminorum	18,8°
23.7.1981 0:24:12	Mars 1,4° nördlich Eta Geminorum	26,9°
23.7.1981 21:11:18	Venus 1,2° nördlich Regulus	28,3°
25.7.1981 18:28:42	Mars 1,4° nördlich Mü Geminorum	27,7°
28.7.1981 11:19:56	Merkur 9,8° südlich Kastor	13,7°
29.7.1981 18:32:48	Merkur 6,2° südlich Pollux	12,5°
30.7.1981 20:11:14	Mars 7,4° nördlich Alhena	29,2°
30.7.1981 21:25:37	Jupiter 1,2° südlich Saturn	57,9°
1.8.1981 23:05:31	Mars 1,4° südlich Epsilon Geminorum	29,8°
4.8.1981 9:44:21	Uranus stationär, dann rechtläufig	
5.8.1981 3:21:05	Merkur 12' nördlich M44	5,8°
10.8.1981 5:48:00	Merkur in oberer Konjunktion zur Sonne	1,7°
16.8.1981 1:34:05	Merkur 1,3° nördlich Regulus	6,2°
19.8.1981 19:09:27	Mars 9,4° südlich Kastor	35,2°
23.8.1981 16:38:42	Mars 5,9° südlich Pollux	36,5°
25.8.1981 22:15:33	Venus 2° südlich Saturn	35,4°
26.8.1981 9:43:55	Jupiter 1,8° südlich Porrima	36,9°
27.8.1981 18:11:41	Venus 2,7° südlich Porrima	35,6°
28.8.1981 0:35:19	Venus 53' südlich Jupiter	36,3°
3.9.1981 8:03:35	Neptun stationär, dann rechtläufig	
6.9.1981 20:32:15	Venus 2° nördlich Spika	38,7°
10.9.1981 14:49:12	Merkur 3,6° südlich Saturn	22,1°
10.9.1981 21:42:15	Merkur 4,2° südlich Porrima	22°
13.9.1981 6:10:47	Mars 12' südlich M44	43,3°
13.9.1981 18:37:17	Merkur 2,8° südlich Jupiter	23,4°
13.9.1981 19:50:14	Saturn 37' südlich Porrima	19,2°
20.9.1981 19:02:00	Merkur 23' südlich Spika	25,9°
23.9.1981 16:08:00	Merkur in größter östlicher Elongation zur Sonne	26,3°
26.9.1981 4:35:05	Venus 1,9° südlich Zuben-el-dschenubi	41,8°
6.10.1981 4:33:31	Saturn in Konjunktion zur Sonne	2,2°
6.10.1981 10:55:04	Merkur stationär, dann rückläufig	
7.10.1981 11:26:49	Venus 2,4° südlich Uranus	43,6°
12.10.1981 4:54:23	Venus 3,5° südlich Akrab	44,2°
14.10.1981 4:51:17	Jupiter in Konjunktion zur Sonne	1,1°

Datum und Uhrzeit (WZ)	Ereignis	Elon-gation
17.10.1981 5:25:53	Venus 1,9° nördlich Antares	45,5°
18.10.1981 10:24:59	Merkur in unterer Konjunktion zur Sonne	-1,4°
19.10.1981 17:00:27	Mars 1,1° nördlich Regulus	56,7°
19.10.1981 23:30:06	Merkur 1,3° nördlich Spika	3,5°
20.10.1981 5:32:38	Merkur 2° südlich Jupiter	4°
21.10.1981 10:00:37	Jupiter 3,4° nördlich Spika	4,8°
26.10.1981 21:15:08	Merkur stationär, dann rechtläufig	
30.10.1981 0:57:11	Venus 4,5° südlich Neptun	46,4°
3.11.1981 0:51:43	Merkur 4,6° nördlich Spika	17,1°
3.11.1981 3:35:00	Merkur in größter westlicher Elongation zur Sonne	18,8°
6.11.1981 0:05:15	Merkur 1,2° nördlich Jupiter	17,9°
11.11.1981 1:42:00	Venus in größter östlicher Elongation zur Sonne	47,2°
17.11.1981 15:34:32	Venus 12" nördlich Nunki, Bedeckung	47°
19.11.1981 2:02:09	Merkur 56' nördlich Zuben-el-dschenubi	11,9°
22.11.1981 18:52:10	Uranus in Konjunktion zur Sonne, Bedeckung	10'
29.11.1981 9:20:19	Merkur 8' südlich Uranus	6,2°
30.11.1981 20:43:55	Merkur 1,2° südlich Akrab	5,4°
4.12.1981 11:57:12	Merkur 4,1° nördlich Antares	3,4°
10.12.1981 14:35:45	Merkur in oberer Konjunktion zur Sonne	-1,1°
12.12.1981 7:47:30	Venus 6,7° südlich Beta Capricorni	42,1°
14.12.1981 12:20:20	Merkur 2,7° südlich Neptun	2,4°
16.12.1981 14:55:44	Neptun in Konjunktion zur Sonne	1,3°
25.12.1981 14:33:01	Merkur 1,3° nördlich Nunki	8,8°
30.12.1981 7:41:39	Venus stationär, dann rückläufig	

1982

Datum und Uhrzeit (WZ)	Ereignis	Elon-gation
7.1.1982 3:52:41	Merkur 6,6° südlich Beta Capricorni	15,9°
8.1.1982 3:59:24	Saturn 4,9° nördlich Spika	84°
8.1.1982 14:46:07	Mars 22' südlich Porrima	98°
9.1.1982 0:55:47	Uranus 51' südlich Akrab	45,3°
9.1.1982 14:02:22	Merkur 5,4° südlich Venus	17°
16.1.1982 11:55:00	Merkur in größter östlicher Elongation zur Sonne	18,8°
16.1.1982 12:44:13	Venus 50' nördlich Beta Capricorni	9°
21.1.1982 10:00:58	Venus in unterer Konjunktion zur Sonne	6,4°
1.2.1982 3:30:46	Saturn stationär, dann rückläufig	
1.2.1982 3:43:07	Merkur in unterer Konjunktion zur Sonne	3,5°
10.2.1982 12:11:31	Merkur 1,7° südlich Beta Capricorni	18,2°
10.2.1982 13:58:18	Venus stationär, dann rechtläufig	
12.2.1982 22:02:45	Merkur stationär, dann rechtläufig	
15.2.1982 10:35:32	Merkur 2,7° südlich Beta Capricorni	23,1°
21.2.1982 4:48:51	Mars stationär, dann rückläufig	
24.2.1982 13:27:41	Jupiter stationär, dann rückläufig	
25.2.1982 10:06:23	Saturn 5,1° nördlich Spika	132,9°

Datum und Uhrzeit (WZ)	Ereignis	Elon-gation
26.2.1982 10:45:00	Merkur in größter westlicher Elongation zur Sonne	26,9°
8.3.1982 2:21:37	Venus 14' südlich Beta Capricorni	43,6°
9.3.1982 7:04:57	Merkur 1,1° nördlich Delta Capricorni	24,8°
9.3.1982 18:03:00	Uranus stationär, dann rückläufig	
29.3.1982 12:45:25	Neptun stationär, dann rückläufig	
31.3.1982 10:06:28	Marsopposition	
1.4.1982 4:37:26	Venus 4,2° nördlich Delta Capricorni	46,5°
1.4.1982 17:37:00	Venus in größter westlicher Elongation zur Sonne	46,5°
1.4.1982 20:13:42	Mars 11' nördlich Porrima	176,5°
9.4.1982 2:18:11	Saturnopposition	
11.4.1982 17:44:56	Merkur in oberer Konjunktion zur Sonne	-47'
17.4.1982 14:39:31	Merkur 10,4° südlich Hamal	6,6°
26.4.1982 0:17:23	Jupiteropposition	
1.5.1982 3:02:05	Merkur 1,8° südlich Alkione	19,1°
9.5.1982 0:13:00	Merkur in größter östlicher Elongation zur Sonne	21,4°
10.5.1982 13:44:35	Merkur 8° nördlich Aldebaran	20,7°
12.5.1982 7:48:56	Uranus 52' südlich Akrab	168,2°
13.5.1982 4:35:02	Mars stationär, dann rechtläufig	
21.5.1982 10:12:32	Merkur stationär, dann rückläufig	
24.5.1982 2:35:07	Uranusopposition	
1.6.1982 19:36:10	Merkur in unterer Konjunktion zur Sonne	-2,3°
2.6.1982 11:39:06	Venus 12,8° südlich Hamal	35,5°
3.6.1982 16:45:27	Merkur 2,7° nördlich Aldebaran	4°
13.6.1982 21:23:45	Merkur stationär, dann rechtläufig	
17.6.1982 4:17:14	Neptunopposition	
19.6.1982 11:11:35	Saturn stationär, dann rechtläufig	
23.6.1982 2:23:00	Merkur 1,7° nördlich Aldebaran	21,9°
24.6.1982 4:12:01	Venus 6° südlich Alkione	32,8°
26.6.1982 13:27:00	Merkur in größter westlicher Elongation zur Sonne	22,3°
26.6.1982 16:11:42	Mars 3,2° südlich Porrima	95,2°
28.6.1982 6:52:57	Jupiter stationär, dann rechtläufig	
4.7.1982 1:04:59	Venus 4° nördlich Aldebaran	31,7°
4.7.1982 9:00:47	Merkur 7,3° südlich Elnath	20,3°
9.7.1982 23:36:43	Mars 3,1° südlich Saturn	88,5°
11.7.1982 5:57:52	Merkur 28' nördlich Eta Geminorum	15,4°
12.7.1982 5:55:13	Merkur 36' nördlich Mü Geminorum	14,5°
13.7.1982 22:45:40	Venus 6,5° südlich Elnath	29,3°
14.7.1982 0:13:11	Merkur 6,9° nördlich Alhena	12,8°
14.7.1982 17:19:49	Merkur 1,8° südlich Epsilon Geminorum	12,1°
20.7.1982 8:05:43	Merkur 9,1° südlich Kastor	6°
21.7.1982 12:14:08	Merkur 5,5° südlich Pollux	4,7°
21.7.1982 18:20:33	Mars 1,6° nördlich Spika	84,4°
23.7.1982 7:40:14	Venus 14' nördlich Eta Geminorum	27°
24.7.1982 20:47:30	Venus 14' nördlich Mü Geminorum	26,6°
25.7.1982 8:04:32	Merkur in oberer Konjunktion zur Sonne	1,6°
27.7.1982 15:26:53	Merkur 29' nördlich M44	3°

Datum und Uhrzeit (WZ)	Ereignis	Elongation
27.7.1982 16:40:14	Venus 6,3° nördlich Alhena	25,9°
28.7.1982 20:53:34	Venus 2,5° südlich Epsilon Geminorum	25,6°
7.8.1982 13:38:37	Venus 10,2° südlich Kastor	23,1°
8.8.1982 3:34:28	Merkur 1° nördlich Regulus	14°
9.8.1982 8:38:01	Uranus stationär, dann rechtläufig	
9.8.1982 15:26:51	Venus 6,7° südlich Pollux	22,6°
10.8.1982 0:52:38	Mars 2,1° südlich Jupiter	76°
20.8.1982 8:28:22	Venus 43' südlich M44	19,8°
28.8.1982 17:53:13	Mars 1,5° südlich Zuben-el-dschenubi	69,7°
5.9.1982 19:17:11	Neptun stationär, dann rechtläufig	
6.9.1982 4:28:00	Merkur in größter östlicher Elongation zur Sonne	27,1°
7.9.1982 8:14:54	Venus 45' nördlich Regulus	14,8°
8.9.1982 10:44:45	Merkur 6,1° südlich Porrima	24,6°
19.9.1982 7:02:19	Merkur stationär, dann rückläufig	
21.9.1982 3:20:50	Saturn 4,7° nördlich Spika	24,1°
22.9.1982 12:36:38	Mars 1,5° südlich Uranus	62,2°
24.9.1982 23:48:09	Mars 2,4° südlich Akrab	61,3°
28.9.1982 20:12:22	Merkur 6,5° südlich Porrima	5,3°
2.10.1982 5:21:54	Merkur in unterer Konjunktion zur Sonne	-2,3°
3.10.1982 0:45:28	Mars 3,3° nördlich Antares	59,5°
5.10.1982 9:20:11	Merkur 3° südlich Venus	6,6°
10.10.1982 11:10:07	Venus 1,5° südlich Porrima	6,5°
16.10.1982 1:20:52	Jupiter 34' nördlich Zuben-el-dschenubi	22,3°
17.10.1982 17:47:00	Merkur in größter westlicher Elongation zur Sonne	18,2°
18.10.1982 21:28:11	Saturn in Konjunktion zur Sonne	2,3°
19.10.1982 21:12:13	Venus 3,5° nördlich Spika	3,3°
21.10.1982 8:45:07	Merkur 49' südlich Porrima	17,5°
22.10.1982 22:10:13	Venus 1,2° südlich Saturn	3,3°
25.10.1982 5:42:48	Mars 2,6° südlich Neptun	53,4°
28.10.1982 19:13:39	Uranus 54' südlich Akrab	27,9°
29.10.1982 4:13:07	Merkur 4,2° nördlich Spika	12°
1.11.1982 5:45:50	Merkur 40' südlich Saturn	11,6°
4.11.1982 1:25:04	Venus in oberer Konjunktion zur Sonne	50'
6.11.1982 18:42:33	Venus 25' nördlich Zuben-el-dschenubi	0,9°
11.11.1982 8:32:48	Venus 17' südlich Jupiter	1,9°
12.11.1982 1:39:39	Merkur 11' nördlich Zuben-el-dschenubi	4,6°
13.11.1982 14:19:54	Jupiter in Konjunktion zur Sonne	50'
16.11.1982 9:01:02	Merkur 50' südlich Jupiter	2°
17.11.1982 7:42:22	Mars 2,1° nördlich Nunki	47,6°
19.11.1982 18:05:16	Merkur in oberer Konjunktion zur Sonne	-21'
21.11.1982 10:13:59	Venus 50' südlich Akrab	4,3°
22.11.1982 14:35:40	Venus 1,5' nördlich Uranus	4,6°
23.11.1982 16:27:59	Merkur 1,8° südlich Akrab	2,1°
24.11.1982 17:08:27	Merkur 1° südlich Uranus	2,6°
25.11.1982 23:00:36	Venus 4,6° nördlich Antares	5,4°
27.11.1982 7:30:45	Merkur 3,5° nördlich Antares	4,4°

Datum und Uhrzeit (WZ)	Ereignis	Elongation
27.11.1982 11:26:12	Uranus in Konjunktion zur Sonne, Bedeckung	7'
2.12.1982 18:11:24	Merkur 1,4° südlich Venus	7,1°
8.12.1982 13:03:43	Merkur 3,2° südlich Neptun	10,3°
10.12.1982 0:43:50	Venus 1,8° südlich Neptun	8,9°
13.12.1982 8:46:34	Mars 6° südlich Beta Capricorni	41,4°
18.12.1982 19:41:24	Merkur 1,2° nördlich Nunki	15,8°
19.12.1982 0:16:59	Neptun in Konjunktion zur Sonne	1,2°
22.12.1982 16:32:07	Venus 2,5° nördlich Nunki	11,9°
30.12.1982 19:14:00	Merkur in größter östlicher Elongation zur Sonne	19,6°

1983

Datum und Uhrzeit (WZ)	Ereignis	Elongation
7.1.1983 9:57:05	Merkur 2,1° nördlich Venus	15,6°
7.1.1983 15:40:11	Venus 6,2° südlich Beta Capricorni	15,7°
9.1.1983 16:30:01	Mars 1,6° nördlich Delta Capricorni	34,5°
10.1.1983 11:53:18	Jupiter 11' südlich Akrab	46,7°
16.1.1983 3:18:17	Merkur in unterer Konjunktion zur Sonne	3,1°
24.1.1983 15:30:21	Venus 1,1° nördlich Delta Capricorni	19,4°
27.1.1983 9:50:40	Merkur stationär, dann rechtläufig	
8.2.1983 19:53:00	Merkur in größter westlicher Elongation zur Sonne	25,7°
13.2.1983 6:31:21	Saturn stationär, dann rückläufig	
15.2.1983 13:11:50	Uranus 4,7° nördlich Antares	76,8°
16.2.1983 11:37:50	Merkur 5,3° südlich Beta Capricorni	23,8°
17.2.1983 3:59:04	Jupiter 5,5° nördlich Antares	78,4°
17.2.1983 14:06:54	Jupiter 46' nördlich Uranus	79,5°
18.2.1983 21:34:18	Venus 32' südlich Mars	25,4°
3.3.1983 3:15:42	Merkur 39' nördlich Delta Capricorni	18,6°
14.3.1983 11:14:30	Uranus stationär, dann rückläufig	
22.3.1983 14:04:23	Venus 10,4° südlich Hamal	32,5°
26.3.1983 11:12:27	Merkur in oberer Konjunktion zur Sonne	-1,2°
28.3.1983 0:51:32	Jupiter stationär, dann rückläufig	
1.4.1983 0:47:22	Neptun stationär, dann rückläufig	
9.4.1983 11:56:37	Merkur 1,4° nördlich Mars	13,8°
9.4.1983 23:09:14	Merkur 9,3° südlich Hamal	14,8°
10.4.1983 15:05:22	Mars 10,7° südlich Hamal	13,6°
10.4.1983 21:48:55	Uranus 4,7° nördlich Antares	130,8°
12.4.1983 17:41:15	Venus 2,8° südlich Alkione	36,9°
21.4.1983 7:52:00	Merkur in größter östlicher Elongation zur Sonne	20,1°
21.4.1983 19:14:42	Saturnopposition	
22.4.1983 12:33:39	Venus 7,3° nördlich Aldebaran	38,1°
2.5.1983 3:16:47	Merkur stationär, dann rückläufig	
2.5.1983 12:34:57	Venus 3,2° südlich Elnath	40,6°
6.5.1983 6:37:19	Jupiter 5,6° nördlich Antares	155,3°
8.5.1983 1:58:14	Merkur 49' nördlich Mars	6,8°

Datum und Uhrzeit (WZ)	Ereignis	Elongation
12.5.1983 5:29:19	Venus 3,4° nördlich Eta Geminorum	42,2°
12.5.1983 16:30:43	Merkur in unterer Konjunktion zur Sonne	-20'
13.5.1983 20:37:10	Venus 3,3° nördlich Mü Geminorum	42,5°
15.5.1983 8:09:48	Mars 3,9° südlich Alkione	5°
16.5.1983 13:20:16	Jupiter 50' nördlich Uranus	167,5°
16.5.1983 20:46:05	Venus 9,3° nördlich Alhena	42,9°
18.5.1983 3:02:07	Venus 31' nördlich Epsilon Geminorum	43,1°
24.5.1983 23:05:52	Merkur stationär, dann rechtläufig	
27.5.1983 22:18:22	Jupiteropposition	
28.5.1983 19:28:33	Venus 7,6° südlich Kastor	44°
29.5.1983 0:33:52	Uranusopposition	
31.5.1983 4:16:40	Venus 4,2° südlich Pollux	44,2°
31.5.1983 16:59:49	Mars 5,9° nördlich Aldebaran	0,8°
3.6.1983 11:46:52	Mars in Konjunktion zur Sonne	26'
8.6.1983 5:39:00	Merkur in größter westlicher Elongation zur Sonne	24°
12.6.1983 20:24:04	Merkur 7,3° südlich Alkione	21,9°
13.6.1983 0:47:00	Venus 58' nördlich M44	45,4°
16.6.1983 7:02:00	Venus in größter östlicher Elongation zur Sonne	45,4°
17.6.1983 13:36:46	Mars 4,8° südlich Elnath	3,8°
19.6.1983 17:01:01	Neptunopposition	
21.6.1983 5:23:16	Merkur 3,8° nördlich Aldebaran	19,3°
22.6.1983 22:39:44	Jupiter 10' südlich Akrab	152°
27.6.1983 19:59:26	Merkur 5,9° südlich Elnath	13,6°
2.7.1983 11:43:35	Saturn stationär, dann rechtläufig	
2.7.1983 23:47:33	Merkur 12' südlich Mars	8°
3.7.1983 7:13:39	Merkur 1,4° nördlich Eta Geminorum	7,7°
3.7.1983 23:14:17	Mars 1,6° nördlich Eta Geminorum	8,3°
4.7.1983 3:58:24	Merkur 1,5° nördlich Mü Geminorum	6,6°
5.7.1983 17:34:00	Merkur 7,7° nördlich Alhena	4,8°
6.7.1983 9:07:41	Merkur 1° südlich Epsilon Geminorum	4,1°
6.7.1983 17:13:18	Mars 1,5° nördlich Mü Geminorum	9°
9.7.1983 15:36:16	Merkur in oberer Konjunktion zur Sonne	1,4°
9.7.1983 23:10:36	Venus 39' südlich Regulus	42,4°
11.7.1983 18:00:14	Merkur 8,6° südlich Kastor	3°
11.7.1983 18:36:16	Mars 7,5° nördlich Alhena	10,5°
12.7.1983 22:12:06	Merkur 5,1° südlich Pollux	4,2°
13.7.1983 21:24:11	Mars 1,3° südlich Epsilon Geminorum	11,1°
19.7.1983 7:28:38	Merkur 33' nördlich M44	11°
29.7.1983 12:28:20	Jupiter stationär, dann rechtläufig	
31.7.1983 14:46:40	Mars 9,3° südlich Kastor	16,4°
1.8.1983 1:44:33	Merkur 26' nördlich Regulus	21,2°
1.8.1983 12:20:12	Venus stationär, dann rückläufig	
4.8.1983 11:16:05	Mars 5,8° südlich Pollux	17,5°
6.8.1983 5:47:04	Merkur 5,8° nördlich Venus	24°
14.8.1983 5:21:45	Uranus stationär, dann rechtläufig	
19.8.1983 15:47:00	Merkur in größter östlicher Elongation zur Sonne	27,4°

Datum und Uhrzeit (WZ)	Ereignis	Elongation
22.8.1983 21:23:25	Venus 9,2° südlich Regulus	0,6°
24.8.1983 16:55:21	Mars 12' südlich M44	23,9°
25.8.1983 4:29:49	Venus in unterer Konjunktion zur Sonne	-8,3°
1.9.1983 19:19:35	Merkur stationär, dann rückläufig	
3.9.1983 21:47:36	Jupiter 26' südlich Akrab	82,1°
8.9.1983 5:57:25	Neptun stationär, dann rechtläufig	
14.9.1983 8:18:53	Venus stationär, dann rechtläufig	
14.9.1983 18:38:47	Venus 8,5° südlich Mars	28,9°
15.9.1983 15:43:28	Merkur in unterer Konjunktion zur Sonne	-3,3°
24.9.1983 1:24:25	Merkur stationär, dann rechtläufig	
24.9.1983 21:30:25	Jupiter 27' nördlich Uranus	64,5°
28.9.1983 20:42:35	Mars 52' nördlich Regulus	35,6°
1.10.1983 9:56:00	Merkur in größter westlicher Elongation zur Sonne	17,9°
7.10.1983 6:27:43	Venus 3,8° südlich Regulus	42,6°
13.10.1983 0:34:19	Jupiter 5,1° nördlich Antares	49,6°
15.10.1983 3:26:25	Merkur 1° südlich Porrima	11°
22.10.1983 1:48:04	Merkur 3,6° nördlich Spika	4,9°
28.10.1983 13:04:26	Venus 1,7° südlich Mars	46,4°
30.10.1983 16:11:47	Merkur in oberer Konjunktion zur Sonne	26'
31.10.1983 6:00:24	Saturn in Konjunktion zur Sonne	2,2°
31.10.1983 10:11:50	Merkur 2° südlich Saturn	0,6°
4.11.1983 19:09:00	Venus in größter westlicher Elongation zur Sonne	46,5°
4.11.1983 19:37:17	Merkur 30' südlich Zuben-el-dschenubi	3°
16.11.1983 14:09:19	Merkur 2,4° südlich Akrab	9,4°
19.11.1983 5:33:37	Venus 1,2° südlich Porrima	45,9°
20.11.1983 4:18:33	Merkur 1,8° südlich Uranus	11,4°
20.11.1983 7:01:18	Merkur 2,9° nördlich Antares	11,8°
23.11.1983 0:27:35	Uranus 4,7° nördlich Antares	8,7°
26.11.1983 6:17:22	Merkur 2,5° südlich Jupiter	14,4°
29.11.1983 14:52:25	Venus 4,5° nördlich Spika	43,2°
2.12.1983 3:11:45	Uranus in Konjunktion zur Sonne, Bedeckung	3,5'
3.12.1983 6:42:55	Merkur 3,5° südlich Neptun	17,8°
6.12.1983 9:01:55	Mars 1,3° südlich Porrima	63,2°
13.12.1983 21:23:00	Merkur in größter östlicher Elongation zur Sonne	20,6°
14.12.1983 8:17:07	Merkur 1,6° nördlich Nunki	20,6°
14.12.1983 12:53:36	Jupiter in Konjunktion zur Sonne	21'
17.12.1983 10:32:18	Venus 9,2' nördlich Saturn	42,4°
18.12.1983 20:28:16	Venus 2,1° nördlich Zuben-el-dschenubi	41,6°
21.12.1983 9:43:17	Neptun in Konjunktion zur Sonne	1,2°
21.12.1983 20:16:10	Merkur stationär, dann rückläufig	
27.12.1983 7:41:57	Mars 4° nördlich Spika	71,4°
28.12.1983 13:07:49	Merkur 5,2° nördlich Nunki	6,6°
31.12.1983 7:34:44	Merkur in unterer Konjunktion zur Sonne	2,5°

1984

Datum und Uhrzeit (WZ)	Ereignis	Elongation
3.1.1984 8:37:04	Venus 1,1° nördlich Akrab	39,2°
4.1.1984 18:55:35	Saturn 2° nördlich Zuben-el-dschenubi	58,8°
8.1.1984 3:08:00	Venus 6,6° nördlich Antares	37,7°
10.1.1984 12:34:47	Venus 1,8° nördlich Uranus	37,8°
19.1.1984 17:11:30	Jupiter 52' südlich Neptun	28,8°
22.1.1984 4:16:00	Merkur in größter westlicher Elongation zur Sonne	24,3°
25.1.1984 23:16:57	Venus 1,5' nördlich Neptun	35°
27.1.1984 1:41:36	Venus 51' nördlich Jupiter	34,7°
27.1.1984 2:47:58	Merkur 4° nördlich Nunki	23,8°
5.2.1984 0:12:53	Venus 4,2° nördlich Nunki	32,8°
10.2.1984 11:30:02	Mars 1,4° nördlich Zuben-el-dschenubi	96,1°
10.2.1984 17:05:25	Merkur 6,1° südlich Beta Capricorni	17,9°
15.2.1984 12:32:15	Mars 48' südlich Saturn	99,5°
21.2.1984 9:28:58	Venus 4,9° südlich Beta Capricorni	28,5°
23.2.1984 23:10:07	Merkur 31' nördlich Delta Capricorni	11,2°
25.2.1984 4:18:45	Saturn stationär, dann rückläufig	
8.3.1984 17:18:15	Merkur in oberer Konjunktion zur Sonne	-1,6°
9.3.1984 14:12:58	Venus 1,8° nördlich Delta Capricorni	25,3°
18.3.1984 4:23:11	Uranus stationär, dann rückläufig	
2.4.1984 11:08:33	Neptun stationär, dann rückläufig	
3.4.1984 2:51:00	Merkur in größter östlicher Elongation zur Sonne	19,1°
5.4.1984 2:26:31	Mars stationär, dann rückläufig	
6.4.1984 2:29:48	Merkur 7,5° südlich Hamal	18,6°
11.4.1984 23:37:34	Merkur stationär, dann rückläufig	
12.4.1984 14:40:27	Jupiter 3,7° nördlich Nunki	100,4°
18.4.1984 10:54:12	Merkur 8,1° südlich Hamal	6,5°
18.4.1984 18:00:44	Saturn 2,4° nördlich Zuben-el-dschenubi	164,1°
22.4.1984 4:43:28	Merkur in unterer Konjunktion zur Sonne	1,5°
29.4.1984 19:16:56	Jupiter stationär, dann rückläufig	
29.4.1984 23:30:38	Merkur 41' nördlich Venus	12,3°
3.5.1984 8:09:09	Saturnopposition	
4.5.1984 12:41:11	Merkur stationär, dann rechtläufig	
4.5.1984 22:11:02	Venus 11,9° südlich Hamal	11,3°
11.5.1984 8:45:56	Marsopposition	
16.5.1984 23:37:30	Jupiter 3,6° nördlich Nunki	133,8°
18.5.1984 17:10:03	Merkur 14,2° südlich Hamal	22,7°
19.5.1984 20:10:00	Merkur in größter westlicher Elongation zur Sonne	25,6°
25.5.1984 13:25:49	Venus 4,8° südlich Alkione	5,8°
27.5.1984 18:11:29	Mars 1,3° südlich Zuben-el-dschenubi	158,2°
1.6.1984 21:52:32	Uranusopposition	
4.6.1984 0:10:26	Venus 5,3° nördlich Aldebaran	3,3°
6.6.1984 19:15:21	Merkur 5,9° südlich Alkione	17°
13.6.1984 0:31:31	Merkur 4,9° nördlich Aldebaran	11,9°
13.6.1984 12:57:26	Venus 5,3° südlich Elnath	0,7°

Datum und Uhrzeit (WZ)	Ereignis	Elon-gation
15.6.1984 21:57:45	Venus in oberer Konjunktion zur Sonne, Bedeckung	12'
18.6.1984 15:10:47	Merkur 4,9° südlich Elnath	5,5°
20.6.1984 9:27:48	Mars stationär, dann rechtläufig	
21.6.1984 6:01:17	Neptunopposition	
22.6.1984 14:44:33	Venus 1,4° nördlich Eta Geminorum	1,9°
23.6.1984 2:11:20	Merkur in oberer Konjunktion zur Sonne	1,1°
23.6.1984 17:08:27	Merkur 2,1° nördlich Eta Geminorum	1,2°
24.6.1984 2:49:14	Venus 1,3° nördlich Mü Geminorum	2,3°
24.6.1984 13:18:01	Merkur 2,1° nördlich Mü Geminorum	2,1°
25.6.1984 2:39:36	Merkur 49' nördlich Venus	2,6°
26.6.1984 2:25:12	Merkur 8,2° nördlich Alhena	4°
26.6.1984 18:00:58	Merkur 32' südlich Epsilon Geminorum	4,7°
26.6.1984 20:52:10	Venus 7,4° nördlich Alhena	3,1°
28.6.1984 0:24:42	Venus 1,4° südlich Epsilon Geminorum	3,4°
29.6.1984 16:01:06	Jupiteropposition	
2.7.1984 7:38:47	Merkur 8,3° südlich Kastor	10,9°
3.7.1984 13:51:19	Merkur 4,9° südlich Pollux	12,2°
7.7.1984 12:19:11	Venus 9,2° südlich Kastor	6°
9.7.1984 13:19:12	Venus 5,7° südlich Pollux	6,6°
10.7.1984 15:23:01	Merkur 24' nördlich M44	18,5°
14.7.1984 3:05:59	Saturn stationär, dann rechtläufig	
14.7.1984 22:15:06	Mars 2,6° südlich Zuben-el-dschenubi	112,2°
20.7.1984 3:47:13	Venus 1' nördlich M44	9,5°
26.7.1984 4:38:12	Merkur 49' südlich Regulus	26,2°
31.7.1984 23:36:00	Merkur in größter östlicher Elongation zur Sonne	27,3°
7.8.1984 4:29:42	Venus 1,1° nördlich Regulus	14,5°
14.8.1984 1:28:54	Merkur stationär, dann rückläufig	
16.8.1984 16:11:38	Merkur 6,1° südlich Venus	17°
18.8.1984 3:22:40	Uranus stationär, dann rechtläufig	
24.8.1984 11:58:38	Mars 3,4° südlich Akrab	91,5°
28.8.1984 14:26:07	Merkur in unterer Konjunktion zur Sonne	-4,1°
29.8.1984 21:48:39	Jupiter stationär, dann rechtläufig	
3.9.1984 2:28:20	Mars 2,3° nördlich Antares	88,4°
4.9.1984 2:34:56	Merkur 3,1° südlich Regulus	11,3°
4.9.1984 11:23:39	Mars 2,4° südlich Uranus	87,6°
6.9.1984 8:16:58	Merkur stationär, dann rechtläufig	
8.9.1984 12:45:55	Merkur 1,6° südlich Regulus	15,9°
9.9.1984 16:54:10	Neptun stationär, dann rechtläufig	
9.9.1984 22:58:14	Venus 2,1° südlich Porrima	22,7°
14.9.1984 1:07:00	Merkur in größter westlicher Elongation zur Sonne	17,9°
19.9.1984 15:05:57	Venus 2,7° nördlich Spika	25,8°
30.9.1984 17:48:54	Saturn 1,8° nördlich Zuben-el-dschenubi	36,6°
3.10.1984 13:21:37	Mars 3,3° südlich Neptun	78,3°
6.10.1984 16:09:39	Merkur 1,5° südlich Porrima	3,4°
7.10.1984 23:56:14	Venus 45' südlich Zuben-el-dschenubi	29,9°
8.10.1984 16:28:25	Venus 2,6° südlich Saturn	29,7°

Datum und Uhrzeit (WZ)	Ereignis	Elongation
10.10.1984 17:20:26	Merkur in oberer Konjunktion zur Sonne	1°
13.10.1984 14:35:09	Merkur 3° nördlich Spika	2,2°
13.10.1984 23:02:24	Mars 1,9° südlich Jupiter	75,3°
22.10.1984 16:49:06	Mars 1,5° nördlich Nunki	72,7°
23.10.1984 0:25:11	Venus 2,2° südlich Akrab	33,2°
27.10.1984 15:56:14	Venus 3,3° nördlich Antares	34,6°
27.10.1984 16:36:59	Merkur 1,2° südlich Zuben-el-dschenubi	10,4°
29.10.1984 19:35:04	Merkur 3,2° südlich Saturn	11,2°
29.10.1984 23:29:22	Venus 1,5° südlich Uranus	34,9°
8.11.1984 22:41:24	Merkur 3,1° südlich Akrab	16,3°
11.11.1984 7:04:50	Saturn in Konjunktion zur Sonne	2°
12.11.1984 21:25:09	Merkur 2,3° nördlich Antares	18,6°
13.11.1984 18:57:49	Venus 3,1° südlich Neptun	38,2°
15.11.1984 13:49:36	Merkur 2,4° südlich Uranus	19,2°
18.11.1984 22:00:30	Mars 6,4° südlich Beta Capricorni	65,6°
20.11.1984 20:13:55	Jupiter 3,3° nördlich Nunki	43,6°
24.11.1984 5:17:10	Venus 1,2° nördlich Nunki	40,2°
24.11.1984 21:19:13	Venus 2,1° südlich Jupiter	40,3°
25.11.1984 17:46:00	Merkur in größter östlicher Elongation zur Sonne	21,8°
2.12.1984 14:19:29	Merkur 2,8° südlich Neptun	19,8°
4.12.1984 21:28:13	Merkur stationär, dann rückläufig	
5.12.1984 17:59:57	Uranus in Konjunktion zur Sonne, Bedeckung	6"
6.12.1984 16:12:29	Merkur 1,8° südlich Neptun	15,8°
11.12.1984 0:37:59	Venus 7,1° südlich Beta Capricorni	43,1°
14.12.1984 14:21:55	Merkur in unterer Konjunktion zur Sonne	1,8°
17.12.1984 4:28:44	Mars 1,5° nördlich Delta Capricorni	57,9°
22.12.1984 19:13:03	Neptun in Konjunktion zur Sonne	1,1°
23.12.1984 20:20:14	Merkur 3° nördlich Uranus	17,3°
24.12.1984 16:56:39	Merkur stationär, dann rechtläufig	
26.12.1984 9:13:18	Merkur 2,9° nördlich Uranus	19,7°
29.12.1984 14:07:53	Venus 57' nördlich Delta Capricorni	45,3°

1985

Datum und Uhrzeit (WZ)	Ereignis	Elongation
3.1.1985 14:05:00	Merkur in größter westlicher Elongation zur Sonne	22,8°
13.1.1985 5:25:23	Merkur 41' südlich Neptun	21,1°
14.1.1985 22:25:10	Jupiter in Konjunktion zur Sonne, Bedeckung	-16'
20.1.1985 18:02:57	Merkur 2,9° nördlich Nunki	18,2°
22.1.1985 2:16:00	Venus in größter östlicher Elongation zur Sonne	47°
31.1.1985 5:03:07	Merkur 1,3° südlich Jupiter	12,8°
2.2.1985 18:52:25	Merkur 6,5° südlich Beta Capricorni	11°
8.2.1985 4:12:48	Venus 2,7° nördlich Mars	44,8°
15.2.1985 8:50:26	Merkur 33' nördlich Delta Capricorni	3,7°
15.2.1985 16:55:02	Venus 3,7° nördlich Mars	42,8°

Datum und Uhrzeit (WZ)	Ereignis	Elongation
18.2.1985 11:28:07	Jupiter 5,1° südlich Beta Capricorni	26,3°
19.2.1985 7:34:23	Merkur in oberer Konjunktion zur Sonne	-1,9°
12.3.1985 8:03:08	Venus stationär, dann rückläufig	
17.3.1985 6:46:00	Merkur in größter westlicher Elongation zur Sonne	18,5°
20.3.1985 13:00:08	Mars 10,5° südlich Hamal	34°
22.3.1985 20:04:03	Uranus stationär, dann rückläufig	
23.3.1985 2:11:34	Merkur 5,3° südlich Venus	16,4°
24.3.1985 12:41:22	Merkur stationär, dann rückläufig	
3.4.1985 13:59:09	Merkur in unterer Konjunktion zur Sonne	2,7°
3.4.1985 21:55:10	Venus in unterer Konjunktion zur Sonne	7,7°
4.4.1985 22:29:36	Neptun stationär, dann rückläufig	
15.4.1985 23:45:52	Merkur stationär, dann rechtläufig	
22.4.1985 11:23:01	Venus stationär, dann rechtläufig	
24.4.1985 21:58:49	Mars 3,6° südlich Alkione	24,3°
1.5.1985 14:29:00	Merkur in größter westlicher Elongation zur Sonne	26,9°
11.5.1985 12:59:29	Mars 6,2° nördlich Aldebaran	19,6°
15.5.1985 17:44:43	Saturnopposition	
15.5.1985 23:04:02	Merkur 13,4° südlich Hamal	20,1°
28.5.1985 15:11:49	Mars 4,6° südlich Elnath	14,9°
30.5.1985 4:45:08	Merkur 4,8° südlich Alkione	9,8°
4.6.1985 16:43:08	Merkur 5,8° nördlich Aldebaran	3,6°
5.6.1985 6:52:57	Jupiter stationär, dann rückläufig	
6.6.1985 18:36:58	Uranusopposition	
7.6.1985 13:57:43	Merkur in oberer Konjunktion zur Sonne	47'
9.6.1985 12:52:22	Venus 13,3° südlich Hamal	42,2°
10.6.1985 0:25:41	Merkur 4,3° südlich Elnath	3,2°
12.6.1985 21:43:00	Venus in größter westlicher Elongation zur Sonne	45,8°
14.6.1985 5:10:13	Mars 1,8° nördlich Eta Geminorum	10,1°
15.6.1985 4:06:21	Merkur 2,6° nördlich Eta Geminorum	9,3°
15.6.1985 14:45:50	Merkur 52' nördlich Mars	9,7°
16.6.1985 1:17:29	Merkur 2,0° nördlich Mü Geminorum	10,3°
16.6.1985 23:47:13	Mars 1,7° nördlich Mü Geminorum	9,3°
17.6.1985 16:49:29	Merkur 8,6° nördlich Alhena	12,1°
18.6.1985 9:39:01	Merkur 10' südlich Epsilon Geminorum	12,8°
22.6.1985 2:13:02	Mars 7,7° nördlich Alhena	7,8°
23.6.1985 18:50:58	Neptunopposition	
24.6.1985 5:30:04	Mars 1,1° südlich Epsilon Geminorum	7,2°
24.6.1985 14:31:41	Merkur 8,3° südlich Kastor	18,4°
26.6.1985 1:23:33	Merkur 4,9° südlich Pollux	19,6°
4.7.1985 15:59:18	Merkur 14' südlich M44	24,5°
4.7.1985 16:33:28	Venus 7° südlich Alkione	43°
12.7.1985 1:37:28	Mars 9,2° südlich Kastor	2,1°
14.7.1985 1:20:00	Merkur in größter östlicher Elongation zur Sonne	26,5°
15.7.1985 13:13:57	Venus 3° nördlich Aldebaran	43°
15.7.1985 22:26:32	Mars 5,7° südlich Pollux	1,2°
18.7.1985 3:02:20	Mars in Konjunktion zur Sonne	1°

Datum und Uhrzeit (WZ)	Ereignis	Elongation
26.7.1985 5:55:57	Venus 7,5° südlich Elnath	41,1°
26.7.1985 11:10:25	Saturn stationär, dann rechtläufig	
27.7.1985 3:19:03	Merkur stationär, dann rückläufig	
4.8.1985 11:31:00	Jupiteropposition	
5.8.1985 4:29:21	Mars 10' südlich M44	5,7°
5.8.1985 5:12:33	Venus 43' südlich Eta Geminorum	39,5°
6.8.1985 20:23:55	Venus 42' südlich Mü Geminorum	39,2°
9.8.1985 19:48:26	Venus 5,4° nördlich Alhena	38,6°
10.8.1985 22:01:58	Merkur in unterer Konjunktion zur Sonne	-4,7°
11.8.1985 1:29:24	Venus 3,4° südlich Epsilon Geminorum	38,4°
15.8.1985 4:36:40	Merkur 5,4° südlich Mars	8,3°
20.8.1985 6:10:00	Merkur stationär, dann rechtläufig	
21.8.1985 4:19:42	Venus 10,9° südlich Kastor	36,3°
22.8.1985 22:31:22	Uranus stationär, dann rechtläufig	
23.8.1985 7:56:04	Venus 7,4° südlich Pollux	35,8°
28.8.1985 12:11:00	Merkur in größter westlicher Elongation zur Sonne	18,2°
3.9.1985 8:48:42	Venus 1,3° südlich M44	33,4°
4.9.1985 21:02:14	Merkur 44" südlich Mars	15,6°
6.9.1985 9:39:30	Merkur 58' nördlich Regulus	14,1°
9.9.1985 0:54:01	Mars 46' nördlich Regulus	16,7°
12.9.1985 4:39:02	Neptun stationär, dann rechtläufig	
21.9.1985 16:20:17	Venus 26' nördlich Regulus	29°
22.9.1985 19:35:00	Merkur in oberer Konjunktion zur Sonne	1,5°
29.9.1985 0:48:41	Merkur 2° südlich Porrima	5°
3.10.1985 9:27:04	Jupiter stationär, dann rechtläufig	
4.10.1985 22:55:29	Venus 6,2' nördlich Mars	25,9°
6.10.1985 5:37:53	Merkur 2,3° nördlich Spika	9,9°
21.10.1985 1:30:01	Merkur 2° südlich Zuben-el-dschenubi	17,2°
24.10.1985 23:12:00	Venus 1,3° südlich Porrima	21,1°
30.10.1985 21:14:00	Merkur 4,4° südlich Saturn	20,7°
3.11.1985 9:23:22	Venus 3,9° nördlich Spika	17,4°
3.11.1985 16:32:24	Merkur 3,7° südlich Akrab	21,8°
8.11.1985 9:20:00	Merkur in größter östlicher Elongation zur Sonne	23,1°
8.11.1985 18:14:24	Merkur 1,8° nördlich Antares	23,1°
13.11.1985 14:23:41	Mars 1,7° südlich Porrima	40,5°
18.11.1985 19:18:12	Merkur stationär, dann rückläufig	
21.11.1985 6:57:30	Venus 53' nördlich Zuben-el-dschenubi	14,1°
23.11.1985 1:49:02	Saturn in Konjunktion zur Sonne	1,8°
27.11.1985 7:57:17	Merkur 5,1° nördlich Antares	3,8°
28.11.1985 21:50:15	Merkur in unterer Konjunktion zur Sonne	1°
1.12.1985 19:35:20	Merkur 52' nördlich Akrab	6,7°
2.12.1985 10:43:16	Mars 3,4° nördlich Spika	46,6°
2.12.1985 17:25:48	Merkur 17' nördlich Saturn	8,8°
4.12.1985 4:08:20	Merkur 1,6° nördlich Venus	11,2°
5.12.1985 10:38:55	Venus 1,1° südlich Saturn	10,9°
5.12.1985 23:01:28	Venus 19' südlich Akrab	10,7°

Datum und Uhrzeit (WZ)	Ereignis	Elon-gation
8.12.1985 10:36:07	Merkur stationär, dann rechtläufig	
10.12.1985 7:50:24	Uranus in Konjunktion zur Sonne, Bedeckung	-3,2'
10.12.1985 12:01:59	Venus 5,2° nördlich Antares	9,6°
11.12.1985 0:01:42	Saturn 48' nördlich Akrab	15,9°
16.12.1985 0:32:53	Merkur 1,4° nördlich Akrab	21°
16.12.1985 17:36:57	Merkur 28' nördlich Saturn	21,3°
17.12.1985 4:43:00	Merkur in größter westlicher Elongation zur Sonne	21,4°
18.12.1985 9:01:24	Venus 16' nördlich Uranus	7,7°
21.12.1985 9:39:10	Merkur 6,3° nördlich Antares	20,4°
25.12.1985 4:37:20	Neptun in Konjunktion zur Sonne	1,1°
29.12.1985 11:35:52	Merkur 40' nördlich Uranus	18,3°
30.12.1985 3:36:24	Venus 1,3° südlich Neptun	4,9°

1986

Datum und Uhrzeit (WZ)	Ereignis	Elon-gation
6.1.1986 6:44:28	Venus 2,9° nördlich Nunki	3,2°
7.1.1986 17:39:15	Mars 41' nördlich Zuben-el-dschenubi	62,3°
8.1.1986 9:45:53	Merkur 1,7° südlich Neptun	14°
14.1.1986 0:19:48	Merkur 2,3° nördlich Nunki	11,2°
19.1.1986 15:25:46	Venus in oberer Konjunktion zur Sonne	-59'
22.1.1986 5:32:58	Venus 5,8° südlich Beta Capricorni	1,2°
26.1.1986 9:10:26	Jupiter 1,9° nördlich Delta Capricorni	17,4°
26.1.1986 9:41:16	Merkur 6,8° südlich Beta Capricorni	4,3°
1.2.1986 0:55:02	Merkur in oberer Konjunktion zur Sonne	-2,1°
6.2.1986 12:49:40	Merkur 37' südlich Venus	4,5°
7.2.1986 10:16:46	Mars 16' südlich Akrab	75,3°
7.2.1986 16:20:28	Merkur 45' nördlich Delta Capricorni	5,3°
8.2.1986 3:43:57	Venus 1,3° nördlich Delta Capricorni	4,9°
9.2.1986 13:29:45	Merkur 1° südlich Jupiter	6,7°
10.2.1986 2:02:13	Saturn 6,5° nördlich Antares	71,5°
11.2.1986 2:58:00	Venus 38' südlich Jupiter	5,6°
17.2.1986 5:48:28	Mars 5,3° nördlich Antares	78,7°
17.2.1986 23:39:24	Mars 1,3° südlich Saturn	79,8°
18.2.1986 10:11:36	Jupiter in Konjunktion zur Sonne	-49'
28.2.1986 16:28:00	Merkur in größter östlicher Elongation zur Sonne	18,2°
8.3.1986 13:05:15	Merkur 4,9° nördlich Venus	11,7°
13.3.1986 9:24:09	Mars 21' nördlich Uranus	90,2°
16.3.1986 19:28:03	Merkur in unterer Konjunktion zur Sonne	3,4°
19.3.1986 12:51:37	Saturn stationär, dann rückläufig	
27.3.1986 12:07:25	Uranus stationär, dann rückläufig	
29.3.1986 5:46:01	Merkur stationär, dann rechtläufig	
5.4.1986 7:42:55	Venus 11,1° südlich Hamal	18,4°
7.4.1986 9:33:17	Neptun stationär, dann rückläufig	
8.4.1986 21:33:20	Mars 1,4° südlich Neptun	102,9°

Datum und Uhrzeit (WZ)	Ereignis	Elon-gation
13.4.1986 14:47:00	Merkur in größter westlicher Elongation zur Sonne	27,7°
24.4.1986 3:04:57	Mars 2,6° nördlich Nunki	111,2°
25.4.1986 23:06:42	Venus 3,7° südlich Alkione	23,6°
26.4.1986 22:44:24	Saturn 6,7° nördlich Antares	146,6°
5.5.1986 10:31:07	Venus 6,4° nördlich Aldebaran	25,5°
9.5.1986 5:47:13	Merkur 12,6° südlich Hamal	14,7°
15.5.1986 0:47:41	Venus 4,1° südlich Elnath	28,2°
21.5.1986 19:30:06	Merkur 4° südlich Alkione	1,5°
23.5.1986 1:11:58	Merkur in oberer Konjunktion zur Sonne	23'
24.5.1986 5:14:50	Venus 2,5° nördlich Eta Geminorum	30,5°
25.5.1986 17:56:33	Venus 2,4° nördlich Mü Geminorum	30,8°
27.5.1986 2:48:38	Merkur 6,6° nördlich Aldebaran	5,1°
28.5.1986 0:29:47	Saturnopposition	
28.5.1986 13:14:16	Venus 8,4° nördlich Alhena	31,5°
29.5.1986 17:23:51	Venus 21' südlich Epsilon Geminorum	31,8°
1.6.1986 14:27:41	Merkur 3,7° südlich Elnath	11,5°
7.6.1986 6:54:20	Merkur 3° nördlich Eta Geminorum	17°
8.6.1986 7:13:33	Merkur 2,9° nördlich Mü Geminorum	17,9°
8.6.1986 11:31:02	Venus 8,3° südlich Kastor	34°
9.6.1986 23:49:35	Mars stationär, dann rückläufig	
10.6.1986 5:24:39	Merkur 8,8° nördlich Alhena	19,4°
10.6.1986 14:10:46	Venus 4,8° südlich Pollux	34,2°
11.6.1986 1:25:25	Merkur 22" südlich Epsilon Geminorum	20°
11.6.1986 14:27:56	Uranusopposition	
18.6.1986 22:13:07	Merkur 8,7° südlich Kastor	24,1°
20.6.1986 22:58:24	Merkur 5,5° südlich Pollux	24,6°
21.6.1986 15:56:07	Venus 42' nördlich M44	37°
25.6.1986 20:00:00	Merkur in größter östlicher Elongation zur Sonne	25,3°
26.6.1986 7:49:20	Neptunopposition	
9.7.1986 1:00:29	Merkur stationär, dann rückläufig	
10.7.1986 5:21:22	Marsopposition	
11.7.1986 0:22:42	Venus 1,1° nördlich Regulus	40,8°
13.7.1986 8:36:53	Jupiter stationär, dann rückläufig	
23.7.1986 11:03:44	Merkur in unterer Konjunktion zur Sonne	-5°
2.8.1986 14:47:03	Merkur stationär, dann rechtläufig	
3.8.1986 10:22:34	Mars 2,4° südlich Nunki	150,6°
7.8.1986 14:33:14	Saturn stationär, dann rechtläufig	
11.8.1986 15:52:00	Merkur in größter westlicher Elongation zur Sonne	18,9°
12.8.1986 12:25:48	Mars stationär, dann rechtläufig	
17.8.1986 18:12:55	Merkur 1,1° südlich M44	17,2°
19.8.1986 2:11:55	Venus 4,4° südlich Porrima	44,2°
21.8.1986 16:06:53	Mars 1,8° südlich Nunki	133,5°
27.8.1986 8:39:00	Venus in größter östlicher Elongation zur Sonne	46,1°
27.8.1986 19:11:32	Uranus stationär, dann rechtläufig	
29.8.1986 17:12:40	Merkur 1,3° nördlich Regulus	6,4°
31.8.1986 14:20:54	Venus 31' südlich Spika	45,8°

Datum und Uhrzeit (WZ)	Ereignis	Elongation
5.9.1986 17:17:56	Merkur in oberer Konjunktion zur Sonne	1,7°
10.9.1986 21:04:59	Jupiteropposition	
14.9.1986 15:01:08	Neptun stationär, dann rechtläufig	
21.9.1986 15:09:49	Merkur 2,7° südlich Porrima	11,9°
29.9.1986 7:39:57	Merkur 1,5° nördlich Spika	17,2°
1.10.1986 11:08:14	Venus 6,5° südlich Zuben-el-dschenubi	36,9°
12.10.1986 18:48:23	Mars 7,8° südlich Beta Capricorni	102,9°
15.10.1986 11:44:51	Venus stationär, dann rückläufig	
15.10.1986 19:30:20	Merkur 2,9° südlich Zuben-el-dschenubi	22,7°
18.10.1986 14:19:13	Merkur 4,4° nördlich Venus	24,2°
21.10.1986 22:07:00	Merkur in größter östlicher Elongation zur Sonne	24,5°
28.10.1986 23:10:21	Venus 7° südlich Zuben-el-dschenubi	9,6°
2.11.1986 11:33:49	Merkur stationär, dann rückläufig	
3.11.1986 13:36:30	Saturn 6,2° nördlich Antares	27,8°
5.11.1986 10:11:17	Venus in unterer Konjunktion zur Sonne	-5,1°
8.11.1986 19:54:59	Jupiter stationär, dann rechtläufig	
13.11.1986 4:12:51	Merkur in unterer Konjunktion zur Sonne, Transit	7,9'
16.11.1986 15:13:10	Mars 57' nördlich Delta Capricorni	89,4°
18.11.1986 13:41:08	Merkur 1,5° nördlich Zuben-el-dschenubi	11,1°
22.11.1986 4:45:05	Merkur stationär, dann rechtläufig	
24.11.1986 3:47:35	Venus stationär, dann rechtläufig	
26.11.1986 1:40:47	Merkur 2,3° nördlich Zuben-el-dschenubi	18,7°
30.11.1986 2:40:00	Merkur in größter westlicher Elongation zur Sonne	20,2°
4.12.1986 16:00:07	Saturn in Konjunktion zur Sonne	1,5°
12.12.1986 2:25:58	Merkur 6,4' nördlich Akrab	16,8°
14.12.1986 20:46:03	Uranus in Konjunktion zur Sonne, Bedeckung	-6,6'
16.12.1986 0:52:11	Merkur 5,3° nördlich Antares	14,9°
19.12.1986 6:42:37	Mars 31' nördlich Jupiter	78,6°
19.12.1986 10:13:00	Venus 2,9° nördlich Zuben-el-dschenubi	42,4°
19.12.1986 14:44:22	Merkur 1,3° südlich Saturn	13,3°
25.12.1986 14:13:55	Merkur 24' südlich Uranus	10,3°
27.12.1986 14:06:15	Neptun in Konjunktion zur Sonne	1°

1987

Datum und Uhrzeit (WZ)	Ereignis	Elongation
2.1.1987 13:33:56	Merkur 2,3° südlich Neptun	6°
6.1.1987 19:06:06	Merkur 1,8° nördlich Nunki	3,9°
10.1.1987 0:07:51	Venus 2,7° nördlich Akrab	46,2°
12.1.1987 16:48:38	Merkur in oberer Konjunktion zur Sonne	-2°
15.1.1987 20:27:37	Venus 8,3° nördlich Antares	45,8°
15.1.1987 20:45:00	Venus in größter westlicher Elongation zur Sonne	47°
18.1.1987 21:33:00	Merkur 6,9° südlich Beta Capricorni	4,5°
24.1.1987 20:22:13	Venus 1,8° nördlich Saturn	46,5°
31.1.1987 8:52:59	Merkur 1,2° nördlich Delta Capricorni	12,7°

Datum und Uhrzeit (WZ)	Ereignis	Elon-gation
31.1.1987 17:30:39	Venus 3,1° nördlich Uranus	46,1°
11.2.1987 12:54:27	Venus 1,3° nördlich Neptun	45,1°
12.2.1987 4:51:00	Merkur in größter östlicher Elongation zur Sonne	18,2°
16.2.1987 9:25:57	Venus 5,5° nördlich Nunki	44,5°
26.2.1987 10:40:01	Mars 10,1° südlich Hamal	56,7°
27.2.1987 17:34:24	Merkur in unterer Konjunktion zur Sonne	3,7°
5.3.1987 20:41:36	Venus 3,9° südlich Beta Capricorni	41,1°
12.3.1987 0:43:37	Merkur stationär, dann rechtläufig	
23.3.1987 18:41:03	Venus 2,4° nördlich Delta Capricorni	38,4°
26.3.1987 20:36:00	Merkur in größter westlicher Elongation zur Sonne	27,8°
27.3.1987 1:01:02	Jupiter in Konjunktion zur Sonne	-1,1°
31.3.1987 5:11:20	Saturn stationär, dann rückläufig	
1.4.1987 2:05:42	Uranus stationär, dann rückläufig	
4.4.1987 7:43:27	Mars 3,3° südlich Alkione	45,1°
9.4.1987 19:57:10	Neptun stationär, dann rückläufig	
19.4.1987 11:36:35	Merkur 1,4° südlich Jupiter	17,5°
21.4.1987 11:52:09	Mars 6,5° nördlich Aldebaran	39,1°
1.5.1987 8:26:08	Merkur 11,7° südlich Hamal	7,1°
4.5.1987 22:12:28	Venus 38' südlich Jupiter	28,9°
7.5.1987 10:12:29	Merkur in oberer Konjunktion zur Sonne, Bedeckung	-3,2'
9.5.1987 1:44:06	Mars 4,4° südlich Elnath	34,2°
13.5.1987 7:48:02	Merkur 3,2° südlich Alkione	7,1°
18.5.1987 21:41:22	Merkur 7,3° nördlich Aldebaran	13,3°
20.5.1987 4:34:12	Venus 12,3° südlich Hamal	23,3°
25.5.1987 4:26:37	Merkur 3,2° südlich Elnath	18,9°
26.5.1987 1:12:35	Mars 2° nördlich Eta Geminorum	28,9°
28.5.1987 21:16:15	Mars 1,9° nördlich Mü Geminorum	28,1°
1.6.1987 12:06:24	Merkur 3° nördlich Eta Geminorum	22,8°
2.6.1987 22:49:43	Merkur 2,8° nördlich Mü Geminorum	23,2°
3.6.1987 2:12:29	Mars 7,9° nördlich Alhena	26,4°
5.6.1987 6:34:56	Mars 58' südlich Epsilon Geminorum	25,7°
5.6.1987 21:41:18	Merkur 8,4° nördlich Alhena	23,7°
7.6.1987 7:16:23	Merkur 36' südlich Epsilon Geminorum	23,8°
7.6.1987 10:09:00	Merkur in größter östlicher Elongation zur Sonne	23,8°
9.6.1987 5:07:51	Saturnopposition	
10.6.1987 2:29:15	Venus 5,3° südlich Alkione	19,3°
16.6.1987 9:34:28	Uranusopposition	
19.6.1987 16:05:39	Venus 4,7° nördlich Aldebaran	17,6°
23.6.1987 10:21:04	Mars 9,1° südlich Kastor	20,1°
27.6.1987 8:32:34	Mars 5,6° südlich Pollux	18,9°
28.6.1987 20:33:03	Neptunopposition	
29.6.1987 7:27:59	Venus 5,8° südlich Elnath	15°
4.7.1987 3:56:57	Merkur in unterer Konjunktion zur Sonne	-4,6°
6.7.1987 12:45:21	Merkur 6,9° südlich Epsilon Geminorum	4,7°
8.7.1987 11:12:15	Venus 52' nördlich Eta Geminorum	12,5°
9.7.1987 9:40:25	Merkur 1,9° nördlich Alhena	9,2°

Datum und Uhrzeit (WZ)	Ereignis	Elongation
9.7.1987 23:34:23	Venus 51' nördlich Mü Geminorum	12,1°
12.7.1987 0:25:39	Merkur 4,8° südlich Venus	11,6°
12.7.1987 18:04:49	Venus 6,9° nördlich Alhena	11,4°
13.7.1987 21:51:50	Venus 1,9° südlich Epsilon Geminorum	11,1°
15.7.1987 5:35:41	Merkur stationär, dann rechtläufig	
17.7.1987 20:35:09	Mars 7' südlich M44	12,4°
20.7.1987 16:12:31	Merkur 3,4° nördlich Alhena	19°
23.7.1987 0:37:36	Merkur 4,9° südlich Epsilon Geminorum	19,7°
23.7.1987 10:54:28	Venus 9,7° südlich Kastor	8,5°
25.7.1987 9:24:00	Merkur in größter westlicher Elongation zur Sonne	20°
25.7.1987 11:59:35	Venus 6,1° südlich Pollux	7,9°
2.8.1987 2:09:26	Merkur 10,6° südlich Kastor	17,5°
3.8.1987 14:59:01	Merkur 6,8° südlich Pollux	16,5°
5.8.1987 2:24:52	Venus 18' südlich M44	5,1°
10.8.1987 13:45:28	Merkur 5,4' südlich M44	10,4°
18.8.1987 22:18:10	Merkur 30' nördlich Venus	1,8°
19.8.1987 13:44:26	Saturn stationär, dann rechtläufig	
20.8.1987 5:16:12	Merkur in oberer Konjunktion zur Sonne	1,8°
20.8.1987 7:24:14	Jupiter stationär, dann rückläufig	
21.8.1987 6:46:51	Merkur 40' nördlich Mars	1,7°
21.8.1987 11:23:21	Merkur 1,4° nördlich Regulus	1,8°
21.8.1987 21:08:18	Mars 43' nördlich Regulus	1,5°
23.8.1987 0:43:40	Venus 56' nördlich Regulus	0,5°
23.8.1987 5:50:12	Venus in oberer Konjunktion zur Sonne	1,3°
24.8.1987 5:33:25	Venus 15' nördlich Mars	1,2°
25.8.1987 7:51:46	Mars in Konjunktion zur Sonne	1,1°
1.9.1987 12:37:59	Uranus stationär, dann rechtläufig	
14.9.1987 21:00:57	Merkur 3,6° südlich Porrima	18,7°
17.9.1987 3:25:21	Neptun stationär, dann rechtläufig	
23.9.1987 12:22:37	Merkur 28' nördlich Spika	23,6°
25.9.1987 7:46:26	Venus 1,8° südlich Porrima	8,7°
4.10.1987 10:12:00	Merkur in größter östlicher Elongation zur Sonne	25,7°
4.10.1987 19:43:36	Venus 3,2° nördlich Spika	11,5°
16.10.1987 20:27:43	Merkur stationär, dann rückläufig	
18.10.1987 14:21:31	Jupiteropposition	
20.10.1987 0:23:21	Merkur 3,5° südlich Venus	15,3°
22.10.1987 20:32:10	Venus 5,5' südlich Zuben-el-dschenubi	16°
25.10.1987 12:11:53	Mars 2° südlich Porrima	20,8°
28.10.1987 7:43:59	Merkur in unterer Konjunktion zur Sonne	-48'
5.11.1987 22:38:32	Merkur stationär, dann rechtläufig	
6.11.1987 14:19:01	Venus 1,4° südlich Akrab	19,4°
11.11.1987 3:46:58	Venus 4° nördlich Antares	20,8°
12.11.1987 15:24:32	Mars 3,1° nördlich Spika	26,1°
13.11.1987 8:22:00	Merkur in größter westlicher Elongation zur Sonne	19,2°
20.11.1987 15:57:58	Venus 2,1° südlich Saturn	22,9°
23.11.1987 10:06:52	Merkur 1,4° nördlich Zuben-el-dschenubi	15,7°

Datum und Uhrzeit (WZ)	Ereignis	Elon-gation
24.11.1987 10:00:58	Venus 56' südlich Uranus	23,8°
3.12.1987 9:30:29	Venus 2,4° südlich Neptun	26°
5.12.1987 14:13:30	Merkur 45' südlich Akrab	9,7°
8.12.1987 1:17:10	Venus 1,9° nördlich Nunki	27°
9.12.1987 6:39:08	Merkur 4,5° nördlich Antares	7,7°
16.12.1987 2:12:08	Jupiter stationär, dann rechtläufig	
16.12.1987 2:56:46	Saturn in Konjunktion zur Sonne	1,1°
16.12.1987 17:18:45	Mars 17' nördlich Zuben-el-dschenubi	39,4°
18.12.1987 22:55:47	Merkur 2,3° südlich Saturn	2,7°
19.12.1987 8:48:00	Uranus in Konjunktion zur Sonne, Bedeckung	-9,9'
20.12.1987 20:18:43	Merkur 1,2° südlich Uranus	1,4°
23.12.1987 7:33:45	Merkur in oberer Konjunktion zur Sonne	-1,5°
24.12.1987 4:27:09	Venus 6,6° südlich Beta Capricorni	30,6°
27.12.1987 9:52:56	Merkur 2,8° südlich Neptun	2,7°
29.12.1987 23:22:55	Neptun in Konjunktion zur Sonne	57'
30.12.1987 10:53:48	Merkur 1,5° nördlich Nunki	4,6°

1988

Datum und Uhrzeit (WZ)	Ereignis	Elon-gation
10.1.1988 12:00:36	Venus 56' nördlich Delta Capricorni	34°
11.1.1988 15:03:53	Merkur 6,8° südlich Beta Capricorni	11,9°
13.1.1988 8:42:40	Mars 40' südlich Akrab	49,2°
21.1.1988 21:18:50	Mars 4,9° nördlich Antares	51,6°
26.1.1988 12:43:38	Merkur 2,7° nördlich Delta Capricorni	17,8°
26.1.1988 17:04:00	Merkur in größter östlicher Elongation zur Sonne	18,5°
7.2.1988 16:39:53	Merkur 6,1° nördlich Delta Capricorni	5,9°
11.2.1988 4:17:04	Merkur in unterer Konjunktion zur Sonne	3,7°
13.2.1988 0:20:20	Saturn 1,3° nördlich Uranus	53,6°
22.2.1988 20:42:59	Mars 40" nördlich Uranus	63,2°
23.2.1988 4:13:40	Merkur stationär, dann rechtläufig	
23.2.1988 12:37:37	Mars 1,3° südlich Saturn	63,4°
6.3.1988 20:25:51	Venus 2,4° nördlich Jupiter	43,2°
7.3.1988 21:40:08	Mars 1,4° südlich Neptun	67,7°
8.3.1988 5:43:00	Merkur in größter westlicher Elongation zur Sonne	27,4°
10.3.1988 9:03:59	Venus 9° südlich Hamal	44,4°
11.3.1988 10:09:33	Merkur 1,7° nördlich Delta Capricorni	27,2°
11.3.1988 22:51:27	Mars 3° nördlich Nunki	69,1°
24.3.1988 20:12:32	Jupiter 11,6° südlich Hamal	29,1°
3.4.1988 8:05:00	Venus in größter östlicher Elongation zur Sonne	45,9°
3.4.1988 8:31:38	Venus 48' südlich Alkione	45,9°
4.4.1988 17:08:35	Uranus stationär, dann rückläufig	
10.4.1988 16:28:44	Mars 5,8° südlich Beta Capricorni	77,2°
11.4.1988 0:30:51	Saturn stationär, dann rückläufig	
11.4.1988 7:51:19	Neptun stationär, dann rückläufig	

Datum und Uhrzeit (WZ)	Ereignis	Elongation
15.4.1988 13:34:01	Venus 9,5° nördlich Aldebaran	44,1°
20.4.1988 15:01:06	Merkur in oberer Konjunktion zur Sonne	-31'
22.4.1988 1:10:56	Merkur 10,9° südlich Hamal	1,7°
25.4.1988 14:14:20	Merkur 1,3° nördlich Jupiter	5,4°
30.4.1988 7:03:46	Venus 60' südlich Elnath	42,4°
2.5.1988 21:05:17	Jupiter in Konjunktion zur Sonne	-55'
4.5.1988 10:46:02	Merkur 2,3° südlich Alkione	15,2°
11.5.1988 5:58:11	Merkur 7,9° nördlich Aldebaran	19,6°
12.5.1988 10:27:07	Mars 43' nördlich Delta Capricorni	88,3°
19.5.1988 2:03:00	Merkur in größter östlicher Elongation zur Sonne	22,2°
21.5.1988 1:34:18	Merkur 3,3° südlich Elnath	22,1°
22.5.1988 13:09:00	Venus stationär, dann rückläufig	
1.6.1988 0:39:05	Merkur stationär, dann rückläufig	
8.6.1988 17:42:50	Merkur 2,4° südlich Venus	6,7°
12.6.1988 23:54:47	Venus in unterer Konjunktion zur Sonne	-50'
13.6.1988 3:48:47	Merkur in unterer Konjunktion zur Sonne	-3,3°
13.6.1988 6:16:45	Venus 6,3° südlich Elnath	1°
14.6.1988 0:15:31	Merkur 8,9° südlich Elnath	3,8°
20.6.1988 3:58:02	Uranusopposition	
20.6.1988 9:00:57	Saturnopposition	
24.6.1988 23:31:45	Merkur stationär, dann rechtläufig	
27.6.1988 2:37:12	Saturn 1,3° nördlich Uranus	173°
30.6.1988 9:32:03	Neptunopposition	
4.7.1988 8:14:05	Venus stationär, dann rechtläufig	
4.7.1988 14:53:24	Merkur 8,8° südlich Elnath	21,1°
6.7.1988 15:26:00	Merkur in größter westlicher Elongation zur Sonne	21,4°
14.7.1988 14:14:33	Merkur 24' südlich Eta Geminorum	19,1°
14.7.1988 18:06:54	Jupiter 5,1° südlich Alkione	52,8°
15.7.1988 19:21:59	Merkur 12' südlich Mü Geminorum	18,4°
17.7.1988 21:04:02	Merkur 6,2° nördlich Alhena	16,9°
18.7.1988 16:44:58	Merkur 2,5° südlich Epsilon Geminorum	16,3°
24.7.1988 19:35:35	Merkur 9,4° südlich Kastor	10,5°
26.7.1988 0:52:59	Merkur 5,8° südlich Pollux	9,2°
26.7.1988 17:34:14	Venus 10,2° südlich Elnath	41,8°
1.8.1988 5:24:04	Merkur 21' nördlich M44	2,4°
3.8.1988 3:16:34	Merkur in oberer Konjunktion zur Sonne	1,7°
10.8.1988 23:49:25	Venus 3,1° südlich Eta Geminorum	45,3°
12.8.1988 7:42:43	Merkur 1,2° nördlich Regulus	9,6°
13.8.1988 4:28:55	Venus 3° südlich Mü Geminorum	45,5°
17.8.1988 1:26:36	Venus 3,2° nördlich Alhena	45,7°
18.8.1988 15:13:48	Venus 5,5° südlich Epsilon Geminorum	45,8°
22.8.1988 11:33:00	Venus in größter westlicher Elongation zur Sonne	45,8°
26.8.1988 22:53:55	Mars stationär, dann rückläufig	
30.8.1988 9:37:32	Saturn stationär, dann rechtläufig	
30.8.1988 20:45:21	Venus 12,7° südlich Kastor	45,6°
2.9.1988 8:25:29	Venus 9° südlich Pollux	45,5°

Datum und Uhrzeit (WZ)	Ereignis	Elongation
5.9.1988 7:35:59	Uranus stationär, dann rechtläufig	
8.9.1988 17:22:15	Merkur 4,8° südlich Porrima	23,9°
14.9.1988 17:21:05	Venus 2,6° südlich M44	44,4°
15.9.1988 22:26:00	Merkur in größter östlicher Elongation zur Sonne	26,7°
18.9.1988 13:34:34	Neptun stationär, dann rechtläufig	
21.9.1988 3:38:34	Merkur 1,3° südlich Spika	25,4°
24.9.1988 15:33:27	Jupiter stationär, dann rückläufig	
28.9.1988 3:24:32	Marsopposition	
28.9.1988 21:09:53	Merkur stationär, dann rückläufig	
4.10.1988 7:59:52	Venus 14' südlich Regulus	41,6°
5.10.1988 18:30:59	Merkur 1,2° südlich Spika	11,1°
11.10.1988 6:27:35	Merkur in unterer Konjunktion zur Sonne	-1,8°
18.10.1988 2:15:41	Saturn 1,1° nördlich Uranus	62,9°
19.10.1988 15:24:25	Merkur stationär, dann rechtläufig	
26.10.1988 20:15:00	Merkur in größter westlicher Elongation zur Sonne	18,5°
30.10.1988 14:10:36	Mars stationär, dann rechtläufig	
1.11.1988 7:12:44	Merkur 4,5° nördlich Spika	15,5°
7.11.1988 14:18:32	Venus 1,2° südlich Porrima	35°
15.11.1988 20:22:55	Merkur 36' nördlich Zuben-el-dschenubi	8,9°
17.11.1988 3:57:18	Venus 4,2° nördlich Spika	31,4°
23.11.1988 2:54:01	Jupiteropposition	
27.11.1988 12:13:04	Merkur 1,4° südlich Akrab	2,2°
1.12.1988 3:11:25	Merkur 3,8° nördlich Antares	0,8°
1.12.1988 9:04:35	Merkur in oberer Konjunktion zur Sonne	-49'
5.12.1988 7:05:13	Venus 1,4° nördlich Zuben-el-dschenubi	28,5°
10.12.1988 23:36:29	Jupiter 5,2° südlich Alkione	159,5°
14.12.1988 22:43:58	Merkur 1,7° südlich Uranus	7,5°
16.12.1988 20:29:29	Merkur 2,8° südlich Saturn	8,7°
20.12.1988 3:14:04	Venus 16' nördlich Akrab	25,5°
20.12.1988 8:36:19	Merkur 3,1° südlich Neptun	10,8°
22.12.1988 7:21:49	Merkur 1,3° nördlich Nunki	11,9°
22.12.1988 19:49:56	Uranus in Konjunktion zur Sonne, Bedeckung	-13'
24.12.1988 17:33:15	Venus 5,7° nördlich Antares	24°
26.12.1988 12:00:40	Saturn in Konjunktion zur Sonne	43'
31.12.1988 8:41:19	Neptun in Konjunktion zur Sonne	54'

1989

Datum und Uhrzeit (WZ)	Ereignis	Elongation
4.1.1989 13:51:52	Merkur 6,3° südlich Beta Capricorni	18,3°
9.1.1989 2:41:00	Merkur in größter östlicher Elongation zur Sonne	19,1°
12.1.1989 17:06:53	Venus 33' nördlich Uranus	20°
16.1.1989 15:40:12	Venus 33' südlich Saturn	19,1°
19.1.1989 3:59:40	Venus 52' südlich Neptun	18,5°
20.1.1989 13:19:03	Jupiter stationär, dann rechtläufig	

Datum und Uhrzeit (WZ)	Ereignis	Elongation
20.1.1989 18:40:55	Venus 3,4° nördlich Nunki	18,1°
25.1.1989 0:04:45	Merkur in unterer Konjunktion zur Sonne	3,3°
26.1.1989 1:53:30	Merkur 1,1° südlich Beta Capricorni	4,3°
26.1.1989 20:50:33	Mars 9,6° südlich Hamal	87,3°
1.2.1989 2:28:20	Merkur 3,9° nördlich Venus	15,1°
5.2.1989 13:29:51	Merkur stationär, dann rechtläufig	
5.2.1989 20:00:29	Venus 5,4° südlich Beta Capricorni	13,9°
17.2.1989 23:37:08	Merkur 4,4° südlich Beta Capricorni	25,8°
18.2.1989 15:37:00	Merkur in größter westlicher Elongation zur Sonne	26,4°
22.2.1989 19:27:06	Venus 1,5° nördlich Delta Capricorni	10,3°
2.3.1989 4:23:02	Jupiter 4,8° südlich Alkione	77,2°
3.3.1989 1:29:37	Saturn 14' südlich Neptun	60,5°
6.3.1989 13:16:10	Merkur 51' nördlich Delta Capricorni	22,3°
10.3.1989 2:02:22	Mars 2,8° südlich Alkione	69,7°
12.3.1989 7:55:25	Mars 2° nördlich Jupiter	68,5°
13.3.1989 14:57:26	Saturn 4,1° nördlich Nunki	70,4°
28.3.1989 18:11:37	Mars 6,9° nördlich Aldebaran	61,7°
4.4.1989 13:23:18	Merkur in oberer Konjunktion zur Sonne	-59'
4.4.1989 13:54:40	Merkur 18' nördlich Venus	1°
4.4.1989 22:52:51	Venus in oberer Konjunktion zur Sonne	-1,3°
9.4.1989 6:00:13	Uranus stationär, dann rückläufig	
13.4.1989 17:58:26	Neptun stationär, dann rückläufig	
13.4.1989 21:34:19	Merkur 9,9° südlich Hamal	10,2°
16.4.1989 12:40:47	Mars 4° südlich Elnath	55,7°
19.4.1989 20:01:07	Venus 11,5° südlich Hamal	3,9°
22.4.1989 22:33:13	Saturn stationär, dann rückläufig	
29.4.1989 9:27:49	Merkur 1,4° südlich Alkione	20,6°
1.5.1989 2:46:00	Merkur in größter östlicher Elongation zur Sonne	20,8°
4.5.1989 9:51:03	Mars 2,3° nördlich Eta Geminorum	49,3°
4.5.1989 16:49:06	Jupiter 5,1° nördlich Aldebaran	26°
7.5.1989 9:05:39	Mars 2,2° nördlich Mü Geminorum	48,3°
10.5.1989 9:00:41	Venus 4,3° südlich Alkione	9,2°
12.5.1989 19:31:51	Mars 8,1° nördlich Alhena	46,4°
12.5.1989 22:28:02	Merkur stationär, dann rückläufig	
15.5.1989 2:11:19	Mars 43' südlich Epsilon Geminorum	45,6°
16.5.1989 7:07:54	Merkur 34' nördlich Venus	10,8°
19.5.1989 18:50:16	Venus 5,8° nördlich Aldebaran	11,7°
23.5.1989 4:11:05	Venus 50' nördlich Jupiter	12,5°
23.5.1989 21:29:25	Merkur in unterer Konjunktion zur Sonne	-1,5°
29.5.1989 7:09:23	Venus 4,8° südlich Elnath	14,3°
2.6.1989 22:16:14	Mars 8,9° südlich Kastor	38,9°
3.6.1989 6:53:06	Saturn 4,1° nördlich Nunki	150°
5.6.1989 1:53:47	Merkur stationär, dann rechtläufig	
6.6.1989 23:27:28	Mars 5,5° südlich Pollux	37,4°
7.6.1989 8:43:15	Venus 1,9° nördlich Eta Geminorum	16,7°
8.6.1989 20:50:11	Venus 1,8° nördlich Mü Geminorum	17,1°

Datum und Uhrzeit (WZ)	Ereignis	Elongation
9.6.1989 9:15:40	Jupiter in Konjunktion zur Sonne	-24'
11.6.1989 14:57:10	Venus 7,9° nördlich Alhena	17,8°
12.6.1989 18:39:15	Venus 55' südlich Epsilon Geminorum	18,1°
18.6.1989 11:35:00	Merkur in größter westlicher Elongation zur Sonne	23°
22.6.1989 7:45:44	Venus 8,8° südlich Kastor	20,7°
23.6.1989 13:36:55	Merkur 2,8° nördlich Aldebaran	22,2°
24.6.1989 9:04:24	Venus 5,3° südlich Pollux	21,2°
24.6.1989 16:53:46	Saturn 18' südlich Neptun	171,9°
24.6.1989 19:54:56	Jupiter 5,8° südlich Elnath	11,2°
24.6.1989 21:47:21	Uranusopposition	
28.6.1989 0:57:05	Mars 1,5' südlich M44	30,8°
1.7.1989 15:42:42	Merkur 6,6° südlich Elnath	17,8°
2.7.1989 12:55:42	Saturnopposition	
2.7.1989 16:45:30	Merkur 35' südlich Jupiter	16,9°
2.7.1989 22:29:23	Neptunopposition	
5.7.1989 2:07:12	Venus 21' nördlich M44	24°
7.7.1989 16:50:52	Merkur 56' nördlich Eta Geminorum	12,3°
8.7.1989 14:56:36	Merkur 1° nördlich Mü Geminorum	11,3°
10.7.1989 6:26:15	Merkur 7,3° nördlich Alhena	9,5°
10.7.1989 22:41:02	Merkur 1,4° südlich Epsilon Geminorum	8,8°
12.7.1989 11:37:05	Venus 28' nördlich Mars	26°
16.7.1989 9:22:25	Merkur 8,8° südlich Kastor	2,7°
17.7.1989 13:14:36	Merkur 5,3° südlich Pollux	1,7°
18.7.1989 8:03:52	Merkur in oberer Konjunktion zur Sonne	1,5°
23.7.1989 10:57:40	Venus 1,2° nördlich Regulus	28,7°
23.7.1989 17:52:16	Merkur 32' nördlich M44	6,4°
2.8.1989 16:10:00	Mars 41' nördlich Regulus	19,1°
4.8.1989 16:21:19	Merkur 49' nördlich Regulus	17,2°
5.8.1989 21:41:52	Merkur 51" nördlich Mars	18,1°
16.8.1989 19:59:29	Jupiter 34' nördlich Eta Geminorum	50,6°
27.8.1989 9:26:23	Venus 2,7° südlich Porrima	36°
27.8.1989 11:21:59	Jupiter 31' nördlich Mü Geminorum	59°
29.8.1989 10:21:00	Merkur in größter östlicher Elongation zur Sonne	27,3°
6.9.1989 12:27:44	Venus 1,9° nördlich Spika	39,1°
9.9.1989 23:15:33	Uranus stationär, dann rechtläufig	
11.9.1989 4:21:56	Saturn stationär, dann rechtläufig	
11.9.1989 13:55:11	Merkur stationär, dann rückläufig	
20.9.1989 11:09:28	Jupiter 6,5° nördlich Alhena	78,6°
21.9.1989 1:53:20	Neptun stationär, dann rechtläufig	
22.9.1989 23:26:03	Merkur 4,4° südlich Mars	2,4°
24.9.1989 22:05:05	Merkur in unterer Konjunktion zur Sonne	-2,7°
25.9.1989 21:58:33	Venus 2° südlich Zuben-el-dschenubi	42,1°
29.9.1989 19:19:48	Mars in Konjunktion zur Sonne	47'
3.10.1989 5:48:43	Merkur stationär, dann rechtläufig	
5.10.1989 9:32:12	Jupiter 2,3° südlich Epsilon Geminorum	92,2°
6.10.1989 7:35:13	Mars 2,2° südlich Porrima	2,3°

Datum und Uhrzeit (WZ)	Ereignis	Elongation
10.10.1989 11:44:00	Merkur in größter westlicher Elongation zur Sonne	18°
12.10.1989 0:02:55	Venus 3,6° südlich Akrab	44,4°
17.10.1989 1:23:19	Venus 1,8° nördlich Antares	45,8°
18.10.1989 17:29:01	Merkur 51' südlich Porrima	15,1°
24.10.1989 4:03:01	Mars 2,9° nördlich Spika	7,3°
25.10.1989 22:31:47	Merkur 4° nördlich Spika	9°
27.10.1989 3:08:18	Merkur 1° nördlich Mars	9,1°
29.10.1989 0:21:40	Jupiter stationär, dann rückläufig	
8.11.1989 1:48:22	Venus 3,3° südlich Uranus	47,1°
8.11.1989 16:13:44	Merkur 6,4' südlich Zuben-el-dschenubi	1,3°
8.11.1989 16:37:00	Venus in größter östlicher Elongation zur Sonne	47,2°
10.11.1989 18:38:13	Merkur in oberer Konjunktion zur Sonne, Bedeckung	-18"
12.11.1989 20:37:36	Saturn 30' südlich Neptun	49,9°
15.11.1989 14:33:30	Venus 4,4° südlich Neptun	47°
15.11.1989 19:17:33	Venus 3,9° südlich Saturn	47°
17.11.1989 21:25:38	Venus 2,7' südlich Nunki	46,8°
20.11.1989 7:53:59	Merkur 2,1° südlich Akrab	5,2°
21.11.1989 9:48:30	Jupiter 2,3° südlich Epsilon Geminorum	139,1°
23.11.1989 23:28:56	Merkur 3,2° nördlich Antares	7,6°
26.11.1989 7:56:53	Mars 9,9" südlich Zuben-el-dschenubi	19,1°
5.12.1989 18:48:32	Saturn 3,8° nördlich Nunki	28,8°
6.12.1989 7:10:52	Jupiter 6,6° nördlich Alhena	154,3°
10.12.1989 13:01:29	Merkur 2° südlich Uranus	16°
14.12.1989 14:50:27	Venus 6,3° südlich Beta Capricorni	39,9°
15.12.1989 4:00:40	Merkur 3,1° südlich Neptun	18,1°
16.12.1989 1:05:25	Merkur 1,2° nördlich Nunki	18,4°
16.12.1989 22:26:57	Merkur 2,5° südlich Saturn	18,8°
22.12.1989 20:06:12	Mars 57' südlich Akrab	27,7°
23.12.1989 7:49:00	Merkur in größter östlicher Elongation zur Sonne	20°
27.12.1989 6:14:48	Uranus in Konjunktion zur Sonne, Bedeckung	-16'
27.12.1989 14:05:41	Jupiteropposition	
27.12.1989 22:55:08	Venus stationär, dann rückläufig	
30.12.1989 22:37:06	Mars 4,6° nördlich Antares	29,9°

1990

Datum und Uhrzeit (WZ)	Ereignis	Elongation
1.1.1990 13:20:57	Jupiter 42' nördlich Mü Geminorum	174,2°
2.1.1990 17:58:01	Neptun in Konjunktion zur Sonne	51'
6.1.1990 21:05:54	Saturn in Konjunktion zur Sonne	17'
9.1.1990 1:57:50	Merkur in unterer Konjunktion zur Sonne	2,9°
9.1.1990 17:09:12	Venus 36' südlich Beta Capricorni	15,1°
10.1.1990 4:56:20	Merkur 2,8° nördlich Saturn	3°
13.1.1990 16:36:56	Merkur 6,9° nördlich Nunki	10,9°
13.1.1990 20:12:01	Merkur 2,6° nördlich Neptun	10,9°

Datum und Uhrzeit (WZ)	Ereignis	Elongation
16.1.1990 5:03:29	Jupiter 48' nördlich Eta Geminorum	157,5°
17.1.1990 17:34:47	Neptun 4,3° nördlich Nunki	14,7°
18.1.1990 22:36:35	Venus in unterer Konjunktion zur Sonne	6,1°
20.1.1990 2:41:16	Merkur stationär, dann rechtläufig	
27.1.1990 11:49:27	Merkur 5,2° nördlich Nunki	24,6°
27.1.1990 23:12:24	Merkur 46' nördlich Neptun	24,7°
1.2.1990 0:29:00	Merkur in größter westlicher Elongation zur Sonne	25,1°
3.2.1990 15:29:58	Merkur 13' nördlich Saturn	25°
4.2.1990 5:36:51	Merkur 7,1° südlich Venus	24,9°
7.2.1990 3:20:29	Venus 7,1° nördlich Saturn	28°
8.2.1990 4:07:51	Venus stationär, dann rechtläufig	
9.2.1990 13:47:50	Mars 13' südlich Uranus	42,6°
13.2.1990 22:44:49	Merkur 5,7° südlich Beta Capricorni	21,5°
14.2.1990 19:02:10	Venus 6,5° nördlich Saturn	34,7°
15.2.1990 20:40:19	Mars 2,9° nördlich Nunki	44,4°
17.2.1990 5:55:52	Mars 1,5° südlich Neptun	44,6°
24.2.1990 18:21:45	Jupiter stationär, dann rechtläufig	
27.2.1990 20:29:24	Merkur 34' nördlich Delta Capricorni	15,5°
28.2.1990 17:10:56	Mars 60' südlich Saturn	47,8°
8.3.1990 22:26:22	Venus 33' südlich Beta Capricorni	44,4°
15.3.1990 4:14:05	Mars 5,7° südlich Beta Capricorni	50,6°
19.3.1990 2:25:38	Merkur in oberer Konjunktion zur Sonne	-1,4°
30.3.1990 6:28:00	Venus in größter westlicher Elongation zur Sonne	46,5°
1.4.1990 5:17:59	Venus 4,1° nördlich Delta Capricorni	46,5°
5.4.1990 14:59:49	Jupiter 58' nördlich Eta Geminorum	77,7°
7.4.1990 2:12:50	Merkur 8,6° südlich Hamal	17,7°
12.4.1990 16:44:31	Mars 1,3° nördlich Delta Capricorni	58,7°
13.4.1990 15:24:00	Merkur in größter östlicher Elongation zur Sonne	19,6°
13.4.1990 20:16:22	Uranus stationär, dann rückläufig	
16.4.1990 6:24:46	Neptun stationär, dann rückläufig	
19.4.1990 13:18:04	Jupiter 56' nördlich Mü Geminorum	65,9°
23.4.1990 15:16:56	Merkur stationär, dann rückläufig	
3.5.1990 23:43:18	Merkur in unterer Konjunktion zur Sonne	29'
5.5.1990 0:49:03	Saturn stationär, dann rückläufig	
10.5.1990 0:11:29	Jupiter 6,9° nördlich Alhena	49,4°
16.5.1990 6:47:27	Merkur stationär, dann rechtläufig	
17.5.1990 14:50:54	Jupiter 1,9° südlich Epsilon Geminorum	43,4°
31.5.1990 2:27:00	Merkur in größter westlicher Elongation zur Sonne	24,7°
2.6.1990 3:25:35	Venus 12,8° südlich Hamal	35,1°
10.6.1990 23:28:12	Merkur 6,6° südlich Alkione	20,3°
18.6.1990 1:57:29	Merkur 4,3° nördlich Aldebaran	16,4°
23.6.1990 18:55:06	Venus 6° südlich Alkione	32,4°
24.6.1990 3:13:49	Merkur 5,4° südlich Elnath	10,3°
29.6.1990 8:46:19	Merkur 1,7° nördlich Eta Geminorum	4,1°
29.6.1990 14:29:34	Uranusopposition	
30.6.1990 5:02:58	Merkur 1,8° nördlich Mü Geminorum	3,1°

Datum und Uhrzeit (WZ)	Ereignis	Elongation
1.7.1990 18:01:37	Merkur 7,9° nördlich Alhena	1,7°
2.7.1990 9:31:10	Merkur 48' südlich Epsilon Geminorum	1,3°
2.7.1990 17:09:15	Merkur in oberer Konjunktion zur Sonne	1,3°
3.7.1990 15:15:18	Venus 4,1° nördlich Aldebaran	31,2°
5.7.1990 11:13:02	Neptunopposition	
7.7.1990 8:14:39	Merkur 1,5° nördlich Jupiter	5,8°
7.7.1990 19:22:07	Merkur 8,5° südlich Kastor	6,3°
9.7.1990 0:09:03	Merkur 5° südlich Pollux	7,6°
11.7.1990 17:55:10	Jupiter 10° südlich Kastor	2,6°
13.7.1990 12:47:45	Venus 6,4° südlich Elnath	28,8°
14.7.1990 17:31:33	Saturnopposition	
15.7.1990 5:37:29	Jupiter in Konjunktion zur Sonne, Bedeckung	14'
15.7.1990 14:51:41	Merkur 31' nördlich M44	14,3°
17.7.1990 7:49:51	Mars 12,8° südlich Hamal	77,2°
22.7.1990 21:19:27	Venus 15' nördlich Eta Geminorum	26,5°
23.7.1990 0:29:46	Jupiter 6,5° südlich Pollux	5,7°
24.7.1990 10:24:13	Venus 16' nördlich Mü Geminorum	26,1°
25.7.1990 4:59:08	Neptun 4,3° nördlich Nunki	160°
27.7.1990 6:06:56	Venus 6,3° nördlich Alhena	25,4°
28.7.1990 10:26:54	Venus 2,5° südlich Epsilon Geminorum	25,1°
29.7.1990 5:53:14	Merkur 2,2' nördlich Regulus	23,8°
7.8.1990 3:07:03	Venus 10,2° südlich Kastor	22,6°
9.8.1990 4:48:23	Venus 6,6° südlich Pollux	22,1°
11.8.1990 20:24:00	Merkur in größter östlicher Elongation zur Sonne	27,4°
12.8.1990 23:20:11	Venus 2,6' nördlich Jupiter	21,1°
19.8.1990 21:37:42	Venus 42' südlich M44	19,3°
24.8.1990 23:43:55	Merkur stationär, dann rückläufig	
28.8.1990 15:16:47	Mars 6° südlich Alkione	95,2°
6.9.1990 21:14:12	Venus 45' nördlich Regulus	14,3°
8.9.1990 3:53:53	Merkur in unterer Konjunktion zur Sonne	-3,7°
14.9.1990 14:20:51	Merkur 3,3° südlich Venus	11,4°
14.9.1990 16:12:31	Uranus stationär, dann rechtläufig	
16.9.1990 16:08:03	Merkur stationär, dann rechtläufig	
23.9.1990 1:04:16	Saturn stationär, dann rechtläufig	
23.9.1990 11:56:50	Neptun stationär, dann rechtläufig	
24.9.1990 3:53:00	Merkur in größter westlicher Elongation zur Sonne	17,9°
25.9.1990 7:03:54	Mars 4,3° nördlich Aldebaran	111,7°
25.9.1990 8:58:51	Jupiter 56' südlich M44	54,7°
10.10.1990 0:12:04	Venus 1,5° südlich Porrima	6°
11.10.1990 17:01:04	Merkur 1,2° südlich Porrima	7,8°
16.10.1990 5:15:10	Merkur 1,7' nördlich Venus	4,4°
18.10.1990 14:17:22	Merkur 3,4° nördlich Spika	2,4°
19.10.1990 10:20:42	Venus 3,5° nördlich Spika	2,9°
20.10.1990 11:32:28	Mars stationär, dann rückläufig	
22.10.1990 4:05:09	Merkur in oberer Konjunktion zur Sonne	43'
1.11.1990 10:31:34	Merkur 48' südlich Zuben-el-dschenubi	6,2°

Datum und Uhrzeit (WZ)	Ereignis	Elongation
1.11.1990 14:38:00	Venus in oberer Konjunktion zur Sonne	53'
6.11.1990 7:53:47	Venus 24' nördlich Zuben-el-dschenubi	1,4°
13.11.1990 8:45:34	Merkur 2,7° südlich Akrab	12,4°
13.11.1990 10:28:02	Mars 6,3° nördlich Aldebaran	160,2°
17.11.1990 3:22:37	Merkur 2,7° nördlich Antares	14,8°
19.11.1990 16:05:06	Neptun 4,3° nördlich Nunki	45,3°
20.11.1990 23:28:00	Venus 51' südlich Akrab	4,8°
25.11.1990 12:19:50	Venus 4,6° nördlich Antares	5,9°
27.11.1990 20:27:08	Marsopposition	
30.11.1990 12:11:33	Jupiter stationär, dann rückläufig	
6.12.1990 7:30:00	Merkur in größter östlicher Elongation zur Sonne	21,1°
10.12.1990 7:26:55	Merkur 1,3° südlich Uranus	20,5°
14.12.1990 18:22:52	Merkur stationär, dann rückläufig	
16.12.1990 18:46:24	Mars 2° südlich Alkione	154,8°
18.12.1990 5:26:53	Merkur 37' nördlich Uranus	12,9°
18.12.1990 22:47:36	Merkur 1,4° nördlich Venus	11,6°
19.12.1990 10:03:04	Venus 36' südlich Uranus	11,7°
22.12.1990 5:52:51	Venus 2,4° nördlich Nunki	12,4°
23.12.1990 3:04:26	Venus 1,8° südlich Neptun	12,6°
24.12.1990 7:33:33	Merkur in unterer Konjunktion zur Sonne	2,2°
31.12.1990 15:54:19	Uranus in Konjunktion zur Sonne	-19'

1991

Datum und Uhrzeit (WZ)	Ereignis	Elongation
1.1.1991 15:10:44	Venus 1,2° südlich Saturn	14,9°
3.1.1991 18:24:02	Merkur stationär, dann rechtläufig	
5.1.1991 3:24:24	Neptun in Konjunktion zur Sonne	47'
7.1.1991 4:56:56	Venus 6,2° südlich Beta Capricorni	16,2°
14.1.1991 8:57:00	Merkur in größter westlicher Elongation zur Sonne	23,7°
18.1.1991 7:48:34	Saturn in Konjunktion zur Sonne, Bedeckung	-9,8'
18.1.1991 15:02:51	Mars 1,7° südlich Alkione	121,4°
23.1.1991 16:54:18	Merkur 27' nördlich Uranus	22,1°
24.1.1991 5:00:33	Venus 1,1° nördlich Delta Capricorni	19,9°
24.1.1991 19:36:46	Merkur 3,4° nördlich Nunki	21,7°
26.1.1991 13:35:08	Merkur 1,1° südlich Neptun	21°
29.1.1991 0:15:44	Jupiteropposition	
5.2.1991 16:10:01	Merkur 1,2° südlich Saturn	16,5°
7.2.1991 12:59:14	Merkur 6,3° südlich Beta Capricorni	15°
7.2.1991 20:48:46	Jupiter 31' südlich M44	168,5°
20.2.1991 10:56:39	Merkur 31' nördlich Delta Capricorni	8°
22.2.1991 1:57:44	Uranus 3,1° nördlich Nunki	50,4°
22.2.1991 8:16:21	Mars 7,8° nördlich Aldebaran	96,4°
2.3.1991 2:21:25	Merkur in oberer Konjunktion zur Sonne	-1,8°
4.3.1991 11:08:07	Saturn 4,9° südlich Beta Capricorni	39,7°

Datum und Uhrzeit (WZ)	Ereignis	Elongation
19.3.1991 0:00:45	Mars 3,4° südlich Elnath	84,4°
22.3.1991 4:45:57	Venus 10,4° südlich Hamal	32,9°
27.3.1991 14:38:00	Merkur in größter östlicher Elongation zur Sonne	18,8°
30.3.1991 13:30:54	Jupiter stationär, dann rechtläufig	
4.4.1991 17:07:10	Merkur stationär, dann rückläufig	
9.4.1991 2:45:49	Mars 2,8° nördlich Eta Geminorum	74,5°
12.4.1991 9:05:23	Venus 2,8° südlich Alkione	37,3°
12.4.1991 12:01:35	Mars 2,7° nördlich Mü Geminorum	73°
14.4.1991 20:36:15	Merkur in unterer Konjunktion zur Sonne	2,1°
18.4.1991 8:14:58	Uranus stationär, dann rückläufig	
18.4.1991 15:07:39	Mars 8,6° nördlich Alhena	70,4°
18.4.1991 16:56:58	Neptun stationär, dann rückläufig	
21.4.1991 4:17:54	Mars 18' südlich Epsilon Geminorum	69,3°
22.4.1991 4:17:59	Venus 7,4° nördlich Aldebaran	38,4°
27.4.1991 5:40:58	Merkur stationär, dann rechtläufig	
2.5.1991 5:09:03	Venus 3,2° südlich Elnath	41°
11.5.1991 20:11:57	Mars 8,6° südlich Kastor	60°
11.5.1991 22:51:00	Venus 3,4° nördlich Eta Geminorum	42,5°
12.5.1991 17:49:00	Merkur in größter westlicher Elongation zur Sonne	26,2°
13.5.1991 14:10:03	Venus 3,4° nördlich Mü Geminorum	42,8°
16.5.1991 4:56:45	Mars 5,2° südlich Pollux	58,5°
16.5.1991 14:35:10	Venus 9,4° nördlich Alhena	43,2°
17.5.1991 9:29:17	Saturn stationär, dann rückläufig	
17.5.1991 21:10:11	Venus 33' nördlich Epsilon Geminorum	43,4°
19.5.1991 5:27:14	Merkur 13,9° südlich Hamal	22,4°
20.5.1991 9:58:27	Jupiter 33' südlich M44	68,3°
28.5.1991 15:31:14	Venus 7,6° südlich Kastor	44,2°
31.5.1991 0:44:42	Venus 4,1° südlich Pollux	44,4°
4.6.1991 10:00:57	Merkur 5,4° südlich Alkione	14°
7.6.1991 14:26:22	Mars 8,3' nördlich M44	50,8°
10.6.1991 5:45:46	Merkur 5,3° nördlich Aldebaran	8,4°
13.6.1991 1:15:55	Venus 57' nördlich M44	45,4°
13.6.1991 21:37:00	Venus in größter östlicher Elongation zur Sonne	45,4°
14.6.1991 4:49:11	Mars 38' nördlich Jupiter	48,4°
15.6.1991 15:52:37	Uranus 3,1° nördlich Nunki	161,5°
15.6.1991 16:04:04	Merkur 4,6° südlich Elnath	2°
17.6.1991 4:25:33	Merkur in oberer Konjunktion zur Sonne	59'
17.6.1991 23:06:36	Venus 1,2° nördlich Jupiter	45,3°
20.6.1991 17:31:12	Merkur 2,3° nördlich Eta Geminorum	4,5°
21.6.1991 13:55:22	Merkur 2,3° nördlich Mü Geminorum	5,5°
23.6.1991 3:39:54	Merkur 8,4° nördlich Alhena	7,4°
23.6.1991 11:50:39	Venus 16' nördlich Mars	45°
23.6.1991 19:41:37	Merkur 21' südlich Epsilon Geminorum	8,2°
29.6.1991 14:20:08	Merkur 8,3° südlich Kastor	14,2°
30.6.1991 22:02:36	Merkur 4,9° südlich Pollux	15,5°
4.7.1991 6:50:46	Uranusopposition	

Datum und Uhrzeit (WZ)	Ereignis	Elon-gation
8.7.1991 0:13:32	Neptunopposition	
8.7.1991 11:11:51	Merkur 13' nördlich M44	21,3°
11.7.1991 7:37:10	Venus 60' südlich Regulus	41,2°
14.7.1991 15:43:08	Mars 41' nördlich Regulus	37,8°
15.7.1991 7:53:39	Merkur 4,7' südlich Jupiter	24,9°
22.7.1991 5:27:40	Venus 3,6° südlich Mars	35,2°
25.7.1991 2:03:00	Merkur in größter östlicher Elongation zur Sonne	27°
27.7.1991 0:09:02	Saturnopposition	
27.7.1991 0:42:58	Merkur 2° südlich Regulus	26,2°
30.7.1991 4:08:23	Venus stationär, dann rückläufig	
6.8.1991 10:02:30	Saturn 5,2° südlich Beta Capricorni	169,3°
7.8.1991 3:47:51	Merkur stationär, dann rückläufig	
7.8.1991 5:40:20	Merkur 2,1° nördlich Venus	21,9°
16.8.1991 23:43:53	Venus 8,6° südlich Regulus	6,1°
17.8.1991 21:04:39	Merkur 5,6° südlich Regulus	5,3°
17.8.1991 22:29:47	Jupiter in Konjunktion zur Sonne	46'
20.8.1991 19:01:17	Merkur 3,7° nördlich Venus	5°
21.8.1991 20:35:45	Merkur in unterer Konjunktion zur Sonne	-4,4°
22.8.1991 20:15:47	Venus in unterer Konjunktion zur Sonne	-8,2°
22.8.1991 21:18:41	Merkur 5,3° südlich Jupiter	3,8°
23.8.1991 7:09:15	Venus 9,6° südlich Jupiter	4,1°
29.8.1991 5:20:43	Merkur 6,1° nördlich Venus	12,2°
30.8.1991 19:42:21	Merkur stationär, dann rechtläufig	
7.9.1991 17:36:00	Merkur in größter westlicher Elongation zur Sonne	18°
10.9.1991 7:20:56	Jupiter 21' nördlich Regulus	17,4°
10.9.1991 9:56:51	Merkur 17' nördlich Regulus	17,5°
10.9.1991 10:26:19	Merkur 3,6' südlich Jupiter	17,6°
12.9.1991 2:02:54	Venus stationär, dann rechtläufig	
18.9.1991 4:27:13	Mars 2,4° südlich Porrima	15,5°
19.9.1991 6:08:24	Uranus stationär, dann rechtläufig	
26.9.1991 0:00:00	Neptun stationär, dann rechtläufig	
3.10.1991 16:25:03	Merkur in oberer Konjunktion zur Sonne	1,2°
4.10.1991 2:29:08	Merkur 1,7° südlich Porrima	1,3°
5.10.1991 0:42:41	Saturn stationär, dann rechtläufig	
5.10.1991 23:46:03	Mars 2,6° nördlich Spika	10,5°
8.10.1991 4:34:12	Venus 3,4° südlich Regulus	43,6°
11.10.1991 3:01:18	Merkur 2,7° nördlich Spika	5,4°
14.10.1991 19:23:59	Merkur 15' südlich Mars	7,7°
17.10.1991 3:37:54	Venus 2,5° südlich Jupiter	45,4°
25.10.1991 11:13:04	Merkur 1,5° südlich Zuben-el-dschenubi	13,4°
2.11.1991 8:54:00	Venus in größter westlicher Elongation zur Sonne	46,5°
7.11.1991 2:40:37	Merkur 3,3° südlich Akrab	18,9°
7.11.1991 18:30:09	Mars 16' südlich Zuben-el-dschenubi	0,2°
8.11.1991 9:37:33	Mars in Konjunktion zur Sonne, Bedeckung	4,7'
11.11.1991 7:19:51	Merkur 2,1° nördlich Antares	21,1°
19.11.1991 1:29:05	Venus 1,2° südlich Porrima	45,7°

Datum und Uhrzeit (WZ)	Ereignis	Elongation
19.11.1991 1:50:00	Merkur in größter östlicher Elongation zur Sonne	22,4°
28.11.1991 18:19:03	Merkur stationär, dann rückläufig	
29.11.1991 9:24:47	Venus 4,5° nördlich Spika	43°
30.11.1991 11:38:46	Saturn 5,3° südlich Beta Capricorni	55°
3.12.1991 17:36:22	Mars 1,2° südlich Akrab	7,7°
8.12.1991 14:51:45	Merkur in unterer Konjunktion zur Sonne	1,5°
11.12.1991 15:19:23	Mars 4,4° nördlich Antares	10,1°
12.12.1991 20:17:32	Uranus 3,1° nördlich Nunki	22,2°
13.12.1991 15:07:31	Merkur 2,9° nördlich Mars	10,7°
15.12.1991 20:46:09	Merkur 7,5° nördlich Antares	14,5°
18.12.1991 11:35:10	Merkur stationär, dann rechtläufig	
18.12.1991 13:11:11	Venus 2,1° nördlich Zuben-el-dschenubi	41,2°
21.12.1991 6:24:30	Merkur 7,4° nördlich Antares	19,7°
27.12.1991 20:16:00	Merkur in größter westlicher Elongation zur Sonne	22,2°

1992

Datum und Uhrzeit (WZ)	Ereignis	Elongation
3.1.1992 0:23:33	Venus 1,1° nördlich Akrab	38,8°
5.1.1992 0:48:15	Uranus in Konjunktion zur Sonne	-22'
7.1.1992 12:38:03	Neptun in Konjunktion zur Sonne	44'
7.1.1992 18:44:39	Venus 6,6° nördlich Antares	37,3°
10.1.1992 19:44:45	Merkur 39' nördlich Mars	18,8°
18.1.1992 16:00:19	Merkur 2,6° nördlich Nunki	15,3°
20.1.1992 3:24:58	Merkur 38' südlich Uranus	14,5°
21.1.1992 11:01:24	Merkur 1,9° südlich Neptun	13,7°
26.1.1992 4:15:28	Mars 2,7° nördlich Nunki	22,9°
29.1.1992 21:21:50	Mars 23' südlich Uranus	23,9°
29.1.1992 21:36:29	Saturn in Konjunktion zur Sonne	-37'
31.1.1992 8:47:21	Merkur 6,6° südlich Beta Capricorni	8,2°
1.2.1992 8:23:05	Mars 1,5° südlich Neptun	24,4°
4.2.1992 14:42:49	Venus 4,1° nördlich Nunki	32,4°
4.2.1992 15:44:09	Merkur 1,5° südlich Saturn	5,2°
7.2.1992 6:36:03	Venus 54' nördlich Uranus	31,8°
8.2.1992 14:58:13	Venus 17' südlich Neptun	31,5°
12.2.1992 8:28:24	Merkur in oberer Konjunktion zur Sonne	-2°
12.2.1992 18:39:44	Merkur 37' nördlich Delta Capricorni	2°
19.2.1992 22:05:26	Venus 51' nördlich Mars	29°
20.2.1992 23:25:48	Venus 4,9° südlich Beta Capricorni	28°
21.2.1992 14:55:53	Mars 5,7° südlich Beta Capricorni	28,6°
29.2.1992 0:26:09	Jupiteropposition	
29.2.1992 1:31:57	Venus 7,8' nördlich Saturn	26,9°
6.3.1992 13:20:09	Mars 26' südlich Saturn	32,8°
9.3.1992 3:57:31	Venus 1,8° nördlich Delta Capricorni	24,8°
9.3.1992 21:29:00	Merkur in größter westlicher Elongation zur Sonne	18,3°

Datum und Uhrzeit (WZ)	Ereignis	Elongation
16.3.1992 15:05:15	Merkur stationär, dann rückläufig	
20.3.1992 6:10:28	Mars 1,5° nördlich Delta Capricorni	36°
26.3.1992 14:49:26	Merkur in unterer Konjunktion zur Sonne	3,1°
5.4.1992 22:17:28	Merkur 2,3° nördlich Venus	17,2°
8.4.1992 1:13:58	Merkur stationär, dann rechtläufig	
20.4.1992 5:46:54	Neptun stationär, dann rückläufig	
21.4.1992 21:57:10	Uranus stationär, dann rückläufig	
23.4.1992 14:27:00	Merkur in größter westlicher Elongation zur Sonne	27,3°
1.5.1992 3:39:52	Jupiter stationär, dann rechtläufig	
4.5.1992 11:31:53	Venus 11,9° südlich Hamal	10,8°
13.5.1992 0:23:42	Merkur 13° südlich Hamal	17,9°
25.5.1992 2:34:47	Venus 4,8° südlich Alkione	5,3°
26.5.1992 8:55:46	Merkur 4,5° südlich Alkione	6,5°
28.5.1992 2:17:27	Merkur 30' nördlich Venus	4,4°
29.5.1992 1:23:33	Saturn stationär, dann rückläufig	
31.5.1992 16:09:03	Merkur in oberer Konjunktion zur Sonne	37'
31.5.1992 17:32:42	Merkur 6,2° nördlich Aldebaran	0,6°
3.6.1992 13:06:58	Venus 5,3° nördlich Aldebaran	2,8°
6.6.1992 1:38:32	Merkur 4° südlich Elnath	6,8°
11.6.1992 9:03:00	Merkur 2,8° nördlich Eta Geminorum	12,7°
12.6.1992 7:13:23	Merkur 2,8° nördlich Mü Geminorum	13,6°
13.6.1992 2:00:07	Venus 5,3° südlich Elnath	0,2°
13.6.1992 15:55:52	Venus in oberer Konjunktion zur Sonne, Bedeckung	9,2'
14.6.1992 0:48:39	Merkur 8,8° nördlich Alhena	15,3°
14.6.1992 18:42:52	Merkur 3,9' südlich Epsilon Geminorum	16°
19.6.1992 10:03:42	Mars 11,9° südlich Hamal	51,5°
21.6.1992 11:33:27	Merkur 8,4° südlich Kastor	21,2°
22.6.1992 3:38:34	Venus 1,4° nördlich Eta Geminorum	2,4°
23.6.1992 2:05:41	Merkur 5° südlich Pollux	22,2°
23.6.1992 15:43:11	Venus 1,4° nördlich Mü Geminorum	2,8°
26.6.1992 9:40:36	Venus 7,4° nördlich Alhena	3,6°
27.6.1992 13:21:17	Venus 1,4° südlich Epsilon Geminorum	3,9°
3.7.1992 4:57:33	Merkur 54' südlich M44	25,7°
6.7.1992 0:54:00	Merkur in größter östlicher Elongation zur Sonne	26,1°
7.7.1992 1:22:16	Venus 9,2° südlich Kastor	6,5°
7.7.1992 22:24:32	Uranusopposition	
9.7.1992 2:17:25	Venus 5,7° südlich Pollux	7,1°
9.7.1992 13:11:37	Neptunopposition	
19.7.1992 3:23:59	Merkur stationär, dann rückläufig	
19.7.1992 16:43:35	Venus 1,7' nördlich M44	10°
25.7.1992 0:21:19	Mars 5° südlich Alkione	62,5°
25.7.1992 14:40:31	Merkur 6° südlich Venus	11,6°
2.8.1992 20:37:08	Merkur in unterer Konjunktion zur Sonne	-4,9°
5.8.1992 16:58:48	Merkur 6,1° südlich M44	6,5°
6.8.1992 17:34:02	Venus 1,1° nördlich Regulus	14,9°
7.8.1992 9:40:32	Saturnopposition	

Datum und Uhrzeit (WZ)	Ereignis	Elongation
11.8.1992 8:32:23	Mars 4,9° nördlich Aldebaran	68,5°
12.8.1992 12:41:23	Merkur stationär, dann rechtläufig	
18.8.1992 17:58:51	Merkur 2,8° südlich M44	18,2°
21.8.1992 1:47:00	Merkur in größter westlicher Elongation zur Sonne	18,5°
23.8.1992 3:00:29	Venus 17' nördlich Jupiter	19,3°
29.8.1992 22:31:02	Mars 5,7° südlich Elnath	74,4°
2.9.1992 23:08:10	Merkur 1,2° nördlich Regulus	11°
9.9.1992 12:33:38	Venus 2,1° südlich Porrima	23,1°
15.9.1992 3:33:44	Merkur in oberer Konjunktion zur Sonne	1,6°
16.9.1992 6:00:45	Merkur 29' nördlich Jupiter	1,6°
17.9.1992 18:36:36	Jupiter in Konjunktion zur Sonne	1,1°
18.9.1992 3:40:17	Mars 56' nördlich Eta Geminorum	82,1°
19.9.1992 4:56:52	Venus 2,7° nördlich Spika	26,2°
21.9.1992 13:11:18	Mars 57' nördlich Mü Geminorum	83,6°
22.9.1992 21:30:55	Uranus stationär, dann rechtläufig	
25.9.1992 12:35:14	Merkur 2,3° südlich Porrima	7,9°
27.9.1992 10:17:17	Neptun stationär, dann rechtläufig	
27.9.1992 23:28:58	Mars 7° nördlich Alhena	86,1°
30.9.1992 18:39:45	Mars 1,7° südlich Epsilon Geminorum	87,9°
2.10.1992 21:34:48	Merkur 2° nördlich Spika	13,1°
7.10.1992 14:09:41	Venus 46' südlich Zuben-el-dschenubi	30,4°
16.10.1992 2:54:57	Saturn stationär, dann rechtläufig	
18.10.1992 5:58:47	Merkur 2,4° südlich Zuben-el-dschenubi	19,8°
22.10.1992 15:00:38	Venus 2,2° südlich Akrab	33,6°
27.10.1992 6:44:47	Venus 3,2° nördlich Antares	35,1°
27.10.1992 21:34:09	Mars 9,1° südlich Kastor	103,1°
31.10.1992 15:58:00	Merkur in größter östlicher Elongation zur Sonne	23,7°
2.11.1992 13:39:57	Merkur 3,9° südlich Akrab	22,7°
4.11.1992 20:40:32	Mars 5,3° südlich Pollux	108,6°
11.11.1992 13:54:52	Merkur stationär, dann rückläufig	
19.11.1992 6:53:47	Merkur 1,3° südlich Akrab	6°
21.11.1992 22:03:34	Merkur in unterer Konjunktion zur Sonne	39'
23.11.1992 21:06:11	Venus 1,2° nördlich Nunki	40,6°
26.11.1992 11:28:32	Venus 1,9° südlich Uranus	41,1°
27.11.1992 13:20:34	Venus 3° südlich Neptun	41,3°
29.11.1992 16:23:12	Mars stationär, dann rückläufig	
1.12.1992 5:26:25	Merkur stationär, dann rechtläufig	
7.12.1992 19:06:33	Jupiter 1,7° südlich Porrima	65,2°
9.12.1992 13:54:00	Merkur in größter westlicher Elongation zur Sonne	20,9°
10.12.1992 17:27:49	Venus 7,1° südlich Beta Capricorni	43,5°
14.12.1992 18:03:51	Merkur 44' nördlich Akrab	20°
19.12.1992 3:06:54	Merkur 5,8° nördlich Antares	18,4°
21.12.1992 15:58:00	Venus 1,1° südlich Saturn	45°
22.12.1992 21:03:40	Mars 3,2° südlich Pollux	157,2°
29.12.1992 9:26:51	Venus 58' nördlich Delta Capricorni	45,6°
30.12.1992 0:38:01	Mars 6,4° südlich Kastor	164,7°

1993

Datum und Uhrzeit (WZ)	Ereignis	Elon-gation
7.1.1993 22:36:07	Marsopposition	
8.1.1993 9:12:03	Uranus in Konjunktion zur Sonne	-25'
8.1.1993 22:05:46	Neptun in Konjunktion zur Sonne	40'
10.1.1993 15:59:11	Merkur 2,1° nördlich Nunki	8,1°
14.1.1993 7:35:09	Merkur 1,3° südlich Uranus	5,7°
14.1.1993 11:19:24	Merkur 2,4° südlich Neptun	5,5°
19.1.1993 15:53:00	Venus in größter östlicher Elongation zur Sonne	47,1°
22.1.1993 21:26:39	Merkur 6,8° südlich Beta Capricorni	2,1°
23.1.1993 15:25:29	Merkur in oberer Konjunktion zur Sonne	-2,1°
25.1.1993 19:50:54	Uranus 1,1° südlich Neptun	16,6°
1.2.1993 21:32:37	Merkur 55' südlich Saturn	6,9°
2.2.1993 16:29:30	Mars 1,9° nördlich Epsilon Geminorum	145,6°
4.2.1993 4:03:03	Merkur 55' nördlich Delta Capricorni	8,5°
9.2.1993 16:14:12	Saturn in Konjunktion zur Sonne	-1°
15.2.1993 10:59:43	Mars stationär, dann rechtläufig	
21.2.1993 8:40:00	Merkur in größter östlicher Elongation zur Sonne	18,1°
27.2.1993 9:02:18	Merkur stationär, dann rückläufig	
28.2.1993 21:28:16	Mars 1,2° nördlich Epsilon Geminorum	119,4°
7.3.1993 10:17:07	Saturn 1,6° nördlich Delta Capricorni	22,9°
9.3.1993 3:55:16	Merkur in unterer Konjunktion zur Sonne	3,6°
9.3.1993 20:58:53	Venus stationär, dann rückläufig	
21.3.1993 13:08:41	Merkur stationär, dann rechtläufig	
24.3.1993 12:49:00	Jupiter 1,3° südlich Porrima	173,1°
30.3.1993 11:50:31	Jupiteropposition	
1.4.1993 13:06:26	Venus in unterer Konjunktion zur Sonne	7,9°
5.4.1993 17:32:00	Merkur in größter westlicher Elongation zur Sonne	27,8°
8.4.1993 16:17:25	Mars 7,8° südlich Kastor	91,3°
14.4.1993 15:16:06	Mars 4,5° südlich Pollux	88,5°
16.4.1993 11:05:02	Merkur 8,4° südlich Venus	22,5°
20.4.1993 1:38:35	Venus stationär, dann rechtläufig	
22.4.1993 17:16:29	Neptun stationär, dann rückläufig	
26.4.1993 9:09:35	Uranus stationär, dann rückläufig	
5.5.1993 15:59:36	Merkur 12,2° südlich Hamal	11,9°
12.5.1993 6:32:11	Mars 31' nördlich M44	75,5°
16.5.1993 2:38:43	Merkur in oberer Konjunktion zur Sonne, Bedeckung	12'
17.5.1993 20:58:08	Merkur 3,6° südlich Alkione	2,2°
23.5.1993 5:22:59	Merkur 6,9° nördlich Aldebaran	8,7°
28.5.1993 22:38:05	Merkur 3,4° südlich Elnath	14,8°
1.6.1993 15:01:34	Jupiter stationär, dann rechtläufig	
4.6.1993 2:07:28	Merkur 3° nördlich Eta Geminorum	19,9°
5.6.1993 5:08:15	Merkur 3° nördlich Mü Geminorum	20,6°
7.6.1993 9:08:00	Merkur 8,8° nördlich Alhena	21,9°
8.6.1993 8:09:02	Merkur 4,5' südlich Epsilon Geminorum	22,4°

Datum und Uhrzeit (WZ)	Ereignis	Elon-gation
9.6.1993 15:40:17	Venus 13,3° südlich Hamal	42,2°
10.6.1993 12:41:00	Venus in größter westlicher Elongation zur Sonne	45,8°
10.6.1993 23:09:05	Saturn stationär, dann rückläufig	
17.6.1993 16:52:00	Merkur in größter östlicher Elongation zur Sonne	24,7°
18.6.1993 4:49:56	Merkur 9,4° südlich Kastor	24,7°
21.6.1993 8:00:54	Merkur 6,6° südlich Pollux	24,1°
22.6.1993 9:34:03	Mars 46' nördlich Regulus	58,5°
30.6.1993 22:56:49	Merkur stationär, dann rückläufig	
4.7.1993 12:10:52	Venus 7° südlich Alkione	42,8°
11.7.1993 1:27:00	Merkur 11,3° südlich Pollux	7,7°
12.7.1993 2:17:42	Neptunopposition	
12.7.1993 13:26:13	Uranusopposition	
15.7.1993 0:37:30	Merkur 15,2° südlich Kastor	4,9°
15.7.1993 1:01:59	Merkur in unterer Konjunktion zur Sonne	-4,9°
15.7.1993 7:03:18	Venus 3° nördlich Aldebaran	42,7°
25.7.1993 14:10:57	Merkur stationär, dann rechtläufig	
25.7.1993 22:41:57	Venus 7,4° südlich Elnath	40,8°
3.8.1993 16:19:29	Merkur 12° südlich Kastor	19,3°
4.8.1993 1:29:00	Merkur in größter westlicher Elongation zur Sonne	19,3°
4.8.1993 20:58:51	Venus 40' südlich Eta Geminorum	39,1°
6.8.1993 2:16:58	Merkur 8° südlich Pollux	19,1°
6.8.1993 12:03:08	Venus 39' südlich Mü Geminorum	38,8°
7.8.1993 7:09:27	Jupiter 1,8° südlich Porrima	55,3°
9.8.1993 11:09:38	Venus 5,4° nördlich Alhena	38,2°
10.8.1993 16:54:34	Venus 3,3° südlich Epsilon Geminorum	38°
14.8.1993 16:13:11	Merkur 33' südlich M44	14,6°
19.8.1993 22:48:30	Saturnopposition	
20.8.1993 19:16:31	Venus 10,9° südlich Kastor	35,9°
22.8.1993 22:41:06	Venus 7,4° südlich Pollux	35,4°
25.8.1993 21:59:59	Merkur 1,4° nördlich Regulus	3°
29.8.1993 7:58:29	Merkur in oberer Konjunktion zur Sonne	1,7°
29.8.1993 10:14:50	Mars 2,6° südlich Porrima	34,1°
2.9.1993 23:02:32	Venus 1,3° südlich M44	33°
7.9.1993 0:11:04	Mars 54' südlich Jupiter	31,9°
16.9.1993 10:00:03	Mars 2,4° nördlich Spika	29,3°
18.9.1993 7:56:55	Merkur 3° südlich Porrima	14,9°
21.9.1993 6:04:31	Venus 27' nördlich Regulus	28,5°
24.9.1993 12:05:09	Merkur 2° südlich Jupiter	18,5°
26.9.1993 7:59:06	Merkur 1,1° nördlich Spika	20,1°
27.9.1993 9:59:12	Uranus stationär, dann rechtläufig	
29.9.1993 21:01:58	Neptun stationär, dann rechtläufig	
6.10.1993 15:45:59	Jupiter 3,4° nördlich Spika	9,2°
6.10.1993 16:40:06	Merkur 2,3° südlich Mars	23,1°
12.10.1993 11:35:23	Saturn 1,1° nördlich Delta Capricorni	124,3°
14.10.1993 4:05:00	Merkur in größter östlicher Elongation zur Sonne	25°
14.10.1993 11:52:05	Merkur 3,4° südlich Zuben-el-dschenubi	23,8°

Datum und Uhrzeit (WZ)	Ereignis	Elongation
18.10.1993 10:21:28	Jupiter in Konjunktion zur Sonne	1,1°
19.10.1993 4:41:41	Mars 31' südlich Zuben-el-dschenubi	19,1°
24.10.1993 12:34:34	Venus 1,3° südlich Porrima	20,6°
26.10.1993 3:19:50	Merkur stationär, dann rückläufig	
28.10.1993 5:49:40	Merkur 2,5° südlich Mars	16,7°
28.10.1993 8:42:31	Saturn stationär, dann rechtläufig	
2.11.1993 22:47:03	Venus 3,8° nördlich Spika	16,9°
4.11.1993 22:44:42	Merkur 1,1° südlich Zuben-el-dschenubi	2,5°
6.11.1993 3:27:13	Merkur in unterer Konjunktion zur Sonne, Transit	-16'
8.11.1993 16:42:17	Venus 23' nördlich Jupiter	16,7°
13.11.1993 4:29:08	Saturn 1,2° nördlich Delta Capricorni	92,6°
13.11.1993 22:10:29	Mars 1,5° südlich Akrab	11,6°
14.11.1993 12:34:50	Merkur 45' nördlich Venus	15,4°
14.11.1993 23:26:50	Merkur stationär, dann rechtläufig	
20.11.1993 20:15:31	Venus 52' nördlich Zuben-el-dschenubi	13,6°
21.11.1993 17:30:37	Mars 4,1° nördlich Antares	9,6°
22.11.1993 15:22:00	Merkur in größter westlicher Elongation zur Sonne	19,8°
25.11.1993 22:13:09	Merkur 1,9° nördlich Zuben-el-dschenubi	18,7°
5.12.1993 12:15:22	Venus 20' südlich Akrab	10,2°
9.12.1993 3:22:10	Merkur 17' südlich Akrab	13,9°
10.12.1993 1:20:04	Venus 5,1° nördlich Antares	9,1°
12.12.1993 22:18:42	Merkur 4,9° nördlich Antares	12°
25.12.1993 8:04:31	Merkur 59' südlich Venus	5,4°
27.12.1993 2:56:04	Mars in Konjunktion zur Sonne	-47'

1994

Datum und Uhrzeit (WZ)	Ereignis	Elongation
1.1.1994 9:51:10	Merkur 50' südlich Mars	1,6°
3.1.1994 8:37:06	Merkur 1,7° nördlich Nunki	1,8°
3.1.1994 20:02:46	Merkur in oberer Konjunktion zur Sonne	-1,8°
5.1.1994 13:09:10	Mars 2,6° nördlich Nunki	2,6°
5.1.1994 19:53:55	Venus 2,9° nördlich Nunki	2,7°
6.1.1994 6:22:29	Venus 18' nördlich Mars	2,6°
8.1.1994 4:44:01	Merkur 2,7° südlich Neptun	3,1°
9.1.1994 2:06:29	Merkur 1,6° südlich Uranus	3,5°
11.1.1994 7:35:04	Neptun in Konjunktion zur Sonne	37'
12.1.1994 6:22:22	Venus 1,4° südlich Neptun	1,1°
12.1.1994 17:02:08	Uranus in Konjunktion zur Sonne	-27'
13.1.1994 12:38:32	Venus 22' südlich Uranus	0,9°
15.1.1994 10:19:32	Merkur 6,9° südlich Beta Capricorni	7,6°
16.1.1994 6:58:51	Mars 1,6° südlich Neptun	4,9°
17.1.1994 1:24:41	Venus in oberer Konjunktion zur Sonne	-56'
18.1.1994 12:52:51	Mars 29' südlich Uranus	5,6°
21.1.1994 18:33:25	Venus 5,8° südlich Beta Capricorni	1,6°

Datum und Uhrzeit (WZ)	Ereignis	Elon-gation
28.1.1994 8:30:28	Merkur 1,6° nördlich Delta Capricorni	15,5°
31.1.1994 13:27:38	Mars 5,8° südlich Beta Capricorni	8,8°
2.2.1994 4:07:18	Merkur 1,3° nördlich Saturn	17,5°
4.2.1994 21:15:00	Merkur in größter östlicher Elongation zur Sonne	18,3°
7.2.1994 16:52:26	Venus 1,3° nördlich Delta Capricorni	5,4°
14.2.1994 2:34:43	Venus 1,5' südlich Saturn	6,9°
15.2.1994 18:57:31	Merkur 5,1° nördlich Venus	7,3°
17.2.1994 15:43:12	Merkur 5,3° nördlich Saturn	3,9°
20.2.1994 7:55:06	Merkur in unterer Konjunktion zur Sonne	3,7°
21.2.1994 17:06:47	Saturn in Konjunktion zur Sonne	-1,4°
26.2.1994 2:58:24	Merkur 6,2° nördlich Delta Capricorni	12,2°
27.2.1994 0:30:32	Merkur 4,4° nördlich Mars	13,7°
27.2.1994 19:25:45	Mars 1,6° nördlich Delta Capricorni	15°
28.2.1994 20:36:25	Jupiter stationär, dann rückläufig	
4.3.1994 12:18:55	Merkur stationär, dann rechtläufig	
11.3.1994 11:48:02	Merkur 3,1° nördlich Delta Capricorni	26,2°
14.3.1994 9:46:04	Mars 22' nördlich Saturn	18,1°
19.3.1994 1:19:00	Merkur in größter westlicher Elongation zur Sonne	27,7°
24.3.1994 7:54:54	Merkur 15' südlich Saturn	27°
4.4.1994 2:10:45	Merkur 1,5° südlich Mars	22,4°
4.4.1994 21:18:33	Venus 11,1° südlich Hamal	18,9°
25.4.1994 5:47:12	Neptun stationär, dann rückläufig	
25.4.1994 12:49:16	Venus 3,7° südlich Alkione	24°
27.4.1994 12:50:54	Merkur 11,4° südlich Hamal	3,4°
30.4.1994 8:44:00	Jupiteropposition	
30.4.1994 10:08:19	Merkur in oberer Konjunktion zur Sonne, Bedeckung	-15'
30.4.1994 22:12:06	Uranus stationär, dann rückläufig	
5.5.1994 0:12:01	Venus 6,4° nördlich Aldebaran	26°
9.5.1994 12:50:13	Merkur 2,8° südlich Alkione	10,7°
14.5.1994 14:47:39	Venus 4,1° südlich Elnath	28,7°
15.5.1994 10:34:40	Merkur 7,6° nördlich Aldebaran	16,3°
22.5.1994 12:05:35	Merkur 3,1° südlich Elnath	21,3°
23.5.1994 19:17:36	Venus 2,5° nördlich Eta Geminorum	30,9°
25.5.1994 8:01:24	Venus 2,5° nördlich Mü Geminorum	31,3°
28.5.1994 3:17:51	Venus 8,5° nördlich Alhena	31,9°
28.5.1994 20:28:33	Mars 11,4° südlich Hamal	31,2°
29.5.1994 7:37:48	Venus 20' südlich Epsilon Geminorum	32,2°
30.5.1994 6:40:00	Merkur in größter östlicher Elongation zur Sonne	23,1°
1.6.1994 0:54:19	Merkur 2,5° nördlich Eta Geminorum	23°
3.6.1994 10:20:02	Merkur 2° nördlich Mü Geminorum	22,6°
8.6.1994 2:12:38	Venus 8,3° südlich Kastor	34,4°
10.6.1994 4:52:30	Venus 4,8° südlich Pollux	34,6°
12.6.1994 12:16:54	Merkur stationär, dann rückläufig	
21.6.1994 7:04:54	Venus 42' nördlich M44	37,4°
22.6.1994 10:33:48	Merkur 2,7° südlich Mü Geminorum	4,5°
24.6.1994 2:06:20	Saturn stationär, dann rückläufig	

Datum und Uhrzeit (WZ)	Ereignis	Elongation
25.6.1994 9:51:06	Merkur in unterer Konjunktion zur Sonne	-4,1°
25.6.1994 17:06:59	Merkur 3,3° südlich Eta Geminorum	1°
2.7.1994 9:49:45	Mars 4,6° südlich Alkione	40,5°
2.7.1994 15:34:14	Jupiter stationär, dann rechtläufig	
6.7.1994 19:46:14	Merkur stationär, dann rechtläufig	
10.7.1994 17:02:15	Venus 1,1° nördlich Regulus	41,2°
14.7.1994 15:17:34	Neptunopposition	
16.7.1994 11:02:17	Merkur 1,9° südlich Eta Geminorum	20,3°
17.7.1994 3:40:36	Uranusopposition	
17.7.1994 14:17:00	Merkur in größter westlicher Elongation zur Sonne	20,5°
18.7.1994 12:10:35	Merkur 1,5° südlich Mü Geminorum	20,4°
18.7.1994 20:31:40	Mars 5,3° nördlich Aldebaran	45,5°
21.7.1994 12:52:59	Merkur 5,1° nördlich Alhena	19,9°
22.7.1994 15:25:37	Merkur 3,5° südlich Epsilon Geminorum	19,5°
29.7.1994 23:04:26	Merkur 10° südlich Kastor	14,8°
31.7.1994 7:12:30	Merkur 6,3° südlich Pollux	13,6°
5.8.1994 0:14:06	Mars 5,4° südlich Elnath	50,1°
6.8.1994 18:26:03	Merkur 8,2' nördlich M44	7°
13.8.1994 0:41:09	Merkur in oberer Konjunktion zur Sonne	1,8°
17.8.1994 15:49:25	Merkur 1,3° nördlich Regulus	5,1°
19.8.1994 2:49:01	Venus 4,5° südlich Porrima	44,2°
21.8.1994 21:59:39	Mars 1,2° nördlich Eta Geminorum	55,2°
24.8.1994 18:49:53	Mars 1,1° nördlich Mü Geminorum	56,1°
24.8.1994 22:39:00	Venus in größter östlicher Elongation zur Sonne	46°
30.8.1994 1:52:57	Mars 7,1° nördlich Alhena	57,7°
31.8.1994 21:27:13	Venus 42' südlich Spika	45,6°
1.9.1994 7:48:00	Mars 1,6° südlich Epsilon Geminorum	58,7°
1.9.1994 16:28:11	Saturnopposition	
12.9.1994 1:30:44	Merkur 4° südlich Porrima	21,2°
20.9.1994 8:52:43	Mars 9,5° südlich Kastor	65,5°
21.9.1994 12:24:30	Merkur 8,3' südlich Spika	25,6°
24.9.1994 14:24:57	Mars 6° südlich Pollux	67,1°
26.9.1994 16:03:00	Merkur in größter östlicher Elongation zur Sonne	26,1°
29.9.1994 19:59:00	Jupiter 33' nördlich Zuben-el-dschenubi	38,4°
2.10.1994 0:00:00	Uranus stationär, dann rechtläufig	
2.10.1994 8:49:47	Neptun stationär, dann rechtläufig	
6.10.1994 10:07:08	Venus 7,2° südlich Zuben-el-dschenubi	32°
9.10.1994 9:02:04	Merkur stationär, dann rückläufig	
12.10.1994 22:37:38	Venus stationär, dann rückläufig	
17.10.1994 18:58:27	Mars 23" südlich M44	77°
19.10.1994 6:48:19	Venus 7,7° südlich Zuben-el-dschenubi	19,3°
21.10.1994 5:11:12	Merkur in unterer Konjunktion zur Sonne	-1,2°
25.10.1994 12:21:41	Merkur 2,5° nördlich Spika	8,3°
29.10.1994 16:56:57	Merkur stationär, dann rechtläufig	
2.11.1994 23:06:46	Venus in unterer Konjunktion zur Sonne	-5,4°
3.11.1994 1:03:25	Merkur 4,4° nördlich Spika	16,7°

Datum und Uhrzeit (WZ)	Ereignis	Elongation
5.11.1994 23:57:00	Merkur in größter westlicher Elongation zur Sonne	18,9°
9.11.1994 19:49:56	Saturn stationär, dann rechtläufig	
12.11.1994 18:08:23	Merkur 5,4° nördlich Venus	15,5°
17.11.1994 19:53:41	Jupiter in Konjunktion zur Sonne	47'
20.11.1994 10:49:01	Merkur 1° nördlich Zuben-el-dschenubi	12,9°
21.11.1994 15:45:50	Venus stationär, dann rechtläufig	
28.11.1994 18:11:42	Merkur 24' südlich Jupiter	8,5°
2.12.1994 7:11:17	Merkur 1,1° südlich Akrab	6,6°
5.12.1994 22:42:35	Merkur 4,2° nördlich Antares	4,6°
8.12.1994 7:56:11	Mars 2,3° nördlich Regulus	106,2°
14.12.1994 2:57:34	Merkur in oberer Konjunktion zur Sonne	-1,3°
20.12.1994 10:49:55	Venus 3° nördlich Zuben-el-dschenubi	43,4°
24.12.1994 7:47:41	Jupiter 15' südlich Akrab	29,1°
27.12.1994 1:18:07	Merkur 1,4° nördlich Nunki	7,7°

1995

Datum und Uhrzeit (WZ)	Ereignis	Elongation
2.1.1995 1:31:34	Merkur 2,7° südlich Neptun	11,2°
4.1.1995 0:43:23	Merkur 1,7° südlich Uranus	12,3°
4.1.1995 0:58:45	Mars stationär, dann rückläufig	
8.1.1995 11:04:20	Merkur 6,7° südlich Beta Capricorni	14,9°
10.1.1995 3:50:06	Venus 2,7° nördlich Akrab	46,3°
13.1.1995 11:42:00	Venus in größter westlicher Elongation zur Sonne	47°
13.1.1995 17:08:38	Neptun in Konjunktion zur Sonne	33'
14.1.1995 8:42:16	Venus 2,8° nördlich Jupiter	46,4°
15.1.1995 21:41:15	Venus 8,2° nördlich Antares	45,8°
17.1.1995 0:24:57	Uranus in Konjunktion zur Sonne	-30'
19.1.1995 8:39:00	Merkur in größter östlicher Elongation zur Sonne	18,7°
23.1.1995 0:56:16	Jupiter 5,4° nördlich Antares	53°
25.1.1995 12:21:55	Merkur stationär, dann rückläufig	
28.1.1995 18:23:56	Mars 4,2° nördlich Regulus	158,6°
3.2.1995 22:54:24	Merkur in unterer Konjunktion zur Sonne	3,6°
12.2.1995 2:24:55	Marsopposition	
15.2.1995 18:48:32	Merkur stationär, dann rechtläufig	
16.2.1995 3:26:27	Venus 5,4° nördlich Nunki	44,2°
26.2.1995 9:39:11	Venus 41' nördlich Neptun	42,6°
1.3.1995 10:58:00	Merkur in größter westlicher Elongation zur Sonne	27°
2.3.1995 4:52:31	Venus 1,5° nördlich Uranus	42°
5.3.1995 12:50:59	Venus 4° südlich Beta Capricorni	40,7°
6.3.1995 1:36:18	Saturn in Konjunktion zur Sonne	-1,8°
10.3.1995 10:04:45	Merkur 1,2° nördlich Delta Capricorni	25,5°
23.3.1995 9:54:20	Venus 2,4° nördlich Delta Capricorni	38°
25.3.1995 16:39:10	Mars stationär, dann rechtläufig	
26.3.1995 0:16:46	Merkur 35' südlich Saturn	17,5°

Datum und Uhrzeit (WZ)	Ereignis	Elongation
1.4.1995 12:17:28	Jupiter stationär, dann rückläufig	
13.4.1995 17:03:36	Venus 34' nördlich Saturn	33,5°
14.4.1995 12:36:09	Merkur in oberer Konjunktion zur Sonne	-43'
19.4.1995 5:10:11	Merkur 10,5° südlich Hamal	5,3°
27.4.1995 18:12:28	Neptun stationär, dann rückläufig	
2.5.1995 7:55:08	Merkur 1,9° südlich Alkione	18,2°
5.5.1995 8:27:25	Uranus stationär, dann rückläufig	
10.5.1995 15:46:08	Merkur 8,1° nördlich Aldebaran	20,9°
12.5.1995 1:54:00	Merkur in größter östlicher Elongation zur Sonne	21,6°
19.5.1995 18:28:35	Venus 12,3° südlich Hamal	22,9°
24.5.1995 6:35:15	Mars 1,1° nördlich Regulus	86,7°
24.5.1995 15:41:38	Merkur stationär, dann rückläufig	
1.6.1995 11:10:58	Jupiteropposition	
5.6.1995 5:31:57	Merkur in unterer Konjunktion zur Sonne	-2,6°
9.6.1995 15:59:49	Venus 5,3° südlich Alkione	18,9°
14.6.1995 15:02:24	Jupiter 5,4° nördlich Antares	165,7°
15.6.1995 18:20:12	Merkur 1,2° nördlich Aldebaran	14,9°
17.6.1995 6:08:38	Merkur stationär, dann rechtläufig	
18.6.1995 17:33:02	Merkur 1,1° nördlich Aldebaran	17,7°
19.6.1995 5:19:22	Venus 4,7° nördlich Aldebaran	17,1°
19.6.1995 6:40:42	Merkur 3,6° südlich Venus	17,1°
28.6.1995 20:44:11	Venus 5,8° südlich Elnath	14,5°
29.6.1995 15:45:00	Merkur in größter westlicher Elongation zur Sonne	22°
5.7.1995 8:37:31	Merkur 7,6° südlich Elnath	20,9°
7.7.1995 9:57:56	Saturn stationär, dann rückläufig	
8.7.1995 0:13:54	Venus 53' nördlich Eta Geminorum	12,1°
9.7.1995 12:34:59	Venus 52' nördlich Mü Geminorum	11,6°
12.7.1995 6:58:19	Venus 6,9° nördlich Alhena	10,9°
12.7.1995 16:15:05	Merkur 16' nördlich Eta Geminorum	16,5°
13.7.1995 10:52:59	Venus 1,9° südlich Epsilon Geminorum	10,6°
13.7.1995 17:09:24	Merkur 25' nördlich Mü Geminorum	15,6°
15.7.1995 12:45:49	Merkur 6,7° nördlich Alhena	14°
16.7.1995 6:29:38	Merkur 2° südlich Epsilon Geminorum	13,3°
17.7.1995 4:28:36	Neptunopposition	
20.7.1995 13:45:47	Merkur 23' nördlich Venus	8,7°
21.7.1995 17:27:11	Uranusopposition	
21.7.1995 23:38:19	Merkur 9,2° südlich Kastor	7,2°
22.7.1995 23:59:07	Venus 9,6° südlich Kastor	8°
23.7.1995 3:54:02	Merkur 5,6° südlich Pollux	5,8°
25.7.1995 0:58:45	Venus 6,1° südlich Pollux	7,4°
28.7.1995 1:56:10	Merkur in oberer Konjunktion zur Sonne	1,7°
29.7.1995 6:59:20	Merkur 27' nördlich M44	2°
2.8.1995 20:56:19	Jupiter stationär, dann rechtläufig	
4.8.1995 15:16:51	Venus 18' südlich M44	4,6°
8.8.1995 21:52:58	Mars 2,9° südlich Porrima	54,2°
9.8.1995 16:03:10	Merkur 1,1° nördlich Regulus	12,9°

Datum und Uhrzeit (WZ)	Ereignis	Elon- gation
20.8.1995 23:29:39	Venus in oberer Konjunktion zur Sonne	1,3°
22.8.1995 13:36:26	Venus 57' nördlich Regulus	0,9°
27.8.1995 13:22:03	Mars 2,1° nördlich Spika	49,2°
8.9.1995 13:38:01	Merkur 5,7° südlich Porrima	24,8°
9.9.1995 4:27:00	Merkur in größter östlicher Elongation zur Sonne	27°
14.9.1995 15:07:11	Saturnopposition	
20.9.1995 6:05:34	Jupiter 5,1° nördlich Antares	72,1°
22.9.1995 6:15:05	Merkur stationär, dann rückläufig	
24.9.1995 20:54:15	Venus 1,8° südlich Porrima	9,2°
28.9.1995 21:07:25	Merkur 5° südlich Venus	10,6°
29.9.1995 21:22:23	Mars 50' südlich Zuben-el-dschenubi	38,7°
4.10.1995 4:57:11	Merkur 5,7° südlich Porrima	2,8°
4.10.1995 8:59:42	Venus 3,2° nördlich Spika	12°
4.10.1995 19:08:55	Neptun stationär, dann rechtläufig	
5.10.1995 1:10:55	Merkur in unterer Konjunktion zur Sonne	-2,2°
6.10.1995 11:12:30	Uranus stationär, dann rechtläufig	
13.10.1995 8:58:21	Merkur stationär, dann rechtläufig	
20.10.1995 13:35:00	Merkur in größter westlicher Elongation zur Sonne	18,2°
22.10.1995 7:00:08	Merkur 52' südlich Porrima	18,1°
22.10.1995 9:58:16	Venus 6,6' südlich Zuben-el-dschenubi	16,4°
25.10.1995 16:36:01	Mars 1,7° südlich Akrab	31,4°
30.10.1995 12:34:07	Merkur 4,3° nördlich Spika	13°
2.11.1995 11:32:04	Mars 3,9° nördlich Antares	29,5°
6.11.1995 3:50:46	Venus 1,4° südlich Akrab	19,9°
10.11.1995 17:25:57	Venus 4° nördlich Antares	21,3°
13.11.1995 12:29:31	Merkur 18' nördlich Zuben-el-dschenubi	5,7°
16.11.1995 8:00:14	Mars 1,2° südlich Jupiter	25,7°
19.11.1995 12:05:36	Venus 1,3° südlich Jupiter	23,2°
22.11.1995 12:39:16	Saturn stationär, dann rechtläufig	
22.11.1995 21:50:35	Venus 11' südlich Mars	24,1°
23.11.1995 5:07:47	Merkur in oberer Konjunktion zur Sonne	-28'
25.11.1995 3:15:30	Merkur 1,7° südlich Akrab	1,3°
28.11.1995 18:18:18	Merkur 3,6° nördlich Antares	3,3°
7.12.1995 15:08:20	Venus 1,9° nördlich Nunki	27,5°
8.12.1995 9:36:00	Merkur 2,1° südlich Jupiter	8,3°
16.12.1995 16:50:43	Venus 2,3° südlich Neptun	29,5°
17.12.1995 0:20:37	Mars 2,4° nördlich Nunki	18°
18.12.1995 21:48:37	Jupiter in Konjunktion zur Sonne, Bedeckung	16'
20.12.1995 3:32:56	Merkur 1,2° nördlich Nunki	14,8°
20.12.1995 12:27:54	Venus 1,3° südlich Uranus	30,4°
23.12.1995 8:45:07	Merkur 1,1° südlich Mars	16,4°
23.12.1995 18:27:08	Venus 6,6° südlich Beta Capricorni	31,1°
28.12.1995 1:46:12	Merkur 2,4° südlich Neptun	18,4°

1996

Datum und Uhrzeit (WZ)	Ereignis	Elongation
1.1.1996 0:32:43	Merkur 53' südlich Uranus	19,4°
1.1.1996 7:12:49	Mars 1,6° südlich Neptun	14,3°
2.1.1996 16:37:00	Merkur in größter östlicher Elongation zur Sonne	19,5°
4.1.1996 12:43:01	Merkur 5,5° südlich Beta Capricorni	19,3°
7.1.1996 23:36:15	Mars 34' südlich Uranus	12,7°
10.1.1996 2:31:32	Venus 56' nördlich Delta Capricorni	34,5°
11.1.1996 19:57:59	Mars 5,8° südlich Beta Capricorni	11,8°
13.1.1996 0:09:51	Merkur 2,8° nördlich Mars	11,5°
14.1.1996 4:43:00	Merkur 2,7° südlich Beta Capricorni	10,3°
16.1.1996 2:56:37	Neptun in Konjunktion zur Sonne	29'
16.1.1996 14:20:44	Merkur 3,3° nördlich Uranus	4,6°
18.1.1996 21:33:51	Merkur in unterer Konjunktion zur Sonne	3,2°
20.1.1996 12:49:37	Merkur 3° nördlich Neptun	4,4°
21.1.1996 7:23:52	Uranus in Konjunktion zur Sonne	-32'
30.1.1996 5:55:47	Merkur stationär, dann rechtläufig	
3.2.1996 1:30:24	Venus 1,3° nördlich Saturn	38,9°
7.2.1996 22:22:11	Mars 1,6° nördlich Delta Capricorni	5,7°
11.2.1996 14:27:17	Merkur 3,8' nördlich Neptun	25,9°
11.2.1996 20:14:00	Merkur in größter westlicher Elongation zur Sonne	25,9°
16.2.1996 22:08:37	Merkur 14' nördlich Uranus	25,4°
17.2.1996 12:05:59	Merkur 5,1° südlich Beta Capricorni	24,5°
1.3.1996 18:56:39	Uranus 5,3° südlich Beta Capricorni	37,7°
3.3.1996 12:22:36	Merkur 42' nördlich Delta Capricorni	19,6°
4.3.1996 14:36:37	Mars in Konjunktion zur Sonne	-59'
6.3.1996 18:06:11	Jupiter 3,6° nördlich Nunki	63,8°
10.3.1996 4:26:29	Venus 8,9° südlich Hamal	44,7°
17.3.1996 19:07:54	Saturn in Konjunktion zur Sonne	-2°
22.3.1996 20:00:58	Mars 1,3° nördlich Saturn	4°
23.3.1996 11:05:14	Merkur 20' nördlich Saturn	5,1°
23.3.1996 19:52:14	Merkur 54' südlich Mars	4,2°
28.3.1996 7:24:07	Merkur in oberer Konjunktion zur Sonne	-1,2°
1.4.1996 0:34:00	Venus in größter östlicher Elongation zur Sonne	46°
3.4.1996 10:11:05	Venus 41' südlich Alkione	45,9°
10.4.1996 9:20:38	Merkur 9,4° südlich Hamal	13,6°
15.4.1996 22:28:13	Venus 9,7° nördlich Aldebaran	43,8°
23.4.1996 7:41:00	Merkur in größter östlicher Elongation zur Sonne	20,2°
29.4.1996 6:13:49	Neptun stationär, dann rückläufig	
1.5.1996 16:39:03	Venus 53' südlich Elnath	41,1°
4.5.1996 9:38:07	Merkur stationär, dann rückläufig	
4.5.1996 16:46:04	Jupiter stationär, dann rückläufig	
7.5.1996 20:12:28	Mars 11,1° südlich Hamal	13,7°
8.5.1996 20:46:53	Uranus stationär, dann rückläufig	
15.5.1996 1:06:29	Merkur in unterer Konjunktion zur Sonne	-38'
20.5.1996 7:00:20	Venus stationär, dann rückläufig	

Datum und Uhrzeit (WZ)	Ereignis	Elongation
27.5.1996 7:23:58	Merkur stationär, dann rechtläufig	
31.5.1996 4:59:23	Merkur 3,7° südlich Mars	19°
7.6.1996 3:46:51	Venus 5,1° südlich Elnath	5,6°
10.6.1996 8:45:00	Merkur in größter westlicher Elongation zur Sonne	23,7°
10.6.1996 16:13:35	Venus in unterer Konjunktion zur Sonne	-30'
11.6.1996 5:23:30	Mars 4,3° südlich Alkione	21°
12.6.1996 8:27:48	Merkur 7,6° südlich Alkione	22,1°
14.6.1996 13:47:50	Merkur 3,1° südlich Mars	22,4°
21.6.1996 11:01:23	Merkur 3,5° nördlich Aldebaran	20,2°
23.6.1996 11:30:14	Merkur 1,6° nördlich Venus	18,8°
27.6.1996 11:31:04	Mars 5,6° nördlich Aldebaran	25,5°
28.6.1996 8:23:23	Merkur 6° südlich Elnath	14,8°
30.6.1996 3:31:38	Venus 4,2° südlich Mars	26,2°
1.7.1996 23:30:53	Venus stationär, dann rechtläufig	
3.7.1996 22:17:37	Merkur 1,3° nördlich Eta Geminorum	8,9°
4.7.1996 11:31:01	Jupiteropposition	
4.7.1996 19:18:04	Merkur 1,4° nördlich Mü Geminorum	7,9°
5.7.1996 6:36:51	Jupiter 3,4° nördlich Nunki	176,4°
6.7.1996 9:10:18	Merkur 7,6° nördlich Alhena	6,1°
7.7.1996 0:58:06	Merkur 1,1° südlich Epsilon Geminorum	5,3°
11.7.1996 8:48:24	Merkur in oberer Konjunktion zur Sonne	1,5°
12.7.1996 10:03:30	Merkur 8,7° südlich Kastor	2°
13.7.1996 14:02:33	Merkur 5,1° südlich Pollux	3,1°
14.7.1996 7:48:16	Mars 5,1° südlich Elnath	29,9°
18.7.1996 17:41:49	Neptunopposition	
19.7.1996 21:44:24	Merkur 33' nördlich M44	9,8°
19.7.1996 23:18:55	Saturn stationär, dann rückläufig	
21.7.1996 0:05:23	Uranus 5,3° südlich Beta Capricorni	172,9°
25.7.1996 6:35:22	Uranusopposition	
27.7.1996 19:53:43	Venus 10° südlich Elnath	42,8°
30.7.1996 18:07:01	Mars 1,4° nördlich Eta Geminorum	34,4°
1.8.1996 10:02:51	Merkur 33' nördlich Regulus	20,2°
2.8.1996 12:31:28	Mars 1,3° nördlich Mü Geminorum	35,2°
7.8.1996 14:35:41	Mars 7,3° nördlich Alhena	36,8°
9.8.1996 18:17:00	Mars 1,5° südlich Epsilon Geminorum	37,4°
11.8.1996 6:32:52	Venus 2,9° südlich Eta Geminorum	45,5°
13.8.1996 9:39:52	Venus 2,8° südlich Mü Geminorum	45,7°
17.8.1996 4:11:00	Venus 3,4° nördlich Alhena	45,8°
18.8.1996 17:20:04	Venus 5,3° südlich Epsilon Geminorum	45,8°
20.8.1996 3:15:00	Venus in größter westlicher Elongation zur Sonne	45,8°
21.8.1996 16:01:00	Merkur in größter östlicher Elongation zur Sonne	27,4°
27.8.1996 18:12:48	Mars 9,4° südlich Kastor	43°
30.8.1996 18:24:00	Venus 12,6° südlich Kastor	45,5°
31.8.1996 16:27:11	Mars 5,9° südlich Pollux	44,3°
2.9.1996 5:18:55	Venus 8,9° südlich Pollux	45,3°
3.9.1996 13:15:29	Jupiter stationär, dann rechtläufig	

Datum und Uhrzeit (WZ)	Ereignis	Elongation
3.9.1996 19:33:44	Merkur stationär, dann rückläufig	
4.9.1996 15:30:50	Venus 2,9° südlich Mars	45,1°
14.9.1996 11:41:21	Venus 2,5° südlich M44	44,1°
17.9.1996 12:59:25	Merkur in unterer Konjunktion zur Sonne	-3,1°
21.9.1996 13:07:52	Mars 11' südlich M44	51,6°
25.9.1996 22:00:53	Merkur stationär, dann rechtläufig	
26.9.1996 18:58:53	Saturnopposition	
3.10.1996 5:40:00	Merkur in größter westlicher Elongation zur Sonne	17,9°
4.10.1996 0:09:39	Venus 12' südlich Regulus	41,2°
6.10.1996 7:43:29	Neptun stationär, dann rechtläufig	
10.10.1996 0:00:00	Uranus stationär, dann rechtläufig	
15.10.1996 13:50:13	Merkur 59' südlich Porrima	12,2°
22.10.1996 13:13:44	Merkur 3,7° nördlich Spika	6°
29.10.1996 3:44:28	Mars 1,2° nördlich Regulus	66,2°
30.10.1996 22:29:57	Jupiter 3,2° nördlich Nunki	64,6°
1.11.1996 23:38:28	Merkur in oberer Konjunktion zur Sonne	19'
5.11.1996 6:36:23	Merkur 24' südlich Zuben-el-dschenubi	1,9°
7.11.1996 4:55:07	Venus 1,2° südlich Porrima	34,5°
16.11.1996 18:22:56	Venus 4,2° nördlich Spika	31°
17.11.1996 0:07:30	Merkur 2,3° südlich Akrab	8,3°
20.11.1996 16:39:14	Merkur 3° nördlich Antares	10,7°
4.12.1996 9:36:40	Saturn stationär, dann rechtläufig	
4.12.1996 21:10:18	Venus 1,4° nördlich Zuben-el-dschenubi	28°
13.12.1996 22:58:21	Merkur 1,4° nördlich Nunki	20,3°
15.12.1996 19:31:00	Merkur in größter östlicher Elongation zur Sonne	20,5°
19.12.1996 17:03:14	Venus 14' nördlich Akrab	25°
22.12.1996 21:59:33	Uranus 5,3° südlich Beta Capricorni	31,4°
23.12.1996 14:26:38	Merkur stationär, dann rückläufig	
24.12.1996 7:23:19	Venus 5,7° nördlich Antares	23,5°

1997

Datum und Uhrzeit (WZ)	Ereignis	Elongation
1.1.1997 3:41:10	Merkur 5,9° nördlich Nunki	3,2°
2.1.1997 1:15:53	Merkur in unterer Konjunktion zur Sonne	2,6°
8.1.1997 17:01:52	Jupiter 47' südlich Neptun	8,5°
12.1.1997 13:12:07	Merkur 2,7° nördlich Venus	19,5°
17.1.1997 12:36:41	Neptun in Konjunktion zur Sonne	25'
19.1.1997 13:13:05	Jupiter in Konjunktion zur Sonne	-21'
20.1.1997 8:06:53	Venus 3,4° nördlich Nunki	17,7°
24.1.1997 4:44:00	Merkur in größter westlicher Elongation zur Sonne	24,5°
24.1.1997 13:56:18	Uranus in Konjunktion zur Sonne	-34'
27.1.1997 0:12:43	Merkur 4,2° nördlich Nunki	24,4°
1.2.1997 10:31:14	Venus 59' südlich Neptun	14,6°
2.2.1997 16:09:21	Jupiter 5,1° südlich Beta Capricorni	10,9°

Datum und Uhrzeit (WZ)	Ereignis	Elon-gation
5.2.1997 9:10:44	Venus 5,4° südlich Beta Capricorni	13,4°
5.2.1997 23:54:58	Venus 20' südlich Jupiter	13,6°
6.2.1997 18:06:55	Mars stationär, dann rückläufig	
7.2.1997 11:41:08	Venus 12' südlich Uranus	13,3°
7.2.1997 19:44:48	Merkur 1,4° südlich Neptun	20,8°
11.2.1997 1:07:35	Merkur 6° südlich Beta Capricorni	18,9°
12.2.1997 13:34:28	Merkur 1° südlich Jupiter	18,8°
13.2.1997 0:13:06	Merkur 54' südlich Uranus	18,6°
16.2.1997 8:11:02	Jupiter 10' nördlich Uranus	21,7°
22.2.1997 8:35:16	Venus 1,5° nördlich Delta Capricorni	9,8°
24.2.1997 10:47:04	Merkur 32' nördlich Delta Capricorni	12,4°
2.3.1997 0:19:40	Merkur 51' südlich Venus	8°
11.3.1997 15:20:40	Merkur in oberer Konjunktion zur Sonne	-1,6°
17.3.1997 7:48:11	Marsopposition	
21.3.1997 2:53:45	Merkur 2,1° nördlich Saturn	8,8°
30.3.1997 22:23:46	Saturn in Konjunktion zur Sonne	-2,2°
31.3.1997 20:44:42	Venus 57' nördlich Saturn	1,4°
2.4.1997 13:08:22	Venus in oberer Konjunktion zur Sonne	-1,3°
5.4.1997 15:49:53	Merkur 7,8° südlich Hamal	19,2°
6.4.1997 1:00:00	Merkur in größter östlicher Elongation zur Sonne	19,2°
15.4.1997 4:43:08	Merkur stationär, dann rückläufig	
19.4.1997 9:11:35	Venus 11,5° südlich Hamal	4,4°
21.4.1997 17:23:03	Merkur 3,1° nördlich Venus	5°
25.4.1997 10:26:12	Merkur in unterer Konjunktion zur Sonne	1,2°
26.4.1997 20:22:22	Merkur 9,7° südlich Hamal	2,5°
29.4.1997 6:03:18	Mars stationär, dann rechtläufig	
1.5.1997 19:38:53	Neptun stationär, dann rückläufig	
7.5.1997 18:04:51	Merkur stationär, dann rechtläufig	
9.5.1997 22:09:23	Venus 4,3° südlich Alkione	9,7°
13.5.1997 6:11:49	Uranus stationär, dann rückläufig	
18.5.1997 3:56:47	Merkur 14,2° südlich Hamal	21,9°
19.5.1997 7:50:03	Venus 5,8° nördlich Aldebaran	12,2°
22.5.1997 23:10:00	Merkur in größter westlicher Elongation zur Sonne	25,4°
28.5.1997 20:21:05	Venus 4,7° südlich Elnath	14,7°
6.6.1997 21:51:07	Venus 1,9° nördlich Eta Geminorum	17,2°
8.6.1997 4:21:51	Merkur 6,1° südlich Alkione	17,9°
8.6.1997 9:58:33	Venus 1,9° nördlich Mü Geminorum	17,6°
10.6.1997 10:31:55	Jupiter stationär, dann rückläufig	
11.6.1997 4:01:02	Venus 7,9° nördlich Alhena	18,3°
12.6.1997 7:51:45	Venus 54' südlich Epsilon Geminorum	18,6°
14.6.1997 13:47:27	Merkur 4,8° nördlich Aldebaran	13,1°
20.6.1997 6:46:02	Merkur 5,1° südlich Elnath	6,8°
21.6.1997 21:10:17	Venus 8,8° südlich Kastor	21,2°
23.6.1997 22:25:44	Venus 5,3° südlich Pollux	21,7°
25.6.1997 9:12:44	Merkur 2° nördlich Eta Geminorum	1°
25.6.1997 19:01:53	Merkur in oberer Konjunktion zur Sonne	1,2°

Datum und Uhrzeit (WZ)	Ereignis	Elongation
26.6.1997 5:21:10	Merkur 2,1° nördlich Mü Geminorum	1°
27.6.1997 18:16:29	Merkur 8,2° nördlich Alhena	2,8°
28.6.1997 9:55:06	Merkur 36' südlich Epsilon Geminorum	3,5°
3.7.1997 22:22:14	Merkur 8,4° südlich Kastor	9,7°
4.7.1997 15:35:42	Venus 21' nördlich M44	24,5°
5.7.1997 4:04:12	Merkur 4,9° südlich Pollux	11°
12.7.1997 2:14:45	Merkur 27' nördlich M44	17,4°
12.7.1997 18:47:53	Mars 3,1° südlich Porrima	79,7°
21.7.1997 7:01:23	Neptunopposition	
23.7.1997 0:50:22	Venus 1,2° nördlich Regulus	29,2°
27.7.1997 0:19:18	Merkur 33' südlich Regulus	25,8°
29.7.1997 19:15:40	Uranusopposition	
2.8.1997 17:18:56	Saturn stationär, dann rückläufig	
2.8.1997 23:21:41	Mars 1,7° nördlich Spika	72,5°
4.8.1997 0:23:00	Merkur in größter östlicher Elongation zur Sonne	27,3°
9.8.1997 13:29:07	Jupiteropposition	
17.8.1997 2:36:07	Merkur stationär, dann rückläufig	
27.8.1997 0:49:31	Venus 2,7° südlich Porrima	36,4°
31.8.1997 13:36:46	Merkur in unterer Konjunktion zur Sonne	-4°
6.9.1997 4:32:48	Venus 1,9° nördlich Spika	39,5°
7.9.1997 11:47:13	Mars 1,3° südlich Zuben-el-dschenubi	60,1°
9.9.1997 5:45:06	Merkur stationär, dann rechtläufig	
16.9.1997 21:12:00	Merkur in größter westlicher Elongation zur Sonne	17,9°
25.9.1997 15:34:56	Venus 2° südlich Zuben-el-dschenubi	42,4°
4.10.1997 0:03:21	Mars 2,1° südlich Akrab	52,4°
8.10.1997 4:26:28	Merkur 1,4° südlich Porrima	4,5°
8.10.1997 6:54:51	Jupiter stationär, dann rechtläufig	
8.10.1997 18:17:55	Neptun stationär, dann rechtläufig	
10.10.1997 4:14:01	Saturnopposition	
11.10.1997 19:31:41	Venus 3,7° südlich Akrab	44,6°
11.10.1997 21:59:04	Mars 3,5° nördlich Antares	50,6°
13.10.1997 20:46:47	Merkur in oberer Konjunktion zur Sonne	58'
14.10.1997 10:08:38	Uranus stationär, dann rechtläufig	
15.10.1997 2:23:46	Merkur 3,1° nördlich Spika	1,2°
16.10.1997 21:44:16	Venus 1,7° nördlich Antares	46°
26.10.1997 23:39:10	Venus 2,1° südlich Mars	46,6°
29.10.1997 2:37:56	Merkur 1,1° südlich Zuben-el-dschenubi	9,3°
6.11.1997 6:25:00	Venus in größter östlicher Elongation zur Sonne	47,1°
10.11.1997 6:10:04	Merkur 3° südlich Akrab	15,3°
14.11.1997 3:38:08	Merkur 2,4° nördlich Antares	17,7°
18.11.1997 5:04:43	Venus 5,5' südlich Nunki	46,6°
25.11.1997 18:20:02	Mars 2,2° nördlich Nunki	39°
28.11.1997 16:41:00	Merkur in größter östlicher Elongation zur Sonne	21,6°
7.12.1997 15:58:21	Merkur stationär, dann rückläufig	
7.12.1997 20:11:28	Venus 2,8° südlich Neptun	41,9°
15.12.1997 18:40:33	Mars 1,6° südlich Neptun	34,2°

Datum und Uhrzeit (WZ)	Ereignis	Elongation
17.12.1997 7:47:39	Merkur in unterer Konjunktion zur Sonne	1,9°
17.12.1997 10:15:31	Saturn stationär, dann rechtläufig	
19.12.1997 1:24:29	Venus 5,5° südlich Beta Capricorni	35,6°
21.12.1997 15:35:17	Mars 6° südlich Beta Capricorni	32,9°
22.12.1997 11:17:06	Venus 1,1° nördlich Mars	32,7°
25.12.1997 13:48:14	Venus stationär, dann rückläufig	
26.12.1997 19:31:34	Mars 36' südlich Uranus	31,6°
27.12.1997 12:27:22	Merkur stationär, dann rechtläufig	
31.12.1997 22:20:09	Venus 2,6° südlich Beta Capricorni	23,2°

1998

Datum und Uhrzeit (WZ)	Ereignis	Elongation
6.1.1998 14:07:00	Merkur in größter westlicher Elongation zur Sonne	23,1°
9.1.1998 16:25:12	Venus 4° nördlich Neptun	10,1°
9.1.1998 18:24:08	Jupiter 1,8° nördlich Delta Capricorni	34,3°
16.1.1998 11:13:14	Venus in unterer Konjunktion zur Sonne	5,8°
17.1.1998 20:15:28	Mars 1,6° nördlich Delta Capricorni	26,1°
19.1.1998 22:36:52	Neptun in Konjunktion zur Sonne	22'
21.1.1998 1:08:23	Mars 12' südlich Jupiter	25,8°
22.1.1998 1:25:51	Merkur 3° nördlich Nunki	19,2°
26.1.1998 16:38:39	Merkur 8,2° südlich Venus	17,2°
28.1.1998 20:11:05	Uranus in Konjunktion zur Sonne	-36'
2.2.1998 11:13:07	Merkur 2° südlich Neptun	13,2°
4.2.1998 5:34:43	Merkur 6,5° südlich Beta Capricorni	12,1°
8.2.1998 5:02:21	Merkur 1,4° südlich Uranus	9,9°
16.2.1998 21:29:36	Merkur 33' nördlich Delta Capricorni	4,8°
22.2.1998 8:14:29	Merkur in oberer Konjunktion zur Sonne	-1,9°
22.2.1998 14:05:21	Merkur 1,1° südlich Jupiter	1,1°
23.2.1998 8:56:38	Jupiter in Konjunktion zur Sonne	-53'
7.3.1998 10:19:11	Venus 3,8° nördlich Neptun	44,7°
9.3.1998 13:49:00	Venus 50' südlich Beta Capricorni	45°
11.3.1998 14:26:52	Merkur 1,2° nördlich Mars	14,6°
19.3.1998 6:41:39	Venus 3,3° nördlich Uranus	46,2°
20.3.1998 3:48:00	Merkur in größter westlicher Elongation zur Sonne	18,5°
27.3.1998 14:41:56	Merkur stationär, dann rückläufig	
27.3.1998 18:26:00	Venus in größter westlicher Elongation zur Sonne	46,5°
30.3.1998 5:03:08	Merkur 4,1° nördlich Mars	10,3°
1.4.1998 5:00:38	Venus 4° nördlich Delta Capricorni	46,4°
3.4.1998 11:49:30	Mars 2° nördlich Saturn	8,8°
6.4.1998 16:28:53	Merkur in unterer Konjunktion zur Sonne	2,6°
13.4.1998 11:44:54	Saturn in Konjunktion zur Sonne	-2,2°
18.4.1998 7:36:59	Mars 10,8° südlich Hamal	5,9°
19.4.1998 2:06:16	Merkur stationär, dann rechtläufig	
23.4.1998 2:19:56	Venus 18' nördlich Jupiter	44,7°

Datum und Uhrzeit (WZ)	Ereignis	Elongation
4.5.1998 6:56:34	Neptun stationär, dann rückläufig	
4.5.1998 16:38:00	Merkur in größter westlicher Elongation zur Sonne	26,7°
12.5.1998 16:06:19	Merkur 49' südlich Saturn	24,9°
12.5.1998 20:15:22	Mars in Konjunktion zur Sonne, Bedeckung	2,7'
17.5.1998 3:37:43	Merkur 13,6° südlich Hamal	20,9°
17.5.1998 17:26:24	Uranus stationär, dann rückläufig	
22.5.1998 20:57:41	Mars 4° südlich Alkione	2,5°
29.5.1998 1:36:55	Venus 16' nördlich Saturn	38,6°
31.5.1998 18:47:21	Merkur 5° südlich Alkione	10,9°
1.6.1998 19:01:47	Venus 12,8° südlich Hamal	34,7°
5.6.1998 10:53:42	Merkur 16' südlich Mars	5,9°
6.6.1998 8:13:49	Merkur 5,7° nördlich Aldebaran	4,9°
8.6.1998 3:56:12	Mars 5,8° nördlich Aldebaran	6,6°
10.6.1998 6:44:49	Merkur in oberer Konjunktion zur Sonne	50'
11.6.1998 16:24:59	Merkur 4,3° südlich Elnath	2°
16.6.1998 19:07:02	Merkur 2,5° nördlich Eta Geminorum	8°
17.6.1998 16:02:42	Merkur 2,5° nördlich Mü Geminorum	9°
19.6.1998 6:55:44	Merkur 8,6° nördlich Alhena	10,9°
19.6.1998 23:37:03	Merkur 13' südlich Epsilon Geminorum	11,6°
23.6.1998 9:32:19	Venus 5,9° südlich Alkione	32°
25.6.1998 0:06:24	Mars 4,9° südlich Elnath	11°
26.6.1998 1:25:55	Merkur 8,3° südlich Kastor	17,4°
27.6.1998 11:14:11	Merkur 4,9° südlich Pollux	18,5°
3.7.1998 5:21:39	Venus 4,1° nördlich Aldebaran	30,8°
5.7.1998 17:28:24	Merkur 4,6' südlich M44	23,8°
11.7.1998 8:41:11	Mars 1,5° nördlich Eta Geminorum	15,5°
13.7.1998 2:47:13	Venus 6,4° südlich Elnath	28,4°
14.7.1998 2:37:39	Mars 1,5° nördlich Mü Geminorum	16,2°
17.7.1998 3:10:00	Merkur in größter östlicher Elongation zur Sonne	26,7°
18.7.1998 17:10:56	Jupiter stationär, dann rückläufig	
19.7.1998 3:38:40	Mars 7,5° nördlich Alhena	17,7°
21.7.1998 6:53:57	Mars 1,3° südlich Epsilon Geminorum	18,3°
22.7.1998 10:58:00	Venus 17' nördlich Eta Geminorum	26°
22.7.1998 15:47:53	Saturn 13,2° südlich Hamal	82,1°
23.7.1998 20:05:48	Neptunopposition	
24.7.1998 0:00:34	Venus 17' nördlich Mü Geminorum	25,7°
26.7.1998 19:33:45	Venus 6,3° nördlich Alhena	24,9°
28.7.1998 0:00:29	Venus 2,4° südlich Epsilon Geminorum	24,6°
30.7.1998 5:06:25	Merkur stationär, dann rückläufig	
3.8.1998 6:58:55	Uranusopposition	
5.8.1998 2:45:41	Venus 51' südlich Mars	22,6°
6.8.1998 16:36:37	Venus 10,1° südlich Kastor	22,2°
8.8.1998 0:56:01	Mars 9,3° südlich Kastor	23,6°
8.8.1998 18:11:20	Venus 6,6° südlich Pollux	21,6°
11.8.1998 21:20:12	Mars 5,9° südlich Pollux	24,8°
13.8.1998 23:41:40	Merkur in unterer Konjunktion zur Sonne	-4,7°

Datum und Uhrzeit (WZ)	Ereignis	Elongation
16.8.1998 15:00:30	Saturn stationär, dann rückläufig	
19.8.1998 10:49:37	Venus 41' südlich M44	18,9°
23.8.1998 5:11:29	Merkur stationär, dann rechtläufig	
25.8.1998 23:11:12	Merkur 2,7° südlich Venus	16,4°
31.8.1998 9:05:00	Merkur in größter westlicher Elongation zur Sonne	18,2°
1.9.1998 4:26:33	Mars 13' südlich M44	31,3°
6.9.1998 10:16:56	Venus 46' nördlich Regulus	13,8°
7.9.1998 18:43:41	Merkur 51' nördlich Regulus	15,1°
10.9.1998 14:12:01	Saturn 13,5° südlich Hamal	129,3°
11.9.1998 0:02:43	Merkur 21' nördlich Venus	12,9°
16.9.1998 2:51:35	Jupiteropposition	
25.9.1998 19:35:36	Merkur in oberer Konjunktion zur Sonne	1,4°
30.9.1998 12:59:20	Merkur 2° südlich Porrima	3,8°
6.10.1998 16:01:16	Mars 55' nördlich Regulus	43,4°
7.10.1998 16:36:31	Merkur 2,4° nördlich Spika	8,7°
9.10.1998 13:16:03	Venus 1,5° südlich Porrima	5,5°
11.10.1998 7:10:28	Neptun stationär, dann rechtläufig	
18.10.1998 21:24:04	Uranus stationär, dann rechtläufig	
18.10.1998 23:30:27	Venus 3,5° nördlich Spika	2,6°
22.10.1998 8:56:24	Merkur 1,9° südlich Zuben-el-dschenubi	16,2°
23.10.1998 18:37:20	Saturnopposition	
30.10.1998 3:45:39	Venus in oberer Konjunktion zur Sonne	55'
4.11.1998 15:49:53	Merkur 3,6° südlich Akrab	21,2°
5.11.1998 21:04:41	Venus 23' nördlich Zuben-el-dschenubi	1,8°
9.11.1998 9:09:37	Merkur 1,9° nördlich Antares	22,8°
11.11.1998 8:55:00	Merkur in größter östlicher Elongation zur Sonne	22,9°
14.11.1998 0:23:32	Jupiter stationär, dann rechtläufig	
20.11.1998 12:40:53	Venus 52' südlich Akrab	5,3°
21.11.1998 14:26:54	Merkur stationär, dann rückläufig	
25.11.1998 1:37:54	Venus 4,6° nördlich Antares	6,5°
28.11.1998 12:15:24	Merkur 15' nördlich Venus	7,3°
1.12.1998 15:17:22	Merkur in unterer Konjunktion zur Sonne	1,1°
1.12.1998 21:58:11	Merkur 5,9° nördlich Antares	1,4°
7.12.1998 2:27:11	Merkur 1,5° nördlich Akrab	11,6°
11.12.1998 6:05:04	Merkur stationär, dann rechtläufig	
15.12.1998 19:26:05	Merkur 1,6° nördlich Akrab	20,5°
16.12.1998 17:14:47	Mars 1,1° südlich Porrima	74°
20.12.1998 3:45:00	Merkur in größter westlicher Elongation zur Sonne	21,6°
21.12.1998 19:12:13	Venus 2,4° nördlich Nunki	12,9°
22.12.1998 5:49:44	Merkur 6,6° nördlich Antares	20,9°

1999

Datum und Uhrzeit (WZ)	Ereignis	Elongation
5.1.1999 8:20:48	Venus 1,7° südlich Neptun	16,4°

Datum und Uhrzeit (WZ)	Ereignis	Elongation
6.1.1999 18:12:48	Venus 6,2° südlich Beta Capricorni	16,7°
8.1.1999 22:14:54	Mars 4,3° nördlich Spika	84,4°
13.1.1999 18:39:21	Venus 56' südlich Uranus	18,3°
15.1.1999 10:37:01	Merkur 2,4° nördlich Nunki	12,3°
22.1.1999 8:24:59	Neptun in Konjunktion zur Sonne	18'
23.1.1999 18:31:02	Venus 1,1° nördlich Delta Capricorni	20,4°
27.1.1999 7:44:23	Merkur 2,3° südlich Neptun	4,9°
27.1.1999 21:27:37	Merkur 6,7° südlich Beta Capricorni	5,4°
2.2.1999 2:01:38	Uranus in Konjunktion zur Sonne	-38'
2.2.1999 17:48:20	Merkur 1,5° südlich Uranus	0,9°
4.2.1999 5:04:31	Merkur in oberer Konjunktion zur Sonne	-2,1°
9.2.1999 4:48:56	Merkur 43' nördlich Delta Capricorni	4,2°
22.2.1999 22:56:40	Neptun 4,4° südlich Beta Capricorni	30,2°
23.2.1999 21:09:59	Venus 8,9' nördlich Jupiter	27,6°
3.3.1999 12:53:00	Merkur in größter westlicher Elongation zur Sonne	18,2°
9.3.1999 21:20:16	Merkur stationär, dann rückläufig	
18.3.1999 9:42:09	Mars stationär, dann rückläufig	
19.3.1999 19:08:05	Merkur in unterer Konjunktion zur Sonne	3,4°
20.3.1999 21:19:49	Venus 2,6° nördlich Saturn	32,4°
21.3.1999 19:29:24	Venus 10,4° südlich Hamal	33,4°
30.3.1999 8:18:48	Saturn 12,9° südlich Hamal	24,1°
1.4.1999 5:38:39	Merkur stationär, dann rechtläufig	
1.4.1999 6:16:21	Jupiter in Konjunktion zur Sonne	-1,1°
12.4.1999 0:31:45	Venus 2,7° südlich Alkione	37,7°
16.4.1999 15:56:00	Merkur in größter westlicher Elongation zur Sonne	27,6°
21.4.1999 20:06:18	Venus 7,4° nördlich Aldebaran	38,8°
24.4.1999 17:31:09	Marsopposition	
27.4.1999 11:08:08	Saturn in Konjunktion zur Sonne	-2,2°
1.5.1999 9:52:29	Merkur 1,7° südlich Jupiter	22,3°
1.5.1999 21:49:03	Venus 3,1° südlich Elnath	41,4°
6.5.1999 20:28:50	Neptun stationär, dann rückläufig	
10.5.1999 17:29:31	Merkur 12,7° südlich Hamal	15,5°
11.5.1999 16:21:46	Venus 3,4° nördlich Eta Geminorum	42,9°
13.5.1999 7:52:56	Venus 3,4° nördlich Mü Geminorum	43,1°
13.5.1999 18:21:12	Merkur 40' nördlich Saturn	13,6°
16.5.1999 8:36:06	Venus 9,4° nördlich Alhena	43,5°
17.5.1999 15:31:08	Venus 35' nördlich Epsilon Geminorum	43,6°
22.5.1999 1:46:21	Uranus stationär, dann rückläufig	
23.5.1999 11:08:24	Merkur 4,1° südlich Alkione	2,8°
25.5.1999 18:09:59	Merkur in oberer Konjunktion zur Sonne	27'
28.5.1999 11:56:56	Venus 7,5° südlich Kastor	44,4°
28.5.1999 18:20:01	Merkur 6,5° nördlich Aldebaran	3,8°
30.5.1999 21:38:51	Venus 4,1° südlich Pollux	44,6°
3.6.1999 4:48:39	Merkur 3,7° südlich Elnath	10,3°
5.6.1999 7:16:11	Mars stationär, dann rechtläufig	
8.6.1999 18:16:10	Merkur 2,9° nördlich Eta Geminorum	15,9°

Datum und Uhrzeit (WZ)	Ereignis	Elongation
9.6.1999 17:54:30	Merkur 2,9° nördlich Mü Geminorum	16,8°
11.6.1999 11:42:00	Venus in größter östlicher Elongation zur Sonne	45,4°
11.6.1999 14:32:14	Merkur 8,8° nördlich Alhena	18,4°
12.6.1999 10:00:17	Merkur 36" südlich Epsilon Geminorum	19°
13.6.1999 2:42:07	Venus 56' nördlich M44	45,4°
19.6.1999 21:28:10	Merkur 8,6° südlich Kastor	23,5°
21.6.1999 18:23:14	Merkur 5,3° südlich Pollux	24,1°
28.6.1999 22:59:00	Merkur in größter östlicher Elongation zur Sonne	25,5°
6.7.1999 16:41:50	Merkur 2,7° südlich M44	23,1°
12.7.1999 3:15:33	Merkur stationär, dann rückläufig	
13.7.1999 6:38:50	Venus 1,5° südlich Regulus	39,4°
17.7.1999 14:08:55	Merkur 5,4° südlich M44	12,8°
24.7.1999 14:51:01	Neptun 4,4° südlich Beta Capricorni	174,6°
26.7.1999 7:08:49	Jupiter 12° südlich Hamal	85,3°
26.7.1999 9:18:39	Neptunopposition	
26.7.1999 15:41:59	Merkur in unterer Konjunktion zur Sonne	-5°
27.7.1999 20:19:06	Venus stationär, dann rückläufig	
5.8.1999 16:12:40	Merkur stationär, dann rechtläufig	
7.8.1999 18:24:35	Uranusopposition	
9.8.1999 7:24:55	Mars 2,1° südlich Zuben-el-dschenubi	88,7°
10.8.1999 15:47:55	Venus 7,6° südlich Regulus	12,2°
14.8.1999 14:02:00	Merkur in größter westlicher Elongation zur Sonne	18,8°
18.8.1999 21:43:33	Merkur 1,4° südlich M44	17,9°
20.8.1999 11:52:42	Venus in unterer Konjunktion zur Sonne	-8,1°
25.8.1999 11:50:21	Jupiter stationär, dann rückläufig	
26.8.1999 12:22:19	Merkur 10,2° nördlich Venus	12,6°
30.8.1999 15:42:27	Saturn stationär, dann rückläufig	
31.8.1999 7:13:38	Merkur 1,3° nördlich Regulus	7,7°
8.9.1999 14:44:11	Merkur in oberer Konjunktion zur Sonne	1,7°
8.9.1999 16:45:09	Mars 2,9° südlich Akrab	77,6°
9.9.1999 19:48:31	Venus stationär, dann rechtläufig	
17.9.1999 6:35:32	Mars 2,8° nördlich Antares	75,4°
23.9.1999 1:58:34	Merkur 2,6° südlich Porrima	10,9°
24.9.1999 10:57:58	Jupiter 12,2° südlich Hamal	142,2°
30.9.1999 16:21:03	Merkur 1,7° nördlich Spika	16,2°
8.10.1999 21:41:13	Venus 3,1° südlich Regulus	44,3°
13.10.1999 18:15:08	Neptun stationär, dann rechtläufig	
16.10.1999 19:08:11	Merkur 2,8° südlich Zuben-el-dschenubi	22°
23.10.1999 6:47:55	Uranus stationär, dann rechtläufig	
23.10.1999 18:53:46	Jupiteropposition	
24.10.1999 22:06:00	Merkur in größter östlicher Elongation zur Sonne	24,3°
30.10.1999 23:22:00	Venus in größter westlicher Elongation zur Sonne	46,5°
3.11.1999 4:17:29	Mars 1,8° nördlich Nunki	62,1°
5.11.1999 7:39:18	Merkur stationär, dann rückläufig	
6.11.1999 13:40:56	Saturnopposition	
15.11.1999 21:58:46	Merkur in unterer Konjunktion zur Sonne, Transit	16'

Datum und Uhrzeit (WZ)	Ereignis	Elon-gation
18.11.1999 21:07:49	Venus 1,2° südlich Porrima	45,5°
25.11.1999 0:16:20	Merkur stationär, dann rechtläufig	
28.11.1999 14:13:34	Mars 1,7° südlich Neptun	55,9°
29.11.1999 3:44:58	Venus 4,5° nördlich Spika	42,7°
29.11.1999 16:45:49	Mars 6,2° südlich Beta Capricorni	55,6°
3.12.1999 0:34:00	Merkur in größter westlicher Elongation zur Sonne	20,4°
13.12.1999 8:01:25	Merkur 15' nördlich Akrab	17,7°
14.12.1999 4:44:09	Mars 39' südlich Uranus	52,1°
17.12.1999 8:24:48	Merkur 5,4° nördlich Antares	15,8°
18.12.1999 5:46:38	Venus 2,1° nördlich Zuben-el-dschenubi	40,8°
21.12.1999 4:30:01	Jupiter stationär, dann rechtläufig	
27.12.1999 5:02:16	Neptun 4,5° südlich Beta Capricorni	28°
27.12.1999 10:55:27	Mars 1,6° nördlich Delta Capricorni	48,4°

2000

Datum und Uhrzeit (WZ)	Ereignis	Elon-gation
2.1.2000 16:03:23	Venus 1° nördlich Akrab	38,4°
7.1.2000 10:15:04	Venus 6,5° nördlich Antares	36,9°
8.1.2000 6:22:48	Merkur 1,9° nördlich Nunki	5°
13.1.2000 0:11:40	Saturn stationär, dann rechtläufig	
16.1.2000 1:02:17	Merkur in oberer Konjunktion zur Sonne	-2°
20.1.2000 9:15:28	Merkur 6,9° südlich Beta Capricorni	3,5°
20.1.2000 21:52:29	Merkur 2,4° südlich Neptun	3,8°
24.1.2000 18:11:12	Neptun in Konjunktion zur Sonne, Bedeckung	14'
28.1.2000 4:15:00	Merkur 1,3° südlich Uranus	8,6°
1.2.2000 18:46:10	Merkur 1,1° nördlich Delta Capricorni	11,6°
4.2.2000 5:06:50	Venus 4,1° nördlich Nunki	31,9°
6.2.2000 7:17:07	Uranus in Konjunktion zur Sonne	-39'
15.2.2000 1:07:00	Merkur in größter östlicher Elongation zur Sonne	18,1°
20.2.2000 13:17:07	Venus 4,9° südlich Beta Capricorni	27,5°
20.2.2000 22:12:13	Merkur stationär, dann rückläufig	
22.2.2000 5:36:21	Venus 30' südlich Neptun	27,8°
1.3.2000 15:04:48	Merkur in unterer Konjunktion zur Sonne	3,7°
4.3.2000 0:09:42	Venus 4,1' südlich Uranus	25,4°
6.3.2000 4:51:12	Jupiter 11,6° südlich Hamal	47,8°
8.3.2000 17:37:50	Venus 1,8° nördlich Delta Capricorni	24,3°
13.3.2000 22:54:10	Merkur stationär, dann rechtläufig	
15.3.2000 0:01:53	Merkur 2,5° nördlich Venus	22°
28.3.2000 13:54:35	Mars 10,6° südlich Hamal	25,9°
28.3.2000 21:05:00	Merkur in größter westlicher Elongation zur Sonne	27,8°
6.4.2000 23:17:12	Mars 1,1° nördlich Jupiter	23,1°
16.4.2000 23:06:22	Mars 2,4° nördlich Saturn	20,3°
28.4.2000 9:13:11	Merkur 20' südlich Venus	11,8°
1.5.2000 22:55:23	Merkur 11,8° südlich Hamal	8,3°

Datum und Uhrzeit (WZ)	Ereignis	Elon-gation
2.5.2000 14:55:27	Mars 3,7° südlich Alkione	16,7°
4.5.2000 0:51:14	Venus 11,9° südlich Hamal	10,3°
8.5.2000 4:14:43	Jupiter in Konjunktion zur Sonne	-52'
8.5.2000 7:39:23	Neptun stationär, dann rückläufig	
8.5.2000 21:46:51	Merkur 52' nördlich Jupiter	0,3°
9.5.2000 3:37:21	Merkur in oberer Konjunktion zur Sonne, Bedeckung	54"
10.5.2000 3:06:11	Merkur 2,3° nördlich Saturn	1,2°
10.5.2000 19:49:17	Saturn in Konjunktion zur Sonne	-2°
13.5.2000 22:58:29	Merkur 3,3° südlich Alkione	5,9°
17.5.2000 10:30:34	Venus 44" nördlich Jupiter	6,8°
18.5.2000 19:49:43	Venus 1,2° nördlich Saturn	6,4°
19.5.2000 2:21:18	Mars 6,1° nördlich Aldebaran	12,2°
19.5.2000 10:48:41	Merkur 7,2° nördlich Aldebaran	12,2°
19.5.2000 15:12:11	Merkur 1,1° nördlich Mars	12,1°
24.5.2000 15:41:31	Venus 4,8° südlich Alkione	4,8°
25.5.2000 12:04:03	Uranus stationär, dann rückläufig	
25.5.2000 13:17:52	Merkur 3,2° südlich Elnath	17,9°
31.5.2000 10:11:29	Jupiter 1,2° nördlich Saturn	16,9°
1.6.2000 11:06:25	Merkur 3° nördlich Eta Geminorum	22,2°
2.6.2000 18:57:43	Merkur 2,9° nördlich Mü Geminorum	22,7°
3.6.2000 2:01:26	Venus 5,3° nördlich Aldebaran	2,3°
5.6.2000 2:26:51	Mars 4,7° südlich Elnath	7,6°
5.6.2000 10:14:13	Merkur 8,6° nördlich Alhena	23,6°
6.6.2000 15:32:19	Merkur 22' südlich Epsilon Geminorum	23,8°
9.6.2000 13:25:00	Merkur in größter östlicher Elongation zur Sonne	24°
11.6.2000 9:56:16	Venus in oberer Konjunktion zur Sonne, Bedeckung	6,1'
12.6.2000 15:00:27	Venus 5,2° südlich Elnath	0,4°
21.6.2000 13:47:34	Mars 1,7° nördlich Eta Geminorum	3°
21.6.2000 16:29:46	Venus 1,4° nördlich Eta Geminorum	2,9°
21.6.2000 19:43:54	Venus 18' südlich Mars	2,9°
22.6.2000 20:00:32	Merkur stationär, dann rückläufig	
23.6.2000 4:34:17	Venus 1,4° nördlich Mü Geminorum	3,3°
24.6.2000 8:05:54	Mars 1,6° nördlich Mü Geminorum	2,3°
25.6.2000 2:33:36	Jupiter 5° südlich Alkione	34,1°
25.6.2000 22:26:12	Venus 7,4° nördlich Alhena	4°
27.6.2000 2:15:05	Venus 1,4° südlich Epsilon Geminorum	4,4°
29.6.2000 9:39:30	Mars 7,6° nördlich Alhena	1,1°
1.7.2000 13:11:14	Mars 1,2° südlich Epsilon Geminorum	0,9°
1.7.2000 16:12:46	Mars in Konjunktion zur Sonne	52'
2.7.2000 9:18:45	Merkur 4,9° südlich Venus	5,8°
6.7.2000 11:29:00	Merkur in unterer Konjunktion zur Sonne	-4,7°
6.7.2000 14:22:59	Venus 9,2° südlich Kastor	7°
7.7.2000 2:53:22	Merkur 5,7° südlich Mars	1,8°
8.7.2000 15:13:20	Venus 5,7° südlich Pollux	7,6°
16.7.2000 11:52:36	Merkur 6,5° südlich Epsilon Geminorum	14,5°
17.7.2000 9:59:10	Merkur stationär, dann rechtläufig	

Datum und Uhrzeit (WZ)	Ereignis	Elongation
18.7.2000 7:52:55	Merkur 6,2° südlich Epsilon Geminorum	16,1°
19.7.2000 5:38:02	Venus 2,4' nördlich M44	10,5°
19.7.2000 8:07:51	Mars 9,2° südlich Kastor	5,3°
21.7.2000 18:41:45	Saturn 6,3° südlich Alkione	59,4°
23.7.2000 4:25:45	Mars 5,8° südlich Pollux	6,5°
27.7.2000 9:09:00	Merkur in größter westlicher Elongation zur Sonne	19,8°
27.7.2000 22:35:00	Neptunopposition	
2.8.2000 6:56:47	Merkur 10,9° südlich Kastor	18,3°
3.8.2000 22:23:04	Merkur 7° südlich Pollux	17,4°
6.8.2000 6:38:24	Venus 1,1° nördlich Regulus	15,4°
10.8.2000 12:56:01	Merkur 4,8' südlich Mars	12,1°
11.8.2000 3:25:03	Merkur 11' südlich M44	11,5°
11.8.2000 5:06:30	Uranusopposition	
12.8.2000 9:22:50	Mars 11' südlich M44	12,7°
22.8.2000 0:52:31	Merkur in oberer Konjunktion zur Sonne	1,8°
22.8.2000 2:06:46	Merkur 1,4° nördlich Regulus	0,7°
7.9.2000 17:00:58	Jupiter 4,6° nördlich Aldebaran	94,9°
9.9.2000 2:14:15	Venus 2,1° südlich Porrima	23,6°
12.9.2000 19:11:41	Saturn stationär, dann rückläufig	
15.9.2000 4:36:44	Merkur 3,4° südlich Porrima	17,7°
16.9.2000 7:02:13	Mars 48' nördlich Regulus	23,9°
18.9.2000 18:53:55	Venus 2,7° nördlich Spika	26,7°
23.9.2000 15:14:19	Merkur 39' nördlich Spika	22,8°
29.9.2000 13:36:16	Jupiter stationär, dann rückläufig	
6.10.2000 10:09:00	Merkur in größter östlicher Elongation zur Sonne	25,5°
7.10.2000 4:32:11	Venus 48' südlich Zuben-el-dschenubi	30,8°
15.10.2000 6:42:45	Neptun stationär, dann rechtläufig	
18.10.2000 17:43:31	Merkur stationär, dann rückläufig	
21.10.2000 6:06:11	Jupiter 4,6° nördlich Aldebaran	137,7°
22.10.2000 5:45:44	Venus 2,2° südlich Akrab	34,1°
26.10.2000 16:46:51	Uranus stationär, dann rechtläufig	
26.10.2000 21:43:33	Venus 3,2° nördlich Antares	35,5°
30.10.2000 2:03:18	Merkur in unterer Konjunktion zur Sonne	-40'
5.11.2000 21:35:13	Saturn 6,5° südlich Alkione	163,3°
7.11.2000 18:13:19	Merkur stationär, dann rechtläufig	
15.11.2000 5:14:00	Merkur in größter westlicher Elongation zur Sonne	19,3°
19.11.2000 12:29:53	Saturnopposition	
21.11.2000 15:33:27	Mars 1,6° südlich Porrima	48,9°
23.11.2000 13:07:15	Venus 1,2° nördlich Nunki	41°
23.11.2000 15:32:56	Merkur 1,5° nördlich Zuben-el-dschenubi	16,6°
28.11.2000 2:02:21	Jupiteropposition	
5.12.2000 23:49:09	Merkur 38' südlich Akrab	10,9°
9.12.2000 16:50:02	Merkur 4,6° nördlich Antares	8,9°
10.12.2000 10:32:53	Venus 7,1° südlich Beta Capricorni	43,8°
11.12.2000 0:52:51	Mars 3,6° nördlich Spika	55,5°
11.12.2000 20:31:30	Venus 2,5° südlich Neptun	44°

Datum und Uhrzeit (WZ)	Ereignis	Elongation
23.12.2000 20:55:27	Venus 1,3° südlich Uranus	45,6°
25.12.2000 19:05:19	Merkur in oberer Konjunktion zur Sonne	-1,6°
29.12.2000 5:09:52	Venus 59' nördlich Delta Capricorni	45,8°
30.12.2000 22:10:21	Merkur 1,5° nördlich Nunki	3,6°

2001

Datum und Uhrzeit (WZ)	Ereignis	Elongation
12.1.2001 1:08:08	Merkur 6,8° südlich Beta Capricorni	10,8°
13.1.2001 17:01:55	Merkur 2,2° südlich Neptun	11,8°
17.1.2001 5:56:00	Venus in größter östlicher Elongation zur Sonne	47,1°
18.1.2001 3:21:02	Mars 54' nördlich Zuben-el-dschenubi	73,1°
22.1.2001 17:26:20	Merkur 24' südlich Uranus	16,9°
25.1.2001 14:29:06	Saturn stationär, dann rechtläufig	
26.1.2001 2:26:42	Merkur 2,3° nördlich Delta Capricorni	17,5°
26.1.2001 3:57:31	Neptun in Konjunktion zur Sonne, Bedeckung	9,9'
28.1.2001 13:30:00	Merkur in größter östlicher Elongation zur Sonne	18,4°
3.2.2001 11:49:27	Merkur stationär, dann rückläufig	
9.2.2001 12:22:26	Uranus in Konjunktion zur Sonne	-41'
11.2.2001 19:07:18	Merkur 6,6° nördlich Delta Capricorni	2,6°
13.2.2001 0:11:22	Merkur in unterer Konjunktion zur Sonne	3,7°
14.2.2001 12:20:38	Merkur 4,6° nördlich Uranus	4,8°
21.2.2001 0:50:14	Mars 3,2' südlich Akrab	89,2°
25.2.2001 1:16:38	Merkur stationär, dann rechtläufig	
4.3.2001 14:12:24	Mars 5,5° nördlich Antares	94,3°
7.3.2001 10:31:53	Venus stationär, dann rückläufig	
10.3.2001 11:01:36	Merkur 7,9' nördlich Uranus	27,4°
11.3.2001 6:01:00	Merkur in größter westlicher Elongation zur Sonne	27,5°
12.3.2001 3:20:20	Merkur 1,9° nördlich Delta Capricorni	27,4°
30.3.2001 4:11:36	Venus in unterer Konjunktion zur Sonne	8°
6.4.2001 20:56:01	Merkur 10° südlich Venus	13,9°
9.4.2001 14:02:02	Saturn 6° südlich Alkione	39°
16.4.2001 13:36:28	Jupiter 5,1° nördlich Aldebaran	43,5°
17.4.2001 16:31:13	Venus stationär, dann rechtläufig	
20.4.2001 14:47:53	Uranus 2° nördlich Delta Capricorni	66,4°
23.4.2001 9:12:13	Merkur in oberer Konjunktion zur Sonne	-27'
23.4.2001 16:21:08	Merkur 11° südlich Hamal	0,5°
5.5.2001 22:09:23	Merkur 2,4° südlich Alkione	14,1°
7.5.2001 16:25:01	Merkur 3,7° nördlich Saturn	15°
10.5.2001 21:09:08	Neptun stationär, dann rückläufig	
11.5.2001 15:15:05	Mars stationär, dann rückläufig	
12.5.2001 9:48:10	Merkur 7,8° nördlich Aldebaran	18,9°
16.5.2001 17:08:25	Merkur 2,8° nördlich Jupiter	21,1°
21.5.2001 2:16:24	Merkur 3,2° südlich Elnath	22,4°
22.5.2001 4:26:00	Merkur in größter östlicher Elongation zur Sonne	22,4°

Datum und Uhrzeit (WZ)	Ereignis	Elongation
25.5.2001 12:37:41	Saturn in Konjunktion zur Sonne	-1,7°
29.5.2001 19:30:33	Uranus stationär, dann rückläufig	
4.6.2001 5:18:42	Merkur stationär, dann rückläufig	
8.6.2001 4:28:00	Venus in größter westlicher Elongation zur Sonne	45,8°
9.6.2001 1:01:10	Jupiter 5,7° südlich Elnath	4°
9.6.2001 17:20:37	Venus 13,3° südlich Hamal	42,2°
13.6.2001 17:39:39	Marsopposition	
14.6.2001 12:44:07	Jupiter in Konjunktion zur Sonne	-19'
16.6.2001 13:19:58	Merkur in unterer Konjunktion zur Sonne	-3,6°
18.6.2001 14:38:04	Merkur 3,7° südlich Jupiter	3°
23.6.2001 17:54:38	Merkur 9,9° südlich Elnath	11,1°
28.6.2001 6:46:22	Merkur stationär, dann rechtläufig	
2.7.2001 14:50:32	Merkur 9,5° südlich Elnath	18,9°
4.7.2001 7:23:53	Venus 6,9° südlich Alkione	42,5°
9.7.2001 1:54:58	Uranus 2° nördlich Delta Capricorni	142,7°
9.7.2001 16:57:00	Merkur in größter westlicher Elongation zur Sonne	21,1°
12.7.2001 22:32:18	Merkur 1,9° südlich Jupiter	20,6°
13.7.2001 7:37:03	Saturn 3,8° nördlich Aldebaran	40,7°
15.7.2001 0:35:24	Venus 3,1° nördlich Aldebaran	42,4°
15.7.2001 5:03:23	Venus 44' südlich Saturn	42,3°
15.7.2001 16:07:16	Merkur 42' südlich Eta Geminorum	19,8°
16.7.2001 23:43:04	Merkur 28' südlich Mü Geminorum	19,2°
19.7.2001 4:39:50	Merkur 6° nördlich Alhena	17,9°
19.7.2001 22:41:05	Mars stationär, dann rechtläufig	
20.7.2001 1:36:02	Merkur 2,7° südlich Epsilon Geminorum	17,3°
25.7.2001 15:15:16	Venus 7,4° südlich Elnath	40,4°
26.7.2001 9:37:22	Merkur 9,6° südlich Kastor	11,7°
27.7.2001 15:21:41	Merkur 5,9° südlich Pollux	10,4°
28.7.2001 19:38:12	Jupiter 38' nördlich Eta Geminorum	32,3°
30.7.2001 11:34:32	Neptunopposition	
2.8.2001 20:54:49	Merkur 18' nördlich M44	3,6°
4.8.2001 12:34:45	Venus 38' südlich Eta Geminorum	38,7°
5.8.2001 21:38:25	Merkur in oberer Konjunktion zur Sonne	1,7°
5.8.2001 23:59:32	Venus 1,2° südlich Jupiter	38,5°
6.8.2001 3:32:17	Venus 37' südlich Mü Geminorum	38,4°
6.8.2001 20:08:30	Jupiter 35' nördlich Mü Geminorum	39,1°
9.8.2001 2:21:26	Venus 5,5° nördlich Alhena	37,8°
10.8.2001 8:10:35	Venus 3,3° südlich Epsilon Geminorum	37,6°
13.8.2001 21:26:20	Merkur 1,2° nördlich Regulus	8,4°
15.8.2001 15:11:36	Uranusopposition	
20.8.2001 10:06:25	Venus 10,9° südlich Kastor	35,5°
22.8.2001 13:19:39	Venus 7,3° südlich Pollux	35°
24.8.2001 16:28:30	Jupiter 6,5° nördlich Alhena	52,8°
2.9.2001 2:16:34	Jupiter 2,3° südlich Epsilon Geminorum	59,6°
2.9.2001 13:11:11	Venus 1,2° südlich M44	32,5°
9.9.2001 16:04:18	Merkur 4,6° südlich Porrima	23,3°

Datum und Uhrzeit (WZ)	Ereignis	Elongation
18.9.2001 22:15:00	Merkur in größter östlicher Elongation zur Sonne	26,5°
20.9.2001 19:32:57	Merkur 56' südlich Spika	26°
20.9.2001 19:46:23	Venus 28' nördlich Regulus	28,1°
27.9.2001 1:55:34	Saturn stationär, dann rückläufig	
30.9.2001 18:57:38	Mars 34' nördlich Nunki	94,7°
1.10.2001 19:45:56	Merkur stationär, dann rückläufig	
11.10.2001 8:11:02	Merkur 25' südlich Spika	6,1°
14.10.2001 1:36:52	Merkur in unterer Konjunktion zur Sonne	-1,6°
17.10.2001 18:20:30	Neptun stationär, dann rechtläufig	
22.10.2001 11:09:39	Merkur stationär, dann rechtläufig	
24.10.2001 1:59:26	Venus 1,3° südlich Porrima	20,1°
29.10.2001 16:22:00	Merkur in größter westlicher Elongation zur Sonne	18,6°
31.10.2001 0:54:47	Uranus stationär, dann rechtläufig	
31.10.2001 7:55:39	Mars 6,9° südlich Beta Capricorni	84,5°
2.11.2001 8:45:56	Merkur 4,5° nördlich Spika	16,3°
2.11.2001 12:13:41	Venus 3,8° nördlich Spika	16,4°
2.11.2001 16:23:55	Jupiter stationär, dann rückläufig	
4.11.2001 17:43:42	Mars 2,2° südlich Neptun	83,2°
17.11.2001 6:22:19	Merkur 43' nördlich Zuben-el-dschenubi	9,9°
20.11.2001 9:38:56	Venus 51' nördlich Zuben-el-dschenubi	13,1°
26.11.2001 10:13:19	Mars 48' südlich Uranus	76,7°
28.11.2001 22:55:04	Merkur 1,3° südlich Akrab	3,3°
30.11.2001 15:18:08	Mars 1,3° nördlich Delta Capricorni	75,1°
2.12.2001 14:04:25	Merkur 3,9° nördlich Antares	1,5°
3.12.2001 14:01:47	Saturnopposition	
4.12.2001 21:17:50	Merkur in oberer Konjunktion zur Sonne	-56'
5.12.2001 1:34:55	Venus 21' südlich Akrab	9,7°
9.12.2001 14:44:02	Venus 5,1° nördlich Antares	8,6°
17.12.2001 17:59:59	Saturn 3,7° nördlich Aldebaran	163,1°
23.12.2001 17:18:38	Merkur 1,3° nördlich Nunki	10,8°

2002

Datum und Uhrzeit (WZ)	Ereignis	Elongation
1.1.2002 5:42:50	Jupiteropposition	
5.1.2002 0:36:19	Jupiter 2,1° südlich Epsilon Geminorum	175°
5.1.2002 9:08:22	Venus 2,9° nördlich Nunki	2,2°
5.1.2002 15:55:31	Merkur 6,4° südlich Beta Capricorni	17,5°
9.1.2002 5:07:13	Merkur 1,3° südlich Neptun	18,7°
11.1.2002 23:36:00	Merkur in größter östlicher Elongation zur Sonne	19°
14.1.2002 10:53:18	Venus in oberer Konjunktion zur Sonne	-53'
16.1.2002 0:59:48	Jupiter 6,8° nördlich Alhena	162,1°
21.1.2002 7:37:53	Venus 5,8° südlich Beta Capricorni	2°
25.1.2002 12:23:11	Venus 1,3° südlich Neptun	2,9°
26.1.2002 0:35:13	Merkur 4,5° nördlich Venus	3°

Datum und Uhrzeit (WZ)	Ereignis	Elongation
26.1.2002 12:32:40	Merkur 3,2° nördlich Neptun	2°
27.1.2002 18:49:15	Merkur in unterer Konjunktion zur Sonne	3,4°
28.1.2002 13:48:05	Neptun in Konjunktion zur Sonne, Bedeckung	6'
30.1.2002 21:37:40	Merkur 1° südlich Beta Capricorni	7,9°
3.2.2002 13:38:36	Uranus 2° nördlich Delta Capricorni	9,4°
7.2.2002 6:02:53	Venus 1,3° nördlich Delta Capricorni	5,9°
7.2.2002 10:15:49	Venus 45' südlich Uranus	5,9°
8.2.2002 9:23:47	Saturn stationär, dann rechtläufig	
8.2.2002 9:53:58	Merkur stationär, dann rechtläufig	
13.2.2002 17:09:13	Uranus in Konjunktion zur Sonne	-42'
18.2.2002 7:12:38	Merkur 4° südlich Beta Capricorni	25,8°
21.2.2002 15:59:00	Merkur in größter westlicher Elongation zur Sonne	26,6°
24.2.2002 13:05:43	Merkur 30' südlich Neptun	26,3°
1.3.2002 13:47:53	Jupiter stationär, dann rechtläufig	
7.3.2002 13:01:55	Mars 10,2° südlich Hamal	47,4°
7.3.2002 19:47:30	Merkur 55' nördlich Delta Capricorni	23,2°
9.3.2002 2:48:13	Merkur 1,2° südlich Uranus	22,2°
31.3.2002 15:21:52	Saturn 4,1° nördlich Aldebaran	59,2°
4.4.2002 10:54:31	Venus 11° südlich Hamal	19,4°
7.4.2002 8:42:07	Merkur in oberer Konjunktion zur Sonne	-55'
12.4.2002 15:39:19	Mars 3,4° südlich Alkione	36,7°
15.4.2002 8:22:43	Jupiter 6,9° nördlich Alhena	73,5°
15.4.2002 11:03:32	Merkur 10,1° südlich Hamal	9°
25.4.2002 2:33:32	Venus 3,6° südlich Alkione	24,5°
25.4.2002 15:50:48	Jupiter 1,9° südlich Epsilon Geminorum	64,7°
29.4.2002 12:45:18	Mars 6,3° nördlich Aldebaran	31,2°
30.4.2002 1:10:35	Merkur 1,6° südlich Alkione	20,3°
4.5.2002 3:35:00	Merkur in größter östlicher Elongation zur Sonne	21°
4.5.2002 13:54:35	Venus 6,5° nördlich Aldebaran	26,4°
4.5.2002 17:12:49	Mars 2,2° nördlich Saturn	29,9°
7.5.2002 18:15:40	Venus 2,4° nördlich Saturn	27,3°
10.5.2002 21:05:08	Venus 18' nördlich Mars	28,3°
13.5.2002 9:02:48	Neptun stationär, dann rückläufig	
14.5.2002 4:50:12	Venus 4,1° südlich Elnath	29,2°
16.5.2002 4:40:32	Merkur stationär, dann rückläufig	
16.5.2002 21:36:10	Mars 4,5° südlich Elnath	26,5°
23.5.2002 9:23:29	Venus 2,5° nördlich Eta Geminorum	31,4°
24.5.2002 22:09:21	Venus 2,5° nördlich Mü Geminorum	31,7°
27.5.2002 7:03:25	Merkur in unterer Konjunktion zur Sonne	-1,8°
27.5.2002 17:24:31	Venus 8,5° nördlich Alhena	32,4°
28.5.2002 21:54:50	Venus 18' südlich Epsilon Geminorum	32,6°
2.6.2002 16:03:12	Mars 1,9° nördlich Eta Geminorum	21,5°
3.6.2002 5:06:28	Uranus stationär, dann rückläufig	
3.6.2002 18:03:18	Venus 1,6° nördlich Jupiter	34°
5.6.2002 11:26:06	Mars 1,8° nördlich Mü Geminorum	20,6°
7.6.2002 16:57:46	Venus 8,3° südlich Kastor	34,8°

Datum und Uhrzeit (WZ)	Ereignis	Elon-gation
8.6.2002 10:42:00	Merkur stationär, dann rechtläufig	
9.6.2002 11:28:06	Saturn in Konjunktion zur Sonne	-1,3°
9.6.2002 19:37:59	Venus 4,8° südlich Pollux	35°
10.6.2002 14:50:10	Mars 7,8° nördlich Alhena	19,1°
12.6.2002 19:11:29	Mars 1° südlich Epsilon Geminorum	18,4°
20.6.2002 22:18:55	Venus 43' nördlich M44	37,8°
21.6.2002 14:23:00	Merkur in größter westlicher Elongation zur Sonne	22,7°
24.6.2002 3:57:01	Merkur 2,4° nördlich Aldebaran	22,5°
26.6.2002 2:47:33	Jupiter 9,9° südlich Kastor	17,5°
30.6.2002 19:40:56	Mars 9,1° südlich Kastor	13°
2.7.2002 11:18:52	Merkur 13' südlich Saturn	19°
2.7.2002 23:21:08	Merkur 6,8° südlich Elnath	18,7°
3.7.2002 5:26:33	Mars 49' nördlich Jupiter	12,2°
4.7.2002 16:54:50	Mars 5,7° südlich Pollux	11,8°
7.7.2002 13:15:39	Jupiter 6,5° südlich Pollux	9,1°
8.7.2002 22:22:15	Saturn 6,7° südlich Elnath	24,4°
9.7.2002 5:56:22	Merkur 47' nördlich Eta Geminorum	13,4°
10.7.2002 4:34:35	Merkur 54' nördlich Mü Geminorum	12,5°
10.7.2002 9:50:21	Venus 1,1° nördlich Regulus	41,5°
11.7.2002 20:46:51	Merkur 7,1° nördlich Alhena	10,7°
12.7.2002 13:25:49	Merkur 1,6° südlich Epsilon Geminorum	10°
18.7.2002 1:20:13	Merkur 8,9° südlich Kastor	3,8°
19.7.2002 5:09:43	Merkur 5,3° südlich Pollux	2,6°
20.7.2002 1:24:30	Jupiter in Konjunktion zur Sonne	19'
20.7.2002 13:14:29	Merkur 1,2° nördlich Jupiter	0,5°
21.7.2002 1:34:57	Merkur in oberer Konjunktion zur Sonne	1,6°
25.7.2002 1:38:02	Mars 8,5' südlich M44	5,5°
25.7.2002 9:00:40	Merkur 31' nördlich M44	5,2°
25.7.2002 12:19:57	Merkur 40' nördlich Mars	5,4°
2.8.2002 0:43:08	Neptunopposition	
6.8.2002 3:28:09	Merkur 53' nördlich Regulus	16,1°
10.8.2002 22:36:50	Mars in Konjunktion zur Sonne	1,1°
19.8.2002 4:20:13	Venus 4,6° südlich Porrima	44,2°
20.8.2002 0:40:23	Uranusopposition	
22.8.2002 13:06:00	Venus in größter östlicher Elongation zur Sonne	46°
28.8.2002 23:23:32	Mars 44' nördlich Regulus	5,6°
1.9.2002 6:31:27	Venus 55' südlich Spika	45,2°
1.9.2002 10:15:00	Merkur in größter östlicher Elongation zur Sonne	27,2°
6.9.2002 2:20:39	Jupiter 54' südlich M44	35,8°
12.9.2002 12:22:12	Merkur 7,2° südlich Porrima	20,8°
14.9.2002 13:42:41	Merkur stationär, dann rückläufig	
16.9.2002 13:34:49	Merkur 7,4° südlich Porrima	16,9°
27.9.2002 18:25:25	Merkur in unterer Konjunktion zur Sonne	-2,6°
6.10.2002 1:56:56	Merkur stationär, dann rechtläufig	
10.10.2002 9:04:08	Venus stationär, dann rückläufig	
11.10.2002 11:34:52	Saturn stationär, dann rückläufig	

Datum und Uhrzeit (WZ)	Ereignis	Elon-gation
13.10.2002 7:27:00	Merkur in größter westlicher Elongation zur Sonne	18,1°
19.10.2002 23:59:09	Merkur 49' südlich Porrima	16,1°
20.10.2002 5:50:26	Neptun stationär, dann rechtläufig	
27.10.2002 8:45:14	Merkur 4,1° nördlich Spika	10,1°
31.10.2002 12:00:54	Venus in unterer Konjunktion zur Sonne	-5,7°
1.11.2002 20:03:15	Mars 1,9° südlich Porrima	28,3°
3.11.2002 7:50:29	Merkur 6,6° nördlich Venus	6,8°
4.11.2002 9:17:51	Uranus stationär, dann rechtläufig	
10.11.2002 3:13:46	Merkur 14" südlich Zuben-el-dschenubi	2,5°
14.11.2002 4:21:56	Merkur in oberer Konjunktion zur Sonne, Bedeckung	-7,6'
19.11.2002 3:44:41	Venus stationär, dann rechtläufig	
20.11.2002 4:27:47	Mars 3,2° nördlich Spika	33,9°
21.11.2002 18:26:12	Merkur 2° südlich Akrab	4,1°
25.11.2002 9:55:34	Merkur 3,3° nördlich Antares	6,5°
4.12.2002 20:17:21	Jupiter stationär, dann rückläufig	
17.12.2002 5:38:37	Merkur 1,2° nördlich Nunki	17,6°
17.12.2002 17:16:17	Saturnopposition	
21.12.2002 6:01:06	Venus 3° nördlich Zuben-el-dschenubi	44,1°
24.12.2002 21:29:25	Mars 26' nördlich Zuben-el-dschenubi	47,8°
26.12.2002 5:29:00	Merkur in größter östlicher Elongation zur Sonne	19,9°

2003

Datum und Uhrzeit (WZ)	Ereignis	Elon-gation
10.1.2003 6:31:31	Venus 2,6° nördlich Akrab	46,4°
11.1.2003 2:14:00	Venus in größter westlicher Elongation zur Sonne	47°
11.1.2003 19:56:35	Merkur in unterer Konjunktion zur Sonne	2,9°
15.1.2003 22:12:42	Venus 8,1° nördlich Antares	45,7°
19.1.2003 18:35:46	Merkur 6,8° nördlich Nunki	16,5°
22.1.2003 8:06:32	Mars 32' südlich Akrab	58,6°
22.1.2003 22:41:06	Merkur stationär, dann rechtläufig	
26.1.2003 8:21:57	Merkur 5,8° nördlich Nunki	23,1°
30.1.2003 23:37:19	Neptun in Konjunktion zur Sonne, Bedeckung	2,1'
31.1.2003 4:30:44	Mars 5° nördlich Antares	61,2°
2.2.2003 9:01:25	Jupiteropposition	
4.2.2003 0:55:00	Merkur in größter westlicher Elongation zur Sonne	25,3°
11.2.2003 23:58:58	Saturn 6,6° südlich Elnath	119,4°
15.2.2003 3:32:30	Merkur 5,6° südlich Beta Capricorni	22,4°
15.2.2003 21:21:59	Venus 5,3° nördlich Nunki	43,9°
17.2.2003 21:40:33	Uranus in Konjunktion zur Sonne	-43'
20.2.2003 23:34:45	Merkur 1,6° südlich Neptun	20,5°
22.2.2003 9:05:08	Saturn stationär, dann rechtläufig	
1.3.2003 6:54:56	Merkur 36' nördlich Delta Capricorni	16,6°
4.3.2003 13:10:52	Merkur 1,5° südlich Uranus	13,9°
4.3.2003 18:16:35	Saturn 6,5° südlich Elnath	98,5°

Datum und Uhrzeit (WZ)	Ereignis	Elongation
5.3.2003 5:00:05	Venus 4° südlich Beta Capricorni	40,3°
12.3.2003 19:39:05	Venus 11' nördlich Neptun	39,6°
21.3.2003 23:21:21	Merkur in oberer Konjunktion zur Sonne	-1,4°
23.3.2003 1:07:12	Venus 2,3° nördlich Delta Capricorni	37,6°
24.3.2003 22:54:19	Mars 3° nördlich Nunki	81,2°
28.3.2003 13:02:17	Venus 2,7' nördlich Uranus	36,5°
8.4.2003 6:44:55	Merkur 8,9° südlich Hamal	16,7°
16.4.2003 14:32:00	Merkur in größter östlicher Elongation zur Sonne	19,8°
26.4.2003 11:17:47	Mars 6,1° südlich Beta Capricorni	91,7°
26.4.2003 21:19:36	Merkur stationär, dann rückläufig	
7.5.2003 7:14:42	Merkur in unterer Konjunktion zur Sonne, Transit	12'
13.5.2003 13:37:18	Mars 2° südlich Neptun	99,2°
15.5.2003 22:08:47	Neptun stationär, dann rückläufig	
19.5.2003 8:20:09	Venus 12,3° südlich Hamal	22,5°
19.5.2003 14:17:22	Merkur stationär, dann rechtläufig	
28.5.2003 0:09:38	Merkur 2,4° südlich Venus	22,3°
3.6.2003 1:15:17	Mars 14' südlich Delta Capricorni	108,5°
3.6.2003 5:34:00	Merkur in größter westlicher Elongation zur Sonne	24,4°
7.6.2003 12:05:48	Uranus stationär, dann rückläufig	
9.6.2003 5:28:23	Venus 5,3° südlich Alkione	18,4°
12.6.2003 1:11:59	Merkur 6,9° südlich Alkione	21°
18.6.2003 18:31:04	Venus 4,8° nördlich Aldebaran	16,6°
19.6.2003 12:01:01	Merkur 4,1° nördlich Aldebaran	17,4°
20.6.2003 23:09:17	Mars 3,2° südlich Uranus	116,5°
21.6.2003 1:54:44	Merkur 25' südlich Venus	16°
24.6.2003 13:43:48	Saturn in Konjunktion zur Sonne	-48'
25.6.2003 17:28:55	Merkur 5,6° südlich Elnath	11,5°
28.6.2003 9:59:13	Venus 5,8° südlich Elnath	14°
30.6.2003 22:32:32	Saturn 5,7' nördlich Eta Geminorum	5,3°
1.7.2003 0:32:35	Merkur 1,6° nördlich Eta Geminorum	5,4°
1.7.2003 0:40:10	Merkur 1,5° nördlich Saturn	5,4°
1.7.2003 20:56:32	Merkur 1,7° nördlich Mü Geminorum	4,3°
3.7.2003 9:57:55	Merkur 7,9° nördlich Alhena	2,7°
4.7.2003 1:36:07	Merkur 53' südlich Epsilon Geminorum	2°
5.7.2003 10:08:30	Merkur in oberer Konjunktion zur Sonne	1,3°
7.7.2003 13:14:52	Venus 54' nördlich Eta Geminorum	11,6°
8.7.2003 7:49:22	Venus 49' nördlich Saturn	11,4°
9.7.2003 1:34:56	Venus 53' nördlich Mü Geminorum	11,2°
9.7.2003 11:02:29	Merkur 8,5° südlich Kastor	5,1°
10.7.2003 15:29:29	Merkur 5° südlich Pollux	6,4°
11.7.2003 19:51:07	Venus 6,9° nördlich Alhena	10,4°
12.7.2003 23:53:25	Venus 1,8° südlich Epsilon Geminorum	10,1°
15.7.2003 11:46:47	Saturn 2,6' nördlich Mü Geminorum	17,3°
17.7.2003 4:00:52	Merkur 32' nördlich M44	13,1°
22.7.2003 13:03:13	Venus 9,6° südlich Kastor	7,5°
24.7.2003 13:57:27	Venus 6,1° südlich Pollux	7°

Datum und Uhrzeit (WZ)	Ereignis	Elongation
26.7.2003 1:05:03	Merkur 23' nördlich Jupiter	20,2°
30.7.2003 10:52:50	Merkur 12' nördlich Regulus	22,9°
30.7.2003 21:44:44	Mars stationär, dann rückläufig	
4.8.2003 4:08:53	Venus 17' südlich M44	4,1°
4.8.2003 13:40:54	Neptunopposition	
13.8.2003 5:40:19	Saturn 6° nördlich Alhena	41,3°
14.8.2003 20:49:00	Merkur in größter östlicher Elongation zur Sonne	27,4°
18.8.2003 17:30:22	Venus in oberer Konjunktion zur Sonne	1,3°
21.8.2003 5:41:20	Venus 34' nördlich Jupiter	1,2°
22.8.2003 2:28:29	Venus 57' nördlich Regulus	1,3°
22.8.2003 10:13:43	Jupiter in Konjunktion zur Sonne	49'
24.8.2003 9:49:04	Uranusopposition	
26.8.2003 4:05:43	Jupiter 23' nördlich Regulus	2,7°
27.8.2003 10:29:07	Saturn 2,8° südlich Epsilon Geminorum	53,6°
28.8.2003 0:21:09	Merkur stationär, dann rückläufig	
28.8.2003 17:52:39	Marsopposition	
7.9.2003 2:51:32	Merkur 6,1° südlich Venus	5,5°
11.9.2003 1:51:10	Merkur in unterer Konjunktion zur Sonne	-3,5°
19.9.2003 13:01:44	Merkur stationär, dann rechtläufig	
24.9.2003 10:00:43	Venus 1,8° südlich Porrima	9,6°
26.9.2003 23:36:00	Merkur in größter westlicher Elongation zur Sonne	17,9°
29.9.2003 14:01:31	Mars stationär, dann rechtläufig	
3.10.2003 22:14:50	Venus 3,2° nördlich Spika	12,5°
13.10.2003 4:38:59	Merkur 1,2° südlich Porrima	9°
20.10.2003 2:08:29	Merkur 3,5° nördlich Spika	3,1°
21.10.2003 23:23:32	Venus 7,8' südlich Zuben-el-dschenubi	16,9°
22.10.2003 18:07:49	Neptun stationär, dann rechtläufig	
25.10.2003 9:41:38	Merkur in oberer Konjunktion zur Sonne	37'
25.10.2003 23:00:21	Saturn stationär, dann rückläufig	
2.11.2003 21:14:41	Merkur 42' südlich Zuben-el-dschenubi	5,1°
5.11.2003 17:23:14	Venus 1,5° südlich Akrab	20,4°
8.11.2003 16:17:22	Uranus stationär, dann rechtläufig	
10.11.2003 7:05:54	Venus 4° nördlich Antares	21,7°
14.11.2003 17:59:03	Merkur 2,6° südlich Akrab	11,3°
18.11.2003 12:01:42	Merkur 2,7° nördlich Antares	13,8°
7.12.2003 5:04:40	Venus 1,9° nördlich Nunki	28°
9.12.2003 6:02:00	Merkur in größter östlicher Elongation zur Sonne	20,9°
17.12.2003 12:33:15	Merkur stationär, dann rückläufig	
23.12.2003 8:34:47	Venus 6,6° südlich Beta Capricorni	31,5°
26.12.2003 11:59:17	Saturn 2,8° südlich Epsilon Geminorum	173,9°
27.12.2003 1:05:24	Merkur in unterer Konjunktion zur Sonne	2,3°
30.12.2003 6:48:31	Venus 1,9° südlich Neptun	33°
31.12.2003 20:45:53	Saturnopposition	

2004

Datum und Uhrzeit (WZ)	Ereignis	Elongation
6.1.2004 14:04:06	Merkur stationär, dann rechtläufig	
9.1.2004 17:13:24	Venus 56' nördlich Delta Capricorni	34,9°
13.1.2004 4:59:37	Saturn 6,1° nördlich Alhena	165,2°
15.1.2004 0:32:02	Venus 56' südlich Uranus	36,2°
17.1.2004 9:12:00	Merkur in größter westlicher Elongation zur Sonne	23,9°
25.1.2004 23:03:42	Merkur 3,6° nördlich Nunki	22,5°
2.2.2004 9:31:43	Neptun in Konjunktion zur Sonne, Bedeckung	-1,9'
8.2.2004 22:23:30	Merkur 6,2° südlich Beta Capricorni	16,1°
10.2.2004 6:44:59	Mars 9,8° südlich Hamal	73,5°
15.2.2004 9:08:02	Merkur 2° südlich Neptun	12,7°
21.2.2004 23:05:46	Merkur 31' nördlich Delta Capricorni	9,1°
22.2.2004 2:09:42	Uranus in Konjunktion zur Sonne	-43'
26.2.2004 23:04:51	Merkur 1,4° südlich Uranus	4,7°
4.3.2004 1:29:11	Merkur in oberer Konjunktion zur Sonne	-1,7°
4.3.2004 4:54:54	Jupiteropposition	
7.3.2004 13:34:18	Saturn stationär, dann rechtläufig	
10.3.2004 0:19:08	Venus 8,8° südlich Hamal	44,9°
20.3.2004 8:26:14	Mars 3° südlich Alkione	59,3°
29.3.2004 12:20:00	Merkur in größter östlicher Elongation zur Sonne	18,9°
29.3.2004 16:27:00	Venus in größter östlicher Elongation zur Sonne	46°
3.4.2004 13:04:29	Venus 33' südlich Alkione	45,9°
6.4.2004 20:56:54	Merkur stationär, dann rückläufig	
7.4.2004 4:33:53	Mars 6,7° nördlich Aldebaran	52,3°
16.4.2004 10:02:34	Venus 9,8° nördlich Aldebaran	43,4°
17.4.2004 0:59:00	Merkur in unterer Konjunktion zur Sonne	1,9°
25.4.2004 8:53:24	Mars 4,2° südlich Elnath	46,9°
29.4.2004 9:45:58	Merkur stationär, dann rechtläufig	
29.4.2004 15:41:05	Saturn 6,4° nördlich Alhena	59,1°
3.5.2004 17:28:29	Venus 49' südlich Elnath	39,2°
5.5.2004 12:36:04	Jupiter stationär, dann rechtläufig	
12.5.2004 18:40:07	Mars 2,1° nördlich Eta Geminorum	41,1°
14.5.2004 17:44:30	Saturn 2,4° südlich Epsilon Geminorum	45,8°
14.5.2004 20:29:00	Merkur in größter westlicher Elongation zur Sonne	26°
15.5.2004 16:21:09	Mars 2,1° nördlich Mü Geminorum	40,1°
17.5.2004 11:13:38	Neptun stationär, dann rückläufig	
18.5.2004 0:22:53	Venus stationär, dann rückläufig	
18.5.2004 22:38:41	Merkur 14° südlich Hamal	22,8°
20.5.2004 23:44:15	Mars 8° nördlich Alhena	38,4°
23.5.2004 5:47:42	Mars 50' südlich Epsilon Geminorum	37,6°
24.5.2004 23:22:31	Mars 1,6° nördlich Saturn	37,1°
31.5.2004 17:03:42	Venus 3,8° südlich Elnath	11,9°
4.6.2004 21:52:52	Merkur 5,6° südlich Alkione	15,1°
8.6.2004 8:38:08	Venus in unterer Konjunktion zur Sonne, Transit	-11'
10.6.2004 18:22:56	Mars 9° südlich Kastor	31,6°

Datum und Uhrzeit (WZ)	Ereignis	Elon-gation
10.6.2004 20:22:53	Merkur 5,2° nördlich Aldebaran	9,7°
10.6.2004 21:25:21	Uranus stationär, dann rückläufig	
13.6.2004 0:35:39	Merkur 1,4° nördlich Venus	7,2°
14.6.2004 17:49:58	Mars 5,5° südlich Pollux	30°
16.6.2004 8:07:37	Merkur 4,7° südlich Elnath	3,2°
18.6.2004 21:12:11	Merkur in oberer Konjunktion zur Sonne	1°
21.6.2004 9:24:58	Merkur 2,3° nördlich Eta Geminorum	3,3°
22.6.2004 5:41:59	Merkur 2,3° nördlich Mü Geminorum	4,3°
23.6.2004 19:03:40	Merkur 8,4° nördlich Alhena	6,2°
24.6.2004 11:03:46	Merkur 25' südlich Epsilon Geminorum	7°
24.6.2004 20:17:26	Venus 2° nördlich Aldebaran	23,7°
26.6.2004 21:03:22	Merkur 2,1° nördlich Saturn	9,7°
29.6.2004 14:16:06	Venus stationär, dann rechtläufig	
30.6.2004 3:51:31	Merkur 8,3° südlich Kastor	13,1°
1.7.2004 10:53:14	Merkur 4,9° südlich Pollux	14,3°
4.7.2004 10:55:02	Venus 1,1° nördlich Aldebaran	33,1°
5.7.2004 12:33:50	Mars 4' südlich M44	23,5°
8.7.2004 16:42:21	Saturn in Konjunktion zur Sonne, Bedeckung	-16'
8.7.2004 19:25:24	Merkur 18' nördlich M44	20,4°
10.7.2004 22:39:04	Merkur 10' nördlich Mars	21,8°
25.7.2004 23:41:19	Merkur 1,5° südlich Regulus	26,6°
27.7.2004 3:22:00	Merkur in größter östlicher Elongation zur Sonne	27,1°
28.7.2004 15:53:50	Venus 9,8° südlich Elnath	43,5°
6.8.2004 2:54:02	Neptunopposition	
9.8.2004 5:01:17	Merkur stationär, dann rückläufig	
9.8.2004 20:31:45	Mars 42' nördlich Regulus	12,1°
11.8.2004 11:29:57	Venus 2,8° südlich Eta Geminorum	45,6°
13.8.2004 13:18:52	Venus 2,7° südlich Mü Geminorum	45,8°
17.8.2004 2:21:14	Merkur 6,2° südlich Mars	9,8°
17.8.2004 5:43:34	Venus 3,5° nördlich Alhena	45,8°
17.8.2004 18:19:00	Venus in größter westlicher Elongation zur Sonne	45,8°
18.8.2004 18:20:27	Venus 5,2° südlich Epsilon Geminorum	45,8°
18.8.2004 22:35:01	Saturn 10,4° südlich Kastor	34,3°
23.8.2004 1:58:50	Merkur 5,2° südlich Regulus	0,6°
23.8.2004 20:44:45	Merkur in unterer Konjunktion zur Sonne	-4,3°
27.8.2004 18:27:20	Uranusopposition	
30.8.2004 15:26:25	Venus 12,5° südlich Kastor	45,3°
1.9.2004 0:35:18	Venus 1,9° südlich Saturn	45,2°
1.9.2004 17:50:26	Merkur stationär, dann rechtläufig	
2.9.2004 1:39:47	Venus 8,8° südlich Pollux	45,1°
9.9.2004 13:53:00	Merkur in größter westlicher Elongation zur Sonne	18°
10.9.2004 5:28:41	Merkur 3' südlich Regulus	17,9°
12.9.2004 3:52:23	Saturn 7° südlich Pollux	55,2°
14.9.2004 5:41:54	Venus 2,4° südlich M44	43,8°
15.9.2004 13:14:11	Mars in Konjunktion zur Sonne	58'
21.9.2004 23:53:11	Jupiter in Konjunktion zur Sonne	1,1°

Datum und Uhrzeit (WZ)	Ereignis	Elongation
27.9.2004 4:33:46	Mars 12' südlich Jupiter	4°
28.9.2004 21:16:16	Merkur 40' nördlich Jupiter	5,4°
29.9.2004 12:23:08	Merkur 51' nördlich Mars	4,8°
3.10.2004 16:07:06	Venus 9,4' südlich Regulus	40,8°
4.10.2004 14:55:40	Merkur 1,6° südlich Porrima	1,6°
5.10.2004 18:14:08	Merkur in oberer Konjunktion zur Sonne	1,2°
11.10.2004 14:40:31	Merkur 2,8° nördlich Spika	4,3°
13.10.2004 9:36:09	Mars 2,2° südlich Porrima	9,4°
24.10.2004 4:44:22	Neptun stationär, dann rechtläufig	
25.10.2004 20:23:29	Merkur 1,4° südlich Zuben-el-dschenubi	12,3°
31.10.2004 8:09:23	Mars 3° nördlich Spika	14,5°
4.11.2004 20:40:19	Venus 36' nördlich Jupiter	34,3°
6.11.2004 19:24:37	Venus 1,2° südlich Porrima	34,1°
7.11.2004 8:01:33	Merkur 3,2° südlich Akrab	18°
8.11.2004 9:48:57	Saturn stationär, dann rückläufig	
11.11.2004 10:17:07	Merkur 2,2° nördlich Antares	20,3°
12.11.2004 0:00:00	Uranus stationär, dann rechtläufig	
16.11.2004 8:42:41	Venus 4,1° nördlich Spika	30,5°
17.11.2004 9:45:21	Jupiter 1,8° südlich Porrima	44,5°
21.11.2004 1:07:00	Merkur in größter östlicher Elongation zur Sonne	22,2°
30.11.2004 12:59:21	Merkur stationär, dann rückläufig	
3.12.2004 18:45:42	Mars 6,2' nördlich Zuben-el-dschenubi	26,8°
4.12.2004 11:10:13	Venus 1,4° nördlich Zuben-el-dschenubi	27,6°
5.12.2004 7:01:34	Venus 1,2° nördlich Mars	27,4°
10.12.2004 8:15:45	Merkur in unterer Konjunktion zur Sonne	1,6°
19.12.2004 6:48:50	Venus 13' nördlich Akrab	24,5°
20.12.2004 7:02:37	Merkur stationär, dann rechtläufig	
23.12.2004 21:10:03	Venus 5,7° nördlich Antares	23°
29.12.2004 4:20:06	Merkur 1,2° nördlich Venus	22,2°
29.12.2004 19:57:00	Merkur in größter westlicher Elongation zur Sonne	22,4°
30.12.2004 15:17:06	Mars 51' südlich Akrab	35,9°

2005

Datum und Uhrzeit (WZ)	Ereignis	Elongation
6.1.2005 10:59:52	Saturn 6,8° südlich Pollux	170,3°
7.1.2005 21:10:51	Mars 4,7° nördlich Antares	38,1°
13.1.2005 22:54:20	Saturnopposition	
14.1.2005 0:49:12	Merkur 21' südlich Venus	18,5°
19.1.2005 0:52:01	Merkur 2,7° nördlich Nunki	16,4°
19.1.2005 21:32:58	Venus 3,4° nördlich Nunki	17,1°
31.1.2005 20:03:11	Merkur 6,6° südlich Beta Capricorni	9,2°
3.2.2005 19:31:55	Neptun in Konjunktion zur Sonne, Bedeckung	-5,8'
4.2.2005 22:22:58	Venus 5,4° südlich Beta Capricorni	12,9°
7.2.2005 16:28:31	Saturn 10,2° südlich Kastor	149,7°

Datum und Uhrzeit (WZ)	Ereignis	Elon-gation
8.2.2005 1:20:44	Merkur 2,1° südlich Neptun	4,1°
13.2.2005 7:21:23	Merkur 36' nördlich Delta Capricorni	2,2°
14.2.2005 10:34:55	Merkur in oberer Konjunktion zur Sonne	-2°
14.2.2005 19:05:04	Venus 58' südlich Neptun	10,7°
20.2.2005 0:42:46	Merkur 1° südlich Uranus	4,9°
21.2.2005 21:47:31	Venus 1,5° nördlich Delta Capricorni	9,3°
24.2.2005 16:49:37	Mars 2,9° nördlich Nunki	53,5°
25.2.2005 6:35:32	Uranus in Konjunktion zur Sonne	-44'
4.3.2005 3:27:54	Venus 41' südlich Uranus	6,5°
12.3.2005 18:13:00	Merkur in größter westlicher Elongation zur Sonne	18,3°
19.3.2005 15:49:32	Merkur stationär, dann rückläufig	
21.3.2005 22:40:08	Saturn stationär, dann rechtläufig	
24.3.2005 14:54:07	Mars 5,7° südlich Beta Capricorni	60,1°
28.3.2005 22:22:34	Merkur 4,8° nördlich Venus	1,5°
29.3.2005 16:05:13	Merkur in unterer Konjunktion zur Sonne	3°
31.3.2005 2:53:02	Venus in oberer Konjunktion zur Sonne	-1,3°
3.4.2005 15:19:36	Jupiteropposition	
11.4.2005 2:17:45	Merkur stationär, dann rechtläufig	
13.4.2005 0:13:47	Mars 1,2° südlich Neptun	65,9°
18.4.2005 22:26:50	Venus 11,5° südlich Hamal	4,9°
22.4.2005 20:50:14	Mars 1,2° nördlich Delta Capricorni	68,8°
26.4.2005 16:16:00	Merkur in größter westlicher Elongation zur Sonne	27,2°
30.4.2005 23:19:05	Jupiter 1,3° südlich Porrima	149,4°
2.5.2005 20:17:02	Saturn 10° südlich Kastor	68,2°
9.5.2005 11:21:20	Venus 4,2° südlich Alkione	10,2°
14.5.2005 8:57:13	Merkur 13,2° südlich Hamal	18,7°
14.5.2005 20:23:54	Mars 1,2° südlich Uranus	73,8°
18.5.2005 20:52:22	Venus 5,8° nördlich Aldebaran	12,7°
20.5.2005 0:06:26	Neptun stationär, dann rückläufig	
27.5.2005 23:59:51	Merkur 4,6° südlich Alkione	7,7°
28.5.2005 9:34:25	Venus 4,7° südlich Elnath	15,2°
31.5.2005 4:41:25	Saturn 6,6° südlich Pollux	43,9°
2.6.2005 9:24:02	Merkur 6° nördlich Aldebaran	1,3°
3.6.2005 8:59:49	Merkur in oberer Konjunktion zur Sonne	41'
5.6.2005 21:33:02	Jupiter stationär, dann rechtläufig	
6.6.2005 11:00:29	Venus 1,9° nördlich Eta Geminorum	17,6°
7.6.2005 17:18:42	Merkur 4,1° südlich Elnath	5,5°
7.6.2005 23:08:29	Venus 1,9° nördlich Mü Geminorum	18°
10.6.2005 17:06:32	Venus 7,9° nördlich Alhena	18,8°
11.6.2005 21:05:53	Venus 53' südlich Epsilon Geminorum	19,1°
12.6.2005 23:01:10	Merkur 2,7° nördlich Eta Geminorum	11,5°
13.6.2005 20:47:40	Merkur 2,7° nördlich Mü Geminorum	12,5°
15.6.2005 4:25:22	Uranus stationär, dann rückläufig	
15.6.2005 13:26:56	Merkur 8,7° nördlich Alhena	14,2°
16.6.2005 7:05:31	Merkur 5,8' südlich Epsilon Geminorum	14,9°
21.6.2005 10:36:17	Venus 8,8° südlich Kastor	21,6°

Datum und Uhrzeit (WZ)	Ereignis	Elongation
22.6.2005 19:20:19	Merkur 8,3° südlich Kastor	20,3°
23.6.2005 11:48:26	Venus 5,3° südlich Pollux	22,2°
24.6.2005 8:16:34	Merkur 5° südlich Pollux	21,3°
25.6.2005 21:18:40	Venus 1,3° nördlich Saturn	22,8°
26.6.2005 6:12:25	Merkur 1,4° nördlich Saturn	22,5°
27.6.2005 20:35:15	Merkur 5' südlich Venus	23,3°
3.7.2005 19:13:47	Merkur 37' südlich M44	25,4°
4.7.2005 5:05:43	Venus 22' nördlich M44	25°
7.7.2005 7:48:13	Merkur 1,6° südlich Venus	25,8°
9.7.2005 3:12:00	Merkur in größter östlicher Elongation zur Sonne	26,3°
12.7.2005 1:24:34	Jupiter 1,7° südlich Porrima	80,4°
22.7.2005 5:17:49	Merkur stationär, dann rückläufig	
22.7.2005 14:45:48	Venus 1,2° nördlich Regulus	29,6°
23.7.2005 17:05:11	Saturn in Konjunktion zur Sonne	17'
2.8.2005 15:53:58	Mars 13,6° südlich Hamal	92,7°
5.8.2005 23:30:00	Merkur in unterer Konjunktion zur Sonne	-4,9°
8.8.2005 15:57:21	Neptunopposition	
15.8.2005 12:38:56	Merkur stationär, dann rechtläufig	
23.8.2005 23:11:00	Merkur in größter westlicher Elongation zur Sonne	18,4°
26.8.2005 16:18:13	Venus 2,8° südlich Porrima	36,8°
1.9.2005 2:49:15	Uranusopposition	
2.9.2005 12:05:49	Venus 1,4° südlich Jupiter	38,7°
4.9.2005 11:20:20	Merkur 1,1° nördlich Regulus	12,1°
5.9.2005 20:45:33	Venus 1,8° nördlich Spika	39,9°
17.9.2005 0:52:37	Saturn 56' südlich M44	46,7°
18.9.2005 2:24:01	Merkur in oberer Konjunktion zur Sonne	1,5°
21.9.2005 22:11:25	Jupiter 3,4° nördlich Spika	23,7°
25.9.2005 9:22:16	Venus 2,1° südlich Zuben-el-dschenubi	42,7°
27.9.2005 0:22:28	Merkur 2,2° südlich Porrima	6,8°
1.10.2005 9:45:51	Mars stationär, dann rückläufig	
4.10.2005 7:50:14	Merkur 2,1° nördlich Spika	11,9°
6.10.2005 6:58:02	Merkur 1,5° südlich Jupiter	12,6°
11.10.2005 15:19:16	Venus 3,8° südlich Akrab	44,9°
16.10.2005 18:27:27	Venus 1,6° nördlich Antares	46,2°
19.10.2005 11:12:22	Merkur 2,2° südlich Zuben-el-dschenubi	18,9°
22.10.2005 12:59:24	Jupiter in Konjunktion zur Sonne	1°
26.10.2005 17:23:28	Neptun stationär, dann rechtläufig	
2.11.2005 23:49:39	Merkur 3,9° südlich Akrab	22,6°
3.11.2005 15:42:00	Merkur in größter östlicher Elongation zur Sonne	23,5°
3.11.2005 19:21:00	Venus in größter östlicher Elongation zur Sonne	47,1°
7.11.2005 7:51:22	Marsopposition	
9.11.2005 16:12:46	Merkur 1,9° nördlich Antares	22,3°
14.11.2005 9:28:33	Merkur stationär, dann rückläufig	
16.11.2005 5:17:34	Uranus stationär, dann rechtläufig	
18.11.2005 14:48:51	Venus 7,9' südlich Nunki	46,2°
18.11.2005 16:17:59	Merkur 3,4° nördlich Antares	12,9°

Datum und Uhrzeit (WZ)	Ereignis	Elongation
22.11.2005 17:08:50	Saturn stationär, dann rückläufig	
23.11.2005 23:54:51	Merkur 27' südlich Akrab	1,7°
24.11.2005 15:37:04	Merkur in unterer Konjunktion zur Sonne	47'
4.12.2005 0:50:28	Merkur stationär, dann rechtläufig	
10.12.2005 22:41:54	Mars stationär, dann rechtläufig	
12.12.2005 12:32:00	Merkur in größter westlicher Elongation zur Sonne	21,1°
15.12.2005 16:02:56	Merkur 56' nördlich Akrab	20,5°
20.12.2005 6:40:23	Merkur 6° nördlich Antares	19,2°
23.12.2005 4:39:29	Venus stationär, dann rückläufig	

2006

Datum und Uhrzeit (WZ)	Ereignis	Elongation
11.1.2006 16:48:41	Jupiter 49' nördlich Zuben-el-dschenubi	66,2°
12.1.2006 2:47:40	Merkur 2,1° nördlich Nunki	9,2°
13.1.2006 23:53:50	Venus in unterer Konjunktion zur Sonne	5,5°
17.1.2006 2:15:11	Merkur 7,9° südlich Venus	6,5°
24.1.2006 9:20:38	Merkur 6,8° südlich Beta Capricorni	2,6°
26.1.2006 21:17:46	Merkur in oberer Konjunktion zur Sonne	-2,1°
27.1.2006 22:36:49	Saturnopposition	
1.2.2006 5:15:31	Saturn 36' südlich M44	175°
1.2.2006 12:05:29	Merkur 1,9° südlich Neptun	4,5°
5.2.2006 15:50:51	Merkur 51' nördlich Delta Capricorni	7,4°
6.2.2006 5:35:47	Neptun in Konjunktion zur Sonne, Bedeckung	-9,8'
14.2.2006 15:39:10	Merkur 1,6' nördlich Uranus	14,1°
17.2.2006 2:00:02	Mars 2,3° südlich Alkione	91,3°
24.2.2006 4:56:00	Merkur in größter östlicher Elongation zur Sonne	18,1°
1.3.2006 11:05:04	Uranus in Konjunktion zur Sonne	-44'
2.3.2006 7:02:03	Merkur stationär, dann rückläufig	
5.3.2006 0:00:00	Jupiter stationär, dann rückläufig	
10.3.2006 1:41:54	Venus 1,1° südlich Beta Capricorni	45,4°
10.3.2006 23:22:45	Mars 7,3° nördlich Aldebaran	79,7°
12.3.2006 2:37:59	Merkur in unterer Konjunktion zur Sonne	3,6°
24.3.2006 12:13:45	Merkur stationär, dann rechtläufig	
25.3.2006 6:32:00	Venus in größter westlicher Elongation zur Sonne	46,5°
26.3.2006 20:58:54	Venus 1,9° nördlich Neptun	46,5°
31.3.2006 19:38:28	Mars 3,7° südlich Elnath	71,5°
1.4.2006 4:00:45	Venus 3,9° nördlich Delta Capricorni	46,4°
5.4.2006 11:05:27	Saturn stationär, dann rechtläufig	
8.4.2006 18:31:00	Merkur in größter westlicher Elongation zur Sonne	27,8°
18.4.2006 12:29:49	Venus 19' nördlich Uranus	44,9°
20.4.2006 0:06:48	Mars 2,5° nördlich Eta Geminorum	63,7°
23.4.2006 3:45:18	Mars 2,4° nördlich Mü Geminorum	62,4°
27.4.2006 17:45:32	Jupiter 1,1° nördlich Zuben-el-dschenubi	172,2°
28.4.2006 21:14:53	Mars 8,3° nördlich Alhena	60,2°

Datum und Uhrzeit (WZ)	Ereignis	Elongation
1.5.2006 7:24:47	Mars 30' südlich Epsilon Geminorum	59,3°
4.5.2006 14:25:48	Jupiteropposition	
7.5.2006 5:07:53	Merkur 12,3° südlich Hamal	13,1°
18.5.2006 19:50:08	Merkur in oberer Konjunktion zur Sonne	16'
19.5.2006 12:40:03	Merkur 3,8° südlich Alkione	0,9°
21.5.2006 0:21:09	Mars 8,7° südlich Kastor	51,2°
22.5.2006 14:15:45	Neptun stationär, dann rückläufig	
24.5.2006 20:16:34	Merkur 6,8° nördlich Aldebaran	7,4°
25.5.2006 4:52:12	Mars 5,3° südlich Pollux	49,8°
30.5.2006 11:22:26	Merkur 3,5° südlich Elnath	13,7°
1.6.2006 10:37:08	Venus 12,8° südlich Hamal	34,4°
5.6.2006 10:11:20	Merkur 3° nördlich Eta Geminorum	18,9°
5.6.2006 14:44:59	Saturn 32' südlich M44	52,6°
6.6.2006 12:05:12	Merkur 2,9° nördlich Mü Geminorum	19,7°
8.6.2006 13:30:45	Merkur 8,8° nördlich Alhena	21,1°
9.6.2006 11:28:01	Merkur 2,1' südlich Epsilon Geminorum	21,6°
15.6.2006 21:46:59	Mars 3,7' nördlich M44	42,7°
17.6.2006 22:44:17	Mars 35' nördlich Saturn	42°
18.6.2006 10:06:41	Merkur 9,1° südlich Kastor	24,8°
19.6.2006 13:29:42	Uranus stationär, dann rückläufig	
20.6.2006 20:04:00	Merkur in größter östlicher Elongation zur Sonne	24,9°
20.6.2006 22:41:03	Merkur 6,1° südlich Pollux	24,7°
23.6.2006 0:08:54	Venus 5,9° südlich Alkione	31,6°
2.7.2006 19:27:00	Venus 4,1° nördlich Aldebaran	30,3°
4.7.2006 1:45:55	Merkur stationär, dann rückläufig	
6.7.2006 18:36:29	Jupiter stationär, dann rechtläufig	
12.7.2006 16:44:41	Venus 6,4° südlich Elnath	27,9°
18.7.2006 7:01:27	Merkur in unterer Konjunktion zur Sonne	-4,9°
18.7.2006 11:50:25	Merkur 11,8° südlich Pollux	4,9°
22.7.2006 0:34:17	Venus 18' nördlich Eta Geminorum	25,6°
22.7.2006 6:13:35	Mars 41' nördlich Regulus	30,4°
22.7.2006 20:04:37	Merkur 15,1° südlich Kastor	8,6°
23.7.2006 13:34:39	Venus 19' nördlich Mü Geminorum	25,2°
26.7.2006 8:58:18	Venus 6,4° nördlich Alhena	24,5°
27.7.2006 13:31:46	Venus 2,4° südlich Epsilon Geminorum	24,2°
28.7.2006 16:43:21	Merkur stationär, dann rechtläufig	
3.8.2006 3:11:09	Merkur 12,8° südlich Kastor	18,4°
6.8.2006 6:03:14	Venus 10,1° südlich Kastor	21,7°
6.8.2006 12:33:21	Merkur 8,5° südlich Pollux	19,2°
7.8.2006 0:25:00	Merkur in größter westlicher Elongation zur Sonne	19,2°
7.8.2006 11:58:40	Saturn in Konjunktion zur Sonne	49'
8.8.2006 7:31:06	Venus 6,6° südlich Pollux	21,2°
11.8.2006 5:00:25	Neptunopposition	
16.8.2006 2:17:26	Merkur 43' südlich M44	15,6°
18.8.2006 23:58:12	Venus 40' südlich M44	18,4°
20.8.2006 22:35:34	Merkur 31' nördlich Saturn	11,2°

Datum und Uhrzeit (WZ)	Ereignis	Elongation
26.8.2006 23:04:15	Venus 4,5' nördlich Saturn	16,3°
27.8.2006 12:33:46	Merkur 1,4° nördlich Regulus	4,2°
1.9.2006 4:36:04	Merkur in oberer Konjunktion zur Sonne	1,7°
5.9.2006 10:40:50	Uranusopposition	
5.9.2006 23:16:41	Venus 46' nördlich Regulus	13,3°
11.9.2006 9:28:44	Jupiter 34' nördlich Zuben-el-dschenubi	56,5°
15.9.2006 20:29:10	Merkur 9,8' südlich Mars	12,1°
19.9.2006 17:44:52	Merkur 2,9° südlich Porrima	13,9°
25.9.2006 7:41:51	Mars 2,4° südlich Porrima	8,6°
27.9.2006 14:55:07	Merkur 1,3° nördlich Spika	19,1°
9.10.2006 2:18:34	Venus 1,5° südlich Porrima	5°
13.10.2006 3:05:37	Mars 2,7° nördlich Spika	3,3°
15.10.2006 1:04:19	Merkur 3,2° südlich Zuben-el-dschenubi	23,6°
17.10.2006 3:59:00	Merkur in größter östlicher Elongation zur Sonne	24,8°
18.10.2006 12:39:30	Venus 3,5° nördlich Spika	2,3°
23.10.2006 7:06:35	Mars in Konjunktion zur Sonne	23'
24.10.2006 19:39:52	Venus 43' nördlich Mars	0,6°
25.10.2006 22:37:50	Merkur 3,9° südlich Jupiter	21,2°
27.10.2006 17:13:27	Venus in oberer Konjunktion zur Sonne	58'
28.10.2006 15:28:26	Merkur 3,7° südlich Jupiter	19,1°
29.10.2006 0:00:24	Merkur stationär, dann rückläufig	
29.10.2006 3:53:25	Neptun stationär, dann rechtläufig	
5.11.2006 10:14:54	Venus 22' nördlich Zuben-el-dschenubi	2,3°
7.11.2006 13:28:11	Merkur 1,2° südlich Venus	2,8°
8.11.2006 21:24:46	Merkur in unterer Konjunktion zur Sonne, Transit	-7,1'
9.11.2006 17:37:56	Merkur 10' südlich Zuben-el-dschenubi	2°
11.11.2006 17:40:47	Merkur 39' nördlich Mars	6,2°
15.11.2006 0:16:43	Mars 9,7' südlich Zuben-el-dschenubi	7,3°
15.11.2006 22:47:52	Venus 27' südlich Jupiter	4,8°
17.11.2006 18:56:26	Merkur stationär, dann rechtläufig	
20.11.2006 1:52:58	Venus 53' südlich Akrab	5,8°
20.11.2006 11:22:34	Uranus stationär, dann rechtläufig	
21.11.2006 23:20:55	Jupiter in Konjunktion zur Sonne	43'
24.11.2006 14:55:02	Venus 4,6° nördlich Antares	7°
25.11.2006 12:48:00	Merkur in größter westlicher Elongation zur Sonne	19,9°
26.11.2006 16:50:21	Merkur 2,1° nördlich Zuben-el-dschenubi	19,2°
6.12.2006 18:13:48	Saturn stationär, dann rückläufig	
9.12.2006 6:23:28	Jupiter 18' südlich Akrab	13,7°
9.12.2006 20:16:57	Merkur 1° nördlich Mars	15°
10.12.2006 11:23:22	Merkur 9,1' südlich Akrab	15°
10.12.2006 16:28:41	Merkur 7,7' nördlich Jupiter	14,8°
11.12.2006 3:26:16	Mars 1,1° südlich Akrab	15,4°
11.12.2006 23:29:30	Mars 49' südlich Jupiter	15,7°
14.12.2006 7:27:59	Merkur 5° nördlich Antares	13,1°
19.12.2006 2:59:24	Mars 4,5° nördlich Antares	17,8°
21.12.2006 8:28:45	Venus 2,4° nördlich Nunki	13,4°

2007

Datum und Uhrzeit (WZ)	Ereignis	Elongation
4.1.2007 20:03:17	Merkur 1,7° nördlich Nunki	2,3°
5.1.2007 3:50:11	Jupiter 5,3° nördlich Antares	34,8°
6.1.2007 7:24:38	Venus 6,2° südlich Beta Capricorni	17,2°
7.1.2007 5:48:05	Merkur in oberer Konjunktion zur Sonne	-1,9°
16.1.2007 21:41:49	Merkur 6,9° südlich Beta Capricorni	6,5°
18.1.2007 18:01:23	Venus 1,4° südlich Neptun	20,1°
23.1.2007 7:57:44	Venus 1,1° nördlich Delta Capricorni	20,9°
26.1.2007 6:38:48	Merkur 1,5° südlich Neptun	12,7°
29.1.2007 15:07:01	Merkur 1,5° nördlich Delta Capricorni	14,5°
3.2.2007 2:21:26	Mars 2,8° nördlich Nunki	31,1°
7.2.2007 13:11:31	Venus 44' südlich Uranus	24,6°
7.2.2007 17:32:00	Merkur in größter östlicher Elongation zur Sonne	18,2°
8.2.2007 15:55:18	Neptun in Konjunktion zur Sonne, Bedeckung	-14'
10.2.2007 18:30:32	Saturnopposition	
23.2.2007 4:39:50	Merkur in unterer Konjunktion zur Sonne	3,7°
1.3.2007 19:07:45	Mars 5,7° südlich Beta Capricorni	36,9°
5.3.2007 15:42:22	Uranus in Konjunktion zur Sonne	-44'
7.3.2007 10:04:30	Merkur stationär, dann rechtläufig	
21.3.2007 10:15:29	Venus 10,3° südlich Hamal	33,8°
22.3.2007 1:39:00	Merkur in größter westlicher Elongation zur Sonne	27,7°
25.3.2007 7:10:56	Mars 60' südlich Neptun	43,2°
29.3.2007 16:58:38	Mars 1,5° nördlich Delta Capricorni	44,5°
1.4.2007 6:59:20	Merkur 1,6° südlich Uranus	25°
6.4.2007 1:01:11	Jupiter stationär, dann rückläufig	
11.4.2007 16:04:56	Venus 2,7° südlich Alkione	38,1°
20.4.2007 0:29:02	Saturn stationär, dann rechtläufig	
21.4.2007 12:04:46	Venus 7,5° nördlich Aldebaran	39,2°
28.4.2007 18:56:09	Mars 45' südlich Uranus	50,6°
29.4.2007 3:43:49	Merkur 11,5° südlich Hamal	4,7°
1.5.2007 14:42:40	Venus 3,1° südlich Elnath	41,7°
3.5.2007 3:53:16	Merkur in oberer Konjunktion zur Sonne, Bedeckung	-11'
11.5.2007 2:54:30	Merkur 2,9° südlich Alkione	9,5°
11.5.2007 10:10:22	Venus 3,5° nördlich Eta Geminorum	43,2°
13.5.2007 1:54:39	Venus 3,5° nördlich Mü Geminorum	43,4°
16.5.2007 2:57:59	Venus 9,4° nördlich Alhena	43,8°
16.5.2007 21:09:48	Merkur 7,5° nördlich Aldebaran	15,3°
17.5.2007 10:14:13	Venus 38' nördlich Epsilon Geminorum	43,9°
23.5.2007 14:55:32	Merkur 3,1° südlich Elnath	20,5°
25.5.2007 2:53:05	Neptun stationär, dann rückläufig	
28.5.2007 8:56:36	Venus 7,5° südlich Kastor	44,6°
30.5.2007 19:10:19	Venus 4,1° südlich Pollux	44,7°
1.6.2007 1:44:58	Merkur 2,7° nördlich Eta Geminorum	23,3°
2.6.2007 9:50:00	Merkur in größter östlicher Elongation zur Sonne	23,4°

Datum und Uhrzeit (WZ)	Ereignis	Elongation
2.6.2007 22:14:34	Merkur 2,4° nördlich Mü Geminorum	23,4°
5.6.2007 23:02:08	Jupiteropposition	
7.6.2007 4:48:42	Merkur 7,7° nördlich Alhena	22,6°
9.6.2007 2:32:00	Venus in größter östlicher Elongation zur Sonne	45,4°
9.6.2007 20:18:57	Merkur 1,7° südlich Epsilon Geminorum	21,5°
13.6.2007 5:20:14	Venus 55' nördlich M44	45,3°
15.6.2007 16:05:09	Merkur stationär, dann rückläufig	
21.6.2007 17:52:36	Merkur 4,8° südlich Epsilon Geminorum	10,3°
23.6.2007 20:31:29	Uranus stationär, dann rückläufig	
24.6.2007 18:43:13	Merkur 3,2° nördlich Alhena	7°
28.6.2007 18:33:37	Merkur in unterer Konjunktion zur Sonne	-4,3°
29.6.2007 22:06:04	Mars 12,1° südlich Hamal	60,5°
30.6.2007 17:28:51	Merkur 3,7° südlich Mü Geminorum	3,3°
2.7.2007 0:53:48	Venus 46' südlich Saturn	42,6°
4.7.2007 14:17:48	Merkur 3,9° südlich Eta Geminorum	8,7°
10.7.2007 1:34:41	Merkur stationär, dann rechtläufig	
15.7.2007 5:06:49	Merkur 2,7° südlich Eta Geminorum	18,8°
16.7.2007 14:34:54	Venus 2,3° südlich Regulus	36,2°
18.7.2007 9:17:49	Merkur 2,1° südlich Mü Geminorum	20°
20.7.2007 14:53:00	Merkur in größter westlicher Elongation zur Sonne	20,3°
22.7.2007 4:21:07	Merkur 4,7° nördlich Alhena	20,2°
23.7.2007 11:21:47	Merkur 3,8° südlich Epsilon Geminorum	20°
25.7.2007 13:13:43	Venus stationär, dann rückläufig	
31.7.2007 9:36:38	Merkur 10,2° südlich Kastor	15,8°
1.8.2007 18:55:22	Merkur 6,5° südlich Pollux	14,7°
3.8.2007 3:17:58	Venus 6,3° südlich Regulus	19,5°
5.8.2007 15:11:32	Mars 5,3° südlich Alkione	72,8°
7.8.2007 5:33:26	Jupiter stationär, dann rechtläufig	
8.8.2007 9:16:25	Merkur 4' nördlich M44	8,2°
9.8.2007 8:32:55	Venus 8,5° südlich Saturn	10,6°
13.8.2007 18:12:02	Neptunopposition	
15.8.2007 19:43:31	Merkur in oberer Konjunktion zur Sonne	1,8°
15.8.2007 22:51:33	Merkur 10,1° nördlich Venus	1,8°
18.8.2007 3:35:43	Venus in unterer Konjunktion zur Sonne	-8°
18.8.2007 11:24:27	Merkur 30' nördlich Saturn	3,2°
19.8.2007 6:16:01	Merkur 1,3° nördlich Regulus	3,9°
21.8.2007 23:32:49	Saturn in Konjunktion zur Sonne	1,3°
24.8.2007 0:07:51	Mars 4,6° nördlich Aldebaran	79,9°
30.8.2007 13:33:50	Saturn 53' nördlich Regulus	6,9°
7.9.2007 14:02:58	Venus stationär, dann rechtläufig	
9.9.2007 18:32:26	Uranusopposition	
13.9.2007 6:37:32	Merkur 3,9° südlich Porrima	20,3°
13.9.2007 14:08:37	Mars 5,9° südlich Elnath	87,7°
22.9.2007 9:21:32	Merkur 5,4' nördlich Spika	25°
29.9.2007 16:00:00	Merkur in größter östlicher Elongation zur Sonne	26°
7.10.2007 3:07:01	Mars 60' nördlich Eta Geminorum	99,9°

Datum und Uhrzeit (WZ)	Ereignis	Elongation
9.10.2007 10:47:47	Venus 2,8° südlich Regulus	44,9°
11.10.2007 21:07:34	Mars 1,1° nördlich Mü Geminorum	102,8°
12.10.2007 6:52:03	Merkur stationär, dann rückläufig	
15.10.2007 14:08:53	Venus 2,9° südlich Saturn	45,8°
22.10.2007 1:20:25	Mars 7,4° nördlich Alhena	108,9°
23.10.2007 23:49:08	Merkur in unterer Konjunktion zur Sonne	-1,1°
27.10.2007 12:23:45	Mars 1,3° südlich Epsilon Geminorum	113,6°
28.10.2007 14:52:00	Venus in größter westlicher Elongation zur Sonne	46,5°
31.10.2007 16:40:54	Neptun stationär, dann rechtläufig	
1.11.2007 12:37:22	Merkur stationär, dann rechtläufig	
8.11.2007 20:23:00	Merkur in größter westlicher Elongation zur Sonne	19°
15.11.2007 16:02:34	Mars stationär, dann rückläufig	
18.11.2007 16:20:24	Venus 1,2° südlich Porrima	45,3°
21.11.2007 18:59:36	Merkur 1,2° nördlich Zuben-el-dschenubi	14°
24.11.2007 16:37:20	Uranus stationär, dann rechtläufig	
28.11.2007 21:45:48	Venus 4,5° nördlich Spika	42,4°
3.12.2007 17:30:20	Merkur 57' südlich Akrab	7,7°
3.12.2007 20:35:49	Mars 27' nördlich Epsilon Geminorum	151,2°
7.12.2007 9:23:57	Merkur 4,3° nördlich Antares	5,7°
8.12.2007 18:50:05	Mars 9,5° nördlich Alhena	156,2°
17.12.2007 15:08:32	Merkur in oberer Konjunktion zur Sonne	-1,4°
17.12.2007 22:09:54	Venus 2,1° nördlich Zuben-el-dschenubi	40,5°
18.12.2007 2:36:42	Mars 4° nördlich Mü Geminorum	170°
20.12.2007 10:49:32	Saturn stationär, dann rückläufig	
20.12.2007 21:42:31	Merkur 1,8° südlich Jupiter	1,9°
22.12.2007 17:41:31	Mars 4,2° nördlich Eta Geminorum	175,6°
23.12.2007 6:01:29	Jupiter in Konjunktion zur Sonne, Bedeckung	11'
24.12.2007 19:40:24	Marsopposition	
28.12.2007 12:14:33	Merkur 1,4° nördlich Nunki	6,6°

2008

Datum und Uhrzeit (WZ)	Ereignis	Elongation
2.1.2008 7:34:08	Venus 1° nördlich Akrab	38°
7.1.2008 1:37:08	Venus 6,5° nördlich Antares	36,5°
9.1.2008 19:19:58	Merkur 6,7° südlich Beta Capricorni	13,8°
22.1.2008 5:17:00	Merkur in größter östlicher Elongation zur Sonne	18,6°
23.1.2008 4:11:40	Merkur 20' nördlich Neptun	18,5°
1.2.2008 12:34:09	Venus 35' nördlich Jupiter	32°
1.2.2008 20:05:00	Merkur 3,2° nördlich Neptun	9°
3.2.2008 19:24:13	Venus 4,1° nördlich Nunki	31,5°
6.2.2008 18:13:14	Merkur in unterer Konjunktion zur Sonne	3,6°
11.2.2008 2:06:21	Neptun in Konjunktion zur Sonne	-18'
15.2.2008 5:48:19	Jupiter 3,6° nördlich Nunki	43,1°
18.2.2008 15:34:28	Merkur stationär, dann rechtläufig	

Datum und Uhrzeit (WZ)	Ereignis	Elon-gation
20.2.2008 3:01:43	Venus 4,9° südlich Beta Capricorni	27,1°
24.2.2008 9:36:15	Saturnopposition	
26.2.2008 2:17:15	Merkur 1,3° nördlich Venus	26,1°
3.3.2008 11:05:00	Merkur in größter westlicher Elongation zur Sonne	27,1°
6.3.2008 20:05:16	Venus 36' südlich Neptun	24°
8.3.2008 7:12:01	Venus 1,8° nördlich Delta Capricorni	23,9°
8.3.2008 20:21:52	Uranus in Konjunktion zur Sonne	-44'
9.3.2008 2:42:35	Merkur 56' südlich Neptun	26,2°
10.3.2008 11:25:45	Merkur 1,3° nördlich Delta Capricorni	26,2°
14.3.2008 9:31:52	Mars 3,5° nördlich Eta Geminorum	99,3°
19.3.2008 3:02:26	Mars 3,3° nördlich Mü Geminorum	96,4°
23.3.2008 10:15:16	Merkur 1° südlich Venus	20,3°
27.3.2008 4:39:55	Mars 9,1° nördlich Alhena	91,7°
27.3.2008 9:52:28	Merkur 1,7° südlich Uranus	17,4°
28.3.2008 16:57:38	Venus 45' südlich Uranus	18,6°
30.3.2008 11:00:52	Mars 15' nördlich Epsilon Geminorum	89,9°
16.4.2008 7:11:41	Merkur in oberer Konjunktion zur Sonne	-39'
19.4.2008 19:54:46	Merkur 10,6° südlich Hamal	4°
23.4.2008 22:07:24	Mars 8,3° südlich Kastor	76,5°
28.4.2008 19:37:50	Mars 4,9° südlich Pollux	74,6°
2.5.2008 15:09:59	Merkur 2,1° südlich Alkione	17,2°
3.5.2008 11:46:11	Saturn stationär, dann rechtläufig	
3.5.2008 14:07:25	Venus 11,9° südlich Hamal	9,9°
9.5.2008 14:04:07	Jupiter stationär, dann rückläufig	
10.5.2008 5:48:20	Merkur 8,1° nördlich Aldebaran	20,7°
14.5.2008 3:44:00	Merkur in größter östlicher Elongation zur Sonne	21,8°
23.5.2008 6:02:45	Mars 19' nördlich M44	64,8°
24.5.2008 4:46:48	Venus 4,7° südlich Alkione	4,4°
26.5.2008 17:40:35	Neptun stationär, dann rückläufig	
26.5.2008 20:47:28	Merkur stationär, dann rückläufig	
2.6.2008 14:55:32	Venus 5,3° nördlich Aldebaran	1,8°
7.6.2008 15:20:48	Merkur in unterer Konjunktion zur Sonne	-2,9°
8.6.2008 0:41:26	Merkur 3° südlich Venus	0,3°
9.6.2008 3:43:58	Venus in oberer Konjunktion zur Sonne, Bedeckung	2,9'
12.6.2008 4:01:05	Venus 5,2° südlich Elnath	0,8°
19.6.2008 14:32:26	Merkur stationär, dann rechtläufig	
21.6.2008 5:21:19	Venus 1,4° nördlich Eta Geminorum	3,3°
22.6.2008 17:25:46	Venus 1,4° nördlich Mü Geminorum	3,8°
25.6.2008 11:12:13	Venus 7,4° nördlich Alhena	4,5°
26.6.2008 15:09:20	Venus 1,4° südlich Epsilon Geminorum	4,8°
27.6.2008 5:41:57	Uranus stationär, dann rückläufig	
1.7.2008 3:51:34	Mars 43' nördlich Regulus	50°
1.7.2008 17:47:00	Merkur in größter westlicher Elongation zur Sonne	21,8°
5.7.2008 3:09:08	Merkur 7,9° südlich Elnath	21,4°
6.7.2008 3:24:38	Venus 9,2° südlich Kastor	7,5°
8.7.2008 4:10:13	Venus 5,7° südlich Pollux	8°

Datum und Uhrzeit (WZ)	Ereignis	Elon-gation
9.7.2008 7:28:47	Jupiteropposition	
11.7.2008 6:20:11	Mars 42' südlich Saturn	46,2°
13.7.2008 1:05:35	Merkur 3,6' nördlich Eta Geminorum	17,5°
14.7.2008 3:09:59	Merkur 14' nördlich Mü Geminorum	16,7°
16.7.2008 0:22:52	Merkur 6,6° nördlich Alhena	15,1°
16.7.2008 18:50:32	Merkur 2,1° südlich Epsilon Geminorum	14,4°
18.7.2008 18:32:47	Venus 3' nördlich M44	11°
22.7.2008 14:53:51	Merkur 9,2° südlich Kastor	8,4°
23.7.2008 19:21:03	Merkur 5,6° südlich Pollux	7°
29.7.2008 19:52:05	Merkur in oberer Konjunktion zur Sonne	1,7°
29.7.2008 22:35:07	Merkur 25' nördlich M44	1,3°
5.8.2008 19:42:55	Venus 1,1° nördlich Regulus	15,9°
10.8.2008 4:54:58	Merkur 1,1° nördlich Regulus	11,7°
13.8.2008 18:56:41	Venus 14' südlich Saturn	18°
15.8.2008 7:29:19	Neptunopposition	
15.8.2008 23:59:11	Merkur 42' südlich Saturn	16,1°
23.8.2008 5:14:50	Merkur 1,2° südlich Venus	20,5°
25.8.2008 21:15:27	Jupiter 3,2° nördlich Nunki	129,4°
4.9.2008 2:04:00	Saturn in Konjunktion zur Sonne	1,7°
5.9.2008 21:54:50	Mars 2,5° südlich Porrima	26,7°
8.9.2008 1:06:39	Merkur 5,3° südlich Porrima	24,6°
8.9.2008 2:56:06	Jupiter stationär, dann rechtläufig	
8.9.2008 15:54:20	Venus 2,1° südlich Porrima	24,1°
11.9.2008 4:23:00	Merkur in größter östlicher Elongation zur Sonne	26,9°
11.9.2008 4:26:53	Merkur 3,6° südlich Venus	25,4°
11.9.2008 20:34:41	Venus 20' nördlich Mars	25,6°
12.9.2008 21:32:03	Merkur 3,4° südlich Mars	25,3°
13.9.2008 2:08:08	Uranusopposition	
18.9.2008 8:50:11	Venus 2,7° nördlich Spika	27,2°
19.9.2008 4:25:51	Merkur 4,1° südlich Mars	23,4°
21.9.2008 9:56:20	Jupiter 3,1° nördlich Nunki	103,7°
23.9.2008 19:20:48	Mars 2,5° nördlich Spika	21,9°
24.9.2008 5:14:13	Merkur stationär, dann rückläufig	
6.10.2008 18:55:33	Venus 50' südlich Zuben-el-dschenubi	31,3°
6.10.2008 20:47:16	Merkur in unterer Konjunktion zur Sonne	-2°
8.10.2008 12:22:46	Merkur 4,7° südlich Porrima	3,8°
15.10.2008 4:55:57	Merkur stationär, dann rechtläufig	
21.10.2008 20:32:41	Venus 2,3° südlich Akrab	34,5°
21.10.2008 21:41:10	Merkur 59' südlich Porrima	18,3°
22.10.2008 9:26:00	Merkur in größter westlicher Elongation zur Sonne	18,3°
26.10.2008 12:44:51	Venus 3,2° nördlich Antares	36°
26.10.2008 12:54:14	Mars 25' südlich Zuben-el-dschenubi	11,7°
30.10.2008 19:49:37	Merkur 4,4° nördlich Spika	13,9°
2.11.2008 3:49:06	Neptun stationär, dann rechtläufig	
13.11.2008 23:07:31	Merkur 24' nördlich Zuben-el-dschenubi	6,8°
21.11.2008 7:47:43	Mars 1,4° südlich Akrab	4,1°

Datum und Uhrzeit (WZ)	Ereignis	Elongation
23.11.2008 5:15:03	Venus 1,1° nördlich Nunki	41,3°
25.11.2008 14:03:44	Merkur 1,6° südlich Akrab	0,6°
25.11.2008 16:34:04	Merkur in oberer Konjunktion zur Sonne	-36'
27.11.2008 22:14:39	Uranus stationär, dann rechtläufig	
29.11.2008 4:07:36	Mars 4,2° nördlich Antares	2°
29.11.2008 5:09:38	Merkur 3,7° nördlich Antares	2,2°
29.11.2008 6:03:29	Merkur 34' südlich Mars	1,9°
1.12.2008 0:37:30	Venus 2° südlich Jupiter	42,7°
5.12.2008 22:28:37	Mars in Konjunktion zur Sonne	-28'
10.12.2008 3:50:01	Venus 7,1° südlich Beta Capricorni	44,1°
20.12.2008 12:06:43	Merkur 1,2° nördlich Nunki	13,8°
27.12.2008 1:45:52	Venus 1,5° südlich Neptun	46,2°
29.12.2008 1:15:52	Venus 1° nördlich Delta Capricorni	46°
31.12.2008 5:53:44	Merkur 1,3° südlich Jupiter	18,6°

2009

Datum und Uhrzeit (WZ)	Ereignis	Elongation
3.1.2009 18:36:58	Merkur 5,9° südlich Beta Capricorni	19,3°
4.1.2009 13:50:00	Merkur in größter östlicher Elongation zur Sonne	19,3°
11.1.2009 6:34:42	Merkur stationär, dann rückläufig	
13.1.2009 5:01:40	Mars 2,7° nördlich Nunki	10,4°
14.1.2009 21:11:00	Venus in größter östlicher Elongation zur Sonne	47,1°
18.1.2009 5:38:17	Merkur 1,9° südlich Beta Capricorni	6,1°
18.1.2009 6:07:27	Merkur 3,3° nördlich Jupiter	4,7°
18.1.2009 8:32:33	Jupiter 5,2° südlich Beta Capricorni	4,6°
20.1.2009 15:53:47	Merkur in unterer Konjunktion zur Sonne	3,2°
23.1.2009 15:40:27	Venus 1,4° nördlich Uranus	46,3°
24.1.2009 5:50:05	Jupiter in Konjunktion zur Sonne	-26'
26.1.2009 18:12:33	Merkur 4,4° nördlich Mars	13,5°
1.2.2009 2:00:25	Merkur stationär, dann rechtläufig	
8.2.2009 8:09:50	Mars 5,7° südlich Beta Capricorni	16,2°
12.2.2009 12:43:40	Neptun in Konjunktion zur Sonne	-21'
13.2.2009 20:34:00	Merkur in größter westlicher Elongation zur Sonne	26,1°
17.2.2009 9:31:10	Mars 35' südlich Jupiter	18,8°
17.2.2009 10:12:46	Merkur 4,9° südlich Beta Capricorni	25,1°
24.2.2009 3:08:10	Merkur 37' südlich Jupiter	24,1°
26.2.2009 9:41:13	Neptun 2,4° nördlich Delta Capricorni	13,5°
1.3.2009 20:22:16	Merkur 36' südlich Mars	21,8°
4.3.2009 20:58:42	Merkur 45' nördlich Delta Capricorni	20,6°
5.3.2009 0:35:38	Venus stationär, dann rückläufig	
5.3.2009 0:44:40	Merkur 1,6° südlich Neptun	19,9°
7.3.2009 17:11:05	Mars 1,6° nördlich Delta Capricorni	23,1°
8.3.2009 4:04:02	Mars 48' südlich Neptun	22,9°
8.3.2009 19:41:29	Saturnopposition	

Datum und Uhrzeit (WZ)	Ereignis	Elongation
13.3.2009 1:30:23	Uranus in Konjunktion zur Sonne	-44'
21.3.2009 21:32:58	Merkur 1,4° südlich Uranus	8,3°
27.3.2009 11:24:27	Merkur 10,6° südlich Venus	4°
27.3.2009 19:18:48	Venus in unterer Konjunktion zur Sonne	8,2°
31.3.2009 3:16:39	Merkur in oberer Konjunktion zur Sonne	-1,1°
11.4.2009 20:41:58	Merkur 9,6° südlich Hamal	12,5°
15.4.2009 3:43:16	Mars 28' südlich Uranus	30,9°
15.4.2009 8:04:22	Venus stationär, dann rechtläufig	
18.4.2009 16:06:07	Venus 5,6° nördlich Mars	29,8°
26.4.2009 7:41:00	Merkur in größter östlicher Elongation zur Sonne	20,4°
30.4.2009 15:02:54	Merkur 1,4° südlich Alkione	19,6°
4.5.2009 10:09:50	Jupiter 2° nördlich Delta Capricorni	79,7°
7.5.2009 16:01:18	Merkur stationär, dann rückläufig	
15.5.2009 13:47:06	Merkur 4,3° südlich Alkione	4,3°
17.5.2009 17:32:28	Saturn stationär, dann rechtläufig	
18.5.2009 9:56:05	Merkur in unterer Konjunktion zur Sonne	-56'
25.5.2009 12:11:24	Jupiter 24' südlich Neptun	98°
29.5.2009 6:13:06	Neptun stationär, dann rückläufig	
30.5.2009 15:45:53	Merkur stationär, dann rechtläufig	
5.6.2009 20:38:00	Venus in größter westlicher Elongation zur Sonne	45,9°
6.6.2009 1:09:47	Mars 11,6° südlich Hamal	38,8°
9.6.2009 17:56:25	Venus 13,3° südlich Hamal	42,2°
12.6.2009 9:38:33	Merkur 7,9° südlich Alkione	21,8°
13.6.2009 11:45:00	Merkur in größter westlicher Elongation zur Sonne	23,5°
15.6.2009 19:24:38	Jupiter stationär, dann rückläufig	
19.6.2009 14:31:54	Venus 2° südlich Mars	44,6°
22.6.2009 14:16:00	Merkur 3,3° nördlich Aldebaran	21°
29.6.2009 19:50:51	Merkur 6,2° südlich Elnath	15,9°
1.7.2009 12:43:14	Uranus stationär, dann rückläufig	
4.7.2009 2:13:53	Venus 6,9° südlich Alkione	42,3°
5.7.2009 12:55:24	Merkur 1,2° nördlich Eta Geminorum	10,1°
6.7.2009 10:15:00	Merkur 1,3° nördlich Mü Geminorum	9,1°
8.7.2009 0:29:23	Merkur 7,5° nördlich Alhena	7,3°
8.7.2009 16:33:35	Merkur 1,2° südlich Epsilon Geminorum	6,5°
10.7.2009 20:12:36	Mars 4,7° südlich Alkione	48,7°
13.7.2009 19:36:31	Jupiter 37' südlich Neptun	145,6°
14.7.2009 2:03:26	Merkur in oberer Konjunktion zur Sonne	1,5°
14.7.2009 2:06:08	Merkur 8,7° südlich Kastor	1,5°
14.7.2009 17:52:10	Venus 3,1° nördlich Aldebaran	42,1°
15.7.2009 5:55:00	Merkur 5,2° südlich Pollux	2,1°
21.7.2009 12:15:24	Merkur 33' nördlich M44	8,6°
25.7.2009 7:38:29	Venus 7,4° südlich Elnath	40,1°
27.7.2009 11:17:07	Mars 5,2° nördlich Aldebaran	53,9°
28.7.2009 13:11:24	Jupiter 1,7° nördlich Delta Capricorni	161,3°
2.8.2009 19:10:06	Merkur 39' nördlich Regulus	19,1°
4.8.2009 4:03:16	Venus 35' südlich Eta Geminorum	38,4°

Datum und Uhrzeit (WZ)	Ereignis	Elongation
5.8.2009 18:54:23	Venus 34' südlich Mü Geminorum	38°
8.8.2009 17:26:49	Venus 5,5° nördlich Alhena	37,4°
9.8.2009 23:20:24	Venus 3,2° südlich Epsilon Geminorum	37,2°
13.8.2009 23:14:22	Mars 5,5° südlich Elnath	58,8°
14.8.2009 17:42:42	Jupiteropposition	
17.8.2009 20:41:23	Neptunopposition	
18.8.2009 21:20:18	Merkur 3,5° südlich Saturn	25,4°
20.8.2009 0:52:20	Venus 10,8° südlich Kastor	35°
22.8.2009 3:54:32	Venus 7,3° südlich Pollux	34,6°
24.8.2009 16:07:00	Merkur in größter östlicher Elongation zur Sonne	27,4°
31.8.2009 7:50:54	Mars 1,1° nördlich Eta Geminorum	64,5°
2.9.2009 3:16:24	Venus 1,2° südlich M44	32,1°
3.9.2009 7:08:35	Mars 1,1° nördlich Mü Geminorum	65,5°
6.9.2009 19:41:16	Merkur stationär, dann rückläufig	
8.9.2009 18:53:20	Mars 7,1° nördlich Alhena	67,2°
10.9.2009 5:57:15	Neptun 2,3° nördlich Delta Capricorni	155,9°
11.9.2009 3:40:30	Mars 1,7° südlich Epsilon Geminorum	68,3°
17.9.2009 9:28:02	Uranusopposition	
17.9.2009 18:26:32	Saturn in Konjunktion zur Sonne	2°
20.9.2009 9:25:34	Venus 29' nördlich Regulus	27,6°
20.9.2009 9:58:56	Merkur in unterer Konjunktion zur Sonne	-3°
20.9.2009 12:15:17	Merkur 5,4° südlich Saturn	3°
28.9.2009 18:26:23	Merkur stationär, dann rechtläufig	
1.10.2009 8:17:59	Mars 9,4° südlich Kastor	76,4°
5.10.2009 21:55:49	Mars 5,9° südlich Pollux	78,4°
6.10.2009 1:23:00	Merkur in größter westlicher Elongation zur Sonne	17,9°
8.10.2009 9:18:15	Merkur 19' südlich Saturn	17,6°
13.10.2009 7:58:36	Jupiter stationär, dann rechtläufig	
13.10.2009 15:34:00	Venus 34' südlich Saturn	22,1°
16.10.2009 23:32:45	Merkur 56' südlich Porrima	13,2°
23.10.2009 15:19:49	Venus 1,4° südlich Porrima	19,6°
24.10.2009 0:25:29	Merkur 3,8° nördlich Spika	7,1°
1.11.2009 7:22:25	Mars 15' nördlich M44	91,6°
2.11.2009 1:35:04	Venus 3,8° nördlich Spika	15,9°
4.11.2009 16:15:54	Neptun stationär, dann rechtläufig	
5.11.2009 7:45:29	Merkur in oberer Konjunktion zur Sonne, Bedeckung	12'
6.11.2009 17:36:12	Merkur 18' südlich Zuben-el-dschenubi	0,9°
18.11.2009 10:18:07	Merkur 2,2° südlich Akrab	7,2°
19.11.2009 22:57:17	Venus 50' nördlich Zuben-el-dschenubi	12,6°
22.11.2009 2:33:46	Merkur 3,1° nördlich Antares	9,6°
2.12.2009 3:06:24	Uranus stationär, dann rechtläufig	
4.12.2009 14:49:32	Venus 22' südlich Akrab	9,2°
9.12.2009 4:03:20	Venus 5,1° nördlich Antares	8,1°
14.12.2009 19:54:58	Merkur 1,3° nördlich Nunki	19,8°
18.12.2009 17:30:00	Merkur in größter östlicher Elongation zur Sonne	20,3°
20.12.2009 4:45:27	Jupiter 34' südlich Neptun	55,7°

Datum und Uhrzeit (WZ)	Ereignis	Elongation
21.12.2009 5:30:43	Jupiter 1,8° nördlich Delta Capricorni	54,2°
21.12.2009 15:32:16	Mars stationär, dann rückläufig	
26.12.2009 8:36:49	Merkur stationär, dann rückläufig	
27.12.2009 12:27:06	Neptun 2,3° nördlich Delta Capricorni	47,9°

2010

Datum und Uhrzeit (WZ)	Ereignis	Elongation
4.1.2010 19:00:27	Merkur in unterer Konjunktion zur Sonne	2,7°
4.1.2010 22:20:09	Venus 2,9° nördlich Nunki	1,8°
5.1.2010 7:22:24	Merkur 3,4° nördlich Venus	1,7°
5.1.2010 15:54:53	Merkur 6,4° nördlich Nunki	3,5°
11.1.2010 20:26:55	Venus in oberer Konjunktion zur Sonne	-49'
15.1.2010 15:53:34	Merkur stationär, dann rechtläufig	
20.1.2010 20:41:22	Venus 5,8° südlich Beta Capricorni	2,4°
27.1.2010 5:14:00	Merkur in größter westlicher Elongation zur Sonne	24,8°
27.1.2010 17:46:29	Merkur 4,5° nördlich Nunki	24,7°
29.1.2010 19:36:40	Marsopposition	
6.2.2010 19:12:28	Venus 1,3° nördlich Delta Capricorni	6,4°
7.2.2010 3:15:02	Mars 3,3° nördlich M44	167,5°
7.2.2010 22:32:57	Venus 1,1° südlich Neptun	6,6°
12.2.2010 8:35:37	Merkur 5,9° südlich Beta Capricorni	19,8°
14.2.2010 23:21:50	Neptun in Konjunktion zur Sonne	-25'
16.2.2010 21:04:51	Venus 35' südlich Jupiter	8,8°
25.2.2010 22:11:16	Merkur 32' nördlich Delta Capricorni	13,5°
27.2.2010 4:59:13	Merkur 1,8° südlich Neptun	11,9°
28.2.2010 10:50:15	Jupiter in Konjunktion zur Sonne	-56'
3.3.2010 22:39:40	Venus 40' südlich Uranus	12,4°
7.3.2010 18:55:55	Merkur 1,2° südlich Jupiter	5,7°
11.3.2010 8:38:35	Mars stationär, dann rechtläufig	
14.3.2010 13:03:02	Merkur in oberer Konjunktion zur Sonne	-1,5°
15.3.2010 17:52:40	Merkur 44' südlich Uranus	1,6°
17.3.2010 6:52:25	Uranus in Konjunktion zur Sonne	-43'
22.3.2010 0:25:29	Saturnopposition	
4.4.2010 0:27:33	Venus 11° südlich Hamal	19,9°
6.4.2010 3:02:09	Merkur 8,1° südlich Hamal	18,9°
8.4.2010 23:23:00	Merkur in größter östlicher Elongation zur Sonne	19,3°
16.4.2010 10:02:45	Mars 1,2° nördlich M44	100,8°
18.4.2010 10:11:18	Merkur stationär, dann rückläufig	
24.4.2010 16:14:44	Venus 3,6° südlich Alkione	25°
28.4.2010 16:37:50	Merkur in unterer Konjunktion zur Sonne	58'
4.5.2010 3:34:01	Venus 6,5° nördlich Aldebaran	26,9°
6.5.2010 13:19:15	Merkur 11,9° südlich Hamal	12,2°
11.5.2010 0:03:08	Merkur stationär, dann rechtläufig	
13.5.2010 18:50:22	Venus 4,1° südlich Elnath	29,6°

Datum und Uhrzeit (WZ)	Ereignis	Elongation
15.5.2010 9:52:21	Merkur 13,8° südlich Hamal	19,3°
22.5.2010 23:28:10	Venus 2,5° nördlich Eta Geminorum	31,8°
24.5.2010 12:16:18	Venus 2,5° nördlich Mü Geminorum	32,2°
26.5.2010 2:15:00	Merkur in größter westlicher Elongation zur Sonne	25,1°
27.5.2010 7:30:22	Venus 8,5° nördlich Alhena	32,8°
28.5.2010 12:11:09	Venus 17' südlich Epsilon Geminorum	33,1°
31.5.2010 15:22:08	Saturn stationär, dann rechtläufig	
31.5.2010 20:54:53	Neptun stationär, dann rückläufig	
6.6.2010 14:24:16	Mars 54' nördlich Regulus	73,9°
6.6.2010 18:34:41	Jupiter 28' südlich Uranus	75,7°
7.6.2010 7:43:29	Venus 8,2° südlich Kastor	35,2°
9.6.2010 10:24:34	Venus 4,8° südlich Pollux	35,4°
9.6.2010 12:05:22	Merkur 6,2° südlich Alkione	18,8°
16.6.2010 2:22:57	Merkur 4,6° nördlich Aldebaran	14,3°
20.6.2010 13:37:20	Venus 44' nördlich M44	38,1°
21.6.2010 22:03:10	Merkur 5,2° südlich Elnath	8°
27.6.2010 1:12:37	Merkur 1,9° nördlich Eta Geminorum	1,9°
27.6.2010 21:21:57	Merkur 2° nördlich Mü Geminorum	1,1°
28.6.2010 11:54:53	Merkur in oberer Konjunktion zur Sonne	1,2°
29.6.2010 10:09:03	Merkur 8,1° nördlich Alhena	1,8°
30.6.2010 1:51:56	Merkur 40' südlich Epsilon Geminorum	2,4°
5.7.2010 13:20:56	Merkur 8,4° südlich Kastor	8,5°
5.7.2010 21:49:58	Uranus stationär, dann rückläufig	
6.7.2010 18:35:31	Merkur 4,9° südlich Pollux	9,8°
10.7.2010 2:49:47	Venus 1,1° nördlich Regulus	41,8°
13.7.2010 13:46:31	Merkur 29' nördlich M44	16,3°
24.7.2010 3:05:34	Jupiter stationär, dann rückläufig	
27.7.2010 23:12:46	Merkur 19' südlich Regulus	25,2°
1.8.2010 19:34:01	Mars 1,9° südlich Saturn	51,5°
7.8.2010 1:02:00	Merkur in größter östlicher Elongation zur Sonne	27,4°
10.8.2010 1:45:53	Venus 3,1° südlich Saturn	44,4°
17.8.2010 6:56:06	Mars 2,8° südlich Porrima	46,1°
19.8.2010 6:59:41	Venus 4,8° südlich Porrima	44,1°
20.8.2010 3:36:00	Venus in größter östlicher Elongation zur Sonne	46°
20.8.2010 3:43:07	Merkur stationär, dann rückläufig	
20.8.2010 9:53:16	Neptunopposition	
23.8.2010 21:54:31	Venus 2,5° südlich Mars	44,9°
1.9.2010 18:08:04	Venus 1,2° südlich Spika	44,8°
3.9.2010 12:29:05	Merkur in unterer Konjunktion zur Sonne	-3,9°
4.9.2010 14:21:13	Mars 2,2° nördlich Spika	41,2°
12.9.2010 3:04:21	Merkur stationär, dann rechtläufig	
19.9.2010 17:13:00	Merkur in größter westlicher Elongation zur Sonne	17,9°
21.9.2010 11:25:38	Jupiteropposition	
21.9.2010 16:44:52	Uranusopposition	
22.9.2010 19:49:28	Jupiter 53' südlich Uranus	177,8°
29.9.2010 5:54:29	Venus 6,5° südlich Mars	33,7°

Datum und Uhrzeit (WZ)	Ereignis	Elon-gation
1.10.2010 0:46:10	Saturn in Konjunktion zur Sonne	2,2°
7.10.2010 14:54:08	Mars 42' südlich Zuben-el-dschenubi	30,9°
7.10.2010 19:01:19	Venus stationär, dann rückläufig	
8.10.2010 14:52:19	Merkur 35' südlich Saturn	6,5°
9.10.2010 16:37:35	Merkur 1,3° südlich Porrima	5,7°
16.10.2010 14:14:28	Merkur 3,2° nördlich Spika	1°
17.10.2010 0:48:56	Merkur in oberer Konjunktion zur Sonne	53'
24.10.2010 0:28:07	Saturn 39' südlich Porrima	20,1°
24.10.2010 10:57:06	Merkur 7,2° nördlich Venus	4,9°
29.10.2010 1:05:20	Venus in unterer Konjunktion zur Sonne	-6°
30.10.2010 12:51:33	Merkur 60' südlich Zuben-el-dschenubi	8,2°
2.11.2010 8:26:02	Mars 1,6° südlich Akrab	23,6°
7.11.2010 4:25:16	Neptun stationär, dann rechtläufig	
10.11.2010 3:34:38	Mars 4° nördlich Antares	21,7°
11.11.2010 14:12:40	Merkur 2,9° südlich Akrab	14,3°
15.11.2010 10:38:04	Merkur 2,5° nördlich Antares	16,7°
16.11.2010 15:36:35	Venus stationär, dann rechtläufig	
19.11.2010 5:17:18	Jupiter stationär, dann rechtläufig	
21.11.2010 0:51:38	Merkur 1,7° südlich Mars	18,7°
1.12.2010 15:32:00	Merkur in größter östlicher Elongation zur Sonne	21,5°
6.12.2010 8:30:32	Uranus stationär, dann rechtläufig	
10.12.2010 10:25:55	Merkur stationär, dann rückläufig	
14.12.2010 3:21:20	Merkur 1° nördlich Mars	12,7°
20.12.2010 1:17:26	Merkur in unterer Konjunktion zur Sonne	2°
21.12.2010 20:53:55	Venus 3° nördlich Zuben-el-dschenubi	44,7°
24.12.2010 17:51:23	Mars 2,5° nördlich Nunki	10°
30.12.2010 8:04:29	Merkur stationär, dann rechtläufig	

2011

Datum und Uhrzeit (WZ)	Ereignis	Elon-gation
2.1.2011 13:42:30	Jupiter 34' südlich Uranus	75°
8.1.2011 15:49:00	Venus in größter westlicher Elongation zur Sonne	47°
9.1.2011 14:16:00	Merkur in größter westlicher Elongation zur Sonne	23,3°
10.1.2011 8:02:02	Venus 2,5° nördlich Akrab	46,4°
15.1.2011 21:49:41	Venus 8° nördlich Antares	45,7°
19.1.2011 14:21:41	Mars 5,8° südlich Beta Capricorni	3,9°
23.1.2011 8:00:23	Merkur 3,2° nördlich Nunki	20,1°
4.2.2011 17:13:14	Mars in Konjunktion zur Sonne	-1,1°
5.2.2011 16:00:05	Merkur 6,4° südlich Beta Capricorni	13,1°
15.2.2011 15:00:05	Venus 5,3° nördlich Nunki	43,6°
15.2.2011 17:50:56	Mars 1,6° nördlich Delta Capricorni	2,7°
17.2.2011 9:59:00	Neptun in Konjunktion zur Sonne	-29'
18.2.2011 10:01:19	Merkur 32' nördlich Delta Capricorni	5,9°
20.2.2011 13:46:18	Merkur 1,1° südlich Mars	3,7°

Datum und Uhrzeit (WZ)	Ereignis	Elongation
20.2.2011 16:59:19	Merkur 1,7° südlich Neptun	3,2°
20.2.2011 21:14:17	Mars 38' südlich Neptun	3,4°
25.2.2011 8:33:31	Merkur in oberer Konjunktion zur Sonne	-1,9°
4.3.2011 20:59:24	Venus 4° südlich Beta Capricorni	40°
16.3.2011 17:25:37	Merkur 2,3° nördlich Jupiter	15,7°
21.3.2011 12:26:59	Uranus in Konjunktion zur Sonne	-42'
22.3.2011 16:13:29	Venus 2,3° nördlich Delta Capricorni	37,2°
23.3.2011 1:03:00	Merkur in größter östlicher Elongation zur Sonne	18,6°
27.3.2011 0:30:04	Venus 9,3' südlich Neptun	36,3°
30.3.2011 17:09:52	Merkur stationär, dann rückläufig	
3.4.2011 17:39:32	Mars 14' südlich Uranus	12,3°
3.4.2011 23:44:33	Saturnopposition	
6.4.2011 14:46:31	Jupiter in Konjunktion zur Sonne	-1,1°
9.4.2011 19:30:34	Merkur in unterer Konjunktion zur Sonne	2,4°
10.4.2011 19:49:52	Merkur 3,5° nördlich Jupiter	2,8°
19.4.2011 8:09:19	Merkur 47' nördlich Mars	15,4°
22.4.2011 5:00:54	Merkur stationär, dann rechtläufig	
22.4.2011 18:49:08	Venus 55' südlich Uranus	30°
1.5.2011 11:00:25	Mars 24' nördlich Jupiter	18,2°
7.5.2011 18:58:00	Merkur in größter westlicher Elongation zur Sonne	26,6°
10.5.2011 22:50:52	Merkur 2,2° südlich Jupiter	25,3°
11.5.2011 9:12:04	Venus 37' südlich Jupiter	25,7°
16.5.2011 14:51:22	Mars 11,2° südlich Hamal	20,1°
18.5.2011 6:12:32	Merkur 13,7° südlich Hamal	21,5°
18.5.2011 22:07:52	Venus 12,3° südlich Hamal	22,1°
20.5.2011 1:20:20	Merkur 2,4° südlich Mars	22,2°
22.5.2011 15:10:52	Venus 1,1° südlich Mars	22,7°
2.6.2011 8:26:24	Merkur 5,1° südlich Alkione	12°
3.6.2011 9:37:35	Neptun stationär, dann rückläufig	
7.6.2011 23:37:31	Merkur 5,6° nördlich Aldebaran	6,1°
8.6.2011 18:52:57	Venus 5,2° südlich Alkione	17,9°
12.6.2011 23:32:32	Merkur in oberer Konjunktion zur Sonne	54'
13.6.2011 8:30:49	Merkur 4,4° südlich Elnath	1,1°
14.6.2011 3:52:57	Saturn stationär, dann rechtläufig	
18.6.2011 7:38:24	Venus 4,8° nördlich Aldebaran	16,1°
18.6.2011 10:27:04	Merkur 2,5° nördlich Eta Geminorum	6,8°
19.6.2011 7:09:37	Merkur 2,5° nördlich Mü Geminorum	7,8°
20.6.2011 0:04:49	Mars 4,4° südlich Alkione	28,5°
20.6.2011 21:28:31	Merkur 8,5° nördlich Alhena	9,6°
21.6.2011 14:03:31	Merkur 16' südlich Epsilon Geminorum	10,4°
24.6.2011 8:48:47	Jupiter 11,8° südlich Hamal	55,3°
27.6.2011 13:12:25	Merkur 8,3° südlich Kastor	16,3°
27.6.2011 23:10:09	Venus 5,7° südlich Elnath	13,6°
28.6.2011 22:05:03	Merkur 4,9° südlich Pollux	17,5°
6.7.2011 6:29:23	Mars 5,5° nördlich Aldebaran	33,1°
6.7.2011 21:19:58	Merkur 2,7' nördlich M44	23°

Datum und Uhrzeit (WZ)	Ereignis	Elongation
7.7.2011 2:12:15	Venus 55' nördlich Eta Geminorum	11,1°
8.7.2011 14:31:21	Venus 55' nördlich Mü Geminorum	10,7°
10.7.2011 4:47:20	Uranus stationär, dann rückläufig	
11.7.2011 8:40:26	Venus 7° nördlich Alhena	9,9°
12.7.2011 12:50:22	Venus 1,8° südlich Epsilon Geminorum	9,6°
20.7.2011 4:54:00	Merkur in größter östlicher Elongation zur Sonne	26,8°
22.7.2011 2:04:11	Venus 9,6° südlich Kastor	7°
23.7.2011 4:59:12	Mars 5,2° südlich Elnath	37,6°
24.7.2011 2:53:16	Venus 6,1° südlich Pollux	6,5°
2.8.2011 6:46:28	Merkur stationär, dann rückläufig	
3.8.2011 16:59:23	Venus 16' südlich M44	3,7°
8.8.2011 17:28:41	Mars 1,3° nördlich Eta Geminorum	42,2°
11.8.2011 12:28:16	Mars 1,2° nördlich Mü Geminorum	43,1°
15.8.2011 23:08:14	Merkur 6,3° südlich Venus	1,3°
16.8.2011 11:33:41	Venus in oberer Konjunktion zur Sonne	1,3°
16.8.2011 15:26:02	Mars 7,3° nördlich Alhena	44,6°
17.8.2011 0:58:13	Merkur in unterer Konjunktion zur Sonne	-4,6°
18.8.2011 20:09:57	Mars 1,6° südlich Epsilon Geminorum	45,3°
21.8.2011 15:20:25	Venus 58' nördlich Regulus	1,8°
22.8.2011 23:12:39	Neptunopposition	
26.8.2011 4:00:06	Merkur stationär, dann rechtläufig	
30.8.2011 17:10:48	Jupiter stationär, dann rückläufig	
3.9.2011 5:48:00	Merkur in größter westlicher Elongation zur Sonne	18,1°
6.9.2011 2:28:26	Mars 9,5° südlich Kastor	51,2°
9.9.2011 1:59:47	Merkur 42' nördlich Regulus	16,1°
10.9.2011 2:08:34	Mars 6° südlich Pollux	52,6°
23.9.2011 23:09:32	Venus 1,8° südlich Porrima	10,1°
26.9.2011 0:01:31	Uranusopposition	
28.9.2011 20:01:13	Merkur in oberer Konjunktion zur Sonne	1,4°
30.9.2011 11:01:18	Venus 1,4° südlich Saturn	11,8°
1.10.2011 11:06:56	Mars 8,9' südlich M44	60,5°
2.10.2011 1:19:15	Merkur 1,9° südlich Porrima	2,7°
3.10.2011 11:32:32	Venus 3,1° nördlich Spika	13°
7.10.2011 8:53:07	Merkur 1,9° südlich Saturn	6,1°
9.10.2011 3:49:03	Merkur 2,6° nördlich Spika	7,6°
13.10.2011 21:17:13	Saturn in Konjunktion zur Sonne	2,2°
21.10.2011 12:50:49	Venus 9' südlich Zuben-el-dschenubi	17,4°
23.10.2011 16:57:54	Merkur 1,7° südlich Zuben-el-dschenubi	15,3°
29.10.2011 1:31:50	Jupiteropposition	
31.10.2011 4:40:59	Saturn 4,6° nördlich Spika	13,6°
5.11.2011 6:57:16	Venus 1,5° südlich Akrab	20,9°
5.11.2011 17:18:26	Merkur 3,5° südlich Akrab	20,4°
9.11.2011 16:35:45	Neptun stationär, dann rechtläufig	
9.11.2011 20:47:07	Venus 4° nördlich Antares	22,2°
9.11.2011 23:08:42	Jupiter 12,1° südlich Hamal	166,4°
10.11.2011 4:35:13	Mars 1,4° nördlich Regulus	77,4°

Datum und Uhrzeit (WZ)	Ereignis	Elongation
10.11.2011 4:59:35	Merkur 1,9° nördlich Antares	22,3°
14.11.2011 8:31:00	Merkur in größter östlicher Elongation zur Sonne	22,7°
24.11.2011 9:30:10	Merkur stationär, dann rückläufig	
4.12.2011 8:46:37	Merkur in unterer Konjunktion zur Sonne	1,3°
6.12.2011 12:43:08	Merkur 6,5° nördlich Antares	5,4°
6.12.2011 19:01:23	Venus 1,9° nördlich Nunki	28,4°
10.12.2011 13:27:57	Uranus stationär, dann rechtläufig	
14.12.2011 1:38:39	Merkur stationär, dann rechtläufig	
22.12.2011 20:24:03	Merkur 6,8° nördlich Antares	21,2°
22.12.2011 22:42:49	Venus 6,6° südlich Beta Capricorni	32°
23.12.2011 3:00:00	Merkur in größter westlicher Elongation zur Sonne	21,8°
26.12.2011 11:01:06	Jupiter stationär, dann rechtläufig	

2012

Datum und Uhrzeit (WZ)	Ereignis	Elongation
9.1.2012 7:56:56	Venus 56' nördlich Delta Capricorni	35,3°
13.1.2012 6:59:52	Venus 1,2° südlich Neptun	36,4°
16.1.2012 20:33:14	Merkur 2,4° nördlich Nunki	13,4°
25.1.2012 0:31:28	Mars stationär, dann rückläufig	
29.1.2012 9:05:36	Merkur 6,7° südlich Beta Capricorni	6,5°
7.2.2012 8:47:20	Merkur in oberer Konjunktion zur Sonne	-2,1°
8.2.2012 11:24:37	Saturn stationär, dann rückläufig	
10.2.2012 5:20:08	Venus 20' nördlich Uranus	41,3°
10.2.2012 8:20:51	Jupiter 11,7° südlich Hamal	72,9°
10.2.2012 17:20:44	Merkur 41' nördlich Delta Capricorni	3,2°
14.2.2012 0:32:18	Merkur 1,3° südlich Neptun	5,5°
19.2.2012 20:43:44	Neptun in Konjunktion zur Sonne	-33'
3.3.2012 20:03:56	Marsopposition	
5.3.2012 9:27:00	Merkur in größter westlicher Elongation zur Sonne	18,2°
6.3.2012 23:47:37	Merkur 3,1° nördlich Uranus	16,7°
9.3.2012 20:36:23	Venus 8,7° südlich Hamal	45,2°
11.3.2012 20:44:09	Merkur stationär, dann rückläufig	
15.3.2012 10:42:08	Venus 3,3° nördlich Jupiter	44,6°
16.3.2012 1:47:40	Merkur 4,6° nördlich Uranus	8,2°
21.3.2012 19:14:53	Merkur in unterer Konjunktion zur Sonne	3,3°
24.3.2012 18:22:59	Uranus in Konjunktion zur Sonne	-41'
27.3.2012 7:31:00	Venus in größter östlicher Elongation zur Sonne	46°
3.4.2012 5:51:29	Merkur stationär, dann rechtläufig	
3.4.2012 17:17:32	Venus 25' südlich Alkione	45,8°
15.4.2012 12:14:31	Mars stationär, dann rechtläufig	
15.4.2012 18:14:30	Saturnopposition	
17.4.2012 0:55:59	Venus 10° nördlich Aldebaran	42,8°
18.4.2012 17:15:00	Merkur in größter westlicher Elongation zur Sonne	27,5°
22.4.2012 2:03:36	Merkur 2,1° südlich Uranus	26,3°

Datum und Uhrzeit (WZ)	Ereignis	Elongation
7.5.2012 6:29:07	Venus 49' südlich Elnath	35,9°
11.5.2012 4:34:54	Merkur 12,8° südlich Hamal	16,4°
13.5.2012 13:28:59	Jupiter in Konjunktion zur Sonne	-48'
15.5.2012 17:21:03	Venus stationär, dann rückläufig	
22.5.2012 7:07:08	Merkur 24' nördlich Jupiter	6,3°
23.5.2012 22:13:33	Venus 2,5° südlich Elnath	19,7°
24.5.2012 2:46:19	Merkur 4,2° südlich Alkione	4,1°
27.5.2012 11:07:28	Merkur in oberer Konjunktion zur Sonne	31'
29.5.2012 10:04:44	Merkur 6,4° nördlich Aldebaran	2,6°
1.6.2012 20:31:58	Merkur 12' nördlich Venus	6,7°
3.6.2012 19:39:22	Merkur 3,8° südlich Elnath	9,1°
4.6.2012 23:33:11	Neptun stationär, dann rückläufig	
6.6.2012 1:04:03	Venus in unterer Konjunktion zur Sonne, Transit	9,4'
7.6.2012 18:15:10	Jupiter 4,9° südlich Alkione	17,7°
9.6.2012 6:32:14	Merkur 2,9° nördlich Eta Geminorum	14,8°
10.6.2012 5:35:27	Merkur 2,8° nördlich Mü Geminorum	15,7°
12.6.2012 0:53:04	Merkur 8,8° nördlich Alhena	17,3°
12.6.2012 19:54:19	Merkur 1,4' südlich Epsilon Geminorum	18°
15.6.2012 5:29:04	Venus 3,6° nördlich Aldebaran	14,2°
19.6.2012 23:53:29	Merkur 8,5° südlich Kastor	22,8°
21.6.2012 17:56:02	Merkur 5,2° südlich Pollux	23,6°
26.6.2012 7:38:06	Saturn stationär, dann rechtläufig	
27.6.2012 4:18:17	Venus stationär, dann rechtläufig	
1.7.2012 1:50:00	Merkur in größter östlicher Elongation zur Sonne	25,7°
3.7.2012 22:50:42	Merkur 1,8° südlich M44	25,1°
9.7.2012 18:59:51	Venus 55' nördlich Aldebaran	38,1°
13.7.2012 13:45:58	Uranus stationär, dann rückläufig	
14.7.2012 5:18:39	Merkur stationär, dann rückläufig	
24.7.2012 7:17:12	Mars 3° südlich Porrima	68,5°
24.7.2012 16:28:22	Merkur 6,3° südlich M44	5,4°
28.7.2012 19:51:27	Merkur in unterer Konjunktion zur Sonne	-5°
29.7.2012 7:19:09	Venus 9,7° südlich Elnath	44,1°
3.8.2012 4:20:17	Jupiter 4,7° nördlich Aldebaran	60,6°
7.8.2012 17:15:28	Merkur stationär, dann rechtläufig	
11.8.2012 14:55:09	Venus 2,6° südlich Eta Geminorum	45,7°
13.8.2012 0:11:22	Mars 1,9° nördlich Spika	62,6°
13.8.2012 15:37:32	Venus 2,6° südlich Mü Geminorum	45,8°
15.8.2012 8:54:00	Venus in größter westlicher Elongation zur Sonne	45,8°
16.8.2012 11:57:00	Merkur in größter westlicher Elongation zur Sonne	18,7°
17.8.2012 6:12:11	Venus 3,6° nördlich Alhena	45,8°
17.8.2012 8:40:40	Mars 2,9° südlich Saturn	60,2°
18.8.2012 18:21:52	Venus 5,1° südlich Epsilon Geminorum	45,8°
18.8.2012 20:43:27	Merkur 1,7° südlich M44	18,4°
24.8.2012 12:18:21	Neptunopposition	
30.8.2012 11:55:55	Venus 12,4° südlich Kastor	45,1°
31.8.2012 20:54:29	Merkur 1,3° nördlich Regulus	8,8°

Datum und Uhrzeit (WZ)	Ereignis	Elongation
1.9.2012 21:31:15	Venus 8,8° südlich Pollux	44,9°
10.9.2012 12:30:12	Merkur in oberer Konjunktion zur Sonne	1,6°
13.9.2012 23:25:57	Venus 2,3° südlich M44	43,5°
16.9.2012 7:03:56	Mars 1,1° südlich Zuben-el-dschenubi	51,4°
23.9.2012 13:04:27	Merkur 2,5° südlich Porrima	9,8°
29.9.2012 7:01:31	Uranusopposition	
1.10.2012 1:28:22	Merkur 1,8° nördlich Spika	15,1°
3.10.2012 7:57:21	Venus 7,3' südlich Regulus	40,5°
4.10.2012 13:13:43	Jupiter stationär, dann rückläufig	
6.10.2012 7:02:54	Merkur 3,5° südlich Saturn	16,8°
12.10.2012 9:35:05	Mars 2° südlich Akrab	43,9°
16.10.2012 20:44:10	Merkur 2,6° südlich Zuben-el-dschenubi	21,3°
20.10.2012 6:00:38	Mars 3,6° nördlich Antares	42,1°
25.10.2012 8:36:19	Saturn in Konjunktion zur Sonne	2,2°
26.10.2012 22:02:00	Merkur in größter östlicher Elongation zur Sonne	24,1°
5.11.2012 4:27:34	Merkur 3,7° südlich Akrab	20,2°
6.11.2012 9:54:27	Venus 1,2° südlich Porrima	33,7°
7.11.2012 3:32:53	Merkur stationär, dann rückläufig	
9.11.2012 0:39:32	Merkur 3,2° südlich Akrab	16,4°
11.11.2012 5:40:11	Neptun stationär, dann rechtläufig	
15.11.2012 23:03:46	Venus 4,1° nördlich Spika	30°
17.11.2012 15:41:00	Merkur in unterer Konjunktion zur Sonne	24'
26.11.2012 19:45:42	Merkur stationär, dann rechtläufig	
27.11.2012 5:09:52	Venus 34' südlich Saturn	29°
3.12.2012 1:35:03	Jupiteropposition	
3.12.2012 20:59:25	Mars 2,3° nördlich Nunki	30,6°
4.12.2012 1:11:58	Venus 1,3° nördlich Zuben-el-dschenubi	27,1°
4.12.2012 22:40:00	Merkur in größter westlicher Elongation zur Sonne	20,6°
7.12.2012 20:15:04	Jupiter 4,7° nördlich Aldebaran	171,8°
13.12.2012 12:23:23	Merkur 25' nördlich Akrab	18,6°
13.12.2012 18:44:51	Uranus stationär, dann rechtläufig	
17.12.2012 15:13:43	Merkur 5,5° nördlich Antares	16,8°
18.12.2012 20:36:20	Venus 12' nördlich Akrab	24°
23.12.2012 10:58:24	Venus 5,7° nördlich Antares	22,5°
29.12.2012 16:22:50	Mars 5,9° südlich Beta Capricorni	24,5°

2013

Datum und Uhrzeit (WZ)	Ereignis	Elongation
8.1.2013 17:35:04	Merkur 1,9° nördlich Nunki	6°
18.1.2013 8:39:47	Merkur in oberer Konjunktion zur Sonne	-2°
19.1.2013 10:59:03	Venus 3,4° nördlich Nunki	16,6°
20.1.2013 21:03:08	Merkur 6,9° südlich Beta Capricorni	2,7°
25.1.2013 19:43:26	Mars 1,6° nördlich Delta Capricorni	17,9°
2.2.2013 5:19:12	Merkur 1,1° nördlich Delta Capricorni	10,5°

Datum und Uhrzeit (WZ)	Ereignis	Elongation
4.2.2013 11:34:04	Venus 5,5° südlich Beta Capricorni	12,5°
4.2.2013 15:51:06	Mars 26' südlich Neptun	16,1°
6.2.2013 20:33:49	Merkur 28' südlich Neptun	13,9°
8.2.2013 21:10:03	Merkur 18' nördlich Mars	15,1°
16.2.2013 21:22:00	Merkur in größter östlicher Elongation zur Sonne	18,1°
19.2.2013 9:15:29	Saturn stationär, dann rückläufig	
21.2.2013 7:21:37	Neptun in Konjunktion zur Sonne	-37'
21.2.2013 10:58:15	Venus 1,5° nördlich Delta Capricorni	8,8°
22.2.2013 19:18:13	Merkur stationär, dann rückläufig	
24.2.2013 22:17:03	Merkur 4,2° nördlich Mars	11,6°
28.2.2013 8:00:24	Venus 46' südlich Neptun	6,8°
4.3.2013 12:52:26	Merkur in unterer Konjunktion zur Sonne	3,7°
6.3.2013 7:12:35	Merkur 5,3° nördlich Venus	5°
16.3.2013 21:12:35	Merkur stationär, dann rechtläufig	
22.3.2013 18:20:07	Mars 43" nördlich Uranus	5,9°
24.3.2013 17:30:37	Jupiter 5,1° nördlich Aldebaran	65,9°
28.3.2013 16:28:14	Venus in oberer Konjunktion zur Sonne	-1,3°
28.3.2013 17:10:46	Venus 43' südlich Uranus	0,7°
29.3.2013 0:40:34	Uranus in Konjunktion zur Sonne	-40'
31.3.2013 21:42:00	Merkur in größter westlicher Elongation zur Sonne	27,8°
6.4.2013 15:41:36	Venus 42' südlich Mars	2,6°
18.4.2013 0:52:18	Mars in Konjunktion zur Sonne	-24'
18.4.2013 11:43:49	Venus 11,5° südlich Hamal	5,4°
19.4.2013 21:09:51	Merkur 2° südlich Uranus	20,3°
26.4.2013 0:02:17	Mars 10,9° südlich Hamal	1,8°
28.4.2013 8:14:47	Saturnopposition	
3.5.2013 13:09:22	Merkur 12° südlich Hamal	9,6°
7.5.2013 22:11:30	Merkur 26' südlich Mars	4,5°
9.5.2013 0:35:52	Venus 4,2° südlich Alkione	10,7°
11.5.2013 20:58:00	Merkur in oberer Konjunktion zur Sonne, Bedeckung	4,9'
15.5.2013 14:23:51	Merkur 3,4° südlich Alkione	4,6°
18.5.2013 9:57:42	Venus 5,8° nördlich Aldebaran	13,2°
21.5.2013 0:32:48	Merkur 7,1° nördlich Aldebaran	10,9°
23.5.2013 21:20:51	Jupiter 5,7° südlich Elnath	19,5°
25.5.2013 3:50:33	Merkur 1,4° nördlich Venus	15°
26.5.2013 23:27:31	Merkur 3,3° südlich Elnath	16,8°
27.5.2013 9:43:47	Merkur 2,4° nördlich Jupiter	17°
27.5.2013 22:50:25	Venus 4,7° südlich Elnath	15,7°
28.5.2013 20:34:54	Venus 1° nördlich Jupiter	15,9°
30.5.2013 10:43:51	Mars 4,1° südlich Alkione	9,9°
2.6.2013 13:26:51	Merkur 3° nördlich Eta Geminorum	21,5°
3.6.2013 19:11:58	Merkur 2,9° nördlich Mü Geminorum	22,1°
6.6.2013 0:12:24	Venus 1,9° nördlich Eta Geminorum	18,1°
6.6.2013 5:15:19	Merkur 8,7° nördlich Alhena	23,1°
7.6.2013 7:53:42	Merkur 14' südlich Epsilon Geminorum	23,5°
7.6.2013 12:21:00	Venus 1,9° nördlich Mü Geminorum	18,5°

Datum und Uhrzeit (WZ)	Ereignis	Elongation
7.6.2013 12:50:20	Neptun stationär, dann rückläufig	
10.6.2013 6:14:41	Venus 7,9° nördlich Alhena	19,3°
11.6.2013 10:22:42	Venus 52' südlich Epsilon Geminorum	19,6°
12.6.2013 16:38:00	Merkur in größter östlicher Elongation zur Sonne	24,3°
15.6.2013 16:20:34	Mars 5,8° nördlich Aldebaran	13,9°
19.6.2013 16:17:11	Jupiter in Konjunktion zur Sonne, Bedeckung	-14'
20.6.2013 17:22:02	Merkur 1,9° südlich Venus	22°
21.6.2013 0:04:35	Venus 8,8° südlich Kastor	22,1°
21.6.2013 16:11:09	Merkur 10,9° südlich Kastor	21,8°
23.6.2013 1:13:13	Venus 5,3° südlich Pollux	22,6°
25.6.2013 22:56:32	Merkur stationär, dann rückläufig	
30.6.2013 7:37:36	Merkur 13,2° südlich Kastor	14,2°
2.7.2013 12:34:46	Mars 5° südlich Elnath	18,3°
3.7.2013 18:37:34	Venus 23' nördlich M44	25,4°
9.7.2013 3:08:28	Saturn stationär, dann rechtläufig	
9.7.2013 18:35:17	Merkur in unterer Konjunktion zur Sonne	-4,8°
11.7.2013 22:30:28	Jupiter 42' nördlich Eta Geminorum	16,2°
17.7.2013 20:45:24	Uranus stationär, dann rückläufig	
18.7.2013 20:38:46	Mars 1,5° nördlich Eta Geminorum	22,7°
20.7.2013 7:24:25	Jupiter 38' nördlich Mü Geminorum	22,3°
20.7.2013 13:49:45	Merkur stationär, dann rechtläufig	
21.7.2013 14:38:23	Mars 1,4° nördlich Mü Geminorum	23,5°
22.7.2013 4:43:14	Venus 1,2° nördlich Regulus	30,1°
22.7.2013 5:39:20	Mars 47' nördlich Jupiter	23,7°
26.7.2013 15:30:13	Mars 7,4° nördlich Alhena	25°
28.7.2013 19:19:06	Mars 1,4° südlich Epsilon Geminorum	25,6°
30.7.2013 8:41:00	Merkur in größter westlicher Elongation zur Sonne	19,6°
3.8.2013 8:00:02	Merkur 11,2° südlich Kastor	18,9°
5.8.2013 3:10:20	Merkur 7,3° südlich Pollux	18,2°
5.8.2013 3:33:45	Jupiter 6,6° nördlich Alhena	34°
12.8.2013 6:00:25	Jupiter 2,2° südlich Epsilon Geminorum	39,4°
12.8.2013 16:25:22	Merkur 18' südlich M44	12,6°
15.8.2013 14:52:52	Mars 9,4° südlich Kastor	31°
19.8.2013 11:24:18	Mars 5,9° südlich Pollux	32,2°
23.8.2013 16:48:44	Merkur 1,4° nördlich Regulus	0,8°
24.8.2013 20:43:05	Merkur in oberer Konjunktion zur Sonne	1,8°
26.8.2013 7:53:21	Venus 2,8° südlich Porrima	37,2°
27.8.2013 1:29:34	Neptunopposition	
5.9.2013 13:07:41	Venus 1,8° nördlich Spika	40,2°
8.9.2013 21:30:59	Mars 12' südlich M44	38,9°
16.9.2013 12:49:43	Merkur 3,3° südlich Porrima	16,7°
20.9.2013 0:13:42	Venus 3,8° südlich Saturn	41,7°
24.9.2013 19:21:19	Merkur 49' nördlich Spika	21,9°
25.9.2013 3:27:30	Venus 2,1° südlich Zuben-el-dschenubi	43°
3.10.2013 13:58:28	Uranusopposition	
9.10.2013 10:02:00	Merkur in größter östlicher Elongation zur Sonne	25,3°

Datum und Uhrzeit (WZ)	Ereignis	Elongation
10.10.2013 18:42:27	Merkur 5,4° südlich Saturn	23,6°
11.10.2013 11:37:38	Venus 3,8° südlich Akrab	45,1°
14.10.2013 21:39:40	Mars 60' nördlich Regulus	51,7°
15.10.2013 9:45:24	Merkur 3,7° südlich Zuben-el-dschenubi	23°
16.10.2013 15:47:43	Venus 1,6° nördlich Antares	46,3°
21.10.2013 14:47:28	Merkur stationär, dann rückläufig	
27.10.2013 3:44:13	Merkur 2,7° südlich Zuben-el-dschenubi	11,3°
28.10.2013 20:48:06	Merkur 4,1° südlich Saturn	7,9°
1.11.2013 7:46:00	Venus in größter östlicher Elongation zur Sonne	47,1°
1.11.2013 20:13:40	Merkur in unterer Konjunktion zur Sonne	-31'
6.11.2013 12:04:43	Saturn in Konjunktion zur Sonne	2,1°
7.11.2013 6:30:34	Jupiter stationär, dann rückläufig	
10.11.2013 13:42:48	Merkur stationär, dann rechtläufig	
10.11.2013 14:00:10	Saturn 1,9° nördlich Zuben-el-dschenubi	3,2°
13.11.2013 17:04:44	Neptun stationär, dann rechtläufig	
18.11.2013 2:13:00	Merkur in größter westlicher Elongation zur Sonne	19,5°
19.11.2013 3:39:01	Venus 10' südlich Nunki	45,7°
24.11.2013 19:23:13	Merkur 1,7° nördlich Zuben-el-dschenubi	17,5°
26.11.2013 3:37:19	Merkur 20' südlich Saturn	17,5°
7.12.2013 9:05:46	Merkur 31' südlich Akrab	12°
11.12.2013 2:47:40	Merkur 4,7° nördlich Antares	10°
17.12.2013 23:36:37	Uranus stationär, dann rechtläufig	
20.12.2013 19:35:37	Venus stationär, dann rückläufig	
29.12.2013 6:09:55	Merkur in oberer Konjunktion zur Sonne	-1,7°
29.12.2013 16:33:41	Mars 42' südlich Porrima	87,5°

2014

Datum und Uhrzeit (WZ)	Ereignis	Elongation
1.1.2014 9:32:15	Merkur 1,6° nördlich Nunki	2,6°
5.1.2014 21:01:12	Jupiteropposition	
7.1.2014 10:21:10	Merkur 6,4° südlich Venus	5,9°
11.1.2014 12:19:37	Venus in unterer Konjunktion zur Sonne	5,2°
13.1.2014 11:37:45	Merkur 6,9° südlich Beta Capricorni	9,7°
27.1.2014 0:19:10	Merkur 2° nördlich Delta Capricorni	17°
28.1.2014 19:26:53	Mars 4,9° nördlich Spika	104,8°
30.1.2014 10:11:00	Venus 10,5° nördlich Nunki	27,7°
31.1.2014 9:50:00	Merkur in größter östlicher Elongation zur Sonne	18,4°
2.2.2014 4:31:22	Venus 10,4° nördlich Nunki	30,4°
6.2.2014 7:20:46	Merkur stationär, dann rückläufig	
15.2.2014 20:16:00	Merkur in unterer Konjunktion zur Sonne	3,7°
16.2.2014 19:02:20	Merkur 6,7° nördlich Delta Capricorni	4,2°
23.2.2014 18:13:50	Neptun in Konjunktion zur Sonne	-40'
27.2.2014 22:27:08	Merkur stationär, dann rechtläufig	
1.3.2014 20:57:59	Mars stationär, dann rückläufig	

Datum und Uhrzeit (WZ)	Ereignis	Elongation
3.3.2014 3:34:55	Saturn stationär, dann rückläufig	
6.3.2014 9:16:13	Jupiter stationär, dann rechtläufig	
10.3.2014 11:00:02	Venus 1,3° südlich Beta Capricorni	45,7°
12.3.2014 15:00:40	Merkur 2,2° nördlich Delta Capricorni	27,5°
14.3.2014 6:22:00	Merkur in größter westlicher Elongation zur Sonne	27,6°
22.3.2014 11:32:45	Merkur 1,2° südlich Neptun	25,7°
22.3.2014 19:19:00	Venus in größter westlicher Elongation zur Sonne	46,6°
31.3.2014 3:53:43	Mars 5,1° nördlich Spika	166,2°
1.4.2014 2:22:30	Venus 3,8° nördlich Delta Capricorni	46,3°
2.4.2014 7:11:20	Uranus in Konjunktion zur Sonne	-39'
8.4.2014 20:57:12	Marsopposition	
12.4.2014 8:14:40	Venus 42' nördlich Neptun	45,4°
14.4.2014 16:07:46	Merkur 1,4° südlich Uranus	11,5°
25.4.2014 7:27:23	Merkur 11,1° südlich Hamal	1,1°
26.4.2014 3:15:06	Merkur in oberer Konjunktion zur Sonne	-22'
3.5.2014 5:17:38	Mars 1,4° südlich Porrima	147,5°
7.5.2014 10:23:18	Merkur 2,6° südlich Alkione	12,9°
10.5.2014 18:16:09	Saturnopposition	
13.5.2014 15:56:50	Merkur 7,8° nördlich Aldebaran	18°
15.5.2014 13:14:19	Venus 1,3° südlich Uranus	39,8°
21.5.2014 9:11:34	Mars stationär, dann rechtläufig	
21.5.2014 14:49:12	Merkur 3,1° südlich Elnath	22,2°
25.5.2014 7:03:00	Merkur in größter östlicher Elongation zur Sonne	22,7°
1.6.2014 2:07:42	Venus 12,7° südlich Hamal	34°
7.6.2014 9:50:29	Merkur stationär, dann rückläufig	
9.6.2014 9:45:07	Jupiter 9,9° südlich Kastor	33,3°
9.6.2014 11:40:31	Mars 3° südlich Porrima	111,7°
10.6.2014 1:51:30	Neptun stationär, dann rückläufig	
19.6.2014 22:44:20	Merkur in unterer Konjunktion zur Sonne	-3,8°
21.6.2014 11:53:34	Jupiter 6,4° südlich Pollux	24,3°
22.6.2014 14:43:21	Venus 5,9° südlich Alkione	31,2°
1.7.2014 13:37:59	Merkur stationär, dann rechtläufig	
2.7.2014 9:31:38	Venus 4,2° nördlich Aldebaran	29,9°
12.7.2014 6:41:44	Venus 6,4° südlich Elnath	27,5°
12.7.2014 18:15:00	Merkur in größter westlicher Elongation zur Sonne	20,9°
12.7.2014 23:00:15	Mars 1,4° nördlich Spika	93°
16.7.2014 13:19:38	Merkur 1,1° südlich Eta Geminorum	20,3°
18.7.2014 0:29:05	Merkur 47' südlich Mü Geminorum	19,9°
20.7.2014 9:53:05	Merkur 5,7° nördlich Alhena	18,7°
21.7.2014 8:26:33	Merkur 2,9° südlich Epsilon Geminorum	18,2°
21.7.2014 14:10:48	Venus 20' nördlich Eta Geminorum	25,1°
21.7.2014 14:19:34	Saturn stationär, dann rechtläufig	
22.7.2014 5:40:15	Uranus stationär, dann rückläufig	
23.7.2014 3:09:06	Venus 20' nördlich Mü Geminorum	24,7°
24.7.2014 20:49:40	Jupiter in Konjunktion zur Sonne	24'
25.7.2014 22:23:28	Venus 6,4° nördlich Alhena	24°

Datum und Uhrzeit (WZ)	Ereignis	Elongation
27.7.2014 3:03:43	Venus 2,4° südlich Epsilon Geminorum	23,7°
27.7.2014 22:59:47	Merkur 9,7° südlich Kastor	12,8°
29.7.2014 5:18:47	Merkur 6° südlich Pollux	11,6°
2.8.2014 16:33:14	Merkur 58' nördlich Jupiter	6,5°
4.8.2014 12:18:18	Merkur 15' nördlich M44	4,8°
5.8.2014 19:30:29	Venus 10,1° südlich Kastor	21,2°
7.8.2014 20:51:25	Venus 6,6° südlich Pollux	20,7°
8.8.2014 16:08:33	Merkur in oberer Konjunktion zur Sonne	1,7°
15.8.2014 11:22:39	Merkur 1,3° nördlich Regulus	7,2°
18.8.2014 4:03:33	Venus 12' nördlich Jupiter	17,9°
18.8.2014 13:07:20	Venus 39' südlich M44	17,9°
20.8.2014 7:55:33	Jupiter 52' südlich M44	19,5°
22.8.2014 17:35:53	Mars 1,7° südlich Zuben-el-dschenubi	75,7°
27.8.2014 13:11:55	Mars 3,6° südlich Saturn	73,6°
29.8.2014 14:19:26	Neptunopposition	
5.9.2014 12:16:37	Venus 47' nördlich Regulus	12,8°
10.9.2014 16:58:15	Merkur 4,4° südlich Porrima	22,6°
19.9.2014 15:59:37	Mars 2,5° südlich Akrab	66,8°
21.9.2014 1:43:03	Merkur 37' südlich Spika	26,1°
21.9.2014 22:01:00	Merkur in größter östlicher Elongation zur Sonne	26,4°
27.9.2014 20:31:55	Mars 3,1° nördlich Antares	64,8°
4.10.2014 18:09:31	Merkur stationär, dann rückläufig	
7.10.2014 20:44:14	Uranusopposition	
8.10.2014 15:21:08	Venus 1,6° südlich Porrima	4,5°
16.10.2014 11:23:27	Merkur 29' nördlich Spika	1,8°
16.10.2014 20:34:08	Merkur in unterer Konjunktion zur Sonne	-1,5°
17.10.2014 7:49:35	Merkur 2,7° südlich Venus	1,7°
18.10.2014 1:48:52	Venus 3,5° nördlich Spika	2,1°
25.10.2014 6:47:45	Merkur stationär, dann rechtläufig	
25.10.2014 6:54:16	Venus in oberer Konjunktion zur Sonne	1°
1.11.2014 12:31:00	Merkur in größter westlicher Elongation zur Sonne	18,7°
3.11.2014 6:12:00	Merkur 4,6° nördlich Spika	16,8°
4.11.2014 23:26:57	Venus 21' nördlich Zuben-el-dschenubi	2,8°
12.11.2014 12:44:06	Mars 2° nördlich Nunki	52,6°
13.11.2014 8:58:17	Venus 1,6° südlich Saturn	4,8°
16.11.2014 6:21:19	Neptun stationär, dann rechtläufig	
18.11.2014 8:54:17	Saturn in Konjunktion zur Sonne	1,9°
18.11.2014 16:02:18	Merkur 50' nördlich Zuben-el-dschenubi	11°
19.11.2014 15:08:09	Venus 55' südlich Akrab	6,3°
24.11.2014 4:15:56	Venus 4,6° nördlich Antares	7,5°
26.11.2014 8:56:27	Merkur 1,7° südlich Saturn	6,7°
30.11.2014 9:33:15	Merkur 1,2° südlich Akrab	4,5°
4.12.2014 0:55:24	Merkur 4° nördlich Antares	2,5°
8.12.2014 9:33:10	Merkur in oberer Konjunktion zur Sonne	-1,1°
8.12.2014 16:00:38	Mars 6,1° südlich Beta Capricorni	46,4°
9.12.2014 5:58:57	Jupiter stationär, dann rückläufig	

Datum und Uhrzeit (WZ)	Ereignis	Elongation
20.12.2014 21:51:29	Venus 2,4° nördlich Nunki	13,9°
22.12.2014 4:41:05	Uranus stationär, dann rechtläufig	
25.12.2014 3:35:45	Merkur 1,3° nördlich Nunki	9,7°

2015

Datum und Uhrzeit (WZ)	Ereignis	Elongation
5.1.2015 2:58:27	Mars 1,6° nördlich Delta Capricorni	39,4°
5.1.2015 20:43:27	Venus 6,2° südlich Beta Capricorni	17,7°
6.1.2015 20:20:02	Merkur 6,5° südlich Beta Capricorni	16,6°
14.1.2015 20:22:00	Merkur in größter östlicher Elongation zur Sonne	18,9°
19.1.2015 21:19:47	Mars 14' südlich Neptun	36,4°
22.1.2015 21:32:01	Venus 1,1° nördlich Delta Capricorni	21,4°
27.1.2015 18:38:14	Saturn 59' nördlich Akrab	64,1°
30.1.2015 13:39:43	Merkur in unterer Konjunktion zur Sonne	3,5°
1.2.2015 11:21:48	Venus 50' südlich Neptun	23,8°
5.2.2015 5:29:17	Merkur 1,1° südlich Beta Capricorni	12,6°
6.2.2015 18:09:45	Jupiteropposition	
11.2.2015 6:24:21	Merkur stationär, dann rechtläufig	
18.2.2015 0:28:55	Merkur 3,5° südlich Beta Capricorni	25,2°
21.2.2015 19:43:19	Venus 28' südlich Mars	28,4°
24.2.2015 16:14:00	Merkur in größter westlicher Elongation zur Sonne	26,7°
26.2.2015 4:57:45	Neptun in Konjunktion zur Sonne	-44'
4.3.2015 19:28:29	Venus 5,8' nördlich Uranus	30,8°
9.3.2015 1:15:22	Merkur 1° nördlich Delta Capricorni	24,1°
11.3.2015 19:46:56	Mars 17' nördlich Uranus	24,1°
14.3.2015 20:27:20	Saturn stationär, dann rückläufig	
17.3.2015 23:32:27	Merkur 1,6° südlich Neptun	19,1°
21.3.2015 1:09:52	Venus 10,3° südlich Hamal	34,3°
6.4.2015 10:02:39	Mars 10,7° südlich Hamal	18°
6.4.2015 14:10:29	Uranus in Konjunktion zur Sonne	-37'
8.4.2015 9:51:25	Merkur 31' südlich Uranus	1,8°
8.4.2015 19:20:04	Jupiter stationär, dann rechtläufig	
10.4.2015 3:47:41	Merkur in oberer Konjunktion zur Sonne	-50'
11.4.2015 7:48:44	Venus 2,6° südlich Alkione	38,5°
17.4.2015 0:57:25	Merkur 10,2° südlich Hamal	7,7°
21.4.2015 4:16:05	Venus 7,5° nördlich Aldebaran	39,6°
23.4.2015 7:05:52	Merkur 1,4° nördlich Mars	13,7°
30.4.2015 23:14:35	Merkur 1,7° südlich Alkione	19,7°
1.5.2015 7:52:41	Venus 3° südlich Elnath	42°
1.5.2015 12:17:52	Saturn 1,2° nördlich Akrab	157,4°
7.5.2015 4:42:00	Merkur in größter östlicher Elongation zur Sonne	21,2°
11.5.2015 4:19:32	Venus 3,5° nördlich Eta Geminorum	43,4°
11.5.2015 5:13:22	Mars 3,8° südlich Alkione	9,2°
12.5.2015 0:47:47	Merkur 7,8° nördlich Aldebaran	19,7°

Datum und Uhrzeit (WZ)	Ereignis	Elon-gation
12.5.2015 20:17:59	Venus 3,5° nördlich Mü Geminorum	43,6°
15.5.2015 21:43:45	Venus 9,5° nördlich Alhena	44°
17.5.2015 5:22:26	Venus 40' nördlich Epsilon Geminorum	44,2°
19.5.2015 10:38:49	Merkur stationär, dann rückläufig	
23.5.2015 1:23:01	Saturnopposition	
27.5.2015 13:54:06	Mars 6° nördlich Aldebaran	4,9°
27.5.2015 15:07:37	Merkur 1,7° südlich Mars	4,8°
27.5.2015 16:56:34	Merkur 4,3° nördlich Aldebaran	4,7°
28.5.2015 6:35:00	Venus 7,5° südlich Kastor	44,7°
30.5.2015 16:49:56	Merkur in unterer Konjunktion zur Sonne	-2,1°
30.5.2015 17:24:31	Venus 4,1° südlich Pollux	44,8°
6.6.2015 18:17:00	Venus in größter östlicher Elongation zur Sonne	45,4°
11.6.2015 19:34:35	Merkur stationär, dann rechtläufig	
12.6.2015 16:08:28	Neptun stationär, dann rückläufig	
13.6.2015 9:25:17	Venus 54' nördlich M44	45,2°
13.6.2015 12:37:25	Mars 4,8° südlich Elnath	0,7°
14.6.2015 16:21:03	Mars in Konjunktion zur Sonne	37'
24.6.2015 7:59:42	Merkur 2,1° nördlich Aldebaran	22,5°
24.6.2015 17:00:00	Merkur in größter westlicher Elongation zur Sonne	22,5°
29.6.2015 21:57:05	Mars 1,6° nördlich Eta Geminorum	4,3°
1.7.2015 14:32:15	Venus 24' südlich Jupiter	42,2°
2.7.2015 16:02:33	Mars 1,6° nördlich Mü Geminorum	5°
4.7.2015 4:51:54	Merkur 7° südlich Elnath	19,6°
7.7.2015 16:56:18	Mars 7,6° nördlich Alhena	6,5°
9.7.2015 20:48:09	Mars 1,3° südlich Epsilon Geminorum	7,1°
10.7.2015 18:13:20	Merkur 37' nördlich Eta Geminorum	14,5°
11.7.2015 17:31:00	Merkur 45' nördlich Mü Geminorum	13,6°
13.7.2015 10:36:18	Merkur 7° nördlich Alhena	11,9°
14.7.2015 3:43:32	Merkur 1,7° südlich Epsilon Geminorum	11,1°
16.7.2015 4:24:40	Merkur 8,1' südlich Mars	8,9°
19.7.2015 17:12:30	Merkur 9° südlich Kastor	5°
20.7.2015 21:02:28	Merkur 5,4° südlich Pollux	3,7°
23.7.2015 6:21:56	Venus stationär, dann rückläufig	
23.7.2015 19:11:22	Merkur in oberer Konjunktion zur Sonne	1,6°
26.7.2015 13:05:37	Uranus stationär, dann rückläufig	
27.7.2015 0:19:39	Merkur 30' nördlich M44	4°
27.7.2015 15:11:41	Mars 9,3° südlich Kastor	12,4°
31.7.2015 11:06:22	Mars 5,8° südlich Pollux	13,5°
31.7.2015 19:28:20	Venus 6,4° südlich Jupiter	19,5°
2.8.2015 18:04:24	Saturn stationär, dann rechtläufig	
5.8.2015 8:44:23	Merkur 8,2° nördlich Venus	13,1°
7.8.2015 4:00:03	Merkur 34' nördlich Jupiter	14,6°
7.8.2015 15:09:12	Merkur 57' nördlich Regulus	15°
10.8.2015 22:56:00	Jupiter 25' nördlich Regulus	11,9°
15.8.2015 19:16:44	Venus in unterer Konjunktion zur Sonne	-7,8°
20.8.2015 15:48:35	Mars 12' südlich M44	19,8°

Datum und Uhrzeit (WZ)	Ereignis	Elongation
26.8.2015 22:07:58	Jupiter in Konjunktion zur Sonne	52'
29.8.2015 5:04:22	Venus 9,4° südlich Mars	21,3°
1.9.2015 3:24:46	Neptunopposition	
4.9.2015 10:11:00	Merkur in größter östlicher Elongation zur Sonne	27,1°
5.9.2015 8:34:16	Venus stationär, dann rechtläufig	
9.9.2015 13:56:45	Merkur 6,4° südlich Porrima	23,9°
17.9.2015 13:19:56	Merkur stationär, dann rückläufig	
24.9.2015 16:31:49	Mars 50' nördlich Regulus	31,3°
24.9.2015 17:53:02	Merkur 7,1° südlich Porrima	9,4°
30.9.2015 14:32:25	Merkur in unterer Konjunktion zur Sonne	-2,5°
8.10.2015 22:01:52	Merkur stationär, dann rechtläufig	
9.10.2015 20:53:36	Venus 2,5° südlich Regulus	45,3°
12.10.2015 3:36:04	Uranusopposition	
16.10.2015 3:08:00	Merkur in größter westlicher Elongation zur Sonne	18,1°
17.10.2015 13:44:17	Mars 25' nördlich Jupiter	39,8°
21.10.2015 4:34:34	Merkur 49' südlich Porrima	16,9°
24.10.2015 11:26:22	Saturn 42' nördlich Akrab	32,6°
26.10.2015 6:58:00	Venus in größter westlicher Elongation zur Sonne	46,4°
26.10.2015 8:18:02	Venus 1,1° südlich Jupiter	46,4°
28.10.2015 18:27:46	Merkur 4,1° nördlich Spika	11,1°
3.11.2015 16:18:34	Venus 42' südlich Mars	46,2°
11.11.2015 14:12:59	Merkur 6' nördlich Zuben-el-dschenubi	3,6°
17.11.2015 14:35:28	Merkur in oberer Konjunktion zur Sonne, Bedeckung	-15'
18.11.2015 11:11:01	Venus 1,2° südlich Porrima	45°
18.11.2015 17:18:01	Neptun stationär, dann rechtläufig	
23.11.2015 5:04:10	Merkur 1,9° südlich Akrab	3°
25.11.2015 12:28:14	Merkur 2,8° südlich Saturn	4,3°
26.11.2015 20:29:53	Merkur 3,4° nördlich Antares	5,3°
28.11.2015 15:30:28	Venus 4,5° nördlich Spika	42,1°
30.11.2015 0:19:54	Saturn in Konjunktion zur Sonne	1,6°
1.12.2015 5:58:13	Mars 1,4° südlich Porrima	57,8°
13.12.2015 8:05:01	Saturn 6,3° nördlich Antares	11,9°
17.12.2015 14:25:13	Venus 2° nördlich Zuben-el-dschenubi	40,1°
18.12.2015 11:37:17	Merkur 1,2° nördlich Nunki	16,7°
21.12.2015 11:48:21	Mars 3,8° nördlich Spika	65,2°
26.12.2015 9:23:02	Uranus stationär, dann rechtläufig	
29.12.2015 3:03:00	Merkur in größter östlicher Elongation zur Sonne	19,7°

2016

Datum und Uhrzeit (WZ)	Ereignis	Elongation
1.1.2016 23:00:40	Venus 58' nördlich Akrab	37,6°
6.1.2016 16:56:29	Venus 6,5° nördlich Antares	36,1°
8.1.2016 18:41:13	Jupiter stationär, dann rückläufig	
9.1.2016 3:54:45	Venus 5,1' nördlich Saturn	36,3°

Datum und Uhrzeit (WZ)	Ereignis	Elongation
14.1.2016 13:59:03	Merkur in unterer Konjunktion zur Sonne	3°
25.1.2016 18:42:49	Merkur stationär, dann rechtläufig	
31.1.2016 23:43:10	Mars 1,2° nördlich Zuben-el-dschenubi	86,3°
3.2.2016 9:44:13	Venus 4° nördlich Nunki	31°
7.2.2016 1:14:00	Merkur in größter westlicher Elongation zur Sonne	25,6°
16.2.2016 7:06:41	Merkur 5,4° südlich Beta Capricorni	23,2°
19.2.2016 16:50:54	Venus 4,9° südlich Beta Capricorni	26,6°
28.2.2016 15:50:05	Neptun in Konjunktion zur Sonne	-47'
1.3.2016 16:58:35	Merkur 38' nördlich Delta Capricorni	17,7°
7.3.2016 20:51:54	Venus 1,8° nördlich Delta Capricorni	23,4°
8.3.2016 10:46:39	Jupiteropposition	
10.3.2016 22:03:30	Merkur 1,5° südlich Neptun	10,9°
16.3.2016 1:41:29	Mars 9' nördlich Akrab	112,5°
20.3.2016 13:41:15	Venus 32' südlich Neptun	20,1°
23.3.2016 19:58:02	Merkur in oberer Konjunktion zur Sonne	-1,3°
25.3.2016 11:55:04	Saturn stationär, dann rückläufig	
31.3.2016 23:37:54	Merkur 38' nördlich Uranus	8,3°
8.4.2016 13:55:50	Merkur 9,1° südlich Hamal	15,7°
9.4.2016 21:29:42	Uranus in Konjunktion zur Sonne	-36'
17.4.2016 2:02:18	Mars stationär, dann rückläufig	
18.4.2016 13:52:00	Merkur in größter östlicher Elongation zur Sonne	19,9°
22.4.2016 14:13:34	Venus 53' südlich Uranus	11,7°
29.4.2016 3:24:39	Merkur stationär, dann rückläufig	
3.5.2016 3:27:02	Venus 11,9° südlich Hamal	9,4°
9.5.2016 15:06:18	Merkur in unterer Konjunktion zur Sonne, Transit	-5,4'
9.5.2016 22:44:12	Jupiter stationär, dann rechtläufig	
13.5.2016 20:37:57	Merkur 26' südlich Venus	6,5°
16.5.2016 14:14:09	Mars 1,9° südlich Akrab	172,3°
21.5.2016 22:06:28	Merkur stationär, dann rechtläufig	
22.5.2016 11:10:43	Marsopposition	
23.5.2016 17:54:45	Venus 4,7° südlich Alkione	3,9°
2.6.2016 3:52:17	Venus 5,3° nördlich Aldebaran	1,3°
3.6.2016 6:25:20	Saturnopposition	
5.6.2016 8:38:00	Merkur in größter westlicher Elongation zur Sonne	24,2°
6.6.2016 21:15:03	Venus in oberer Konjunktion zur Sonne, Bedeckung	-24"
11.6.2016 17:04:55	Venus 5,2° südlich Elnath	1,3°
11.6.2016 23:39:46	Merkur 7,1° südlich Alkione	21,6°
14.6.2016 4:54:57	Neptun stationär, dann rückläufig	
19.6.2016 20:50:58	Merkur 3,9° nördlich Aldebaran	18,5°
20.6.2016 18:16:06	Venus 1,4° nördlich Eta Geminorum	3,8°
22.6.2016 6:20:30	Venus 1,4° nördlich Mü Geminorum	4,2°
25.6.2016 0:01:36	Venus 7,4° nördlich Alhena	5°
26.6.2016 4:07:00	Venus 1,3° südlich Epsilon Geminorum	5,3°
26.6.2016 7:14:17	Merkur 5,7° südlich Elnath	12,6°
30.6.2016 8:18:37	Mars stationär, dann rechtläufig	
1.7.2016 16:10:17	Merkur 1,5° nördlich Eta Geminorum	6,6°

Datum und Uhrzeit (WZ)	Ereignis	Elongation
2.7.2016 12:44:14	Merkur 1,6° nördlich Mü Geminorum	5,6°
4.7.2016 1:52:51	Merkur 7,8° nördlich Alhena	3,9°
4.7.2016 17:41:31	Merkur 58' südlich Epsilon Geminorum	3,1°
5.7.2016 16:30:34	Venus 9,2° südlich Kastor	8°
7.7.2016 3:11:53	Merkur in oberer Konjunktion zur Sonne	1,4°
7.7.2016 17:11:34	Venus 5,7° südlich Pollux	8,5°
10.7.2016 2:55:32	Merkur 8,6° südlich Kastor	3,9°
11.7.2016 7:04:59	Merkur 5,1° südlich Pollux	5,2°
16.7.2016 17:34:51	Merkur 32' nördlich Venus	11°
17.7.2016 17:37:47	Merkur 33' nördlich M44	11,9°
18.7.2016 7:32:26	Venus 3,7' nördlich M44	11,5°
30.7.2016 0:00:00	Uranus stationär, dann rückläufig	
30.7.2016 17:16:52	Merkur 20' nördlich Regulus	22°
5.8.2016 8:53:07	Venus 1,1° nördlich Regulus	16,4°
12.8.2016 18:08:42	Mars 3,9° südlich Akrab	103°
13.8.2016 16:44:25	Saturn stationär, dann rechtläufig	
16.8.2016 21:13:00	Merkur in größter östlicher Elongation zur Sonne	27,4°
24.8.2016 4:03:19	Mars 1,8° nördlich Antares	98,3°
25.8.2016 17:47:12	Mars 4,4° südlich Saturn	97°
27.8.2016 4:44:17	Merkur 5,3° südlich Venus	22,1°
27.8.2016 21:43:52	Venus 4,4' nördlich Jupiter	22,3°
30.8.2016 0:49:33	Merkur stationär, dann rückläufig	
2.9.2016 16:24:27	Neptunopposition	
8.9.2016 5:39:32	Venus 2,2° südlich Porrima	24,5°
12.9.2016 23:34:20	Merkur in unterer Konjunktion zur Sonne	-3,4°
17.9.2016 22:50:58	Venus 2,6° nördlich Spika	27,6°
21.9.2016 9:51:12	Merkur stationär, dann rechtläufig	
26.9.2016 7:05:27	Jupiter in Konjunktion zur Sonne	1,1°
28.9.2016 19:20:00	Merkur in größter westlicher Elongation zur Sonne	17,9°
6.10.2016 9:22:21	Venus 52' südlich Zuben-el-dschenubi	31,7°
11.10.2016 4:13:34	Merkur 52' nördlich Jupiter	11,5°
13.10.2016 15:56:51	Merkur 1,1° südlich Porrima	10,1°
15.10.2016 10:29:44	Uranusopposition	
16.10.2016 3:46:40	Mars 1,3° nördlich Nunki	79,4°
20.10.2016 13:54:14	Merkur 3,6° nördlich Spika	4,1°
21.10.2016 11:22:14	Venus 2,3° südlich Akrab	34,9°
26.10.2016 3:48:38	Venus 3,1° nördlich Antares	36,4°
27.10.2016 16:00:06	Merkur in oberer Konjunktion zur Sonne	31'
30.10.2016 8:22:56	Venus 3° südlich Saturn	36,9°
31.10.2016 10:20:11	Jupiter 1,8° südlich Porrima	27,4°
3.11.2016 8:06:09	Merkur 35' südlich Zuben-el-dschenubi	3,9°
13.11.2016 0:24:12	Mars 6,5° südlich Beta Capricorni	71,7°
15.11.2016 3:30:07	Merkur 2,5° südlich Akrab	10,3°
18.11.2016 21:04:18	Merkur 2,8° nördlich Antares	12,7°
20.11.2016 6:27:02	Neptun stationär, dann rechtläufig	
22.11.2016 21:28:09	Venus 1,1° nördlich Nunki	41,7°

Datum und Uhrzeit (WZ)	Ereignis	Elongation
24.11.2016 0:33:57	Merkur 3,5° südlich Saturn	14,8°
9.12.2016 21:18:47	Venus 7,1° südlich Beta Capricorni	44,4°
10.12.2016 11:55:18	Saturn in Konjunktion zur Sonne	1,3°
11.12.2016 4:30:00	Merkur in größter östlicher Elongation zur Sonne	20,8°
11.12.2016 18:44:11	Mars 1,5° nördlich Delta Capricorni	63,6°
13.12.2016 23:44:52	Merkur 1,9° nördlich Nunki	20,4°
19.12.2016 6:44:44	Merkur stationär, dann rückläufig	
24.12.2016 2:44:35	Merkur 4,5° nördlich Nunki	10,4°
28.12.2016 18:41:45	Merkur in unterer Konjunktion zur Sonne	2,4°
28.12.2016 21:49:25	Venus 1° nördlich Delta Capricorni	46,2°
29.12.2016 14:21:37	Uranus stationär, dann rechtläufig	

2017

Datum und Uhrzeit (WZ)	Ereignis	Elongation
1.1.2017 6:33:02	Mars 1,2' südlich Neptun	58,7°
12.1.2017 13:06:00	Venus in größter östlicher Elongation zur Sonne	47,1°
13.1.2017 1:42:47	Venus 25' nördlich Neptun	47°
19.1.2017 9:34:00	Merkur in größter westlicher Elongation zur Sonne	24,1°
20.1.2017 20:11:59	Jupiter 3,7° nördlich Spika	96,9°
26.1.2017 0:54:50	Merkur 3,8° nördlich Nunki	23,3°
6.2.2017 18:31:18	Jupiter stationär, dann rückläufig	
9.2.2017 7:21:41	Merkur 6,2° südlich Beta Capricorni	17,1°
22.2.2017 11:07:17	Merkur 31' nördlich Delta Capricorni	10,3°
23.2.2017 16:24:40	Jupiter 3,8° nördlich Spika	131,1°
27.2.2017 8:17:36	Mars 37' nördlich Uranus	43,1°
2.3.2017 2:47:10	Neptun in Konjunktion zur Sonne	-51'
2.3.2017 14:15:31	Venus stationär, dann rückläufig	
4.3.2017 5:25:24	Merkur 1,1° südlich Neptun	2,2°
7.3.2017 0:15:09	Merkur in oberer Konjunktion zur Sonne	-1,7°
16.3.2017 1:54:12	Mars 10,4° südlich Hamal	38,7°
16.3.2017 23:13:40	Merkur 9,5° südlich Venus	9,5°
25.3.2017 10:12:18	Venus in unterer Konjunktion zur Sonne	8,3°
27.3.2017 5:55:18	Merkur 2,4° nördlich Uranus	16,7°
1.4.2017 10:11:00	Merkur in größter östlicher Elongation zur Sonne	19°
6.4.2017 4:13:29	Saturn stationär, dann rückläufig	
7.4.2017 21:28:32	Jupiteropposition	
10.4.2017 1:14:28	Merkur stationär, dann rückläufig	
12.4.2017 23:35:59	Venus stationär, dann rechtläufig	
14.4.2017 5:32:58	Uranus in Konjunktion zur Sonne	-34'
20.4.2017 5:48:21	Merkur in unterer Konjunktion zur Sonne	1,6°
20.4.2017 15:33:26	Mars 3,6° südlich Alkione	28,7°
28.4.2017 17:18:10	Merkur 8,8' südlich Uranus	13,3°
2.5.2017 14:17:02	Merkur stationär, dann rechtläufig	
7.5.2017 7:21:40	Mars 6,2° nördlich Aldebaran	23,7°

Datum und Uhrzeit (WZ)	Ereignis	Elongation
7.5.2017 23:48:46	Merkur 2,2° südlich Uranus	21,8°
17.5.2017 23:16:00	Merkur in größter westlicher Elongation zur Sonne	25,8°
19.5.2017 9:56:26	Merkur 14,1° südlich Hamal	22,9°
24.5.2017 12:36:26	Mars 4,6° südlich Elnath	19°
2.6.2017 14:45:58	Venus 1,8° südlich Uranus	45,2°
3.6.2017 12:17:00	Venus in größter westlicher Elongation zur Sonne	45,9°
6.6.2017 8:56:35	Merkur 5,7° südlich Alkione	16,1°
9.6.2017 17:50:55	Venus 13,3° südlich Hamal	42,2°
10.6.2017 3:07:50	Mars 1,8° nördlich Eta Geminorum	14,2°
12.6.2017 10:36:50	Merkur 5,1° nördlich Aldebaran	10,9°
12.6.2017 21:59:56	Mars 1,8° nördlich Mü Geminorum	13,4°
15.6.2017 10:05:54	Saturnopposition	
16.6.2017 19:51:53	Neptun stationär, dann rückläufig	
18.6.2017 0:05:24	Merkur 4,8° südlich Elnath	4,5°
18.6.2017 0:11:33	Mars 7,7° nördlich Alhena	11,9°
20.6.2017 4:39:36	Mars 1,1° südlich Epsilon Geminorum	11,2°
21.6.2017 14:02:15	Merkur in oberer Konjunktion zur Sonne	1,1°
23.6.2017 1:25:59	Merkur 2,2° nördlich Eta Geminorum	2,1°
23.6.2017 21:37:53	Merkur 2,2° nördlich Mü Geminorum	3,1°
25.6.2017 10:40:31	Merkur 8,3° nördlich Alhena	5°
26.6.2017 2:40:25	Merkur 28' südlich Epsilon Geminorum	5,7°
28.6.2017 18:12:00	Merkur 47' nördlich Mars	8,7°
1.7.2017 17:51:01	Merkur 8,3° südlich Kastor	11,9°
3.7.2017 0:15:39	Merkur 4,9° südlich Pollux	13,2°
3.7.2017 20:50:38	Venus 6,8° südlich Alkione	42°
8.7.2017 2:46:34	Mars 9,2° südlich Kastor	5,9°
10.7.2017 4:39:55	Merkur 21' nördlich M44	19,4°
11.7.2017 23:14:03	Mars 5,7° südlich Pollux	4,8°
14.7.2017 10:59:49	Venus 3,2° nördlich Aldebaran	41,8°
24.7.2017 23:56:12	Venus 7,3° südlich Elnath	39,7°
26.7.2017 9:16:49	Merkur 1,1° südlich Regulus	26,5°
27.7.2017 1:17:46	Mars in Konjunktion zur Sonne	1,1°
30.7.2017 4:31:00	Merkur in größter östlicher Elongation zur Sonne	27,2°
1.8.2017 5:35:08	Mars 9,8' südlich M44	2°
3.8.2017 6:45:16	Uranus stationär, dann rückläufig	
3.8.2017 19:27:49	Venus 33' südlich Eta Geminorum	38°
5.8.2017 10:12:42	Venus 32' südlich Mü Geminorum	37,6°
8.8.2017 8:28:50	Venus 5,6° nördlich Alhena	37°
9.8.2017 14:26:58	Venus 3,2° südlich Epsilon Geminorum	36,8°
12.8.2017 6:12:41	Merkur stationär, dann rückläufig	
19.8.2017 15:36:38	Venus 10,8° südlich Kastor	34,6°
21.8.2017 18:28:07	Venus 7,3° südlich Pollux	34,1°
25.8.2017 13:21:03	Saturn stationär, dann rechtläufig	
26.8.2017 20:36:30	Merkur in unterer Konjunktion zur Sonne	-4,2°
29.8.2017 8:33:24	Merkur 4,4° südlich Regulus	5,9°
1.9.2017 17:21:18	Venus 1,2° südlich M44	31,6°

Datum und Uhrzeit (WZ)	Ereignis	Elongation
1.9.2017 23:52:19	Merkur 4,1° südlich Mars	10,8°
4.9.2017 15:49:43	Merkur stationär, dann rechtläufig	
5.9.2017 1:58:36	Mars 45' nördlich Regulus	12,7°
5.9.2017 5:14:26	Neptunopposition	
5.9.2017 10:41:50	Jupiter 3,4° nördlich Spika	39,8°
10.9.2017 12:22:18	Merkur 35' südlich Regulus	17,7°
12.9.2017 10:09:00	Merkur in größter westlicher Elongation zur Sonne	17,9°
16.9.2017 18:25:15	Merkur 3,4' nördlich Mars	16,9°
19.9.2017 23:05:48	Venus 30' nördlich Regulus	27,1°
5.10.2017 13:23:19	Venus 13' nördlich Mars	23,4°
6.10.2017 3:20:56	Merkur 1,6° südlich Porrima	2,5°
8.10.2017 20:38:32	Merkur in oberer Konjunktion zur Sonne	1,1°
13.10.2017 2:25:45	Merkur 2,9° nördlich Spika	3,1°
18.10.2017 14:52:22	Merkur 1° südlich Jupiter	6,4°
19.10.2017 17:21:35	Uranusopposition	
23.10.2017 4:42:04	Venus 1,4° südlich Porrima	19,1°
26.10.2017 18:15:05	Jupiter in Konjunktion zur Sonne	1°
27.10.2017 5:55:24	Merkur 1,3° südlich Zuben-el-dschenubi	11,3°
1.11.2017 14:57:53	Venus 3,8° nördlich Spika	15,4°
8.11.2017 14:16:30	Merkur 3,2° südlich Akrab	17,1°
9.11.2017 8:02:54	Mars 1,8° südlich Porrima	36°
12.11.2017 14:39:57	Merkur 2,2° nördlich Antares	19,4°
13.11.2017 6:05:38	Venus 17' nördlich Jupiter	13,8°
19.11.2017 12:15:57	Venus 49' nördlich Zuben-el-dschenubi	12,1°
22.11.2017 17:27:06	Neptun stationär, dann rechtläufig	
24.11.2017 0:18:00	Merkur in größter östlicher Elongation zur Sonne	22°
27.11.2017 23:34:22	Mars 3,4° nördlich Spika	41,9°
28.11.2017 9:37:37	Merkur 3,1° südlich Saturn	21,1°
3.12.2017 7:38:43	Merkur stationär, dann rückläufig	
4.12.2017 4:02:58	Venus 24' südlich Akrab	8,7°
6.12.2017 11:12:23	Merkur 1,3° südlich Saturn	13,9°
8.12.2017 17:20:57	Venus 5,1° nördlich Antares	7,6°
13.12.2017 1:43:05	Merkur in unterer Konjunktion zur Sonne	1,7°
15.12.2017 15:54:54	Merkur 2,2° nördlich Venus	5,9°
21.12.2017 15:54:17	Jupiter 44' nördlich Zuben-el-dschenubi	44,7°
21.12.2017 21:12:34	Saturn in Konjunktion zur Sonne	54'
23.12.2017 2:31:40	Merkur stationär, dann rechtläufig	
25.12.2017 17:43:13	Venus 1,1° südlich Saturn	3,5°

2018

Datum und Uhrzeit (WZ)	Ereignis	Elongation
1.1.2018 19:49:00	Merkur in größter westlicher Elongation zur Sonne	22,7°
2.1.2018 14:01:45	Mars 35' nördlich Zuben-el-dschenubi	56,9°
4.1.2018 11:28:41	Venus 2,9° nördlich Nunki	1,3°

Datum und Uhrzeit (WZ)	Ereignis	Elongation
7.1.2018 3:36:50	Mars 13' südlich Jupiter	58,8°
9.1.2018 6:22:48	Venus in oberer Konjunktion zur Sonne	-46'
13.1.2018 6:46:10	Merkur 39' südlich Saturn	20,2°
20.1.2018 9:18:18	Merkur 2,8° nördlich Nunki	17,4°
20.1.2018 9:41:53	Venus 5,9° südlich Beta Capricorni	2,9°
1.2.2018 6:02:02	Mars 22' südlich Akrab	68,8°
2.2.2018 7:09:02	Merkur 6,6° südlich Beta Capricorni	10,2°
6.2.2018 8:19:47	Venus 1,3° nördlich Delta Capricorni	6,8°
10.2.2018 15:04:03	Mars 5,2° nördlich Antares	71,9°
14.2.2018 20:05:19	Merkur 34' nördlich Delta Capricorni	2,9°
17.2.2018 12:12:46	Merkur in oberer Konjunktion zur Sonne	-2°
21.2.2018 14:09:24	Venus 35' südlich Neptun	10,5°
25.2.2018 9:58:41	Merkur 29' südlich Neptun	6,9°
4.3.2018 13:57:05	Neptun in Konjunktion zur Sonne	-54'
5.3.2018 18:31:00	Merkur 1,4° nördlich Venus	13,4°
9.3.2018 9:02:19	Jupiter stationär, dann rückläufig	
15.3.2018 15:02:00	Merkur in größter westlicher Elongation zur Sonne	18,4°
18.3.2018 0:58:02	Merkur 3,9° nördlich Venus	16,4°
22.3.2018 17:02:45	Merkur stationär, dann rückläufig	
29.3.2018 0:10:19	Venus 4,4' südlich Uranus	19°
1.4.2018 17:47:21	Merkur in unterer Konjunktion zur Sonne	2,8°
2.4.2018 11:46:14	Mars 1,3° südlich Saturn	93,7°
3.4.2018 14:04:23	Venus 11° südlich Hamal	20,4°
9.4.2018 23:53:56	Mars 2,9° nördlich Nunki	97,2°
14.4.2018 3:45:51	Merkur stationär, dann rechtläufig	
18.4.2018 0:19:11	Saturn stationär, dann rückläufig	
18.4.2018 14:02:58	Uranus in Konjunktion zur Sonne	-31'
24.4.2018 6:01:40	Venus 3,6° südlich Alkione	25,5°
29.4.2018 18:17:00	Merkur in größter westlicher Elongation zur Sonne	27°
3.5.2018 17:19:11	Venus 6,5° nördlich Aldebaran	27,3°
9.5.2018 0:28:38	Jupiteropposition	
12.5.2018 21:01:05	Merkur 2,4° südlich Uranus	22,2°
13.5.2018 8:56:55	Venus 4° südlich Elnath	30,1°
15.5.2018 16:20:59	Merkur 13,3° südlich Hamal	19,5°
22.5.2018 13:40:09	Venus 2,6° nördlich Eta Geminorum	32,2°
23.5.2018 8:43:05	Mars 7,2° südlich Beta Capricorni	117,8°
24.5.2018 2:30:37	Venus 2,5° nördlich Mü Geminorum	32,6°
26.5.2018 21:43:44	Venus 8,5° nördlich Alhena	33,2°
28.5.2018 2:35:04	Venus 15' südlich Epsilon Geminorum	33,5°
29.5.2018 14:45:05	Merkur 4,7° südlich Alkione	8,9°
4.6.2018 1:10:34	Merkur 5,9° nördlich Aldebaran	2,5°
6.6.2018 1:49:58	Merkur in oberer Konjunktion zur Sonne	44'
6.6.2018 4:19:03	Jupiter 54' nördlich Zuben-el-dschenubi	149,6°
6.6.2018 22:37:26	Venus 8,2° südlich Kastor	35,6°
9.6.2018 1:19:38	Venus 4,8° südlich Pollux	35,8°
9.6.2018 9:08:31	Merkur 4,2° südlich Elnath	4,3°

Datum und Uhrzeit (WZ)	Ereignis	Elongation
14.6.2018 13:25:09	Merkur 2,7° nördlich Eta Geminorum	10,3°
15.6.2018 10:50:56	Merkur 2,6° nördlich Mü Geminorum	11,3°
17.6.2018 2:40:48	Merkur 8,7° nördlich Alhena	13°
17.6.2018 20:06:23	Merkur 8' südlich Epsilon Geminorum	13,8°
19.6.2018 8:33:38	Neptun stationär, dann rückläufig	
20.6.2018 5:06:18	Venus 45' nördlich M44	38,5°
24.6.2018 4:21:36	Merkur 8,3° südlich Kastor	19,3°
25.6.2018 15:55:35	Merkur 4,9° südlich Pollux	20,4°
27.6.2018 13:16:00	Saturnopposition	
28.6.2018 13:40:50	Mars stationär, dann rückläufig	
4.7.2018 14:38:15	Merkur 23' südlich M44	25°
9.7.2018 20:05:32	Venus 1,1° nördlich Regulus	42,2°
11.7.2018 3:28:31	Jupiter stationär, dann rechtläufig	
12.7.2018 5:22:00	Merkur in größter östlicher Elongation zur Sonne	26,4°
25.7.2018 7:16:36	Merkur stationär, dann rückläufig	
27.7.2018 5:07:12	Marsopposition	
5.8.2018 15:00:57	Mars 11,5° südlich Beta Capricorni	166,8°
7.8.2018 16:57:11	Uranus stationär, dann rückläufig	
9.8.2018 2:00:11	Merkur in unterer Konjunktion zur Sonne	-4,8°
15.8.2018 2:05:54	Jupiter 36' nördlich Zuben-el-dschenubi	82,9°
17.8.2018 17:19:00	Venus in größter östlicher Elongation zur Sonne	45,9°
18.8.2018 12:17:15	Merkur stationär, dann rechtläufig	
19.8.2018 11:01:10	Venus 4,9° südlich Porrima	44°
26.8.2018 20:27:00	Merkur in größter westlicher Elongation zur Sonne	18,3°
28.8.2018 10:07:50	Mars stationär, dann rechtläufig	
2.9.2018 9:01:07	Venus 1,4° südlich Spika	44,3°
5.9.2018 22:41:14	Merkur 1° nördlich Regulus	13,2°
6.9.2018 9:19:23	Saturn stationär, dann rechtläufig	
7.9.2018 18:13:33	Neptunopposition	
19.9.2018 21:00:40	Mars 9,4° südlich Beta Capricorni	125,1°
21.9.2018 1:37:58	Merkur in oberer Konjunktion zur Sonne	1,5°
28.9.2018 12:18:52	Merkur 2,1° südlich Porrima	5,8°
5.10.2018 4:15:28	Venus stationär, dann rückläufig	
5.10.2018 18:23:29	Merkur 2,2° nördlich Spika	10,8°
14.10.2018 15:12:25	Merkur 6,8° nördlich Venus	15,8°
20.10.2018 17:20:18	Merkur 2,1° südlich Zuben-el-dschenubi	18°
24.10.2018 0:33:27	Uranusopposition	
26.10.2018 14:11:17	Venus in unterer Konjunktion zur Sonne	-6,3°
30.10.2018 3:38:32	Merkur 3,3° südlich Jupiter	21,3°
3.11.2018 16:41:29	Merkur 3,8° südlich Akrab	22,3°
5.11.2018 21:24:33	Mars 33' nördlich Delta Capricorni	100,4°
6.11.2018 15:22:00	Merkur in größter östlicher Elongation zur Sonne	23,3°
9.11.2018 6:01:40	Merkur 1,8° nördlich Antares	23,1°
14.11.2018 3:10:36	Venus stationär, dann rechtläufig	
17.11.2018 4:56:09	Merkur stationär, dann rückläufig	
24.11.2018 2:06:39	Merkur 4,4° nördlich Antares	7,6°

Datum und Uhrzeit (WZ)	Ereignis	Elongation
24.11.2018 8:21:43	Jupiter 21' südlich Akrab	1,7°
25.11.2018 5:53:10	Neptun stationär, dann rechtläufig	
26.11.2018 6:38:50	Jupiter in Konjunktion zur Sonne	39'
27.11.2018 9:09:17	Merkur in unterer Konjunktion zur Sonne	55'
27.11.2018 23:32:12	Merkur 27' nördlich Jupiter	1,5°
28.11.2018 14:40:04	Merkur 18' nördlich Akrab	3°
6.12.2018 20:16:25	Merkur stationär, dann rechtläufig	
7.12.2018 14:40:56	Mars 2,4' nördlich Neptun	88,3°
15.12.2018 11:21:00	Merkur in größter westlicher Elongation zur Sonne	21,3°
16.12.2018 9:33:07	Merkur 1,2° nördlich Akrab	20,9°
20.12.2018 2:03:01	Jupiter 5,3° nördlich Antares	18,7°
21.12.2018 8:22:38	Merkur 6,2° nördlich Antares	19,9°
21.12.2018 14:43:47	Merkur 52' nördlich Jupiter	20,1°
22.12.2018 8:34:18	Venus 3° nördlich Zuben-el-dschenubi	45,2°

2019

Datum und Uhrzeit (WZ)	Ereignis	Elongation
2.1.2019 5:53:34	Saturn in Konjunktion zur Sonne	29'
6.1.2019 4:41:00	Venus in größter westlicher Elongation zur Sonne	47°
7.1.2019 0:16:17	Uranus stationär, dann rechtläufig	
10.1.2019 8:32:36	Venus 2,4° nördlich Akrab	46,4°
13.1.2019 10:42:57	Merkur 1,7° südlich Saturn	10,1°
13.1.2019 13:24:57	Merkur 2,2° nördlich Nunki	10,3°
14.1.2019 23:24:48	Saturn 3,9° nördlich Nunki	11,5°
15.1.2019 20:38:54	Venus 7,9° nördlich Antares	45,6°
22.1.2019 5:51:22	Venus 2,4° nördlich Jupiter	45,9°
25.1.2019 21:10:45	Merkur 6,8° südlich Beta Capricorni	3,5°
30.1.2019 2:36:03	Merkur in oberer Konjunktion zur Sonne	-2,1°
7.2.2019 3:54:01	Merkur 48' nördlich Delta Capricorni	6,3°
13.2.2019 20:05:08	Mars 1,1° nördlich Uranus	64,4°
15.2.2019 8:18:32	Venus 5,2° nördlich Nunki	43,2°
18.2.2019 13:53:15	Venus 1,1° nördlich Saturn	42,7°
19.2.2019 11:03:17	Merkur 46' nördlich Neptun	15,1°
21.2.2019 3:27:52	Mars 10° südlich Hamal	62,3°
27.2.2019 1:18:00	Merkur in größter östlicher Elongation zur Sonne	18,1°
4.3.2019 12:44:34	Venus 4,1° südlich Beta Capricorni	39,6°
5.3.2019 5:21:49	Merkur stationär, dann rückläufig	
7.3.2019 1:03:06	Neptun in Konjunktion zur Sonne	-58'
15.3.2019 1:41:56	Merkur in unterer Konjunktion zur Sonne	3,5°
22.3.2019 6:09:31	Merkur 3,4° nördlich Neptun	13,4°
22.3.2019 7:09:01	Venus 2,3° nördlich Delta Capricorni	36,8°
27.3.2019 11:38:43	Merkur stationär, dann rechtläufig	
30.3.2019 14:03:56	Mars 3,2° südlich Alkione	50°
2.4.2019 18:53:27	Merkur 23' nördlich Neptun	25,4°

Datum und Uhrzeit (WZ)	Ereignis	Elongation
10.4.2019 3:44:01	Venus 18' südlich Neptun	32,6°
10.4.2019 16:16:24	Jupiter stationär, dann rückläufig	
11.4.2019 19:34:00	Merkur in größter westlicher Elongation zur Sonne	27,7°
16.4.2019 21:39:09	Mars 6,5° nördlich Aldebaran	43,7°
22.4.2019 23:09:33	Uranus in Konjunktion zur Sonne	-29'
30.4.2019 1:31:16	Saturn stationär, dann rückläufig	
4.5.2019 16:46:46	Mars 4,3° südlich Elnath	38,7°
8.5.2019 8:09:43	Merkur 1,4° südlich Uranus	14,1°
8.5.2019 17:47:44	Merkur 12,4° südlich Hamal	14°
18.5.2019 8:09:40	Venus 1,2° südlich Uranus	23,2°
18.5.2019 11:53:52	Venus 12,3° südlich Hamal	21,7°
21.5.2019 4:22:05	Merkur 3,9° südlich Alkione	0,5°
21.5.2019 12:55:00	Merkur in oberer Konjunktion zur Sonne	20'
21.5.2019 18:26:50	Mars 2° nördlich Eta Geminorum	33,2°
21.5.2019 20:34:39	Uranus 11,1° südlich Hamal	24,6°
24.5.2019 15:00:45	Mars 2° nördlich Mü Geminorum	32,3°
26.5.2019 11:26:43	Merkur 6,7° nördlich Aldebaran	6,2°
29.5.2019 20:07:50	Mars 7,9° nördlich Alhena	30,7°
1.6.2019 0:47:34	Merkur 3,6° südlich Elnath	12,5°
1.6.2019 1:53:03	Mars 55' südlich Epsilon Geminorum	29,9°
6.6.2019 19:39:32	Merkur 3° nördlich Eta Geminorum	17,9°
7.6.2019 20:37:56	Merkur 2,9° nördlich Mü Geminorum	18,7°
8.6.2019 8:18:11	Venus 5,2° südlich Alkione	17,5°
9.6.2019 19:56:54	Merkur 8,8° nördlich Alhena	20,2°
10.6.2019 15:17:19	Jupiteropposition	
10.6.2019 17:04:04	Merkur 51" südlich Epsilon Geminorum	20,8°
17.6.2019 20:46:26	Venus 4,8° nördlich Aldebaran	15,7°
18.6.2019 14:42:35	Merkur 14' nördlich Mars	24,4°
19.6.2019 0:21:55	Merkur 8,9° südlich Kastor	24,5°
19.6.2019 8:59:23	Mars 9° südlich Kastor	24,2°
21.6.2019 5:06:51	Merkur 5,7° südlich Pollux	24,8°
21.6.2019 23:45:55	Neptun stationär, dann rückläufig	
23.6.2019 7:04:29	Mars 5,6° südlich Pollux	22,9°
23.6.2019 23:09:00	Merkur in größter östlicher Elongation zur Sonne	25,2°
27.6.2019 12:22:05	Venus 5,7° südlich Elnath	13,1°
6.7.2019 15:10:57	Venus 56' nördlich Eta Geminorum	10,6°
7.7.2019 4:21:05	Merkur stationär, dann rückläufig	
7.7.2019 13:13:19	Merkur 3,8° südlich Mars	18,4°
8.7.2019 3:29:03	Venus 56' nördlich Mü Geminorum	10,2°
9.7.2019 16:55:12	Saturnopposition	
10.7.2019 21:30:57	Venus 7° nördlich Alhena	9,4°
12.7.2019 1:48:25	Venus 1,8° südlich Epsilon Geminorum	9,1°
13.7.2019 20:39:54	Mars 6' südlich M44	16,4°
21.7.2019 12:28:11	Merkur in unterer Konjunktion zur Sonne	-5°
21.7.2019 15:05:44	Venus 9,6° südlich Kastor	6,5°
23.7.2019 15:49:38	Venus 6,1° südlich Pollux	6°

Datum und Uhrzeit (WZ)	Ereignis	Elongation
24.7.2019 10:19:58	Merkur 5,7° südlich Venus	5,8°
26.7.2019 6:02:38	Merkur 11,6° südlich Pollux	8,8°
31.7.2019 18:45:35	Merkur stationär, dann rechtläufig	
3.8.2019 5:50:23	Venus 15' südlich M44	3,2°
5.8.2019 22:24:24	Merkur 9,3° südlich Pollux	18,2°
9.8.2019 23:01:00	Merkur in größter westlicher Elongation zur Sonne	19°
11.8.2019 15:58:01	Jupiter stationär, dann rechtläufig	
12.8.2019 2:20:19	Uranus stationär, dann rückläufig	
14.8.2019 5:33:21	Venus in oberer Konjunktion zur Sonne	1,3°
17.8.2019 10:42:46	Merkur 55' südlich M44	16,5°
17.8.2019 23:18:20	Mars 42' nördlich Regulus	5,2°
21.8.2019 4:12:13	Venus 58' nördlich Regulus	2,3°
24.8.2019 12:29:15	Venus 19' nördlich Mars	3,1°
29.8.2019 3:01:00	Merkur 1,4° nördlich Regulus	5,4°
2.9.2019 11:01:52	Mars in Konjunktion zur Sonne	1,1°
3.9.2019 10:39:35	Merkur 42' nördlich Mars	1,1°
4.9.2019 1:26:51	Merkur in oberer Konjunktion zur Sonne	1,7°
10.9.2019 7:10:41	Neptunopposition	
13.9.2019 21:31:46	Merkur 20' südlich Venus	8,5°
18.9.2019 4:31:50	Saturn stationär, dann rechtläufig	
21.9.2019 3:57:55	Merkur 2,8° südlich Porrima	12,8°
23.9.2019 12:19:08	Venus 1,8° südlich Porrima	10,6°
28.9.2019 22:35:14	Merkur 1,4° nördlich Spika	18,1°
3.10.2019 0:52:10	Venus 3,1° nördlich Spika	13,4°
15.10.2019 19:15:19	Merkur 3,1° südlich Zuben-el-dschenubi	23,2°
20.10.2019 3:52:00	Merkur in größter östlicher Elongation zur Sonne	24,6°
21.10.2019 2:20:36	Venus 10' südlich Zuben-el-dschenubi	17,9°
21.10.2019 12:58:11	Mars 2,1° südlich Porrima	16,6°
28.10.2019 8:01:54	Uranusopposition	
30.10.2019 8:16:16	Merkur 2,7° südlich Venus	20,3°
31.10.2019 20:26:05	Merkur stationär, dann rückläufig	
4.11.2019 20:35:04	Venus 1,5° südlich Akrab	21,4°
8.11.2019 14:19:54	Uranus 11,1° südlich Hamal	167,3°
8.11.2019 14:32:12	Mars 3,1° nördlich Spika	21,9°
9.11.2019 10:32:01	Venus 4° nördlich Antares	22,7°
11.11.2019 15:16:07	Merkur in unterer Konjunktion zur Sonne, Transit	1,3'
14.11.2019 15:45:18	Merkur 43' nördlich Zuben-el-dschenubi	6,7°
20.11.2019 14:24:34	Merkur stationär, dann rechtläufig	
24.11.2019 13:57:26	Venus 1,4° südlich Jupiter	26,2°
27.11.2019 3:05:20	Merkur 2,2° nördlich Zuben-el-dschenubi	19,3°
27.11.2019 17:39:17	Neptun stationär, dann rechtläufig	
28.11.2019 10:20:00	Merkur in größter westlicher Elongation zur Sonne	20,1°
6.12.2019 9:01:11	Venus 1,8° nördlich Nunki	28,9°
11.12.2019 4:38:18	Venus 1,8° südlich Saturn	30°
11.12.2019 18:41:38	Merkur 55" südlich Akrab	16°
12.12.2019 10:08:56	Mars 13' nördlich Zuben-el-dschenubi	34,8°

Datum und Uhrzeit (WZ)	Ereignis	Elongation
15.12.2019 16:08:12	Merkur 5,1° nördlich Antares	14,1°
22.12.2019 12:52:19	Venus 6,6° südlich Beta Capricorni	32,5°
27.12.2019 18:31:14	Jupiter in Konjunktion zur Sonne, Bedeckung	5,7'

2020

Datum und Uhrzeit (WZ)	Ereignis	Elongation
2.1.2020 15:12:43	Merkur 1,5° südlich Jupiter	4,6°
6.1.2020 7:25:18	Merkur 1,8° nördlich Nunki	3,1°
8.1.2020 17:42:35	Mars 44' südlich Akrab	44,3°
8.1.2020 22:41:06	Venus 56' nördlich Delta Capricorni	35,8°
10.1.2020 15:02:31	Merkur in oberer Konjunktion zur Sonne	-1,9°
12.1.2020 4:26:30	Merkur 2,1° südlich Saturn	1,3°
13.1.2020 15:19:48	Saturn in Konjunktion zur Sonne, Bedeckung	2,2'
17.1.2020 4:03:14	Mars 4,8° nördlich Antares	46,6°
18.1.2020 9:11:51	Merkur 6,9° südlich Beta Capricorni	5,4°
27.1.2020 19:23:09	Venus 4,5' südlich Neptun	39,6°
28.1.2020 22:02:52	Jupiter 3,5° nördlich Nunki	25,4°
30.1.2020 23:08:57	Merkur 1,3° nördlich Delta Capricorni	13,5°
10.2.2020 13:48:00	Merkur in größter östlicher Elongation zur Sonne	18,2°
16.2.2020 10:09:34	Merkur stationär, dann rückläufig	
26.2.2020 1:39:11	Merkur in unterer Konjunktion zur Sonne	3,7°
6.3.2020 5:56:52	Mars 3° nördlich Nunki	63,2°
8.3.2020 12:26:18	Neptun in Konjunktion zur Sonne	-1°
9.3.2020 7:59:36	Merkur stationär, dann rechtläufig	
9.3.2020 14:33:27	Venus 2,4° nördlich Uranus	44,6°
9.3.2020 17:09:07	Venus 8,7° südlich Hamal	45,4°
12.3.2020 3:25:39	Uranus 11,1° südlich Hamal	42,2°
20.3.2020 6:19:29	Mars 43' südlich Jupiter	67,3°
24.3.2020 1:58:00	Merkur in größter westlicher Elongation zur Sonne	27,8°
24.3.2020 22:00:00	Venus in größter östlicher Elongation zur Sonne	46,1°
31.3.2020 10:54:35	Mars 55' südlich Saturn	70,6°
3.4.2020 15:18:21	Merkur 1,4° südlich Neptun	25°
3.4.2020 22:49:56	Venus 16' südlich Alkione	45,7°
4.4.2020 2:42:41	Mars 5,8° südlich Beta Capricorni	70,5°
17.4.2020 19:53:32	Venus 10,1° nördlich Aldebaran	42,1°
26.4.2020 9:03:41	Uranus in Konjunktion zur Sonne	-27'
29.4.2020 18:28:02	Merkur 11,6° südlich Hamal	6°
1.5.2020 2:20:39	Merkur 19' südlich Uranus	4,3°
4.5.2020 15:11:45	Mars 57' nördlich Delta Capricorni	80,5°
4.5.2020 21:29:30	Merkur in oberer Konjunktion zur Sonne, Bedeckung	-6,5'
11.5.2020 7:38:35	Saturn stationär, dann rückläufig	
11.5.2020 17:24:32	Merkur 3,1° südlich Alkione	8,2°
13.5.2020 10:13:50	Venus stationär, dann rückläufig	
14.5.2020 17:52:29	Jupiter stationär, dann rückläufig	

Datum und Uhrzeit (WZ)	Ereignis	Elongation
17.5.2020 8:47:32	Merkur 7,4° nördlich Aldebaran	14,2°
22.5.2020 7:47:16	Merkur 54' südlich Venus	18,6°
23.5.2020 20:23:29	Merkur 3,1° südlich Elnath	19,6°
31.5.2020 14:08:17	Merkur 2,9° nördlich Eta Geminorum	23,1°
2.6.2020 4:15:46	Merkur 2,7° nördlich Mü Geminorum	23,4°
3.6.2020 17:38:45	Venus in unterer Konjunktion zur Sonne	29'
4.6.2020 13:00:00	Merkur in größter östlicher Elongation zur Sonne	23,6°
5.6.2020 12:22:16	Merkur 8,2° nördlich Alhena	23,6°
7.6.2020 5:32:59	Merkur 56' südlich Epsilon Geminorum	23,4°
8.6.2020 8:01:57	Venus 4,9° nördlich Aldebaran	7,3°
12.6.2020 12:19:20	Mars 1,7° südlich Neptun	91,1°
17.6.2020 19:26:41	Merkur stationär, dann rückläufig	
23.6.2020 12:57:15	Neptun stationär, dann rückläufig	
24.6.2020 18:06:26	Venus stationär, dann rechtläufig	
29.6.2020 12:11:47	Merkur 6,3° südlich Epsilon Geminorum	2,9°
1.7.2020 2:46:47	Merkur in unterer Konjunktion zur Sonne	-4,4°
1.7.2020 23:04:58	Merkur 2,2° nördlich Alhena	4,7°
9.7.2020 21:17:41	Merkur 3,8° südlich Mü Geminorum	12,5°
12.7.2020 6:51:20	Merkur stationär, dann rechtläufig	
12.7.2020 6:51:49	Venus 58' nördlich Aldebaran	40,4°
14.7.2020 7:48:09	Jupiteropposition	
14.7.2020 14:56:09	Merkur 3,2° südlich Mü Geminorum	17,1°
20.7.2020 22:15:46	Saturnopposition	
21.7.2020 7:25:34	Merkur 4,1° nördlich Alhena	20,1°
22.7.2020 15:05:00	Merkur in größter westlicher Elongation zur Sonne	20,1°
22.7.2020 22:47:22	Merkur 4,3° südlich Epsilon Geminorum	20,1°
29.7.2020 19:20:06	Venus 9,5° südlich Elnath	44,5°
31.7.2020 18:37:59	Merkur 10,4° südlich Kastor	16,8°
2.8.2020 5:27:28	Merkur 6,6° südlich Pollux	15,7°
8.8.2020 23:46:44	Merkur 51" südlich M44	9,4°
11.8.2020 17:05:38	Venus 2,5° südlich Eta Geminorum	45,8°
13.8.2020 0:02:00	Venus in größter westlicher Elongation zur Sonne	45,8°
13.8.2020 16:50:31	Venus 2,4° südlich Mü Geminorum	45,8°
15.8.2020 13:29:29	Uranus stationär, dann rückläufig	
17.8.2020 5:48:17	Venus 3,7° nördlich Alhena	45,7°
17.8.2020 14:54:36	Merkur in oberer Konjunktion zur Sonne	1,8°
18.8.2020 17:34:50	Venus 5° südlich Epsilon Geminorum	45,7°
19.8.2020 20:50:16	Merkur 1,4° nördlich Regulus	2,8°
30.8.2020 7:58:22	Venus 12,3° südlich Kastor	44,9°
1.9.2020 16:58:19	Venus 8,7° südlich Pollux	44,7°
9.9.2020 17:44:13	Mars stationär, dann rückläufig	
11.9.2020 20:12:40	Neptunopposition	
12.9.2020 23:24:48	Jupiter stationär, dann rechtläufig	
13.9.2020 12:43:24	Merkur 3,7° südlich Porrima	19,4°
13.9.2020 16:54:52	Venus 2,3° südlich M44	43,2°
22.9.2020 8:51:30	Merkur 18' nördlich Spika	24,3°

Datum und Uhrzeit (WZ)	Ereignis	Elongation
29.9.2020 1:08:04	Saturn stationär, dann rechtläufig	
1.10.2020 15:57:00	Merkur in größter östlicher Elongation zur Sonne	25,8°
2.10.2020 23:38:34	Venus 5,3' südlich Regulus	40,1°
13.10.2020 23:19:57	Marsopposition	
14.10.2020 4:26:16	Merkur stationär, dann rückläufig	
25.10.2020 18:17:29	Merkur in unterer Konjunktion zur Sonne	-55'
31.10.2020 15:39:47	Uranusopposition	
3.11.2020 8:15:10	Merkur stationär, dann rechtläufig	
6.11.2020 0:18:33	Venus 1,2° südlich Porrima	33,2°
10.11.2020 16:55:00	Merkur in größter westlicher Elongation zur Sonne	19,1°
15.11.2020 13:20:30	Venus 4,1° nördlich Spika	29,6°
15.11.2020 19:23:06	Mars stationär, dann rechtläufig	
22.11.2020 2:23:21	Merkur 1,3° nördlich Zuben-el-dschenubi	14,9°
29.11.2020 5:27:48	Neptun stationär, dann rechtläufig	
3.12.2020 15:09:50	Venus 1,3° nördlich Zuben-el-dschenubi	26,6°
4.12.2020 3:35:59	Merkur 50' südlich Akrab	8,8°
7.12.2020 19:56:42	Merkur 4,4° nördlich Antares	6,8°
18.12.2020 10:21:37	Venus 10' nördlich Akrab	23,5°
20.12.2020 3:07:52	Merkur in oberer Konjunktion zur Sonne	-1,5°
21.12.2020 13:23:31	Jupiter 6,3' südlich Saturn	30,3°
23.12.2020 0:44:36	Venus 5,6° nördlich Antares	22,1°
28.12.2020 23:19:09	Merkur 1,5° nördlich Nunki	5,5°

2021

Datum und Uhrzeit (WZ)	Ereignis	Elongation
2.1.2021 11:20:17	Jupiter 5,2° südlich Beta Capricorni	20,8°
9.1.2021 21:12:32	Merkur 1,7° südlich Saturn	12,6°
10.1.2021 4:23:35	Merkur 6,8° südlich Beta Capricorni	12,8°
11.1.2021 11:04:42	Merkur 1,5° südlich Jupiter	13,5°
14.1.2021 1:06:51	Saturn 5,1° südlich Beta Capricorni	9,1°
16.1.2021 21:17:27	Mars 9,4° südlich Hamal	97,8°
19.1.2021 0:23:51	Venus 3,4° nördlich Nunki	16,1°
21.1.2021 23:28:44	Mars 1,7° nördlich Uranus	94,6°
24.1.2021 1:49:00	Merkur in größter östlicher Elongation zur Sonne	18,6°
24.1.2021 3:05:25	Saturn in Konjunktion zur Sonne	-25'
26.1.2021 11:18:07	Merkur 3,3° nördlich Delta Capricorni	17,3°
29.1.2021 1:45:30	Jupiter in Konjunktion zur Sonne	-31'
30.1.2021 2:12:00	Merkur stationär, dann rückläufig	
2.2.2021 15:13:52	Merkur 5,5° nördlich Delta Capricorni	10,2°
4.2.2021 0:43:03	Venus 5,5° südlich Beta Capricorni	12°
6.2.2021 5:00:56	Venus 23' südlich Saturn	11,7°
8.2.2021 13:42:18	Merkur in unterer Konjunktion zur Sonne	3,6°
11.2.2021 11:57:25	Venus 27' südlich Jupiter	10,4°
12.2.2021 16:39:59	Merkur 4,8° nördlich Venus	9,6°

Datum und Uhrzeit (WZ)	Ereignis	Elongation
13.2.2021 18:29:11	Merkur 4,2° nördlich Jupiter	11,5°
20.2.2021 12:23:10	Merkur stationär, dann rechtläufig	
21.2.2021 0:06:14	Venus 1,5° nördlich Delta Capricorni	8,3°
3.3.2021 15:13:50	Mars 2,7° südlich Alkione	76,4°
5.3.2021 6:52:04	Merkur 19' nördlich Jupiter	27,2°
6.3.2021 11:14:00	Merkur in größter westlicher Elongation zur Sonne	27,3°
11.3.2021 0:04:11	Neptun in Konjunktion zur Sonne	-1,1°
11.3.2021 10:41:16	Merkur 1,5° nördlich Delta Capricorni	26,8°
14.3.2021 0:54:38	Venus 24' südlich Neptun	3,1°
22.3.2021 23:31:59	Mars 7° nördlich Aldebaran	67,6°
26.3.2021 6:20:58	Venus in oberer Konjunktion zur Sonne	-1,4°
29.3.2021 19:11:41	Merkur 1,4° südlich Neptun	18°
7.4.2021 17:48:41	Jupiter 2,1° nördlich Delta Capricorni	53,6°
11.4.2021 7:44:22	Mars 3,9° südlich Elnath	61°
18.4.2021 0:54:26	Venus 11,5° südlich Hamal	5,9°
19.4.2021 1:37:17	Merkur in oberer Konjunktion zur Sonne	-34'
21.4.2021 10:50:03	Merkur 10,8° südlich Hamal	2,7°
22.4.2021 23:18:08	Venus 15' südlich Uranus	7,1°
24.4.2021 9:32:45	Merkur 48' nördlich Uranus	5,9°
26.4.2021 8:50:40	Merkur 1,3° nördlich Venus	8°
29.4.2021 12:27:06	Mars 2,3° nördlich Eta Geminorum	54,3°
30.4.2021 19:56:36	Uranus in Konjunktion zur Sonne	-24'
2.5.2021 12:56:55	Mars 2,3° nördlich Mü Geminorum	53,2°
4.5.2021 0:09:32	Merkur 2,2° südlich Alkione	16,2°
8.5.2021 0:48:18	Mars 8,2° nördlich Alhena	51,2°
8.5.2021 13:44:06	Venus 4,2° südlich Alkione	11,2°
10.5.2021 9:23:23	Mars 39' südlich Epsilon Geminorum	50,3°
11.5.2021 2:33:38	Merkur 8° nördlich Aldebaran	20,2°
17.5.2021 5:47:00	Merkur in größter östlicher Elongation zur Sonne	22°
17.5.2021 22:57:48	Venus 5,9° nördlich Aldebaran	13,7°
22.5.2021 16:29:42	Merkur 3,7° südlich Elnath	20,9°
23.5.2021 18:50:41	Saturn stationär, dann rückläufig	
27.5.2021 12:01:39	Venus 4,7° südlich Elnath	16,2°
29.5.2021 5:20:46	Merkur 25' südlich Venus	16,6°
29.5.2021 12:13:08	Mars 8,8° südlich Kastor	43,2°
30.5.2021 1:44:26	Merkur stationär, dann rückläufig	
2.6.2021 13:53:07	Mars 5,4° südlich Pollux	41,7°
5.6.2021 13:20:25	Venus 1,9° nördlich Eta Geminorum	18,6°
7.6.2021 1:29:49	Venus 1,9° nördlich Mü Geminorum	19°
7.6.2021 4:00:25	Merkur 7,5° südlich Elnath	6,2°
9.6.2021 19:19:32	Venus 7,9° nördlich Alhena	19,7°
10.6.2021 23:36:24	Venus 51' südlich Epsilon Geminorum	20°
11.6.2021 1:07:01	Merkur in unterer Konjunktion zur Sonne	-3,1°
20.6.2021 13:30:59	Venus 8,7° südlich Kastor	22,6°
21.6.2021 3:53:51	Jupiter stationär, dann rückläufig	
22.6.2021 14:36:17	Venus 5,3° südlich Pollux	23,1°

Datum und Uhrzeit (WZ)	Ereignis	Elongation
22.6.2021 22:34:57	Merkur stationär, dann rechtläufig	
23.6.2021 19:29:04	Mars 8,5" nördlich M44	35°
26.6.2021 3:52:01	Neptun stationär, dann rückläufig	
3.7.2021 8:08:24	Venus 23' nördlich M44	25,9°
4.7.2021 19:38:00	Merkur in größter westlicher Elongation zur Sonne	21,6°
5.7.2021 13:22:04	Merkur 8,3° südlich Elnath	21,5°
13.7.2021 7:05:58	Venus 30' nördlich Mars	28,4°
14.7.2021 8:03:31	Merkur 11' südlich Eta Geminorum	18,4°
15.7.2021 11:36:17	Merkur 27" nördlich Mü Geminorum	17,6°
17.7.2021 10:49:43	Merkur 6,4° nördlich Alhena	16,1°
18.7.2021 6:09:53	Merkur 2,3° südlich Epsilon Geminorum	15,4°
21.7.2021 18:42:06	Venus 1,2° nördlich Regulus	30,5°
24.7.2021 5:46:16	Merkur 9,4° südlich Kastor	9,5°
25.7.2021 10:29:38	Merkur 5,7° südlich Pollux	8,2°
29.7.2021 15:49:03	Mars 41' nördlich Regulus	23,2°
31.7.2021 14:10:03	Merkur 23' nördlich M44	1,6°
1.8.2021 13:55:12	Merkur in oberer Konjunktion zur Sonne	1,7°
2.8.2021 6:02:27	Saturnopposition	
11.8.2021 18:06:20	Merkur 1,2° nördlich Regulus	10,5°
19.8.2021 4:07:25	Merkur 4,8' südlich Mars	16,4°
20.8.2021 0:15:36	Uranus stationär, dann rückläufig	
20.8.2021 0:18:20	Jupiteropposition	
25.8.2021 23:33:42	Venus 2,8° südlich Porrima	37,6°
5.9.2021 5:36:50	Venus 1,7° nördlich Spika	40,6°
8.9.2021 17:53:36	Merkur 5,1° südlich Porrima	24,3°
12.9.2021 13:25:03	Jupiter 1,5° nördlich Delta Capricorni	153,7°
14.9.2021 4:16:00	Merkur in größter östlicher Elongation zur Sonne	26,8°
14.9.2021 9:07:55	Neptunopposition	
23.9.2021 12:18:02	Merkur 1,7° südlich Spika	23,5°
24.9.2021 21:46:08	Venus 2,2° südlich Zuben-el-dschenubi	43,3°
27.9.2021 4:03:00	Merkur stationär, dann rückläufig	
30.9.2021 14:41:21	Merkur 1,7° südlich Spika	16,6°
2.10.2021 9:54:43	Mars 2,3° südlich Porrima	2°
8.10.2021 4:20:55	Mars in Konjunktion zur Sonne	39'
9.10.2021 8:16:11	Merkur 2,9° südlich Mars	0,7°
9.10.2021 16:12:36	Merkur in unterer Konjunktion zur Sonne	-1,9°
11.10.2021 1:32:39	Saturn stationär, dann rechtläufig	
11.10.2021 8:20:50	Venus 3,9° südlich Akrab	45,3°
14.10.2021 10:04:45	Merkur 3,4° südlich Porrima	9,5°
16.10.2021 13:38:35	Venus 1,5° nördlich Antares	46,5°
18.10.2021 0:47:35	Merkur stationär, dann rechtläufig	
18.10.2021 10:04:18	Jupiter stationär, dann rechtläufig	
20.10.2021 6:06:56	Mars 2,8° nördlich Spika	3,6°
21.10.2021 16:30:24	Merkur 1,3° südlich Porrima	17,6°
25.10.2021 5:22:00	Merkur in größter westlicher Elongation zur Sonne	18,4°
29.10.2021 20:40:00	Venus in größter östlicher Elongation zur Sonne	47°

Datum und Uhrzeit (WZ)	Ereignis	Elongation
1.11.2021 1:38:57	Merkur 4,4° nördlich Spika	14,8°
4.11.2021 23:44:20	Uranusopposition	
10.11.2021 4:03:04	Merkur 1,1° nördlich Mars	10,8°
15.11.2021 9:33:09	Merkur 31' nördlich Zuben-el-dschenubi	7,9°
19.11.2021 20:03:31	Venus 12' südlich Nunki	45,1°
22.11.2021 7:14:48	Mars 3,8' südlich Zuben-el-dschenubi	14,8°
22.11.2021 20:40:55	Jupiter 1,6° nördlich Delta Capricorni	83,1°
27.11.2021 0:50:40	Merkur 1,5° südlich Akrab	1,3°
29.11.2021 4:21:31	Merkur in oberer Konjunktion zur Sonne	-43'
30.11.2021 16:02:56	Merkur 3,7° nördlich Antares	1,2°
1.12.2021 18:14:25	Neptun stationär, dann rechtläufig	
18.12.2021 10:56:26	Venus stationär, dann rückläufig	
18.12.2021 15:51:10	Mars 1° südlich Akrab	23,3°
21.12.2021 21:13:51	Merkur 1,2° nördlich Nunki	12,8°
26.12.2021 17:45:11	Mars 4,5° nördlich Antares	25,5°
29.12.2021 0:56:41	Merkur 4,2° südlich Venus	16,5°

2022

Datum und Uhrzeit (WZ)	Ereignis	Elongation
4.1.2022 12:15:13	Merkur 6,2° südlich Beta Capricorni	18,9°
7.1.2022 10:55:00	Merkur in größter östlicher Elongation zur Sonne	19,2°
9.1.2022 0:42:45	Venus in unterer Konjunktion zur Sonne	4,9°
18.1.2022 3:43:28	Venus 9,9° nördlich Nunki	15,7°
18.1.2022 17:32:35	Uranus stationär, dann rechtläufig	
22.1.2022 22:19:30	Merkur 1,4° südlich Beta Capricorni	3,4°
23.1.2022 10:22:35	Merkur in unterer Konjunktion zur Sonne	3,3°
29.1.2022 7:59:06	Venus stationär, dann rechtläufig	
3.2.2022 22:11:18	Merkur stationär, dann rechtläufig	
4.2.2022 19:08:47	Saturn in Konjunktion zur Sonne	-51'
10.2.2022 2:31:55	Venus 9,7° nördlich Nunki	38,1°
11.2.2022 6:39:50	Mars 2,8° nördlich Nunki	39,5°
13.2.2022 0:35:25	Venus 6,6° nördlich Mars	39,7°
16.2.2022 20:58:00	Merkur in größter westlicher Elongation zur Sonne	26,3°
18.2.2022 5:01:50	Merkur 4,7° südlich Beta Capricorni	25,5°
2.3.2022 12:32:12	Merkur 42' südlich Saturn	22,9°
5.3.2022 14:12:37	Jupiter in Konjunktion zur Sonne	-59'
6.3.2022 4:58:18	Merkur 48' nördlich Delta Capricorni	21,6°
10.3.2022 7:36:03	Mars 5,7° südlich Beta Capricorni	45,5°
10.3.2022 18:03:33	Venus 1,5° südlich Beta Capricorni	46°
12.3.2022 14:52:04	Venus 4° nördlich Mars	46,4°
13.3.2022 11:46:21	Neptun in Konjunktion zur Sonne	-1,1°
20.3.2022 9:13:00	Venus in größter westlicher Elongation zur Sonne	46,6°
20.3.2022 22:13:12	Merkur 1,3° südlich Jupiter	11,6°

Datum und Uhrzeit (WZ)	Ereignis	Elongation
23.3.2022 12:14:21	Merkur 1° südlich Neptun	9,7°
29.3.2022 13:15:09	Venus 2,2° nördlich Saturn	46,3°
1.4.2022 0:02:27	Venus 3,7° nördlich Delta Capricorni	46,2°
2.4.2022 22:58:10	Merkur in oberer Konjunktion zur Sonne	-1°
4.4.2022 22:00:28	Mars 19' südlich Saturn	52,7°
7.4.2022 14:24:33	Mars 1,4° nördlich Delta Capricorni	53,4°
12.4.2022 19:55:16	Jupiter 6,5' nördlich Neptun	28,9°
13.4.2022 8:55:34	Merkur 9,8° südlich Hamal	11,2°
18.4.2022 13:41:59	Merkur 2,1° nördlich Uranus	15,3°
27.4.2022 19:07:47	Venus 27" südlich Neptun	43°
29.4.2022 8:02:00	Merkur in größter östlicher Elongation zur Sonne	20,6°
29.4.2022 22:25:24	Merkur 1,4° südlich Alkione	20,6°
30.4.2022 18:43:40	Venus 15' südlich Jupiter	42,5°
3.5.2022 13:16:30	Saturn 1,7° nördlich Delta Capricorni	78,7°
5.5.2022 7:24:12	Uranus in Konjunktion zur Sonne	-22'
10.5.2022 22:33:22	Merkur stationär, dann rückläufig	
17.5.2022 23:03:32	Mars 34' südlich Neptun	62°
21.5.2022 19:12:10	Merkur in unterer Konjunktion zur Sonne	-1,2°
24.5.2022 22:49:09	Merkur 6,3° südlich Alkione	5,3°
29.5.2022 0:02:11	Mars 38' südlich Jupiter	64,4°
31.5.2022 17:24:37	Venus 12,7° südlich Hamal	33,6°
3.6.2022 0:23:49	Merkur stationär, dann rechtläufig	
5.6.2022 12:35:58	Saturn stationär, dann rückläufig	
11.6.2022 10:53:37	Merkur 8,2° südlich Alkione	20,6°
11.6.2022 13:14:58	Venus 1,6° südlich Uranus	33,8°
16.6.2022 14:49:00	Merkur in größter westlicher Elongation zur Sonne	23,2°
22.6.2022 5:06:19	Venus 5,8° südlich Alkione	30,7°
23.6.2022 14:15:14	Merkur 3° nördlich Aldebaran	21,7°
28.6.2022 17:23:58	Neptun stationär, dann rückläufig	
1.7.2022 6:10:24	Merkur 6,4° südlich Elnath	16,9°
1.7.2022 23:26:32	Venus 4,2° nördlich Aldebaran	29,4°
7.7.2022 3:03:43	Merkur 1,1° nördlich Eta Geminorum	11,3°
8.7.2022 0:46:33	Merkur 1,2° nördlich Mü Geminorum	10,3°
9.7.2022 0:42:43	Saturn 1,5° nördlich Delta Capricorni	142,5°
9.7.2022 15:29:27	Merkur 7,4° nördlich Alhena	8,5°
10.7.2022 7:52:38	Merkur 1,4° südlich Epsilon Geminorum	7,8°
10.7.2022 14:24:24	Mars 12,5° südlich Hamal	70,7°
11.7.2022 20:29:56	Venus 6,3° südlich Elnath	27°
15.7.2022 18:07:45	Merkur 8,8° südlich Kastor	1,9°
16.7.2022 19:25:37	Merkur in oberer Konjunktion zur Sonne	1,5°
16.7.2022 21:49:09	Merkur 5,2° südlich Pollux	1,5°
21.7.2022 3:39:48	Venus 21' nördlich Eta Geminorum	24,6°
22.7.2022 16:36:20	Venus 21' nördlich Mü Geminorum	24,3°
23.7.2022 3:01:27	Merkur 33' nördlich M44	7,4°
25.7.2022 11:41:57	Venus 6,4° nördlich Alhena	23,6°
26.7.2022 16:29:13	Venus 2,4° südlich Epsilon Geminorum	23,2°

Datum und Uhrzeit (WZ)	Ereignis	Elongation
29.7.2022 11:09:53	Jupiter stationär, dann rückläufig	
1.8.2022 9:23:27	Mars 1,4° südlich Uranus	80,4°
4.8.2022 5:05:38	Merkur 45' nördlich Regulus	18,1°
5.8.2022 8:52:44	Venus 10,1° südlich Kastor	20,7°
7.8.2022 10:06:58	Venus 6,6° südlich Pollux	20,2°
14.8.2022 16:58:39	Saturnopposition	
18.8.2022 2:12:36	Venus 38' südlich M44	17,4°
18.8.2022 18:18:02	Mars 5,7° südlich Alkione	85,5°
24.8.2022 12:25:06	Uranus stationär, dann rückläufig	
27.8.2022 16:06:00	Merkur in größter östlicher Elongation zur Sonne	27,3°
5.9.2022 1:14:53	Venus 47' nördlich Regulus	12,4°
9.9.2022 0:53:41	Mars 4,3° nördlich Aldebaran	95,6°
9.9.2022 19:43:09	Merkur stationär, dann rückläufig	
16.9.2022 22:07:51	Neptunopposition	
23.9.2022 6:44:13	Merkur in unterer Konjunktion zur Sonne	-2,9°
26.9.2022 1:04:27	Merkur 3,8° südlich Venus	5,9°
26.9.2022 19:23:04	Jupiteropposition	
1.10.2022 14:45:21	Merkur stationär, dann rechtläufig	
8.10.2022 4:22:33	Venus 1,6° südlich Porrima	4°
8.10.2022 21:06:00	Merkur in größter westlicher Elongation zur Sonne	18°
9.10.2022 2:15:35	Mars 5,8° südlich Elnath	112,8°
17.10.2022 14:56:34	Venus 3,5° nördlich Spika	1,8°
18.10.2022 8:27:29	Merkur 53' südlich Porrima	14,3°
22.10.2022 20:41:04	Venus in oberer Konjunktion zur Sonne	1,1°
23.10.2022 6:43:16	Saturn stationär, dann rechtläufig	
25.10.2022 11:25:10	Merkur 3,9° nördlich Spika	8,1°
30.10.2022 10:46:22	Mars stationär, dann rückläufig	
4.11.2022 12:37:11	Venus 20' nördlich Zuben-el-dschenubi	3,3°
8.11.2022 4:39:51	Merkur 12' südlich Zuben-el-dschenubi	0,3°
8.11.2022 16:25:45	Merkur in oberer Konjunktion zur Sonne, Bedeckung	5,4'
9.11.2022 8:12:54	Uranusopposition	
19.11.2022 4:20:52	Venus 56' südlich Akrab	6,8°
19.11.2022 18:24:49	Mars 3,9° südlich Elnath	154°
19.11.2022 20:41:35	Merkur 2,2° südlich Akrab	6,1°
22.11.2022 16:32:36	Merkur 1,4° südlich Venus	7,7°
23.11.2022 12:45:15	Merkur 3,2° nördlich Antares	8,5°
23.11.2022 17:34:35	Venus 4,5° nördlich Antares	8°
24.11.2022 12:24:21	Jupiter stationär, dann rechtläufig	
4.12.2022 5:39:33	Neptun stationär, dann rechtläufig	
8.12.2022 5:35:33	Marsopposition	
15.12.2022 20:32:33	Merkur 1,3° nördlich Nunki	19,1°
20.12.2022 11:12:19	Venus 2,4° nördlich Nunki	14,4°
21.12.2022 15:23:00	Merkur in größter östlicher Elongation zur Sonne	20,1°
22.12.2022 4:42:28	Mars 8,2° nördlich Aldebaran	159,1°
29.12.2022 2:48:40	Merkur stationär, dann rückläufig	
29.12.2022 9:05:44	Merkur 1,4° nördlich Venus	16,5°

2023

Datum und Uhrzeit (WZ)	Ereignis	Elongation
5.1.2023 10:01:35	Venus 6,2° südlich Beta Capricorni	18,2°
7.1.2023 12:51:26	Merkur in unterer Konjunktion zur Sonne	2,8°
10.1.2023 6:42:13	Merkur 6,7° nördlich Nunki	7,2°
18.1.2023 11:43:39	Merkur stationär, dann rechtläufig	
18.1.2023 23:17:59	Saturn 1,4° nördlich Delta Capricorni	25,4°
22.1.2023 11:06:40	Venus 1,1° nördlich Delta Capricorni	21,9°
22.1.2023 19:32:36	Venus 22' südlich Saturn	22,2°
23.1.2023 0:21:30	Uranus stationär, dann rechtläufig	
28.1.2023 5:13:03	Merkur 4,8° nördlich Nunki	24,9°
30.1.2023 5:44:00	Merkur in größter westlicher Elongation zur Sonne	25°
5.2.2023 6:33:59	Mars 8,2° nördlich Aldebaran	113,8°
13.2.2023 15:16:58	Merkur 5,8° südlich Beta Capricorni	20,8°
15.2.2023 12:15:51	Venus 47" südlich Neptun	27,6°
16.2.2023 16:52:32	Saturn in Konjunktion zur Sonne	-1,3°
27.2.2023 9:17:29	Merkur 33' nördlich Delta Capricorni	14,6°
2.3.2023 9:30:39	Merkur 56' südlich Saturn	12,2°
2.3.2023 10:39:00	Venus 33' nördlich Jupiter	30,6°
9.3.2023 16:03:19	Mars 3,1° südlich Elnath	93,9°
15.3.2023 23:42:20	Neptun in Konjunktion zur Sonne	-1,2°
16.3.2023 15:02:09	Merkur 25' südlich Neptun	1,3°
17.3.2023 10:31:26	Merkur in oberer Konjunktion zur Sonne	-1,5°
20.3.2023 16:06:19	Venus 10,2° südlich Hamal	34,7°
28.3.2023 14:31:04	Merkur 1,5° nördlich Jupiter	10,7°
31.3.2023 6:08:31	Venus 1,3° nördlich Uranus	36,5°
1.4.2023 22:34:43	Mars 2,9° nördlich Eta Geminorum	81,7°
5.4.2023 13:29:15	Mars 2,8° nördlich Mü Geminorum	80°
6.4.2023 23:21:53	Merkur 8,4° südlich Hamal	18,3°
10.4.2023 23:34:35	Venus 2,6° südlich Alkione	38,9°
11.4.2023 22:03:00	Merkur in größter östlicher Elongation zur Sonne	19,5°
11.4.2023 22:13:24	Jupiter in Konjunktion zur Sonne	-1,1°
12.4.2023 0:51:22	Mars 8,7° nördlich Alhena	77°
14.4.2023 18:42:32	Mars 8,7' südlich Epsilon Geminorum	75,7°
20.4.2023 20:30:28	Venus 7,5° nördlich Aldebaran	39,9°
21.4.2023 15:56:08	Merkur stationär, dann rückläufig	
1.5.2023 1:07:52	Venus 3° südlich Elnath	42,4°
1.5.2023 23:21:50	Merkur in unterer Konjunktion zur Sonne	42'
6.5.2023 8:19:47	Mars 8,5° südlich Kastor	65,4°
9.5.2023 19:58:36	Uranus in Konjunktion zur Sonne	-19'
10.5.2023 19:43:51	Mars 5,1° südlich Pollux	63,8°
10.5.2023 22:36:41	Venus 3,6° nördlich Eta Geminorum	43,7°
12.5.2023 14:50:04	Venus 3,5° nördlich Mü Geminorum	43,9°
14.5.2023 6:40:02	Merkur stationär, dann rechtläufig	
15.5.2023 16:39:58	Venus 9,5° nördlich Alhena	44,2°

Datum und Uhrzeit (WZ)	Ereignis	Elongation
17.5.2023 0:42:12	Venus 43' nördlich Epsilon Geminorum	44,4°
28.5.2023 4:38:10	Venus 7,5° südlich Kastor	44,8°
29.5.2023 5:27:00	Merkur in größter westlicher Elongation zur Sonne	24,9°
30.5.2023 16:07:46	Venus 4,1° südlich Pollux	44,9°
2.6.2023 17:46:01	Mars 11' nördlich M44	55,6°
3.6.2023 18:35:31	Jupiter 11,7° südlich Hamal	36,2°
4.6.2023 4:42:14	Merkur 2,9° südlich Uranus	23°
4.6.2023 10:48:00	Venus in größter östlicher Elongation zur Sonne	45,4°
10.6.2023 18:08:34	Merkur 6,4° südlich Alkione	19,7°
13.6.2023 14:48:33	Venus 52' nördlich M44	45,1°
17.6.2023 14:14:35	Merkur 4,5° nördlich Aldebaran	15,4°
18.6.2023 13:19:37	Saturn stationär, dann rückläufig	
23.6.2023 13:03:21	Merkur 5,3° südlich Elnath	9,2°
28.6.2023 17:10:46	Merkur 1,8° nördlich Eta Geminorum	3,1°
29.6.2023 13:23:06	Merkur 1,9° nördlich Mü Geminorum	2,1°
1.7.2023 2:05:42	Merkur 8° nördlich Alhena	1,3°
1.7.2023 4:53:51	Merkur in oberer Konjunktion zur Sonne	1,3°
1.7.2023 7:12:29	Neptun stationär, dann rückläufig	
1.7.2023 17:54:20	Merkur 44' südlich Epsilon Geminorum	1,5°
7.7.2023 4:37:13	Merkur 8,4° südlich Kastor	7,3°
8.7.2023 9:27:18	Merkur 5° südlich Pollux	8,6°
10.7.2023 7:47:09	Mars 42' nördlich Regulus	42,1°
15.7.2023 1:58:11	Merkur 30' nördlich M44	15,2°
20.7.2023 23:28:05	Venus stationär, dann rückläufig	
26.7.2023 12:32:45	Merkur 5,3° nördlich Venus	23,3°
29.7.2023 0:42:55	Merkur 6,8' südlich Regulus	24,5°
10.8.2023 1:39:00	Merkur in größter östlicher Elongation zur Sonne	27,4°
13.8.2023 11:10:43	Venus in unterer Konjunktion zur Sonne	-7,7°
23.8.2023 4:43:40	Merkur stationär, dann rückläufig	
27.8.2023 8:16:12	Saturnopposition	
29.8.2023 0:28:47	Uranus stationär, dann rückläufig	
3.9.2023 3:31:06	Venus stationär, dann rechtläufig	
4.9.2023 20:26:39	Jupiter stationär, dann rückläufig	
6.9.2023 11:03:26	Merkur in unterer Konjunktion zur Sonne	-3,8°
14.9.2023 5:07:19	Mars 2,5° südlich Porrima	19,5°
15.9.2023 0:15:39	Merkur stationär, dann rechtläufig	
19.9.2023 11:04:28	Neptunopposition	
22.9.2023 13:08:00	Merkur in größter westlicher Elongation zur Sonne	17,9°
2.10.2023 1:13:56	Mars 2,6° nördlich Spika	14,6°
10.10.2023 4:33:17	Venus 2,3° südlich Regulus	45,7°
11.10.2023 4:43:29	Merkur 1,3° südlich Porrima	6,8°
18.10.2023 2:10:18	Merkur 3,3° nördlich Spika	1,8°
20.10.2023 5:22:16	Merkur in oberer Konjunktion zur Sonne	47'
23.10.2023 23:02:00	Venus in größter westlicher Elongation zur Sonne	46,4°
29.10.2023 17:14:39	Merkur 22' südlich Mars	6°
31.10.2023 23:19:05	Merkur 53' südlich Zuben-el-dschenubi	7,1°

Datum und Uhrzeit (WZ)	Ereignis	Elongation
3.11.2023 4:52:25	Jupiteropposition	
3.11.2023 19:05:24	Mars 19' südlich Zuben-el-dschenubi	4,3°
4.11.2023 15:53:31	Saturn stationär, dann rechtläufig	
12.11.2023 22:47:31	Merkur 2,8° südlich Akrab	13,3°
13.11.2023 17:07:15	Uranusopposition	
16.11.2023 18:21:39	Merkur 2,6° nördlich Antares	15,7°
18.11.2023 5:44:44	Venus 1,2° südlich Porrima	44,7°
18.11.2023 6:04:26	Mars in Konjunktion zur Sonne, Bedeckung	-6,9'
28.11.2023 9:02:14	Venus 4,5° nördlich Spika	41,7°
29.11.2023 16:22:38	Mars 1,3° südlich Akrab	3,4°
4.12.2023 14:19:00	Merkur in größter östlicher Elongation zur Sonne	21,3°
6.12.2023 19:04:03	Neptun stationär, dann rechtläufig	
7.12.2023 14:03:06	Mars 4,3° nördlich Antares	5,8°
13.12.2023 4:48:38	Merkur stationär, dann rückläufig	
17.12.2023 6:33:19	Venus 2° nördlich Zuben-el-dschenubi	39,7°
22.12.2023 18:48:27	Merkur in unterer Konjunktion zur Sonne	2,1°
28.12.2023 2:35:27	Merkur 3,6° nördlich Mars	11,7°

2024

Datum und Uhrzeit (WZ)	Ereignis	Elongation
1.1.2024 14:21:04	Venus 56' nördlich Akrab	37,1°
2.1.2024 3:44:51	Merkur stationär, dann rechtläufig	
6.1.2024 8:10:16	Venus 6,4° nördlich Antares	35,6°
12.1.2024 14:28:00	Merkur in größter westlicher Elongation zur Sonne	23,5°
21.1.2024 22:05:48	Mars 2,7° nördlich Nunki	18,4°
24.1.2024 13:39:21	Merkur 3,3° nördlich Nunki	21°
27.1.2024 7:53:34	Uranus stationär, dann rechtläufig	
27.1.2024 16:08:25	Merkur 15' nördlich Mars	19,8°
2.2.2024 23:59:18	Venus 4° nördlich Nunki	30,5°
7.2.2024 2:07:54	Merkur 6,4° südlich Beta Capricorni	14,1°
17.2.2024 5:16:14	Mars 5,7° südlich Beta Capricorni	24,1°
19.2.2024 6:36:01	Venus 5° südlich Beta Capricorni	26,1°
19.2.2024 22:27:20	Merkur 31' nördlich Delta Capricorni	7°
22.2.2024 15:34:32	Venus 38' nördlich Mars	26,1°
28.2.2024 8:28:57	Merkur in oberer Konjunktion zur Sonne	-1,8°
28.2.2024 13:58:36	Merkur 12' südlich Saturn	1,6°
28.2.2024 21:29:42	Saturn in Konjunktion zur Sonne	-1,6°
7.3.2024 10:28:16	Venus 1,8° nördlich Delta Capricorni	22,9°
8.3.2024 17:30:57	Merkur 30' nördlich Neptun	8,5°
15.3.2024 18:36:15	Mars 1,5° nördlich Delta Capricorni	31,3°
17.3.2024 11:25:44	Neptun in Konjunktion zur Sonne	-1,2°
22.3.2024 1:55:49	Venus 21' nördlich Saturn	19,4°
24.3.2024 22:27:00	Merkur in größter östlicher Elongation zur Sonne	18,7°
1.4.2024 20:02:05	Merkur stationär, dann rückläufig	

Datum und Uhrzeit (WZ)	Ereignis	Elon-gation
3.4.2024 10:49:05	Venus 17' südlich Neptun	16,2°
11.4.2024 3:07:57	Mars 29' nördlich Saturn	36,8°
11.4.2024 22:57:15	Merkur in unterer Konjunktion zur Sonne	2,2°
18.4.2024 22:30:05	Merkur 2° nördlich Venus	11,6°
20.4.2024 7:26:53	Jupiter 32' südlich Uranus	21°
24.4.2024 8:20:32	Merkur stationär, dann rechtläufig	
29.4.2024 3:57:19	Mars 2,2' südlich Neptun	40,5°
2.5.2024 16:44:53	Venus 11,8° südlich Hamal	8,9°
9.5.2024 21:22:00	Merkur in größter westlicher Elongation zur Sonne	26,4°
13.5.2024 9:16:10	Uranus in Konjunktion zur Sonne, Bedeckung	-16'
18.5.2024 6:21:19	Merkur 13,8° südlich Hamal	22,1°
18.5.2024 9:11:44	Venus 28' südlich Uranus	4,5°
18.5.2024 18:51:45	Jupiter in Konjunktion zur Sonne	-44'
22.5.2024 20:49:44	Jupiter 4,9° südlich Alkione	3,1°
23.5.2024 7:00:11	Venus 4,7° südlich Alkione	3,4°
23.5.2024 9:25:39	Venus 12' nördlich Jupiter	3,3°
31.5.2024 1:22:57	Merkur 1,4° südlich Uranus	16°
1.6.2024 16:46:00	Venus 5,3° nördlich Aldebaran	0,8°
2.6.2024 21:37:33	Merkur 5,3° südlich Alkione	13,1°
4.6.2024 10:00:32	Merkur 7' südlich Jupiter	12,1°
4.6.2024 14:59:01	Venus in oberer Konjunktion zur Sonne, Bedeckung	-3,6'
8.6.2024 14:51:42	Merkur 5,5° nördlich Aldebaran	7,4°
11.6.2024 6:05:24	Venus 5,2° südlich Elnath	1,8°
14.6.2024 0:41:00	Merkur 4,5° südlich Elnath	1,2°
14.6.2024 14:24:27	Mars 11,7° südlich Hamal	46,8°
14.6.2024 16:20:43	Merkur in oberer Konjunktion zur Sonne	57'
17.6.2024 12:33:50	Merkur 53' nördlich Venus	3,5°
19.6.2024 2:03:21	Merkur 2,4° nördlich Eta Geminorum	5,6°
19.6.2024 22:34:53	Merkur 2,4° nördlich Mü Geminorum	6,6°
20.6.2024 7:06:43	Venus 1,4° nördlich Eta Geminorum	4,3°
21.6.2024 12:23:47	Merkur 8,5° nördlich Alhena	8,4°
21.6.2024 19:10:54	Venus 1,4° nördlich Mü Geminorum	4,7°
22.6.2024 4:54:03	Merkur 19' südlich Epsilon Geminorum	9,2°
24.6.2024 12:46:24	Venus 7,5° nördlich Alhena	5,5°
25.6.2024 16:59:58	Venus 1,3° südlich Epsilon Geminorum	5,8°
28.6.2024 1:41:59	Merkur 8,3° südlich Kastor	15,2°
29.6.2024 9:45:11	Merkur 4,9° südlich Pollux	16,4°
30.6.2024 19:55:48	Saturn stationär, dann rückläufig	
2.7.2024 21:18:06	Neptun stationär, dann rückläufig	
5.7.2024 5:31:31	Venus 9,2° südlich Kastor	8,4°
7.7.2024 3:02:35	Merkur 8,8' nördlich M44	22,1°
7.7.2024 6:07:59	Venus 5,7° südlich Pollux	9°
13.7.2024 6:45:11	Jupiter 4,8° nördlich Aldebaran	40,6°
15.7.2024 9:20:20	Mars 33' südlich Uranus	57,1°
17.7.2024 20:27:04	Venus 4,3' nördlich M44	11,9°
19.7.2024 19:29:18	Mars 4,9° südlich Alkione	57,4°

Datum und Uhrzeit (WZ)	Ereignis	Elongation
22.7.2024 6:31:00	Merkur in größter östlicher Elongation zur Sonne	26,9°
27.7.2024 12:20:32	Merkur 2,6° südlich Regulus	25,2°
4.8.2024 8:16:54	Merkur stationär, dann rückläufig	
4.8.2024 21:58:39	Venus 1,1° nördlich Regulus	16,8°
5.8.2024 18:38:52	Mars 5° nördlich Aldebaran	63°
6.8.2024 15:03:30	Merkur 5,9° südlich Venus	17,3°
11.8.2024 21:51:29	Merkur 5,5° südlich Regulus	10,5°
14.8.2024 16:48:31	Mars 19' nördlich Jupiter	65,7°
19.8.2024 1:52:20	Merkur in unterer Konjunktion zur Sonne	-4,5°
23.8.2024 20:56:46	Mars 5,6° südlich Elnath	68,4°
28.8.2024 2:36:26	Merkur stationär, dann rechtläufig	
1.9.2024 13:39:45	Uranus stationär, dann rückläufig	
5.9.2024 2:23:00	Merkur in größter westlicher Elongation zur Sonne	18,1°
7.9.2024 19:24:10	Venus 2,2° südlich Porrima	25°
8.9.2024 4:23:23	Saturnopposition	
9.9.2024 6:38:25	Merkur 30' nördlich Regulus	16,9°
11.9.2024 2:36:09	Mars 59' nördlich Eta Geminorum	75,1°
14.9.2024 6:46:44	Mars 59' nördlich Mü Geminorum	76,3°
17.9.2024 12:52:16	Venus 2,6° nördlich Spika	28,1°
20.9.2024 4:24:43	Mars 7° nördlich Alhena	78,3°
21.9.2024 0:03:46	Neptunopposition	
22.9.2024 18:44:54	Mars 1,7° südlich Epsilon Geminorum	79,8°
30.9.2024 20:54:45	Merkur in oberer Konjunktion zur Sonne	1,3°
2.10.2024 13:42:16	Merkur 1,8° südlich Porrima	1,7°
5.10.2024 23:53:05	Venus 54' südlich Zuben-el-dschenubi	32,1°
9.10.2024 6:25:39	Jupiter stationär, dann rückläufig	
9.10.2024 15:10:58	Merkur 2,7° nördlich Spika	6,4°
15.10.2024 16:53:31	Mars 9,3° südlich Kastor	90,7°
21.10.2024 2:17:38	Venus 2,3° südlich Akrab	35,4°
21.10.2024 5:53:29	Mars 5,7° südlich Pollux	93,7°
24.10.2024 1:25:39	Merkur 1,6° südlich Zuben-el-dschenubi	14,2°
25.10.2024 18:59:04	Venus 3,1° nördlich Antares	36,8°
5.11.2024 20:28:06	Merkur 3,4° südlich Akrab	19,6°
10.11.2024 4:06:35	Merkur 2° nördlich Antares	21,7°
16.11.2024 5:05:51	Saturn stationär, dann rechtläufig	
16.11.2024 8:00:00	Merkur in größter östlicher Elongation zur Sonne	22,6°
17.11.2024 2:31:22	Uranusopposition	
22.11.2024 13:53:12	Venus 1,1° nördlich Nunki	42,1°
26.11.2024 4:20:53	Merkur stationär, dann rückläufig	
6.12.2024 2:12:14	Merkur in unterer Konjunktion zur Sonne	1,4°
7.12.2024 20:47:59	Jupiteropposition	
7.12.2024 20:54:26	Mars stationär, dann rückläufig	
8.12.2024 6:29:42	Neptun stationär, dann rechtläufig	
9.12.2024 15:06:01	Venus 7,1° südlich Beta Capricorni	44,7°
10.12.2024 10:56:05	Merkur 7,1° nördlich Antares	9,9°
15.12.2024 21:08:52	Merkur stationär, dann rechtläufig	

Datum und Uhrzeit (WZ)	Ereignis	Elongation
22.12.2024 0:11:52	Merkur 7,1° nördlich Antares	21°
25.12.2024 2:21:00	Merkur in größter westlicher Elongation zur Sonne	22°
28.12.2024 18:55:53	Venus 1,1° nördlich Delta Capricorni	46,4°

2025

Datum und Uhrzeit (WZ)	Ereignis	Elongation
10.1.2025 4:49:00	Venus in größter östlicher Elongation zur Sonne	47,2°
16.1.2025 2:32:21	Marsopposition	
17.1.2025 6:09:40	Merkur 2,5° nördlich Nunki	14,4°
20.1.2025 5:25:36	Venus 2,5° nördlich Saturn	45,8°
21.1.2025 17:44:54	Mars 2,4° südlich Pollux	169,3°
28.1.2025 12:16:43	Mars 5,9° südlich Kastor	159,2°
29.1.2025 20:37:56	Merkur 6,7° südlich Beta Capricorni	7,4°
3.2.2025 20:01:43	Venus 4° nördlich Neptun	42,8°
9.2.2025 11:53:10	Merkur in oberer Konjunktion zur Sonne	-2°
11.2.2025 5:57:05	Merkur 39' nördlich Delta Capricorni	2,4°
24.2.2025 9:32:30	Mars stationär, dann rechtläufig	
25.2.2025 21:24:18	Merkur 1,7° nördlich Saturn	12,9°
28.2.2025 3:27:04	Venus stationär, dann rückläufig	
3.3.2025 6:25:59	Merkur 2,2° nördlich Neptun	16,1°
8.3.2025 6:02:00	Merkur in größter westlicher Elongation zur Sonne	18,2°
9.3.2025 10:47:27	Merkur 6,3° südlich Venus	18,2°
12.3.2025 10:33:13	Saturn in Konjunktion zur Sonne	-1,9°
14.3.2025 20:34:27	Merkur stationär, dann rückläufig	
19.3.2025 23:28:22	Neptun in Konjunktion zur Sonne	-1,3°
23.3.2025 1:02:41	Venus in unterer Konjunktion zur Sonne	8,4°
24.3.2025 19:42:44	Merkur in unterer Konjunktion zur Sonne	3,2°
26.3.2025 4:08:44	Mars 7,4° südlich Kastor	104,6°
30.3.2025 5:49:34	Venus 10,3° nördlich Saturn	13,6°
3.4.2025 2:59:54	Mars 4,1° südlich Pollux	99,9°
6.4.2025 6:17:03	Merkur stationär, dann rechtläufig	
10.4.2025 14:56:25	Venus stationär, dann rechtläufig	
16.4.2025 18:39:51	Merkur 42' südlich Neptun	26,4°
21.4.2025 18:42:00	Merkur in größter westlicher Elongation zur Sonne	27,4°
29.4.2025 2:40:02	Venus 3,7° nördlich Saturn	39,9°
4.5.2025 2:59:27	Venus 2,1° nördlich Neptun	41,9°
4.5.2025 23:51:44	Mars 40' nördlich M44	82,7°
7.5.2025 2:10:48	Jupiter 5,6° südlich Elnath	35,8°
12.5.2025 14:53:20	Merkur 12,9° südlich Hamal	17,2°
17.5.2025 23:34:56	Uranus in Konjunktion zur Sonne, Bedeckung	-13'
24.5.2025 22:49:19	Merkur 7,8' südlich Uranus	6,3°
25.5.2025 18:15:02	Merkur 4,3° südlich Alkione	5,4°
30.5.2025 4:00:57	Merkur in oberer Konjunktion zur Sonne	34'
31.5.2025 1:53:45	Merkur 6,3° nördlich Aldebaran	1,3°

Datum und Uhrzeit (WZ)	Ereignis	Elongation
1.6.2025 3:16:00	Venus in größter westlicher Elongation zur Sonne	45,9°
5.6.2025 10:49:04	Merkur 3,9° südlich Elnath	7,8°
8.6.2025 20:10:27	Merkur 2° nördlich Jupiter	11,5°
9.6.2025 16:59:54	Venus 13,3° südlich Hamal	42,1°
10.6.2025 19:26:55	Merkur 2,8° nördlich Eta Geminorum	13,7°
11.6.2025 17:59:28	Merkur 2,8° nördlich Mü Geminorum	14,6°
13.6.2025 12:06:55	Merkur 8,8° nördlich Alhena	16,2°
14.6.2025 6:45:44	Merkur 2,6' südlich Epsilon Geminorum	16,9°
17.6.2025 4:14:50	Mars 48' nördlich Regulus	63,7°
21.6.2025 4:32:20	Merkur 8,4° südlich Kastor	22°
22.6.2025 20:18:51	Merkur 5,1° südlich Pollux	22,9°
24.6.2025 15:23:23	Jupiter in Konjunktion zur Sonne, Bedeckung	-8,4'
24.6.2025 20:00:45	Uranus 4,4° südlich Alkione	33,4°
26.6.2025 9:17:38	Jupiter 45' nördlich Eta Geminorum	1,3°
29.6.2025 7:58:35	Saturn 59' südlich Neptun	95,7°
3.7.2025 15:08:19	Venus 6,8° südlich Alkione	41,8°
3.7.2025 16:54:53	Merkur 1,2° südlich M44	25,6°
4.7.2025 1:03:06	Venus 2,4° südlich Uranus	42,5°
4.7.2025 4:32:00	Merkur in größter östlicher Elongation zur Sonne	25,9°
4.7.2025 12:59:32	Jupiter 42' nördlich Mü Geminorum	7,2°
5.7.2025 10:00:43	Neptun stationär, dann rückläufig	
14.7.2025 3:52:39	Venus 3,2° nördlich Aldebaran	41,4°
14.7.2025 6:49:09	Saturn stationär, dann rückläufig	
17.7.2025 7:18:57	Merkur stationär, dann rückläufig	
19.7.2025 13:56:34	Jupiter 6,7° nördlich Alhena	18,1°
24.7.2025 16:02:18	Venus 7,3° südlich Elnath	39,4°
26.7.2025 4:53:25	Jupiter 2,2° südlich Epsilon Geminorum	23°
31.7.2025 14:28:44	Merkur 6,4° südlich M44	1,6°
31.7.2025 23:35:32	Merkur in unterer Konjunktion zur Sonne	-4,9°
3.8.2025 10:42:14	Venus 30' südlich Eta Geminorum	37,6°
5.8.2025 1:20:59	Venus 29' südlich Mü Geminorum	37,2°
6.8.2025 10:15:49	Saturn 1,1° südlich Neptun	132,3°
7.8.2025 23:21:03	Venus 5,6° nördlich Alhena	36,6°
9.8.2025 5:23:46	Venus 3,2° südlich Epsilon Geminorum	36,4°
10.8.2025 17:57:15	Merkur stationär, dann rechtläufig	
12.8.2025 7:43:21	Venus 52' südlich Jupiter	35,7°
19.8.2025 6:12:18	Venus 10,8° südlich Kastor	34,2°
19.8.2025 9:41:00	Merkur in größter westlicher Elongation zur Sonne	18,6°
19.8.2025 11:43:49	Merkur 2,2° südlich M44	18,6°
21.8.2025 8:53:28	Venus 7,2° südlich Pollux	33,7°
25.8.2025 5:18:07	Mars 2,7° südlich Porrima	38,3°
1.9.2025 7:18:50	Venus 1,2° südlich M44	31,2°
2.9.2025 10:06:03	Merkur 1,2° nördlich Regulus	10°
6.9.2025 2:48:12	Uranus stationär, dann rückläufig	
12.9.2025 7:35:03	Mars 2,3° nördlich Spika	33,5°
13.9.2025 10:38:06	Merkur in oberer Konjunktion zur Sonne	1,6°

Datum und Uhrzeit (WZ)	Ereignis	Elongation
19.9.2025 12:39:54	Venus 30' nördlich Regulus	26,7°
21.9.2025 5:33:53	Saturnopposition	
23.9.2025 12:40:35	Neptunopposition	
25.9.2025 0:23:31	Merkur 2,4° südlich Porrima	8,7°
29.9.2025 10:34:11	Jupiter 10,2° südlich Kastor	74,3°
2.10.2025 10:58:03	Merkur 1,9° nördlich Spika	14°
15.10.2025 3:42:11	Mars 35' südlich Zuben-el-dschenubi	23,3°
17.10.2025 23:50:17	Merkur 2,5° südlich Zuben-el-dschenubi	20,5°
21.10.2025 6:20:00	Merkur 2,1° südlich Mars	21,8°
22.10.2025 18:02:00	Venus 1,4° südlich Porrima	18,6°
27.10.2025 13:53:00	Jupiter 6,7° südlich Pollux	99,6°
29.10.2025 21:53:00	Merkur in größter östlicher Elongation zur Sonne	23,9°
1.11.2025 4:19:22	Venus 3,8° nördlich Spika	14,9°
3.11.2025 7:55:18	Merkur 4° südlich Akrab	22,4°
9.11.2025 20:48:56	Mars 1,5° südlich Akrab	15,9°
9.11.2025 23:15:50	Merkur stationär, dann rückläufig	
11.11.2025 19:12:25	Jupiter stationär, dann rückläufig	
12.11.2025 18:31:48	Merkur 1,3° südlich Mars	15,3°
15.11.2025 19:34:03	Merkur 2° südlich Akrab	9,9°
17.11.2025 16:30:16	Mars 4,1° nördlich Antares	13,9°
19.11.2025 1:36:07	Venus 48' nördlich Zuben-el-dschenubi	11,6°
20.11.2025 9:17:39	Merkur in unterer Konjunktion zur Sonne	33'
21.11.2025 12:12:04	Uranusopposition	
22.11.2025 2:21:28	Uranus 4,4° südlich Alkione	175,9°
25.11.2025 4:41:41	Merkur 1,1° nördlich Venus	10,3°
26.11.2025 20:09:46	Jupiter 6,6° südlich Pollux	130,1°
28.11.2025 23:06:30	Saturn stationär, dann rechtläufig	
29.11.2025 15:10:33	Merkur stationär, dann rechtläufig	
3.12.2025 17:19:26	Venus 25' südlich Akrab	8,2°
7.12.2025 20:54:00	Merkur in größter westlicher Elongation zur Sonne	20,7°
8.12.2025 6:42:02	Venus 5,1° nördlich Antares	7,1°
10.12.2025 19:52:40	Neptun stationär, dann rechtläufig	
14.12.2025 15:09:27	Merkur 35' nördlich Akrab	19,4°
18.12.2025 21:10:09	Merkur 5,7° nördlich Antares	17,7°
24.12.2025 23:20:31	Jupiter 10° südlich Kastor	160,1°

2026

Datum und Uhrzeit (WZ)	Ereignis	Elongation
1.1.2026 9:31:05	Mars 2,6° nördlich Nunki	2,2°
4.1.2026 0:42:19	Venus 2,8° nördlich Nunki	0,9°
6.1.2026 15:57:09	Venus in oberer Konjunktion zur Sonne	-43'
8.1.2026 3:48:54	Venus 10' nördlich Mars	0,8°
9.1.2026 12:11:05	Mars in Konjunktion zur Sonne	-56'
10.1.2026 4:41:12	Merkur 2° nördlich Nunki	7,1°

Datum und Uhrzeit (WZ)	Ereignis	Elongation
10.1.2026 8:32:03	Jupiteropposition	
18.1.2026 2:36:02	Merkur 58' südlich Mars	2,3°
19.1.2026 22:47:40	Venus 5,9° südlich Beta Capricorni	3,4°
21.1.2026 15:32:44	Merkur in oberer Konjunktion zur Sonne	-2,1°
22.1.2026 8:55:15	Merkur 6,8° südlich Beta Capricorni	2,1°
27.1.2026 7:34:12	Mars 5,8° südlich Beta Capricorni	4,4°
28.1.2026 23:41:37	Merkur 44' südlich Venus	5,5°
3.2.2026 16:23:30	Merkur 59' nördlich Delta Capricorni	9,4°
4.2.2026 1:12:45	Uranus stationär, dann rechtläufig	
5.2.2026 21:31:22	Venus 1,3° nördlich Delta Capricorni	7,3°
16.2.2026 3:31:41	Saturn 55' südlich Neptun	32,8°
19.2.2026 17:34:00	Merkur in größter östlicher Elongation zur Sonne	18,1°
23.2.2026 12:51:15	Mars 1,6° nördlich Delta Capricorni	10,5°
25.2.2026 16:40:41	Merkur stationär, dann rückläufig	
26.2.2026 22:58:17	Merkur 4,7° nördlich Venus	12,4°
7.3.2026 10:56:09	Merkur in unterer Konjunktion zur Sonne	3,6°
7.3.2026 11:58:00	Venus 4,5' nördlich Neptun	14,4°
8.3.2026 22:06:47	Venus 1° nördlich Saturn	14,5°
11.3.2026 2:12:08	Jupiter stationär, dann rechtläufig	
14.3.2026 6:32:13	Merkur 4° nördlich Mars	13,2°
19.3.2026 19:41:27	Merkur stationär, dann rechtläufig	
22.3.2026 11:21:55	Neptun in Konjunktion zur Sonne	-1,3°
25.3.2026 8:59:32	Saturn in Konjunktion zur Sonne	-2,1°
3.4.2026 3:45:14	Venus 11° südlich Hamal	20,9°
3.4.2026 22:26:00	Merkur in größter westlicher Elongation zur Sonne	27,8°
13.4.2026 9:54:11	Mars 21' nördlich Neptun	20,7°
15.4.2026 2:46:40	Uranus 4,3° südlich Alkione	34,3°
16.4.2026 16:25:38	Merkur 1,4° südlich Neptun	23,9°
20.4.2026 0:03:47	Merkur 1,8° südlich Mars	22°
20.4.2026 8:02:12	Merkur 30' südlich Saturn	22,4°
20.4.2026 17:30:48	Mars 1,3° nördlich Saturn	22,2°
23.4.2026 19:53:52	Venus 3,6° südlich Alkione	25,9°
24.4.2026 5:18:38	Venus 47' nördlich Uranus	25,9°
3.5.2026 7:09:39	Venus 6,5° nördlich Aldebaran	27,8°
5.5.2026 2:59:34	Merkur 12,1° südlich Hamal	10,8°
12.5.2026 23:09:02	Venus 4° südlich Elnath	30,5°
14.5.2026 14:12:28	Merkur in oberer Konjunktion zur Sonne, Bedeckung	9'
17.5.2026 5:55:28	Merkur 3,5° südlich Alkione	3,3°
18.5.2026 2:13:38	Merkur 56' nördlich Uranus	4,1°
21.5.2026 20:06:42	Jupiter 9,8° südlich Kastor	50,6°
22.5.2026 3:58:24	Venus 2,6° nördlich Eta Geminorum	32,7°
22.5.2026 14:28:58	Uranus in Konjunktion zur Sonne, Bedeckung	-9,6'
22.5.2026 14:43:06	Merkur 7° nördlich Aldebaran	9,7°
23.5.2026 16:51:16	Venus 2,6° nördlich Mü Geminorum	33°
24.5.2026 11:58:18	Mars 11,3° südlich Hamal	27,1°
26.5.2026 12:03:31	Venus 8,6° nördlich Alhena	33,7°

Datum und Uhrzeit (WZ)	Ereignis	Elongation
27.5.2026 17:05:24	Venus 14' südlich Epsilon Geminorum	33,9°
28.5.2026 10:36:46	Merkur 3,4° südlich Elnath	15,8°
3.6.2026 18:10:37	Merkur 3° nördlich Eta Geminorum	20,6°
4.6.2026 10:25:20	Jupiter 6,4° südlich Pollux	40,2°
4.6.2026 22:17:44	Merkur 2,9° nördlich Mü Geminorum	21,3°
6.6.2026 13:37:34	Venus 8,2° südlich Kastor	36°
7.6.2026 4:27:40	Merkur 8,8° nördlich Alhena	22,5°
8.6.2026 5:15:20	Merkur 7,8' südlich Epsilon Geminorum	22,9°
8.6.2026 16:20:55	Venus 4,7° südlich Pollux	36,2°
9.6.2026 12:29:19	Venus 1,6° nördlich Jupiter	36,8°
15.6.2026 19:53:00	Merkur in größter östlicher Elongation zur Sonne	24,5°
19.6.2026 7:55:41	Merkur 9,9° südlich Kastor	24,2°
19.6.2026 20:42:54	Venus 45' nördlich M44	38,9°
23.6.2026 19:33:39	Merkur 7,5° südlich Pollux	22,2°
27.6.2026 22:58:22	Mars 4,5° südlich Alkione	36,1°
29.6.2026 1:53:30	Merkur stationär, dann rückläufig	
4.7.2026 5:18:08	Mars 6,4' südlich Uranus	38,4°
4.7.2026 10:47:25	Merkur 10,2° südlich Pollux	12,9°
8.7.2026 0:24:43	Neptun stationär, dann rückläufig	
9.7.2026 9:34:26	Merkur 14,7° südlich Kastor	7,3°
9.7.2026 13:31:26	Venus 1,1° nördlich Regulus	42,5°
13.7.2026 1:19:57	Merkur in unterer Konjunktion zur Sonne	-4,8°
14.7.2026 6:51:28	Mars 5,4° nördlich Aldebaran	41°
23.7.2026 17:10:08	Merkur stationär, dann rechtläufig	
27.7.2026 21:33:04	Saturn stationär, dann rückläufig	
29.7.2026 12:23:56	Jupiter in Konjunktion zur Sonne	28'
31.7.2026 9:03:21	Mars 5,3° südlich Elnath	45,5°
2.8.2026 8:00:00	Merkur in größter westlicher Elongation zur Sonne	19,5°
4.8.2026 3:05:26	Merkur 11,6° südlich Kastor	19,3°
5.8.2026 0:11:59	Jupiter 49' südlich M44	4,8°
6.8.2026 4:05:15	Merkur 7,6° südlich Pollux	18,8°
14.8.2026 4:34:10	Merkur 26' südlich M44	13,7°
15.8.2026 6:19:00	Venus in größter östlicher Elongation zur Sonne	45,9°
15.8.2026 9:09:32	Merkur 34' nördlich Jupiter	12,5°
17.8.2026 1:47:23	Mars 1,2° nördlich Eta Geminorum	50,4°
19.8.2026 16:18:27	Venus 5,1° südlich Porrima	43,9°
19.8.2026 21:46:11	Mars 1,2° nördlich Mü Geminorum	51,3°
25.8.2026 2:26:01	Mars 7,2° nördlich Alhena	52,8°
25.8.2026 7:26:40	Merkur 1,4° nördlich Regulus	2°
27.8.2026 8:36:51	Mars 1,6° südlich Epsilon Geminorum	53,7°
27.8.2026 16:50:47	Merkur in oberer Konjunktion zur Sonne	1,7°
3.9.2026 3:35:38	Venus 1,7° südlich Spika	43,6°
10.9.2026 16:44:44	Uranus stationär, dann rückläufig	
15.9.2026 1:33:06	Mars 9,5° südlich Kastor	60,1°
17.9.2026 21:37:42	Merkur 3,2° südlich Porrima	15,7°
19.9.2026 3:49:49	Mars 6° südlich Pollux	61,6°

Datum und Uhrzeit (WZ)	Ereignis	Elongation
26.9.2026 0:32:23	Merkur 59' nördlich Spika	20,9°
26.9.2026 1:23:23	Neptunopposition	
2.10.2026 13:37:16	Venus stationär, dann rückläufig	
4.10.2026 12:17:32	Saturnopposition	
5.10.2026 14:53:14	Merkur 5,4° nördlich Venus	24,3°
11.10.2026 10:44:04	Mars 4,4' südlich M44	70,5°
12.10.2026 9:54:00	Merkur in größter östlicher Elongation zur Sonne	25,2°
15.10.2026 0:20:10	Merkur 3,6° südlich Zuben-el-dschenubi	23,7°
24.10.2026 3:39:18	Venus in unterer Konjunktion zur Sonne	-6,5°
24.10.2026 11:43:48	Merkur stationär, dann rückläufig	
1.11.2026 14:22:34	Merkur 1,8° südlich Zuben-el-dschenubi	6,2°
3.11.2026 12:26:54	Venus 2,4° südlich Spika	16,5°
4.11.2026 14:18:43	Merkur in unterer Konjunktion zur Sonne	-22'
11.11.2026 15:10:57	Venus stationär, dann rechtläufig	
13.11.2026 9:09:57	Merkur stationär, dann rechtläufig	
15.11.2026 2:33:22	Mars 1,2° nördlich Jupiter	86,9°
19.11.2026 23:12:38	Venus 1,8° nördlich Spika	33,5°
20.11.2026 23:23:00	Merkur in größter westlicher Elongation zur Sonne	19,6°
24.11.2026 21:45:57	Mars 1,8° nördlich Regulus	92,4°
25.11.2026 21:00:45	Merkur 1,8° nördlich Zuben-el-dschenubi	18,2°
25.11.2026 22:27:58	Uranusopposition	
8.12.2026 17:59:18	Merkur 23' südlich Akrab	13°
11.12.2026 22:30:34	Saturn stationär, dann rechtläufig	
12.12.2026 12:29:36	Merkur 4,8° nördlich Antares	11,1°
13.12.2026 7:20:47	Neptun stationär, dann rechtläufig	
13.12.2026 11:16:28	Jupiter stationär, dann rückläufig	
22.12.2026 17:38:02	Venus 3° nördlich Zuben-el-dschenubi	45,5°

2027

Datum und Uhrzeit (WZ)	Ereignis	Elongation
1.1.2027 16:50:09	Merkur in oberer Konjunktion zur Sonne	-1,8°
2.1.2027 20:55:27	Merkur 1,6° nördlich Nunki	2°
3.1.2027 17:45:00	Venus in größter westlicher Elongation zur Sonne	47°
10.1.2027 8:16:20	Venus 2,4° nördlich Akrab	46,3°
14.1.2027 22:27:11	Merkur 6,9° südlich Beta Capricorni	8,6°
15.1.2027 18:53:35	Venus 7,8° nördlich Antares	45,4°
28.1.2027 2:28:30	Merkur 1,8° nördlich Delta Capricorni	16,2°
3.2.2027 6:07:00	Merkur in größter östlicher Elongation zur Sonne	18,3°
8.2.2027 10:38:53	Uranus stationär, dann rechtläufig	
9.2.2027 3:02:06	Merkur stationär, dann rückläufig	
11.2.2027 0:18:36	Jupiteropposition	
15.2.2027 1:32:41	Venus 5,1° nördlich Nunki	42,9°
18.2.2027 16:33:29	Merkur in unterer Konjunktion zur Sonne	3,7°
19.2.2027 15:44:35	Marsopposition	

Datum und Uhrzeit (WZ)	Ereignis	Elongation
21.2.2027 23:58:00	Merkur 6,6° nördlich Delta Capricorni	7,9°
24.2.2027 20:13:18	Mars 4,2° nördlich Regulus	171,5°
2.3.2027 19:51:04	Merkur stationär, dann rechtläufig	
4.3.2027 4:30:33	Venus 4,1° südlich Beta Capricorni	39,2°
12.3.2027 17:32:52	Merkur 2,6° nördlich Delta Capricorni	27,1°
17.3.2027 6:42:00	Merkur in größter westlicher Elongation zur Sonne	27,6°
21.3.2027 22:06:45	Venus 2,3° nördlich Delta Capricorni	36,4°
24.3.2027 23:16:01	Neptun in Konjunktion zur Sonne	-1,3°
2.4.2027 17:23:58	Mars stationär, dann rechtläufig	
7.4.2027 17:22:38	Saturn in Konjunktion zur Sonne	-2,2°
11.4.2027 11:58:53	Merkur 1,1° südlich Neptun	16,7°
13.4.2027 5:51:54	Jupiter stationär, dann rechtläufig	
19.4.2027 16:05:17	Merkur 38' nördlich Saturn	10,1°
24.4.2027 8:49:24	Venus 15' südlich Neptun	28,8°
26.4.2027 22:29:36	Merkur 11,3° südlich Hamal	2,3°
28.4.2027 21:09:48	Merkur in oberer Konjunktion zur Sonne	-18'
8.5.2027 0:04:20	Venus 39' nördlich Saturn	25,6°
8.5.2027 23:23:28	Merkur 2,7° südlich Alkione	11,7°
11.5.2027 17:13:40	Merkur 1,9° nördlich Uranus	14,1°
13.5.2027 21:20:25	Mars 1,4° nördlich Regulus	96,8°
14.5.2027 23:59:52	Merkur 7,7° nördlich Aldebaran	17,1°
18.5.2027 1:41:29	Venus 12,2° südlich Hamal	21,3°
22.5.2027 10:16:29	Merkur 3,1° südlich Elnath	21,8°
27.5.2027 6:14:26	Uranus in Konjunktion zur Sonne, Bedeckung	-6,4'
28.5.2027 9:50:00	Merkur in größter östlicher Elongation zur Sonne	22,9°
2.6.2027 11:39:02	Merkur 2,1° nördlich Eta Geminorum	22,1°
6.6.2027 9:40:57	Merkur 1,2° nördlich Mü Geminorum	20,1°
7.6.2027 21:45:26	Venus 5,2° südlich Alkione	17°
10.6.2027 14:04:34	Merkur stationär, dann rückläufig	
13.6.2027 23:42:31	Venus 43' südlich Uranus	16°
14.6.2027 21:52:29	Merkur 1,1° südlich Mü Geminorum	12,1°
17.6.2027 9:56:24	Venus 4,8° nördlich Aldebaran	15,2°
19.6.2027 8:34:33	Merkur 2,2° südlich Eta Geminorum	6°
23.6.2027 7:53:44	Merkur in unterer Konjunktion zur Sonne	-4°
27.6.2027 1:36:07	Venus 5,7° südlich Elnath	12,6°
1.7.2027 10:18:29	Merkur 4,6° südlich Venus	11,4°
4.7.2027 20:04:50	Merkur stationär, dann rechtläufig	
6.7.2027 4:12:19	Venus 57' nördlich Eta Geminorum	10,1°
7.7.2027 16:29:27	Venus 57' nördlich Mü Geminorum	9,7°
10.7.2027 10:24:13	Venus 7° nördlich Alhena	9°
10.7.2027 12:35:07	Neptun stationär, dann rückläufig	
11.7.2027 14:49:13	Venus 1,8° südlich Epsilon Geminorum	8,6°
15.7.2027 19:17:00	Merkur in größter westlicher Elongation zur Sonne	20,7°
17.7.2027 3:17:41	Merkur 1,5° südlich Eta Geminorum	20,5°
18.7.2027 20:04:37	Merkur 1,2° südlich Mü Geminorum	20,3°
21.7.2027 4:09:37	Venus 9,6° südlich Kastor	6,1°

Datum und Uhrzeit (WZ)	Ereignis	Elongation
21.7.2027 11:56:59	Merkur 5,4° nördlich Alhena	19,4°
22.7.2027 12:41:13	Merkur 3,2° südlich Epsilon Geminorum	19°
23.7.2027 4:48:15	Venus 6,1° südlich Pollux	5,5°
26.7.2027 9:49:51	Jupiter 28' nördlich Regulus	26,8°
29.7.2027 11:37:33	Merkur 9,9° südlich Kastor	13,9°
30.7.2027 18:40:50	Merkur 6,2° südlich Pollux	12,7°
2.8.2027 18:43:54	Venus 15' südlich M44	2,7°
4.8.2027 0:21:08	Mars 2,9° südlich Porrima	59,1°
6.8.2027 3:35:59	Merkur 12' nördlich M44	6°
10.8.2027 16:21:55	Saturn stationär, dann rückläufig	
11.8.2027 1:31:58	Merkur 32' nördlich Venus	1,3°
11.8.2027 10:49:41	Merkur in oberer Konjunktion zur Sonne	1,7°
11.8.2027 23:46:54	Venus in oberer Konjunktion zur Sonne	1,2°
17.8.2027 1:33:01	Merkur 1,3° nördlich Regulus	6°
19.8.2027 19:04:29	Merkur 41' nördlich Jupiter	8,5°
20.8.2027 17:05:01	Venus 58' nördlich Regulus	2,8°
22.8.2027 23:04:28	Mars 2° nördlich Spika	53,8°
25.8.2027 22:17:01	Venus 32' nördlich Jupiter	4,1°
31.8.2027 7:35:22	Jupiter in Konjunktion zur Sonne	55'
11.9.2027 19:38:42	Merkur 4,2° südlich Porrima	21,8°
15.9.2027 7:18:49	Uranus stationär, dann rückläufig	
21.9.2027 15:12:23	Merkur 21' südlich Spika	25,9°
23.9.2027 1:26:46	Venus 1,8° südlich Porrima	11,1°
24.9.2027 21:50:00	Merkur in größter östlicher Elongation zur Sonne	26,3°
25.9.2027 13:26:24	Mars 54' südlich Zuben-el-dschenubi	43,1°
28.9.2027 14:05:53	Neptunopposition	
2.10.2027 14:09:37	Venus 3,1° nördlich Spika	13,9°
7.10.2027 16:25:26	Merkur stationär, dann rückläufig	
10.10.2027 12:59:43	Merkur 4,2° südlich Venus	16°
18.10.2027 0:23:57	Saturnopposition	
19.10.2027 15:25:02	Merkur in unterer Konjunktion zur Sonne	-1,3°
20.10.2027 15:47:07	Venus 11' südlich Zuben-el-dschenubi	18,4°
21.10.2027 10:37:32	Mars 1,8° südlich Akrab	35,8°
21.10.2027 14:28:20	Merkur 1,5° nördlich Spika	4,3°
28.10.2027 2:27:45	Merkur stationär, dann rechtläufig	
29.10.2027 6:29:21	Mars 3,8° nördlich Antares	34°
3.11.2027 20:14:44	Merkur 4,5° nördlich Spika	17,1°
4.11.2027 8:47:00	Merkur in größter westlicher Elongation zur Sonne	18,8°
4.11.2027 10:10:28	Venus 1,5° südlich Akrab	21,8°
9.11.2027 0:14:49	Venus 3,9° nördlich Antares	23,2°
20.11.2027 1:15:58	Merkur 57' nördlich Zuben-el-dschenubi	12,1°
25.11.2027 1:38:25	Venus 19' südlich Mars	26,9°
30.11.2027 9:08:34	Uranusopposition	
1.12.2027 20:05:42	Merkur 1,1° südlich Akrab	5,6°
5.12.2027 11:42:50	Merkur 4,1° nördlich Antares	3,6°
5.12.2027 23:02:56	Venus 1,8° nördlich Nunki	29,4°

Datum und Uhrzeit (WZ)	Ereignis	Elongation
11.12.2027 21:58:44	Merkur in oberer Konjunktion zur Sonne	-1,2°
12.12.2027 19:23:35	Mars 2,4° nördlich Nunki	22,5°
15.12.2027 19:58:36	Neptun stationär, dann rechtläufig	
22.12.2027 3:06:45	Venus 6,6° südlich Beta Capricorni	32,9°
25.12.2027 2:20:06	Saturn stationär, dann rechtläufig	
26.12.2027 14:08:07	Merkur 1,3° nördlich Nunki	8,6°

2028

Datum und Uhrzeit (WZ)	Ereignis	Elongation
7.1.2028 14:04:38	Mars 5,9° südlich Beta Capricorni	16,3°
8.1.2028 2:24:26	Merkur 6,6° südlich Beta Capricorni	15,7°
8.1.2028 13:35:36	Venus 56' nördlich Delta Capricorni	36,2°
8.1.2028 15:26:22	Merkur 43' südlich Mars	16°
17.1.2028 17:08:00	Merkur in größter östlicher Elongation zur Sonne	18,8°
23.1.2028 22:24:56	Merkur stationär, dann rückläufig	
26.1.2028 17:36:02	Merkur 3,3° nördlich Mars	11,9°
2.2.2028 8:41:44	Merkur in unterer Konjunktion zur Sonne	3,5°
3.2.2028 16:59:13	Mars 1,6° nördlich Delta Capricorni	9,9°
11.2.2028 23:33:17	Venus 1,3° nördlich Neptun	42°
12.2.2028 21:18:29	Uranus stationär, dann rechtläufig	
14.2.2028 3:03:40	Merkur stationär, dann rechtläufig	
27.2.2028 16:27:00	Merkur in größter westlicher Elongation zur Sonne	26,9°
1.3.2028 11:49:16	Venus 3,8° nördlich Saturn	43,6°
9.3.2028 5:28:37	Merkur 1,1° nördlich Delta Capricorni	24,9°
9.3.2028 14:27:03	Venus 8,6° südlich Hamal	45,6°
12.3.2028 15:26:31	Jupiteropposition	
21.3.2028 3:10:40	Mars in Konjunktion zur Sonne	-49'
22.3.2028 12:14:00	Venus in größter östlicher Elongation zur Sonne	46,1°
26.3.2028 11:19:05	Neptun in Konjunktion zur Sonne	-1,4°
28.3.2028 9:29:35	Mars 42' nördlich Neptun	1,7°
3.4.2028 22:45:36	Merkur 26' südlich Neptun	8,2°
4.4.2028 6:33:56	Venus 6' südlich Alkione	45,5°
8.4.2028 2:06:42	Merkur 43' südlich Mars	3,9°
11.4.2028 22:43:35	Merkur in oberer Konjunktion zur Sonne	-46'
14.4.2028 0:04:42	Venus 4,7° nördlich Uranus	42,9°
16.4.2028 0:56:40	Merkur 2,3° nördlich Saturn	4,4°
17.4.2028 15:14:21	Merkur 10,4° südlich Hamal	6,4°
18.4.2028 21:23:39	Venus 10,3° nördlich Aldebaran	41,1°
20.4.2028 12:14:38	Saturn in Konjunktion zur Sonne	-2,2°
1.5.2028 1:35:52	Merkur 1,8° südlich Alkione	18,9°
1.5.2028 23:43:06	Mars 1,9° nördlich Saturn	9,1°
3.5.2028 16:09:36	Mars 11° südlich Hamal	9,4°
8.5.2028 0:07:11	Merkur 2,7° nördlich Uranus	20,8°
9.5.2028 6:06:00	Merkur in größter östlicher Elongation zur Sonne	21,4°

Datum und Uhrzeit (WZ)	Ereignis	Elongation
10.5.2028 5:50:41	Merkur 8° nördlich Aldebaran	20,8°
11.5.2028 3:01:17	Venus stationär, dann rückläufig	
12.5.2028 2:13:13	Saturn 13° südlich Hamal	17°
14.5.2028 7:27:26	Jupiter stationär, dann rechtläufig	
21.5.2028 16:16:42	Merkur stationär, dann rückläufig	
24.5.2028 2:18:25	Merkur 2,5° südlich Venus	12,6°
30.5.2028 22:50:06	Uranus in Konjunktion zur Sonne, Bedeckung	-3,2'
1.6.2028 9:55:25	Venus in unterer Konjunktion zur Sonne	49'
2.6.2028 0:20:30	Venus 6,2° nördlich Aldebaran	1,2°
2.6.2028 2:40:21	Merkur in unterer Konjunktion zur Sonne	-2,4°
3.6.2028 5:42:52	Venus 27' nördlich Uranus	2,9°
4.6.2028 23:39:42	Merkur 2,4° nördlich Aldebaran	5,3°
6.6.2028 4:18:26	Merkur 3,3° südlich Uranus	5,6°
7.6.2028 1:01:03	Mars 4,2° südlich Alkione	16,9°
14.6.2028 4:25:33	Merkur stationär, dann rechtläufig	
14.6.2028 15:47:35	Venus 2,2° südlich Mars	19,2°
15.6.2028 17:57:29	Uranus 5,5° nördlich Aldebaran	14,2°
22.6.2028 7:33:11	Venus stationär, dann rechtläufig	
22.6.2028 14:38:34	Merkur 1,6° nördlich Aldebaran	21,6°
23.6.2028 5:50:50	Mars 5,7° nördlich Aldebaran	21,3°
23.6.2028 7:02:58	Merkur 3,8° südlich Uranus	21°
23.6.2028 21:37:26	Mars 12' nördlich Uranus	21,5°
26.6.2028 19:27:00	Merkur in größter westlicher Elongation zur Sonne	22,2°
4.7.2028 7:40:41	Merkur 7,3° südlich Elnath	20,4°
10.7.2028 2:45:31	Mars 5,1° südlich Elnath	25,7°
11.7.2028 5:33:38	Merkur 26' nördlich Eta Geminorum	15,6°
12.7.2028 3:09:31	Neptun stationär, dann rückläufig	
12.7.2028 5:39:16	Merkur 35' nördlich Mü Geminorum	14,7°
13.7.2028 22:46:57	Venus 1,1° nördlich Aldebaran	41,9°
13.7.2028 23:49:47	Merkur 6,9° nördlich Alhena	13°
14.7.2028 17:30:04	Merkur 1,8° südlich Epsilon Geminorum	12,3°
16.7.2028 14:09:09	Venus 4,4° südlich Uranus	42°
20.7.2028 8:57:46	Merkur 9,1° südlich Kastor	6,1°
21.7.2028 12:51:34	Merkur 5,5° südlich Pollux	4,9°
25.7.2028 12:55:19	Merkur in oberer Konjunktion zur Sonne	1,6°
26.7.2028 11:09:10	Mars 1,4° nördlich Eta Geminorum	30,2°
27.7.2028 15:48:24	Merkur 29' nördlich M44	2,8°
29.7.2028 5:20:07	Mars 1,4° nördlich Mü Geminorum	30,9°
30.7.2028 4:55:17	Venus 9,4° südlich Elnath	44,8°
3.8.2028 6:19:10	Mars 7,4° nördlich Alhena	32,5°
5.8.2028 10:49:56	Mars 1,5° südlich Epsilon Geminorum	33,1°
8.8.2028 3:18:02	Merkur 1° nördlich Regulus	13,8°
10.8.2028 15:51:00	Venus in größter westlicher Elongation zur Sonne	45,8°
11.8.2028 18:20:36	Venus 2,4° südlich Eta Geminorum	45,8°
13.8.2028 17:14:46	Venus 2,3° südlich Mü Geminorum	45,8°
17.8.2028 4:45:42	Venus 3,8° nördlich Alhena	45,6°

Datum und Uhrzeit (WZ)	Ereignis	Elongation
18.8.2028 16:12:12	Venus 4,9° südlich Epsilon Geminorum	45,6°
23.8.2028 9:18:41	Mars 9,4° südlich Kastor	38,6°
23.8.2028 15:24:11	Saturn stationär, dann rückläufig	
27.8.2028 6:16:29	Mars 5,9° südlich Pollux	39,8°
29.8.2028 2:52:15	Merkur 2,5° südlich Jupiter	24,7°
30.8.2028 3:41:12	Venus 12,2° südlich Kastor	44,7°
1.9.2028 12:07:43	Venus 8,6° südlich Pollux	44,5°
6.9.2028 10:12:00	Merkur in größter östlicher Elongation zur Sonne	27,1°
8.9.2028 3:36:56	Merkur 6° südlich Porrima	24,7°
8.9.2028 22:29:44	Venus 2,3° südlich Mars	43,5°
13.9.2028 10:13:16	Venus 2,2° südlich M44	42,9°
16.9.2028 21:45:41	Mars 12' südlich M44	46,8°
18.9.2028 22:10:59	Uranus stationär, dann rückläufig	
19.9.2028 12:47:11	Merkur stationär, dann rückläufig	
29.9.2028 12:34:48	Merkur 6,4° südlich Porrima	4,6°
30.9.2028 2:35:08	Neptunopposition	
30.9.2028 12:56:44	Jupiter in Konjunktion zur Sonne	1,1°
2.10.2028 10:25:55	Merkur 3,7° südlich Jupiter	1,8°
2.10.2028 10:31:51	Merkur in unterer Konjunktion zur Sonne	-2,3°
2.10.2028 15:12:57	Venus 3,4' südlich Regulus	39,7°
10.10.2028 18:09:05	Merkur stationär, dann rechtläufig	
16.10.2028 2:48:33	Jupiter 1,8° südlich Porrima	12,1°
17.10.2028 22:56:00	Merkur in größter westlicher Elongation zur Sonne	18,2°
21.10.2028 6:18:04	Merkur 49' südlich Porrima	17,6°
22.10.2028 5:25:19	Merkur 1° nördlich Jupiter	16,8°
23.10.2028 18:25:55	Mars 1,1° nördlich Regulus	60,6°
29.10.2028 3:27:36	Merkur 4,2° nördlich Spika	12,2°
30.10.2028 17:22:02	Saturnopposition	
5.11.2028 14:37:00	Venus 1,2° südlich Porrima	32,7°
9.11.2028 19:02:45	Venus 40' nördlich Jupiter	31,5°
12.11.2028 1:06:17	Merkur 12' nördlich Zuben-el-dschenubi	4,8°
15.11.2028 3:31:52	Venus 4,1° nördlich Spika	29,1°
20.11.2028 1:22:29	Merkur in oberer Konjunktion zur Sonne	-22'
23.11.2028 15:45:45	Merkur 1,8° südlich Akrab	2°
27.11.2028 7:09:31	Merkur 3,5° nördlich Antares	4,2°
3.12.2028 5:01:55	Venus 1,3° nördlich Zuben-el-dschenubi	26,1°
3.12.2028 20:15:20	Uranusopposition	
16.12.2028 19:36:19	Jupiter 3,5° nördlich Spika	61,2°
17.12.2028 7:43:56	Neptun stationär, dann rechtläufig	
18.12.2028 0:01:49	Venus 9,1' nördlich Akrab	23°
18.12.2028 18:41:54	Merkur 1,2° nördlich Nunki	15,7°
22.12.2028 14:25:59	Venus 5,6° nördlich Antares	21,6°
31.12.2028 0:35:00	Merkur in größter östlicher Elongation zur Sonne	19,6°

Datum und Uhrzeit (WZ)	Ereignis	Elongation
4.1.2029 7:31:21	Uranus 5,5° nördlich Aldebaran	145,6°
5.1.2029 15:56:16	Merkur 4,6° südlich Beta Capricorni	17,8°
6.1.2029 22:47:32	Merkur stationär, dann rückläufig	
8.1.2029 5:03:34	Merkur 3,9° südlich Beta Capricorni	15,4°
16.1.2029 8:10:58	Merkur in unterer Konjunktion zur Sonne	3,1°
18.1.2029 13:46:35	Venus 3,3° nördlich Nunki	15,6°
20.1.2029 10:55:01	Mars 1,5' nördlich Porrima	110,1°
22.1.2029 23:46:00	Merkur 3,7° nördlich Venus	14,5°
27.1.2029 14:50:10	Merkur stationär, dann rechtläufig	
3.2.2029 13:51:50	Venus 5,5° südlich Beta Capricorni	11,5°
9.2.2029 1:37:00	Merkur in größter westlicher Elongation zur Sonne	25,7°
11.2.2029 0:00:00	Jupiter stationär, dann rückläufig	
14.2.2029 21:28:48	Mars stationär, dann rückläufig	
16.2.2029 7:59:22	Uranus stationär, dann rechtläufig	
16.2.2029 9:10:18	Merkur 5,3° südlich Beta Capricorni	23,9°
20.2.2029 13:17:10	Venus 1,5° nördlich Delta Capricorni	7,8°
3.3.2029 2:35:01	Merkur 40' nördlich Delta Capricorni	18,7°
10.3.2029 10:08:57	Mars 46' nördlich Porrima	159,4°
23.3.2029 19:35:01	Venus in oberer Konjunktion zur Sonne	-1,4°
25.3.2029 7:42:42	Marsopposition	
26.3.2029 16:21:08	Merkur in oberer Konjunktion zur Sonne	-1,2°
27.3.2029 17:56:56	Merkur 15' nördlich Venus	1,5°
27.3.2029 20:41:38	Merkur 23' nördlich Neptun	1,6°
27.3.2029 22:22:01	Venus 7,2' nördlich Neptun	1,7°
28.3.2029 23:28:22	Neptun in Konjunktion zur Sonne	-1,4°
30.3.2029 16:38:13	Uranus 5,5° nördlich Aldebaran	60,1°
9.4.2029 22:59:34	Merkur 9,3° südlich Hamal	14,6°
10.4.2029 0:09:59	Jupiter 3,9° nördlich Spika	175,7°
12.4.2029 3:54:33	Jupiteropposition	
14.4.2029 22:28:29	Merkur 4,4° nördlich Saturn	16,9°
17.4.2029 14:12:44	Venus 11,4° südlich Hamal	6,4°
21.4.2029 13:28:00	Merkur in größter östlicher Elongation zur Sonne	20,1°
25.4.2029 9:06:22	Venus 1,7° nördlich Saturn	8,1°
2.5.2029 9:39:45	Merkur stationär, dann rückläufig	
4.5.2029 17:01:31	Saturn in Konjunktion zur Sonne	-2,1°
5.5.2029 2:41:02	Merkur 1,9° nördlich Venus	10,9°
7.5.2029 5:29:12	Mars stationär, dann rechtläufig	
8.5.2029 2:59:32	Venus 4,2° südlich Alkione	11,7°
12.5.2029 23:21:32	Merkur in unterer Konjunktion zur Sonne	-23'
17.5.2029 12:05:05	Venus 5,9° nördlich Aldebaran	14,2°
19.5.2029 11:17:09	Venus 27' nördlich Uranus	14,6°
25.5.2029 6:11:38	Merkur stationär, dann rechtläufig	
27.5.2029 1:19:45	Venus 4,6° südlich Elnath	16,7°
4.6.2029 16:25:57	Uranus in Konjunktion zur Sonne, Bedeckung	6"

Datum und Uhrzeit (WZ)	Ereignis	Elongation
5.6.2029 2:34:58	Venus 2° nördlich Eta Geminorum	19,1°
6.6.2029 14:45:12	Venus 1,9° nördlich Mü Geminorum	19,5°
8.6.2029 11:43:00	Merkur in größter westlicher Elongation zur Sonne	23,9°
9.6.2029 8:31:03	Venus 8° nördlich Alhena	20,2°
10.6.2029 12:56:51	Venus 50' südlich Epsilon Geminorum	20,5°
12.6.2029 17:28:21	Merkur 7,4° südlich Alkione	22°
20.6.2029 3:04:36	Venus 8,7° südlich Kastor	23°
21.6.2029 4:05:12	Merkur 3,7° nördlich Aldebaran	19,4°
22.6.2029 4:06:34	Venus 5,2° südlich Pollux	23,5°
23.6.2029 21:04:58	Merkur 1,3° südlich Uranus	17,2°
27.6.2029 20:18:14	Merkur 5,9° südlich Elnath	13,8°
2.7.2029 21:46:18	Venus 24' nördlich M44	26,3°
3.7.2029 7:30:31	Merkur 1,4° nördlich Eta Geminorum	7,9°
4.7.2029 4:17:26	Merkur 1,5° nördlich Mü Geminorum	6,8°
4.7.2029 18:31:39	Mars 3,2° südlich Porrima	87,5°
5.7.2029 17:38:10	Merkur 7,7° nördlich Alhena	5,1°
6.7.2029 9:39:18	Merkur 1,1° südlich Epsilon Geminorum	4,3°
9.7.2029 20:19:41	Merkur in oberer Konjunktion zur Sonne	1,4°
11.7.2029 18:54:03	Merkur 8,6° südlich Kastor	2,8°
12.7.2029 22:48:27	Merkur 5,1° südlich Pollux	4°
14.7.2029 15:40:03	Neptun stationär, dann rückläufig	
19.7.2029 7:35:20	Merkur 33' nördlich M44	10,8°
21.7.2029 6:28:45	Mars 1,8° südlich Jupiter	80,7°
21.7.2029 8:49:44	Venus 1,2° nördlich Regulus	31°
27.7.2029 14:43:30	Mars 1,6° nördlich Spika	78,8°
1.8.2029 0:44:47	Merkur 27' nördlich Regulus	21°
16.8.2029 22:12:06	Jupiter 3,4° nördlich Spika	58,7°
19.8.2029 21:34:00	Merkur in größter östlicher Elongation zur Sonne	27,4°
25.8.2029 15:25:54	Venus 2,9° südlich Porrima	37,9°
2.9.2029 1:10:06	Merkur stationär, dann rückläufig	
2.9.2029 6:48:53	Mars 1,4° südlich Zuben-el-dschenubi	65,3°
4.9.2029 22:19:31	Venus 1,7° nördlich Spika	41°
6.9.2029 18:45:38	Saturn stationär, dann rückläufig	
8.9.2029 7:55:07	Venus 1,9° südlich Jupiter	40,9°
15.9.2029 21:05:15	Merkur in unterer Konjunktion zur Sonne	-3,3°
23.9.2029 14:22:11	Uranus stationär, dann rückläufig	
24.9.2029 6:36:48	Merkur stationär, dann rechtläufig	
24.9.2029 16:22:50	Venus 2,3° südlich Zuben-el-dschenubi	43,5°
29.9.2029 3:43:53	Mars 2,3° südlich Akrab	57,3°
1.10.2029 15:04:00	Merkur in größter westlicher Elongation zur Sonne	17,9°
2.10.2029 15:11:29	Neptunopposition	
7.10.2029 3:59:07	Mars 3,4° nördlich Antares	55,5°
11.10.2029 5:31:25	Venus 4° südlich Akrab	45,4°
15.10.2029 2:46:44	Merkur 1° südlich Porrima	11,2°
16.10.2029 12:02:18	Venus 1,4° nördlich Antares	46,6°
22.10.2029 1:28:52	Merkur 3,6° nördlich Spika	5,1°

Datum und Uhrzeit (WZ)	Ereignis	Elongation
27.10.2029 10:40:00	Venus in größter östlicher Elongation zur Sonne	47°
30.10.2029 22:57:17	Merkur in oberer Konjunktion zur Sonne	24'
31.10.2029 0:02:46	Jupiter in Konjunktion zur Sonne	59'
31.10.2029 2:57:46	Merkur 37' südlich Jupiter	0,4°
4.11.2029 19:02:15	Merkur 29' südlich Zuben-el-dschenubi	2,8°
13.11.2029 0:20:01	Venus 2,5° südlich Mars	45,9°
13.11.2029 14:48:57	Saturnopposition	
16.11.2029 13:16:02	Merkur 2,4° südlich Akrab	9,2°
20.11.2029 6:26:20	Merkur 2,9° nördlich Antares	11,6°
20.11.2029 16:59:58	Venus 12' südlich Nunki	44,2°
21.11.2029 5:28:55	Mars 2,1° nördlich Nunki	43,7°
26.11.2029 8:55:27	Venus 2° südlich Mars	42,4°
4.12.2029 15:56:04	Jupiter 40' nördlich Zuben-el-dschenubi	27,4°
8.12.2029 7:57:59	Uranusopposition	
14.12.2029 2:49:00	Merkur in größter östlicher Elongation zur Sonne	20,6°
14.12.2029 3:59:17	Merkur 1,6° nördlich Nunki	20,6°
16.12.2029 2:44:42	Venus stationär, dann rückläufig	
17.12.2029 3:49:28	Mars 6° südlich Beta Capricorni	37,6°
19.12.2029 19:21:08	Neptun stationär, dann rechtläufig	
22.12.2029 0:57:14	Merkur stationär, dann rückläufig	
29.12.2029 1:21:34	Merkur 5,3° nördlich Nunki	6°
31.12.2029 12:22:32	Merkur in unterer Konjunktion zur Sonne	2,5°

2030

Datum und Uhrzeit (WZ)	Ereignis	Elongation
6.1.2030 13:12:51	Venus in unterer Konjunktion zur Sonne	4,5°
10.1.2030 20:56:49	Venus 8,9° nördlich Nunki	8,6°
13.1.2030 10:51:11	Mars 1,6° nördlich Delta Capricorni	30,8°
19.1.2030 20:53:46	Saturn stationär, dann rechtläufig	
22.1.2030 10:01:00	Merkur in größter westlicher Elongation zur Sonne	24,4°
22.1.2030 21:47:48	Merkur 5,5° südlich Venus	24,3°
26.1.2030 21:18:33	Venus stationär, dann rechtläufig	
27.1.2030 0:40:13	Merkur 4° nördlich Nunki	23,9°
10.2.2030 15:50:26	Merkur 6,1° südlich Beta Capricorni	18,1°
12.2.2030 19:56:30	Venus 9,2° nördlich Nunki	40,8°
20.2.2030 20:12:51	Uranus stationär, dann rechtläufig	
23.2.2030 22:56:11	Merkur 31' nördlich Delta Capricorni	11,4°
9.3.2030 22:40:57	Merkur in oberer Konjunktion zur Sonne	-1,6°
10.3.2030 23:11:39	Venus 1,7° südlich Beta Capricorni	46,1°
13.3.2030 11:28:18	Mars 1° nördlich Neptun	17,3°
13.3.2030 17:44:21	Jupiter stationär, dann rückläufig	
17.3.2030 23:43:00	Venus in größter westlicher Elongation zur Sonne	46,6°
20.3.2030 22:16:11	Merkur 1,5° nördlich Neptun	10,2°
26.3.2030 3:37:09	Merkur 1,5° nördlich Mars	14,7°

Datum und Uhrzeit (WZ)	Ereignis	Elongation
31.3.2030 11:42:02	Neptun in Konjunktion zur Sonne	-1,5°
31.3.2030 21:09:31	Venus 3,6° nördlich Delta Capricorni	46°
4.4.2030 8:13:00	Merkur in größter östlicher Elongation zur Sonne	19,1°
6.4.2030 16:33:57	Merkur 7,5° südlich Hamal	18,8°
13.4.2030 6:03:09	Merkur stationär, dann rückläufig	
14.4.2030 4:17:49	Mars 10,8° südlich Hamal	10,2°
16.4.2030 12:49:02	Merkur 3,1° nördlich Mars	9,6°
20.4.2030 13:54:57	Merkur 8,4° südlich Hamal	5,2°
23.4.2030 11:08:41	Merkur in unterer Konjunktion zur Sonne	1,4°
5.5.2030 19:14:22	Merkur stationär, dann rechtläufig	
12.5.2030 20:43:33	Venus 19' südlich Neptun	39,9°
13.5.2030 11:22:47	Jupiteropposition	
17.5.2030 8:52:43	Mars 2,1° nördlich Saturn	2,1°
18.5.2030 18:50:36	Mars 3,9° südlich Alkione	1,7°
19.5.2030 6:26:49	Saturn in Konjunktion zur Sonne	-1,8°
19.5.2030 11:26:21	Merkur 14,2° südlich Hamal	22,7°
21.5.2030 2:13:00	Merkur in größter westlicher Elongation zur Sonne	25,6°
25.5.2030 6:02:36	Saturn 6° südlich Alkione	5,3°
25.5.2030 11:17:31	Mars in Konjunktion zur Sonne	17'
31.5.2030 8:44:55	Venus 12,7° südlich Hamal	33,2°
4.6.2030 1:18:44	Mars 5,9° nördlich Aldebaran	2,5°
7.6.2030 18:57:08	Merkur 5,9° südlich Alkione	17,1°
8.6.2030 20:29:27	Merkur 19' nördlich Saturn	17,1°
9.6.2030 10:29:58	Uranus in Konjunktion zur Sonne, Bedeckung	3,5'
14.6.2030 0:17:32	Merkur 4,9° nördlich Aldebaran	12,1°
15.6.2030 14:41:35	Mars 26' nördlich Uranus	5,5°
18.6.2030 0:02:17	Merkur 5' nördlich Uranus	7,7°
19.6.2030 1:08:18	Merkur 11' südlich Mars	6,4°
19.6.2030 15:49:17	Merkur 5° südlich Elnath	5,7°
20.6.2030 23:04:50	Mars 4,9° südlich Elnath	7°
21.6.2030 19:33:57	Venus 5,8° südlich Alkione	30,3°
24.6.2030 6:52:44	Merkur in oberer Konjunktion zur Sonne	1,1°
24.6.2030 17:27:10	Merkur 2,1° nördlich Eta Geminorum	1,1°
25.6.2030 1:11:24	Venus 19' nördlich Saturn	30,6°
25.6.2030 13:36:10	Merkur 2,1° nördlich Mü Geminorum	1,9°
27.6.2030 2:23:51	Merkur 8,2° nördlich Alhena	3,7°
27.6.2030 18:25:10	Merkur 32' südlich Epsilon Geminorum	4,5°
1.7.2030 13:26:25	Venus 4,2° nördlich Aldebaran	29°
3.7.2030 8:13:04	Merkur 8,4° südlich Kastor	10,7°
4.7.2030 14:04:21	Merkur 4,9° südlich Pollux	12°
7.7.2030 6:53:50	Mars 1,6° nördlich Eta Geminorum	11,4°
9.7.2030 11:36:05	Venus 1,1° südlich Uranus	26,9°
10.7.2030 0:50:12	Mars 1,5° nördlich Mü Geminorum	12,2°
11.7.2030 10:22:42	Venus 6,3° südlich Elnath	26,5°
11.7.2030 14:47:27	Merkur 24' nördlich M44	18,3°
15.7.2030 1:12:12	Mars 7,5° nördlich Alhena	13,6°

Datum und Uhrzeit (WZ)	Ereignis	Elongation
15.7.2030 10:52:34	Jupiter stationär, dann rechtläufig	
17.7.2030 5:28:12	Mars 1,3° südlich Epsilon Geminorum	14,3°
17.7.2030 5:57:04	Neptun stationär, dann rückläufig	
20.7.2030 17:12:40	Venus 23' nördlich Eta Geminorum	24,2°
22.7.2030 6:07:23	Venus 23' nördlich Mü Geminorum	23,8°
25.7.2030 1:04:14	Venus 6,4° nördlich Alhena	23,1°
26.7.2030 5:58:28	Venus 2,3° südlich Epsilon Geminorum	22,8°
27.7.2030 1:14:35	Merkur 46' südlich Regulus	26,2°
2.8.2030 5:27:00	Merkur in größter östlicher Elongation zur Sonne	27,3°
3.8.2030 23:58:59	Mars 9,3° südlich Kastor	19,5°
4.8.2030 22:18:27	Venus 10,1° südlich Kastor	20,3°
6.8.2030 0:10:13	Venus 43' südlich Mars	20°
6.8.2030 23:25:47	Venus 6,5° südlich Pollux	19,7°
7.8.2030 19:37:49	Mars 5,9° südlich Pollux	20,7°
15.8.2030 7:22:04	Merkur stationär, dann rückläufig	
17.8.2030 15:20:17	Venus 37' südlich M44	16,9°
28.8.2030 1:04:19	Mars 12' südlich M44	27,1°
29.8.2030 20:04:54	Merkur in unterer Konjunktion zur Sonne	-4,1°
4.9.2030 14:15:36	Venus 48' nördlich Regulus	11,9°
5.9.2030 0:29:24	Merkur 4° südlich Venus	10,9°
7.9.2030 13:32:00	Merkur stationär, dann rechtläufig	
8.9.2030 0:28:04	Uranus 5,3° südlich Elnath	82,5°
15.9.2030 6:18:00	Merkur in größter westlicher Elongation zur Sonne	17,9°
21.9.2030 1:22:39	Saturn stationär, dann rückläufig	
28.9.2030 6:24:37	Uranus stationär, dann rückläufig	
2.10.2030 7:24:51	Mars 53' nördlich Regulus	38,9°
5.10.2030 3:33:01	Neptunopposition	
7.10.2030 11:27:07	Merkur 6,1' nördlich Venus	3,6°
7.10.2030 15:44:37	Merkur 1,5° südlich Porrima	3,6°
7.10.2030 17:26:37	Venus 1,6° südlich Porrima	3,6°
11.10.2030 23:32:21	Merkur in oberer Konjunktion zur Sonne	1°
14.10.2030 14:16:14	Merkur 3° nördlich Spika	2°
17.10.2030 4:06:52	Venus 3,5° nördlich Spika	1,4°
18.10.2030 12:46:14	Uranus 5,3° südlich Elnath	122°
20.10.2030 10:36:13	Venus in oberer Konjunktion zur Sonne	1,1°
28.10.2030 15:48:18	Merkur 1,2° südlich Zuben-el-dschenubi	10,2°
4.11.2030 1:49:43	Venus 19' nördlich Zuben-el-dschenubi	3,8°
9.11.2030 6:57:49	Jupiter 24' südlich Akrab	16,7°
9.11.2030 21:18:19	Merkur 3,1° südlich Akrab	16,1°
9.11.2030 23:49:48	Merkur 2,7° südlich Jupiter	16,2°
13.11.2030 20:11:59	Merkur 2,3° nördlich Antares	18,5°
18.11.2030 17:34:42	Venus 57' südlich Akrab	7,3°
20.11.2030 18:03:34	Venus 37' südlich Jupiter	7,8°
23.11.2030 6:54:03	Venus 4,5° nördlich Antares	8,5°
26.11.2030 23:19:00	Merkur in größter östlicher Elongation zur Sonne	21,8°
27.11.2030 15:44:04	Saturnopposition	

Datum und Uhrzeit (WZ)	Ereignis	Elongation
30.11.2030 14:48:41	Jupiter in Konjunktion zur Sonne	35'
4.12.2030 22:58:30	Jupiter 5,2° nördlich Antares	3,5°
6.12.2030 2:13:26	Merkur stationär, dann rückläufig	
9.12.2030 23:58:22	Merkur 43' nördlich Venus	12,5°
10.12.2030 18:25:00	Mars 1,2° südlich Porrima	67,7°
12.12.2030 20:22:26	Uranusopposition	
15.12.2030 19:08:34	Merkur in unterer Konjunktion zur Sonne	1,8°
20.12.2030 0:31:00	Venus 2,4° nördlich Nunki	14,9°
22.12.2030 7:43:42	Neptun stationär, dann rechtläufig	
25.12.2030 21:59:00	Merkur stationär, dann rechtläufig	

2031

Datum und Uhrzeit (WZ)	Ereignis	Elongation
1.1.2031 12:24:06	Mars 4,1° nördlich Spika	76,6°
4.1.2031 19:47:00	Merkur in größter westlicher Elongation zur Sonne	22,9°
4.1.2031 23:16:22	Venus 6,2° südlich Beta Capricorni	18,7°
21.1.2031 17:13:12	Merkur 2,9° nördlich Nunki	18,4°
22.1.2031 0:37:13	Venus 1,1° nördlich Delta Capricorni	22,3°
3.2.2031 18:01:12	Merkur 6,5° südlich Beta Capricorni	11,2°
16.2.2031 8:45:56	Merkur 33' nördlich Delta Capricorni	3,9°
20.2.2031 13:21:56	Merkur in oberer Konjunktion zur Sonne	-1,9°
21.2.2031 3:21:16	Mars 1,6° nördlich Zuben-el-dschenubi	106,8°
25.2.2031 8:16:52	Uranus stationär, dann rechtläufig	
1.3.2031 19:29:42	Venus 59' nördlich Neptun	30,9°
16.3.2031 10:23:34	Merkur 3,6° nördlich Neptun	16,8°
18.3.2031 11:59:00	Merkur in größter westlicher Elongation zur Sonne	18,5°
20.3.2031 7:05:30	Venus 10,2° südlich Hamal	35,2°
25.3.2031 18:42:02	Merkur stationär, dann rückläufig	
28.3.2031 16:33:47	Mars stationär, dann rückläufig	
2.4.2031 23:58:15	Neptun in Konjunktion zur Sonne	-1,5°
4.4.2031 19:01:12	Merkur 4,6° nördlich Neptun	2,3°
4.4.2031 19:56:16	Merkur in unterer Konjunktion zur Sonne	2,7°
10.4.2031 15:29:50	Venus 2,6° südlich Alkione	39,3°
15.4.2031 11:27:05	Jupiter stationär, dann rückläufig	
16.4.2031 22:14:56	Venus 3,5° nördlich Saturn	39,9°
17.4.2031 5:44:35	Merkur stationär, dann rechtläufig	
20.4.2031 12:58:12	Venus 7,6° nördlich Aldebaran	40,3°
28.4.2031 18:29:46	Venus 2,3° nördlich Uranus	42,2°
30.4.2031 4:06:30	Mars 24' nördlich Zuben-el-dschenubi	174,2°
30.4.2031 17:00:50	Merkur 1,3° südlich Neptun	26,1°
30.4.2031 18:42:32	Venus 2,9° südlich Elnath	42,7°
2.5.2031 20:25:00	Merkur in größter westlicher Elongation zur Sonne	26,9°
4.5.2031 11:57:23	Marsopposition	
10.5.2031 17:20:15	Venus 3,6° nördlich Eta Geminorum	44°

Datum und Uhrzeit (WZ)	Ereignis	Elon-gation
12.5.2031 9:50:05	Venus 3,6° nördlich Mü Geminorum	44,2°
15.5.2031 12:07:12	Venus 9,6° nördlich Alhena	44,5°
16.5.2031 20:34:42	Venus 45' nördlich Epsilon Geminorum	44,6°
16.5.2031 22:19:18	Merkur 13,4° südlich Hamal	20,3°
21.5.2031 19:36:43	Saturn 4° nördlich Aldebaran	10,3°
28.5.2031 3:34:07	Venus 7,4° südlich Kastor	44,9°
30.5.2031 15:50:01	Venus 4° südlich Pollux	45°
31.5.2031 5:07:55	Merkur 4,9° südlich Alkione	10°
2.6.2031 3:21:00	Venus in größter östlicher Elongation zur Sonne	45,4°
3.6.2031 3:03:22	Saturn in Konjunktion zur Sonne	-1,5°
5.6.2031 16:49:21	Merkur 5,8° nördlich Aldebaran	3,8°
6.6.2031 15:15:10	Merkur 1,9° nördlich Saturn	2,7°
8.6.2031 18:37:59	Merkur in oberer Konjunktion zur Sonne	48'
9.6.2031 8:04:06	Uranus 5,3° südlich Elnath	4,4°
11.6.2031 1:04:48	Merkur 4,3° südlich Elnath	3°
11.6.2031 2:12:55	Merkur 1° nördlich Uranus	2,8°
13.6.2031 22:21:25	Venus 49' nördlich M44	44,8°
14.6.2031 5:46:01	Uranus in Konjunktion zur Sonne, Bedeckung	6,8'
14.6.2031 7:22:14	Mars stationär, dann rechtläufig	
15.6.2031 9:09:19	Jupiteropposition	
16.6.2031 4:11:11	Merkur 2,6° nördlich Eta Geminorum	9,1°
17.6.2031 1:19:19	Merkur 2,6° nördlich Mü Geminorum	10,1°
18.6.2031 16:26:01	Merkur 8,6° nördlich Alhena	11,8°
19.6.2031 9:41:08	Merkur 10' südlich Epsilon Geminorum	12,6°
25.6.2031 14:28:57	Merkur 8,3° südlich Kastor	18,3°
27.6.2031 0:52:01	Merkur 4,9° südlich Pollux	19,4°
5.7.2031 13:46:02	Merkur 12' südlich M44	24,4°
15.7.2031 7:17:00	Merkur in größter östlicher Elongation zur Sonne	26,6°
18.7.2031 16:12:24	Venus stationär, dann rückläufig	
19.7.2031 19:05:51	Neptun stationär, dann rückläufig	
24.7.2031 16:36:36	Merkur 1,6° nördlich Venus	24,1°
28.7.2031 9:08:02	Merkur stationär, dann rückläufig	
29.7.2031 18:33:23	Mars 2,4° südlich Zuben-el-dschenubi	99°
11.8.2031 2:55:56	Venus in unterer Konjunktion zur Sonne	-7,5°
12.8.2031 3:58:53	Merkur in unterer Konjunktion zur Sonne	-4,7°
21.8.2031 11:30:15	Merkur stationär, dann rechtläufig	
29.8.2031 17:28:00	Merkur in größter westlicher Elongation zur Sonne	18,2°
31.8.2031 22:09:07	Venus stationär, dann rechtläufig	
1.9.2031 11:29:02	Mars 3,2° südlich Akrab	84,8°
7.9.2031 8:57:38	Merkur 57' nördlich Regulus	14,3°
10.9.2031 12:42:18	Mars 2,5° nördlich Antares	82,2°
14.9.2031 19:38:09	Saturn 6,9° südlich Elnath	88,8°
24.9.2031 1:13:05	Merkur in oberer Konjunktion zur Sonne	1,5°
29.9.2031 5:25:12	Mars 2,2° südlich Jupiter	76,1°
30.9.2031 0:24:31	Merkur 2° südlich Porrima	4,8°
3.10.2031 0:23:19	Uranus stationär, dann rückläufig	

Datum und Uhrzeit (WZ)	Ereignis	Elongation
5.10.2031 10:35:44	Saturn stationär, dann rückläufig	
7.10.2031 5:12:38	Merkur 2,4° nördlich Spika	9,7°
7.10.2031 16:08:35	Neptunopposition	
10.10.2031 10:26:01	Venus 2,1° südlich Regulus	45,9°
21.10.2031 13:59:00	Venus in größter westlicher Elongation zur Sonne	46,4°
22.10.2031 0:14:49	Merkur 2° südlich Zuben-el-dschenubi	17,1°
25.10.2031 23:23:20	Saturn 7° südlich Elnath	129,1°
28.10.2031 15:17:33	Mars 1,6° nördlich Nunki	67,9°
4.11.2031 13:37:14	Merkur 3,7° südlich Akrab	21,7°
9.11.2031 14:08:33	Merkur 1,8° nördlich Antares	23,1°
9.11.2031 14:57:00	Merkur in größter östlicher Elongation zur Sonne	23,1°
18.11.2031 0:03:21	Venus 1,1° südlich Porrima	44,4°
20.11.2031 0:12:23	Merkur stationär, dann rückläufig	
24.11.2031 10:55:16	Mars 6,3° südlich Beta Capricorni	61,1°
28.11.2031 2:22:42	Venus 4,5° nördlich Spika	41,4°
28.11.2031 19:58:44	Merkur 5,2° nördlich Antares	3,1°
30.11.2031 2:37:21	Merkur in unterer Konjunktion zur Sonne	1°
3.12.2031 9:09:57	Merkur 59' nördlich Akrab	7,4°
9.12.2031 15:42:07	Merkur stationär, dann rechtläufig	
11.12.2031 18:48:27	Saturnopposition	
16.12.2031 19:08:33	Merkur 1,4° nördlich Akrab	21°
16.12.2031 22:33:51	Venus 2° nördlich Zuben-el-dschenubi	39,3°
17.12.2031 9:13:57	Uranusopposition	
18.12.2031 10:16:00	Merkur in größter westlicher Elongation zur Sonne	21,5°
22.12.2031 7:33:02	Merkur 6,4° nördlich Antares	20,5°
22.12.2031 11:55:40	Mars 1,5° nördlich Delta Capricorni	53,6°
24.12.2031 18:25:58	Neptun stationär, dann rechtläufig	

2032

Datum und Uhrzeit (WZ)	Ereignis	Elongation
1.1.2032 5:34:44	Venus 54' nördlich Akrab	36,7°
1.1.2032 7:46:27	Jupiter in Konjunktion zur Sonne, Bedeckung	24"
5.1.2032 23:17:35	Venus 6,4° nördlich Antares	35,2°
13.1.2032 3:59:55	Jupiter 3,5° nördlich Nunki	9,3°
14.1.2032 23:51:03	Merkur 2,3° nördlich Nunki	11,4°
15.1.2032 7:21:28	Merkur 1,2° südlich Jupiter	11°
27.1.2032 8:57:22	Merkur 6,8° südlich Beta Capricorni	4,5°
2.2.2032 7:16:16	Merkur in oberer Konjunktion zur Sonne	-2,1°
2.2.2032 14:08:01	Venus 4° nördlich Nunki	30,1°
7.2.2032 2:59:47	Venus 21' nördlich Jupiter	29°
8.2.2032 16:11:12	Merkur 45' nördlich Delta Capricorni	5,2°
18.2.2032 20:14:40	Venus 5° südlich Beta Capricorni	25,6°
26.2.2032 0:05:38	Mars 1,4° nördlich Neptun	37°
29.2.2032 21:41:00	Merkur in größter östlicher Elongation zur Sonne	18,2°

Datum und Uhrzeit (WZ)	Ereignis	Elongation
29.2.2032 22:12:45	Uranus stationär, dann rechtläufig	
6.3.2032 23:57:51	Venus 1,8° nördlich Delta Capricorni	22,4°
7.3.2032 3:59:33	Merkur stationär, dann rückläufig	
17.3.2032 1:05:16	Merkur in unterer Konjunktion zur Sonne	3,4°
24.3.2032 6:12:12	Mars 10,5° südlich Hamal	30,4°
26.3.2032 10:25:44	Merkur 3,1° nördlich Venus	16,5°
29.3.2032 11:22:54	Merkur stationär, dann rechtläufig	
4.4.2032 12:27:34	Neptun in Konjunktion zur Sonne	-1,5°
13.4.2032 20:39:00	Merkur in größter westlicher Elongation zur Sonne	27,6°
17.4.2032 10:08:12	Venus 5,7' nördlich Neptun	12,2°
28.4.2032 10:42:36	Mars 3,7° südlich Alkione	21°
28.4.2032 13:23:13	Merkur 1,3° südlich Neptun	22,7°
2.5.2032 5:59:04	Venus 11,8° südlich Hamal	8,4°
9.5.2032 6:00:58	Merkur 12,6° südlich Hamal	14,8°
14.5.2032 22:34:30	Mars 6,1° nördlich Aldebaran	16,4°
17.5.2032 18:15:38	Saturn 6,5° südlich Elnath	25,3°
19.5.2032 19:32:57	Jupiter stationär, dann rückläufig	
20.5.2032 12:17:17	Merkur 32' nördlich Venus	3,3°
21.5.2032 20:05:32	Merkur 4° südlich Alkione	1,7°
22.5.2032 20:04:50	Venus 4,7° südlich Alkione	2,9°
23.5.2032 5:55:05	Merkur in oberer Konjunktion zur Sonne	24'
27.5.2032 2:52:41	Merkur 6,6° nördlich Aldebaran	4,9°
1.6.2032 1:15:07	Mars 4,7° südlich Elnath	11,7°
1.6.2032 5:39:57	Venus 5,4° nördlich Aldebaran	0,3°
1.6.2032 14:48:46	Merkur 3,7° südlich Elnath	11,3°
1.6.2032 21:27:58	Merkur 60' nördlich Mars	11,4°
2.6.2032 8:33:00	Venus in oberer Konjunktion zur Sonne, Bedeckung	-6,8'
2.6.2032 13:49:28	Merkur 2,9° nördlich Saturn	12,1°
3.6.2032 11:33:16	Merkur 1,7° nördlich Uranus	13,1°
4.6.2032 6:31:06	Mars 1,8° nördlich Saturn	10,7°
6.6.2032 23:01:25	Mars 37' nördlich Uranus	10°
7.6.2032 6:18:49	Merkur 2,9° nördlich Eta Geminorum	16,9°
8.6.2032 6:30:38	Merkur 2,9° nördlich Mü Geminorum	17,7°
10.6.2032 4:03:48	Merkur 8,8° nördlich Alhena	19,2°
10.6.2032 19:07:38	Venus 5,2° südlich Elnath	2,3°
11.6.2032 0:30:54	Merkur 30" südlich Epsilon Geminorum	19,8°
13.6.2032 13:03:26	Venus 1,4° nördlich Saturn	3,1°
14.6.2032 9:56:30	Venus 12' nördlich Uranus	3,3°
17.6.2032 4:27:28	Saturn in Konjunktion zur Sonne	-1°
17.6.2032 12:44:44	Mars 1,7° nördlich Eta Geminorum	7°
18.6.2032 1:48:15	Uranus in Konjunktion zur Sonne, Bedeckung	10'
18.6.2032 20:18:28	Merkur 8,7° südlich Kastor	24°
19.6.2032 19:59:52	Venus 1,5° nördlich Eta Geminorum	4,8°
20.6.2032 7:12:48	Mars 1,7° nördlich Mü Geminorum	6,2°
20.6.2032 19:59:07	Merkur 5,5° südlich Pollux	24,5°
21.6.2032 8:03:54	Venus 1,4° nördlich Mü Geminorum	5,2°

Datum und Uhrzeit (WZ)	Ereignis	Elon-gation
22.6.2032 13:22:38	Venus 13' südlich Mars	5,6°
24.6.2032 1:33:53	Venus 7,5° nördlich Alhena	6°
25.6.2032 5:55:40	Venus 1,3° südlich Epsilon Geminorum	6,3°
25.6.2032 8:25:02	Mars 7,7° nördlich Alhena	4,8°
26.6.2032 2:07:00	Merkur in größter östlicher Elongation zur Sonne	25,4°
27.6.2032 13:05:27	Mars 1,2° südlich Epsilon Geminorum	4,1°
28.6.2032 5:34:34	Saturn 1,2° südlich Uranus	9,1°
4.7.2032 18:35:57	Venus 9,2° südlich Kastor	8,9°
6.7.2032 19:08:05	Venus 5,7° südlich Pollux	9,5°
9.7.2032 6:41:52	Merkur stationär, dann rückläufig	
11.7.2032 5:38:07	Mars in Konjunktion zur Sonne	59'
15.7.2032 7:25:38	Merkur 5,5° südlich Venus	11,8°
15.7.2032 9:36:23	Mars 9,2° südlich Kastor	1,6°
17.7.2032 9:25:49	Venus 5' nördlich M44	12,4°
19.7.2032 5:24:52	Mars 5,8° südlich Pollux	2,6°
19.7.2032 8:23:24	Jupiteropposition	
21.7.2032 8:47:51	Neptun stationär, dann rückläufig	
23.7.2032 17:24:59	Merkur in unterer Konjunktion zur Sonne	-5°
25.7.2032 14:48:38	Merkur 6,1° südlich Mars	4,5°
2.8.2032 20:25:08	Merkur stationär, dann rechtläufig	
4.8.2032 11:08:28	Venus 1,1° nördlich Regulus	17,3°
8.8.2032 10:13:07	Mars 11' südlich M44	8,7°
11.8.2032 21:19:00	Merkur in größter westlicher Elongation zur Sonne	18,9°
17.8.2032 16:51:41	Merkur 1,1° südlich M44	17,3°
17.8.2032 17:38:46	Saturn 6,1' südlich Eta Geminorum	51,5°
23.8.2032 4:20:40	Merkur 18" nördlich Mars	13,4°
29.8.2032 17:15:13	Merkur 1,3° nördlich Regulus	6,6°
5.9.2032 22:34:16	Merkur in oberer Konjunktion zur Sonne	1,7°
7.9.2032 9:13:10	Venus 2,2° südlich Porrima	25,4°
9.9.2032 3:11:04	Saturn 10' südlich Mü Geminorum	71,2°
12.9.2032 6:39:33	Mars 47' nördlich Regulus	19,8°
17.9.2032 2:58:15	Venus 2,6° nördlich Spika	28,6°
17.9.2032 18:32:13	Jupiter stationär, dann rechtläufig	
21.9.2032 14:29:14	Merkur 2,7° südlich Porrima	11,8°
29.9.2032 6:48:49	Merkur 1,5° nördlich Spika	17,1°
5.10.2032 14:29:00	Venus 55' südlich Zuben-el-dschenubi	32,6°
6.10.2032 17:53:53	Uranus stationär, dann rückläufig	
9.10.2032 4:31:43	Neptunopposition	
15.10.2032 16:45:10	Merkur 2,9° südlich Zuben-el-dschenubi	22,6°
18.10.2032 21:21:26	Saturn stationär, dann rückläufig	
20.10.2032 17:19:18	Venus 2,4° südlich Akrab	35,8°
22.10.2032 3:47:00	Merkur in größter östlicher Elongation zur Sonne	24,4°
25.10.2032 10:15:56	Venus 3,1° nördlich Antares	37,2°
2.11.2032 16:38:15	Merkur stationär, dann rückläufig	
13.11.2032 9:02:45	Merkur in unterer Konjunktion zur Sonne, Transit	9,6'
17.11.2032 3:31:21	Mars 1,7° südlich Porrima	44,1°

Datum und Uhrzeit (WZ)	Ereignis	Elongation
19.11.2032 10:31:07	Merkur 1,6° nördlich Zuben-el-dschenubi	12,2°
22.11.2032 6:28:20	Venus 1° nördlich Nunki	42,5°
22.11.2032 9:54:00	Merkur stationär, dann rechtläufig	
25.11.2032 13:17:09	Merkur 2,3° nördlich Zuben-el-dschenubi	18,4°
27.11.2032 22:14:53	Saturn 11' südlich Mü Geminorum	150,4°
30.11.2032 8:02:00	Merkur in größter westlicher Elongation zur Sonne	20,2°
6.12.2032 5:26:12	Mars 3,5° nördlich Spika	50,4°
7.12.2032 20:11:11	Venus 1,9° südlich Jupiter	44,8°
9.12.2032 9:09:07	Venus 7,2° südlich Beta Capricorni	45°
12.12.2032 1:09:17	Merkur 7,7' nördlich Akrab	16,9°
16.12.2032 0:15:08	Merkur 5,3° nördlich Antares	15,1°
16.12.2032 12:18:26	Jupiter 5,3° südlich Beta Capricorni	38,2°
20.12.2032 22:57:45	Uranusopposition	
22.12.2032 8:53:04	Saturn 5' südlich Eta Geminorum	177°
24.12.2032 22:44:04	Saturnopposition	
26.12.2032 7:09:59	Neptun stationär, dann rechtläufig	
28.12.2032 16:33:28	Venus 1,1° nördlich Delta Capricorni	46,6°

2033

Datum und Uhrzeit (WZ)	Ereignis	Elongation
6.1.2033 18:46:11	Merkur 1,8° nördlich Nunki	4,1°
7.1.2033 19:53:00	Venus in größter östlicher Elongation zur Sonne	47,2°
12.1.2033 4:49:49	Mars 46' nördlich Zuben-el-dschenubi	66,8°
12.1.2033 23:39:51	Merkur in oberer Konjunktion zur Sonne	-2°
18.1.2033 20:50:39	Merkur 6,9° südlich Beta Capricorni	4,4°
23.1.2033 22:23:21	Merkur 1,5° südlich Jupiter	7,6°
31.1.2033 8:20:18	Merkur 1,2° nördlich Delta Capricorni	12,5°
2.2.2033 21:36:23	Jupiter in Konjunktion zur Sonne	-36'
12.2.2033 10:03:00	Merkur in größter östlicher Elongation zur Sonne	18,2°
13.2.2033 0:16:45	Mars 11' südlich Akrab	80,9°
23.2.2033 10:01:59	Mars 5,3° nördlich Antares	84,9°
25.2.2033 16:28:25	Venus stationär, dann rückläufig	
27.2.2033 22:54:07	Merkur in unterer Konjunktion zur Sonne	3,7°
1.3.2033 14:20:20	Saturn stationär, dann rechtläufig	
5.3.2033 11:48:03	Uranus stationär, dann rechtläufig	
12.3.2033 6:00:29	Merkur stationär, dann rechtläufig	
19.3.2033 13:03:17	Jupiter 2° nördlich Delta Capricorni	34,6°
27.3.2033 2:20:00	Merkur in größter westlicher Elongation zur Sonne	27,8°
4.4.2033 23:38:56	Merkur 9,2° südlich Venus	23,3°
7.4.2033 1:05:01	Neptun in Konjunktion zur Sonne	-1,6°
8.4.2033 6:09:02	Venus stationär, dann rechtläufig	
23.4.2033 0:43:05	Merkur 35' südlich Neptun	15,1°
1.5.2033 9:06:12	Merkur 11,7° südlich Hamal	7,3°
6.5.2033 10:22:55	Saturn 17' nördlich Eta Geminorum	47,7°

Datum und Uhrzeit (WZ)	Ereignis	Elongation
7.5.2033 14:59:30	Merkur in oberer Konjunktion zur Sonne, Bedeckung	-2,4'
13.5.2033 8:18:29	Merkur 3,2° südlich Alkione	6,9°
18.5.2033 21:18:07	Merkur 7,3° nördlich Aldebaran	13,1°
23.5.2033 11:00:29	Saturn 15' nördlich Mü Geminorum	33,1°
25.5.2033 3:52:02	Merkur 3,2° südlich Elnath	18,7°
25.5.2033 20:55:16	Venus 15' südlich Neptun	45,7°
27.5.2033 11:52:52	Mars stationär, dann rückläufig	
29.5.2033 17:19:00	Venus in größter westlicher Elongation zur Sonne	45,9°
29.5.2033 22:26:07	Merkur 2° nördlich Uranus	21,6°
1.6.2033 9:14:23	Merkur 3° nördlich Eta Geminorum	22,7°
2.6.2033 19:25:20	Merkur 2,8° nördlich Mü Geminorum	23,2°
3.6.2033 22:11:05	Merkur 2,4° nördlich Saturn	23,4°
5.6.2033 16:15:17	Merkur 8,5° nördlich Alhena	23,7°
7.6.2033 1:51:07	Merkur 34' südlich Epsilon Geminorum	23,8°
7.6.2033 16:18:00	Merkur in größter östlicher Elongation zur Sonne	23,8°
9.6.2033 15:20:14	Venus 13,2° südlich Hamal	42°
19.6.2033 20:03:10	Saturn 6,2° nördlich Alhena	10,3°
20.6.2033 22:40:21	Merkur stationär, dann rückläufig	
22.6.2033 22:51:24	Uranus in Konjunktion zur Sonne, Bedeckung	13'
26.6.2033 11:13:39	Jupiter stationär, dann rückläufig	
28.6.2033 1:23:39	Marsopposition	
1.7.2033 3:45:59	Saturn 2,6° südlich Epsilon Geminorum	1,1°
2.7.2033 7:43:12	Saturn in Konjunktion zur Sonne	-31'
3.7.2033 9:06:58	Venus 6,7° südlich Alkione	41,5°
4.7.2033 10:42:01	Merkur in unterer Konjunktion zur Sonne	-4,6°
6.7.2033 8:21:18	Merkur 4,3° südlich Saturn	3,4°
7.7.2033 13:48:38	Merkur 6,9° südlich Epsilon Geminorum	5,8°
10.7.2033 20:01:19	Merkur 1,9° nördlich Alhena	10,6°
13.7.2033 20:32:29	Venus 3,3° nördlich Aldebaran	41,1°
15.7.2033 11:42:48	Merkur stationär, dann rechtläufig	
19.7.2033 21:31:38	Merkur 3,2° nördlich Alhena	18,5°
22.7.2033 15:47:06	Merkur 5° südlich Epsilon Geminorum	19,6°
24.7.2033 0:00:00	Neptun stationär, dann rückläufig	
24.7.2033 8:00:29	Venus 7,2° südlich Elnath	39°
25.7.2033 15:05:00	Merkur in größter westlicher Elongation zur Sonne	20°
26.7.2033 12:30:25	Merkur 1,5° südlich Saturn	19,9°
28.7.2033 12:31:41	Uranus 1,1° nördlich Eta Geminorum	31,9°
1.8.2033 14:16:52	Mars stationär, dann rechtläufig	
2.8.2033 1:37:12	Merkur 10,6° südlich Kastor	17,7°
3.8.2033 1:52:06	Venus 28' südlich Eta Geminorum	37,2°
3.8.2033 8:07:44	Venus 1,6° südlich Uranus	37,1°
3.8.2033 14:26:21	Merkur 6,8° südlich Pollux	16,7°
4.8.2033 16:25:05	Venus 27' südlich Mü Geminorum	36,8°
7.8.2033 14:09:38	Venus 5,6° nördlich Alhena	36,2°
8.8.2033 20:17:11	Venus 3,1° südlich Epsilon Geminorum	36°
10.8.2033 13:49:37	Merkur 6,2' südlich M44	10,6°

Datum und Uhrzeit (WZ)	Ereignis	Elon-gation
13.8.2033 10:47:02	Venus 21' südlich Saturn	35°
18.8.2033 20:46:46	Venus 10,8° südlich Kastor	33,7°
20.8.2033 10:20:40	Merkur in oberer Konjunktion zur Sonne	1,8°
20.8.2033 23:18:04	Venus 7,2° südlich Pollux	33,3°
21.8.2033 11:28:44	Merkur 1,4° nördlich Regulus	1,6°
25.8.2033 5:29:51	Jupiteropposition	
31.8.2033 21:16:57	Venus 1,1° südlich M44	30,7°
12.9.2033 6:04:37	Uranus 1,1° nördlich Mü Geminorum	74°
14.9.2033 19:39:16	Merkur 3,5° südlich Porrima	18,5°
17.9.2033 13:16:10	Mars 14' südlich Nunki	107,8°
19.9.2033 2:15:28	Venus 31' nördlich Regulus	26,2°
23.9.2033 10:20:40	Merkur 30' nördlich Spika	23,5°
4.10.2033 15:55:00	Merkur in größter östlicher Elongation zur Sonne	25,7°
11.10.2033 13:45:19	Uranus stationär, dann rückläufig	
11.10.2033 16:53:53	Neptunopposition	
17.10.2033 1:48:25	Merkur stationär, dann rückläufig	
22.10.2033 7:22:11	Venus 1,4° südlich Porrima	18,1°
22.10.2033 9:16:42	Mars 7,3° südlich Beta Capricorni	93,5°
23.10.2033 13:20:06	Jupiter stationär, dann rechtläufig	
28.10.2033 12:39:54	Merkur in unterer Konjunktion zur Sonne	-47'
31.10.2033 17:40:41	Venus 3,8° nördlich Spika	14,4°
2.11.2033 8:07:08	Saturn stationär, dann rückläufig	
5.11.2033 7:42:13	Merkur 11' nördlich Venus	14,6°
6.11.2033 3:51:51	Merkur stationär, dann rechtläufig	
9.11.2033 23:32:44	Uranus 1,1° nördlich Mü Geminorum	132,1°
13.11.2033 13:37:00	Merkur in größter westlicher Elongation zur Sonne	19,2°
18.11.2033 14:54:50	Venus 47' nördlich Zuben-el-dschenubi	11,1°
23.11.2033 8:50:11	Merkur 1,4° nördlich Zuben-el-dschenubi	15,9°
23.11.2033 12:18:41	Mars 1,2° nördlich Delta Capricorni	82,5°
1.12.2033 7:03:51	Mars 12' südlich Jupiter	80,5°
3.12.2033 6:34:15	Venus 26' südlich Akrab	7,7°
5.12.2033 13:27:35	Merkur 44' südlich Akrab	9,9°
7.12.2033 20:01:09	Venus 5° nördlich Antares	6,6°
9.12.2033 6:20:07	Merkur 4,5° nördlich Antares	7,9°
15.12.2033 4:21:49	Merkur 54' südlich Venus	4,8°
23.12.2033 14:50:56	Merkur in oberer Konjunktion zur Sonne	-1,5°
25.12.2033 13:15:05	Uranusopposition	
28.12.2033 17:40:16	Neptun stationär, dann rechtläufig	
29.12.2033 18:07:06	Uranus 1,2° nördlich Eta Geminorum	175,5°
30.12.2033 10:33:27	Merkur 1,5° nördlich Nunki	4,4°

2034

Datum und Uhrzeit (WZ)	Ereignis	Elon-gation
3.1.2034 13:54:23	Venus 2,8° nördlich Nunki	0,6°

Datum und Uhrzeit (WZ)	Ereignis	Elongation
4.1.2034 1:31:27	Venus in oberer Konjunktion zur Sonne	-39'
8.1.2034 2:00:32	Saturnopposition	
11.1.2034 14:06:39	Merkur 6,8° südlich Beta Capricorni	11,7°
19.1.2034 11:52:24	Venus 5,9° südlich Beta Capricorni	3,9°
26.1.2034 8:13:38	Merkur 2,7° nördlich Delta Capricorni	17,8°
26.1.2034 22:16:00	Merkur in größter östlicher Elongation zur Sonne	18,5°
5.2.2034 10:41:39	Venus 1,2° nördlich Delta Capricorni	7,8°
6.2.2034 15:26:13	Merkur 4,7° nördlich Venus	8,2°
7.2.2034 15:10:10	Mars 1,8° nördlich Neptun	58,9°
8.2.2034 6:57:44	Merkur 6,2° nördlich Delta Capricorni	5,2°
11.2.2034 9:23:22	Merkur in unterer Konjunktion zur Sonne	3,7°
22.2.2034 19:11:03	Venus 27' südlich Jupiter	12°
23.2.2034 9:17:19	Merkur stationär, dann rechtläufig	
2.3.2034 16:26:20	Mars 10,1° südlich Hamal	52,5°
9.3.2034 11:28:00	Merkur in größter westlicher Elongation zur Sonne	27,4°
10.3.2034 3:46:38	Uranus stationär, dann rechtläufig	
10.3.2034 16:23:44	Jupiter in Konjunktion zur Sonne	-1°
12.3.2034 7:11:46	Merkur 1,7° nördlich Delta Capricorni	27,2°
15.3.2034 22:32:36	Saturn stationär, dann rechtläufig	
21.3.2034 12:55:06	Venus 50' nördlich Neptun	18,2°
2.4.2034 16:56:34	Merkur 1,4° südlich Jupiter	17,4°
2.4.2034 17:21:39	Venus 10,9° südlich Hamal	21,4°
8.4.2034 3:40:12	Mars 3,4° südlich Alkione	41,4°
9.4.2034 14:00:05	Neptun in Konjunktion zur Sonne	-1,6°
16.4.2034 5:01:57	Merkur 15' nördlich Neptun	6,3°
21.4.2034 19:56:02	Merkur in oberer Konjunktion zur Sonne	-30'
23.4.2034 1:54:15	Merkur 10,9° südlich Hamal	1,5°
23.4.2034 9:40:45	Venus 3,5° südlich Alkione	26,4°
25.4.2034 2:55:14	Mars 6,4° nördlich Aldebaran	35,6°
2.5.2034 20:54:50	Venus 6,6° nördlich Aldebaran	28,2°
5.5.2034 10:32:05	Merkur 2,3° südlich Alkione	15,1°
12.5.2034 3:40:38	Merkur 7,9° nördlich Aldebaran	19,5°
12.5.2034 10:03:10	Venus 26' nördlich Mars	30,9°
12.5.2034 13:16:02	Venus 4° südlich Elnath	31°
12.5.2034 15:54:20	Mars 4,4° südlich Elnath	30,8°
16.5.2034 13:38:33	Uranus 1,2° nördlich Eta Geminorum	38,1°
20.5.2034 8:06:00	Merkur in größter östlicher Elongation zur Sonne	22,2°
21.5.2034 18:12:58	Venus 2,6° nördlich Eta Geminorum	33,1°
21.5.2034 18:41:22	Merkur 3,3° südlich Elnath	22,2°
21.5.2034 23:45:30	Venus 1,5° nördlich Uranus	33,2°
23.5.2034 7:08:31	Venus 2,6° nördlich Mü Geminorum	33,5°
26.5.2034 2:20:19	Venus 8,6° nördlich Alhena	34,1°
27.5.2034 7:32:57	Venus 12' südlich Epsilon Geminorum	34,4°
29.5.2034 11:45:02	Mars 1,9° nördlich Eta Geminorum	25,7°
30.5.2034 14:59:17	Mars 47' nördlich Uranus	25,3°
1.6.2034 7:30:00	Mars 1,9° nördlich Mü Geminorum	24,8°

Datum und Uhrzeit (WZ)	Ereignis	Elongation
2.6.2034 6:37:44	Merkur stationär, dann rückläufig	
3.6.2034 18:02:00	Venus 2° nördlich Saturn	36°
6.6.2034 4:36:33	Venus 8,2° südlich Kastor	36,4°
6.6.2034 10:53:46	Mars 7,8° nördlich Alhena	23,2°
8.6.2034 7:21:29	Venus 4,7° südlich Pollux	36,6°
8.6.2034 16:33:44	Mars 60' südlich Epsilon Geminorum	22,5°
14.6.2034 10:52:59	Merkur in unterer Konjunktion zur Sonne	-3,4°
16.6.2034 2:42:25	Merkur 9,1° südlich Elnath	4,5°
18.6.2034 17:48:33	Uranus 1,1° nördlich Mü Geminorum	8,2°
19.6.2034 12:22:44	Venus 46' nördlich M44	39,3°
26.6.2034 6:15:09	Merkur stationär, dann rechtläufig	
26.6.2034 14:01:03	Mars 1,1° nördlich Saturn	17°
26.6.2034 19:47:55	Mars 9,1° südlich Kastor	17°
27.6.2034 19:42:24	Saturn 10,2° südlich Kastor	16,2°
27.6.2034 20:41:10	Uranus in Konjunktion zur Sonne	17'
30.6.2034 16:47:18	Mars 5,6° südlich Pollux	15,8°
5.7.2034 7:07:31	Merkur 8,9° südlich Elnath	21°
7.7.2034 21:22:00	Merkur in größter westlicher Elongation zur Sonne	21,3°
9.7.2034 7:10:46	Venus 1° nördlich Regulus	42,8°
15.7.2034 12:33:54	Merkur 27' südlich Eta Geminorum	19,2°
16.7.2034 18:02:04	Merkur 14' südlich Mü Geminorum	18,5°
17.7.2034 7:45:02	Saturn 6,8° südlich Pollux	0,1°
17.7.2034 9:53:38	Saturn in Konjunktion zur Sonne, Bedeckung	2,2'
17.7.2034 20:11:27	Merkur 1,1° südlich Uranus	17,8°
18.7.2034 19:50:00	Merkur 6,2° nördlich Alhena	17,1°
19.7.2034 16:14:23	Merkur 2,5° südlich Epsilon Geminorum	16,5°
21.7.2034 2:36:19	Mars 7,7' südlich M44	9,4°
25.7.2034 20:12:09	Merkur 9,5° südlich Kastor	10,7°
26.7.2034 11:32:24	Neptun stationär, dann rückläufig	
27.7.2034 1:17:03	Merkur 5,8° südlich Pollux	9,4°
27.7.2034 16:40:02	Merkur 1° nördlich Saturn	8,5°
2.8.2034 5:42:51	Merkur 21' nördlich M44	2,6°
3.8.2034 17:53:37	Jupiter stationär, dann rückläufig	
4.8.2034 8:11:35	Merkur in oberer Konjunktion zur Sonne	1,7°
7.8.2034 14:38:36	Merkur 39' nördlich Mars	3,9°
12.8.2034 18:48:00	Venus in größter östlicher Elongation zur Sonne	45,9°
13.8.2034 7:36:20	Merkur 1,2° nördlich Regulus	9,4°
17.8.2034 20:36:52	Uranus 7° nördlich Alhena	45,8°
19.8.2034 5:41:55	Mars in Konjunktion zur Sonne	1,1°
19.8.2034 23:29:09	Venus 5,3° südlich Porrima	43,6°
25.8.2034 1:32:12	Mars 43' nördlich Regulus	1,7°
4.9.2034 3:55:49	Venus 2,1° südlich Spika	42,6°
9.9.2034 14:20:43	Merkur 4,8° südlich Porrima	23,8°
17.9.2034 4:07:00	Merkur in größter östlicher Elongation zur Sonne	26,6°
21.9.2034 18:07:47	Merkur 1,2° südlich Spika	25,6°
29.9.2034 23:15:48	Venus stationär, dann rückläufig	

Datum und Uhrzeit (WZ)	Ereignis	Elongation
30.9.2034 2:44:08	Merkur stationär, dann rückläufig	
2.10.2034 0:48:22	Jupiteropposition	
7.10.2034 12:18:35	Merkur 1,1° südlich Spika	10,2°
12.10.2034 8:27:57	Uranus 1,8° südlich Epsilon Geminorum	98,5°
12.10.2034 11:29:54	Merkur in unterer Konjunktion zur Sonne	-1,7°
14.10.2034 5:16:55	Neptunopposition	
16.10.2034 8:40:34	Uranus stationär, dann rückläufig	
20.10.2034 6:58:36	Uranus 1,8° südlich Epsilon Geminorum	106,4°
20.10.2034 20:35:57	Merkur stationär, dann rechtläufig	
21.10.2034 16:59:15	Venus in unterer Konjunktion zur Sonne	-6,8°
25.10.2034 19:23:08	Venus 4,2° südlich Spika	8,4°
28.10.2034 1:24:00	Merkur in größter westlicher Elongation zur Sonne	18,5°
28.10.2034 18:38:05	Mars 2° südlich Porrima	24°
31.10.2034 9:47:32	Merkur 7,4° nördlich Venus	15,8°
2.11.2034 5:30:36	Merkur 4,5° nördlich Spika	15,7°
9.11.2034 3:35:11	Venus stationär, dann rechtläufig	
9.11.2034 20:39:09	Venus 3,6° südlich Mars	27,1°
16.11.2034 0:26:27	Mars 3,2° nördlich Spika	29,5°
16.11.2034 17:25:20	Saturn stationär, dann rückläufig	
16.11.2034 19:45:54	Merkur 37' nördlich Zuben-el-dschenubi	9°
23.11.2034 23:34:17	Venus 2,8° nördlich Spika	37,5°
28.11.2034 11:35:33	Merkur 1,4° südlich Akrab	2,4°
29.11.2034 16:29:16	Jupiter stationär, dann rechtläufig	
2.12.2034 2:56:47	Merkur 3,8° nördlich Antares	0,8°
2.12.2034 16:27:27	Merkur in oberer Konjunktion zur Sonne	-50'
16.12.2034 15:16:16	Uranus 7,1° nördlich Alhena	163,7°
20.12.2034 8:21:47	Mars 21' nördlich Zuben-el-dschenubi	43°
23.12.2034 0:42:11	Venus 3° nördlich Zuben-el-dschenubi	45,7°
23.12.2034 6:48:18	Merkur 1,3° nördlich Nunki	11,7°
28.12.2034 15:56:05	Venus 2,8° nördlich Mars	46,1°
30.12.2034 4:25:03	Uranusopposition	

2035

Datum und Uhrzeit (WZ)	Ereignis	Elongation
1.1.2035 7:15:00	Venus in größter westlicher Elongation zur Sonne	46,9°
5.1.2035 11:24:24	Merkur 6,3° südlich Beta Capricorni	18,2°
10.1.2035 7:16:12	Venus 2,3° nördlich Akrab	46,2°
10.1.2035 7:56:00	Merkur in größter östlicher Elongation zur Sonne	19,1°
15.1.2035 16:33:14	Venus 7,8° nördlich Antares	45,3°
16.1.2035 19:26:51	Merkur stationär, dann rückläufig	
17.1.2035 7:23:37	Mars 37' südlich Akrab	53,2°
22.1.2035 3:13:34	Saturnopposition	
26.1.2035 0:01:01	Mars 4,9° nördlich Antares	55,7°
26.1.2035 5:00:21	Merkur in unterer Konjunktion zur Sonne	3,4°

Datum und Uhrzeit (WZ)	Ereignis	Elongation
27.1.2035 14:33:52	Merkur 1,1° südlich Beta Capricorni	4,7°
6.2.2035 18:29:01	Merkur stationär, dann rechtläufig	
14.2.2035 18:32:45	Venus 5,1° nördlich Nunki	42,5°
18.2.2035 18:51:31	Merkur 4,3° südlich Beta Capricorni	25,8°
19.2.2035 21:23:00	Merkur in größter westlicher Elongation zur Sonne	26,4°
3.3.2035 20:06:25	Venus 4,2° südlich Beta Capricorni	38,8°
7.3.2035 12:11:33	Merkur 52' nördlich Delta Capricorni	22,5°
14.3.2035 19:02:19	Uranus stationär, dann rechtläufig	
18.3.2035 1:34:57	Mars 3° nördlich Nunki	74,1°
21.3.2035 12:56:31	Venus 2,2° nördlich Delta Capricorni	36°
25.3.2035 18:49:30	Jupiter 35' nördlich Neptun	16,5°
30.3.2035 9:52:09	Saturn stationär, dann rechtläufig	
5.4.2035 18:29:03	Merkur in oberer Konjunktion zur Sonne	-58'
8.4.2035 22:35:53	Merkur 1,2° nördlich Neptun	3,4°
10.4.2035 12:52:28	Merkur 55' nördlich Jupiter	5°
12.4.2035 2:43:28	Neptun in Konjunktion zur Sonne	-1,6°
14.4.2035 21:54:25	Merkur 9,9° südlich Hamal	10°
17.4.2035 3:19:14	Jupiter in Konjunktion zur Sonne	-1°
17.4.2035 16:45:53	Mars 5,9° südlich Beta Capricorni	83°
30.4.2035 5:14:56	Merkur 1,5° südlich Alkione	20,6°
2.5.2035 8:37:00	Merkur in größter östlicher Elongation zur Sonne	20,8°
8.5.2035 14:21:16	Venus 1,8' südlich Neptun	24,9°
14.5.2035 4:53:25	Merkur stationär, dann rückläufig	
17.5.2035 13:22:36	Jupiter 11,7° südlich Hamal	20,8°
17.5.2035 15:22:29	Venus 12,2° südlich Hamal	20,9°
17.5.2035 15:50:49	Venus 32' südlich Jupiter	22,4°
21.5.2035 3:26:33	Mars 26' nördlich Delta Capricorni	95,8°
25.5.2035 4:39:15	Merkur in unterer Konjunktion zur Sonne	-1,5°
4.6.2035 13:03:35	Uranus 7,1° nördlich Alhena	25,3°
6.6.2035 9:06:42	Merkur stationär, dann rechtläufig	
7.6.2035 11:05:34	Venus 5,2° südlich Alkione	16,6°
8.6.2035 0:01:44	Merkur 3,1° südlich Venus	17,1°
16.6.2035 22:59:06	Venus 4,8° nördlich Aldebaran	14,7°
19.6.2035 17:45:00	Merkur in größter westlicher Elongation zur Sonne	22,9°
24.6.2035 9:54:32	Merkur 2,7° nördlich Aldebaran	22,3°
26.6.2035 14:42:37	Venus 5,7° südlich Elnath	12,1°
29.6.2035 11:43:38	Uranus 1,7° südlich Epsilon Geminorum	3°
2.7.2035 15:14:49	Merkur 6,6° südlich Elnath	17,9°
2.7.2035 19:32:51	Uranus in Konjunktion zur Sonne	20'
5.7.2035 17:06:53	Venus 58' nördlich Eta Geminorum	9,6°
7.7.2035 5:23:10	Venus 58' nördlich Mü Geminorum	9,2°
8.7.2035 16:43:44	Merkur 55' nördlich Eta Geminorum	12,5°
9.7.2035 14:54:24	Merkur 1° nördlich Mü Geminorum	11,5°
9.7.2035 23:10:56	Venus 7° nördlich Alhena	8,5°
11.7.2035 3:43:32	Venus 1,8° südlich Epsilon Geminorum	8,2°
11.7.2035 6:12:47	Merkur 7,3° nördlich Alhena	9,7°

Datum und Uhrzeit (WZ)	Ereignis	Elongation
11.7.2035 18:08:24	Venus 30" südlich Uranus	8°
11.7.2035 22:57:47	Merkur 1,5° südlich Epsilon Geminorum	9°
12.7.2035 7:45:00	Merkur 20' nördlich Uranus	8,5°
13.7.2035 1:34:16	Merkur 25' nördlich Venus	7,6°
17.7.2035 10:11:00	Merkur 8,9° südlich Kastor	2,9°
18.7.2035 13:47:24	Merkur 5,3° südlich Pollux	1,9°
19.7.2035 12:53:01	Merkur in oberer Konjunktion zur Sonne	1,6°
20.7.2035 17:07:25	Venus 9,6° südlich Kastor	5,6°
22.7.2035 17:40:58	Venus 6,1° südlich Pollux	5°
24.7.2035 14:56:32	Saturn 44' südlich M44	6,3°
24.7.2035 18:03:35	Merkur 32' nördlich M44	6,2°
24.7.2035 18:16:05	Merkur 1,3° nördlich Saturn	6,2°
29.7.2035 1:49:11	Neptun stationär, dann rückläufig	
1.8.2035 8:08:08	Saturn in Konjunktion zur Sonne	35'
2.8.2035 7:32:51	Venus 14' südlich M44	2,3°
3.8.2035 7:42:31	Venus 31' nördlich Saturn	1,7°
5.8.2035 15:46:00	Merkur 49' nördlich Regulus	17°
9.8.2035 18:06:18	Venus in oberer Konjunktion zur Sonne	1,2°
16.8.2035 7:49:29	Mars stationär, dann rückläufig	
20.8.2035 5:55:42	Venus 59' nördlich Regulus	3,2°
30.8.2035 16:03:00	Merkur in größter östlicher Elongation zur Sonne	27,3°
9.9.2035 19:07:13	Jupiter stationär, dann rückläufig	
12.9.2035 19:40:41	Merkur stationär, dann rückläufig	
15.9.2035 19:32:55	Marsopposition	
19.9.2035 7:36:32	Merkur 5,6° südlich Venus	11,1°
22.9.2035 14:36:52	Venus 1,8° südlich Porrima	11,5°
26.9.2035 3:16:51	Merkur in unterer Konjunktion zur Sonne	-2,7°
2.10.2035 3:30:29	Venus 3,1° nördlich Spika	14,4°
4.10.2035 10:58:43	Merkur stationär, dann rechtläufig	
11.10.2035 16:49:00	Merkur in größter westlicher Elongation zur Sonne	18°
16.10.2035 17:44:51	Neptunopposition	
17.10.2035 22:06:16	Mars stationär, dann rechtläufig	
19.10.2035 16:15:34	Merkur 51' südlich Porrima	15,3°
20.10.2035 5:18:03	Venus 13' südlich Zuben-el-dschenubi	18,9°
21.10.2035 6:23:20	Uranus stationär, dann rückläufig	
26.10.2035 22:04:37	Merkur 4° nördlich Spika	9,2°
3.11.2035 23:50:40	Venus 1,5° südlich Akrab	22,3°
8.11.2035 5:32:35	Jupiteropposition	
8.11.2035 14:02:29	Venus 3,9° nördlich Antares	23,7°
9.11.2035 15:42:58	Merkur 5,6' südlich Zuben-el-dschenubi	1,5°
12.11.2035 1:39:14	Merkur in oberer Konjunktion zur Sonne, Bedeckung	-1,7'
21.11.2035 7:11:03	Merkur 2,1° südlich Akrab	5°
24.11.2035 23:06:19	Merkur 3,2° nördlich Antares	7,4°
30.11.2035 22:42:17	Saturn stationär, dann rückläufig	
5.12.2035 13:08:45	Venus 1,8° nördlich Nunki	29,9°
16.12.2035 23:33:49	Merkur 1,2° nördlich Nunki	18,3°

Datum und Uhrzeit (WZ)	Ereignis	Elongation
21.12.2035 17:24:41	Venus 6,7° südlich Beta Capricorni	33,4°
24.12.2035 13:09:00	Merkur in größter östlicher Elongation zur Sonne	20°

2036

Datum und Uhrzeit (WZ)	Ereignis	Elongation
2.1.2036 17:39:55	Neptun stationär, dann rechtläufig	
3.1.2036 20:17:08	Uranusopposition	
5.1.2036 14:31:34	Jupiter stationär, dann rechtläufig	
8.1.2036 4:34:27	Venus 56' nördlich Delta Capricorni	36,7°
10.1.2036 6:46:25	Merkur in unterer Konjunktion zur Sonne	2,9°
14.1.2036 0:11:05	Mars 2,4° nördlich Neptun	88,5°
15.1.2036 6:46:07	Merkur 6,9° nördlich Nunki	11,6°
21.1.2036 7:39:12	Merkur stationär, dann rechtläufig	
28.1.2036 5:01:03	Merkur 5,2° nördlich Nunki	24,5°
2.2.2036 6:13:00	Merkur in größter westlicher Elongation zur Sonne	25,2°
3.2.2036 9:55:28	Mars 9,7° südlich Hamal	80,7°
5.2.2036 1:20:28	Saturnopposition	
14.2.2036 20:58:34	Merkur 5,7° südlich Beta Capricorni	21,7°
19.2.2036 7:05:28	Mars 2° nördlich Jupiter	73,8°
27.2.2036 21:26:25	Venus 3° nördlich Neptun	43,9°
28.2.2036 20:01:43	Merkur 35' nördlich Delta Capricorni	15,7°
9.3.2036 12:14:16	Venus 8,4° südlich Hamal	45,8°
14.3.2036 21:23:24	Mars 2,9° südlich Alkione	65°
18.3.2036 13:21:53	Uranus stationär, dann rechtläufig	
19.3.2036 7:41:26	Merkur in oberer Konjunktion zur Sonne	-1,4°
20.3.2036 3:11:00	Venus in größter östlicher Elongation zur Sonne	46,2°
25.3.2036 5:47:46	Venus 4,3° nördlich Jupiter	44,8°
1.4.2036 1:28:45	Merkur 2,5° nördlich Neptun	12°
2.4.2036 1:51:04	Mars 6,8° nördlich Aldebaran	57,5°
4.4.2036 16:24:19	Venus 4,3' nördlich Alkione	45,2°
7.4.2036 0:59:37	Merkur 8,7° südlich Hamal	17,5°
13.4.2036 0:00:00	Saturn stationär, dann rechtläufig	
13.4.2036 15:50:49	Neptun in Konjunktion zur Sonne	-1,6°
13.4.2036 20:56:00	Merkur in größter östlicher Elongation zur Sonne	19,6°
20.4.2036 7:46:30	Venus 10,5° nördlich Aldebaran	39,8°
20.4.2036 14:51:28	Mars 4,1° südlich Elnath	51,8°
23.4.2036 21:46:27	Merkur stationär, dann rückläufig	
4.5.2036 6:27:54	Merkur in unterer Konjunktion zur Sonne	26'
7.5.2036 6:15:59	Jupiter 4,8° südlich Alkione	12,2°
8.5.2036 5:09:16	Mars 2,2° nördlich Eta Geminorum	45,7°
8.5.2036 20:19:32	Venus stationär, dann rückläufig	
11.5.2036 3:39:22	Mars 2,1° nördlich Mü Geminorum	44,7°
16.5.2036 11:47:24	Mars 8,1° nördlich Alhena	42,9°
16.5.2036 13:46:26	Merkur stationär, dann rechtläufig	

Datum und Uhrzeit (WZ)	Ereignis	Elongation
18.5.2036 19:30:31	Mars 46' südlich Epsilon Geminorum	42,1°
22.5.2036 4:50:45	Mars 56' nördlich Uranus	40,9°
23.5.2036 22:39:27	Jupiter in Konjunktion zur Sonne	-40'
26.5.2036 18:41:13	Venus 7,5° nördlich Aldebaran	5,6°
30.5.2036 2:20:11	Venus in unterer Konjunktion zur Sonne	1,1°
31.5.2036 8:35:00	Merkur in größter westlicher Elongation zur Sonne	24,6°
4.6.2036 6:21:16	Venus 35' nördlich Jupiter	8,1°
6.6.2036 13:03:02	Mars 8,9° südlich Kastor	35,6°
10.6.2036 12:39:15	Mars 5,5° südlich Pollux	34,1°
10.6.2036 22:11:40	Merkur 6,7° südlich Alkione	20,5°
12.6.2036 22:06:16	Merkur 13' südlich Venus	20,4°
16.6.2036 21:30:52	Merkur 49' südlich Jupiter	17,4°
18.6.2036 1:16:23	Merkur 4,3° nördlich Aldebaran	16,6°
19.6.2036 21:31:50	Venus stationär, dann rechtläufig	
24.6.2036 3:44:48	Merkur 5,4° südlich Elnath	10,4°
25.6.2036 21:32:38	Jupiter 4,9° nördlich Aldebaran	23,9°
29.6.2036 9:06:30	Merkur 1,7° nördlich Eta Geminorum	4,4°
30.6.2036 5:24:01	Merkur 1,8° nördlich Mü Geminorum	3,3°
1.7.2036 10:17:28	Mars 2,7' südlich M44	27,6°
1.7.2036 18:05:48	Merkur 7,9° nördlich Alhena	1,8°
2.7.2036 10:01:40	Merkur 49' südlich Epsilon Geminorum	1,4°
2.7.2036 21:51:52	Merkur in oberer Konjunktion zur Sonne	1,3°
4.7.2036 12:02:20	Merkur 1,1° nördlich Uranus	2,1°
6.7.2036 19:22:11	Uranus in Konjunktion zur Sonne	23'
7.7.2036 20:09:22	Merkur 8,5° südlich Kastor	6,1°
9.7.2036 0:37:28	Merkur 5° südlich Pollux	7,4°
15.7.2036 3:15:04	Venus 1,2° nördlich Aldebaran	43°
15.7.2036 14:44:35	Merkur 31' nördlich M44	14,1°
20.7.2036 0:33:37	Mars 7,4' nördlich Saturn	21,6°
22.7.2036 9:42:52	Merkur 17' nördlich Saturn	19,6°
23.7.2036 3:39:50	Venus 3,6° südlich Jupiter	44,1°
23.7.2036 14:48:26	Merkur 2,6' nördlich Mars	20,4°
29.7.2036 4:17:02	Merkur 3,6' nördlich Regulus	23,7°
30.7.2036 12:02:53	Venus 9,3° südlich Elnath	45,1°
30.7.2036 13:43:53	Neptun stationär, dann rückläufig	
5.8.2036 21:55:46	Mars 41' nördlich Regulus	16,1°
8.8.2036 8:25:00	Venus in größter westlicher Elongation zur Sonne	45,8°
11.8.2036 18:24:52	Venus 2,3° südlich Eta Geminorum	45,7°
12.8.2036 2:11:00	Merkur in größter östlicher Elongation zur Sonne	27,4°
13.8.2036 16:34:49	Venus 2,2° südlich Mü Geminorum	45,7°
14.8.2036 23:57:18	Saturn in Konjunktion zur Sonne	1,1°
17.8.2036 2:48:52	Venus 3,9° nördlich Alhena	45,5°
18.8.2036 13:58:36	Venus 4,8° südlich Epsilon Geminorum	45,4°
25.8.2036 5:35:55	Merkur stationär, dann rückläufig	
25.8.2036 21:58:34	Venus 2,6° südlich Uranus	44,9°
27.8.2036 11:08:24	Jupiter 6° südlich Elnath	71,8°

Datum und Uhrzeit (WZ)	Ereignis	Elongation
29.8.2036 22:51:39	Venus 12,1° südlich Kastor	44,5°
1.9.2036 6:47:24	Venus 8,5° südlich Pollux	44,2°
3.9.2036 18:36:35	Merkur 5,8° südlich Mars	6,7°
8.9.2036 9:20:11	Merkur in unterer Konjunktion zur Sonne	-3,6°
13.9.2036 3:11:53	Venus 2,2° südlich M44	42,6°
16.9.2036 21:18:35	Merkur stationär, dann rechtläufig	
23.9.2036 16:04:37	Mars in Konjunktion zur Sonne	52'
24.9.2036 8:59:00	Merkur in größter westlicher Elongation zur Sonne	17,9°
30.9.2036 21:58:29	Venus 52' südlich Saturn	39,6°
2.10.2036 6:37:27	Venus 1,5' südlich Regulus	39,3°
9.10.2036 12:06:43	Mars 2,2° südlich Porrima	5,3°
11.10.2036 16:33:29	Merkur 1,2° südlich Porrima	8°
13.10.2036 0:22:57	Merkur 55' nördlich Mars	6,5°
14.10.2036 0:58:35	Jupiter stationär, dann rückläufig	
16.10.2036 20:54:56	Saturn 48' nördlich Regulus	53,7°
18.10.2036 6:00:10	Neptunopposition	
18.10.2036 14:02:09	Merkur 3,4° nördlich Spika	2,5°
22.10.2036 10:30:31	Merkur in oberer Konjunktion zur Sonne	42'
25.10.2036 2:30:54	Uranus stationär, dann rückläufig	
27.10.2036 9:54:33	Mars 2,9° nördlich Spika	10,4°
1.11.2036 9:53:02	Merkur 47' südlich Zuben-el-dschenubi	6°
5.11.2036 4:54:46	Venus 1,2° südlich Porrima	32,3°
13.11.2036 7:43:34	Merkur 2,7° südlich Akrab	12,2°
14.11.2036 17:44:14	Venus 4,1° nördlich Spika	28,7°
17.11.2036 2:36:35	Merkur 2,7° nördlich Antares	14,7°
29.11.2036 16:29:27	Mars 2,3' nördlich Zuben-el-dschenubi	22,5°
30.11.2036 13:59:48	Jupiter 6° südlich Elnath	164,9°
2.12.2036 18:57:01	Venus 1,3° nördlich Zuben-el-dschenubi	25,7°
6.12.2036 12:59:00	Merkur in größter östlicher Elongation zur Sonne	21,1°
6.12.2036 14:15:48	Venus 1,2° nördlich Mars	24,8°
12.12.2036 14:32:21	Jupiteropposition	
13.12.2036 21:10:59	Saturn stationär, dann rückläufig	
14.12.2036 23:03:53	Merkur stationär, dann rückläufig	
17.12.2036 13:45:54	Venus 7,8' nördlich Akrab	22,5°
22.12.2036 4:11:20	Venus 5,6° nördlich Antares	21,1°
24.12.2036 12:19:31	Merkur in unterer Konjunktion zur Sonne	2,3°
26.12.2036 8:04:39	Mars 55' südlich Akrab	31,3°

2037

Datum und Uhrzeit (WZ)	Ereignis	Elongation
3.1.2037 11:42:02	Merkur 2,6° nördlich Venus	18,6°
3.1.2037 12:51:49	Mars 4,6° nördlich Antares	33,5°
4.1.2037 6:08:56	Neptun stationär, dann rechtläufig	
7.1.2037 13:00:44	Uranusopposition	

Datum und Uhrzeit (WZ)	Ereignis	Elon-gation
14.1.2037 14:40:00	Merkur in größter westlicher Elongation zur Sonne	23,7°
18.1.2037 3:11:41	Venus 3,3° nördlich Nunki	15,1°
24.1.2037 18:11:31	Merkur 3,5° nördlich Nunki	21,9°
3.2.2037 3:01:18	Venus 5,5° südlich Beta Capricorni	11°
7.2.2037 11:52:51	Merkur 6,3° südlich Beta Capricorni	15,2°
9.2.2037 9:31:40	Jupiter stationär, dann rechtläufig	
12.2.2037 8:13:22	Saturn 1,2° nördlich Regulus	173,6°
17.2.2037 19:15:58	Saturnopposition	
19.2.2037 19:24:45	Mars 2,9° nördlich Nunki	48,3°
20.2.2037 2:27:42	Venus 1,5° nördlich Delta Capricorni	7,3°
20.2.2037 10:44:08	Merkur 31' nördlich Delta Capricorni	8,2°
21.2.2037 8:20:27	Merkur 55' südlich Venus	7,1°
2.3.2037 7:55:26	Merkur in oberer Konjunktion zur Sonne	-1,8°
19.3.2037 7:42:59	Mars 5,7° südlich Beta Capricorni	54,6°
21.3.2037 8:38:44	Venus in oberer Konjunktion zur Sonne	-1,4°
23.3.2037 6:48:31	Uranus stationär, dann rechtläufig	
27.3.2037 19:58:00	Merkur in größter östlicher Elongation zur Sonne	18,8°
29.3.2037 12:11:41	Merkur 4,7° nördlich Neptun	16,8°
4.4.2037 23:21:49	Merkur stationär, dann rückläufig	
10.4.2037 22:12:19	Venus 43' nördlich Neptun	5,2°
11.4.2037 1:05:06	Merkur 4,1° nördlich Venus	5,4°
11.4.2037 7:07:59	Merkur 4,7° nördlich Neptun	4,9°
15.4.2037 2:50:08	Merkur in unterer Konjunktion zur Sonne	2°
16.4.2037 4:53:09	Neptun in Konjunktion zur Sonne	-1,6°
17.4.2037 3:30:02	Venus 11,4° südlich Hamal	6,9°
17.4.2037 3:44:16	Mars 1,3° nördlich Delta Capricorni	63°
17.4.2037 15:28:05	Jupiter 5,6° südlich Elnath	54,8°
27.4.2037 10:41:40	Saturn stationär, dann rechtläufig	
27.4.2037 12:04:01	Merkur stationär, dann rechtläufig	
7.5.2037 16:13:44	Venus 4,2° südlich Alkione	12,2°
12.5.2037 23:50:00	Merkur in größter westlicher Elongation zur Sonne	26,2°
13.5.2037 8:18:29	Merkur 1,7° südlich Neptun	25,4°
17.5.2037 1:11:26	Venus 5,9° nördlich Aldebaran	14,6°
19.5.2037 3:15:58	Merkur 13,9° südlich Hamal	22,5°
26.5.2037 14:36:35	Venus 4,6° südlich Elnath	17,2°
3.6.2037 6:46:07	Venus 1,1° nördlich Jupiter	19,2°
4.6.2037 10:09:25	Merkur 5,4° südlich Alkione	14,2°
4.6.2037 15:47:27	Venus 2° nördlich Eta Geminorum	19,6°
6.6.2037 3:58:26	Venus 2° nördlich Mü Geminorum	20°
8.6.2037 21:40:21	Venus 8° nördlich Alhena	20,7°
10.6.2037 2:15:02	Venus 49' südlich Epsilon Geminorum	21°
10.6.2037 5:47:51	Merkur 5,3° nördlich Aldebaran	8,7°
10.6.2037 20:59:34	Jupiter 48' nördlich Eta Geminorum	13,6°
15.6.2037 16:49:02	Merkur 4,6° südlich Elnath	2,2°
16.6.2037 9:43:35	Venus 1° nördlich Uranus	22,6°
17.6.2037 9:06:32	Merkur in oberer Konjunktion zur Sonne	1°

Datum und Uhrzeit (WZ)	Ereignis	Elongation
19.6.2037 2:22:34	Jupiter 45' nördlich Mü Geminorum	7,6°
19.6.2037 16:35:41	Venus 8,7° südlich Kastor	23,5°
20.6.2037 17:50:14	Merkur 2,3° nördlich Eta Geminorum	4,3°
21.6.2037 14:12:49	Merkur 2,3° nördlich Mü Geminorum	5,3°
21.6.2037 17:34:12	Venus 5,2° südlich Pollux	23,9°
21.6.2037 21:10:21	Merkur 1,6° nördlich Jupiter	5,6°
23.6.2037 3:35:42	Merkur 8,4° nördlich Alhena	7,2°
23.6.2037 20:02:46	Merkur 22' südlich Epsilon Geminorum	8°
27.6.2037 21:52:49	Merkur 1,5° nördlich Uranus	12,4°
29.6.2037 13:49:33	Jupiter in Konjunktion zur Sonne, Bedeckung	-3'
29.6.2037 14:46:11	Merkur 8,3° südlich Kastor	14,1°
30.6.2037 22:05:08	Merkur 4,9° südlich Pollux	15,3°
2.7.2037 11:20:45	Venus 25' nördlich M44	26,8°
3.7.2037 22:38:22	Jupiter 6,7° nördlich Alhena	3,2°
6.7.2037 14:55:19	Saturn 1,1° nördlich Regulus	45,1°
8.7.2037 10:13:08	Merkur 14' nördlich M44	21,2°
10.7.2037 9:59:55	Jupiter 2,1° südlich Epsilon Geminorum	7,9°
11.7.2037 20:02:07	Uranus in Konjunktion zur Sonne	26'
16.7.2037 3:12:21	Mars 39' südlich Neptun	84,9°
20.7.2037 22:53:56	Venus 1,2° nördlich Regulus	31,4°
22.7.2037 9:16:37	Venus 2,5' nördlich Saturn	31,8°
23.7.2037 19:28:58	Mars 13,1° südlich Hamal	83,2°
25.7.2037 7:59:00	Merkur in größter östlicher Elongation zur Sonne	27°
26.7.2037 17:16:13	Merkur 1,9° südlich Regulus	26,3°
30.7.2037 15:21:37	Merkur 3,9° südlich Saturn	24,9°
2.8.2037 3:45:08	Neptun stationär, dann rückläufig	
7.8.2037 9:38:05	Merkur stationär, dann rückläufig	
11.8.2037 19:14:43	Merkur 6,3° südlich Saturn	14,7°
18.8.2037 15:58:56	Merkur 5,6° südlich Regulus	4,3°
22.8.2037 2:22:04	Merkur in unterer Konjunktion zur Sonne	-4,4°
24.8.2037 21:20:44	Uranus 9,8° südlich Kastor	39,7°
25.8.2037 7:19:33	Venus 2,9° südlich Porrima	38,3°
29.8.2037 7:16:34	Saturn in Konjunktion zur Sonne	1,5°
31.8.2037 0:59:42	Merkur stationär, dann rechtläufig	
4.9.2037 15:06:24	Venus 1,6° nördlich Spika	41,3°
5.9.2037 0:07:22	Jupiter 10,2° südlich Kastor	50,4°
7.9.2037 22:48:00	Merkur in größter westlicher Elongation zur Sonne	18°
8.9.2037 21:53:34	Jupiter 23' südlich Uranus	53,5°
9.9.2037 16:55:18	Mars 6,2° südlich Alkione	106,8°
10.9.2037 7:20:01	Merkur 15' nördlich Regulus	17,6°
15.9.2037 21:26:41	Merkur 21" nördlich Saturn	14,9°
19.9.2037 22:14:44	Jupiter 6,7° südlich Pollux	62,4°
24.9.2037 11:15:55	Venus 2,4° südlich Zuben-el-dschenubi	43,8°
3.10.2037 22:19:38	Merkur in oberer Konjunktion zur Sonne	1,2°
4.10.2037 2:06:33	Merkur 1,7° südlich Porrima	1,2°
11.10.2037 2:41:20	Merkur 2,8° nördlich Spika	5,2°

Datum und Uhrzeit (WZ)	Ereignis	Elongation
11.10.2037 3:16:31	Venus 4,1° südlich Akrab	45,6°
12.10.2037 12:21:06	Mars stationär, dann rückläufig	
16.10.2037 11:10:24	Venus 1,3° nördlich Antares	46,7°
20.10.2037 18:09:13	Neptunopposition	
25.10.2037 1:12:00	Venus in größter östlicher Elongation zur Sonne	47°
25.10.2037 10:16:01	Merkur 1,5° südlich Zuben-el-dschenubi	13,2°
30.10.2037 1:30:59	Uranus stationär, dann rückläufig	
7.11.2037 0:55:19	Merkur 3,3° südlich Akrab	18,8°
11.11.2037 5:33:14	Merkur 2,1° nördlich Antares	20,9°
13.11.2037 0:31:52	Mars 3,7° südlich Alkione	169,6°
19.11.2037 7:24:00	Merkur in größter östlicher Elongation zur Sonne	22,4°
19.11.2037 9:03:47	Marsopposition	
21.11.2037 21:11:08	Venus 11' südlich Nunki	43,1°
28.11.2037 23:04:24	Merkur stationär, dann rückläufig	
8.12.2037 19:36:51	Merkur in unterer Konjunktion zur Sonne	1,5°
13.12.2037 18:14:41	Venus stationär, dann rückläufig	
17.12.2037 1:36:11	Merkur 7,5° nördlich Antares	15,8°
18.12.2037 16:37:19	Merkur stationär, dann rechtläufig	
20.12.2037 9:10:47	Merkur 7,5° nördlich Antares	19,1°
23.12.2037 15:11:01	Mars stationär, dann rechtläufig	
27.12.2037 10:34:14	Saturn stationär, dann rückläufig	
28.12.2037 1:52:00	Merkur in größter westlicher Elongation zur Sonne	22,3°

2038

Datum und Uhrzeit (WZ)	Ereignis	Elongation
4.1.2038 1:22:18	Venus in unterer Konjunktion zur Sonne	4,1°
4.1.2038 5:09:32	Venus 7,7° nördlich Nunki	3,6°
6.1.2038 22:42:47	Uranus 9,7° südlich Kastor	169,1°
12.1.2038 6:28:59	Uranusopposition	
13.1.2038 16:39:59	Jupiter 6,4° südlich Pollux	173,3°
14.1.2038 19:47:35	Jupiteropposition	
14.1.2038 21:39:42	Merkur 6,4° südlich Venus	17,2°
18.1.2038 15:23:50	Merkur 2,6° nördlich Nunki	15,5°
24.1.2038 10:24:45	Venus stationär, dann rechtläufig	
31.1.2038 8:02:53	Merkur 6,6° südlich Beta Capricorni	8,3°
2.2.2038 2:31:33	Jupiter 9,8° südlich Kastor	155,4°
5.2.2038 6:02:35	Mars 2° südlich Alkione	103,6°
12.2.2038 14:25:14	Merkur in oberer Konjunktion zur Sonne	-2°
12.2.2038 18:36:32	Merkur 37' nördlich Delta Capricorni	2°
14.2.2038 14:11:13	Venus 8,8° nördlich Nunki	42,5°
19.2.2038 13:16:31	Jupiter 3,4' südlich Uranus	139,7°
2.3.2038 15:18:33	Mars 7,5° nördlich Aldebaran	88,2°
3.3.2038 8:21:37	Saturnopposition	
11.3.2038 2:40:00	Merkur in größter westlicher Elongation zur Sonne	18,3°

Datum und Uhrzeit (WZ)	Ereignis	Elon-gation
11.3.2038 3:01:11	Venus 1,9° südlich Beta Capricorni	46,2°
15.3.2038 13:37:00	Venus in größter westlicher Elongation zur Sonne	46,6°
15.3.2038 16:44:31	Jupiter stationär, dann rechtläufig	
17.3.2038 20:53:25	Merkur stationär, dann rückläufig	
25.3.2038 3:46:54	Mars 3,5° südlich Elnath	78,3°
27.3.2038 20:35:35	Merkur in unterer Konjunktion zur Sonne	3,1°
28.3.2038 3:30:55	Uranus stationär, dann rechtläufig	
30.3.2038 22:31:26	Jupiter 1,3' südlich Uranus	99,8°
31.3.2038 17:51:25	Venus 3,5° nördlich Delta Capricorni	45,9°
9.4.2038 6:58:47	Merkur stationär, dann rechtläufig	
14.4.2038 4:28:57	Mars 2,6° nördlich Eta Geminorum	69,6°
17.4.2038 10:48:04	Mars 2,6° nördlich Mü Geminorum	68,2°
18.4.2038 17:51:37	Neptun in Konjunktion zur Sonne	-1,7°
23.4.2038 8:03:37	Mars 8,5° nördlich Alhena	65,8°
24.4.2038 20:20:00	Merkur in größter westlicher Elongation zur Sonne	27,3°
25.4.2038 21:11:45	Mars 23' südlich Epsilon Geminorum	64,7°
26.4.2038 17:51:00	Jupiter 9,7° südlich Kastor	74,4°
11.5.2038 7:30:49	Merkur 58' südlich Neptun	21,2°
11.5.2038 19:16:13	Saturn stationär, dann rechtläufig	
13.5.2038 19:22:54	Mars 1,1° nördlich Uranus	57,7°
14.5.2038 0:13:10	Merkur 13° südlich Hamal	18,1°
14.5.2038 19:02:07	Jupiter 6,3° südlich Pollux	59,9°
16.5.2038 2:44:09	Mars 8,7° südlich Kastor	56°
20.5.2038 8:35:02	Mars 5,2° südlich Pollux	54,6°
22.5.2038 11:12:07	Mars 1° nördlich Jupiter	54,5°
27.5.2038 9:28:04	Merkur 4,5° südlich Alkione	6,7°
27.5.2038 18:07:00	Venus 19' südlich Neptun	36,4°
30.5.2038 23:58:22	Venus 12,7° südlich Hamal	32,9°
1.6.2038 17:42:10	Merkur 6,1° nördlich Aldebaran	0,6°
1.6.2038 20:52:16	Merkur in oberer Konjunktion zur Sonne	38'
7.6.2038 2:13:50	Merkur 4° südlich Elnath	6,6°
11.6.2038 9:21:31	Mars 6' nördlich M44	47,2°
11.6.2038 17:16:37	Uranus 9,8° südlich Kastor	31,4°
12.6.2038 8:55:32	Merkur 2,8° nördlich Eta Geminorum	12,5°
13.6.2038 7:01:19	Merkur 2,7° nördlich Mü Geminorum	13,4°
15.6.2038 0:07:06	Merkur 8,7° nördlich Alhena	15,1°
15.6.2038 18:27:06	Merkur 4,2' südlich Epsilon Geminorum	15,8°
21.6.2038 9:55:42	Venus 5,8° südlich Alkione	29,9°
22.6.2038 10:58:54	Merkur 8,4° südlich Kastor	21,1°
22.6.2038 20:15:50	Merkur 1,4° nördlich Uranus	21,3°
24.6.2038 0:54:45	Merkur 5° südlich Pollux	22,1°
30.6.2038 5:35:45	Merkur 33' nördlich Jupiter	24,9°
1.7.2038 3:21:29	Venus 4,2° nördlich Aldebaran	28,5°
4.7.2038 0:34:44	Merkur 51' südlich M44	25,7°
7.7.2038 7:01:00	Merkur in größter östlicher Elongation zur Sonne	26,1°
11.7.2038 0:10:57	Venus 6,3° südlich Elnath	26,1°

Datum und Uhrzeit (WZ)	Ereignis	Elongation
16.7.2038 21:13:07	Uranus in Konjunktion zur Sonne	28'
18.7.2038 2:28:49	Mars 41' nördlich Regulus	34,5°
20.7.2038 6:40:54	Venus 24' nördlich Eta Geminorum	23,7°
20.7.2038 9:13:37	Merkur stationär, dann rückläufig	
20.7.2038 17:26:33	Jupiter 46' südlich M44	9,8°
21.7.2038 19:33:51	Venus 24' nördlich Mü Geminorum	23,3°
24.7.2038 2:13:32	Uranus 6,3° südlich Pollux	6,5°
24.7.2038 14:22:06	Venus 6,5° nördlich Alhena	22,6°
25.7.2038 19:23:21	Venus 2,3° südlich Epsilon Geminorum	22,3°
3.8.2038 4:13:15	Jupiter in Konjunktion zur Sonne	33'
3.8.2038 5:24:48	Merkur 5,7° südlich Jupiter	0,5°
4.8.2038 2:49:30	Merkur in unterer Konjunktion zur Sonne	-4,9°
4.8.2038 11:40:05	Venus 10° südlich Kastor	19,8°
4.8.2038 15:15:03	Neptun stationär, dann rückläufig	
6.8.2038 12:40:32	Venus 6,5° südlich Pollux	19,3°
7.8.2038 5:12:20	Venus 11' südlich Uranus	19,1°
7.8.2038 16:12:15	Merkur 6° südlich M44	7,4°
12.8.2038 22:09:05	Mars 1° südlich Saturn	25,6°
13.8.2038 18:13:38	Merkur stationär, dann rechtläufig	
15.8.2038 21:00:19	Merkur 3,3° südlich Venus	16,2°
17.8.2038 4:23:26	Venus 36' südlich M44	16,5°
19.8.2038 8:52:54	Merkur 2,9° südlich M44	18°
22.8.2038 7:12:00	Merkur in größter westlicher Elongation zur Sonne	18,5°
23.8.2038 2:39:00	Venus 20' nördlich Jupiter	14,8°
26.8.2038 19:05:26	Merkur 14' südlich Jupiter	17,5°
3.9.2038 14:33:02	Merkur 22' nördlich Venus	11,8°
3.9.2038 22:49:41	Merkur 1,2° nördlich Regulus	11,2°
4.9.2038 3:11:41	Venus 48' nördlich Regulus	11,4°
12.9.2038 4:47:31	Saturn in Konjunktion zur Sonne	1,9°
14.9.2038 9:22:39	Merkur 11' südlich Saturn	2,5°
16.9.2038 9:08:19	Merkur in oberer Konjunktion zur Sonne	1,6°
20.9.2038 20:28:20	Venus 28' südlich Saturn	7,3°
21.9.2038 9:58:17	Mars 2,4° südlich Porrima	12,5°
26.9.2038 12:01:32	Merkur 2,3° südlich Porrima	7,7°
29.9.2038 22:51:55	Merkur 14' südlich Mars	10,3°
3.10.2038 20:56:22	Merkur 2° nördlich Spika	12,9°
7.10.2038 6:26:15	Venus 1,6° südlich Porrima	3,1°
9.10.2038 5:46:57	Mars 2,7° nördlich Spika	7,4°
16.10.2038 17:12:47	Venus 3,5° nördlich Spika	1,2°
18.10.2038 1:04:32	Venus in oberer Konjunktion zur Sonne	1,1°
19.10.2038 4:14:31	Merkur 2,3° südlich Zuben-el-dschenubi	19,7°
23.10.2038 6:16:52	Neptunopposition	
25.10.2038 12:17:43	Venus 41' nördlich Mars	2,1°
1.11.2038 7:21:48	Mars in Konjunktion zur Sonne, Bedeckung	13'
1.11.2038 21:39:00	Merkur in größter östlicher Elongation zur Sonne	23,7°
3.11.2038 7:55:02	Merkur 3,9° südlich Akrab	22,7°

Datum und Uhrzeit (WZ)	Ereignis	Elongation
3.11.2038 15:00:26	Venus 18' nördlich Zuben-el-dschenubi	4,3°
3.11.2038 22:36:11	Uranus stationär, dann rückläufig	
11.11.2038 1:30:41	Mars 13' südlich Zuben-el-dschenubi	3,1°
12.11.2038 18:52:48	Merkur stationär, dann rückläufig	
18.11.2038 6:48:22	Venus 58' südlich Akrab	7,8°
19.11.2038 11:00:50	Jupiter 23' nördlich Regulus	86,8°
19.11.2038 12:04:01	Merkur 34' südlich Venus	8,2°
20.11.2038 20:11:32	Merkur 1,1° südlich Akrab	5,2°
22.11.2038 20:14:16	Venus 4,5° nördlich Antares	9°
23.11.2038 2:51:54	Merkur in unterer Konjunktion zur Sonne	41'
26.11.2038 20:04:54	Merkur 1,9° nördlich Mars	8°
2.12.2038 10:34:23	Merkur stationär, dann rechtläufig	
7.12.2038 2:22:01	Mars 1,2° südlich Akrab	11,1°
10.12.2038 19:22:00	Merkur in größter westlicher Elongation zur Sonne	20,9°
15.12.2038 1:43:28	Mars 4,4° nördlich Antares	13,5°
15.12.2038 15:46:09	Merkur 46' nördlich Akrab	20,1°
17.12.2038 20:04:52	Jupiter stationär, dann rückläufig	
19.12.2038 13:54:48	Venus 2,3° nördlich Nunki	15,4°
20.12.2038 2:01:02	Merkur 5,8° nördlich Antares	18,5°
25.12.2038 11:28:22	Merkur 50' nördlich Mars	16,6°

2039

Datum und Uhrzeit (WZ)	Ereignis	Elongation
4.1.2039 12:38:40	Venus 6,3° südlich Beta Capricorni	19,2°
9.1.2039 13:11:35	Saturn stationär, dann rückläufig	
11.1.2039 15:39:26	Merkur 2,1° nördlich Nunki	8,2°
14.1.2039 23:33:41	Jupiter 38' nördlich Regulus	144,3°
17.1.2039 0:49:57	Uranusopposition	
21.1.2039 14:16:07	Venus 1,1° nördlich Delta Capricorni	22,8°
23.1.2039 20:49:43	Merkur 6,8° südlich Beta Capricorni	2,2°
24.1.2039 21:53:31	Merkur in oberer Konjunktion zur Sonne	-2,1°
29.1.2039 18:53:59	Mars 2,8° nördlich Nunki	26,5°
5.2.2039 3:52:39	Merkur 55' nördlich Delta Capricorni	8,3°
15.2.2039 7:52:00	Jupiteropposition	
22.2.2039 13:48:00	Merkur in größter östlicher Elongation zur Sonne	18,1°
25.2.2039 7:10:42	Mars 5,7° südlich Beta Capricorni	32,2°
28.2.2039 14:25:15	Merkur stationär, dann rückläufig	
10.3.2039 9:21:55	Merkur in unterer Konjunktion zur Sonne	3,6°
11.3.2039 9:15:13	Uranus 6,2° südlich Pollux	122,9°
16.3.2039 8:13:34	Venus 2° nördlich Neptun	34,2°
16.3.2039 16:01:23	Saturnopposition	
19.3.2039 22:13:33	Venus 10,2° südlich Hamal	35,6°
22.3.2039 18:30:24	Merkur stationär, dann rechtläufig	
25.3.2039 1:53:34	Mars 1,5° nördlich Delta Capricorni	39,7°

Datum und Uhrzeit (WZ)	Ereignis	Elongation
2.4.2039 0:00:00	Uranus stationär, dann rechtläufig	
6.4.2039 23:20:00	Merkur in größter westlicher Elongation zur Sonne	27,8°
10.4.2039 7:35:44	Venus 2,5° südlich Alkione	39,7°
17.4.2039 19:22:20	Jupiter stationär, dann rechtläufig	
20.4.2039 5:37:53	Venus 7,6° nördlich Aldebaran	40,6°
21.4.2039 6:55:51	Neptun in Konjunktion zur Sonne	-1,7°
23.4.2039 13:38:31	Uranus 6,3° südlich Pollux	80,6°
30.4.2039 12:33:03	Venus 2,9° südlich Elnath	43°
5.5.2039 9:27:02	Merkur 43" südlich Neptun	13,3°
6.5.2039 16:26:05	Merkur 12,2° südlich Hamal	12°
10.5.2039 12:24:25	Venus 3,7° nördlich Eta Geminorum	44,2°
12.5.2039 5:11:51	Venus 3,6° nördlich Mü Geminorum	44,4°
15.5.2039 7:58:42	Venus 9,6° nördlich Alhena	44,7°
16.5.2039 16:52:56	Venus 48' nördlich Epsilon Geminorum	44,8°
17.5.2039 7:24:14	Merkur in oberer Konjunktion zur Sonne, Bedeckung	13'
18.5.2039 21:32:45	Merkur 3,6° südlich Alkione	2°
24.5.2039 5:18:17	Merkur 6,9° nördlich Aldebaran	8,5°
25.5.2039 22:01:17	Saturn stationär, dann rechtläufig	
28.5.2039 3:14:20	Venus 7,4° südlich Kastor	45°
29.5.2039 22:40:48	Merkur 3,5° südlich Elnath	14,6°
30.5.2039 16:22:56	Venus 4° südlich Pollux	45°
30.5.2039 19:20:00	Venus in größter östlicher Elongation zur Sonne	45,4°
1.6.2039 0:46:36	Venus 2,2° nördlich Uranus	45,4°
5.6.2039 0:53:12	Merkur 3° nördlich Eta Geminorum	19,7°
6.6.2039 3:41:44	Merkur 3° nördlich Mü Geminorum	20,5°
8.6.2039 6:49:21	Merkur 8,8° nördlich Alhena	21,8°
9.6.2039 6:15:24	Merkur 4,2' südlich Epsilon Geminorum	22,3°
14.6.2039 8:07:58	Venus 45' nördlich M44	44,5°
18.6.2039 23:03:00	Merkur in größter östlicher Elongation zur Sonne	24,7°
18.6.2039 23:39:29	Merkur 9,4° südlich Kastor	24,7°
21.6.2039 23:11:19	Merkur 6,5° südlich Pollux	24,2°
23.6.2039 9:48:34	Mars 25' nördlich Neptun	58,6°
24.6.2039 15:41:14	Mars 12° südlich Hamal	55,4°
26.6.2039 10:20:37	Merkur 1,2° südlich Uranus	22,8°
2.7.2039 4:43:20	Merkur stationär, dann rückläufig	
6.7.2039 10:48:49	Merkur 3,9° südlich Uranus	13,9°
8.7.2039 23:57:02	Jupiter 32' nördlich Regulus	43,5°
12.7.2039 23:59:46	Merkur 11,4° südlich Pollux	7°
16.7.2039 7:37:41	Merkur in unterer Konjunktion zur Sonne	-4,9°
16.7.2039 9:04:08	Venus stationär, dann rückläufig	
16.7.2039 21:27:24	Merkur 15,2° südlich Kastor	5°
21.7.2039 23:13:20	Uranus in Konjunktion zur Sonne	31'
26.7.2039 20:01:15	Merkur stationär, dann rechtläufig	
30.7.2039 14:50:50	Mars 5,1° südlich Alkione	66,9°
4.8.2039 11:36:54	Merkur 12,1° südlich Kastor	19,3°
5.8.2039 7:05:00	Merkur in größter westlicher Elongation zur Sonne	19,3°

Datum und Uhrzeit (WZ)	Ereignis	Elon-gation
6.8.2039 23:08:15	Merkur 8° südlich Pollux	19,2°
7.8.2039 4:49:44	Neptun stationär, dann rückläufig	
8.8.2039 18:57:28	Venus in unterer Konjunktion zur Sonne	-7,4°
11.8.2039 0:53:36	Merkur 46' südlich Uranus	17,8°
15.8.2039 15:46:13	Merkur 34' südlich M44	14,7°
16.8.2039 8:44:50	Merkur 9° nördlich Venus	14,1°
17.8.2039 5:46:59	Mars 4,8° nördlich Aldebaran	73,2°
19.8.2039 6:08:18	Venus 9,5° südlich M44	17,7°
26.8.2039 22:06:19	Merkur 1,4° nördlich Regulus	3,2°
29.8.2039 16:24:53	Venus stationär, dann rechtläufig	
30.8.2039 13:13:09	Merkur in oberer Konjunktion zur Sonne	1,7°
1.9.2039 15:53:10	Merkur 45' nördlich Jupiter	2,5°
4.9.2039 18:09:26	Jupiter in Konjunktion zur Sonne	58'
5.9.2039 12:52:32	Mars 5,8° südlich Elnath	79,8°
9.9.2039 12:01:03	Venus 7,2° südlich M44	37,4°
12.9.2039 22:47:50	Merkur 1,5° südlich Saturn	11,1°
19.9.2039 7:03:35	Merkur 3° südlich Porrima	14,7°
25.9.2039 16:12:36	Saturn in Konjunktion zur Sonne	2,1°
25.9.2039 20:49:21	Mars 56' nördlich Eta Geminorum	88,7°
27.9.2039 6:46:49	Merkur 1,1° nördlich Spika	20°
29.9.2039 13:57:22	Mars 58' nördlich Mü Geminorum	90,4°
6.10.2039 16:27:22	Mars 7,1° nördlich Alhena	93,6°
9.10.2039 23:14:44	Mars 1,6° südlich Epsilon Geminorum	95,9°
10.10.2039 14:26:26	Venus 2° südlich Regulus	46,1°
15.10.2039 6:57:14	Merkur 3,4° südlich Zuben-el-dschenubi	23,8°
15.10.2039 9:46:00	Merkur in größter östlicher Elongation zur Sonne	25°
19.10.2039 4:08:00	Venus in größter westlicher Elongation zur Sonne	46,4°
25.10.2039 18:10:53	Neptunopposition	
27.10.2039 8:32:44	Merkur stationär, dann rückläufig	
2.11.2039 13:38:05	Venus 14' südlich Jupiter	45,8°
6.11.2039 12:03:57	Merkur 54' südlich Zuben-el-dschenubi	1,7°
7.11.2039 8:20:27	Merkur in unterer Konjunktion zur Sonne, Transit	-14'
8.11.2039 22:22:06	Uranus stationär, dann rückläufig	
15.11.2039 12:26:30	Venus 36' südlich Saturn	44,4°
16.11.2039 4:38:17	Merkur stationär, dann rechtläufig	
17.11.2039 17:57:04	Venus 1,1° südlich Porrima	44,1°
23.11.2039 20:43:00	Merkur in größter westlicher Elongation zur Sonne	19,8°
24.11.2039 10:23:35	Mars stationär, dann rückläufig	
26.11.2039 19:31:36	Merkur 2° nördlich Zuben-el-dschenubi	18,8°
27.11.2039 19:23:10	Venus 4,4° nördlich Spika	41,1°
10.12.2039 2:26:20	Merkur 16' südlich Akrab	14,1°
13.12.2039 21:54:47	Merkur 4,9° nördlich Antares	12,2°
16.12.2039 10:56:15	Saturn 32' südlich Porrima	73,4°
16.12.2039 14:22:43	Venus 1,9° nördlich Zuben-el-dschenubi	38,9°
31.12.2039 20:40:58	Venus 53' nördlich Akrab	36,3°

2040

Datum und Uhrzeit (WZ)	Ereignis	Elongation
2.1.2040 15:21:21	Marsopposition	
4.1.2040 8:19:38	Merkur 1,7° nördlich Nunki	1,8°
5.1.2040 3:05:36	Merkur in oberer Konjunktion zur Sonne	-1,8°
5.1.2040 14:18:58	Venus 6,4° nördlich Antares	34,8°
6.1.2040 9:56:48	Mars 1,8° nördlich Epsilon Geminorum	173,4°
10.1.2040 5:02:11	Mars 10,7° nördlich Alhena	168,1°
16.1.2040 9:35:14	Merkur 6,9° südlich Beta Capricorni	7,4°
17.1.2040 3:35:31	Jupiter stationär, dann rückläufig	
20.1.2040 11:49:01	Mars 4,7° nördlich Mü Geminorum	155,3°
21.1.2040 19:33:12	Uranusopposition	
22.1.2040 5:49:56	Saturn stationär, dann rückläufig	
29.1.2040 5:34:10	Mars 4,7° nördlich Eta Geminorum	144,8°
29.1.2040 7:24:10	Merkur 1,6° nördlich Delta Capricorni	15,3°
2.2.2040 4:17:56	Venus 4° nördlich Nunki	29,6°
6.2.2040 2:25:00	Merkur in größter östlicher Elongation zur Sonne	18,3°
9.2.2040 12:47:31	Mars stationär, dann rechtläufig	
11.2.2040 22:56:50	Merkur stationär, dann rückläufig	
18.2.2040 9:57:56	Venus 5° südlich Beta Capricorni	25,1°
21.2.2040 8:06:41	Mars 4,2° nördlich Eta Geminorum	121,5°
21.2.2040 13:07:40	Merkur in unterer Konjunktion zur Sonne	3,7°
27.2.2040 22:08:25	Merkur 6,1° nördlich Delta Capricorni	13,2°
28.2.2040 18:55:02	Saturn 11' südlich Porrima	148,9°
2.3.2040 4:58:23	Mars 3,9° nördlich Mü Geminorum	113,4°
4.3.2040 17:29:45	Merkur stationär, dann rechtläufig	
5.3.2040 0:15:20	Merkur 2,9° nördlich Venus	21,4°
6.3.2040 13:33:20	Venus 1,7° nördlich Delta Capricorni	21,9°
11.3.2040 0:35:23	Merkur 3,2° nördlich Delta Capricorni	25,9°
14.3.2040 6:41:32	Mars 9,6° nördlich Alhena	104,7°
16.3.2040 21:48:09	Jupiteropposition	
18.3.2040 15:51:54	Mars 38' nördlich Epsilon Geminorum	101,8°
19.3.2040 7:03:00	Merkur in größter westlicher Elongation zur Sonne	27,7°
28.3.2040 18:03:47	Saturnopposition	
5.4.2040 21:51:28	Uranus stationär, dann rechtläufig	
16.4.2040 5:47:02	Mars 8,1° südlich Kastor	84°
20.4.2040 14:11:26	Merkur 21' südlich Venus	10,8°
21.4.2040 12:51:42	Mars 4,7° südlich Pollux	81,8°
22.4.2040 19:56:11	Neptun in Konjunktion zur Sonne	-1,7°
27.4.2040 6:53:01	Merkur 57' nördlich Neptun	3,9°
27.4.2040 13:30:40	Merkur 11,4° südlich Hamal	3,6°
30.4.2040 14:58:19	Merkur in oberer Konjunktion zur Sonne, Bedeckung	-14'
1.5.2040 2:19:23	Mars 1,4° nördlich Uranus	78°
1.5.2040 11:16:38	Venus 33' nördlich Neptun	8°
1.5.2040 19:16:54	Venus 11,8° südlich Hamal	7,9°
9.5.2040 13:05:02	Merkur 2,8° südlich Alkione	10,5°

Datum und Uhrzeit (WZ)	Ereignis	Elongation
12.5.2040 13:08:52	Neptun 12,4° südlich Hamal	17,3°
15.5.2040 9:37:56	Merkur 7,6° nördlich Aldebaran	16,1°
17.5.2040 9:39:17	Mars 25' nördlich M44	70,6°
18.5.2040 16:05:05	Jupiter stationär, dann rechtläufig	
22.5.2040 9:11:43	Venus 4,7° südlich Alkione	2,4°
22.5.2040 10:22:38	Merkur 3,1° südlich Elnath	21,1°
30.5.2040 12:48:00	Merkur in größter östlicher Elongation zur Sonne	23,2°
31.5.2040 1:50:31	Venus in oberer Konjunktion zur Sonne, Bedeckung	-10'
31.5.2040 17:24:00	Merkur 2,5° nördlich Eta Geminorum	23,1°
31.5.2040 18:35:12	Venus 5,4° nördlich Aldebaran	0,2°
2.6.2040 23:49:01	Merkur 2,1° nördlich Mü Geminorum	22,8°
7.6.2040 16:28:36	Saturn stationär, dann rechtläufig	
10.6.2040 1:52:24	Merkur 6,5° nördlich Alhena	19,4°
10.6.2040 8:11:07	Venus 5,2° südlich Elnath	2,8°
12.6.2040 18:03:51	Merkur stationär, dann rückläufig	
15.6.2040 11:26:41	Merkur 5,1° nördlich Alhena	14,4°
19.6.2040 8:54:09	Venus 1,5° nördlich Eta Geminorum	5,3°
20.6.2040 20:57:56	Venus 1,5° nördlich Mü Geminorum	5,7°
21.6.2040 16:34:51	Merkur 4° südlich Venus	5,9°
23.6.2040 12:56:33	Merkur 2,9° südlich Mü Geminorum	3,3°
23.6.2040 14:22:16	Venus 7,5° nördlich Alhena	6,5°
24.6.2040 18:52:14	Venus 1,3° südlich Epsilon Geminorum	6,8°
25.6.2040 16:47:23	Merkur in unterer Konjunktion zur Sonne	-4,2°
26.6.2040 9:43:47	Mars 44' nördlich Regulus	54,7°
26.6.2040 18:50:47	Merkur 3,5° südlich Eta Geminorum	2°
4.7.2040 7:41:09	Venus 9,1° südlich Kastor	9,4°
6.7.2040 8:09:02	Venus 5,6° südlich Pollux	10°
7.7.2040 2:10:13	Merkur stationär, dann rechtläufig	
12.7.2040 19:06:30	Venus 45' nördlich Uranus	11,8°
16.7.2040 3:38:26	Merkur 2° südlich Eta Geminorum	20,2°
16.7.2040 22:25:58	Venus 5,6' nördlich M44	12,9°
17.7.2040 20:05:00	Merkur in größter westlicher Elongation zur Sonne	20,5°
18.7.2040 7:06:46	Merkur 1,6° südlich Mü Geminorum	20,4°
21.7.2040 9:24:05	Merkur 5° nördlich Alhena	20°
22.7.2040 13:15:34	Merkur 3,5° südlich Epsilon Geminorum	19,6°
26.7.2040 1:51:32	Uranus in Konjunktion zur Sonne	33'
29.7.2040 23:16:53	Merkur 10° südlich Kastor	15°
31.7.2040 7:16:36	Merkur 6,3° südlich Pollux	13,8°
4.8.2040 0:19:18	Venus 1,1° nördlich Regulus	17,8°
5.8.2040 0:05:10	Merkur 39' nördlich Uranus	8,9°
6.8.2040 18:42:25	Merkur 7,7' nördlich M44	7,2°
8.8.2040 16:49:54	Neptun stationär, dann rückläufig	
13.8.2040 5:40:42	Merkur in oberer Konjunktion zur Sonne	1,8°
17.8.2040 15:54:06	Merkur 1,3° nördlich Regulus	4,9°
18.8.2040 16:08:43	Mars 38' südlich Jupiter	36,1°
1.9.2040 13:49:20	Mars 2° südlich Saturn	31,1°

Datum und Uhrzeit (WZ)	Ereignis	Elongation
1.9.2040 19:29:15	Venus 11' südlich Jupiter	25,3°
1.9.2040 19:50:06	Mars 2,6° südlich Porrima	30,8°
3.9.2040 0:49:48	Saturn 35' südlich Porrima	29,7°
6.9.2040 23:02:25	Venus 2,2° südlich Porrima	25,9°
7.9.2040 8:44:06	Venus 1,6° südlich Saturn	26,2°
8.9.2040 12:21:02	Merkur 1,7° südlich Jupiter	20,2°
11.9.2040 23:45:59	Merkur 4° südlich Porrima	21°
12.9.2040 19:40:25	Merkur 3,5° südlich Saturn	21,5°
12.9.2040 23:33:03	Venus 15' nördlich Mars	28,1°
16.9.2040 17:04:20	Venus 2,6° nördlich Spika	29°
19.9.2040 18:57:38	Mars 2,4° nördlich Spika	26,1°
21.9.2040 9:20:50	Merkur 6,2' südlich Spika	25,5°
23.9.2040 20:28:43	Merkur 2,8° südlich Mars	24,8°
26.9.2040 21:46:00	Merkur in größter östlicher Elongation zur Sonne	26,1°
1.10.2040 2:54:16	Jupiter 1,8° südlich Porrima	3,1°
4.10.2040 20:29:39	Jupiter in Konjunktion zur Sonne	1,1°
5.10.2040 5:03:44	Venus 57' südlich Zuben-el-dschenubi	33°
7.10.2040 17:30:25	Saturn in Konjunktion zur Sonne	2,2°
8.10.2040 17:38:33	Merkur 3,7° südlich Mars	20,2°
9.10.2040 14:30:06	Merkur stationär, dann rückläufig	
20.10.2040 8:19:45	Venus 2,4° südlich Akrab	36,2°
21.10.2040 10:10:14	Merkur in unterer Konjunktion zur Sonne	-1,2°
22.10.2040 13:00:58	Mars 29' südlich Zuben-el-dschenubi	15,9°
25.10.2040 1:31:27	Venus 3° nördlich Antares	37,7°
26.10.2040 7:51:23	Merkur 2,7° nördlich Spika	9,3°
27.10.2040 6:11:08	Neptunopposition	
29.10.2040 22:09:56	Merkur stationär, dann rechtläufig	
1.11.2040 17:09:42	Uranus 42' südlich M44	91,9°
2.11.2040 15:13:06	Merkur 4,4° nördlich Spika	16,5°
5.11.2040 12:56:27	Jupiter 1,2° südlich Saturn	24,8°
6.11.2040 5:09:00	Merkur in größter westlicher Elongation zur Sonne	18,9°
12.11.2040 9:53:02	Neptun 12,5° südlich Hamal	163,3°
12.11.2040 20:19:01	Uranus stationär, dann rückläufig	
17.11.2040 7:05:25	Mars 1,4° südlich Akrab	8,3°
20.11.2040 9:57:22	Merkur 1,1° nördlich Zuben-el-dschenubi	13,1°
21.11.2040 23:06:56	Venus 60' nördlich Nunki	42,8°
23.11.2040 23:06:26	Uranus 41' südlich M44	114,3°
25.11.2040 3:41:56	Mars 4,2° nördlich Antares	6,2°
26.11.2040 13:07:56	Jupiter 3,4° nördlich Spika	40,5°
2.12.2040 6:31:38	Merkur 1° südlich Akrab	6,7°
5.12.2040 22:27:23	Merkur 4,2° nördlich Antares	4,7°
9.12.2040 3:24:13	Venus 7,2° südlich Beta Capricorni	45,3°
14.12.2040 10:21:32	Merkur in oberer Konjunktion zur Sonne	-1,3°
15.12.2040 11:43:42	Merkur 44' südlich Mars	0,8°
17.12.2040 13:16:02	Mars in Konjunktion zur Sonne	-39'
17.12.2040 18:37:59	Saturn 4,8° nördlich Spika	62,1°

Datum und Uhrzeit (WZ)	Ereignis	Elon-gation
27.12.2040 0:54:45	Merkur 1,4° nördlich Nunki	7,5°
28.12.2040 14:46:19	Venus 1,1° nördlich Delta Capricorni	46,7°

2041

Datum und Uhrzeit (WZ)	Ereignis	Elon-gation
5.1.2041 9:45:00	Venus in größter östlicher Elongation zur Sonne	47,2°
8.1.2041 9:48:06	Merkur 6,7° südlich Beta Capricorni	14,7°
9.1.2041 1:29:44	Mars 2,6° nördlich Nunki	6°
13.1.2041 4:21:51	Neptun stationär, dann rechtläufig	
19.1.2041 13:52:00	Merkur in größter östlicher Elongation zur Sonne	18,7°
25.1.2041 15:14:21	Uranusopposition	
25.1.2041 17:10:55	Merkur stationär, dann rückläufig	
2.2.2041 14:35:17	Saturn stationär, dann rückläufig	
4.2.2041 2:10:18	Mars 5,7° südlich Beta Capricorni	11,9°
4.2.2041 3:53:59	Merkur in unterer Konjunktion zur Sonne	3,6°
10.2.2041 3:29:11	Merkur 4,6° nördlich Mars	13°
15.2.2041 6:16:13	Jupiter stationär, dann rückläufig	
15.2.2041 23:49:24	Merkur stationär, dann rechtläufig	
23.2.2041 5:13:32	Venus stationär, dann rückläufig	
1.3.2041 16:38:00	Merkur in größter westlicher Elongation zur Sonne	27°
3.3.2041 10:15:43	Mars 1,6° nördlich Delta Capricorni	18,6°
10.3.2041 8:18:26	Merkur 1,2° nördlich Delta Capricorni	25,6°
13.3.2041 14:07:33	Neptun 12,4° südlich Hamal	40,7°
18.3.2041 6:41:44	Venus in unterer Konjunktion zur Sonne	8,6°
18.3.2041 15:08:31	Merkur 1,1° südlich Mars	21,8°
23.3.2041 1:06:27	Saturn 5,2° nördlich Spika	158,3°
26.3.2041 14:59:18	Merkur 10,9° südlich Venus	15,2°
1.4.2041 17:28:14	Venus 8,3° nördlich Mars	22,4°
5.4.2041 20:54:47	Venus stationär, dann rechtläufig	
10.4.2041 15:00:42	Saturnopposition	
10.4.2041 19:15:35	Uranus stationär, dann rechtläufig	
14.4.2041 17:30:09	Merkur in oberer Konjunktion zur Sonne	-42'
16.4.2041 12:10:34	Jupiteropposition	
19.4.2041 5:50:27	Merkur 10,5° südlich Hamal	5,1°
19.4.2041 20:50:19	Merkur 2° nördlich Neptun	5,4°
25.4.2041 9:12:09	Neptun in Konjunktion zur Sonne	-1,7°
2.5.2041 6:58:39	Merkur 2° südlich Alkione	18°
10.5.2041 10:41:12	Merkur 8,1° nördlich Aldebaran	20,9°
12.5.2041 7:47:00	Merkur in größter östlicher Elongation zur Sonne	21,6°
21.5.2041 1:29:45	Jupiter 3,8° nördlich Spika	142,6°
24.5.2041 21:41:22	Merkur stationär, dann rückläufig	
27.5.2041 6:51:00	Venus in größter westlicher Elongation zur Sonne	45,9°
1.6.2041 14:21:23	Mars 11,5° südlich Hamal	34,5°
5.6.2041 12:33:34	Merkur in unterer Konjunktion zur Sonne	-2,7°

Datum und Uhrzeit (WZ)	Ereignis	Elongation
5.6.2041 13:58:48	Mars 58' nördlich Neptun	38°
9.6.2041 13:15:23	Venus 13,2° südlich Hamal	41,8°
12.6.2041 14:13:20	Venus 53' südlich Neptun	44,8°
17.6.2041 13:03:46	Merkur stationär, dann rechtläufig	
18.6.2041 20:14:33	Jupiter stationär, dann rechtläufig	
21.6.2041 1:06:57	Saturn stationär, dann rechtläufig	
27.6.2041 5:28:22	Venus 2,1° südlich Mars	42,8°
29.6.2041 21:42:00	Merkur in größter westlicher Elongation zur Sonne	22°
3.7.2041 2:56:51	Venus 6,7° südlich Alkione	41,2°
5.7.2041 6:39:01	Merkur 7,6° südlich Elnath	21°
6.7.2041 5:01:55	Mars 4,6° südlich Alkione	44,1°
12.7.2041 15:36:04	Merkur 15' nördlich Eta Geminorum	16,7°
13.7.2041 13:05:13	Venus 3,3° nördlich Aldebaran	40,7°
13.7.2041 16:40:28	Merkur 24' nördlich Mü Geminorum	15,8°
15.7.2041 12:11:24	Merkur 6,7° nördlich Alhena	14,2°
16.7.2041 6:30:36	Merkur 2° südlich Epsilon Geminorum	13,4°
17.7.2041 18:59:04	Jupiter 3,5° nördlich Spika	87,6°
22.7.2041 0:25:34	Merkur 9,2° südlich Kastor	7,3°
22.7.2041 15:53:46	Mars 5,3° nördlich Aldebaran	49,1°
23.7.2041 4:27:07	Merkur 5,6° südlich Pollux	6°
23.7.2041 23:53:15	Venus 7,2° südlich Elnath	38,7°
25.7.2041 13:19:05	Uranus 42' südlich M44	5°
28.7.2041 6:45:50	Merkur in oberer Konjunktion zur Sonne	1,7°
29.7.2041 7:18:49	Merkur 27' nördlich M44	1,8°
29.7.2041 10:01:10	Merkur 1,2° nördlich Uranus	1,7°
31.7.2041 4:43:23	Uranus in Konjunktion zur Sonne	36'
2.8.2041 16:57:31	Venus 26' südlich Eta Geminorum	36,8°
4.8.2041 7:24:44	Venus 25' südlich Mü Geminorum	36,4°
7.8.2041 4:53:48	Venus 5,7° nördlich Alhena	35,8°
8.8.2041 11:06:03	Venus 3,1° südlich Epsilon Geminorum	35,5°
9.8.2041 0:01:03	Mars 5,4° südlich Elnath	53,8°
9.8.2041 15:47:39	Merkur 1,1° nördlich Regulus	12,7°
11.8.2041 5:32:52	Neptun stationär, dann rückläufig	
18.8.2041 11:16:49	Venus 10,7° südlich Kastor	33,3°
20.8.2041 13:38:25	Venus 7,2° südlich Pollux	32,8°
26.8.2041 0:20:31	Mars 1,1° nördlich Eta Geminorum	59,1°
28.8.2041 22:00:52	Mars 1,1° nördlich Mü Geminorum	60,1°
31.8.2041 11:11:41	Venus 1,1° südlich M44	30,3°
2.9.2041 9:08:21	Venus 20' südlich Uranus	29,8°
3.9.2041 5:47:58	Mars 7,1° nördlich Alhena	61,7°
5.9.2041 14:08:54	Mars 1,7° südlich Epsilon Geminorum	62,7°
8.9.2041 8:16:22	Merkur 5,6° südlich Porrima	24,8°
9.9.2041 10:12:00	Merkur in größter östlicher Elongation zur Sonne	27°
10.9.2041 9:49:11	Saturn 4,7° nördlich Spika	34,7°
18.9.2041 15:47:27	Venus 32' nördlich Regulus	25,7°
22.9.2041 11:57:14	Merkur stationär, dann rückläufig	

Datum und Uhrzeit (WZ)	Ereignis	Elongation
25.9.2041 1:51:17	Mars 9,5° südlich Kastor	70°
29.9.2041 9:12:43	Mars 5,9° südlich Pollux	71,7°
4.10.2041 20:30:31	Merkur 5,5° südlich Porrima	2,4°
5.10.2041 6:18:50	Merkur in unterer Konjunktion zur Sonne	-2,2°
13.10.2041 14:11:18	Merkur stationär, dann rechtläufig	
20.10.2041 1:45:35	Merkur 18' nördlich Venus	18,1°
20.10.2041 9:11:38	Saturn in Konjunktion zur Sonne	2,2°
20.10.2041 18:44:00	Merkur in größter westlicher Elongation zur Sonne	18,3°
21.10.2041 20:39:20	Venus 1,4° südlich Porrima	17,6°
22.10.2041 3:28:54	Merkur 53' südlich Porrima	18,2°
23.10.2041 12:51:28	Mars 5,1' nördlich M44	82,6°
26.10.2041 14:39:18	Merkur 38' nördlich Venus	16,4°
29.10.2041 17:49:39	Neptunopposition	
30.10.2041 11:36:10	Merkur 4,3° nördlich Spika	13,2°
31.10.2041 6:59:06	Venus 3,8° nördlich Spika	14°
1.11.2041 23:30:07	Mars 59' nördlich Uranus	87,3°
3.11.2041 12:06:25	Merkur 38' südlich Saturn	12,3°
4.11.2041 6:39:00	Jupiter in Konjunktion zur Sonne	56'
5.11.2041 13:51:57	Venus 57' südlich Saturn	13,9°
12.11.2041 14:12:39	Merkur 13' südlich Jupiter	6,5°
13.11.2041 11:52:47	Merkur 19' nördlich Zuben-el-dschenubi	5,9°
17.11.2041 20:32:24	Uranus stationär, dann rückläufig	
17.11.2041 23:08:38	Venus 8,6' nördlich Jupiter	10,8°
18.11.2041 4:09:36	Venus 46' nördlich Zuben-el-dschenubi	10,6°
19.11.2041 3:52:20	Jupiter 38' nördlich Zuben-el-dschenubi	11,6°
23.11.2041 12:31:06	Merkur in oberer Konjunktion zur Sonne	-30'
25.11.2041 2:33:02	Merkur 1,7° südlich Akrab	1,1°
28.11.2041 17:57:24	Merkur 3,6° nördlich Antares	3,1°
2.12.2041 19:44:38	Venus 27' südlich Akrab	7,2°
7.12.2041 9:15:23	Venus 5° nördlich Antares	6,1°
20.12.2041 2:41:34	Merkur 1,2° nördlich Nunki	14,7°
29.12.2041 9:16:37	Mars stationär, dann rückläufig	

2042

Datum und Uhrzeit (WZ)	Ereignis	Elongation
1.1.2042 11:37:56	Venus in oberer Konjunktion zur Sonne	-35'
2.1.2042 21:56:00	Merkur in größter östlicher Elongation zur Sonne	19,5°
3.1.2042 3:01:19	Venus 2,8° nördlich Nunki	0,8°
4.1.2042 5:28:19	Merkur 5,6° südlich Beta Capricorni	19,4°
14.1.2042 20:08:35	Merkur 2,5° südlich Beta Capricorni	9,5°
15.1.2042 16:37:36	Neptun stationär, dann rechtläufig	
17.1.2042 2:06:05	Merkur 3,9° nördlich Venus	3,9°
19.1.2042 0:52:22	Venus 5,9° südlich Beta Capricorni	4,3°
19.1.2042 2:26:18	Merkur in unterer Konjunktion zur Sonne	3,2°

Datum und Uhrzeit (WZ)	Ereignis	Elongation
30.1.2042 10:55:04	Merkur stationär, dann rechtläufig	
30.1.2042 11:22:37	Uranusopposition	
4.2.2042 23:48:53	Venus 1,2° nördlich Delta Capricorni	8,3°
6.2.2042 11:58:47	Marsopposition	
12.2.2042 1:58:00	Merkur in größter westlicher Elongation zur Sonne	25,9°
14.2.2042 17:01:01	Saturn stationär, dann rückläufig	
17.2.2042 9:21:00	Merkur 5,1° südlich Beta Capricorni	24,6°
4.3.2042 11:40:19	Merkur 42' nördlich Delta Capricorni	19,8°
17.3.2042 1:41:22	Mars 3° nördlich Uranus	131,5°
18.3.2042 4:59:01	Jupiter stationär, dann rückläufig	
18.3.2042 7:55:14	Mars 3° nördlich Uranus	130,2°
19.3.2042 16:05:14	Mars stationär, dann rechtläufig	
29.3.2042 12:29:42	Merkur in oberer Konjunktion zur Sonne	-1,2°
2.4.2042 7:03:38	Venus 10,9° südlich Hamal	21,9°
4.4.2042 15:36:15	Venus 1,6° nördlich Neptun	22°
11.4.2042 9:24:47	Merkur 9,5° südlich Hamal	13,5°
13.4.2042 3:18:05	Merkur 3,3° nördlich Neptun	14°
15.4.2042 19:46:01	Uranus stationär, dann rechtläufig	
22.4.2042 23:35:41	Venus 3,5° südlich Alkione	26,9°
23.4.2042 7:16:43	Saturnopposition	
24.4.2042 13:18:00	Merkur in größter östlicher Elongation zur Sonne	20,3°
27.4.2042 22:18:36	Neptun in Konjunktion zur Sonne	-1,7°
2.5.2042 10:48:46	Venus 6,6° nördlich Aldebaran	28,7°
5.5.2042 16:02:08	Merkur stationär, dann rückläufig	
12.5.2042 3:32:07	Venus 3,9° südlich Elnath	31,4°
16.5.2042 7:58:09	Merkur in unterer Konjunktion zur Sonne	-41'
17.5.2042 23:44:13	Jupiteropposition	
21.5.2042 8:37:40	Venus 2,6° nördlich Eta Geminorum	33,5°
22.5.2042 21:36:06	Venus 2,6° nördlich Mü Geminorum	33,9°
25.5.2042 16:47:47	Venus 8,6° nördlich Alhena	34,5°
26.5.2042 22:11:19	Venus 11' südlich Epsilon Geminorum	34,8°
28.5.2042 14:24:40	Merkur stationär, dann rechtläufig	
30.5.2042 16:15:46	Mars 60' nördlich Regulus	80,7°
5.6.2042 19:46:59	Venus 8,2° südlich Kastor	36,8°
7.6.2042 22:33:38	Venus 4,7° südlich Pollux	37°
11.6.2042 14:48:00	Merkur in größter westlicher Elongation zur Sonne	23,7°
13.6.2042 4:12:26	Merkur 7,6° südlich Alkione	22,1°
19.6.2042 4:15:53	Venus 47' nördlich M44	39,6°
21.6.2042 6:39:34	Venus 1,4° nördlich Uranus	40°
22.6.2042 9:18:18	Merkur 3,5° nördlich Aldebaran	20,3°
29.6.2042 8:30:39	Merkur 6° südlich Elnath	14,9°
3.7.2042 23:31:26	Saturn stationär, dann rechtläufig	
4.7.2042 22:26:43	Merkur 1,3° nördlich Eta Geminorum	9,1°
5.7.2042 19:29:53	Merkur 1,4° nördlich Mü Geminorum	8,1°
7.7.2042 9:07:59	Merkur 7,6° nördlich Alhena	6,3°
8.7.2042 1:23:46	Merkur 1,2° südlich Epsilon Geminorum	5,5°

Datum und Uhrzeit (WZ)	Ereignis	Elongation
9.7.2042 1:09:41	Venus 1° nördlich Regulus	43,1°
12.7.2042 13:31:37	Merkur in oberer Konjunktion zur Sonne	1,5°
13.7.2042 10:53:10	Merkur 8,7° südlich Kastor	1,9°
14.7.2042 14:35:08	Merkur 5,1° südlich Pollux	2,9°
19.7.2042 20:45:09	Jupiter stationär, dann rechtläufig	
20.7.2042 21:49:14	Merkur 33' nördlich M44	9,6°
23.7.2042 1:25:36	Merkur 1,2° nördlich Uranus	11,7°
2.8.2042 9:06:26	Merkur 34' nördlich Regulus	20°
5.8.2042 8:08:57	Uranus in Konjunktion zur Sonne	38'
10.8.2042 7:38:00	Venus in größter östlicher Elongation zur Sonne	45,8°
12.8.2042 17:49:50	Mars 2,8° südlich Porrima	50,6°
13.8.2042 18:22:05	Neptun stationär, dann rückläufig	
20.8.2042 8:46:44	Venus 5,5° südlich Porrima	43,3°
22.8.2042 21:44:00	Merkur in größter östlicher Elongation zur Sonne	27,4°
31.8.2042 5:51:39	Mars 2,2° nördlich Spika	45,6°
5.9.2042 1:22:09	Merkur stationär, dann rückläufig	
5.9.2042 12:10:17	Venus 2,5° südlich Spika	41,4°
17.9.2042 14:34:33	Mars 2,6° südlich Saturn	39,4°
18.9.2042 18:17:21	Merkur in unterer Konjunktion zur Sonne	-3,1°
27.9.2042 3:11:26	Merkur stationär, dann rechtläufig	
27.9.2042 9:44:05	Venus stationär, dann rückläufig	
3.10.2042 10:10:39	Mars 46' südlich Zuben-el-dschenubi	35,3°
4.10.2042 10:46:00	Merkur in größter westlicher Elongation zur Sonne	17,9°
16.10.2042 13:03:52	Merkur 58' südlich Porrima	12,3°
18.10.2042 12:50:18	Venus 5,4° südlich Spika	2,2°
19.10.2042 6:24:37	Venus in unterer Konjunktion zur Sonne	-7°
22.10.2042 7:03:09	Merkur 8,6° nördlich Venus	8,1°
23.10.2042 12:52:38	Merkur 3,7° nördlich Spika	6,2°
24.10.2042 9:03:49	Jupiter 26' südlich Akrab	32,7°
29.10.2042 4:30:36	Mars 1,7° südlich Akrab	27,9°
31.10.2042 2:33:35	Mars 1,3° südlich Jupiter	27,5°
1.11.2042 5:42:52	Neptunopposition	
1.11.2042 16:35:36	Saturn in Konjunktion zur Sonne	2,2°
2.11.2042 17:57:32	Merkur 1,9° südlich Saturn	0,5°
3.11.2042 6:28:07	Merkur in oberer Konjunktion zur Sonne	18'
6.11.2042 0:20:50	Mars 3,9° nördlich Antares	26,1°
6.11.2042 6:02:20	Merkur 23' südlich Zuben-el-dschenubi	1,7°
6.11.2042 16:51:44	Venus stationär, dann rechtläufig	
17.11.2042 23:17:27	Merkur 2,3° südlich Akrab	8,1°
20.11.2042 0:54:43	Jupiter 5,2° nördlich Antares	11,8°
21.11.2042 16:07:52	Merkur 3° nördlich Antares	10,6°
21.11.2042 22:44:21	Merkur 2,2° südlich Jupiter	10,3°
22.11.2042 19:15:02	Uranus stationär, dann rückläufig	
26.11.2042 5:04:40	Venus 3,3° nördlich Spika	39,7°
4.12.2042 23:10:57	Jupiter in Konjunktion zur Sonne	31'
7.12.2042 1:58:18	Merkur 1,4° südlich Mars	17,9°

Datum und Uhrzeit (WZ)	Ereignis	Elongation
14.12.2042 19:57:15	Merkur 1,4° nördlich Nunki	20,3°
17.12.2042 0:56:00	Merkur in größter östlicher Elongation zur Sonne	20,4°
20.12.2042 13:32:02	Mars 2,5° nördlich Nunki	14,5°
22.12.2042 15:30:32	Saturn 2° nördlich Zuben-el-dschenubi	45,3°
23.12.2042 5:55:14	Venus 2,9° nördlich Zuben-el-dschenubi	45,9°
23.12.2042 7:29:59	Venus 58' nördlich Saturn	46,5°
24.12.2042 19:07:54	Merkur stationär, dann rückläufig	
28.12.2042 3:20:18	Merkur 1,8° nördlich Mars	12,6°
29.12.2042 21:50:00	Venus in größter westlicher Elongation zur Sonne	46,9°

2043

Datum und Uhrzeit (WZ)	Ereignis	Elongation
2.1.2043 15:10:02	Merkur 6° nördlich Nunki	2,9°
3.1.2043 6:04:24	Merkur in unterer Konjunktion zur Sonne	2,6°
10.1.2043 5:29:12	Venus 2,2° nördlich Akrab	46,1°
15.1.2043 8:39:17	Mars 5,8° südlich Beta Capricorni	8,3°
15.1.2043 13:34:02	Venus 7,7° nördlich Antares	45,1°
18.1.2043 2:40:45	Neptun stationär, dann rechtläufig	
25.1.2043 10:31:00	Merkur in größter westlicher Elongation zur Sonne	24,6°
27.1.2043 21:31:25	Merkur 4,2° nördlich Nunki	24,4°
29.1.2043 7:40:00	Venus 2° nördlich Jupiter	44,5°
4.2.2043 8:13:18	Uranusopposition	
11.2.2043 12:18:25	Mars 1,6° nördlich Delta Capricorni	2,3°
11.2.2043 23:43:43	Merkur 6° südlich Beta Capricorni	19°
14.2.2043 11:15:28	Venus 5° nördlich Nunki	42,2°
20.2.2043 18:21:16	Mars in Konjunktion zur Sonne	-1,1°
25.2.2043 10:27:32	Merkur 32' nördlich Delta Capricorni	12,6°
26.2.2043 13:18:51	Saturn stationär, dann rückläufig	
3.3.2043 11:29:37	Venus 4,2° südlich Beta Capricorni	38,4°
8.3.2043 15:48:03	Merkur 60' südlich Mars	3,6°
12.3.2043 20:45:13	Merkur in oberer Konjunktion zur Sonne	-1,6°
21.3.2043 3:37:58	Venus 2,2° nördlich Delta Capricorni	35,5°
6.4.2043 11:06:50	Merkur 7,9° südlich Hamal	19,2°
7.4.2043 6:26:00	Merkur in größter östlicher Elongation zur Sonne	19,2°
16.4.2043 11:12:51	Merkur stationär, dann rückläufig	
20.4.2043 3:46:51	Jupiter stationär, dann rückläufig	
20.4.2043 18:45:21	Uranus stationär, dann rechtläufig	
26.4.2043 16:58:49	Merkur in unterer Konjunktion zur Sonne	1,2°
28.4.2043 22:25:04	Merkur 10° südlich Hamal	3,7°
30.4.2043 11:31:49	Neptun in Konjunktion zur Sonne	-1,7°
5.5.2043 19:26:27	Saturnopposition	
8.5.2043 2:08:01	Merkur 1,4° südlich Mars	16,2°
8.5.2043 11:37:24	Saturn 2,3° nördlich Zuben-el-dschenubi	176,2°
9.5.2043 0:47:54	Merkur stationär, dann rechtläufig	

Datum und Uhrzeit (WZ)	Ereignis	Elongation
12.5.2043 10:02:35	Mars 11,1° südlich Hamal	16,6°
15.5.2043 20:55:18	Merkur 1,7° südlich Venus	22,5°
17.5.2043 5:05:20	Venus 12,2° südlich Hamal	20,5°
18.5.2043 18:04:30	Merkur 14,2° südlich Hamal	21,8°
21.5.2043 11:15:34	Mars 1,4° nördlich Neptun	19,1°
22.5.2043 19:34:39	Venus 18' nördlich Neptun	20,7°
24.5.2043 5:18:00	Merkur in größter westlicher Elongation zur Sonne	25,3°
24.5.2043 19:49:02	Venus 1° südlich Mars	19,8°
26.5.2043 18:03:00	Merkur 1,8° südlich Neptun	24,5°
3.6.2043 4:35:24	Merkur 2,5° südlich Mars	22°
7.6.2043 0:29:52	Venus 5,2° südlich Alkione	16,1°
9.6.2043 3:50:32	Merkur 6,1° südlich Alkione	18,1°
13.6.2043 21:22:39	Merkur 19' südlich Venus	14,9°
15.6.2043 13:26:11	Merkur 4,8° nördlich Aldebaran	13,3°
15.6.2043 18:23:56	Mars 4,3° südlich Alkione	24,3°
16.6.2043 12:06:18	Venus 4,9° nördlich Aldebaran	14,2°
20.6.2043 2:25:53	Jupiteropposition	
21.6.2043 7:21:23	Merkur 5,1° südlich Elnath	7°
26.6.2043 3:53:33	Venus 5,7° südlich Elnath	11,6°
26.6.2043 9:30:29	Merkur 2° nördlich Eta Geminorum	1,1°
26.6.2043 23:43:50	Merkur in oberer Konjunktion zur Sonne	1,2°
27.6.2043 5:38:44	Merkur 2° nördlich Mü Geminorum	0,9°
28.6.2043 18:15:19	Merkur 8,2° nördlich Alhena	2,6°
29.6.2043 10:19:35	Merkur 36' südlich Epsilon Geminorum	3,3°
1.7.2043 23:11:40	Mars 5,6° nördlich Aldebaran	28,9°
4.7.2043 22:58:31	Merkur 8,4° südlich Kastor	9,5°
5.7.2043 6:06:03	Venus 59' nördlich Eta Geminorum	9,1°
6.7.2043 4:19:58	Merkur 4,9° südlich Pollux	10,8°
6.7.2043 18:21:31	Venus 59' nördlich Mü Geminorum	8,7°
9.7.2043 12:02:19	Venus 7° nördlich Alhena	8°
10.7.2043 16:42:28	Venus 1,8° südlich Epsilon Geminorum	7,7°
13.7.2043 1:46:10	Merkur 27' nördlich M44	17,2°
16.7.2043 13:41:12	Saturn stationär, dann rechtläufig	
17.7.2043 23:44:23	Merkur 41' nördlich Uranus	20,9°
18.7.2043 21:37:36	Mars 5,2° südlich Elnath	33,3°
20.7.2043 6:09:08	Venus 9,6° südlich Kastor	5,1°
22.7.2043 6:37:22	Venus 6° südlich Pollux	4,5°
27.7.2043 21:32:46	Merkur 31' südlich Regulus	25,7°
1.8.2043 20:24:44	Venus 13' südlich M44	1,9°
4.8.2043 7:29:01	Mars 1,3° nördlich Eta Geminorum	37,8°
5.8.2043 6:11:00	Merkur in größter östlicher Elongation zur Sonne	27,3°
7.8.2043 2:03:33	Mars 1,3° nördlich Mü Geminorum	38,6°
7.8.2043 12:06:19	Venus in oberer Konjunktion zur Sonne	1,2°
9.8.2043 15:05:43	Venus 37' nördlich Uranus	1°
10.8.2043 11:47:19	Uranus in Konjunktion zur Sonne	39'
12.8.2043 3:32:33	Mars 7,3° nördlich Alhena	40,1°

Datum und Uhrzeit (WZ)	Ereignis	Elon-gation
14.8.2043 8:56:10	Mars 1,5° südlich Epsilon Geminorum	40,8°
16.8.2043 6:34:01	Neptun stationär, dann rückläufig	
18.8.2043 8:29:05	Merkur stationär, dann rückläufig	
19.8.2043 18:48:11	Venus 59' nördlich Regulus	3,7°
20.8.2043 18:45:19	Jupiter stationär, dann rechtläufig	
28.8.2043 10:04:04	Merkur 6,5° südlich Venus	5,9°
1.9.2043 12:17:41	Mars 9,4° südlich Kastor	46,6°
1.9.2043 19:10:57	Merkur in unterer Konjunktion zur Sonne	-4°
5.9.2043 10:11:54	Mars 5,9° südlich Pollux	47,9°
10.9.2043 10:58:12	Merkur stationär, dann rechtläufig	
18.9.2043 2:21:00	Merkur in größter westlicher Elongation zur Sonne	17,9°
20.9.2043 1:24:57	Saturn 1,9° nördlich Zuben-el-dschenubi	48,2°
22.9.2043 3:47:22	Venus 1,8° südlich Porrima	12°
26.9.2043 10:42:27	Mars 10' südlich M44	55,3°
1.10.2043 16:52:10	Venus 3,1° nördlich Spika	14,9°
9.10.2043 4:03:17	Merkur 1,4° südlich Porrima	4,7°
15.10.2043 2:57:59	Merkur in oberer Konjunktion zur Sonne	57'
16.10.2043 2:07:49	Merkur 3,1° nördlich Spika	1,1°
18.10.2043 23:21:00	Mars 47' nördlich Uranus	64°
19.10.2043 18:49:51	Venus 14' südlich Zuben-el-dschenubi	19,4°
22.10.2043 12:24:26	Venus 2,1° südlich Saturn	19,7°
30.10.2043 1:54:18	Merkur 1,1° südlich Zuben-el-dschenubi	9,1°
2.11.2043 1:55:47	Merkur 3,2° südlich Saturn	10,5°
3.11.2043 13:32:22	Venus 1,6° südlich Akrab	22,8°
3.11.2043 17:28:51	Neptunopposition	
3.11.2043 18:44:27	Mars 1,3° nördlich Regulus	70,8°
8.11.2043 3:51:49	Venus 3,9° nördlich Antares	24,2°
11.11.2043 4:55:37	Merkur 3° südlich Akrab	15,1°
13.11.2043 16:44:07	Saturn in Konjunktion zur Sonne	2°
15.11.2043 2:35:21	Merkur 2,4° nördlich Antares	17,5°
27.11.2043 19:48:47	Uranus stationär, dann rückläufig	
29.11.2043 20:38:33	Venus 1,5° südlich Jupiter	29,2°
29.11.2043 22:13:00	Merkur in größter östlicher Elongation zur Sonne	21,6°
5.12.2043 3:15:50	Venus 1,8° nördlich Nunki	30,3°
8.12.2043 20:43:40	Merkur stationär, dann rückläufig	
18.12.2043 12:34:47	Merkur in unterer Konjunktion zur Sonne	2°
21.12.2043 7:42:56	Venus 6,7° südlich Beta Capricorni	33,8°
28.12.2043 17:29:57	Merkur stationär, dann rechtläufig	
29.12.2043 4:24:58	Jupiter 3,4° nördlich Nunki	6°

2044

Datum und Uhrzeit (WZ)	Ereignis	Elon-gation
5.1.2044 19:44:26	Jupiter in Konjunktion zur Sonne, Bedeckung	-4,8'
7.1.2044 19:34:01	Venus 56' nördlich Delta Capricorni	37,1°

Datum und Uhrzeit (WZ)	Ereignis	Elon-gation
7.1.2044 19:51:00	Merkur in größter westlicher Elongation zur Sonne	23,1°
20.1.2044 14:49:07	Neptun stationär, dann rechtläufig	
23.1.2044 0:26:40	Merkur 3° nördlich Nunki	19,3°
27.1.2044 15:13:05	Merkur 51' südlich Jupiter	17,2°
1.2.2044 19:38:02	Mars stationär, dann rückläufig	
5.2.2044 4:37:16	Merkur 6,5° südlich Beta Capricorni	12,2°
9.2.2044 5:37:17	Uranusopposition	
17.2.2044 21:19:57	Merkur 33' nördlich Delta Capricorni	5°
23.2.2044 14:02:03	Merkur in oberer Konjunktion zur Sonne	-1,9°
9.3.2044 5:41:32	Saturn stationär, dann rückläufig	
9.3.2044 10:28:55	Venus 8,3° südlich Hamal	46°
11.3.2044 12:44:14	Marsopposition	
15.3.2044 21:59:20	Venus 4,6° nördlich Neptun	44,7°
17.3.2044 18:53:00	Venus in größter westlicher Elongation zur Sonne	46,2°
20.3.2044 9:06:00	Merkur in größter östlicher Elongation zur Sonne	18,5°
27.3.2044 20:47:58	Merkur stationär, dann rückläufig	
5.4.2044 4:54:11	Venus 15' nördlich Alkione	44,7°
6.4.2044 8:42:13	Jupiter 5° südlich Beta Capricorni	72,6°
6.4.2044 22:34:36	Merkur in unterer Konjunktion zur Sonne	2,5°
19.4.2044 8:18:23	Merkur stationär, dann rechtläufig	
22.4.2044 9:57:36	Venus 10,7° nördlich Aldebaran	37,8°
23.4.2044 9:37:09	Mars stationär, dann rechtläufig	
24.4.2044 20:26:07	Uranus stationär, dann rechtläufig	
2.5.2044 0:52:41	Neptun in Konjunktion zur Sonne	-1,7°
4.5.2044 22:40:00	Merkur in größter westlicher Elongation zur Sonne	26,7°
6.5.2044 13:35:13	Venus stationär, dann rückläufig	
17.5.2044 2:38:29	Merkur 13,6° südlich Hamal	21°
17.5.2044 4:25:39	Saturnopposition	
20.5.2044 3:45:59	Venus 8,7° nördlich Aldebaran	11,9°
22.5.2044 21:02:11	Merkur 31' südlich Neptun	19,4°
24.5.2044 19:53:09	Jupiter stationär, dann rückläufig	
27.5.2044 18:37:31	Venus in unterer Konjunktion zur Sonne	1,5°
31.5.2044 19:10:20	Merkur 5° südlich Alkione	11,1°
2.6.2044 16:38:05	Merkur 35' südlich Venus	9,3°
6.6.2044 8:22:43	Merkur 5,7° nördlich Aldebaran	5,1°
10.6.2044 11:25:58	Merkur in oberer Konjunktion zur Sonne	51'
11.6.2044 17:09:20	Merkur 4,4° südlich Elnath	1,9°
13.6.2044 20:49:15	Venus 6,4° südlich Alkione	23,2°
16.6.2044 19:19:43	Merkur 2,5° nördlich Eta Geminorum	7,8°
17.6.2044 11:52:20	Venus stationär, dann rechtläufig	
17.6.2044 16:12:51	Merkur 2,5° nördlich Mü Geminorum	8,8°
19.6.2044 6:41:50	Merkur 8,6° nördlich Alhena	10,6°
19.6.2044 23:48:40	Merkur 13' südlich Epsilon Geminorum	11,4°
21.6.2044 4:44:20	Venus 7,4° südlich Alkione	30,1°
26.6.2044 1:36:18	Merkur 8,3° südlich Kastor	17,2°
27.6.2044 10:57:39	Merkur 4,9° südlich Pollux	18,4°

Datum und Uhrzeit (WZ)	Ereignis	Elongation
5.7.2044 15:46:02	Merkur 3,6' südlich M44	23,7°
13.7.2044 6:47:24	Jupiter 5,3° südlich Beta Capricorni	166,1°
16.7.2044 0:59:42	Venus 1,3° nördlich Aldebaran	43,7°
16.7.2044 7:58:21	Merkur 1,2° südlich Uranus	26,3°
17.7.2044 9:07:00	Merkur in größter östlicher Elongation zur Sonne	26,7°
18.7.2044 5:37:47	Mars 3,1° südlich Porrima	74,5°
24.7.2044 6:44:40	Jupiteropposition	
27.7.2044 21:41:40	Saturn stationär, dann rechtläufig	
30.7.2044 10:54:46	Merkur stationär, dann rückläufig	
30.7.2044 17:34:38	Venus 9,1° südlich Elnath	45,3°
6.8.2044 1:14:00	Venus in größter westlicher Elongation zur Sonne	45,8°
7.8.2044 15:57:23	Mars 1,8° nördlich Spika	68°
11.8.2044 15:16:57	Merkur 5,9° südlich Uranus	2,8°
11.8.2044 17:48:29	Venus 2,2° südlich Eta Geminorum	45,6°
13.8.2044 15:18:54	Venus 2,1° südlich Mü Geminorum	45,6°
14.8.2044 5:35:10	Merkur in unterer Konjunktion zur Sonne	-4,7°
14.8.2044 15:51:20	Uranus in Konjunktion zur Sonne	41'
17.8.2044 0:23:17	Venus 4° nördlich Alhena	45,4°
17.8.2044 20:16:08	Neptun stationär, dann rückläufig	
18.8.2044 11:18:34	Venus 4,7° südlich Epsilon Geminorum	45,3°
23.8.2044 10:29:54	Merkur stationär, dann rechtläufig	
29.8.2044 17:48:40	Venus 12,1° südlich Kastor	44,2°
31.8.2044 14:20:00	Merkur in größter westlicher Elongation zur Sonne	18,2°
1.9.2044 1:15:08	Venus 8,5° südlich Pollux	43,9°
3.9.2044 9:18:28	Merkur 14' südlich Uranus	17,7°
7.9.2044 17:45:55	Merkur 49' nördlich Regulus	15,3°
11.9.2044 13:21:52	Mars 1,2° südlich Zuben-el-dschenubi	56,2°
12.9.2044 20:03:20	Venus 2,1° südlich M44	42,3°
22.9.2044 14:00:38	Jupiter stationär, dann rechtläufig	
26.9.2044 1:17:40	Merkur in oberer Konjunktion zur Sonne	1,4°
27.9.2044 11:11:13	Venus 31' südlich Uranus	39,8°
27.9.2044 22:11:08	Mars 2,9° südlich Saturn	51,1°
30.9.2044 12:35:21	Merkur 1,9° südlich Porrima	3,7°
1.10.2044 21:58:02	Venus 14" nördlich Regulus, Bedeckung	38,9°
7.10.2044 16:11:29	Merkur 2,5° nördlich Spika	8,5°
7.10.2044 20:46:30	Mars 2,1° südlich Akrab	48,6°
15.10.2044 18:48:28	Mars 3,5° nördlich Antares	46,8°
22.10.2044 7:45:14	Merkur 1,8° südlich Zuben-el-dschenubi	16,1°
1.11.2044 21:24:39	Merkur 4,3° südlich Saturn	20,1°
4.11.2044 13:16:50	Merkur 3,6° südlich Akrab	21,1°
4.11.2044 19:08:00	Venus 1,2° südlich Porrima	31,8°
5.11.2044 5:07:42	Neptunopposition	
9.11.2044 5:58:42	Merkur 1,9° nördlich Antares	22,8°
11.11.2044 14:33:00	Merkur in größter östlicher Elongation zur Sonne	22,9°
14.11.2044 7:52:16	Venus 4,1° nördlich Spika	28,2°
21.11.2044 19:19:35	Merkur stationär, dann rückläufig	

Datum und Uhrzeit (WZ)	Ereignis	Elon-gation
24.11.2044 10:49:55	Saturn in Konjunktion zur Sonne	1,8°
27.11.2044 2:31:43	Jupiter 5,4° südlich Beta Capricorni	57,9°
29.11.2044 12:15:04	Mars 2,2° nördlich Nunki	35,2°
1.12.2044 18:16:53	Saturn 46' nördlich Akrab	6,5°
1.12.2044 19:21:19	Uranus stationär, dann rückläufig	
1.12.2044 20:05:14	Merkur in unterer Konjunktion zur Sonne	1,2°
2.12.2044 8:47:27	Venus 1,3° nördlich Zuben-el-dschenubi	25,2°
2.12.2044 9:45:50	Merkur 6° nördlich Antares	1,9°
7.12.2044 0:25:39	Merkur 42' nördlich Saturn	11,4°
7.12.2044 21:14:27	Merkur 1,6° nördlich Akrab	12,6°
11.12.2044 11:11:51	Merkur stationär, dann rechtläufig	
15.12.2044 8:25:55	Merkur 1,7° nördlich Akrab	20,2°
17.12.2044 3:25:59	Venus 6,4' nördlich Akrab	22°
18.12.2044 2:46:15	Merkur 40' nördlich Saturn	21,3°
18.12.2044 17:16:35	Venus 43' südlich Saturn	21,7°
20.12.2044 0:43:33	Merkur 1,2° nördlich Venus	21,4°
20.12.2044 9:20:00	Merkur in größter westlicher Elongation zur Sonne	21,7°
21.12.2044 17:52:57	Venus 5,6° nördlich Antares	20,6°
22.12.2044 3:00:28	Merkur 6,6° nördlich Antares	21°
25.12.2044 7:41:10	Mars 5,9° südlich Beta Capricorni	29,2°

2045

Datum und Uhrzeit (WZ)	Ereignis	Elon-gation
3.1.2045 14:09:29	Merkur 10' südlich Venus	17,9°
4.1.2045 3:39:57	Mars 32' südlich Jupiter	26,9°
15.1.2045 10:03:56	Merkur 2,4° nördlich Nunki	12,5°
17.1.2045 16:33:58	Venus 3,3° nördlich Nunki	14,6°
21.1.2045 12:25:06	Mars 1,6° nördlich Delta Capricorni	22,4°
22.1.2045 1:02:20	Neptun stationär, dann rechtläufig	
25.1.2045 14:50:52	Saturn 6,4° nördlich Antares	55,8°
27.1.2045 20:41:15	Merkur 6,7° südlich Beta Capricorni	5,6°
2.2.2045 16:07:54	Venus 5,5° südlich Beta Capricorni	10,6°
4.2.2045 11:21:13	Merkur in oberer Konjunktion zur Sonne	-2,1°
5.2.2045 18:47:33	Merkur 1,5° südlich Jupiter	1,6°
7.2.2045 14:49:37	Jupiter in Konjunktion zur Sonne	-40'
9.2.2045 4:39:26	Merkur 43' nördlich Delta Capricorni	4,1°
13.2.2045 3:43:48	Uranusopposition	
16.2.2045 23:02:36	Venus 31' südlich Jupiter	7,3°
19.2.2045 15:35:38	Venus 1,5° nördlich Delta Capricorni	6,8°
24.2.2045 11:08:10	Merkur 55' nördlich Mars	15,2°
3.3.2045 7:50:27	Jupiter 2° nördlich Delta Capricorni	18,3°
3.3.2045 18:08:00	Merkur in größter westlicher Elongation zur Sonne	18,2°
10.3.2045 3:01:20	Merkur stationär, dann rückläufig	
11.3.2045 17:01:15	Merkur 4,3° nördlich Mars	11,8°

Datum und Uhrzeit (WZ)	Ereignis	Elongation
18.3.2045 21:46:20	Venus in oberer Konjunktion zur Sonne	-1,4°
18.3.2045 22:03:15	Merkur 5,3° nördlich Venus	1,4°
20.3.2045 0:50:50	Merkur in unterer Konjunktion zur Sonne	3,3°
20.3.2045 21:34:10	Saturn stationär, dann rückläufig	
1.4.2045 11:20:45	Merkur stationär, dann rechtläufig	
8.4.2045 15:23:44	Venus 40' südlich Mars	5,4°
16.4.2045 16:43:05	Venus 11,4° südlich Hamal	7,4°
16.4.2045 21:49:00	Merkur in größter westlicher Elongation zur Sonne	27,6°
21.4.2045 20:34:56	Mars 10,9° südlich Hamal	2,5°
24.4.2045 21:20:10	Venus 1,3° nördlich Neptun	9,2°
29.4.2045 21:00:57	Uranus stationär, dann rechtläufig	
2.5.2045 11:13:05	Mars in Konjunktion zur Sonne, Bedeckung	-8,5'
4.5.2045 14:30:54	Neptun in Konjunktion zur Sonne	-1,7°
6.5.2045 0:48:47	Mars 1,7° nördlich Neptun	0,8°
7.5.2045 5:24:22	Venus 4,1° südlich Alkione	12,7°
10.5.2045 17:40:49	Merkur 12,7° südlich Hamal	15,7°
16.5.2045 13:01:33	Merkur 35' nördlich Neptun	11°
16.5.2045 14:15:25	Venus 5,9° nördlich Aldebaran	15,1°
16.5.2045 21:04:39	Saturn 6,6° nördlich Antares	165,3°
22.5.2045 1:09:59	Merkur 18' südlich Mars	4,7°
23.5.2045 11:47:14	Merkur 4,1° südlich Alkione	3°
25.5.2045 22:54:38	Merkur in oberer Konjunktion zur Sonne	28'
26.5.2045 3:52:20	Venus 4,6° südlich Elnath	17,6°
26.5.2045 7:55:59	Mars 4° südlich Alkione	5,7°
28.5.2045 18:30:04	Merkur 6,5° nördlich Aldebaran	3,6°
29.5.2045 10:46:26	Saturnopposition	
3.6.2045 5:18:31	Merkur 3,8° südlich Elnath	10,1°
4.6.2045 4:59:44	Venus 2° nördlich Eta Geminorum	20°
5.6.2045 17:11:40	Venus 2° nördlich Mü Geminorum	20,4°
8.6.2045 10:50:02	Venus 8° nördlich Alhena	21,1°
8.6.2045 17:54:25	Merkur 2,9° nördlich Eta Geminorum	15,8°
9.6.2045 15:33:50	Venus 48' südlich Epsilon Geminorum	21,5°
9.6.2045 17:26:26	Merkur 2,9° nördlich Mü Geminorum	16,6°
11.6.2045 12:54:26	Mars 5,8° nördlich Aldebaran	9,8°
11.6.2045 13:29:27	Merkur 8,8° nördlich Alhena	18,2°
12.6.2045 9:23:49	Merkur 47" südlich Epsilon Geminorum	18,8°
19.6.2045 6:09:20	Venus 8,7° südlich Kastor	24°
19.6.2045 20:09:17	Merkur 8,6° südlich Kastor	23,4°
21.6.2045 7:04:48	Venus 5,2° südlich Pollux	24,4°
21.6.2045 16:12:09	Merkur 5,3° südlich Pollux	24°
28.6.2045 10:23:45	Mars 4,9° südlich Elnath	14,2°
29.6.2045 5:06:00	Merkur in größter östlicher Elongation zur Sonne	25,6°
1.7.2045 14:55:57	Jupiter stationär, dann rückläufig	
2.7.2045 0:59:23	Venus 25' nördlich M44	27,3°
5.7.2045 22:47:19	Merkur 2,5° südlich M44	23,6°
12.7.2045 8:57:00	Merkur stationär, dann rückläufig	

Datum und Uhrzeit (WZ)	Ereignis	Elongation
14.7.2045 17:29:58	Mars 1,5° nördlich Eta Geminorum	18,6°
16.7.2045 4:36:25	Venus 59' nördlich Uranus	30,8°
17.7.2045 11:24:37	Mars 1,5° nördlich Mü Geminorum	19,4°
18.7.2045 19:47:36	Merkur 5,7° südlich M44	11,4°
20.7.2045 13:05:48	Venus 1,2° nördlich Regulus	31,8°
22.7.2045 11:27:29	Mars 7,4° nördlich Alhena	20,9°
24.7.2045 16:13:09	Mars 1,4° südlich Epsilon Geminorum	21,5°
26.7.2045 21:59:03	Merkur in unterer Konjunktion zur Sonne	-5°
5.8.2045 21:47:57	Merkur stationär, dann rechtläufig	
9.8.2045 0:37:23	Saturn stationär, dann rechtläufig	
11.8.2045 11:51:01	Mars 9,4° südlich Kastor	26,8°
14.8.2045 19:27:00	Merkur in größter westlicher Elongation zur Sonne	18,8°
15.8.2045 7:27:13	Mars 5,9° südlich Pollux	28°
18.8.2045 19:47:06	Merkur 1,4° südlich M44	18°
19.8.2045 19:56:34	Uranus in Konjunktion zur Sonne	42'
20.8.2045 7:59:50	Neptun stationär, dann rückläufig	
24.8.2045 23:26:26	Venus 2,9° südlich Porrima	38,7°
30.8.2045 0:56:14	Merkur 59' nördlich Uranus	9,2°
30.8.2045 6:52:25	Jupiteropposition	
31.8.2045 7:12:53	Merkur 1,3° nördlich Regulus	7,9°
4.9.2045 8:08:25	Venus 1,6° nördlich Spika	41,7°
4.9.2045 15:00:22	Mars 12' südlich M44	34,5°
8.9.2045 20:06:13	Merkur in oberer Konjunktion zur Sonne	1,7°
23.9.2045 1:18:53	Merkur 2,6° südlich Porrima	10,7°
24.9.2045 6:32:15	Venus 2,4° südlich Zuben-el-dschenubi	44°
30.9.2045 15:31:38	Merkur 1,7° nördlich Spika	16°
9.10.2045 23:19:35	Mars 41' nördlich Uranus	46,9°
10.10.2045 6:51:55	Mars 57' nördlich Regulus	46,9°
11.10.2045 1:39:38	Venus 4,2° südlich Akrab	45,7°
14.10.2045 3:19:04	Uranus 16' nördlich Regulus	50,7°
15.10.2045 15:28:29	Venus 5° südlich Saturn	45,9°
16.10.2045 11:05:21	Venus 1,2° nördlich Antares	46,8°
16.10.2045 16:42:18	Merkur 2,7° südlich Zuben-el-dschenubi	21,9°
22.10.2045 15:43:00	Venus in größter östlicher Elongation zur Sonne	47°
24.10.2045 12:37:09	Saturn 6,2° nördlich Antares	38°
25.10.2045 3:47:00	Merkur in größter östlicher Elongation zur Sonne	24,2°
5.11.2045 12:41:00	Merkur stationär, dann rückläufig	
7.11.2045 16:51:06	Neptunopposition	
16.11.2045 2:48:02	Merkur in unterer Konjunktion zur Sonne	18'
23.11.2045 12:02:49	Venus 6,9' südlich Nunki	41,5°
25.11.2045 5:25:59	Merkur stationär, dann rechtläufig	
3.12.2045 5:58:00	Merkur in größter westlicher Elongation zur Sonne	20,4°
6.12.2045 0:33:45	Saturn in Konjunktion zur Sonne	1,4°
6.12.2045 20:05:07	Uranus stationär, dann rückläufig	
11.12.2045 9:20:11	Venus stationär, dann rückläufig	
13.12.2045 6:34:56	Merkur 17' nördlich Akrab	17,8°

Datum und Uhrzeit (WZ)	Ereignis	Elongation
17.12.2045 7:42:52	Merkur 5,4° nördlich Antares	16°
21.12.2045 19:38:53	Merkur 1,2° südlich Saturn	14,1°
21.12.2045 23:46:02	Mars 56' südlich Porrima	79,4°
28.12.2045 15:01:00	Venus 6,3° nördlich Nunki	6,7°

2046

Datum und Uhrzeit (WZ)	Ereignis	Elongation
1.1.2046 13:31:08	Venus in unterer Konjunktion zur Sonne	3,8°
5.1.2046 8:32:19	Merkur 6° südlich Venus	6,7°
8.1.2046 6:04:55	Merkur 1,9° nördlich Nunki	5,1°
16.1.2046 2:27:58	Mars 4,5° nördlich Spika	91,6°
16.1.2046 7:45:22	Merkur in oberer Konjunktion zur Sonne	-2°
20.1.2046 8:36:29	Merkur 6,9° südlich Beta Capricorni	3,4°
24.1.2046 12:31:46	Neptun stationär, dann rechtläufig	
31.1.2046 6:38:19	Uranus 21' nördlich Regulus	161,1°
1.2.2046 18:22:36	Merkur 1,1° nördlich Delta Capricorni	11,4°
15.2.2046 6:17:00	Merkur in größter östlicher Elongation zur Sonne	18,1°
15.2.2046 20:14:19	Venus 8,5° nördlich Nunki	43,7°
18.2.2046 2:22:12	Uranusopposition	
21.2.2046 3:27:52	Merkur stationär, dann rückläufig	
2.3.2046 20:25:49	Merkur in unterer Konjunktion zur Sonne	3,7°
11.3.2046 1:39:22	Mars stationär, dann rückläufig	
11.3.2046 5:29:31	Venus 2° südlich Beta Capricorni	46,3°
13.3.2046 2:40:00	Venus in größter westlicher Elongation zur Sonne	46,7°
15.3.2046 4:08:54	Merkur stationär, dann rechtläufig	
15.3.2046 14:37:03	Jupiter in Konjunktion zur Sonne	-1°
30.3.2046 2:52:00	Merkur in größter westlicher Elongation zur Sonne	27,8°
31.3.2046 14:01:30	Venus 3,4° nördlich Delta Capricorni	45,7°
1.4.2046 14:45:45	Saturn stationär, dann rückläufig	
14.4.2046 15:30:11	Merkur 1,6° südlich Jupiter	22,5°
17.4.2046 18:00:31	Marsopposition	
30.4.2046 16:41:41	Mars 3,7° nördlich Spika	162,6°
2.5.2046 23:30:28	Merkur 11,8° südlich Hamal	8,5°
5.5.2046 0:00:00	Uranus stationär, dann rechtläufig	
7.5.2046 4:02:38	Neptun in Konjunktion zur Sonne	-1,7°
7.5.2046 18:40:06	Venus 35' südlich Jupiter	39,9°
9.5.2046 4:05:50	Merkur 1,6° nördlich Neptun	1,4°
10.5.2046 8:26:38	Merkur in oberer Konjunktion zur Sonne, Bedeckung	1,7'
14.5.2046 23:28:04	Merkur 3,3° südlich Alkione	5,7°
20.5.2046 10:28:18	Merkur 7,2° nördlich Aldebaran	11,9°
26.5.2046 12:51:12	Merkur 3,3° südlich Elnath	17,7°
29.5.2046 19:26:07	Mars stationär, dann rechtläufig	
30.5.2046 15:01:55	Venus 12,7° südlich Hamal	32,5°
2.6.2046 8:44:19	Merkur 3° nördlich Eta Geminorum	22,1°

Datum und Uhrzeit (WZ)	Ereignis	Elongation
3.6.2046 16:11:44	Merkur 2,9° nördlich Mü Geminorum	22,6°
6.6.2046 5:58:25	Merkur 8,6° nördlich Alhena	23,5°
7.6.2046 11:30:55	Merkur 21' südlich Epsilon Geminorum	23,8°
10.6.2046 15:10:17	Saturnopposition	
10.6.2046 19:39:00	Merkur in größter östlicher Elongation zur Sonne	24,1°
11.6.2046 10:48:27	Venus 6,5' südlich Neptun	32,7°
21.6.2046 0:09:57	Venus 5,8° südlich Alkione	29,5°
24.6.2046 1:47:42	Merkur stationär, dann rückläufig	
29.6.2046 19:09:08	Mars 1,4° nördlich Spika	105,8°
30.6.2046 17:10:44	Venus 4,3° nördlich Aldebaran	28,1°
7.7.2046 18:17:02	Merkur in unterer Konjunktion zur Sonne	-4,7°
10.7.2046 13:54:52	Venus 6,3° südlich Elnath	25,6°
18.7.2046 16:06:03	Merkur stationär, dann rechtläufig	
19.7.2046 20:05:49	Venus 26' nördlich Eta Geminorum	23,3°
21.7.2046 8:57:13	Venus 26' nördlich Mü Geminorum	22,9°
24.7.2046 3:37:17	Venus 6,5° nördlich Alhena	22,2°
25.7.2046 8:45:47	Venus 2,3° südlich Epsilon Geminorum	21,8°
28.7.2046 14:52:00	Merkur in größter westlicher Elongation zur Sonne	19,8°
29.7.2046 13:26:50	Uranus 16' nördlich Regulus	23,8°
3.8.2046 5:52:23	Merkur 10,9° südlich Kastor	18,4°
4.8.2046 1:01:11	Venus 10° südlich Kastor	19,3°
4.8.2046 21:25:19	Merkur 7,1° südlich Pollux	17,5°
6.8.2046 1:55:05	Venus 6,5° südlich Pollux	18,8°
8.8.2046 17:19:56	Jupiter stationär, dann rückläufig	
12.8.2046 3:21:21	Merkur 12' südlich M44	11,7°
15.8.2046 20:03:48	Mars 1,9° südlich Zuben-el-dschenubi	82,5°
16.8.2046 17:27:22	Venus 35' südlich M44	16°
20.8.2046 22:24:17	Saturn stationär, dann rechtläufig	
22.8.2046 21:51:53	Neptun stationär, dann rückläufig	
23.8.2046 2:11:07	Merkur 1,4° nördlich Regulus	0,6°
23.8.2046 6:01:04	Merkur in oberer Konjunktion zur Sonne	1,8°
23.8.2046 20:53:10	Merkur 1,1° nördlich Uranus	1,3°
25.8.2046 0:14:22	Uranus in Konjunktion zur Sonne	43'
3.9.2046 16:11:07	Venus 49' nördlich Regulus	10,9°
5.9.2046 13:09:37	Venus 35' nördlich Uranus	10,5°
13.9.2046 20:53:11	Mars 2,7° südlich Akrab	72,6°
16.9.2046 3:22:14	Merkur 3,4° südlich Porrima	17,6°
22.9.2046 6:42:11	Mars 2,9° nördlich Antares	70,5°
24.9.2046 13:27:32	Merkur 41' nördlich Spika	22,6°
4.10.2046 12:19:45	Mars 2,9° südlich Saturn	66,7°
6.10.2046 19:29:59	Venus 1,6° südlich Porrima	2,7°
7.10.2046 1:19:16	Jupiteropposition	
7.10.2046 15:51:00	Merkur in größter östlicher Elongation zur Sonne	25,5°
15.10.2046 15:25:54	Venus in oberer Konjunktion zur Sonne	1,2°
16.10.2046 6:22:03	Venus 3,4° nördlich Spika	1,2°
18.10.2046 21:56:06	Merkur 3,7° südlich Zuben-el-dschenubi	20°

Datum und Uhrzeit (WZ)	Ereignis	Elongation
19.10.2046 23:00:03	Merkur stationär, dann rückläufig	
20.10.2046 23:31:20	Merkur 3,5° südlich Zuben-el-dschenubi	17,9°
29.10.2046 10:28:58	Merkur 2,1° südlich Venus	3,6°
31.10.2046 6:56:56	Merkur in unterer Konjunktion zur Sonne	-38'
3.11.2046 4:13:27	Venus 17' nördlich Zuben-el-dschenubi	4,8°
7.11.2046 13:05:39	Mars 1,9° nördlich Nunki	57,8°
8.11.2046 23:24:06	Merkur stationär, dann rechtläufig	
10.11.2046 4:31:06	Neptunopposition	
16.11.2046 10:29:00	Merkur in größter westlicher Elongation zur Sonne	19,4°
17.11.2046 20:02:40	Venus 59' südlich Akrab	8,3°
22.11.2046 9:34:47	Venus 4,5° nördlich Antares	9,5°
24.11.2046 14:04:11	Merkur 1,6° nördlich Zuben-el-dschenubi	16,8°
3.12.2046 20:09:43	Mars 6,1° südlich Beta Capricorni	51,5°
3.12.2046 20:51:13	Venus 1,7° südlich Saturn	12,3°
4.12.2046 15:06:05	Jupiter stationär, dann rechtläufig	
6.12.2046 23:02:05	Merkur 37' südlich Akrab	11°
10.12.2046 16:30:48	Merkur 4,6° nördlich Antares	9°
11.12.2046 20:30:43	Uranus stationär, dann rückläufig	
17.12.2046 11:11:07	Saturn in Konjunktion zur Sonne	1,1°
19.12.2046 3:17:16	Venus 2,3° nördlich Nunki	16°
21.12.2046 5:14:22	Merkur 2,2° südlich Saturn	3,5°
27.12.2046 2:17:06	Merkur in oberer Konjunktion zur Sonne	-1,6°
31.12.2046 11:34:22	Mars 1,6° nördlich Delta Capricorni	44,3°
31.12.2046 21:52:30	Merkur 1,5° nördlich Nunki	3,4°

2047

Datum und Uhrzeit (WZ)	Ereignis	Elongation
4.1.2047 2:00:06	Venus 6,3° südlich Beta Capricorni	19,7°
13.1.2047 0:16:18	Merkur 6,8° südlich Beta Capricorni	10,6°
21.1.2047 3:54:07	Venus 1,1° nördlich Delta Capricorni	23,3°
26.1.2047 23:44:07	Merkur 2,3° nördlich Delta Capricorni	17,5°
29.1.2047 18:39:00	Merkur in größter östlicher Elongation zur Sonne	18,4°
4.2.2047 16:46:02	Merkur stationär, dann rückläufig	
13.2.2047 8:17:03	Merkur 6,6° nördlich Delta Capricorni	2,6°
14.2.2047 5:16:24	Merkur in unterer Konjunktion zur Sonne	3,7°
23.2.2047 1:37:14	Uranusopposition	
24.2.2047 20:16:34	Venus 20' südlich Mars	31,3°
26.2.2047 6:19:45	Merkur stationär, dann rechtläufig	
8.3.2047 19:34:49	Venus 58' nördlich Jupiter	33,5°
12.3.2047 11:45:00	Merkur in größter westlicher Elongation zur Sonne	27,5°
12.3.2047 23:39:15	Merkur 1,9° nördlich Delta Capricorni	27,5°
19.3.2047 1:05:04	Mars 57' nördlich Jupiter	25,6°
19.3.2047 13:24:23	Venus 10,1° südlich Hamal	36°
30.3.2047 23:36:31	Venus 2,9° nördlich Neptun	37,5°

Datum und Uhrzeit (WZ)	Ereignis	Elongation
2.4.2047 5:00:46	Mars 10,6° südlich Hamal	22,3°
9.4.2047 23:46:56	Venus 2,5° südlich Alkione	40,1°
13.4.2047 9:47:41	Saturn stationär, dann rückläufig	
19.4.2047 22:24:42	Venus 7,7° nördlich Aldebaran	41°
21.4.2047 18:04:20	Mars 2° nördlich Neptun	16,9°
22.4.2047 4:44:01	Jupiter in Konjunktion zur Sonne	-1°
23.4.2047 17:42:43	Merkur 28' nördlich Jupiter	1,1°
24.4.2047 14:05:20	Merkur in oberer Konjunktion zur Sonne	-26'
24.4.2047 17:01:07	Merkur 11° südlich Hamal	0,4°
30.4.2047 6:34:52	Venus 2,8° südlich Elnath	43,3°
1.5.2047 16:00:45	Merkur 2,6° nördlich Neptun	7,7°
2.5.2047 2:45:01	Jupiter 11,6° südlich Hamal	7,3°
6.5.2047 19:27:48	Merkur 1,3° nördlich Mars	13,4°
6.5.2047 22:00:40	Merkur 2,5° südlich Alkione	13,9°
7.5.2047 2:26:22	Mars 3,8° südlich Alkione	13,4°
9.5.2047 17:51:03	Neptun in Konjunktion zur Sonne	-1,7°
10.5.2047 1:12:51	Uranus stationär, dann rechtläufig	
10.5.2047 7:45:56	Venus 3,7° nördlich Eta Geminorum	44,4°
12.5.2047 0:52:20	Venus 3,7° nördlich Mü Geminorum	44,6°
13.5.2047 7:53:50	Merkur 7,8° nördlich Aldebaran	18,7°
15.5.2047 4:11:46	Venus 9,7° nördlich Alhena	44,9°
16.5.2047 13:34:30	Venus 51' nördlich Epsilon Geminorum	45°
21.5.2047 21:43:24	Merkur 3,1° südlich Elnath	22,4°
23.5.2047 10:33:00	Merkur in größter östlicher Elongation zur Sonne	22,5°
23.5.2047 11:11:02	Mars 6° nördlich Aldebaran	9°
28.5.2047 3:40:50	Venus 7,4° südlich Kastor	45°
28.5.2047 10:25:00	Venus in größter östlicher Elongation zur Sonne	45,4°
30.5.2047 17:50:22	Venus 4° südlich Pollux	45°
5.6.2047 11:17:46	Merkur stationär, dann rückläufig	
9.6.2047 11:57:50	Mars 4,7° südlich Elnath	4,4°
14.6.2047 20:40:56	Venus 41' nördlich M44	44,1°
16.6.2047 6:10:09	Merkur 4° südlich Mars	2,6°
17.6.2047 20:28:08	Merkur in unterer Konjunktion zur Sonne	-3,6°
22.6.2047 18:56:53	Saturnopposition	
25.6.2047 3:20:19	Mars in Konjunktion zur Sonne	47'
25.6.2047 21:09:32	Mars 1,7° nördlich Eta Geminorum	0,8°
26.6.2047 16:41:53	Merkur 10° südlich Elnath	13°
28.6.2047 15:19:36	Mars 1,6° nördlich Mü Geminorum	1,2°
29.6.2047 13:28:00	Merkur stationär, dann rechtläufig	
2.7.2047 8:22:30	Merkur 9,7° südlich Elnath	18°
3.7.2047 15:42:32	Mars 7,6° nördlich Alhena	2,6°
5.7.2047 20:39:27	Mars 1,2° südlich Epsilon Geminorum	3,2°
10.7.2047 22:54:00	Merkur in größter westlicher Elongation zur Sonne	21,1°
14.7.2047 1:54:38	Venus stationär, dann rückläufig	
16.7.2047 13:45:54	Merkur 45' südlich Eta Geminorum	19,9°
17.7.2047 21:51:08	Merkur 31' südlich Mü Geminorum	19,3°

Datum und Uhrzeit (WZ)	Ereignis	Elongation
20.7.2047 3:02:41	Merkur 5,9° nördlich Alhena	18°
21.7.2047 0:47:23	Merkur 2,7° südlich Epsilon Geminorum	17,4°
23.7.2047 16:20:30	Mars 9,3° südlich Kastor	8,4°
24.7.2047 4:00:15	Jupiter 41' nördlich Neptun	69,7°
27.7.2047 10:08:26	Merkur 9,6° südlich Kastor	11,9°
27.7.2047 11:38:58	Mars 5,8° südlich Pollux	9,5°
28.7.2047 15:41:11	Merkur 5,9° südlich Pollux	10,6°
29.7.2047 4:46:42	Merkur 4,4' südlich Mars	10°
3.8.2047 21:13:10	Merkur 18' nördlich M44	3,8°
5.8.2047 18:36:23	Merkur 9,1° nördlich Venus	2,2°
6.8.2047 10:59:30	Venus in unterer Konjunktion zur Sonne	-7,2°
7.8.2047 2:33:50	Merkur in oberer Konjunktion zur Sonne	1,7°
12.8.2047 9:43:46	Venus 9,3° südlich M44	11,8°
14.8.2047 18:42:30	Venus 9,2° südlich Mars	15°
14.8.2047 21:23:48	Merkur 1,2° nördlich Regulus	8,2°
16.8.2047 15:46:56	Mars 12' südlich M44	15,8°
17.8.2047 22:17:46	Merkur 46' nördlich Uranus	10,9°
25.8.2047 9:23:36	Neptun stationär, dann rückläufig	
27.8.2047 10:11:23	Venus stationär, dann rechtläufig	
30.8.2047 4:37:39	Uranus in Konjunktion zur Sonne	44'
1.9.2047 17:42:12	Saturn stationär, dann rechtläufig	
10.9.2047 13:33:09	Merkur 4,6° südlich Porrima	23,2°
12.9.2047 4:19:54	Venus 6,5° südlich M44	40°
14.9.2047 16:08:59	Jupiter stationär, dann rückläufig	
20.9.2047 3:55:00	Merkur in größter östlicher Elongation zur Sonne	26,5°
20.9.2047 14:10:33	Mars 49' nördlich Regulus	27,1°
21.9.2047 13:32:53	Merkur 53' südlich Spika	26,1°
3.10.2047 1:18:05	Merkur stationär, dann rückläufig	
4.10.2047 1:49:16	Mars 35' nördlich Uranus	31,9°
10.10.2047 17:15:19	Venus 1,8° südlich Regulus	46,2°
12.10.2047 23:00:26	Merkur 16' südlich Spika	5,4°
15.10.2047 6:36:35	Merkur in unterer Konjunktion zur Sonne	-1,6°
16.10.2047 17:54:00	Venus in größter westlicher Elongation zur Sonne	46,3°
19.10.2047 21:09:07	Venus 1,1° südlich Uranus	46,3°
23.10.2047 16:18:29	Merkur stationär, dann rechtläufig	
30.10.2047 21:29:00	Merkur in größter westlicher Elongation zur Sonne	18,6°
3.11.2047 6:33:08	Merkur 4,5° nördlich Spika	16,4°
7.11.2047 13:28:24	Venus 7,5' südlich Mars	45°
12.11.2047 16:15:05	Neptunopposition	
13.11.2047 2:01:36	Jupiteropposition	
15.11.2047 13:12:35	Jupiter 35' nördlich Neptun	176,5°
17.11.2047 11:45:06	Venus 1,1° südlich Porrima	43,8°
18.11.2047 5:43:13	Merkur 44' nördlich Zuben-el-dschenubi	10,1°
26.11.2047 9:42:06	Mars 1,5° südlich Porrima	52,7°
27.11.2047 12:20:21	Venus 4,4° nördlich Spika	40,7°
29.11.2047 22:16:34	Merkur 1,3° südlich Akrab	3,5°

Datum und Uhrzeit (WZ)	Ereignis	Elongation
3.12.2047 13:48:47	Merkur 3,9° nördlich Antares	1,6°
6.12.2047 4:41:00	Merkur in oberer Konjunktion zur Sonne	-57'
16.12.2047 3:23:06	Mars 3,7° nördlich Spika	59,6°
16.12.2047 6:10:35	Venus 1,9° nördlich Zuben-el-dschenubi	38,5°
16.12.2047 21:09:42	Uranus stationär, dann rückläufig	
20.12.2047 2:00:10	Merkur 2,7° südlich Saturn	7,9°
24.12.2047 16:46:21	Merkur 1,3° nördlich Nunki	10,6°
28.12.2047 20:06:58	Saturn in Konjunktion zur Sonne	40'
31.12.2047 11:45:42	Venus 51' nördlich Akrab	35,9°

2048

Datum und Uhrzeit (WZ)	Ereignis	Elongation
5.1.2048 5:18:34	Venus 6,3° nördlich Antares	34,4°
6.1.2048 13:52:16	Merkur 6,5° südlich Beta Capricorni	17,4°
13.1.2048 4:49:00	Merkur in größter östlicher Elongation zur Sonne	19°
19.1.2048 13:57:54	Merkur stationär, dann rückläufig	
24.1.2048 10:30:46	Mars 1° nördlich Zuben-el-dschenubi	78,4°
28.1.2048 23:44:24	Merkur in unterer Konjunktion zur Sonne	3,4°
29.1.2048 10:28:36	Neptun stationär, dann rechtläufig	
30.1.2048 14:11:01	Venus 4,4' südlich Saturn	29,6°
1.2.2048 11:33:49	Merkur 1° südlich Beta Capricorni	8,6°
1.2.2048 18:24:17	Venus 3,9° nördlich Nunki	29,1°
9.2.2048 14:52:41	Merkur stationär, dann rechtläufig	
16.2.2048 8:45:15	Merkur 1,5° nördlich Venus	25,5°
17.2.2048 23:37:36	Venus 5° südlich Beta Capricorni	24,7°
19.2.2048 0:42:05	Merkur 4° südlich Beta Capricorni	25,7°
22.2.2048 21:41:00	Merkur in größter westlicher Elongation zur Sonne	26,6°
26.2.2048 17:52:26	Jupiter 57' nördlich Neptun	71,2°
27.2.2048 11:53:13	Saturn 4,1° nördlich Nunki	55,1°
28.2.2048 1:13:44	Uranusopposition	
1.3.2048 0:46:49	Mars 2,2' nördlich Akrab	97,2°
6.3.2048 3:04:40	Venus 1,7° nördlich Delta Capricorni	21,4°
7.3.2048 18:31:36	Merkur 56' nördlich Delta Capricorni	23,4°
14.3.2048 13:59:01	Mars 5,5° nördlich Antares	104,2°
15.3.2048 2:08:13	Merkur 1° südlich Venus	19,3°
7.4.2048 13:42:44	Merkur in oberer Konjunktion zur Sonne	-54'
15.4.2048 11:29:31	Merkur 10,1° südlich Hamal	8,8°
21.4.2048 10:39:12	Jupiter 4,8° südlich Alkione	27,6°
24.4.2048 4:57:37	Merkur 3,8° nördlich Neptun	16,1°
24.4.2048 7:36:29	Saturn stationär, dann rückläufig	
29.4.2048 22:21:21	Merkur 1,6° südlich Alkione	20,2°
30.4.2048 10:19:22	Mars stationär, dann rückläufig	
1.5.2048 8:33:26	Venus 11,8° südlich Hamal	7,4°
1.5.2048 18:26:25	Merkur 3,3° nördlich Jupiter	19,9°

Datum und Uhrzeit (WZ)	Ereignis	Elongation
4.5.2048 9:24:00	Merkur in größter östlicher Elongation zur Sonne	21°
11.5.2048 7:45:04	Neptun in Konjunktion zur Sonne	-1,7°
14.5.2048 4:02:20	Uranus stationär, dann rechtläufig	
15.5.2048 11:02:33	Venus 1° nördlich Neptun	3,7°
16.5.2048 10:56:15	Merkur stationär, dann rückläufig	
21.5.2048 22:17:50	Venus 4,6° südlich Alkione	1,9°
26.5.2048 13:03:02	Merkur 58' südlich Jupiter	1,8°
27.5.2048 14:09:48	Merkur in unterer Konjunktion zur Sonne	-1,8°
27.5.2048 22:20:16	Merkur 1,7° südlich Venus	0,3°
28.5.2048 19:16:53	Venus in oberer Konjunktion zur Sonne, Bedeckung	-13'
28.5.2048 23:00:07	Jupiter in Konjunktion zur Sonne	-35'
28.5.2048 23:25:27	Venus 23' nördlich Jupiter	0,2°
31.5.2048 7:29:18	Venus 5,4° nördlich Aldebaran	0,7°
3.6.2048 14:45:00	Marsopposition	
8.6.2048 17:50:16	Merkur stationär, dann rechtläufig	
9.6.2048 21:13:22	Venus 5,1° südlich Elnath	3,3°
10.6.2048 6:16:02	Jupiter 4,9° nördlich Aldebaran	8,9°
14.6.2048 4:33:28	Mars 1,7° nördlich Antares	165,9°
18.6.2048 21:47:14	Venus 1,5° nördlich Eta Geminorum	5,8°
20.6.2048 9:50:43	Venus 1,5° nördlich Mü Geminorum	6,2°
21.6.2048 20:28:00	Merkur in größter westlicher Elongation zur Sonne	22,7°
23.6.2048 2:05:40	Saturn 4° nördlich Nunki	168,7°
23.6.2048 3:09:14	Venus 7,5° nördlich Alhena	6,9°
23.6.2048 23:02:07	Merkur 2,4° nördlich Aldebaran	22,6°
24.6.2048 7:47:16	Venus 1,3° südlich Epsilon Geminorum	7,3°
27.6.2048 9:49:42	Merkur 2° südlich Jupiter	21,4°
2.7.2048 22:41:01	Merkur 6,8° südlich Elnath	18,9°
3.7.2048 20:44:29	Venus 9,1° südlich Kastor	9,9°
3.7.2048 22:52:43	Saturnopposition	
5.7.2048 21:08:10	Venus 5,6° südlich Pollux	10,5°
9.7.2048 5:45:43	Merkur 45' nördlich Eta Geminorum	13,6°
10.7.2048 4:29:49	Merkur 53' nördlich Mü Geminorum	12,7°
11.7.2048 1:28:35	Mars stationär, dann rechtläufig	
11.7.2048 20:31:58	Merkur 7,1° nördlich Alhena	10,9°
12.7.2048 13:42:09	Merkur 1,6° südlich Epsilon Geminorum	10,2°
16.7.2048 11:24:53	Venus 6,3' nördlich M44	13,4°
18.7.2048 2:11:20	Merkur 8,9° südlich Kastor	4°
19.7.2048 5:45:28	Merkur 5,4° südlich Pollux	2,8°
21.7.2048 6:22:38	Merkur in oberer Konjunktion zur Sonne	1,6°
25.7.2048 9:17:06	Merkur 31' nördlich M44	5°
3.8.2048 13:29:32	Venus 1,1° nördlich Regulus	18,3°
4.8.2048 0:41:11	Jupiter 5,9° südlich Elnath	49,3°
6.8.2048 3:02:34	Merkur 54' nördlich Regulus	15,9°
7.8.2048 5:42:29	Mars 1,1° nördlich Antares	114,8°
11.8.2048 12:09:03	Venus 46' nördlich Uranus	20,4°
12.8.2048 2:56:43	Merkur 4,4' südlich Uranus	20,1°

Datum und Uhrzeit (WZ)	Ereignis	Elongation
14.8.2048 15:04:19	Merkur 1,1° südlich Venus	21,2°
27.8.2048 0:00:00	Neptun stationär, dann rückläufig	
1.9.2048 3:16:06	Merkur 3,5° südlich Venus	25,7°
1.9.2048 15:57:00	Merkur in größter östlicher Elongation zur Sonne	27,2°
3.9.2048 9:13:13	Uranus in Konjunktion zur Sonne	44'
6.9.2048 12:56:08	Venus 2,2° südlich Porrima	26,3°
11.9.2048 2:19:41	Merkur 7° südlich Porrima	21,9°
12.9.2048 13:31:40	Saturn stationär, dann rechtläufig	
14.9.2048 19:28:16	Merkur stationär, dann rückläufig	
16.9.2048 7:16:46	Venus 2,6° nördlich Spika	29,5°
18.9.2048 8:00:11	Merkur 7,4° südlich Porrima	15°
27.9.2048 23:35:15	Merkur in unterer Konjunktion zur Sonne	-2,6°
2.10.2048 18:59:49	Mars 3° südlich Saturn	89,2°
4.10.2048 19:48:13	Venus 59' südlich Zuben-el-dschenubi	33,4°
6.10.2048 7:06:44	Merkur stationär, dann rechtläufig	
8.10.2048 10:51:45	Mars 56' nördlich Nunki	87,2°
13.10.2048 12:31:00	Merkur in größter westlicher Elongation zur Sonne	18,1°
18.10.2048 15:38:50	Jupiter stationär, dann rückläufig	
19.10.2048 22:31:30	Merkur 49' südlich Porrima	16,2°
19.10.2048 23:32:59	Venus 2,4° südlich Akrab	36,6°
24.10.2048 17:00:25	Venus 3° nördlich Antares	38,1°
27.10.2048 8:15:55	Merkur 4,1° nördlich Spika	10,3°
6.11.2048 9:54:52	Mars 6,7° südlich Beta Capricorni	78,5°
10.11.2048 2:44:50	Merkur 37" nördlich Zuben-el-dschenubi	2,6°
14.11.2048 3:49:48	Neptunopposition	
14.11.2048 11:24:48	Merkur in oberer Konjunktion zur Sonne, Bedeckung	-9'
21.11.2048 7:44:42	Venus 2,8° südlich Saturn	43,1°
21.11.2048 16:04:38	Venus 58' nördlich Nunki	43,2°
21.11.2048 17:45:45	Merkur 2° südlich Akrab	3,9°
25.11.2048 9:35:40	Merkur 3,3° nördlich Antares	6,3°
25.11.2048 12:50:57	Saturn 3,8° nördlich Nunki	39,3°
5.12.2048 22:06:35	Mars 1,4° nördlich Delta Capricorni	69,8°
8.12.2048 22:05:22	Venus 7,2° südlich Beta Capricorni	45,6°
17.12.2048 4:23:09	Merkur 1,2° nördlich Nunki	17,4°
17.12.2048 5:22:42	Jupiteropposition	
18.12.2048 22:20:16	Merkur 2,4° südlich Saturn	18,1°
20.12.2048 22:15:24	Uranus stationär, dann rückläufig	
26.12.2048 10:49:00	Merkur in größter östlicher Elongation zur Sonne	19,8°
28.12.2048 13:45:32	Venus 1,1° nördlich Delta Capricorni	46,8°

2049

Datum und Uhrzeit (WZ)	Ereignis	Elongation
2.1.2049 22:54:00	Venus in größter östlicher Elongation zur Sonne	47,2°
8.1.2049 5:20:37	Saturn in Konjunktion zur Sonne, Bedeckung	14'

Datum und Uhrzeit (WZ)	Ereignis	Elongation
9.1.2049 21:00:33	Jupiter 5,7° südlich Elnath	152,7°
12.1.2049 0:45:01	Merkur in unterer Konjunktion zur Sonne	3°
14.1.2049 3:00:28	Merkur 3,1° nördlich Saturn	5,3°
20.1.2049 21:41:34	Merkur 6,7° nördlich Nunki	17,8°
23.1.2049 3:38:35	Merkur stationär, dann rechtläufig	
25.1.2049 12:22:43	Merkur 6° nördlich Nunki	22,4°
30.1.2049 22:36:04	Neptun stationär, dann rechtläufig	
4.2.2049 6:36:00	Merkur in größter westlicher Elongation zur Sonne	25,4°
5.2.2049 10:01:26	Merkur 24' nördlich Saturn	25,3°
14.2.2049 1:15:51	Jupiter stationär, dann rechtläufig	
15.2.2049 1:35:31	Merkur 5,6° südlich Beta Capricorni	22,5°
20.2.2049 18:26:56	Venus stationär, dann rückläufig	
1.3.2049 6:25:21	Merkur 36' nördlich Delta Capricorni	16,8°
4.3.2049 1:32:29	Uranusopposition	
11.3.2049 12:18:15	Mars 10,3° südlich Hamal	43,5°
15.3.2049 21:24:59	Venus in unterer Konjunktion zur Sonne	8,7°
16.3.2049 10:22:40	Merkur 11,5° südlich Venus	5,8°
21.3.2049 13:50:27	Jupiter 5,5° südlich Elnath	81,6°
22.3.2049 4:32:16	Merkur in oberer Konjunktion zur Sonne	-1,3°
3.4.2049 11:45:14	Venus stationär, dann rechtläufig	
6.4.2049 0:05:05	Mars 2,3° nördlich Neptun	35,6°
8.4.2049 6:05:08	Merkur 8,9° südlich Hamal	16,6°
16.4.2049 7:53:56	Mars 3,5° südlich Alkione	33,2°
16.4.2049 20:02:00	Merkur in größter östlicher Elongation zur Sonne	19,8°
27.4.2049 3:42:27	Merkur stationär, dann rückläufig	
3.5.2049 1:05:41	Mars 6,3° nördlich Aldebaran	27,9°
6.5.2049 11:09:45	Saturn stationär, dann rückläufig	
7.5.2049 13:55:41	Merkur in unterer Konjunktion zur Sonne, Transit	8,7'
13.5.2049 21:37:13	Neptun in Konjunktion zur Sonne	-1,7°
19.5.2049 7:17:24	Uranus stationär, dann rechtläufig	
19.5.2049 21:15:25	Merkur stationär, dann rechtläufig	
20.5.2049 9:38:08	Mars 4,5° südlich Elnath	23,2°
24.5.2049 20:58:00	Venus in größter westlicher Elongation zur Sonne	45,9°
25.5.2049 21:21:48	Jupiter 52' nördlich Eta Geminorum	29°
3.6.2049 11:37:00	Merkur in größter westlicher Elongation zur Sonne	24,4°
3.6.2049 11:55:11	Jupiter 49' nördlich Mü Geminorum	22,6°
6.6.2049 1:02:16	Mars 1,9° nördlich Eta Geminorum	18,3°
8.6.2049 1:12:47	Merkur 1,5° südlich Neptun	23,3°
8.6.2049 20:09:07	Mars 1,8° nördlich Mü Geminorum	17,5°
9.6.2049 10:34:51	Venus 13,2° südlich Hamal	41,7°
11.6.2049 12:06:41	Mars 60' nördlich Jupiter	16,7°
11.6.2049 23:32:27	Merkur 6,9° südlich Alkione	21,2°
13.6.2049 22:07:51	Mars 7,8° nördlich Alhena	16°
16.6.2049 3:49:35	Mars 1,1° südlich Epsilon Geminorum	15,3°
18.6.2049 15:44:24	Jupiter 6,8° nördlich Alhena	11,5°
19.6.2049 11:09:55	Merkur 4,1° nördlich Aldebaran	17,6°

Datum und Uhrzeit (WZ)	Ereignis	Elongation
25.6.2049 4:57:58	Jupiter 2,1° südlich Epsilon Geminorum	6,7°
25.6.2049 17:56:20	Merkur 5,6° südlich Elnath	11,6°
28.6.2049 23:29:45	Venus 52' südlich Neptun	42,6°
1.7.2049 0:51:39	Merkur 1,6° nördlich Eta Geminorum	5,6°
1.7.2049 21:16:51	Merkur 1,7° nördlich Mü Geminorum	4,6°
2.7.2049 20:30:41	Venus 6,7° südlich Alkione	40,9°
3.7.2049 10:01:58	Merkur 7,8° nördlich Alhena	2,9°
4.7.2049 2:06:44	Merkur 54' südlich Epsilon Geminorum	2,2°
4.7.2049 4:14:51	Mars 9,1° südlich Kastor	9,9°
4.7.2049 9:51:59	Jupiter in Konjunktion zur Sonne, Bedeckung	2,1'
5.7.2049 2:30:46	Merkur 1,3° nördlich Jupiter	0,5°
5.7.2049 14:52:06	Merkur in oberer Konjunktion zur Sonne	1,4°
8.7.2049 0:19:19	Mars 5,7° südlich Pollux	8,7°
9.7.2049 11:50:57	Merkur 8,5° südlich Kastor	4,9°
10.7.2049 15:59:28	Merkur 5° südlich Pollux	6,2°
11.7.2049 20:29:59	Merkur 43' nördlich Mars	7,5°
13.7.2049 5:25:41	Venus 3,3° nördlich Aldebaran	40,4°
16.7.2049 3:39:35	Saturnopposition	
17.7.2049 3:56:39	Merkur 32' nördlich M44	12,9°
23.7.2049 15:36:30	Venus 7,1° südlich Elnath	38,3°
28.7.2049 7:18:34	Mars 9,1' südlich M44	2,6°
30.7.2049 9:27:32	Merkur 13' nördlich Regulus	22,8°
2.8.2049 7:55:47	Venus 23' südlich Eta Geminorum	36,4°
3.8.2049 22:17:29	Venus 22' südlich Mü Geminorum	36°
4.8.2049 15:36:19	Mars in Konjunktion zur Sonne	1,1°
6.8.2049 19:31:22	Venus 5,7° nördlich Alhena	35,4°
8.8.2049 1:48:24	Venus 3,1° südlich Epsilon Geminorum	35,1°
10.8.2049 12:57:36	Merkur 1,9° südlich Uranus	26,2°
15.8.2049 2:38:00	Merkur in größter östlicher Elongation zur Sonne	27,4°
17.8.2049 16:38:28	Jupiter 10,1° südlich Kastor	32,6°
18.8.2049 1:41:14	Venus 10,7° südlich Kastor	32,9°
18.8.2049 3:34:46	Venus 34' südlich Jupiter	32,9°
20.8.2049 3:53:31	Venus 7,1° südlich Pollux	32,4°
28.8.2049 6:13:54	Merkur stationär, dann rückläufig	
29.8.2049 10:21:20	Neptun stationär, dann rückläufig	
30.8.2049 4:06:45	Jupiter 6,7° südlich Pollux	42,1°
31.8.2049 1:02:39	Venus 1,1° südlich M44	29,8°
1.9.2049 4:00:57	Mars 44' nördlich Regulus	8,7°
8.9.2049 13:25:18	Uranus in Konjunktion zur Sonne	44'
11.9.2049 7:18:11	Merkur in unterer Konjunktion zur Sonne	-3,5°
12.9.2049 1:02:06	Merkur 4,4° südlich Uranus	3,2°
18.9.2049 5:16:55	Venus 33' nördlich Regulus	25,2°
19.9.2049 18:16:14	Merkur stationär, dann rechtläufig	
20.9.2049 10:39:26	Merkur 2° südlich Mars	14,7°
24.9.2049 11:03:34	Saturn stationär, dann rechtläufig	
27.9.2049 4:45:00	Merkur in größter westlicher Elongation zur Sonne	17,9°

Datum und Uhrzeit (WZ)	Ereignis	Elon-gation
27.9.2049 12:06:49	Merkur 2,2' südlich Mars	17,9°
27.9.2049 20:14:27	Merkur 28' nördlich Uranus	17,6°
28.9.2049 3:11:13	Mars 26' nördlich Uranus	17,9°
2.10.2049 5:21:31	Venus 41' nördlich Uranus	21,7°
6.10.2049 1:48:20	Venus 19' nördlich Mars	20,9°
13.10.2049 4:06:13	Merkur 1,1° südlich Porrima	9,2°
20.10.2049 1:51:09	Merkur 3,5° nördlich Spika	3,3°
21.10.2049 9:57:39	Venus 1,4° südlich Porrima	17,1°
25.10.2049 16:17:08	Merkur in oberer Konjunktion zur Sonne	36'
30.10.2049 20:19:55	Venus 3,8° nördlich Spika	13,5°
2.11.2049 20:36:58	Merkur 41' südlich Zuben-el-dschenubi	4,9°
5.11.2049 4:16:44	Mars 1,9° südlich Porrima	31,6°
14.11.2049 17:00:37	Merkur 2,6° südlich Akrab	11,2°
16.11.2049 15:20:26	Neptunopposition	
17.11.2049 17:28:56	Venus 45' nördlich Zuben-el-dschenubi	10,1°
18.11.2049 11:20:34	Merkur 2,7° nördlich Antares	13,6°
20.11.2049 17:32:50	Jupiter stationär, dann rückläufig	
23.11.2049 16:09:57	Mars 3,3° nördlich Spika	37,3°
2.12.2049 9:01:25	Venus 28' südlich Akrab	6,7°
6.12.2049 22:36:18	Venus 5° nördlich Antares	5,5°
9.12.2049 11:31:00	Merkur in größter östlicher Elongation zur Sonne	20,9°
16.12.2049 1:50:04	Merkur 2,5° nördlich Nunki	18,8°
17.12.2049 17:14:36	Merkur stationär, dann rückläufig	
19.12.2049 7:24:05	Merkur 3,3° nördlich Nunki	15,6°
25.12.2049 22:29:10	Uranus stationär, dann rückläufig	
27.12.2049 5:52:58	Merkur in unterer Konjunktion zur Sonne	2,4°
27.12.2049 10:33:45	Merkur 2,8° nördlich Venus	0,7°
28.12.2049 17:35:03	Mars 29' nördlich Zuben-el-dschenubi	51,7°
29.12.2049 21:14:33	Venus in oberer Konjunktion zur Sonne	-32'

2050

Datum und Uhrzeit (WZ)	Ereignis	Elon-gation
2.1.2050 16:15:41	Venus 2,8° nördlich Nunki	1,1°
15.1.2050 3:48:10	Venus 52' südlich Saturn	4°
17.1.2050 14:55:00	Merkur in größter westlicher Elongation zur Sonne	23,9°
18.1.2050 13:58:46	Venus 5,9° südlich Beta Capricorni	4,8°
19.1.2050 5:46:59	Jupiteropposition	
19.1.2050 16:22:32	Saturn in Konjunktion zur Sonne, Bedeckung	-14'
25.1.2050 21:29:27	Merkur 3,6° nördlich Nunki	22,7°
26.1.2050 15:32:56	Mars 28' südlich Akrab	62,9°
2.2.2050 9:02:56	Neptun stationär, dann rechtläufig	
4.2.2050 13:01:04	Venus 1,2° nördlich Delta Capricorni	8,7°
4.2.2050 17:43:23	Mars 5,1° nördlich Antares	65,7°
7.2.2050 21:25:14	Merkur 1,2° südlich Saturn	17,3°

Datum und Uhrzeit (WZ)	Ereignis	Elongation
8.2.2050 21:16:04	Merkur 6,2° südlich Beta Capricorni	16,2°
21.2.2050 13:09:25	Saturn 5° südlich Beta Capricorni	28,7°
21.2.2050 22:54:52	Merkur 31' nördlich Delta Capricorni	9,3°
26.2.2050 20:59:43	Jupiter 6,2° südlich Pollux	135,1°
5.3.2050 6:59:48	Merkur in oberer Konjunktion zur Sonne	-1,7°
9.3.2050 2:16:57	Uranusopposition	
20.3.2050 8:05:18	Jupiter stationär, dann rechtläufig	
30.3.2050 17:40:00	Merkur in größter östlicher Elongation zur Sonne	18,9°
31.3.2050 9:21:49	Mars 3° nördlich Nunki	87,5°
1.4.2050 20:47:23	Venus 10,9° südlich Hamal	22,4°
8.4.2050 3:14:16	Merkur stationär, dann rückläufig	
11.4.2050 0:08:32	Jupiter 6,2° südlich Pollux	92,6°
18.4.2050 7:15:16	Merkur in unterer Konjunktion zur Sonne	1,8°
18.4.2050 18:13:54	Venus 2,2° nördlich Neptun	25,9°
22.4.2050 13:32:45	Venus 3,5° südlich Alkione	27,3°
30.4.2050 16:10:54	Merkur stationär, dann rechtläufig	
2.5.2050 0:45:28	Venus 6,6° nördlich Aldebaran	29,1°
5.5.2050 10:31:26	Mars 6,4° südlich Beta Capricorni	100,4°
11.5.2050 17:51:13	Venus 3,9° südlich Elnath	31,9°
15.5.2050 13:37:21	Mars 1,7° südlich Saturn	106°
16.5.2050 2:29:00	Merkur in größter westlicher Elongation zur Sonne	26°
16.5.2050 11:32:46	Neptun in Konjunktion zur Sonne	-1,7°
18.5.2050 21:26:26	Saturn stationär, dann rückläufig	
19.5.2050 19:43:34	Merkur 14,1° südlich Hamal	22,8°
20.5.2050 23:06:09	Venus 2,7° nördlich Eta Geminorum	34°
22.5.2050 12:07:42	Venus 2,6° nördlich Mü Geminorum	34,3°
24.5.2050 10:29:01	Uranus stationär, dann rechtläufig	
25.5.2050 7:19:39	Venus 8,7° nördlich Alhena	34,9°
26.5.2050 12:54:16	Venus 9,4' südlich Epsilon Geminorum	35,2°
4.6.2050 6:31:21	Merkur 48" südlich Neptun	17,4°
5.6.2050 11:02:43	Venus 8,1° südlich Kastor	37,1°
5.6.2050 21:53:16	Merkur 5,6° südlich Alkione	15,3°
7.6.2050 13:51:11	Venus 4,7° südlich Pollux	37,4°
11.6.2050 20:19:55	Merkur 5,2° nördlich Aldebaran	9,9°
15.6.2050 9:48:13	Venus 1,5° nördlich Jupiter	39,4°
17.6.2050 8:50:21	Merkur 4,7° südlich Elnath	3,4°
18.6.2050 20:16:30	Venus 48' nördlich M44	40°
20.6.2050 1:54:08	Merkur in oberer Konjunktion zur Sonne	1,1°
22.6.2050 9:43:38	Merkur 2,2° nördlich Eta Geminorum	3,1°
23.6.2050 1:05:41	Mars 1,6° südlich Delta Capricorni	127,5°
23.6.2050 5:59:22	Merkur 2,3° nördlich Mü Geminorum	4,1°
24.6.2050 19:00:07	Merkur 8,4° nördlich Alhena	6°
25.6.2050 11:25:30	Merkur 25' südlich Epsilon Geminorum	6,8°
1.7.2050 4:19:12	Merkur 8,3° südlich Kastor	12,9°
2.7.2050 10:58:06	Merkur 4,9° südlich Pollux	14,1°
5.7.2050 0:45:55	Jupiter 43' südlich M44	24,8°

Datum und Uhrzeit (WZ)	Ereignis	Elongation
8.7.2050 19:22:35	Venus 1° nördlich Regulus	43,4°
9.7.2050 18:33:23	Merkur 18' nördlich M44	20,2°
10.7.2050 11:24:59	Merkur 57' nördlich Jupiter	20,7°
17.7.2050 2:38:36	Mars stationär, dann rückläufig	
25.7.2050 22:25:17	Venus 31' südlich Uranus	45,1°
26.7.2050 18:19:23	Merkur 1,4° südlich Regulus	26,6°
28.7.2050 9:17:00	Merkur in größter östlicher Elongation zur Sonne	27,1°
28.7.2050 10:31:00	Saturnopposition	
7.8.2050 19:00:42	Jupiter in Konjunktion zur Sonne	37'
7.8.2050 21:29:00	Venus in größter östlicher Elongation zur Sonne	45,8°
10.8.2050 10:53:31	Merkur stationär, dann rückläufig	
10.8.2050 13:58:06	Mars 4,5° südlich Delta Capricorni	171,8°
14.8.2050 7:45:47	Marsopposition	
20.8.2050 20:28:55	Venus 5,7° südlich Porrima	42,9°
24.8.2050 20:19:18	Merkur 5,1° südlich Regulus	1,4°
25.8.2050 2:30:15	Merkur in unterer Konjunktion zur Sonne	-4,3°
27.8.2050 11:16:46	Saturn 5,3° südlich Beta Capricorni	149,1°
1.9.2050 0:00:00	Neptun stationär, dann rückläufig	
2.9.2050 23:10:21	Merkur stationär, dann rechtläufig	
7.9.2050 8:56:47	Venus 3° südlich Spika	39,6°
10.9.2050 19:08:00	Merkur in größter westlicher Elongation zur Sonne	18°
11.9.2050 1:18:34	Merkur 7,3' südlich Regulus	18°
13.9.2050 17:44:21	Uranus in Konjunktion zur Sonne	44'
15.9.2050 4:24:25	Mars stationär, dann rechtläufig	
24.9.2050 11:49:50	Merkur 1,2° nördlich Uranus	9,9°
24.9.2050 20:37:20	Venus stationär, dann rückläufig	
5.10.2050 14:32:51	Merkur 1,6° südlich Porrima	1,7°
6.10.2050 10:25:33	Saturn stationär, dann rechtläufig	
7.10.2050 0:16:43	Merkur in oberer Konjunktion zur Sonne	1,2°
11.10.2050 10:16:24	Venus 6,2° südlich Spika	6,6°
12.10.2050 7:21:38	Merkur 9° nördlich Venus	3,9°
12.10.2050 14:21:56	Merkur 2,8° nördlich Spika	4,1°
16.10.2050 19:57:18	Venus in unterer Konjunktion zur Sonne	-7,2°
18.10.2050 5:18:32	Mars 33' südlich Delta Capricorni	119°
21.10.2050 2:16:08	Jupiter 20' nördlich Regulus	57,4°
26.10.2050 19:30:49	Merkur 1,4° südlich Zuben-el-dschenubi	12,2°
4.11.2050 6:55:22	Venus stationär, dann rechtläufig	
8.11.2050 6:27:32	Merkur 3,2° südlich Akrab	17,9°
12.11.2050 8:47:30	Merkur 2,2° nördlich Antares	20,1°
14.11.2050 7:09:04	Saturn 5,4° südlich Beta Capricorni	71,4°
19.11.2050 2:42:02	Neptunopposition	
22.11.2050 6:42:00	Merkur in größter östlicher Elongation zur Sonne	22,2°
27.11.2050 17:35:23	Venus 3,6° nördlich Spika	41,2°
1.12.2050 17:46:14	Merkur stationär, dann rückläufig	
11.12.2050 13:03:26	Merkur in unterer Konjunktion zur Sonne	1,6°
21.12.2050 12:06:44	Merkur stationär, dann rechtläufig	

Datum und Uhrzeit (WZ)	Ereignis	Elongation
22.12.2050 1:41:17	Jupiter stationär, dann rückläufig	
23.12.2050 9:47:03	Venus 2,9° nördlich Zuben-el-dschenubi	46°
27.12.2050 13:11:00	Venus in größter westlicher Elongation zur Sonne	46,9°
31.12.2050 1:36:00	Merkur in größter westlicher Elongation zur Sonne	22,5°

2051

Datum und Uhrzeit (WZ)	Ereignis	Elongation
10.1.2051 3:15:09	Venus 2,1° nördlich Akrab	45,9°
15.1.2051 10:15:36	Venus 7,6° nördlich Antares	44,9°
20.1.2051 0:13:06	Merkur 2,7° nördlich Nunki	16,5°
31.1.2051 6:41:23	Saturn in Konjunktion zur Sonne	-40'
1.2.2051 19:17:05	Merkur 6,6° südlich Beta Capricorni	9,3°
4.2.2051 21:26:39	Neptun stationär, dann rechtläufig	
6.2.2051 22:55:32	Merkur 1,4° südlich Saturn	6°
14.2.2051 3:58:24	Venus 5° nördlich Nunki	41,8°
14.2.2051 7:17:42	Merkur 36' nördlich Delta Capricorni	2,3°
15.2.2051 10:01:23	Mars 9,9° südlich Hamal	68,4°
15.2.2051 16:30:14	Merkur in oberer Konjunktion zur Sonne	-2°
19.2.2051 14:29:54	Jupiteropposition	
24.2.2051 11:05:56	Jupiter 49' nördlich Regulus	174,3°
3.3.2051 2:55:26	Venus 4,3° südlich Beta Capricorni	38°
13.3.2051 11:46:34	Venus 36' nördlich Saturn	36,6°
13.3.2051 23:28:00	Merkur in größter westlicher Elongation zur Sonne	18,3°
14.3.2051 3:15:48	Uranusopposition	
20.3.2051 13:18:18	Mars 2,7° nördlich Neptun	56,2°
20.3.2051 18:22:20	Venus 2,2° nördlich Delta Capricorni	35,1°
20.3.2051 21:46:43	Merkur stationär, dann rückläufig	
25.3.2051 14:52:09	Mars 3,1° südlich Alkione	55,1°
30.3.2051 21:59:41	Merkur in unterer Konjunktion zur Sonne	2,9°
12.4.2051 3:26:54	Mars 6,6° nördlich Aldebaran	48,5°
12.4.2051 8:09:18	Merkur stationär, dann rechtläufig	
22.4.2051 5:35:53	Jupiter stationär, dann rechtläufig	
26.4.2051 21:40:04	Merkur 1,1° südlich Venus	26,6°
27.4.2051 22:15:00	Merkur in größter westlicher Elongation zur Sonne	27,1°
30.4.2051 4:46:36	Mars 4,2° südlich Elnath	43,3°
9.5.2051 20:15:47	Merkur 1,3° südlich Venus	23,4°
15.5.2051 8:33:20	Merkur 13,2° südlich Hamal	18,9°
16.5.2051 18:46:40	Venus 12,2° südlich Hamal	20,1°
17.5.2051 9:29:09	Mars 2,1° nördlich Eta Geminorum	37,6°
19.5.2051 1:12:45	Neptun in Konjunktion zur Sonne	-1,6°
20.5.2051 6:37:09	Mars 2° nördlich Mü Geminorum	36,7°
25.5.2051 12:04:23	Mars 8° nördlich Alhena	35°
27.5.2051 19:19:04	Mars 52' südlich Epsilon Geminorum	34,2°
28.5.2051 12:17:29	Merkur 1,1° nördlich Neptun	8,5°

Datum und Uhrzeit (WZ)	Ereignis	Elon-gation
29.5.2051 0:27:37	Merkur 4,6° südlich Alkione	7,9°
29.5.2051 14:55:57	Uranus stationär, dann rechtläufig	
31.5.2051 13:50:19	Saturn stationär, dann rückläufig	
3.6.2051 9:31:35	Merkur 6° nördlich Aldebaran	1,5°
4.6.2051 13:43:07	Merkur in oberer Konjunktion zur Sonne	41'
5.6.2051 23:16:47	Venus 40' nördlich Neptun	16,4°
6.6.2051 13:51:57	Venus 5,1° südlich Alkione	15,7°
8.6.2051 17:54:50	Merkur 4,1° südlich Elnath	5,3°
13.6.2051 22:58:00	Merkur 2,7° nördlich Eta Geminorum	11,3°
14.6.2051 20:40:35	Merkur 2,7° nördlich Mü Geminorum	12,3°
15.6.2051 6:25:58	Mars 9° südlich Kastor	28,3°
16.6.2051 1:11:42	Venus 4,9° nördlich Aldebaran	13,7°
16.6.2051 12:52:05	Merkur 8,7° nördlich Alhena	14°
17.6.2051 6:56:18	Merkur 6,2' südlich Epsilon Geminorum	14,7°
17.6.2051 17:56:55	Jupiter 37' nördlich Regulus	63,8°
19.6.2051 4:26:57	Mars 5,6° südlich Pollux	26,8°
23.6.2051 18:57:45	Merkur 8,3° südlich Kastor	20,1°
25.6.2051 7:20:52	Merkur 5° südlich Pollux	21,2°
25.6.2051 17:02:38	Venus 5,6° südlich Elnath	11,1°
27.6.2051 15:21:01	Neptun 5,8° südlich Alkione	35,5°
29.6.2051 17:32:59	Merkur 11' nördlich Mars	23,7°
4.7.2051 15:51:43	Merkur 35' südlich M44	25,4°
4.7.2051 19:03:52	Venus 1° nördlich Eta Geminorum	8,7°
6.7.2051 7:18:42	Venus 1° nördlich Mü Geminorum	8,2°
9.7.2051 0:52:49	Venus 7° nördlich Alhena	7,5°
9.7.2051 20:12:12	Mars 4,9' südlich M44	20,4°
10.7.2051 5:40:36	Venus 1,7° südlich Epsilon Geminorum	7,2°
10.7.2051 9:17:00	Merkur in größter östlicher Elongation zur Sonne	26,3°
19.7.2051 19:10:16	Venus 9,5° südlich Kastor	4,6°
21.7.2051 19:33:12	Venus 6° südlich Pollux	4,1°
23.7.2051 11:08:10	Merkur stationär, dann rückläufig	
27.7.2051 18:46:12	Merkur 5,5° südlich Mars	14,7°
1.8.2051 9:16:27	Venus 13' südlich M44	1,5°
5.8.2051 6:23:30	Venus in oberer Konjunktion zur Sonne	1,2°
6.8.2051 1:06:29	Merkur 6,4° südlich Venus	1,2°
7.8.2051 5:37:06	Merkur in unterer Konjunktion zur Sonne	-4,9°
9.8.2051 20:28:47	Saturnopposition	
14.8.2051 1:25:09	Mars 42' nördlich Regulus	9,1°
16.8.2051 18:06:07	Merkur stationär, dann rechtläufig	
19.8.2051 7:40:37	Venus 59' nördlich Regulus	4,1°
24.8.2051 19:26:40	Venus 22' nördlich Mars	5,6°
25.8.2051 4:33:00	Merkur in größter westlicher Elongation zur Sonne	18,4°
30.8.2051 15:26:09	Venus 28' nördlich Jupiter	7,1°
3.9.2051 10:39:44	Neptun stationär, dann rückläufig	
5.9.2051 10:56:08	Merkur 1,1° nördlich Regulus	12,3°
8.9.2051 1:05:43	Mars 2' nördlich Jupiter	1,3°

Datum und Uhrzeit (WZ)	Ereignis	Elongation
8.9.2051 8:22:37	Venus 41' nördlich Uranus	9,4°
9.9.2051 3:46:54	Jupiter in Konjunktion zur Sonne	60'
10.9.2051 12:43:44	Mars in Konjunktion zur Sonne	1°
14.9.2051 11:48:06	Merkur 50' nördlich Jupiter	4,2°
16.9.2051 16:22:41	Merkur 45' nördlich Mars	2,3°
18.9.2051 21:46:13	Uranus in Konjunktion zur Sonne	43'
18.9.2051 21:50:35	Merkur 55' nördlich Uranus	0,7°
19.9.2051 8:00:19	Merkur in oberer Konjunktion zur Sonne	1,5°
21.9.2051 16:56:47	Venus 1,8° südlich Porrima	12,5°
23.9.2051 13:08:18	Mars 16' nördlich Uranus	4,3°
27.9.2051 23:52:57	Merkur 2,2° südlich Porrima	6,6°
1.10.2051 6:12:23	Venus 3,1° nördlich Spika	15,4°
5.10.2051 7:17:27	Merkur 2,1° nördlich Spika	11,8°
17.10.2051 14:30:22	Mars 2,1° südlich Porrima	12,5°
18.10.2051 12:30:58	Saturn stationär, dann rechtläufig	
19.10.2051 8:20:13	Venus 15' südlich Zuben-el-dschenubi	19,8°
20.10.2051 9:40:03	Merkur 2,2° südlich Zuben-el-dschenubi	18,8°
3.11.2051 3:13:02	Venus 1,6° südlich Akrab	23,3°
3.11.2051 19:34:04	Merkur 3,9° südlich Akrab	22,6°
4.11.2051 14:53:01	Mars 3° nördlich Spika	17,7°
4.11.2051 21:21:00	Merkur in größter östlicher Elongation zur Sonne	23,5°
7.11.2051 17:40:40	Venus 3,9° nördlich Antares	24,7°
8.11.2051 1:09:52	Jupiter 24' nördlich Uranus	46,7°
10.11.2051 5:57:46	Merkur 1,9° nördlich Antares	22,6°
12.11.2051 18:35:42	Neptun 5,9° südlich Alkione	168,9°
15.11.2051 14:25:58	Merkur stationär, dann rückläufig	
20.11.2051 9:47:38	Merkur 3,6° nördlich Antares	12°
21.11.2051 14:05:57	Neptunopposition	
25.11.2051 12:21:24	Merkur 19' südlich Akrab	1,1°
25.11.2051 20:26:15	Merkur in unterer Konjunktion zur Sonne	48'
4.12.2051 17:25:44	Venus 1,8° nördlich Nunki	30,8°
5.12.2051 5:58:42	Merkur stationär, dann rechtläufig	
8.12.2051 5:07:52	Mars 8,8' nördlich Zuben-el-dschenubi	30,3°
13.12.2051 18:04:00	Merkur in größter westlicher Elongation zur Sonne	21,1°
16.12.2051 13:09:42	Merkur 58' nördlich Akrab	20,6°
20.12.2051 22:06:48	Venus 6,7° südlich Beta Capricorni	34,3°
21.12.2051 5:19:47	Merkur 6° nördlich Antares	19,3°

2052

Datum und Uhrzeit (WZ)	Ereignis	Elongation
2.1.2052 2:03:20	Venus 48' südlich Saturn	36,8°
4.1.2052 6:15:16	Mars 48' südlich Akrab	39,5°
7.1.2052 10:43:50	Venus 55' nördlich Delta Capricorni	37,5°
12.1.2052 14:50:39	Mars 4,7° nördlich Antares	41,8°

Datum und Uhrzeit (WZ)	Ereignis	Elongation
13.1.2052 2:25:12	Merkur 2,1° nördlich Nunki	9,4°
21.1.2052 9:17:21	Jupiter stationär, dann rückläufig	
25.1.2052 8:41:43	Merkur 6,8° südlich Beta Capricorni	2,8°
28.1.2052 3:43:28	Merkur in oberer Konjunktion zur Sonne	-2,1°
5.2.2052 4:29:08	Merkur 51' südlich Saturn	6,2°
6.2.2052 15:41:30	Merkur 51' nördlich Delta Capricorni	7,2°
7.2.2052 7:36:34	Neptun stationär, dann rechtläufig	
12.2.2052 1:57:23	Saturn in Konjunktion zur Sonne	-1,1°
25.2.2052 10:08:00	Merkur in größter östlicher Elongation zur Sonne	18,1°
26.2.2052 17:43:19	Saturn 1,6° nördlich Delta Capricorni	13,1°
29.2.2052 22:29:42	Mars 2,9° nördlich Nunki	57,6°
2.3.2052 12:31:28	Merkur stationär, dann rückläufig	
9.3.2052 9:34:21	Venus 8,2° südlich Hamal	46,1°
12.3.2052 8:09:52	Merkur in unterer Konjunktion zur Sonne	3,5°
15.3.2052 11:12:00	Venus in größter westlicher Elongation zur Sonne	46,2°
18.3.2052 4:42:56	Uranusopposition	
21.3.2052 3:48:12	Jupiteropposition	
29.3.2052 4:19:05	Mars 5,7° südlich Beta Capricorni	64,5°
4.4.2052 21:55:36	Venus 6,2° nördlich Neptun	42,9°
5.4.2052 21:07:28	Venus 28' nördlich Alkione	44,1°
9.4.2052 0:20:00	Merkur in größter westlicher Elongation zur Sonne	27,8°
26.4.2052 3:16:14	Venus 10,9° nördlich Aldebaran	34,3°
27.4.2052 22:17:43	Mars 1,1° nördlich Delta Capricorni	73,7°
28.4.2052 4:24:43	Neptun 5,8° südlich Alkione	20,9°
4.5.2052 6:41:00	Venus stationär, dann rückläufig	
7.5.2052 5:31:04	Merkur 12,3° südlich Hamal	13,3°
7.5.2052 5:39:56	Mars 30' südlich Saturn	75,9°
12.5.2052 3:48:54	Venus 9,9° nördlich Aldebaran	19,1°
19.5.2052 0:33:38	Merkur in oberer Konjunktion zur Sonne	17'
19.5.2052 13:16:33	Merkur 3,8° südlich Alkione	0,7°
19.5.2052 22:03:17	Merkur 2,1° nördlich Neptun	1,2°
20.5.2052 15:12:32	Neptun in Konjunktion zur Sonne	-1,6°
22.5.2052 13:10:33	Merkur 1,6° südlich Venus	4,4°
23.5.2052 2:19:37	Jupiter stationär, dann rechtläufig	
24.5.2052 20:17:16	Merkur 6,8° nördlich Aldebaran	7,2°
25.5.2052 10:55:30	Venus in unterer Konjunktion zur Sonne	1,8°
30.5.2052 11:34:54	Merkur 3,5° südlich Elnath	13,5°
31.5.2052 19:22:43	Venus 2° nördlich Neptun	9,9°
2.6.2052 18:13:20	Uranus stationär, dann rechtläufig	
3.6.2052 10:53:10	Venus 4,5° südlich Alkione	13,5°
5.6.2052 9:16:23	Merkur 3° nördlich Eta Geminorum	18,8°
6.6.2052 11:00:20	Merkur 2,9° nördlich Mü Geminorum	19,6°
8.6.2052 11:40:30	Merkur 8,8° nördlich Alhena	20,9°
9.6.2052 10:03:35	Merkur 2' südlich Epsilon Geminorum	21,5°
12.6.2052 11:34:34	Saturn stationär, dann rückläufig	
15.6.2052 2:11:23	Venus stationär, dann rechtläufig	

Datum und Uhrzeit (WZ)	Ereignis	Elongation
18.6.2052 6:42:46	Merkur 9,1° südlich Kastor	24,8°
20.6.2052 17:20:32	Merkur 6° südlich Pollux	24,7°
21.6.2052 2:11:00	Merkur in größter östlicher Elongation zur Sonne	25°
27.6.2052 8:44:22	Venus 8° südlich Alkione	35,9°
2.7.2052 11:03:30	Venus 2,4° südlich Neptun	39,5°
4.7.2052 7:27:58	Merkur stationär, dann rückläufig	
16.7.2052 17:45:56	Venus 1,4° nördlich Aldebaran	44,3°
18.7.2052 13:28:24	Merkur in unterer Konjunktion zur Sonne	-4,9°
19.7.2052 8:50:23	Merkur 11,8° südlich Pollux	5,1°
23.7.2052 21:44:40	Merkur 15° südlich Kastor	9,5°
28.7.2052 22:25:30	Merkur stationär, dann rechtläufig	
30.7.2052 21:33:30	Venus 9° südlich Elnath	45,4°
2.8.2052 15:40:11	Merkur 13° südlich Kastor	18,1°
3.8.2052 17:45:00	Venus in größter westlicher Elongation zur Sonne	45,8°
6.8.2052 7:17:44	Merkur 8,6° südlich Pollux	19,1°
7.8.2052 5:55:00	Merkur in größter westlicher Elongation zur Sonne	19,2°
11.8.2052 16:24:46	Venus 2,1° südlich Eta Geminorum	45,5°
13.8.2052 13:19:48	Venus 2° südlich Mü Geminorum	45,4°
14.8.2052 10:53:37	Mars 14,1° südlich Hamal	103,8°
16.8.2052 1:37:57	Merkur 45' südlich M44	15,7°
16.8.2052 21:21:04	Venus 4,1° nördlich Alhena	45,2°
18.8.2052 8:04:05	Venus 4,6° südlich Epsilon Geminorum	45,1°
21.8.2052 10:19:54	Saturnopposition	
27.8.2052 12:39:34	Merkur 1,4° nördlich Regulus	4,4°
29.8.2052 12:23:51	Venus 12° südlich Kastor	43,9°
31.8.2052 19:22:44	Venus 8,4° südlich Pollux	43,6°
1.9.2052 9:50:26	Merkur in oberer Konjunktion zur Sonne	1,7°
4.9.2052 22:02:17	Neptun stationär, dann rückläufig	
12.9.2052 11:29:31	Merkur 14' nördlich Uranus	9,6°
12.9.2052 12:40:50	Venus 2,1° südlich M44	41,9°
16.9.2052 2:32:07	Jupiter 1,8° südlich Porrima	17,2°
19.9.2052 16:54:54	Merkur 2,9° südlich Porrima	13,7°
20.9.2052 6:35:12	Merkur 1,1° südlich Jupiter	14,5°
22.9.2052 8:12:40	Mars stationär, dann rückläufig	
23.9.2052 1:22:41	Uranus in Konjunktion zur Sonne	42'
27.9.2052 13:48:35	Merkur 1,3° nördlich Spika	18,9°
1.10.2052 13:09:56	Venus 2' nördlich Regulus	38,5°
9.10.2052 2:39:49	Jupiter in Konjunktion zur Sonne	1,1°
14.10.2052 21:06:09	Merkur 3,2° südlich Zuben-el-dschenubi	23,5°
17.10.2052 9:40:00	Merkur in größter östlicher Elongation zur Sonne	24,8°
28.10.2052 3:55:29	Venus 56' nördlich Uranus	32,6°
28.10.2052 6:28:03	Marsopposition	
29.10.2052 5:11:14	Merkur stationär, dann rückläufig	
29.10.2052 19:37:11	Saturn stationär, dann rechtläufig	
31.10.2052 19:38:56	Mars 11,9° südlich Hamal	170°
4.11.2052 9:15:51	Venus 1,2° südlich Porrima	31,4°

Datum und Uhrzeit (WZ)	Ereignis	Elongation
9.11.2052 2:16:46	Merkur in unterer Konjunktion zur Sonne, Transit	-5,4'
9.11.2052 22:53:57	Jupiter 3,4° nördlich Spika	23,8°
10.11.2052 7:01:47	Merkur 44" südlich Zuben-el-dschenubi, Bedeckung	2,8°
13.11.2052 21:55:06	Venus 4,1° nördlich Spika	27,7°
14.11.2052 16:52:36	Venus 40' nördlich Jupiter	28,8°
18.11.2052 0:07:16	Merkur stationär, dann rechtläufig	
23.11.2052 1:09:54	Neptunopposition	
25.11.2052 18:10:00	Merkur in größter westlicher Elongation zur Sonne	19,9°
26.11.2052 12:59:56	Merkur 2,1° nördlich Zuben-el-dschenubi	19,2°
30.11.2052 10:33:55	Mars stationär, dann rechtläufig	
1.12.2052 22:33:34	Venus 1,2° nördlich Zuben-el-dschenubi	24,7°
10.12.2052 10:16:58	Merkur 8' südlich Akrab	15,1°
14.12.2052 6:56:01	Merkur 5° nördlich Antares	13,2°
16.12.2052 17:02:02	Venus 5,2' nördlich Akrab	21,5°
21.12.2052 7:30:59	Venus 5,6° nördlich Antares	20,1°

2053

Datum und Uhrzeit (WZ)	Ereignis	Elongation
1.1.2053 0:22:20	Mars 9,3° südlich Hamal	114,2°
4.1.2053 19:42:32	Merkur 1,7° nördlich Nunki	2,4°
7.1.2053 12:51:05	Merkur in oberer Konjunktion zur Sonne	-1,9°
16.1.2053 20:57:20	Merkur 6,9° südlich Beta Capricorni	6,3°
17.1.2053 5:54:31	Venus 3,3° nördlich Nunki	14,1°
29.1.2053 14:15:12	Merkur 1,5° nördlich Delta Capricorni	14,4°
2.2.2053 5:14:18	Venus 5,5° südlich Beta Capricorni	10,1°
4.2.2053 1:26:05	Merkur 1,3° nördlich Saturn	17,1°
7.2.2053 22:42:00	Merkur in größter östlicher Elongation zur Sonne	18,2°
8.2.2053 19:49:41	Neptun stationär, dann rechtläufig	
13.2.2053 18:59:58	Merkur stationär, dann rückläufig	
19.2.2053 4:45:31	Venus 1,4° nördlich Delta Capricorni	6,4°
21.2.2053 21:27:53	Merkur 5,5° nördlich Saturn	1,9°
23.2.2053 3:45:20	Saturn in Konjunktion zur Sonne	-1,5°
23.2.2053 9:53:58	Merkur in unterer Konjunktion zur Sonne	3,7°
24.2.2053 4:54:41	Mars 2,5° südlich Alkione	84,2°
24.2.2053 19:18:35	Merkur 5,4° nördlich Venus	4,7°
25.2.2053 9:05:58	Mars 3,4° nördlich Neptun	82,9°
27.2.2053 20:32:12	Venus 6,6' nördlich Saturn	4,3°
7.3.2053 15:17:32	Merkur stationär, dann rechtläufig	
16.3.2053 10:27:49	Venus in oberer Konjunktion zur Sonne	-1,4°
16.3.2053 14:37:13	Mars 7,2° nördlich Aldebaran	74,1°
22.3.2053 7:22:00	Merkur in größter westlicher Elongation zur Sonne	27,7°
23.3.2053 6:18:35	Uranusopposition	
26.3.2053 4:40:20	Merkur 10' südlich Saturn	27,4°
5.4.2053 17:27:06	Mars 3,8° südlich Elnath	66,7°

Datum und Uhrzeit (WZ)	Ereignis	Elongation
16.4.2053 6:01:10	Venus 11,4° südlich Hamal	7,9°
20.4.2053 19:30:50	Jupiteropposition	
24.4.2053 8:42:15	Mars 2,4° nördlich Eta Geminorum	59,5°
27.4.2053 10:44:13	Mars 2,4° nördlich Mü Geminorum	58,3°
29.4.2053 4:25:46	Merkur 11,5° südlich Hamal	4,9°
3.5.2053 0:30:47	Mars 8,3° nördlich Alhena	56,2°
3.5.2053 8:40:40	Merkur in oberer Konjunktion zur Sonne, Bedeckung	-9,8'
5.5.2053 11:18:41	Mars 34' südlich Epsilon Geminorum	55,3°
6.5.2053 18:39:14	Venus 4,1° südlich Alkione	13,2°
8.5.2053 19:38:48	Venus 1,8° nördlich Neptun	13,4°
11.5.2053 3:17:06	Merkur 2,9° südlich Alkione	9,3°
12.5.2053 9:43:58	Merkur 3° nördlich Neptun	10,1°
16.5.2053 3:23:12	Venus 5,9° nördlich Aldebaran	15,6°
16.5.2053 20:28:43	Merkur 7,5° nördlich Aldebaran	15,1°
18.5.2053 4:41:53	Merkur 1,5° nördlich Venus	16,2°
23.5.2053 5:03:24	Neptun in Konjunktion zur Sonne	-1,6°
23.5.2053 13:44:52	Merkur 3,1° südlich Elnath	20,4°
24.5.2053 22:34:50	Mars 8,8° südlich Kastor	47,6°
25.5.2053 17:11:41	Venus 4,6° südlich Elnath	18,1°
29.5.2053 0:53:27	Mars 5,4° südlich Pollux	46,2°
31.5.2053 20:48:23	Merkur 2,8° nördlich Eta Geminorum	23,3°
2.6.2053 15:56:00	Merkur in größter östlicher Elongation zur Sonne	23,4°
2.6.2053 16:00:17	Merkur 2,5° nördlich Mü Geminorum	23,4°
3.6.2053 18:14:53	Venus 2° nördlich Eta Geminorum	20,5°
5.6.2053 6:27:38	Venus 2° nördlich Mü Geminorum	20,9°
6.6.2053 16:33:05	Merkur 7,8° nördlich Alhena	22,9°
7.6.2053 23:33:15	Uranus stationär, dann rechtläufig	
8.6.2053 0:02:19	Venus 8° nördlich Alhena	21,6°
9.6.2053 3:07:08	Merkur 1,5° südlich Epsilon Geminorum	22°
9.6.2053 4:55:11	Venus 47' südlich Epsilon Geminorum	21,9°
9.6.2053 6:12:15	Merkur 47' südlich Venus	21,9°
15.6.2053 21:47:17	Merkur stationär, dann rückläufig	
18.6.2053 19:45:47	Venus 8,7° südlich Kastor	24,4°
19.6.2053 11:51:11	Mars 2' nördlich M44	39,3°
20.6.2053 20:38:11	Venus 5,2° südlich Pollux	24,8°
23.6.2053 0:59:08	Merkur 5,2° südlich Epsilon Geminorum	8,9°
23.6.2053 2:42:44	Jupiter stationär, dann rechtläufig	
25.6.2053 14:59:59	Saturn stationär, dann rückläufig	
25.6.2053 22:08:35	Merkur 3° nördlich Alhena	6,1°
29.6.2053 1:22:40	Merkur in unterer Konjunktion zur Sonne	-4,3°
1.7.2053 14:40:42	Venus 26' nördlich M44	27,7°
1.7.2053 19:24:11	Merkur 3,8° südlich Mü Geminorum	4,5°
6.7.2053 2:08:06	Merkur 3,9° südlich Eta Geminorum	10,3°
10.7.2053 7:50:03	Merkur stationär, dann rechtläufig	
14.7.2053 5:40:49	Venus 31' nördlich Mars	30,9°
14.7.2053 8:56:17	Merkur 2,9° südlich Eta Geminorum	18,2°

Datum und Uhrzeit (WZ)	Ereignis	Elongation
18.7.2053 0:17:04	Merkur 2,3° südlich Mü Geminorum	19,8°
20.7.2053 3:21:21	Venus 1,2° nördlich Regulus	32,3°
20.7.2053 20:35:00	Merkur in größter westlicher Elongation zur Sonne	20,3°
21.7.2053 23:22:56	Merkur 4,6° nördlich Alhena	20,2°
23.7.2053 8:12:53	Merkur 3,9° südlich Epsilon Geminorum	20°
25.7.2053 14:23:58	Mars 41' nördlich Regulus	27,2°
31.7.2053 9:37:31	Merkur 10,2° südlich Kastor	16°
1.8.2053 18:49:35	Merkur 6,5° südlich Pollux	14,9°
8.8.2053 9:29:20	Merkur 3,3' nördlich M44	8,4°
16.8.2053 0:41:52	Merkur in oberer Konjunktion zur Sonne	1,8°
16.8.2053 23:25:47	Venus 12' südlich Uranus	38,5°
19.8.2053 6:20:44	Merkur 1,3° nördlich Regulus	3,8°
24.8.2053 15:41:52	Venus 3° südlich Porrima	39°
1.9.2053 16:30:11	Merkur 9,7' südlich Mars	14,7°
3.9.2053 4:41:11	Saturnopposition	
4.9.2053 1:21:22	Venus 1,5° nördlich Spika	42°
7.9.2053 10:48:17	Neptun stationär, dann rückläufig	
7.9.2053 23:43:45	Merkur 49' südlich Uranus	18,5°
13.9.2053 5:01:05	Merkur 3,8° südlich Porrima	20,2°
14.9.2053 13:11:28	Venus 2,5° südlich Jupiter	42,9°
17.9.2053 21:27:08	Mars 3,2' nördlich Uranus	9,4°
22.9.2053 6:43:35	Merkur 7,3' nördlich Spika	24,9°
24.9.2053 2:08:14	Venus 2,5° südlich Zuben-el-dschenubi	44,3°
28.9.2053 4:33:05	Uranus in Konjunktion zur Sonne	41'
28.9.2053 12:23:08	Mars 2,3° südlich Porrima	5,8°
29.9.2053 21:41:00	Merkur in größter östlicher Elongation zur Sonne	26°
11.10.2053 0:37:46	Venus 4,3° südlich Akrab	45,8°
12.10.2053 12:16:24	Merkur stationär, dann rückläufig	
16.10.2053 8:37:06	Mars 2,8° nördlich Spika	0,5°
16.10.2053 11:45:33	Venus 1,1° nördlich Antares	46,9°
16.10.2053 17:19:04	Mars in Konjunktion zur Sonne	30'
20.10.2053 5:57:00	Venus in größter östlicher Elongation zur Sonne	46,9°
24.10.2053 4:44:53	Merkur in unterer Konjunktion zur Sonne	-1°
25.10.2053 6:00:02	Merkur 1,2° südlich Mars	2,5°
1.11.2053 17:48:29	Merkur stationär, dann rechtläufig	
4.11.2053 10:57:44	Jupiter 36' nördlich Zuben-el-dschenubi	3,3°
8.11.2053 12:05:34	Jupiter in Konjunktion zur Sonne	54'
9.11.2053 1:34:00	Merkur in größter westlicher Elongation zur Sonne	19°
11.11.2053 8:13:33	Saturn stationär, dann rechtläufig	
18.11.2053 7:19:27	Mars 7,4' südlich Zuben-el-dschenubi	10,6°
21.11.2053 17:58:43	Merkur 1,2° nördlich Zuben-el-dschenubi	14,1°
24.11.2053 15:35:31	Merkur 1° nördlich Mars	12,6°
24.11.2053 16:32:06	Merkur 16' nördlich Jupiter	12,8°
24.11.2053 18:10:42	Mars 46' südlich Jupiter	12,6°
25.11.2053 12:21:25	Neptunopposition	
25.11.2053 22:11:24	Venus 3,6' nördlich Nunki	39,2°

Datum und Uhrzeit (WZ)	Ereignis	Elongation
3.12.2053 16:47:09	Merkur 56' südlich Akrab	7,9°
7.12.2053 9:06:07	Merkur 4,3° nördlich Antares	5,8°
9.12.2053 0:06:41	Venus stationär, dann rückläufig	
14.12.2053 12:47:53	Mars 1,1° südlich Akrab	18,8°
17.12.2053 22:32:24	Merkur in oberer Konjunktion zur Sonne	-1,4°
21.12.2053 14:10:19	Venus 4,7° nördlich Nunki	13,4°
22.12.2053 14:09:49	Mars 4,5° nördlich Antares	21,2°
26.12.2053 17:58:08	Merkur 4,6° südlich Venus	5,4°
28.12.2053 11:51:14	Merkur 1,4° nördlich Nunki	6,4°
30.12.2053 1:55:20	Venus in unterer Konjunktion zur Sonne	3,4°

2054

Datum und Uhrzeit (WZ)	Ereignis	Elongation
9.1.2054 18:11:23	Merkur 6,7° südlich Beta Capricorni	13,7°
19.1.2054 11:27:46	Venus stationär, dann rechtläufig	
21.1.2054 4:43:16	Venus 6,7° nördlich Mars	30,2°
22.1.2054 10:29:00	Merkur in größter östlicher Elongation zur Sonne	18,6°
28.1.2054 12:02:48	Merkur stationär, dann rückläufig	
6.2.2054 19:07:57	Mars 2,8° nördlich Nunki	34,8°
6.2.2054 23:13:50	Merkur in unterer Konjunktion zur Sonne	3,6°
9.2.2054 11:33:54	Jupiter 4,5' südlich Akrab	77°
11.2.2054 6:06:32	Neptun stationär, dann rechtläufig	
16.2.2054 18:27:58	Venus 8,2° nördlich Nunki	44,5°
18.2.2054 20:36:20	Merkur stationär, dann rechtläufig	
4.3.2054 16:47:00	Merkur in größter westlicher Elongation zur Sonne	27,2°
5.3.2054 14:24:33	Mars 5,7° südlich Beta Capricorni	40,6°
7.3.2054 13:30:51	Saturn in Konjunktion zur Sonne	-1,8°
10.3.2054 15:00:00	Venus in größter westlicher Elongation zur Sonne	46,7°
11.3.2054 6:44:10	Venus 2,2° südlich Beta Capricorni	46,3°
11.3.2054 9:20:45	Merkur 1,4° nördlich Delta Capricorni	26,3°
22.3.2054 14:33:40	Jupiter stationär, dann rückläufig	
26.3.2054 5:06:38	Venus 2,3° nördlich Mars	46°
28.3.2054 7:09:37	Merkur 34' südlich Saturn	18,2°
28.3.2054 8:03:02	Uranusopposition	
31.3.2054 9:44:38	Venus 3,4° nördlich Delta Capricorni	45,5°
2.4.2054 16:46:23	Mars 1,4° nördlich Delta Capricorni	48,4°
17.4.2054 12:06:45	Merkur in oberer Konjunktion zur Sonne	-38'
20.4.2054 20:35:02	Merkur 10,6° südlich Hamal	3,8°
25.4.2054 2:27:25	Venus 48' nördlich Saturn	42°
3.5.2054 5:07:24	Jupiter 1,8' nördlich Akrab	159°
3.5.2054 14:28:21	Merkur 2,1° südlich Alkione	17°
6.5.2054 7:16:11	Merkur 3,9° nördlich Neptun	18,1°
11.5.2054 2:01:12	Merkur 8° nördlich Aldebaran	20,6°
11.5.2054 18:50:17	Mars 25' nördlich Saturn	56,8°

Datum und Uhrzeit (WZ)	Ereignis	Elongation
15.5.2054 9:43:00	Merkur in größter östlicher Elongation zur Sonne	21,8°
22.5.2054 10:52:19	Jupiteropposition	
25.5.2054 18:52:14	Neptun in Konjunktion zur Sonne	-1,6°
28.5.2054 2:51:47	Merkur stationär, dann rückläufig	
30.5.2054 6:04:49	Venus 12,6° südlich Hamal	32,1°
8.6.2054 22:28:50	Merkur in unterer Konjunktion zur Sonne	-2,9°
13.6.2054 2:29:42	Uranus stationär, dann rechtläufig	
20.6.2054 14:24:39	Venus 5,7° südlich Alkione	29°
20.6.2054 21:26:42	Merkur stationär, dann rechtläufig	
25.6.2054 23:30:02	Venus 12' nördlich Neptun	28,7°
30.6.2054 7:00:24	Venus 4,3° nördlich Aldebaran	27,6°
2.7.2054 23:46:00	Merkur in größter westlicher Elongation zur Sonne	21,8°
4.7.2054 14:31:42	Mars 12,3° südlich Hamal	64,9°
6.7.2054 0:03:03	Merkur 8° südlich Elnath	21,4°
9.7.2054 0:05:13	Saturn stationär, dann rückläufig	
10.7.2054 3:39:05	Venus 6,2° südlich Elnath	25,2°
14.7.2054 0:04:46	Merkur 1,5' nördlich Eta Geminorum	17,6°
15.7.2054 2:22:05	Merkur 12' nördlich Mü Geminorum	16,8°
16.7.2054 23:32:41	Merkur 6,5° nördlich Alhena	15,3°
17.7.2054 18:38:07	Merkur 2,1° südlich Epsilon Geminorum	14,6°
19.7.2054 9:30:08	Venus 27' nördlich Eta Geminorum	22,8°
20.7.2054 22:19:50	Venus 27' nördlich Mü Geminorum	22,4°
23.7.2054 15:34:14	Merkur 9,3° südlich Kastor	8,5°
23.7.2054 16:51:32	Venus 6,5° nördlich Alhena	21,7°
24.7.2054 5:21:18	Jupiter stationär, dann rechtläufig	
24.7.2054 19:47:54	Merkur 5,7° südlich Pollux	7,2°
24.7.2054 22:07:10	Venus 2,3° südlich Epsilon Geminorum	21,4°
30.7.2054 22:51:34	Merkur 25' nördlich M44	1,3°
31.7.2054 0:43:05	Merkur in oberer Konjunktion zur Sonne	1,7°
3.8.2054 14:20:58	Venus 10° südlich Kastor	18,8°
5.8.2054 15:08:12	Venus 6,5° südlich Pollux	18,3°
11.8.2054 2:35:12	Mars 5,4° südlich Alkione	78°
11.8.2054 4:40:02	Merkur 1,1° nördlich Regulus	11,5°
16.8.2054 6:29:11	Venus 34' südlich M44	15,5°
23.8.2054 18:00:20	Mars 32' nördlich Neptun	83,5°
30.8.2054 6:11:22	Mars 4,5° nördlich Aldebaran	86°
3.9.2054 5:08:02	Venus 49' nördlich Regulus	10,4°
5.9.2054 23:15:57	Merkur 2,5° südlich Uranus	25°
8.9.2054 20:52:01	Merkur 5,3° südlich Porrima	24,6°
9.9.2054 21:37:27	Neptun stationär, dann rückläufig	
12.9.2054 10:05:00	Merkur in größter östlicher Elongation zur Sonne	26,9°
16.9.2054 3:59:14	Saturnopposition	
21.9.2054 21:25:41	Mars 5,9° südlich Elnath	95,8°
25.9.2054 10:51:20	Merkur stationär, dann rückläufig	
3.10.2054 7:03:46	Uranus in Konjunktion zur Sonne	39'
5.10.2054 6:09:37	Venus 44' nördlich Uranus	1,9°

Datum und Uhrzeit (WZ)	Ereignis	Elongation
6.10.2054 8:32:20	Venus 1,6° südlich Porrima	2,2°
6.10.2054 14:14:01	Jupiter 27' südlich Akrab	50,4°
8.10.2054 1:29:26	Merkur 3,6° südlich Venus	1,9°
8.10.2054 1:51:50	Merkur in unterer Konjunktion zur Sonne	-2°
10.10.2054 4:43:47	Merkur 4,5° südlich Porrima	4,7°
11.10.2054 8:01:37	Merkur 1,7° südlich Uranus	6,8°
13.10.2054 6:09:18	Venus in oberer Konjunktion zur Sonne	1,2°
15.10.2054 19:30:19	Venus 3,4° nördlich Spika	1,3°
16.10.2054 10:07:08	Merkur stationär, dann rechtläufig	
22.10.2054 8:22:48	Merkur 1,3° nördlich Uranus	17,7°
22.10.2054 16:11:17	Merkur 1° südlich Porrima	18,3°
23.10.2054 13:27:28	Mars 1,4° nördlich Eta Geminorum	116,1°
23.10.2054 14:32:00	Merkur in größter westlicher Elongation zur Sonne	18,3°
27.10.2054 7:17:02	Uranus 2,3° südlich Porrima	22,3°
31.10.2054 18:41:07	Merkur 4,4° nördlich Spika	14,1°
2.11.2054 17:26:15	Venus 16' nördlich Zuben-el-dschenubi	5,3°
4.11.2054 17:58:53	Jupiter 5,1° nördlich Antares	27,2°
8.11.2054 22:18:21	Mars stationär, dann rückläufig	
14.11.2054 22:31:05	Merkur 25' nördlich Zuben-el-dschenubi	7°
17.11.2054 9:16:37	Venus 1° südlich Akrab	8,8°
21.11.2054 22:54:44	Venus 4,5° nördlich Antares	10°
24.11.2054 1:24:38	Saturn stationär, dann rechtläufig	
24.11.2054 13:50:39	Mars 2,8° nördlich Eta Geminorum	148,3°
25.11.2054 13:43:27	Venus 47' südlich Jupiter	10,8°
26.11.2054 13:23:13	Merkur 1,6° südlich Akrab	0,6°
26.11.2054 23:54:34	Merkur in oberer Konjunktion zur Sonne	-37'
27.11.2054 23:30:43	Neptunopposition	
30.11.2054 4:51:08	Merkur 3,7° nördlich Antares	2°
4.12.2054 8:05:17	Merkur 1,8° südlich Jupiter	3,9°
9.12.2054 6:35:56	Jupiter in Konjunktion zur Sonne	26'
17.12.2054 22:08:43	Marsopposition	
18.12.2054 16:38:08	Venus 2,3° nördlich Nunki	16,5°
21.12.2054 11:21:43	Merkur 1,2° nördlich Nunki	13,7°
25.12.2054 19:30:13	Mars 2,2° südlich Elnath	167,9°

2055

Datum und Uhrzeit (WZ)	Ereignis	Elongation
3.1.2055 15:19:19	Venus 6,3° südlich Beta Capricorni	20,2°
4.1.2055 14:17:25	Merkur 6° südlich Beta Capricorni	19,3°
5.1.2055 19:07:00	Merkur in größter östlicher Elongation zur Sonne	19,3°
18.1.2055 22:36:52	Uranus stationär, dann rückläufig	
19.1.2055 18:38:16	Merkur 1,8° südlich Beta Capricorni	5,5°
20.1.2055 17:29:02	Venus 1,1° nördlich Delta Capricorni	23,8°
21.1.2055 20:47:13	Merkur in unterer Konjunktion zur Sonne	3,2°

Datum und Uhrzeit (WZ)	Ereignis	Elongation
23.1.2055 8:05:23	Mars stationär, dann rechtläufig	
2.2.2055 6:58:41	Merkur stationär, dann rechtläufig	
13.2.2055 17:31:52	Neptun stationär, dann rechtläufig	
15.2.2055 2:18:00	Merkur in größter westlicher Elongation zur Sonne	26,1°
15.2.2055 2:53:03	Venus 1° nördlich Saturn	29,4°
18.2.2055 6:56:33	Merkur 4,9° südlich Beta Capricorni	25,2°
23.2.2055 19:11:17	Mars 2,6° südlich Elnath	108°
5.3.2055 20:07:12	Merkur 45' nördlich Delta Capricorni	20,7°
19.3.2055 4:37:08	Venus 10,1° südlich Hamal	36,5°
20.3.2055 8:15:29	Saturn in Konjunktion zur Sonne	-2°
24.3.2055 6:05:25	Mars 3,2° nördlich Eta Geminorum	90,5°
28.3.2055 7:15:55	Mars 3,1° nördlich Mü Geminorum	88,3°
1.4.2055 8:23:25	Merkur in oberer Konjunktion zur Sonne	-1,1°
2.4.2055 9:41:44	Uranusopposition	
4.4.2055 8:57:47	Mars 8,9° nördlich Alhena	84,7°
7.4.2055 9:43:51	Mars 2,9' nördlich Epsilon Geminorum	83,1°
9.4.2055 16:06:32	Venus 2,4° südlich Alkione	40,5°
12.4.2055 20:51:57	Merkur 9,6° südlich Hamal	12,3°
14.4.2055 19:37:25	Venus 3,6° nördlich Neptun	40,7°
19.4.2055 15:23:10	Venus 7,7° nördlich Aldebaran	41,3°
22.4.2055 22:43:35	Uranus 2,3° südlich Porrima	157,9°
24.4.2055 21:51:10	Jupiter stationär, dann rückläufig	
27.4.2055 13:24:00	Merkur in größter östlicher Elongation zur Sonne	20,4°
30.4.2055 0:54:52	Venus 2,8° südlich Elnath	43,6°
30.4.2055 8:10:31	Mars 8,4° südlich Kastor	71,3°
1.5.2055 3:14:16	Merkur 1,4° südlich Alkione	19,9°
4.5.2055 23:23:24	Mars 5° südlich Pollux	69,6°
8.5.2055 22:27:21	Merkur stationär, dann rückläufig	
10.5.2055 3:34:23	Venus 3,8° nördlich Eta Geminorum	44,7°
11.5.2055 21:01:33	Venus 3,7° nördlich Mü Geminorum	44,8°
15.5.2055 0:57:20	Venus 9,7° nördlich Alhena	45°
16.5.2055 10:50:47	Venus 53' nördlich Epsilon Geminorum	45,1°
17.5.2055 20:27:50	Merkur 4,6° südlich Alkione	2,9°
19.5.2055 16:57:16	Merkur in unterer Konjunktion zur Sonne	-60'
26.5.2055 1:10:00	Venus in größter östlicher Elongation zur Sonne	45,4°
28.5.2055 5:10:15	Venus 7,4° südlich Kastor	45°
28.5.2055 8:44:25	Neptun in Konjunktion zur Sonne	-1,6°
28.5.2055 14:41:51	Mars 15' nördlich M44	60,7°
30.5.2055 20:30:43	Venus 4° südlich Pollux	44,9°
31.5.2055 22:53:24	Merkur stationär, dann rechtläufig	
13.6.2055 2:51:27	Merkur 7,9° südlich Alkione	21,7°
14.6.2055 17:53:00	Merkur in größter westlicher Elongation zur Sonne	23,4°
15.6.2055 13:02:24	Venus 35' nördlich M44	43,5°
18.6.2055 7:49:07	Uranus stationär, dann rechtläufig	
21.6.2055 3:11:05	Merkur 1,1° südlich Neptun	21,9°
23.6.2055 12:02:14	Merkur 3,2° nördlich Aldebaran	21,2°

Datum und Uhrzeit (WZ)	Ereignis	Elon-gation
24.6.2055 19:40:30	Jupiteropposition	
30.6.2055 19:48:14	Merkur 6,2° südlich Elnath	16°
5.7.2055 20:45:32	Mars 42' nördlich Regulus	46,5°
6.7.2055 13:00:16	Merkur 1,2° nördlich Eta Geminorum	10,3°
7.7.2055 10:23:17	Merkur 1,3° nördlich Mü Geminorum	9,3°
9.7.2055 0:24:32	Merkur 7,5° nördlich Alhena	7,5°
9.7.2055 16:57:23	Merkur 1,3° südlich Epsilon Geminorum	6,7°
11.7.2055 19:18:26	Venus stationär, dann rückläufig	
15.7.2055 2:56:35	Merkur 8,7° südlich Kastor	1,5°
15.7.2055 6:49:16	Merkur in oberer Konjunktion zur Sonne	1,5°
16.7.2055 6:28:57	Merkur 5,2° südlich Pollux	2°
22.7.2055 12:24:22	Merkur 33' nördlich M44	8,4°
22.7.2055 14:51:01	Saturn stationär, dann rückläufig	
26.7.2055 0:48:58	Merkur 7,4° nördlich Venus	11,8°
3.8.2055 18:24:19	Merkur 40' nördlich Regulus	19°
4.8.2055 3:08:59	Venus in unterer Konjunktion zur Sonne	-7°
6.8.2055 10:09:47	Venus 8,8° südlich M44	6,1°
11.8.2055 18:34:12	Uranus 2,3° südlich Porrima	51,9°
25.8.2055 3:46:43	Venus stationär, dann rechtläufig	
25.8.2055 7:36:12	Jupiter stationär, dann rechtläufig	
25.8.2055 21:49:00	Merkur in größter östlicher Elongation zur Sonne	27,4°
8.9.2055 1:27:58	Merkur stationär, dann rückläufig	
10.9.2055 5:09:17	Mars 2,5° südlich Porrima	23,6°
12.9.2055 10:46:19	Neptun stationär, dann rückläufig	
12.9.2055 18:59:55	Mars 12' südlich Uranus	23,5°
13.9.2055 20:51:48	Venus 6,1° südlich M44	41,6°
21.9.2055 15:14:09	Merkur in unterer Konjunktion zur Sonne	-3°
28.9.2055 2:28:41	Mars 2,5° nördlich Spika	18,7°
29.9.2055 8:50:25	Saturnopposition	
29.9.2055 23:36:50	Merkur stationär, dann rechtläufig	
7.10.2055 6:28:00	Merkur in größter westlicher Elongation zur Sonne	17,9°
8.10.2055 9:01:48	Uranus in Konjunktion zur Sonne	38'
10.10.2055 18:47:55	Venus 1,7° südlich Regulus	46,3°
14.10.2055 8:14:00	Venus in größter westlicher Elongation zur Sonne	46,3°
17.10.2055 22:42:47	Merkur 55' südlich Porrima	13,4°
20.10.2055 8:46:35	Merkur 1,3° nördlich Uranus	11,1°
25.10.2055 0:05:53	Merkur 3,8° nördlich Spika	7,2°
30.10.2055 20:02:16	Mars 23' südlich Zuben-el-dschenubi	8,4°
6.11.2055 14:35:10	Merkur in oberer Konjunktion zur Sonne, Bedeckung	11'
7.11.2055 17:05:35	Merkur 17' südlich Zuben-el-dschenubi	0,7°
14.11.2055 1:46:11	Merkur 29' südlich Mars	4,3°
17.11.2055 5:14:36	Venus 1,1° südlich Porrima	43,5°
19.11.2055 9:32:23	Merkur 2,2° südlich Akrab	7°
22.11.2055 6:12:44	Venus 1,4° nördlich Uranus	42,2°
23.11.2055 2:07:08	Merkur 3,1° nördlich Antares	9,5°
25.11.2055 15:58:23	Mars 1,3° südlich Akrab	0,9°

Datum und Uhrzeit (WZ)	Ereignis	Elon-gation
27.11.2055 5:03:13	Venus 4,4° nördlich Spika	40,3°
28.11.2055 14:16:04	Mars in Konjunktion zur Sonne	-19'
30.11.2055 10:29:39	Neptunopposition	
3.12.2055 13:41:45	Mars 4,3° nördlich Antares	1,5°
6.12.2055 22:13:04	Saturn stationär, dann rechtläufig	
13.12.2055 22:19:35	Jupiter 3,3° nördlich Nunki	21,6°
15.12.2055 17:36:32	Merkur 1,3° nördlich Nunki	19,7°
15.12.2055 21:48:37	Venus 1,9° nördlich Zuben-el-dschenubi	38,1°
16.12.2055 2:51:11	Merkur 2° südlich Jupiter	19,8°
19.12.2055 22:54:00	Merkur in größter östlicher Elongation zur Sonne	20,3°
27.12.2055 13:19:07	Merkur stationär, dann rückläufig	
31.12.2055 2:42:52	Venus 49' nördlich Akrab	35,4°

2056

Datum und Uhrzeit (WZ)	Ereignis	Elon-gation
3.1.2056 13:21:03	Merkur 2,3° nördlich Jupiter	5,3°
4.1.2056 20:10:59	Venus 6,3° nördlich Antares	33,9°
5.1.2056 23:49:47	Merkur in unterer Konjunktion zur Sonne	2,7°
7.1.2056 3:28:26	Merkur 6,4° nördlich Nunki	4°
10.1.2056 8:23:52	Jupiter in Konjunktion zur Sonne, Bedeckung	-10'
11.1.2056 10:08:21	Merkur 4,1° nördlich Mars	12,3°
17.1.2056 17:32:12	Mars 2,7° nördlich Nunki	13,9°
23.1.2056 19:56:06	Uranus stationär, dann rückläufig	
28.1.2056 11:01:00	Merkur in größter westlicher Elongation zur Sonne	24,8°
28.1.2056 14:15:46	Merkur 4,5° nördlich Nunki	24,8°
1.2.2056 8:25:31	Venus 3,9° nördlich Nunki	28,6°
1.2.2056 16:33:01	Mars 43' südlich Jupiter	17,6°
8.2.2056 5:28:30	Merkur 21' südlich Jupiter	22,7°
12.2.2056 13:26:28	Venus 7,3' nördlich Jupiter	26,1°
12.2.2056 21:29:41	Mars 5,7° südlich Beta Capricorni	19,6°
13.2.2056 7:00:46	Merkur 5,9° südlich Beta Capricorni	20°
13.2.2056 17:38:28	Merkur 13' südlich Mars	20,6°
16.2.2056 4:12:41	Neptun stationär, dann rechtläufig	
17.2.2056 13:12:38	Venus 5,1° südlich Beta Capricorni	24,2°
25.2.2056 5:29:24	Venus 26' nördlich Mars	23,2°
26.2.2056 21:45:02	Merkur 33' nördlich Delta Capricorni	13,7°
5.3.2056 16:30:47	Venus 1,7° nördlich Delta Capricorni	21°
11.3.2056 9:06:45	Mars 1,6° nördlich Delta Capricorni	26,7°
13.3.2056 15:29:23	Jupiter 5° südlich Beta Capricorni	49,1°
14.3.2056 18:27:34	Merkur in oberer Konjunktion zur Sonne	-1,5°
23.3.2056 10:54:59	Merkur 2,1° nördlich Saturn	8,1°
1.4.2056 12:45:55	Saturn in Konjunktion zur Sonne	-2,2°
6.4.2056 0:10:28	Merkur 8,2° südlich Hamal	18,9°
6.4.2056 11:24:31	Uranusopposition	

Datum und Uhrzeit (WZ)	Ereignis	Elon-gation
9.4.2056 4:53:00	Merkur in größter östlicher Elongation zur Sonne	19,4°
14.4.2056 17:43:51	Venus 50' nördlich Saturn	11,1°
18.4.2056 16:41:24	Merkur stationär, dann rückläufig	
28.4.2056 23:16:34	Merkur in unterer Konjunktion zur Sonne	55'
30.4.2056 21:45:23	Venus 11,8° südlich Hamal	6,9°
2.5.2056 16:41:58	Merkur 60' nördlich Venus	6°
8.5.2056 18:53:05	Merkur 12,5° südlich Hamal	14,4°
11.5.2056 6:56:56	Merkur stationär, dann rechtläufig	
13.5.2056 18:47:27	Merkur 13,5° südlich Hamal	18,2°
19.5.2056 22:02:17	Mars 1,2° nördlich Saturn	40,9°
21.5.2056 11:21:33	Venus 4,6° südlich Alkione	1,4°
26.5.2056 8:26:00	Merkur in größter westlicher Elongation zur Sonne	25,1°
26.5.2056 12:44:22	Venus in oberer Konjunktion zur Sonne	-16'
29.5.2056 8:20:00	Venus 1,4° nördlich Neptun	0,8°
29.5.2056 22:43:36	Jupiter stationär, dann rückläufig	
29.5.2056 22:46:04	Neptun in Konjunktion zur Sonne	-1,5°
30.5.2056 20:21:26	Venus 5,4° nördlich Aldebaran	1,2°
9.6.2056 10:14:38	Venus 5,1° südlich Elnath	3,8°
9.6.2056 11:23:47	Merkur 6,3° südlich Alkione	19°
9.6.2056 22:12:17	Mars 11,6° südlich Hamal	42,3°
15.6.2056 10:27:12	Merkur 30' nördlich Neptun	15,1°
16.6.2056 1:58:46	Merkur 4,6° nördlich Aldebaran	14,5°
18.6.2056 10:40:17	Venus 1,5° nördlich Eta Geminorum	6,3°
19.6.2056 22:43:34	Venus 1,5° nördlich Mü Geminorum	6,7°
21.6.2056 22:40:27	Merkur 5,2° südlich Elnath	8,2°
22.6.2056 10:24:03	Uranus stationär, dann rechtläufig	
22.6.2056 15:56:23	Venus 7,5° nördlich Alhena	7,4°
23.6.2056 20:42:31	Venus 1,3° südlich Epsilon Geminorum	7,8°
27.6.2056 1:34:51	Merkur 1,9° nördlich Eta Geminorum	2,1°
27.6.2056 21:44:22	Merkur 2° nördlich Mü Geminorum	1,2°
28.6.2056 16:39:27	Merkur in oberer Konjunktion zur Sonne	1,2°
29.6.2056 10:13:30	Merkur 8,1° nördlich Alhena	1,6°
30.6.2056 2:22:14	Merkur 41' südlich Epsilon Geminorum	2,2°
3.7.2056 9:48:09	Venus 9,1° südlich Kastor	10,4°
5.7.2056 10:07:43	Venus 5,6° südlich Pollux	10,9°
5.7.2056 14:04:54	Merkur 8,4° südlich Kastor	8,3°
6.7.2056 18:59:42	Merkur 4,9° südlich Pollux	9,6°
8.7.2056 23:18:57	Merkur 38' nördlich Venus	11,9°
13.7.2056 13:30:11	Merkur 29' nördlich M44	16,1°
14.7.2056 20:14:53	Mars 4,8° südlich Alkione	52,5°
16.7.2056 0:24:36	Venus 7' nördlich M44	13,9°
23.7.2056 10:04:06	Neptun 4° nördlich Aldebaran	50,2°
27.7.2056 21:00:32	Merkur 17' südlich Regulus	25,1°
29.7.2056 6:37:01	Jupiteropposition	
31.7.2056 12:55:07	Mars 5,1° nördlich Aldebaran	57,8°
31.7.2056 20:12:32	Mars 1,1° nördlich Neptun	57,9°

Datum und Uhrzeit (WZ)	Ereignis	Elongation
3.8.2056 2:40:01	Venus 1,1° nördlich Regulus	18,8°
4.8.2056 9:37:13	Saturn stationär, dann rückläufig	
7.8.2056 6:51:00	Merkur in größter östlicher Elongation zur Sonne	27,4°
17.8.2056 3:57:37	Merkur 5,2° südlich Venus	22,5°
18.8.2056 7:24:26	Mars 5,5° südlich Elnath	62,9°
20.8.2056 9:35:13	Merkur stationär, dann rückläufig	
26.8.2056 17:45:04	Jupiter 5,5° südlich Beta Capricorni	149,3°
3.9.2056 18:00:32	Merkur in unterer Konjunktion zur Sonne	-3,9°
4.9.2056 22:05:38	Mars 1° nördlich Eta Geminorum	68,9°
6.9.2056 2:48:54	Venus 2,2° südlich Porrima	26,8°
7.9.2056 22:58:52	Mars 1° nördlich Mü Geminorum	70°
11.9.2056 4:04:35	Venus 5,7' südlich Uranus	28,7°
12.9.2056 8:16:22	Merkur stationär, dann rechtläufig	
13.9.2056 13:01:23	Mars 7,1° nördlich Alhena	71,7°
13.9.2056 21:48:46	Neptun stationär, dann rückläufig	
15.9.2056 21:28:50	Venus 2,5° nördlich Spika	29,9°
16.9.2056 1:09:32	Mars 1,7° südlich Epsilon Geminorum	73,1°
19.9.2056 22:21:00	Merkur in größter westlicher Elongation zur Sonne	17,9°
27.9.2056 9:44:56	Jupiter stationär, dann rechtläufig	
4.10.2056 10:32:13	Venus 1° südlich Zuben-el-dschenubi	33,9°
7.10.2056 3:31:04	Mars 9,4° südlich Kastor	82°
9.10.2056 16:15:54	Merkur 1,3° südlich Porrima	5,9°
11.10.2056 19:08:44	Saturnopposition	
11.10.2056 22:48:58	Mars 5,8° südlich Pollux	84,3°
12.10.2056 10:07:44	Uranus in Konjunktion zur Sonne	36'
14.10.2056 9:53:04	Merkur 36' nördlich Uranus	1,9°
16.10.2056 14:01:36	Merkur 3,2° nördlich Spika	1,1°
17.10.2056 7:04:33	Merkur in oberer Konjunktion zur Sonne	52'
19.10.2056 14:47:46	Venus 2,5° südlich Akrab	37°
24.10.2056 8:31:15	Venus 2,9° nördlich Antares	38,5°
28.10.2056 18:35:00	Jupiter 5,5° südlich Beta Capricorni	87,5°
30.10.2056 12:12:16	Merkur 59' südlich Zuben-el-dschenubi	8°
6.11.2056 11:10:31	Neptun 3,9° nördlich Aldebaran	153,6°
10.11.2056 15:37:26	Mars 31' nördlich M44	100,9°
11.11.2056 13:05:59	Merkur 2,9° südlich Akrab	14,1°
15.11.2056 9:45:02	Merkur 2,5° nördlich Antares	16,6°
21.11.2056 9:10:49	Venus 56' nördlich Nunki	43,5°
1.12.2056 21:02:00	Merkur in größter östlicher Elongation zur Sonne	21,4°
1.12.2056 21:36:45	Neptunopposition	
8.12.2056 17:03:50	Venus 7,2° südlich Beta Capricorni	45,9°
10.12.2056 15:09:27	Merkur stationär, dann rückläufig	
15.12.2056 4:55:25	Venus 1,6° südlich Jupiter	46,5°
15.12.2056 21:06:38	Mars stationär, dann rückläufig	
18.12.2056 23:18:08	Saturn stationär, dann rechtläufig	
20.12.2056 6:03:55	Merkur in unterer Konjunktion zur Sonne	2,1°
22.12.2056 15:02:27	Uranus 2,9° nördlich Spika	66,9°

Datum und Uhrzeit (WZ)	Ereignis	Elongation
28.12.2056 13:29:26	Venus 1,2° nördlich Delta Capricorni	46,9°
31.12.2056 12:38:00	Venus in größter östlicher Elongation zur Sonne	47,2°

2057

Datum und Uhrzeit (WZ)	Ereignis	Elongation
9.1.2057 19:59:00	Merkur in größter westlicher Elongation zur Sonne	23,3°
17.1.2057 6:27:42	Mars 3,2° nördlich M44	169,5°
23.1.2057 6:56:06	Merkur 3,2° nördlich Nunki	20,3°
24.1.2057 1:25:48	Marsopposition	
27.1.2057 19:08:49	Uranus stationär, dann rückläufig	
5.2.2057 15:01:58	Merkur 6,4° südlich Beta Capricorni	13,3°
12.2.2057 10:42:41	Jupiter in Konjunktion zur Sonne	-45'
15.2.2057 18:22:14	Jupiter 2° nördlich Delta Capricorni	2,7°
17.2.2057 14:43:27	Neptun stationär, dann rechtläufig	
18.2.2057 8:21:56	Venus stationär, dann rückläufig	
18.2.2057 9:52:19	Merkur 32' nördlich Delta Capricorni	6,1°
18.2.2057 19:53:41	Merkur 1,4° südlich Jupiter	5°
25.2.2057 14:15:07	Merkur in oberer Konjunktion zur Sonne	-1,9°
5.3.2057 1:43:27	Mars stationär, dann rechtläufig	
5.3.2057 19:28:40	Uranus 2,9° nördlich Spika	141°
6.3.2057 2:23:11	Merkur 10,4° südlich Venus	7,7°
13.3.2057 12:05:06	Venus in unterer Konjunktion zur Sonne	8,7°
23.3.2057 6:21:00	Merkur in größter östlicher Elongation zur Sonne	18,6°
30.3.2057 23:19:52	Merkur stationär, dann rückläufig	
1.4.2057 3:07:23	Venus stationär, dann rechtläufig	
10.4.2057 1:38:45	Merkur in unterer Konjunktion zur Sonne	2,4°
11.4.2057 12:56:49	Uranusopposition	
15.4.2057 3:38:48	Saturn in Konjunktion zur Sonne	-2,2°
22.4.2057 11:16:31	Merkur stationär, dann rechtläufig	
25.4.2057 23:14:02	Mars 55' nördlich M44	91,6°
8.5.2057 0:59:00	Merkur in größter westlicher Elongation zur Sonne	26,5°
14.5.2057 15:05:36	Merkur 54' südlich Saturn	25,1°
18.5.2057 4:54:28	Merkur 13,7° südlich Hamal	21,6°
21.5.2057 20:56:10	Neptun 4° nördlich Aldebaran	10°
22.5.2057 11:53:00	Venus in größter westlicher Elongation zur Sonne	46°
1.6.2057 12:48:36	Neptun in Konjunktion zur Sonne	-1,5°
2.6.2057 8:45:38	Merkur 5,1° südlich Alkione	12,2°
7.6.2057 8:15:53	Venus 6,2' südlich Saturn	45,2°
7.6.2057 23:45:03	Merkur 5,6° nördlich Aldebaran	6,4°
8.6.2057 6:59:53	Merkur 1,6° nördlich Neptun	6°
9.6.2057 7:18:44	Venus 13,2° südlich Hamal	41,5°
11.6.2057 12:13:27	Mars 50' nördlich Regulus	69,2°
13.6.2057 4:16:04	Merkur in oberer Konjunktion zur Sonne	54'
13.6.2057 9:15:58	Merkur 4,5° südlich Elnath	1°

Datum und Uhrzeit (WZ)	Ereignis	Elongation
18.6.2057 10:42:26	Merkur 2,5° nördlich Eta Geminorum	6,6°
19.6.2057 7:22:46	Merkur 2,5° nördlich Mü Geminorum	7,6°
20.6.2057 21:18:27	Merkur 8,5° nördlich Alhena	9,4°
21.6.2057 14:18:47	Merkur 16' südlich Epsilon Geminorum	10,2°
27.6.2057 13:28:11	Merkur 8,3° südlich Kastor	16,1°
27.6.2057 14:56:41	Uranus stationär, dann rechtläufig	
28.6.2057 21:55:09	Merkur 4,9° südlich Pollux	17,3°
30.6.2057 3:10:20	Saturn 13,1° südlich Hamal	60,9°
2.7.2057 13:48:20	Venus 6,6° südlich Alkione	40,6°
6.7.2057 19:53:45	Merkur 3,6' nördlich M44	22,8°
6.7.2057 20:37:21	Jupiter stationär, dann rückläufig	
12.7.2057 21:34:15	Venus 3,4° nördlich Aldebaran	40°
14.7.2057 13:56:31	Venus 34' südlich Neptun	39,6°
20.7.2057 10:54:00	Merkur in größter östlicher Elongation zur Sonne	26,8°
23.7.2057 7:11:13	Venus 7,1° südlich Elnath	37,9°
31.7.2057 22:14:09	Merkur 4° südlich Regulus	21,4°
1.8.2057 22:48:29	Venus 21' südlich Eta Geminorum	35,9°
2.8.2057 12:39:35	Merkur stationär, dann rückläufig	
3.8.2057 13:05:00	Venus 20' südlich Mü Geminorum	35,6°
4.8.2057 2:44:18	Merkur 4,6° südlich Regulus	18,4°
6.8.2057 10:04:17	Venus 5,7° nördlich Alhena	35°
7.8.2057 16:26:16	Venus 3° südlich Epsilon Geminorum	34,7°
17.8.2057 6:52:18	Merkur in unterer Konjunktion zur Sonne	-4,6°
17.8.2057 16:02:18	Venus 10,7° südlich Kastor	32,4°
18.8.2057 7:30:11	Saturn stationär, dann rückläufig	
19.8.2057 18:05:30	Venus 7,1° südlich Pollux	32°
20.8.2057 21:21:25	Mars 2,7° südlich Porrima	42,7°
26.8.2057 9:21:07	Merkur stationär, dann rechtläufig	
30.8.2057 14:51:54	Venus 1,1° südlich M44	29,4°
3.9.2057 11:06:00	Merkur in größter westlicher Elongation zur Sonne	18,1°
4.9.2057 11:18:43	Jupiteropposition	
5.9.2057 18:30:19	Mars 31' südlich Uranus	38,4°
8.9.2057 2:50:00	Mars 2,3° nördlich Spika	37,8°
9.9.2057 0:34:23	Merkur 40' nördlich Regulus	16,2°
16.9.2057 10:57:18	Neptun stationär, dann rückläufig	
17.9.2057 18:44:50	Venus 34' nördlich Regulus	24,8°
29.9.2057 1:52:25	Merkur in oberer Konjunktion zur Sonne	1,3°
2.10.2057 0:52:41	Merkur 1,9° südlich Porrima	2,6°
2.10.2057 8:36:30	Uranus 2,8° nördlich Spika	14°
7.10.2057 8:25:09	Saturn 13,5° südlich Hamal	154,2°
9.10.2057 3:22:35	Merkur 2,6° nördlich Spika	7,4°
9.10.2057 9:56:30	Merkur 17' südlich Uranus	7,5°
11.10.2057 1:12:23	Mars 39' südlich Zuben-el-dschenubi	27,6°
17.10.2057 10:23:20	Uranus in Konjunktion zur Sonne	34'
20.10.2057 23:12:55	Venus 1,4° südlich Porrima	16,6°
23.10.2057 15:48:54	Merkur 1,7° südlich Zuben-el-dschenubi	15,1°

Datum und Uhrzeit (WZ)	Ereignis	Elongation
25.10.2057 10:28:09	Saturnopposition	
30.10.2057 9:37:43	Venus 3,8° nördlich Spika	13°
31.10.2057 21:18:04	Venus 55' nördlich Uranus	13,5°
2.11.2057 13:29:01	Jupiter stationär, dann rechtläufig	
5.11.2057 10:51:26	Merkur 1,9° südlich Mars	20,5°
5.11.2057 15:03:24	Merkur 3,5° südlich Akrab	20,3°
5.11.2057 18:33:20	Mars 1,6° südlich Akrab	20,2°
10.11.2057 2:25:30	Merkur 1,9° nördlich Antares	22,2°
13.11.2057 14:45:49	Mars 4° nördlich Antares	18,3°
14.11.2057 14:09:00	Merkur in größter östlicher Elongation zur Sonne	22,7°
17.11.2057 6:43:41	Venus 44' nördlich Zuben-el-dschenubi	9,6°
24.11.2057 14:18:53	Merkur stationär, dann rückläufig	
27.11.2057 15:27:58	Merkur 13' südlich Mars	14,4°
1.12.2057 22:14:00	Venus 29' südlich Akrab	6,2°
4.12.2057 8:28:20	Neptunopposition	
4.12.2057 13:33:32	Merkur in unterer Konjunktion zur Sonne	1,3°
6.12.2057 11:52:55	Venus 5° nördlich Antares	5°
6.12.2057 18:18:45	Merkur 1,6° nördlich Venus	5°
7.12.2057 1:00:45	Merkur 6,6° nördlich Antares	6,1°
14.12.2057 6:44:46	Merkur stationär, dann rechtläufig	
22.12.2057 16:29:01	Merkur 6,8° nördlich Antares	21,2°
23.12.2057 8:34:00	Merkur in größter westlicher Elongation zur Sonne	21,9°
27.12.2057 6:52:50	Venus in oberer Konjunktion zur Sonne	-28'
28.12.2057 6:12:07	Mars 2,5° nördlich Nunki	6,5°

2058

Datum und Uhrzeit (WZ)	Ereignis	Elongation
2.1.2058 5:27:19	Venus 2,8° nördlich Nunki	1,6°
10.1.2058 2:08:13	Venus 3,1' nördlich Mars	3,4°
16.1.2058 20:02:07	Merkur 2,4° nördlich Nunki	13,5°
18.1.2058 3:03:30	Venus 5,9° südlich Beta Capricorni	5,3°
23.1.2058 2:33:27	Mars 5,8° südlich Beta Capricorni	1,1°
23.1.2058 20:55:24	Mars in Konjunktion zur Sonne	-1°
29.1.2058 8:22:53	Merkur 6,7° südlich Beta Capricorni	6,6°
1.2.2058 15:39:16	Uranus stationär, dann rückläufig	
3.2.2058 17:27:42	Merkur 1,1° südlich Mars	2,7°
4.2.2058 2:13:22	Venus 1,2° nördlich Delta Capricorni	9,2°
7.2.2058 14:52:47	Merkur in oberer Konjunktion zur Sonne	-2,1°
10.2.2058 17:15:59	Merkur 41' nördlich Delta Capricorni	3,1°
19.2.2058 7:36:55	Mars 1,6° nördlich Delta Capricorni	6,1°
20.2.2058 2:14:05	Neptun stationär, dann rechtläufig	
26.2.2058 23:34:37	Merkur 1,5° nördlich Venus	14,8°
28.2.2058 5:45:46	Merkur 1,5° nördlich Jupiter	15,6°
28.2.2058 14:29:33	Venus 16' südlich Jupiter	15,2°

Datum und Uhrzeit (WZ)	Ereignis	Elongation
6.3.2058 14:39:00	Merkur in größter westlicher Elongation zur Sonne	18,2°
7.3.2058 4:40:49	Merkur 3,4° nördlich Venus	16,8°
13.3.2058 2:26:55	Merkur stationär, dann rückläufig	
19.3.2058 5:55:17	Saturn 12,9° südlich Hamal	35,3°
22.3.2058 21:39:17	Merkur 4,7° nördlich Jupiter	1,9°
23.3.2058 0:57:35	Merkur in unterer Konjunktion zur Sonne	3,3°
30.3.2058 8:30:16	Merkur 2,9° nördlich Mars	13,2°
1.4.2058 10:31:34	Venus 10,9° südlich Hamal	22,8°
2.4.2058 19:56:57	Venus 2,1° nördlich Saturn	22,6°
4.4.2058 11:31:20	Merkur stationär, dann rechtläufig	
12.4.2058 13:23:55	Mars 10' nördlich Jupiter	17°
16.4.2058 14:26:55	Uranusopposition	
19.4.2058 23:07:00	Merkur in größter westlicher Elongation zur Sonne	27,5°
22.4.2058 3:29:02	Venus 3,4° südlich Alkione	27,8°
24.4.2058 17:53:57	Merkur 1,8° südlich Jupiter	26,1°
29.4.2058 4:33:36	Saturn in Konjunktion zur Sonne	-2,2°
1.5.2058 14:41:43	Venus 6,6° nördlich Aldebaran	29,6°
2.5.2058 19:30:10	Venus 2,6° nördlich Neptun	30°
5.5.2058 8:15:42	Merkur 2,1° südlich Mars	21,7°
11.5.2058 8:09:37	Venus 3,9° südlich Elnath	32,3°
12.5.2058 4:37:14	Merkur 12,8° südlich Hamal	16,5°
16.5.2058 3:37:03	Merkur 37' nördlich Saturn	14,2°
20.5.2058 5:38:15	Mars 11,2° südlich Hamal	23,2°
20.5.2058 13:34:32	Venus 2,7° nördlich Eta Geminorum	34,4°
22.5.2058 2:39:26	Venus 2,7° nördlich Mü Geminorum	34,7°
24.5.2058 21:52:06	Venus 8,7° nördlich Alhena	35,4°
25.5.2058 3:20:25	Merkur 4,2° südlich Alkione	4,3°
26.5.2058 3:38:03	Venus 7,9' südlich Epsilon Geminorum	35,6°
28.5.2058 15:50:56	Merkur in oberer Konjunktion zur Sonne	31'
30.5.2058 10:11:52	Merkur 6,3° nördlich Aldebaran	2,3°
31.5.2058 13:15:57	Merkur 2,5° nördlich Neptun	3,6°
1.6.2058 13:01:13	Mars 1,8° nördlich Saturn	27,5°
4.6.2058 2:54:21	Neptun in Konjunktion zur Sonne	-1,5°
4.6.2058 20:07:58	Merkur 3,8° südlich Elnath	8,8°
5.6.2058 2:20:57	Venus 8,1° südlich Kastor	37,5°
7.6.2058 5:11:34	Venus 4,7° südlich Pollux	37,8°
10.6.2058 6:12:18	Merkur 2,9° nördlich Eta Geminorum	14,6°
11.6.2058 5:09:50	Merkur 2,8° nördlich Mü Geminorum	15,5°
12.6.2058 23:54:46	Merkur 8,8° nördlich Alhena	17,1°
13.6.2058 19:21:59	Merkur 1,6' südlich Epsilon Geminorum	17,8°
18.6.2058 12:22:41	Venus 48' nördlich M44	40,4°
20.6.2058 22:48:03	Merkur 8,5° südlich Kastor	22,7°
22.6.2058 16:05:33	Merkur 5,2° südlich Pollux	23,4°
23.6.2058 14:38:16	Mars 4,4° südlich Alkione	31,8°
2.7.2058 8:00:00	Merkur in größter östlicher Elongation zur Sonne	25,8°
2.7.2058 16:50:23	Uranus stationär, dann rechtläufig	

Datum und Uhrzeit (WZ)	Ereignis	Elongation
4.7.2058 14:15:52	Merkur 1,7° südlich M44	25,2°
8.7.2058 13:52:31	Venus 59' nördlich Regulus	43,6°
9.7.2058 20:11:06	Mars 5,5° nördlich Aldebaran	36,5°
15.7.2058 11:06:50	Merkur stationär, dann rückläufig	
15.7.2058 15:58:50	Mars 1,5° nördlich Neptun	38°
26.7.2058 13:55:54	Merkur 6,4° südlich M44	4,4°
26.7.2058 21:19:58	Mars 5,2° südlich Elnath	41°
30.7.2058 2:10:31	Merkur in unterer Konjunktion zur Sonne	-5°
5.8.2058 12:21:00	Venus in größter östlicher Elongation zur Sonne	45,8°
8.8.2058 22:52:14	Merkur stationär, dann rechtläufig	
12.8.2058 10:14:07	Mars 1,3° nördlich Eta Geminorum	45,7°
14.8.2058 0:00:00	Jupiter stationär, dann rückläufig	
15.8.2058 5:32:19	Mars 1,2° nördlich Mü Geminorum	46,6°
17.8.2058 17:24:00	Merkur in größter westlicher Elongation zur Sonne	18,7°
19.8.2058 17:39:28	Merkur 1,8° südlich M44	18,5°
20.8.2058 8:08:57	Mars 7,2° nördlich Alhena	48°
21.8.2058 11:28:18	Venus 6° südlich Porrima	42,3°
22.8.2058 14:43:24	Mars 1,6° südlich Epsilon Geminorum	48,9°
1.9.2058 8:19:19	Saturn stationär, dann rückläufig	
1.9.2058 20:46:31	Merkur 1,3° nördlich Regulus	9°
10.9.2058 2:06:36	Mars 9,5° südlich Kastor	55°
10.9.2058 7:28:37	Venus 3,8° südlich Spika	36,8°
11.9.2058 17:57:17	Merkur in oberer Konjunktion zur Sonne	1,6°
14.9.2058 1:50:06	Mars 6° südlich Pollux	56,4°
19.9.2058 0:00:00	Neptun stationär, dann rückläufig	
22.9.2058 7:23:15	Venus stationär, dann rückläufig	
24.9.2058 12:26:10	Merkur 2,5° südlich Porrima	9,6°
2.10.2058 0:42:23	Merkur 1,8° nördlich Spika	14,9°
2.10.2058 8:58:31	Merkur 8,1° nördlich Venus	15,1°
3.10.2058 16:27:11	Venus 6,4° südlich Spika	14,1°
5.10.2058 1:50:57	Merkur 1,4° südlich Uranus	16,1°
5.10.2058 17:57:07	Mars 7' südlich M44	64,6°
12.10.2058 6:27:52	Jupiteropposition	
14.10.2058 9:34:53	Venus in unterer Konjunktion zur Sonne	-7,4°
17.10.2058 18:35:38	Merkur 2,6° südlich Zuben-el-dschenubi	21,2°
22.10.2058 9:51:14	Uranus in Konjunktion zur Sonne	31'
28.10.2058 3:44:00	Merkur in größter östlicher Elongation zur Sonne	24,1°
30.10.2058 9:43:01	Venus 7,4° südlich Porrima	23,7°
1.11.2058 21:16:51	Venus stationär, dann rechtläufig	
4.11.2058 9:21:14	Venus 6,1° südlich Porrima	29°
5.11.2058 3:11:23	Merkur 3,8° südlich Akrab	21,1°
8.11.2058 6:26:26	Saturnopposition	
8.11.2058 8:33:08	Merkur stationär, dann rückläufig	
11.11.2058 8:47:42	Merkur 2,9° südlich Akrab	14,8°
15.11.2058 23:09:23	Mars 1,5° nördlich Regulus	83,2°
18.11.2058 20:29:31	Merkur in unterer Konjunktion zur Sonne	26'

Datum und Uhrzeit (WZ)	Ereignis	Elongation
28.11.2058 0:54:07	Merkur stationär, dann rechtläufig	
28.11.2058 20:24:10	Venus 3,8° nördlich Spika	42,2°
6.12.2058 4:05:00	Merkur in größter westlicher Elongation zur Sonne	20,6°
6.12.2058 19:33:40	Neptunopposition	
8.12.2058 23:18:03	Venus 2° nördlich Uranus	45,1°
9.12.2058 19:33:34	Jupiter stationär, dann rechtläufig	
14.12.2058 10:43:05	Merkur 26' nördlich Akrab	18,7°
18.12.2058 14:24:31	Merkur 5,5° nördlich Antares	16,9°
23.12.2058 12:19:12	Venus 2,9° nördlich Zuben-el-dschenubi	46,1°
25.12.2058 4:21:00	Venus in größter westlicher Elongation zur Sonne	46,9°

2059

Datum und Uhrzeit (WZ)	Ereignis	Elongation
9.1.2059 17:16:02	Merkur 2° nördlich Nunki	6,2°
10.1.2059 0:23:17	Venus 2,1° nördlich Akrab	45,7°
15.1.2059 6:25:41	Venus 7,6° nördlich Antares	44,7°
19.1.2059 7:34:02	Mars stationär, dann rückläufig	
19.1.2059 15:16:54	Merkur in oberer Konjunktion zur Sonne	-2°
21.1.2059 20:24:08	Merkur 6,9° südlich Beta Capricorni	2,5°
3.2.2059 4:59:42	Merkur 1° nördlich Delta Capricorni	10,3°
6.2.2059 13:45:31	Uranus stationär, dann rückläufig	
13.2.2059 20:27:06	Venus 4,9° nördlich Nunki	41,5°
18.2.2059 2:30:00	Merkur in größter östlicher Elongation zur Sonne	18,1°
22.2.2059 12:07:42	Neptun stationär, dann rechtläufig	
24.2.2059 0:35:19	Merkur stationär, dann rückläufig	
27.2.2059 5:25:00	Marsopposition	
2.3.2059 18:11:08	Venus 4,3° südlich Beta Capricorni	37,5°
5.3.2059 18:14:11	Merkur in unterer Konjunktion zur Sonne	3,7°
18.3.2059 2:29:26	Merkur stationär, dann rechtläufig	
20.3.2059 9:00:38	Venus 2,2° nördlich Delta Capricorni	34,7°
28.3.2059 22:58:02	Mars 3,2° nördlich Regulus	141,1°
2.4.2059 3:29:00	Merkur in größter westlicher Elongation zur Sonne	27,8°
16.4.2059 7:24:09	Jupiter 11,6° südlich Hamal	8,3°
21.4.2059 15:24:54	Uranusopposition	
24.4.2059 0:03:20	Mars 2° nördlich Regulus	116°
27.4.2059 11:23:37	Jupiter in Konjunktion zur Sonne	-58'
4.5.2059 13:37:32	Merkur 12° südlich Hamal	9,8°
7.5.2059 1:34:17	Merkur 2,5' nördlich Jupiter	7,1°
13.5.2059 1:44:25	Merkur in oberer Konjunktion zur Sonne, Bedeckung	5,8'
13.5.2059 13:27:50	Merkur 2,2° nördlich Saturn	0,6°
13.5.2059 14:32:45	Saturn in Konjunktion zur Sonne	-2°
16.5.2059 8:26:40	Venus 12,2° südlich Hamal	19,7°
16.5.2059 14:51:26	Merkur 3,4° südlich Alkione	4,4°
22.5.2059 0:14:18	Merkur 7,1° nördlich Aldebaran	10,7°

Datum und Uhrzeit (WZ)	Ereignis	Elongation
23.5.2059 16:41:18	Venus 25' südlich Jupiter	19,2°
24.5.2059 2:55:44	Merkur 3,2° nördlich Neptun	12,6°
27.5.2059 23:07:40	Merkur 3,3° südlich Elnath	16,7°
2.6.2059 19:21:38	Venus 55' nördlich Saturn	16,7°
3.6.2059 11:28:20	Merkur 3° nördlich Eta Geminorum	21,3°
4.6.2059 16:55:02	Merkur 2,9° nördlich Mü Geminorum	22°
6.6.2059 3:12:03	Venus 5,1° südlich Alkione	15,2°
6.6.2059 17:07:33	Neptun in Konjunktion zur Sonne	-1,4°
7.6.2059 1:47:04	Merkur 8,7° nördlich Alhena	23°
8.6.2059 4:45:41	Merkur 13' südlich Epsilon Geminorum	23,4°
13.6.2059 22:53:00	Merkur in größter östlicher Elongation zur Sonne	24,3°
15.6.2059 14:15:17	Venus 4,9° nördlich Aldebaran	13,3°
19.6.2059 22:59:36	Venus 59' nördlich Neptun	12,1°
21.6.2059 18:02:53	Merkur 10,7° südlich Kastor	22,4°
25.6.2059 6:09:18	Venus 5,6° südlich Elnath	10,6°
27.6.2059 4:43:22	Merkur stationär, dann rückläufig	
2.7.2059 18:40:04	Merkur 13,6° südlich Kastor	12,8°
4.7.2059 7:59:16	Venus 1° nördlich Eta Geminorum	8,2°
5.7.2059 20:13:30	Venus 1° nördlich Mü Geminorum	7,8°
7.7.2059 19:59:53	Uranus stationär, dann rechtläufig	
7.7.2059 20:55:48	Saturn 6,2° südlich Alkione	45,1°
8.7.2059 13:41:05	Venus 7,1° nördlich Alhena	7°
9.7.2059 18:36:34	Venus 1,7° südlich Epsilon Geminorum	6,7°
11.7.2059 1:21:29	Merkur in unterer Konjunktion zur Sonne	-4,8°
14.7.2059 3:38:38	Merkur 5,5° südlich Venus	5,5°
19.7.2059 8:09:34	Venus 9,5° südlich Kastor	4,1°
21.7.2059 8:27:12	Venus 6° südlich Pollux	3,6°
21.7.2059 19:52:33	Merkur stationär, dann rechtläufig	
29.7.2059 18:50:24	Mars 3° südlich Porrima	64,3°
31.7.2059 14:21:00	Merkur in größter westlicher Elongation zur Sonne	19,6°
31.7.2059 22:06:33	Venus 12' südlich M44	1,2°
3.8.2059 0:48:38	Venus in oberer Konjunktion zur Sonne	1,1°
4.8.2059 6:11:34	Merkur 11,2° südlich Kastor	19°
6.8.2059 1:40:33	Merkur 7,4° südlich Pollux	18,3°
13.8.2059 16:13:27	Merkur 19' südlich M44	12,8°
18.8.2059 3:08:34	Mars 2° nördlich Spika	58,7°
18.8.2059 20:33:23	Venus 59' nördlich Regulus	4,6°
24.8.2059 1:55:11	Jupiter 5,2° südlich Alkione	90,1°
24.8.2059 16:53:16	Merkur 1,4° nördlich Regulus	1°
26.8.2059 1:52:48	Merkur in oberer Konjunktion zur Sonne	1,8°
29.8.2059 2:51:41	Mars 55' südlich Uranus	54,8°
5.9.2059 3:48:06	Merkur 13' südlich Venus	9,2°
15.9.2059 12:24:52	Saturn stationär, dann rückläufig	
17.9.2059 11:44:40	Merkur 3,3° südlich Porrima	16,6°
19.9.2059 16:06:33	Jupiter stationär, dann rückläufig	
21.9.2059 1:43:30	Mars 60' südlich Zuben-el-dschenubi	47,7°

Datum und Uhrzeit (WZ)	Ereignis	Elongation
21.9.2059 6:09:20	Venus 1,9° südlich Porrima	13°
21.9.2059 11:06:01	Neptun stationär, dann rückläufig	
25.9.2059 17:49:58	Merkur 51' nördlich Spika	21,7°
30.9.2059 19:36:00	Venus 3,1° nördlich Spika	15,9°
2.10.2059 12:40:17	Merkur 2,7° südlich Uranus	23,1°
8.10.2059 5:26:30	Venus 2,2' nördlich Uranus	17,8°
10.10.2059 15:43:00	Merkur in größter östlicher Elongation zur Sonne	25,3°
15.10.2059 23:21:42	Merkur 3,7° südlich Zuben-el-dschenubi	23,2°
16.10.2059 0:08:45	Jupiter 5,3° südlich Alkione	141,6°
17.10.2059 1:37:57	Mars 1,9° südlich Akrab	40,3°
18.10.2059 21:54:51	Venus 16' südlich Zuben-el-dschenubi	20,3°
20.10.2059 18:34:17	Merkur 3,3° südlich Venus	20,9°
22.10.2059 20:02:42	Merkur stationär, dann rückläufig	
24.10.2059 22:35:30	Mars 3,7° nördlich Antares	38,5°
27.10.2059 8:41:36	Uranus in Konjunktion zur Sonne	28'
28.10.2059 21:33:59	Merkur 2,5° südlich Zuben-el-dschenubi	10,4°
2.11.2059 16:57:34	Venus 1,6° südlich Akrab	23,8°
3.11.2059 1:06:24	Merkur in unterer Konjunktion zur Sonne	-29'
7.11.2059 7:33:30	Venus 3,8° nördlich Antares	25,1°
9.11.2059 1:21:23	Merkur 58' nördlich Uranus	11,9°
11.11.2059 18:51:57	Merkur stationär, dann rechtläufig	
15.11.2059 9:03:19	Merkur 1,9° nördlich Uranus	17,9°
18.11.2059 2:51:07	Jupiteropposition	
19.11.2059 7:29:00	Merkur in größter westlicher Elongation zur Sonne	19,5°
22.11.2059 5:58:47	Saturnopposition	
25.11.2059 17:36:34	Merkur 1,7° nördlich Zuben-el-dschenubi	17,6°
27.11.2059 12:55:53	Venus 27' südlich Mars	29,8°
28.11.2059 1:02:54	Saturn 6,4° südlich Alkione	173,3°
4.12.2059 7:38:37	Venus 1,7° nördlich Nunki	31,2°
8.12.2059 8:15:34	Merkur 30' südlich Akrab	12,1°
8.12.2059 12:26:29	Mars 2,3° nördlich Nunki	27°
9.12.2059 6:31:31	Neptunopposition	
12.12.2059 2:26:07	Merkur 4,7° nördlich Antares	10,1°
20.12.2059 12:34:02	Venus 6,7° südlich Beta Capricorni	34,7°
30.12.2059 13:21:41	Merkur in oberer Konjunktion zur Sonne	-1,7°

2060

Datum und Uhrzeit (WZ)	Ereignis	Elongation
2.1.2060 9:13:26	Merkur 1,6° nördlich Nunki	2,5°
3.1.2060 6:40:14	Mars 5,9° südlich Beta Capricorni	20,9°
7.1.2060 1:58:31	Venus 55' nördlich Delta Capricorni	37,9°
14.1.2060 10:47:39	Merkur 6,9° südlich Beta Capricorni	9,5°
24.1.2060 21:19:58	Merkur 9,5' südlich Mars	15,9°
27.1.2060 22:23:48	Merkur 2° nördlich Delta Capricorni	16,8°

Datum und Uhrzeit (WZ)	Ereignis	Elongation
28.1.2060 7:01:36	Saturn stationär, dann rechtläufig	
30.1.2060 10:36:46	Mars 1,6° nördlich Delta Capricorni	14,3°
1.2.2060 14:59:00	Merkur in größter östlicher Elongation zur Sonne	18,4°
7.2.2060 12:18:56	Merkur stationär, dann rückläufig	
9.2.2060 11:34:59	Merkur 3,7° nördlich Mars	12,4°
11.2.2060 9:43:24	Uranus stationär, dann rückläufig	
17.2.2060 1:22:12	Merkur in unterer Konjunktion zur Sonne	3,7°
18.2.2060 8:32:23	Merkur 6,7° nördlich Delta Capricorni	4,7°
25.2.2060 0:17:21	Neptun stationär, dann rechtläufig	
29.2.2060 3:32:04	Merkur stationär, dann rechtläufig	
9.3.2060 9:28:25	Venus 8,1° südlich Hamal	46,2°
12.3.2060 10:09:15	Merkur 2,2° nördlich Delta Capricorni	27,5°
13.3.2060 3:23:00	Venus in größter westlicher Elongation zur Sonne	46,3°
14.3.2060 12:04:00	Merkur in größter westlicher Elongation zur Sonne	27,6°
27.3.2060 0:08:17	Saturn 6° südlich Alkione	52,5°
3.4.2060 2:43:14	Jupiter 4,8° südlich Alkione	45,7°
6.4.2060 4:28:55	Mars in Konjunktion zur Sonne	-35'
6.4.2060 18:14:07	Venus 41' nördlich Alkione	43,3°
8.4.2060 4:42:26	Venus 5,5° nördlich Jupiter	41,7°
8.4.2060 13:19:19	Venus 6,7° nördlich Saturn	41,4°
10.4.2060 8:46:50	Jupiter 1,1° nördlich Saturn	39,8°
22.4.2060 22:06:24	Merkur 32' südlich Mars	3,7°
25.4.2060 8:08:50	Merkur 11,1° südlich Hamal	1,3°
25.4.2060 16:28:30	Uranusopposition	
26.4.2060 8:04:44	Merkur in oberer Konjunktion zur Sonne	-22'
29.4.2060 12:55:35	Mars 11° südlich Hamal	5,2°
1.5.2060 23:08:30	Venus stationär, dann rückläufig	
7.5.2060 10:26:01	Merkur 2,6° südlich Alkione	12,7°
9.5.2060 23:53:34	Merkur 3,6° nördlich Saturn	14,6°
11.5.2060 19:47:05	Merkur 2,6° nördlich Jupiter	16,3°
11.5.2060 20:09:46	Merkur 2,3° südlich Venus	16,8°
11.5.2060 21:07:24	Venus 4,9° nördlich Jupiter	16,3°
13.5.2060 14:29:31	Merkur 7,7° nördlich Aldebaran	17,9°
17.5.2060 3:16:26	Venus 5,2° nördlich Saturn	8,7°
17.5.2060 11:32:41	Merkur 3,8° nördlich Neptun	20,2°
21.5.2060 11:44:37	Merkur 3,1° südlich Elnath	22,2°
23.5.2060 3:08:00	Venus in unterer Konjunktion zur Sonne	2,1°
25.5.2060 9:35:07	Jupiter 5° nördlich Aldebaran	6,4°
25.5.2060 13:06:00	Merkur in größter östlicher Elongation zur Sonne	22,7°
27.5.2060 7:07:27	Venus 3° südlich Alkione	6,7°
27.5.2060 8:25:25	Saturn in Konjunktion zur Sonne	-1,6°
31.5.2060 4:32:31	Venus 15' nördlich Mars	12,5°
2.6.2060 21:56:38	Mars 4,1° südlich Alkione	12,9°
3.6.2060 3:53:15	Jupiter in Konjunktion zur Sonne	-30'
6.6.2060 18:07:25	Merkur 36' nördlich Eta Geminorum	17,5°
7.6.2060 15:41:18	Merkur stationär, dann rückläufig	

Datum und Uhrzeit (WZ)	Ereignis	Elongation
8.6.2060 7:26:30	Neptun in Konjunktion zur Sonne	-1,4°
8.6.2060 13:23:09	Merkur 7,3' nördlich Eta Geminorum	15,8°
12.6.2060 16:04:40	Venus stationär, dann rechtläufig	
16.6.2060 15:17:29	Mars 1,8° nördlich Saturn	16,5°
19.6.2060 1:48:08	Mars 5,7° nördlich Aldebaran	17,2°
20.6.2060 5:43:48	Merkur in unterer Konjunktion zur Sonne	-3,8°
27.6.2060 23:23:59	Jupiter 55' nördlich Neptun	18°
30.6.2060 0:32:52	Venus 8,1° südlich Alkione	38,4°
30.6.2060 6:58:32	Mars 1,7° nördlich Neptun	20°
30.6.2060 17:18:34	Saturn 3,9° nördlich Aldebaran	28,6°
1.7.2060 5:30:19	Mars 48' nördlich Jupiter	20,3°
1.7.2060 20:09:16	Merkur stationär, dann rechtläufig	
5.7.2060 23:31:39	Mars 5° südlich Elnath	21,5°
11.7.2060 21:04:33	Uranus stationär, dann rechtläufig	
13.7.2060 0:06:00	Merkur in größter westlicher Elongation zur Sonne	20,9°
16.7.2060 4:56:34	Jupiter 5,8° südlich Elnath	31,3°
16.7.2060 10:07:16	Merkur 1,1° südlich Eta Geminorum	20,4°
17.7.2060 6:52:27	Venus 1,5° nördlich Aldebaran	44,8°
17.7.2060 21:59:52	Merkur 50' südlich Mü Geminorum	20°
19.7.2060 22:58:52	Venus 2,3° südlich Saturn	44,7°
20.7.2060 7:51:06	Merkur 5,7° nördlich Alhena	18,9°
21.7.2060 7:19:36	Merkur 3° südlich Epsilon Geminorum	18,3°
22.7.2060 6:31:48	Mars 1,4° nördlich Eta Geminorum	26°
25.7.2060 0:32:31	Mars 1,4° nördlich Mü Geminorum	26,7°
27.7.2060 15:02:56	Venus 2,3° südlich Neptun	45,4°
27.7.2060 23:26:29	Merkur 9,7° südlich Kastor	13°
29.7.2060 5:34:41	Merkur 6,1° südlich Pollux	11,8°
30.7.2060 0:29:29	Mars 7,4° nördlich Alhena	28,2°
31.7.2060 0:15:07	Venus 8,9° südlich Elnath	45,4°
1.8.2060 5:50:28	Mars 1,4° südlich Epsilon Geminorum	28,9°
1.8.2060 9:20:00	Venus in größter westlicher Elongation zur Sonne	45,7°
4.8.2060 3:33:39	Venus 2,9° südlich Jupiter	45,6°
4.8.2060 12:36:42	Merkur 15' nördlich M44	5°
8.8.2060 21:04:36	Merkur in oberer Konjunktion zur Sonne	1,7°
11.8.2060 14:20:14	Venus 2° südlich Eta Geminorum	45,4°
13.8.2060 10:43:22	Venus 1,9° südlich Mü Geminorum	45,3°
15.8.2060 11:22:30	Merkur 1,3° nördlich Regulus	7°
16.8.2060 17:46:56	Venus 4,2° nördlich Alhena	45°
18.8.2060 4:19:30	Venus 4,5° südlich Epsilon Geminorum	44,9°
19.8.2060 3:36:09	Mars 9,4° südlich Kastor	34,3°
22.8.2060 23:26:42	Mars 5,9° südlich Pollux	35,5°
29.8.2060 6:40:44	Venus 11,9° südlich Kastor	43,7°
31.8.2060 13:13:42	Venus 8,3° südlich Pollux	43,4°
10.9.2060 14:43:58	Merkur 4,4° südlich Porrima	22,5°
11.9.2060 22:03:49	Venus 1,8° südlich Mars	41,6°
12.9.2060 5:07:00	Venus 2° südlich M44	41,6°

Datum und Uhrzeit (WZ)	Ereignis	Elongation
12.9.2060 10:51:36	Mars 12' südlich M44	42,3°
20.9.2060 21:09:01	Merkur 35' südlich Spika	26,1°
21.9.2060 0:45:03	Jupiter 29' nördlich Eta Geminorum	84,5°
22.9.2060 3:42:00	Merkur in größter östlicher Elongation zur Sonne	26,4°
23.9.2060 0:00:00	Neptun stationär, dann rückläufig	
28.9.2060 20:10:45	Saturn stationär, dann rückläufig	
1.10.2060 4:17:25	Venus 3,6' nördlich Regulus	38,1°
4.10.2060 23:42:56	Merkur stationär, dann rückläufig	
17.10.2060 1:34:40	Merkur in unterer Konjunktion zur Sonne	-1,5°
17.10.2060 1:43:07	Merkur 39' nördlich Spika	1,5°
18.10.2060 18:16:29	Mars 1° nördlich Regulus	55,5°
23.10.2060 9:25:31	Jupiter stationär, dann rückläufig	
25.10.2060 11:59:55	Merkur stationär, dann rechtläufig	
31.10.2060 6:23:07	Uranus in Konjunktion zur Sonne	26'
1.11.2060 17:41:00	Merkur in größter westlicher Elongation zur Sonne	18,7°
3.11.2060 3:00:30	Merkur 4,6° nördlich Spika	16,9°
3.11.2060 23:24:55	Venus 1,2° südlich Porrima	30,9°
13.11.2060 11:59:55	Venus 4,1° nördlich Spika	27,3°
14.11.2060 11:06:22	Merkur 1,2° nördlich Uranus	13,4°
18.11.2060 15:17:31	Merkur 51' nördlich Zuben-el-dschenubi	11,2°
24.11.2060 10:43:37	Jupiter 33' nördlich Eta Geminorum	148,6°
26.11.2060 22:04:32	Venus 1,2° nördlich Uranus	25,2°
30.11.2060 8:52:24	Merkur 1,2° südlich Akrab	4,7°
1.12.2060 12:23:29	Venus 1,2° nördlich Zuben-el-dschenubi	24,2°
4.12.2060 0:37:43	Merkur 4° nördlich Antares	2,7°
5.12.2060 7:54:05	Saturnopposition	
8.12.2060 17:02:24	Merkur in oberer Konjunktion zur Sonne	-1,1°
10.12.2060 17:29:43	Neptunopposition	
16.12.2060 6:41:57	Venus 3,9' nördlich Akrab	21,1°
20.12.2060 21:13:04	Venus 5,5° nördlich Antares	19,7°
21.12.2060 23:17:12	Jupiteropposition	
25.12.2060 3:04:57	Merkur 1,3° nördlich Nunki	9,5°

2061

Datum und Uhrzeit (WZ)	Ereignis	Elongation
6.1.2061 4:27:01	Mars 28' südlich Porrima	95,2°
6.1.2061 18:35:09	Merkur 6,6° südlich Beta Capricorni	16,5°
13.1.2061 19:10:55	Saturn 3,8° nördlich Aldebaran	136,2°
15.1.2061 1:38:00	Merkur in größter östlicher Elongation zur Sonne	18,9°
16.1.2061 19:17:34	Venus 3,3° nördlich Nunki	13,6°
30.1.2061 18:38:07	Merkur in unterer Konjunktion zur Sonne	3,5°
1.2.2061 18:22:17	Venus 5,5° südlich Beta Capricorni	9,7°
3.2.2061 12:17:07	Merkur 4,6° nördlich Venus	9°
5.2.2061 23:23:14	Merkur 1,2° südlich Beta Capricorni	13,5°

Datum und Uhrzeit (WZ)	Ereignis	Elongation
10.2.2061 2:08:31	Saturn stationär, dann rechtläufig	
11.2.2061 11:26:00	Merkur stationär, dann rechtläufig	
15.2.2061 7:00:37	Uranus stationär, dann rückläufig	
17.2.2061 13:46:16	Merkur 3,4° südlich Beta Capricorni	24,9°
18.2.2061 17:55:56	Venus 1,4° nördlich Delta Capricorni	5,9°
18.2.2061 23:10:32	Jupiter stationär, dann rechtläufig	
23.2.2061 7:03:47	Mars stationär, dann rückläufig	
24.2.2061 21:57:00	Merkur in größter westlicher Elongation zur Sonne	26,8°
26.2.2061 10:26:01	Neptun stationär, dann rechtläufig	
8.3.2061 23:49:41	Merkur 1° nördlich Delta Capricorni	24,2°
9.3.2061 5:29:51	Saturn 4° nördlich Aldebaran	81,5°
13.3.2061 22:57:37	Venus in oberer Konjunktion zur Sonne	-1,4°
2.4.2061 12:47:10	Marsopposition	
8.4.2061 10:11:34	Mars 7,7' südlich Porrima	171,4°
10.4.2061 8:46:28	Merkur in oberer Konjunktion zur Sonne	-50'
15.4.2061 19:21:13	Venus 11,4° südlich Hamal	8,4°
17.4.2061 1:31:45	Merkur 10,2° südlich Hamal	7,5°
18.4.2061 23:48:57	Merkur 1,4° nördlich Venus	9,2°
30.4.2061 17:06:13	Uranusopposition	
30.4.2061 21:22:16	Merkur 1,7° südlich Alkione	19,6°
6.5.2061 7:57:18	Venus 4,1° südlich Alkione	13,7°
7.5.2061 10:31:00	Merkur in größter östlicher Elongation zur Sonne	21,2°
7.5.2061 12:05:46	Jupiter 55' nördlich Eta Geminorum	46,8°
11.5.2061 11:27:34	Merkur 7,9° nördlich Aldebaran	20,1°
15.5.2061 6:42:02	Mars stationär, dann rechtläufig	
15.5.2061 16:34:39	Venus 6° nördlich Aldebaran	16,1°
17.5.2061 2:09:28	Jupiter 52' nördlich Mü Geminorum	39,4°
17.5.2061 19:36:25	Merkur 52' nördlich Venus	16,7°
19.5.2061 16:46:31	Merkur stationär, dann rückläufig	
21.5.2061 8:41:22	Venus 1,9° nördlich Saturn	17,4°
22.5.2061 15:37:42	Venus 2,1° nördlich Neptun	17,8°
25.5.2061 6:35:17	Venus 4,6° südlich Elnath	18,6°
29.5.2061 0:33:13	Merkur 3,9° nördlich Aldebaran	3,4°
30.5.2061 23:51:02	Merkur in unterer Konjunktion zur Sonne	-2,1°
2.6.2061 7:40:48	Jupiter 6,8° nördlich Alhena	27,2°
3.6.2061 7:34:03	Venus 2° nördlich Eta Geminorum	21°
4.6.2061 19:47:34	Venus 2° nördlich Mü Geminorum	21,4°
7.6.2061 6:16:46	Saturn 6,9' nördlich Neptun	3,6°
7.6.2061 13:18:25	Venus 8° nördlich Alhena	22,1°
8.6.2061 15:59:52	Venus 1,2° nördlich Jupiter	22,4°
8.6.2061 18:20:18	Venus 46' südlich Epsilon Geminorum	22,4°
9.6.2061 5:13:33	Jupiter 2° südlich Epsilon Geminorum	22°
10.6.2061 21:53:22	Neptun in Konjunktion zur Sonne	-1,3°
11.6.2061 7:57:10	Saturn in Konjunktion zur Sonne	-1,2°
12.6.2061 2:36:32	Merkur stationär, dann rechtläufig	
18.6.2061 9:26:02	Venus 8,7° südlich Kastor	24,9°

Datum und Uhrzeit (WZ)	Ereignis	Elon- gation
20.6.2061 10:15:27	Venus 5,2° südlich Pollux	25,3°
24.6.2061 0:51:49	Merkur 2° nördlich Aldebaran	22,4°
24.6.2061 1:19:11	Mars 3,2° südlich Porrima	97,9°
24.6.2061 23:01:00	Merkur in größter westlicher Elongation zur Sonne	22,4°
27.6.2061 23:05:59	Saturn 6,6° südlich Elnath	13,8°
1.7.2061 4:25:42	Venus 27' nördlich M44	28,2°
2.7.2061 23:27:53	Merkur 34' südlich Neptun	20,3°
4.7.2061 3:54:05	Merkur 7,1° südlich Elnath	19,7°
4.7.2061 17:25:33	Merkur 21' südlich Saturn	19,4°
9.7.2061 8:30:34	Jupiter in Konjunktion zur Sonne, Bedeckung	7,4'
10.7.2061 17:56:05	Merkur 35' nördlich Eta Geminorum	14,7°
11.7.2061 17:20:43	Merkur 43' nördlich Mü Geminorum	13,8°
13.7.2061 10:16:58	Merkur 7° nördlich Alhena	12,1°
14.7.2061 3:56:33	Merkur 1,7° südlich Epsilon Geminorum	11,3°
16.7.2061 22:45:33	Uranus stationär, dann rechtläufig	
18.7.2061 7:48:38	Merkur 54' nördlich Jupiter	6,5°
19.7.2061 17:40:29	Venus 1,2° nördlich Regulus	32,7°
19.7.2061 18:03:04	Merkur 9° südlich Kastor	5,1°
20.7.2061 5:32:16	Mars 1,5° nördlich Spika	86,1°
20.7.2061 21:38:00	Merkur 5,4° südlich Pollux	3,9°
23.7.2061 23:59:12	Merkur in oberer Konjunktion zur Sonne	1,6°
27.7.2061 0:37:17	Merkur 30' nördlich M44	3,8°
1.8.2061 3:56:25	Jupiter 10,1° südlich Kastor	16,7°
7.8.2061 14:46:04	Merkur 58' nördlich Regulus	14,8°
12.8.2061 15:39:19	Jupiter 6,6° südlich Pollux	25,2°
16.8.2061 21:25:08	Mars 1,5° südlich Uranus	74,7°
24.8.2061 8:05:36	Venus 3° südlich Porrima	39,4°
27.8.2061 16:30:13	Mars 1,5° südlich Zuben-el-dschenubi	70,9°
3.9.2061 18:45:07	Venus 1,5° nördlich Spika	42,4°
4.9.2061 15:54:00	Merkur in größter östlicher Elongation zur Sonne	27,1°
9.9.2061 3:34:17	Merkur 6,4° südlich Porrima	24,1°
17.9.2061 19:04:39	Merkur stationär, dann rückläufig	
18.9.2061 22:51:33	Venus 2,3° südlich Uranus	43,9°
21.9.2061 18:21:21	Neptun 6,8° südlich Elnath	95,8°
23.9.2061 22:08:37	Venus 2,6° südlich Zuben-el-dschenubi	44,5°
24.9.2061 1:35:20	Mars 2,4° südlich Akrab	62,5°
25.9.2061 10:38:14	Neptun stationär, dann rückläufig	
25.9.2061 12:59:11	Merkur 7° südlich Porrima	8,5°
28.9.2061 23:36:04	Neptun 6,8° südlich Elnath	102,9°
30.9.2061 19:43:41	Merkur in unterer Konjunktion zur Sonne	-2,4°
2.10.2061 4:42:14	Mars 3,2° nördlich Antares	60,6°
9.10.2061 3:15:28	Merkur stationär, dann rechtläufig	
11.10.2061 0:23:46	Venus 4,4° südlich Akrab	45,8°
13.10.2061 6:53:53	Saturn stationär, dann rückläufig	
16.10.2061 8:16:00	Merkur in größter westlicher Elongation zur Sonne	18,1°
16.10.2061 13:28:16	Venus 57' nördlich Antares	46,9°

Datum und Uhrzeit (WZ)	Ereignis	Elon-gation
17.10.2061 19:01:00	Venus in größter östlicher Elongation zur Sonne	46,9°
21.10.2061 2:37:55	Merkur 49' südlich Porrima	17°
28.10.2061 17:49:12	Merkur 4,2° nördlich Spika	11,3°
5.11.2061 3:30:55	Uranus in Konjunktion zur Sonne	23'
5.11.2061 14:37:16	Jupiter 55' südlich M44	95,3°
10.11.2061 1:43:24	Merkur 15' nördlich Uranus	4,7°
11.11.2061 13:41:37	Merkur 6,9' nördlich Zuben-el-dschenubi	3,8°
16.11.2061 13:17:03	Mars 2,1° nördlich Nunki	48,6°
17.11.2061 21:45:54	Merkur in oberer Konjunktion zur Sonne	-16'
23.11.2061 4:23:14	Merkur 1,9° südlich Akrab	2,8°
25.11.2061 4:03:00	Jupiter stationär, dann rückläufig	
26.11.2061 20:09:55	Merkur 3,4° nördlich Antares	5,2°
30.11.2061 22:32:06	Venus 38' nördlich Nunki	34,2°
6.12.2061 14:13:37	Venus stationär, dann rückläufig	
12.12.2061 3:10:40	Venus 2,6° nördlich Nunki	22,9°
12.12.2061 13:12:52	Mars 6° südlich Beta Capricorni	42,5°
13.12.2061 4:25:25	Neptunopposition	
14.12.2061 13:30:57	Jupiter 48' südlich M44	134,7°
17.12.2061 7:13:59	Merkur 2,7° südlich Venus	16°
18.12.2061 10:33:56	Merkur 1,2° nördlich Nunki	16,5°
19.12.2061 11:23:31	Saturnopposition	
21.12.2061 10:21:26	Uranus 2,9' nördlich Zuben-el-dschenubi	44,1°
27.12.2061 14:07:09	Venus in unterer Konjunktion zur Sonne	3°
29.12.2061 8:24:00	Merkur in größter östlicher Elongation zur Sonne	19,7°

2062

Datum und Uhrzeit (WZ)	Ereignis	Elon-gation
8.1.2062 22:58:23	Mars 1,6° nördlich Delta Capricorni	35,6°
14.1.2062 18:51:29	Merkur in unterer Konjunktion zur Sonne	3°
16.1.2062 22:47:12	Venus stationär, dann rechtläufig	
23.1.2062 16:40:53	Jupiteropposition	
25.1.2062 23:43:14	Merkur stationär, dann rechtläufig	
7.2.2062 6:59:00	Merkur in größter westlicher Elongation zur Sonne	25,6°
16.2.2062 4:57:01	Merkur 5,4° südlich Beta Capricorni	23,3°
17.2.2062 11:50:48	Venus 8° nördlich Nunki	45,2°
20.2.2062 2:21:34	Uranus stationär, dann rückläufig	
24.2.2062 2:06:55	Saturn stationär, dann rechtläufig	
28.2.2062 22:49:43	Neptun stationär, dann rechtläufig	
2.3.2062 16:24:51	Merkur 38' nördlich Delta Capricorni	17,8°
8.3.2062 2:51:00	Venus in größter westlicher Elongation zur Sonne	46,7°
11.3.2062 7:10:47	Venus 2,3° südlich Beta Capricorni	46,3°
25.3.2062 0:00:00	Jupiter stationär, dann rechtläufig	
25.3.2062 1:10:02	Merkur in oberer Konjunktion zur Sonne	-1,3°
31.3.2062 5:09:46	Venus 3,3° nördlich Delta Capricorni	45,3°

Datum und Uhrzeit (WZ)	Ereignis	Elon-gation
9.4.2062 5:58:04	Merkur 1,5° nördlich Mars	14,7°
9.4.2062 13:33:55	Merkur 9,1° südlich Hamal	15,5°
9.4.2062 23:48:18	Mars 10,7° südlich Hamal	14,5°
19.4.2062 19:29:00	Merkur in größter östlicher Elongation zur Sonne	19,9°
25.4.2062 16:46:24	Uranus 4' nördlich Zuben-el-dschenubi	169,8°
30.4.2062 9:52:37	Merkur stationär, dann rückläufig	
5.5.2062 4:31:57	Merkur 1,3° nördlich Mars	8,3°
5.5.2062 17:22:39	Uranusopposition	
10.5.2062 21:56:02	Merkur in unterer Konjunktion zur Sonne, Transit	-8,8'
14.5.2062 16:04:41	Mars 3,9° südlich Alkione	5,9°
23.5.2062 5:09:14	Merkur stationär, dann rechtläufig	
29.5.2062 21:05:01	Venus 12,6° südlich Hamal	31,7°
30.5.2062 22:24:44	Mars 6° nördlich Aldebaran	1,7°
6.6.2062 6:31:18	Mars in Konjunktion zur Sonne	29'
6.6.2062 14:45:00	Merkur in größter westlicher Elongation zur Sonne	24,1°
12.6.2062 21:18:09	Merkur 7,1° südlich Alkione	21,7°
13.6.2062 11:55:11	Neptun in Konjunktion zur Sonne	-1,3°
16.6.2062 15:15:31	Mars 1,9° nördlich Neptun	2,8°
16.6.2062 21:59:29	Mars 4,8° südlich Elnath	2,9°
17.6.2062 17:37:37	Jupiter 39' südlich M44	41,3°
20.6.2062 0:20:29	Saturn 9,1' nördlich Eta Geminorum	5,3°
20.6.2062 4:38:39	Venus 5,7° südlich Alkione	28,6°
20.6.2062 19:41:01	Merkur 3,9° nördlich Aldebaran	18,7°
21.6.2062 20:50:55	Neptun 6,7° südlich Elnath	7,8°
26.6.2062 10:23:07	Saturn in Konjunktion zur Sonne	-44'
27.6.2062 7:32:50	Merkur 5,7° südlich Elnath	12,8°
27.6.2062 10:00:47	Merkur 59' nördlich Neptun	12,7°
29.6.2062 20:50:13	Venus 4,3° nördlich Aldebaran	27,2°
2.7.2062 10:22:58	Merkur 7,4' südlich Mars	7,2°
2.7.2062 16:24:10	Merkur 1,5° nördlich Eta Geminorum	6,8°
3.7.2062 5:31:45	Mars 1,6° nördlich Eta Geminorum	7,4°
3.7.2062 11:43:40	Merkur 1,5° nördlich Saturn	5,9°
3.7.2062 12:59:51	Merkur 1,6° nördlich Mü Geminorum	5,8°
4.7.2062 9:06:55	Saturn 6,3' nördlich Mü Geminorum	6,6°
5.7.2062 1:52:58	Merkur 7,8° nördlich Alhena	4,1°
5.7.2062 18:08:36	Merkur 59' südlich Epsilon Geminorum	3,3°
5.7.2062 23:30:30	Mars 1,6° nördlich Mü Geminorum	8,1°
6.7.2062 8:34:07	Mars 1,5° nördlich Saturn	8,2°
8.7.2062 7:57:38	Merkur in oberer Konjunktion zur Sonne	1,4°
9.7.2062 17:24:29	Venus 6,2° südlich Elnath	24,7°
10.7.2062 6:32:52	Venus 31' nördlich Neptun	24,6°
10.7.2062 23:14:53	Mars 7,5° nördlich Alhena	9,6°
11.7.2062 3:42:19	Merkur 8,6° südlich Kastor	3,7°
12.7.2062 7:33:49	Merkur 5,1° südlich Pollux	5°
13.7.2062 4:32:07	Mars 1,3° südlich Epsilon Geminorum	10,2°
18.7.2062 17:34:30	Merkur 33' nördlich M44	11,7°

Datum und Uhrzeit (WZ)	Ereignis	Elongation
18.7.2062 22:55:46	Venus 28' nördlich Eta Geminorum	22,3°
20.7.2062 11:43:45	Venus 28' nördlich Mü Geminorum	21,9°
21.7.2062 22:58:03	Uranus stationär, dann rechtläufig	
22.7.2062 8:49:02	Venus 26' nördlich Saturn	21,4°
22.7.2062 12:31:45	Merkur 1° nördlich Jupiter	15,2°
23.7.2062 6:07:05	Venus 6,5° nördlich Alhena	21,2°
24.7.2062 11:29:52	Venus 2,3° südlich Epsilon Geminorum	20,9°
31.7.2062 0:02:26	Mars 9,3° südlich Kastor	15,5°
31.7.2062 6:01:22	Saturn 6,1° nördlich Alhena	28,8°
31.7.2062 15:59:26	Merkur 21' nördlich Regulus	21,8°
3.8.2062 3:42:30	Venus 10° südlich Kastor	18,4°
3.8.2062 19:00:43	Mars 5,8° südlich Pollux	16,6°
5.8.2062 4:23:15	Venus 6,5° südlich Pollux	17,8°
6.8.2062 18:26:10	Venus 35' südlich Mars	17,4°
12.8.2062 9:12:15	Jupiter in Konjunktion zur Sonne	41'
13.8.2062 6:05:45	Saturn 2,8° südlich Epsilon Geminorum	39,8°
15.8.2062 19:32:41	Venus 33' südlich M44	15°
18.8.2062 3:03:00	Merkur in größter östlicher Elongation zur Sonne	27,4°
23.8.2062 23:16:10	Mars 12' südlich M44	22,9°
27.8.2062 23:11:09	Venus 25' nördlich Jupiter	11,6°
31.8.2062 6:41:52	Merkur stationär, dann rückläufig	
2.9.2062 18:06:04	Venus 50' nördlich Regulus	9,9°
14.9.2062 5:00:08	Merkur in unterer Konjunktion zur Sonne	-3,4°
16.9.2062 14:46:35	Merkur 4,5° südlich Venus	5,4°
22.9.2062 15:07:24	Merkur stationär, dann rechtläufig	
26.9.2062 10:28:40	Mars 32' nördlich Jupiter	34,1°
27.9.2062 23:08:42	Neptun stationär, dann rückläufig	
28.9.2062 1:46:38	Mars 52' nördlich Regulus	34,5°
30.9.2062 0:29:00	Merkur in größter westlicher Elongation zur Sonne	17,9°
1.10.2062 15:39:41	Jupiter 20' nördlich Regulus	38,1°
5.10.2062 21:34:32	Venus 1,6° südlich Porrima	1,9°
9.10.2062 12:44:30	Uranus 7,4" nördlich Zuben-el-dschenubi	29,4°
10.10.2062 21:09:39	Venus in oberer Konjunktion zur Sonne	1,2°
14.10.2062 15:19:23	Merkur 1,1° südlich Porrima	10,3°
15.10.2062 8:37:59	Venus 3,4° nördlich Spika	1,6°
21.10.2062 13:35:26	Merkur 3,6° nördlich Spika	4,3°
27.10.2062 18:46:38	Saturn stationär, dann rückläufig	
28.10.2062 22:40:42	Merkur in oberer Konjunktion zur Sonne	30'
2.11.2062 6:39:18	Venus 15' nördlich Zuben-el-dschenubi	5,8°
3.11.2062 11:30:58	Venus 13' nördlich Uranus	6,1°
4.11.2062 7:30:44	Merkur 35' südlich Zuben-el-dschenubi	3,8°
5.11.2062 8:09:17	Merkur 41' südlich Uranus	4,4°
9.11.2062 23:38:19	Uranus in Konjunktion zur Sonne	20'
12.11.2062 12:07:11	Merkur 1,3° südlich Venus	8,3°
16.11.2062 2:35:58	Merkur 2,5° südlich Akrab	10,1°
16.11.2062 22:31:36	Venus 1° südlich Akrab	9,3°

Datum und Uhrzeit (WZ)	Ereignis	Elongation
19.11.2062 20:28:23	Merkur 2,8° nördlich Antares	12,6°
21.11.2062 12:16:10	Venus 4,4° nördlich Antares	10,5°
5.12.2062 8:17:43	Mars 1,4° südlich Porrima	61,9°
12.12.2062 9:58:00	Merkur in größter östlicher Elongation zur Sonne	20,7°
14.12.2062 17:05:36	Merkur 1,8° nördlich Nunki	20,5°
15.12.2062 15:17:44	Neptunopposition	
18.12.2062 6:03:37	Venus 2,3° nördlich Nunki	17°
20.12.2062 7:26:04	Merkur 44' nördlich Venus	17,4°
20.12.2062 11:26:29	Merkur stationär, dann rückläufig	
25.12.2062 17:03:29	Merkur 4,6° nördlich Nunki	9,6°
26.12.2062 3:57:22	Mars 3,9° nördlich Spika	69,9°
26.12.2062 7:18:48	Jupiter stationär, dann rückläufig	
29.12.2062 23:30:49	Merkur in unterer Konjunktion zur Sonne	2,5°

2063

Datum und Uhrzeit (WZ)	Ereignis	Elongation
2.1.2063 14:56:58	Saturnopposition	
3.1.2063 4:45:14	Venus 6,3° südlich Beta Capricorni	20,7°
15.1.2063 7:15:53	Neptun 6,7° südlich Elnath	147,9°
17.1.2063 12:47:35	Saturn 2,6° südlich Epsilon Geminorum	163,3°
20.1.2063 7:11:31	Venus 1,1° nördlich Delta Capricorni	24,3°
20.1.2063 15:19:00	Merkur in größter westlicher Elongation zur Sonne	24,2°
26.1.2063 23:06:56	Merkur 3,8° nördlich Nunki	23,4°
8.2.2063 7:40:39	Mars 1,3° nördlich Zuben-el-dschenubi	93,7°
9.2.2063 7:15:34	Saturn 6,3° nördlich Alhena	139°
10.2.2063 6:11:06	Merkur 6,2° südlich Beta Capricorni	17,2°
23.2.2063 8:10:18	Mars 1,3° nördlich Uranus	102,6°
23.2.2063 10:54:46	Merkur 31' nördlich Delta Capricorni	10,5°
23.2.2063 20:25:17	Jupiteropposition	
25.2.2063 0:00:00	Uranus stationär, dann rückläufig	
3.3.2063 9:36:39	Neptun stationär, dann rechtläufig	
8.3.2063 5:44:37	Merkur in oberer Konjunktion zur Sonne	-1,7°
10.3.2063 7:26:34	Saturn stationär, dann rechtläufig	
18.3.2063 20:01:02	Venus 10,1° südlich Hamal	36,9°
2.4.2063 15:35:00	Merkur in größter östlicher Elongation zur Sonne	19°
8.4.2063 6:52:40	Saturn 6,4° nördlich Alhena	81°
8.4.2063 20:06:30	Mars stationär, dann rückläufig	
9.4.2063 8:41:20	Venus 2,4° südlich Alkione	40,9°
11.4.2063 7:39:45	Merkur stationär, dann rückläufig	
14.4.2063 23:54:47	Jupiter 51' nördlich Regulus	125,3°
18.4.2063 18:50:36	Neptun 6,7° südlich Elnath	54,3°
19.4.2063 8:39:17	Venus 7,8° nördlich Aldebaran	41,6°
21.4.2063 12:13:04	Merkur in unterer Konjunktion zur Sonne	1,6°
26.4.2063 17:56:18	Jupiter stationär, dann rechtläufig	

Datum und Uhrzeit (WZ)	Ereignis	Elongation
29.4.2063 19:38:21	Venus 2,7° südlich Elnath	43,8°
30.4.2063 2:04:24	Venus 4° nördlich Neptun	43,6°
30.4.2063 2:19:48	Saturn 2,4° südlich Epsilon Geminorum	61°
3.5.2063 20:48:07	Merkur stationär, dann rechtläufig	
8.5.2063 13:46:54	Jupiter 47' nördlich Regulus	102,4°
9.5.2063 23:55:30	Venus 3,8° nördlich Eta Geminorum	44,9°
10.5.2063 17:18:11	Uranusopposition	
11.5.2063 17:45:31	Venus 3,8° nördlich Mü Geminorum	45°
14.5.2063 22:15:30	Marsopposition	
14.5.2063 22:21:52	Venus 9,8° nördlich Alhena	45,2°
16.5.2063 8:48:27	Venus 56' nördlich Epsilon Geminorum	45,3°
18.5.2063 0:11:13	Venus 3,3° nördlich Saturn	45,3°
19.5.2063 5:21:00	Merkur in größter westlicher Elongation zur Sonne	25,8°
20.5.2063 5:45:54	Merkur 14,1° südlich Hamal	22,9°
23.5.2063 15:51:00	Venus in größter östlicher Elongation zur Sonne	45,4°
27.5.2063 10:01:38	Mars 1,4° südlich Uranus	163,2°
28.5.2063 7:54:35	Venus 7,3° südlich Kastor	45°
31.5.2063 0:38:59	Venus 4° südlich Pollux	44,8°
7.6.2063 8:46:40	Merkur 5,7° südlich Alkione	16,3°
8.6.2063 18:18:14	Mars 1,9° südlich Zuben-el-dschenubi	147,9°
13.6.2063 10:28:00	Merkur 5° nördlich Aldebaran	11,1°
16.6.2063 2:14:11	Neptun in Konjunktion zur Sonne	-1,3°
16.6.2063 10:38:40	Venus 27' nördlich M44	42,7°
19.6.2063 0:46:22	Merkur 4,9° südlich Elnath	4,7°
19.6.2063 23:13:00	Merkur 1,9° nördlich Neptun	3,6°
22.6.2063 18:44:40	Merkur in oberer Konjunktion zur Sonne	1,1°
23.6.2063 17:53:19	Mars stationär, dann rechtläufig	
24.6.2063 1:45:40	Merkur 2,2° nördlich Eta Geminorum	1,9°
24.6.2063 21:56:44	Merkur 2,2° nördlich Mü Geminorum	2,8°
26.6.2063 10:39:24	Merkur 8,3° nördlich Alhena	4,7°
27.6.2063 3:04:41	Merkur 29' südlich Epsilon Geminorum	5,5°
30.6.2063 8:01:22	Merkur 2° nördlich Saturn	9,2°
2.7.2063 18:23:41	Merkur 8,3° südlich Kastor	11,7°
4.7.2063 0:26:32	Merkur 4,9° südlich Pollux	13°
9.7.2063 1:58:36	Mars 2,7° südlich Zuben-el-dschenubi	118,9°
9.7.2063 13:12:09	Venus stationär, dann rückläufig	
11.7.2063 3:59:38	Merkur 22' nördlich M44	19,2°
11.7.2063 13:11:11	Saturn in Konjunktion zur Sonne, Bedeckung	-11'
16.7.2063 0:11:00	Merkur 4,6° nördlich Venus	22,4°
17.7.2063 16:31:49	Mars 2,8° südlich Uranus	112,9°
26.7.2063 23:09:14	Uranus stationär, dann rechtläufig	
27.7.2063 5:16:42	Merkur 1° südlich Regulus	26,4°
31.7.2063 10:23:00	Merkur in größter östlicher Elongation zur Sonne	27,2°
31.7.2063 16:50:48	Venus 8,2° südlich M44	1,3°
1.8.2063 19:11:03	Venus in unterer Konjunktion zur Sonne	-6,8°
8.8.2063 8:46:14	Saturn 10,4° südlich Kastor	23°

Datum und Uhrzeit (WZ)	Ereignis	Elongation
13.8.2063 12:03:55	Merkur stationär, dann rückläufig	
22.8.2063 21:21:16	Venus stationär, dann rechtläufig	
23.8.2063 13:59:06	Mars 3,5° südlich Akrab	93,6°
28.8.2063 2:15:09	Merkur in unterer Konjunktion zur Sonne	-4,2°
29.8.2063 19:06:22	Saturn 6,9° südlich Pollux	41,1°
31.8.2063 5:03:00	Merkur 4,3° südlich Regulus	6,7°
2.9.2063 12:13:39	Mars 2,2° nördlich Antares	90,2°
5.9.2063 21:03:29	Merkur stationär, dann rechtläufig	
11.9.2063 4:34:00	Merkur 43' südlich Regulus	17,6°
13.9.2063 11:07:03	Jupiter in Konjunktion zur Sonne	1°
13.9.2063 15:20:00	Merkur in größter westlicher Elongation zur Sonne	17,9°
15.9.2063 1:44:53	Venus 5,6° südlich M44	42,8°
26.9.2063 23:16:59	Merkur 54' nördlich Jupiter	10,3°
30.9.2063 9:40:42	Neptun stationär, dann rückläufig	
7.10.2063 2:59:36	Merkur 1,5° südlich Porrima	2,7°
10.10.2063 2:43:27	Merkur in oberer Konjunktion zur Sonne	1,1°
10.10.2063 19:20:10	Venus 1,6° südlich Regulus	46,3°
11.10.2063 23:28:00	Venus in größter westlicher Elongation zur Sonne	46,3°
14.10.2063 2:09:39	Merkur 2,9° nördlich Spika	2,9°
22.10.2063 15:36:46	Mars 1,5° nördlich Nunki	74°
28.10.2063 5:07:16	Merkur 1,3° südlich Zuben-el-dschenubi	11,1°
31.10.2063 22:25:43	Merkur 1,6° südlich Uranus	13°
8.11.2063 20:17:09	Venus 17' nördlich Jupiter	44,2°
9.11.2063 12:50:18	Merkur 3,1° südlich Akrab	17°
11.11.2063 5:12:09	Saturn stationär, dann rückläufig	
13.11.2063 13:21:39	Merkur 2,3° nördlich Antares	19,3°
14.11.2063 19:02:59	Uranus in Konjunktion zur Sonne	16'
16.11.2063 22:29:31	Venus 1,1° südlich Porrima	43,2°
18.11.2063 21:55:35	Mars 6,4° südlich Beta Capricorni	66,8°
25.11.2063 5:51:00	Merkur in größter östlicher Elongation zur Sonne	22°
26.11.2063 21:34:16	Venus 4,4° nördlich Spika	40°
4.12.2063 12:24:43	Merkur stationär, dann rückläufig	
14.12.2063 6:29:36	Merkur in unterer Konjunktion zur Sonne	1,7°
15.12.2063 13:18:56	Venus 1,9° nördlich Zuben-el-dschenubi	37,7°
17.12.2063 7:58:04	Mars 1,5° nördlich Delta Capricorni	59,1°
18.12.2063 1:58:18	Neptunopposition	
22.12.2063 19:42:51	Venus 1,8° nördlich Uranus	36,3°
24.12.2063 7:34:26	Merkur stationär, dann rechtläufig	
30.12.2063 17:34:50	Venus 47' nördlich Akrab	35°

2064

Datum und Uhrzeit (WZ)	Ereignis	Elongation
3.1.2064 1:31:00	Merkur in größter westlicher Elongation zur Sonne	22,7°
4.1.2064 10:58:51	Venus 6,3° nördlich Antares	33,5°

Datum und Uhrzeit (WZ)	Ereignis	Elongation
16.1.2064 16:56:58	Saturnopposition	
21.1.2064 8:33:10	Merkur 2,8° nördlich Nunki	17,5°
29.1.2064 7:43:53	Saturn 6,7° südlich Pollux	163,5°
31.1.2064 22:26:51	Venus 3,9° nördlich Nunki	28,2°
3.2.2064 6:18:58	Merkur 6,6° südlich Beta Capricorni	10,3°
15.2.2064 19:59:49	Merkur 35' nördlich Delta Capricorni	3,1°
17.2.2064 2:50:28	Venus 5,1° südlich Beta Capricorni	23,7°
18.2.2064 18:05:32	Merkur in oberer Konjunktion zur Sonne	-2°
29.2.2064 17:15:56	Uranus stationär, dann rückläufig	
4.3.2064 21:24:14	Neptun stationär, dann rechtläufig	
5.3.2064 6:00:57	Venus 1,7° nördlich Delta Capricorni	20,5°
15.3.2064 20:18:00	Merkur in größter westlicher Elongation zur Sonne	18,4°
19.3.2064 20:40:06	Mars 10,4° südlich Hamal	35°
22.3.2064 23:03:58	Merkur stationär, dann rückläufig	
23.3.2064 17:43:21	Saturn stationär, dann rechtläufig	
25.3.2064 7:10:32	Jupiteropposition	
1.4.2064 23:45:56	Merkur in unterer Konjunktion zur Sonne	2,8°
8.4.2064 4:39:34	Merkur 3,1° nördlich Venus	10,9°
14.4.2064 9:46:57	Merkur stationär, dann rechtläufig	
24.4.2064 5:04:23	Mars 3,6° südlich Alkione	25,3°
30.4.2064 0:16:00	Merkur in größter westlicher Elongation zur Sonne	27°
30.4.2064 11:01:52	Venus 11,8° südlich Hamal	6,4°
10.5.2064 17:39:55	Mars 6,2° nördlich Aldebaran	20,5°
14.5.2064 16:55:08	Uranusopposition	
15.5.2064 15:48:13	Merkur 13,3° südlich Hamal	19,7°
16.5.2064 0:00:50	Saturn 6,5° südlich Pollux	58,4°
21.5.2064 0:29:13	Venus 4,6° südlich Alkione	1°
24.5.2064 5:45:20	Venus in oberer Konjunktion zur Sonne	-20'
27.5.2064 23:01:34	Mars 4,6° südlich Elnath	15,8°
29.5.2064 15:12:28	Merkur 4,7° südlich Alkione	9,1°
30.5.2064 9:16:56	Venus 5,4° nördlich Aldebaran	1,7°
2.6.2064 4:38:11	Mars 2° nördlich Neptun	14,3°
4.6.2064 1:20:03	Merkur 5,9° nördlich Aldebaran	2,8°
6.6.2064 6:31:43	Merkur in oberer Konjunktion zur Sonne	45'
8.6.2064 23:19:09	Venus 5,1° südlich Elnath	4,3°
9.6.2064 9:49:18	Merkur 4,2° südlich Elnath	4,1°
9.6.2064 23:13:25	Merkur 57' nördlich Venus	4,5°
11.6.2064 4:14:56	Merkur 2,6° nördlich Neptun	6,1°
12.6.2064 3:23:36	Venus 1,6° nördlich Neptun	5,1°
13.6.2064 11:03:22	Mars 1,8° nördlich Eta Geminorum	11,1°
14.6.2064 13:30:05	Merkur 2,6° nördlich Eta Geminorum	10,1°
15.6.2064 1:56:46	Merkur 53' nördlich Mars	10,6°
15.6.2064 10:52:34	Merkur 2,6° nördlich Mü Geminorum	11,1°
16.6.2064 5:42:14	Mars 1,7° nördlich Mü Geminorum	10,3°
17.6.2064 2:16:20	Merkur 8,7° nördlich Alhena	12,8°
17.6.2064 16:22:24	Neptun in Konjunktion zur Sonne	-1,2°

Datum und Uhrzeit (WZ)	Ereignis	Elon-gation
17.6.2064 20:07:30	Merkur 8,4' südlich Epsilon Geminorum	13,6°
17.6.2064 23:37:00	Venus 1,5° nördlich Eta Geminorum	6,7°
19.6.2064 11:40:09	Venus 1,5° nördlich Mü Geminorum	7,2°
21.6.2064 6:32:27	Mars 7,7° nördlich Alhena	8,8°
22.6.2064 4:47:21	Venus 7,5° nördlich Alhena	7,9°
23.6.2064 6:36:11	Venus 7,3' südlich Mars	8,2°
23.6.2064 9:41:36	Venus 1,2° südlich Epsilon Geminorum	8,2°
23.6.2064 12:21:46	Mars 1,1° südlich Epsilon Geminorum	8,1°
24.6.2064 4:14:54	Merkur 8,3° südlich Kastor	19,1°
25.6.2064 15:18:39	Merkur 4,9° südlich Pollux	20,2°
28.6.2064 12:54:03	Merkur 1,3° nördlich Saturn	22,1°
2.7.2064 22:55:31	Venus 9,1° südlich Kastor	10,9°
4.7.2064 12:05:10	Merkur 22' südlich M44	24,9°
4.7.2064 23:11:02	Venus 5,6° südlich Pollux	11,4°
9.7.2064 21:15:13	Venus 59' nördlich Saturn	12,8°
11.7.2064 10:52:27	Mars 9,2° südlich Kastor	2,9°
12.7.2064 11:20:00	Merkur in größter östlicher Elongation zur Sonne	26,4°
15.7.2064 6:13:51	Mars 5,7° südlich Pollux	1,9°
15.7.2064 13:29:09	Venus 7,6' nördlich M44	14,3°
20.7.2064 10:24:26	Mars in Konjunktion zur Sonne	1,1°
25.7.2064 13:02:36	Merkur stationär, dann rückläufig	
25.7.2064 13:10:28	Saturn in Konjunktion zur Sonne	21'
27.7.2064 10:26:29	Merkur 5,5° südlich Venus	17,6°
28.7.2064 6:14:38	Mars 45' nördlich Saturn	2,3°
30.7.2064 22:53:21	Uranus stationär, dann rechtläufig	
2.8.2064 15:55:46	Venus 1,1° nördlich Regulus	19,2°
4.8.2064 11:14:20	Mars 10' südlich M44	4,8°
9.8.2064 7:57:47	Merkur in unterer Konjunktion zur Sonne	-4,8°
12.8.2064 15:07:28	Merkur 5,7° südlich Mars	7,1°
18.8.2064 17:36:54	Merkur stationär, dann rechtläufig	
27.8.2064 1:43:00	Merkur in größter westlicher Elongation zur Sonne	18,3°
31.8.2064 15:35:43	Jupiter 1,8° südlich Porrima	32,1°
3.9.2064 18:09:49	Saturn 53' südlich M44	33,6°
4.9.2064 14:36:46	Merkur 6,4' nördlich Mars	14,8°
5.9.2064 16:47:43	Venus 2,3° südlich Porrima	27,3°
5.9.2064 22:10:15	Merkur 1° nördlich Regulus	13,4°
6.9.2064 16:54:15	Venus 29' südlich Jupiter	28,1°
8.9.2064 7:14:52	Mars 46' nördlich Regulus	15,7°
15.9.2064 11:47:15	Venus 2,5° nördlich Spika	30,4°
21.9.2064 7:13:38	Merkur in oberer Konjunktion zur Sonne	1,5°
28.9.2064 11:51:48	Merkur 2,1° südlich Porrima	5,6°
1.10.2064 22:17:43	Neptun stationär, dann rückläufig	
2.10.2064 12:37:21	Merkur 44' südlich Jupiter	8,3°
4.10.2064 1:21:15	Venus 1,1° südlich Zuben-el-dschenubi	34,3°
5.10.2064 17:54:08	Merkur 2,3° nördlich Spika	10,6°
11.10.2064 8:22:56	Venus 1,3° südlich Uranus	35,9°

Datum und Uhrzeit (WZ)	Ereignis	Elongation
13.10.2064 5:42:47	Jupiter in Konjunktion zur Sonne	1,1°
19.10.2064 6:07:34	Venus 2,5° südlich Akrab	37,4°
20.10.2064 15:55:47	Merkur 2,1° südlich Zuben-el-dschenubi	17,9°
24.10.2064 0:06:58	Venus 2,9° nördlich Antares	38,9°
26.10.2064 4:59:58	Jupiter 3,4° nördlich Spika	9,1°
27.10.2064 16:55:16	Merkur 2,6° südlich Uranus	20,6°
3.11.2064 13:14:02	Merkur 3,8° südlich Akrab	22,2°
6.11.2064 20:58:00	Merkur in größter östlicher Elongation zur Sonne	23,3°
9.11.2064 0:24:13	Merkur 1,8° nördlich Antares	23,2°
12.11.2064 18:57:46	Mars 1,8° südlich Porrima	39,5°
17.11.2064 9:49:28	Merkur stationär, dann rückläufig	
18.11.2064 13:27:39	Uranus in Konjunktion zur Sonne, Bedeckung	13'
21.11.2064 2:25:20	Venus 54' nördlich Nunki	43,8°
24.11.2064 11:30:14	Saturn stationär, dann rückläufig	
24.11.2064 15:13:51	Merkur 4,6° nördlich Antares	6,9°
27.11.2064 13:55:37	Merkur in unterer Konjunktion zur Sonne	56'
29.11.2064 3:13:18	Merkur 26' nördlich Akrab	3,7°
1.12.2064 15:18:02	Mars 3,4° nördlich Spika	45,5°
7.12.2064 1:21:40	Merkur stationär, dann rechtläufig	
8.12.2064 12:18:49	Venus 7,2° südlich Beta Capricorni	46,1°
15.12.2064 16:52:00	Merkur in größter westlicher Elongation zur Sonne	21,3°
16.12.2064 5:38:19	Merkur 1,2° nördlich Akrab	21°
18.12.2064 17:38:50	Mars 5,9' südlich Jupiter	53,5°
19.12.2064 12:33:52	Neptunopposition	
21.12.2064 6:39:26	Merkur 6,2° nördlich Antares	20°
28.12.2064 14:01:19	Venus 1,2° nördlich Delta Capricorni	46,9°
29.12.2064 3:15:00	Venus in größter östlicher Elongation zur Sonne	47,3°

2065

Datum und Uhrzeit (WZ)	Ereignis	Elongation
6.1.2065 18:16:38	Mars 39' nördlich Zuben-el-dschenubi	61,1°
13.1.2065 12:59:47	Merkur 2,2° nördlich Nunki	10,5°
25.1.2065 20:30:35	Merkur 6,8° südlich Beta Capricorni	3,7°
29.1.2065 16:16:35	Saturnopposition	
30.1.2065 8:54:45	Merkur in oberer Konjunktion zur Sonne	-2,1°
31.1.2065 7:22:51	Mars 34' nördlich Uranus	71,2°
6.2.2065 5:04:32	Mars 18' südlich Akrab	73,8°
7.2.2065 3:47:15	Merkur 48' nördlich Delta Capricorni	6,1°
15.2.2065 22:39:08	Venus stationär, dann rückläufig	
15.2.2065 23:46:53	Mars 5,2° nördlich Antares	77,2°
23.2.2065 14:15:07	Jupiter stationär, dann rückläufig	
24.2.2065 19:49:30	Saturn 29' südlich M44	151,4°
25.2.2065 9:19:14	Merkur 7,2° südlich Venus	17,9°
27.2.2065 6:26:00	Merkur in größter östlicher Elongation zur Sonne	18,1°

Datum und Uhrzeit (WZ)	Ereignis	Elongation
5.3.2065 10:50:31	Merkur stationär, dann rückläufig	
5.3.2065 12:12:36	Uranus stationär, dann rückläufig	
7.3.2065 8:48:44	Neptun stationär, dann rechtläufig	
11.3.2065 2:32:59	Venus in unterer Konjunktion zur Sonne	8,8°
15.3.2065 7:13:59	Merkur in unterer Konjunktion zur Sonne	3,5°
27.3.2065 17:10:05	Merkur stationär, dann rechtläufig	
29.3.2065 19:01:22	Venus stationär, dann rechtläufig	
7.4.2065 7:01:03	Saturn stationär, dann rechtläufig	
12.4.2065 1:22:00	Merkur in größter westlicher Elongation zur Sonne	27,7°
20.4.2065 15:59:00	Mars 2,7° nördlich Nunki	107,6°
25.4.2065 0:06:23	Jupiteropposition	
8.5.2065 18:11:01	Merkur 12,4° südlich Hamal	14,2°
18.5.2065 10:00:01	Saturn 28' südlich M44	70,1°
19.5.2065 16:01:35	Uranusopposition	
20.5.2065 3:32:00	Venus in größter westlicher Elongation zur Sonne	46°
21.5.2065 5:01:08	Merkur 3,9° südlich Alkione	0,7°
21.5.2065 17:37:04	Merkur in oberer Konjunktion zur Sonne	21'
26.5.2065 11:32:08	Merkur 6,7° nördlich Aldebaran	5,9°
1.6.2065 1:07:29	Merkur 3,6° südlich Elnath	12,3°
3.6.2065 22:00:22	Merkur 3,2° nördlich Neptun	15,1°
6.6.2065 18:58:21	Merkur 3° nördlich Eta Geminorum	17,7°
7.6.2065 19:48:19	Merkur 2,9° nördlich Mü Geminorum	18,6°
9.6.2065 3:44:22	Venus 13,2° südlich Hamal	41,3°
9.6.2065 18:26:23	Merkur 8,8° nördlich Alhena	20°
10.6.2065 15:59:31	Merkur 54" südlich Epsilon Geminorum	20,6°
14.6.2065 1:43:14	Mars stationär, dann rückläufig	
18.6.2065 21:55:16	Merkur 8,8° südlich Kastor	24,5°
20.6.2065 6:27:37	Neptun in Konjunktion zur Sonne	-1,2°
21.6.2065 1:19:34	Merkur 5,7° südlich Pollux	24,7°
24.6.2065 5:16:00	Merkur in größter östlicher Elongation zur Sonne	25,2°
27.6.2065 8:11:38	Jupiter stationär, dann rechtläufig	
2.7.2065 7:00:00	Venus 6,6° südlich Alkione	40,2°
7.7.2065 10:05:21	Merkur stationär, dann rückläufig	
12.7.2065 13:38:53	Venus 3,4° nördlich Aldebaran	39,7°
13.7.2065 20:57:21	Marsopposition	
21.7.2065 18:53:36	Merkur in unterer Konjunktion zur Sonne	-5°
22.7.2065 22:42:58	Venus 7,1° südlich Elnath	37,5°
27.7.2065 9:43:00	Merkur 11,5° südlich Pollux	9,9°
29.7.2065 14:55:46	Venus 11' südlich Neptun	36,2°
1.8.2065 0:26:46	Merkur stationär, dann rechtläufig	
1.8.2065 13:39:32	Venus 19' südlich Eta Geminorum	35,5°
3.8.2065 3:51:01	Venus 18' südlich Mü Geminorum	35,2°
4.8.2065 21:28:50	Uranus stationär, dann rechtläufig	
5.8.2065 8:54:15	Merkur 9,5° südlich Pollux	17,9°
6.8.2065 0:35:56	Venus 5,8° nördlich Alhena	34,6°
7.8.2065 7:02:52	Venus 3° südlich Epsilon Geminorum	34,3°

Datum und Uhrzeit (WZ)	Ereignis	Elongation
9.8.2065 7:24:34	Saturn in Konjunktion zur Sonne	53'
10.8.2065 4:30:00	Merkur in größter westlicher Elongation zur Sonne	19°
15.8.2065 22:27:17	Mars stationär, dann rechtläufig	
17.8.2065 6:21:59	Venus 10,6° südlich Kastor	32°
17.8.2065 9:40:53	Merkur 57' südlich M44	16,6°
19.8.2065 8:16:14	Venus 7,1° südlich Pollux	31,5°
23.8.2065 8:26:42	Merkur 27' nördlich Saturn	11,7°
29.8.2065 3:02:24	Merkur 1,4° nördlich Regulus	5,6°
30.8.2065 4:41:04	Venus 1,1° südlich M44	28,9°
4.9.2065 6:43:09	Merkur in oberer Konjunktion zur Sonne	1,7°
9.9.2065 18:57:30	Venus 13' südlich Saturn	26,4°
17.9.2065 8:12:55	Venus 34' nördlich Regulus	24,3°
21.9.2065 3:08:26	Merkur 2,8° südlich Porrima	12,7°
28.9.2065 21:32:32	Merkur 1,4° nördlich Spika	17,9°
4.10.2065 8:33:31	Neptun stationär, dann rückläufig	
9.10.2065 19:10:11	Mars 8° südlich Beta Capricorni	106°
14.10.2065 11:27:34	Merkur 3,5° südlich Jupiter	22,8°
15.10.2065 15:54:59	Merkur 3° südlich Zuben-el-dschenubi	23,1°
20.10.2065 9:34:00	Merkur in größter östlicher Elongation zur Sonne	24,6°
20.10.2065 12:29:41	Venus 1,4° südlich Porrima	16,2°
21.10.2065 1:31:45	Jupiter 34' nördlich Zuben-el-dschenubi	17,6°
29.10.2065 22:57:18	Venus 3,7° nördlich Spika	12,5°
1.11.2065 1:33:42	Merkur stationär, dann rückläufig	
11.11.2065 6:39:02	Merkur 1° südlich Jupiter	1,3°
11.11.2065 20:06:06	Merkur in unterer Konjunktion zur Sonne, Transit	3'
12.11.2065 14:26:54	Jupiter in Konjunktion zur Sonne	51'
14.11.2065 22:21:56	Mars 55' nördlich Delta Capricorni	91,4°
15.11.2065 6:40:37	Merkur 52' nördlich Zuben-el-dschenubi	7,5°
16.11.2065 4:21:02	Merkur 24' nördlich Venus	9,4°
16.11.2065 19:59:13	Venus 43' nördlich Zuben-el-dschenubi	9,1°
20.11.2065 19:35:01	Merkur stationär, dann rechtläufig	
22.11.2065 12:41:37	Venus 15" südlich Jupiter, Bedeckung	7,9°
23.11.2065 7:04:55	Uranus in Konjunktion zur Sonne, Bedeckung	9,8'
26.11.2065 21:00:51	Merkur 2,2° nördlich Zuben-el-dschenubi	19,2°
28.11.2065 15:42:00	Merkur in größter westlicher Elongation zur Sonne	20,1°
29.11.2065 14:26:45	Venus 26' nördlich Uranus	6°
1.12.2065 11:26:35	Venus 30' südlich Akrab	5,6°
5.12.2065 17:52:32	Merkur 55' nördlich Jupiter	18,3°
6.12.2065 1:09:09	Venus 5° nördlich Antares	4,5°
8.12.2065 11:26:18	Saturn stationär, dann rückläufig	
10.12.2065 13:19:34	Merkur 1° nördlich Uranus	16,4°
11.12.2065 17:27:04	Merkur 18" nördlich Akrab, Bedeckung	16,1°
15.12.2065 15:31:14	Merkur 5,1° nördlich Antares	14,3°
21.12.2065 23:11:09	Neptunopposition	
24.12.2065 16:54:31	Venus in oberer Konjunktion zur Sonne	-24'

2066

Datum und Uhrzeit (WZ)	Ereignis	Elongation
1.1.2066 18:36:23	Venus 2,8° nördlich Nunki	2,1°
6.1.2066 7:05:01	Merkur 1,8° nördlich Nunki	3,2°
10.1.2066 2:53:38	Uranus 52' südlich Akrab	45,9°
10.1.2066 21:56:46	Merkur in oberer Konjunktion zur Sonne	-1,9°
16.1.2066 18:32:25	Jupiter 10' südlich Akrab	52,8°
17.1.2066 16:04:17	Venus 5,9° südlich Beta Capricorni	5,8°
18.1.2066 8:29:31	Merkur 6,9° südlich Beta Capricorni	5,2°
19.1.2066 3:32:25	Jupiter 42' nördlich Uranus	54,7°
20.1.2066 7:09:50	Merkur 52' südlich Venus	6,5°
30.1.2066 22:30:47	Merkur 1,3° nördlich Delta Capricorni	13,4°
3.2.2066 15:22:10	Venus 1,2° nördlich Delta Capricorni	9,7°
10.2.2066 18:56:00	Merkur in größter östlicher Elongation zur Sonne	18,2°
12.2.2066 11:40:11	Saturnopposition	
17.2.2066 13:07:30	Merkur 4,3° nördlich Venus	13,2°
25.2.2066 14:51:50	Mars 10° südlich Hamal	57,9°
26.2.2066 6:53:15	Merkur in unterer Konjunktion zur Sonne	3,7°
2.3.2066 17:51:55	Jupiter 5,5° nördlich Antares	91,8°
9.3.2066 19:47:11	Neptun stationär, dann rechtläufig	
10.3.2066 6:06:30	Uranus stationär, dann rückläufig	
10.3.2066 13:11:06	Merkur stationär, dann rechtläufig	
25.3.2066 7:40:00	Merkur in größter westlicher Elongation zur Sonne	27,8°
26.3.2066 22:25:50	Jupiter stationär, dann rückläufig	
1.4.2066 0:17:30	Venus 10,8° südlich Hamal	23,3°
3.4.2066 12:49:38	Mars 3,3° südlich Alkione	46,1°
20.4.2066 4:11:01	Jupiter 5,6° nördlich Antares	139,5°
20.4.2066 14:56:55	Mars 6,5° nördlich Aldebaran	40,2°
21.4.2066 17:29:14	Venus 3,4° südlich Alkione	28,3°
21.4.2066 20:29:46	Saturn stationär, dann rechtläufig	
30.4.2066 19:09:56	Merkur 11,6° südlich Hamal	6,2°
1.5.2066 4:43:12	Venus 6,7° nördlich Aldebaran	30°
6.5.2066 2:16:08	Merkur in oberer Konjunktion zur Sonne, Bedeckung	-5,6'
8.5.2066 8:26:23	Mars 4,3° südlich Elnath	35,2°
10.5.2066 22:34:05	Venus 3,9° südlich Elnath	32,7°
12.5.2066 3:41:13	Uranus 52' südlich Akrab	167,5°
12.5.2066 17:51:10	Merkur 3,1° südlich Alkione	8°
14.5.2066 1:33:19	Venus 35' nördlich Mars	33,4°
16.5.2066 22:23:22	Venus 2,9° nördlich Neptun	34,1°
18.5.2066 8:15:47	Merkur 7,3° nördlich Aldebaran	14,1°
19.5.2066 10:33:20	Mars 2,2° nördlich Neptun	31,7°
20.5.2066 4:09:51	Venus 2,7° nördlich Eta Geminorum	34,8°
21.5.2066 17:18:20	Venus 2,7° nördlich Mü Geminorum	35,2°
24.5.2066 12:32:15	Venus 8,7° nördlich Alhena	35,8°
24.5.2066 14:34:42	Uranusopposition	
24.5.2066 19:31:56	Merkur 3,1° südlich Elnath	19,5°

Datum und Uhrzeit (WZ)	Ereignis	Elon-gation
25.5.2066 6:12:47	Mars 2° nördlich Eta Geminorum	29,9°
25.5.2066 18:29:48	Venus 6,3' südlich Epsilon Geminorum	36°
26.5.2066 19:59:59	Jupiteropposition	
28.5.2066 2:21:08	Mars 1,9° nördlich Mü Geminorum	29°
29.5.2066 19:19:48	Merkur 3,3° nördlich Neptun	22,1°
1.6.2066 10:26:42	Merkur 2,9° nördlich Eta Geminorum	23,1°
2.6.2066 5:44:34	Mars 7,9° nördlich Alhena	27,4°
2.6.2066 23:47:42	Merkur 2,7° nördlich Mü Geminorum	23,4°
4.6.2066 12:44:18	Mars 57' südlich Epsilon Geminorum	26,7°
4.6.2066 17:49:01	Venus 8,1° südlich Kastor	37,9°
5.6.2066 19:12:00	Merkur in größter östlicher Elongation zur Sonne	23,6°
6.6.2066 4:55:46	Merkur 8,2° nördlich Alhena	23,6°
6.6.2066 20:42:01	Venus 4,6° südlich Pollux	38,2°
7.6.2066 21:27:11	Merkur 52' südlich Epsilon Geminorum	23,5°
9.6.2066 23:57:19	Jupiter 6,9' südlich Akrab	164,6°
18.6.2066 4:41:14	Venus 49' nördlich M44	40,7°
19.6.2066 1:13:42	Merkur stationär, dann rückläufig	
22.6.2066 19:10:02	Mars 9,1° südlich Kastor	21°
22.6.2066 20:25:57	Neptun in Konjunktion zur Sonne	-1,1°
26.6.2066 15:55:32	Mars 5,6° südlich Pollux	19,8°
27.6.2066 3:23:43	Jupiter 43' nördlich Uranus	146,5°
1.7.2066 12:22:27	Merkur 6,4° südlich Epsilon Geminorum	2,2°
2.7.2066 9:39:35	Merkur in unterer Konjunktion zur Sonne	-4,5°
3.7.2066 2:23:59	Venus 19' nördlich Saturn	43,2°
4.7.2066 1:20:34	Merkur 2,1° nördlich Alhena	5,3°
8.7.2066 8:45:00	Venus 58' nördlich Regulus	43,9°
13.7.2066 13:05:30	Merkur stationär, dann rechtläufig	
17.7.2066 3:09:12	Mars 6,8' südlich M44	13,4°
21.7.2066 22:55:53	Merkur 4° nördlich Alhena	20°
23.7.2066 17:35:33	Merkur 4,4° südlich Epsilon Geminorum	20,1°
23.7.2066 20:49:00	Merkur in größter westlicher Elongation zur Sonne	20,1°
28.7.2066 10:14:05	Jupiter stationär, dann rechtläufig	
1.8.2066 18:19:26	Merkur 10,4° südlich Kastor	16,9°
3.8.2066 3:24:00	Venus in größter östlicher Elongation zur Sonne	45,7°
3.8.2066 5:05:22	Merkur 6,7° südlich Pollux	15,9°
9.8.2066 20:26:58	Uranus stationär, dann rechtläufig	
9.8.2066 23:53:11	Merkur 1,6' südlich M44	9,6°
18.8.2066 19:56:58	Merkur in oberer Konjunktion zur Sonne	1,8°
19.8.2066 10:09:27	Jupiter 32' nördlich Uranus	94,9°
19.8.2066 15:44:09	Saturn 56' nördlich Regulus	3,7°
20.8.2066 17:38:44	Merkur 40' nördlich Mars	2,5°
20.8.2066 20:54:21	Merkur 1,4° nördlich Regulus	2,6°
20.8.2066 22:55:33	Merkur 26' nördlich Saturn	2,7°
21.8.2066 3:45:56	Mars 43' nördlich Regulus	2,3°
21.8.2066 12:49:00	Mars 14' südlich Saturn	2,2°
22.8.2066 6:44:18	Venus 6,3° südlich Porrima	41,6°

Datum und Uhrzeit (WZ)	Ereignis	Elon-gation
23.8.2066 18:00:04	Saturn in Konjunktion zur Sonne	1,3°
27.8.2066 10:17:33	Mars in Konjunktion zur Sonne	1,1°
14.9.2066 3:09:53	Jupiter 27' südlich Akrab	72,5°
14.9.2066 11:16:19	Merkur 3,7° südlich Porrima	19,3°
19.9.2066 17:44:46	Venus stationär, dann rückläufig	
23.9.2066 1:28:00	Merkur 6,2° nördlich Venus	24,1°
23.9.2066 6:37:23	Merkur 20' nördlich Spika	24,1°
2.10.2066 21:39:00	Merkur in größter östlicher Elongation zur Sonne	25,8°
6.10.2066 21:01:36	Neptun stationär, dann rückläufig	
11.10.2066 23:14:55	Venus in unterer Konjunktion zur Sonne	-7,6°
15.10.2066 9:46:51	Merkur stationär, dann rückläufig	
18.10.2066 18:00:03	Venus 10° südlich Porrima	12,5°
19.10.2066 8:10:08	Jupiter 5,1° nördlich Antares	43,7°
22.10.2066 12:39:07	Venus 7,1° südlich Mars	17,2°
24.10.2066 18:35:32	Mars 2° südlich Porrima	19,8°
26.10.2066 23:12:39	Merkur in unterer Konjunktion zur Sonne	-54'
29.10.2066 18:44:29	Uranus 55' südlich Akrab	27,5°
30.10.2066 11:36:04	Venus stationär, dann rechtläufig	
4.11.2066 13:26:13	Merkur stationär, dann rechtläufig	
11.11.2066 12:09:17	Venus 4,2° südlich Porrima	36,7°
11.11.2066 22:07:00	Merkur in größter westlicher Elongation zur Sonne	19,1°
11.11.2066 22:34:40	Mars 3,1° nördlich Spika	25,2°
23.11.2066 1:15:26	Merkur 1,3° nördlich Zuben-el-dschenubi	15,1°
27.11.2066 23:43:31	Uranus in Konjunktion zur Sonne, Bedeckung	6,3'
29.11.2066 16:57:06	Venus 4° nördlich Spika	43°
5.12.2066 2:51:35	Merkur 49' südlich Akrab	9°
6.12.2066 14:22:35	Merkur 4,8' südlich Uranus	8,2°
8.12.2066 19:38:22	Merkur 4,4° nördlich Antares	7°
13.12.2066 12:24:40	Jupiter in Konjunktion zur Sonne	22'
15.12.2066 23:05:50	Mars 16' nördlich Zuben-el-dschenubi	38,3°
16.12.2066 20:29:57	Merkur 1,4° südlich Jupiter	2,7°
21.12.2066 10:29:28	Merkur in oberer Konjunktion zur Sonne	-1,5°
22.12.2066 3:16:50	Saturn stationär, dann rückläufig	
22.12.2066 18:53:00	Venus in größter westlicher Elongation zur Sonne	46,9°
23.12.2066 13:47:40	Venus 2,8° nördlich Zuben-el-dschenubi	46,1°
24.12.2066 9:35:01	Neptunopposition	
29.12.2066 22:56:18	Merkur 1,5° nördlich Nunki	5,3°

2067

Datum und Uhrzeit (WZ)	Ereignis	Elon-gation
5.1.2067 14:44:26	Venus 2,7° nördlich Mars	45,7°
9.1.2067 21:00:33	Venus 2° nördlich Akrab	45,5°
11.1.2067 3:19:31	Merkur 6,8° südlich Beta Capricorni	12,6°
12.1.2067 12:56:27	Mars 41' südlich Akrab	48,1°

Datum und Uhrzeit (WZ)	Ereignis	Elongation
13.1.2067 22:11:36	Venus 2,8° nördlich Uranus	45,1°
15.1.2067 2:09:46	Venus 7,5° nördlich Antares	44,5°
19.1.2067 13:48:56	Mars 9,2' nördlich Uranus	50,6°
21.1.2067 2:35:27	Mars 4,9° nördlich Antares	50,6°
25.1.2067 7:01:00	Merkur in größter östlicher Elongation zur Sonne	18,6°
27.1.2067 2:07:45	Merkur 3,2° nördlich Delta Capricorni	17,5°
4.2.2067 9:41:57	Merkur 5,7° nördlich Delta Capricorni	9,2°
4.2.2067 16:33:50	Venus 1,6° nördlich Jupiter	42,6°
9.2.2067 18:45:12	Merkur in unterer Konjunktion zur Sonne	3,6°
13.2.2067 12:41:51	Venus 4,9° nördlich Nunki	41,1°
19.2.2067 6:06:22	Uranus 4,7° nördlich Antares	80°
21.2.2067 17:25:34	Merkur stationär, dann rechtläufig	
26.2.2067 2:08:19	Saturnopposition	
2.3.2067 9:14:34	Venus 4,3° südlich Beta Capricorni	37,1°
3.3.2067 17:29:23	Mars 37' südlich Jupiter	65,1°
7.3.2067 16:57:00	Merkur in größter westlicher Elongation zur Sonne	27,3°
11.3.2067 22:43:35	Mars 3° nördlich Nunki	67,8°
12.3.2067 7:46:18	Neptun stationär, dann rechtläufig	
12.3.2067 8:05:23	Merkur 1,5° nördlich Delta Capricorni	26,9°
15.3.2067 0:00:00	Uranus stationär, dann rückläufig	
19.3.2067 23:28:51	Venus 2,2° nördlich Delta Capricorni	34,2°
8.4.2067 1:40:45	Uranus 4,7° nördlich Antares	127,5°
10.4.2067 9:39:33	Mars 5,8° südlich Beta Capricorni	75,7°
20.4.2067 6:33:58	Merkur in oberer Konjunktion zur Sonne	-33'
22.4.2067 11:29:20	Merkur 10,8° südlich Hamal	2,5°
29.4.2067 16:23:14	Jupiter stationär, dann rückläufig	
4.5.2067 23:40:53	Merkur 2,2° südlich Alkione	16°
6.5.2067 6:49:30	Saturn stationär, dann rechtläufig	
11.5.2067 21:55:48	Mars 46' nördlich Delta Capricorni	86,6°
11.5.2067 23:38:13	Merkur 8° nördlich Aldebaran	20,1°
15.5.2067 22:02:49	Venus 12,2° südlich Hamal	19,3°
18.5.2067 11:50:00	Merkur in größter östlicher Elongation zur Sonne	22°
23.5.2067 3:57:39	Merkur 3,6° südlich Elnath	21,3°
29.5.2067 12:27:47	Uranusopposition	
31.5.2067 7:45:58	Merkur stationär, dann rückläufig	
5.6.2067 16:30:24	Venus 5,1° südlich Alkione	14,7°
9.6.2067 9:16:02	Merkur 7,8° südlich Elnath	5,1°
12.6.2067 8:16:31	Merkur in unterer Konjunktion zur Sonne	-3,2°
15.6.2067 3:18:09	Venus 4,9° nördlich Aldebaran	12,8°
20.6.2067 14:41:26	Merkur 4,1° südlich Venus	11,3°
24.6.2067 5:26:33	Merkur stationär, dann rechtläufig	
24.6.2067 19:15:36	Venus 5,6° südlich Elnath	10,2°
25.6.2067 10:20:35	Neptun in Konjunktion zur Sonne	-1,1°
29.6.2067 12:13:12	Jupiteropposition	
3.7.2067 19:16:26	Venus 1,2° nördlich Neptun	7,7°
3.7.2067 20:54:24	Venus 1° nördlich Eta Geminorum	7,7°

Datum und Uhrzeit (WZ)	Ereignis	Elon-gation
5.7.2067 9:08:06	Venus 1° nördlich Mü Geminorum	7,3°
6.7.2067 1:38:00	Merkur in größter westlicher Elongation zur Sonne	21,5°
6.7.2067 2:09:53	Neptun 10' südlich Eta Geminorum	9,8°
6.7.2067 8:32:21	Merkur 8,4° südlich Elnath	21,5°
8.7.2067 2:29:18	Venus 7,1° nördlich Alhena	6,5°
9.7.2067 7:32:32	Venus 1,7° südlich Epsilon Geminorum	6,2°
15.7.2067 6:42:53	Merkur 13' südlich Eta Geminorum	18,5°
15.7.2067 11:53:22	Merkur 13" nördlich Neptun, Bedeckung	18,4°
16.7.2067 10:32:20	Merkur 1,7' südlich Mü Geminorum	17,8°
18.7.2067 9:47:33	Merkur 6,3° nördlich Alhena	16,3°
18.7.2067 21:09:01	Venus 9,5° südlich Kastor	3,6°
19.7.2067 5:48:25	Merkur 2,3° südlich Epsilon Geminorum	15,6°
20.7.2067 21:21:13	Venus 6° südlich Pollux	3,1°
25.7.2067 6:25:11	Merkur 9,4° südlich Kastor	9,7°
26.7.2067 10:55:42	Merkur 5,8° südlich Pollux	8,4°
31.7.2067 10:56:00	Venus 11' südlich M44	1,1°
31.7.2067 19:04:42	Venus in oberer Konjunktion zur Sonne	1,1°
1.8.2067 14:28:54	Merkur 23' nördlich M44	1,8°
2.8.2067 18:50:24	Merkur in oberer Konjunktion zur Sonne	1,7°
3.8.2067 5:53:53	Merkur 35' nördlich Venus	1,3°
12.8.2067 17:57:57	Merkur 1,2° nördlich Regulus	10,3°
14.8.2067 17:26:50	Uranus stationär, dann rechtläufig	
18.8.2067 9:25:19	Venus 60' nördlich Regulus	5,1°
19.8.2067 10:34:39	Merkur 46' südlich Saturn	15,5°
28.8.2067 19:05:41	Venus 19' südlich Saturn	7,8°
29.8.2067 19:33:14	Jupiter stationär, dann rechtläufig	
31.8.2067 4:53:25	Mars stationär, dann rückläufig	
6.9.2067 19:24:44	Saturn in Konjunktion zur Sonne	1,7°
8.9.2067 15:00:07	Neptun 15' südlich Mü Geminorum	69,8°
9.9.2067 14:29:00	Merkur 5° südlich Porrima	24,2°
15.9.2067 9:58:00	Merkur in größter östlicher Elongation zur Sonne	26,7°
20.9.2067 19:20:54	Venus 1,9° südlich Porrima	13,5°
23.9.2067 15:59:58	Merkur 1,6° südlich Spika	24,2°
28.9.2067 9:38:44	Merkur stationär, dann rückläufig	
30.9.2067 8:59:04	Venus 3° nördlich Spika	16,4°
30.9.2067 23:09:28	Merkur 4,8° südlich Venus	16,5°
2.10.2067 18:58:30	Merkur 1,6° südlich Spika	15,3°
2.10.2067 19:49:31	Marsopposition	
9.10.2067 7:59:11	Neptun stationär, dann rückläufig	
10.10.2067 21:16:32	Merkur in unterer Konjunktion zur Sonne	-1,9°
16.10.2067 9:51:29	Merkur 3° südlich Porrima	10,9°
18.10.2067 11:30:23	Venus 18' südlich Zuben-el-dschenubi	20,8°
19.10.2067 5:59:42	Merkur stationär, dann rechtläufig	
22.10.2067 2:50:40	Merkur 1,4° südlich Porrima	17,2°
26.10.2067 10:29:00	Merkur in größter westlicher Elongation zur Sonne	18,4°
2.11.2067 0:18:35	Merkur 4,4° nördlich Spika	15°

Datum und Uhrzeit (WZ)	Ereignis	Elon-gation
2.11.2067 6:43:55	Venus 1,6° südlich Akrab	24,2°
4.11.2067 8:41:50	Mars stationär, dann rechtläufig	
5.11.2067 23:56:03	Venus 50' südlich Uranus	25,3°
6.11.2067 21:28:38	Venus 3,8° nördlich Antares	25,6°
9.11.2067 4:18:46	Neptun 17' südlich Mü Geminorum	130,6°
16.11.2067 8:58:15	Merkur 32' nördlich Zuben-el-dschenubi	8,1°
24.11.2067 17:00:57	Uranus 4,7° nördlich Antares	7,6°
27.11.2067 15:46:43	Jupiter 3,3° nördlich Nunki	38°
28.11.2067 0:12:44	Merkur 1,5° südlich Akrab	1,5°
30.11.2067 11:42:58	Merkur in oberer Konjunktion zur Sonne	-44'
1.12.2067 15:47:16	Merkur 3,8° nördlich Antares	1,1°
1.12.2067 22:35:00	Merkur 57' südlich Uranus	0,7°
2.12.2067 15:35:48	Uranus in Konjunktion zur Sonne, Bedeckung	2,9'
3.12.2067 21:54:53	Venus 1,7° nördlich Nunki	31,7°
5.12.2067 4:25:38	Venus 1,6° südlich Jupiter	32°
20.12.2067 3:04:47	Venus 6,7° südlich Beta Capricorni	35,2°
22.12.2067 20:34:00	Merkur 1,2° nördlich Nunki	12,6°
26.12.2067 20:10:06	Neptunopposition	
26.12.2067 22:13:55	Merkur 2° südlich Jupiter	14,8°

2068

Datum und Uhrzeit (WZ)	Ereignis	Elon-gation
5.1.2068 9:06:56	Merkur 6,2° südlich Beta Capricorni	18,8°
6.1.2068 17:16:47	Venus 55' nördlich Delta Capricorni	38,4°
8.1.2068 16:13:00	Merkur in größter östlicher Elongation zur Sonne	19,2°
14.1.2068 21:15:40	Jupiter in Konjunktion zur Sonne, Bedeckung	-15'
15.1.2068 5:43:49	Merkur stationär, dann rückläufig	
22.1.2068 7:52:50	Neptun 13' südlich Eta Geminorum	152,3°
24.1.2068 10:54:03	Merkur 1,3° südlich Beta Capricorni	3,3°
24.1.2068 15:18:10	Merkur in unterer Konjunktion zur Sonne	3,3°
26.1.2068 5:38:05	Mars 9,5° südlich Hamal	89,3°
29.1.2068 12:03:49	Merkur 3,9° nördlich Jupiter	11,2°
5.2.2068 3:09:52	Merkur stationär, dann rechtläufig	
17.2.2068 14:21:35	Merkur 40' nördlich Jupiter	26,3°
18.2.2068 2:44:00	Merkur in größter westlicher Elongation zur Sonne	26,3°
19.2.2068 0:58:16	Merkur 4,6° südlich Beta Capricorni	25,6°
24.2.2068 11:52:57	Jupiter 5,1° südlich Beta Capricorni	31°
6.3.2068 3:56:15	Merkur 48' nördlich Delta Capricorni	21,7°
8.3.2068 22:48:47	Mars 2,8° südlich Alkione	71,2°
9.3.2068 9:58:55	Venus 8° südlich Hamal	46,3°
10.3.2068 11:33:24	Saturnopposition	
10.3.2068 18:54:00	Venus in größter westlicher Elongation zur Sonne	46,3°
13.3.2068 18:02:00	Neptun stationär, dann rechtläufig	
18.3.2068 16:22:17	Uranus stationär, dann rückläufig	

Datum und Uhrzeit (WZ)	Ereignis	Elongation
27.3.2068 15:05:06	Mars 6,9° nördlich Aldebaran	63,1°
3.4.2068 4:04:12	Merkur in oberer Konjunktion zur Sonne	-1°
7.4.2068 21:36:27	Venus 56' nördlich Alkione	42,2°
13.4.2068 9:13:12	Merkur 9,8° südlich Hamal	11°
15.4.2068 15:03:00	Mars 4° südlich Elnath	56,9°
29.4.2068 13:46:00	Merkur in größter östlicher Elongation zur Sonne	20,6°
29.4.2068 14:59:54	Venus stationär, dann rückläufig	
29.4.2068 16:32:01	Merkur 1,4° südlich Alkione	20,6°
3.5.2068 7:32:48	Neptun 8,6' südlich Eta Geminorum	50,7°
3.5.2068 11:32:42	Mars 2,3° nördlich Eta Geminorum	50,5°
3.5.2068 11:43:02	Mars 2,4° nördlich Neptun	50,5°
6.5.2068 11:01:30	Mars 2,2° nördlich Mü Geminorum	49,4°
10.5.2068 9:55:35	Merkur 2,7° südlich Venus	15,5°
11.5.2068 4:51:19	Merkur stationär, dann rückläufig	
11.5.2068 20:07:03	Mars 8,1° nördlich Alhena	47,5°
14.5.2068 5:37:12	Mars 42' südlich Epsilon Geminorum	46,7°
19.5.2068 11:10:44	Saturn stationär, dann rechtläufig	
20.5.2068 19:31:35	Venus in unterer Konjunktion zur Sonne	2,5°
20.5.2068 19:59:19	Venus 1,6° südlich Alkione	2,5°
22.5.2068 2:11:25	Merkur in unterer Konjunktion zur Sonne	-1,3°
26.5.2068 5:46:40	Merkur 6,6° südlich Alkione	6,3°
2.6.2068 5:12:19	Mars 8,9° südlich Kastor	39,8°
2.6.2068 9:51:21	Uranusopposition	
3.6.2068 7:30:30	Merkur stationär, dann rechtläufig	
4.6.2068 2:09:45	Jupiter stationär, dann rückläufig	
6.6.2068 5:02:44	Mars 5,5° südlich Pollux	38,3°
10.6.2068 5:41:12	Venus stationär, dann rechtläufig	
10.6.2068 21:50:26	Merkur 8,2° südlich Alkione	20,3°
16.6.2068 20:55:00	Merkur in größter westlicher Elongation zur Sonne	23,2°
23.6.2068 11:31:45	Merkur 3° nördlich Aldebaran	21,8°
27.6.2068 0:26:25	Neptun in Konjunktion zur Sonne	-1°
27.6.2068 6:17:39	Mars 1,2' südlich M44	31,8°
28.6.2068 5:29:49	Neptun 11' südlich Mü Geminorum	1,4°
1.7.2068 6:03:12	Merkur 6,4° südlich Elnath	17,1°
1.7.2068 17:51:01	Venus 8,1° südlich Alkione	40°
7.7.2068 3:09:05	Merkur 1° nördlich Eta Geminorum	11,5°
8.7.2068 0:55:57	Merkur 1,1° nördlich Mü Geminorum	10,5°
8.7.2068 5:11:43	Merkur 1,4° nördlich Neptun	10,3°
9.7.2068 15:26:24	Merkur 7,4° nördlich Alhena	8,8°
10.7.2068 8:18:55	Merkur 1,4° südlich Epsilon Geminorum	8°
15.7.2068 19:02:37	Merkur 8,8° südlich Kastor	2°
16.7.2068 22:27:51	Merkur 5,2° südlich Pollux	1,5°
17.7.2068 0:13:05	Merkur in oberer Konjunktion zur Sonne	1,5°
17.7.2068 17:00:28	Venus 1,6° nördlich Aldebaran	45,1°
23.7.2068 3:16:52	Merkur 33' nördlich M44	7,2°
30.7.2068 0:26:00	Venus in größter westlicher Elongation zur Sonne	45,7°

Datum und Uhrzeit (WZ)	Ereignis	Elongation
31.7.2068 1:47:27	Venus 8,8° südlich Elnath	45,4°
1.8.2068 22:16:25	Mars 41' nördlich Regulus	20,1°
3.8.2068 7:34:40	Jupiteropposition	
4.8.2068 4:30:09	Merkur 45' nördlich Regulus	17,9°
5.8.2068 14:18:00	Merkur 4' südlich Mars	18,9°
11.8.2068 11:38:27	Venus 1,9° südlich Eta Geminorum	45,2°
13.8.2068 7:32:46	Venus 1,8° südlich Mü Geminorum	45,1°
14.8.2068 21:15:53	Venus 1,6° südlich Neptun	45°
16.8.2068 13:43:39	Venus 4,3° nördlich Alhena	44,8°
18.8.2068 0:07:29	Venus 4,4° südlich Epsilon Geminorum	44,7°
18.8.2068 15:28:05	Uranus stationär, dann rechtläufig	
20.8.2068 23:12:08	Merkur 3,4° südlich Saturn	25,1°
27.8.2068 21:49:00	Merkur in größter östlicher Elongation zur Sonne	27,3°
29.8.2068 0:40:44	Venus 11,9° südlich Kastor	43,4°
31.8.2068 6:49:12	Venus 8,3° südlich Pollux	43,1°
10.9.2068 1:33:20	Merkur stationär, dann rückläufig	
11.9.2068 21:22:02	Venus 2° südlich M44	41,2°
12.9.2068 10:54:04	Mars 1,2° südlich Saturn	6,3°
19.9.2068 10:38:49	Saturn in Konjunktion zur Sonne	2°
20.9.2068 19:03:47	Merkur 4,7° südlich Mars	3,8°
23.9.2068 12:00:24	Merkur in unterer Konjunktion zur Sonne	-2,8°
24.9.2068 18:50:36	Merkur 4,9° südlich Saturn	3,6°
30.9.2068 19:17:49	Venus 5,2' nördlich Regulus	37,7°
1.10.2068 19:57:07	Merkur stationär, dann rechtläufig	
1.10.2068 22:10:58	Mars in Konjunktion zur Sonne	45'
2.10.2068 5:29:53	Jupiter stationär, dann rechtläufig	
5.10.2068 14:21:36	Mars 2,2° südlich Porrima	1,4°
9.10.2068 2:14:00	Merkur in größter westlicher Elongation zur Sonne	18°
10.10.2068 8:41:35	Merkur 23' südlich Saturn	17,9°
10.10.2068 19:55:48	Neptun stationär, dann rückläufig	
18.10.2068 7:25:40	Merkur 52' südlich Porrima	14,5°
23.10.2068 11:52:11	Mars 2,8° nördlich Spika	6,4°
25.10.2068 11:01:08	Merkur 3,9° nördlich Spika	8,3°
26.10.2068 18:33:38	Merkur 58' nördlich Mars	8,3°
26.10.2068 19:09:16	Venus 34' südlich Saturn	32,2°
3.11.2068 13:28:04	Venus 1,2° südlich Porrima	30,4°
8.11.2068 4:07:27	Merkur 11' südlich Zuben-el-dschenubi	0,5°
8.11.2068 23:23:58	Merkur in oberer Konjunktion zur Sonne, Bedeckung	4'
13.11.2068 1:58:55	Venus 4,1° nördlich Spika	26,8°
19.11.2068 19:55:25	Merkur 2,1° südlich Akrab	5,9°
23.11.2068 12:18:55	Merkur 3,2° nördlich Antares	8,3°
25.11.2068 15:11:40	Mars 1,4' südlich Zuben-el-dschenubi	18,1°
26.11.2068 6:50:02	Merkur 1,7° südlich Uranus	9,5°
1.12.2068 2:08:23	Venus 1,2° nördlich Zuben-el-dschenubi	23,7°
6.12.2068 6:15:17	Uranus in Konjunktion zur Sonne, Bedeckung	-30"
7.12.2068 20:48:56	Venus 1,2° nördlich Mars	22,1°

Datum und Uhrzeit (WZ)	Ereignis	Elon-gation
15.12.2068 18:40:09	Merkur 1,3° nördlich Nunki	19°
15.12.2068 20:17:23	Venus 2,6' nördlich Akrab	20,6°
20.12.2068 10:51:06	Venus 5,5° nördlich Antares	19,2°
21.12.2068 20:47:00	Merkur in größter östlicher Elongation zur Sonne	20,1°
22.12.2068 2:49:03	Mars 59' südlich Akrab	26,7°
25.12.2068 7:49:33	Venus 42' nördlich Uranus	18,2°
28.12.2068 6:27:46	Neptunopposition	
29.12.2068 7:32:10	Merkur stationär, dann rückläufig	
30.12.2068 6:41:38	Mars 4,6° nördlich Antares	29°

2069

Datum und Uhrzeit (WZ)	Ereignis	Elon-gation
7.1.2069 17:42:20	Merkur in unterer Konjunktion zur Sonne	2,8°
9.1.2069 1:06:04	Mars 8,2' südlich Uranus	32,4°
10.1.2069 19:08:31	Merkur 6,8° nördlich Nunki	7,8°
13.1.2069 22:55:29	Merkur 3,5° nördlich Venus	13,7°
16.1.2069 8:38:07	Venus 3,2° nördlich Nunki	13,1°
18.1.2069 16:44:28	Merkur stationär, dann rechtläufig	
28.1.2069 0:24:29	Merkur 4,9° nördlich Nunki	24,8°
30.1.2069 11:32:00	Merkur in größter westlicher Elongation zur Sonne	25°
31.1.2069 3:53:23	Jupiter 1,9° nördlich Delta Capricorni	12,9°
1.2.2069 7:28:18	Venus 5,6° südlich Beta Capricorni	9,2°
8.2.2069 21:30:20	Neptun 13' südlich Mü Geminorum	135,6°
13.2.2069 13:33:43	Merkur 5,8° südlich Beta Capricorni	20,9°
15.2.2069 2:57:01	Mars 2,9° nördlich Nunki	43,4°
17.2.2069 9:03:02	Jupiter in Konjunktion zur Sonne	-48'
18.2.2069 7:04:02	Venus 1,4° nördlich Delta Capricorni	5,4°
22.2.2069 13:20:35	Venus 33' südlich Jupiter	4,1°
27.2.2069 8:48:35	Merkur 34' nördlich Delta Capricorni	14,8°
3.3.2069 20:40:40	Merkur 1,4° südlich Jupiter	11,1°
11.3.2069 11:36:25	Venus in oberer Konjunktion zur Sonne	-1,4°
14.3.2069 7:35:37	Mars 5,7° südlich Beta Capricorni	49,5°
16.3.2069 6:15:09	Neptun stationär, dann rechtläufig	
17.3.2069 15:50:55	Merkur in oberer Konjunktion zur Sonne	-1,5°
19.3.2069 20:49:26	Merkur 12' nördlich Venus	2,5°
23.3.2069 8:07:13	Uranus stationär, dann rückläufig	
23.3.2069 15:36:27	Saturnopposition	
6.4.2069 21:34:25	Merkur 8,4° südlich Hamal	18,2°
11.4.2069 20:28:32	Mars 1,4° nördlich Delta Capricorni	57,6°
12.4.2069 3:34:00	Merkur in größter östlicher Elongation zur Sonne	19,5°
15.4.2069 8:34:12	Venus 11,3° südlich Hamal	8,9°
20.4.2069 8:02:37	Neptun 9,9' südlich Mü Geminorum	65,4°
21.4.2069 22:25:20	Merkur stationär, dann rückläufig	
24.4.2069 1:46:13	Merkur 3° nördlich Venus	11,1°

Datum und Uhrzeit (WZ)	Ereignis	Elongation
2.5.2069 6:01:54	Merkur in unterer Konjunktion zur Sonne	39'
5.5.2069 21:07:53	Venus 4,1° südlich Alkione	14,1°
11.5.2069 1:48:01	Mars 44' südlich Jupiter	63,9°
14.5.2069 13:37:48	Merkur stationär, dann rechtläufig	
15.5.2069 5:38:35	Venus 6° nördlich Aldebaran	16,6°
24.5.2069 19:52:20	Venus 4,5° südlich Elnath	19,1°
29.5.2069 11:33:00	Merkur in größter westlicher Elongation zur Sonne	24,9°
2.6.2069 7:43:59	Saturn stationär, dann rechtläufig	
2.6.2069 20:47:19	Venus 2,1° nördlich Eta Geminorum	21,5°
4.6.2069 9:01:39	Venus 2° nördlich Mü Geminorum	21,8°
5.6.2069 10:07:34	Venus 2,2° nördlich Neptun	22,1°
7.6.2069 2:28:49	Venus 8,1° nördlich Alhena	22,6°
7.6.2069 6:33:57	Uranusopposition	
8.6.2069 7:39:49	Venus 44' südlich Epsilon Geminorum	22,9°
10.6.2069 17:12:32	Merkur 6,5° südlich Alkione	19,9°
17.6.2069 13:43:37	Merkur 4,4° nördlich Aldebaran	15,6°
17.6.2069 23:02:01	Venus 8,7° südlich Kastor	25,4°
19.6.2069 23:48:52	Venus 5,2° südlich Pollux	25,7°
23.6.2069 13:38:55	Merkur 5,3° südlich Elnath	9,4°
28.6.2069 17:33:25	Merkur 1,8° nördlich Eta Geminorum	3,3°
29.6.2069 13:46:17	Merkur 1,9° nördlich Mü Geminorum	2,3°
29.6.2069 14:23:20	Neptun in Konjunktion zur Sonne	-57'
30.6.2069 13:37:48	Merkur 2,1° nördlich Neptun	1,3°
30.6.2069 18:08:18	Venus 28' nördlich M44	28,6°
1.7.2069 2:11:30	Merkur 8° nördlich Alhena	1,3°
1.7.2069 9:36:43	Merkur in oberer Konjunktion zur Sonne	1,3°
1.7.2069 18:26:09	Merkur 45' südlich Epsilon Geminorum	1,4°
7.7.2069 5:24:06	Merkur 8,5° südlich Kastor	7,1°
8.7.2069 9:55:01	Merkur 5° südlich Pollux	8,4°
12.7.2069 7:44:02	Jupiter stationär, dann rückläufig	
15.7.2069 1:48:17	Merkur 30' nördlich M44	15°
16.7.2069 3:31:05	Mars 12,7° südlich Hamal	75,8°
19.7.2069 8:00:12	Venus 1,2° nördlich Regulus	33,1°
28.7.2069 22:51:46	Merkur 5,2' südlich Regulus	24,3°
2.8.2069 5:33:49	Neptun 5,8° nördlich Alhena	30,9°
10.8.2069 7:27:00	Merkur in größter östlicher Elongation zur Sonne	27,4°
18.8.2069 4:15:40	Venus 2° südlich Saturn	38,9°
23.8.2069 10:39:04	Merkur stationär, dann rückläufig	
23.8.2069 10:47:13	Uranus stationär, dann rechtläufig	
24.8.2069 0:37:37	Venus 3° südlich Porrima	39,7°
26.8.2069 12:31:44	Mars 5,9° südlich Alkione	92,9°
3.9.2069 12:20:41	Venus 1,4° nördlich Spika	42,7°
6.9.2069 16:34:05	Merkur in unterer Konjunktion zur Sonne	-3,7°
9.9.2069 18:42:30	Jupiteropposition	
15.9.2069 5:28:38	Merkur stationär, dann rechtläufig	
20.9.2069 15:22:29	Mars 4,3° nördlich Aldebaran	106,9°

Datum und Uhrzeit (WZ)	Ereignis	Elon-gation
22.9.2069 18:18:00	Merkur in größter westlicher Elongation zur Sonne	17,9°
23.9.2069 18:32:40	Venus 2,7° südlich Zuben-el-dschenubi	44,7°
2.10.2069 15:38:32	Saturn in Konjunktion zur Sonne	2,2°
11.10.2069 0:17:16	Merkur 36' südlich Saturn	7,2°
11.10.2069 0:57:04	Venus 4,5° südlich Akrab	45,9°
11.10.2069 4:16:40	Merkur 1,3° südlich Porrima	7°
13.10.2069 7:51:46	Neptun stationär, dann rückläufig	
13.10.2069 8:46:38	Saturn 39' südlich Porrima	9,5°
15.10.2069 7:21:00	Venus in größter östlicher Elongation zur Sonne	46,8°
16.10.2069 16:13:31	Venus 50' nördlich Antares	46,8°
18.10.2069 1:54:10	Merkur 3,3° nördlich Spika	2°
20.10.2069 11:47:11	Merkur in oberer Konjunktion zur Sonne	46'
22.10.2069 23:46:54	Mars stationär, dann rückläufig	
23.10.2069 9:25:40	Venus 4° südlich Uranus	46,1°
31.10.2069 22:38:25	Merkur 52' südlich Zuben-el-dschenubi	6,9°
7.11.2069 18:42:31	Jupiter stationär, dann rechtläufig	
12.11.2069 21:42:46	Merkur 2,8° südlich Akrab	13,1°
16.11.2069 17:32:25	Merkur 2,6° nördlich Antares	15,5°
22.11.2069 7:23:44	Merkur 2,3° südlich Uranus	17,7°
22.11.2069 16:21:53	Mars 6,9° nördlich Aldebaran	168,8°
30.11.2069 10:14:05	Marsopposition	
4.12.2069 4:11:06	Venus stationär, dann rückläufig	
4.12.2069 19:49:00	Merkur in größter östlicher Elongation zur Sonne	21,2°
10.12.2069 20:09:35	Uranus in Konjunktion zur Sonne, Bedeckung	-3,9'
13.12.2069 9:29:52	Merkur stationär, dann rückläufig	
14.12.2069 21:15:14	Merkur 24' südlich Venus	15,9°
16.12.2069 19:03:23	Merkur 18' südlich Venus	13,1°
22.12.2069 23:35:05	Merkur in unterer Konjunktion zur Sonne	2,2°
25.12.2069 2:19:03	Venus in unterer Konjunktion zur Sonne	2,6°
27.12.2069 10:54:57	Neptun 5,8° nördlich Alhena	172,3°
30.12.2069 16:58:18	Neptunopposition	

2070

Datum und Uhrzeit (WZ)	Ereignis	Elon-gation
4.1.2070 10:07:40	Mars stationär, dann rechtläufig	
9.1.2070 21:22:19	Merkur 3,4° südlich Venus	23,3°
12.1.2070 20:09:00	Merkur in größter westlicher Elongation zur Sonne	23,5°
14.1.2070 9:48:44	Venus stationär, dann rechtläufig	
24.1.2070 12:28:16	Merkur 3,3° nördlich Nunki	21,1°
28.1.2070 19:23:30	Saturn stationär, dann rückläufig	
7.2.2070 1:08:35	Merkur 6,4° südlich Beta Capricorni	14,3°
18.2.2070 1:20:19	Venus 7,7° nördlich Nunki	45,7°
19.2.2070 12:51:13	Mars 7,9° nördlich Aldebaran	99,5°
19.2.2070 22:18:07	Merkur 32' nördlich Delta Capricorni	7,2°

Datum und Uhrzeit (WZ)	Ereignis	Elongation
28.2.2070 14:04:12	Merkur in oberer Konjunktion zur Sonne	-1,8°
5.3.2070 15:21:00	Venus in größter westlicher Elongation zur Sonne	46,7°
11.3.2070 6:44:32	Venus 2,5° südlich Beta Capricorni	46,2°
12.3.2070 5:05:38	Merkur 47' nördlich Jupiter	10,4°
17.3.2070 8:12:42	Mars 3,3° südlich Elnath	86,3°
18.3.2070 16:14:02	Neptun stationär, dann rechtläufig	
26.3.2070 0:17:03	Jupiter in Konjunktion zur Sonne	-1,1°
26.3.2070 3:46:00	Merkur in größter östlicher Elongation zur Sonne	18,7°
28.3.2070 0:00:00	Uranus stationär, dann rückläufig	
31.3.2070 0:10:51	Venus 3,2° nördlich Delta Capricorni	45°
3.4.2070 2:16:52	Merkur stationär, dann rückläufig	
5.4.2070 14:15:45	Saturnopposition	
7.4.2070 17:22:05	Mars 2,8° nördlich Eta Geminorum	76,1°
11.4.2070 3:41:03	Mars 2,7° nördlich Mü Geminorum	74,5°
13.4.2070 5:10:07	Merkur in unterer Konjunktion zur Sonne	2,2°
14.4.2070 22:39:58	Mars 2,8° nördlich Neptun	72,9°
17.4.2070 6:29:33	Mars 8,6° nördlich Alhena	71,9°
19.4.2070 23:19:47	Mars 16' südlich Epsilon Geminorum	70,7°
25.4.2070 14:39:58	Merkur stationär, dann rechtläufig	
10.5.2070 21:54:08	Mars 8,6° südlich Kastor	61,1°
11.5.2070 3:23:00	Merkur in größter westlicher Elongation zur Sonne	26,3°
14.5.2070 18:52:30	Venus 46' südlich Jupiter	37°
15.5.2070 5:36:32	Mars 5,2° südlich Pollux	59,7°
19.5.2070 4:29:34	Merkur 13,8° südlich Hamal	22,2°
29.5.2070 11:53:40	Venus 12,6° südlich Hamal	31,3°
3.6.2070 21:31:56	Neptun 5,9° nördlich Alhena	26°
3.6.2070 21:45:03	Merkur 5,3° südlich Alkione	13,3°
6.6.2070 16:34:35	Mars 8,8' nördlich M44	51,9°
9.6.2070 14:50:34	Merkur 5,4° nördlich Aldebaran	7,6°
12.6.2070 2:15:51	Uranusopposition	
15.6.2070 1:20:38	Merkur 4,6° südlich Elnath	1,3°
15.6.2070 19:30:10	Saturn stationär, dann rechtläufig	
15.6.2070 21:02:59	Merkur in oberer Konjunktion zur Sonne	58'
19.6.2070 18:42:18	Venus 5,7° südlich Alkione	28,2°
20.6.2070 2:15:31	Merkur 2,4° nördlich Eta Geminorum	5,3°
20.6.2070 22:45:10	Merkur 2,4° nördlich Mü Geminorum	6,4°
22.6.2070 12:11:45	Merkur 8,5° nördlich Alhena	8,2°
22.6.2070 19:46:19	Merkur 2,6° nördlich Neptun	8,5°
23.6.2070 5:07:17	Merkur 19' südlich Epsilon Geminorum	9°
29.6.2070 1:57:49	Merkur 8,3° südlich Kastor	15°
29.6.2070 10:30:01	Venus 4,3° nördlich Aldebaran	26,7°
30.6.2070 9:36:38	Merkur 4,9° südlich Pollux	16,2°
2.7.2070 4:20:32	Neptun in Konjunktion zur Sonne	-54'
8.7.2070 1:46:31	Merkur 9,5' nördlich M44	22°
9.7.2070 7:01:06	Venus 6,2° südlich Elnath	24,2°
13.7.2070 20:18:25	Mars 41' nördlich Regulus	38,8°

Datum und Uhrzeit (WZ)	Ereignis	Elongation
15.7.2070 6:17:21	Neptun 3° südlich Epsilon Geminorum	12°
18.7.2070 12:13:22	Venus 30' nördlich Eta Geminorum	21,8°
20.7.2070 0:59:43	Venus 30' nördlich Mü Geminorum	21,5°
22.7.2070 19:14:53	Venus 6,6° nördlich Alhena	20,7°
23.7.2070 12:31:00	Merkur in größter östlicher Elongation zur Sonne	27°
24.7.2070 0:44:54	Venus 2,2° südlich Epsilon Geminorum	20,4°
24.7.2070 7:06:01	Venus 46' nördlich Neptun	20,3°
28.7.2070 0:21:19	Merkur 2,5° südlich Regulus	25,5°
2.8.2070 16:57:44	Venus 10° südlich Kastor	17,9°
4.8.2070 17:32:21	Venus 6,4° südlich Pollux	17,3°
5.8.2070 14:09:19	Merkur stationär, dann rückläufig	
13.8.2070 20:38:56	Merkur 5,6° südlich Regulus	9,4°
15.8.2070 8:31:33	Venus 33' südlich M44	14,5°
20.8.2070 7:42:25	Merkur in unterer Konjunktion zur Sonne	-4,5°
26.8.2070 8:29:22	Merkur 4,5° südlich Venus	10,6°
28.8.2070 7:18:57	Uranus stationär, dann rechtläufig	
29.8.2070 7:57:04	Merkur stationär, dann rechtläufig	
2.9.2070 7:01:37	Venus 50' nördlich Regulus	9,4°
6.9.2070 7:38:00	Merkur in größter westlicher Elongation zur Sonne	18°
10.9.2070 4:38:33	Merkur 28' nördlich Regulus	17°
17.9.2070 11:00:55	Mars 2,4° südlich Porrima	16,4°
28.9.2070 21:52:28	Merkur 10' nördlich Venus	2,9°
1.10.2070 19:16:26	Mars 2° südlich Saturn	12°
2.10.2070 2:50:03	Merkur in oberer Konjunktion zur Sonne	1,3°
3.10.2070 13:17:46	Merkur 1,8° südlich Porrima	1,6°
5.10.2070 7:32:55	Mars 2,6° nördlich Spika	11,4°
5.10.2070 10:36:31	Venus 1,6° südlich Porrima	1,5°
8.10.2070 12:09:54	Venus in oberer Konjunktion zur Sonne	1,3°
9.10.2070 18:31:39	Merkur 1,9° südlich Saturn	5,4°
10.10.2070 14:48:09	Merkur 2,7° nördlich Spika	6,2°
14.10.2070 5:44:36	Venus 1,2° südlich Saturn	1,9°
14.10.2070 10:43:28	Merkur 20' südlich Mars	8,6°
14.10.2070 21:45:39	Venus 3,4° nördlich Spika	2°
15.10.2070 10:48:51	Saturn in Konjunktion zur Sonne	2,3°
15.10.2070 19:17:53	Neptun stationär, dann rückläufig	
17.10.2070 14:08:28	Jupiteropposition	
21.10.2070 1:17:00	Saturn 4,6° nördlich Spika	3,8°
25.10.2070 0:23:36	Merkur 1,6° südlich Zuben-el-dschenubi	14,1°
26.10.2070 7:21:31	Venus 39' nördlich Mars	4,7°
1.11.2070 19:51:47	Venus 14' nördlich Zuben-el-dschenubi	6,3°
6.11.2070 18:30:50	Merkur 3,4° südlich Akrab	19,5°
7.11.2070 2:01:39	Mars 17' südlich Zuben-el-dschenubi	1,1°
10.11.2070 18:48:13	Mars in Konjunktion zur Sonne, Bedeckung	1,6'
11.11.2070 2:01:41	Merkur 2° nördlich Antares	21,6°
16.11.2070 11:45:42	Venus 1° südlich Akrab	9,8°
17.11.2070 13:37:00	Merkur in größter östlicher Elongation zur Sonne	22,5°

Datum und Uhrzeit (WZ)	Ereignis	Elongation
21.11.2070 1:36:21	Venus 4,4° nördlich Antares	11°
23.11.2070 6:02:28	Merkur 2,1° südlich Uranus	21,1°
27.11.2070 9:08:15	Merkur stationär, dann rückläufig	
30.11.2070 11:25:39	Merkur 41' südlich Uranus	14,2°
30.11.2070 23:44:54	Merkur 2,9' südlich Venus	13,4°
1.12.2070 6:27:09	Venus 30' südlich Uranus	13,5°
3.12.2070 0:53:34	Mars 1,2° südlich Akrab	6,8°
7.12.2070 6:58:18	Merkur in unterer Konjunktion zur Sonne	1,4°
11.12.2070 0:02:32	Mars 4,3° nördlich Antares	9,2°
11.12.2070 14:12:58	Merkur 2,8° nördlich Mars	9,3°
12.12.2070 1:26:49	Merkur 7,2° nördlich Antares	10,6°
14.12.2070 23:59:59	Jupiter stationär, dann rechtläufig	
15.12.2070 9:02:01	Uranus in Konjunktion zur Sonne, Bedeckung	-7,2'
17.12.2070 2:13:58	Merkur stationär, dann rechtläufig	
17.12.2070 19:27:42	Venus 2,3° nördlich Nunki	17,5°
22.12.2070 17:37:29	Merkur 7,1° nördlich Antares	20,9°
26.12.2070 7:57:00	Merkur in größter westlicher Elongation zur Sonne	22,1°
30.12.2070 23:57:42	Mars 21' südlich Uranus	15°

2071

Datum und Uhrzeit (WZ)	Ereignis	Elongation
2.1.2071 3:22:51	Neptunopposition	
2.1.2071 18:10:30	Venus 6,3° südlich Beta Capricorni	21,2°
5.1.2071 6:26:58	Merkur 48' nördlich Uranus	20°
10.1.2071 19:19:11	Merkur 31' nördlich Mars	18°
18.1.2071 5:36:59	Merkur 2,5° nördlich Nunki	14,6°
19.1.2071 20:54:13	Venus 1,1° nördlich Delta Capricorni	24,8°
24.1.2071 23:36:42	Neptun 3° südlich Epsilon Geminorum	155,8°
25.1.2071 12:02:22	Mars 2,7° nördlich Nunki	21,9°
30.1.2071 19:55:32	Merkur 6,7° südlich Beta Capricorni	7,5°
10.2.2071 17:54:37	Merkur in oberer Konjunktion zur Sonne	-2°
12.2.2071 5:53:33	Merkur 39' nördlich Delta Capricorni	2,3°
20.2.2071 20:32:33	Mars 5,7° südlich Beta Capricorni	27,6°
9.3.2071 11:13:00	Merkur in größter westlicher Elongation zur Sonne	18,3°
15.3.2071 15:20:41	Venus 1,5° nördlich Jupiter	36,3°
16.3.2071 2:20:09	Merkur stationär, dann rückläufig	
18.3.2071 11:29:26	Venus 10° südlich Hamal	37,3°
20.3.2071 12:59:52	Mars 1,5° nördlich Delta Capricorni	35°
21.3.2071 4:27:11	Neptun stationär, dann rechtläufig	
26.3.2071 1:27:45	Merkur in unterer Konjunktion zur Sonne	3,2°
30.3.2071 15:58:25	Jupiter 11,6° südlich Hamal	24,7°
1.4.2071 14:12:17	Uranus stationär, dann rückläufig	
7.4.2071 11:58:30	Merkur stationär, dann rechtläufig	
9.4.2071 1:22:59	Venus 2,3° südlich Alkione	41,2°

Datum und Uhrzeit (WZ)	Ereignis	Elon- gation
18.4.2071 7:54:15	Saturnopposition	
19.4.2071 2:03:50	Venus 7,9° nördlich Aldebaran	41,9°
23.4.2071 0:35:00	Merkur in größter westlicher Elongation zur Sonne	27,4°
29.4.2071 14:34:29	Venus 2,6° südlich Elnath	44,1°
2.5.2071 21:04:44	Jupiter in Konjunktion zur Sonne	-55'
9.5.2071 20:37:27	Venus 3,9° nördlich Eta Geminorum	45°
11.5.2071 14:52:13	Venus 3,8° nördlich Mü Geminorum	45,1°
13.5.2071 14:44:57	Merkur 12,9° südlich Hamal	17,4°
14.5.2071 5:38:32	Neptun 2,9° südlich Epsilon Geminorum	47,4°
14.5.2071 20:13:07	Venus 9,8° nördlich Alhena	45,3°
16.5.2071 7:15:18	Venus 59' nördlich Epsilon Geminorum	45,4°
16.5.2071 8:37:17	Venus 3,9° nördlich Neptun	45,4°
20.5.2071 5:41:43	Merkur 26' südlich Jupiter	12,7°
21.5.2071 7:25:00	Venus in größter östlicher Elongation zur Sonne	45,5°
26.5.2071 18:44:44	Merkur 4,4° südlich Alkione	5,6°
28.5.2071 11:44:07	Venus 7,3° südlich Kastor	44,9°
31.5.2071 6:07:10	Venus 4° südlich Pollux	44,7°
31.5.2071 8:42:45	Merkur in oberer Konjunktion zur Sonne	35'
1.6.2071 1:58:52	Merkur 6,2° nördlich Aldebaran	1,1°
6.6.2071 11:18:17	Merkur 3,9° südlich Elnath	7,6°
11.6.2071 19:11:21	Merkur 2,8° nördlich Eta Geminorum	13,5°
12.6.2071 17:38:55	Merkur 2,8° nördlich Mü Geminorum	14,4°
14.6.2071 11:15:46	Merkur 8,8° nördlich Alhena	16°
15.6.2071 6:20:24	Merkur 2,9' südlich Epsilon Geminorum	16,7°
15.6.2071 19:46:55	Merkur 2,9° nördlich Neptun	17,2°
16.6.2071 21:30:18	Uranusopposition	
17.6.2071 15:06:10	Venus 15' nördlich M44	41,7°
19.6.2071 16:30:49	Mars 11,8° südlich Hamal	50,6°
22.6.2071 3:43:20	Merkur 8,4° südlich Kastor	21,8°
23.6.2071 18:50:39	Merkur 5,1° südlich Pollux	22,7°
28.6.2071 22:38:45	Saturn stationär, dann rechtläufig	
4.7.2071 11:16:07	Merkur 1,2° südlich M44	25,7°
4.7.2071 18:21:49	Neptun in Konjunktion zur Sonne	-51'
5.7.2071 10:37:00	Merkur in größter östlicher Elongation zur Sonne	26°
7.7.2071 7:39:46	Venus stationär, dann rückläufig	
12.7.2071 20:24:41	Merkur 1,2° nördlich Venus	24,4°
18.7.2071 13:01:19	Merkur stationär, dann rückläufig	
21.7.2071 20:05:35	Jupiter 5,1° südlich Alkione	58,3°
25.7.2071 3:25:45	Mars 5° südlich Alkione	61,4°
25.7.2071 23:59:21	Venus 7,3° südlich M44	5,2°
26.7.2071 5:16:45	Mars 7,4' nördlich Jupiter	62,7°
30.7.2071 11:26:43	Venus in unterer Konjunktion zur Sonne	-6,6°
2.8.2071 5:46:52	Merkur in unterer Konjunktion zur Sonne	-4,9°
2.8.2071 10:39:59	Merkur 6,4° südlich M44	2,4°
11.8.2071 6:44:55	Mars 4,9° nördlich Aldebaran	67,3°
11.8.2071 23:28:42	Merkur stationär, dann rechtläufig	

Datum und Uhrzeit (WZ)	Ereignis	Elongation
20.8.2071 6:52:06	Merkur 2,3° südlich M44	18,6°
20.8.2071 15:03:00	Merkur in größter westlicher Elongation zur Sonne	18,6°
20.8.2071 15:32:52	Venus stationär, dann rechtläufig	
29.8.2071 20:15:32	Mars 5,7° südlich Elnath	73,1°
2.9.2071 0:45:29	Uranus stationär, dann rechtläufig	
3.9.2071 9:56:11	Merkur 1,2° nördlich Regulus	10,2°
14.9.2071 16:05:03	Merkur in oberer Konjunktion zur Sonne	1,6°
15.9.2071 23:00:43	Venus 5,3° südlich M44	43,7°
17.9.2071 16:35:00	Mars 58' nördlich Eta Geminorum	80,5°
21.9.2071 0:31:07	Mars 58' nördlich Mü Geminorum	81,9°
24.9.2071 17:03:05	Jupiter stationär, dann rückläufig	
25.9.2071 23:52:17	Merkur 2,4° südlich Porrima	8,6°
27.9.2071 5:13:20	Mars 7,1° nördlich Alhena	84,2°
30.9.2071 1:46:10	Mars 1,7° südlich Epsilon Geminorum	85,9°
3.10.2071 10:20:56	Merkur 1,9° nördlich Spika	13,8°
8.10.2071 11:04:02	Mars 1,4° nördlich Neptun	89,9°
9.10.2071 14:03:07	Merkur 3,4° südlich Saturn	16,1°
9.10.2071 15:39:00	Venus in größter westlicher Elongation zur Sonne	46,3°
10.10.2071 18:54:57	Venus 1,4° südlich Regulus	46,3°
18.10.2071 8:06:26	Neptun stationär, dann rückläufig	
18.10.2071 22:00:13	Merkur 2,5° südlich Zuben-el-dschenubi	20,4°
25.10.2071 22:19:38	Mars 9,1° südlich Kastor	99,8°
27.10.2071 21:05:29	Saturn in Konjunktion zur Sonne	2,2°
31.10.2071 3:32:00	Merkur in größter östlicher Elongation zur Sonne	23,9°
1.11.2071 20:05:21	Mars 5,5° südlich Pollux	104,3°
3.11.2071 23:44:33	Merkur 4° südlich Akrab	22,6°
11.11.2071 4:14:20	Merkur stationär, dann rückläufig	
16.11.2071 15:33:31	Venus 1,1° südlich Porrima	42,8°
17.11.2071 10:57:25	Merkur 1,9° südlich Akrab	9,1°
21.11.2071 14:05:32	Merkur in unterer Konjunktion zur Sonne	34'
23.11.2071 5:04:50	Jupiteropposition	
26.11.2071 13:58:19	Venus 4,4° nördlich Spika	39,6°
30.11.2071 20:17:24	Merkur stationär, dann rechtläufig	
1.12.2071 7:48:14	Jupiter 5,2° südlich Alkione	170,6°
2.12.2071 20:08:06	Mars stationär, dann rückläufig	
9.12.2071 2:22:00	Merkur in größter westlicher Elongation zur Sonne	20,8°
10.12.2071 6:14:42	Venus 8,4' südlich Saturn	38,7°
15.12.2071 4:45:02	Venus 1,8° nördlich Zuben-el-dschenubi	37,3°
15.12.2071 13:10:42	Merkur 37' nördlich Akrab	19,5°
19.12.2071 20:11:30	Merkur 5,7° nördlich Antares	17,8°
19.12.2071 20:59:06	Uranus in Konjunktion zur Sonne, Bedeckung	-10'
30.12.2071 8:24:09	Venus 45' nördlich Akrab	34,5°
31.12.2071 12:12:29	Mars 2,9° südlich Pollux	164,2°

2072

Datum und Uhrzeit (WZ)	Ereignis	Elongation
1.1.2072 15:40:07	Merkur 21' südlich Uranus	12,3°
4.1.2072 1:43:54	Venus 6,2° nördlich Antares	33°
4.1.2072 13:42:19	Neptunopposition	
6.1.2072 21:35:49	Mars 6,1° südlich Kastor	168,8°
11.1.2072 0:58:52	Marsopposition	
11.1.2072 4:19:13	Merkur 2° nördlich Nunki	7,3°
20.1.2072 7:09:12	Venus 1,1° nördlich Uranus	30,2°
22.1.2072 22:10:38	Merkur in oberer Konjunktion zur Sonne	-2,1°
23.1.2072 8:14:49	Merkur 6,8° südlich Beta Capricorni	2,1°
31.1.2072 12:25:31	Venus 3,8° nördlich Nunki	27,7°
4.2.2072 16:06:21	Merkur 58' nördlich Delta Capricorni	9,2°
5.2.2072 8:47:14	Mars 4,9° nördlich Neptun	146,1°
16.2.2072 16:25:43	Venus 5,1° südlich Beta Capricorni	23,2°
18.2.2072 17:14:30	Mars stationär, dann rechtläufig	
20.2.2072 22:43:00	Merkur in größter östlicher Elongation zur Sonne	18,1°
21.2.2072 19:53:19	Saturn stationär, dann rückläufig	
26.2.2072 22:03:09	Merkur stationär, dann rückläufig	
29.2.2072 21:32:32	Mars 4,2° nördlich Neptun	121,2°
4.3.2072 19:28:34	Venus 1,7° nördlich Delta Capricorni	20°
7.3.2072 16:21:54	Merkur in unterer Konjunktion zur Sonne	3,6°
10.3.2072 9:36:07	Jupiter 4,8° südlich Alkione	69,3°
16.3.2072 6:28:36	Merkur 3,7° nördlich Venus	15,9°
20.3.2072 1:03:09	Merkur stationär, dann rechtläufig	
22.3.2072 15:08:26	Neptun stationär, dann rechtläufig	
4.4.2072 4:15:00	Merkur in größter westlicher Elongation zur Sonne	27,8°
5.4.2072 5:12:04	Uranus stationär, dann rückläufig	
6.4.2072 11:46:30	Mars 7,8° südlich Kastor	93,7°
12.4.2072 14:49:50	Mars 4,4° südlich Pollux	90,7°
29.4.2072 21:03:45	Saturnopposition	
30.4.2072 0:18:04	Venus 11,8° südlich Hamal	5,9°
5.5.2072 3:28:00	Merkur 12,1° südlich Hamal	11°
8.5.2072 22:26:53	Jupiter 5° nördlich Aldebaran	22,3°
10.5.2072 21:28:50	Mars 32' nördlich M44	77,1°
12.5.2072 21:55:06	Merkur 34' nördlich Venus	2,3°
14.5.2072 18:57:26	Merkur in oberer Konjunktion zur Sonne, Bedeckung	9,8'
17.5.2072 6:28:04	Merkur 3,5° südlich Alkione	3,1°
20.5.2072 13:36:17	Venus 4,6° südlich Alkione	0,6°
21.5.2072 22:47:50	Venus in oberer Konjunktion zur Sonne	-23'
22.5.2072 14:33:35	Merkur 6,9° nördlich Aldebaran	9,5°
24.5.2072 6:38:52	Merkur 2,1° nördlich Jupiter	11°
28.5.2072 10:31:20	Merkur 3,4° südlich Elnath	15,6°
29.5.2072 22:11:18	Venus 5,5° nördlich Aldebaran	2,1°
3.6.2072 16:40:44	Merkur 3° nördlich Eta Geminorum	20,5°
3.6.2072 17:31:57	Venus 33' nördlich Jupiter	3,4°

Datum und Uhrzeit (WZ)	Ereignis	Elon-gation
4.6.2072 20:33:31	Merkur 2,9° nördlich Mü Geminorum	21,2°
7.6.2072 1:44:54	Merkur 8,8° nördlich Alhena	22,4°
8.6.2072 2:56:05	Merkur 7,3' südlich Epsilon Geminorum	22,8°
8.6.2072 10:01:59	Jupiter in Konjunktion zur Sonne	-25'
8.6.2072 12:21:34	Venus 5,1° südlich Elnath	4,8°
10.6.2072 8:48:53	Merkur 2,6° nördlich Neptun	23,7°
16.6.2072 2:02:00	Merkur in größter östlicher Elongation zur Sonne	24,5°
17.6.2072 12:31:19	Venus 1,5° nördlich Eta Geminorum	7,2°
19.6.2072 0:02:17	Merkur 9,8° südlich Kastor	24,3°
19.6.2072 0:34:14	Venus 1,5° nördlich Mü Geminorum	7,6°
20.6.2072 15:55:08	Uranusopposition	
21.6.2072 10:06:16	Mars 46' nördlich Regulus	59,7°
21.6.2072 17:35:38	Venus 7,6° nördlich Alhena	8,4°
22.6.2072 22:37:53	Venus 1,2° südlich Epsilon Geminorum	8,7°
23.6.2072 1:06:35	Merkur 7,2° südlich Pollux	22,7°
25.6.2072 19:30:58	Venus 1,7° nördlich Neptun	9,5°
29.6.2072 7:05:34	Jupiter 5,8° südlich Elnath	15,1°
29.6.2072 7:36:28	Merkur stationär, dann rückläufig	
2.7.2072 11:59:07	Venus 9,1° südlich Kastor	11,4°
4.7.2072 12:10:24	Venus 5,6° südlich Pollux	11,9°
4.7.2072 19:40:07	Merkur 4,7° südlich Venus	12°
5.7.2072 17:58:01	Merkur 10,5° südlich Pollux	11,7°
6.7.2072 8:38:08	Neptun in Konjunktion zur Sonne	-47'
10.7.2072 7:15:31	Merkur 14,8° südlich Kastor	6,6°
10.7.2072 16:45:53	Saturn stationär, dann rechtläufig	
13.7.2072 7:57:15	Merkur in unterer Konjunktion zur Sonne	-4,9°
15.7.2072 2:29:24	Venus 8,3' nördlich M44	14,8°
23.7.2072 23:04:02	Merkur stationär, dann rechtläufig	
2.8.2072 5:06:59	Venus 1,1° nördlich Regulus	19,7°
2.8.2072 13:36:00	Merkur in größter westlicher Elongation zur Sonne	19,4°
4.8.2072 0:16:30	Merkur 11,7° südlich Kastor	19,3°
6.8.2072 1:57:44	Merkur 7,7° südlich Pollux	18,9°
14.8.2072 4:17:06	Merkur 27' südlich M44	13,9°
22.8.2072 10:52:28	Jupiter 33' nördlich Eta Geminorum	55,8°
25.8.2072 7:33:34	Merkur 1,4° nördlich Regulus	2,2°
27.8.2072 21:58:58	Merkur in oberer Konjunktion zur Sonne	1,7°
28.8.2072 16:12:15	Mars 2,6° südlich Porrima	35°
2.9.2072 21:01:06	Jupiter 30' nördlich Mü Geminorum	64,9°
5.9.2072 6:44:57	Venus 2,3° südlich Porrima	27,7°
5.9.2072 19:38:18	Uranus stationär, dann rechtläufig	
14.9.2072 7:06:45	Venus 7,6' nördlich Mars	30,6°
15.9.2072 2:05:54	Venus 2,5° nördlich Spika	30,8°
15.9.2072 17:33:17	Mars 2,4° nördlich Spika	30,2°
17.9.2072 20:41:00	Merkur 3,1° südlich Porrima	15,6°
25.9.2072 23:14:07	Merkur 1° nördlich Spika	20,8°
30.9.2072 14:47:02	Jupiter 6,5° nördlich Alhena	88,2°

Datum und Uhrzeit (WZ)	Ereignis	Elongation
30.9.2072 17:39:16	Venus 2,8° südlich Saturn	33,6°
3.10.2072 16:14:19	Venus 1,1° südlich Zuben-el-dschenubi	34,7°
7.10.2072 5:40:20	Merkur 2,5° südlich Mars	23,6°
12.10.2072 8:09:18	Merkur 5,2° südlich Saturn	23,5°
12.10.2072 15:34:00	Merkur in größter östlicher Elongation zur Sonne	25,1°
14.10.2072 18:00:42	Merkur 3,5° südlich Zuben-el-dschenubi	23,8°
15.10.2072 20:01:46	Mars 2,4° südlich Saturn	20,5°
18.10.2072 12:27:07	Mars 32' südlich Zuben-el-dschenubi	20°
18.10.2072 21:35:41	Venus 2,6° südlich Akrab	37,8°
19.10.2072 18:59:49	Neptun stationär, dann rückläufig	
23.10.2072 15:52:19	Venus 2,9° nördlich Antares	39,3°
24.10.2072 16:57:21	Merkur stationär, dann rückläufig	
25.10.2072 15:05:58	Merkur 2,7° südlich Mars	18,2°
28.10.2072 3:47:15	Jupiter stationär, dann rückläufig	
31.10.2072 20:51:15	Saturn 1,8° nördlich Zuben-el-dschenubi	6,6°
2.11.2072 1:31:45	Merkur 3,5° südlich Saturn	5,6°
2.11.2072 4:33:53	Merkur 1,6° südlich Zuben-el-dschenubi	5,4°
4.11.2072 19:10:56	Merkur in unterer Konjunktion zur Sonne	-21'
7.11.2072 23:34:31	Saturn in Konjunktion zur Sonne	2,1°
9.11.2072 3:19:04	Venus 2,1° südlich Uranus	42,3°
13.11.2072 5:55:24	Mars 1,5° südlich Akrab	12,5°
13.11.2072 14:19:38	Merkur stationär, dann rechtläufig	
20.11.2072 19:59:14	Venus 51' nördlich Nunki	44,2°
21.11.2072 2:44:01	Mars 4,1° nördlich Antares	10,5°
21.11.2072 4:40:00	Merkur in größter westlicher Elongation zur Sonne	19,6°
24.11.2072 9:11:07	Jupiter 6,5° nördlich Alhena	142,3°
25.11.2072 18:50:18	Merkur 1,8° nördlich Zuben-el-dschenubi	18,3°
28.11.2072 6:16:18	Merkur 15' südlich Saturn	18,1°
8.12.2072 8:04:30	Venus 7,3° südlich Beta Capricorni	46,3°
8.12.2072 17:06:25	Merkur 22' südlich Akrab	13,2°
12.12.2072 12:06:53	Merkur 4,8° nördlich Antares	11,2°
20.12.2072 18:45:28	Mars 32' südlich Uranus	2,5°
23.12.2072 2:51:06	Jupiter 40' nördlich Mü Geminorum	175,7°
23.12.2072 8:09:07	Uranus in Konjunktion zur Sonne, Bedeckung	-14'
26.12.2072 17:31:28	Jupiteropposition	
26.12.2072 18:41:00	Venus in größter östlicher Elongation zur Sonne	47,3°
26.12.2072 22:40:20	Merkur 1,1° südlich Uranus	3,5°
28.12.2072 15:42:24	Venus 1,3° nördlich Delta Capricorni	46,9°
30.12.2072 3:23:16	Mars in Konjunktion zur Sonne	-50'

2073

Datum und Uhrzeit (WZ)	Ereignis	Elongation
1.1.2073 1:02:58	Merkur 53' südlich Mars	1°
1.1.2073 23:57:47	Merkur in oberer Konjunktion zur Sonne	-1,8°

Datum und Uhrzeit (WZ)	Ereignis	Elongation
2.1.2073 20:37:25	Merkur 1,6° nördlich Nunki	1,9°
4.1.2073 21:40:05	Mars 2,6° nördlich Nunki	1,7°
5.1.2073 23:08:23	Jupiter 46' nördlich Eta Geminorum	168,2°
6.1.2073 0:12:35	Neptunopposition	
14.1.2073 21:41:04	Merkur 6,9° südlich Beta Capricorni	8,4°
28.1.2073 1:05:50	Merkur 1,8° nördlich Delta Capricorni	16,1°
30.1.2073 19:55:19	Mars 5,8° südlich Beta Capricorni	7,9°
3.2.2073 11:17:00	Merkur in größter östlicher Elongation zur Sonne	18,3°
13.2.2073 12:53:01	Venus stationär, dann rückläufig	
18.2.2073 21:43:50	Merkur in unterer Konjunktion zur Sonne	3,7°
22.2.2073 15:03:06	Merkur 6,5° nördlich Delta Capricorni	8,6°
23.2.2073 20:46:24	Jupiter stationär, dann rechtläufig	
24.2.2073 19:05:06	Merkur 4,6° nördlich Mars	12,4°
27.2.2073 3:09:14	Mars 1,6° nördlich Delta Capricorni	14,1°
3.3.2073 0:59:47	Merkur stationär, dann rechtläufig	
4.3.2073 14:18:05	Saturn stationär, dann rückläufig	
8.3.2073 16:48:36	Venus in unterer Konjunktion zur Sonne	8,8°
12.3.2073 10:43:39	Merkur 2,7° nördlich Delta Capricorni	27°
17.3.2073 12:25:00	Merkur in größter westlicher Elongation zur Sonne	27,6°
17.3.2073 18:56:14	Venus 9,9° nördlich Mars	16,3°
24.3.2073 10:06:28	Merkur 9,5° südlich Venus	24°
25.3.2073 3:05:37	Neptun stationär, dann rechtläufig	
27.3.2073 11:06:45	Venus stationär, dann rechtläufig	
4.4.2073 0:51:13	Merkur 1,5° südlich Mars	21,6°
9.4.2073 18:21:51	Uranus stationär, dann rückläufig	
13.4.2073 18:23:33	Jupiter 58' nördlich Eta Geminorum	70°
26.4.2073 2:40:54	Jupiter 55' nördlich Mü Geminorum	59,8°
26.4.2073 23:15:16	Merkur 11,3° südlich Hamal	2,5°
29.4.2073 1:59:30	Merkur in oberer Konjunktion zur Sonne	-17'
8.5.2073 23:37:27	Merkur 2,7° südlich Alkione	11,5°
12.5.2073 6:34:25	Saturnopposition	
14.5.2073 22:54:44	Merkur 7,6° nördlich Aldebaran	16,9°
15.5.2073 1:21:50	Jupiter 6,9° nördlich Alhena	44,8°
17.5.2073 19:07:00	Venus in größter westlicher Elongation zur Sonne	46°
22.5.2073 8:06:48	Merkur 3,1° südlich Elnath	21,7°
22.5.2073 18:06:23	Jupiter 1,9° südlich Epsilon Geminorum	38,7°
28.5.2073 4:45:56	Mars 11,4° südlich Hamal	30,4°
28.5.2073 15:56:00	Merkur in größter östlicher Elongation zur Sonne	23°
1.6.2073 23:31:59	Merkur 2,2° nördlich Eta Geminorum	22,3°
5.6.2073 8:20:09	Merkur 1,4° nördlich Mü Geminorum	20,9°
8.6.2073 23:45:58	Venus 13,1° südlich Hamal	41,1°
10.6.2073 19:58:07	Merkur stationär, dann rückläufig	
16.6.2073 13:42:54	Merkur 1,5° südlich Mü Geminorum	10,3°
17.6.2073 8:17:09	Jupiter 55' nördlich Neptun	19,7°
20.6.2073 12:25:35	Merkur 2,5° südlich Eta Geminorum	4,7°
23.6.2073 14:52:24	Merkur in unterer Konjunktion zur Sonne	-4°

Datum und Uhrzeit (WZ)	Ereignis	Elongation
25.6.2073 9:38:12	Uranusopposition	
1.7.2073 16:25:51	Mars 4,5° südlich Alkione	39,6°
1.7.2073 23:59:18	Venus 6,5° südlich Alkione	39,9°
2.7.2073 13:23:06	Venus 2° südlich Mars	40,6°
5.7.2073 2:31:04	Merkur stationär, dann rechtläufig	
8.7.2073 22:35:04	Neptun in Konjunktion zur Sonne	-44'
12.7.2073 5:33:52	Venus 3,5° nördlich Aldebaran	39,3°
14.7.2073 6:41:27	Jupiter in Konjunktion zur Sonne, Bedeckung	13'
16.7.2073 1:08:00	Merkur in größter westlicher Elongation zur Sonne	20,7°
16.7.2073 9:07:34	Jupiter 10° südlich Kastor	1,5°
16.7.2073 22:27:42	Merkur 1,6° südlich Eta Geminorum	20,6°
17.7.2073 23:59:48	Mars 5,3° nördlich Aldebaran	44,5°
18.7.2073 16:28:20	Merkur 1,2° südlich Mü Geminorum	20,4°
21.7.2073 9:12:45	Merkur 5,3° nördlich Alhena	19,6°
22.7.2073 11:02:34	Merkur 3,2° südlich Epsilon Geminorum	19,1°
22.7.2073 14:05:57	Venus 7° südlich Elnath	37,1°
23.7.2073 1:58:22	Saturn stationär, dann rechtläufig	
26.7.2073 17:39:31	Merkur 32' nördlich Neptun	16,3°
27.7.2073 11:58:40	Jupiter 6,6° südlich Pollux	9,7°
29.7.2073 11:54:40	Merkur 9,9° südlich Kastor	14,1°
30.7.2073 18:48:20	Merkur 6,2° südlich Pollux	12,9°
31.7.2073 4:49:02	Merkur 26' nördlich Jupiter	12,4°
1.8.2073 4:23:15	Venus 17' südlich Eta Geminorum	35,1°
2.8.2073 18:29:53	Venus 16' südlich Mü Geminorum	34,8°
4.8.2073 5:46:44	Mars 5,3° südlich Elnath	49,1°
5.8.2073 15:00:38	Venus 5,8° nördlich Alhena	34,1°
6.8.2073 3:50:31	Merkur 11' nördlich M44	6,2°
6.8.2073 21:32:32	Venus 3° südlich Epsilon Geminorum	33,8°
11.8.2073 15:48:35	Merkur in oberer Konjunktion zur Sonne	1,7°
13.8.2073 3:21:45	Venus 10' nördlich Neptun	32,4°
16.8.2073 20:34:47	Venus 10,6° südlich Kastor	31,6°
17.8.2073 1:31:36	Merkur 1,3° nördlich Regulus	5,8°
18.8.2073 22:20:05	Venus 7,1° südlich Pollux	31,1°
21.8.2073 0:12:25	Mars 1,2° nördlich Eta Geminorum	54,1°
23.8.2073 20:05:23	Venus 18' südlich Jupiter	29,9°
23.8.2073 20:46:58	Mars 1,2° nördlich Mü Geminorum	55°
29.8.2073 1:35:20	Mars 7,2° nördlich Alhena	56,5°
29.8.2073 18:23:46	Venus 1° südlich M44	28,5°
31.8.2073 9:52:32	Mars 1,6° südlich Epsilon Geminorum	57,5°
10.9.2073 11:04:28	Uranus stationär, dann rechtläufig	
11.9.2073 17:35:19	Merkur 4,2° südlich Porrima	21,7°
13.9.2073 13:29:00	Mars 1,4° nördlich Neptun	61,9°
16.9.2073 21:34:44	Venus 35' nördlich Regulus	23,8°
19.9.2073 10:48:51	Mars 9,5° südlich Kastor	64,3°
21.9.2073 11:27:43	Merkur 19' südlich Spika	25,8°
23.9.2073 13:59:15	Mars 6° südlich Pollux	65,8°

Datum und Uhrzeit (WZ)	Ereignis	Elongation
25.9.2073 3:34:00	Merkur in größter östlicher Elongation zur Sonne	26,2°
1.10.2073 15:09:06	Jupiter 56' südlich M44	60,5°
7.10.2073 21:56:21	Merkur stationär, dann rückläufig	
16.10.2073 11:15:59	Mars 49" südlich M44	75,4°
19.10.2073 20:25:52	Merkur in unterer Konjunktion zur Sonne	-1,3°
20.10.2073 1:41:46	Venus 1,4° südlich Porrima	15,7°
21.10.2073 12:44:11	Mars 59' nördlich Jupiter	77,5°
22.10.2073 5:51:51	Merkur 1,7° nördlich Spika	5°
22.10.2073 7:46:40	Neptun stationär, dann rückläufig	
27.10.2073 1:58:28	Merkur 28' südlich Venus	13,7°
28.10.2073 7:41:28	Merkur stationär, dann rechtläufig	
29.10.2073 12:13:23	Venus 3,7° nördlich Spika	12°
3.11.2073 15:05:43	Merkur 4,5° nördlich Spika	17,1°
4.11.2073 13:59:00	Merkur in größter westlicher Elongation zur Sonne	18,8°
16.11.2073 9:13:27	Venus 42' nördlich Zuben-el-dschenubi	8,6°
19.11.2073 19:22:03	Saturn in Konjunktion zur Sonne	1,9°
20.11.2073 0:26:22	Merkur 58' nördlich Zuben-el-dschenubi	12,3°
26.11.2073 23:02:12	Venus 1,3° südlich Saturn	6,1°
28.11.2073 16:07:18	Merkur 1,7° südlich Saturn	7,6°
29.11.2073 14:39:45	Jupiter stationär, dann rückläufig	
1.12.2073 0:40:22	Venus 31' südlich Akrab	5,1°
1.12.2073 19:25:07	Merkur 1,1° südlich Akrab	5,8°
4.12.2073 13:51:35	Mars 2,2° nördlich Regulus	102,2°
4.12.2073 23:18:27	Merkur 48' südlich Venus	4,1°
5.12.2073 11:26:25	Merkur 4,1° nördlich Antares	3,8°
5.12.2073 14:27:13	Venus 4,9° nördlich Antares	4°
12.12.2073 5:24:31	Merkur in oberer Konjunktion zur Sonne	-1,2°
21.12.2073 23:10:03	Merkur 1,6° südlich Uranus	5,6°
22.12.2073 2:45:36	Venus in oberer Konjunktion zur Sonne	-20'
26.12.2073 13:42:37	Merkur 1,4° nördlich Nunki	8,4°
26.12.2073 15:10:27	Venus 14' südlich Uranus	1,1°
27.12.2073 18:34:24	Uranus in Konjunktion zur Sonne	-17'

2074

Datum und Uhrzeit (WZ)	Ereignis	Elongation
1.1.2074 7:50:00	Venus 2,7° nördlich Nunki	2,5°
6.1.2074 0:53:18	Mars stationär, dann rückläufig	
8.1.2074 0:58:22	Merkur 6,6° südlich Beta Capricorni	15,5°
8.1.2074 10:34:30	Neptunopposition	
13.1.2074 8:18:11	Saturn 55' nördlich Akrab	49,3°
17.1.2074 5:10:05	Venus 5,9° südlich Beta Capricorni	6,3°
17.1.2074 22:24:00	Merkur in größter östlicher Elongation zur Sonne	18,8°
24.1.2074 3:15:05	Merkur stationär, dann rückläufig	
28.1.2074 3:44:25	Jupiteropposition	

Datum und Uhrzeit (WZ)	Ereignis	Elongation
28.1.2074 14:31:12	Merkur 4,2° nördlich Venus	9,1°
29.1.2074 2:01:48	Jupiter 33' südlich M44	178,2°
2.2.2074 13:42:03	Merkur in unterer Konjunktion zur Sonne	3,5°
3.2.2074 4:36:16	Venus 1,2° nördlich Delta Capricorni	10,2°
4.2.2074 19:16:52	Mars 4,3° nördlich Regulus	165,5°
14.2.2074 1:52:34	Marsopposition	
14.2.2074 8:07:11	Merkur stationär, dann rechtläufig	
27.2.2074 22:10:00	Merkur in größter westlicher Elongation zur Sonne	26,9°
10.3.2074 3:53:40	Merkur 1,1° nördlich Delta Capricorni	25°
16.3.2074 6:08:44	Saturn stationär, dann rückläufig	
27.3.2074 14:54:12	Neptun stationär, dann rechtläufig	
27.3.2074 18:41:40	Mars stationär, dann rechtläufig	
29.3.2074 16:32:31	Jupiter stationär, dann rechtläufig	
31.3.2074 14:08:16	Venus 10,8° südlich Hamal	23,8°
13.4.2074 3:43:13	Merkur in oberer Konjunktion zur Sonne	-45'
14.4.2074 8:43:56	Uranus stationär, dann rückläufig	
18.4.2074 15:53:21	Merkur 10,4° südlich Hamal	6,2°
21.4.2074 7:34:36	Venus 3,4° südlich Alkione	28,7°
30.4.2074 18:50:58	Venus 6,7° nördlich Aldebaran	30,5°
2.5.2074 0:17:03	Merkur 1,8° südlich Alkione	18,8°
10.5.2074 12:01:00	Merkur in größter östlicher Elongation zur Sonne	21,4°
10.5.2074 13:05:21	Venus 3,8° südlich Elnath	33,2°
10.5.2074 22:36:26	Merkur 8° nördlich Aldebaran	20,9°
19.5.2074 18:52:27	Venus 2,7° nördlich Eta Geminorum	35,2°
21.5.2074 4:20:18	Saturn 1,1° nördlich Akrab	175,9°
21.5.2074 8:04:42	Venus 2,7° nördlich Mü Geminorum	35,6°
22.5.2074 8:48:35	Mars 1,1° nördlich Regulus	88,8°
22.5.2074 22:24:23	Merkur stationär, dann rückläufig	
24.5.2074 3:20:12	Venus 8,7° nördlich Alhena	36,2°
24.5.2074 13:09:26	Saturnopposition	
25.5.2074 9:29:35	Venus 4,7' südlich Epsilon Geminorum	36,4°
27.5.2074 15:28:40	Jupiter 34' südlich M44	61,6°
31.5.2074 5:32:53	Venus 2,8° nördlich Neptun	37,7°
3.6.2074 9:45:32	Merkur in unterer Konjunktion zur Sonne	-2,4°
4.6.2074 9:26:42	Venus 8,1° südlich Kastor	38,3°
6.6.2074 12:22:19	Venus 4,6° südlich Pollux	38,5°
7.6.2074 7:50:33	Merkur 2,1° nördlich Aldebaran	6,8°
15.6.2074 11:24:11	Merkur stationär, dann rechtläufig	
17.6.2074 21:11:33	Venus 50' nördlich M44	41,1°
21.6.2074 16:06:25	Venus 1,3° nördlich Jupiter	41,7°
23.6.2074 0:57:04	Merkur 1,5° nördlich Aldebaran	21,3°
28.6.2074 1:28:00	Merkur in größter westlicher Elongation zur Sonne	22,2°
30.6.2074 2:30:47	Uranusopposition	
5.7.2074 6:09:35	Merkur 7,3° südlich Elnath	20,5°
8.7.2074 3:58:41	Venus 57' nördlich Regulus	44,1°
11.7.2074 12:39:32	Neptun in Konjunktion zur Sonne	-40'

Datum und Uhrzeit (WZ)	Ereignis	Elongation
12.7.2074 5:02:13	Merkur 25' nördlich Eta Geminorum	15,8°
13.7.2074 5:16:28	Merkur 33' nördlich Mü Geminorum	14,9°
14.7.2074 23:19:53	Merkur 6,8° nördlich Alhena	13,3°
15.7.2074 17:34:09	Merkur 1,9° südlich Epsilon Geminorum	12,5°
19.7.2074 22:18:03	Merkur 1,6° nördlich Neptun	7,7°
21.7.2074 9:44:07	Merkur 9,1° südlich Kastor	6,3°
22.7.2074 13:23:26	Merkur 5,5° südlich Pollux	5,1°
26.7.2074 17:46:39	Merkur in oberer Konjunktion zur Sonne	1,6°
28.7.2074 16:04:35	Merkur 28' nördlich M44	2,6°
31.7.2074 18:01:00	Venus in größter östlicher Elongation zur Sonne	45,7°
4.8.2074 4:24:13	Saturn stationär, dann rechtläufig	
4.8.2074 5:40:55	Merkur 1° nördlich Jupiter	9,3°
8.8.2074 0:32:54	Mars 2,9° südlich Porrima	55,3°
9.8.2074 2:56:20	Merkur 1° nördlich Regulus	13,6°
16.8.2074 23:42:11	Jupiter in Konjunktion zur Sonne	45'
23.8.2074 7:27:34	Venus 6,7° südlich Porrima	40,7°
26.8.2074 18:40:09	Mars 2,1° nördlich Spika	50,2°
7.9.2074 15:56:00	Merkur in größter östlicher Elongation zur Sonne	27°
8.9.2074 20:46:50	Merkur 5,9° südlich Porrima	24,7°
14.9.2074 21:41:44	Jupiter 21' nördlich Regulus	21,6°
15.9.2074 4:06:51	Uranus stationär, dann rechtläufig	
17.9.2074 3:57:42	Venus stationär, dann rückläufig	
20.9.2074 18:29:14	Merkur stationär, dann rückläufig	
29.9.2074 3:58:57	Mars 51' südlich Zuben-el-dschenubi	39,7°
1.10.2074 4:43:01	Merkur 6,2° südlich Porrima	3,9°
3.10.2074 15:40:57	Merkur in unterer Konjunktion zur Sonne	-2,3°
9.10.2074 13:13:52	Venus in unterer Konjunktion zur Sonne	-7,8°
11.10.2074 6:48:11	Venus 11,2° südlich Porrima	7,7°
11.10.2074 23:22:39	Merkur stationär, dann rechtläufig	
13.10.2074 2:42:18	Saturn 41' nördlich Akrab	44°
19.10.2074 1:03:55	Merkur 8,6° nördlich Venus	15,9°
19.10.2074 4:03:00	Merkur in größter westlicher Elongation zur Sonne	18,2°
22.10.2074 3:42:01	Merkur 50' südlich Porrima	17,7°
24.10.2074 18:13:03	Neptun stationär, dann rückläufig	
24.10.2074 23:47:49	Mars 1,8° südlich Akrab	32,3°
26.10.2074 21:32:44	Mars 2,4° südlich Saturn	31,7°
28.10.2074 1:53:26	Venus stationär, dann rechtläufig	
30.10.2074 2:41:21	Merkur 4,2° nördlich Spika	12,3°
1.11.2074 20:21:51	Mars 3,8° nördlich Antares	30,5°
13.11.2074 0:34:45	Merkur 13' nördlich Zuben-el-dschenubi	5°
14.11.2074 5:26:38	Venus 3,4° südlich Porrima	39,7°
21.11.2074 8:35:20	Merkur in oberer Konjunktion zur Sonne	-24'
24.11.2074 15:06:53	Merkur 1,8° südlich Akrab	1,8°
27.11.2074 19:30:26	Merkur 2,7° südlich Saturn	3,6°
28.11.2074 6:52:05	Merkur 3,5° nördlich Antares	4°
30.11.2074 8:42:00	Venus 4,1° nördlich Spika	43,7°

Datum und Uhrzeit (WZ)	Ereignis	Elongation
1.12.2074 10:04:22	Saturn in Konjunktion zur Sonne	1,6°
4.12.2074 3:13:31	Saturn 6,2° nördlich Antares	2,9°
11.12.2074 0:22:17	Mars 42' südlich Uranus	20,3°
16.12.2074 9:13:55	Mars 2,4° nördlich Nunki	18,9°
17.12.2074 7:05:32	Merkur 1,9° südlich Uranus	14,3°
19.12.2074 17:48:15	Merkur 1,2° nördlich Nunki	15,5°
20.12.2074 8:27:00	Venus in größter westlicher Elongation zur Sonne	46,9°
23.12.2074 7:29:30	Merkur 1,1° südlich Mars	17,2°
23.12.2074 14:16:18	Venus 2,8° nördlich Zuben-el-dschenubi	46,1°

2075

Datum und Uhrzeit (WZ)	Ereignis	Elongation
1.1.2075 4:13:35	Uranus in Konjunktion zur Sonne	-20'
1.1.2075 5:54:00	Merkur in größter östlicher Elongation zur Sonne	19,6°
5.1.2075 15:37:07	Merkur 5° südlich Beta Capricorni	18,5°
8.1.2075 3:29:46	Merkur stationär, dann rückläufig	
9.1.2075 17:11:53	Venus 2° nördlich Akrab	45,3°
10.1.2075 13:16:23	Merkur 3,5° südlich Beta Capricorni	13,9°
10.1.2075 20:57:52	Neptunopposition	
10.1.2075 21:45:24	Merkur 2,5° nördlich Mars	12,8°
11.1.2075 3:08:53	Mars 5,8° südlich Beta Capricorni	12,8°
14.1.2075 21:34:27	Venus 7,4° nördlich Antares	44,2°
17.1.2075 13:03:18	Merkur in unterer Konjunktion zur Sonne	3,1°
19.1.2075 10:12:32	Venus 1° nördlich Saturn	44,5°
28.1.2075 19:48:24	Merkur stationär, dann rechtläufig	
7.2.2075 7:01:45	Mars 1,6° nördlich Delta Capricorni	6,5°
10.2.2075 7:21:00	Merkur in größter westlicher Elongation zur Sonne	25,8°
12.2.2075 18:37:12	Venus 1,7° nördlich Uranus	40,8°
13.2.2075 4:55:27	Venus 4,8° nördlich Nunki	40,7°
17.2.2075 6:41:53	Merkur 5,3° südlich Beta Capricorni	24°
23.2.2075 21:13:56	Uranus 3,1° nördlich Nunki	51,6°
28.2.2075 3:00:57	Jupiteropposition	
2.3.2075 0:21:02	Venus 4,4° südlich Beta Capricorni	36,7°
4.3.2075 1:53:54	Merkur 40' nördlich Delta Capricorni	18,9°
9.3.2075 7:26:36	Mars in Konjunktion zur Sonne	-57'
19.3.2075 14:02:26	Venus 2,1° nördlich Delta Capricorni	33,8°
24.3.2075 8:00:25	Merkur 51' südlich Mars	3,3°
27.3.2075 20:44:49	Saturn stationär, dann rückläufig	
27.3.2075 21:33:45	Merkur in oberer Konjunktion zur Sonne	-1,2°
30.3.2075 2:18:10	Neptun stationär, dann rechtläufig	
10.4.2075 22:48:53	Merkur 9,3° südlich Hamal	14,4°
18.4.2075 20:52:02	Uranus stationär, dann rückläufig	
22.4.2075 19:09:00	Merkur in größter östlicher Elongation zur Sonne	20,1°
1.5.2075 5:03:04	Jupiter stationär, dann rechtläufig	

Datum und Uhrzeit (WZ)	Ereignis	Elongation
3.5.2075 16:08:33	Merkur stationär, dann rückläufig	
8.5.2075 5:30:42	Mars 11,1° südlich Hamal	12,8°
14.5.2075 6:18:03	Merkur in unterer Konjunktion zur Sonne	-27'
15.5.2075 11:42:48	Venus 12,1° südlich Hamal	18,9°
26.5.2075 13:19:24	Merkur stationär, dann rechtläufig	
26.5.2075 20:33:08	Venus 60' südlich Mars	17°
27.5.2075 13:01:36	Merkur 2,4° südlich Venus	17,1°
28.5.2075 1:16:14	Merkur 3,4° südlich Mars	17,3°
5.6.2075 5:51:23	Venus 5,1° südlich Alkione	14,3°
5.6.2075 17:35:46	Saturnopposition	
9.6.2075 17:53:00	Merkur in größter westlicher Elongation zur Sonne	23,9°
11.6.2075 13:14:06	Mars 4,2° südlich Alkione	20,1°
13.6.2075 14:11:13	Merkur 7,4° südlich Alkione	22,1°
14.6.2075 16:24:02	Venus 4,9° nördlich Aldebaran	12,3°
14.6.2075 17:25:45	Uranus 3,1° nördlich Nunki	160,1°
16.6.2075 14:30:13	Merkur 2,8° südlich Mars	21,9°
22.6.2075 2:36:16	Merkur 3,7° nördlich Aldebaran	19,6°
24.6.2075 8:24:51	Venus 5,6° südlich Elnath	9,7°
27.6.2075 16:32:14	Mars 5,6° nördlich Aldebaran	24,6°
28.6.2075 20:30:02	Merkur 5,9° südlich Elnath	14°
3.7.2075 9:52:23	Venus 1,1° nördlich Eta Geminorum	7,2°
4.7.2075 7:41:47	Merkur 1,4° nördlich Eta Geminorum	8,1°
4.7.2075 18:53:02	Uranusopposition	
4.7.2075 22:05:35	Venus 1,1° nördlich Mü Geminorum	6,8°
5.7.2075 4:31:01	Merkur 1,5° nördlich Mü Geminorum	7°
5.7.2075 13:04:42	Merkur 28' nördlich Venus	6,6°
6.7.2075 17:37:08	Merkur 7,7° nördlich Alhena	5,3°
7.7.2075 10:05:45	Merkur 1,1° südlich Epsilon Geminorum	4,5°
7.7.2075 15:20:33	Venus 7,1° nördlich Alhena	6,1°
8.7.2075 20:31:35	Venus 1,7° südlich Epsilon Geminorum	5,7°
11.7.2075 1:06:14	Merkur in oberer Konjunktion zur Sonne	1,4°
12.7.2075 5:02:07	Merkur 2,2° nördlich Neptun	1,8°
12.7.2075 19:42:41	Merkur 8,6° südlich Kastor	2,6°
13.7.2075 23:19:43	Merkur 5,1° südlich Pollux	3,9°
14.7.2075 2:33:56	Neptun in Konjunktion zur Sonne	-36'
14.7.2075 15:20:21	Mars 5,1° südlich Elnath	29°
17.7.2075 12:13:54	Venus 1,3° nördlich Neptun	3,2°
18.7.2075 10:11:58	Venus 9,5° südlich Kastor	3,2°
20.7.2075 7:37:05	Merkur 33' nördlich M44	10,6°
20.7.2075 10:18:48	Venus 6° südlich Pollux	2,6°
29.7.2075 13:22:55	Venus in oberer Konjunktion zur Sonne	1,1°
30.7.2075 23:07:54	Mars 1,4° nördlich Eta Geminorum	33,5°
30.7.2075 23:48:51	Venus 10' südlich M44	1,2°
1.8.2075 23:40:23	Merkur 28' nördlich Regulus	20,9°
2.8.2075 17:26:35	Mars 1,3° nördlich Mü Geminorum	34,2°
7.8.2075 17:40:29	Mars 7,3° nördlich Alhena	35,8°

Datum und Uhrzeit (WZ)	Ereignis	Elongation
9.8.2075 23:47:11	Mars 1,5° südlich Epsilon Geminorum	36,4°
14.8.2075 18:14:25	Merkur 2,2° südlich Jupiter	25,7°
16.8.2075 3:16:17	Saturn stationär, dann rechtläufig	
17.8.2075 22:20:38	Venus 1° nördlich Regulus	5,5°
18.8.2075 20:17:46	Neptun 10,8° südlich Kastor	32,9°
21.8.2075 3:20:00	Merkur in größter östlicher Elongation zur Sonne	27,4°
28.8.2075 1:12:38	Mars 9,4° südlich Kastor	42°
28.8.2075 12:09:59	Mars 1,4° nördlich Neptun	41,9°
31.8.2075 21:43:24	Mars 5,9° südlich Pollux	43,3°
3.9.2075 7:00:23	Merkur stationär, dann rückläufig	
4.9.2075 7:00:39	Venus 21' nördlich Jupiter	10,2°
9.9.2075 15:46:13	Merkur 6,1° südlich Venus	11,6°
15.9.2075 0:41:01	Merkur 5,2° südlich Jupiter	2,4°
17.9.2075 2:25:32	Merkur in unterer Konjunktion zur Sonne	-3,2°
17.9.2075 19:30:04	Jupiter in Konjunktion zur Sonne	1,1°
19.9.2075 18:01:11	Uranus stationär, dann rechtläufig	
20.9.2075 8:33:41	Venus 1,9° südlich Porrima	13,9°
21.9.2075 15:47:43	Mars 11' südlich M44	50,5°
25.9.2075 11:49:18	Merkur stationär, dann rechtläufig	
29.9.2075 22:21:54	Venus 3° nördlich Spika	16,9°
2.10.2075 20:11:00	Merkur in größter westlicher Elongation zur Sonne	17,9°
8.10.2075 12:06:07	Merkur 53' nördlich Jupiter	15,9°
16.10.2075 2:05:50	Merkur 1° südlich Porrima	11,4°
18.10.2075 1:04:54	Venus 19' südlich Zuben-el-dschenubi	21,3°
23.10.2075 1:10:02	Merkur 3,7° nördlich Spika	5,3°
27.10.2075 6:40:58	Neptun stationär, dann rückläufig	
29.10.2075 1:04:03	Mars 1,2° nördlich Regulus	64,9°
1.11.2075 5:40:08	Merkur in oberer Konjunktion zur Sonne	23'
1.11.2075 20:28:05	Venus 1,7° südlich Akrab	24,7°
5.11.2075 18:28:31	Merkur 28' südlich Zuben-el-dschenubi	2,7°
6.11.2075 11:21:47	Venus 3,8° nördlich Antares	26,1°
12.11.2075 11:18:35	Venus 2,4° südlich Saturn	27,3°
17.11.2075 12:24:50	Merkur 2,4° südlich Akrab	9°
21.11.2075 5:53:40	Merkur 2,9° nördlich Antares	11,5°
27.11.2075 5:05:48	Merkur 3,4° südlich Saturn	14,1°
3.12.2075 0:16:05	Venus 1,4° südlich Uranus	32,1°
3.12.2075 12:10:59	Venus 1,7° nördlich Nunki	32,2°
12.12.2075 21:12:13	Saturn in Konjunktion zur Sonne	1,2°
14.12.2075 6:55:41	Uranus 3,1° nördlich Nunki	21,3°
15.12.2075 0:00:05	Merkur 1,5° nördlich Nunki	20,6°
15.12.2075 0:58:33	Merkur 1,5° südlich Uranus	20,6°
15.12.2075 8:14:00	Merkur in größter östlicher Elongation zur Sonne	20,6°
16.12.2075 19:48:22	Jupiter 1,7° südlich Porrima	73,1°
19.12.2075 17:38:41	Venus 6,7° südlich Beta Capricorni	35,6°
23.12.2075 5:37:14	Merkur stationär, dann rückläufig	
29.12.2075 19:26:50	Merkur 2,1° nördlich Uranus	6,5°

Datum und Uhrzeit (WZ)	Ereignis	Elon-gation
30.12.2075 13:19:46	Merkur 5,4° nördlich Nunki	5,4°

2076

Datum und Uhrzeit (WZ)	Ereignis	Elon-gation
1.1.2076 17:09:40	Merkur in unterer Konjunktion zur Sonne	2,6°
5.1.2076 13:19:33	Uranus in Konjunktion zur Sonne	-23'
6.1.2076 8:42:40	Venus 55' nördlich Delta Capricorni	38,8°
7.1.2076 9:43:18	Neptun 10,9° südlich Kastor	169°
13.1.2076 7:10:49	Neptunopposition	
23.1.2076 15:46:00	Merkur in größter westlicher Elongation zur Sonne	24,4°
27.1.2076 22:27:30	Merkur 4° nördlich Nunki	24°
29.1.2076 14:51:20	Jupiter stationär, dann rückläufig	
30.1.2076 4:19:31	Merkur 36' nördlich Uranus	23,6°
9.2.2076 18:38:36	Mars stationär, dann rückläufig	
11.2.2076 14:32:13	Merkur 6,1° südlich Beta Capricorni	18,2°
24.2.2076 22:38:49	Merkur 32' nördlich Delta Capricorni	11,6°
8.3.2076 9:23:00	Venus in größter westlicher Elongation zur Sonne	46,4°
9.3.2076 11:43:38	Venus 7,8° südlich Hamal	46,4°
10.3.2076 4:05:50	Merkur in oberer Konjunktion zur Sonne	-1,6°
13.3.2076 18:42:54	Jupiter 1,3° südlich Porrima	162,3°
19.3.2076 8:49:35	Marsopposition	
29.3.2076 13:10:47	Jupiteropposition	
31.3.2076 15:09:35	Neptun stationär, dann rechtläufig	
4.4.2076 13:38:00	Merkur in größter östlicher Elongation zur Sonne	19,1°
6.4.2076 7:56:45	Merkur 7,6° südlich Hamal	19°
7.4.2076 13:52:51	Saturn stationär, dann rückläufig	
9.4.2076 11:57:37	Venus 1,2° nördlich Alkione	40,7°
13.4.2076 12:29:00	Merkur stationär, dann rückläufig	
21.4.2076 16:06:21	Merkur 8,6° südlich Hamal	3,9°
22.4.2076 10:39:04	Uranus stationär, dann rückläufig	
23.4.2076 17:37:39	Merkur in unterer Konjunktion zur Sonne	1,4°
27.4.2076 6:11:35	Venus stationär, dann rückläufig	
1.5.2076 7:22:30	Mars stationär, dann rechtläufig	
6.5.2076 1:55:34	Merkur stationär, dann rechtläufig	
14.5.2076 9:22:47	Venus 24' südlich Alkione	7,4°
18.5.2076 11:41:17	Venus in unterer Konjunktion zur Sonne	2,8°
19.5.2076 5:20:30	Merkur 14,2° südlich Hamal	22,6°
21.5.2076 8:19:00	Merkur in größter westlicher Elongation zur Sonne	25,5°
31.5.2076 16:59:08	Jupiter stationär, dann rechtläufig	
2.6.2076 3:16:30	Merkur 2,1° südlich Venus	21,4°
7.6.2076 18:29:11	Venus stationär, dann rechtläufig	
7.6.2076 18:41:13	Merkur 5,9° südlich Alkione	17,3°
14.6.2076 0:06:30	Merkur 4,9° nördlich Aldebaran	12,4°
16.6.2076 20:58:02	Saturnopposition	

Datum und Uhrzeit (WZ)	Ereignis	Elongation
19.6.2076 8:21:52	Neptun 10,8° südlich Kastor	24,2°
19.6.2076 16:31:34	Merkur 5° südlich Elnath	5,9°
24.6.2076 11:33:52	Merkur in oberer Konjunktion zur Sonne	1,2°
24.6.2076 17:50:19	Merkur 2,1° nördlich Eta Geminorum	1°
25.6.2076 13:58:52	Merkur 2,1° nördlich Mü Geminorum	1,7°
27.6.2076 2:27:21	Merkur 8,2° nördlich Alhena	3,5°
27.6.2076 18:54:09	Merkur 33' südlich Epsilon Geminorum	4,3°
29.6.2076 4:14:44	Mars 1,3° südlich Jupiter	87,6°
3.7.2076 0:04:21	Venus 8,1° südlich Alkione	41,1°
3.7.2076 8:52:28	Merkur 8,4° südlich Kastor	10,5°
3.7.2076 14:49:50	Merkur 2,4° nördlich Neptun	10,8°
4.7.2076 14:22:50	Merkur 4,9° südlich Pollux	11,8°
8.7.2076 10:31:27	Uranusopposition	
11.7.2076 7:16:14	Mars 3,1° südlich Porrima	81,3°
11.7.2076 14:19:08	Merkur 25' nördlich M44	18,1°
15.7.2076 16:27:47	Neptun in Konjunktion zur Sonne	-33'
18.7.2076 1:03:21	Venus 1,7° nördlich Aldebaran	45,4°
26.7.2076 22:06:48	Merkur 44' südlich Regulus	26,1°
27.7.2076 15:09:00	Venus in größter westlicher Elongation zur Sonne	45,7°
31.7.2076 2:31:16	Venus 8,7° südlich Elnath	45,4°
1.8.2076 20:22:08	Mars 1,7° nördlich Spika	73,8°
2.8.2076 11:17:00	Merkur in größter östlicher Elongation zur Sonne	27,3°
11.8.2076 8:31:45	Venus 1,8° südlich Eta Geminorum	45,1°
13.8.2076 3:59:28	Venus 1,8° südlich Mü Geminorum	44,9°
13.8.2076 14:55:58	Jupiter 1,8° südlich Porrima	49,5°
15.8.2076 13:13:38	Merkur stationär, dann rückläufig	
16.8.2076 9:21:14	Venus 4,4° nördlich Alhena	44,6°
17.8.2076 19:37:32	Venus 4,4° südlich Epsilon Geminorum	44,5°
27.8.2076 0:00:26	Saturn stationär, dann rechtläufig	
28.8.2076 18:30:37	Venus 11,8° südlich Kastor	43,1°
29.8.2076 10:38:04	Neptun 7,3° südlich Pollux	41,4°
30.8.2076 1:40:29	Merkur in unterer Konjunktion zur Sonne	-4,1°
31.8.2076 0:15:49	Venus 8,2° südlich Pollux	42,7°
31.8.2076 1:16:06	Venus 51' südlich Neptun	42,7°
6.9.2076 14:01:48	Mars 1,3° südlich Zuben-el-dschenubi	61,2°
7.9.2076 18:43:50	Merkur stationär, dann rechtläufig	
11.9.2076 13:31:35	Venus 1,9° südlich M44	40,9°
15.9.2076 11:28:00	Merkur in größter westlicher Elongation zur Sonne	17,9°
23.9.2076 9:30:22	Uranus stationär, dann rechtläufig	
30.9.2076 10:15:43	Venus 6,8' nördlich Regulus	37,3°
3.10.2076 4:12:17	Mars 2,2° südlich Akrab	53,4°
7.10.2076 15:19:52	Merkur 1,5° südlich Porrima	3,8°
11.10.2076 4:03:41	Mars 3,4° nördlich Antares	51,6°
11.10.2076 10:40:47	Jupiter 3,4° nördlich Spika	4,8°
12.10.2076 5:42:38	Merkur in oberer Konjunktion zur Sonne	1°
14.10.2076 13:57:15	Merkur 3° nördlich Spika	1,8°

Datum und Uhrzeit (WZ)	Ereignis	Elongation
15.10.2076 1:21:14	Merkur 22' südlich Jupiter	2,1°
17.10.2076 11:21:16	Jupiter in Konjunktion zur Sonne	1,1°
28.10.2076 14:58:29	Merkur 1,2° südlich Zuben-el-dschenubi	10°
28.10.2076 17:20:47	Neptun stationär, dann rückläufig	
2.11.2076 17:07:47	Mars 2,2° südlich Saturn	45,6°
3.11.2076 3:29:07	Venus 1,2° südlich Porrima	30°
9.11.2076 19:53:39	Merkur 3° südlich Akrab	16°
12.11.2076 15:54:41	Venus 4° nördlich Spika	26,3°
13.11.2076 18:57:20	Merkur 2,3° nördlich Antares	18,3°
19.11.2076 10:09:00	Venus 37' nördlich Jupiter	26°
25.11.2076 1:35:45	Mars 2,2° nördlich Nunki	39,9°
27.11.2076 4:51:00	Merkur in größter östlicher Elongation zur Sonne	21,8°
29.11.2076 5:09:40	Mars 51' südlich Uranus	39°
29.11.2076 9:00:21	Merkur 3,1° südlich Saturn	21,5°
30.11.2076 15:49:57	Venus 1,2° nördlich Zuben-el-dschenubi	23,2°
6.12.2076 6:58:02	Merkur stationär, dann rückläufig	
11.12.2076 1:11:58	Merkur 37' südlich Saturn	11°
15.12.2076 9:48:18	Venus 1,4' nördlich Akrab	20,1°
15.12.2076 23:54:42	Merkur in unterer Konjunktion zur Sonne	1,9°
20.12.2076 0:24:42	Venus 5,5° nördlich Antares	18,7°
20.12.2076 21:39:36	Mars 6° südlich Beta Capricorni	33,8°
23.12.2076 6:13:02	Saturn in Konjunktion zur Sonne	51'
25.12.2076 10:57:24	Merkur 2,4° nördlich Venus	17,7°
26.12.2076 3:01:25	Merkur stationär, dann rechtläufig	
29.12.2076 16:33:41	Neptun 7,4° südlich Pollux	163,2°

2077

Datum und Uhrzeit (WZ)	Ereignis	Elongation
5.1.2077 1:29:00	Merkur in größter westlicher Elongation zur Sonne	22,9°
8.1.2077 5:29:46	Venus 45' südlich Saturn	14,4°
8.1.2077 21:43:43	Uranus in Konjunktion zur Sonne	-25'
14.1.2077 17:24:43	Neptunopposition	
15.1.2077 9:18:20	Merkur 32' südlich Saturn	20,9°
15.1.2077 21:54:43	Venus 3,2° nördlich Nunki	12,6°
17.1.2077 4:18:58	Mars 1,6° nördlich Delta Capricorni	27°
20.1.2077 19:52:54	Venus 43" südlich Uranus	11,4°
21.1.2077 16:18:49	Merkur 2,9° nördlich Nunki	18,5°
26.1.2077 1:02:48	Merkur 36' südlich Uranus	16,4°
31.1.2077 20:32:12	Venus 5,6° südlich Beta Capricorni	8,8°
3.2.2077 17:06:21	Merkur 6,5° südlich Beta Capricorni	11,3°
12.2.2077 12:11:02	Merkur 59' südlich Venus	6,1°
16.2.2077 8:38:09	Merkur 34' nördlich Delta Capricorni	4,1°
17.2.2077 20:11:46	Venus 1,4° nördlich Delta Capricorni	4,9°
20.2.2077 19:07:40	Merkur in oberer Konjunktion zur Sonne	-1,9°

Datum und Uhrzeit (WZ)	Ereignis	Elongation
8.3.2077 23:57:35	Venus in oberer Konjunktion zur Sonne	-1,4°
11.3.2077 12:51:34	Merkur 1,4° nördlich Mars	15,4°
18.3.2077 17:14:00	Merkur in größter westlicher Elongation zur Sonne	18,5°
26.3.2077 0:43:57	Merkur stationär, dann rückläufig	
27.3.2077 12:15:21	Merkur 4,1° nördlich Mars	11,7°
31.3.2077 16:09:34	Merkur 4,8° nördlich Venus	5,8°
3.4.2077 2:09:11	Neptun stationär, dann rechtläufig	
5.4.2077 1:56:14	Merkur in unterer Konjunktion zur Sonne	2,7°
10.4.2077 13:26:14	Venus 37' südlich Mars	8,3°
14.4.2077 21:53:39	Venus 11,3° südlich Hamal	9,4°
17.4.2077 11:49:22	Merkur stationär, dann rechtläufig	
17.4.2077 17:30:35	Mars 10,8° südlich Hamal	6,8°
19.4.2077 11:17:35	Saturn stationär, dann rückläufig	
26.4.2077 21:57:06	Uranus stationär, dann rückläufig	
29.4.2077 8:30:23	Jupiteropposition	
3.5.2077 2:22:00	Merkur in größter westlicher Elongation zur Sonne	26,8°
5.5.2077 10:26:09	Venus 4° südlich Alkione	14,6°
14.5.2077 18:49:58	Venus 6° nördlich Aldebaran	17,1°
15.5.2077 21:04:34	Mars in Konjunktion zur Sonne, Bedeckung	6,4'
16.5.2077 21:36:50	Merkur 13,4° südlich Hamal	20,4°
22.5.2077 5:40:49	Mars 4° südlich Alkione	1,6°
24.5.2077 9:17:18	Venus 4,5° südlich Elnath	19,6°
31.5.2077 5:34:33	Merkur 4,9° südlich Alkione	10,2°
2.6.2077 10:08:34	Venus 2,1° nördlich Eta Geminorum	21,9°
3.6.2077 22:23:40	Venus 2,1° nördlich Mü Geminorum	22,3°
4.6.2077 21:09:39	Merkur 12' südlich Mars	5°
5.6.2077 16:59:38	Merkur 5,8° nördlich Aldebaran	4°
6.6.2077 15:47:05	Venus 8,1° nördlich Alhena	23°
7.6.2077 9:58:49	Mars 5,9° nördlich Aldebaran	5,7°
7.6.2077 21:07:10	Venus 43' südlich Epsilon Geminorum	23,3°
8.6.2077 23:18:31	Merkur in oberer Konjunktion zur Sonne	48'
11.6.2077 1:48:38	Merkur 4,3° südlich Elnath	2,8°
16.6.2077 4:21:42	Merkur 2,6° nördlich Eta Geminorum	8,9°
17.6.2077 1:26:57	Merkur 2,6° nördlich Mü Geminorum	9,9°
17.6.2077 12:45:52	Venus 8,6° südlich Kastor	25,8°
18.6.2077 16:08:46	Merkur 8,6° nördlich Alhena	11,6°
19.6.2077 6:16:40	Venus 2,1° nördlich Neptun	26,3°
19.6.2077 9:49:19	Merkur 11' südlich Epsilon Geminorum	12,4°
19.6.2077 13:30:15	Venus 5,2° südlich Pollux	26,2°
24.6.2077 8:52:09	Mars 4,9° südlich Elnath	10,1°
25.6.2077 14:32:48	Merkur 8,3° südlich Kastor	18,1°
26.6.2077 23:02:08	Merkur 2,4° nördlich Neptun	19,2°
27.6.2077 0:27:37	Merkur 4,9° südlich Pollux	19,2°
29.6.2077 0:03:10	Saturnopposition	
29.6.2077 20:41:00	Neptun 7,3° südlich Pollux	16,9°
30.6.2077 7:59:48	Venus 28' nördlich M44	29,1°

Datum und Uhrzeit (WZ)	Ereignis	Elongation
1.7.2077 14:19:27	Jupiter stationär, dann rechtläufig	
5.7.2077 11:43:31	Merkur 11' südlich M44	24,3°
10.7.2077 15:11:12	Mars 1,5° nördlich Eta Geminorum	14,5°
13.7.2077 1:39:59	Uranusopposition	
13.7.2077 9:05:02	Mars 1,5° nördlich Mü Geminorum	15,3°
15.7.2077 13:16:00	Merkur in größter östlicher Elongation zur Sonne	26,6°
18.7.2077 6:13:56	Neptun in Konjunktion zur Sonne	-29'
18.7.2077 8:22:35	Mars 7,5° nördlich Alhena	16,8°
18.7.2077 22:29:45	Venus 1,2° nördlich Regulus	33,6°
20.7.2077 14:04:45	Mars 1,3° südlich Epsilon Geminorum	17,4°
28.7.2077 14:57:44	Merkur stationär, dann rückläufig	
7.8.2077 10:01:59	Mars 9,3° südlich Kastor	22,7°
11.8.2077 4:51:39	Mars 5,9° südlich Pollux	23,8°
12.8.2077 9:55:58	Merkur in unterer Konjunktion zur Sonne	-4,7°
13.8.2077 16:20:34	Mars 1,4° nördlich Neptun	24,3°
21.8.2077 16:50:48	Merkur stationär, dann rechtläufig	
23.8.2077 17:26:33	Venus 3,1° südlich Porrima	40,1°
29.8.2077 22:45:00	Merkur in größter westlicher Elongation zur Sonne	18,2°
31.8.2077 10:16:19	Mars 12' südlich M44	30,3°
3.9.2077 6:16:32	Venus 1,4° nördlich Spika	43°
7.9.2077 8:11:59	Merkur 56' nördlich Regulus	14,5°
7.9.2077 19:02:39	Saturn stationär, dann rechtläufig	
21.9.2077 3:04:31	Venus 3,2° südlich Jupiter	44,5°
23.9.2077 15:29:34	Venus 2,8° südlich Zuben-el-dschenubi	44,8°
24.9.2077 6:54:37	Merkur in oberer Konjunktion zur Sonne	1,4°
27.9.2077 22:05:41	Uranus stationär, dann rechtläufig	
29.9.2077 23:56:45	Merkur 2° südlich Porrima	4,6°
5.10.2077 5:19:38	Jupiter 33' nördlich Zuben-el-dschenubi	33,4°
5.10.2077 19:55:09	Mars 55' nördlich Regulus	42,3°
7.10.2077 4:43:13	Merkur 2,4° nördlich Spika	9,5°
11.10.2077 2:28:33	Venus 4,6° südlich Akrab	45,8°
12.10.2077 19:52:00	Venus in größter östlicher Elongation zur Sonne	46,8°
16.10.2077 20:15:03	Venus 43' nördlich Antares	46,7°
21.10.2077 22:55:25	Merkur 1,9° südlich Zuben-el-dschenubi	16,9°
24.10.2077 19:31:37	Merkur 2,7° südlich Jupiter	18,1°
31.10.2077 4:57:38	Neptun stationär, dann rückläufig	
4.11.2077 10:40:29	Merkur 3,7° südlich Akrab	21,6°
9.11.2077 10:07:16	Merkur 1,8° nördlich Antares	23,1°
9.11.2077 20:36:00	Merkur in größter östlicher Elongation zur Sonne	23,1°
16.11.2077 20:47:32	Jupiter in Konjunktion zur Sonne	48'
20.11.2077 5:05:07	Merkur stationär, dann rückläufig	
29.11.2077 7:57:50	Merkur 5,4° nördlich Antares	2,4°
30.11.2077 7:24:04	Merkur in unterer Konjunktion zur Sonne	1,1°
3.12.2077 23:13:02	Merkur 1,1° nördlich Akrab	8,2°
9.12.2077 20:48:37	Merkur stationär, dann rechtläufig	
15.12.2077 11:03:48	Mars 1,1° südlich Porrima	72,5°

Datum und Uhrzeit (WZ)	Ereignis	Elongation
16.12.2077 13:11:40	Merkur 1,4° nördlich Akrab	21°
18.12.2077 15:49:00	Merkur in größter westlicher Elongation zur Sonne	21,5°
22.12.2077 5:19:16	Merkur 6,4° nördlich Antares	20,6°
22.12.2077 14:36:53	Venus in unterer Konjunktion zur Sonne	2,2°
29.12.2077 12:01:38	Jupiter 14' südlich Akrab	34,1°

2078

Datum und Uhrzeit (WZ)	Ereignis	Elongation
2.1.2078 21:23:08	Merkur 4,4° südlich Venus	17,3°
3.1.2078 14:48:27	Saturn in Konjunktion zur Sonne	25'
5.1.2078 18:39:31	Saturn 3,9° nördlich Nunki	2°
7.1.2078 8:01:19	Mars 4,2° nördlich Spika	82,5°
11.1.2078 21:00:07	Venus stationär, dann rechtläufig	
13.1.2078 5:45:15	Uranus in Konjunktion zur Sonne	-28'
14.1.2078 23:23:24	Merkur 2,3° nördlich Nunki	11,5°
15.1.2078 17:09:44	Merkur 1,7° südlich Saturn	10,9°
17.1.2078 3:32:56	Neptunopposition	
21.1.2078 7:27:16	Merkur 1,2° südlich Uranus	7,8°
27.1.2078 8:16:10	Merkur 6,8° südlich Beta Capricorni	4,7°
29.1.2078 23:56:41	Jupiter 5,4° nördlich Antares	59,7°
2.2.2078 13:31:02	Merkur in oberer Konjunktion zur Sonne	-2,1°
8.2.2078 16:05:21	Merkur 45' nördlich Delta Capricorni	5°
18.2.2078 11:35:26	Venus 7,5° nördlich Nunki	46,1°
24.2.2078 10:50:09	Venus 3,2° nördlich Saturn	46,6°
2.3.2078 2:50:00	Merkur in größter westlicher Elongation zur Sonne	18,2°
3.3.2078 4:48:00	Venus in größter westlicher Elongation zur Sonne	46,7°
3.3.2078 14:43:44	Venus 3,3° nördlich Uranus	46,7°
8.3.2078 9:31:40	Merkur stationär, dann rückläufig	
11.3.2078 5:23:32	Venus 2,6° südlich Beta Capricorni	46,1°
18.3.2078 6:39:32	Merkur in unterer Konjunktion zur Sonne	3,4°
20.3.2078 19:29:58	Mars stationär, dann rückläufig	
30.3.2078 16:54:32	Merkur stationär, dann rechtläufig	
30.3.2078 18:47:16	Venus 3,2° nördlich Delta Capricorni	44,8°
31.3.2078 12:49:26	Jupiter stationär, dann rückläufig	
5.4.2078 15:13:19	Neptun stationär, dann rechtläufig	
15.4.2078 2:28:00	Merkur in größter westlicher Elongation zur Sonne	27,6°
27.4.2078 1:32:47	Marsopposition	
1.5.2078 10:53:24	Uranus stationär, dann rückläufig	
1.5.2078 12:34:37	Saturn stationär, dann rückläufig	
10.5.2078 6:16:10	Merkur 12,6° südlich Hamal	15°
22.5.2078 20:41:24	Merkur 4° südlich Alkione	1,9°
24.5.2078 10:39:06	Merkur in oberer Konjunktion zur Sonne	25'
28.5.2078 2:56:58	Merkur 6,5° nördlich Aldebaran	4,6°
29.5.2078 2:43:02	Venus 12,6° südlich Hamal	30,9°

Datum und Uhrzeit (WZ)	Ereignis	Elongation
31.5.2078 10:04:52	Jupiteropposition	
2.6.2078 15:09:54	Merkur 3,7° südlich Elnath	11,1°
3.6.2078 1:26:58	Jupiter 5,4° nördlich Antares	175°
7.6.2078 11:56:38	Mars stationär, dann rechtläufig	
8.6.2078 5:43:33	Merkur 2,9° nördlich Eta Geminorum	16,7°
9.6.2078 5:47:56	Merkur 2,9° nördlich Mü Geminorum	17,5°
11.6.2078 2:43:27	Merkur 8,8° nördlich Alhena	19°
11.6.2078 23:36:21	Merkur 36" südlich Epsilon Geminorum	19,7°
19.6.2078 8:49:36	Venus 5,7° südlich Alkione	27,7°
19.6.2078 18:23:32	Merkur 8,7° südlich Kastor	23,9°
21.6.2078 17:01:19	Merkur 5,5° südlich Pollux	24,4°
23.6.2078 7:14:11	Merkur 1,5° nördlich Neptun	25°
27.6.2078 8:20:00	Merkur in größter östlicher Elongation zur Sonne	25,4°
29.6.2078 0:13:33	Venus 4,3° nördlich Aldebaran	26,3°
8.7.2078 20:41:59	Venus 6,2° südlich Elnath	23,8°
10.7.2078 12:30:25	Merkur stationär, dann rückläufig	
11.7.2078 3:42:35	Saturnopposition	
17.7.2078 15:50:25	Uranusopposition	
18.7.2078 1:35:01	Venus 31' nördlich Eta Geminorum	21,4°
19.7.2078 14:19:36	Venus 31' nördlich Mü Geminorum	21°
20.7.2078 19:39:17	Neptun in Konjunktion zur Sonne	-25'
22.7.2078 8:26:24	Venus 6,6° nördlich Alhena	20,3°
23.7.2078 14:03:32	Venus 2,2° südlich Epsilon Geminorum	19,9°
24.7.2078 23:51:40	Merkur in unterer Konjunktion zur Sonne	-5°
29.7.2078 7:44:41	Merkur 4,4° südlich Neptun	7,8°
1.8.2078 21:23:45	Jupiter stationär, dann rechtläufig	
2.8.2078 6:16:01	Venus 10° südlich Kastor	17,4°
4.8.2078 2:07:28	Merkur stationär, dann rechtläufig	
4.8.2078 6:44:28	Venus 6,4° südlich Pollux	16,9°
5.8.2078 17:25:10	Merkur 3,7° südlich Venus	16,1°
7.8.2078 3:04:35	Venus 55' nördlich Neptun	15,9°
7.8.2078 12:28:54	Mars 2,1° südlich Zuben-el-dschenubi	90,7°
10.8.2078 2:51:33	Merkur 1,7° südlich Neptun	18,4°
13.8.2078 2:50:00	Merkur in größter westlicher Elongation zur Sonne	18,9°
14.8.2078 21:33:20	Venus 32' südlich M44	14°
18.8.2078 15:20:19	Merkur 1,2° südlich M44	17,4°
27.8.2078 3:24:00	Merkur 23' nördlich Venus	10,8°
30.8.2078 17:14:18	Merkur 1,3° nördlich Regulus	6,8°
1.9.2078 19:59:00	Venus 50' nördlich Regulus	8,9°
7.9.2078 3:56:23	Merkur in oberer Konjunktion zur Sonne	1,7°
7.9.2078 10:32:03	Mars 2,9° südlich Akrab	79°
13.9.2078 0:32:04	Mars 2,4° südlich Jupiter	77,4°
16.9.2078 3:53:47	Mars 2,7° nördlich Antares	76,8°
19.9.2078 13:40:36	Saturn stationär, dann rechtläufig	
22.9.2078 13:45:16	Merkur 2,7° südlich Porrima	11,6°
28.9.2078 12:33:27	Jupiter 5,1° nördlich Antares	64,3°

Datum und Uhrzeit (WZ)	Ereignis	Elon-gation
30.9.2078 5:54:15	Merkur 1,6° nördlich Spika	16,9°
2.10.2078 12:09:13	Uranus stationär, dann rechtläufig	
4.10.2078 23:40:58	Venus 1,6° südlich Porrima	1,3°
6.10.2078 3:07:48	Venus in oberer Konjunktion zur Sonne	1,3°
14.10.2078 10:56:20	Venus 3,4° nördlich Spika	2,4°
16.10.2078 13:59:01	Merkur 2,9° südlich Zuben-el-dschenubi	22,5°
23.10.2078 9:31:00	Merkur in größter östlicher Elongation zur Sonne	24,4°
1.11.2078 9:07:13	Venus 13' nördlich Zuben-el-dschenubi	6,8°
2.11.2078 6:54:58	Mars 1,8° nördlich Nunki	63,3°
2.11.2078 16:17:44	Neptun stationär, dann rückläufig	
3.11.2078 21:43:34	Merkur stationär, dann rückläufig	
7.11.2078 16:01:57	Mars 1,7° südlich Saturn	62°
10.11.2078 10:04:04	Merkur 1,4° südlich Venus	9°
14.11.2078 13:53:28	Merkur in unterer Konjunktion zur Sonne, Transit	11'
16.11.2078 1:02:38	Venus 1,1° südlich Akrab	10,3°
16.11.2078 7:47:46	Mars 1,1° südlich Uranus	59,9°
20.11.2078 14:58:53	Venus 4,4° nördlich Antares	11,5°
21.11.2078 12:19:23	Merkur 1,8° nördlich Zuben-el-dschenubi	13,5°
25.11.2078 19:52:37	Merkur 2,3° nördlich Zuben-el-dschenubi	17,8°
28.11.2078 19:13:29	Mars 6,2° südlich Beta Capricorni	56,7°
30.11.2078 9:37:06	Venus 55' südlich Jupiter	13,9°
1.12.2078 13:26:00	Merkur in größter westlicher Elongation zur Sonne	20,3°
12.12.2078 23:48:38	Merkur 8,9' nördlich Akrab	17,1°
16.12.2078 23:35:20	Merkur 5,3° nördlich Antares	15,2°
17.12.2078 8:51:59	Venus 2,3° nördlich Nunki	18°
17.12.2078 22:53:49	Jupiter in Konjunktion zur Sonne	17'
24.12.2078 3:32:27	Venus 1,4° südlich Saturn	19,5°
26.12.2078 16:10:29	Mars 1,6° nördlich Delta Capricorni	49,4°
27.12.2078 7:25:13	Venus 58' südlich Uranus	20,3°
29.12.2078 10:47:33	Merkur 1,1° südlich Jupiter	9,1°

2079

Datum und Uhrzeit (WZ)	Ereignis	Elon-gation
2.1.2079 7:33:52	Venus 6,3° südlich Beta Capricorni	21,7°
7.1.2079 18:26:27	Merkur 1,8° nördlich Nunki	4,2°
14.1.2079 6:32:03	Merkur in oberer Konjunktion zur Sonne	-2°
14.1.2079 11:23:47	Merkur 2° südlich Saturn	0,5°
15.1.2079 0:21:00	Saturn in Konjunktion zur Sonne, Bedeckung	-1,6'
16.1.2079 1:14:45	Merkur 1,6° südlich Uranus	1,5°
17.1.2079 13:16:09	Uranus in Konjunktion zur Sonne	-30'
19.1.2079 10:33:15	Venus 1° nördlich Delta Capricorni	25,3°
19.1.2079 13:44:35	Neptunopposition	
19.1.2079 20:09:14	Merkur 6,9° südlich Beta Capricorni	4,2°
1.2.2079 7:49:04	Merkur 1,2° nördlich Delta Capricorni	12,3°

Datum und Uhrzeit (WZ)	Ereignis	Elongation
13.2.2079 15:13:00	Merkur in größter östlicher Elongation zur Sonne	18,2°
28.2.2079 2:25:49	Venus 9,6' südlich Mars	34,1°
28.2.2079 16:45:32	Saturn 27' nördlich Uranus	40,3°
1.3.2079 4:11:47	Merkur in unterer Konjunktion zur Sonne	3,7°
13.3.2079 11:15:14	Merkur stationär, dann rechtläufig	
15.3.2079 14:16:22	Jupiter 3,6° nördlich Nunki	71,3°
18.3.2079 2:57:44	Venus 10° südlich Hamal	37,7°
28.3.2079 8:05:00	Merkur in größter westlicher Elongation zur Sonne	27,8°
28.3.2079 22:37:39	Mars 10,5° südlich Hamal	26,8°
8.4.2079 2:00:58	Neptun stationär, dann rechtläufig	
8.4.2079 18:12:37	Venus 2,2° südlich Alkione	41,6°
18.4.2079 19:41:29	Venus 7,9° nördlich Aldebaran	42,2°
29.4.2079 9:52:39	Venus 2,6° südlich Elnath	44,3°
2.5.2079 9:43:09	Merkur 11,7° südlich Hamal	7,4°
2.5.2079 22:57:29	Mars 3,7° südlich Alkione	17,6°
4.5.2079 18:04:10	Saturn 4,9° südlich Beta Capricorni	99,3°
5.5.2079 21:15:25	Uranus stationär, dann rückläufig	
8.5.2079 19:47:27	Merkur in oberer Konjunktion zur Sonne, Bedeckung	-1,5'
9.5.2079 17:55:48	Venus 3,9° nördlich Eta Geminorum	45,2°
11.5.2079 12:38:35	Venus 3,9° nördlich Mü Geminorum	45,3°
13.5.2079 18:28:50	Saturn stationär, dann rückläufig	
14.5.2079 8:45:34	Merkur 3,2° südlich Alkione	6,7°
14.5.2079 18:50:42	Venus 9,9° nördlich Alhena	45,4°
16.5.2079 6:32:18	Venus 1° nördlich Epsilon Geminorum	45,4°
18.5.2079 23:44:00	Venus in größter östlicher Elongation zur Sonne	45,5°
19.5.2079 7:55:22	Mars 6,1° nördlich Aldebaran	13,2°
19.5.2079 20:51:40	Merkur 7,2° nördlich Aldebaran	12,9°
20.5.2079 3:43:11	Merkur 1,2° nördlich Mars	13°
22.5.2079 18:42:18	Saturn 4,9° südlich Beta Capricorni	116,6°
26.5.2079 3:14:14	Merkur 3,2° südlich Elnath	18,6°
28.5.2079 17:16:11	Venus 7,3° südlich Kastor	44,7°
31.5.2079 13:39:36	Venus 4° südlich Pollux	44,4°
2.6.2079 6:22:10	Merkur 3° nördlich Eta Geminorum	22,6°
3.6.2079 16:01:56	Merkur 2,8° nördlich Mü Geminorum	23,1°
4.6.2079 17:21:43	Venus 3° nördlich Neptun	44,2°
5.6.2079 11:01:15	Mars 4,7° südlich Elnath	8,5°
6.6.2079 10:56:32	Merkur 8,5° nördlich Alhena	23,7°
7.6.2079 20:34:08	Merkur 32' südlich Epsilon Geminorum	23,8°
8.6.2079 22:29:00	Merkur in größter östlicher Elongation zur Sonne	23,9°
19.6.2079 7:44:31	Venus 1,6' südlich M44	40,1°
21.6.2079 20:20:18	Mars 1,7° nördlich Eta Geminorum	3,9°
22.6.2079 4:24:20	Merkur stationär, dann rückläufig	
24.6.2079 14:38:46	Mars 1,7° nördlich Mü Geminorum	3,1°
24.6.2079 22:36:43	Jupiter 3,5° nördlich Nunki	169,5°
29.6.2079 14:33:27	Mars 7,6° nördlich Alhena	1,8°
1.7.2079 20:35:00	Mars 1,2° südlich Epsilon Geminorum	1,3°

Datum und Uhrzeit (WZ)	Ereignis	Elongation
4.7.2079 9:56:25	Jupiteropposition	
5.7.2079 1:42:09	Mars in Konjunktion zur Sonne	54'
5.7.2079 2:02:02	Venus stationär, dann rückläufig	
5.7.2079 10:37:16	Merkur 5,5° südlich Mars	0,9°
5.7.2079 17:31:40	Merkur in unterer Konjunktion zur Sonne	-4,6°
9.7.2079 16:19:23	Merkur 7° südlich Epsilon Geminorum	6,9°
13.7.2079 14:50:25	Merkur 2° nördlich Alhena	12,3°
16.7.2079 17:53:33	Merkur stationär, dann rechtläufig	
19.7.2079 17:45:13	Mars 9,2° südlich Kastor	4,5°
19.7.2079 18:19:14	Merkur 3° nördlich Alhena	17,7°
19.7.2079 23:52:27	Venus 6,2° südlich M44	11°
22.7.2079 5:46:15	Uranusopposition	
23.7.2079 5:25:20	Merkur 5,1° südlich Epsilon Geminorum	19,3°
23.7.2079 9:12:38	Saturnopposition	
23.7.2079 9:17:47	Neptun in Konjunktion zur Sonne	-21'
23.7.2079 12:32:59	Mars 5,8° südlich Pollux	5,6°
26.7.2079 20:48:00	Merkur in größter westlicher Elongation zur Sonne	19,9°
28.7.2079 3:29:54	Venus in unterer Konjunktion zur Sonne	-6,3°
31.7.2079 18:25:27	Mars 1,4° nördlich Neptun	7,7°
1.8.2079 4:38:31	Venus 8,1° südlich Mars	8,2°
1.8.2079 14:44:47	Venus 6,7° südlich Neptun	8,5°
3.8.2079 1:00:24	Merkur 10,7° südlich Kastor	17,8°
4.8.2079 13:50:18	Merkur 6,9° südlich Pollux	16,8°
6.8.2079 6:56:53	Merkur 7,7° nördlich Venus	15,6°
7.8.2079 18:04:10	Merkur 56' nördlich Neptun	14,1°
11.8.2079 1:26:15	Merkur 3" nördlich Mars, Bedeckung	11,3°
11.8.2079 13:54:02	Merkur 7,1' südlich M44	10,8°
12.8.2079 16:14:08	Mars 11' südlich M44	11,8°
18.8.2079 9:50:10	Venus stationär, dann rechtläufig	
21.8.2079 15:25:41	Merkur in oberer Konjunktion zur Sonne	1,8°
22.8.2079 11:36:33	Merkur 1,4° nördlich Regulus	1,4°
29.8.2079 1:04:38	Saturn 14' nördlich Uranus	142,4°
3.9.2079 11:12:18	Jupiter stationär, dann rechtläufig	
7.9.2079 7:20:45	Venus 4,5° südlich Neptun	41,8°
15.9.2079 18:24:14	Merkur 3,5° südlich Porrima	18,4°
16.9.2079 13:02:25	Mars 48' nördlich Regulus	22,9°
16.9.2079 15:28:19	Venus 5° südlich M44	44,4°
24.9.2079 8:28:34	Merkur 31' nördlich Spika	23,3°
1.10.2079 11:21:25	Saturn stationär, dann rechtläufig	
5.10.2079 21:37:00	Merkur in größter östlicher Elongation zur Sonne	25,6°
7.10.2079 0:00:00	Uranus stationär, dann rechtläufig	
7.10.2079 7:48:00	Venus in größter westlicher Elongation zur Sonne	46,2°
10.10.2079 17:48:18	Venus 1,3° südlich Regulus	46,2°
18.10.2079 7:08:17	Merkur stationär, dann rückläufig	
23.10.2079 7:13:34	Saturn 9,8' nördlich Uranus	87,7°
29.10.2079 17:36:02	Merkur in unterer Konjunktion zur Sonne	-45'

Datum und Uhrzeit (WZ)	Ereignis	Elongation
5.11.2079 3:08:04	Neptun stationär, dann rückläufig	
7.11.2079 20:17:38	Jupiter 3,2° nördlich Nunki	58°
10.11.2079 10:05:56	Venus 15' nördlich Mars	43,3°
16.11.2079 8:27:44	Venus 1,1° südlich Porrima	42,5°
21.11.2079 18:30:15	Mars 1,6° südlich Porrima	47,7°
24.11.2079 7:34:22	Merkur 1,4° nördlich Zuben-el-dschenubi	16°
26.11.2079 6:15:24	Venus 4,4° nördlich Spika	39,2°
6.12.2079 12:41:44	Merkur 43' südlich Akrab	10,1°
10.12.2079 6:00:49	Merkur 4,5° nördlich Antares	8,1°
11.12.2079 3:13:55	Mars 3,6° nördlich Spika	54,3°
14.12.2079 20:05:50	Venus 1,8° nördlich Zuben-el-dschenubi	36,8°
24.12.2079 22:11:18	Merkur in oberer Konjunktion zur Sonne	-1,6°
29.12.2079 23:09:31	Venus 43' nördlich Akrab	34,1°
31.12.2079 10:10:35	Merkur 1,5° nördlich Nunki	4,3°

2080

Datum und Uhrzeit (WZ)	Ereignis	Elongation
3.1.2080 16:24:52	Venus 6,2° nördlich Antares	32,6°
5.1.2080 4:12:05	Saturn 5,2° südlich Beta Capricorni	19,2°
8.1.2080 5:10:49	Merkur 1,8° südlich Jupiter	8,8°
10.1.2080 19:40:27	Merkur 1,6° südlich Uranus	10,4°
12.1.2080 13:05:53	Merkur 6,8° südlich Beta Capricorni	11,5°
13.1.2080 2:26:34	Merkur 1,6° südlich Saturn	11,9°
17.1.2080 23:03:21	Mars 52' nördlich Zuben-el-dschenubi	71,6°
19.1.2080 14:44:10	Jupiter in Konjunktion zur Sonne	-20'
21.1.2080 20:13:23	Uranus in Konjunktion zur Sonne	-32'
21.1.2080 23:44:10	Neptunopposition	
26.1.2080 12:26:09	Saturn in Konjunktion zur Sonne	-28'
27.1.2080 3:56:26	Merkur 2,6° nördlich Delta Capricorni	17,7°
28.1.2080 3:30:00	Merkur in größter östlicher Elongation zur Sonne	18,5°
31.1.2080 2:20:24	Venus 3,8° nördlich Nunki	27,2°
31.1.2080 23:29:28	Jupiter 11' nördlich Uranus	9,7°
7.2.2080 23:20:55	Jupiter 5,1° südlich Beta Capricorni	14,7°
9.2.2080 21:11:52	Merkur 6,3° nördlich Delta Capricorni	4,5°
12.2.2080 14:30:32	Merkur in unterer Konjunktion zur Sonne	3,7°
15.2.2080 14:38:52	Venus 11' nördlich Uranus	23,7°
16.2.2080 5:56:15	Venus 5,1° südlich Beta Capricorni	22,7°
18.2.2080 2:29:06	Venus 4,7' südlich Jupiter	23,1°
20.2.2080 7:50:05	Mars 6,1' südlich Akrab	87,3°
20.2.2080 14:33:34	Venus 3,7' südlich Saturn	22,5°
24.2.2080 7:05:43	Merkur 3,1° nördlich Venus	20,8°
24.2.2080 14:22:42	Merkur stationär, dann rechtläufig	
1.3.2080 19:56:04	Uranus 5,3° südlich Beta Capricorni	37,2°
2.3.2080 15:42:26	Mars 5,4° nördlich Antares	92,1°

Datum und Uhrzeit (WZ)	Ereignis	Elongation
4.3.2080 8:50:23	Venus 1,7° nördlich Delta Capricorni	19,5°
9.3.2080 17:13:00	Merkur in größter westlicher Elongation zur Sonne	27,4°
12.3.2080 3:56:32	Merkur 1,7° nördlich Delta Capricorni	27,3°
15.3.2080 8:03:18	Jupiter 6,3' nördlich Saturn	43,7°
9.4.2080 14:52:48	Neptun stationär, dann rechtläufig	
12.4.2080 16:59:25	Merkur 23' südlich Venus	9,8°
22.4.2080 0:50:50	Merkur in oberer Konjunktion zur Sonne	-29'
23.4.2080 2:34:32	Merkur 10,9° südlich Hamal	1,3°
29.4.2080 13:27:59	Venus 11,7° südlich Hamal	5,4°
5.5.2080 10:17:18	Merkur 2,4° südlich Alkione	14,9°
9.5.2080 9:26:55	Uranus stationär, dann rückläufig	
12.5.2080 1:26:50	Merkur 7,9° nördlich Aldebaran	19,4°
15.5.2080 0:43:42	Mars stationär, dann rückläufig	
19.5.2080 15:50:43	Venus in oberer Konjunktion zur Sonne	-26'
20.5.2080 2:39:19	Venus 4,6° südlich Alkione	0,4°
20.5.2080 14:06:00	Merkur in größter östlicher Elongation zur Sonne	22,3°
21.5.2080 12:21:06	Merkur 3,3° südlich Elnath	22,2°
25.5.2080 6:28:20	Saturn stationär, dann rückläufig	
29.5.2080 11:02:45	Venus 5,5° nördlich Aldebaran	2,6°
2.6.2080 12:31:59	Merkur stationär, dann rückläufig	
8.6.2080 1:22:06	Venus 5,1° südlich Elnath	5,2°
9.6.2080 11:24:33	Jupiter stationär, dann rückläufig	
10.6.2080 19:11:38	Merkur 2,9° südlich Venus	6°
14.6.2080 17:55:25	Merkur in unterer Konjunktion zur Sonne	-3,4°
16.6.2080 20:22:04	Marsopposition	
17.6.2080 1:25:15	Venus 1,6° nördlich Eta Geminorum	7,7°
17.6.2080 5:20:56	Merkur 9,3° südlich Elnath	5,4°
18.6.2080 13:28:14	Venus 1,5° nördlich Mü Geminorum	8,1°
21.6.2080 6:24:15	Venus 7,6° nördlich Alhena	8,9°
22.6.2080 11:34:41	Venus 1,2° südlich Epsilon Geminorum	9,2°
26.6.2080 12:57:20	Merkur stationär, dann rechtläufig	
2.7.2080 1:04:08	Venus 9,1° südlich Kastor	11,8°
4.7.2080 1:11:16	Venus 5,6° südlich Pollux	12,4°
4.7.2080 22:34:20	Merkur 9° südlich Elnath	20,8°
8.7.2080 3:17:00	Merkur in größter westlicher Elongation zur Sonne	21,3°
9.7.2080 11:24:16	Venus 1,7° nördlich Neptun	13,9°
14.7.2080 15:32:05	Venus 8,9' nördlich M44	15,3°
15.7.2080 10:52:00	Merkur 29' südlich Eta Geminorum	19,3°
16.7.2080 16:41:47	Merkur 17' südlich Mü Geminorum	18,7°
18.7.2080 18:36:19	Merkur 6,1° nördlich Alhena	17,3°
19.7.2080 15:44:53	Merkur 2,5° südlich Epsilon Geminorum	16,6°
22.7.2080 3:24:25	Uranus 5,4° südlich Beta Capricorni	173,3°
22.7.2080 16:27:48	Mars stationär, dann rechtläufig	
24.7.2080 22:44:27	Neptun in Konjunktion zur Sonne	-17'
25.7.2080 18:56:19	Uranusopposition	
25.7.2080 20:51:05	Merkur 9,5° südlich Kastor	10,9°

Datum und Uhrzeit (WZ)	Ereignis	Elon-gation
27.7.2080 1:43:40	Merkur 5,9° südlich Pollux	9,6°
30.7.2080 14:48:47	Merkur 1,7° nördlich Neptun	5,2°
1.8.2080 18:21:51	Venus 1,1° nördlich Regulus	20,2°
2.8.2080 6:04:55	Merkur 20' nördlich M44	2,8°
3.8.2080 17:12:59	Saturnopposition	
4.8.2080 13:05:20	Merkur in oberer Konjunktion zur Sonne	1,7°
8.8.2080 12:48:12	Jupiteropposition	
13.8.2080 7:34:18	Merkur 1,2° nördlich Regulus	9,2°
4.9.2080 20:46:44	Venus 2,3° südlich Porrima	28,2°
9.9.2080 11:30:37	Merkur 4,8° südlich Porrima	23,7°
14.9.2080 16:30:05	Venus 2,5° nördlich Spika	31,3°
17.9.2080 9:48:00	Merkur in größter östlicher Elongation zur Sonne	26,6°
21.9.2080 9:39:45	Merkur 1,2° südlich Spika	25,7°
28.9.2080 18:25:52	Mars 27' nördlich Nunki	96,9°
30.9.2080 8:19:52	Merkur stationär, dann rückläufig	
3.10.2080 7:13:24	Venus 1,1° südlich Zuben-el-dschenubi	35,1°
7.10.2080 7:39:07	Jupiter stationär, dann rechtläufig	
8.10.2080 5:11:16	Merkur 57' südlich Spika	9,3°
10.10.2080 12:30:02	Uranus stationär, dann rechtläufig	
12.10.2080 12:58:54	Saturn stationär, dann rechtläufig	
12.10.2080 16:32:41	Merkur in unterer Konjunktion zur Sonne	-1,7°
18.10.2080 13:11:51	Venus 2,6° südlich Akrab	38,2°
21.10.2080 1:47:28	Merkur stationär, dann rechtläufig	
23.10.2080 7:46:15	Venus 2,8° nördlich Antares	39,7°
26.10.2080 21:06:37	Mars 1,7° südlich Uranus	87,2°
28.10.2080 6:33:00	Merkur in größter westlicher Elongation zur Sonne	18,5°
29.10.2080 19:43:10	Mars 7° südlich Beta Capricorni	86,2°
2.11.2080 3:48:34	Merkur 4,5° nördlich Spika	15,8°
6.11.2080 15:27:51	Neptun stationär, dann rückläufig	
7.11.2080 2:47:38	Mars 1,1° südlich Saturn	83,6°
13.11.2080 22:02:36	Mars 55' südlich Jupiter	81,6°
16.11.2080 19:10:33	Merkur 38' nördlich Zuben-el-dschenubi	9,2°
20.11.2080 13:48:26	Venus 49' nördlich Nunki	44,5°
28.11.2080 10:58:32	Merkur 1,4° südlich Akrab	2,6°
29.11.2080 11:44:07	Mars 1,3° nördlich Delta Capricorni	76,5°
2.12.2080 2:42:33	Merkur 3,8° nördlich Antares	0,9°
2.12.2080 23:47:56	Merkur in oberer Konjunktion zur Sonne	-52'
7.12.2080 12:04:34	Venus 2° südlich Uranus	46,5°
8.12.2080 4:15:40	Venus 7,3° südlich Beta Capricorni	46,5°
15.12.2080 22:08:10	Venus 1,4° südlich Saturn	47,1°
22.12.2080 23:31:33	Uranus 5,3° südlich Beta Capricorni	31,9°
23.12.2080 6:14:37	Merkur 1,3° nördlich Nunki	11,5°
24.12.2080 3:42:38	Venus 52' südlich Jupiter	47,3°
24.12.2080 10:34:00	Venus in größter östlicher Elongation zur Sonne	47,3°
28.12.2080 18:31:48	Venus 1,4° nördlich Delta Capricorni	46,8°

2081

Datum und Uhrzeit (WZ)	Ereignis	Elongation
5.1.2081 9:00:53	Merkur 6,4° südlich Beta Capricorni	18,1°
5.1.2081 22:31:10	Merkur 58' südlich Uranus	18,3°
10.1.2081 13:12:00	Merkur in größter östlicher Elongation zur Sonne	19,1°
14.1.2081 12:21:21	Jupiter 1,9° nördlich Delta Capricorni	29,8°
23.1.2081 9:51:57	Neptunopposition	
25.1.2081 2:52:37	Uranus in Konjunktion zur Sonne	-35'
26.1.2081 9:56:32	Merkur in unterer Konjunktion zur Sonne	3,4°
26.1.2081 14:02:16	Merkur 4,1° nördlich Uranus	1,5°
28.1.2081 3:24:44	Merkur 1,1° südlich Beta Capricorni	5,3°
6.2.2081 4:59:43	Saturn in Konjunktion zur Sonne	-55'
6.2.2081 23:28:23	Merkur stationär, dann rechtläufig	
11.2.2081 3:00:47	Venus stationär, dann rückläufig	
18.2.2081 13:50:10	Merkur 4,3° südlich Beta Capricorni	25,8°
20.2.2081 3:07:00	Merkur in größter westlicher Elongation zur Sonne	26,5°
21.2.2081 20:57:51	Merkur 27' nördlich Uranus	26,4°
22.2.2081 10:29:10	Jupiter in Konjunktion zur Sonne	-52'
4.3.2081 15:48:30	Merkur 38' südlich Saturn	23,6°
6.3.2081 7:07:31	Venus in unterer Konjunktion zur Sonne	8,8°
6.3.2081 19:06:17	Mars 10,2° südlich Hamal	48,5°
7.3.2081 11:04:30	Merkur 52' nördlich Delta Capricorni	22,6°
12.3.2081 13:02:10	Venus 10,2° nördlich Jupiter	13,1°
15.3.2081 7:54:19	Merkur 11,2° südlich Venus	16,3°
16.3.2081 16:21:33	Merkur 1,5° südlich Jupiter	17°
25.3.2081 3:16:13	Venus stationär, dann rechtläufig	
5.4.2081 23:30:34	Merkur in oberer Konjunktion zur Sonne	-57'
11.4.2081 21:50:18	Mars 3,4° südlich Alkione	37,7°
12.4.2081 1:59:54	Neptun stationär, dann rechtläufig	
14.4.2081 22:19:27	Merkur 9,9° südlich Hamal	9,8°
15.4.2081 1:05:23	Saturn 1,7° nördlich Delta Capricorni	60,5°
21.4.2081 12:16:20	Venus 2,6° nördlich Jupiter	43,3°
28.4.2081 16:44:18	Mars 6,4° nördlich Aldebaran	32,3°
30.4.2081 1:31:05	Merkur 1,5° südlich Alkione	20,6°
2.5.2081 14:23:00	Merkur in größter östlicher Elongation zur Sonne	20,8°
13.5.2081 18:44:34	Uranus stationär, dann rückläufig	
14.5.2081 11:09:44	Merkur stationär, dann rückläufig	
15.5.2081 9:54:00	Venus in größter westlicher Elongation zur Sonne	46°
16.5.2081 4:58:42	Mars 4,4° südlich Elnath	27,5°
25.5.2081 11:38:52	Merkur in unterer Konjunktion zur Sonne	-1,6°
1.6.2081 21:39:54	Mars 1,9° nördlich Eta Geminorum	22,4°
4.6.2081 17:06:01	Mars 1,8° nördlich Mü Geminorum	21,6°
6.6.2081 16:10:52	Merkur stationär, dann rechtläufig	
7.6.2081 1:44:10	Saturn stationär, dann rückläufig	
8.6.2081 19:14:11	Venus 13,1° südlich Hamal	40,9°
9.6.2081 18:55:25	Mars 7,8° nördlich Alhena	20,1°

Datum und Uhrzeit (WZ)	Ereignis	Elongation
12.6.2081 1:51:18	Mars 1° südlich Epsilon Geminorum	19,4°
19.6.2081 23:48:00	Merkur in größter westlicher Elongation zur Sonne	22,9°
24.6.2081 6:13:43	Merkur 2,7° nördlich Aldebaran	22,3°
30.6.2081 4:55:00	Mars 9,1° südlich Kastor	13,8°
1.7.2081 16:40:59	Venus 6,5° südlich Alkione	39,6°
2.7.2081 14:51:14	Merkur 6,6° südlich Elnath	18,1°
4.7.2081 0:41:58	Mars 5,7° südlich Pollux	12,7°
8.7.2081 16:40:05	Merkur 53' nördlich Eta Geminorum	12,7°
9.7.2081 14:55:37	Merkur 1° nördlich Mü Geminorum	11,7°
11.7.2081 6:02:34	Merkur 7,2° nördlich Alhena	10°
11.7.2081 21:15:53	Venus 3,5° nördlich Aldebaran	38,9°
11.7.2081 23:17:49	Merkur 1,5° südlich Epsilon Geminorum	9,2°
17.7.2081 11:02:29	Merkur 8,9° südlich Kastor	3°
17.7.2081 16:49:11	Jupiter stationär, dann rückläufig	
18.7.2081 4:21:02	Mars 1,4° nördlich Neptun	8,3°
18.7.2081 14:23:10	Merkur 5,3° südlich Pollux	2°
19.7.2081 17:40:07	Merkur in oberer Konjunktion zur Sonne	1,6°
22.7.2081 5:19:15	Venus 7° südlich Elnath	36,8°
22.7.2081 22:34:55	Merkur 2° nördlich Neptun	4,1°
24.7.2081 8:30:46	Mars 8,3' südlich M44	6,4°
24.7.2081 18:17:48	Merkur 32' nördlich M44	6°
24.7.2081 22:44:14	Merkur 40' nördlich Mars	6,2°
27.7.2081 12:07:21	Neptun in Konjunktion zur Sonne, Bedeckung	-13'
30.7.2081 7:26:54	Uranusopposition	
31.7.2081 19:00:35	Venus 15' südlich Eta Geminorum	34,7°
1.8.2081 2:55:55	Saturn 1,3° nördlich Delta Capricorni	164,4°
2.8.2081 9:02:55	Venus 14' südlich Mü Geminorum	34,3°
5.8.2081 5:20:26	Venus 5,8° nördlich Alhena	33,7°
5.8.2081 15:13:10	Merkur 50' nördlich Regulus	16,8°
6.8.2081 11:57:38	Venus 2,9° südlich Epsilon Geminorum	33,4°
13.8.2081 1:46:41	Mars in Konjunktion zur Sonne	1,1°
16.8.2081 4:27:55	Saturnopposition	
16.8.2081 10:44:53	Venus 10,6° südlich Kastor	31,1°
18.8.2081 12:21:31	Venus 7° südlich Pollux	30,6°
27.8.2081 6:18:16	Venus 26' nördlich Neptun	28,4°
28.8.2081 6:05:11	Mars 44' nördlich Regulus	4,7°
29.8.2081 8:05:57	Venus 1° südlich M44	28°
30.8.2081 21:45:00	Merkur in größter östlicher Elongation zur Sonne	27,3°
13.9.2081 1:29:42	Merkur stationär, dann rückläufig	
15.9.2081 3:04:06	Jupiteropposition	
16.9.2081 10:57:51	Venus 36' nördlich Regulus	23,3°
26.9.2081 8:30:30	Merkur in unterer Konjunktion zur Sonne	-2,7°
4.10.2081 16:10:49	Merkur stationär, dann rechtläufig	
6.10.2081 13:36:17	Venus 24' nördlich Mars	18,3°
9.10.2081 8:47:41	Merkur 20' südlich Venus	17,6°
11.10.2081 21:57:00	Merkur in größter westlicher Elongation zur Sonne	18°

Datum und Uhrzeit (WZ)	Ereignis	Elongation
15.10.2081 0:00:00	Uranus stationär, dann rechtläufig	
19.10.2081 14:55:13	Venus 1,4° südlich Porrima	15,2°
19.10.2081 14:56:00	Merkur 50' südlich Porrima	15,4°
19.10.2081 14:59:11	Merkur 34' nördlich Venus	15,2°
24.10.2081 17:58:42	Saturn stationär, dann rechtläufig	
26.10.2081 21:34:13	Merkur 4° nördlich Spika	9,4°
29.10.2081 1:30:47	Venus 3,7° nördlich Spika	11,5°
1.11.2081 1:42:18	Mars 1,9° südlich Porrima	27,3°
9.11.2081 2:00:14	Neptun stationär, dann rückläufig	
9.11.2081 15:09:45	Merkur 4,7' südlich Zuben-el-dschenubi	1,7°
12.11.2081 8:45:07	Merkur in oberer Konjunktion zur Sonne, Bedeckung	-3,1'
13.11.2081 0:00:00	Jupiter stationär, dann rechtläufig	
15.11.2081 22:27:41	Venus 41' nördlich Zuben-el-dschenubi	8,1°
19.11.2081 10:36:10	Mars 3,2° nördlich Spika	32,8°
21.11.2081 6:26:04	Merkur 2° südlich Akrab	4,8°
24.11.2081 22:42:06	Merkur 3,2° nördlich Antares	7,2°
30.11.2081 13:53:42	Venus 32' südlich Akrab	4,6°
5.12.2081 3:44:46	Venus 4,9° nördlich Antares	3,5°
16.12.2081 22:04:17	Merkur 1,2° nördlich Nunki	18,2°
19.12.2081 12:37:43	Venus in oberer Konjunktion zur Sonne, Bedeckung	-16'
24.12.2081 1:24:58	Mars 24' nördlich Zuben-el-dschenubi	46,7°
24.12.2081 18:31:00	Merkur in größter östlicher Elongation zur Sonne	20°
31.12.2081 21:02:47	Venus 2,7° nördlich Nunki	3°

2082

Datum und Uhrzeit (WZ)	Ereignis	Elongation
8.1.2082 4:44:48	Merkur 3,4° nördlich Venus	4,8°
8.1.2082 7:07:40	Saturn 1,4° nördlich Delta Capricorni	36,4°
10.1.2082 11:36:24	Merkur in unterer Konjunktion zur Sonne	2,9°
15.1.2082 21:35:06	Merkur 6,9° nördlich Nunki	12,4°
16.1.2082 18:15:00	Venus 6° südlich Beta Capricorni	6,9°
21.1.2082 1:38:12	Venus 43' südlich Uranus	7,9°
21.1.2082 9:28:38	Mars 34' südlich Akrab	57,3°
21.1.2082 12:38:42	Merkur stationär, dann rechtläufig	
25.1.2082 20:00:12	Neptunopposition	
27.1.2082 21:32:43	Merkur 5,3° nördlich Nunki	24,4°
29.1.2082 9:01:55	Uranus in Konjunktion zur Sonne	-36'
30.1.2082 6:33:26	Mars 5° nördlich Antares	60°
2.2.2082 11:57:00	Merkur in größter westlicher Elongation zur Sonne	25,2°
2.2.2082 17:50:17	Venus 1,2° nördlich Delta Capricorni	10,7°
5.2.2082 6:30:20	Venus 11' südlich Saturn	11,5°
14.2.2082 19:11:06	Merkur 5,7° südlich Beta Capricorni	21,8°
18.2.2082 3:19:30	Saturn in Konjunktion zur Sonne	-1,3°
19.2.2082 17:28:08	Merkur 52' südlich Uranus	20,4°

Datum und Uhrzeit (WZ)	Ereignis	Elongation
28.2.2082 19:34:04	Merkur 35' nördlich Delta Capricorni	15,9°
4.3.2082 16:55:07	Merkur 54' südlich Saturn	13°
6.3.2082 19:26:44	Venus 1,9' südlich Jupiter	18,5°
20.3.2082 12:56:30	Merkur in oberer Konjunktion zur Sonne	-1,4°
23.3.2082 15:12:28	Mars 3° nördlich Nunki	79,6°
25.3.2082 4:36:57	Merkur 21' nördlich Jupiter	4,7°
31.3.2082 3:56:37	Venus 10,8° südlich Hamal	24,3°
31.3.2082 7:19:45	Jupiter in Konjunktion zur Sonne	-1,1°
7.4.2082 23:51:21	Merkur 8,7° südlich Hamal	17,4°
14.4.2082 14:05:57	Neptun stationär, dann rechtläufig	
15.4.2082 2:28:00	Merkur in größter östlicher Elongation zur Sonne	19,7°
20.4.2082 21:35:52	Venus 3,4° südlich Alkione	29,2°
24.4.2082 14:13:28	Mars 6,1° südlich Beta Capricorni	89,7°
25.4.2082 4:15:15	Merkur stationär, dann rückläufig	
30.4.2082 8:54:42	Venus 6,7° nördlich Aldebaran	30,9°
5.5.2082 13:12:00	Merkur in unterer Konjunktion zur Sonne	22'
10.5.2082 3:32:47	Venus 3,8° südlich Elnath	33,6°
10.5.2082 23:44:40	Mars 1,3° südlich Uranus	96,9°
17.5.2082 20:45:36	Merkur stationär, dann rechtläufig	
18.5.2082 5:49:58	Uranus stationär, dann rückläufig	
19.5.2082 9:31:19	Venus 2,8° nördlich Eta Geminorum	35,7°
20.5.2082 22:47:29	Venus 2,8° nördlich Mü Geminorum	36°
23.5.2082 18:04:57	Venus 8,8° nördlich Alhena	36,6°
25.5.2082 0:26:23	Venus 3' südlich Epsilon Geminorum	36,9°
31.5.2082 1:16:04	Mars 3,1' südlich Delta Capricorni	105,4°
1.6.2082 14:40:00	Merkur in größter westlicher Elongation zur Sonne	24,6°
4.6.2082 1:03:53	Venus 8,1° südlich Kastor	38,6°
6.6.2082 4:02:41	Venus 4,6° südlich Pollux	38,9°
11.6.2082 20:47:03	Merkur 6,7° südlich Alkione	20,6°
14.6.2082 23:03:41	Venus 2,4° nördlich Neptun	40,9°
17.6.2082 13:44:56	Venus 50' nördlich M44	41,4°
19.6.2082 0:29:07	Merkur 4,3° nördlich Aldebaran	16,8°
20.6.2082 3:17:23	Saturn stationär, dann rückläufig	
25.6.2082 4:11:09	Merkur 5,5° südlich Elnath	10,6°
29.6.2082 19:49:10	Mars 2,7° südlich Saturn	119,3°
30.6.2082 9:22:40	Merkur 1,7° nördlich Eta Geminorum	4,6°
1.7.2082 5:41:06	Merkur 1,8° nördlich Mü Geminorum	3,5°
2.7.2082 18:06:11	Merkur 7,9° nördlich Alhena	2°
3.7.2082 10:28:20	Merkur 50' südlich Epsilon Geminorum	1,5°
4.7.2082 2:34:44	Merkur in oberer Konjunktion zur Sonne	1,3°
7.7.2082 23:31:09	Venus 55' nördlich Regulus	44,4°
8.7.2082 20:52:44	Merkur 8,5° südlich Kastor	5,9°
10.7.2082 1:02:10	Merkur 5° südlich Pollux	7,2°
15.7.2082 13:59:45	Merkur 2° nördlich Neptun	12,9°
16.7.2082 14:33:49	Merkur 32' nördlich M44	13,9°
29.7.2082 7:42:00	Venus in größter östlicher Elongation zur Sonne	45,7°

Datum und Uhrzeit (WZ)	Ereignis	Elongation
30.7.2082 1:24:33	Neptun in Konjunktion zur Sonne, Bedeckung	-9,5'
30.7.2082 2:37:51	Merkur 5' nördlich Regulus	23,5°
3.8.2082 15:56:04	Mars stationär, dann rückläufig	
3.8.2082 19:14:10	Uranusopposition	
13.8.2082 7:58:00	Merkur in größter östlicher Elongation zur Sonne	27,4°
14.8.2082 11:27:02	Jupiter 12° südlich Hamal	103,1°
24.8.2082 11:49:06	Jupiter stationär, dann rückläufig	
24.8.2082 16:42:26	Venus 7,1° südlich Porrima	39,4°
26.8.2082 11:26:57	Merkur stationär, dann rückläufig	
28.8.2082 20:11:23	Saturnopposition	
1.9.2082 17:33:50	Marsopposition	
3.9.2082 11:07:19	Jupiter 12,1° südlich Hamal	122,1°
8.9.2082 21:33:52	Neptun 1,5° südlich M44	37,9°
9.9.2082 14:46:01	Merkur in unterer Konjunktion zur Sonne	-3,6°
14.9.2082 14:01:29	Venus stationär, dann rückläufig	
18.9.2082 2:31:31	Merkur stationär, dann rechtläufig	
25.9.2082 14:06:00	Merkur in größter westlicher Elongation zur Sonne	17,9°
3.10.2082 14:12:28	Mars stationär, dann rechtläufig	
4.10.2082 10:58:00	Venus 11,9° südlich Porrima	2,8°
7.10.2082 3:12:39	Venus in unterer Konjunktion zur Sonne	-7,9°
10.10.2082 15:25:07	Merkur 10,1° nördlich Venus	9,3°
12.10.2082 16:04:21	Merkur 1,2° südlich Porrima	8,2°
19.10.2082 10:18:34	Uranus stationär, dann rechtläufig	
19.10.2082 13:46:55	Merkur 3,4° nördlich Spika	2,6°
22.10.2082 19:55:41	Jupiteropposition	
23.10.2082 17:00:13	Merkur in oberer Konjunktion zur Sonne	41'
25.10.2082 15:58:28	Venus stationär, dann rechtläufig	
2.11.2082 9:15:31	Merkur 46' südlich Zuben-el-dschenubi	5,8°
6.11.2082 2:47:36	Saturn stationär, dann rechtläufig	
11.11.2082 14:46:45	Neptun stationär, dann rückläufig	
14.11.2082 6:43:53	Merkur 2,7° südlich Akrab	12,1°
15.11.2082 23:42:16	Venus 2,9° südlich Porrima	41,6°
18.11.2082 1:53:35	Merkur 2,7° nördlich Antares	14,5°
30.11.2082 21:09:39	Venus 4,2° nördlich Spika	44,1°
7.12.2082 18:28:00	Merkur in größter östlicher Elongation zur Sonne	21,1°
16.12.2082 3:44:10	Merkur stationär, dann rückläufig	
17.12.2082 21:20:00	Venus in größter westlicher Elongation zur Sonne	46,9°
20.12.2082 6:37:15	Jupiter stationär, dann rechtläufig	
23.12.2082 13:59:50	Venus 2,8° nördlich Zuben-el-dschenubi	46°
25.12.2082 17:06:01	Merkur in unterer Konjunktion zur Sonne	2,3°

2083

Datum und Uhrzeit (WZ)	Ereignis	Elongation
9.1.2083 13:00:51	Venus 1,9° nördlich Akrab	45,1°

Datum und Uhrzeit (WZ)	Ereignis	Elongation
14.1.2083 16:40:27	Venus 7,4° nördlich Antares	44°
15.1.2083 20:23:00	Merkur in größter westlicher Elongation zur Sonne	23,8°
16.1.2083 11:18:04	Neptun 1,5° südlich M44	167,7°
25.1.2083 16:50:15	Merkur 3,5° nördlich Nunki	22°
28.1.2083 5:57:54	Neptunopposition	
28.1.2083 14:07:26	Mars 1,9° nördlich Jupiter	78,7°
2.2.2083 14:39:42	Uranus in Konjunktion zur Sonne	-38'
8.2.2083 10:49:40	Merkur 6,3° südlich Beta Capricorni	15,3°
9.2.2083 4:22:15	Mars 9,7° südlich Hamal	75°
12.2.2083 20:59:50	Venus 4,8° nördlich Nunki	40,3°
15.2.2083 2:19:46	Merkur 1,4° südlich Uranus	11,9°
21.2.2083 10:33:31	Merkur 31' nördlich Delta Capricorni	8,4°
1.3.2083 15:20:12	Venus 4,4° südlich Beta Capricorni	36,3°
2.3.2083 8:43:27	Saturn in Konjunktion zur Sonne	-1,7°
2.3.2083 22:12:54	Merkur 10' südlich Saturn	1,7°
3.3.2083 13:30:17	Merkur in oberer Konjunktion zur Sonne	-1,8°
11.3.2083 12:16:10	Venus 25' nördlich Uranus	35°
12.3.2083 16:14:05	Jupiter 11,6° südlich Hamal	42,7°
19.3.2083 4:30:35	Venus 2,1° nördlich Delta Capricorni	33,4°
20.3.2083 10:15:13	Mars 3° südlich Alkione	60,5°
29.3.2083 1:20:00	Merkur in größter östlicher Elongation zur Sonne	18,8°
5.4.2083 5:43:36	Venus 29' nördlich Saturn	29,5°
6.4.2083 5:42:15	Merkur stationär, dann rückläufig	
7.4.2083 5:08:00	Mars 6,7° nördlich Aldebaran	53,6°
16.4.2083 9:09:43	Merkur in unterer Konjunktion zur Sonne	2°
17.4.2083 1:47:43	Neptun stationär, dann rechtläufig	
25.4.2083 13:49:42	Mars 4,1° südlich Elnath	48°
28.4.2083 18:28:47	Merkur stationär, dann rechtläufig	
3.5.2083 22:26:04	Merkur 47' südlich Venus	22,6°
8.5.2083 4:13:06	Jupiter in Konjunktion zur Sonne	-52'
12.5.2083 22:22:26	Mars 2,1° nördlich Eta Geminorum	42,1°
14.5.2083 5:55:00	Merkur in größter westlicher Elongation zur Sonne	26,1°
15.5.2083 1:18:05	Venus 12,1° südlich Hamal	18,5°
15.5.2083 20:12:01	Mars 2,1° nördlich Mü Geminorum	41,2°
20.5.2083 0:46:29	Merkur 13,9° südlich Hamal	22,6°
21.5.2083 2:06:38	Mars 8° nördlich Alhena	39,4°
22.5.2083 14:03:30	Uranus stationär, dann rückläufig	
23.5.2083 10:53:25	Mars 49' südlich Epsilon Geminorum	38,6°
29.5.2083 21:26:07	Venus 15' südlich Jupiter	15,8°
1.6.2083 18:53:54	Merkur 1° südlich Jupiter	17,9°
4.6.2083 19:06:39	Venus 5,1° südlich Alkione	13,8°
5.6.2083 10:08:49	Merkur 5,4° südlich Alkione	14,4°
6.6.2083 13:30:36	Merkur 14' südlich Venus	13,9°
11.6.2083 2:33:56	Mars 9° südlich Kastor	32,4°
11.6.2083 5:41:58	Merkur 5,3° nördlich Aldebaran	8,9°
14.6.2083 5:24:10	Venus 5° nördlich Aldebaran	11,8°

Datum und Uhrzeit (WZ)	Ereignis	Elongation
15.6.2083 0:37:01	Mars 5,5° südlich Pollux	30,9°
16.6.2083 17:27:06	Merkur 4,7° südlich Elnath	2,4°
18.6.2083 13:48:46	Merkur in oberer Konjunktion zur Sonne	1°
21.6.2083 18:02:59	Merkur 2,3° nördlich Eta Geminorum	4,1°
22.6.2083 14:24:02	Merkur 2,3° nördlich Mü Geminorum	5,1°
23.6.2083 21:28:10	Venus 5,6° südlich Elnath	9,2°
24.6.2083 3:25:28	Merkur 8,4° nördlich Alhena	7°
24.6.2083 20:17:45	Merkur 22' südlich Epsilon Geminorum	7,8°
30.6.2083 15:05:55	Merkur 8,3° südlich Kastor	13,9°
1.7.2083 3:26:04	Jupiter 5° südlich Alkione	38,6°
1.7.2083 22:01:33	Merkur 4,9° südlich Pollux	15,1°
2.7.2083 22:43:56	Venus 1,1° nördlich Eta Geminorum	6,7°
3.7.2083 9:49:22	Saturn stationär, dann rückläufig	
4.7.2083 10:56:40	Venus 1,1° nördlich Mü Geminorum	6,3°
5.7.2083 11:42:14	Mars 1,4° nördlich Neptun	24,6°
5.7.2083 18:50:42	Mars 3,7' südlich M44	24,5°
7.7.2083 4:05:25	Venus 7,1° nördlich Alhena	5,6°
8.7.2083 9:24:19	Venus 1,7° südlich Epsilon Geminorum	5,2°
9.7.2083 8:20:16	Merkur 1,7° nördlich Neptun	21°
9.7.2083 9:09:01	Merkur 14' nördlich M44	21°
10.7.2083 21:45:01	Neptun 1,4° südlich M44	19,6°
11.7.2083 19:34:53	Merkur 4' nördlich Mars	22,5°
17.7.2083 23:09:14	Venus 9,5° südlich Kastor	2,7°
19.7.2083 23:10:50	Venus 6° südlich Pollux	2,2°
26.7.2083 13:55:00	Merkur in größter östlicher Elongation zur Sonne	27,1°
27.7.2083 8:04:52	Venus in oberer Konjunktion zur Sonne	1°
27.7.2083 10:07:59	Merkur 1,8° südlich Regulus	26,4°
30.7.2083 12:36:16	Venus 9,8' südlich M44	1,4°
31.7.2083 2:45:59	Venus 1,3° nördlich Neptun	1,4°
1.8.2083 14:53:48	Neptun in Konjunktion zur Sonne, Bedeckung	-5,5'
8.8.2083 6:35:40	Uranusopposition	
8.8.2083 15:26:58	Merkur stationär, dann rückläufig	
10.8.2083 3:16:28	Mars 41' nördlich Regulus	13°
15.8.2083 13:21:19	Merkur 6,2° südlich Mars	11,3°
17.8.2083 11:12:56	Venus 1° nördlich Regulus	6°
18.8.2083 14:41:36	Merkur 6,6° südlich Venus	6,3°
20.8.2083 10:41:27	Merkur 5,5° südlich Regulus	3,4°
23.8.2083 8:07:35	Merkur in unterer Konjunktion zur Sonne	-4,4°
25.8.2083 2:48:09	Venus 25' nördlich Mars	8,1°
1.9.2083 6:17:42	Merkur stationär, dann rechtläufig	
9.9.2083 4:00:00	Merkur in größter westlicher Elongation zur Sonne	18°
10.9.2083 16:57:05	Saturnopposition	
11.9.2083 4:30:13	Merkur 12' nördlich Regulus	17,7°
18.9.2083 14:40:53	Mars in Konjunktion zur Sonne	56'
19.9.2083 21:48:07	Venus 1,9° südlich Porrima	14,4°
29.9.2083 11:47:20	Venus 3° nördlich Spika	17,4°

Datum und Uhrzeit (WZ)	Ereignis	Elongation
29.9.2083 15:17:09	Jupiter stationär, dann rückläufig	
30.9.2083 1:04:20	Merkur 49' nördlich Mars	3,9°
5.10.2083 1:44:46	Merkur 1,7° südlich Porrima	1,2°
5.10.2083 4:14:32	Merkur in oberer Konjunktion zur Sonne	1,2°
12.10.2083 2:23:09	Merkur 2,8° nördlich Spika	5°
13.10.2083 16:36:53	Mars 2,2° südlich Porrima	8,4°
17.10.2083 14:44:27	Venus 20' südlich Zuben-el-dschenubi	21,8°
23.10.2083 19:34:21	Uranus stationär, dann rechtläufig	
26.10.2083 9:20:56	Merkur 1,5° südlich Zuben-el-dschenubi	13°
31.10.2083 16:05:59	Mars 2,9° nördlich Spika	13,6°
1.11.2083 10:17:54	Venus 1,7° südlich Akrab	25,2°
6.11.2083 1:20:54	Venus 3,8° nördlich Antares	26,6°
7.11.2083 23:12:53	Merkur 3,3° südlich Akrab	18,7°
12.11.2083 3:50:20	Merkur 2,1° nördlich Antares	20,8°
14.11.2083 1:31:38	Neptun stationär, dann rückläufig	
18.11.2083 16:41:59	Saturn stationär, dann rechtläufig	
20.11.2083 12:59:00	Merkur in größter östlicher Elongation zur Sonne	22,3°
28.11.2083 3:33:11	Jupiteropposition	
3.12.2083 2:33:18	Venus 1,7° nördlich Nunki	32,6°
4.12.2083 1:41:53	Mars 4,8' nördlich Zuben-el-dschenubi	25,8°
10.12.2083 0:23:01	Merkur in unterer Konjunktion zur Sonne	1,5°
19.12.2083 8:19:44	Venus 6,8° südlich Beta Capricorni	36,1°
29.12.2083 0:33:30	Venus 1,3° südlich Uranus	38°
29.12.2083 7:30:00	Merkur in größter westlicher Elongation zur Sonne	22,3°
30.12.2083 21:11:58	Mars 52' südlich Akrab	34,8°

2084

Datum und Uhrzeit (WZ)	Ereignis	Elongation
6.1.2084 0:16:22	Venus 55' nördlich Delta Capricorni	39,2°
8.1.2084 4:16:23	Mars 4,7° nördlich Antares	37,1°
19.1.2084 14:45:28	Merkur 2,6° nördlich Nunki	15,6°
26.1.2084 10:08:54	Venus 1,2° nördlich Saturn	42,4°
30.1.2084 16:11:01	Neptunopposition	
1.2.2084 7:16:25	Merkur 6,6° südlich Beta Capricorni	8,5°
6.2.2084 19:57:47	Uranus in Konjunktion zur Sonne	-40'
9.2.2084 15:26:54	Merkur 1,5° südlich Uranus	2,8°
13.2.2084 18:31:23	Merkur 37' nördlich Delta Capricorni	2°
13.2.2084 20:25:37	Merkur in oberer Konjunktion zur Sonne	-2°
24.2.2084 20:50:02	Mars 2,9° nördlich Nunki	52,3°
29.2.2084 2:59:12	Merkur 1,7° nördlich Saturn	12,3°
5.3.2084 23:18:00	Venus in größter westlicher Elongation zur Sonne	46,4°
9.3.2084 14:31:40	Venus 7,7° südlich Hamal	46,4°
11.3.2084 7:54:00	Merkur in größter westlicher Elongation zur Sonne	18,3°
13.3.2084 22:45:47	Saturn in Konjunktion zur Sonne	-1,9°

Datum und Uhrzeit (WZ)	Ereignis	Elongation
18.3.2084 2:47:12	Merkur stationär, dann rückläufig	
23.3.2084 14:59:26	Mars 5,7° südlich Beta Capricorni	58,8°
28.3.2084 2:26:57	Merkur in unterer Konjunktion zur Sonne	3°
9.4.2084 12:48:51	Merkur stationär, dann rechtläufig	
11.4.2084 21:11:26	Venus 1,5° nördlich Alkione	38,4°
16.4.2084 8:03:25	Mars 43' südlich Uranus	65,9°
18.4.2084 13:17:14	Neptun stationär, dann rechtläufig	
21.4.2084 13:19:03	Jupiter 5,1° nördlich Aldebaran	38,9°
21.4.2084 20:08:52	Mars 1,2° nördlich Delta Capricorni	67,5°
24.4.2084 21:31:14	Venus stationär, dann rückläufig	
25.4.2084 2:17:00	Merkur in größter westlicher Elongation zur Sonne	27,3°
7.5.2084 11:01:19	Venus 42' nördlich Alkione	13,9°
14.5.2084 0:00:38	Merkur 13° südlich Hamal	18,2°
16.5.2084 4:00:25	Venus in unterer Konjunktion zur Sonne	3,1°
23.5.2084 3:34:34	Merkur 2,6° südlich Venus	11°
26.5.2084 0:16:49	Uranus stationär, dann rückläufig	
27.5.2084 10:00:14	Merkur 4,5° südlich Alkione	6,9°
1.6.2084 17:51:55	Merkur 6,1° nördlich Aldebaran	0,7°
2.6.2084 1:34:24	Merkur in oberer Konjunktion zur Sonne	39'
5.6.2084 7:17:24	Venus stationär, dann rechtläufig	
6.6.2084 8:19:15	Merkur 1,6° nördlich Jupiter	5,2°
7.6.2084 2:50:13	Merkur 4° südlich Elnath	6,4°
12.6.2084 8:50:25	Merkur 2,8° nördlich Eta Geminorum	12,3°
13.6.2084 6:51:51	Merkur 2,7° nördlich Mü Geminorum	13,2°
13.6.2084 11:46:03	Jupiter in Konjunktion zur Sonne	-20'
13.6.2084 15:32:23	Jupiter 5,7° südlich Elnath	0,4°
13.6.2084 22:34:08	Mars 5,6' südlich Saturn	80,5°
14.6.2084 23:28:49	Merkur 8,7° nördlich Alhena	14,9°
15.6.2084 18:14:26	Merkur 4,6' südlich Epsilon Geminorum	15,6°
22.6.2084 10:29:11	Merkur 8,4° südlich Kastor	20,9°
23.6.2084 23:49:50	Merkur 5° südlich Pollux	21,9°
3.7.2084 20:30:47	Merkur 49' südlich M44	25,6°
3.7.2084 22:38:03	Venus 8° südlich Alkione	41,9°
5.7.2084 18:13:51	Merkur 11' nördlich Neptun	26,1°
7.7.2084 13:04:00	Merkur in größter östlicher Elongation zur Sonne	26,1°
15.7.2084 20:30:13	Saturn stationär, dann rückläufig	
18.7.2084 6:57:18	Venus 1,8° nördlich Aldebaran	45,5°
20.7.2084 15:00:22	Merkur stationär, dann rückläufig	
25.7.2084 6:27:00	Venus in größter westlicher Elongation zur Sonne	45,7°
31.7.2084 2:11:20	Venus 8,6° südlich Elnath	45,4°
31.7.2084 14:39:33	Mars 13,4° südlich Hamal	90,5°
2.8.2084 18:08:48	Jupiter 37' nördlich Eta Geminorum	36,8°
3.8.2084 4:16:42	Neptun in Konjunktion zur Sonne, Bedeckung	-1,6'
3.8.2084 23:25:16	Merkur 5,1° südlich Neptun	0,7°
4.8.2084 8:58:06	Merkur in unterer Konjunktion zur Sonne	-4,9°
8.8.2084 16:28:42	Merkur 5,8° südlich M44	8,3°

Datum und Uhrzeit (WZ)	Ereignis	Elongation
11.8.2084 4:44:46	Venus 1,7° südlich Eta Geminorum	44,9°
11.8.2084 17:09:50	Uranusopposition	
12.8.2084 1:47:17	Jupiter 34' nördlich Mü Geminorum	43,9°
12.8.2084 23:48:11	Venus 1,7° südlich Mü Geminorum	44,7°
13.8.2084 4:49:09	Venus 2,2° südlich Jupiter	44,7°
13.8.2084 23:42:04	Merkur stationär, dann rechtläufig	
16.8.2084 4:24:36	Venus 4,5° nördlich Alhena	44,4°
17.8.2084 14:34:41	Venus 4,3° südlich Epsilon Geminorum	44,2°
18.8.2084 22:21:43	Merkur 3,1° südlich M44	17,7°
22.8.2084 12:34:00	Merkur in größter westlicher Elongation zur Sonne	18,5°
23.8.2084 6:54:14	Merkur 30' südlich Neptun	18,4°
28.8.2084 11:57:12	Venus 11,7° südlich Kastor	42,8°
30.8.2084 13:49:16	Jupiter 6,5° nördlich Alhena	58,1°
30.8.2084 17:20:41	Venus 8,1° südlich Pollux	42,4°
3.9.2084 22:33:03	Merkur 1,2° nördlich Regulus	11,4°
9.9.2084 3:43:12	Jupiter 2,3° südlich Epsilon Geminorum	66,1°
11.9.2084 5:24:28	Venus 1,9° südlich M44	40,5°
15.9.2084 1:46:17	Venus 17' südlich Neptun	39,8°
16.9.2084 14:38:40	Merkur in oberer Konjunktion zur Sonne	1,6°
26.9.2084 11:30:09	Merkur 2,3° südlich Porrima	7,5°
30.9.2084 1:04:00	Venus 8,3' nördlich Regulus	36,8°
3.10.2084 20:20:25	Merkur 2° nördlich Spika	12,7°
4.10.2084 2:10:52	Mars stationär, dann rückläufig	
19.10.2084 2:32:12	Merkur 2,3° südlich Zuben-el-dschenubi	19,5°
27.10.2084 5:28:04	Uranus stationär, dann rechtläufig	
1.11.2084 16:34:11	Jupiter stationär, dann rückläufig	
2.11.2084 3:18:00	Merkur in größter östlicher Elongation zur Sonne	23,7°
2.11.2084 17:28:27	Venus 1,2° südlich Porrima	29,5°
3.11.2084 2:26:25	Merkur 3,9° südlich Akrab	22,8°
10.11.2084 6:01:47	Marsopposition	
12.11.2084 5:50:19	Venus 4° nördlich Spika	25,8°
12.11.2084 23:51:17	Merkur stationär, dann rückläufig	
15.11.2084 14:08:34	Neptun stationär, dann rückläufig	
21.11.2084 9:20:06	Merkur 59' südlich Akrab	4,5°
23.11.2084 7:40:37	Merkur in unterer Konjunktion zur Sonne	42'
30.11.2084 5:34:35	Venus 1,2° nördlich Zuben-el-dschenubi	22,8°
30.11.2084 12:02:06	Saturn stationär, dann rechtläufig	
2.12.2084 15:41:28	Merkur stationär, dann rechtläufig	
10.12.2084 17:05:34	Merkur 1,2° nördlich Venus	20,6°
11.12.2084 0:53:00	Merkur in größter westlicher Elongation zur Sonne	20,9°
13.12.2084 23:28:51	Mars stationär, dann rechtläufig	
14.12.2084 23:23:30	Venus 6,3" nördlich Akrab, Bedeckung	19,6°
15.12.2084 13:17:35	Merkur 48' nördlich Akrab	20,2°
19.12.2084 14:02:53	Venus 5,5° nördlich Antares	18,2°
20.12.2084 0:47:33	Merkur 5,9° nördlich Antares	18,7°
24.12.2084 4:19:01	Merkur 52" nördlich Venus	17,4°

Datum und Uhrzeit (WZ)	Ereignis	Elongation
25.12.2084 19:08:11	Jupiter 2,1° südlich Epsilon Geminorum	173,5°
31.12.2084 7:26:58	Jupiteropposition	

2085

Datum und Uhrzeit (WZ)	Ereignis	Elongation
5.1.2085 23:36:54	Jupiter 6,8° nördlich Alhena	171°
11.1.2085 15:14:10	Merkur 2,1° nördlich Nunki	8,4°
15.1.2085 11:15:44	Venus 3,2° nördlich Nunki	12,1°
23.1.2085 20:08:17	Merkur 6,8° südlich Beta Capricorni	2,2°
25.1.2085 4:27:28	Merkur in oberer Konjunktion zur Sonne	-2,1°
31.1.2085 9:39:59	Venus 5,6° südlich Beta Capricorni	8,3°
1.2.2085 2:15:33	Neptunopposition	
2.2.2085 23:17:18	Merkur 1,3° südlich Uranus	6,6°
5.2.2085 3:39:01	Merkur 54' nördlich Delta Capricorni	8,1°
5.2.2085 7:16:37	Jupiter 53' nördlich Mü Geminorum	139,3°
10.2.2085 0:56:51	Uranus in Konjunktion zur Sonne	-41'
14.2.2085 21:13:09	Venus 35' südlich Uranus	4,7°
15.2.2085 2:09:48	Mars 2,2° südlich Alkione	93,6°
17.2.2085 9:21:29	Venus 1,4° nördlich Delta Capricorni	4,4°
22.2.2085 19:00:00	Merkur in größter östlicher Elongation zur Sonne	18,1°
28.2.2085 19:51:28	Merkur stationär, dann rückläufig	
6.3.2085 11:58:28	Venus in oberer Konjunktion zur Sonne	-1,4°
9.3.2085 4:09:26	Merkur 5,5° nördlich Venus	1,6°
9.3.2085 8:51:52	Mars 7,4° nördlich Aldebaran	81,5°
10.3.2085 14:51:27	Merkur in unterer Konjunktion zur Sonne	3,6°
22.3.2085 16:31:07	Venus 55' nördlich Saturn	4,2°
22.3.2085 23:57:29	Merkur stationär, dann rechtläufig	
24.3.2085 5:03:07	Jupiter 58' nördlich Mü Geminorum	92,2°
26.3.2085 22:23:48	Saturn in Konjunktion zur Sonne	-2,1°
30.3.2085 15:33:08	Mars 3,6° südlich Elnath	73°
7.4.2085 5:10:00	Merkur in größter westlicher Elongation zur Sonne	27,8°
14.4.2085 11:13:06	Venus 11,3° südlich Hamal	9,9°
18.4.2085 21:33:59	Mars 2,5° nördlich Eta Geminorum	65°
21.4.2085 2:13:09	Neptun stationär, dann rechtläufig	
22.4.2085 1:43:52	Mars 2,5° nördlich Mü Geminorum	63,7°
22.4.2085 7:30:13	Uranus 2° nördlich Delta Capricorni	67,5°
22.4.2085 12:32:07	Merkur 32' südlich Saturn	23°
22.4.2085 22:57:20	Jupiter 6,9° nördlich Alhena	66,3°
27.4.2085 18:13:39	Mars 8,4° nördlich Alhena	61,5°
29.4.2085 10:25:25	Mars 1,4° nördlich Jupiter	60,8°
30.4.2085 7:33:51	Mars 28' südlich Epsilon Geminorum	60,5°
2.5.2085 15:48:24	Jupiter 1,9° südlich Epsilon Geminorum	58,2°
4.5.2085 23:44:53	Venus 4° südlich Alkione	15,1°
6.5.2085 16:56:04	Merkur 12,2° südlich Hamal	12,2°

Datum und Uhrzeit (WZ)	Ereignis	Elongation
14.5.2085 8:01:37	Venus 6° nördlich Aldebaran	17,5°
17.5.2085 12:10:13	Merkur in oberer Konjunktion zur Sonne, Bedeckung	14'
18.5.2085 22:11:27	Merkur 3,7° südlich Alkione	1,8°
20.5.2085 5:18:57	Mars 8,7° südlich Kastor	52,2°
23.5.2085 22:42:38	Venus 4,5° südlich Elnath	20,1°
24.5.2085 5:18:04	Merkur 6,8° nördlich Aldebaran	8,2°
24.5.2085 8:36:06	Mars 5,3° südlich Pollux	50,8°
29.5.2085 22:48:46	Merkur 3,5° südlich Elnath	14,4°
30.5.2085 7:50:39	Uranus stationär, dann rückläufig	
1.6.2085 23:30:12	Venus 2,1° nördlich Eta Geminorum	22,4°
3.6.2085 11:46:00	Venus 2,1° nördlich Mü Geminorum	22,8°
4.6.2085 23:46:25	Merkur 3° nördlich Eta Geminorum	19,6°
6.6.2085 2:23:10	Merkur 3° nördlich Mü Geminorum	20,3°
6.6.2085 5:05:24	Venus 8,1° nördlich Alhena	23,5°
7.6.2085 10:34:28	Venus 42' südlich Epsilon Geminorum	23,8°
8.6.2085 4:40:16	Merkur 8,8° nördlich Alhena	21,6°
9.6.2085 4:31:04	Merkur 3,9' südlich Epsilon Geminorum	22,1°
14.6.2085 1:59:29	Venus 1,3° nördlich Jupiter	25,5°
15.6.2085 2:02:26	Mars 4' nördlich M44	43,7°
15.6.2085 14:04:31	Merkur 1,1° nördlich Jupiter	24,4°
17.6.2085 2:29:02	Venus 8,6° südlich Kastor	26,3°
18.6.2085 18:54:41	Merkur 9,3° südlich Kastor	24,8°
19.6.2085 3:10:58	Venus 5,1° südlich Pollux	26,6°
19.6.2085 5:13:00	Merkur in größter östlicher Elongation zur Sonne	24,8°
21.6.2085 2:07:51	Mars 1,3° nördlich Neptun	41,7°
21.6.2085 15:14:43	Merkur 6,4° südlich Pollux	24,3°
29.6.2085 21:50:39	Venus 29' nördlich M44	29,5°
1.7.2085 2:20:12	Jupiter 10° südlich Kastor	13,1°
2.7.2085 10:30:58	Merkur stationär, dann rückläufig	
3.7.2085 5:45:43	Venus 1,8° nördlich Neptun	30,3°
8.7.2085 7:52:02	Uranus 2° nördlich Delta Capricorni	141,5°
12.7.2085 6:12:23	Jupiter 6,5° südlich Pollux	5°
13.7.2085 11:35:11	Merkur 5° südlich Jupiter	4,1°
13.7.2085 21:53:17	Merkur 11,6° südlich Pollux	6,4°
15.7.2085 7:36:43	Venus 31' nördlich Mars	33,2°
16.7.2085 14:11:41	Merkur in unterer Konjunktion zur Sonne	-4,9°
17.7.2085 18:18:41	Merkur 15,3° südlich Kastor	5,3°
18.7.2085 12:57:42	Venus 1,2° nördlich Regulus	34°
19.7.2085 0:59:53	Jupiter in Konjunktion zur Sonne	18'
21.7.2085 12:03:36	Mars 41' nördlich Regulus	31,3°
27.7.2085 1:49:25	Merkur stationär, dann rechtläufig	
29.7.2085 11:44:36	Saturn stationär, dann rückläufig	
4.8.2085 6:26:40	Merkur 12,2° südlich Kastor	19,2°
5.8.2085 12:41:00	Merkur in größter westlicher Elongation zur Sonne	19,3°
5.8.2085 17:42:13	Neptun in Konjunktion zur Sonne, Bedeckung	2,3'
6.8.2085 19:45:43	Merkur 8,1° südlich Pollux	19,2°

Datum und Uhrzeit (WZ)	Ereignis	Elongation
11.8.2085 21:50:49	Merkur 24' südlich Jupiter	17,5°
15.8.2085 15:16:26	Merkur 36' südlich M44	14,9°
16.8.2085 3:19:33	Uranusopposition	
18.8.2085 15:40:50	Merkur 1,2° nördlich Neptun	11,9°
23.8.2085 10:18:29	Venus 3,1° südlich Porrima	40,4°
26.8.2085 22:10:50	Merkur 1,4° nördlich Regulus	3,4°
30.8.2085 18:26:18	Merkur in oberer Konjunktion zur Sonne	1,7°
3.9.2085 0:19:08	Venus 1,3° nördlich Spika	43,3°
11.9.2085 8:56:33	Jupiter 55' südlich M44	40,7°
15.9.2085 11:15:07	Merkur 14' südlich Mars	12,9°
19.9.2085 6:08:08	Merkur 3° südlich Porrima	14,6°
23.9.2085 12:50:03	Venus 2,9° südlich Zuben-el-dschenubi	45°
24.9.2085 14:56:31	Mars 2,4° südlich Porrima	9,5°
27.9.2085 5:32:50	Merkur 1,2° nördlich Spika	19,8°
6.10.2085 2:13:23	Saturnopposition	
10.10.2085 8:53:00	Venus in größter östlicher Elongation zur Sonne	46,8°
11.10.2085 5:00:44	Venus 4,8° südlich Akrab	45,8°
12.10.2085 11:33:08	Mars 2,7° nördlich Spika	4,2°
15.10.2085 2:11:17	Merkur 3,3° südlich Zuben-el-dschenubi	23,8°
15.10.2085 15:27:00	Merkur in größter östlicher Elongation zur Sonne	25°
17.10.2085 1:42:26	Venus 35' nördlich Antares	46,6°
25.10.2085 11:25:35	Mars in Konjunktion zur Sonne	20'
27.10.2085 13:44:55	Merkur stationär, dann rückläufig	
30.10.2085 19:28:11	Jupiter 30' nördlich Neptun	81,7°
31.10.2085 13:19:00	Uranus stationär, dann rechtläufig	
7.11.2085 1:18:57	Merkur 44' südlich Zuben-el-dschenubi	1°
7.11.2085 13:12:24	Merkur in unterer Konjunktion zur Sonne, Transit	-12'
9.11.2085 17:44:53	Merkur 21' nördlich Mars	4,9°
14.11.2085 8:24:18	Mars 11' südlich Zuben-el-dschenubi	6,3°
16.11.2085 9:48:46	Merkur stationär, dann rechtläufig	
18.11.2085 1:17:06	Neptun stationär, dann rückläufig	
24.11.2085 2:02:00	Merkur in größter westlicher Elongation zur Sonne	19,8°
26.11.2085 16:39:10	Merkur 2° nördlich Zuben-el-dschenubi	18,9°
29.11.2085 9:03:55	Venus stationär, dann rückläufig	
3.12.2085 23:21:29	Jupiter stationär, dann rückläufig	
9.12.2085 16:26:46	Merkur 55' nördlich Mars	14,3°
10.12.2085 1:28:20	Merkur 15' südlich Akrab	14,3°
10.12.2085 11:15:09	Mars 1,1° südlich Akrab	14,5°
13.12.2085 12:06:58	Saturn stationär, dann rechtläufig	
13.12.2085 21:29:26	Merkur 4,9° nördlich Antares	12,3°
18.12.2085 12:11:16	Mars 4,4° nördlich Antares	16,9°
20.12.2085 2:40:51	Venus in unterer Konjunktion zur Sonne	1,8°
24.12.2085 9:30:56	Merkur 3,8° südlich Venus	6,9°

2086

Datum und Uhrzeit (WZ)	Ereignis	Elongation
3.1.2086 23:47:34	Venus 5,2° nördlich Mars	21,9°
4.1.2086 8:02:42	Merkur 1,7° nördlich Nunki	1,9°
5.1.2086 10:06:56	Merkur in oberer Konjunktion zur Sonne	-1,8°
13.1.2086 11:08:33	Jupiter 45' nördlich Neptun	158°
16.1.2086 8:52:55	Merkur 6,9° südlich Beta Capricorni	7,3°
29.1.2086 0:27:53	Merkur 29' südlich Uranus	15,4°
29.1.2086 6:23:04	Merkur 1,6° nördlich Delta Capricorni	15,2°
1.2.2086 11:30:51	Jupiteropposition	
2.2.2086 10:14:51	Mars 2,8° nördlich Nunki	30,1°
3.2.2086 12:36:05	Neptunopposition	
4.2.2086 17:33:23	Uranus 2° nördlich Delta Capricorni	8,8°
6.2.2086 7:35:00	Merkur in größter östlicher Elongation zur Sonne	18,3°
12.2.2086 4:00:14	Merkur stationär, dann rückläufig	
14.2.2086 5:43:44	Uranus in Konjunktion zur Sonne	-42'
18.2.2086 19:47:22	Venus 7,3° nördlich Nunki	46,4°
21.2.2086 18:19:23	Merkur in unterer Konjunktion zur Sonne	3,7°
26.2.2086 23:01:48	Merkur 4,3° nördlich Uranus	11,1°
28.2.2086 18:43:45	Merkur 5,9° nördlich Delta Capricorni	14,2°
28.2.2086 18:53:00	Venus in größter westlicher Elongation zur Sonne	46,8°
1.3.2086 0:27:08	Mars 5,7° südlich Beta Capricorni	35,9°
5.3.2086 22:40:34	Merkur stationär, dann rechtläufig	
11.3.2086 3:34:37	Venus 2,7° südlich Beta Capricorni	45,9°
11.3.2086 11:56:51	Merkur 3,4° nördlich Delta Capricorni	25,5°
14.3.2086 19:51:25	Merkur 39' nördlich Uranus	26,9°
15.3.2086 5:27:06	Jupiter 25' südlich M44	133,4°
20.3.2086 12:47:00	Merkur in größter westlicher Elongation zur Sonne	27,7°
28.3.2086 23:01:33	Mars 1,5° nördlich Delta Capricorni	43,5°
30.3.2086 13:13:07	Venus 3,1° nördlich Delta Capricorni	44,5°
1.4.2086 21:49:54	Mars 34' südlich Uranus	44,2°
2.4.2086 5:21:02	Venus 52' nördlich Uranus	44,1°
2.4.2086 19:47:14	Venus 1,4° nördlich Mars	44,1°
3.4.2086 5:44:30	Jupiter stationär, dann rechtläufig	
9.4.2086 8:03:36	Saturn in Konjunktion zur Sonne	-2,2°
22.4.2086 1:03:07	Merkur 37' nördlich Saturn	10,8°
22.4.2086 10:51:56	Jupiter 27' südlich M44	95,7°
23.4.2086 13:28:24	Neptun stationär, dann rechtläufig	
28.4.2086 14:12:58	Merkur 11,4° südlich Hamal	3,8°
1.5.2086 19:50:28	Merkur in oberer Konjunktion zur Sonne, Bedeckung	-13'
10.5.2086 13:21:45	Merkur 2,8° südlich Alkione	10,3°
16.5.2086 8:43:15	Merkur 7,5° nördlich Aldebaran	16°
20.5.2086 16:50:57	Venus 26' nördlich Saturn	35,1°
23.5.2086 8:42:31	Merkur 3,1° südlich Elnath	21°
28.5.2086 17:28:02	Venus 12,6° südlich Hamal	30,5°
31.5.2086 19:01:00	Merkur in größter östlicher Elongation zur Sonne	23,2°

Datum und Uhrzeit (WZ)	Ereignis	Elon-gation
1.6.2086 10:17:57	Merkur 2,6° nördlich Eta Geminorum	23,2°
3.6.2086 14:07:54	Merkur 2,2° nördlich Mü Geminorum	22,9°
3.6.2086 17:27:51	Uranus stationär, dann rückläufig	
8.6.2086 12:02:50	Jupiter 44' nördlich Neptun	55,9°
9.6.2086 10:52:08	Merkur 7° nördlich Alhena	20,7°
13.6.2086 23:57:34	Merkur stationär, dann rückläufig	
18.6.2086 16:42:36	Merkur 4,5° nördlich Alhena	12,2°
18.6.2086 22:53:14	Venus 5,6° südlich Alkione	27,3°
20.6.2086 1:19:34	Mars 59' nördlich Saturn	61°
25.6.2086 15:12:17	Merkur 3,1° südlich Mü Geminorum	2,1°
26.6.2086 23:48:27	Merkur in unterer Konjunktion zur Sonne	-4,2°
28.6.2086 13:53:28	Venus 4,4° nördlich Aldebaran	25,8°
28.6.2086 21:22:52	Merkur 3,6° südlich Eta Geminorum	3,1°
29.6.2086 1:23:35	Mars 12,1° südlich Hamal	59,5°
8.7.2086 8:35:24	Merkur stationär, dann rechtläufig	
8.7.2086 10:19:45	Venus 6,1° südlich Elnath	23,3°
16.7.2086 19:06:24	Merkur 2,2° südlich Eta Geminorum	20,1°
17.7.2086 14:54:02	Venus 32' nördlich Eta Geminorum	20,9°
19.7.2086 1:23:57	Merkur 1,7° südlich Mü Geminorum	20,4°
19.7.2086 1:56:00	Merkur in größter westlicher Elongation zur Sonne	20,5°
19.7.2086 3:36:52	Venus 32' nördlich Mü Geminorum	20,5°
19.7.2086 11:02:42	Merkur 2,2° südlich Venus	20,4°
21.7.2086 21:35:11	Venus 6,6° nördlich Alhena	19,8°
22.7.2086 5:32:09	Merkur 5° nördlich Alhena	20,1°
23.7.2086 3:19:23	Venus 2,2° südlich Epsilon Geminorum	19,5°
23.7.2086 10:47:52	Merkur 3,6° südlich Epsilon Geminorum	19,7°
25.7.2086 19:05:03	Merkur 57' südlich Venus	18,7°
30.7.2086 23:21:02	Merkur 10° südlich Kastor	15,1°
1.8.2086 7:12:58	Merkur 6,3° südlich Pollux	14°
1.8.2086 19:31:32	Venus 9,9° südlich Kastor	16,9°
3.8.2086 19:53:58	Venus 6,4° südlich Pollux	16,4°
4.8.2086 12:35:49	Mars 5,3° südlich Alkione	71,5°
7.8.2086 18:52:45	Merkur 7' nördlich M44	7,4°
8.8.2086 6:56:13	Neptun in Konjunktion zur Sonne, Bedeckung	6,3'
11.8.2086 9:10:01	Merkur 1,6° nördlich Neptun	2,9°
12.8.2086 7:33:24	Saturn stationär, dann rückläufig	
14.8.2086 10:32:45	Venus 31' südlich M44	13,6°
14.8.2086 10:43:19	Merkur in oberer Konjunktion zur Sonne	1,8°
17.8.2086 3:52:08	Merkur 1° nördlich Jupiter	3,3°
18.8.2086 15:52:43	Merkur 1,3° nördlich Regulus	4,7°
20.8.2086 12:43:42	Uranusopposition	
20.8.2086 19:02:51	Venus 55' nördlich Neptun	11,5°
21.8.2086 10:49:22	Jupiter in Konjunktion zur Sonne	48'
22.8.2086 13:54:42	Mars 4,7° nördlich Aldebaran	78,3°
30.8.2086 15:52:14	Jupiter 23' nördlich Regulus	6,8°
1.9.2086 8:53:15	Venus 51' nördlich Regulus	8,4°

Datum und Uhrzeit (WZ)	Ereignis	Elongation
1.9.2086 17:33:44	Venus 28' nördlich Jupiter	8,5°
11.9.2086 21:51:49	Mars 5,8° südlich Elnath	85,9°
12.9.2086 21:55:15	Merkur 4° südlich Porrima	20,9°
22.9.2086 6:14:08	Merkur 4' südlich Spika	25,4°
28.9.2086 3:28:00	Merkur in größter östlicher Elongation zur Sonne	26,1°
3.10.2086 18:48:02	Venus in oberer Konjunktion zur Sonne	1,3°
4.10.2086 7:11:46	Mars 59' nördlich Eta Geminorum	96,9°
4.10.2086 12:41:07	Venus 1,6° südlich Porrima	1,3°
8.10.2086 16:04:33	Mars 1° nördlich Mü Geminorum	99,3°
10.10.2086 19:56:28	Merkur stationär, dann rückläufig	
14.10.2086 0:02:42	Venus 3,4° nördlich Spika	2,9°
17.10.2086 11:11:55	Mars 7,3° nördlich Alhena	104,1°
19.10.2086 14:55:28	Saturnopposition	
20.10.2086 5:33:37	Merkur 3° südlich Venus	4,4°
22.10.2086 1:24:21	Mars 1,4° südlich Epsilon Geminorum	107,8°
22.10.2086 15:08:32	Merkur in unterer Konjunktion zur Sonne	-1,2°
28.10.2086 6:02:38	Merkur 3° nördlich Spika	10,4°
31.10.2086 3:22:48	Merkur stationär, dann rechtläufig	
31.10.2086 22:18:54	Venus 12' nördlich Zuben-el-dschenubi	7,3°
3.11.2086 2:35:11	Merkur 4,3° nördlich Spika	16,2°
4.11.2086 21:45:31	Uranus stationär, dann rechtläufig	
7.11.2086 10:20:00	Merkur in größter westlicher Elongation zur Sonne	18,9°
15.11.2086 14:17:29	Venus 1,1° südlich Akrab	10,8°
17.11.2086 23:59:42	Mars stationär, dann rückläufig	
20.11.2086 4:19:49	Venus 4,4° nördlich Antares	12°
20.11.2086 13:00:33	Neptun stationär, dann rückläufig	
21.11.2086 9:03:28	Merkur 1,1° nördlich Zuben-el-dschenubi	13,3°
3.12.2086 5:51:32	Merkur 1° südlich Akrab	6,9°
6.12.2086 22:12:13	Merkur 4,2° nördlich Antares	4,9°
13.12.2086 2:56:22	Mars 57' nördlich Epsilon Geminorum	160,3°
15.12.2086 17:41:45	Merkur in oberer Konjunktion zur Sonne	-1,3°
16.12.2086 22:19:15	Venus 2,2° nördlich Nunki	18,5°
17.12.2086 7:30:25	Mars 10° nördlich Alhena	164°
25.12.2086 18:14:02	Mars 4,3° nördlich Mü Geminorum	176,1°
26.12.2086 15:44:25	Saturn stationär, dann rechtläufig	
27.12.2086 2:32:01	Marsopposition	
28.12.2086 0:32:03	Merkur 1,4° nördlich Nunki	7,3°
30.12.2086 9:00:27	Mars 4,5° nördlich Eta Geminorum	174,2°

2087

Datum und Uhrzeit (WZ)	Ereignis	Elongation
1.1.2087 21:02:53	Venus 6,3° südlich Beta Capricorni	22,2°
9.1.2087 8:33:58	Merkur 6,7° südlich Beta Capricorni	14,5°
19.1.2087 0:20:38	Venus 1° nördlich Delta Capricorni	25,8°

Datum und Uhrzeit (WZ)	Ereignis	Elongation
20.1.2087 19:04:00	Merkur in größter östlicher Elongation zur Sonne	18,7°
21.1.2087 9:22:50	Venus 57' südlich Uranus	26,6°
26.1.2087 22:00:08	Merkur stationär, dann rückläufig	
2.2.2087 8:11:03	Mars stationär, dann rechtläufig	
5.2.2087 8:53:21	Merkur in unterer Konjunktion zur Sonne	3,6°
5.2.2087 22:46:50	Neptunopposition	
17.2.2087 4:49:58	Merkur stationär, dann rechtläufig	
18.2.2087 10:20:47	Uranus in Konjunktion zur Sonne	-43'
2.3.2087 22:18:00	Merkur in größter westlicher Elongation zur Sonne	27,1°
4.3.2087 7:58:04	Jupiteropposition	
11.3.2087 6:26:01	Merkur 1,2° nördlich Delta Capricorni	25,8°
12.3.2087 4:56:03	Mars 3,6° nördlich Eta Geminorum	102,7°
12.3.2087 8:58:43	Venus 2,7° nördlich Saturn	36,2°
15.3.2087 12:57:30	Merkur 1,2° südlich Uranus	23,8°
17.3.2087 7:27:30	Mars 3,4° nördlich Mü Geminorum	99,4°
17.3.2087 18:40:48	Venus 9,9° südlich Hamal	38,1°
25.3.2087 17:39:44	Mars 9,2° nördlich Alhena	94,3°
29.3.2087 7:29:30	Mars 19' nördlich Epsilon Geminorum	92,3°
8.4.2087 11:20:34	Venus 2,2° südlich Alkione	41,9°
15.4.2087 22:27:49	Merkur in oberer Konjunktion zur Sonne	-41'
18.4.2087 13:40:41	Venus 8° nördlich Aldebaran	42,5°
19.4.2087 10:04:18	Merkur 2,3° nördlich Saturn	3,9°
20.4.2087 6:27:19	Merkur 10,5° südlich Hamal	4,9°
23.4.2087 4:00:59	Saturn in Konjunktion zur Sonne	-2,2°
23.4.2087 13:40:11	Mars 8,2° südlich Kastor	78°
26.4.2087 3:04:50	Neptun stationär, dann rechtläufig	
28.4.2087 11:13:15	Mars 4,8° südlich Pollux	76,1°
29.4.2087 5:38:21	Venus 2,5° südlich Elnath	44,6°
3.5.2087 5:59:17	Merkur 2° südlich Alkione	17,9°
3.5.2087 6:25:30	Saturn 12,9° südlich Hamal	8,8°
5.5.2087 14:14:36	Jupiter stationär, dann rechtläufig	
9.5.2087 15:54:03	Venus 4° nördlich Eta Geminorum	45,3°
11.5.2087 5:42:50	Merkur 8,1° nördlich Aldebaran	20,9°
11.5.2087 11:07:54	Venus 4° nördlich Mü Geminorum	45,4°
13.5.2087 13:45:00	Merkur in größter östlicher Elongation zur Sonne	21,6°
14.5.2087 18:17:38	Venus 9,9° nördlich Alhena	45,5°
16.5.2087 6:42:27	Venus 1,1° nördlich Epsilon Geminorum	45,5°
16.5.2087 16:24:00	Venus in größter östlicher Elongation zur Sonne	45,5°
23.5.2087 3:10:35	Mars 20' nördlich M44	66,1°
26.5.2087 3:44:40	Merkur stationär, dann rückläufig	
29.5.2087 0:40:34	Venus 7,3° südlich Kastor	44,5°
31.5.2087 23:31:30	Venus 4° südlich Pollux	44,1°
5.6.2087 16:51:53	Mars 1,3° nördlich Neptun	60,7°
6.6.2087 19:42:08	Merkur in unterer Konjunktion zur Sonne	-2,7°
8.6.2087 0:39:21	Uranus stationär, dann rückläufig	
18.6.2087 20:04:05	Merkur stationär, dann rechtläufig	

Datum und Uhrzeit (WZ)	Ereignis	Elon-gation
21.6.2087 23:53:32	Venus 30' südlich M44	37,6°
1.7.2087 3:43:00	Merkur in größter westlicher Elongation zur Sonne	22°
1.7.2087 6:21:14	Mars 43' nördlich Regulus	51,1°
2.7.2087 20:23:13	Venus stationär, dann rückläufig	
6.7.2087 4:27:03	Merkur 7,7° südlich Elnath	21,1°
13.7.2087 4:57:48	Venus 4,9° südlich M44	17,4°
13.7.2087 14:51:48	Merkur 13' nördlich Eta Geminorum	16,8°
14.7.2087 16:06:53	Merkur 22' nördlich Mü Geminorum	16°
16.7.2087 11:33:06	Merkur 6,7° nördlich Alhena	14,4°
17.7.2087 6:28:15	Merkur 2° südlich Epsilon Geminorum	13,6°
23.7.2087 1:11:11	Merkur 9,2° südlich Kastor	7,5°
24.7.2087 4:58:52	Merkur 5,6° südlich Pollux	6,2°
25.7.2087 19:42:01	Venus in unterer Konjunktion zur Sonne	-6,1°
26.7.2087 17:40:06	Merkur 7,9° nördlich Venus	3,5°
29.7.2087 11:37:26	Merkur in oberer Konjunktion zur Sonne	1,7°
30.7.2087 7:21:35	Mars 18' südlich Jupiter	40,8°
30.7.2087 7:38:03	Merkur 27' nördlich M44	1,7°
3.8.2087 20:49:22	Merkur 1,7° nördlich Neptun	6,2°
5.8.2087 21:49:17	Venus 14,1° südlich Pollux	18,1°
10.8.2087 15:33:04	Merkur 1,1° nördlich Regulus	12,5°
10.8.2087 20:13:11	Neptun in Konjunktion zur Sonne, Bedeckung	10'
16.8.2087 4:14:12	Venus stationär, dann rechtläufig	
24.8.2087 14:48:45	Merkur 1,2° südlich Jupiter	21,6°
24.8.2087 21:59:32	Uranusopposition	
26.8.2087 7:38:54	Saturn stationär, dann rückläufig	
26.8.2087 21:20:26	Venus 12,8° südlich Pollux	37,5°
6.9.2087 4:05:52	Mars 2,6° südlich Porrima	27,7°
9.9.2087 3:14:47	Merkur 5,6° südlich Porrima	24,8°
10.9.2087 15:54:00	Merkur in größter östlicher Elongation zur Sonne	26,9°
17.9.2087 4:02:08	Venus 4,8° südlich M44	44,9°
22.9.2087 2:21:10	Jupiter in Konjunktion zur Sonne	1,1°
23.9.2087 17:36:35	Merkur stationär, dann rückläufig	
24.9.2087 3:01:32	Mars 2,5° nördlich Spika	22,8°
29.9.2087 19:36:03	Venus 2,1° südlich Neptun	46,1°
4.10.2087 23:36:00	Venus in größter westlicher Elongation zur Sonne	46,2°
6.10.2087 11:24:48	Merkur in unterer Konjunktion zur Sonne	-2,1°
6.10.2087 11:53:24	Merkur 5,3° südlich Porrima	2,1°
10.10.2087 15:51:55	Venus 1,2° südlich Regulus	46,1°
14.10.2087 19:23:45	Merkur stationär, dann rechtläufig	
21.10.2087 23:50:00	Merkur in größter westlicher Elongation zur Sonne	18,3°
22.10.2087 23:50:09	Merkur 54' südlich Porrima	18,2°
26.10.2087 20:40:38	Mars 26' südlich Zuben-el-dschenubi	12,6°
31.10.2087 10:40:57	Merkur 4,3° nördlich Spika	13,3°
2.11.2087 8:37:52	Saturnopposition	
9.11.2087 4:21:42	Uranus stationär, dann rechtläufig	
14.11.2087 11:19:36	Merkur 19' nördlich Zuben-el-dschenubi	6,1°

Datum und Uhrzeit (WZ)	Ereignis	Elon-gation
14.11.2087 15:25:20	Venus 37' nördlich Jupiter	42,1°
16.11.2087 1:04:09	Venus 1,1° südlich Porrima	42,1°
21.11.2087 15:36:33	Mars 1,4° südlich Akrab	5°
23.11.2087 0:28:08	Neptun stationär, dann rückläufig	
23.11.2087 19:38:17	Jupiter 1,8° südlich Porrima	49,7°
24.11.2087 19:46:18	Merkur in oberer Konjunktion zur Sonne	-31'
25.11.2087 22:17:38	Venus 4,4° nördlich Spika	38,8°
26.11.2087 1:53:35	Merkur 1,7° südlich Akrab	1°
29.11.2087 13:25:28	Mars 4,2° nördlich Antares	2,9°
29.11.2087 17:39:35	Merkur 3,6° nördlich Antares	2,9°
29.11.2087 21:20:05	Merkur 38' südlich Mars	2,8°
9.12.2087 13:49:29	Mars in Konjunktion zur Sonne	-31'
14.12.2087 11:15:55	Venus 1,8° nördlich Zuben-el-dschenubi	36,4°
21.12.2087 1:52:16	Merkur 1,2° nördlich Nunki	14,5°
29.12.2087 13:47:46	Venus 42' nördlich Akrab	33,6°

2088

Datum und Uhrzeit (WZ)	Ereignis	Elon-gation
3.1.2088 6:59:35	Venus 6,2° nördlich Antares	32,2°
4.1.2088 3:13:00	Merkur in größter östlicher Elongation zur Sonne	19,4°
4.1.2088 23:01:02	Merkur 5,7° südlich Beta Capricorni	19,4°
10.1.2088 21:42:53	Merkur stationär, dann rückläufig	
13.1.2088 13:51:56	Mars 2,7° nördlich Nunki	9,5°
16.1.2088 10:49:48	Merkur 2,4° südlich Beta Capricorni	8,8°
20.1.2088 7:17:58	Merkur in unterer Konjunktion zur Sonne	3,2°
25.1.2088 16:35:13	Merkur 4,5° nördlich Mars	12,3°
30.1.2088 16:14:50	Venus 3,8° nördlich Nunki	26,7°
31.1.2088 15:51:21	Merkur stationär, dann rechtläufig	
2.2.2088 18:05:42	Jupiter stationär, dann rückläufig	
6.2.2088 21:11:11	Merkur 1,7° nördlich Venus	24,9°
8.2.2088 8:55:11	Neptunopposition	
8.2.2088 15:03:58	Mars 5,7° südlich Beta Capricorni	15,2°
13.2.2088 7:41:00	Merkur in größter westlicher Elongation zur Sonne	26°
15.2.2088 19:29:16	Venus 5,1° südlich Beta Capricorni	22,3°
18.2.2088 6:27:47	Merkur 5,1° südlich Beta Capricorni	24,7°
22.2.2088 14:45:50	Uranus in Konjunktion zur Sonne	-43'
27.2.2088 16:55:38	Venus 14' nördlich Mars	20,2°
1.3.2088 17:57:40	Merkur 41' südlich Mars	21°
3.3.2088 22:17:20	Venus 1,7° nördlich Delta Capricorni	19°
4.3.2088 10:51:26	Merkur 43' nördlich Delta Capricorni	19,9°
6.3.2088 11:02:33	Merkur 1° südlich Venus	18,4°
7.3.2088 1:25:38	Mars 1,6° nördlich Delta Capricorni	22,2°
10.3.2088 7:23:48	Merkur 1,6° südlich Uranus	15,8°
11.3.2088 12:23:51	Venus 33' südlich Uranus	17°

Datum und Uhrzeit (WZ)	Ereignis	Elongation
19.3.2088 17:57:13	Mars 27' südlich Uranus	24,7°
29.3.2088 17:36:31	Merkur in oberer Konjunktion zur Sonne	-1,1°
2.4.2088 18:35:01	Jupiteropposition	
11.4.2088 9:25:35	Merkur 9,5° südlich Hamal	13,3°
17.4.2088 0:23:56	Merkur 4,3° nördlich Saturn	16,5°
19.4.2088 20:05:34	Jupiter 1,3° südlich Porrima	160,4°
24.4.2088 18:59:00	Merkur in größter östlicher Elongation zur Sonne	20,3°
27.4.2088 14:29:18	Neptun stationär, dann rechtläufig	
29.4.2088 2:44:38	Venus 11,7° südlich Hamal	4,9°
4.5.2088 11:38:13	Merkur 1,9° südlich Alkione	16°
5.5.2088 22:26:18	Merkur stationär, dann rückläufig	
6.5.2088 9:47:05	Saturn in Konjunktion zur Sonne	-2,1°
7.5.2088 9:55:22	Merkur 2,4° südlich Alkione	13°
9.5.2088 9:16:35	Venus 1,4° nördlich Saturn	2,3°
16.5.2088 14:55:25	Merkur in unterer Konjunktion zur Sonne	-45'
16.5.2088 18:22:27	Merkur 17' südlich Venus	0,5°
17.5.2088 8:26:55	Venus in oberer Konjunktion zur Sonne	-29'
19.5.2088 15:47:21	Venus 4,5° südlich Alkione	0,7°
28.5.2088 21:34:16	Merkur stationär, dann rechtläufig	
28.5.2088 23:58:43	Venus 5,5° nördlich Aldebaran	3,1°
4.6.2088 23:20:31	Jupiter stationär, dann rechtläufig	
5.6.2088 9:26:33	Mars 11,5° südlich Hamal	38°
7.6.2088 14:26:10	Venus 5° südlich Elnath	5,7°
11.6.2088 10:10:52	Uranus stationär, dann rückläufig	
11.6.2088 20:55:00	Merkur in größter westlicher Elongation zur Sonne	23,6°
12.6.2088 23:38:46	Merkur 7,7° südlich Alkione	22,1°
16.6.2088 14:22:28	Venus 1,6° nördlich Eta Geminorum	8,2°
18.6.2088 2:25:31	Venus 1,6° nördlich Mü Geminorum	8,6°
20.6.2088 19:16:13	Venus 7,6° nördlich Alhena	9,4°
22.6.2088 0:34:50	Venus 1,2° südlich Epsilon Geminorum	9,7°
22.6.2088 7:31:24	Merkur 3,5° nördlich Aldebaran	20,5°
29.6.2088 8:38:23	Merkur 6,1° südlich Elnath	15,1°
1.7.2088 4:42:51	Mars 1,5° nördlich Saturn	46,5°
1.7.2088 14:12:05	Venus 9,1° südlich Kastor	12,3°
3.7.2088 14:15:00	Venus 5,6° südlich Pollux	12,9°
4.7.2088 22:37:37	Merkur 1,3° nördlich Eta Geminorum	9,3°
5.7.2088 19:43:39	Merkur 1,4° nördlich Mü Geminorum	8,3°
7.7.2088 9:07:57	Merkur 7,6° nördlich Alhena	6,5°
8.7.2088 1:51:50	Merkur 1,2° südlich Epsilon Geminorum	5,7°
10.7.2088 2:05:04	Mars 4,7° südlich Alkione	47,7°
12.7.2088 18:16:46	Merkur in oberer Konjunktion zur Sonne	1,5°
13.7.2088 11:46:03	Merkur 8,7° südlich Kastor	1,8°
14.7.2088 4:37:40	Venus 9,6' nördlich M44	15,8°
14.7.2088 15:11:16	Merkur 5,2° südlich Pollux	2,8°
20.7.2088 21:58:43	Merkur 33' nördlich M44	9,4°
21.7.2088 4:15:03	Jupiter 1,7° südlich Porrima	72°

Datum und Uhrzeit (WZ)	Ereignis	Elongation
23.7.2088 4:58:47	Venus 1,4° nördlich Neptun	18,2°
26.7.2088 13:28:20	Mars 5,2° nördlich Aldebaran	52,8°
26.7.2088 19:54:45	Merkur 1,4° nördlich Neptun	14,9°
1.8.2088 7:39:48	Venus 1,1° nördlich Regulus	20,7°
2.8.2088 8:16:27	Merkur 35' nördlich Regulus	19,8°
6.8.2088 10:37:33	Merkur 1° südlich Venus	22°
12.8.2088 9:29:28	Neptun in Konjunktion zur Sonne, Bedeckung	14'
13.8.2088 2:49:15	Mars 5,5° südlich Elnath	57,7°
21.8.2088 21:34:06	Merkur 3,3° südlich Venus	26°
23.8.2088 3:29:00	Merkur in größter östlicher Elongation zur Sonne	27,4°
28.8.2088 6:43:46	Uranusopposition	
30.8.2088 7:01:39	Mars 1,1° nördlich Eta Geminorum	63,2°
2.9.2088 5:50:08	Mars 1,1° nördlich Mü Geminorum	64,2°
4.9.2088 10:51:09	Venus 2,3° südlich Porrima	28,6°
5.9.2088 7:09:47	Merkur stationär, dann rückläufig	
7.9.2088 14:47:36	Mars 7,1° nördlich Alhena	65,8°
8.9.2088 11:24:00	Saturn stationär, dann rückläufig	
10.9.2088 1:48:54	Mars 1,7° südlich Epsilon Geminorum	67°
11.9.2088 18:14:13	Venus 49' südlich Jupiter	30,8°
14.9.2088 6:56:22	Venus 2,4° nördlich Spika	31,7°
18.9.2088 23:34:47	Merkur in unterer Konjunktion zur Sonne	-3,1°
26.9.2088 11:30:18	Jupiter 3,4° nördlich Spika	19,5°
27.9.2088 8:21:57	Merkur stationär, dann rechtläufig	
30.9.2088 3:46:03	Mars 9,4° südlich Kastor	74,9°
2.10.2088 22:13:46	Venus 1,2° südlich Zuben-el-dschenubi	35,6°
4.10.2088 14:01:15	Mars 5,9° südlich Pollux	76,8°
4.10.2088 15:51:00	Merkur in größter westlicher Elongation zur Sonne	17,9°
16.10.2088 12:18:10	Merkur 57' südlich Porrima	12,5°
18.10.2088 4:48:54	Venus 2,6° südlich Akrab	38,6°
21.10.2088 16:46:33	Jupiter in Konjunktion zur Sonne	1°
22.10.2088 23:41:25	Venus 2,8° nördlich Antares	40,1°
23.10.2088 12:32:46	Merkur 3,7° nördlich Spika	6,3°
27.10.2088 13:40:31	Merkur 22" südlich Jupiter, Bedeckung	4,7°
30.10.2088 5:39:33	Mars 13' nördlich M44	89,3°
3.11.2088 13:17:36	Merkur in oberer Konjunktion zur Sonne	17'
6.11.2088 5:29:13	Merkur 22' südlich Zuben-el-dschenubi	1,6°
12.11.2088 11:41:53	Uranus stationär, dann rechtläufig	
15.11.2088 6:39:11	Saturnopposition	
17.11.2088 22:28:03	Merkur 2,3° südlich Akrab	7,9°
20.11.2088 7:43:53	Venus 47' nördlich Nunki	44,8°
21.11.2088 15:37:25	Merkur 3° nördlich Antares	10,4°
24.11.2088 11:09:29	Neptun stationär, dann rückläufig	
8.12.2088 0:44:58	Venus 7,3° südlich Beta Capricorni	46,7°
13.12.2088 22:16:00	Mars 2,9° nördlich Neptun	119,8°
14.12.2088 17:05:56	Merkur 1,4° nördlich Nunki	20,2°
17.12.2088 6:19:00	Merkur in größter östlicher Elongation zur Sonne	20,4°

Datum und Uhrzeit (WZ)	Ereignis	Elongation
22.12.2088 1:45:00	Venus in größter östlicher Elongation zur Sonne	47,3°
23.12.2088 17:10:21	Mars stationär, dann rückläufig	
24.12.2088 23:47:55	Merkur stationär, dann rückläufig	
28.12.2088 22:32:41	Venus 1,4° nördlich Delta Capricorni	46,7°

2089

Datum und Uhrzeit (WZ)	Ereignis	Elongation
3.1.2089 2:31:10	Merkur 6° nördlich Nunki	2,7°
3.1.2089 10:51:15	Merkur in unterer Konjunktion zur Sonne	2,6°
4.1.2089 12:58:47	Mars 3,8° nördlich Neptun	142,2°
9.1.2089 8:39:22	Venus 47' nördlich Uranus	45,6°
19.1.2089 5:10:48	Jupiter 51' nördlich Zuben-el-dschenubi	73,6°
21.1.2089 10:53:06	Saturn stationär, dann rechtläufig	
25.1.2089 16:15:00	Merkur in größter westlicher Elongation zur Sonne	24,6°
27.1.2089 18:46:57	Merkur 4,3° nördlich Nunki	24,5°
31.1.2089 20:17:15	Marsopposition	
8.2.2089 16:46:51	Venus stationär, dann rückläufig	
9.2.2089 19:06:35	Neptunopposition	
11.2.2089 22:21:12	Merkur 6° südlich Beta Capricorni	19,2°
14.2.2089 6:10:23	Mars 3,3° nördlich M44	160,9°
25.2.2089 10:09:46	Merkur 32' nördlich Delta Capricorni	12,7°
25.2.2089 19:19:21	Uranus in Konjunktion zur Sonne	-44'
3.3.2089 21:21:50	Venus in unterer Konjunktion zur Sonne	8,8°
4.3.2089 4:47:44	Jupiter stationär, dann rückläufig	
4.3.2089 19:35:23	Merkur 1,5° südlich Uranus	6,7°
5.3.2089 7:37:22	Merkur 11,8° südlich Venus	7,1°
6.3.2089 15:56:48	Venus 10,3° nördlich Uranus	8,4°
13.3.2089 2:04:01	Merkur in oberer Konjunktion zur Sonne	-1,6°
13.3.2089 12:38:28	Mars stationär, dann rechtläufig	
22.3.2089 19:09:35	Venus stationär, dann rechtläufig	
6.4.2089 6:59:39	Merkur 7,9° südlich Hamal	19,2°
11.4.2089 18:44:23	Venus 3,8° nördlich Uranus	40,9°
12.4.2089 18:44:05	Mars 1,3° nördlich M44	104,6°
16.4.2089 17:38:21	Merkur stationär, dann rückläufig	
17.4.2089 17:58:20	Jupiter 1,1° nördlich Zuben-el-dschenubi	162,2°
26.4.2089 23:27:19	Merkur in unterer Konjunktion zur Sonne	1,1°
30.4.2089 0:31:39	Merkur 10,3° südlich Hamal	5°
30.4.2089 4:08:38	Neptun stationär, dann rechtläufig	
3.5.2089 17:54:53	Jupiteropposition	
9.5.2089 7:27:55	Merkur stationär, dann rechtläufig	
12.5.2089 23:45:00	Venus in größter westlicher Elongation zur Sonne	46°
13.5.2089 18:23:08	Mars 1,6° nördlich Neptun	86,2°
15.5.2089 6:50:31	Saturn 6° südlich Alkione	5,1°
18.5.2089 7:30:22	Merkur 14,1° südlich Hamal	21,6°

Datum und Uhrzeit (WZ)	Ereignis	Elongation
21.5.2089 0:13:35	Saturn in Konjunktion zur Sonne	-1,8°
24.5.2089 11:21:00	Merkur in größter westlicher Elongation zur Sonne	25,3°
5.6.2089 6:18:39	Mars 55' nördlich Regulus	75,4°
8.6.2089 14:33:33	Venus 13,1° südlich Hamal	40,7°
9.6.2089 3:23:12	Merkur 6,1° südlich Alkione	18,3°
11.6.2089 4:00:14	Merkur 14' nördlich Saturn	17,6°
15.6.2089 13:08:20	Merkur 4,7° nördlich Aldebaran	13,5°
15.6.2089 17:07:01	Uranus stationär, dann rückläufig	
21.6.2089 8:00:34	Merkur 5,1° südlich Elnath	7,2°
26.6.2089 9:52:17	Merkur 2° nördlich Eta Geminorum	1,2°
27.6.2089 4:26:02	Merkur in oberer Konjunktion zur Sonne	1,2°
27.6.2089 6:00:21	Merkur 2° nördlich Mü Geminorum	0,8°
28.6.2089 18:18:21	Merkur 8,2° nördlich Alhena	2,4°
29.6.2089 10:48:12	Merkur 37' südlich Epsilon Geminorum	3,1°
1.7.2089 9:20:47	Venus 6,5° südlich Alkione	39,3°
4.7.2089 23:39:00	Merkur 8,4° südlich Kastor	9,3°
5.7.2089 22:50:11	Jupiter stationär, dann rechtläufig	
6.7.2089 4:40:10	Merkur 4,9° südlich Pollux	10,6°
7.7.2089 3:46:46	Venus 19' südlich Saturn	39,3°
11.7.2089 12:57:33	Venus 3,5° nördlich Aldebaran	38,5°
13.7.2089 1:22:24	Merkur 27' nördlich M44	17°
21.7.2089 2:21:04	Merkur 43' nördlich Neptun	22,7°
21.7.2089 20:31:54	Venus 6,9° südlich Elnath	36,4°
27.7.2089 18:53:08	Merkur 28' südlich Regulus	25,6°
31.7.2089 9:37:19	Venus 13' südlich Eta Geminorum	34,3°
1.8.2089 23:35:25	Venus 12' südlich Mü Geminorum	33,9°
4.8.2089 19:39:50	Venus 5,9° nördlich Alhena	33,3°
5.8.2089 12:02:00	Merkur in größter östlicher Elongation zur Sonne	27,3°
6.8.2089 2:22:17	Venus 2,9° südlich Epsilon Geminorum	33°
14.8.2089 22:17:47	Neptun in Konjunktion zur Sonne	18'
16.8.2089 0:53:57	Venus 10,6° südlich Kastor	30,7°
16.8.2089 10:51:10	Mars 2,8° südlich Porrima	47,1°
18.8.2089 2:21:49	Venus 7° südlich Pollux	30,2°
18.8.2089 14:25:18	Merkur stationär, dann rückläufig	
28.8.2089 21:46:51	Venus 59' südlich M44	27,6°
1.9.2089 15:04:08	Uranusopposition	
2.9.2089 0:47:01	Merkur in unterer Konjunktion zur Sonne	-4°
3.9.2089 20:24:10	Mars 2,2° nördlich Spika	42,2°
10.9.2089 2:57:46	Venus 33' nördlich Neptun	24,3°
10.9.2089 16:12:57	Merkur stationär, dann rechtläufig	
16.9.2089 0:19:35	Venus 36' nördlich Regulus	22,8°
17.9.2089 2:42:00	Jupiter 33' nördlich Zuben-el-dschenubi	51,2°
18.9.2089 7:32:00	Merkur in größter westlicher Elongation zur Sonne	17,9°
22.9.2089 17:50:07	Saturn stationär, dann rückläufig	
6.10.2089 21:40:06	Mars 43' südlich Zuben-el-dschenubi	31,9°
9.10.2089 3:36:36	Merkur 1,4° südlich Porrima	4,9°

Datum und Uhrzeit (WZ)	Ereignis	Elongation
14.10.2089 7:26:36	Mars 1,3° südlich Jupiter	29,7°
15.10.2089 9:17:58	Merkur in oberer Konjunktion zur Sonne	56'
16.10.2089 1:48:32	Merkur 3,1° nördlich Spika	1°
19.10.2089 4:07:40	Venus 1,4° südlich Porrima	14,7°
28.10.2089 14:47:02	Venus 3,7° nördlich Spika	11°
30.10.2089 1:06:45	Merkur 1,1° südlich Zuben-el-dschenubi	8,9°
1.11.2089 15:30:44	Mars 1,6° südlich Akrab	24,5°
5.11.2089 13:12:46	Merkur 2,2° südlich Jupiter	12,3°
9.11.2089 12:11:48	Mars 3,9° nördlich Antares	22,6°
11.11.2089 3:37:34	Merkur 2,9° südlich Akrab	15°
15.11.2089 1:29:32	Merkur 2,4° nördlich Antares	17,4°
15.11.2089 11:40:33	Venus 40' nördlich Zuben-el-dschenubi	7,6°
16.11.2089 17:22:34	Uranus stationär, dann rechtläufig	
21.11.2089 2:45:05	Merkur 1,7° südlich Mars	19,5°
21.11.2089 3:59:06	Jupiter in Konjunktion zur Sonne	44'
26.11.2089 23:07:26	Neptun stationär, dann rückläufig	
27.11.2089 6:41:56	Venus 9,8' südlich Jupiter	4,8°
29.11.2089 7:52:42	Saturnopposition	
30.11.2089 3:04:49	Venus 33' südlich Akrab	4,1°
30.11.2089 3:46:00	Merkur in größter östlicher Elongation zur Sonne	21,6°
4.12.2089 17:00:04	Venus 4,9° nördlich Antares	3°
9.12.2089 1:28:20	Merkur stationär, dann rückläufig	
12.12.2089 0:25:35	Merkur 43' nördlich Mars	14°
13.12.2089 11:35:03	Jupiter 18' südlich Akrab	17,7°
16.12.2089 23:06:20	Venus in oberer Konjunktion zur Sonne, Bedeckung	-12'
18.12.2089 13:51:22	Merkur 2,2° nördlich Venus	0,5°
18.12.2089 17:22:15	Merkur in unterer Konjunktion zur Sonne	2°
24.12.2089 2:18:55	Mars 2,5° nördlich Nunki	11°
28.12.2089 22:33:28	Merkur stationär, dann rechtläufig	
31.12.2089 10:11:48	Venus 2,7° nördlich Nunki	3,5°

2090

Datum und Uhrzeit (WZ)	Ereignis	Elongation
8.1.2090 1:34:00	Merkur in größter westlicher Elongation zur Sonne	23,1°
10.1.2090 3:23:48	Jupiter 5,3° nördlich Antares	39,6°
12.1.2090 2:41:32	Venus 4,1' südlich Mars	6,4°
16.1.2090 7:15:42	Venus 6° südlich Beta Capricorni	7,4°
18.1.2090 21:05:03	Mars 5,8° südlich Beta Capricorni	4,8°
22.1.2090 23:28:22	Merkur 3,1° nördlich Nunki	19,5°
2.2.2090 7:00:55	Venus 1,2° nördlich Delta Capricorni	11,2°
5.2.2090 3:42:57	Merkur 6,5° südlich Beta Capricorni	12,4°
8.2.2090 6:02:36	Mars in Konjunktion zur Sonne	-1,1°
12.2.2090 5:13:36	Neptunopposition	
14.2.2090 16:20:24	Venus 47' südlich Uranus	14,3°

Datum und Uhrzeit (WZ)	Ereignis	Elon-gation
15.2.2090 2:07:02	Mars 1,6° nördlich Delta Capricorni	1,9°
17.2.2090 21:14:15	Merkur 33' nördlich Delta Capricorni	5,2°
20.2.2090 3:05:47	Merkur 1,1° südlich Mars	2,8°
23.2.2090 19:44:43	Merkur in oberer Konjunktion zur Sonne	-1,9°
26.2.2090 20:17:42	Merkur 1° südlich Uranus	3,1°
1.3.2090 23:53:42	Uranus in Konjunktion zur Sonne	-44'
8.3.2090 7:56:57	Mars 19' südlich Uranus	6°
21.3.2090 14:21:00	Merkur in größter östlicher Elongation zur Sonne	18,6°
29.3.2090 2:51:56	Merkur stationär, dann rückläufig	
30.3.2090 17:49:30	Venus 10,8° südlich Hamal	24,8°
5.4.2090 3:02:44	Jupiter stationär, dann rückläufig	
8.4.2090 4:36:15	Merkur in unterer Konjunktion zur Sonne	2,5°
16.4.2090 11:58:27	Merkur 1,3° nördlich Mars	13,8°
20.4.2090 11:45:03	Venus 3,3° südlich Alkione	29,7°
20.4.2090 14:24:22	Merkur stationär, dann rechtläufig	
28.4.2090 17:42:41	Venus 2,7° nördlich Saturn	31,2°
29.4.2090 23:07:57	Venus 6,8° nördlich Aldebaran	31,3°
2.5.2090 16:04:58	Neptun stationär, dann rechtläufig	
6.5.2090 4:37:00	Merkur in größter westlicher Elongation zur Sonne	26,7°
9.5.2090 18:11:34	Venus 3,8° südlich Elnath	34°
11.5.2090 1:09:23	Saturn 4° nördlich Aldebaran	20,8°
16.5.2090 0:19:44	Mars 11,2° südlich Hamal	19,4°
18.5.2090 1:38:28	Merkur 13,6° südlich Hamal	21,1°
19.5.2090 0:22:23	Venus 2,8° nördlich Eta Geminorum	36,1°
20.5.2090 3:50:37	Merkur 2,2° südlich Mars	21,4°
20.5.2090 13:42:39	Venus 2,8° nördlich Mü Geminorum	36,4°
23.5.2090 9:02:32	Venus 8,8° nördlich Alhena	37°
24.5.2090 15:36:19	Venus 1,4' südlich Epsilon Geminorum	37,3°
1.6.2090 19:30:58	Merkur 5° südlich Alkione	11,3°
3.6.2090 16:56:35	Venus 8° südlich Kastor	39°
4.6.2090 21:28:54	Saturn in Konjunktion zur Sonne	-1,4°
5.6.2090 1:41:54	Jupiteropposition	
5.6.2090 19:59:01	Venus 4,6° südlich Pollux	39,3°
7.6.2090 8:28:46	Merkur 5,7° nördlich Aldebaran	5,3°
9.6.2090 1:25:59	Merkur 1,9° nördlich Saturn	3,3°
11.6.2090 16:07:23	Merkur in oberer Konjunktion zur Sonne	52'
12.6.2090 17:50:48	Merkur 4,4° südlich Elnath	1,7°
17.6.2090 6:37:09	Venus 51' nördlich M44	41,7°
17.6.2090 19:29:22	Merkur 2,5° nördlich Eta Geminorum	7,6°
18.6.2090 16:19:54	Merkur 2,5° nördlich Mü Geminorum	8,6°
19.6.2090 8:05:25	Mars 4,3° südlich Alkione	27,6°
20.6.2090 2:30:47	Uranus stationär, dann rückläufig	
20.6.2090 6:24:52	Merkur 8,6° nördlich Alhena	10,4°
20.6.2090 23:56:57	Merkur 14' südlich Epsilon Geminorum	11,2°
27.6.2090 1:42:29	Merkur 8,3° südlich Kastor	17,1°
28.6.2090 10:37:03	Merkur 4,9° südlich Pollux	18,2°

Datum und Uhrzeit (WZ)	Ereignis	Elongation
30.6.2090 13:32:13	Venus 1,4° nördlich Neptun	43,7°
5.7.2090 11:33:25	Mars 5,5° nördlich Aldebaran	32,2°
6.7.2090 13:59:10	Merkur 2,6' südlich M44	23,5°
7.7.2090 19:35:39	Venus 53' nördlich Regulus	44,6°
17.7.2090 14:56:21	Mars 1,6° nördlich Saturn	35,3°
18.7.2090 15:08:00	Merkur in größter östlicher Elongation zur Sonne	26,7°
20.7.2090 1:20:38	Merkur 1,5° südlich Neptun	26,2°
22.7.2090 12:25:00	Mars 5,2° südlich Elnath	36,7°
23.7.2090 2:38:43	Jupiter 5,2° nördlich Antares	129,5°
26.7.2090 20:37:00	Venus in größter östlicher Elongation zur Sonne	45,6°
31.7.2090 16:49:38	Merkur stationär, dann rückläufig	
6.8.2090 7:24:55	Jupiter stationär, dann rechtläufig	
7.8.2090 22:07:32	Mars 1,3° nördlich Eta Geminorum	41,2°
10.8.2090 16:58:33	Mars 1,3° nördlich Mü Geminorum	42°
11.8.2090 2:03:55	Merkur 5,5° südlich Neptun	5,9°
15.8.2090 11:33:03	Merkur in unterer Konjunktion zur Sonne	-4,7°
15.8.2090 17:58:31	Mars 7,3° nördlich Alhena	43,5°
17.8.2090 11:15:06	Neptun in Konjunktion zur Sonne	22'
18.8.2090 1:05:45	Mars 1,5° südlich Epsilon Geminorum	44,3°
20.8.2090 14:19:38	Jupiter 5,1° nördlich Antares	102,2°
21.8.2090 8:17:22	Saturn 6,8° südlich Elnath	65,1°
24.8.2090 15:52:44	Merkur stationär, dann rechtläufig	
26.8.2090 15:51:43	Venus 7,7° südlich Porrima	37,6°
1.9.2090 19:39:00	Merkur in größter westlicher Elongation zur Sonne	18,2°
5.9.2090 5:40:05	Merkur 16' nördlich Neptun	17,4°
5.9.2090 8:24:20	Mars 9,4° südlich Kastor	50,2°
5.9.2090 23:09:23	Uranusopposition	
8.9.2090 16:40:54	Merkur 48' nördlich Regulus	15,5°
9.9.2090 6:11:48	Mars 5,9° südlich Pollux	51,5°
12.9.2090 0:41:38	Venus stationär, dann rückläufig	
27.9.2090 7:04:18	Merkur in oberer Konjunktion zur Sonne	1,4°
27.9.2090 13:00:31	Venus 12,1° südlich Porrima	7°
30.9.2090 11:29:17	Mars 8,8' südlich M44	59,3°
30.9.2090 12:59:26	Merkur 10,3° nördlich Venus	2,8°
1.10.2090 12:09:53	Merkur 1,9° südlich Porrima	3,5°
4.10.2090 17:18:04	Venus in unterer Konjunktion zur Sonne	-8,1°
7.10.2090 2:53:39	Saturn stationär, dann rückläufig	
8.10.2090 15:45:55	Merkur 2,5° nördlich Spika	8,3°
23.10.2090 6:25:57	Venus stationär, dann rechtläufig	
23.10.2090 6:34:35	Merkur 1,8° südlich Zuben-el-dschenubi	15,9°
1.11.2090 17:21:03	Mars 1,3° nördlich Neptun	72,4°
5.11.2090 10:48:07	Merkur 3,6° südlich Akrab	21°
8.11.2090 18:56:24	Mars 1,4° nördlich Regulus	75,8°
10.11.2090 2:55:55	Merkur 1,9° nördlich Antares	22,7°
12.11.2090 20:13:00	Merkur in größter östlicher Elongation zur Sonne	22,9°
17.11.2090 5:54:35	Venus 2,6° südlich Porrima	43°

Datum und Uhrzeit (WZ)	Ereignis	Elongation
21.11.2090 0:00:00	Uranus stationär, dann rechtläufig	
23.11.2090 0:13:11	Merkur stationär, dann rückläufig	
23.11.2090 11:44:07	Saturn 6,9° südlich Elnath	157,2°
29.11.2090 9:04:39	Neptun stationär, dann rückläufig	
1.12.2090 6:51:42	Venus 4,3° nördlich Spika	44,5°
3.12.2090 0:54:12	Merkur in unterer Konjunktion zur Sonne	1,2°
3.12.2090 21:34:49	Merkur 6,1° nördlich Antares	2,5°
9.12.2090 18:43:28	Merkur 1,7° nördlich Akrab	13,8°
12.12.2090 16:19:58	Merkur stationär, dann rechtläufig	
13.12.2090 11:10:24	Saturnopposition	
15.12.2090 10:51:00	Venus in größter westlicher Elongation zur Sonne	46,9°
15.12.2090 18:43:25	Merkur 1,7° nördlich Akrab	19,8°
21.12.2090 14:57:00	Merkur in größter westlicher Elongation zur Sonne	21,7°
22.12.2090 10:28:51	Jupiter in Konjunktion zur Sonne, Bedeckung	12'
23.12.2090 0:05:09	Merkur 6,6° nördlich Antares	21,1°
23.12.2090 12:54:59	Venus 2,7° nördlich Zuben-el-dschenubi	45,9°

2091

Datum und Uhrzeit (WZ)	Ereignis	Elongation
9.1.2091 8:21:36	Venus 1,8° nördlich Akrab	44,9°
10.1.2091 19:20:10	Merkur 40' südlich Jupiter	15,3°
14.1.2091 11:21:52	Venus 7,3° nördlich Antares	43,7°
16.1.2091 9:33:04	Merkur 2,4° nördlich Nunki	12,6°
27.1.2091 0:30:29	Mars stationär, dann rückläufig	
28.1.2091 19:57:21	Merkur 6,7° südlich Beta Capricorni	5,8°
5.2.2091 17:36:29	Merkur in oberer Konjunktion zur Sonne	-2,1°
10.2.2091 4:32:06	Merkur 43' nördlich Delta Capricorni	3,9°
10.2.2091 23:28:41	Venus 1,2° nördlich Jupiter	40,2°
12.2.2091 12:49:57	Venus 4,7° nördlich Nunki	39,9°
14.2.2091 15:16:54	Neptunopposition	
18.2.2091 3:09:58	Saturn stationär, dann rechtläufig	
20.2.2091 11:08:48	Jupiter 3,6° nördlich Nunki	48°
21.2.2091 4:02:18	Merkur 3,8' südlich Uranus	12,3°
1.3.2091 6:07:47	Venus 4,4° südlich Beta Capricorni	35,8°
4.3.2091 23:21:00	Merkur in größter westlicher Elongation zur Sonne	18,2°
6.3.2091 4:29:08	Uranus in Konjunktion zur Sonne	-44'
6.3.2091 20:08:56	Marsopposition	
11.3.2091 8:41:09	Merkur stationär, dann rückläufig	
18.3.2091 18:49:26	Venus 2,1° nördlich Delta Capricorni	32,9°
21.3.2091 6:31:54	Merkur in unterer Konjunktion zur Sonne	3,3°
2.4.2091 17:01:34	Merkur stationär, dann rechtläufig	
5.4.2091 16:01:17	Venus 36' südlich Uranus	28,6°
13.4.2091 20:01:14	Merkur 20' südlich Venus	26,9°
18.4.2091 3:42:00	Merkur in größter westlicher Elongation zur Sonne	27,6°

Datum und Uhrzeit (WZ)	Ereignis	Elongation
18.4.2091 13:26:34	Mars stationär, dann rechtläufig	
3.5.2091 18:55:04	Merkur 1,2° südlich Venus	22°
5.5.2091 5:01:31	Neptun stationär, dann rechtläufig	
7.5.2091 12:30:58	Saturn 6,4° südlich Elnath	36,3°
9.5.2091 16:37:47	Jupiter stationär, dann rückläufig	
11.5.2091 17:47:10	Merkur 12,7° südlich Hamal	15,8°
14.5.2091 14:52:15	Venus 12,1° südlich Hamal	18,1°
24.5.2091 12:20:40	Merkur 4,1° südlich Alkione	3,2°
27.5.2091 3:38:45	Merkur in oberer Konjunktion zur Sonne	28'
29.5.2091 18:34:27	Merkur 6,4° nördlich Aldebaran	3,4°
4.6.2091 5:42:28	Merkur 3,8° südlich Elnath	9,9°
4.6.2091 8:23:42	Venus 5° südlich Alkione	13,4°
5.6.2091 22:53:39	Merkur 2,8° nördlich Saturn	11,6°
9.6.2091 17:26:37	Merkur 2,9° nördlich Eta Geminorum	15,6°
10.6.2091 16:52:15	Merkur 2,9° nördlich Mü Geminorum	16,4°
12.6.2091 12:20:41	Merkur 8,8° nördlich Alhena	18°
13.6.2091 8:40:54	Merkur 1' südlich Epsilon Geminorum	18,7°
13.6.2091 18:27:18	Venus 5° nördlich Aldebaran	11,3°
19.6.2091 23:08:19	Saturn in Konjunktion zur Sonne	-58'
20.6.2091 18:43:07	Merkur 8,6° südlich Kastor	23,3°
22.6.2091 13:54:37	Merkur 5,3° südlich Pollux	23,9°
23.6.2091 10:35:30	Venus 5,5° südlich Elnath	8,7°
24.6.2091 9:26:14	Uranus stationär, dann rückläufig	
28.6.2091 18:14:57	Venus 1° nördlich Saturn	7,2°
30.6.2091 11:17:00	Merkur in größter östlicher Elongation zur Sonne	25,6°
2.7.2091 11:39:35	Venus 1,1° nördlich Eta Geminorum	6,2°
3.7.2091 23:51:50	Venus 1,1° nördlich Mü Geminorum	5,8°
6.7.2091 7:20:09	Merkur 2,4° südlich M44	24°
6.7.2091 16:54:25	Venus 7,1° nördlich Alhena	5,1°
7.7.2091 22:21:13	Venus 1,7° südlich Epsilon Geminorum	4,8°
9.7.2091 8:54:13	Jupiteropposition	
13.7.2091 14:43:04	Merkur stationär, dann rückläufig	
17.7.2091 12:10:56	Venus 9,5° südlich Kastor	2,2°
19.7.2091 12:07:16	Venus 6° südlich Pollux	1,8°
20.7.2091 23:15:55	Merkur 5,8° südlich M44	10,1°
24.7.2091 3:57:25	Mars 3° südlich Porrima	69,9°
25.7.2091 2:24:15	Venus in oberer Konjunktion zur Sonne	60'
26.7.2091 23:22:30	Merkur 6,2° südlich Venus	1,2°
28.7.2091 4:21:30	Merkur in unterer Konjunktion zur Sonne	-5°
30.7.2091 1:27:34	Venus 9,1' südlich M44	1,8°
5.8.2091 8:30:54	Saturn 2' südlich Eta Geminorum	38,5°
7.8.2091 3:27:56	Merkur stationär, dann rechtläufig	
8.8.2091 7:17:40	Jupiter 3,2° nördlich Nunki	147,4°
13.8.2091 1:39:22	Mars 1,9° nördlich Spika	63,8°
13.8.2091 17:49:00	Venus 1° nördlich Neptun	5,6°
16.8.2091 0:56:00	Merkur in größter westlicher Elongation zur Sonne	18,8°

Datum und Uhrzeit (WZ)	Ereignis	Elongation
17.8.2091 0:08:06	Venus 1° nördlich Regulus	6,5°
19.8.2091 17:36:14	Merkur 1,5° südlich M44	18,1°
19.8.2091 23:57:39	Neptun in Konjunktion zur Sonne	26'
23.8.2091 11:30:38	Saturn 5,7' südlich Mü Geminorum	54,1°
30.8.2091 13:22:34	Merkur 1,2° nördlich Neptun	9,8°
1.9.2091 7:09:39	Merkur 1,3° nördlich Regulus	8,1°
8.9.2091 6:36:07	Jupiter stationär, dann rechtläufig	
10.9.2091 1:29:08	Merkur in oberer Konjunktion zur Sonne	1,7°
10.9.2091 7:10:19	Uranusopposition	
16.9.2091 11:28:34	Mars 1,1° südlich Zuben-el-dschenubi	52,4°
19.9.2091 11:03:45	Venus 1,9° südlich Porrima	14,9°
24.9.2091 0:40:28	Merkur 2,6° südlich Porrima	10,5°
29.9.2091 1:13:41	Venus 3° nördlich Spika	17,9°
1.10.2091 14:44:52	Merkur 1,7° nördlich Spika	15,8°
8.10.2091 23:23:57	Jupiter 3,2° nördlich Nunki	87,7°
12.10.2091 15:12:35	Mars 2° südlich Akrab	44,9°
17.10.2091 4:25:01	Venus 22' südlich Zuben-el-dschenubi	22,2°
17.10.2091 14:22:12	Merkur 2,7° südlich Zuben-el-dschenubi	21,8°
20.10.2091 13:22:48	Mars 3,6° nördlich Antares	43,1°
21.10.2091 13:47:04	Saturn stationär, dann rückläufig	
26.10.2091 9:29:00	Merkur in größter östlicher Elongation zur Sonne	24,2°
1.11.2091 0:08:42	Venus 1,7° südlich Akrab	25,7°
5.11.2091 15:21:01	Venus 3,7° nördlich Antares	27,1°
6.11.2091 17:44:28	Merkur stationär, dann rückläufig	
17.11.2091 7:39:05	Merkur in unterer Konjunktion zur Sonne	20'
25.11.2091 5:07:15	Uranus stationär, dann rechtläufig	
26.11.2091 10:35:43	Merkur stationär, dann rechtläufig	
30.11.2091 5:56:53	Venus 35' südlich Mars	32,6°
1.12.2091 21:15:03	Neptun stationär, dann rückläufig	
2.12.2091 16:57:27	Venus 1,7° nördlich Nunki	33,1°
4.12.2091 4:56:15	Mars 2,3° nördlich Nunki	31,6°
4.12.2091 11:23:00	Merkur in größter westlicher Elongation zur Sonne	20,4°
10.12.2091 22:14:06	Venus 1,6° südlich Jupiter	34,9°
14.12.2091 5:05:15	Merkur 18' nördlich Akrab	18°
18.12.2091 6:58:28	Merkur 5,4° nördlich Antares	16,2°
18.12.2091 23:03:31	Venus 6,8° südlich Beta Capricorni	36,5°
19.12.2091 18:25:02	Mars 49' südlich Jupiter	27,9°
21.12.2091 13:45:57	Saturn 4' südlich Mü Geminorum	173,3°
27.12.2091 15:04:21	Saturnopposition	
29.12.2091 22:48:48	Mars 5,9° südlich Beta Capricorni	25,5°

2092

Datum und Uhrzeit (WZ)	Ereignis	Elongation
5.1.2092 15:53:31	Venus 55' nördlich Delta Capricorni	39,6°

Datum und Uhrzeit (WZ)	Ereignis	Elon-gation
9.1.2092 5:43:35	Merkur 1,9° nördlich Nunki	5,3°
13.1.2092 15:34:56	Saturn 2,6' nördlich Eta Geminorum	161,3°
17.1.2092 14:33:54	Merkur in oberer Konjunktion zur Sonne	-2°
21.1.2092 0:05:24	Merkur 1,7° südlich Jupiter	2,7°
21.1.2092 7:53:57	Merkur 6,9° südlich Beta Capricorni	3,2°
23.1.2092 8:32:09	Jupiter 5,2° südlich Beta Capricorni	0,9°
24.1.2092 8:48:17	Jupiter in Konjunktion zur Sonne	-25'
24.1.2092 9:27:51	Venus 12' südlich Uranus	43°
26.1.2092 3:48:43	Mars 1,6° nördlich Delta Capricorni	18,8°
2.2.2092 17:55:45	Merkur 1,1° nördlich Delta Capricorni	11,3°
9.2.2092 21:52:09	Merkur 31' nördlich Mars	15,9°
16.2.2092 11:29:00	Merkur in größter östlicher Elongation zur Sonne	18,1°
17.2.2092 1:20:38	Neptunopposition	
23.2.2092 11:31:08	Merkur 4° nördlich Mars	12,9°
25.2.2092 2:15:04	Mars 8,8' südlich Uranus	12,6°
3.3.2092 1:48:17	Merkur in unterer Konjunktion zur Sonne	3,7°
3.3.2092 7:10:35	Saturn stationär, dann rechtläufig	
3.3.2092 13:24:00	Venus in größter westlicher Elongation zur Sonne	46,4°
9.3.2092 9:24:52	Uranus in Konjunktion zur Sonne	-44'
9.3.2092 18:26:17	Venus 7,5° südlich Hamal	46,3°
15.3.2092 9:27:48	Merkur stationär, dann rechtläufig	
30.3.2092 8:38:00	Merkur in größter westlicher Elongation zur Sonne	27,8°
6.4.2092 6:17:46	Merkur 1,7° südlich Uranus	26,1°
16.4.2092 15:01:13	Venus 1,9° nördlich Alkione	33,9°
20.4.2092 23:48:09	Saturn 19' nördlich Eta Geminorum	62,8°
21.4.2092 10:09:44	Mars in Konjunktion zur Sonne	-20'
22.4.2092 13:01:48	Venus stationär, dann rückläufig	
25.4.2092 9:24:57	Mars 10,9° südlich Hamal	0,9°
28.4.2092 8:08:40	Venus 1,7° nördlich Alkione	22,6°
3.5.2092 0:05:42	Merkur 11,8° südlich Hamal	8,7°
6.5.2092 17:32:13	Neptun stationär, dann rechtläufig	
7.5.2092 8:53:45	Merkur 22' südlich Mars	3,7°
10.5.2092 13:12:41	Merkur in oberer Konjunktion zur Sonne, Bedeckung	2,6'
10.5.2092 21:34:33	Saturn 17' nördlich Mü Geminorum	45,3°
12.5.2092 2:35:42	Merkur 3,6° südlich Venus	1,9°
13.5.2092 20:14:11	Venus in unterer Konjunktion zur Sonne	3,4°
14.5.2092 23:59:38	Merkur 3,3° südlich Alkione	5,4°
15.5.2092 1:16:24	Jupiter 2° nördlich Delta Capricorni	89,7°
17.5.2092 3:07:03	Venus 2,8° nördlich Mars	5,9°
20.5.2092 10:11:21	Merkur 7,1° nördlich Aldebaran	11,7°
26.5.2092 12:30:26	Merkur 3,3° südlich Elnath	17,5°
29.5.2092 18:55:45	Mars 4,1° südlich Alkione	9°
2.6.2092 6:34:25	Merkur 3° nördlich Eta Geminorum	22°
2.6.2092 20:26:40	Venus stationär, dann rechtläufig	
3.6.2092 13:39:45	Merkur 2,9° nördlich Mü Geminorum	22,5°
5.6.2092 18:53:07	Merkur 2,4° nördlich Saturn	23,3°

Datum und Uhrzeit (WZ)	Ereignis	Elongation
6.6.2092 2:02:46	Merkur 8,6° nördlich Alhena	23,4°
7.6.2092 7:51:09	Merkur 20' südlich Epsilon Geminorum	23,7°
8.6.2092 20:09:53	Saturn 6,3° nördlich Alhena	20,9°
11.6.2092 1:46:00	Merkur in größter östlicher Elongation zur Sonne	24,1°
14.6.2092 17:17:08	Jupiter stationär, dann rückläufig	
14.6.2092 21:51:30	Mars 5,8° nördlich Aldebaran	13°
20.6.2092 19:45:19	Saturn 2,5° südlich Epsilon Geminorum	10,9°
24.6.2092 7:27:42	Merkur stationär, dann rückläufig	
27.6.2092 18:46:14	Uranus stationär, dann rückläufig	
1.7.2092 20:49:07	Mars 5° südlich Elnath	17,4°
4.7.2092 2:29:40	Saturn in Konjunktion zur Sonne	-26'
4.7.2092 16:14:08	Venus 8° südlich Alkione	42,6°
8.7.2092 0:57:04	Merkur in unterer Konjunktion zur Sonne	-4,7°
11.7.2092 21:56:31	Merkur 4,5° südlich Saturn	6,4°
15.7.2092 10:30:44	Jupiter 1,7° nördlich Delta Capricorni	148,5°
18.7.2092 2:36:39	Mars 1,5° nördlich Eta Geminorum	21,8°
18.7.2092 11:23:54	Venus 1,9° nördlich Aldebaran	45,7°
18.7.2092 22:06:12	Merkur stationär, dann rechtläufig	
20.7.2092 20:33:43	Mars 1,4° nördlich Mü Geminorum	22,6°
22.7.2092 22:37:00	Venus in größter westlicher Elongation zur Sonne	45,7°
25.7.2092 19:41:03	Mars 7,4° nördlich Alhena	24°
28.7.2092 1:56:06	Mars 1,4° südlich Epsilon Geminorum	24,7°
28.7.2092 2:45:49	Merkur 1,8° südlich Saturn	19,7°
28.7.2092 20:30:00	Merkur in größter westlicher Elongation zur Sonne	19,8°
31.7.2092 1:14:33	Venus 8,5° südlich Elnath	45,3°
3.8.2092 4:49:11	Merkur 10,9° südlich Kastor	18,5°
4.8.2092 20:28:59	Merkur 7,1° südlich Pollux	17,7°
5.8.2092 21:19:36	Mars 1,2° nördlich Saturn	27,1°
11.8.2092 0:39:48	Venus 1,6° südlich Eta Geminorum	44,7°
12.8.2092 3:19:47	Merkur 13' südlich M44	11,9°
12.8.2092 19:20:46	Venus 1,6° südlich Mü Geminorum	44,5°
13.8.2092 17:16:45	Jupiteropposition	
14.8.2092 23:19:11	Mars 9,4° südlich Kastor	30,1°
15.8.2092 23:14:42	Venus 4,5° nördlich Alhena	44,1°
17.8.2092 9:19:31	Venus 4,2° südlich Epsilon Geminorum	44°
18.8.2092 18:15:02	Mars 5,9° südlich Pollux	31,2°
21.8.2092 12:39:44	Neptun in Konjunktion zur Sonne	29'
22.8.2092 7:16:00	Merkur 1,4° nördlich Neptun	0,9°
23.8.2092 2:18:12	Merkur 1,4° nördlich Regulus	0,5°
23.8.2092 11:07:02	Merkur in oberer Konjunktion zur Sonne	1,8°
24.8.2092 18:20:35	Venus 1,3° südlich Saturn	43°
28.8.2092 5:18:02	Venus 11,7° südlich Kastor	42,4°
30.8.2092 10:20:51	Venus 8,1° südlich Pollux	42,1°
8.9.2092 2:24:38	Mars 12' südlich M44	37,9°
10.9.2092 21:15:43	Venus 1,8° südlich M44	40,1°
13.9.2092 14:46:27	Uranusopposition	

Datum und Uhrzeit (WZ)	Ereignis	Elongation
14.9.2092 4:38:03	Venus 1,5° südlich Mars	39,5°
16.9.2092 2:10:55	Merkur 3,4° südlich Porrima	17,4°
24.9.2092 11:44:38	Merkur 42' nördlich Spika	22,5°
29.9.2092 10:53:51	Venus 6,7' nördlich Neptun	36,5°
29.9.2092 15:52:00	Venus 9,7' nördlich Regulus	36,4°
7.10.2092 20:31:23	Neptun 2,5' nördlich Regulus	44,5°
7.10.2092 21:33:00	Merkur in größter östlicher Elongation zur Sonne	25,5°
12.10.2092 7:39:34	Jupiter stationär, dann rechtläufig	
13.10.2092 23:49:05	Mars 60' nördlich Regulus	50,5°
14.10.2092 6:44:07	Mars 57' nördlich Neptun	50,7°
14.10.2092 13:55:23	Saturn 10,6° südlich Kastor	88,9°
17.10.2092 6:06:34	Merkur 3,8° südlich Zuben-el-dschenubi	21,4°
20.10.2092 4:18:37	Merkur stationär, dann rückläufig	
22.10.2092 22:32:07	Merkur 3,3° südlich Zuben-el-dschenubi	15,8°
31.10.2092 11:51:48	Merkur in unterer Konjunktion zur Sonne	-36'
2.11.2092 7:26:09	Venus 1,2° südlich Porrima	29°
4.11.2092 0:58:04	Saturn stationär, dann rückläufig	
9.11.2092 4:36:11	Merkur stationär, dann rechtläufig	
11.11.2092 19:43:31	Venus 4° nördlich Spika	25,4°
16.11.2092 15:46:00	Merkur in größter westlicher Elongation zur Sonne	19,4°
24.11.2092 12:31:03	Merkur 1,6° nördlich Zuben-el-dschenubi	16,9°
24.11.2092 13:14:19	Saturn 10,5° südlich Kastor	129,9°
28.11.2092 11:01:57	Uranus stationär, dann rechtläufig	
29.11.2092 19:16:03	Venus 1,1° nördlich Zuben-el-dschenubi	22,3°
3.12.2092 7:09:42	Neptun stationär, dann rückläufig	
6.12.2092 22:12:00	Merkur 36' südlich Akrab	11,2°
10.12.2092 16:08:30	Merkur 4,6° nördlich Antares	9,2°
14.12.2092 12:54:55	Venus 1,1' südlich Akrab	19,1°
19.12.2092 3:37:14	Venus 5,4° nördlich Antares	17,7°
26.12.2092 22:48:37	Jupiter 1,8° nördlich Delta Capricorni	48,7°
27.12.2092 9:34:36	Merkur in oberer Konjunktion zur Sonne	-1,6°
27.12.2092 21:56:53	Mars 46' südlich Porrima	85,4°
31.12.2092 21:30:27	Merkur 1,5° nördlich Nunki	3,3°

2093

Datum und Uhrzeit (WZ)	Ereignis	Elongation
9.1.2093 18:05:34	Saturnopposition	
12.1.2093 23:20:38	Merkur 6,8° südlich Beta Capricorni	10,4°
15.1.2093 0:33:54	Venus 3,2° nördlich Nunki	11,6°
25.1.2093 10:39:22	Mars 4,8° nördlich Spika	101,1°
26.1.2093 21:03:26	Merkur 2,2° nördlich Delta Capricorni	17,4°
29.1.2093 23:52:00	Merkur in größter östlicher Elongation zur Sonne	18,4°
30.1.2093 12:18:00	Neptun 5,7' nördlich Regulus	160,2°
30.1.2093 22:45:46	Venus 5,6° südlich Beta Capricorni	7,8°

Datum und Uhrzeit (WZ)	Ereignis	Elon-gation
13.2.2093 21:41:18	Merkur 6,7° nördlich Delta Capricorni	2,8°
14.2.2093 10:24:59	Merkur in unterer Konjunktion zur Sonne	3,7°
15.2.2093 11:47:54	Merkur 5,3° nördlich Venus	4,2°
16.2.2093 22:29:13	Venus 1,4° nördlich Delta Capricorni	3,9°
18.2.2093 11:34:19	Neptunopposition	
26.2.2093 11:25:56	Merkur stationär, dann rechtläufig	
27.2.2093 11:11:38	Jupiter in Konjunktion zur Sonne	-55'
28.2.2093 8:54:00	Venus 32' südlich Jupiter	1,2°
4.3.2093 0:00:15	Venus in oberer Konjunktion zur Sonne	-1,4°
4.3.2093 2:56:26	Mars stationär, dann rückläufig	
11.3.2093 8:30:39	Venus 45' südlich Uranus	2,2°
12.3.2093 17:31:00	Merkur in größter westlicher Elongation zur Sonne	27,5°
12.3.2093 19:40:51	Merkur 2° nördlich Delta Capricorni	27,5°
13.3.2093 14:38:00	Uranus in Konjunktion zur Sonne	-44'
17.3.2093 15:20:18	Saturn stationär, dann rechtläufig	
28.3.2093 20:16:27	Merkur 1,5° südlich Jupiter	22,3°
3.4.2093 1:10:16	Merkur 1,8° südlich Uranus	19,1°
7.4.2093 9:02:13	Mars 4,8° nördlich Spika	172,9°
11.4.2093 2:15:11	Marsopposition	
14.4.2093 0:29:08	Venus 11,3° südlich Hamal	10,3°
24.4.2093 17:43:37	Merkur 11° südlich Hamal	0,4°
24.4.2093 18:57:45	Merkur in oberer Konjunktion zur Sonne	-25'
4.5.2093 13:00:53	Venus 4° südlich Alkione	15,6°
6.5.2093 21:57:53	Merkur 2,5° südlich Alkione	13,7°
9.5.2093 5:33:36	Neptun stationär, dann rechtläufig	
11.5.2093 14:30:40	Merkur 1,7° nördlich Venus	17,4°
13.5.2093 6:10:10	Merkur 7,8° nördlich Aldebaran	18,6°
13.5.2093 21:10:34	Venus 6,1° nördlich Aldebaran	18°
16.5.2093 19:44:14	Jupiter 22' südlich Uranus	59,8°
16.5.2093 22:34:44	Mars 2,1° südlich Porrima	134,5°
21.5.2093 17:39:02	Merkur 3,1° südlich Elnath	22,4°
23.5.2093 12:06:12	Venus 4,5° südlich Elnath	20,5°
23.5.2093 12:12:42	Mars stationär, dann rechtläufig	
23.5.2093 16:33:00	Merkur in größter östlicher Elongation zur Sonne	22,5°
28.5.2093 6:10:53	Merkur 26' nördlich Venus	21,8°
30.5.2093 4:48:58	Mars 2,7° südlich Porrima	121,8°
1.6.2093 12:51:26	Venus 2,1° nördlich Eta Geminorum	22,9°
3.6.2093 1:08:06	Venus 2,1° nördlich Mü Geminorum	23,3°
5.6.2093 17:09:41	Merkur stationär, dann rückläufig	
5.6.2093 18:23:48	Venus 8,1° nördlich Alhena	24°
7.6.2093 0:01:59	Venus 41' südlich Epsilon Geminorum	24,3°
16.6.2093 14:31:53	Venus 1,6° nördlich Saturn	26,7°
16.6.2093 16:13:38	Venus 8,6° südlich Kastor	26,7°
17.6.2093 7:42:33	Saturn 10,2° südlich Kastor	26,4°
18.6.2093 3:26:00	Merkur in unterer Konjunktion zur Sonne	-3,7°
18.6.2093 16:53:27	Venus 5,1° südlich Pollux	27,1°

Datum und Uhrzeit (WZ)	Ereignis	Elongation
29.6.2093 11:45:29	Venus 30' nördlich M44	30°
29.6.2093 20:00:06	Merkur stationär, dann rechtläufig	
2.7.2093 1:42:31	Uranus stationär, dann rückläufig	
7.7.2093 2:23:30	Saturn 6,7° südlich Pollux	10°
10.7.2093 18:16:23	Mars 1,4° nördlich Spika	95,4°
11.7.2093 4:44:00	Merkur in größter westlicher Elongation zur Sonne	21,1°
16.7.2093 11:24:18	Merkur 48' südlich Eta Geminorum	20°
17.7.2093 12:39:54	Venus 1,1° nördlich Neptun	34,3°
17.7.2093 19:59:38	Merkur 34' südlich Mü Geminorum	19,4°
18.7.2093 3:33:07	Venus 1,2° nördlich Regulus	34,4°
19.7.2093 4:21:33	Saturn in Konjunktion zur Sonne, Bedeckung	6,7'
20.7.2093 1:26:04	Merkur 5,9° nördlich Alhena	18,2°
21.7.2093 0:00:01	Merkur 2,7° südlich Epsilon Geminorum	17,6°
22.7.2093 23:56:31	Jupiter stationär, dann rückläufig	
27.7.2093 10:40:40	Merkur 9,6° südlich Kastor	12°
28.7.2093 16:01:43	Merkur 6° südlich Pollux	10,8°
30.7.2093 2:33:38	Merkur 56' nördlich Saturn	9°
3.8.2093 21:32:13	Merkur 17' nördlich M44	4°
7.8.2093 7:27:51	Merkur in oberer Konjunktion zur Sonne	1,7°
8.8.2093 0:28:37	Neptun 5,6' nördlich Regulus	14,8°
14.8.2093 21:21:09	Merkur 1,3° nördlich Regulus	8°
15.8.2093 0:35:12	Merkur 1,2° nördlich Neptun	8,1°
21.8.2093 11:49:09	Mars 1,7° südlich Zuben-el-dschenubi	77,1°
23.8.2093 3:27:55	Venus 3,2° südlich Porrima	40,7°
24.8.2093 1:10:37	Neptun in Konjunktion zur Sonne	33'
2.9.2093 18:44:50	Venus 1,2° nördlich Spika	43,6°
10.9.2093 10:59:50	Merkur 4,5° südlich Porrima	23,1°
17.9.2093 22:21:04	Uranusopposition	
18.9.2093 15:26:54	Mars 2,6° südlich Akrab	68°
20.9.2093 9:28:32	Jupiteropposition	
20.9.2093 9:34:00	Merkur in größter östlicher Elongation zur Sonne	26,5°
21.9.2093 7:41:47	Merkur 50' südlich Spika	26,1°
23.9.2093 10:49:37	Venus 3° südlich Zuben-el-dschenubi	45,1°
26.9.2093 22:30:01	Mars 3,1° nördlich Antares	66°
3.10.2093 6:50:12	Merkur stationär, dann rückläufig	
7.10.2093 22:49:00	Venus in größter östlicher Elongation zur Sonne	46,7°
11.10.2093 8:51:01	Venus 4,9° südlich Akrab	45,7°
13.10.2093 13:47:23	Merkur 7' südlich Spika	4,6°
15.10.2093 11:36:55	Merkur in unterer Konjunktion zur Sonne	-1,6°
17.10.2093 8:56:58	Venus 26' nördlich Antares	46,4°
23.10.2093 21:29:26	Merkur stationär, dann rechtläufig	
27.10.2093 14:58:20	Jupiter 48' südlich Uranus	139,1°
31.10.2093 2:39:00	Merkur in größter westlicher Elongation zur Sonne	18,6°
3.11.2093 4:08:47	Merkur 4,5° nördlich Spika	16,5°
11.11.2093 17:47:19	Mars 2° nördlich Nunki	53,7°
18.11.2093 5:01:49	Merkur 45' nördlich Zuben-el-dschenubi	10,3°

Datum und Uhrzeit (WZ)	Ereignis	Elongation
18.11.2093 10:35:59	Saturn stationär, dann rückläufig	
26.11.2093 23:42:27	Venus stationär, dann rückläufig	
29.11.2093 21:37:19	Merkur 1,3° südlich Akrab	3,7°
30.11.2093 15:49:07	Jupiter 40' südlich Uranus	104,4°
2.12.2093 16:04:38	Uranus stationär, dann rechtläufig	
3.12.2093 13:32:53	Merkur 3,9° nördlich Antares	1,8°
5.12.2093 19:17:31	Neptun stationär, dann rückläufig	
6.12.2093 12:05:01	Merkur in oberer Konjunktion zur Sonne	-59'
7.12.2093 20:25:21	Mars 6,1° südlich Beta Capricorni	47,4°
14.12.2093 18:57:13	Merkur 2,4° südlich Venus	4,6°
17.12.2093 14:45:31	Venus in unterer Konjunktion zur Sonne	1,4°
24.12.2093 16:16:07	Merkur 1,3° nördlich Nunki	10,4°

2094

Datum und Uhrzeit (WZ)	Ereignis	Elongation
4.1.2094 9:47:10	Mars 1,6° nördlich Delta Capricorni	40,4°
6.1.2094 11:56:27	Merkur 6,5° südlich Beta Capricorni	17,2°
6.1.2094 20:01:23	Venus stationär, dann rechtläufig	
13.1.2094 10:02:00	Merkur in größter östlicher Elongation zur Sonne	19°
19.1.2094 18:44:50	Merkur stationär, dann rückläufig	
23.1.2094 19:06:29	Saturnopposition	
29.1.2094 4:41:07	Merkur in unterer Konjunktion zur Sonne	3,4°
2.2.2094 1:47:46	Merkur 1° südlich Beta Capricorni	9,3°
9.2.2094 19:52:54	Merkur stationär, dann rechtläufig	
12.2.2094 14:32:30	Mars 4,4' nördlich Uranus	31,5°
18.2.2094 17:52:50	Merkur 3,9° südlich Beta Capricorni	25,6°
19.2.2094 1:57:02	Venus 7,2° nördlich Nunki	46,6°
20.2.2094 21:38:43	Neptunopposition	
23.2.2094 3:25:00	Merkur in größter westlicher Elongation zur Sonne	26,6°
26.2.2094 9:10:00	Venus in größter westlicher Elongation zur Sonne	46,8°
28.2.2094 3:10:19	Mars 42' nördlich Jupiter	27,6°
8.3.2094 17:17:25	Merkur 57' nördlich Delta Capricorni	23,5°
11.3.2094 1:04:54	Venus 2,8° südlich Beta Capricorni	45,8°
17.3.2094 19:59:35	Uranus in Konjunktion zur Sonne	-43'
28.3.2094 17:27:36	Merkur 1,5° südlich Uranus	10,2°
30.3.2094 7:18:44	Venus 3° nördlich Delta Capricorni	44,2°
1.4.2094 2:40:23	Saturn stationär, dann rechtläufig	
5.4.2094 12:26:43	Jupiter in Konjunktion zur Sonne	-1,1°
5.4.2094 19:21:15	Mars 10,6° südlich Hamal	18,9°
7.4.2094 10:42:07	Merkur 5,3" südlich Jupiter, Bedeckung	1,8°
8.4.2094 18:44:20	Merkur in oberer Konjunktion zur Sonne	-53'
16.4.2094 11:56:53	Merkur 10,1° südlich Hamal	8,6°
22.4.2094 22:49:06	Merkur 1,5° nördlich Mars	14,6°
30.4.2094 19:39:49	Merkur 1,6° südlich Alkione	20,1°

Datum und Uhrzeit (WZ)	Ereignis	Elongation
5.5.2094 15:17:00	Merkur in größter östlicher Elongation zur Sonne	21°
10.5.2094 13:32:29	Mars 3,8° südlich Alkione	10,1°
11.5.2094 18:33:05	Neptun stationär, dann rechtläufig	
15.5.2094 5:12:43	Merkur 7,2° nördlich Aldebaran	17°
17.5.2094 17:14:34	Merkur stationär, dann rückläufig	
20.5.2094 7:09:21	Merkur 6,1° nördlich Aldebaran	12,1°
21.5.2094 14:09:45	Venus 50' südlich Jupiter	34,1°
24.5.2094 18:11:09	Merkur 1,2° südlich Mars	6,2°
26.5.2094 19:37:50	Mars 6° nördlich Aldebaran	5,8°
28.5.2094 8:06:10	Venus 12,5° südlich Hamal	30,1°
28.5.2094 21:19:11	Merkur in unterer Konjunktion zur Sonne	-1,9°
10.6.2094 0:59:23	Merkur stationär, dann rechtläufig	
12.6.2094 21:14:27	Mars 4,8° südlich Elnath	1,4°
17.6.2094 6:11:15	Mars in Konjunktion zur Sonne	40'
18.6.2094 12:52:10	Venus 5,6° südlich Alkione	26,8°
23.6.2094 2:34:00	Merkur in größter westlicher Elongation zur Sonne	22,7°
24.6.2094 17:41:23	Merkur 2,3° nördlich Aldebaran	22,6°
28.6.2094 3:28:52	Venus 4,4° nördlich Aldebaran	25,4°
29.6.2094 4:28:38	Mars 1,6° nördlich Eta Geminorum	3,4°
1.7.2094 18:45:24	Jupiter 11,8° südlich Hamal	62°
1.7.2094 22:33:47	Mars 1,6° nördlich Mü Geminorum	4,1°
3.7.2094 21:52:47	Merkur 6,8° südlich Elnath	19°
6.7.2094 10:41:29	Uranus stationär, dann rückläufig	
6.7.2094 21:47:26	Mars 7,6° nördlich Alhena	5,6°
7.7.2094 23:54:01	Venus 6,1° südlich Elnath	22,8°
9.7.2094 4:07:30	Mars 1,2° südlich Epsilon Geminorum	6,2°
10.7.2094 5:29:11	Merkur 44' nördlich Eta Geminorum	13,8°
11.7.2094 4:19:24	Merkur 51' nördlich Mü Geminorum	12,9°
12.7.2094 20:11:39	Merkur 7,1° nördlich Alhena	11,2°
13.7.2094 13:53:17	Merkur 1,6° südlich Epsilon Geminorum	10,4°
14.7.2094 2:17:10	Saturn 40' südlich M44	16,4°
15.7.2094 15:04:43	Merkur 3,9' südlich Mars	8,1°
17.7.2094 4:10:48	Venus 34' nördlich Eta Geminorum	20,4°
18.7.2094 16:52:01	Venus 34' nördlich Mü Geminorum	20°
19.7.2094 2:57:39	Merkur 8,9° südlich Kastor	4,2°
20.7.2094 6:16:33	Merkur 5,4° südlich Pollux	3°
21.7.2094 10:42:06	Venus 6,6° nördlich Alhena	19,3°
22.7.2094 11:11:25	Merkur in oberer Konjunktion zur Sonne	1,6°
22.7.2094 16:33:26	Venus 2,2° südlich Epsilon Geminorum	19°
26.7.2094 9:28:55	Merkur 31' nördlich M44	4,8°
27.7.2094 0:39:28	Mars 9,3° südlich Kastor	11,5°
27.7.2094 4:53:02	Merkur 1,2° nördlich Saturn	5,6°
30.7.2094 19:03:58	Mars 5,8° südlich Pollux	12,6°
1.8.2094 8:46:04	Venus 9,9° südlich Kastor	16,4°
3.8.2094 1:47:35	Saturn in Konjunktion zur Sonne	39'
3.8.2094 9:02:41	Venus 6,4° südlich Pollux	15,9°

Datum und Uhrzeit (WZ)	Ereignis	Elongation
7.8.2094 2:31:32	Merkur 55' nördlich Regulus	15,7°
7.8.2094 10:08:19	Venus 28' südlich Mars	14,8°
8.8.2094 8:27:21	Merkur 38' nördlich Neptun	16,7°
13.8.2094 23:33:03	Venus 30' südlich M44	13,1°
17.8.2094 12:59:10	Venus 15' nördlich Saturn	12°
19.8.2094 22:23:06	Mars 12' südlich M44	18,9°
26.8.2094 13:36:46	Neptun in Konjunktion zur Sonne	37'
29.8.2094 1:04:55	Mars 28' nördlich Saturn	21,7°
29.8.2094 14:58:57	Jupiter stationär, dann rückläufig	
31.8.2094 21:50:03	Venus 51' nördlich Regulus	7,9°
2.9.2094 21:40:00	Merkur in größter östlicher Elongation zur Sonne	27,2°
3.9.2094 9:10:14	Venus 44' nördlich Neptun	7,3°
11.9.2094 3:46:08	Merkur 6,8° südlich Porrima	22,6°
16.9.2094 1:13:47	Merkur stationär, dann rückläufig	
20.9.2094 14:55:32	Merkur 7,4° südlich Porrima	13,5°
22.9.2094 5:37:35	Uranusopposition	
23.9.2094 22:02:28	Mars 50' nördlich Regulus	30,3°
28.9.2094 17:03:35	Merkur 4,4° südlich Venus	1,5°
29.9.2094 4:45:56	Merkur in unterer Konjunktion zur Sonne	-2,5°
30.9.2094 7:56:36	Mars 42' nördlich Neptun	32,6°
1.10.2094 10:17:14	Venus in oberer Konjunktion zur Sonne	1,3°
4.10.2094 1:45:58	Venus 1,6° südlich Porrima	1,5°
7.10.2094 12:18:44	Merkur stationär, dann rechtläufig	
13.10.2094 13:14:20	Venus 3,4° nördlich Spika	3,4°
14.10.2094 17:37:00	Merkur in größter westlicher Elongation zur Sonne	18,1°
20.10.2094 20:53:07	Merkur 49' südlich Porrima	16,4°
27.10.2094 22:54:38	Jupiteropposition	
28.10.2094 7:40:30	Merkur 4,1° nördlich Spika	10,5°
28.10.2094 23:37:09	Jupiter 12,1° südlich Hamal	169,6°
31.10.2094 11:34:27	Venus 11' nördlich Zuben-el-dschenubi	7,8°
11.11.2094 2:12:11	Merkur 1,5' nördlich Zuben-el-dschenubi	2,8°
15.11.2094 3:35:42	Venus 1,1° südlich Akrab	11,3°
15.11.2094 18:33:01	Merkur in oberer Konjunktion zur Sonne, Bedeckung	-10'
19.11.2094 17:43:33	Venus 4,4° nördlich Antares	12,5°
22.11.2094 17:02:32	Merkur 2° südlich Akrab	3,7°
26.11.2094 9:13:24	Merkur 3,3° nördlich Antares	6,1°
30.11.2094 6:49:24	Mars 1,5° südlich Porrima	56,6°
2.12.2094 15:27:10	Saturn stationär, dann rückläufig	
6.12.2094 21:46:03	Uranus stationär, dann rechtläufig	
8.12.2094 6:01:05	Neptun stationär, dann rückläufig	
16.12.2094 11:47:27	Venus 2,2° nördlich Nunki	19°
18.12.2094 3:08:38	Merkur 1,2° nördlich Nunki	17,3°
20.12.2094 10:49:08	Mars 3,8° nördlich Spika	63,9°
25.12.2094 8:59:19	Jupiter stationär, dann rechtläufig	
27.12.2094 16:09:00	Merkur in größter östlicher Elongation zur Sonne	19,8°

2095

Datum und Uhrzeit (WZ)	Ereignis	Elongation
1.1.2095 10:31:59	Venus 6,3° südlich Beta Capricorni	22,7°
13.1.2095 5:35:19	Merkur in unterer Konjunktion zur Sonne	3°
18.1.2095 14:08:44	Venus 1° nördlich Delta Capricorni	26,3°
24.1.2095 8:37:40	Merkur stationär, dann rechtläufig	
30.1.2095 8:42:52	Mars 1,1° nördlich Zuben-el-dschenubi	84,4°
5.2.2095 12:20:00	Merkur in größter westlicher Elongation zur Sonne	25,4°
6.2.2095 16:49:04	Saturnopposition	
15.2.2095 23:37:31	Merkur 5,5° südlich Beta Capricorni	22,6°
18.2.2095 21:43:03	Jupiter 11,6° südlich Hamal	64,6°
23.2.2095 7:53:51	Neptunopposition	
2.3.2095 5:54:27	Merkur 37' nördlich Delta Capricorni	17°
12.3.2095 23:16:49	Mars 6,7' nördlich Akrab	108,1°
17.3.2095 10:30:06	Venus 9,9° südlich Hamal	38,6°
22.3.2095 1:38:59	Uranus in Konjunktion zur Sonne	-42'
22.3.2095 12:58:08	Venus 2° nördlich Jupiter	38,9°
22.3.2095 14:15:30	Merkur 47' südlich Uranus	0,9°
23.3.2095 9:46:13	Merkur in oberer Konjunktion zur Sonne	-1,3°
2.4.2095 9:32:07	Mars 5,4° nördlich Antares	121,7°
8.4.2095 4:39:26	Venus 2,1° südlich Alkione	42,3°
9.4.2095 5:23:01	Merkur 8,9° südlich Hamal	16,4°
15.4.2095 15:41:32	Saturn stationär, dann rechtläufig	
18.4.2095 1:39:00	Merkur in größter östlicher Elongation zur Sonne	19,8°
18.4.2095 4:04:28	Merkur 3,8° nördlich Jupiter	18,6°
18.4.2095 7:54:50	Venus 8° nördlich Aldebaran	42,8°
21.4.2095 3:45:19	Mars stationär, dann rückläufig	
28.4.2095 10:13:42	Merkur stationär, dann rückläufig	
29.4.2095 1:46:01	Venus 2,5° südlich Elnath	44,8°
3.5.2095 22:59:31	Merkur 2,3° nördlich Jupiter	6,9°
8.5.2095 17:33:18	Mars 4,1° nördlich Antares	156,9°
8.5.2095 20:47:41	Merkur in unterer Konjunktion zur Sonne, Transit	5,3'
9.5.2095 14:28:56	Venus 4,1° nördlich Eta Geminorum	45,4°
11.5.2095 10:17:32	Venus 4° nördlich Mü Geminorum	45,5°
13.5.2095 9:08:52	Jupiter in Konjunktion zur Sonne	-49'
14.5.2095 5:50:21	Neptun stationär, dann rechtläufig	
14.5.2095 8:58:00	Venus in größter östlicher Elongation zur Sonne	45,5°
14.5.2095 18:32:46	Venus 10° nördlich Alhena	45,5°
16.5.2095 7:45:36	Venus 1,1° nördlich Epsilon Geminorum	45,5°
21.5.2095 4:21:00	Merkur stationär, dann rechtläufig	
26.5.2095 6:21:09	Marsopposition	
27.5.2095 7:04:08	Mars 2,5° südlich Akrab	177,9°
29.5.2095 10:14:49	Venus 7,3° südlich Kastor	44,1°
1.6.2095 12:10:33	Venus 4° südlich Pollux	43,6°
4.6.2095 17:47:00	Merkur in größter westlicher Elongation zur Sonne	24,4°
12.6.2095 16:50:48	Merkur 2° südlich Jupiter	22°

Datum und Uhrzeit (WZ)	Ereignis	Elongation
12.6.2095 21:39:07	Merkur 6,9° südlich Alkione	21,3°
13.6.2095 21:01:40	Jupiter 4,9° südlich Alkione	22,2°
20.6.2095 10:10:32	Merkur 4,1° nördlich Aldebaran	17,8°
26.6.2095 18:19:02	Merkur 5,6° südlich Elnath	11,8°
30.6.2095 14:22:46	Venus stationär, dann rückläufig	
2.7.2095 1:07:23	Merkur 1,6° nördlich Eta Geminorum	5,8°
2.7.2095 21:33:59	Merkur 1,7° nördlich Mü Geminorum	4,8°
3.7.2095 19:37:34	Mars stationär, dann rechtläufig	
4.7.2095 10:03:12	Merkur 7,8° nördlich Alhena	3,1°
5.7.2095 2:34:38	Merkur 55' südlich Epsilon Geminorum	2,4°
6.7.2095 19:36:20	Merkur in oberer Konjunktion zur Sonne	1,4°
10.7.2095 12:37:34	Merkur 8,5° südlich Kastor	4,7°
10.7.2095 17:29:57	Uranus stationär, dann rückläufig	
11.7.2095 16:27:59	Merkur 5° südlich Pollux	6°
15.7.2095 20:24:30	Merkur 6,3° nördlich Venus	10,4°
18.7.2095 3:52:26	Merkur 32' nördlich M44	12,7°
23.7.2095 11:58:38	Venus in unterer Konjunktion zur Sonne	-5,9°
25.7.2095 18:20:57	Merkur 12' nördlich Saturn	19°
30.7.2095 0:38:09	Venus 13,7° südlich Pollux	12,2°
31.7.2095 8:06:03	Merkur 14' nördlich Regulus	22,6°
3.8.2095 4:42:03	Merkur 25' südlich Neptun	23,9°
4.8.2095 11:35:29	Venus 17,4° südlich Kastor	19,2°
10.8.2095 8:05:54	Mars 4,1° südlich Akrab	106,5°
11.8.2095 13:04:03	Jupiter 4,7° nördlich Aldebaran	67,4°
13.8.2095 22:19:59	Venus stationär, dann rechtläufig	
16.8.2095 8:25:00	Merkur in größter östlicher Elongation zur Sonne	27,4°
17.8.2095 16:43:27	Saturn in Konjunktion zur Sonne	1,1°
22.8.2095 16:00:22	Mars 1,7° nördlich Antares	101°
23.8.2095 17:56:09	Venus 16,4° südlich Kastor	37°
29.8.2095 2:08:06	Neptun in Konjunktion zur Sonne	40'
29.8.2095 12:03:28	Merkur stationär, dann rückläufig	
29.8.2095 14:50:27	Venus 12,3° südlich Pollux	40,1°
12.9.2095 12:41:27	Merkur in unterer Konjunktion zur Sonne	-3,5°
17.9.2095 13:43:56	Venus 4,5° südlich M44	45,3°
20.9.2095 23:27:30	Merkur stationär, dann rechtläufig	
26.9.2095 12:52:31	Uranusopposition	
28.9.2095 9:50:00	Merkur in größter westlicher Elongation zur Sonne	17,9°
2.10.2095 14:29:00	Venus in größter westlicher Elongation zur Sonne	46,2°
4.10.2095 7:37:35	Saturn 49' nördlich Regulus	40,2°
4.10.2095 9:39:33	Jupiter stationär, dann rückläufig	
10.10.2095 13:23:50	Venus 1,1° südlich Regulus	46°
11.10.2095 5:46:56	Venus 1,9° südlich Saturn	45,9°
14.10.2095 3:36:30	Merkur 1,1° südlich Porrima	9,4°
15.10.2095 20:32:58	Mars 1,2° nördlich Nunki	81°
16.10.2095 16:50:13	Venus 47' südlich Neptun	45,6°
21.10.2095 1:37:20	Merkur 3,5° nördlich Spika	3,4°

Datum und Uhrzeit (WZ)	Ereignis	Elongation
26.10.2095 22:48:47	Merkur in oberer Konjunktion zur Sonne	35'
3.11.2095 20:03:00	Merkur 40' südlich Zuben-el-dschenubi	4,7°
12.11.2095 20:21:02	Mars 6,5° südlich Beta Capricorni	73,1°
15.11.2095 16:05:08	Merkur 2,6° südlich Akrab	11°
15.11.2095 17:38:05	Venus 1,1° südlich Porrima	41,8°
19.11.2095 10:42:15	Merkur 2,8° nördlich Antares	13,5°
25.11.2095 14:20:27	Venus 4,4° nördlich Spika	38,5°
27.11.2095 20:58:49	Jupiter 4,7° nördlich Aldebaran	172,4°
2.12.2095 23:34:08	Jupiteropposition	
10.12.2095 17:00:00	Merkur in größter östlicher Elongation zur Sonne	20,9°
10.12.2095 17:33:43	Neptun stationär, dann rückläufig	
11.12.2095 2:38:04	Uranus stationär, dann rechtläufig	
11.12.2095 19:38:12	Mars 1,5° nördlich Delta Capricorni	64,9°
14.12.2095 2:27:24	Venus 1,8° nördlich Zuben-el-dschenubi	36°
16.12.2095 5:03:03	Merkur 2,3° nördlich Nunki	19,5°
16.12.2095 12:38:56	Saturn stationär, dann rückläufig	
18.12.2095 21:55:59	Merkur stationär, dann rückläufig	
21.12.2095 11:33:19	Merkur 3,7° nördlich Nunki	14,3°
28.12.2095 10:39:55	Merkur in unterer Konjunktion zur Sonne	2,4°
29.12.2095 4:28:02	Venus 40' nördlich Akrab	33,2°

2096

Datum und Uhrzeit (WZ)	Ereignis	Elongation
2.1.2096 21:35:55	Venus 6,1° nördlich Antares	31,7°
18.1.2096 20:40:00	Merkur in größter westlicher Elongation zur Sonne	24°
26.1.2096 19:51:02	Merkur 3,6° nördlich Nunki	22,8°
30.1.2096 6:08:39	Venus 3,8° nördlich Nunki	26,2°
30.1.2096 12:35:55	Jupiter stationär, dann rechtläufig	
30.1.2096 23:14:03	Mars 22' nördlich Uranus	51,8°
9.2.2096 20:05:51	Merkur 6,2° südlich Beta Capricorni	16,3°
15.2.2096 8:59:53	Venus 5,2° südlich Beta Capricorni	21,8°
20.2.2096 10:10:27	Saturnopposition	
22.2.2096 22:41:02	Merkur 31' nördlich Delta Capricorni	9,5°
25.2.2096 17:59:13	Neptunopposition	
3.3.2096 11:41:29	Venus 1,7° nördlich Delta Capricorni	18,5°
5.3.2096 6:35:54	Saturn 1,3° nördlich Regulus	164,9°
5.3.2096 12:33:15	Merkur in oberer Konjunktion zur Sonne	-1,7°
15.3.2096 9:25:12	Mars 10,3° südlich Hamal	39,7°
15.3.2096 10:00:46	Merkur 16' nördlich Uranus	9,3°
25.3.2096 7:26:32	Uranus in Konjunktion zur Sonne	-41'
30.3.2096 23:04:00	Merkur in größter östlicher Elongation zur Sonne	18,9°
1.4.2096 0:50:02	Jupiter 5,1° nördlich Aldebaran	58,9°
5.4.2096 3:05:08	Venus 50' südlich Uranus	10,1°
8.4.2096 9:37:33	Merkur stationär, dann rückläufig	

Datum und Uhrzeit (WZ)	Ereignis	Elon-gation
18.4.2096 13:37:34	Merkur in unterer Konjunktion zur Sonne	1,8°
19.4.2096 22:51:48	Mars 3,5° südlich Alkione	29,7°
21.4.2096 17:08:57	Merkur 2,3° nördlich Venus	5,4°
28.4.2096 16:00:24	Venus 11,7° südlich Hamal	4,5°
29.4.2096 3:46:42	Saturn stationär, dann rechtläufig	
30.4.2096 22:42:35	Merkur stationär, dann rechtläufig	
6.5.2096 12:20:33	Mars 6,3° nördlich Aldebaran	24,7°
15.5.2096 1:07:00	Venus in oberer Konjunktion zur Sonne	-32'
15.5.2096 19:14:11	Neptun stationär, dann rechtläufig	
16.5.2096 8:34:00	Merkur in größter westlicher Elongation zur Sonne	25,9°
19.5.2096 4:54:57	Venus 4,5° südlich Alkione	1,2°
19.5.2096 16:35:03	Merkur 14,1° südlich Hamal	22,9°
21.5.2096 6:35:39	Mars 1,1° nördlich Jupiter	20,6°
23.5.2096 20:49:02	Mars 4,5° südlich Elnath	20°
28.5.2096 12:54:37	Venus 5,5° nördlich Aldebaran	3,6°
29.5.2096 2:00:38	Jupiter 5,7° südlich Elnath	14,9°
5.6.2096 21:51:55	Merkur 5,6° südlich Alkione	15,5°
7.6.2096 3:29:45	Venus 5° südlich Elnath	6,2°
9.6.2096 4:48:52	Venus 42' nördlich Jupiter	6,8°
9.6.2096 9:29:01	Mars 1,8° nördlich Eta Geminorum	15,1°
11.6.2096 20:16:20	Merkur 5,2° nördlich Aldebaran	10,1°
12.6.2096 4:23:22	Mars 1,8° nördlich Mü Geminorum	14,3°
16.6.2096 3:18:56	Venus 1,6° nördlich Eta Geminorum	8,7°
17.6.2096 4:58:32	Mars 7,7° nördlich Alhena	12,8°
17.6.2096 9:33:54	Merkur 4,8° südlich Elnath	3,6°
17.6.2096 15:22:06	Venus 1,6° nördlich Mü Geminorum	9,1°
18.6.2096 12:15:45	Jupiter in Konjunktion zur Sonne, Bedeckung	-15'
19.6.2096 11:58:28	Mars 1,1° südlich Epsilon Geminorum	12,2°
19.6.2096 15:10:00	Merkur 1,2° nördlich Jupiter	0,8°
20.6.2096 6:37:30	Merkur in oberer Konjunktion zur Sonne	1,1°
20.6.2096 8:07:32	Venus 7,6° nördlich Alhena	9,8°
21.6.2096 13:34:20	Venus 1,2° südlich Epsilon Geminorum	10,2°
21.6.2096 22:14:42	Saturn 1,2° nördlich Regulus	59,2°
22.6.2096 10:04:00	Merkur 2,2° nördlich Eta Geminorum	2,9°
23.6.2096 6:18:35	Merkur 2,3° nördlich Mü Geminorum	3,9°
23.6.2096 22:23:36	Venus 2' südlich Mars	10,8°
24.6.2096 18:58:45	Merkur 8,3° nördlich Alhena	5,7°
25.6.2096 11:49:22	Merkur 26' südlich Epsilon Geminorum	6,5°
28.6.2096 4:45:54	Merkur 48' nördlich Mars	9,6°
1.7.2096 3:19:12	Venus 9° südlich Kastor	12,8°
1.7.2096 4:49:53	Merkur 8,3° südlich Kastor	12,7°
1.7.2096 7:20:42	Merkur 43' nördlich Venus	12,8°
2.7.2096 11:06:26	Merkur 4,9° südlich Pollux	13,9°
3.7.2096 3:17:47	Venus 5,5° südlich Pollux	13,4°
7.7.2096 12:31:31	Mars 9,2° südlich Kastor	6,8°
9.7.2096 17:47:00	Merkur 19' nördlich M44	20°

Datum und Uhrzeit (WZ)	Ereignis	Elongation
11.7.2096 7:31:36	Mars 5,7° südlich Pollux	5,6°
13.7.2096 17:41:44	Venus 10' nördlich M44	16,3°
14.7.2096 2:20:49	Uranus stationär, dann rückläufig	
16.7.2096 21:13:08	Jupiter 41' nördlich Eta Geminorum	20,6°
25.7.2096 9:18:20	Jupiter 38' nördlich Mü Geminorum	26,9°
26.7.2096 13:22:28	Merkur 1,4° südlich Regulus	26,6°
28.7.2096 15:11:00	Merkur in größter östlicher Elongation zur Sonne	27,1°
29.7.2096 5:48:47	Mars in Konjunktion zur Sonne	1,1°
31.7.2096 9:09:04	Merkur 3,5° südlich Saturn	25,6°
31.7.2096 12:50:05	Mars 9,5' südlich M44	1,3°
31.7.2096 20:56:59	Venus 1,1° nördlich Regulus	21,1°
3.8.2096 21:28:27	Merkur 3,4° südlich Neptun	24,7°
4.8.2096 15:15:08	Venus 4' südlich Saturn	22,1°
6.8.2096 1:09:34	Venus 48' nördlich Neptun	22,5°
7.8.2096 0:09:33	Merkur 4,9° südlich Venus	22,7°
10.8.2096 9:29:02	Jupiter 6,6° nördlich Alhena	38,9°
10.8.2096 16:43:09	Merkur stationär, dann rückläufig	
16.8.2096 8:37:12	Merkur 5,7° südlich Neptun	13,2°
17.8.2096 8:55:41	Merkur 6,7° südlich Saturn	11,5°
18.8.2096 3:08:42	Jupiter 2,2° südlich Epsilon Geminorum	44,8°
23.8.2096 13:45:27	Saturn 53' nördlich Neptun	6,4°
25.8.2096 8:12:12	Merkur in unterer Konjunktion zur Sonne	-4,3°
25.8.2096 14:28:00	Merkur 5° südlich Regulus	2,3°
30.8.2096 8:54:01	Merkur 4,6° südlich Mars	9,3°
30.8.2096 14:34:11	Neptun in Konjunktion zur Sonne	44'
30.8.2096 23:03:52	Saturn in Konjunktion zur Sonne	1,6°
3.9.2096 4:26:24	Merkur stationär, dann rechtläufig	
4.9.2096 0:58:07	Venus 2,3° südlich Porrima	29°
4.9.2096 8:53:49	Mars 45' nördlich Regulus	11,7°
10.9.2096 20:54:48	Merkur 12' südlich Regulus	18°
11.9.2096 0:19:00	Merkur in größter westlicher Elongation zur Sonne	18°
13.9.2096 21:26:52	Venus 2,4° nördlich Spika	32,2°
16.9.2096 16:41:25	Mars 28' nördlich Neptun	16°
16.9.2096 16:50:58	Merkur 41' nördlich Neptun	16°
16.9.2096 16:57:00	Merkur 13' nördlich Mars	16,2°
18.9.2096 3:27:12	Merkur 3,3' südlich Saturn	15,4°
20.9.2096 22:30:35	Mars 27' südlich Saturn	17,6°
29.9.2096 19:50:40	Uranusopposition	
2.10.2096 13:23:02	Venus 1,2° südlich Zuben-el-dschenubi	36°
5.10.2096 14:12:31	Merkur 1,6° südlich Porrima	1,8°
7.10.2096 6:15:27	Merkur in oberer Konjunktion zur Sonne	1,2°
12.10.2096 14:05:54	Merkur 2,9° nördlich Spika	3,9°
17.10.2096 20:39:18	Venus 2,7° südlich Akrab	39°
22.10.2096 15:51:43	Venus 2,7° nördlich Antares	40,5°
26.10.2096 18:40:15	Merkur 1,4° südlich Zuben-el-dschenubi	12°
6.11.2096 7:21:57	Jupiter stationär, dann rückläufig	

Datum und Uhrzeit (WZ)	Ereignis	Elon-gation
8.11.2096 4:54:54	Merkur 3,2° südlich Akrab	17,7°
8.11.2096 13:34:22	Mars 1,8° südlich Porrima	35°
12.11.2096 7:19:30	Merkur 2,2° nördlich Antares	20°
20.11.2096 2:06:09	Venus 44' nördlich Nunki	45,1°
22.11.2096 12:15:00	Merkur in größter östlicher Elongation zur Sonne	22,1°
27.11.2096 5:24:16	Mars 3,3° nördlich Spika	40,8°
1.12.2096 22:31:48	Merkur stationär, dann rückläufig	
7.12.2096 21:56:41	Venus 7,3° südlich Beta Capricorni	46,9°
11.12.2096 17:49:16	Merkur in unterer Konjunktion zur Sonne	1,7°
12.12.2096 5:02:33	Neptun stationär, dann rückläufig	
14.12.2096 8:01:23	Uranus stationär, dann rechtläufig	
19.12.2096 15:55:00	Venus in größter östlicher Elongation zur Sonne	47,3°
21.12.2096 17:08:13	Merkur stationär, dann rechtläufig	
29.12.2096 0:13:12	Saturn stationär, dann rückläufig	
29.12.2096 4:22:44	Venus 1,5° nördlich Delta Capricorni	46,5°
31.12.2096 7:15:00	Merkur in größter westlicher Elongation zur Sonne	22,5°

2097

Datum und Uhrzeit (WZ)	Ereignis	Elon-gation
1.1.2097 16:49:10	Mars 33' nördlich Zuben-el-dschenubi	55,7°
4.1.2097 20:43:31	Jupiteropposition	
19.1.2097 23:31:14	Merkur 2,7° nördlich Nunki	16,7°
31.1.2097 4:42:43	Mars 24' südlich Akrab	67,5°
1.2.2097 18:29:37	Merkur 6,6° südlich Beta Capricorni	9,5°
6.2.2097 7:04:41	Jupiter 1,9° südlich Epsilon Geminorum	143°
9.2.2097 13:43:15	Mars 5,1° nördlich Antares	70,5°
14.2.2097 7:14:05	Merkur 36' nördlich Delta Capricorni	2,4°
15.2.2097 22:24:47	Merkur in oberer Konjunktion zur Sonne	-2°
23.2.2097 4:03:17	Merkur 10,7° südlich Venus	6,2°
27.2.2097 4:21:35	Neptunopposition	
1.3.2097 11:28:58	Venus in unterer Konjunktion zur Sonne	8,8°
4.3.2097 22:41:32	Saturnopposition	
5.3.2097 8:26:27	Jupiter stationär, dann rechtläufig	
11.3.2097 11:21:38	Merkur 2,3° nördlich Uranus	17°
14.3.2097 4:40:00	Merkur in größter westlicher Elongation zur Sonne	18,4°
20.3.2097 10:25:34	Venus stationär, dann rechtläufig	
21.3.2097 3:40:35	Merkur stationär, dann rückläufig	
29.3.2097 13:39:39	Uranus in Konjunktion zur Sonne	-40'
31.3.2097 2:25:28	Merkur 3,9° nördlich Uranus	1,6°
31.3.2097 3:51:02	Merkur in unterer Konjunktion zur Sonne	2,9°
1.4.2097 16:50:59	Jupiter 1,8° südlich Epsilon Geminorum	88,5°
7.4.2097 23:16:16	Mars 2,9° nördlich Nunki	94,9°
12.4.2097 14:02:22	Merkur stationär, dann rechtläufig	
26.4.2097 19:21:40	Merkur 2,1° südlich Uranus	26,1°

Datum und Uhrzeit (WZ)	Ereignis	Elon-gation
28.4.2097 4:11:00	Merkur in größter westlicher Elongation zur Sonne	27,1°
10.5.2097 12:46:00	Venus in größter westlicher Elongation zur Sonne	46,1°
13.5.2097 12:19:16	Saturn stationär, dann rechtläufig	
15.5.2097 8:16:28	Merkur 13,2° südlich Hamal	19°
17.5.2097 20:45:05	Venus 57' südlich Uranus	45,5°
18.5.2097 6:25:39	Neptun stationär, dann rechtläufig	
18.5.2097 9:03:55	Mars 6,9° südlich Beta Capricorni	112,8°
29.5.2097 1:00:38	Merkur 4,6° südlich Alkione	8,1°
3.6.2097 9:43:57	Merkur 6° nördlich Aldebaran	1,8°
4.6.2097 18:26:15	Merkur in oberer Konjunktion zur Sonne	42'
8.6.2097 9:31:17	Venus 13,1° südlich Hamal	40,4°
8.6.2097 18:35:54	Merkur 4,1° südlich Elnath	5,1°
13.6.2097 23:00:00	Merkur 2,7° nördlich Eta Geminorum	11,1°
14.6.2097 20:38:39	Merkur 2,7° nördlich Mü Geminorum	12,1°
15.6.2097 1:48:52	Jupiter 9,9° südlich Kastor	28,5°
16.6.2097 12:22:42	Merkur 8,7° nördlich Alhena	13,8°
17.6.2097 6:52:18	Merkur 6,5' südlich Epsilon Geminorum	14,5°
23.6.2097 18:40:48	Merkur 8,3° südlich Kastor	20°
25.6.2097 1:18:51	Merkur 1,5° nördlich Jupiter	20,9°
25.6.2097 6:31:23	Merkur 5° südlich Pollux	21°
26.6.2097 16:37:18	Jupiter 6,5° südlich Pollux	19,8°
1.7.2097 1:48:39	Venus 6,4° südlich Alkione	38,9°
2.7.2097 17:27:11	Mars stationär, dann rückläufig	
4.7.2097 12:40:50	Merkur 33' südlich M44	25,3°
10.7.2097 15:21:00	Merkur in größter östlicher Elongation zur Sonne	26,3°
11.7.2097 4:30:33	Venus 3,6° nördlich Aldebaran	38,1°
18.7.2097 9:05:47	Uranus stationär, dann rückläufig	
21.7.2097 11:37:15	Venus 6,9° südlich Elnath	36°
23.7.2097 17:01:12	Merkur stationär, dann rückläufig	
23.7.2097 18:42:48	Jupiter in Konjunktion zur Sonne	23'
31.7.2097 0:07:59	Venus 11' südlich Eta Geminorum	33,8°
31.7.2097 3:33:27	Marsopposition	
1.8.2097 14:02:05	Venus 10' südlich Mü Geminorum	33,5°
4.8.2097 9:53:55	Venus 5,9° nördlich Alhena	32,8°
5.8.2097 16:41:49	Venus 2,9° südlich Epsilon Geminorum	32,6°
7.8.2097 11:44:51	Merkur in unterer Konjunktion zur Sonne	-4,8°
15.8.2097 14:58:47	Venus 10,5° südlich Kastor	30,2°
16.8.2097 23:34:04	Merkur stationär, dann rechtläufig	
17.8.2097 16:17:56	Venus 7° südlich Pollux	29,7°
25.8.2097 7:25:14	Jupiter 52' südlich M44	24,1°
25.8.2097 9:57:00	Merkur in größter westlicher Elongation zur Sonne	18,4°
28.8.2097 11:23:43	Venus 58' südlich M44	27,1°
29.8.2097 3:13:07	Venus 4,4' südlich Jupiter	26,9°
1.9.2097 8:21:17	Mars stationär, dann rechtläufig	
2.9.2097 2:53:32	Neptun in Konjunktion zur Sonne	47'
5.9.2097 10:29:04	Merkur 1,1° nördlich Regulus	12,5°

Datum und Uhrzeit (WZ)	Ereignis	Elongation
10.9.2097 13:02:24	Merkur 1,1° nördlich Neptun	7,9°
13.9.2097 19:30:13	Saturn in Konjunktion zur Sonne	1,9°
15.9.2097 13:38:29	Venus 37' nördlich Regulus	22,4°
16.9.2097 19:10:40	Merkur 13' südlich Saturn	3°
19.9.2097 13:36:51	Merkur in oberer Konjunktion zur Sonne	1,5°
23.9.2097 18:48:25	Venus 30' nördlich Neptun	20,3°
27.9.2097 23:20:26	Merkur 2,2° südlich Porrima	6,5°
4.10.2097 2:36:42	Uranusopposition	
4.10.2097 17:28:06	Venus 31' südlich Saturn	17,7°
5.10.2097 6:41:52	Merkur 2,2° nördlich Spika	11,6°
18.10.2097 17:18:45	Venus 1,4° südlich Porrima	14,2°
20.10.2097 8:05:24	Merkur 2,2° südlich Zuben-el-dschenubi	18,6°
28.10.2097 4:02:38	Venus 3,7° nördlich Spika	10,5°
3.11.2097 5:44:17	Mars 26' nördlich Delta Capricorni	103,3°
3.11.2097 15:24:21	Merkur 3,9° südlich Akrab	22,6°
5.11.2097 3:00:00	Merkur in größter östlicher Elongation zur Sonne	23,5°
9.11.2097 20:55:42	Merkur 1,9° nördlich Antares	22,8°
15.11.2097 0:55:17	Venus 39' nördlich Zuben-el-dschenubi	7,1°
15.11.2097 19:22:11	Merkur stationär, dann rückläufig	
21.11.2097 2:03:40	Merkur 3,8° nördlich Antares	11,1°
26.11.2097 0:46:21	Merkur 11' südlich Akrab	0,8°
26.11.2097 1:13:57	Merkur in unterer Konjunktion zur Sonne	50'
27.11.2097 20:07:18	Merkur 54' nördlich Venus	4,1°
29.11.2097 16:19:40	Venus 35' südlich Akrab	3,6°
4.12.2097 6:19:54	Venus 4,9° nördlich Antares	2,5°
5.12.2097 11:05:47	Merkur stationär, dann rechtläufig	
8.12.2097 6:54:39	Jupiter stationär, dann rückläufig	
13.12.2097 23:34:00	Merkur in größter westlicher Elongation zur Sonne	21,1°
14.12.2097 9:16:08	Venus in oberer Konjunktion zur Sonne, Bedeckung	-8,5'
14.12.2097 15:43:15	Neptun stationär, dann rückläufig	
16.12.2097 10:05:16	Merkur 60' nördlich Akrab	20,7°
18.12.2097 12:34:44	Uranus stationär, dann rechtläufig	
21.12.2097 3:53:44	Merkur 6° nördlich Antares	19,5°
30.12.2097 23:27:37	Venus 2,7° nördlich Nunki	4,1°

2098

Datum und Uhrzeit (WZ)	Ereignis	Elongation
11.1.2098 1:33:45	Saturn stationär, dann rückläufig	
13.1.2098 2:01:48	Merkur 2,2° nördlich Nunki	9,5°
13.1.2098 12:37:45	Mars 45' nördlich Uranus	76,2°
15.1.2098 20:23:44	Venus 6° südlich Beta Capricorni	7,9°
25.1.2098 8:02:59	Merkur 6,8° südlich Beta Capricorni	2,9°
28.1.2098 10:06:00	Merkur in oberer Konjunktion zur Sonne	-2,1°
1.2.2098 20:18:15	Venus 1,2° nördlich Delta Capricorni	11,7°

Datum und Uhrzeit (WZ)	Ereignis	Elongation
5.2.2098 19:40:58	Jupiteropposition	
6.2.2098 15:33:31	Merkur 51' nördlich Delta Capricorni	7°
20.2.2098 5:04:48	Mars 9,9° südlich Hamal	63,6°
25.2.2098 15:16:00	Merkur in größter östlicher Elongation zur Sonne	18,1°
1.3.2098 14:46:28	Neptunopposition	
3.3.2098 17:56:49	Merkur stationär, dann rückläufig	
11.3.2098 12:20:21	Venus 18' südlich Uranus	20,8°
13.3.2098 13:39:00	Merkur in unterer Konjunktion zur Sonne	3,5°
18.3.2098 5:46:20	Saturnopposition	
25.3.2098 23:09:42	Merkur stationär, dann rechtläufig	
29.3.2098 17:41:37	Mars 3,2° südlich Alkione	51,1°
30.3.2098 7:45:04	Venus 10,7° südlich Hamal	25,3°
2.4.2098 20:08:08	Uranus in Konjunktion zur Sonne	-39'
7.4.2098 18:13:32	Jupiter stationär, dann rechtläufig	
10.4.2098 6:08:00	Merkur in größter westlicher Elongation zur Sonne	27,8°
15.4.2098 23:35:19	Mars 6,6° nördlich Aldebaran	44,9°
20.4.2098 1:56:33	Venus 3,3° südlich Alkione	30,1°
26.4.2098 7:40:46	Merkur 2,2° südlich Uranus	21,7°
29.4.2098 13:24:04	Venus 6,8° nördlich Aldebaran	31,8°
3.5.2098 22:41:14	Mars 4,3° südlich Elnath	39,7°
8.5.2098 5:56:36	Merkur 12,3° südlich Hamal	13,4°
9.5.2098 8:54:11	Venus 3,7° südlich Elnath	34,5°
15.5.2098 20:45:59	Venus 43' nördlich Mars	35,9°
18.5.2098 15:17:44	Venus 2,8° nördlich Eta Geminorum	36,5°
20.5.2098 4:42:14	Venus 2,8° nördlich Mü Geminorum	36,8°
20.5.2098 5:17:55	Merkur in oberer Konjunktion zur Sonne	18'
20.5.2098 13:54:02	Merkur 3,8° südlich Alkione	0,6°
20.5.2098 20:01:09	Neptun stationär, dann rechtläufig	
20.5.2098 22:57:01	Mars 2° nördlich Eta Geminorum	34,3°
23.5.2098 0:04:45	Venus 8,8° nördlich Alhena	37,4°
23.5.2098 19:37:49	Mars 2° nördlich Mü Geminorum	33,3°
24.5.2098 6:51:07	Venus 17" nördlich Epsilon Geminorum	37,7°
25.5.2098 20:18:38	Merkur 6,7° nördlich Aldebaran	7°
27.5.2098 14:16:08	Saturn stationär, dann rechtläufig	
28.5.2098 23:14:21	Mars 7,9° nördlich Alhena	31,7°
31.5.2098 7:38:37	Mars 54' südlich Epsilon Geminorum	30,9°
31.5.2098 11:47:47	Merkur 3,5° südlich Elnath	13,3°
3.6.2098 8:56:24	Venus 8° südlich Kastor	39,3°
5.6.2098 12:03:04	Venus 4,6° südlich Pollux	39,6°
6.6.2098 8:21:42	Merkur 3° nördlich Eta Geminorum	18,6°
7.6.2098 9:55:40	Merkur 2,9° nördlich Mü Geminorum	19,4°
9.6.2098 9:50:54	Merkur 8,8° nördlich Alhena	20,7°
10.6.2098 8:39:12	Merkur 1,9' südlich Epsilon Geminorum	21,3°
16.6.2098 23:40:15	Venus 52' nördlich M44	42,1°
18.6.2098 17:39:20	Mars 9° südlich Kastor	25,1°
19.6.2098 3:20:46	Merkur 9° südlich Kastor	24,7°

Datum und Uhrzeit (WZ)	Ereignis	Elongation
19.6.2098 16:56:50	Merkur 4,9' südlich Mars	24,8°
21.6.2098 12:07:41	Merkur 6° südlich Pollux	24,7°
22.6.2098 8:23:00	Merkur in größter östlicher Elongation zur Sonne	25°
22.6.2098 14:20:05	Mars 5,6° südlich Pollux	23,7°
28.6.2098 7:08:08	Venus 58' nördlich Jupiter	43,7°
3.7.2098 14:02:13	Merkur 3,1° südlich Mars	20,4°
5.7.2098 13:16:42	Merkur stationär, dann rückläufig	
7.7.2098 16:05:52	Venus 52' nördlich Regulus	44,8°
13.7.2098 3:16:02	Mars 5,8' südlich M44	17,3°
17.7.2098 16:11:12	Venus 20' südlich Neptun	45,3°
19.7.2098 20:01:29	Merkur in unterer Konjunktion zur Sonne	-5°
21.7.2098 6:38:34	Merkur 11,9° südlich Pollux	5,5°
22.7.2098 18:04:39	Uranus stationär, dann rückläufig	
24.7.2098 9:51:00	Venus in größter östlicher Elongation zur Sonne	45,6°
26.7.2098 3:13:50	Merkur 14,9° südlich Kastor	10,6°
30.7.2098 4:12:06	Merkur stationär, dann rechtläufig	
3.8.2098 0:25:05	Merkur 13,2° südlich Kastor	17,7°
7.8.2098 1:13:00	Merkur 8,7° südlich Pollux	19°
7.8.2098 16:44:08	Venus 4,2° südlich Saturn	43,1°
8.8.2098 11:30:00	Merkur in größter westlicher Elongation zur Sonne	19,1°
15.8.2098 12:45:30	Jupiter 25' nördlich Regulus	7,8°
17.8.2098 0:50:24	Merkur 46' südlich M44	15,9°
17.8.2098 6:08:40	Mars 42' nördlich Regulus	6,1°
18.8.2098 3:41:40	Mars 17' nördlich Jupiter	5,8°
25.8.2098 22:46:26	Jupiter in Konjunktion zur Sonne	52'
28.8.2098 12:41:46	Merkur 1,4° nördlich Regulus	4,6°
29.8.2098 19:57:55	Venus 8,5° südlich Porrima	34,5°
30.8.2098 2:56:01	Merkur 58' nördlich Jupiter	3,2°
2.9.2098 15:07:18	Merkur in oberer Konjunktion zur Sonne	1,7°
2.9.2098 21:50:11	Merkur 41' nördlich Mars	1,2°
3.9.2098 10:22:25	Merkur 55' nördlich Neptun	1,4°
4.9.2098 12:23:31	Mars in Konjunktion zur Sonne	1,1°
4.9.2098 13:04:52	Mars 14' nördlich Neptun	0,9°
4.9.2098 15:10:09	Neptun in Konjunktion zur Sonne	51'
9.9.2098 12:18:32	Venus stationär, dann rückläufig	
15.9.2098 8:14:54	Merkur 1,5° südlich Saturn	10,4°
19.9.2098 17:14:08	Venus 11,9° südlich Porrima	14,4°
20.9.2098 11:30:06	Merkur 9,1° nördlich Venus	14,2°
20.9.2098 16:03:15	Merkur 2,9° südlich Porrima	13,5°
27.9.2098 5:54:07	Saturn in Konjunktion zur Sonne	2,1°
28.9.2098 12:42:24	Merkur 1,3° nördlich Spika	18,8°
2.10.2098 3:24:49	Venus 11,3° südlich Saturn	4,7°
2.10.2098 7:35:20	Venus in unterer Konjunktion zur Sonne	-8,2°
6.10.2098 18:55:28	Venus 9,4° südlich Mars	10,4°
8.10.2098 9:23:52	Uranusopposition	
12.10.2098 20:33:37	Mars 1,3° südlich Saturn	13°

Datum und Uhrzeit (WZ)	Ereignis	Elongation
15.10.2098 17:18:38	Merkur 3,2° südlich Zuben-el-dschenubi	23,5°
16.10.2098 14:32:45	Jupiter 5,6' nördlich Neptun	39,7°
18.10.2098 15:21:00	Merkur in größter östlicher Elongation zur Sonne	24,8°
20.10.2098 19:41:29	Mars 2,1° südlich Porrima	15,7°
20.10.2098 21:51:24	Venus stationär, dann rechtläufig	
30.10.2098 10:19:27	Merkur stationär, dann rückläufig	
7.11.2098 22:07:48	Mars 3° nördlich Spika	20,9°
10.11.2098 7:07:45	Merkur in unterer Konjunktion zur Sonne, Transit	-3,6'
11.11.2098 20:24:44	Merkur 8,6' nördlich Zuben-el-dschenubi	3,6°
16.11.2098 15:47:17	Venus 1,9° südlich Saturn	43,5°
18.11.2098 4:23:55	Venus 2,3° südlich Porrima	44°
19.11.2098 5:17:17	Merkur stationär, dann rechtläufig	
26.11.2098 23:29:00	Merkur in größter westlicher Elongation zur Sonne	19,9°
27.11.2098 9:01:30	Merkur 2,1° nördlich Zuben-el-dschenubi	19,3°
29.11.2098 5:05:38	Saturn 35' südlich Porrima	55,8°
1.12.2098 14:15:06	Venus 4,4° nördlich Spika	44,7°
11.12.2098 9:13:24	Merkur 6,8' südlich Akrab	15,3°
11.12.2098 16:36:03	Mars 12' nördlich Zuben-el-dschenubi	33,8°
13.12.2098 1:20:00	Venus in größter westlicher Elongation zur Sonne	46,9°
15.12.2098 6:27:28	Merkur 5° nördlich Antares	13,4°
17.12.2098 3:36:25	Neptun stationär, dann rückläufig	
22.12.2098 17:38:10	Uranus stationär, dann rechtläufig	
23.12.2098 11:10:28	Venus 2,7° nördlich Zuben-el-dschenubi	45,8°

2099

Datum und Uhrzeit (WZ)	Ereignis	Elongation
5.1.2099 19:24:36	Merkur 1,7° nördlich Nunki	2,5°
7.1.2099 22:58:31	Mars 46' südlich Akrab	43,2°
8.1.2099 19:46:01	Merkur in oberer Konjunktion zur Sonne	-1,9°
9.1.2099 3:24:23	Venus 1,8° nördlich Akrab	44,6°
10.1.2099 22:33:50	Venus 2,5° nördlich Mars	44,3°
14.1.2099 5:49:50	Venus 7,3° nördlich Antares	43,4°
16.1.2099 10:26:49	Mars 4,8° nördlich Antares	45,6°
17.1.2099 20:14:59	Merkur 6,9° südlich Beta Capricorni	6,1°
23.1.2099 17:49:27	Saturn stationär, dann rückläufig	
30.1.2099 13:26:28	Merkur 1,4° nördlich Delta Capricorni	14,2°
9.2.2099 3:51:00	Merkur in größter östlicher Elongation zur Sonne	18,2°
12.2.2099 4:40:04	Venus 4,7° nördlich Nunki	39,5°
15.2.2099 0:06:10	Merkur stationär, dann rückläufig	
24.2.2099 15:07:09	Merkur in unterer Konjunktion zur Sonne	3,7°
28.2.2099 20:59:00	Venus 4,5° südlich Beta Capricorni	35,4°
4.3.2099 1:00:41	Neptunopposition	
6.3.2099 8:27:22	Mars 3° nördlich Nunki	62°
8.3.2099 14:06:57	Jupiteropposition	

Datum und Uhrzeit (WZ)	Ereignis	Elongation
8.3.2099 20:28:10	Merkur stationär, dann rechtläufig	
18.3.2099 9:12:47	Venus 2,1° nördlich Delta Capricorni	32,5°
22.3.2099 21:42:55	Saturn 6,5' südlich Porrima	170,6°
23.3.2099 13:04:00	Merkur in größter westlicher Elongation zur Sonne	27,8°
31.3.2099 7:10:17	Saturnopposition	
4.4.2099 0:13:04	Mars 5,8° südlich Beta Capricorni	69,2°
7.4.2099 2:54:50	Uranus in Konjunktion zur Sonne	-37'
21.4.2099 10:51:04	Merkur 1,5° südlich Uranus	13,3°
30.4.2099 5:02:54	Merkur 11,5° südlich Hamal	5,1°
30.4.2099 17:38:23	Venus 1,1° südlich Uranus	21,8°
4.5.2099 10:00:33	Mars 59' nördlich Delta Capricorni	79°
4.5.2099 13:29:52	Merkur in oberer Konjunktion zur Sonne, Bedeckung	-8,9'
10.5.2099 0:49:05	Jupiter stationär, dann rechtläufig	
12.5.2099 3:35:18	Merkur 3° südlich Alkione	9,1°
14.5.2099 4:26:40	Venus 12,1° südlich Hamal	17,7°
17.5.2099 19:43:27	Merkur 7,4° nördlich Aldebaran	14,9°
23.5.2099 7:53:02	Neptun stationär, dann rechtläufig	
24.5.2099 12:29:56	Merkur 3,1° südlich Elnath	20,2°
1.6.2099 15:54:01	Merkur 2,8° nördlich Eta Geminorum	23,3°
3.6.2099 9:53:31	Merkur 2,5° nördlich Mü Geminorum	23,4°
3.6.2099 21:39:21	Venus 5° südlich Alkione	12,9°
3.6.2099 22:08:00	Merkur in größter östlicher Elongation zur Sonne	23,4°
7.6.2099 5:12:09	Merkur 7,9° nördlich Alhena	23,1°
9.6.2099 12:12:10	Merkur 1,4° südlich Epsilon Geminorum	22,4°
10.6.2099 7:02:48	Saturn stationär, dann rechtläufig	
13.6.2099 7:28:55	Venus 5° nördlich Aldebaran	10,8°
17.6.2099 3:33:48	Merkur stationär, dann rückläufig	
22.6.2099 23:41:33	Venus 5,5° südlich Elnath	8,2°
25.6.2099 6:18:41	Merkur 5,4° südlich Epsilon Geminorum	7,5°
28.6.2099 1:21:14	Merkur 2,8° nördlich Alhena	5,3°
30.6.2099 8:18:45	Merkur in unterer Konjunktion zur Sonne	-4,4°
2.7.2099 0:33:51	Venus 1,1° nördlich Eta Geminorum	5,7°
3.7.2099 12:45:34	Venus 1,1° nördlich Mü Geminorum	5,3°
3.7.2099 15:43:38	Merkur 5° südlich Venus	5,3°
3.7.2099 22:58:20	Merkur 3,9° südlich Mü Geminorum	5,7°
6.7.2099 5:42:01	Venus 7,2° nördlich Alhena	4,6°
7.7.2099 11:16:43	Venus 1,6° südlich Epsilon Geminorum	4,3°
9.7.2099 2:10:03	Merkur 3,8° südlich Eta Geminorum	12,5°
11.7.2099 14:10:49	Merkur stationär, dann rechtläufig	
14.7.2099 0:37:04	Merkur 3,2° südlich Eta Geminorum	17,2°
17.7.2099 1:11:54	Venus 9,5° südlich Kastor	1,8°
18.7.2099 13:35:33	Merkur 2,4° südlich Mü Geminorum	19,6°
19.7.2099 1:03:10	Venus 5,9° südlich Pollux	1,4°
22.7.2099 2:22:00	Merkur in größter westlicher Elongation zur Sonne	20,3°
22.7.2099 17:49:00	Merkur 4,5° nördlich Alhena	20,3°
22.7.2099 20:50:09	Venus in oberer Konjunktion zur Sonne	57'

Datum und Uhrzeit (WZ)	Ereignis	Elon-gation
24.7.2099 4:39:50	Merkur 4° südlich Epsilon Geminorum	20,1°
27.7.2099 1:23:52	Uranus stationär, dann rückläufig	
29.7.2099 14:18:43	Venus 8,4' südlich M44	2,2°
31.7.2099 13:38:00	Mars 3,2° südlich Uranus	107,1°
1.8.2099 9:31:24	Merkur 10,2° südlich Kastor	16,1°
2.8.2099 18:37:40	Merkur 6,5° südlich Pollux	15°
9.8.2099 9:38:56	Merkur 2,6' nördlich M44	8,6°
16.8.2099 13:03:35	Venus 1° nördlich Regulus	7°
17.8.2099 5:45:04	Merkur in oberer Konjunktion zur Sonne	1,8°
20.8.2099 6:24:14	Merkur 1,4° nördlich Regulus	3,6°
23.8.2099 7:56:32	Saturn 33' südlich Porrima	41°
27.8.2099 9:24:24	Venus 34' nördlich Neptun	9,9°
27.8.2099 11:00:23	Merkur 27' nördlich Neptun	9,9°
27.8.2099 14:34:33	Merkur 7' südlich Venus	9,9°
5.9.2099 6:53:13	Merkur 44' südlich Jupiter	16,1°
7.9.2099 3:35:23	Neptun in Konjunktion zur Sonne	54'
8.9.2099 23:32:56	Venus 11' nördlich Jupiter	13,2°
13.9.2099 16:28:26	Mars stationär, dann rückläufig	
14.9.2099 3:26:09	Merkur 3,8° südlich Porrima	20°
16.9.2099 0:47:05	Merkur 3,5° südlich Saturn	20,9°
19.9.2099 0:19:09	Venus 1,9° südlich Porrima	15,4°
21.9.2099 16:11:15	Venus 1,4° südlich Saturn	16,1°
23.9.2099 4:10:40	Merkur 9,2' nördlich Spika	24,8°
26.9.2099 10:21:08	Jupiter in Konjunktion zur Sonne	1,1°
28.9.2099 14:38:53	Venus 3° nördlich Spika	18,3°
1.10.2099 3:25:00	Merkur in größter östlicher Elongation zur Sonne	25,9°
10.10.2099 6:13:34	Saturn in Konjunktion zur Sonne	2,2°
11.10.2099 2:40:40	Merkur 3,8° südlich Venus	21,5°
12.10.2099 16:17:11	Uranusopposition	
13.10.2099 17:39:58	Merkur stationär, dann rückläufig	
16.10.2099 18:04:07	Venus 23' südlich Zuben-el-dschenubi	22,7°
18.10.2099 8:01:57	Marsopposition	
25.10.2099 9:41:48	Merkur in unterer Konjunktion zur Sonne	-1°
31.10.2099 13:57:29	Venus 1,7° südlich Akrab	26,1°
2.11.2099 23:01:25	Merkur stationär, dann rechtläufig	
5.11.2099 5:19:12	Venus 3,7° nördlich Antares	27,5°
5.11.2099 22:46:14	Jupiter 1,8° südlich Porrima	31,6°
10.11.2099 6:46:00	Merkur in größter westlicher Elongation zur Sonne	19°
20.11.2099 3:09:49	Mars stationär, dann rechtläufig	
22.11.2099 16:58:50	Merkur 1,2° nördlich Zuben-el-dschenubi	14,3°
2.12.2099 7:22:13	Venus 1,6° nördlich Nunki	33,5°
4.12.2099 9:34:09	Saturn 4,7° nördlich Spika	47,3°
4.12.2099 16:05:25	Merkur 55' südlich Akrab	8,1°
8.12.2099 8:49:57	Merkur 4,3° nördlich Antares	6°
18.12.2099 13:51:33	Venus 6,8° südlich Beta Capricorni	36,9°
19.12.2099 5:53:46	Merkur in oberer Konjunktion zur Sonne	-1,4°

Datum und Uhrzeit (WZ)	Ereignis	Elon-gation
19.12.2099 13:33:14	Neptun stationär, dann rückläufig	
26.12.2099 22:05:31	Uranus stationär, dann rechtläufig	
29.12.2099 11:28:26	Merkur 1,4° nördlich Nunki	6,2°

2100

Datum und Uhrzeit (WZ)	Ereignis	Elon-gation
5.1.2100 7:39:13	Venus 56' nördlich Delta Capricorni	40°
10.1.2100 17:03:27	Merkur 6,8° südlich Beta Capricorni	13,5°
15.1.2100 12:12:53	Mars 9,3° südlich Hamal	100,5°
23.1.2100 15:40:00	Merkur in größter östlicher Elongation zur Sonne	18,6°
5.2.2100 2:04:05	Saturn stationär, dann rückläufig	
7.2.2100 0:15:17	Jupiter stationär, dann rückläufig	
8.2.2100 4:14:30	Merkur in unterer Konjunktion zur Sonne	3,6°
20.2.2100 1:36:25	Merkur stationär, dann rechtläufig	
22.2.2100 5:08:53	Venus 2,2° nördlich Uranus	45,5°
2.3.2100 4:25:00	Venus in größter westlicher Elongation zur Sonne	46,5°
3.3.2100 7:20:05	Mars 2,6° südlich Alkione	78,1°
5.3.2100 22:27:00	Merkur in größter westlicher Elongation zur Sonne	27,2°
6.3.2100 11:32:10	Neptunopposition	
11.3.2100 0:05:05	Venus 7,3° südlich Hamal	46,2°
12.3.2100 7:07:35	Merkur 1,4° nördlich Delta Capricorni	26,4°
22.3.2100 17:08:32	Mars 7,1° nördlich Aldebaran	69,1°
8.4.2100 1:57:55	Jupiteropposition	
11.4.2100 7:55:37	Mars 3,9° südlich Elnath	62,3°
11.4.2100 10:19:37	Uranus in Konjunktion zur Sonne	-35'
12.4.2100 20:20:14	Saturn 5,2° nördlich Spika	177°
13.4.2100 3:34:16	Saturnopposition	
15.4.2100 6:33:41	Merkur 36' südlich Uranus	3,6°
18.4.2100 17:00:20	Merkur in oberer Konjunktion zur Sonne	-37'
21.4.2100 4:49:48	Venus stationär, dann rückläufig	
21.4.2100 21:14:50	Merkur 10,6° südlich Hamal	3,6°
29.4.2100 12:33:29	Mars 2,4° nördlich Eta Geminorum	55,5°
2.5.2100 6:27:47	Merkur 3,9° südlich Venus	14,9°
2.5.2100 13:22:34	Mars 2,3° nördlich Mü Geminorum	54,3°
4.5.2100 13:51:04	Merkur 2,1° südlich Alkione	16,9°
7.5.2100 23:58:32	Mars 8,2° nördlich Alhena	52,4°
10.5.2100 11:29:24	Mars 38' südlich Epsilon Geminorum	51,4°
11.5.2100 22:29:56	Merkur 8° nördlich Aldebaran	20,6°
12.5.2100 12:18:07	Venus in unterer Konjunktion zur Sonne	3,7°
16.5.2100 15:39:00	Merkur in größter östlicher Elongation zur Sonne	21,9°
25.5.2100 21:11:37	Neptun stationär, dann rechtläufig	
28.5.2100 1:57:09	Merkur 4,8° südlich Elnath	16,9°
29.5.2100 8:47:30	Merkur stationär, dann rückläufig	
29.5.2100 18:16:42	Mars 8,8° südlich Kastor	44,1°

Datum und Uhrzeit (WZ)	Ereignis	Elongation
30.5.2100 16:01:22	Merkur 5,4° südlich Elnath	14,4°
1.6.2100 9:52:21	Venus stationär, dann rechtläufig	
2.6.2100 18:38:42	Mars 5,4° südlich Pollux	42,7°
10.6.2100 5:30:03	Merkur in unterer Konjunktion zur Sonne	-3°
10.6.2100 7:52:14	Jupiter stationär, dann rechtläufig	
22.6.2100 4:16:58	Merkur stationär, dann rechtläufig	
23.6.2100 13:53:59	Saturn stationär, dann rechtläufig	
24.6.2100 0:19:07	Mars 26" nördlich M44	36°
4.7.2100 5:41:00	Merkur in größter westlicher Elongation zur Sonne	21,7°
6.7.2100 6:05:19	Venus 7,9° südlich Alkione	43,1°
6.7.2100 20:58:19	Merkur 8° südlich Elnath	21,5°
14.7.2100 23:08:39	Merkur 40" südlich Eta Geminorum	17,8°
16.7.2100 1:39:01	Merkur 9,7' nördlich Mü Geminorum	17°
17.7.2100 22:47:18	Merkur 6,5° nördlich Alhena	15,5°
18.7.2100 18:30:52	Merkur 2,2° südlich Epsilon Geminorum	14,7°
19.7.2100 14:29:00	Venus 1,9° nördlich Aldebaran	45,7°
21.7.2100 15:20:00	Venus in größter westlicher Elongation zur Sonne	45,7°
24.7.2100 16:20:04	Merkur 9,3° südlich Kastor	8,7°
25.7.2100 20:20:18	Merkur 5,7° südlich Pollux	7,4°
29.7.2100 21:49:53	Mars 41' nördlich Regulus	24,1°
31.7.2100 10:59:13	Uranus stationär, dann rückläufig	
31.7.2100 23:13:53	Merkur 25' nördlich M44	1,3°
31.7.2100 23:35:55	Venus 8,4° südlich Elnath	45,2°
1.8.2100 5:34:23	Merkur in oberer Konjunktion zur Sonne	1,7°
11.8.2100 20:08:57	Venus 1,6° südlich Eta Geminorum	44,4°
12.8.2100 4:31:48	Merkur 1,1° nördlich Regulus	11,3°
13.8.2100 14:29:06	Venus 1,5° südlich Mü Geminorum	44,2°
16.8.2100 17:43:02	Venus 4,6° nördlich Alhena	43,9°
18.8.2100 3:43:22	Venus 4,2° südlich Epsilon Geminorum	43,7°
19.8.2100 19:58:30	Merkur 9,6' südlich Mars	17,2°
21.8.2100 4:47:33	Merkur 19' südlich Neptun	18,1°
23.8.2100 9:49:04	Mars 8,6" südlich Neptun	16,1°
28.8.2100 22:23:56	Venus 11,6° südlich Kastor	42,1°
30.8.2100 12:53:05	Saturn 4,7° nördlich Spika	46,3°
31.8.2100 3:07:15	Venus 8° südlich Pollux	41,8°
9.9.2100 15:38:22	Neptun in Konjunktion zur Sonne	57'
9.9.2100 16:50:24	Merkur 5,2° südlich Porrima	24,6°
11.9.2100 6:11:11	Jupiter 3,4° nördlich Spika	35,4°
11.9.2100 12:56:57	Venus 1,8° südlich M44	39,8°
13.9.2100 15:49:00	Merkur in größter östlicher Elongation zur Sonne	26,8°
24.9.2100 1:17:32	Jupiter 1,3° südlich Saturn	25,1°
26.9.2100 16:30:47	Merkur stationär, dann rückläufig	
30.9.2100 6:33:10	Venus 11' nördlich Regulus	36°
2.10.2100 16:56:04	Mars 2,3° südlich Porrima	2,9°
8.10.2100 6:17:19	Merkur 3,2° südlich Mars	1,2°
9.10.2100 6:57:44	Merkur in unterer Konjunktion zur Sonne	-2°

Datum und Uhrzeit (WZ)	Ereignis	Elongation
11.10.2100 7:17:29	Mars in Konjunktion zur Sonne	37'
11.10.2100 21:36:14	Merkur 4,2° südlich Porrima	5,6°
14.10.2100 10:20:47	Venus 18' nördlich Neptun	32,9°
16.10.2100 23:03:43	Uranusopposition	
17.10.2100 15:19:42	Merkur stationär, dann rechtläufig	
20.10.2100 14:15:25	Mars 2,8° nördlich Spika	2,9°
22.10.2100 20:51:28	Saturn in Konjunktion zur Sonne	2,2°
23.10.2100 10:03:08	Merkur 1,1° südlich Porrima	18,2°
24.10.2100 19:42:00	Merkur in größter westlicher Elongation zur Sonne	18,3°
26.10.2100 23:33:12	Jupiter in Konjunktion zur Sonne	1°
31.10.2100 0:26:48	Mars 1,9° südlich Saturn	6,5°
1.11.2100 17:30:37	Merkur 4,4° nördlich Spika	14,3°
2.11.2100 21:19:19	Venus 1,2° südlich Porrima	28,6°
6.11.2100 18:09:02	Merkur 36' südlich Saturn	13°
7.11.2100 19:02:06	Mars 40' südlich Jupiter	9°
9.11.2100 20:01:25	Merkur 24' nördlich Jupiter	10,9°
10.11.2100 20:44:28	Merkur 59' nördlich Mars	10°
12.11.2100 9:31:51	Venus 4° nördlich Spika	24,9°
15.11.2100 21:53:27	Merkur 26' nördlich Zuben-el-dschenubi	7,2°
19.11.2100 21:39:19	Venus 42' südlich Saturn	24,6°
22.11.2100 14:49:01	Mars 5,1' südlich Zuben-el-dschenubi	13,9°
25.11.2100 6:01:09	Venus 32' nördlich Jupiter	23,1°
27.11.2100 12:41:07	Merkur 1,6° südlich Akrab	0,7°
28.11.2100 7:21:27	Merkur in oberer Konjunktion zur Sonne	-39'
30.11.2100 8:52:59	Venus 1,1° nördlich Zuben-el-dschenubi	21,8°
1.12.2100 4:31:04	Merkur 3,7° nördlich Antares	1,9°
10.12.2100 2:57:09	Venus 1,1° nördlich Mars	19,5°
15.12.2100 2:21:22	Venus 2,4' südlich Akrab	18,6°
18.12.2100 22:53:35	Mars 1° südlich Akrab	22,3°
19.12.2100 17:06:35	Venus 5,4° nördlich Antares	17,3°
22.12.2100 1:16:49	Neptun stationär, dann rückläufig	
22.12.2100 10:35:02	Merkur 1,2° nördlich Nunki	13,5°
27.12.2100 2:07:01	Mars 4,5° nördlich Antares	24,6°
27.12.2100 18:17:47	Jupiter 45' nördlich Zuben-el-dschenubi	49,6°
31.12.2100 3:07:08	Uranus stationär, dann rechtläufig	

2101

Datum und Uhrzeit (WZ)	Ereignis	Elongation
5.1.2101 10:10:42	Merkur 6° südlich Beta Capricorni	19,2°
7.1.2101 0:25:00	Merkur in größter östlicher Elongation zur Sonne	19,3°
13.1.2101 16:03:28	Merkur stationär, dann rückläufig	
15.1.2101 13:47:49	Venus 3,2° nördlich Nunki	11,1°
21.1.2101 7:33:20	Merkur 1,7° südlich Beta Capricorni	4,9°
23.1.2101 1:41:51	Merkur in unterer Konjunktion zur Sonne	3,3°

Datum und Uhrzeit (WZ)	Ereignis	Elongation
26.1.2101 10:41:10	Merkur 4,3° nördlich Venus	8,4°
31.1.2101 11:48:50	Venus 5,6° südlich Beta Capricorni	7,3°
3.2.2101 11:58:58	Merkur stationär, dann rechtläufig	
11.2.2101 13:22:47	Mars 2,8° nördlich Nunki	38,5°
16.2.2101 8:05:00	Merkur in größter westlicher Elongation zur Sonne	26,1°
17.2.2101 2:52:18	Saturn stationär, dann rückläufig	
17.2.2101 11:35:23	Venus 1,4° nördlich Delta Capricorni	3,4°
19.2.2101 3:32:09	Merkur 4,8° südlich Beta Capricorni	25,2°
2.3.2101 11:50:41	Venus in oberer Konjunktion zur Sonne	-1,4°
6.3.2101 19:14:32	Merkur 46' nördlich Delta Capricorni	20,9°
8.3.2101 21:53:58	Neptunopposition	
9.3.2101 12:54:51	Jupiter stationär, dann rückläufig	
10.3.2101 11:35:39	Mars 5,7° südlich Beta Capricorni	44,5°
2.4.2101 13:27:35	Merkur in oberer Konjunktion zur Sonne	-1,1°
6.4.2101 4:58:00	Venus 25' südlich Uranus	8,7°
7.4.2101 19:03:12	Mars 1,4° nördlich Delta Capricorni	52,4°
8.4.2101 17:58:30	Merkur 31' nördlich Uranus	6,5°
12.4.2101 16:10:16	Merkur 1,5° nördlich Venus	10,4°
13.4.2101 21:05:31	Merkur 9,6° südlich Hamal	12,1°
14.4.2101 13:48:48	Venus 11,3° südlich Hamal	10,8°
15.4.2101 18:20:40	Uranus in Konjunktion zur Sonne	-33'
25.4.2101 19:16:11	Saturnopposition	
28.4.2101 19:05:00	Merkur in größter östlicher Elongation zur Sonne	20,5°
1.5.2101 17:15:23	Merkur 1,4° südlich Alkione	20,1°
5.5.2101 2:20:55	Venus 4° südlich Alkione	16,1°
7.5.2101 8:22:25	Merkur 2° nördlich Venus	16,7°
9.5.2101 4:48:25	Jupiteropposition	
10.5.2101 4:48:48	Merkur stationär, dann rückläufig	
14.5.2101 10:22:55	Venus 6,1° nördlich Aldebaran	18,5°
20.5.2101 1:32:11	Merkur 4,9° südlich Alkione	1,6°
20.5.2101 23:53:24	Merkur in unterer Konjunktion zur Sonne	-1,1°
24.5.2101 1:32:49	Venus 4,5° südlich Elnath	21°
27.5.2101 8:44:07	Jupiter 57' nördlich Zuben-el-dschenubi	160,2°
28.5.2101 9:57:42	Neptun stationär, dann rechtläufig	
2.6.2101 2:15:43	Venus 2,1° nördlich Eta Geminorum	23,3°
2.6.2101 5:56:15	Merkur stationär, dann rechtläufig	
3.6.2101 14:33:14	Venus 2,1° nördlich Mü Geminorum	23,7°
6.6.2101 7:45:08	Venus 8,1° nördlich Alhena	24,4°
7.6.2101 13:32:20	Venus 40' südlich Epsilon Geminorum	24,7°
13.6.2101 19:46:16	Merkur 8° südlich Alkione	21,6°
15.6.2101 23:57:00	Merkur in größter westlicher Elongation zur Sonne	23,4°
17.6.2101 6:00:19	Venus 8,6° südlich Kastor	27,2°
19.6.2101 6:37:56	Venus 5,1° südlich Pollux	27,5°
24.6.2101 9:49:31	Merkur 3,2° nördlich Aldebaran	21,3°
30.6.2101 1:42:56	Venus 30' nördlich M44	30,4°
1.7.2101 19:48:26	Merkur 6,2° südlich Elnath	16,2°

Datum und Uhrzeit (WZ)	Ereignis	Elongation
1.7.2101 21:11:19	Mars 1,3° südlich Uranus	70,7°
6.7.2101 11:14:22	Saturn stationär, dann rechtläufig	
7.7.2101 13:07:33	Merkur 1,2° nördlich Eta Geminorum	10,5°
8.7.2101 10:33:59	Merkur 1,2° nördlich Mü Geminorum	9,5°
10.7.2101 0:22:04	Merkur 7,5° nördlich Alhena	7,8°
10.7.2101 14:34:29	Mars 12,4° südlich Hamal	69,5°
10.7.2101 17:23:37	Merkur 1,3° südlich Epsilon Geminorum	6,9°
11.7.2101 7:00:36	Jupiter stationär, dann rechtläufig	
16.7.2101 3:49:22	Merkur 8,7° südlich Kastor	1,5°
16.7.2101 11:33:37	Merkur in oberer Konjunktion zur Sonne	1,5°
17.7.2101 7:05:18	Merkur 5,2° südlich Pollux	1,8°
18.7.2101 18:11:23	Venus 1,2° nördlich Regulus	34,8°
23.7.2101 12:35:50	Merkur 33' nördlich M44	8,2°
2.8.2101 4:51:33	Venus 2,9' nördlich Neptun	38°
4.8.2101 17:40:58	Merkur 41' nördlich Regulus	18,8°
4.8.2101 19:10:33	Uranus stationär, dann rückläufig	
16.8.2101 16:30:01	Merkur 1,6° südlich Neptun	24,6°
18.8.2101 6:50:14	Mars 5,6° südlich Alkione	83,8°
23.8.2101 20:48:10	Venus 3,2° südlich Porrima	41°
24.8.2101 22:40:28	Jupiter 35' nördlich Zuben-el-dschenubi	74,7°
27.8.2101 3:32:00	Merkur in größter östlicher Elongation zur Sonne	27,4°
3.9.2101 13:26:28	Venus 1,2° nördlich Spika	43,9°
7.9.2101 19:19:46	Mars 4,4° nördlich Aldebaran	93,2°
9.9.2101 7:18:57	Merkur stationär, dann rückläufig	
12.9.2101 3:45:04	Neptun in Konjunktion zur Sonne	1°
14.9.2101 22:04:55	Venus 4,3° südlich Saturn	44°
22.9.2101 20:31:44	Merkur in unterer Konjunktion zur Sonne	-3°
24.9.2101 9:23:51	Venus 3,1° südlich Zuben-el-dschenubi	45,2°
29.9.2101 18:09:33	Venus 4° südlich Jupiter	45,5°
1.10.2101 4:48:51	Merkur stationär, dann rechtläufig	
5.10.2101 3:41:59	Mars 5,8° südlich Elnath	107,7°
6.10.2101 13:28:00	Venus in größter östlicher Elongation zur Sonne	46,7°
8.10.2101 11:36:00	Merkur in größter westlicher Elongation zur Sonne	18°
12.10.2101 14:03:00	Venus 5° südlich Akrab	45,5°
18.10.2101 18:10:43	Venus 17' nördlich Antares	46,1°
18.10.2101 21:47:19	Merkur 54' südlich Porrima	13,6°
21.10.2101 6:07:32	Uranusopposition	
25.10.2101 23:42:27	Merkur 3,8° nördlich Spika	7,4°
2.11.2101 21:32:30	Mars stationär, dann rückläufig	
4.11.2101 3:09:41	Saturn in Konjunktion zur Sonne	2,2°
6.11.2101 1:41:02	Merkur 1,9° südlich Saturn	1,2°
7.11.2101 21:33:23	Merkur in oberer Konjunktion zur Sonne, Bedeckung	9,7'
8.11.2101 16:31:21	Merkur 16' südlich Zuben-el-dschenubi	0,5°
18.11.2101 20:38:22	Merkur 1,7° südlich Jupiter	6°
20.11.2101 8:43:52	Merkur 2,2° südlich Akrab	6,8°
24.11.2101 1:38:08	Merkur 3,1° nördlich Antares	9,3°

Datum und Uhrzeit (WZ)	Ereignis	Elon-gation
25.11.2101 14:11:20	Venus stationär, dann rückläufig	
26.11.2101 11:52:45	Jupiter in Konjunktion zur Sonne	40'
29.11.2101 8:41:21	Jupiter 21' südlich Akrab	2,4°
29.11.2101 21:12:33	Mars 3,4° südlich Elnath	162,6°
6.12.2101 7:01:56	Merkur 49' südlich Venus	15,4°
11.12.2101 15:36:54	Marsopposition	
12.12.2101 8:23:30	Saturn 1,9° nördlich Zuben-el-dschenubi	33,7°
16.12.2101 2:57:40	Venus in unterer Konjunktion zur Sonne	1°
16.12.2101 15:22:55	Merkur 1,3° nördlich Nunki	19,6°
21.12.2101 4:19:00	Merkur in größter östlicher Elongation zur Sonne	20,3°
24.12.2101 10:49:06	Neptun stationär, dann rückläufig	
25.12.2101 12:14:42	Jupiter 5,3° nördlich Antares	22,8°
28.12.2101 18:01:51	Merkur stationär, dann rückläufig	

Titelbild: Konjunktion der Planeten Mars (unten) und Saturn (oben) am
Morgen des 2.4.2018, aufgenommen mit einem Teleobjektiv mit 300 mm-
Brennweite

Herstellung und Verlag:
BoD- Books on Demand, Norderstedt
ISBN: 978-3-7460-4315-9